战舰世界

世界海军强国主力舰图解百科

1880—1990

[英] 布鲁斯·泰勒（Bruce Taylor）主编

邢天宁 译

江苏凤凰文艺出版社
JIANGSU PHOENIX LITERATURE AND
ART PUBLISHING

图书在版编目（CIP）数据

战舰世界：世界海军强国主力舰图解百科：1880—
1990 /（英）布鲁斯·泰勒（Bruce Taylor）主编；邢
天宁译 . -- 南京：江苏凤凰文艺出版社，2021.2
书名原文：The World Of The Battleship: The
Lives And Careers Of Twenty-One Capital Ships From
The World'S Navies, 1880‑1990
ISBN 978-7-5594-5404-1

Ⅰ . ①战… Ⅱ . ①布… ②邢… Ⅲ . ①主力舰－世界
－ 1880-1990 －图解 Ⅳ . ① E925.61-64

中国版本图书馆 CIP 数据核字 (2020) 第 227331 号

THE WORLD OF THE BATTLESHIP: THE LIVES AND CAREERS OF TWENTY-ONE CAPITAL SHIPS FROM
THE WORLD'S NAVIES, 1880–1990 by
BRUCE TAYLOR
Copyright:©SEAFORTH PUBLISHING 2018, TEXT COPYRIGHT © THE SEVERAL CONTRIBUTORS 2018
This edition arranged with Seaforth Publishing, an imprint of Pen and Sword Books Limited
through Big Apple Agency, Inc., Labuan, Malaysia.
Simplified Chinese edition copyright:
2021 ChongQing Vertical Culture communication Co., Ltd.
All rights reserved.
版贸核渝字（2020）第 185 号

战舰世界：世界海军强国主力舰图解百科 1880—1990

[英] 布鲁斯·泰勒 主编　　　邢天宁 译

责任编辑　孙金荣
策划制作　指文图书
特约编辑　王　菁
装帧设计　王　涛
出版发行　江苏凤凰文艺出版社
　　　　　南京市中央路 165 号，邮编：210009
网　　址　http://www.jswenyi.com
印　　刷　重庆国丰印务有限责任公司
开　　本　889 毫米 ×1194 毫米 1/16
印　　张　40
字　　数　699 千字
版　　次　2021 年 2 月第 1 版
印　　次　2021 年 2 月第 1 次印刷
书　　号　ISBN 978-7-5594-5404-1
定　　价　259.80 元

江苏凤凰文艺版图书凡印刷、装订错误，可向出版社调换，联系电话 025-83280257

目录 CONTENT

公制—英制单位换算表 I

供稿人介绍 II

致谢 VII

序言 IX

北洋舰队
炮塔铁甲舰"镇远"号（1882 年）..1

阿根廷海军
装甲巡洋舰"加里波第"号（1895 年）......................................27

法国海军
战列舰"耶拿"号（1898 年）..47

挪威海军
岸防战列舰"埃兹沃尔德"号（1900 年）...................................79

沙皇俄国海军
战列舰"光荣"号（1903 年）...103

丹麦海军
岸防战列舰"彼得·斯克拉姆"号（1908 年）..............................139

巴西海军
战列舰"米纳斯吉拉斯"号（1908 年）....................................161

荷兰海军
装甲舰"七省"号（1909 年）...191

希腊海军
装甲巡洋舰"乔治·阿维洛夫"号（1910 年）..............................215

德意志帝国海军 / 奥斯曼帝国海军 / 土耳其海军
战列巡洋舰"严君塞利姆 苏丹"号
（前德国海军"戈本"号，1911 年）......................................235

奥匈帝国海军
战列舰"联合力量"号（1911 年）..263

皇家澳大利亚海军
战列巡洋舰"澳大利亚"号（1911 年）....................................291

目录 CONTENT

智利海军
战列舰"拉托雷海军上将"号（1913 年）..333

西班牙海军
战列舰"阿方索十三世"号（1913 年）..361

瑞典海军
装甲舰"瑞典"号（1915 年）..395

英国海军
战列巡洋舰"胡德"号（1918 年）..423

日本海军
战列舰"长门"号（1919 年）..465

芬兰海军
岸防舰"维纳莫宁"号（1930 年）..493

德国海军
战列舰"沙恩霍斯特"号（1936 年）..517

意大利海军
战列舰"利托里奥"号（1937 年）..547

美国海军
战列舰"密苏里"号（1944 年）..577

公制—英制单位换算表

长度和距离

1 千米 =0.54 海里 =0.621 英里

1 米 =1.09 码 =3 英尺又 3/8 英寸

1 厘米 =0.329 英尺

1 毫米 =0.0329 英尺

1 海里 =1.852 千米

1 英里 =1.609 千米

1 码 =0.914 米

1 英尺 =0.3048 米 =30.48 厘米

1 英寸 =2.54 厘米 =25.4 毫米

压强

1 兆帕 =145.38 磅力 / 平方英寸

面积

1 平方米 =10.76 平方英尺

1 平方千米 =0.386 平方英里

1 平方英尺 =0.092 平方米

1 平方英里 =2.59 平方千米

容积

1 立方米 =35.31 立方英尺

重量

1 公吨 =0.984 长吨

1 千克 =2 磅 3.27 盎司

1 长吨 =1.016 公吨

1 磅 =0.453 千克

供稿人介绍

拉尔斯·阿尔贝格（Lars Ahlberg）1955年生于瑞典，1975年参加瑞典陆军。他是在参谋岗位上度过服役生涯后半期的，并最终于2016年以少校军衔从驻扎在哈尔姆斯塔德（Halmstad）的瑞典防空团（Swedish Air Defence Regiment）[①]退役。他曾撰写过关于瑞典陆军"哈兰"团（Halland Regiment）的历史，后来又在2004—2008年年间发表了关于航空母舰"大凤"号（Taiho）的两卷专著。在2014年，他推出了《日本陆军主力舰1868—1945年："大和"级和后续计划》（*Capital Ships of the Imperial Japanese Navy 1868-1945: The Yamato class and Subsequent Planning*）一书——该书也是他对海军历史毕生兴趣的结晶。在后两部作品的撰写中，他得到了汉斯·伦格莱尔（Hans Lengerer，介绍见下文）的协助。目前[②]，阿尔贝格居住在瑞典西南部的港口城市哈尔姆斯塔德。

雅里·阿罗玛（Jari Aromaa）于1960年出生于芬兰，后就读于赫尔辛基科技大学（Helsinki University of Technology）冶金专业，于1994年取得博士学位。他对于军事的兴趣源于儿时祖父和外祖父的熏陶——20世纪20—50年代，这两位老人曾分别在芬兰海军和海岸炮兵部队服役。目前，阿罗玛生活在赫尔辛基地区，并在阿尔托大学（Aalto University）担任化学工程系高级讲师。

格克汗·阿特马卡（Gökhan Atmaca）于1976年出生在安卡拉，于1998年毕业于安卡拉大学（Ankara University），也正是在这一年，他以历史讲师的身份加入了土耳其海军。2009年，他被任命为伊斯坦布尔海军博物馆皮里雷斯研究中心（Piri Reis Research Centre of Istanbul Naval Museum）的主任，并在其中担任海军历史档案馆馆长一职。他出版了许多关于19—20世纪奥斯曼帝国和土耳其共和国海军的历史作品，比如《土耳其海上战争历史地图集》（*An Historical Atlas of Turkish Naval Warfare*）和《战列舰"红胡子海雷丁"号：一艘战舰的三场战争》（*Barbaros Hayrettin Zırhlısı: Üç Savaş Bir Gemi*）等。目前，他和家人一起居住在伊斯坦布尔，军衔为海军中校。

雅各布·博雷森（Jacob Børresen）于1943年出生在一个显赫的挪威海军军人家庭。作为海军少将乌尔班-雅各布·博雷森（Urban Jacob Børresen，1857—1943年）的孙子，他后来同样加入了挪威海军，并在挪威王家海军担任过潜艇和护卫舰舰长，还在本国和北约出任过军事演习和军事行动的规划人和总导演，最终在2000年以准将军衔退役。他曾撰写过《挪威海军简史》（*Norwegian Navy: A Brief History*）（2012年出版）等著作，并在多份国内外期刊上发表过关于战略、防务和安全政策的论文。目前，博雷森居住在奥斯陆峡湾（Oslofjord）沿岸的港口城市霍尔滕（Horten）。

菲利普·卡雷塞（Philippe Caresse）于 1964 年出生在一个海军军人家庭，于 1982 年参加法国海军后被派往驱逐舰"德斯特雷"号（d'Estrées）上服役。他曾出版了一系列关于法国、德国、美国、日本海军的舰船专著，其涵盖的时期从 19 世纪晚期一直延伸到二战。另外，他还与约翰·乔丹（John Jordan）合作撰写了《一战法国战列舰》（*French Battleships of World War One*）一书，并有一本名为《"衣阿华"级战列舰》（*Battleships of the Iowa class*）的著作即将出版。卡雷塞的工作是潜水教练，同时还在蓝色海岸（Côte d'Azur）地区担任一座小艇码头的港务主管。

齐西斯·福塔基斯（Zisis Fotakis）出生于沃洛斯（Volos），在雅典大学（Athens University）获得了历史学学士学位，之后，他前往牛津大学深造，并于 1997 年和 2003 年获得了经济社会史硕士和现代史博士学位。同时，他还出版了大量关于希腊海军史和海洋史的著作，于 2005 年问世的《希腊海军战略和政策，1910—1919 年》（*Greek Naval Strategy and Policy, 1910-1919*）就是其中代表。目前，福塔基斯正在比雷艾夫斯（Piraeus）的希腊海军学院（Hellenic Naval Academy）担任海军史讲师。

里昂·洪博格（Leon Homburg）于 1967 年生于荷兰，曾就读于莱登大学（University of Leiden）的海军历史专业。1992 年，他以军官身份加入荷兰王家海军，并先后在位于登海尔德（Den Helder）的荷兰海军博物馆（Dutch Navy Museum）担任过登记员和讲解员。于 1997 年退役后，他发表了不少关于荷兰海军的专著和文章，选题从 1850 年延伸至今。1993 年，他参与搜寻了于 1940 年 11 月在斯卡格拉克海峡失踪的 O-22 号潜艇。

汉斯·伦格莱尔（Hans Lengerer）于 1940 年生于德国，于 1962 年成为政府机关公务员。他对旧日本帝国海军的兴趣来自老一代历史学家埃里希·格罗纳（Erich Gröner）和于尔根·罗维尔（Jürgen Rohwer）教授的启蒙，并在 1969 年之后发表了超过 50 篇论文和 8 本专著。自从 2000 年退休之后，他一直在和拉尔斯·阿尔贝格（介绍见前文）等人一起为个人出版的《日本战舰拾遗集》（*Contributions to the History of Imperial Japanese Warships*）撰稿，发表的文章已有 15 篇。目前，伦格莱尔生活在巴登 - 符滕堡州（Baden-Württemberg）。

斯蒂芬·麦克劳林（Stephen McLaughlin）于 1957 年生于纽约，于 1979 年和 1981 年先后在加州大学伯克利分校（University of California, Berkeley）取得了历史学学士和图书馆学硕士学位。作为图书管理员，他在旧金山公共图书馆工作了 35 年，并在 2017 年 6 月退休。凭着源自孩提时代的、对海军史和战列舰的兴趣，他撰写了许多文章和《俄罗斯和苏联战列舰》（*Russian and Soviet Battleships*）（2003 年出版）一书。今天，他居住在加利福尼亚州的里士满（Richmond）。

若奥·罗伯托·菲尔奥（João Roberto Martins Filho）于 1953 年生于圣保罗州（São Paulo），拥有坎皮纳斯州立大学（Universidade Estadual de Campinas）的政治学博士学位。他目前在圣卡洛斯联邦大学（Universidade Federal de São Carlos）担任高级讲师，并且是巴西防务研究会（Brazilian Defence Studies Association）的创始人和首任主席。他著有《战列舰时代的巴西海军，1895—1910 年》（*The Brazilian Navy in the Age of the Battleship, 1895-1910*）（2010 年出版）一书，目前，他居住在故乡圣保罗州的坎皮纳斯市（Campinas）。

吉列尔莫·安德烈斯·奥亚尔萨巴尔（Guillermo Andrés Oyarzábal）于1958 年出生于阿根廷，并在 1975 年作为军官候补生加入了阿根廷海军。作为一名参加过马岛战争的老兵，他曾在海上和岸上担任过诸多职务，并在 1999 年调入海军历史研究所，后来在 2002—2012 年年间任职该所的负责人。他发表过超过 100 篇 / 部关于阿根廷海军和海上历史事件的文章和专著，如《威廉·布朗：拉普拉塔河上的爱尔兰水手》（William Brown: An Irish Seaman in the River Plate）（2008 年出版）等。目前，他正以海军上校军衔担任阿根廷海军学院研究室主任，还在布宜诺斯艾利斯的阿根廷天主教大学（Pontificia Universidad Católica Argentina）兼任着历史学教授职务。

冯青（Qing Feng）出生于中国，先后在福建师范大学（Fujian Normal University）和东京的中央大学（Chuo University）取得过历史学学士和政治学博士学位。她著有《中国海军与近代日中关系》（Chugoku Kaigun to Kindai Nicchu Kankei）（2011 年出版）一书，同时在《军事史学》（Gunji Shigaku）期刊担任编辑。她目前生活在东京，并任教于明治大学（Meiji University）。

理查德·佩尔文（Richard Pelvin）于 1947 年出生于澳大利亚，后来在莫纳什大学（Monash University）和新南威尔士大学（University of New South Wales）取得了文学和国防研究领域的学位。在为澳大利亚国防部，尤其是其下属机构的海军和陆军历史研究所效力了 10 年之后，他来到澳大利亚战争纪念馆（Australian War Memorial）并成了该馆的官方档案部负责人。于 2002 年辞职之后，他开始以研究者、军事历史作者和历史顾问的身份为多家政府机构服务。同时，他还撰写了关于澳大利亚在一战、二战和越南战争期间的图文战史和多篇期刊文章。目前，为澳大利亚陆军历史局（Australian Army History Unit）担任档案顾问的他正居住在堪培拉市。

奥古斯丁·拉蒙·罗德里格斯（Agustín Ramón Rodríguez González）于 1955 年生于马德里，于 1986 年以历史学博士学位从康普顿斯大学（Universidad Complutense）毕业。作为西班牙王家历史学院（Spanish Royal Academy of History）的成员，他出版过超过 40 篇关于西班牙海军和海上历史事件的文章，时间范围则从 15 世纪一直延伸到 20 世纪，重点研究时期则是 1898 年美西战争前后。他目前在马德里海军博物馆（Naval Museum of Madrid）担任顾问，并在 2001 年获得了西班牙海军颁发的海军功绩十字勋章（Cross of Naval Merit）。

托马斯·施密德（Thomas Schmid）于 1964 年出生于德国，毕业于奥格斯堡应用技术大学（Augsburg University of Applied Sciences）计算机科学系。作为一名出色的计算机平面设计师，他也将自己的艺术灵感倾注到了对海军和海洋的毕生兴趣上。他和詹姆斯·卡梅隆（James Cameron）在《泰坦尼克号》（1997 年上映）中有过合作，后来又参与了对方在 2002 年对"俾斯麦"号（Bismarck）战列舰残骸的探索。不仅如此，他还于 2004 年在蒙得维的亚（Montevideo）参加过对"海军上将施佩伯爵"号（Admiral Graf Spee）的残骸打捞工作，并于 2014 年在福克兰群岛（Falkland Islands）外海寻访了沉没在当地的、施佩伯爵舰队的下落。

劳伦斯·桑德豪斯（Lawrence Sondhaus）是印第安纳波利斯大学（University of Indianapolis）的历史系教授，同时也是该校军事和外交研究所（Institute for the Study of War and Diplomacy）主任。他出版了《奥匈帝国的海上政策，1867—1918 年》

（*The Naval Policy of Austria-Hungary*）（1994 年出版）、《1815—1914 年的海上战争》（*Naval Warfare, 1815-1914*）（2001 年出版）、《战略文化和通向战争之路》（*Strategic Culture and Ways of War*）（2006 年出版）、《一战：全球革命》（*World War One: The Global Revolution*）（2011 年出版）和《大海战：一战海战史》（*The Great War at Sea: A Naval History of the First World War*）（2014 年出版）等多部著作。

保罗·史迪威尔（Paul Stillwell）出生于俄亥俄州的代顿市（Dayton），后来在杜瑞大学（Drury College）和密苏里 - 哥伦比亚大学（University of Missouri-Colombia）获得了历史学学士和新闻学硕士学位。从 1962 年到 1992 年，他在美国海军服预备役，并在 1966—1969 年年间作为现役军人参加了越南战争，期间曾服役于战列舰"新泽西"号（New Jersey）。1988 年，他再次入伍，奉命记录美国海军在两伊战争期间的行动。自 1974 年加入美国海军协会（U.S. Naval Reserve）以来，他便一直在为其工作，并最终担任了历史局（Director of History）局长一职。他的著作包括有图文版的"新泽西"号、"亚利桑那"号（Arizona）和"密苏里"号（Missouri）战列舰战史，这三部作品分别出版于 1986 年、1991 年和 1996 年，此外还有《黄金 13 人：第一批黑人海军军官的回忆》（*The Golden Thirteen: Recollections of the First Black Naval Officers*）（1993 年出版），该书曾被提名为《纽约时报》年度最佳历史著作。目前，这位海军历史基金会诺克斯海军历史奖（Naval Historical Foundation's Knox Naval History Award）获得者正在马里兰州定居。

乌尔夫·桑德贝里（Ulf Sundberg）于 1956 年出生于瑞典，现为瑞典海军预备役上尉的他毕业于斯德哥尔摩经济学院（Stockholm School of Economics），后来又在芬兰图尔库（Turku）的奥博学术大学（Åbo Akademi University）取得了历史学硕士学位，进而凭借一篇关于大北方战争（Great Northern War）[①]时期围城战的文章获取了博士头衔。他出版了许多记录从中世纪到 1814 年瑞典政治军事历史的文章和书籍，还参与撰写了 2008 年出版的《二战英国战列舰简明指南》（*A Short Guide to British Battleships in World War II*）一书。

布鲁斯·泰勒（Bruce Taylor）于 1967 年出生于智利，曾求学于曼彻斯特大学（University of Manchester），1996 年在牛津大学获得了现代史博士学位。他撰写有包括《战列巡洋舰"胡德"号图文史：1916—1941 年》（*The Battlecruiser HMS Hood: An Illustrated Biography, 1916-1941*）（2005 年出版）等书籍，并和丹尼尔·摩根（Daniel Morgan）合著了《U 艇攻击日志：原始资料中的战舰击沉全记录，1939—1945 年》（*A Complete Record of Warship Sinkings from Original Sources, 1939-1945*）（2011 年出版）一书。他目前居住在南加利福尼亚，职业为自由翻译。

卡洛斯·特罗姆本（Carlos Tromben Corbalán）以历史学硕士学位毕业于瓦尔帕莱索天主教大学（Pontificia Universidad Católica de Valparaíso），后来在埃克塞特大学（University of Exeter）取得了海事历史博士学位。他撰写了许多关于 19 和 20 世纪智利海军史的书籍和文章，如智利海军工程、航空和电子设备的发展史，以及 2 卷本《智利海军 200 年史》（*The Chilean Navy: Two Centuries of History*）中的第 1 卷（2017 年出版）。目前，作为一名海军退役上校，特罗姆本正在智利海军战略研究中心（Centre for Strategic Studies of the Chilean Navy）担任研究员。

[①] 译者注："大北方战争"是沙俄与瑞典之间在 1700 年爆发的战争，焦点是争夺波罗的海出海口。战争的结果是俄国从此称霸波罗的海，瑞典从欧洲列强的名单上消失。

阿里戈·维利科尼亚（Arrigo Velicogna）于 1974 年生于意大利，并先后在博洛尼亚大学（University of Bologna）和伦敦国王学院（King's College London）获得了历史学硕士和战争史博士学位。他一直关注着 1920 至 1945 年的美国和日本海军以及朝鲜和越南战争，如今正在研究一个关于美军在越南南部军事行动的新课题，还撰写了不少关于军事历史和军事技术的论文。维利科尼亚现任教于国王学院和乌尔弗汉普顿大学（Wolverhampton University），合作伙伴中包括了英国陆军。

谢尔盖·维诺格拉多夫（Sergei Vinogradov）于 1960 年生于莫斯科，于 1982 年毕业于莫斯科国立建筑大学（Moscow Construction Engineering Institute）。他曾担任过土木工程师和学校教师，目前正在位于莫斯科的中央武装力量博物馆（Central Museum of the Armed Forces）担任工作人员。凭借对圣彼得堡海军档案的多年研究，他撰写了无数关于俄罗斯帝国海军的书籍和文章，其中最著名的莫过于《俄罗斯帝国海军最后的巨人》（*Poslednie ispoliny Rossiiskogo imperatorskogo flota*）（1999 年出版）、《战列舰"光荣"号：蒙岛海战的不屈斗士》（*Bronenosets 'Slava'. Nepobezhdennyi geroi Moonzunda*）（2011 年出版），以及最近出版的《战列舰"玛利亚女皇"号》（*Lineinyi korabl' Imperatritsa Mariia*）（2017 年出版）。目前，维诺格拉多夫居住在莫斯科。

费尔南多·威尔森（Fernando Wilson Lazo）于 1970 年出生在智利的一个海军世家，他的祖父曾经不止一次作为军官在"拉托雷海军上将"号（Almirante Latorre）[①]战列舰上服役。他拥有瓦尔帕莱索天主教大学的历史学和国际关系学学位，目前正在为攻读博士努力。他出版过许多关于智利海军史和海事史的文章和专著，目前正在阿道夫·伊班奈兹大学（Universidad Adolfo Ibáñez）、智利海军学院和陆军大学同时任教。今天，威尔森和家人一起生活在智利中部的比尼亚德尔马（Viña del Mar）。

汤姆·魏斯曼（Tom Wismann）出生在一个海军世家，这个家族为丹麦海军效力的历史可以追溯到 1666 年。自 1976 年参加丹麦王家海军（Kongelige Danske Marine）之后，魏斯曼先是服役于护渔巡逻舰"繁衍"号（Fylla），后来志愿加入了丹麦海上警卫队，并以中校军衔负责指挥一支小型舰艇分队。作为一名老练的海洋工程师，魏斯曼出版了许多关于丹麦海军舰船的文章和专著，是丹麦海军历史学会（Danish Naval Historical Society）长期成员，并且担任着协会会刊的编辑一职。目前，他生活在赫尔辛格（Helsingør），即古典文献中所说的埃尔西诺（Elsinore）。

① 译者注："拉托雷海军上将"号这个名字实际上是国内的误译，其纪念的对象智利民族英雄胡安·拉托雷（Juan Latorre）在世时只获得了海军少将军衔，去世后也仅被追赠为中将。事实上，就像英语中的"General"和"Admiral"有时代指一切陆军/海军将领一样，在智利所用的西班牙语中，"Almirante"也可以代指一切海军将领，而不论其具体军衔如何。因此，其相对更正确的译法应当是"拉托雷将军"。但为尊重约定俗成的译法，本书仍采用"拉托雷海军上将"这个译名。不过，对于其他类似的情况，如智利海军的驱逐舰"Almirante Uribe"号和"Almirante Williams"号，则分别翻译成了"乌里韦将军"号和"威廉斯将军"号。

致谢

在这些年的工作中，如果没有众多同好的慷慨帮助，本书将注定难以问世，他们的名字都将出现在每个章节最初的脚注中。就本书整体而言，作为编辑，我首先要感谢的是各位供稿人：除我本人之外，他们一共有 23 人，无论学识和勤奋都令我敬佩。另外，他们还在本书的长期酝酿期间表现出了充分的耐心，更不用说我后来作为编辑和兼职译者修改文章时。他们作品的质量是有目共睹的。我衷心期待他们最终会发现：本书的成品不仅对得起这种努力，还将为他们介绍的战舰和海军增光添彩。

同样，我还要特别感谢五位做出贡献的人：克里斯托弗·麦克基（Christopher McKee）给了我早期的鼓励；奥拉夫·詹森（Olaf Janzen）从一开始便为项目的启动提供了许多宝贵的帮助；菲利普·卡雷塞和斯蒂夫·麦克劳林全程提供了宝贵的资料支持，和他们的合作令人愉快；至于拉尔斯·阿尔贝格则在最需要的时候，及时用优秀的照片满足了我们的需求。另外，远航出版社（Seaforth）的朱利安·曼内林（Julian Mannering）、斯蒂芬妮·鲁德嘉德·雷塞尔（Stephanie Rudgard Redsell）和斯蒂夫·登特（Steve Dent）则让本书更加完美。最后，我必须向这些人再次致谢——他们让我的夙愿得到了实现。

在我写作期间，我的孩子艾玛（Emma）和阿列克斯（Alex）也度过了童年时代，就在写下这段文字的时候，我又想起了他们对我那种纯真质朴的爱，当我把兴趣倾注到海洋上时，他们始终支持我，理解我。对于他们，还有我永远美丽、智慧和开朗的妻子贝蒂娜（Bettina），我注定亏欠很多，甚至直到大海干涸都无法偿还。

布鲁斯·泰勒
于加利福尼亚州比佛利山（Beverly Hills）
2018 年 3 月

英文版编者注

　　本书的参考资料（包括公开资料和未公开资料）可以在章节的最后找到，另外，全书通用的参考资料也已附在了本段最后。在正文相应的位置，我们也提供了必要的注解。不仅如此，本书还努力联系了其他与本书内容有关的版权方，并鼓励编辑和作者们提供版权证明。

参考资料

　　在每章结尾处的"参考资料"部分，读者可以查到文章内容的具体出处。但在选材、组稿和编辑时，本书也部分或完全参考了下列文献：

　　齐格弗里德·布雷耶尔（Siegfried Breyer），《战列舰和战列巡洋舰，1905—1970年》（*Battleships and Battle Cruisers, 1905-1970*）[伦敦，麦克唐纳 & 简氏出版社（Macdonald & Jane's），1973 年出版]

　　N. J. M. 坎贝尔（N. J. M. Campbell），《二战海战武器》（*Naval Weapons of World War Two*）[伦敦，康威海事出版社（Conway Maritime Press），1985 年出版]

　　诺曼·弗里德曼（Norman Friedman），《一战海战武器：参战国舰炮、鱼雷、水雷和反潜武器图文百科事典》（*Naval Weapons of World War One: Guns, Torpedoes, Mines and ASW Weapons of All Nations: An Illustrated Directory*）[南约克郡巴恩斯利（Barnsley, S. Yorks.）：远航出版社，2011 年出版]

　　罗伯特·加德纳（Robert Gardiner）主编，《康威世界战舰全书》（*Conway's All the World's Fighting Ships*）全 4 卷：第 1 卷《1860—1905 年》；第 2 卷《1906—1921年》；第 3 卷《1922—1946 年》；第 4 卷《1947—1996 年》（伦敦，康威海事出版社，1979—1995 年出版）

　　保罗·西尔弗斯通（Paul Silverstone），《世界主力舰辞典》（*Directory of the World's Capital Ships*）[伦敦，伊恩·艾伦出版社（Ian Allan），1994 年出版]

　　H. W. 威尔森（H. W. Wilson），《战斗中的战列舰》全 2 卷 [伦敦：桑普森·洛出版社（Sampson Low），1926 年出版]

序言

作者：布鲁斯·泰勒

本书编写的目的，是从 1882 至 1992 年拥有战列舰的海军中，各挑出一艘作为其代表详细介绍——其中，章节将按照军舰的下水时间进行排列，并和国家一一对应。我们首先需要指出，在本卷中，"战列舰"（Battleship）一词代指的是广义上的主力舰。20 世纪初，这个词曾被英国海军上将——雷吉纳德·卡斯坦斯（Reginald Custance）爵士重新定义，并用于代指安装有至少一门大口径火炮的军舰。在本书中，它大致指的是那些舰炮口径超过 8 英寸（1 英寸约合 25.4 毫米）的舰船。读者们稍后就将看到，其领域实际包罗万象——由于订购者的要求不同，技术水平和服役时间（短的只有 5 年，长的可以超过 50 年）迥异，它们的尺寸和设计差别很大，服役历程也各具特点。

全钢制主力舰诞生于 19 世纪中叶。在这里，我们不打算赘述其发展史，但会覆盖它们的主要分支。到 20 世纪，这些分支的代表包括了炮塔铁甲舰"镇远"号（Chen Yuen，1882 年），装甲巡洋舰"加里波第"号（Garibaldi，1895 年）和"乔治·阿维洛夫"号（Georgios Averof，1910 年），前无畏舰"耶拿"号（Iéna，1898 年）和"光

1924 年 6 月 25 日，正在驶入英属哥伦比亚（British Columbia）地区温哥华（Vancouver）港的战列巡洋舰"胡德"号——该舰在当地受到了热烈欢迎。直到二战时，战列舰都充当着一个国家军事和外交力量的终极象征。

1922 年 2 月 6 日《华盛顿海军条约》签订时的景象，这也是主力舰发展史上意义重大的时刻之一。

荣"号（Slava，1903 年），岸防战列舰"埃兹沃尔德"号（Eidsvold，1900 年）和"彼得·斯克拉姆"号（Peder Skram，1908 年，目前业内对这两艘军舰的舰型分类依旧存在争议），此外还有无畏舰"米纳斯吉拉斯"号（Minas Geraes，1908 年）、"联合力量"号（Viribus Unitis，1911 年）和"阿方索十三世"号（Alfonso XⅢ，1913 年），超无畏舰"拉托雷海军上将"号（Almirante Latorre，1913 年），装甲舰"七省"号（De Zeven Provincincën，1909 年）和"瑞典"号（Sverige，1915 年），战列巡洋舰"戈本/严君塞利姆苏丹"号（Goeben/Yavuz Sultan Selim，1911 年）、"澳大利亚"号（Australia，1911 年）和"胡德"号（Hood，1918 年），岸防舰"维纳莫宁"号（Väinämöinen，1930 年），以及快速战列舰"长门"号（Nagato，1919 年）、"沙恩霍斯特"号（Scharnhorst，1936 年）、"利托里奥"号（Littorio，1937 年）和"密苏里"号（Missouri，1944 年）——只是没有包括浅水重炮舰和准无畏舰。如果你对主力舰的发展史感兴趣，便一定能意识到其中的变化是何等剧烈：从安装往复式主机和 12 英寸巨炮的亚洲第一舰"镇远"号，到展现了"海军至上主义"的、由涡轮机驱动的"联合力量"号和"拉托雷海军上将"号，再到其中的巅峰——由雷达辅助火控，最初充当航母快速护航舰，后来又安装了巡航导弹的"密苏里"号，这种趋势从未消退。

　　正如各章所述，一艘军舰的服役生涯、最终命运、历史影响与舰型和舰种完全不是一码事，而且在本书中，后三者的地位无疑更为关键。事实上，本书不仅介绍了上述军舰的技术特征，还将视野伸向了国家、政治、金融和外交领域。不仅如此，我们也叙述了它们建造时的海上局势，并介绍了舰上的人员组织体系——只要情况允许，我们还会对军舰上的生活进行还原。在论述的过程中，各章均从多角度深度探索了以上领域。

　　在某些情况下，我们甚至可以发现，在和平或战争年代，这些军舰还展现了一个国家的愿景、关切和文化发展情况。它们有力地证明：在本书涉及的很多时代，这些战列舰不仅是一国军事力量最雄辩的证明，还是向远海扩张利益的重要手段，更是国家力量的终极表现形态——这种情况一直持续到二战。本书的章节涵盖了这些主题，虽然其叙述也许称不上面面俱到，但我们依旧从前所未有的维度和深度对这些最知名的海军做了解读。事实上，本书提供的不只有技术指标和服役经历等常见内容，还有深层次的背景和历史影响。正是这些论述，最终缔造了这本《战舰世界：世界海军强国主力舰图解百科》——一部全景式介绍战列舰文化的作品。

　　有时人们很容易忘记，对战列舰的崇拜实际是一种全球现象，在本书涉及的时期尤其如此——从智利到中国，从奥匈帝国到澳大利亚，这种热潮几乎席卷了每一片土地。不过需要坦承的是，虽然本书中的 21 艘军舰几乎涵盖了所有的大中型海军，其至包括了一些小国家，但"漏网之鱼"依然存在。根据本书对战列舰的定义，我们显然遗漏了葡萄牙海军（Marinha Portuguesa），他们曾拥有英国建造的岸防铁甲舰"瓦斯科·达伽马"号（Vasco da Gama，1876 年下水），另一个例子是泰国海军，1938 年，日本也曾为他们建造了两艘类似的军舰。也许在未来的版本中，这些遗憾将得到补全。

我们所选的 21 艘军舰尺寸各异、型号不同，但它们实际只制造于 13 个国家，而且其中几个（尤其是西班牙、芬兰、丹麦和荷兰）都在不同程度上依靠了国外的零件、原材料和专业知识。另外，即使是海军大国，有时也很难做到"100% 国产"："胡德"号的布朗 - 柯蒂斯（Brown Curtis）蒸汽轮机虽然是在英国建造，但设计原型来自美国；俄国战列舰"光荣"号虽然建成于圣彼得堡，但上面却有 243 吨由英国格拉斯哥比尔德莫船厂（Wm. Beardmore & Co. of Glasgow）生产的装甲钢。这一点不值得奇怪——因为战列舰设计浩繁、结构复杂、工程难度巨大，只有极少数国家才拥有配套的专业技术、资金、基础设施和硬件设备。

在 1922 年，《华盛顿条约》签订前，各海军强国可以随意建造战列舰，能约束他们的只有经费、战术理论、技术和基础设施。当然，一些实力较弱的国家总会倾向于国产而非海外采购，并对运转和维护开支思考再三。除此之外，在 20 世纪 20 年代和 30 年代，发动机技术出现重大进步之前，由于军方的需求和技术思路不断发生变化，战列舰的设计者们还需要在火力、防护和航速之间做出复杂的取舍：其中一个例子是 1894—1895 年的中日战争，其中的经验曾影响了本书前半部分许多舰只的设计。这种情况，再加上技术的不断进步和军舰尺寸的增加，还让小国背上了额外的负担——他们的军舰可能还没有离开舾装码头，便已经从技术和战术上落伍了。事实上，

"技术转让"：丹麦岸防战列舰"奥尔菲尔特·费舍尔"号（Olfert Fischer，1903 年下水）上的一台立式三胀式蒸汽机（全舰共有两部这种动力设备）。本照片摄于哥本哈根海军船厂，旁边是负责建造它的部分工程人员。几年后，"彼得·斯克拉姆"号也安装了由丹麦企业——博迈斯特－韦恩公司（Burmeister & Wain）根据许可制造的同型产品。但更多情况下，技术转让都发生在相距更遥远的国家之间。

1939 年，巴西米纳斯吉拉斯州贝洛奥里藏特师范学校（Escola Normal de Belo Horizonte）的女学生们正在为"米纳斯吉拉斯"号战列舰缝制国旗——"战列舰文化"几乎深入了拥有它们的每一个国家。

从 1906 年"无畏"号（HMS Dreadnought）建成到 1920 年"胡德"号服役，主力舰的排水量在短短 14 年内便增加了 130%。在研究"七省"号时，本书的作者里昂·洪博格发现了一位荷兰官员——韦斯特韦德（E. P. Westerveld）[1]的论述。在涉及军舰的战术价值时，韦斯特韦德曾一针见血地指出了小型海军的困境：

我国建造战舰的关键因素，在于尽可能为小船配上大炮，也只有如此，它们才能在被敌人纳入射程和击沉之前发扬火力。[2]

另外，在介绍"瑞典"号和"维纳莫宁"号时，我们还提到：虽然军方选择了合适的设计，但在技术角度，这些工程对于民间船厂却是一片未知的领域，同时还给议会和政府制造巨大的财政压力。在一些情况下，这会导致工期拖延或变长，比如"彼得·斯克拉姆"号就是这种情况，该舰的订单最初于 1896 年下达，但直到 13 年之后才建造完毕。不仅如此，即便这些军舰相对较新，预算和其他因素也会影响它们的使用，有个事实就是明证：在本书提到的军舰中，不管最终命运究竟如何，其中有九艘都因为各种原因经历过长期的封存和搁置。

另一方面，不管这些军舰是国产还是来自海外，为了舾装、调试或是对该舰进行长期维护，期间必然会涉及许多重大的海军技术转让。其中一个例子是哥本哈根海军船厂（Orlogsværftet），该厂建造岸防舰的能力源于 1862 年时，丹麦向格拉斯哥的罗伯特·纳皮尔公司（Robert Napier & Sons）采购了"罗尔夫·克拉克"号（Rolf Krake）炮塔铁甲舰，随之而来的一切最终为"彼得·斯克拉姆"号的建造奠定了基础。而在"拉托雷海军上将"号上，智利海军曾两次获得了英国海军的最先进技术：其中第一次是在 1920 年，英军转交了还是"加拿大"号（HMS Canada）的该舰时；第二次则是 1929 年至 1931 年，该舰在达文波特（Devonport）接受现代化改装时。

---

[1] 译者注：此人的全名为埃弗特·韦斯特韦德（1873—1964 年），他后来还担任过海军部长和首相。

[2] 出自 E.P. 韦斯特韦德的"论我国驻东印度群岛的防卫舰队"（Onze marine in de Indische Krijgskundige Vereeniging），此文摘自《海军杂志》（Marineblad）第 22 辑（1907—1908 年号）第 948 页。韦斯特韦德是荷兰在 1922—1925 年期间的海军部长。

1938 年夏天，在"胡德"号的后甲板上，英军官兵正在用茶点招待逃离西班牙内战的难民。在各种历史记录中，人们经常忽略军舰开展的人道救援工作。

这种转让不仅涉及了引擎和火炮等设备，还包括了专业的操作知识。因为我们都知道，购买装备和熟练操作永远是两码事，在战斗环境中尤其如此——有外国顾问随行的"镇远"号就是证明。不过，最有代表性的例子还是"戈本"（严君塞利姆苏丹）号，它在 1914 年被连人带舰移交给了奥斯曼帝国海军。但有时候，传播这种知识的可能是某些特殊的个人。何塞·托利比奥·梅里诺（José Toribio Merino）就是其中之一，他曾作为海军中校在美军轻巡洋舰"罗利"号（USS Raleigh）上服役，后来成了智利海军总司令和军政府成员。二战中在太平洋战场上服役的经历，帮助他为"拉托雷海军上将"号的损管中心和战情中心撰写了运转指南，后来，它们也成了智利海军的通用规范。

如果军舰想要拥有和保持远航能力，一个国家还必须完善行政体系、扩建基础设施，这些工作经常会成为一项国家工程，持续时间往往比这些军舰的服役期还要久远。对于海军强国，相关记载已经非常详尽，但本书也将目光投向了西班牙、巴西和阿根廷等相对不为人知，但同样具有指导意义的案例。围绕着"阿方索十三世"号，作者奥古斯丁·拉蒙·罗德里格斯便介绍了 1909 年时英国公司组成的财团曾如何主持了西班牙新舰队的建设——它们利用专业知识，为西班牙缔造了一个几乎完整的军工体系。结果，这些财团不仅只用 10 年时间便实现了目标，还赋予了西班牙主力舰建造能力——这种能力一直存续到今天。另外，正如若奥·罗伯托·菲尔奥在"米纳斯吉拉斯"号一章中展现的那样，对建造一支以战列舰为核心的海军，巴西政府始终将其视为时代的重大挑战，期间，他们也始终在国家层面努力试图解决一些无法回避的问题：这些问题一部分来自硬件和人员层面，另一部分来自战略领域，而且与其独有的社会和政治环境不无关联。同样，在阿根廷的案例中，吉列尔莫·安德烈斯·奥亚尔萨巴尔也介绍了购买"加里波第"号的始末，作为该国装甲巡洋舰队的首位成员，它的到来也需要政府投入重金，建造基地和维护设施。经过政界的长期争论，该国最终在布宜诺斯艾利斯以南 400 英里（1 英里约合 1.6 千米）处、大西洋沿岸的布兰卡港（Bahía Blanca）开挖了一座干船坞——这里后来成了该国最主要的海军基地。不仅如此，这一举动还改变了阿根廷海军的传统活动区域，让它们远离了旧军港布宜诺斯艾利斯所在的拉普拉塔河口一带。因此，"加里波第"号及其姐妹舰的采购不仅改变了阿根廷海军和国家的基础设施布局，还从地理和战略角度改变了两者的定位，进而对该国的外交政策和身份认知产生了深远影响。

尽管在得到了同名的战舰之后，澳大利亚并没有完善管理体系，也没有为增建基础设施大费周章，但该舰的订购和服役不仅让他们保卫了自己的领土和大英帝国的版图，还提振了这个国家的独立意识。事实上，但凡本书囊括的舰船，都曾以自己的方式激起过一个民族的自豪感，或是点亮了他们的历史传统或未来愿景：它体现在 1903 年 8 月日俄战争爆发前夕，有众多外国政要参加的、"光荣"号的下水庆典上；也体现在 1912 年，"联合力量"号的入役仪式上，当时，奥匈帝国的海军上将鲁道夫·蒙特库科里（Rudolf Montecuccoli）伯爵向代表团们保证："我们将建设一支强大的海军，让我国能在地中海的列强中谋取应有的地位。"同样，当"加里波第"号、"米纳斯吉拉斯"号、"乔治·阿维洛夫"号、"澳大利亚"号、"拉托雷海军上将"号和"沙恩霍斯特"号加入舰队时，不管这些军舰是本国生产还是外国制造，它们都成了公众的焦点，甚至是国家的里程碑。这一点绝不是虚言：比如"西班牙"级（España-class）战列舰的建造便大大提升了该国在地中海的战略和外交地位，同样，作为当时日本海军的旗舰，"长门"号的竣工不仅标志着该国在军舰设计建造和外交领域的重大成就，还引燃了公众的爱国热情，甚至被写进诗歌中广为传唱。这种热情甚至蔓延到了普通家庭，1900 年时，挪威新战列舰队的照片和明信片装点了每个沿海家庭的

这幅漫画曾刊登在 1910 年 12 月 3 日里约热内卢出版的期刊——《大锤周刊》（O Malho）头版上——当时正值"反鞭刑起义"结束后一周，其标题为"因为害怕，所以大赦"（The Amnesty of Fear）：在图中，面对战列舰"米纳斯吉拉斯"号和"圣保罗"号的炮口，政客们正在瑟瑟发抖。

"战友"：智利战舰"拉托雷海军上将"号上一个小分队的合影，摄于 20 世纪 50 年代。这种朝夕相处、同舟共济的环境，让他们结成了难以在平民生活中找到的友谊。

房间。就算它们的舰体上没有精心制作的装饰，这种爱国情绪也会在选择的舰名上得到体现，就像是"七省"号、"澳大利亚"号和"瑞典"号，这些名字要么直接取自国名，要么能与国家联系起来。在海军文化中，没有哪些军舰像它们一样承载过如此多的荣誉，它们甚至被赋予了身份和人格，这种特点永远不应被人遗忘。

这些舰只所在的社会背景，将我们带向了海军史中最重要，也是最少涉及的领域。这些主力舰的建造、运转和维护都费用惊人——更不用说它们背后的一整支海军。最终，这些开支都会分摊到纳税人身上，并直接或间接地与普通居民产生联系。具体而言，它们不仅会为成百上千名男性及其家属提供就业岗位，还会产生政治影响。其中一个例子发生在 1909 年，当时，海军上将约翰·费希尔爵士（John Fisher）呼吁为海军拨款建造八艘战列舰，期间他得到了公众和议会的广泛共鸣。另一个例子发生在一战前，奥斯曼帝国向公众筹集了 750 万英镑，试图购买战列舰"雷沙迪耶"号（Resadieh）和"苏丹奥斯曼一世"号（Sultan Osman-i Evvel），但这些尝试最终失败。1912 年 1 月，瑞典全国都在强烈抗议政府取消建造装甲舰的想法，不仅如此，他们还在一年内捐款多达 1700 万克朗，对建造 1 号舰"瑞典"号绰绰有余。与专业知识领域的情况一样，公民个人也有可能在购舰中发挥重大作用，比如希腊金融家乔治·阿维洛夫，他的捐赠便让希腊政府为一艘装甲巡洋舰付清了定金——该舰后来以他来命名。

表面上看，战列舰的任务就是参加战争，根据形势不同，他们将用于震慑敌人，或是防备敌人入侵。但事实上，这些有成百上千名舰员操纵的大船还经常充当着一个国家的象征，在公众心中的地位注定不同于其他武器。由于在 70 年后的今天，一个国家武库中最强大的装备往往被掩藏起来，今天的人们可能永远无法理解当年的情况。

这些战列舰之所以独一无二，与 19 世纪下半叶的技术进步不无关联。此时，它们的建造和运转成本和复杂程度已大幅上升，至于一流产品的入役数量则显著降低——于是，战舰愈发成了一种凝结先进技术、强大火力和民族认同感的特殊产品。它们既能从容地穿越大洋，担任和平年代的外交工具，也能充当本国海上实力的象征：这种情况不仅在历史上前所未有，还充分激发了公众的想象力，比如北洋海军的"镇远"号（即"镇慑远方"之意），它的名字根本就不是机缘巧合而来。

事实上，只要是本书涉及的舰只，几乎都曾前往外国港口进行过意味深长的访问，从 1886 年"镇远"访问长崎，到 1947 年"密苏里"号访问里约热内卢，情况似乎无不如此。这些航行可能是一场计划好的礼节性访问，也有可能肩负着官方使命，

一等水手长约翰·戴维森（John Davidson）：他在 1946 年作为一等水兵登上"密苏里"号，后来又在该舰于 1986 年重新服役时重返岗位，并在两年后作为指挥军士长退休。像他这样的资深士兵既是全舰的主心骨，也是水手和军官之间必不可少的纽带。

还有可能是某次大规模远航的一部分，它们之中有些可能会持续数月，其中最好的例子就是1907至1909年的"大白舰队"的远航，它标志着美国海军成了一支全球性力量。另外，为了添加燃料或补充给养，这些海上巨兽也会开入别国的港口或锚地，但即便是这种寻常事件，也依旧会令旁人肃然起敬。当"胡德"号于1925年1月在里斯本港外停泊时，当地报纸上发表的一篇文章便体现了这种心态：

> 伟大的"胡德"号——这艘世界上最强大的战舰……已经在塔霍河（Tagus）水域停泊了一个星期，它一动不动、神秘且难以捉摸。直到昨天，这头沉睡的怪物依旧紧闭着甲板，并以此抵御着所有乘船经过的、试图窥探这座非凡堡垒的人们的好奇心。这是一项毫无希望的任务。以英国人一贯的方式，"胡德"号停泊着，让人既无法窥探，也无法接近。[1]

就像两次世界大战间的"胡德"号，或是1946至1949年之间的"密苏里"号一样，在某个时期，军舰会专门从事外交活动，并因此驰名世界。在今天，这种现象的意义经常遭到忽视：在和平时期，这些活动不仅为战列舰赋予了另一重身份，还让它们赢得了声誉。期间，它们将会作为国家代表展现给世界，另外，上面锃亮的大炮和光洁的柚木甲板，也不会淡化它们作为武器的属性。这种声誉还经常体现在另一个层面：提供宝贵的人道主义援助。比如在1907年，"光荣"号曾在墨西拿（Messina）地震救灾中做出了辛勤的努力，又比如在1938年的西班牙内战期间，"胡德"号曾将许多难民运到了安全地带。事实证明，战列舰虽然威力巨大，但同样可以救人于水火。

另外，海军历史学家也会将目光转向全钢制战列舰的另一重身份：即海战中的主力兵器。也正是因为如此，他们会把目光投向几个相关领域，比如设计、建造和作战等。但如果把这些放在一个更大的背景下加以分析，其叙述便不只会局限于性能、战术与战略层面，而是会伸向更宽广的维度。事实上，虽然本书列举的案例有限，但依旧展现了一个无可回避的事实：诚然，在这些舰只中，大炮发出过怒吼的只有少数，但这一点恰恰证明，在主力舰的购置和保养上，各国花费的巨额资金其实物有所值。

---

[1] 出自《消息报》（Diário de Notícias），1925年1月29日号。

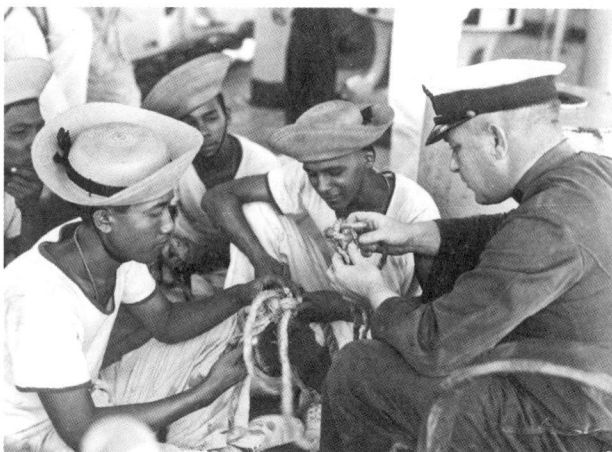

20世纪30年代，一位荷兰士官正在装甲舰"七省"号上教印尼水兵如何打绳结。多民族舰员的存在，让舰上的生活变得复杂而多彩。

在战列舰"耶拿"号的厨房外排队打汤的水兵，摄于1905年前后——提供营养健康的食物，是保持全舰士气的重要因素。

1896 年后，随着"加里波第"号及其姐妹舰陆续服役，阿根廷终于与智利实现了军事平衡，以此为基础，该国先是在 1899 年平等地解决了边界争端，接着又在三年后开启了限制军备谈判。就挪威而言，在从英国采购了"埃兹沃尔德"号等四艘岸防战列舰后，该国终于有实力和自信结束与瑞典的百年联盟，并在 1905 年宣布国家独立。不过，虽然"埃兹沃尔德"号和姐妹舰们在一战中成功维护了国家的中立，但在 1940 年却遭遇了失败。丹麦海军的"彼得·斯克拉姆"号等岸防战列舰的情况也是如此。同样，尽管"七省"号在一战中捍卫了荷属东印度群岛，但在 1942 年，日军大举来袭时，该舰还是和荷兰海军的很多舰船一样过时了。瑞典的情况则有所不同，虽然"瑞典"号等主力舰竣工太晚，没能赶上一战，但它们仍在二战期间守护了国土，让德国不敢来犯。同样，虽然"维纳莫宁"号和姐妹舰"伊尔马利宁"号（Ilmarinen）没能改变芬兰在二战中的命运，但在该国于 1944 年 9 月签署停火协定前，它们还是成功地遏制了苏联和德国人的企图，让后两者不敢染指南部沿海及附近的岛屿。另外，就像是理查德·佩尔文在战列巡洋舰"'澳大利亚'号"一章里指出的那样，

"终身相伴"：在照片中就座的是"胡德"号上的司炉长哈里·沃森（Harry Watson），他有一个绰号"双层底司炉长"（Double Bottom Chief Stoker）。沃森在"胡德"号上服役了 21 年，并在 1941 年 5 月 24 日与舰同沉。

该舰的存在不仅打破了德国在太平洋的布局，还把海军中将马克西米利安·冯·施佩伯爵的舰队从大洋洲向东一路赶到了南美。在有些情况下，本卷介绍的军舰甚至对传统的战略理念构成了挑战。在"'利托里奥'号"一章，阿里戈·维利科尼亚便认为，关于二战地中海战场，外界对意大利海军的传统看法存在误区，即便意大利败局已定，该舰依旧是个举足轻重的存在。

在我们列举的上述军舰中，有些从来没有参加过战斗，有些战斗记录极为有限，但它们仍然取得了种种成就。不过，公众却对另一些军舰的诞生和服役印象更深——因为这些军舰在战斗中赢得了荣誉，其中一个例子是"光荣"号（尽管该舰的牺牲最终被证明是徒劳的）。另一个例子是齐西斯·福塔基斯笔下的"乔治·阿维洛夫"号：该舰于 1911 年 9 月抵达爱琴海——在这个近代史中的关键时刻，它几乎单枪匹马地迎战了奥斯曼帝国海军，如果不是它的存在，希腊在第一次巴尔干战争中将无法获得那么多的土地。与此同时，"戈本/严君"号在成为新土耳其海军的支柱之前，也曾为一战同盟国的利益贡献良多。最后，作为德国重建海军时昂扬精神的缩影，"沙恩霍斯特"号从宣传和实战角度都取得了巨大的战果，它的舰员们也保持着高昂的士气——正如托马斯·施密德在章节中展示的那样，最终，他们带着这种精神，毫不畏惧地奔向了最后的战斗。

然而，战舰的地位和声望可能会成为一把双刃剑。正如冯青所说，有数十年的时间，被日军俘虏的"镇远"号都让中国人民羞愤难平；另外，就像 1931 年因弗戈登（Invergordon）的英国水兵兵变一样，发生在"米纳斯吉拉斯"号、"拉托雷海军

① 出自埃里奥·莱恩西奥·马丁斯（Hélio Leôncio Martins）所著的《水兵起义，1910 年》（A Revolta dos marinheiros, 1910）[圣保罗，国家出版社（Cia. Editora Nacional）和里约热内卢巴西海军档案馆，1988 年联合出版]，第 52—53 页。

② 这一提法来自罗纳德·斯佩克托（Ronald H. Spector）的《在战场，在海上：20 世纪的水兵和海战》（At War at Sea: Sailors and Naval Combat in the Twentieth Century）[纽约，维京出版社（Viking Press），2001 年出版]一书，以及约翰·里夫（John Reeve）和戴维·斯蒂文斯（David Stevens）联合编辑的《海战的面孔：现代海上战争的切身经历》（The Face of Naval Battle: The Human Experience of Modern War at Sea）[南威尔士州圣伦纳兹（St Leonards, NSW），艾伦 & 昂温出版社（Allen & Unwin），2003 年出版]一书。

上将"号和"七省"号上的叛乱也对其所属海军和国家的形象造成了沉重打击。还有，"耶拿"号的灾难还动摇了法国海军的自信，并证明了新技术的危险性；至于"胡德"号被德军新锐战列舰击沉、舰员几乎全部身亡的事件则打击了整个民族的士气，让英国民众的内心荡起了失败主义的幽灵。但伤害最大的也许是这样一种情况：曾被誉为"国家保卫者"的军舰会将炮口对准人民，就像是"米纳斯吉拉斯"号和"圣保罗"号（São Paulo）在瓜纳巴拉湾（Guanabara Bay）炮击不设防的里约热内卢时那样：

　　最大的威胁是这些浮动堡垒本身，当它们在城市近海巡航时，上面的炮管徐徐扬起，炮塔挑衅地来回转动。采购这支新舰队前后的宣传，更是加剧了这种恐怖的效应……这则消息带来了毁灭性的影响，因为它激起了人们心中的恐惧——现在，人们都看到，这些威力惊人的武器竟被用来对付自己。①

　　这段评论，也将我们引向了海军研究中所谓的"人本因素"（human element/human factor）②——它也构成了本书的一个重要主题。在海军中，日常生活有一个显著的特征：一艘军舰无论大小，都充当着舰员们的家园、工作场所和武器，不仅如此，它还是一个庇护所，保护着他们免遭风浪的无情侵袭。从这个角度，再加上舰上人员众多、工作异常艰苦，军舰的日常运转要比其他军事组织更讲究团结一致。此外，军舰上的小社区也是一个大群体——海军——的组成部分。由于海军受政府的支持和引导，因此，它也是政府的外在反映，同样，社会和文化也与海军存在着类似的关系——这一切都会影响舰员，让他们注定要受到时代的影响。在本卷涉及的时期，社会和政治领域都出现了很多颠覆性的变化，有些军舰发挥了重要作用，其中许多都在本书中有所提及。

　　由于军队有着职业化的趋势，无论过去和现在，军舰上的生活都有一个显著特

"战争与纪念"：在威廉港的纪念碑前，"沙恩霍斯特"号战列舰的老兵和幸存者向二战中随舰丧生的近 2000 名水手献上花环。

征：即军官和士兵之间存在着明显的阶层划分，另外，高级士官（还有准尉以及其他类似的"中间阶层人员"）也被不同程度地赋予了地位和权力。无论是各个阶层的生活条件差异，还是他们彼此之间的关系，都为我们提供了一个对比各国海军的出发点，而本书将在这方面为读者们提供这样一个前所未有的了解机会。不过，在分析时，我们也将适当考虑到纵向的时代变化——它们对所有国家都有影响：举个例子，1920 年"胡德"号服役时，上面逆来顺受的舰员们显然和于 1941 年战时紧急征募（Hostilities-Only）的舰员不同，而在另一些军舰，比如 1915 年服役、1946 年退役的"厌战"号（HMS Warspite）上，这种变化可能更为明显。

在本卷涉及的几乎所有海军中，其军官都或多或少地接受过职业化训练，只有北洋海军是个例外——虽然其中一些军官是福建船政学堂（Fujian Naval Academy）的毕业生，但更多则是从清朝的官僚系统中升迁过来的。无论这种训练的性质如何，对于几乎所有海军，阶级结构和关系都会在其中有所反映：一个例子是革命前夕的沙俄海军，其中的官兵相互猜忌（不过"光荣"号是个例外）；另一个例子是希腊海军，在"乔治·阿维洛夫"号的服役历程中，紧张的社会和政治氛围一直困扰着这艘军舰。在英国皇家海军中，阶层之间的关系相对比较融洽，但挖苦下属或奉迎上级的情况依然存在，而北欧国家，舰上的氛围要相对宽松。美国海军也一样，虽然有种族歧视存在，但上下级关系总体是和谐的。事实上，很难想象，在 1945 年，除了美国，会有其他海军给出像"中途岛"号（Midway）航母一样的新兵指导规范：

军事礼节

对于别人，无论他是你的分队长还是一名见习水兵，你都要做到礼貌和周到，毕竟，数百个人一起生活和工作的路还很长，摩擦总是在所难免。记住：敬礼时务必庄重，务必用愉快的语气说"遵命，长官"——"长官"两字尤其不要忘记。在军官住舱要脱帽，该立正时一定要立正。此外，你还要保持一种自豪的心态——它也是一名有自尊心的水兵熟悉本职工作的标志。你的上级军官，甚至舰长，可能都不比你优秀。他们也知道这一点。对此，你没有必要通过粗鲁的行为加以证明。我们都是美国人，并为此感到骄傲！敬礼、立正、尊称军官为"长官"只是海军礼貌的一部分。在平民生活中，你也会以其他方式表达礼貌，两者殊途同归。[①]

在战列舰上，如果上级的命令遭到了水兵的抵触，整艘军舰将立刻瘫痪。也正是因此，所有海军都赋予了执法士官巨大的权力，以便让他们贯彻军事纪律。在英国皇家海军和澳大利亚海军中，纠察长（Master-at-Arms）地位极高，是舰上唯一一位拥有单独舱室和铺位的非军官。除了纠察长之外，美国海军还在舰上设置了一位助理高级水手长（Master Chief Boatswain's Mate），以便为舰长和舰员充当资深顾问。不过，虽然长期的服役赋予了这些高级士官特权、隐私和独立的生活空间，但在很多情况下，他们的工作也相当繁重。在荷兰海军中，纠察长（Chef d'équipage）不仅负责舰上的纪律，还充当着下级士兵、军官和舰长之间的联络渠道，这一职责范围似乎远远超过了他们在英国皇家海军和美国海军中的同行。不过，与俄军的分队水手长（Rotnyi feldfebel）相比，他们的权力还是相形见绌，这些士官各自指挥着战列舰上的

① 本内容出自《"中途岛"号：个人信息指南册》（USS Midway <CVB 41>: Personal Information Booklet）（具体出版日期不详，出版年份为 1945 年）的第 24—25 页。

一个分队（全舰上的分队通常有八个），不仅要保证麾下士兵的忠诚和纪律，还要负责监督勤务、批准请假或是发放薪水和服装补贴。

考虑到岸上工人阶级的艰辛生活，总的来说，在本卷涉及的年代，舰上的生活可谓改善巨大。不过，这些未必都会体现在一支海军身上，而且在这一时期，舰上的环境都和一个世纪前水兵们熟悉的情况几乎没有区别：船尾是军官们带固定铺位的单间，舰首是水兵们带吊床的通舱；前者在设施齐全、空间宽敞的起居室内进餐，而后者只能在狭窄的通舱内清出一片区域，吃饭时脸几乎要紧贴着饭碗。下级水兵的生活之所以得到改善，首先是人们逐渐了解了蒸汽舰船上海员的实际需求——它和帆船上的情况截然不同。接着，外界也开始正视水兵们日渐增长的社会和教育需求，而这一切，又都与岸上发生的变化不无关联。总之，在 20 世纪初期，外界为改善舰员的生活条件做了巨大努力，特别是在卫生和食品方面。菲利普·卡雷塞提到，1903 年，沃耶卢（Voeilaud）海军上校曾与马尔基（Maquis）海军少将讨论过"耶拿"号上的水兵淋浴设施问题，它便是其中的一个典型案例。

众所周知，在海上，低劣的伙食也经常引发水兵骚动，在本书涉及的时期，各国海军都在努力予以解决。在 1920 年，"胡德"号服役时，英国皇家海军便用"中央厨房"（General Messing）取代了风帆战舰时代的"分散炊事系统"（Canteen or Broadside Messing）。这意味着，舰员的伙食得到了统一供应。另外，在 1944 年，"密苏里"号又用自助餐厅替代了自 20 世纪 30 年代后一直沿用的中央厨房。另一个问题是众口难调。在"镇远"号和北洋舰队中，由于来自五湖四海的水兵口味各异，厨师们经常需要单独备餐。在荷属东印度群岛也一样："七省"号为欧洲和印尼的水兵提供了不同的菜肴。"严君塞利姆苏丹"号也有类似的情况——该舰的舰员来自德国和土耳其，有着不同的文化和宗教背景。从这个角度，我们也许不难理解意大利海军的做法：他们不培养炊事兵，而是直接从商业餐厅聘请专业厨师。

在正餐之外，许多海军还会提供副食或零食，例如酒精饮料——从 17 世纪引入英国皇家海军的朗姆酒，到德国大型军舰上酿造的啤酒，再到荷兰的杜松子酒和地中海国家海军的葡萄酒，情况莫不如此。美国海军虽然自 1914 年以来都厉行禁酒，但舰上绝非没有一滴酒精，在军官中间尤其如此。而在 20 世纪 20 至 30 年代，"严君塞利姆苏丹"号上生活的一个亮点就是晚上分发拉克酒（Raki）时的酒香。此外，舰上还会用宗教活动、饲养宠物或吉祥物等办法维持士气——当然，这些内容完全可以独立成篇。

虽然物质条件的影响很大，但决定舰员福利和士气的还是舰上的管理制度——在很大程度上，这些又是地面上的管理制度的复刻。在 1890 年时，除了巴西，本书提到的所有海军都放弃了鞭刑，取而代之的是一套惩戒系统，用剥夺权利、停发薪水或是加派劳役等手段来处罚轻微的违纪行为。此外还有舰上的短期禁闭，如果情节严重，肇事者会被送往岸上关押并接受起诉。尽管如此，对于英国皇家海军的少年兵（Boy）或军官候补生，体罚仍是一种常规或非常规的约束手段，日本海军中更是形成了一种残虐下属的风气，它源于江田岛海军兵学校中对学员的虐待。当然，规章和执行往往是两回事，虽然北洋舰队对轻微罪行的惩罚非常严厉，但毫无疑问，肇事者经常可以通过行贿脱身。同样，1918 年，在奥匈帝国的战列舰"兹林尼"号（Zrinyi）

上，美国海军的 E.E.哈兹莱特（E. E. Hazlett）海军中校曾发现过许多恐怖的刑具，但没有证据表明它们经常派上用场。

尽管反抗是危险的，但由于环境艰苦、工作繁重、伙食恶劣或是军法严酷不公，水兵们仍会受到政治鼓动，特别是在外界的压力下，比如有人跨过了"红线"，或是社会和政治局势急转直下。其结果往往是兵变，它影响了本书涉及时期的大部分海军。1905 年的"波将金"号（Potemkin）、1917 和 1921 年的喀琅施塔得、1918 年的卡塔罗（Cattaro）和基尔（Kiel）、1919 年的法国黑海舰队①、1944 年的加利福尼亚州芝加哥港(Port Chicago)②、1946 年的皇家印度海军③，以及 1949 年的中国巡洋舰"重庆"号（Chongqing）都是典型案例。而在本书涵盖的 21 艘军舰中，有 8 艘都经历过形式各异的兵变，它们包括了 1919 年"澳大利亚"号上的集体抗命事件，以及 1931 年在因弗戈登的英国大西洋舰队中，因薪水问题爆发的大规模罢工（它也蔓延到了"胡德"号上），还有"光荣"号早年的政治骚乱和后来的全面反叛（其直接理由是薪水问题，但也受到了政治和社会局势的影响），更不用说 1931 和 1933 年，发生在"拉托雷海军上将"号和"七省"号上那些惨遭镇压的哗变。此外，"乔治·阿维洛夫"号上一连串的叛乱也不得不提，它也成了该舰服役经历中的某种"特色"，这些兵变最初是阶级差异、爱国精神和政治问题引发的，但后来也是因为生活条件恶劣。不过，革命（还有起义）和这些大规模的抗命 / 叛乱明显不同。本书便提到了两个例子。其中之一是 1936 年 7 月西班牙内战爆发时，战列舰"西班牙"号（原名"阿方索十三世"号）在费罗尔（Ferrol）的起义，这次起义最终失败；另一个例子是 1910 年 10 月，战列舰"米纳斯吉拉斯"号上的"反鞭刑起义"（Revolt of the Lash）——它对整个巴西社会影响深刻。

这场起义因士兵不满鞭刑而爆发，并充当着一个明证：战列舰在很大程度上是一个国家（或是跨国实体）人口、社会和政治情况的缩影。就像是"光荣"号上的舰员反映着沙皇俄国崩溃前的阶级裂痕，或是"联合力量"号上的多民族水兵体现了奥匈帝国解体前的民族概况一样，"反鞭刑起义"也反映出了巴西推翻帝制后，在种族领域出现的社会危机。此外，除了潜藏的军纪和种族问题，这一事件也是由于新舰过于庞大和复杂，令舰员难以磨合导致的，它不仅从组织和技术层面给巴西海军带来了严峻挑战，还提升了水兵们的自我期许——他们认为，自己应当得到上级的尊重。同样不可否认的是，在"反鞭刑起义"期间，凭借猛烈的炮火和巨大的象征意义，"米纳斯吉拉斯"和"圣保罗"号还影响了政府的决策。甚至可以说，在 1910 年时，没有哪些军舰能像它们一样令一国政府如此难堪。

本书的各个章节还提供了一份迟到的提醒：战列舰并不是单纯的技术产品，而是一种包含了民族价值观和国家愿景的集合体，它是一种复杂的文化现象，也是一个小型的社会组织。在战争年代和和平岁月，这些元素都和舰内的组织和指挥体制交织在一起，极大地影响了军舰的运转和士气。不仅如此，它还会孕育出一种独特的氛围，并和军舰的技术性能相互结合，影响它们的战斗力和战场表现。因此，在涉及战列舰时，海军史不仅应涉及这些舰只的采购、设计、建造，还应将触角伸向它们在国内外环境下的服役经历，同时也应当包含它们在微观层面的运作，比如单个或全体舰员的日常生活和精神世界。"胡德"号轮机班的成员，大概都知道古怪的首席机械

① 译者注：这次兵变发生在 1919 年 4 月的"法兰西"号（France）和"让·巴尔"号（Jean Bart）等军舰上。当时，法国政府正在派遣它们干涉苏俄革命，这引发了舰上水兵的不满。兵变者要求立刻回国，并停止对苏俄政权的干涉。最终，法国被迫宣布撤军，但一部分兵变的参与者后来遭到了政治迫害。

② 译者注：芝加哥港位于美国西海岸的加利福尼亚州。1944 年 7 月 17 日，一艘在当地装货的军火船突然爆炸，导致超过 600 人死伤，其中大部分是应征入伍的黑人水手。事故发生后一个月，由于当地的作业环境仍不安全，数百名军人公开抗命，拒绝装运弹药。这次事件后来被称为"芝加哥港兵变"。

③ 译者注：这次事件最初始于印度水兵对舰上伙食的不满，并很快从孟买港扩散到了印度多个城市。2 月 21 日，全部印度海军人员都加入了哗变者的行列。这次事件严重动摇了英国在印度的统治基础。

师（Chief Mechanician）查尔斯·博斯托克（Charles W. Bostock），这个人最骄傲的财产是一份内特利精神病院（Netley Mental Asylum）开具的证明，上面显示他没有精神问题；还有舰上的司炉长（Chief Stoker）哈里·沃森（Harry Watson），他在船上工作了 21 年，对双层底的了解无人能及——此人和军舰的关系堪称至死不渝。事实上，只要是研究军舰的历史，我们总会在其诞生或存在的每个阶段发现一个关键角色：从北洋舰队之父、直隶总督李鸿章，到因犹太血统而遭受迫害的、"利托里奥"级的总设计师翁贝托·普列塞（Umberto Pugliese）；从穿着正统派犹太教装束、在纽约海军船厂（New York Navy Yard）为"密苏里"号的布线忙碌数月的曼纳汉姆·斯奇尔松（Menachem Mendel Schneerson，他后来成为犹太教"卢巴维奇"运动的第七任，也是最后一任拉比）[1]，到"埃兹沃尔德"号舰桥上急性子的海军少将乌尔班 - 雅各布·博雷森；从"米纳斯吉拉斯"号甲板上手持望远镜的"黑提督"若奥·坎迪多（João Cândido Felisberto），到在北海的"澳大利亚"号上蹚过淹水住舱，向着自己吊床赶去的少年兵威廉·瓦尔纳（William Warner），再到"沙恩霍斯特"号最后一战中，在地狱般的轮机舱中鼓舞部下的海军少校奥托·柯尼希（Otto König）。这些人（还有无数像他们一样的人）的经历存在着某种闪光点——这些闪光点赋予了他们的军舰一种不凡的属性。

没有人否认：海上生活的焦点是人，但极少有历史学家关注舰员的光荣和痛苦、恐惧和疲倦，更不用说他们的出身，或是各种生活细节。情况之所以如此，也许是因为这项工作很可能繁重且徒劳：由于记录已被破坏和遗忘，将舰上生活的点点滴滴（如人员结构和生活氛围等）拼合在一起并不容易，更何况它还需要以技术为背景，把军事、制度和社会史结合在一起。[2]在这种情况下，舰上生活也许会融入一个更大的背景中，甚至在某些方面变得无足轻重。由于战列舰是一个国家和社会倾全力建造的，最具气势、最富挑战，也是影响最深远的产品，如果不那么做，对海军史的全景式论述就会出现遗憾。而本卷的 21 个章节打破的正是这道墙壁，并充当着扭转这种遗忘的第一步。

① 出自米尔顿·费希特尔（Milton Fechter）的"在'密苏里'号上布线"（Wiring the Missouri）一文，网址为：http://www.chabad.org/therebbe/article_cdo/aid/141185/jewish/Wiring-the-Missouri.htm[2018 年 3 月访问]。

② 参见塞尔吉·杜富隆（Serge Dufoulon）的《海军的伙计们：一艘军舰上的人物群像》（Les Gars de la Marine : Ethnographie d'un navire de guerre）[巴黎，梅泰里耶出版社（Editions Métailié），1998 年出版]，以及克雷格·菲尔克（Craig C. Felker）和马库斯·琼斯（Marcus O. Jones）编辑的《海军史的新解读：2009 年 9 月 10—11 日，美国海军学院海军史研讨会的 16 份精选论文集》（New Interpretations in Naval History: Selected Papers from the Sixteenth Naval History Symposium Held at the United States Naval Academy, 10-11 September 2009）[罗德岛州纽波特（Newport, R.I.），海军军事学院出版社（Naval War College Press），2012 年出版]一书中由布鲁斯·泰勒撰写的"武器和人：英国航海社群研究的一些切口，1900—1950 年"（Arms and the Man: Some Approaches to the Study of British Naval Communities Afloat, 1900-1950，第 61—72 页）一文。

北洋舰队

炮塔铁甲舰"镇远"号（1882 年）

作者：冯青

1885 年服役时，炮塔铁甲舰"镇远"号是中国最大的军舰，尺寸规格在整个亚洲也是首屈一指。[①]它的服役时间超过 30 年，既加入过清朝的北洋水师，也曾是日本联合舰队的一员，并推动了两国军事政治格局的演变。即使在 1915 年退役后，甚至到现在，它都没有退出中日关系和亚洲海上秩序的舞台。

起源

在内忧外患之下，到 19 世纪中叶，清王朝已是风雨飘摇。为应对时局，从 19世纪 60 年代初开始，满族官僚发起了自上而下的改革，它后来被称为"洋务运动"。其核心是发展军事工业，意在借助西方军事技术，对内维持清朝统治，对外抵御外国入侵。其具体措施包括了兴建兵工厂、造船厂和聘请外国顾问，后者将负责监督中国工匠，提供新工艺和新技术培训。虽然这场运动的重点是陆军建设，但清朝仍组建了四支完全不同的地方性舰队——北洋水师、南洋水师、福建水师和广东水师，它们分别以威海卫、上海、福州和广州为基地。

虽然北洋舰队的历史可以追溯到 1871 年，但它真正成形是在日本海军崛起之后——1879 年，正是倚仗海军，日本吞并了琉球群岛，将其设置为冲绳县，给中国以很大刺激。

在北洋舰队的发展中有一位灵魂人物——李鸿章（1823—1901 年）。他曾在 1870—1895 年担任直隶总督兼北

[①]本书的编辑感谢斯蒂芬·麦克劳林、拉尔斯·阿尔贝格、雷·伯特（Ray Burt）和裴萌（Pei Meng）等人为本章提供的慷慨帮助。

在 19 世纪 80 年代或 19 世纪 90年代，停泊在中国某座港口中的"镇远"号或"定远"号，请注意其舰首龙纹装饰上方的 5.9 英寸单管炮塔。该舰上的船锚已收至甲板，右侧的 12 英寸双联装炮则转向了左舷正横方向。

李鸿章——他是北洋通商大臣、直隶总督，以及"北洋舰队之父"。这张照片上的文字不仅列出了他的诸多头衔，还表明它是在 1896 年秋天，李鸿章访问纽约时，赠给一位叫米尔斯（Mills）的上尉的。也正是在此期间，李鸿章凭吊了格兰特将军的墓地。

洋通商大臣，对来自东海彼岸的威胁心知肚明。从许多特征上看，北洋舰队并不是清帝国的海军，而更像是李鸿章的私人武装，其任务则是从海上保护京畿地区。

虽然在前期被南洋水师盖过了风头，但后来李鸿章把大部分海防资金都投向了北洋舰队，并有意识地效仿了英国皇家海军。最初，中国准备向英国船厂下达订单，但由于来自俄国的压力，这一计划最终没有实现。有鉴于此，李鸿章于 1880 年 7 月向中国驻柏林公使李凤苞发去电报，要求他向德国斯德丁（Stettin）的伏尔铿船厂（AG Vulcan）订购炮塔铁甲舰——该舰就是"定远"号（字面意为"长久的和平"①）。次年，中方又订购了性能与之完全相同的二号舰——"镇远"号（字面意为"震慑远方"）。连同所有舾装品在内，"定远"号和"镇远"号的单舰造价达到了 620 万帝国马克——既然如此，清政府用这笔款项究竟买到了什么？

设计和施工

"定远"和"镇远"号的建造是在福建船政学堂几位毕业生的监督下进行的，其中最著名的是刘步蟾（后来成为"定远"号的管带）和魏瀚。除了监造，他们还要负责采购军舰安装的装甲和设备。其中，"定远"号于 1881 年 3 月铺设龙骨，并在同年 12 月 28 日下水。1882 年 3 月，可能就在这座已被清理的船台上，"镇远"号的工程正式开启，并在 1882 年 11 月 28 日下水。尽管这两艘军舰都建造于德国，舰体和线型也几乎与 1877 年下水的"萨克森"号（Sachsen）装甲巡航舰完全一致，但在舰体中部设置两座炮台的设计却主要效仿了英国的"不屈"号（HMS Inflexible，1876 年下水），以及较小的"阿伽门农"级（Agamemnon class）和"巨像"级（Colossus class）。"镇远"号的钢制舰体配有撞角艏，全长 297 英尺、宽 63.6 英尺，吃水深度 19.4 英尺，标准排水量为 7144 吨，满载排水量为 7335 吨（含 400 吨煤和 24 吨粮食）。

舰上防护系统的核心是一座长 143 英尺的装甲堡，它覆盖了露炮台、弹药库和机舱，并安装了厚达 16.7 英寸②的复合铁甲。炮塔由 12 英寸的装甲保护，指挥塔和侧面舷墙由 9.5 英寸的装甲保护，水平装甲最厚处可达 3 英寸。构成水线防护的是一条 14 英寸的装甲带，其背面还有 14 英寸厚的柚木。以上装甲的总重量为 1461 吨。

"镇远"号安装了八座克虏伯锅炉，它们将动力提供给两部卧式往复蒸汽机。这些蒸汽机为复合三缸式，由克虏伯工厂生产，指示功率为 7200 马力，在试航时曾使军舰达到过 15.4 节的最高航速——这一点较"定远"号改善不少，后者的发动机指

---

① 译者注：原文为"Eternal Peace"，是欧美军事历史学家对"定远"舰名的较常见解读，但按照中国传统的理解，它实际有"安定远方"之意。

② 译者注：这里关于"镇远"号装甲厚度的说法不确，其铁甲堡的最大厚度实际为 14 英寸。

示功率只有 6200 马力，最高航速只有 14.5 节。"镇远"号的载煤量高达 1000 吨，在 10 节航速下的续航力为 4500 海里，但为了完成从波罗的海到渤海的远航，这两艘军舰还是配备了风帆和索具。由于主炮塔位于前方，且后部的重量没有足够的补偿，该舰存在一定的艏倾现象。另外，舰上还携带了三部 70 千瓦的发电机（用途包括点亮 240 盏电灯和两部探照灯）和海水净化设备，后者将淡水提供给各处的 20 座储水罐，以供满足舰上的 330 名舰员饮用所需。

"镇远"号的主要武器包括四门克虏伯 12 英寸 20 倍径后膛炮，它们被厚 1 英寸的钢制防护罩保护着，布局呈交错式，具备朝同一侧齐射的能力。[1] 然而，正如在 1894 年 9 月黄海海战（Battle of the Yalu River）中的情况一样，任何朝前开火的举动都有可能破坏横跨炮塔上方的轻型飞桥。"定远"号和"镇远"号均搭载了 197 枚 12 英寸炮弹，每枚炮弹都重达 725 磅，理论最大射程为 8530 码。此外，舰上还安装有两门克虏伯 5.9 英寸 40 倍径火炮，这些火炮安装在舰首和舰尾的单管炮塔内，并围绕中央枢轴旋转，其周围有 3.5 英寸厚的垂直装甲和 1 英寸厚护罩的保护。二级武器包括八座 1.5 英寸马克西姆 - 诺登菲尔特（Maxim-Nordenfeldt）型速射炮，在交付前不久，该舰又增添了两门霍奇基斯（Hotchkiss）型 1.85 英寸副炮。此外，舰上的武器还包括了安装在舰首和舰尾的三具 15 英寸[2] 鱼雷管，并配备有 21 枚鱼雷。按照当时的惯例，"镇远"号还随船搭载了三艘鱼雷艇和一艘蒸汽哨戒艇。

尽管这些性能指标令人印象深刻，但"镇远"号的设计并非完美无瑕，其中许多问题更是在 1894—1895 年的甲午战争期间被日军察觉。最主要的问题是主炮射速极低，另外，该舰的干舷极高，这为敌方炮手提供了醒目的目标。[3]

加入北洋舰队

尽管"定远"号于 1883 年 5 月竣工，"镇远"号于次年 4 月竣工，但由于中法战争 [1884 年 8 月爆发，起因是越南东京（Tonkin）地区的控制权之争] 的影响，这些军舰的交付被严重推迟。直到 1885 年 7 月，它们才悬挂着德国商船旗，在德国船员的操纵下向中国驶去。与它们一起出发的还有伏尔铿船厂的另一个产品——防护巡洋舰"济远"号。11 月，三舰抵达天津的大沽港，并在当地与中方完成交接。

作为第一批真正意义上拥有战斗力的舰只，它们的到来让北洋舰队气象一新。早在此前的 1885 年 10 月 24 日，在李鸿章的建议下，海军衙门终于成立，其总理大臣是醇亲王奕譞。至于李鸿章本人则担任会办，并随即任命自己的亲信——陆军军官丁汝昌出任提督。[4] 在各舰抵达天津后不久，李鸿章就亲自巡阅了舰队。在港口内，"镇远"号向他致意，当时，该舰采用了英国皇家海军式的涂装，船体呈黑色，水线附近有一条红色色带纵贯全舰，上层建筑为白色，烟囱、桅杆和炮塔则涂着浅黄色油漆，舰首装饰着代表清王朝的金龙，这一图样也被用在了中国舰船悬挂的三角舰旗上面。"定远"号和"镇远"号不久便被编入现役，成为北洋舰队的骨干力量。后者在旅顺和威海设有基地，各种年度例行工作也很快步入正轨。整个冬季，北洋舰队将离开北部各港前往南方，与南洋舰队一起在浙江、福建和广东等省份巡航，有时还会前往东南亚各地的港口。在春季、夏季和秋季，包括"镇远"号在内的各

① 相关情况可参见《世界的舰船》第 486 期（1994 年 9 月号）第 144 页由高须广一撰写的"黄海海战：战斗经过及后续"一文，以及包遵彭编著的《中国海军史》（中国台北，海军出版社，1951 年出版）一书。

② 译者注：这里对"镇远"号鱼雷的相关描述有误，其口径应为 14 英寸，其中两具位于铁甲堡前方的左右舷，而非舰首，而另一具则位于舰尾中线上的舰长室内。

③ 出自 1894 年 8 月 16 日《东京朝日新闻》中的"'定远''镇远'之缺陷"一文。

④ 参见池仲祐所著的《海军大事记》，出自沈云龙主编的《近代中国史料丛刊续编》第十八辑（中国台北：文海出版社，1975 年出版）第 11—12 页。

在斯德丁的伏尔铿船厂完成建造的"定远"号，拍摄时间也许在 1883 年至 1885 年之间。由于中法战争，它和姐妹舰"镇远"号的交付被大幅推迟。另外，请注意安置在舰体中部的鱼雷艇。

① 译者注：此说法有误。首先，"平远"号直到1890年才加入北洋舰队。其次，在其余六艘巡洋舰，即"经远"号、"来远"号、"致远"号、"靖远"号、"超勇"号和"扬威"号中，"经远"号与"来远"号实际上更接近于装甲巡洋舰，而"超勇"号和"扬威"号则属于无防护巡洋舰的范畴。

② 出自《日俄战争兵器·人物事典》（东京，学研社，2012年出版）第270页。

③ 译者注："总管轮"系根据英文"senior engineer"翻译而来，但按照《北洋水师章程》，"镇远"号的"总管轮"只有一人。

1885年，刚刚完成准备工作，准备从斯德丁起航前往天津的"定远"号和"镇远"号。它们悬挂着德国商船旗，并在德国乘员的操纵下抵达了中国。

舰将来到山东、直隶和奉天省的沿海，有时还会北上前往俄国海域开展联合演习。

同时，李鸿章也大力敦促扩充北洋舰队，并广下订单购买新舰。到1889年，该舰队已经拥有了25艘舰船，总排水量超过37000吨。除了"定远"号、"镇远"号和"济远"号外，其中还有六艘防护巡洋舰，除了在中国福州附近的马尾港建造的"平远"号外，其他军舰全部在英国或德国生产。① 除此之外，北洋舰队中还有六艘先竣工的炮舰、三艘训练舰、一艘运输船和六艘鱼雷艇。舰队上下一共有大约2780名官兵。

舰上组织

在"镇远"号刚从德国抵达时，为军舰配备329名官兵的工作便已开始。在中国服役期间，其首任管带是林泰曾，他出生于福建地区的一个显赫世家，第一次鸦片战争（1839—1842年）中的朝廷重臣林则徐和总理船政大臣沈葆桢都是他的亲戚。② 林泰曾本人出生于1851年，曾先后在福建船政学堂与福建水师学习和服役。之后，林泰曾前往西方，于1876年至1879年年间成为中国派往英国的第一位海军学员，并在英国海军的船旁列炮铁甲舰"阿基里斯"号（Achilles）上服役。回国后，他于1880年加入北洋舰队，并先后担任过炮舰"镇西"号、巡洋舰"超勇"号和铁甲舰"镇远"号管带，1885年，李鸿章任命他为副将（Rear admiral）。在这一岗位上，他一直工作到1894年，俨然成了提督丁汝昌在舰队内部的左膀右臂。

为林管带提供协助的，还有一名拥有游击职衔的副管驾，一名帮带大副（Chief officer）、一名枪炮大副、一名驾驶大副和两位总管轮③，以及若干领航员和其他军

官，其中许多都是福建船政学堂的毕业生，并在欧美国家接受过训练。

按照传统，这些军官都被安置在后方主甲板单独设置的舱室内，最后方还有一个大套间，供舰上的高级军官居住。舰上的水兵包括 40 名一等水手、50 名二等水手和 50 名三等水手，此外还有升火、管旗、鱼雷匠、电灯匠、厨师、文案和医官在内的各色人员，他们主要居住在主甲板前半部分的通舱和单间中，和军官住舱之间被发动机舱隔开。他们大多数是从当地驻军和老式舰船上抽调的，还有一些极端的情况——比如从沿海和内河轮船中强征过来。舰上负责管理财务的人员被称为"支应委官"，他们直接向管带汇报，并由管带从亲戚朋友中直接任命。此外，"镇远"号的成员还包括林管带的 16 名夫役，其中有他从故乡福建带来的厨师和家丁。

北洋舰队的用人制度是自成体系的，任人唯亲的情况普遍存在，问题更是不言而喻。尽管包括林管带在内的许多高级军官都毕业于福建水师学堂，有些还曾前往海外留学，并拥有多年的驾船经验，但舰队中唯才是举的情况很少，因"关系"被招进来的人比比皆是。

黄海海战期间，在"镇远"号上服役的马吉芬（Philo McGiffin，参见附录）少校从未掩饰对普通中国军官的蔑视：

> 他们所处的阶层——官僚，是中国最卑劣的一群人。他们历来缺乏勇气和男子气概，而且从不以此为目标。相反，他们只想着爬到一个可以榨取和压迫的位置上，过着不劳而获的悠闲生活。[1]

① 出自阿尔弗雷德·斯托里所著的"马吉芬上校——鸭绿江之战中的'镇远'号副舰长"一文，该文摘自《岸滨杂志》第 10 辑第 60 期（1895 年 7—12 月号，文章第 616—624 页）第 617 页。

在小艇甲板左舷，北洋舰队的水兵站在一门 1.5 英寸马克西姆 – 诺登费尔特速射炮旁，而在更后方还能看到一门霍奇斯基的 1.85 英寸速射炮。本照片摄于 1894 年左右，在最远方还可以看到左舷 12 英寸主炮的炮塔，近景处则可以看到升降索的固定装置。

和北洋舰队的情况一样，"镇远"舰上也存在强烈的区域对立，大多数官兵都来自福建，但很多人的祖籍都是广东。除了语言上的区别，这在伙食上也表现得尤其直观，由于众口难调，中餐地域差异巨大，舰上不得不为来自不同地域的舰员单独准备饭菜。

作为北洋舰队中最大的舰只，"镇远"号搭载着水师学堂的教官和学员。在舰队顶层提供指导的，是英国皇家海军的琅威理（William Lang）上校，他被李鸿章招募过来为清政府效力。在 1888 年，根据各舰的职能不同，琅威理以英国海军为蓝本将舰队分成了七队，其中远洋舰船被编入了左翼、右翼和中军，它们各拥有三艘军舰，"镇远"和"定远"分别位于左右翼。鱼雷艇部队的训练则由另一位英国人——罗哲士（Rogers）海军上尉负责。自然，舰队的指挥也遵循着英国人的范本，所有作战命令均用英语传达，但日常指示和操练时的语言则中英文混杂。在军舰上服役的还有许多来自德国、英国和美国的专业人员，他们提供着枪炮、水雷、鱼雷和动力系统方面的指导。其中大部分机舱工作人员都是中国人，在甲午战争之前，外国教习主要负责监督。记录显示，除了安纳波利斯海军学校毕业的马吉芬少校（曾在 1894 年时担任该舰的帮带）之外，"镇远"舰上的外国教习还有四人：他们是负责训练和航海的巴兰柏（H.Plambeck）、衣甫兰脱（D.Iffland）、哈卜门（C.Heckman，德国人）与负责

① 译者注：这里使用的是上述洋员在华服役时使用的中文名，出自《洋员与北洋海防建设》第 182—183 页。该书作者为王家俭，由天津古籍出版社出版于 2004 年。

② 出自奕訢在光绪元年六月初十日的奏折，摘自张侠主编的《清末海军史料》（北京，海洋出版社，2001 年出版）第 616—617 页。

③ 出自谢忠岳主编的《北洋海军资料汇编》（北京，中华全国图书馆文献缩微复制中心，1994 年出版）一书第 993—997 页。

④ 译者注：原文为"广东"（Guangdong），实误。

停泊中的北洋舰队各舰：其中可以看到"定远"号和防护巡洋舰"致远"号或"靖远"号，其中后者由英国的阿姆斯特朗工厂建造，并于 1887 年交付。另外，请注意在"定远"号斜桁上飘扬的北洋舰队三角旗。

机舱的甘美德（Gramraldt），以及负责火炮的希勤勤（Higgins）[1]。但从各个角度来看，"镇远"号的行动都完全由中国人指挥。

经费和薪饷

与征兵一样，北洋舰队的经费同样自成体系，其资金并非由清政府拨付，而是直接筹措自各个地区。该舰队拥有包括广州和福州在内七个口岸海关年收入的 40%，以及上海海关收入的 8%。此外，还有每年来自江浙两省的关税——40 万两白银，以及来自江西、福建和广东的每年 30 万两白银。[2]其中，"镇远"号每个月的行船公费可达 850 两白银，其使用由舰长监管。[3]其他各种必要开销，如煤、发射药、炮弹、舱面、装甲和水线下舰体的维护，以及绳缆、旗帜、各种物资和铜 / 铁 / 木制设备的保养则由海军衙门承办。其中，煤炭由直隶[4]的开平煤矿提供。所有水线以上部分的开支都属于行船公费的范畴，其中包括油漆、油料、纸张、棉纱、纱布、淡水和更换旗帜等。另外，行船公费还包括雇人引港和管带自雇幕僚文书的费用。行船公费的分配将由管带主持的采购会议负责，后者会专门向北洋舰队指定的供货商采购，或者直接从当地商会筹集。

"镇远"号全舰每月的俸饷总数为 5387 两白银。军官和士官（即从管带以下，一直到"经制外委"）都有月俸和船俸，其中管带的这两项收入分别为 132 两白银和 198 两白银。水兵只有月饷，水手正头目的月饷有 14 两白银，一等水手只有 10 两白银，

① 出自《清国北洋海军实况一斑》第42页。

② 出自《清国北洋海军实况一斑》第42页。

一等雷兵则下降为九两白银。至于粮食和服装补贴则包含在了上述薪酬中，官兵可以根据情况决定开销。

舰上生活

全体船员都必须严守军令，如果管带本人有违反现象，将由直隶总督李鸿章直接查办。轻者记过并停薪一月，重者将被降级或革职，最严重的情况将由李鸿章本人亲自审判。逃亡水手将被鞭责八十，监禁一月，临战逃亡者应"斩立决"。其余不法行为将由提督援引雍正元年（1723年）制定的《钦定军规四十条》予以惩处。单凭上述细节，我们也许会以为"镇远"舰上的纪律极为严苛，但实际情况并非如此，因为北洋舰队的生活中也存在着中国社会中弥漫的腐败。正如一些日本报道所说：舰上的抗命和虐待现象屡见不鲜，酗酒、逃亡和犯罪经常被从轻处理或是放任不管，官兵聚赌和吸食鸦片的恶习尤其猖獗。①

丁汝昌提督（1836—1895年）——北洋舰队的司令。

北洋舰队的舰只大多是由西方设计和建造的，但官兵的制服仍遵循着清王朝的传统风格，以长衫为主。尽管进行了一些调整，但各级军官的着装基本和岸上的文武官员相似，只有管带、医官和支应例外。军官们在舰上穿着短款带袖制服，袖口绣有一条龙，还佩戴着西式帽子，冬天的帽檐是羊毛，夏天的帽檐是皮革。其他舰员没有标准制服，平时穿着便服，在海上和岸上均戴着有飘带的小圆帽或传统的檐帽。②

"镇远"号的医官都接受了中医训练，只有一名负责手术的医官除外，此人需要照顾"定远"和"镇远"号两艘军舰。这也意味着，大部分病患都要接受传统治疗。"镇远"号的年度医药费共计白银300两，用于扶助在舰上患病和受战伤、工伤的官兵。

与中国社会的其他领域一样，"镇远"号上的大部分人都信奉传统宗教，在北洋舰队中，最重要的是著名的航海守护神：天妃。它也被称为"妈祖"，历史可以追溯到中国的宋代（960—1279年），主

"定远"号——该舰是丁汝昌提督在黄海海战中的旗舰。本照片大约摄于1892年。请注意第一座烟囱前方的简易舰桥结构，在海战的开局阶段，它很快便被12英寸炮的齐射破坏了。

① 参见冯青所著的《中国海军与近代日中关系》（东京，锦正社，2011 年出版）。

要信奉者居住在沿海地区。官兵们向天妃祈祷，保佑军舰在海上平安无事，军官住舱内还安装了皇帝御赐的神龛。舰上的崇拜现象不仅限于此，每逢农历初一和十五，军舰的桅杆上还会飘扬起写有天妃众多称号之一——"天上圣母"——的红旗。另外，全舰还会在 7 月庆祝佛教和道教的中元节，届时，舰员将祭奠已故的祖先。

日本海军与北洋舰队

在中日甲午战争爆发前，"镇远"号和北洋舰队的各主力舰只（有时还有其他舰队的舰只）一起在 1886 年、1891 年和 1892 年对日本进行了训练远航，并访问了长崎、佐世保、神户、横滨和横须贺。这些远航是李鸿章本人提议的，他不仅希望用远海演习来提高舰队的操舰技巧，还希望彰显国威和推动对外交流，并让日本政府清楚地认识到北洋舰队的实力。当时，日本海军只有一艘主力舰——3717 吨中央炮位铁甲舰"扶桑"号（Fuso，1877 年下水）。正所谓"过犹不及"，这种做法反而加深了日本社会各界的反华情绪，同时也让日本民众愈发担忧来自清朝的威胁。[①]

在第一次巡航中，舰队访问了香港、朝鲜的釜山和元山（Wonsan）和俄国海军基地海参崴。1886 年 8 月，"镇远"号、"定远"号和四艘巡洋舰停泊于长崎期间，发生了一次影响恶劣的事件。在岸上，醉酒的中国水手与当地人爆发械斗，导致八名中国官兵身亡、42 人受伤，二名日本警察丧生，另有 29 名当地人受伤。尽管中方死者更多，但长崎当局却将事件归咎于北洋舰队，他们还认定这次访问根本是别有用心，意在让日本人屈服于淫威。无论事件的真正原因如何，日本政客都开始大肆鼓噪：必

这张从日本辅助巡洋舰"西京丸"上拍摄的照片展现了黄海海战接战时的景象，并且可能是最早的海战实况影像。

须马上购买军舰，抵御中国的"威胁和入侵"。数月之内，他们便订购了三艘"松岛"级（Matsushima class）防护巡洋舰，它们由法国海军工程师白劳易（Louis-Emile Bertin）设计，其中最后一艘在日本建造。尽管与 7150 吨的"镇远"号和"定远"号相比，"松岛"级的排水量仅为 4300 吨，但日本海军深信，它们能够以三打二，有效对抗清军的铁甲舰。不过，由于法国和日本的造船厂都拖延了工期，它们直到五年后才最终服役，但即使如此，日本海军的扩张依旧在大步进行。

另一方面，尽管所谓的"长崎事件"恶化了两国关系，但丁汝昌提督仍在率领舰队前往亚洲各地彰显国威。1891 年，一支由六艘军舰与 1460 名官兵组成的舰队再度前往日本。该舰队分别在 6 月 30 日和 7 月 14 日访问了神户和横滨，还在"定远"号上举行了盛大的招待会，会上有 100 多名日本贵胄、要员以及陆海军高官出席。在这些嘉宾中有吴镇守府的参谋长东乡平八郎（Togo Heihachira）大佐，他趁机参观了中国舰队。期间，他对"镇远"号的管带林泰曾评价很高，说此人身形颀长、肤色白皙，是"北洋舰队中最有威望之人，如宝刀一般，受到下属的尊敬"[1]。但根据马吉芬的描述，在 1894 年的黄海海战中，这个人却张皇失措地躲在下层指挥塔中，神经完全崩溃。[2]

中日甲午战争

1894 年 8 月 1 日，在 20 年的剑拔弩张之后，中日两国因朝鲜半岛的利益冲突爆发战争，其导火索是清朝派出 28000 名士兵平息了夏天爆发的朝鲜东学党起义，日本人认为这违反了 1884 年的《中日天津会议专条》——按照规定，朝鲜政府将接受中日两国的联合保护。当时，大部分西方评论家认为，面对现代化的中国陆海军，日本将不堪一击，但他们完全低估了日军的技战术水平和斗志——后者立即发动攻势，夺取了制海权，并在地面战场连战连捷。其中一部分军事行动是在双方正式开战一周前打响的，包括 7 月 25 日的丰岛海

① 出自小笠原长生《圣将东乡平八郎全传》第 3 卷 [东京，国书刊行会（Kokusho kanokai），1987 年出版] 第 315—316 页。

② 出自阿尔弗雷德·斯托里所著的"马吉芬上校——鸭绿江之战中的'镇远'号副舰长"一文，该文摘自《岸滨杂志》第 10 辑第 60 期（1895 年 7—12 月号，文章在第 616—624 页）第 620 页。

一张经过处理的照片，其中展示了马吉芬在黄海海战中所受的伤——随之而来的身心折磨让他选择了自杀。

马吉芬在黄海海战中死里逃生时的情景。

"I SAW THAT I WAS RIGHT IN FRONT OF THE MUZZLE."

战后留念：德国教习哈卜门在右舷中后部，主桅附近留下的照片，其中还可以看到"镇远"号上的斑斑弹痕。他在黄海海战中负伤，一只手臂打着吊带。据估计，在整个交火期间，"镇远"号一共被命中了大约 220 次。

黄海海战后，千疮百孔的"镇远"号上层建筑，拍摄地点在烟囱侧面。近景处可见在战斗中被切断的信号旗升降索。

战：在朝鲜港口牙山（Asan）外海，中国炮舰被日军俘获和击沉各一艘，租用的运输船"高升"号也遭遇厄运，伤亡逾 1100 人，而日军则毫无损失。当"高升"号的英国船长试图遵照日军的命令投降时，船上人员的哗变加剧了灾难：谈判无果而终，"高升"号被击沉，人员伤亡惨重。由于中枢指挥混乱、政局腐败，所以北洋舰队经费匮乏、物资短缺，实际上处于不利地位，无法主动与新锐的日本联合舰队交战。举一个最有名的例子，李鸿章原本计划用 354000 两白银采购六门速射炮，以提升"定远"号和"镇远"号抗击日本新式巡洋舰的能力，但为了庆祝慈禧太后的 60 寿辰，这笔经费被挪用了，其中一部分在颐和园建造了一艘明轮船式样的大理石石舫。[①]

　　这就是 1894 年 9 月 17 日下午，中日黄海海战在西朝鲜湾打响前的情况。当北洋舰队从旅顺基地出发，护送船前往鸭绿江口时，日本联合舰队司令伊东祐亨（Ito Sukeyuki）中将决定实施拦截，战斗于是开始。两国海军各有 12 艘主力舰，看似旗鼓相当，但凭借着"定远"和"镇远"号，中国海军在装甲和火炮威力上略胜一筹，而日军则在射速、航速和机动性上占据上风，并因此选择了偏主动的战术。在舰队出航时，丁汝昌提督意图让舰队组成单横阵，但却导致了阵型混乱。就这样，"定远"和"镇远"号（值得一提的是，当时其采用的是"低可见度灰色"涂装）渐渐向敌人接近。与此同时，伊东中将也率领两个排成单线阵的分队向中国舰队驶来。"镇远"号的帮带马吉芬对临战时的气氛记录道：

　　皮肤黝黑的人们将发辫盘在头上，把袖管挽到手肘，成群地聚集在火炮所在的甲板上，不耐烦地等待着杀戮和牺牲。

　　沙子被撒在甲板上。为应对更湿滑的状况，还有更多已经在附近备好以供使用。在上层建筑中和看不到的舰体深处，是许多在弹药吊车、扬弹机和鱼雷舱等地操作的人们。甲板上到处都是卧倒的水兵，每个人都抱着一个 50 磅或更重的发射药包，只要一声令下，他们就会一跃而起，将药包传递过去。为加快作业速度，他们在卧倒时彼此间隔着一段距离——因为发射药包不能堆积在甲板上，否则在中弹后就会酿成灾难。甲板下面的人神经极度紧张。在甲板上，逼近中的敌人已是清晰可见了，但在下面，所有人都一无所知，他们只知道一旦开始交战，就需要从旁边将炮弹不断运往上面。战斗开始之后，每个人都表现得镇定冷静，但起初压力很大。

双方的舰队迅速接近。我的舰员们都紧闭嘴唇。前桅战斗桅盘中的一位千总正在使用六分仪测量并报告距离，并将它们用对应的旗语表示出来。每一次报数时，炮手都会压低标尺。所有炮长都紧握炮索，并让火炮对准敌舰。通风筒中传来蒸汽泵的声音；所有软管都已接好并通水，一旦起火，它们就可以第一时间投入使用。距离大约有 6400 米，并且正在迅速缩短。

"6000 米！"

"5800 米。"

"5600 米。"

"5500 米？"

"5500 米！"

1895 年 2 月 12 日，在威海被日军俘虏的"镇远"号，其一侧还停泊着另一艘舰只。白圈所画处是"镇远"号上层建筑和设备的损坏处。

① 出自菲洛·马吉芬所著的"鸭绿江之战：中国铁甲舰'镇远'号副舰长的个人回忆"一文，刊登于《世纪杂志》第 50 辑第 4 期(1895 年 8 月出版，文章在第 585—605 页) 第 594—595 页。

② 译者注：原文如此，"超勇"号和"扬威"号只在舰体上安装了 0.75 英寸厚的钢板。虽然水线下还有一小段简单的装甲甲板保护轮机舱和弹药库，但仅厚 0.375 英寸，仍属于无防护巡洋舰的范畴。

1895 年 2 月 12 日在威海被俘后，"镇远"号的右侧中后部分特写。其受创处都用白圈专门标记了出来。注意最左侧，位于小艇甲板上的 1.5 英寸马克西姆－诺登菲尔特速射炮和照片最右面的日本哨兵。

"5400 米！"

危机正在迅速临近。①

12 点 20 分，北洋舰队在 5300 码外开火，远远超出其有效射程。然而，就在日军还击前，"定远"号的 12 英寸主炮齐射摧毁了自己的飞桥，提督丁汝昌也被压在残骸之下，导致他和幕僚无法进行有效指挥——对中方来说，局势顿时急转直下。在从前方接近北洋舰队之后，伊东中将命令下属的第一游击队迂回至中国舰队的右翼，而本队则紧随其后，意图用猛烈火力横扫中国阵列，随后，本队将从后方迂回，并与中国舰队展开混战。伊东一直等到 12 点 25 分才下令开火，短短几分钟内，阿姆斯特朗公司生产的防护巡洋舰②"超勇"号和"扬威"号便腾起大火，后来宣告沉没。随着各舰开始捉对厮杀，防护巡洋舰"致远"号和装甲巡洋舰"经远"号也步其后尘。还有两艘军舰在开战伊始便逃之夭夭——其中，防护巡洋舰"济远"号基本毫发无损地回到了旅顺港，巡航舰"广甲"号则在慌不择路中搁浅，最后被舰员凿沉。之后，

按照马吉芬的回忆，"定远"和"镇远"号成了日军重点打击的对象：

> 现在，日军的本队似乎无视了周围四艘中国小舰的存在，他们有五艘军舰包围了我们的两艘铁甲舰，弹雨倾泻而下。火焰此起彼伏，只有一小段时间火势平息了下来，没有造成太大的麻烦。有些敌军军舰使用了苦味酸与火棉混合炸药（Melinite），它们能产生与黑火药截然不同的毒烟。其中一艘敌舰还进行过"指挥仪控制的齐射"，即火炮炮手分别瞄准，随着开火按钮摁下，同一电路连接的火炮将一齐发射。虽然这种系统无疑会损伤舰体结构，但却非常有效——它可以让多枚炮弹同时命中，点燃多个位置，处理起来非常麻烦。[1]

起火最严重的地方在军舰前部，正如马吉芬所述，只是因为舰员们不惧风险、娴熟地操作消防水管，火势才得到了控制：

> 我当时在指挥塔中，不断向外发出命令，这时上层建筑的火灾开始在舰体前部蔓延。当我下令连接消防软管时，火灾已经席卷了很大一片区域。当时战事正酣，除非有军官带领，否则士兵们不会行动……于是，我不得不亲自前去。许多舰员自愿跟随我。还没有抵达军舰前部，敌人的可怕火力便倾泻过来，我的部下接连粉身碎骨。一枚速射炮弹刚好从我双腿之间穿过，导致我手腕受伤，外套也被撕成了一条条碎片。正在我弯腰拉起软管时，一枚炮弹正中炮塔，我也中了一块弹片，刚把它摘下，另一块弹片便几乎因为同样的原因命中了原伤口附近。
>
> 当时，我们正被距离最近的三艘敌舰围攻：这些敌舰分别在我们的左、右和正前方，其中左舷的敌舰威胁最大，因此，右舷的两门主炮也奉命调转炮口，试图把正从左舷猛烈压迫我们的军舰打哑。为了做到这一点，它们必须跨舷射击。这时我和志愿救火的部下正准备向前走，于是命令右舷炮塔的炮长暂停向左舷射击，转而瞄准正前方的敌舰，否则火力就会波及我们。但我刚转过身去，一枚炮弹便把管炮的头目打成碎片，接替指挥的人不知道我们已经前进了，并将炮弹射向了左舷的敌舰。
>
> 当时，只要迈出腿的人，都被冲击波吹飞，我身旁的人当场身亡。同时，一发来自敌舰的速射炮弹从我身旁飞掠而过，留下一道伤口，但所幸并不致命。我当场昏了过去。幸运的是，我倒在了一根破裂的水管上，水浇在我脸上，让我重新苏醒……我睁开眼睛，发现自己正躺在另一门右舷炮的炮口下，脑袋就在炮弹的射击弹道上。面对徐徐转动的火炮，我出神了一两秒；接着，我猛然意识到，如果它开火，我将被撕成碎片。于是我向艏楼边上纵身一跃，跌到了下方的8英尺处的另一层甲板上。我刚摔下去，那门大炮便开火了。[2]

按照后来的统计，"镇远"号一共中弹220余发，但它的14英寸主装甲带依然完好，只有装甲甲板被高速炮弹击穿。17点30分，日本舰队开始掉头撤退，留下满目疮痍的"定远"和"镇远"。后者的5.9英寸炮弹消耗殆尽，主炮炮弹只剩下25发。尽管如此，该舰的坚盔厚甲仍然证明了自己——全舰只有13名官兵丧生、28人受伤，至于整个北洋舰队则有五艘军舰被击沉，700多人阵亡，120人受伤。日

① 出自菲洛·马吉芬所著的"鸭绿江之战：中国铁甲舰'镇远'号副舰长的个人回忆"一文，刊登于《世纪杂志》第50辑第4期第598页。

② 出自阿尔弗雷德·斯托里所著的"马吉芬上校——鸭绿江之战中的'镇远'号副舰长"一文，该文摘自《岸滨杂志》第10辑第60期（1895年7—12月号，文章在第616—624页）第620—621页。

本联合舰队没有一艘军舰沉没，但同样蒙受了损失——共 70 人阵亡、208 人受伤，其中一半以上都是由"镇远"号的两枚炮弹造成的，其中一枚在 15 点 30 分命中了日军旗舰——"松岛"号的前主炮露台，并酿成连环爆炸[1]，导致 12.6 英寸加奈式（Canet）主炮瘫痪，12 门 4.7 英寸副炮中的四门被毁，伤亡达 96 人。尽管由于旗舰受损严重，伊东被迫转移到"松岛"号的姐妹舰"桥立"号上，但有一点无可否认，他取得了对北洋海军的决定性胜利——后者的六艘幸存舰只最终在次日抵达了旅顺。[2]

北洋舰队的覆灭

接下来的一个月，北洋舰队的幸存者——特别是"镇远"号——都忙于在旅顺修理损伤，至于日本海军则在西朝鲜湾监视。然而，10 月，由于陆上战场局势恶化，丁汝昌被迫命令舰队穿过渤海海峡前往威海，只留下"镇远"号继续修理。当 11 月初，旅顺也已摇摇欲坠时，该舰撤回了威海港，但这座港口已布满了阻止日军突袭的障碍物。11 月 14 日，当它摸索着驶入港内时，舰体被划开一个 20 英尺长的破口，导致左舷机舱进水。只是因为拼命堵漏，它才成功开入了港口。在黄海海战中，该舰的管带林泰曾张皇失措，这次，由于要对搁浅事件负全责，他选择了服用过量鸦片自杀，其职务随后由杨用霖接过。一周后的 22 日，旅顺陷落，北洋舰队不仅丢掉了主要基地，还失去了让"镇远"号恢复航行能力的干船坞和修理设施。

1895 年 1 月 30 日，日军对威海发动进攻。期间，被困在港内的"镇远"号一直在猛烈炮击进攻的日本陆海军部队，仅在 2 月 1 日，该舰就发射了 119 枚炮弹。[3]然而，日本鱼雷艇在 2 月 5 日发动了一次大胆突袭，它们闯入港口，命中"定远"号的左舷，导致该舰被迫搁浅。于是，"定远"号加入了"镇远"号的行列，一起在港内担任浮动炮台。此时，日军已经占领了俯瞰港口的要塞工事，2 月 9 日，"定远"号遭到岸上炮火的严重破坏。无论在海上还是陆上，中国守军都已走投无路，他们决定在港内凿沉"定远"号。随后，北洋舰队的高级军官相继自杀——2 月 10 日，首先是"定远"号的管带刘步蟾。丁汝昌则在早些时候拒绝了伊东将军的劝降书，在劝降书中，伊东曾提出为其提供庇护，并将其视为挚友。但丁汝昌却在回复中表示："吾今所剩，唯有一死。"11 日晚上，丁汝昌服下大量鸦片，并在次日死去。

至此，"镇远"号在北洋舰队中的服役已接近尾声，其管带杨用霖在 12 日自戕。第二天，炮舰"镇北"号的管带程璧光在舰上升起白旗，并作为丁汝昌提督的代表向日军投降，其降书中写道："今欲保全生灵，愿停战，将在岛现有之船舰，及刘公岛并炮台军械献给贵国。"[4]

直到 17 日，日本联合舰队才进入威海，一支登陆部队占领了刘公岛，并开始摧毁岸上的所有军事设施。在意识到"镇远"号除了舰体受损，其余部分依旧大致完好之后，日军决定将其当作战利品，与之一同被带走的还有包括巡洋舰"济远"号在内的九艘其他舰船，估计总排水量超过 15000 吨，价值超过 3000 万日元。[5]只有训练舰"康济"号[6]因为要运送丁汝昌等自杀军官的灵柩而被日方释放。其他 5000 余名投降官兵则被就地解散。甲午战争的失败也敲响了海军衙门的丧钟，在其成立十年之际，即 1895 年 3 月 12 日，该衙门被彻底废除。李鸿章是其第一任也是最后一任会办。

① 参见须川邦彦所著的"纪念'镇远'舰之锚"一文，出自《船舶》杂志（1942年 10 月号）第 635—639 页，以及《世界的舰船》第 486 期（1994 年 9 月号）第 144—148 页，由高须广一撰写的"黄海海战：战斗经过及后续"一文。

② 出自海军有终会编著的《近世帝国海军史要》（东京，原书房，1938 年出版）第 596 页，以及汉斯·延斯丘拉所著的《日本帝国海军的战舰，1869—1945 年》（马里兰州安纳波利斯，美国海军学会出版社，1986 年出版）第 96 页。

③ 出自 1894 年 8 月 16 日的《东京朝日新闻》。

④ 参见池仲祐所著的《海军大事记》，出自沈云龙主编的《近代中国史料丛刊续编》第十八辑（中国台北：文海出版社，1975 年出版）第 63 页。

⑤ 出自东京日本亚洲历史资料中心的第 C08040497700 no.2 号文件"各捕获与收容舰艇及其回航委员"。

⑥ 译者注：原文为"'通济'号"（Tongji），实误。

北洋舰队的历史就这样画上了句号。"镇远"号上的马吉芬坦承："日军军舰性能更为优良，数量更多，弹药供应更为充足，军官与士兵更为优秀。"并直言不讳地表示，"日军水兵勇猛，军官精悍。"但与此同时，他仍然竭力称赞了北洋舰队的士兵："中国水兵的表现可鄙吗？在甲板接被弹雨不停横扫时……他们仍然表现出了可敬的毅力和勇气。"[1]同时，马吉芬还为这些士兵和他们的提督献上了一份悲哀的悼词：

1895 年 5 月 6 日，在参加黄海海战八个月，被日军俘虏三个月之后，遍体鳞伤的"镇远"号于旅顺港停靠并接受维修。

1895 年 7 月 20 日左右，悬挂着日本海军旗的"镇远"号作为战利品抵达广岛。此时，该舰上仍然保留着黄海海战和威海之战中的伤痕。

中国的舰队已成往事，许多勇士也随之逝去。他们曾徒劳地试图挽救国家的荣誉和自己的命运，但这些努力却被岸上官吏的腐败、出卖和无能断送。在这些为国捐躯的人中首推提督丁汝昌，一位勇敢的战士和真正的绅士。他被自己的同胞背叛，面对逆境顽强抗争，直到最后，他仍在利用权力，想方设法保全将士们。他也想过拯救自己的生命，知道他那冷漠的祖国不会比他的敌人更加仁慈。多么苦涩啊！当午夜时分，这位受伤的老英雄欲饮鸩长逝之际，回首往事，他的内心想必会无比悲哀。[2]

日本海军的战利品

1895 年 2 月，威海的北洋舰队全军覆没，随后，仿佛有意或无意一般，"镇远"号便被后人遗忘了，但它的生涯远未就此结束。在威海恢复浮力后，"镇远"号被辅助巡洋舰"西京丸"（Saikyo Maru）拖往旅顺，在 4 月至 6 月间进行了临时维修。这也是日本人第一次有机会近距离观察该舰。期间，最令他们感兴趣的是战损状况，相关的调查报告极大影响了日军的新舰船设计：考虑到当天的交战距离上，炮弹的弹道都较为平直，因此，他们决定加强垂直防护而非水平防护。同时，日本人还饶有兴致地注意到，尽管炮塔周围的装甲厚达 16.7 英寸[3]，但清军仍在周围大量安置了沙袋——无疑是为了防备弹片。[4]

同年 3 月 16 日，"镇远"号加入日本帝国海军。一时间，该舰成了日本帝国海军麾下最大的一艘（也是唯一一艘）主力舰。1895 年 7 月 5 日，该舰的首任日本舰长有马新一（Arima Shinichi）大佐驾驶它从旅顺途径威海前往日本，舰上只有 15 名

[1] 出自菲洛·马吉芬所著的"鸭绿江之战：中国铁甲舰'镇远'号副舰长的个人回忆"一文，刊登于《世纪杂志》第 50 辑第 4 期第 601 页。

[2] 出自菲洛·马吉芬所著的"鸭绿江之战：中国铁甲舰'镇远'号副舰长的个人回忆"一文，刊登于《世纪杂志》第 50 辑第 4 期第 604 页。

[3] 译者注：如前文所述，此处有误，炮塔周围基座的装甲厚度实际为 12 英寸。

[4] 出自 1905 年 2 月 24 日的《东京朝日新闻》。

1898 年 11 月 9 日在神户接受明治天皇检阅的"镇远"号。注意舰上新安装的 6 英寸主炮，其位置在舰体中后部，主桅旁边的一个平台上，该平台向外突出，舰尾军官住舱的舷窗呈开启状态。

① 译者注：日军所谓的"士官"即我们平时所说的"军官"，"准士官"则是不属于"士官"，但地位又高于"兵曹"（即我们平时所说的"士官"）的特殊阶层，主要包括拥有"上等兵曹"和"兵曹长"等军衔的人员。

② 出自服部诚一的《征清独演说，续编》（东京，小林喜右卫门，1895 年出版）第 214 页。

③ 译者注：文中在主炮塔前方加装两门 6 英寸速射炮的表述有误。

军官、六名"准士官"①和 176 名其他舰员。7 月 10 日，该舰抵达长崎，并停泊了六天。此时的日本人依旧对 1886 年的"长崎事件"记忆犹新，而当年清王朝的傲慢气势与中日战争后的惨状和屈辱形成了鲜明对比，这一点也清楚地表明，亚洲海上力量的对比发生了巨大变化——现在，日本成了胜利者。因此，在这个时期，一种骄傲和幸灾乐祸的心态取代了屈辱和恐惧，正如服部诚一（Hattori Seiichi）所说："我们又回想起了几年前，丁汝昌率两大铁甲舰'定远'号和'镇远'号访问时表现出的傲慢态度。他们的无礼话语仍在我们耳边回荡。"②

接下来，"镇远"号又在广岛稍作停留，途径濑户内海沿岸的吴港（Kure）前往神户，最终在 7 月 28 日到达横滨，沿途受到岸上民众的热烈欢迎。随后，它被分配到横须贺镇守府管辖之下，并在船厂接受了大规模的维修和现代化改装。尽管舰上已安装了射击指挥装置，但考虑到主炮的改装工作挑战太大，因此，有关方面将注意力转移到了副炮上。它的舰首和舰尾炮塔重新配备了 6 英寸速射炮，还有两门安装在了舰体中部、主桅靠前的位置，两门安装在了后方③，并以此缓解了因主炮布局导致的艉倾现象，从而改善了操纵性。改装后的"镇远"号在舰首安装了象征日本海军舰船的菊纹章，并于 1896 年 11 月 25 日在横须贺海军造船厂接受了明治天皇的访问。随后，该舰开始在日本各大港口巡航，以炫耀日军的胜利。到那时，"镇远"号的名字已经传遍了日本的每个家庭。

1898 年 3 月 21 日，被划为二等战列舰的"镇远"号成为后备舰队的旗舰，并继续在国内港口间巡游。但在当年的 11 月 9 日，天皇在神户举办阅舰式时，有一点是显而易见的，在甲午战争结束后的短短三年内，日本海军的进步已非常显著：期间，英国建造的战列舰"富士"号（Fuji）和"八岛"号（Yashima）也取代了"镇远"号，成为舰队中的翘楚。消灭北洋舰队之后，日本海军开始积极准备，试图挑战沙俄海军——他们的另一个区域竞争对手。

日俄战争

　　1904—1905年的日俄战争，其根源在于两国对满洲和朝鲜的争夺，至于甲午战争产生的影响，更是让这种紧张局势火上浇油。1895年4月，通过强迫清政府签订不平等的《马关条约》，日本结束了这场一边倒的战争。该条约规定，中方必须向日本割让包括旅顺在内的辽东半岛、承认朝鲜独立，并支付巨额赔款。但是，俄罗斯、法国和德国立即意识到，这些条款不仅对中国的稳定不利，还会对其地位构成威胁，尤其是俄罗斯，他们一直在谋求占领一个不冻港，以便为其在远东的海军和商业利益服务。而且在他们看来，最理想的选择就是占领旅顺。在《马关条约》签署几天后，上述担忧便引发了"三国干涉还辽"，最终，日本被迫放弃辽东半岛以换取更多赔款。至于俄国则在1897年占领了当地，并开始在旅顺兴建防御工事。在朝鲜事务上，俄日两国也纠缠不清。面对俄国在满洲地区的步步进逼，1903年，日本开始与其进行谈判，试图阻止战争爆发。不过，虽然日本愿意承认俄罗斯在满洲的势力范围，但圣彼得堡当局却拒绝承认日本在朝鲜的对等地位，两国最终在1904年2月5日断交。三天后，日本海军突袭了旅顺港，几小时后随即对俄宣战，俄国则在2月10日发表了宣战声明。

　　尽管"镇远"号已经过时，但舰上的四门12英寸舰炮依旧火力强大。在战争中，它被编入了第3舰队旗下的第5战队，其序列中还有10年前黄海海战中的三个对手——即防护巡洋舰"松岛"号、"桥立"号（Hashidate）以及海军中将片冈七郎（Kataoka Shichiro）坐镇的"严岛"号（Itsukushima）。2月6日，"镇远"号从长崎附近的佐世保起锚，但直到8月10日，它才参加了在日军服役期间的第一场战斗——黄海海战，而该战役的日本指挥官，正是1894年在鸭绿江口外指挥防护巡洋舰"浪速"号（Naniwa）的东乡平八郎。

　　这次交战的起因，是俄国第1太平洋舰队试图打破六个月来对旅顺的封锁，他们由坐镇"太子"号（Tsesarevich）的威廉·维特捷夫特（Wilgelm Vitgeft）将军指挥。经过一系列漫长的机动和交火，在傍晚18点40分，"太子"号被战列舰"朝日"号（Asahi）击中，维特捷夫特和参谋人员当场丧生。不仅如此，这次中弹还导致军舰的舵轮被卡住，令"太子"号猛然向左转了一圈。在随后发生的混乱中，"太子"号和三艘驱逐舰最终逃入了德国租借的青岛，并被就地拘留和解除武装。至于太平洋舰队的其余舰只则返回了旅顺，并在12月初被炮击歼灭。交战期间，"镇远"号被命中两弹，但也多次击中俄舰。

　　与此同时，俄国第2太平洋舰队也开始了向远东的悲壮航行——他们的航程最终于1905年5月27日至28日间在对马海峡（Strait of Tsushima）结束。27日，东乡指挥联合舰队从朝鲜的釜山港出发，在当天下午拦截了俄罗斯舰队。当夜幕降临时，俄军司令季诺维·罗杰斯特文斯基（Zinovy Rozhestvenskii）指挥的大部分舰只均被消灭，其数量共有 21 艘，包括八艘战列舰，其中有些被击沉，有些则在战斗的最后阶段放弃了抵抗。包括"镇远"号在内的第 5 战队参加了对殿后敌舰的攻击，击沉补给舰"堪察加"号（Kamchatka），并给罗杰斯特文斯基的旗舰"苏沃洛夫公爵"号（Knyaz Suvorov）以重创。清晨，"镇远"号所在的第 3 舰队又投入到了肃清残敌的战斗中，并将七艘战列舰中的一部分押回了本国港口。至于"镇远"号本身则在 6 月 20 日进入对马岛上的基地，并在吴市稍作检修后开赴本州北部的大凑（Ominato）地区。7 月 4 日，该舰从大凑出发，掩护对萨哈林岛（Sakhalin）的登陆——当地俄军投降后，"镇远"号又护送在旅顺港捞起的装甲巡洋舰"巴扬"号 [Bayan，后改名"阿苏"号（Aso）] 返回了日本本土。10 月 23 日，该舰参加了在横滨举行的阅舰式，期间共有 165 艘舰船参加。这也是"镇远"号作为一线舰船参加的最后一场活动。

长长的倒影

1905 年 12 月 11 日，"镇远"号被降格为一等海防舰，随后担任军曹和海军军校学员的训练舰长达六年[1]。它于 1911 年 4 月退役，其任务由被重新划分为二等巡洋舰的老对手"严岛"号代替。随后，"镇远"号抵达横须贺，并在当年秋天成为一等巡洋舰"鞍马"号（Kurama）8 英寸炮的靶舰。之后，该舰于 1912 年 4 月在横滨出售。按照日本大藏省的要求，该舰出售获得的 152387 日元资金都被用于建造广岛湾内、江田岛海军兵学校的礼堂，后者的总费用为 40 万日元，并于 1913 年 1 月动工。

但"镇远"号并没有因这次拆解销声匿迹，在历史上，很少有军舰像它一样，仍在潜移默化中影响着两个国家的关系。这一方面是因为该舰的生涯不同寻常，另一方面，在 1912 年被拆解后，该舰还有一些零件残留了下来。早在 1896 年，日方便从"镇远"号上拆下了两具重达 4 吨的锚，还有 120 英尺长的锚链和 10 枚 287 磅重的炮弹，并将其安置在东京上野公园内展览。在一片特意栽植的松树林中，日本人在两具铁锚之间树立了一块石碑，上面刻着桦山资纪（Kabayama Sukenori）伯爵的题词，他是一位参加过黄海海战和威海卫之战的宿将："明治二十九年四月廿五日，在此不忍池旁，谨以此松林供奉台澎之役中的战殁者。祈祷他们如松如柏，万古长青。"[2] 在其中一块船锚旁还挂着一块木牌，上面写着"被俘军舰'镇远'号之锚"。

事情远没有结束。1942 年 5 月 27 日，一个名为"黑铁会"（Kurogane Society）的民间组织竖起一块 8 英尺高的纪念碑，当时正值太平洋战争，此举显然是为了煽动民众的"爱国"热情。碑文解释了纪念碑落成的缘由，还概述了"镇远"号的服役经历，撰文者是参与过中日黄海海战的另一位宿将——有马良橘（Arima Ryokitsu），他后来成为明治神宫（Meiji Shrine）的宫司。至于第二块木牌则被安置在了其中一具铁锚之前，介绍了 1894—1895 年甲午战争期间日本海军的战斗经历。

从一开始，中国便把"镇远"号船锚被公开展览一事当成奇耻大辱，在日本的中国留学生中，这种感情更是格外强烈。在 1931—1945 年的抗日战争结束后，南京国民政府将雪洗国耻、索还船锚当成了重要使命，并在 1947 年 2 月派出以海军少校钟汉波（Chung Han-po）为首的代表团前往日本。此时的日本正由驻日美军最高司令——道格拉斯·麦克阿瑟（Douglas MacArthur）将军统治，但他认为此事与己无关，直接予以回绝。在这种情况下，钟汉波少校勇敢地向麦克阿瑟的参谋长查尔斯·威洛

---

[1] 译者注：此处有误，该舰在 1908 年 5 月降格为练习舰，在 1911 年 4 月退役，实际担任练习舰的时间只有不到四年。

[2] 参见须川邦彦所著的"纪念'镇远'舰之锚"一文，出自《船舶》杂志（1942 年 10 月号）第 637 页。

比（Charles Willoughby）少将求助，并坚称：在战后，中国对日本的宽宏大量理应得到尊重——将船锚归还给中国政府和人民，将成为一个日方展示友好的重要标志。面对钟汉波少校的慷慨陈词，威洛比几经斟酌，决定将这些战利品归还中国。

为此，有关方面拆除了上野公园的纪念碑，并于 1947 年 5 月 1 日在东京港的芝浦（Shibaura）将两具船锚、炮弹和锚链交给了担任南京国民政府代表的钟汉波少校。10 月，这些物品抵达上海，并被转移到青岛海军军官学校，以提醒官兵们铭记国耻。随着中华人民共和国成立，这些物品被转移到北京，并安置在中国人民革命军事博物馆中。但日本人并没有归还"镇远"号的另一件文物——舰钟，它后来被相

在某个日本港口停泊的"镇远"号，摄于 1900 年前后。其舰尾炮塔已换装了阿姆斯特朗公司生产的 6 英寸炮，还有两门同型号的火炮安装在舰体中后部，主桅的前方。

继安置在日本粟岛海员学校①和神奈川县立小田原高等学校（Odawara High School in Kanagawa Prefecture）内。

尽管上述插曲抚慰了中国人的甲午之耻，但这种屈辱从未被完全遗忘。直到今天，它仍然充当着愤怒的源头，并提醒着他们来自日本军国主义的伤害。

结论

清政府之所以为一艘战舰取名"镇远"，目的是为了传达一种印象，即它可以将国威延伸到远方——而"镇远"号也恰恰实现了这一目标，并在甲午战争之前为清朝带来了九年的和平。但随着甲午战争以灾难结束，不仅亚洲的战略和外交格局发生了重大变化，"镇远"号也从民族自豪感和国家实力的源泉变成了屈辱的象征。二战结束后，中国政府索回该舰遗物的决心，也正是这种情况的反映。但另一方面，对年轻的日本海军来说，俘获"镇远"号也成了推动其迅速扩张的动力之一。在军队和

---

① 译者注：原文为"Imperial Japanese Navy's cadet ship Awashima"，即"日本帝国的海军学院训练舰'粟岛'号"，实误。

1897 年 6 月 22 日，在日本的一次庆祝仪式上盛装出场的"镇远"号，其舰首清晰可见清朝的龙纹，提醒着我们该舰的中国血统。在历史上，很少有军舰像"镇远"号这样具有如此强烈的象征意义。

公众面前，"镇远"号被不断公开展示，其身份已不再是武器，而更像是某种用于炫耀的战利品。它还像一个活生生的例证，提醒日本人，虽然海洋对岸的中国硕大无朋，还曾是日本文明的"老师"，但将其击败并非毫无可能。正是这种信心，驱使日本（以及"镇远"号）踏上了帝国扩张之路，这最终引发了影响力超出亚洲、远达欧美的日俄战争。

　　尽管"镇远"号在本书中排名第一是因为年代关系，但它也是一艘绝无仅有的军舰：在其历史篇幅中发生的一切，将作为一种象征，继续影响今天的中日关系。如今，西方媒体头条经常报道"中国在亚太地区的崛起"，对此，中国消息人士强调，这不是"崛起"，而是"复兴"——就像所有复兴一样，其背后都是对历史的铭记和对遥远过去的追忆。

附录：马吉芬

　　菲洛·诺顿·马吉芬（Philo Norton McGiffin）在 1860 年出生于宾夕法尼亚州华盛顿市（Washington）一个有苏格兰血统的家族，并在 1877 年进入安纳波利斯海军学院。由于活泼好动、喜欢恶作剧，在学院内，人们都把他当成一个"刺头"。尽管在 1884 年时，马吉芬通过了少尉资格测试，但他未能在美国海军谋得职务，只好在拿到一年的薪水之后退伍。正是这件事，让马吉芬来到了中国。在 1885 年春，中法两国交战正酣之际，他被中国方面任命为上尉。在接下来的九年里，马吉芬先后在天津水师学堂和威海水师学堂担任教习，并在 1887 年威海水师学堂建校期间扮演了重要角色。1894 年，马吉芬被任命为"镇远"号帮带，在同年 8 月甲午战争爆发时，日本人曾以 5000 日元悬赏他的项上人头。为避免落入敌手，他总是随身携带着一个毒药瓶。马吉芬在黄海海战中身负重伤，用行动赢得了舰员们的尊敬。之后，他回到美国，但身心的创伤从未痊愈。1897 年 2 月 11 日，他在纽约的研究生医院（New York Postgraduate Hospital）用左轮枪自杀，年仅 36 岁。

参考资料

未公开资料

- 福岛县立图书馆，福岛，S222.2K，佐藤藏书，海军参谋部（Kaigun Sanbobu），《清国北洋海军实况一斑》（*Shinkoku Hokuyo Kaigun Jikkyo Ippan*），1890 年出版
- 日本亚洲历史资料中心，东京，C08040497700 no. 2，"各捕获与收容舰船艇及其回航委员"（Hokaku moshikuwa shuyo kansentei oyobi sono kaiko iin）

公开资料

- 彼得·布鲁克（Peter Brook），"鸭绿江之战，1894 年 9 月 17 日"（The Battle of the Yalu, 17 September 1894），出自安东尼·普雷斯顿（Antony Preston）主编的《战舰年刊，1999—2000》（*Warship 1999-2000*）第 22 卷（伦敦，康威海事出版社，1999 年出版），第 31—43 页
- 池仲祐，《海军大事记》，出自沈云龙主编的《近代中国史料丛刊续编》第十八辑（中国台北：文海出版社，1975 年出版）
- 朱昌峻和刘广京，《李鸿章评传——中国近代化的起始》[纽约州阿蒙克（Armonk, N.Y.），M.E. 夏普出版社（M.E. Sharpe），1994 年出版]
- 大卫·埃文斯（David C. Evans）和马克·佩蒂（Mark R. Peattie），《海军：1887—1941 年日本帝国海军的战略、战术和技术演变》（*Kaigun: Strategy, Tactics, and Technology in the Imperial Japanese Navy, 1887-1941*）[马里兰州安纳波利斯（Annapolis, Md.），美国海军学会出版社（Naval Institute Press），1997 年出版]
- A.B. 费勒（A. B. Feller），"鸭绿江海战中的甲与弹"（Steel and Shot off the Yalu River），出自《军事历史》（*Military History*）杂志第 16 期（2000 年 2 月号），第 34—40 页
- 服部诚一，《征清独演说，续编》（*Sei Shin dokuenzetsu zokuhen*）[东京，小林喜右卫门（Kobayashi Uemon），1895 年出版]
- 谢忠岳主编，《北洋海军资料汇编》（北京，中华全国图书馆文献缩微复制中心，1994 年出版）
- 汉斯·延斯丘拉（Hans Georg Jansschura），《日本帝国海军的战舰，1869—1945 年》（马里兰州安纳波利斯，美国海军学会出版社，1986 年出版）
- 海军有终会（Kaigun Yushukai），《近世帝国海军史要》（*Kinsei Teikoku Kaigun Shiyou*）[东京，原书房（Hara shobo），1938 年出版]
- 李·马吉芬（Lee McGiffin），《鸭绿江上的美国人：菲洛·马吉芬，中国海军的美国舰长，1885—1895 年》（*Yankee of the Yalu: Philo Norton McGiffin, American Captain in the Chinese Navy, 1885-1895*）[纽约，E.P. 达顿出版社（E.P. Dutton），1968 年出版]
- 菲洛·马吉芬，"鸭绿江之战：中国铁甲舰'镇远'号副舰长的个人回忆"（The Battle of Yalu: Personal Recollections by the Commander of the Chinese Ironclad Chen Yuen），出自《世纪杂志》（*The Century Magazine*）第 50 辑第 4 期（1895 年 8 月出版），第 585—605 页，网址：http://ebooks.library.cornell.edu/m/moa/[2017 年 9 月访问]
- 安德烈·马赫（Andrzej Mach），"中国战列舰"（The Chinese Battleships），出自兰德尔·格雷（Randal Gray）主编的《战舰年刊》第 8 卷（伦敦，康威海事出版社，1984 年出版）
- 小笠原长生（Naganari Ogasawara），《圣将东乡平八郎全传》全 3 卷 [东京，国书刊行会（Kokusho kanokai），1987 年出版]
- 《日俄战争兵器·人物事典》（*Nichi-Ro Senso Heiki Jinhutsu Jiten*）[东京，学研社（Gakken Publishing），2012 年出版]
- 皮奥特·奥伦德（Piotr Olender），《中日海战，1894—1895 年》（*Sino-Japanese Naval War, 1894-1895*）[汉普郡彼得斯菲尔德（Petersfield, Hants.），蘑菇模型出版社（Mushroom Model Publications），2014 年出版]
- S.C.M. 佩因（S. C. M. Paine）《甲午战争，1894—1895 年》（*The Sino-Japanese War of 1894-1895*）[剑桥，剑桥大学出版社（Cambridge University Press），2003 年出版]
- 包遵彭，《中国海军史》（中国台北，海军出版社，1951 年出版）

- 冯青，《中国海军与近代日中关系》(*Chugoku Kaigun to Nicchu Kankei*)［东京，锦正社（Kinseisha），2011 年出版］

- 约翰·罗林森（John Rawlinson），《中国发展海军的努力，1839—1895 年》(*China's Struggle for Naval Development 1839-1895*)［马萨诸塞州剑桥，哈佛大学出版社（Harvard University Press），1967 年出版］

- 斯蒂芬·罗伯茨（Stephen S. Roberts），《中华帝国的蒸汽海军，1862—1895 年》(*The Imperial Chinese Steam Navy, 1862-1895*)，出自《战舰国际》杂志第 11 辑（1974 年出版）第 1 期，第 19—57 页

- 阿尔弗雷德·斯托里（Alfred T. Story），"马吉芬上校——鸭绿江之战中的'镇远'号副舰长"（Captain McGiffin - Commander of the 'Chen Yuen' at the Battle of Yalu River），出自《岸滨杂志》(*The Strand Magazine*)第 10 辑第 60 期（1895 年 7—12 月号），网址：https://books.google.com/books?id=tMOkAQAAIAAJ（2017 年 9 月访问）

- 须川邦彦（Sugawa Kunihiko），"纪念'镇远'舰之锚"（Commemorating Chen Yuen's Anchor），出自《船舶》(*Senpaku*)杂志（1942 年 10 月号），第 635—639 页

- 高须广一（Takasu Koichi），"黄海海战：战斗经过及后续"（Kokai kaisen: Sono sento keika wo tadoru），出自《世界的舰船》(*Sekai no Kansen*)第 486 期（1994 年 9 月号），第 144 页

- 《东京朝日新闻》(*Tokyo Asahi*)，1894 年、1905 年和 1906 年

- 威尔逊（H.W. Wilson），《战斗中的战列舰》(*Battleships in Action*)全 2 卷［伦敦，桑普森·洛和马斯顿出版社（Sampson Low, Marston & Co.），1926 年出版］

- 理查德·赖特（Richard N. J. Wright），《中国蒸汽海军》［伦敦，查塔姆出版社（Chatham Publishing），2000 年出版］

阿根廷海军

装甲巡洋舰"加里波第"号（1895 年）

作者：吉列尔莫·安德烈斯·奥亚尔萨巴尔

1896—1898 年年间，"加里波第"号和三艘姐妹舰陆续抵达了阿根廷，这些意大利建造的装甲巡洋舰为该国海军开创了一个新纪元。[①]它们的服役不仅在海军战术和基础设施领域产生了深远影响，还改变了阿根廷在战略上的自我认知，并给该国的国家身份和外交政策带来了巨大改变。"加里波第"号和姐妹舰们性能优异、技术先进，为阿根廷海军和整个国家绘制了一条通往更广阔远方的航线。至于其呈现的恢宏愿景，更是在阿根廷人心中萦绕了整整 50 年。

阿根廷—智利关系与海军建设

阿根廷海军的历史，可以追溯到 1810 年独立战争爆发时的革命军舰队上，并在随后的一系列边境战争和对外干涉行动中逐渐发展起来。在 19 世纪 80 年代末，阿根廷政府有三项紧要工作，即确定和巴西的边界；与巴拉圭解决 1864—1870 年三国同盟战争（又名"巴拉圭战争"，其过程异常惨烈）的遗留问题；处理与智利之间关系不断恶化的问题。其中的焦点不只有北方阿塔卡马高原（Puna de Atacama）和大陆最南端的土地；另外，在舆论的鼓动下，阿根廷与邻国的关系也在急剧恶化，并在军事上陷入了相互猜疑的状态。

在军事角度，"有备无患"历来是一条公理：虽然人们不相信与智利的长期对峙（还有与巴西的频繁摩擦）会导致战争，但也把这些国家的军事投入当成了一种潜在的威胁：尤其是他们的海军开支，其背后更是可能隐藏着某种险恶的动机——比如谋取在南美洲的海上霸权。在阿根廷的两个潜在对手中，位于安第斯山脉另一端的邻国——智利尤其野心勃勃，让阿根廷政府不得不加以警惕。最终，和智利一样，阿根廷人也开始为海军投入重金。[②]

鉴于事态和舆论，阿根廷国会在 1889 年通过了一份草案，要求投入 470 万比索购买海军舰艇和军械，并额外拨款 450 万比索用于建造一艘主力舰。这项拨款于 1891 年被写入了法律，其资金来自两个方面：首先，政府将出售科尔多瓦省（Córdoba）和门多扎省（Mendoza）之间，连接玛丽亚镇（Villa María）和梅赛德斯镇（Villa Mercedes）的安第斯铁路（Andean railway line）；同时，它们还将以最低 5000 比索/平方里格[③]的价格出售一批国有地块。另外，在上述交易完成前，行政部门还可以发行债券，筹集必要的资金，并划拨各种政府收入用于满足所需。

① 本书的编辑感谢布宜诺斯艾利斯的吉列尔莫·贝尔吉（Guillermo C. Berger）和里卡多·布尔萨科（Ricardo Burzaco）为本章提供的图片和信息。

② 出自《海军中央通讯》第 8 辑（1890—1891 年）第 133 页由"鹦鹉螺"（化名）撰写的"论国民海军：拉普拉塔河的防御"一文。

③ 译者注："平方里格"是旧式面积单位，1 平方里格约合 30 平方千米。

这些事件也证明了智利国防政策对阿根廷人的巨大影响，该国的海军要比阿根廷海军更为强大。1890 年时，他们有许多引以为傲的资本，比如英国建造的中央炮位铁甲舰"科克伦海军上将"号（Almirante Cochrane，于 1874 年下水）和"布兰科·恩卡拉达"号（Blanco Encalada，于 1875 年下水）。另外，法国建造的露炮台铁甲舰"普拉特舰长"号（Capitán Prat，于 1890 年下水）也即将完工，它们都比阿根廷海军唯一的远洋主力舰——英国建造的"布朗海军上将"号（Almirante Brown，于 1880 年下水）更大，装备也更精良。因此，在 1890—1893 年之间，阿根廷一方面将重整军备计划的重点放在了添置两艘远海巡洋舰——"5 月 25 日"号（25 de Mayo）和"7 月 9 日"号（9 de Julio）上，但另一方面，该计划仍然强调的是强化近海兵力，并购买了各种雷击舰只。[1]

不用说，购买军舰和制定连贯的海军政策是两码事。在 19 世纪 90 年代中期之前，阿根廷人的海军规划只有一个中心——布宜诺斯艾利斯以北的拉普拉塔河（Río de la Plata），至于其作战计划的基础则是保护它宽阔的河口和支流，因此，鱼雷和鱼雷艇便成了其防御政策的重中之重。但问题是，在世界上，相关领域进步飞快，让阿根廷远远落后于邻国。雪上加霜的是，由于海岸线的形态，这些邻国可以轻松通过远海，完成针对阿根廷的兵力投送。

围绕这一议题，阿根廷的专业期刊——如 1882 年创刊的《海军中央通讯》（Boletín del Centro Naval）——爆发了争论。在其他国家，类似的讨论也屡见不鲜。法国海军上尉 J. 勒费（J. Lephay）曾在一篇有影响力的文章中分析了鱼雷等"点防御武器"的效果，还总结了英国和美国媒体的观点。这篇文章认为，撞角和鱼雷将"给敌人造成彻底的损失"，完全颠覆了"努力俘获敌舰，而非摧毁敌舰"的传统观念。[2]另外，按照作者的看法，虽然外界曾一度认为舰炮的作用"无关紧要"，但愈发复杂和集成化的武器系统已经催生了新的作战法则，并让舰炮重新成了战场上的主宰。此外，1895 年，理查德·温赖特（Richard Wainwright，1898 年时曾担任"缅因"号副舰长）海军少校也在美国海军学会的会刊上发表过一篇文章，此文也被认为"忠实表达了"美国海军内部的流行观点。[3]按照温赖特的看法，在海军界，防御理论正在过时，这一点也在巡洋舰的建造趋势上有所反映——它们愈发轻视装甲防护，并致力于提升航速和作战半径。不仅如此，阿尔弗雷德·马汉（Alfred Thayer Mahan）在《海权对历史的影响，1660—1783 年》（The Influence of Sea Power Upon History, 1660–1783）一书中的观点也影响了各国，这部作品认为，制海权是保障国家发展和进步的唯一手段。[4]

阿根廷新舰队的缔造者——马丁·里瓦达维亚海军准将。

[1] 1890 年，海军开支中约有 33% 被用于军备建设。到 1891 年时这一比例增加到了 42%，在接下来的两年中更是突破了 55% 的大关，到 1895 年时这一比例已达到 65%。这一数字来自苏珊娜·德·桑布切蒂撰写的"危机时期财政支出的演变，1889—1895 年"一文，出自《阿根廷与美洲史主题研究丛刊》第 1 辑（2002 年刊）第 133—186 页。

[2] 此文最初发表在《航海与殖民》（Revue Maritime et Coloniale）杂志上，并以"现代海军战术：英美媒体之所见"为题发表于《海军杂志》第 37 期（1895 年）的第 609—620 页和第 766 页，后又重新刊登于《海军中央通讯》第 13 辑（1895—1896 年）的第 134 页和第 394—402 页。

[3] 此文最初发表在 1895 年 8 月的《航海与殖民》杂志上，后来《游艇》（Le Yacht）杂志刊登了其缩略版，后来又重新以"海战中的战术问题"为题刊登在《美国海军学会会刊》第 21 辑（1895 年）第 74 期的第 217—257 页，并被阿根廷方面翻译后发布在《海军中央通讯》第 13 辑（1895—1896 年）的第 424—429 页。

[4] 此书最早由里特尔-布朗公司（Little, Brown & Co.）在波士顿首次出版，并在 1901 年被费罗尔（Ferrol）的加利西亚邮报出版社（Imprenta del Correo Gallego）翻译为西班牙语。1935 年，该书又以两卷本的形式，由位于布宜诺斯艾利斯的海军学院（Escuela de Guerra Naval）以《海上力量对历史的影响，1660—1783 年》（Influencia del poder naval en la historia, 1660-1783）为题在阿根廷国内正式出版。

在当时，海军界已经进行了长期的辩论，这些辩论富有启发性，并且形成了各种学说，而马汉的作品不仅对这些学说进行了详细阐述，还搭建了一个理论框架，让这些新思想可以得到充分地检验。总的来说，这些观点都对阿根廷海军的战略和战术建设产生了极大影响。现在，阿根廷人终于意识到，麾下五花八门的舰只和武器不过是采购政策朝三暮四的产物。同时，他们也开始修复这种缺陷。

到 1895 年时，由于海军理论和技术的发展，阿根廷人发现，他们需要调整战术指导思想，同时，他们还需要购置军舰，以求与智利平起平坐、摆脱目前的危险处境——这一切最终催生了一种海军政策，与之前的政策相比，它的思路更为清晰和分明。其中，该国不仅放弃了法国的"新学派"（Jeune école）理论（这种理论倾向于用中型舰只和雷击舰只展开近海防御），还抛开了"装甲压倒一切"还是"火炮压倒一切"的争辩。相反，他们决定用最新的技术武装本国海军。这场运动的领导人是马丁·里瓦达维亚（Martín Rivadavia，1852—1901 年）海军上校，他富有远见且精力充沛。作为阿根廷共和国缔造者——贝尔纳迪诺·里瓦达维亚（Bernardino Rivadavia）的孙子，小里瓦达维亚不仅精明强干，还能照顾老派军官的传统，兼顾近海舰队的建设——这在海军军官中非常罕见。另外，作为年轻军官的代表，他视野开阔、熟悉技术、热爱创新。在当时，他不仅得到了年轻军官的支持和政府的信任，还得到了来自议会的青睐——因为此时，后者终于意识到了国防政策过于随意的弊端。得益于这些，里瓦达维亚为海军开创了崭新的未来。同时，他还打下了基础，让海军成了一个在国内和地区都举足轻重的存在。他的影响立竿见影，仅仅几年，阿根廷海军便经历了惊人的发展。

阿根廷的第一艘装甲巡洋舰

1895 年，阿根廷海军的采购代表团将目光投向欧洲。按照惯例，他们开始评估各大船厂的竞标，以便找到最符合本国需求的军舰。除了战斗力和适航性之外，他们还希望军舰能廉价一些，而且交付也必须够快。

基于成本原因，他们首先拒绝了英国船厂的提案，随后又拒绝了法国船厂，因为他们的交付经常出现拖延。但在意大利，以海军中校曼努埃尔·加西亚（Manuel Domecq García）为首的代表团却发现了最理想的军舰——装甲巡洋舰"朱塞佩·加里波第"号（Giuseppe Garibaldi）。作为原型舰，该舰的衍生型号最终将在四个国家的海军中服役。这一雄心勃勃的设计出自海军工程师爱德华多·马斯代亚（Edoardo

在热那亚的"加里波第"号，照片拍摄于该舰在 1896 年秋天启程前往阿根廷之前。

① 出自巴勃罗·阿尔甘德吉撰写的《阿根廷海军舰船纪事，1810—1970 年》（布宜诺斯艾利斯，海军学会出版社，1972 年出版）第 4 卷第 1764 页。

Masdea）之手，并由意大利海军部长兼海军工程师本尼迪托·布林（Benedetto Brin）监督，同时，热那亚（Genoa）安萨尔多（Ansaldo）船厂的一个团队则为其提供了技术支援。

在该设计中，武器占用了排水量的 15%，动力系统占用了 20%，装甲占用了 25%，船体占用了 40%。这一设计侧重的是高速和机动性，但防护和火力也颇为均衡，满载排水量为 6840 吨。[①] 该舰的全长为 328 英尺、宽度为 59 英尺又 9 英寸，标准排水量下的吃水深度为 23 英尺又 4 英寸。八台锅炉为两部三胀式发动机提供动

在 1896 年交付后不久，停泊在阿根廷最南端的火地岛上的乌斯怀亚（Ushuaia）港外的"加里波第"号。该舰和姐妹舰们的到来，改变了阿根廷的战略和地缘政治理念，并让该国开始向海军强国和海洋强国迈进。

力，其最大指示功率为 13000 马力，最高航速为 20 节。凭借搭载的 1137 吨煤炭，在 10 节的经济航速下，其作战航程可以达到惊人的 6900 海里。镍钢装甲带的最大厚度为 6 英寸，在首尾处则削减到 3 英寸左右。在水线附近的主甲板上，其水平装甲的厚度在 1 英寸到 2 英寸之间，纵隔壁、主炮塔和指挥塔的装甲厚 6 英寸，炮盾的装甲厚度为 3 英寸。唯一美中不足之处是水下防护，虽然在阿根廷，"加里波第"号的水下防御系统从未接受过测试，但 1915 年 7 月，奥匈帝国的潜艇 U-4 号仅用 1 枚鱼雷便击沉了其在意大利海军中的同名准姐妹舰 [即"朱塞佩·加里波第"号（Giuseppe Garibaldi，于 1899 年下水）]。

在该级装甲巡洋舰中，各舰的武器不尽相同，本章的主角"加里波第"号安装了两门 10 英寸的 40 倍径主炮，它们由那不勒斯附近的阿姆斯特朗 - 波佐利（Armstrong Pozzuoli）工厂制造，分别布置在前后的两座单装炮塔中。此外，"加里波第"号还安装了多种二级速射火炮，其中有安装在上甲板两侧炮廓内的 10 门阿姆斯特朗 6 英寸炮，艏楼甲板上的六门阿姆斯特朗 4.7 英寸炮，以及 10 门霍奇基斯 2.2 英寸炮和八门马克西姆 1.5 英寸炮。此外，该舰还有四具 18 英寸水上鱼雷发射管（后在 1900—1901 年拆除）、两挺马克西姆 0.303 英寸机枪和两门 3 英寸行营炮。虽然"加里波第"号的本质是一艘巡洋舰，但其防护水平却足以和战列舰媲美。正如《海军中央通讯》中所说："由于很少有战列舰能在标准吃水状态下开到 18 节，可以说，该舰不仅有着优秀的数据指标，又保留了巡洋舰的必要能力。"[①]

早在 1893 年，意大利海军便订购了两艘该型号的军舰，其中"朱塞佩·加里波第"号的龙骨于 1893 年 7 月 25 日在热那亚——西塞斯特里（Sestri Ponente）的安萨尔多船厂铺下，另一艘——"瓦雷泽"号（Varese）则于次年在里窝那（Livorno）的奥兰多造船厂（Orlando）开工。由于阿根廷和意大利之间联系密切，再加上安萨尔多公司的股东费迪南多·佩罗内（Ferdinando María Perrone，他本人在布宜诺斯艾利斯设有办事处）的支持，阿根廷政府很快就表现出了兴趣。1895 年 6 月，他们与意大利海军展开了全面磋商，试图购买一艘建造中的该型军舰。此时晋升为海军上校的加西亚也表示，该舰拥有"一艘战舰该有的一切"，并强调，其最大的优势是交付速度快——只需要四五个月，而不是其他国家订单所需的三年。由于阿根廷与智利的海上军备竞赛已经开始，其国内的担忧也在日渐加剧，上述这些都成了重要的影响因素。在加西亚上校与前总统胡里奥·罗卡（他

① 出自弗拉维奥·盖伊撰写的"'何塞·加里波第'号"一文，摘自《海军中央通讯》第 13 辑（1895—1896 年）第 47—49 页。

在"加里波第"号的炮塔中，阿姆斯特朗 10 英寸主炮正在进行装填。本照片拍摄于该舰交付阿根廷海军后不久。

在前甲板上操纵的阿姆斯特朗 4.7 英寸舰炮的水兵们，这种火炮在该舰上一共有六门。

还将在未来再次当选）将军的通信中，曾这样提到采购"加里波第"号一事：

> 鉴于 C 国（即智利）正在持续扩充舰队，并有一艘 6000 吨级的军舰 ["埃斯梅拉达"号（Esmeralda），7032 吨] 正在阿姆斯特朗公司建造，另一艘 8000 吨级的军舰 ["奥希金斯将军"号（General O'Higgins），7500 吨，同样由阿姆斯特朗公司建造] 可能正在法国建造……这次采购将令我们获得显著优势。[1]

1895 年 7 月 14 日，向安萨尔多公司购买"朱塞佩·加里波第"号的合同于伦敦正式签署，价格为 752000 英镑，该舰已在不久前的 6 月 26 日下水。[2] 作为"两个世界的英雄"，虽然在 1848 年回国领导意大利独立运动之前，加里波第曾在乌拉圭内战中率领乌拉圭舰队攻击过布宜诺斯艾利斯省，但为了向意大利政府和意大利移民示好，阿根廷政府还是决定保留这个名字，并只去除了"朱塞佩"几个字。

阿根廷舰队，意大利建造

随着与智利的关系不断恶化，阿根廷政府变得愈发紧张。这一点也反映在一件事上：在正常状态下，该舰上应当包括 28 名军官和 420 名其他舰员[3]，但在 1896 年 10 月 13 日，当"加里波第"号离开热那亚时，舰上没有一名海军军官——其乘员都是从热那亚等地仓促招募的，只能满足航行的需要。

12 月 10 日，"加里波第"号抵达布宜诺斯艾利斯，阿根廷民间和军界普遍认为，无论对于海军还是整个国家而言，这笔采购都影响深远。作为同一批舰只中的第一艘，该舰将平衡阿根廷海军与其他南美海军的兵力对比。《海军中央通讯》的投稿人并没有忘记这一点：

① 海军历史研究所档案馆（布宜诺斯艾利斯），1895 年 6 月 5 日的文件。

② 海军历史研究所档案馆（布宜诺斯艾利斯），"关于向意大利安萨尔多公司购置一艘装甲巡洋舰的有利消息"（Informe favorable respecto de la adquisición de un crucero acorazado en la casa Ansaldo de Italia），1895 年 6 月 19 日，签字人为曼努埃尔·加西亚、菲利克斯·迪富克、何塞·杜兰德（José Durand）和阿尼巴尔·卡莫纳（Aníbal Carmona）。

③ 出自《海军中央通讯》第 15 辑（1897—1898 年）第 499 页"大事记"的"阿根廷海军"部分。

现在，"加里波第"号已经加入我军，有这艘军舰后，我们终于建成了一支海军。我们的海上利益、正当权益，以及重中之重——沿海地区的繁荣发展——有了保证。因此，虽然我国为海军的付出还未到达极限，但此时，海军已接过了一项使命——就像我国领导人深信的那样，只有实现海上力量的平衡，在美洲这片土地上，彼此对立的各方才能获得更多实现和平与谅解的空间。①

与此同时，得益于"加里波第"号的到来，阿根廷海军的总吨位较 1895 年时（共计 23220 吨）增加了近三分之一——而这只是一个开始。甚至在"加里波第"号1896 年服役之前，阿根廷人便跃跃欲试起来。他们希望采购一支现代化舰队，并用其充当向远海投送力量的工具。因此，在 1895 年 7 月购买"加里波第"号之后，他们又买下了"瓦雷泽"号，并将其改名为"圣马丁"号（San Martin）——合同由里瓦达维亚主持，并在 1896 年 4 月正式签订。

原属于意大利海军的"圣马丁"号于 1894 年开工，并于 1896 年 5 月 25 日在里窝那下水。无论在规格还是性能上，它都较姐妹舰都有重大改进。除了主炮换成了四门 8 英寸炮之外，其前后的四门 6 英寸炮也进行了重新布置，以便能攻击正前或正后方的目标。另外，该舰还改进了装甲、弹药供应系统和探照灯，令其排水量上升到了 8100 吨，甲午战争（1894—1895 年，参见"镇远"号一章）的经验则让船厂用钢制隔壁替代了木制隔壁。②"圣马丁"号在拉斯佩齐亚（La Spezia）外海完成了武器和航行测试，并在 1898 年 4 月 25 日正式服役，后来于 6 月 13 日抵达阿根廷。

但这还不是全部。1897 年时，马丁·里瓦达维亚已晋升为海军准将，并被任命为

① 出自弗拉维奥·盖伊撰写的"'何塞·加里波第'号"一文，摘自《海军中央通讯》第 13 辑（1895—1896 年）第 47 页。

② 出自《陆海军部长备忘录，1895—1896 年度》（Memoria del Ministerio de Guerra y Marina, 1895-6）（布宜诺斯艾利斯，海军部，1896 年出版）第 57—59 页。

1893 年 7 月 25 日，飘扬着意大利国旗的"朱塞佩·加里波第"号滑下了热那亚－西塞斯特里安萨尔多船厂的船台。两年后，该舰被转售给了阿根廷海军。

1896 年秋天，在热那亚的"加里波第"号，此时该舰正在准备起航前往阿根廷。

阿根廷海军的总参谋长。1898 年 2 月，"为了能让国家建成一支战斗舰队"，他给陆海军部长尼古拉斯·勒瓦莱（Nicolás Levalle）将军写了一封长信，强调了购买第三艘装甲巡洋舰的必要性：

> ……在战斗力上，该舰必须至少接近"圣马丁"号或"加里波第"号。我之所以这么说，不仅是因为从海上力量层面，我军较智利处于劣势……而且从专业角度，此举也有绝对的必要性……正如阁下所知，一个战斗分队通常会由三艘军舰组成，它们在性能上也必须整齐划一，另外，只有在舰只达到或超过上述数量后，它们才足以展开一场舰队战。[1]

随着里瓦达维亚在 1898 年被任命为阿根廷的第一任海军部长，再加上勒瓦莱将军在参议院的大力推动，购舰的障碍终于被扫清。同时，阿根廷政府还从财政储备金和国内债券收入中获得了资金，以求加强国防力量、购置更多的主力舰。[2] 和"加里波第"号的情况一样，阿根廷也发出了招标邀请，并收到了英国、法国和德国各大船厂的投标。不过，这些方案都需要 18—24 个月才能交付，而且大多造价高昂，阿根廷人只好婉言拒绝。随后，正如里瓦达维亚期望的那样，意大利造船厂再次收获了两艘装甲巡洋舰的订单——这一次，他们提供了两艘"朱塞佩·加里波第"级的改进型号：其中一艘是"克里斯托巴尔·科隆"号（Cristóbal Colón）[3]，最初由西班牙海军从安萨尔多公司订购；另一艘是意大利海军从奥兰多船厂订购的

[1] 海军历史研究所档案馆（布宜诺斯艾利斯），杂项捐赠文件第 6 柜，马丁·里瓦达维亚致布宜诺斯艾利斯的尼古拉斯·勒瓦莱将军的私人信件，1898 年 2 月。

[2] 尼古拉斯·勒瓦莱，《陆海军部长备忘录，1897—1898 年度》[布宜诺斯艾利斯，海军部，1898 年出版] 第 2 卷第 6 章。

[3] 译者注：克里斯托巴尔·科隆即著名航海家克里斯托弗·哥伦布，是此人意大利语名字的西班牙式写法。但一些资料显示，阿根廷人购买的实际是"加里波第"号售出之后意大利订购的同名替代舰——至于前文提到的，在 1915 年被潜艇击沉的"朱塞佩·加里波第"号则是同名舰中的第三艘。

新"瓦雷泽"号。它们后来分别以"普埃雷东"号（Pueyrredón）和"贝尔格拉诺"号（Belgrano）的身份加入了阿根廷海军。两舰的排水量分别为 8000 吨和 7300 吨，较"加里波第"号和"圣马丁"号有着更多的改进：其锅炉管尺寸更大，可以保证军舰在 45 分钟内升火；安装了两门 10 英寸火炮，并拥有新式阿姆斯特朗炮闩，大幅提升了开火速率。"普埃雷东"号于 1898 年 8 月 4 日正式服役，"贝尔格拉诺"号也紧跟着在 10 月 8 日加入了阿根廷舰队。

1902 年前后，在"圣马丁"号上一起转向侧面的左舷炮群。作为"加里波第"号的准姐妹舰，"圣马丁"号也采用了相同的副炮配置，即在主甲板的两侧炮位上安装了 10 门阿姆斯特朗 6 英寸炮，并在上层甲板上安装了六门阿姆斯特朗 4.7 英寸炮。

阿根廷的"朱塞佩·加里波第"级巡洋舰

	加里波第	圣马丁	普埃雷东	贝尔格拉诺
动工时间	1894 年	1894 年	1896 年	1896 年
全长	328 英尺	350 英尺	350 英尺	350 英尺
宽	59.7 英尺	53.1 英尺	59.7 英尺	53.1 英尺
标准吃水深度	23.3 英尺	24.9 英尺	24.9 英尺	27.2 英尺
满载排水量	6840 吨	8100 吨	8000 吨	7300 吨
装甲（主装甲带最大厚度）	6 英寸	6 英寸	6 英寸	6 英寸
主炮	两门 10 英寸 40 倍径火炮	四门 8 英寸 40 倍径火炮	两门 10 英寸 45 倍径火炮	两门 10 英寸 45 倍径火炮
最大航速	20 节	18 节	19 节	18 节
续航力	6000 海里/10 节	6000 海里/10 节	6000 海里/10 节	6000 海里/10 节
指示功率	13000 马力	13500 马力	13000 马力	13000 马力

　　阿根廷海军的迅速扩张也引起了欧洲人的关注，作为该国抢购政策的直接受益者，意大利人的感觉尤其明显。对"普埃雷东"号的首航，热那亚报纸——《19 世纪报》（Il Século XIX）便在 1898 年 7 月 4 日的评论中指出，阿根廷"显然是在向我们证明，一个国家只有取得了制海权才能真正强大。也正是因此，它正在以倾国之力建设现代化海军，并为其添置强大的军舰。"[1]

新海军，新国家

　　购置"加里波第"号及其姐妹舰的影响远远超出了海军层面——它不仅挑战了传统的战略理论，还带来了某种无法逆转的改变，它让阿根廷海军成了一个足以捍卫领土利益的存在，并推动了国家向前发展。在脱胎换骨的阿根廷海军中，一种全新的战术和战略思路正在成形，它也体现在了 1898 年 8 月，"圣马丁"号副舰长菲利克斯·迪富克（Félix Dufourq）海军中校的一次演讲中。[2] 在讲稿中，他首先阐明了一些必要的概念，并用海军史上的例子做了证明。随后，他从国家的需求层面出发，阐述了缔造这种海上战略的基础：

　　所谓海战的战略目标，就是在与敌军战斗舰队接触时，尽力保证己方的战斗舰

[1] 出自《海军中央通讯》第 16 辑（1898—1899 年）第 48 页"大事记"下的"'普埃雷东'号的初步测试"部分。

[2] 菲利克斯·迪富克，"彼得拉角的会晤，巡洋战舰'圣马丁'号副舰长 1898 年 8 月 30 日亲历记"，出自《海军中央通讯》第 17 辑（1899—1900 年）第 25 页。

队拥有数量和效率优势。尽管在目前，武器自身及其运转已变得非常复杂，但这种优势却能让我军在战斗中有恃无恐，并怀着勇气和纪律，把装备的效率发挥到极限，以此赢得胜利。[①]

尽管在海战中，这些都是放之四海而皆准的公理，但将这段话放在当时的背景下，它们显然代表了阿根廷海军的新思维：其中不仅反映了阿根廷政府谋求扩充海军实力的强烈愿望，还表现了一种坚定的决心——他们希望把海军装备的现代化建设持续、主动地推进下去。另外，按照迪富克的说法，为组建"理想舰队"，该国还需要专门的岸上设施，也只有如此，他们才能获得训练有素的舰员。在这支舰队中，应包

1901 年，停泊在布兰卡港附近"军用港"中的三艘"加里波第"级，它们分别是"加里波第"号、"普埃雷东"号和位于最远处的"圣马丁"号——该级舰一共有四艘。

括一批性能整齐划一的主力舰，不仅如此，由于"历史提醒我们，几乎所有海战都在近海展开"，提供支援的驱逐舰也是不可或缺的一环。此外，迪富克中校还构想了加煤用的武装运输船、经过专门改装的修理船，甚至是一艘医院船。

中校还在演讲中提到，现在到了抛弃阿根廷传统防御战略的时候——由于陆上交通的发展，要塞和港口完全可以建在人烟较少的地方，而部署在当地的军舰，则可以把军事力量投送到远海或是敌国的大门外。这也表明，官方已经决定让老旧舰船退居二线，至于战斗舰队则将完全由新舰组成——这也是勒瓦莱和里瓦达维亚的观点。这种战略同样契合当时的海军理论，尤其是英国人的观点。正如《海军中央通讯》的说法，经过"深思熟虑"，阿根廷海军主动与时代精神接轨了——不管此举是源自优秀理论的启发，还仅仅是一时冲动，至少，他们都迈开了脚步。[②]

"加里波第"号及姐妹舰的采购也引发了争论。这些争论的焦点不仅有技术、战术、战略和地缘政治，还有基地和维修设施的建设。此前，阿根廷海军还没有过如此庞大的军舰。这些新舰需要改装和修理，而为其修建干船坞和配套设施的地方，也将

① 菲利克斯·迪富克，"彼得拉角的会晤，巡洋战舰'圣马丁'号副舰长 1898 年 8 月 30 日亲历记"，出自《海军中央通讯》第 17 辑（1899—1900 年）第 32 页。

② "威廉斯"（化名），"新军舰及其主要特点"，出自《海军中央通讯》第 15 辑（1897—1898 年）第 451 页。

成为该国海军的主要基地。对这些设施该建于何处，各方争执不休。保守派的人士认为，它应当位于该国的经济和政治中心——即拉普拉塔河沿岸，至于年青一代则主张设在布宜诺斯艾利斯以南 400 英里处。反对拉普拉塔河方案的人士宣称，"加里波第"号的吃水深度为 24 英尺，很难在河道附近水域航行，但支持的一派则表示，从国家战略层面考虑，仅仅因为主力舰的吃水问题，就把基地迁到遥远的布兰卡港，这种做法简直不可理喻——更何况在当地建造一座干船坞需要大量的资金。另外，支持拉普拉塔河方案的一派还针锋相对地指出，尽管当地沙洲和浅滩遍布，需要不断疏浚，军舰的航行存在风险，但拉普拉塔河沿岸的传统港口，甚至是布宜诺斯艾利斯当地 [尤其是当地的马德罗港（Puerto Madero）] 都完全具备安置"加里波第"号的条件。

这场争论还表明，购舰改变了阿根廷人的国家观念。正如布宜诺斯艾利斯最大的报纸《新闻报》（La Prensa）宣传的那样："'加里波第'号必须前往马德罗港，以便让共和国的国民看到它。"但这种看法招来了布兰卡港（此时"加里波第"号正停泊于当地）居民的怒斥："难道'加里波第'号现在不在阿根廷，我们布兰卡港不是共和国的一部分么？"[1]对此，陆海军部长吉列尔莫·维拉纽瓦（Guillermo Villanueva）在 1896 年作了回应，他承认，"加里波第"号的吃水问题已经影响了政府决策，让他们必须从"更广阔的角度，深入考虑海军基地的选址"[2]。为此，他们决定建造在布兰卡港附近建造一座"军用港" [Puerto Militar，后来改名为"贝尔格拉诺港"（Puerto Belgrano）]——虽然此地远离国家的工业和经济中心，但能满足"加里波第"号的需要——至于迪富克中校的期望也是如此。[3]

同时，新军舰也要求改组海军。为此，阿根廷人将舰队一分为二，其中"拉普拉塔河分舰队"（Río de la Plata Division）驻扎在布宜诺斯艾利斯锚地，而"布兰卡港分舰队"则驻扎在当地附近的"军用港"，而且每支舰队都因地制宜地配备了舰只[4]："拉普拉塔河分舰队"以旧式岸防舰、内河炮舰和防护巡洋舰为主；"布兰卡港分舰队"则由"加里波第"号、"圣马丁"号、"普埃雷东"号、"贝尔格拉诺"号以及英制防护巡洋舰"布宜诺斯艾利斯"号（Buenos Aires）组成，负责保护巴塔哥尼亚（Patagonia）1500 英里的漫长海岸线。曼努埃尔·曼西亚（Manuel José García Mansilla）海军上校被任命为"加里波第"号的舰长，他是阿根廷海军中首屈一指的战术专家，对技术的进步了如指掌，并在相关领域留下一部颇有影响力的论著。[5]

1898 年 10 月时，在拉普拉塔河口、彼得拉角（Punta Piedras）外海的阅舰式则充当着一场隆重的"加冕盛典"，这次阅舰式旨在向外国观察员和国内民众展示这几年中，阿根廷海军的战斗力和训练进步有多么快。在参与检阅的 28 艘军舰中，最吸引民众和国

① 迪亚哥·布朗，"'军用港'的未来"，出自《海军中央通讯》第 14 辑（1896—1897 年）第 79 页。

② 出自《陆海军部长备忘录，1895-1896 年度》（布宜诺斯艾利斯，海军部，1896 年出版）第 91 页。

③ "J.G."，"战舰'加里波第'号"，出自《海军中央通讯》第 14 辑（1896—1897 年）第 431 页。

④ "1898 年 11 月 5 日，关于改组海军部队的法令"，出自埃尔西里奥·多明格斯（Ercilio Domínguez）主编的《军事法律和条令汇编》（Colección de Leyes y Decretos Militares）[布宜诺斯艾利斯，南美纸币印刷公司（Cía. Sudamericana de Billetes de Banco），1898 年出版] 第 5 卷第 214 页。

⑤ 参见《海军发展与作战战术研究》（Estudio sobre evoluciones navales y táctica de combate）[布宜诺斯艾利斯，吉列尔莫·克拉夫出版社（Guillermo Kraft），1897 年出版]。

在阿根廷海军的新母港——布兰卡港——附近停泊的"加里波第"号。

① 译者注：此处疑似有误，如本章表格中所述，"圣马丁"号和"贝尔格拉诺"号等舰的最高航速都未达到 20 节。

② 出自《陆海军部长备忘录，1897—1898 年度》（布宜诺斯艾利斯，海军部，1898 年出版）第 2 卷第 10—11 章。

1902 年 1 月，进入"军用港"新干船坞的"圣马丁"号——该舰是"加里波第"号的准姐妹舰。该船坞在当月完工，是拉丁美洲最精良的同类设施。

内外媒体记者眼球的又非"加里波第"级莫属。不过，在此时，"加里波第"号却急需改装和修理，1898 年 12 月，该舰开往热那亚，在安萨尔多船厂停留了 18 个月，并花费了 90000 金比索。

虽然直到 1900 年 6 月，"加里波第"号都在意大利的船坞中，但在 1899 年底，阿根廷海军已经拥有了一支战斗舰队，其中包括了四艘现代化的装甲巡洋舰和四艘英国建造的其他军舰——防护巡洋舰"5 月 25 日"号（于 1890 年下水）、"7 月 9 日"号（于 1892 年下水）、"布宜诺斯艾利斯"号（于 1895 年下水）和炮舰"祖国"号（Patria，于 1893 年下水），同时，还有三艘前面提到的运输船提供支援。这八艘军舰的总排水量共计 44000 吨，装备了 276 门速射炮和 37 座鱼雷发射管，编队航速可以达到 20 节[1]，并可在支援舰只的协助下连续作战长达两个月。[2]

和 1896 年时，匆匆把"加里波第"号编入舰队时的情况一样，由于与智利的冲突一触即发，阿根廷当局也急于建成布兰卡港附近的干船坞和海军基地。随着局势愈发恶化，阿根廷人先是派遣风帆训练舰"萨缅托总统"号（Presidente Sarmiento）从意大利运回了一批为装甲巡洋舰订购的弹药。随后，他们还向该国下达了两艘改进型的订单——它们是排水量 7700 吨的"马里亚诺·莫雷诺"号（Mariano Moreno）和"贝纳迪诺·里瓦达维亚"号（Bernardino Rivadavia），这将令阿根廷的战斗舰队扩充到六艘装甲巡洋舰。

1902 年 3 月 8 日，在为"军用港"干船坞开启举办的庆祝仪式上，登临"加里波第"号的胡里奥·罗卡总统（照片中正对镜头的留胡须者）等贵宾。

海上均衡与《五月协定》

随着战斗舰队和港口设施建成，阿根廷的海上国防战略布局也圆满完成，这一点又确保了对智利的军事力量平衡，并促进了谈判的平等开展（见"拉托雷海军上将"号一章）。购入装甲巡洋舰分队的一个早期影响，是 1899 年 3 月两国就北部阿塔卡马高原的归属达成了协议——之前，这片矿产丰富的荒漠曾引发过两国的纠纷。

1899 年 1 月，再次当选的阿根廷总统胡里奥·罗卡在贝尔格拉诺港登上了"里瓦达维亚"号，乘坐该舰向南航行到了麦哲伦海峡（Magellan Strait）沿岸的智利城市蓬塔阿雷纳斯（Punta Arenas）。2 月 15 日，他在当地会见了自己的对手——智利总统费德里科·埃拉苏里斯（Federico Errázuriz Echaurren）。在"贝尔格拉诺"号的后甲板上，双方最终发表了一项被称为"Abrazo del Estrecho"（即"海峡上的拥抱"）的宣言。在美国总统詹姆斯·布坎南（James Buchanan）的担保下，两国又于 3 月 24 日签署了正式协议，并让阿根廷获得了 85% 的争议地区。

这些情况，再加上两国都有和平解决领土争端的意愿，最终为谈判铺平了道路。1902 年 3 月，阿根廷政府任命何塞·特里博士（Dr. José Antonio Terry）为驻智利大使，并同智利总统格尔曼·里埃斯科博士（Dr. Germán Riesco）等人进行了一系列磋商。就主要议题，双方达成了一致意见。期间，在阿根廷国内，不同党派的政要和前政要，比如总统罗卡、前总统巴托洛梅·米特雷（Bartolomé Mitre）和卡洛斯·佩莱格里尼（Carlos Pellegrini），以及政府部长阿曼西奥·阿尔科塔（Amancio Alcorta）和华金·冈萨雷斯（Joaquín V. González）等人也达成了共识，他们在爱国精神的指引下，以个人努力推动了和平。

这些谈判的最终产物是 1902 年 5 月 28 日签署的《五月协定》（Pacts of

1902 年 3 月 8 日，停靠在布兰卡港附近军用港干船坞内的"加里波第"号。其舰尾方向可见英国制造的蒸汽巡航舰"萨缅托总统"号——该舰在阿根廷海军中充当训练舰，如今保存在布宜诺斯艾利斯。

1898 年夏天，在里窝那附近试航的"圣马丁"号。

Mayo）——它也是两个现代化国家之间的第一份海军军控协议。该协议包括三个部分，即"序言"、"仲裁条约"和"海军军备限制公约"——其最后一部分最直接地影响了海军的舰船和部署。这份"海军军备限制公约"包括五项主要条款，要求暂停所有的军舰建造，并在未来五年停止购舰，如果一方试图打破协定，需要提前 18 个月予以通告。另外，两国还要在一年内削减舰队规模，直到海军兵力"严格对等"。为了强调该协议的精神是防御性的，该"公约"并没有约束与岸防工事和港口防御有关的军备采购。[①]

"加里波第"号的姐妹舰"圣马丁"号奉命将阿根廷特使运往智利，在一片庄严肃穆的氛围中，《五月协定》于 1902 年 9 月 23 日在圣地亚哥（Santiago）的总统府正式签订。在此之前，豪尔赫·蒙特（Jorge Montt）海军中将等智利海军高级军官以及里埃斯科总统本人都对该舰进行了正式访问。正如"圣马丁"号舰长胡安·马丁（Juan A. Martin）海军上校的回忆，在巡航中，该舰圆满地完成了外交使命：

> 停泊于智利期间，"圣马丁"号接受了持续不断的访问。它的舰身造型优雅、整洁干净，舰员训练有素、纪律严明——这一切让它的表现尽善尽美，并得到了许多赞扬。这次载誉而归的航行也拉近了我们与智利人民的距离，并让我们回想起了圣马丁和奥希金斯（O'Higgins）并肩作战的时代，现在，他们的名字正在我们两国的旗舰上继续得到传扬……[②]

虽然《五月协定》结束了阿根廷和智利的海军军备竞赛，但另一方面，这种和平却建立在武装之上。阿根廷陆海军的高层开始坚信，必须维持一支与智利和巴西旗鼓相当的强大军队，也只有如此，他们才能平等地与对方谈判，甚至在其中博取有利条件。尤其是在五年后，随着巴西启动了战列舰购买计划（参见"米纳斯吉拉斯"号一章），这种想法更是开始在他们脑海里闪现。

在阿根廷国内，这份协议遭到了某些人士的谴责，但多数人认为，是军队的存在避免了战争，同时，大规模裁军也势在必行。其中，海军受到的影响堪称首当其冲。根据"五月协定"，他们必须解除"加里波第"号和"普埃雷东"号的武装，同时处理正在安萨尔多建造的两艘军舰。在英国人的斡旋下，它们成了日军的"春日"号（Kasuga）和"日进"号（Nisshin），并赶上了 1904—1905 年的日俄战争。

① 参见卡洛斯·席尔瓦所著的《阿根廷国际政治概况》（布宜诺斯艾利斯，众议院印刷局，1946 年）第 376 页，以及《阿根廷海军史丛刊》第 8 期（1990 年）第 401—405 页由恩里克·隆济耶梅撰写的"与智利的冲突，1883—1904 年"一文。

② 参见胡安·马丁撰写的"巡洋战舰'圣马丁'号的智利之旅（1902 年 9 月）：交换'五月协定'——一份海军、友谊和和平的条约"一文，此文章出自《海军中央通讯》第 70 辑（1952 年）第 419—433 页。阿根廷的何塞·德·圣马丁（José de San Martín，1778—1850 年）和智利的贝尔纳多·奥希金斯（Bernardo O'Higgins，1778—1842 年）都是反抗西班牙统治、争取南美独立的重要人物。参与会议的智利装甲巡洋舰"奥希金斯"号（1897 年下水）由英国制造，并在 1898 年加入智利海军。

同时，由于两艘装甲巡洋舰已被解除武装，阿根廷海军还解散了"布兰卡港分舰队"，并在拉普拉塔河重建了第二支分舰队。

后期经历

《五月协定》也让"加里波第"号的一线服役生涯戛然而止，该舰于 1903 年 1 月被解除武装，舰员也被大规模缩减。虽然在 1907 年公约到期之后，重新武装、增派舰员的工作徐徐展开，但大环境已随着"无畏"号的诞生发生了剧变。由于巴西在 1906 年从英国船厂订购了两艘无畏舰，阿根廷又陷入了另一场海上军备竞赛。作为应对，他们也在 1908 年从美国订购了两艘"里瓦达维亚"级（Rivadavia class）战列舰。至于这些意大利造的装甲巡洋舰则濒临过时，只能用于教学。也正是在这一年，"加里波第"号被分配给炮术学校（Escuela de Artillería），同时还负责培养通信兵、轮机兵和航海军官。

自 19 世纪 80 年代以来，随着技术的发展，阿根廷海军愈发认识到了训练的意义。而一位前意大利海军军官——爱德华多·慕斯卡利（Eduardo Múscari）海军中校则率先将所有训练设备集成到了一艘军舰上。[①]最初，扮演这一角色的是老舰"布朗海军上将"号[②]，但当 1915 年"里瓦达维亚"号和"莫雷诺"号（Moreno）加入舰队时，"加里波第"号接过了这一任务。然而，这并没有影响该舰在 1919 年 1 月参与对罢工者的镇压——这场发生在布宜诺斯艾利斯的动乱后来被称为"悲惨的一周"（Semana Trágica），有 800 人因此丧命。

1922 年，"加里波第"号成为轮机兵和信号兵学校（Escuela de Maquinistas y Marineros Señaleros）的基地舰，在舰上，普通水兵将学习代数、几何、物理学和西班牙语，信号兵还要额外接受旗语、灯语、驾驶、海军发展史、帆船与划艇训练。但

① "1882 年 1 月 15 日，弗朗西斯科·比夫（Francisco Beuf），丹尼尔·德·索里尔（Daniel de Solier）和拉斐尔·布兰科（Rafael Blanco）三人委员会的报告"，出自《陆海军部长备忘录，1881—1882 年度》（布宜诺斯艾利斯，阿根廷陆海军部，1882 年出版）。

② 译者注：原文为"General Brown"，即"布朗将军"号，实误。此处所指的应是 1880 年竣工的英制铁甲舰"布朗海军上将"号，该舰从 1901 年开始成为炮兵学校的训练舰，后来又陆续肩负起了其他训练任务。

阿根廷代表团的成员聚集在"圣马丁"号的后甲板上——当时，他们正搭乘该舰前往智利，并在 1902 年签署了《五月协定》。其中，位于中间者是里瓦达维亚准将。

即使如此，当 1924 年，意大利的翁贝托王储（Crown Prince Umberto）搭乘装甲巡洋舰"圣马可"号（San Marco）和"圣乔治奥"号（San Giorgio）巡游南美时，"加里波第"号仍参与了接待。1927 年，"加里波第"号与"圣马丁"号和"普埃雷东"号一道被划为岸防舰，但除了偶尔负责水文测量之外，该舰依旧肩负着训练使命。1933 年，该舰退役，随后被封存用作备件来源。1934 年 3 月 20 日，"加里波第"号正式从海军中除籍，1935 年 11 月，该舰被出售，随后以自身的动力航行到瑞典，并于 1936—1937 年年间被就地拆解。

在"加里波第"号的姐妹舰中，直到 1911 年，"圣马丁"号都在担任战斗舰队的旗舰，1926 年时，该舰在贝尔格拉诺港进行了大规模改装，它换装了燃油锅炉，改进了炮架，并对上层建筑进行了重建。该舰最终在 1935 年退役，但直到 1947 年才被拆解。至于"普埃雷东"号也一度担任过训练舰，1918 年时，运载海军学院（Escuela Naval）学员进行的环球远航更是将它的生涯推向了顶点。"普埃雷东"号在 1922 年时更换了燃油锅炉，并在 1927 年降格为岸防舰。以拉普拉塔河为基地，该舰在 1937—1940 年年间一直跟随训练舰队在沿海活动，并在 1941—1952 年年间进行了更多的教学远航，最终于 1954 年 8 月退役。1955 年 1 月，巴尔的摩的波士顿金属公司（Boston Metals Co.）买下了它，并将其拖往日本拆解。与此同时，"贝尔格拉诺"号则在 1907 年成了舰队中第一艘装备马可尼无线电通讯系统的船只。1927 年 10 月，它代表阿根廷参加了在热那亚进行的阅舰式，并派出舰员出席了一座纪念碑的落成典礼。该纪念碑缅怀的，正是与军舰同名的、阿根廷独立战争的英雄——贝尔格拉诺。在西班牙水域短暂停留后，该舰返回热那亚，改装了武器设备和上层建筑。整个工程于 1928 年完成，1933 年 12 月，该舰奉命前往马德普拉塔（Mar del Plata），并被改装成潜艇供应舰。"贝尔格拉诺"号于 1947 年 5 月 8 日退役，后来在里亚舒埃罗（Riachuelo）被拆解。

反映阿根廷海军舰上生活的照片非常早见。这张照片是在"加里波第"号的准姐妹舰"普埃雷东"号上拍摄的，时间大约在 1900 年前后。照片中，舰员们正在庆祝军舰加煤竞赛的胜利。

结语

虽然由于 1902 年签订的《五月协定》，阿根廷海军的规模暂时缩减了，但在官方看来，之前的扩军是绝对必要的，因为它带来了局势的缓和，进而增强了海军的内聚力，消除了其部署上的短板。在 1902 年协定签署时，阿根廷海军共有 27 艘战斗舰只，其中很多代表着海军领域的最新成果；提供支持的是 22 艘辅助舰船，它们的设计专门适用于内河、沿海或远洋作战。同时，阿根廷还建成了"军用港"——南美最优良的海军基地，并建立了海军学院和军官候补生训练体系。这种军事力量的存在，

不仅让南部地区及其近海融入了国家版图，还增强了阿根廷人的国家意识，至于风帆训练舰"萨缅托总统"号则作为阿根廷国家和海上力量的大使活跃于世界各地。在该国及其海军向海外扩展影响的过程中，"加里波第"号及其姐妹舰发挥了决定性的作用。

1913年10月，"加里波第"号在贝尔格拉诺港停靠期间，其全体舰员在前甲板上的合影。当时，该舰正在执行训练任务，人员较满编状态少。请注意安装在10英寸炮塔两侧的一对霍奇基斯2.2英寸炮。

附录："军用港"的干船坞

1902年1月2日，"圣马丁"号成了第一艘进入"军用港"干船坞的舰只，并受到了热烈欢迎。[1]但由于技术和接待方面的原因，由总统朱里奥·罗卡参加的落成仪式被推迟到了3月初，因此，"加里波第"号便阴差阳错地成了参与仪式的军舰。考虑正是该舰的到来促成了整个工程，它更是为典礼平添了几分象征色彩。

典礼计划于3月7日下午举行，但机械故障却令入坞被迫推迟到了下一次涨潮时——8日凌晨2点。此时，天气愈发恶劣，"加里波第"号只能顶着暴雨，在一片黑暗中开进去。然而，阿根廷海军却把这种尴尬的状况描绘成了一件了不起的成就。其中一位军官大胆地宣称："'加里波第'号是南美洲首艘在夜间恶劣天气中入坞的军舰！"[2]仪式随即开始。当天13点，罗卡总统象征性地为该舰刮搽了船体，期待着它能焕然一新，这时的他想必也回想起了当年在这艘军舰上举办的就职典礼。在给总工程师路易斯·路易吉（Luis Luiggi）的一封信中，罗卡极尽赞美："商船和舰队的维护设施现在终于齐备了！"[3]用当地媒体的话说就是："这项惊人的工程不仅展示了我国的创造力，还保障了它的主权和领土完整。"[4]

[1] 出自1902年1月3日的《国家报》。
[2] 出自1902年3月9日的《新省报》。
[3] 出自1902年1月12日的《新省报》。
[4] 出自1902年3月9日的《门廊报》（El Porteño）。

参考资料

未公开资料

- 海军历史研究所档案馆（Archivo del Departamento de Estudios Históricos Navales, Buenos Aires），布宜诺斯艾利斯
- 文件及档案（1881—1902 年部分）
- 家族历史档案：
- 曼努埃尔·加西亚海军中将
- 菲利克斯·迪富克海军上校
- "军用港"——暨贝尔格拉诺港的诞生（Origins of the Military Port, Puerto Belgrano）
- 海军档案馆（General de la Armada），布宜诺斯艾利斯
- 阿根廷国家档案馆（Archivo General de la Nación Argentina），布宜诺斯艾利斯
- 阿根廷共和国外交部档案馆（Archivo de Relaciones Exteriores de la República Argentina），布宜诺斯艾利斯

公开资料

- 匿名，"海军经济学"（Las Economías en la Armada），出自《海军中央通讯》第 2 辑（1883—1884 年），第 457 页
- 匿名，"拉普拉塔河军港工程刍议"（Puerto Militar - Proyectado en el Río de La Plata），出自《海军中央通讯》第 13 辑（1895—1896 年），第 1 页
- 匿名，"现代海军战术：英美媒体之所见"（La Táctica naval moderna. Opiniones de la prensa inglesa y americana），出自《海军杂志》（Revista General de Marina）第 37 期 1895 年），第 609 页与第 766 页，转载于《海军中央通讯》第 13 辑（1895—1896 年），第 394—402 页及第 424—429 页
- "A.J."，"巴西海军杂志上的'海军军官科学'"（"La Ciencia del oficial de marina" de la Revista Marítima Brasileña），出自《海军中央通讯》第 14 辑（1896—1897 年），第 553 页
- 巴勃罗·阿尔甘德吉（Pablo Arguindeguy），《阿根廷海军舰船纪事，1810—1970 年》全 7 卷 [布宜诺斯艾利斯，海军学会出版社（Secretaría General Naval），1972 年出版]
- 巴勃罗·阿尔甘德吉，霍雷肖·罗德里格斯，《阿根廷海军的舰船、指挥及作战（1852—1899 年）》[布宜诺斯艾利斯，布朗国家研究所（Instituto Nacional Browniano），1999 年出版]
- 阿曼多·梅嫩德斯（Armando Braun Menéndez），"罗卡与'五月协定'"（Roca y los Pactos de Mayo），出自《战略》（Estrategia）第 3 期（1969 年 9—10 月号），第 95 页
- 迪亚哥·布朗（Diego Brown），"'军用港'的未来"（El Futuro Puerto Militar），出自《海军中央通讯》第 14 辑（1896—1897 年），第 79 页
- 迪亚哥·布朗，"'军用港'的未来：对《新闻报》的反驳"（El futuro Puerto Militar. Refutación a La Prensa），出自《海军中央通讯》第 14 辑，第 171—173 页
- 里卡多·布尔萨科（Ricardo Burzaco），《阿根廷海军的战列舰和巡洋舰，1881—1892 年》（Acorazados y cruceros de la Armada Argentina, 1881-1982）[布宜诺斯艾利斯，尤金尼奥·B 出版社（Eugenio B Ediciones），1997 年出版]
- 温贝托·布尔齐奥（Humberto F. Burzio），《阿根廷海军鱼雷与雷击舰艇史》（Historia del torpedo y sus buques en la Armada Argentina）[布宜诺斯艾利斯，海军历史研究所（Departamento de Estudios Históricos Navales），1968 年出版]
- 路易斯·卡布拉尔（Luis Cabral），《阿根廷共和国海军年鉴》（Anales de la Marina de Guerra de la República Argentina）[布宜诺斯艾利斯，胡安·阿尔西纳印刷厂（Imprenta de Juan A. Alsina），1904 年出版]
- 大事记，"阿根廷海军"部分，出自《海军中央通讯》第 15 辑（1897—1898 年），第 499 页
- 大事记，"'普埃雷东'号的初步测试"（Las Pruebas preliminares del Pueyrredon）部分，出自《海军中央通讯》第 16 辑（1898—1899 年），第 48 页
- 菲利克斯·迪富克，"彼得拉角的会晤，巡洋战舰'圣马丁'号副舰长 1898 年 8 月 30 日亲历记"

（ Conferencia dada a bordo del crucero-acorazado San Martín por su 2º Comandante, en Punta Piedras, agosto 30/98），出自《海军中央通讯》第 17 辑（1899—1900 年），第 25—40 页

- 弗拉维奥·盖伊（Flavio Gai），"'何塞·加里波第'号"（El José Garibaldi），出自《海军中央通讯》第 13 辑（1895—1896 年），第 47—49 页
- 恩里克·隆济耶梅（Enrique González Lonzieme），"与智利的冲突，1883—1904 年"（Los Conflictos con Chile，1883-1904），出自《阿根廷海军史丛刊》（Historia Marítima Argentina）第 8 期（1990 年），第 401—405 页
- "J.G."，"战舰'加里波第'号"（El Acorazado Garibaldi），出自《海军中央通讯》第 14 辑（1896—1897 年），第 431 页
- 胡安·马丁（Juan A. Martin），"巡洋战舰'圣马丁'号的智利之旅（1902 年 9 月）：交换'五月协定'——一份海军、友谊和和平的条约"[Viaje del crucero acorazado San Martín a Chile (septiembre de 1902). Canje de los Pactos de Mayo sobre equivalencia naval, paz y amistad]，出自《海军中央通讯》第 70 辑（1952 年），第 419—433 页，可参见 http://www.histarmar.com.ar/ InfHistorica-3/ViajeCrAcSanMartin- 1902.htm（2015 年 11 月访问）
- 陆海军部备忘录（Memoria del Ministerio de Guerra y Marina）（布宜诺斯艾利斯，海军部，1895—1902 年出版）
- "鹦鹉螺"（Nautilus，化名），"论国民海军：拉普拉塔河的防御"（La Marina de Guerra Nacional. Defensa del Río de la Plata），出自《海军中央通讯》第 8 辑（1890—1891 年），第 133 页
- 吉列尔莫·奥亚尔萨巴尔，《南进的阿根廷：一个关于'第一军港'的乌托邦，1896—1902 年》（Argentina hacia el sur: la utopía del primer puerto militar, 1896-1902）[布宜诺斯艾利斯，海军协会出版社（Instituto de Publicaciones Navales），2002 年]
- 吉列尔莫·奥亚尔萨巴尔，《80 年代的海军：阿根廷海军的发展和巩固，1872—1902 年》（Los Marinos de la generación del ochenta: evolución y consolidación del poder naval en el Argentina，1872-1902）[布宜诺斯艾利斯，行星出版社（Editorial Planeta），2007 年]
- 苏珊娜·德·桑布切蒂（Susana Rato de Sambuccetti），"危机时期财政支出的演变，1889—1895 年"（Evolución del gasto público en un período de crisis，1889-1895），出自《阿根廷与美洲史主题研究丛刊》（Temas de historia argentina y americana）第 1 辑（2002 年），第 133—186 页
- 罗伯特·谢伊纳（Robert L. Scheina），《拉丁美洲：一部海军史，1810—1987 年》（Latin America: A Naval History, 1810-1987）（安纳波利斯，美国海军学会出版社，1987 年）
- 卡洛斯·席尔瓦（Carlos Alberto Silva），《阿根廷国际政治概况》（La Política internacional de la Nación Argentina）[布宜诺斯艾利斯，众议院印刷局（Imprenta de la Cámara de Diputados），1946 年]
- "观察"（Spectator，化名），"论裁军与军备限制"（El Desarme - Limitación de armamentos），出自《海军中央通讯》第 19 辑（1901—1902 年），第 729 页
- 理查德·温赖特，"海战中的战术问题"（Tactical Problems in Naval Warfare），出自《美国海军学会会刊》（United States Naval Institute Proceedings）第 21 辑（1895 年）第 74 期，第 217—257 页
- "威廉斯"（Williams，化名），"审视迪亚哥·布朗《'军用港'的未来》一文中的观点"（"El Futuro Puerto Militar" por Diego Brown, examen de sus ideas），出自《海军中央通讯》第 14 辑（1896—1897 年），第 273 页
- "威廉斯"（化名），"装甲与现代炮弹"（Corazas y proyectiles modernos），出自《海军中央通讯》第 14 辑（1896—1897 年），第 409 页
- "威廉斯"（化名），"新军舰及其主要特点"（Los Nuevos buques. Sus características principales），出自《海军中央通讯》第 15 辑（1897—1898 年），第 451 页
- 《海军中央通讯》，布宜诺斯艾利斯，1882—1904 年出版
- 《商报》（El Comercio），蓬塔阿雷纳斯，智利，1901—1902 年出版
- 《使命报》（El Deber），布兰卡港，阿根廷，1895—1898 年出版
- 《国家报》（La Nación），布宜诺斯艾利斯，1872—1902 年出版
- 《新省报》（La Nueva Provincia），布兰卡港，阿根廷，1898—1902 年出版
- 《新闻报》，布宜诺斯艾利斯，1872—1902 年出版
- 《海陆军俱乐部杂志》，布宜诺斯艾利斯，1883—1887 年出版
- 阿根廷海军历史学会网站：http://www.histarmar.com.ar（2017 年 11 月访问）

法国海军

战列舰"耶拿"号（1898 年）

作者：菲利普·卡雷塞

　　"Iéna"是图林根城镇耶拿（Jena）的法语名，它坐落在德国中部的萨勒河（Saale）畔。海军历史学家们都知道，这里是著名的光学仪器厂——卡尔·蔡司公司的诞生地，但在法国，人们铭记它却是因为 1806 年 10 月 14 日，拿破仑曾在当地大胜普鲁士军队，并让哲学家黑格尔（Hegel）提出了"历史的终结"。毫不奇怪，没过多久，法国便开始用这场辉煌胜利为主力舰命名——它是一艘安装 90 门炮的风帆战舰，1813 年在罗什福尔（Rochefort）下水，直到 1864 年 12 月 31 日才退役。然而，本章要介绍的却是一艘 1898 年下水的同名战列舰，它的命运几乎和 100 年前拿破仑的那场胜利一样令人惊骇。

起源

　　1870—1871 年年间普法战争的失败，让法国调整了军费分配：由于丢失了阿尔萨斯和洛林，他们被迫优先将资金用于建造新的防御工事。[①]另外，海军的声望也一落千丈：在战争期间，虽然其舰队实力雄厚，但却极少参与重大作战，第三共和国的临时总统阿道夫·梯也尔（Adolphe Thiers，1871—1873 年就任）更是将其比作"奢侈品"（instrument de luxe）。这导致了对海军角色的重新审视。

战列舰"若雷吉贝里"号（1893年下水），该舰是"样板舰队"的成员，其设计在历史上饱受恶评。

① 相关内容可参见约翰·乔丹与菲利普·卡雷塞合著的《一战法国战列舰》（南约克郡的巴恩斯利，远航出版社，2017 年出版）一书。

在"战列舰无用论"（Faillite du cuirassé）盛行的 19 世纪 80 年代，法国政府更倾向于建造较小的舰船，如巡洋舰和鱼雷艇——尤其是后者，它们不仅航速更快，而且价格低廉得多。这些情况与英法海军竞赛相互纠缠，推动了"新学派"的流行：这种理论反对建造主力舰，并推崇尺寸小巧、装备强大鱼雷武器的雷击舰和快速巡洋舰，据信，这两个舰种可以分别对敌军的主力舰队和远海交通线制造威胁。在 1886 至 1887 年，特奥菲尔·奥比（Théophile Aube）海军上将短暂担任海军部长时，

1905 年，"耶拿"号安静地停靠在土伦附近的锚地中。两年后，该舰的短暂服役生涯就将迎来终点。

"新学派"的影响力更是到达了顶峰，在此期间，海军不遗余力地阻止战列舰的发展，并试图将其排水量控制在11000吨以内。对于这种倒退式的政策，随后几任海军部长的态度摇摆不定，这种情况不仅影响了海军在一整个时期的协调发展，还让一批战斗力可疑的炮塔式"杂交版"铁甲舰在法国近海招摇过市了数十年——其中的代表就是"奥什"号（Hoche，于1886年下水）、"海神"号（Neptune，于1887年下水）、"马索"号（Marceau，于1887年下水）、"马真塔"号（Magenta，于1890年下水）和"布伦努斯"号（Brennus，于1891年下水）等舰。

尽管如此，一种新战列舰的设计工作还是提上了日程，其排水量预定为13000吨，并计划在封闭炮塔中安装两门13.4英寸和两门10.8英寸火炮，后来被称为"1890年计划"。然而，"新学派"却被它的吨位吓到了——他们可以接受的标准是12400吨。另外，海军部长爱德华·巴贝（Edouard Barbey）也坚持将火炮口径削减到12英寸。奇怪的是，虽然指导思路相同，但计划中的各舰却是由至少五位设计师分别设计的，而且对于同时服役五艘不同型号的战舰，海军又颇能泰然处之。

1897—1898年年间，计划结出了果实："马塞纳"号（Masséna）、"卡诺"号（Carnot）、"若雷吉贝里"号（Jauréguiberry）、"查理·马特"号（Charles Martel）和"布韦"号（Bouvet），它们组成了一支令人印象深刻，但缺陷同样明显的"样板舰队"（Flotte d'échantillons）——这些军舰干舷极高、侧壁内倾，以求保证开火稳定。但此举的结果却适得其反，著名海军工程师白劳易曾明确指出，它带来了倾覆的危险。也正是这些设计缺陷，让"布韦"号于1915年3月18日在达达尼尔海峡（Dardanelles）付出了代价——在触雷之后，该舰仅两分钟便倾覆沉没了，723名舰员中只有72人生还。

与此同时，在1892年8月25日，工程委员会（Conseil des Travaux）收到了海军部长奥古斯特·比尔多（Auguste Burdeau）的一份通知，内容是要求研究建

1904 年或 1905 年时，"耶拿"号舰首 12 英寸炮塔、舰桥和主桅的特写。当时，该舰正停靠在维勒弗朗什。请注意安装在前桅平台上的 1.85 英寸炮和炮口保护盖上的星形装饰。

造一种新型号的战列舰。"1892 年计划"应运而生，而讨论的重点则在于排水量和武器布置。整个计划的负责人是阿尔方斯·蒂鲍迪耶（Alphonse Thibaudier），他于 1867 年参与设计了横须贺船坞，并在"1890 年计划"中提交过方案，但该方案并不成功。最终，他的设计在"查理大帝"级（Charlemagne class）上结出了果实。该级包括三艘同型舰，船体设计参照了"布韦"号，还统一了主炮口径，主炮的菱形布局也被废除，取而代之以两座 12 英寸双联装炮塔，它们和英国"君权"级（Royal Sovereign class）的设计一样，分别布置在军舰的前后。此外，该舰的武器还有 10 门 5.5 英寸炮廓炮，在遮蔽甲板上有八门 4 英寸炮和 20 门 1.85 英寸炮。不仅如此，"查理大帝"级还安装了四具 17.7 英寸鱼雷发射管，其中两具位于水线以下。舰体装甲带最大厚度为 15.75 英寸，指挥塔装甲厚度为 3.5 英寸，炮塔装甲厚度为 10.6—13.6 英寸。

作为 19 世纪晚期，法国军舰建造中的寻常情况，"查理大帝"级各舰的工期都长达六七年，直到 1899—1900 年才陆续服役。但早在 1896 年 12 月 23 日，应海军部长的请求，设计师蒂鲍迪耶便提交了一份改进清单，其中包括了以下几个要点：

将上部装甲带的高度从 19.7 英寸增加到 35.4 英寸，以求提升该舰的防护水平。

为主装甲带更换哈维钢装甲，并将厚度从 15.75 英寸减少到 12.6 英寸。

将战术航程增加到 5200 海里。

将主机功率从 14350 指示马力增加到 15000 指示马力。

至于武器则没有调整。1897 年 2 月 11 日，根据海军部长的命令，装备总监（Directeur du Matériel）正式将该方案提交给工程委员会审查。随后，部长又将这些方案转交给了技术局（Section Technique），命令他们评估把四门 12 英寸主炮减少到三门，并用一座单管尾炮塔替代原先双联装炮塔的可能性。同时，他要求用 6.5 英寸舰炮取代 5.5 英寸舰炮。此外，技术局也在一份反馈中表示，在现代军舰上，仅把水线以上的主装甲带延伸至 35 英寸是不够的，它们还必须安装水下防护系统——这种系统首次运用是在英国海军的"庄严"级（Majestic class）上。

基于上述讨论，蒂鲍迪耶修改了原设计，并在 1897 年 2 月 9 日将其提交。新设计减少了一门 12 英寸火炮，并用 6.5 英寸炮替换了 5.5 英寸炮，这种改进令指挥塔的装甲可以恢复到 4.3 英寸，并将装甲带延伸到舰尾和舰首。尽管如此，蒂鲍迪耶还是认为，与国外军舰相比，移除一门 12 英寸主炮的做法将严重削弱本舰的攻击力。于是，第二次设计的最终方案还是恢复了第四门主炮，并在 1897 年 3 月 4 日的会议上获得了通过。工程委员会宣布："此设计较原计划有明显改良，尤其是在防御力、战斗时的船体稳定性和作战航程上。此外，在攻击力和航速上也略有改进。"①布雷斯特船厂于1897年4月3日接到了订单，按照1899年3月31日修订后的评估，该战列舰的造价约为25582371法郎。

船体、装甲和设备

该舰的全长为401英尺，水线长为396.4英尺，最大宽度为68.4英尺，水线宽度为68.3英尺。而且和这一时代的法国军舰一样，"耶拿"号也有典型的侧壁内倾设计。其舰首最大吃水深度为24.3英尺、舰尾为27.8英尺，标准排水量为11687吨，满载时则会增加至12104吨。其主装甲带安装的是厚9.1—12.6英寸、高7.8英尺的哈维钢装甲。装甲甲板的下层厚度为3英寸，上层厚度为0.5英寸，前后垂直横向隔壁的厚度为3.2英寸。至于指挥塔的正面和侧面装甲厚度为11.7英寸、背面的装甲厚度为10英寸，顶盖则由两层1英寸厚的装甲板组成。传令管道的装甲厚7.9英寸；炮塔装甲厚10.9—12.5英寸，顶盖厚2英寸，基座厚10英寸。其炮廓得到了3.2英寸装甲的保护，炮盾的厚度为4.7英寸。装甲的总重量为4135吨。

封闭式舰桥位于指挥塔上方，正面和各个侧面分别有四扇和两扇凸窗。其舰桥后方还有两扇门，人员可以从此进入。主桅后方是船灯室（lamp room），正前方是司令和参谋人员的指挥舰桥。1902年5月18日，法军分舰队指挥官勒内·马尔基（René Marquis）海军少将专门向海军部长提出，应当紧急为"耶拿"号安装无线电设备——后来，该设备被布置在了主桅楼的外延区域上。该舰的前桅和主桅高度（距水线）均约为131.2英尺，而且都配备了安装1.85英寸炮的桅盘。另外，舰上还安装了六具23.6英寸探照灯，其用电量为66安培，这些探照灯中的四具位于上

① 出自菲利普·卡雷塞的《战列舰 "耶拿" 号和 "絮弗伦" 号的历史：起源、性能和服役历程》（加来海峡省的乌特罗，莱拉出版社，2009年出版）一书。本文章的其余部分也多次引用了这部著作。

1898年9月1日，"耶拿"号在布雷斯特下水时的景象，其舰体上的"R.F."字样代表"法兰西共和国"。

层建筑中，另外前桅和主桅上也各有一具。而在固定设备方面，"耶拿"号在锚链管内安装了两部 15 吨的马雷尔式船锚（Marrel-type anchor），其右舷还有一具 7.49 吨的马雷尔式船锚，以及两具 1.8 吨和一具 705 磅的小流锚（Kedge anchor）[1]。该舰的舰载艇共 20 艘，包括一艘大型汽艇、两艘蒸汽哨戒艇和五艘快艇，后几种小艇都安装了 1.85 英寸或 1.5 英寸炮——平时，这些较大的船艇将由后烟囱左右侧的四具鹅颈式起重机负责收放。

该舰水线以下的船体被漆成了暗色的"施韦因富特绿"（Schweinfurth），水线则由一条 10 英寸宽的白线勾勒而成，水线以上的船体是黑色的，上层建筑和桅杆则涂有一层浅黄色的漆层，只有 12 英寸火炮例外，它们仍被涂成了更咄咄逼人的黑色——直到"耶拿"号沉没前不久，这些火炮的颜色才最终和上层建筑的其余部

在战列舰"查理·马特"号的机舱内努力操作设备的舰员们。"耶拿"号也采用了与该舰相似的动力系统。

分一致。另外，在 1906 年，上层建筑上的浅黄色涂装还扩展到了船体的腰部。至于烟囱的顶部则被涂成了黑色。

武器和动力系统

"耶拿"号装备了四门 1893/1896 型 12 英寸 40 倍口径火炮，它们被安装在两个封闭式的炮塔内，炮塔由南特（Nantes）的巴蒂尼奥勒工程公司（Société de Construction des Batignolles）建造，并依靠轴承转动。炮塔内有三部观瞄设备——两门火炮的炮手各有一部，另一部位于中央并由炮塔指挥官操纵。这些火炮可以将 745 磅的炮弹发射到 13123 码外，最大仰角为 15 度，炮口初速为 2559 英尺 / 秒，射速为每分钟一发。每门火炮的备弹为 180 发，可以保证火炮连续发射三小时。至于火控系统则包括了两部大型测距台，它们安装在指挥塔内，9 英尺巴尔 - 斯特劳德（Barr & Stroud）测距仪直到 1907 年后才安装在舰桥的两侧。

该舰的二级火炮包括了八门 1893 型 6.5 英寸 45 倍径火炮，这些火炮安装在左右两舷的炮廓中，每门火炮可以将 114 磅的炮弹发射到 9842 码外。这些火炮的最大仰角为 15 度，炮口初速为 2838 英尺 / 秒，理论射速为每分钟 2—3 发，备弹总数为

[1] 译者注："小流锚"是一种老式锚，用于在军舰搁浅时抛出，以便为脱困提供便利，也可用于拖曳船只。如今除了救助作业之外，小流锚已很少使用。

1606 发，可以支持三个小时的不间断开火。在遮蔽甲板和前后部的上层建筑上还有八门 1893 型 4 英寸 45 倍径火炮，这些火炮都配有带炮盾的炮架。它们发射的炮弹重量为 56 磅，射程高达 10390 码，最大仰角为 20 度，初速为 2329 英尺 / 秒，在速射状态下的最高理论射速为每分钟六发，而在持续射击状态下的射速为每分钟三发，该型火炮的备弹总量为 2074 枚，可以保证三小时的连续发射。

至于三级火炮则包括了 20 门霍奇基斯 1885 型 1.85 英寸 50 倍径火炮，它们分别位于前后部上层建筑、前桅和主桅的桅盘以及主甲板上，这种火炮可以把 5.4 磅炮弹发射到 4374 码外，最大仰角为 24 度，炮口初速为 2001 英尺 / 秒。在速射状态下的最高理论射速为每分钟 15 发，在持续射击状态下的射速为每分钟七发，总备弹量为 15000 发。

以上就是该舰的性能指标。1903 年，针对舰炮抵御鱼雷攻击时的表现，担任法国地中海舰队第 2 支队司令的勒内·马尔基海军少将曾在字里行间表现出了疑虑：

> 对分三层布置 1.85 英寸炮的情况，人们常常颇有微词。然而，一连串炮术演习的报告却表明，目前找不出比这种布置更好的方案了。目前，我们还是要被迫沿用现有的布置，并尴尬地接受一个事实：面对鱼雷攻击，我军的应对措施还不尽人意——不仅备弹数量不足，而且扬弹过于缓慢。在我看来，放弃了布利万式防雷网（Bullivant net）之后，我军未能给予轻型火炮更多的重视，这实在是一种错误。在夜间，1.85 英寸炮要比大中口径舰炮更有用。不过，和其他火炮不同，1.85 英寸炮并没有为夜战设计的火控系统——这是一个亟待纠正的缺陷。[1]

没有证据显示，法军后来纠正过这些问题。此外，"耶拿"号还安装了四具 17.7 英寸鱼雷发射管，水下和水上各两具。其使用的 1889 型鱼雷长 16.5 英尺，全重 968 磅，装药量为 176 磅。备用鱼雷共计 16 枚，其中四枚用于训练。除了安装在舰载小艇上的 1.85 英寸和 1.5 英寸火炮外，该舰的陆战队还装备了两门 1881 型 2.6 英寸野战炮。

"耶拿"号安装了 20 台贝尔维尔式（Belleville）煤油混烧锅炉，分别布置在三个锅炉舱内。这些锅炉的蒸汽压力为 256 磅 / 平方英寸，并驱动着由勒阿佛尔（Le Havre）地中海冶金造船厂（Forges et Chantiers de la Méditerranée）生产的三部四缸三胀式发动机，发动机的总设计功率为 15300 匹，通过三根主轴推动船只前进。锅炉于 1900 年 3 月 31 日首次进行了点火测试，在 1901 年 7 月 16 日的试航期间，该舰以 16589.4 匹的功率达到了 18.11 节的航速。"耶拿"号的正常载煤量为 770 吨，最大为 1164 吨，在后一种情况下，该舰以 6.3 节航行时的最大航程为 4600 海里，14.1 节时的最大航程为 3100 海里。舰上 80 伏特的电力供应则由一部 600 安 /82 伏和一部 1200 安 /82 伏的轴式发电机提供。

建造

"耶拿"号 1897 年 4 月 3 日在布雷斯特船厂铺设龙骨，并由莫加（Maugas）和里亚斯（Lyasse）担任监造工程师。1898 年 9 月 1 日，该舰在傍晚涨潮时下水，五天后出版的《游艇》（Le Yacht）杂志做了这样的报道：

[1] 出自《战列舰"耶拿"号和"絮弗伦"号的历史：起源、性能和服役历程》第 34 页。

如今，已经很少能见到像上周四观看"耶拿"号下水时那么多的人了。2点钟，随着船坞大门打开，人们急切地向庞菲河（Penfeld）两岸涌去。"耶拿"号的舰体比上一艘下水的战列舰"高卢人"号（Gaulois）更长，看上去更为灵巧，不过，两者的外观区别不大，用来安装轻型和中型火炮的炮廓和上层建筑几乎一样。但愿"耶拿"号的线条不会被丑陋的城垛式上层建筑破坏——这些从桅杆底部堆起来的建筑让"高卢人"号和"查理大帝"号惨不忍睹。下水仪式由军区司令（Préfet Maritime）[1]奥古斯特·德·克莱姆博斯奎尔（Auguste Jean Marie Le Borgne de Kerambosquer）海军少将主持，并由监造者——莫加一级工程师指挥。13点10分，造船厂的工人开始敲除木制支柱，大约14点，"耶拿"号徐徐滑动，随着庞大的船体接触水面，"耶拿"号开始加速，直到船体完全入水才停了下来。接下来，港口管理部门将把船体带往舾装码头。同时，军区司令接见了指挥下水仪式的工程师，并致以诚挚的祝贺。[2]

仪式结束后，战列舰被拖到舾装码头，安装上层建筑、火炮和配套设备。但《游艇》杂志对"耶拿"号外观的期望却破灭了，因为它的上层建筑没有任何改良。1899年8月8日，迪罗谢（Duroch）海军上校接过了监造工作，并在11月1日成了该舰名义上的第一任舰长。而在10月9日，他便已经在信中要求为"耶拿"号安装武器，并让115名专业水手登船。12月3日，炮塔、发动机和锅炉的安装开始。1900年1月22日，另外166名水兵登舰。11月，该舰停靠在萨洛（Salou）的8号码头旁，准备展开水下鱼雷发射管测试。

"耶拿"号1901年1月4日第一次离开布雷斯特，在布列塔尼（Bretagne）地区的乌贝拉什（L'Auberlac'h）调试过罗盘之后，该舰于10日返回港口。次日，发动机开始试车，这项工作一直持续到4月19日。5月，舰上的锅炉开始运转，副炮和轻型火炮也开始测试。7月1日，主机的高速运转试验完成。16日，舰上的施工设备拆除，8月1日至14日，该舰入坞接受维护。11月1日，之前在布雷斯特海军军区负责水下防卫工作的佩耶（Pailhès）海军上校成了它的第一任正式舰长。

服役

"耶拿"号于1902年4月14日正式服役，此时距离其铺设龙骨已过了五年。按照计划，该舰将加入地中海舰队第2支队，并在四天后接到命令前往土伦。第二天早上，它升起船锚，以法国海军现役舰只的身份开始了第一次远航。这是一次多事之旅。离开布雷斯特之后，该舰的引擎立刻加速到90转/分，并在驶过亚蒙灯塔（Ar-Men）后向着维兰诺角（Cap Villano）前进。但比斯开湾举世闻名的恶劣海况，让该舰被迫减速到12节，同时，技术问题也开始出现，船舵在机动时曾不止一次被卡死。

这种问题之所以出现，是因为当舵处于最大角度时，进水会影响伺服电机的断路器。由于需要技术人员参与维修，该舰只能返回布雷斯特。随后，当24日19点10分，"耶拿"号正在里翁湾（Gulf of Lyons）与巨浪搏斗时，一名奉命寻找左舷系泊浮标的士兵不慎落入海中，全部搜索都徒劳无功。当天21点，"耶拿"号重新向土伦航行，并于次日清晨8点抵达了港口。无论如何，"耶拿"号首航不利。

---

[1] 虽然"军区司令"由海军军官担任，但他本质上同样是政府文职官员，他负责主管特定地区的海事事务，并直接向政府和海军参谋长报告。

[2] 出自《战列舰"耶拿"号和"絮弗伦"号的历史：起源、性能和服役历程》第46—47页。

5 月 1 日，马尔基海军少将从"查理·马特"号来到了"耶拿"号上，使后者成了地中海舰队第 2 支队的旗舰——除了"耶拿"号之外，其中的主力还有"布韦"号与"若雷吉贝里"号（Jauréguiberry）战列舰。当天，沃耶卢海军上校从佩耶上校手中接过了舰长职务，一同抵达的还有"查理·马特"号的 248 名舰员，他们填补了舰上的人员空缺。对于这批人员的素质，"耶拿"号上的军官们表示满意。不过，对于另一批新来者，他们的印象却截然不同——这 15 人是装甲巡洋舰"蒙尔卡姆"号（Montcalm）上的问题水兵，由于该舰要搭载总统埃米勒·卢贝（Émile Loubet）赴俄罗斯进行国事访问，因此只好把他们驱赶出去："这些水兵代表着海军中的渣滓：因为身体、智力或是道德上的缺陷，他们不堪重用，并会注定被分配到最底层的岗位。"即使如此，"耶拿"号的舰员还是表现出了极高的效率：次年 5 月，他们在四小时内，以每小时 153 吨的平均速度装载了 612 吨煤，并赢得了地中海舰队司令爱德华·波蒂埃（Édouard Pottier）海军中将的表彰。

这次事件也标志着"耶拿"号真正融入了舰队。随后五年里，每逢夏季降临，该舰都会前往世界上最惬意的海军基地巡回访问，比如法国地中海沿岸的拉西约塔（La Ciotat）、布克港（Port de Bouc）、旺德尔港（Port de Bouc）、塞特（Sète）、维勒弗朗什（Villefranche）、耶尔盐田港（Salins d'Hyères）、圣特罗佩（St-Tropez）、马赛（Marseilles）和儒昂湾（Golfe Juan）；还有北非的克比尔港（Mers el Kebir）、阿尔及尔（Algiers）、布日伊（Bougie）、费利佩维尔（Philippeville）、博讷（Bône）、比塞大（Bizerta）、拉古莱特（La Goulette）；以及科西嘉岛的阿雅克肖（Ajaccio）。虽然该舰很少离开地中海，去大西洋迎接更凶猛的风涛，但在 1902 年 8 月 11 日，该舰还是返回了故乡布雷斯特——在此期间，一次意外不幸降临：由于锅炉没有点火，"耶拿"号只能依赖拖船"工人"号（Travailleur）的帮助转移泊位。突然，一阵强风让两艘船陷入了困境，并差点发生碰撞。事件发生后，港口指挥官比塞（Pissére）上校给海军总参谋部提交了这样一份备忘录：

1898 年 12 月或 1899 年 1 月时的"耶拿"号，摄于布雷斯特，此时该舰已接近完工状态。请注意军港旁鳞次栉比的宏伟建筑。

1901 年 7 月 1 日，在布雷斯特外海进行发动机测试的"耶拿"号。请注意战斗桅盘中的 1.85 英寸炮，它们都被盖上了保护用的帆布。

我认为，舰船在转移泊位时应当保持锅炉点火。在布雷斯特，我们的要求一直如此。根据我前两年在北方舰队的指挥经验，这种做法避免了两次事故：第一次发生在装甲巡洋舰"布吕克斯"号（Bruix）和战列舰"可畏"号（Formidable）之间，另一次涉事的是"可畏"号和"絮库夫"号（Surcouf）巡洋舰——只是因为机动及时，事故才得以避免。我知道在土伦港，这不是标准做法，因为他们无须考虑像布雷斯特这样特殊的海流。但需要指出，在当地，我军也没有类似"不倦"号（Indefatigable）的 1500 马力港口拖船。从个人而言，我始终认为锅炉点火是一种明智的预防措施——不存在任何弊端。[①]

1903 年 6 月，"耶拿"号参与了第一次对外正式访问。在司令波蒂埃中将的带领下，该舰跟随法国地中海舰队前往卡塔赫纳（Cartagena），向去年成年的国王阿方索十三世（Alfonso XIII）致以问候。这次访问也是为了改善同西班牙的关系，而其背后的国际大环境，最终催生了"英法协约"（参见本书"阿方索十三世"号一章）。舰队从土伦出发，在 6 月 23 日抵达卡塔赫纳，期间，奥兰港的鱼雷艇机动防御舰队也加入进来。在舰队中，虽然"若雷吉贝里"号和"卡诺"号（Carnot）无法进入内港锚地，但年轻的国王依旧登上了"耶拿"号，他说这些军舰"外表美观""秩序井然"。几轮演习紧随其后，最后，舰队经阿利坎特（Alicante）于 29 日返回了土伦。

第二年春天的 4 月 4 日至 10 日，"耶拿"号造访了巴塞罗那，随后又在 4 月 24 日至 5 月 5 日停靠在那不勒斯和热那亚——这也是卢贝总统对意大利国王维克托·埃曼努尔三世（Victor Emmanuel III）进行的国事访问的一部分。在那不勒斯外海，意大利海军和法国地中海舰队进行了一次联合检阅。战列舰"絮弗伦"号（Suffren）、"圣路易"号（Saint Louis）和"高卢人"号组成了法军的第 1 支队，而第 2 支队则由"耶拿"号 [担任莱昂·巴诺（Léon Barnaud）海军少将的旗舰]、"布韦"号和"查理大帝"号组成。卢贝本人登上"马赛曲"号（Marseillaise）装甲巡洋舰，护航部队则包括"波蒂奥"号（Pothau）、"拉图什 - 特雷维尔"号（Latouche-Tréville）和"尚齐"号（Chanzy）等巡洋舰和驱逐舰。在同年的夏季巡航中，"耶拿"号跟随舰队驶向黎凡特（Levant），并在 1904 年 5 月 17 日至 7 月 3 日拜访了苏达湾（Suda Bay）、贝鲁特（Beirut）、墨西拿、士麦那（Smyrna）、米蒂利尼（Mytilene）、萨洛尼卡（Salonika）和比雷埃夫斯。两年后，"耶拿"号又和"高卢人"号和"布韦"号一道回到那不勒斯，但这次访问是为了展开人道救援：1906 年 4 月 7 日，维苏威火山猛烈喷发，将奥塔维亚诺（Ottaviano）夷为平地，并导致

① 出自《战列舰"耶拿"号和"絮弗伦"号的历史：起源、性能和服役历程》第 54—55 页。

216人死亡。期间，舰队向34000名无家可归者发放了9000份口粮。但没有人想到，仅仅过了一年，灾难便降临到"耶拿"号身上。

① 出自《战列舰"耶拿"号和"絮弗伦"号的历史：起源、性能和服役历程》第51—52页。

评价

在短暂的服役生涯中，有什么证据能让我们做出对"耶拿"号的评价？1903年10月21日，"耶拿"号、"布韦"号、"若雷吉贝里"号、"圣路易"号、"查理曼"和"高卢人"号停泊在帕尔马，对巴利阿里群岛（Balearic Islands）进行了礼节性访问。六天后，它们拔锚驶向伊维萨岛（Ibiza），并于30日从当地出发前往土伦。在巴利阿里群岛以北，"耶拿"号和第1、第2支队的军舰遭遇了一场持续两天的强风暴，海浪一度高达26英尺。30日晚上，"若雷吉贝里"号掉队，直到清晨才在发现"布韦"号后重新归队。但沃耶卢上校的"耶拿"号仍然保持着阵位，并带领战列舰队朝偏离风向两个罗经点的航向，以三节的航速鱼贯前进。期间，"耶拿"号的横摇非常严重，但舰内进水轻微。而在左侧，巡洋舰"伽利略"号（Galilée）、驱逐舰"长枪"号（Épieu）和"轻剑"号（Rapière）都在与狂风巨浪苦苦搏斗。1905年11月卸任前，该舰的后一任舰长布克桑（Bouxin）上校曾对"耶拿"号的适航性给出了积极评价，但和两年前的马尔基少将一样，布克桑也给出了一些批评和意见：

"耶拿"号是一艘优秀的军舰，适航性尤其令人满意。该舰的横摇和纵摇幅度很小，在波浪上几乎如履平地。该舰的航海舰桥设计精良，但锚泊索具和系船柱的布置可能存在瑕疵。该舰的敏捷性也不尽人意，在入港时尤其如此。不过，总的来说，和期待的一样，我认为这艘军舰性能良好，并能在浅水区以外的地方进退自如……

从军事角度来看，"耶拿"号也是一艘一流的军舰。当然，和同类军舰一样，该舰也存在缺陷：它的水线装甲过于厚重，还牺牲了上层建筑的防护，它的炮塔下方防护薄弱，令其可能骤然失灵。同时，它安装的火炮太少，武器口径也无法满足战斗的需求——这只能通过提高开火速度来解决，不过，这艘军舰的扬弹筒上几乎没有装甲，这会导致弹药无法及时就位。另外，由于指挥塔太小，无法容纳足够的人员，火控设备只好布置在外部，并需要增强防护。该舰的分舱设计优秀，方便了人员调遣和对各处的监管。因此，尽管存在种种缺陷，"耶拿"号仍然是一艘优秀的军舰，并有能力战胜大部分外国舰只。①

1903年，驶入维勒弗朗什的"耶拿"号，照片中可看见倚在栏杆上的水手们。请注意艇架上的33英尺哨戒艇，以及用于吊装和回收的鹅颈式起重机。

但可悲的是，命运为"耶拿"号安排了不同的结局。虽然布克

桑上校对它不吝赞扬，但悲剧的演员已在舞台两侧悄悄就绪。当 1907 年 3 月 12 日黎明时，该舰仍然悬挂着地中海舰队第 2 支队司令——昂利 - 路易·芒瑟隆（Henri-Louis Manceron）海军少将的旗帜，该舰的舰长是保罗·阿迪加尔海军上校（Paul Adigard），副舰长一职则由阿梅代·范盖维（Amédée Maire Joseph Van Gaver）海军中校担任。

灾难

就在 1907 年 3 月 4 日，"耶拿"号开入土伦港的米西希（Missiessy）码头的 2 号干船坞，以便维修船体并检查舵轴（自服役以来，这一部件一直无法彻底密封），不仅如此，"耶拿"号还可以利用这个机会维修锅炉及其外壳，并为两根蒸汽集气管安装风道。在此之前，"耶拿"号已经按照 1892 年 7 月 6 日的海军部长命令，将所有的炮弹和干燥的硝化棉火药运往岸上。这次入坞预计在 3 月 19 日之前结束，因为

解散之后，"耶拿"号的舰员们在甲板上煮咖啡。

舰队将在当天出航，前去展开一场为期五天的演习，期间，第 2 支队还需要前往热那亚，参加前无畏舰"罗马"号（Roma）的下水典礼。

3 月 12 日这天，"絮弗伦"号位于 3 号船坞，"马塞纳"号则在当天清晨从 1 号船坞离开。这是一个阳光明媚的日子，阵阵微风从北方吹来，为空气带来一丝寒意。10 点 30 分，"耶拿"号上响起了收工汽笛，舰员开始布置住舱甲板，准备在 11 点开饭，船厂工人则向着岸上的食堂走去。甲板和通道几乎空无一人，直到开工汽笛在 13 点响起。当时，阿迪加尔上校正准备和维尔捷（Vertier，芒瑟隆少将的参谋长）中校和一名副官——杜梅尼尔（Dumesnil）上尉前往岸上。维尔捷中校正在舰长室对面的住舱中，向下属的军需士官下达指令。在上述军官上岸后，预定掌管该舰的托马（Thomas）海军上尉也在住舱中，至于芒瑟隆少将则坐在住舱内的桌子边。

13 点 35 分，马克海军上尉正站在两艘军舰之间的码头上，附近是"絮弗伦"号的跳板，他正背对着"耶拿"号，与地中海将军司令查理·图沙尔（Charles Touchard）将军的一位副官交谈。突然，他注意到同伴脸上的表情发生了变化。转过

身来后，他看到"耶拿"号从主桅到后部 12 英寸炮塔之间腾起了烈火。随后发生了连环爆炸，第一次声音低沉，第二次猛烈，燃烧的气浪透过提弹井向上喷涌，各种碎片被抛入空中，伴着从通风口、舷窗和天窗喷涌出的、呼呼作响的火焰，军舰开始腾起黄色烟柱。在甲板下方，气浪扫过通道，从第 78 号船肋蔓延到了 61 号船肋，不仅摧毁了沿途的各种管道，还在钢材上留下了深深的焦痕。当这一切发生时，舰上的鱼雷长（Quartiermaîtretorpilleur）杜加拉比（Degaraby）正在尾炮塔的旋转动力机构旁：

　　第一次爆炸发生时，我正在开门回到储物间（Storeroom）。这时，我看到在船尾方向、我之前待过的地方，有闪光像火箭一样腾起，随后是一团黄烟。紧随着火光的是爆炸声，但它并不是特别震耳。此时，我闻到了刺鼻的气味，它和醚类物质的味道完全不同。我向舵机舱走去，爬上了一架通往司令会客室的梯子。到达时，我发现会

执勤结束后，"耶拿"号的舰员们在前甲板利用洗衣盆擦拭身体。在 1903 年，这种做法曾引发了舰长沃耶卢上校的不满。

客室已经起火，只能再次往下层走去。第二次爆炸就发生在我沿着梯子半途而下期间。我再一次往上爬，发现前方没有火焰，只有烟雾，于是便穿过了司令住舱。两次爆炸的间隔大约是两分钟。[1]

　　目击者们一共记录了七次爆炸，装甲巡洋舰"德塞"号（Desaix）上的人们更是记录了具体时间。第一次爆炸确信是在 13 点 35 分，随后几次则发生在 13 点 55 分、14 点 10 分、14 点 20 分、14 点 21 分和 14 点 22 分，14 点 25 分左右发生了最后一次爆炸。在爆炸之后，融化的油漆随着大火到处流淌，高温点燃了甲板上的油毡，主桅上的桅楼倒向舰尾。期间，护板和隔舱根本没有阻碍火势，后部上层建筑则被抛到了飞桥上，破坏从右后方向前一直延伸到了前方的 12 英寸炮塔，但更前方的区域则完好无损，至于舰桥、指挥塔和前桅楼都遭到了严重破坏。在主装甲带下方，第 74 至 84 号肋骨之间被撕开一个裂口，此处的所有设备全部被毁，还留下了一个足以供一整台发电机落入船坞的破洞。由于米西希码头距离造船厂主厂区较远，周围区域遭受

[1] 出自《战列舰"耶拿"号和"絮弗伦"号的历史：起源、性能和服役历程》第 63 页。

1906 年 4 月，在那不勒斯停靠的"耶拿"号。当时，该舰正在执行人道救援任务，帮助维苏威火山爆发的受害者。

的破坏非常有限，但即使如此，爆炸依旧将三座码头车间的屋顶掀翻。另外，虽然爆炸仅仅发生在后弹药库，但人们只需要阅读一份"耶拿"号携带的弹药清单，就可以了解这次爆炸的威力有多么恐怖：其中有 43 枚装填黑火药和 24 枚装填苦味酸炸药（mélinite）的高爆弹、31 枚装填苦味酸炸药的半穿甲弹、36 发被帽穿甲弹、633 枚不同类型的 4 英寸炮弹、5298 发 1.85 英寸炮弹和近 15 吨黑火药。

对于死里逃生的经历，芒瑟隆少将留下了这样一份记录——当时，他和舰长阿迪加尔海军上校一样，都被困在了爆炸点上方的住舱中：

当时，我正在桌旁写信。五分钟前，阿迪加尔进来问我："将军，您需要用舰上的小艇吗？如果不，我打算乘它去拜会军区司令。"不久之后，我感到自己好像被从甲板上抛起，至于爆炸仿佛就发生在脚下。意识自己还活着之后，我一路摸索着离开办公室。此前，我已被爆炸吹飞的舱壁击中，发现餐厅的大门压在我身上——也许正是这扇门救了我。用胳膊努力推开门板，我看到勤务兵流着鲜血。我对他说："别担心，只是皮肉伤。"

在阿迪加尔上校的住舱，门是无法关死的——因为往来人员很多，它在平时根本不会被合上。换句话说，它实际是一个带门板的出入口，面对爆炸根本不会提供任何阻挡。相较之下，虽然爆炸对我的住舱制造了相似的破坏，但这里的门经常被锁住，至于我平时出入使用的是另一扇门，这扇门通向炮位，炮位上有一处向外的开口。在爆炸发生时，气浪不仅撕裂了舱壁，还让门脱开合页，飞到我的身上，并像盾牌一样救了我。

在这场灾难中，我的住舱惨遭破坏，情况和我那不幸的舰长——阿迪加尔上校——的住舱毫无区别，直到今天，我仍然对死里逃生的经历感到诧异。

虽然我距会客室只有几步，但由于烟雾弥漫，我在离开时费尽周折——耗时大概在 10 秒到 50 秒之间。到达会客室时，我注意到许多军官正聚集在通往船坞的入口。在遮蔽甲板上，火势愈发猛烈，并以可怕的速度朝着军舰的另一头蔓延。我认为绝对有必要抛弃可恶的例行涂漆作业——每周涂油 3—4 次的做法更不可取。

灾难发生的地点在舰尾，但 10 分钟后，火灾便蔓延到了该舰的前方。[1]

同样在住舱内的还有杜梅尼尔海军上尉，他也讲述了一个类似的故事：

我感到恐怖的冲击波横扫了住舱，当时的震动如此猛烈，就像一门 12 英寸口径的火炮在我身旁开火了一样。周围天翻地覆，烟雾从靠近"絮弗伦"号一侧的天窗涌进来，骤然一片昏暗。门被震飞到了左舷一侧。我立刻踩着它跑向军官起居室，至于舷梯则位于右舷。期间，浓烟和烈火向我扑来，让我几乎窒息。但我还是镇定了下来，爬出天窗抵达了陆地。[2]

当第一次爆炸发生时，舰上的轮机长（Mécanicien en chef）博雷利（Borelli）正在后烟囱旁边的甲板上，并立刻穿过辅助舱口进入了机舱：

第一次爆炸后不到半分钟，我便进入了机舱。对我来说，这次爆炸并不是十分猛烈，仿佛是有船坞支柱砸到了舰体上。同时，似乎还有很多重物落下来。我看了

① 出自《战列舰"耶拿"号和"絮弗伦"号的历史：起源、性能和服役历程》第63页。

② 出自《战列舰"耶拿"号和"絮弗伦"号的历史：起源、性能和服役历程》第64页。

"耶拿"号的最后一位舰长，保罗·阿迪加尔（Paul Adigard）海军上校——1907年3月12日，他在住舱内不幸身亡。

地中海舰队第2分队司令——昂利－路易·芒瑟隆少将。只是因为侥幸，他才没有像舰长一样在住舱内死于非命。

一眼这艘军舰的倾斜情况，并意识到供电已经中断，随后去检查是否有蒸汽从锅炉溢出。接着发生了第二次爆炸，它比第一次更为凶猛。"我们必须离开。"我这样告诉下属。随后，大家都聚集在船坞旁边。向着底部望去，可以看到有支柱正在燃烧。由于舷梯上空无一人，我回到船上，试图向前部弹药舱注水。此时，舷梯已被抛弃，有人开始顺着缆索和锚链逃生。火焰从舰体右后方四下蔓延，但没有浓烟腾起。此时此刻，一位浑身是土黄色粉末（这种粉末是 B 火药的挥发物）的轮机兵映入了我的眼帘，他乱蓬蓬的头发上全是粉灰，但没有一丝痛苦的迹象。当这个人走来时，我问道："你是舰上哪个部分的？"一番交谈让我相信，他很可能属于后锅炉舱乘组。"其他人呢？""大概都死了。"这位轮机兵此前待在锅炉舱上层，在被气浪击倒后，他设法离开了危险地带；后来，他给家人发了一封电报，表示自己安然无恙。但是他在夜间病倒了，并在次日死于感染。[1]

　　事实上，由于爆炸、火灾、外伤和窒息，机舱内的幸存者寥寥无几。有死者位于右侧机舱的岗位上，但更多尸体位于当地和中央轮机舱通往外界的扶梯旁——这表明他们死前曾试图逃走；另外，有人在熄灭了锅炉后才最终死去。

　　在灾难发生的一瞬间，航海中士（Second-maître timonier）吉尤（Guillou）正在前甲板收衣服。他这样回忆当时的情况：

　　我突然感到摇晃，抬起头来，发现右舷有闪光。当舰员涌到前方时，我也走了三两步，但因为舱门关闭，舷梯上到处是人，我又往回走并停顿了一会。接着，我把一条固定在岸上的缆绳收回，然后用它滑下。我不知道自己是怎么成功的，因为绳索松松垮垮，让人很难抓握。有 12 个人跟在我后面，但只有一个人不慎摔下——他是一名勤务军士（Steward）。第一个跟我滑下的人没能跟上。他大喊起来，于是，我递给他一根绳子的一头，把他拉上了码头。我还看到一名着火的见习轮机兵跳进了船坞。[2]

　　另一位见证五花八门逃生手段的人是罗兰·内沃（Roland Nepveu）海军上尉，他这样写道：

　　有几条铁链悬在军舰和船坞之间的空隙上，牢牢地固定着舰首。之前，有 20 多个人不愿冒险从起火的舷梯上逃生，现在只能不顾燃烧的焦油，利用细长的铁链逃到岸上。他们纷纷从至少 32 英尺的高处落下。在船坞底部，散落着不下 10 具支离破碎的尸体。[3]

　　在米西希码头的大型起重机下停泊着准备入水的战列舰"祖国"号（Patrie）。该舰的舰长普拉特（Prat）海军上校意识到，扑灭大火唯一的办法就是打开船坞的大门，让海水灌入其中。得到土伦海军军区司令——马尔基海军中将的许可后，他下令朝船坞大门发射一枚 6.5 英寸炮弹，但这枚教练弹却被大门弹开，并落在了船坞侧壁的脚下。在"耶拿"号旁边，人们冲向船坞大门，试图打开闸口向内灌水。此时，鲁乌（Roux）中尉和托马（Thomas）军士长早已抵达，紧随其后的是"德塞"号上

① 出自《战列舰"耶拿"号和"絮弗伦"号的历史：起源、性能和服役历程》第 64 页。

② 出自《战列舰"耶拿"号和"絮弗伦"号的历史：起源、性能和服役历程》第 66 页。

③ 出自《战列舰"耶拿"号和"絮弗伦"号的历史：起源、性能和服役历程》第 71 页。

的杜布兰（Dublin）机械师。不幸的是，正如博雷利在证词中提到的那样，打开闸口的扳手并不在旁边。经过一番痛苦的等待，终于有水手带着它赶来，鲁乌中尉立刻开始工作。此时，"耶拿"号发生了另一次大爆炸，燃烧的碎片向西面八方飞去。当蹲下躲避的人们再次起身时，发现鲁乌中尉已经被钢片切成了两段。博雷利轮机长这样描述当时的场面：

> 轮机兵福尔（Faure）和我会合，随后我们一起赶到船坞后方，那里有一艘安装蒸汽泵的驳船，该装置也被称为"贝尔托式气泵"（Pétau），专门用于消防。然而，驳船锅炉已经熄火——因为按照规定，它只能在晚上点燃。在吩咐福尔留下之后，我回到码头，下令搜寻能打开闸门的扳手。很多人都出动了，在某个我记不起来的时间，我听到有人说扳手正在路上。爆炸继续发生，有一次最为猛烈。几乎在那之后不久，扳手才最终抵达。每扇闸门各插入一把之后，闸口徐徐开启，看到在这项工作完成，我们便离开了。
>
> 鲁乌先生在闸门上被切成两段，当场身亡，蒂耶瑟兰（Tiercelin）先生受了伤。打开两扇闸门后，我们回到驳船上，一艘尖尾长艇赶来将我们拖走；我们最终靠上潜水艇码头并卸下了伤员。我安然无恙，于是对长艇上的人说：'咱们回去看看，也许还能帮上点忙。'——比如找回鲁乌的尸体。于是，我和两名长艇上的船员试着沿路返回，但由于发生了更多的爆炸，我们只好作罢。[①]

另一位试图向船坞灌水的是克莱蒙泰尔（Clémentel）海军中尉，他后来回忆道：

> 当时我正在值班，舰长刚刚下令为他派遣小艇。就在去往小艇停泊区的途中，我听到第一次爆炸。我最初以为是船坞的热水装置破裂了。匆忙赶到之后才发现军舰的

1907年3月12日下午，浓烟从停泊在土伦2号干船坞内的"耶拿"号上喷涌而出。当时，该舰内部已经燃起大火。前景处可以看到该舰的准姐妹舰"絮弗伦"号，它正停靠在米西希码头中一座相邻的干船坞内。在这幅照片中，只有"耶拿"号的主桅是清晰可辨的，其前桅杆已被烟雾吞没。

① 出自《战列舰"耶拿"号和"絮弗伦"号的历史：起源、性能和服役历程》第64—65页。

后半部分都已起火，并意识到炸点位于炸药库，军舰急需注水。我从没有想象过战列舰爆炸的样子，但能感到它已奄奄一息，至于10吨黑火药和1吨无烟火药就在我脚下。我立刻跑到船坞尽头呼叫那艘小艇，但在整个下午，这艘小艇都再也没有露面。我一边在"耶拿"号和"絮弗伦"号之间来回奔跑，一边大喊着"扳手"。就在我抵达船坞尽头的时候，看到许多舰员正在从舷墙网攀下，因为这些人乱作一团，我便命令道："不要推搡，火灾只在船尾，你们有很多时间。"此时，我注意到绞盘附近有人，而绞盘连接的水闸可能属于一道退水堰。我对这些人喊道："开闸！开闸！"但此时，站在那里的一名海军工程师却对我说："中尉，船坞里有人！"我们位于右舷，这一面被烟雾笼罩，周围一片灰暗。那一刻，我真切地感受到了恐惧，并在本能的驱动下退缩了。在我和"耶拿"号之间，是"马塞纳"号曾经停泊的船坞，在躲进去的时候，我看到贝尔托式气泵旁边的蒂耶瑟兰先生浑身是血，于是向他走去。就在此时发生了第二次爆炸，火焰从炮塔中喷出。我完全被这一景象吸引——因为别人告诉我："如果炮塔上天，军舰就会完蛋。"但它纹丝不动，让我松了一口气。[1]

Toulon - 5 - La Catastrophe de l'Iéna
C'est au moment où il cherchait à ouvrir la vanne du bassin, à l'endroit marqué d'une croix, que l'enseigne de vaisseau Roux mourut en héros coupé en deux par un éclat d'obus (12 Mars 1907)

为开启闸门而不幸殉职的鲁乌中尉。事后，当局发行了纪念他的明信片。他身亡的地点正是照片中十字所标的位置，照片中还可以看到"耶拿"号的舰尾和上面的舰名铭牌。

鉴于发生了第二次爆炸，土伦海军军区司令马尔基中将下达了指示，要求所有人在船坞注水之前远离"耶拿"号。当天下午，负责指挥港内交通的是杜法约-德拉迈松内夫（Dufayot de la Maisonneuve）海军上尉。他在三天后写下的报告中记录了对"耶拿"号的种种援助行动：

致将军阁下：

第一轮爆炸发生在3月12日13点35分。当时，哨塔内的当值水兵已经意识到"耶拿"号上发生了事故，我们立刻将安装自动泵的驳船、小艇和已启动锅炉的拖船派往米西希码头，其他船只则纷纷开始升火。大型港口拖船"工人"号也在当地停了下来。很快又有数次爆炸接连发生，海军军区司令（马尔基中将）下令疏散。安托尼（Antoni）轮机上士（Quartiermaître mécanicien）和庞（Pin）轮机中士（Ouvrier mécanicien）已经将驳船上贝尔托式气泵的锅炉点燃，但此时只能奉命撤离。靠近船坞的一处自动泵也是如此。当第一次爆炸发生时，拖船"拉马尔格"号（Lamalgue）正位于卡斯提纽潮汐湖（Castigneau tidal basin），该船的船长阿尔贝蒂尼（Albertini）军士闻讯立刻全速向米西希码头赶去，并将船停泊在了"絮弗伦"号所在船坞的闸门外。当第二次爆炸时，他正在解开消防水管，随后又奉命撤离。至于其他的拖船都在港口南部待命。

[1] 出自《战列舰"耶拿"号和"絮弗伦"号的历史：起源、性能和服役历程》第65页。

海军少将抵达后，便开始征集打开"耶拿"号船坞闸门的志愿者。鲁乌海军中尉在尝试过程中阵亡，但拉科斯特（Lacoste）军士毫不犹豫地挺身而出，随后是丰达齐（Fondacci）军士，一等水兵卡尔迪（Cardi）和乔尔吉（Giorgi），以及二等水兵普布利乌斯（Publius）、科隆巴尼（Colombani）和巴丹（Badin）。在执行任务的过程中，这些勇士经历了生死考验，由于他们的无私奉献，最终"耶拿"号得以向船体中部和尾部弹药库成功注水。

坞内水深足够之后，军区司令立刻下令灭火。自动泵和轮式泵在船坞的两端安装完毕，"工人"号、运水船和拖船也都停泊在"耶拿"号周围，用携带的水泵向该舰灌水。火势很快得到了控制。在甲板上能够走动之后，一部分官兵立刻被派往舰首和舰尾，他们分别负责阻止火势蔓延和熄灭住舱内的火焰。这些官兵在晚上返回，但喷水仍在继续。0 点 15 分时发生了一次小爆炸。同时，救援人员还把软管伸入舷窗，以此向舰内大量喷水。8 点时，舰上已再无火灾出现，但下层甲板仍然散发出浓烟。

由于随时可能坍塌，水兵们当即将主桅拉倒。13 日清晨，消防人员开始对舰内进行排查，由于吊床和被褥仍在闷烧，因此，他们经常需要用水桶和消防水龙将其熄灭。这些工作耗时很长，直到当天下午 3 点左右，火势还没有彻底停止。此时，一名来自港务部门的工程军官命令部下打开抽水泵和进水口，让灌满前部舱室的积水向后流，最终从船体被炸开的破口上排出去。这项工作颇为艰苦，并一直持续到 14 日，但如果不这么做，尸体就无法收殓。

因为水压过低，水泵无法使用，技术人员和水手们只能用水桶排水。和之前一样，参与这项工作的官兵们都热情和尽职地完成了任务。您也许已经知道，他们用很长时间清理了过火区域。副主管雷韦迪（Reverdit）中校更是不顾舰内的积水，

在最后的火势被扑灭后，从烟囱到舰尾均已面目全非的"耶拿"号。请注意被彻底烧毁的芒瑟隆少将住舱和倒塌的前桅杆——不久，后者便被造船厂拽倒和拆毁。

① 出自《战列舰"耶拿"号和"絮弗伦"号的历史：起源、性能和服役历程》第 67—68 页。

② 译者注：原文如此，此处似乎为"土伦"之误。

③ 译者注：原文为"executive officer"，即"副舰长"，此处有误。如前所述，维尔捷中校是芒瑟隆将军的参谋长，而担任副舰长的是阿梅代.范盖维海军中校，而且现有资料可以确定，范盖维中校在这次事件中生还，1915年才去世。

一连好几个小时在各个舱段巡视，试图确保"闷烧"的家具已不再起火。①

12 日 14 点 35 分，第 3 科（3ème Section）的科长向位于巴黎②的海军军区司令发去电报："出于职责所在，我必须沉痛地向您表示，停泊于米西希码头的'耶拿'号上发生了火灾和爆炸，并导致了重大人员损失。该舰严重受损，更多细节将尽快为您提供。"

该舰的伤亡究竟如何？报纸上很快便刊出了一些夸张的数字。其中，《晨报》（Le Matin）宣称全舰的 779 名乘员中有超过 400 人死亡。但 12 日 17 点，第 5 兵站（5ème Dépôt）生还者花名册中的数字则没有那么骇人。但即使如此，随着时间流逝，更多毛骨悚然的发现还是浮出了水面，在阵亡者中包括了舰长阿迪加尔海军上校——他的头部被一枚爆炸的炮弹击碎；此外还有维尔捷海军中校（即副舰长③）、托马海军上尉、鲁乌海军中尉、海军工程师吉埃（Gié）和埃斯特夫（Estève）、高级军医鲁斯坦（Roustan），以及其他 111 名工人和水兵——其中，属于"耶拿"号的官兵有 118 人。有 99 具尸体最终在舰内找到，但有 29 人的身份始终无法辨认。有 33 名伤者被紧急疏散到圣芒德里耶（Saint-Mandrier）的海军医院，他们大多有二度甚至是三度烧伤，烧伤区域在面部、头部、双手和前臂，另外还有骨折。死伤者中不只有舰员和工人，还有一块炮弹碎片从 2 号船坞飞到了几百码外的佐伊路（rue Zoé），导致一对母子当场身亡。

调查

3 月 12 日的事件令海军极为震惊。许多原本备受尊敬的机构也遭受了铺天盖地的批评，并导致海军部长和总理先后下台。不仅如此，在"耶拿"号损毁之后，海军也已名声扫地。过去两年，他们一直置身于信任危机之中，因为他们的火炮射速远远慢于国外，一连串事故也如影随形，首当其冲的是潜艇"精灵"号（Farfadet）和"小妖"号（Lutin）——它们先后于 1905 年 7 月和 1906 年 10 月在北非近海遇难。

这些事故为何发生，又该如何避免悲剧重演？外界很自然地提出了疑问。在未来的海军部长——参议员欧内斯特·莫尼斯（Ernest Monis）的提议下，参议院在 3 月 20 日任命了一个 12 人委员会，他们在 4 月 3 日抵达土伦，以便搜集调查证据。与此同时，昂利·米歇尔（Henri Michel）和阿梅代·比埃内梅（Amédée Bienaimé）将军也于 3 月 21 日在众议院提出了质询，一周之后，众议院也效仿参议院的做法，任命了一个 22 人的代表团。

由于爆炸的威力逐渐增强，

拍摄于 2 号船坞底部，照片中可见从"耶拿"号破裂舰体内喷涌出的炮弹和碎片。

Toulon - 6 - La Catastrophe de l'Iéna
Brèche pratiquée aux flancs du navire par l'explosion des soutes
Dans le fond du bassin, obus non encore éclatés dont l'enlèvement offre de grands dangers

而且产生了黄色的烟云，从一开始，大多数目击者都认为 B 火药才是事故的元凶。对此，专家们表示同意。另外，他们还注意到随着时间推移，B 火药会不断降解，并产生具有氧化作用的气体，令周围的温度不断升高。按照计算，2.2 磅的 B 火药会在燃烧后产生 30.6 加仑（1 加仑约合 4.55 升）的二氧化氮，与空气接触时，这些二氧化氮又会变成黄色的硝酸蒸汽。对三具尸体进行的血液检查显示有一氧化碳存在。

然而，在主管制造 B 火药的"火药与硝石制造局"（Service des Poudres et Salpêtres），专家们却拒绝承认其产品是事故的唯一元凶，不仅如此，他们还抵制了外界调查 B 火药成分的要求，并将注意力集中到了黑火药上。前海军部长卡米尔·佩勒坦（Camille Pelletan）相信事故是由鱼雷爆炸引发的，具体原因可能是蓄意破坏或电气短路，但比埃内梅将军坚信真正的原因是发射药自爆。与此同时，现任海军部长加斯东·汤姆森（Gaston Thomson）则没有发表任何意见。

法国总统阿尔芒·法利埃率领众多政要，登上被焚毁殆尽的"耶拿"号残骸。

3 月 31 日，汤姆森下令在热弗雷斯（Gévres）靶场进行实验，模拟"耶拿"号当时的情况。为此，法军建造了两个大小相近的沉箱，其中一个模拟的是装有 4 英寸炮弹的弹药库，另一个则装载着黑色火药。8 月 6 日和 7 日，实验人员按时点燃了弹药筒，但委员会却对这些测试持保留意见，因为它们没有考虑到存放在舰上的发射药的状态。这些测试还没有结束，参议院的调查团便公布了结论，而众议院调查团直到 10 月 29 日才给出了最终意见，但两者的分歧非常明显。

作为众议院调查团的首席调查员——昂利·米歇尔表示"如果没有更确凿的证据，单从主观猜测和逻辑推断看，B 火药才是爆炸的主要原因"。然而，虽然米歇尔的报告早在 1907 年 11 月 7 日便已提交，但其内容直到 1908 年 10 月 16 日至 19 日间才得到了公开的讨论，而且各方未能得出更多结论，其中只是提到："就未能对'耶拿'号灾难得出结论一事，议会众议院代表团感到非常遗憾。"

与此同时，由欧内斯特·莫尼斯主持的参议院调查团则于 1907 年 7 月 9 日发布了报告，并在 11 月 21 至 26 日对报告的内容进行了辩论。其中主要参考了 1906 年 11 月 7 日，舰长阿迪加尔上校为舰队司令图沙尔撰写的一份报告——内容则与 1897 年 7 月 1 日和 7 月 12 日的命令有关，这些命令要求对储存的 B 火药进行年检。随后，一份 1901 年 12 月 31 日的通知又给出了新规定，要求枪炮官每个季度提交装有火药样品的小瓶，用于进行化验。而阿迪加尔 11 月的报告依据的是 1906 年 6 月 14 日的发射药检查结果，其中显示有 67% 的 12 英寸炮弹的发射药寿命超过了六年，在 6.5 英寸炮的发射药中，这一比例是 16%，而在 4 英寸炮发射药中这一比例则达到了

1907 年 3 月 16 日，"耶拿"号死难者的葬礼队伍穿过土伦街头，走在队伍最前方的是法国总理乔治·克莱蒙梭、总统阿尔芒·法利埃和海军部长加斯东·汤姆森等人。

86%。这种状况令阿迪加尔倍感担忧，他在报告中表示，这种状况可能会影响"耶拿"号的安全。另外，提供样品的弹药舱隔壁还存放着黑火药，为了能向两个弹药舱同时注水，它们之间设置了一扇门，但此举也增加了弹药爆炸的危险性。按照报告中的说法，似乎是 5 号弹药舱中的火灾引发了黑火药爆炸，并引燃了临近存放无烟火药的弹药库。毫不奇怪，莫尼斯在报告的结论中对 B 火药提出了严厉控诉：

根据对"耶拿"号爆炸事件的调查，B 火药扮演的角色和前几次事故毫无区别。灾难的第一个迹象是"耶拿"号尾部突然有 B 火药起火。这股火焰源于右舷的 5 号（4 英寸炮）弹药库。

这一弹药库内的火灾不是人为引起的，也不是由于其他曾经引发怀疑的意外原因：如鱼雷爆炸、短路、电磁波，或是拉托泵（Rateau pump）泄漏以及由此导致的连锁反应等。这种无烟火药之所以挥发，可能是因为以下三种不幸的情况结合在了一起：

该弹药库位于发电机舱下方，导致舱内温度长期偏高。

弹药库内没有冷却设备，为了保持通风，其舱门需要在每天早晨开启一小时，此举导致了湿度不同的空气进入库内。

在这一出现险情的弹药库内，80% 的无烟火药都已经陈旧。[1]

莫尼斯的报告一出，便因为证据不足、结论草率而备受指责。事实上，这些调查团得出的结论既不像海军期待的那样明确，更没能对确立自身的威信有任何帮助，

① 出自《战列舰"耶拿"号和"絮弗伦"号的历史：起源、性能和服役历程》第 92 页。

并为"'耶拿'号灾难"（La catastrophe du Iéna）带来了严重的政治和军事后果。闻讯后，未来的法国海军部长泰奥菲勒·德尔卡塞（Théophile Delcassé）立刻抓住机会，抨击了海军的玩忽职守行为："虽然目前还不清楚是什么引起了第一次爆炸，但毫无疑问，灾难要么是 B 火药或黑火药被引爆，要么是两个因素兼而有之。但关于玩忽职守，先生们，调查团的证据显而易见、俯仰皆是。"

① 出自《战列舰"耶拿"号和"絮弗伦"号的历史：起源、性能和服役历程》第 89 页。

早在 1907 年 8 月 6 日，法国总统阿尔芒·法利埃（Armand Fallières）便签署法令，要求成立一个专家委员会，其成员有顶尖的物理学家兼工程师昂利·庞加莱（Henri Poincaré）、工程师保罗·维耶（Paul Vieille）、化学家阿尔班·阿勒（Albin Haller）以及军工企业和海军的代表们。其中，阿勒本人曾在 1884 年负责开发 B 火药，他随即宣布热弗雷斯靶场的测试结论"有误"，还表示自己正在分析来自前弹药库的近 200 吨发射药，至于 B 火药只有在某种其他未知因素的影响下才可能成为罪魁祸首。[1]为证明这一观点，维耶援引了在 43 摄氏度火药稳定性测试中的数据，相较于之前要求检查发射药状况的各种命令，其结果无疑更有说服力："实验表明，在 43 摄氏度稳定性试验中，这些无烟火药能在 24 摄氏度恒温下保持状态超过 12 小时，或是在 4 摄氏度恒温下保持状态超过 12 个月。"在证明其产品的可靠性时，火药与硝石制造局也引用了这些结论。但问题在于，外界很快发现，43 摄氏度测试并不能准确反映发射

从"耶拿"号舰体中部朝舰首方向拍摄的特写。这一区域已被完全烧毁，照片中可看到舰上的 6.5 英寸和 4 英寸副炮，而在照片的最右侧，还可以看到一门 1.85 英寸炮——在处置该舰之前，船厂进行了长达 19 个月的准备工作。

药的稳定性，而且轻信其中的结论，最终只会削弱阿勒 - 庞加莱委员会调查的可靠性，并给别有用心者提供了攻击的把柄。

新闻界很快闻风而动，指出"海军只关心节约开支，根本不理睬麾下军官的意见，不仅如此，他们还可耻地提出，'耶拿'号的爆炸还可能源自蓄意破坏"。1908 年 10 月 19 日，在经历了一场唇枪舌剑的委员会会议后，海军部长汤姆森被迫提交辞呈。而他的下台只是一个开始。1909 年 3 月 25 日，众议院任命了一个大型委员会，以便对海军展开全面调查。该委员会由德尔卡塞主持，并在 7 月 1 日至 20 日的总结性辩论中对总理乔治·克莱蒙梭（Georges Clemenceau）大肆发难。克莱蒙梭拒绝

在米西希码头经过 19 个月的整修之后，1908 年 10 月 8 日，填补好舰体破洞的"耶拿"号被带离了当地。

对德尔卡塞提出的技术问题给予回答，并在 24 日宣布辞职。

　　虽然"耶拿"号的爆炸没有无可争辩的解释，但针对 B 火药，相关的证据已经足够。事实上，作为海军中央实验室的副主任，夏博尼耶（Charbonnier）海军中校早在 1905 年便指出了海军的弹药库存在安全问题。他这样表示："如果某天有法国军舰发生了类似'缅因'号（Maine）在哈瓦那那样的灾难，大概不会有炮手会感到奇怪。"①他的话可谓一语中的。因为早在"耶拿"号毁灭之前的 1907 年 2 月，鱼雷艇"福尔班"号（Forbin）②便发生过爆炸，导致九人丧生；之后，炮兵训练舰"盖东"号（Gueydon）③也在 1908 年 8 月发生不测，六人因此丧命。另一次在防护巡洋舰"笛卡尔"号（Descartes）上的事故则导致 13 人死亡；1911 年 9 月，又有六人在装甲巡洋舰"光荣"号（Gloire）的爆炸中死去。随后是战列舰"自由"号的前弹药库爆炸，这场发生在 1911 年 9 月 25 日灾难几乎与"耶拿"号的毁灭一样可怕，造成 210 人死亡，184 人受伤——它们都与 B 火药不无关系。而在细节层面，海军则从"耶拿"号的灾难中吸取了两个教训：首先，军舰需要在入坞之前卸下所有弹药；其次，军舰的主消防管应当保持与大海相连。

余波

　　1906 年 3 月 13 日，即灾难发生后的第二天，在海军工程局局长杜邦（Dupont）和勤务官福孔（Faucon）上尉的陪伴下，海军部长加斯东·汤姆森从巴黎前往土伦。范盖维中校引导一行人穿过瓦砾，查看了"耶拿"号的残躯——而在码头上，救护车正在呼啸着往返穿梭。随后，一行人在第 5 兵站慰问了幸存者，一个代表团则前

① 出自《战列舰"耶拿"号和"絮弗伦"号的历史：起源、性能和服役历程》第 91 页。

② 译者注：原文为"torpedo boat Forbin"，即"鱼雷艇'福尔班'号"，此处有误。"福尔班"号是一艘 1889 年竣工的防护巡洋舰，排水量 1935 吨。此外，爆炸的时间也有问题，按照《美国海军学会会刊》第 36 辑的说法，这次事故发生在 1905 年 4 月 15 日。

③ 译者注，原文为"gunnery training ship Gueydon"，即"炮兵训练舰'盖东'号"，此处有误。"盖东"号实际是一艘 1903 年竣工的装甲巡洋舰。

往医院鉴别尸体。后者直到 15 日才完成了这项糟糕的任务，最后一批尸体直到 5 月 16 日和 24 日才最终被发现。

　　法国全国上下都为"耶拿"号上的遇难者默哀。巴黎降下半旗，爱丽舍宫的舞会和外交部的午餐会一律停办。俄国沙皇尼古拉二世发来唁电；梵蒂冈紧急向弗雷于斯（Fréjus）和土伦主教送去慰问信；教皇庇护十世（Pius X）在 3 月 13 日的弥撒上专门做了祈祷；英国伦敦等城市的市长也都在电报中表示悼念；在意大利，政府和媒体更是高度关注了近来法国海军的一系列不幸事件。3 月 16 日，遇难者的葬礼在土伦拉古布兰公墓（Lagoubran Cemetery）的法兰西纪念长廊（Allée du Souvenir Français）举行。20000 人参加了悼念仪式，为整个葬礼平添了一丝庄重感。追悼游行由法利埃总统带领，参众两院代表团和克莱蒙梭总理陪伴在总统周围。期间，法国海军派出的代表是芒瑟隆少将和马尔基中将（即土伦军区司令）。同时出席的还有英国、德国、俄罗斯和日本的海军武官。在悼念仪式上，总统、海军部长、图沙尔将军、芒瑟隆少将和土伦市的代表都发表了诚挚的演讲。弗雷于斯主教吉利贝尔（Guilibert）主持了葬礼。7 月 25 日，所有残骸中找到的、未辨明身份的尸体都被他们的战友掩埋，1908 年 4 月 10 日，一座纪念碑在土伦树立起来，让人们永远铭记这次悲惨的事件。

　　由于捐款铺天盖地而来，遇难者的家属们直到六个月后才收到赔偿金。这些捐赠的来源包括地区报纸《瓦尔省小报》（Le Petit Var）的 200 法郎，巴黎报业协会的 2210 法郎，装甲巡洋舰"波蒂奥"号（Pothuau）舰员的 275 法郎，法国妇女联合会的 1000 法郎，以及一名匿名比利时人捐赠的 25000 法郎等。

　　事后，"耶拿"号的指挥权由军衔最高的幸存者——副舰长范盖维中校接过。自 3 月 17 日后，只有将官和得到特别许可的人员才能进入船坞。同时，中校还组织了一个工作组，以便在舰上清理军械、私人物品和纪念物，并将它们放入特殊库房保管。直到安全监管部门（Controller Procurement）的武器督查官（capitaine d'artillerie）认定作业已无危险后，范盖维中校才同意工作组进入弹药库。首先要移除的是发射药和炮弹，其中前者将被装到开底驳船上，后者则将由普通驳船装载。此外，舰上的机密文件和巴尔 - 斯特劳德式测距仪也需要进行专门的处理。中校发现，前者已在大爆炸中付之一炬，但后者却完好无损地保存了下来，最终，这些设备被交给水文测量局继续使用。3 月 18 日，芒瑟隆少将从舰上降下将旗，并和地中海舰队司令图沙尔将军一道向"耶拿"号的残骸告别。同一天，该舰也被从海军名册中移除，"圣路易"号（Saint Louis）成为将军的新旗舰，一同登上该舰的还有来自"耶拿"号的许多一等水兵和其他舰员。

　　对于法国人的盟友来说，"耶拿"号的残骸不仅是一个可供凭吊的对象，还值得从专业角度进行研究。4 月 5 日，至少 36 名英国军官得到了进入主甲板及其上下一层的许可。当月月底，日本武官也请求派遣富士（Fuiji）海军机关中监（Engineer Inspector）、友坂（Arisaka）机关士（Engineer）和追户（Hoido）机关士[①]前来事故现场查看。这些请求都得到了批准，但前提是来访者严禁靠近停泊或建造中的潜艇。其中身份最尊贵的外宾是英国国王爱德华七世（King Edward Ⅶ），他表示自己的请求"并非因为好奇……而是出自对遇难者的尊重和对死者的哀悼"。得到消息之后，有关方面立刻开始分发消毒剂，试图去除从双层底和机舱飘散上来的恶臭。

① 译者注：这三位日本技术军官的名字已无从查考，均为推定音译。另外，"机关中监"和"中机关士"的职衔同样为推定，两者均为日本海军技术人员的特有军衔，地位相当于中佐和中尉，至于他们另一种可能的职衔是"海军大技监"和"海军技手"。

4月6日，国王身穿海军上将的制服，在图沙尔和马尔基将军的陪同下抵达。他们先是参观了舰桥和被毁的高级军官住舱，随后朝着一座锅炉舱走去。在临别时，国王留下了这样一番话：

这次访问是为了向在浩劫中光荣殉职的、英勇的法国水兵们致敬。在这艘军舰上，他们因执行任务不幸罹难。本人谨以个人名义，对他们表示哀悼和追思。[1]

关于该舰的状况，范盖维在3月25日给巴黎方面的一份报告中提到：

"耶拿"号的前锅炉舱完好，除却19和20号锅炉，后部锅炉舱的情况也基本类似。在三部引擎中，靠近前方的部分受损轻微，但后部引擎的中功率气缸毁坏严重。前部舰体状况良好，装甲甲板以上的区域和后部舰体需要重建。另外，装甲甲板下方，前引擎舱隔壁靠后的部分同样严重受损。[2]

最初，有关方面想当然地认为，"耶拿"号可以在修复后重新服役，但由于有证据表明，该舰的修复工作极不合算，他们只好收回之前的意见。在1907年6月19日发自土伦的一封信中，海军建造局（Constructions Navales）向海军部长表示，仅仅让这艘船恢复航行就需要40万法郎，如果全面修复，其额外成本将高达700万法郎之巨，而工期则会长达两年。他们的建议是让"耶拿"号报废——对此，军区司令也表示认同。而7月17日的后续报告显示，该舰"状况恶劣"（fatigue générale），而且经过重新评估，其修复需要1000万法郎和四年时间——这让"耶拿"号注定不可能得到重建。11月9日，海军部长决定停止舰上的修理作业。

与此同时，军方开始着手从舰上清走所有可用的燃料、装备和物资，其中包括所有的舰炮和弹药。4月10日，第3科的负责人向位于巴黎的海军军区司令发去电报，表示所有大口径炮弹将在第二天晚间卸载到驳船上，随后在16日沉入深水销毁。不过，舰上仍然有10枚12英寸和4英寸炮弹下落不明，它们极有可能已经在爆炸中消失；至于其余的炮弹很多都是在船坞底部找到的。4月14日，为了让弹药驳船离开，港务部门再次向船坞灌水，但此举也导致"耶拿"号的大部分舱室被再次淹没。除湿过程持续了数周，期间，工人还需要在锅炉中点燃木柴，以便烘干炉管。

到4月19日，所有需要动用舰内设备的清理工作都已完成，随后，范盖维中校邀请了炮兵局（Service d'Artillerie）的专家检查幸存的火炮。按照评估，舰上的12英寸炮塔已经无法修复或回收，由于前炮塔的底部曾长期被海水浸泡，因此这一部分只能被彻底拆除，至于三门拆下的12英寸炮则被分配给陆军——其中一门用作铁道炮，另外两门则被交给第78大威力重型火炮团（78ème Régiment d'Artillerie Lourde à Grande Puissance）。5月，相关工作继续进行，工人们开始清理口径较小的火炮弹药，其中有近7500枚1.85英寸炮弹，它们也将和大口径炮弹一样，被送往地中海的海底长眠。7月3日，全舰的武器拆除完毕，至于早在4月中旬便已缩减至218人的舰员分队也最终在7月31日解散。

---

[1] 出自《战列舰"耶拿"号和"絮弗伦"号的历史：起源、性能和服役历程》第76页。

[2] 出自《战列舰"耶拿"号和"絮弗伦"号的历史：起源、性能和服役历程》第76页。

靶舰

① 出自《战列舰 "耶拿" 号和 "絮弗伦" 号的历史：起源、性能和服役历程》第 78 页。

早在 1907 年 6 月时，马尔基中将便表达了将 "耶拿" 号改为靶舰的设想。在他于当月 16 日写给海军部长的信件中曾明确地提到，这种看法源自 1904—1905 年日俄战争中的教训：

在日俄战争结束后，海军军官们的看法分成了两派，其中一派强调火炮本身的作用，并推崇拥有高初速和高穿深的穿甲弹；而另一部分偏爱高爆弹，这些炮弹虽然无法穿透装甲，但可以产生致命的高温、瘫痪敌军的舰员。因此，我们有必要对 "耶拿" 号展开测试，以便澄清这一关键问题。我们必须全力保证对这艘靶舰的炮击结果有足够说服力，并排除任何可能的争议。①

1908 年 2 月 19 日，用 "耶拿" 号充当靶舰的提议得到了更多支持：当时，在参议院海军委员会（Commission Sénatoriale de la Marine）上，莫尼斯议员指出，根据目前的穿甲数据推算，舰炮的有效射程已经上升到了 6560—8750 码。于是，这一计划也快马加鞭。"耶拿" 号要想再次入水，首先需要封闭舰上的破口，为此，法军于 1908 年 3 月 6 日开始向外界招标。参与者有五家企业，其中，来自马赛的 M. 法夫尔公司（M. Favre et Cie）出价最低，最终以 328000 法郎的金额与海军部签订了协议。但维修也充满了挑战：第 61—84 号船肋之间有一个巨大的破口；舰内的防水隔壁有些已经坍塌，有些脆弱不堪，还被弹片打得千疮百孔；舰上的装甲要么已经不翼而飞，要么严重损毁。但即便如此，整个工程还是完成了。1908 年 10 月 8 日 9 点 30 分，在 2 号船坞内停留了 19 个月的 "耶拿" 号成功入水。在此期间，工程人员还修复了舰上的一部分设备，并在船坞水排干时拆下了推进轴和螺旋桨，其中一具很快在修复同年搁浅于儒昂湾（Golfe-Juan）的准姐妹舰 "絮弗伦" 号时派上了用场。经过潜水员的精准作业，这些备件令 "絮弗伦" 号摆脱了痼疾的折磨。

另外，早在 1908 年 9 月 12 日，海军军区司令便任命了另一个由朗扎德（Lanxade）海军中校牵头的委员会。作为装甲巡洋舰 "拉图什 - 特雷维尔" 号的舰长，中校本人将负责在炮击测试开始前为 "耶拿" 号添加必要的设施。次年 2 月，海军开始与民营企业进行接洽，为该舰采购软木和压舱物，同时，他们还购置了价值 8000 法郎的木制假人，并将其安置在了全舰的各个战

1909 年，在 6.5 英寸炮位中设置的人偶，它们将用来检验恐怖的中弹效果。

1909 年 9 月 15 日，"耶拿"号被一枚 9.5 英寸炮弹命中时的景象——当时，该舰作为靶舰接受了漫长的射击测试。

位。另外，在 4 月 9 日至 5 月 15 日间，该舰还重新装上了一批老旧的小艇、引擎舱通讯钟（engine room telegraph），以及在战列舰"祖国"号和"民主"号（Démocratie）上装备的同型贮存箱，还有从露炮台铁甲舰"马真塔"号（Magenta）号拆卸下来的、已修缮完毕的锅炉舱风扇。但不幸的是，为让炮击测试更为真实，这些远不是装上军舰的全部物品，其中还包括了一些活体动物，它们将在测试开始前运到舰上，其费用也被包含在了将"耶拿"号改为靶舰的 70 万法郎的开支内。

1909 年 4 月 5 日，土伦军区司令向海军部长报告："在经历了前所未有的困难后，对'耶拿'号的首轮炮击测试准备于 4 月 13 日完成。我们请求让该舰在 14 日、星期三抵达耶尔（Hyères）锚地，以便进行第一轮测试。"然而，由于预算原因，测试发生了推迟。直到 7 月 27 日，"耶拿"号才被牵引到勒坎角（Point Lequin）和波克罗勒岛 [Île de Porquerolles，当地位于耶尔群岛（Îles d›Hyères）的最西部] 西北端的梅代角（Cap des Mèdes）之间，以便履行最后的责任。试验预定于 8 月初开始，为此，潜水员们登上布网舰"波吕斐摩斯"号（Polyphème），在 30 英尺深的水中安置了四个混凝土系泊桩。

同时，军方在 1 月成立了一个组织委员会和一个测试委员会，其中前者将由海军少将亨利·德富波内 - 德蒙费朗（Henri de Faubournet de Montferrand）领衔。他们将在高度保密的情况下测试装有苦味酸炸药的炮弹。另外，舰上也涂上了各种十字形靶标，舰体也会在锚定区域调整方向，以便模拟试验所需的各种状态。发动炮击的军舰距离其 650—6500 码，同时还有 9.5 英寸和 6.5 英寸舰炮被安装在岸上，并位于靶舰 275 码外。第一艘参与炮击的是战列舰"孔代"号（Condé）——8 月 9 日早晨，该舰用 7.6 英寸炮和 6.5 英寸炮发射了一批高爆弹；随后是"耶拿"号的准姐妹舰"絮弗伦"号，该舰使用了 12 英寸舰炮。海军中将奥格斯丁·德·拉佩雷尔（Augustin Boué de Lapeyrère）亲自为这些试验提供了监督和协助。后来，装甲巡洋舰"拉图什 - 特雷维尔"号和"儒勒·米什莱"号（Jules Michelet）也各自开始炮击，每轮炮击为期均为半个小时。之后，专业人员将登上"耶拿"号拍照，并检查炮弹对舰体、人体模型和动物的损害。

18 日，皮埃尔·勒布里（Pierre Le Bris）将军接过了试验的指挥权——新的重点是测试半穿甲弹。期间的情况令专家们震惊，特别是在"絮弗伦"号发射半穿甲弹时，其中一枚半穿甲弹击中了左前方主装甲带，令装甲板崩裂并向内弯折，导致舱内的木质人偶全部四分五裂；另一发命中舰首炮塔的炮弹不仅令装甲崩落，还将炮塔内的人体模型切成了碎片。10 月 26 日，在一场暴风雨之后，"耶拿"号略微搁浅。炮击在浮扬作业完毕后继续进行，11 月 5 日，最后的"凌迟"降临了该舰。12 月 2 日时，该舰的舰首几乎没入水下，已然濒临搁浅。命令要求将其拖入深水区。然而，随着水面升高，该舰还没有抵达指定地点，便倾覆在了靶场以西几乎不到 1 千米处，并险些将拖船一并带入了海底。当天 10 点 50 分，位于巴黎的军区司令接到了一份第 3 科负责人发来的电报："猛烈的西风和汹涌的海浪令'耶拿'号严重右倾、舰首下沉。卑职担心该船可能倾覆，其前桅也已倒塌。"[1] 11 点，司令收到了另一封电报："11 点，波克罗勒岛的哨兵发出信号称，'耶拿'号已向右倾覆，残片和小艇纷纷落入大海。拖船已放弃'耶拿'号，正向着波克罗勒岛驶来。"在这次事件中，"耶拿"号最终沉没在了 40 英尺深的水中，但左舷舰体仍旧暴露在外。

处置

不到五天，第一批试图爆破残骸的民营拆船公司便找到了军方，但对出售船体一事，马尔基将军却提出了特殊条件。他规定，除非该舰被彻底炸毁，否则其船体将只会被出售给法国企业，而且出于保密需要，拆船工人只能来自当地。1910 年 10 月，沉没的"耶拿"号被公开出售，但由于马尔基将军规定的条件，直到 1912 年 12 月 21 日，瓦尔省商会（Chamber of Commerce of Var）的会长、来自土伦的商人拉扎尔·尼科利尼（Lazare Nicolini）才以 33005 法郎的价格买下了残骸。此时其重量估计有约 10600 吨，其中有 8600 吨材料可以回收——至于该舰最初的标准排水量是 11600 吨。

整个工作以传统方式进行，首先是移除暴露在外的物品，同时工人们还会在船体上打开开口，以便进行舰内作业。在拆除到水线附近后，潜水员会开始回收那些状况良好的浸水物料。然而，由于 1914 年 8 月 1 日的动员命令，这些工作全部被迫停止，但后来又在 1915 年 9 月 18 日恢复，并在不同的阶段由不同的公司展开。这项工作一直持续到 1927 年 7 月，当时负责拆解的热雷公司（1'Entreprise Géré）要求用四吨炸药对残骸进行爆破。随后，这一请求被港务当局有条件地批准。最后的拆解工作一直持续到 1957 年。

如今，"耶拿"号不幸的残骸正静静地躺在东经 6 度 14 分 26 秒、北纬 43 度 01 分 36 秒的位置——更确切地说，它已变成了海床上的一块凸起。由于水中可见度良好、海流平缓，虽然潜水的难度不大，但这块毫无特点的残躯却很容易让人失望而返。

[1] 出自《战列舰"耶拿"号和"絮弗伦"号的历史：起源、性能和服役历程》第 105 页。

其唯一保存下来的主体部分来自右舷一侧，看上去好像是被整体纵向切开了一般。另外，在其东北方不远处，还有一块埋在沙子中的双层底，其周围散落各种碎片，比如耐火砖、煤块和许多无法辨认的金属片。正是在当地，这艘军舰回归了原初的状态。如今，"耶拿"号只剩下些许残迹被藻类和海水缓缓侵蚀——它的名字在史书中传承，在现实中堕入黑暗。

附录：舰上生活

按照设计，"耶拿"号在和平时期将搭载 33 名军官和 668 名各级士兵，并可以安置一个由 15 名军官和 63 名士兵组成的司令部——此时，其舰员总数将达到 779 名。如果要进行 45 天的远航，该舰需要携带大约 50 吨的补给物资和六吨用于生火的木柴。舰上还有 22 个饮用水罐，其容量在 176—660 加仑之间。而在紧锁的大门背后还存放着法国海军的标志性酒类——葡萄酒，它们总共至少有 4207 加仑。另外，还有 62 加仑的烈酒作为调剂。

和其他国家的海军一样，当时的法国海军也开始关注舰员的身体素质，这一点也反映在了"耶拿"号上。舰上不仅有单杠等体育器材，还有五名带领舰员出操的体育教练。期间，八名监察员（Prévôts d'armes）将负责监督——这表明锻炼并不是特别受欢迎。不过，舰上也会开设拳击和一种名为"法国藤杖术"（Bâton）的搏击项目课程，以此作为上述科目的调剂。至于沃耶卢海军上校在 1903 年 7 月编写的一份全面检查报告，则为我们提供了舰上生活的更多细节：

> 提高军舰战斗力的另一项改进措施，与舰员的卫生有关。我注意到，舰员的洗漱池位于舰首 12 英寸炮塔下方，不能供超过 30 人同时使用，舰内也没有任何淋浴设备。为工程人员预留的两个洗手间虽然设备齐全，但缺乏通风。另外，我们虽然建议水兵们使用自带的小盆，以此杜绝依靠公用盆擦洗身体的现象，但此举毫无作用，就算分发了 200 多个小盆也是如此——水手们更愿意使公用水池。[1]

读过上述报告之后，马尔基少将向沃耶卢上校发回了一份肯定的答复：

> 这种小盆并不适合我军水兵的习惯——他们总会努力保持上身干净。为此，他们每个清晨都会用肥皂清洗身体，并用双手从公用水池中舀水，至于洒到甲板上的水则会在打扫时一并清理。但如果使用小盆，他们的水将远远不够，做不了其他事情。[2]

军官舱和士官舱的污水桶也存在问题，这些水桶是搪瓷制成的，上面有镀锌的铁盖。负责倾倒水桶的勤务兵很快发现，水桶提手很容易脱扣，导致脏水流出来，而且这些桶本身也不算特别结实。于是，法国海军——或者说所谓的"王家人"（Royale）——很快就找了一种更耐用的替代品。

舰上的住舱有蒸汽加热的暖气设备，但由于"耶拿"号的一生几乎都在地中海度过，这种暖气系统从没有全功率开启过。而且地中海气候还带来了一个大问题——机舱经常变得酷热难耐。1904 年，"耶拿"号准备前往吉布提（Djibouti），

① 出自《战列舰"耶拿"号和"絮弗伦"号的历史：起源、性能和服役历程》第 56 页。

② 出自《战列舰"耶拿"号和"絮弗伦"号的历史：起源、性能和服役历程》第 56 页。

在波克罗勒（Porquerolles）等待拆除的"耶拿"号。该舰已经向右倾覆，前景处还可以看到一些用于拆解的设备。

庆祝吉布提—亚的斯亚贝巴（Addis Ababa）铁路的开通，为此，有关方面准备进行详细的研究，并重点改善弹药库的通风和制冷，以及某些发动机舱、发电机舱和锅炉舱过热的问题——其中的温度经常能达到56—62摄氏度。为此，地中海舰队第2支队司令要求特别准许一名工程师在土伦登船，以便在航行途中研究此事。不过，由于埃塞俄比亚皇帝孟尼利克二世（Menelik Ⅱ）取消了出席计划，"耶拿"号最终没有成行。最终，该舰参与了夏季巡航，去了比亚丁湾更凉爽的黎凡特地区。

　　一直有小道消息宣称，该舰的爆炸是由于人为破坏，但很多迹象表明，在"耶拿"号服役期间，舰员们都保持着高昂的士气和团队精神，高级军官很受水兵们尊敬。同时，该舰还连续16个月保持着舰队加煤速度纪录。可以说，与早期的战列舰设计相比，该舰的生活条件已经有了巨大改善。至于所谓的"人为破坏证据"，也仅仅是布谢龙（Boucheron）少尉曾在1906年11月收到过的一份死亡威胁——它对推测爆炸成因根本不足为凭。①

① 出自《战列舰"耶拿"号和"絮弗伦"号的历史：起源、性能和服役历程》第83页。

参考资料

未公开资料

- 海军博物馆（Musée de la Marine），巴黎
- 海军历史局（Service Historique de la Marine），土伦
- 武器和服役评估报告
- 雅各（Jacob）上校的演讲稿，共 4 卷
- 海军历史局，万塞讷（Vincennes）
- 米歇尔对"耶拿"号灾难事件的报告
- 莫尼斯对"耶拿"号灾难事件的报告，共 3 卷

公开资料

- 菲利普·卡雷塞，"'耶拿'号灾难，1907"（The Iéna Disaster, 1907），出自 2007 年的《战舰年刊》（Warship）[伦敦，康威海事出版社（Conway），2007 年出版]，第 121—138 页
- 菲利普·卡雷塞，《战列舰"耶拿"号和"絮弗伦"号的历史：起源、性能和服役历程》（Histoire des cuirassés d'escadre Iéna et Suffren : Genèses, caractéristiques et carrières）[加来海峡省（Pas-de-Calais）的乌特罗（Outreau），莱拉出版社（Lela Presse），2009 年出版]
- 约翰·乔丹（John Jordan）与菲利普·卡雷塞，《一战法国战列舰》（French Battleships of World War One）[南约克郡的巴恩斯利，远航出版社，2017 年出版]
- 洛朗·罗布兰（Laurent Roblin）和卢克·费隆（Luc Feron），《美好年代的法国海军：一名普通水兵的相册》（La Royale à la Belle Epoque: Photographies d'un marin ordinaire）[卢瓦尔河畔圣西（Saint-Cyr-sur-Loire），阿伦·塞顿出版社（Alan Sutton），2010 年出版]
- 西奥多·罗普（Theodore Ropp），《一支现代化海军的发展：法国海军政策，1871—1904 年》（The Development of a Modern Navy: French Naval Policy, 1871–1904）[马里兰州安纳波利斯，美国海军学会出版社，1987 年出版]
- 《陆海军画报》（Armée et Marine L'Illustration）第 3342 期（1907 年 3 月 16 日号）、第 3343 期（1907 年 3 月 23 日号）
- 《小报》（Le Petit Journal）附带画刊，1907 年 3 月 31 日号、1907 年 4 月 21 日号
- 《海军评论》（La Revue Maritime）
- 《海军生活》（La Vie Maritime）
- 《游艇》杂志，1898 年 9 月 6 日号
- 《军事史评论》（Revue Historique des Armées）

挪威海军

岸防战列舰"埃兹沃尔德"号（1900 年）

作者：雅各布·博雷森

岸防战列舰"埃兹沃尔德"号由挪威政府于 1899 年订购自英国船厂，与本书中的其他主角一样——它既是工业产品，也是一个国家近代史的象征，不仅如此，它还彰显了这个国家对独立的追求。从它的服役到湮灭，在整整 40 年中，这种象征意义都未曾褪色。

挪威和海军重新武装

岸防战列舰"埃兹沃尔德"号诞生的源头可以追溯到它动工前的 85 年——1814 年 5 月：在拿破仑战争中，挪威与合并长达 400 年的丹麦分离，成了一个拥有宪法、国王、议会和武装部队的独立实体。但这样的状况没有维持多久，瑞典王储卡尔·约翰（Karl Johan）很快便发动了一场短暂但却意义深远的夏季战争，并将挪威强行纳入了瑞典王室的统治下，这种状况一直持续到贝尔纳多特王朝（House of Bernadotte）建立。[①]虽然挪威仍是一个独立的国家，拥有自己的议会（Storting）和国防力量，但它和瑞典却效忠于同一位国王兼武装部队总司令。不仅如此，瑞典还负责外交政策和派遣海外代表，在联盟中居于主导位置。

随着时间流逝，双方的分歧开始不可避免地加深。与利用自然资源和工业生产积累财富的瑞典不同，挪威渐渐发展成了一个海运国家。它的商船队实力位居全球第四，航迹遍布了每个大洲。到了 19 世纪 90 年代，愿景和发展方向的差异已经成了两个联盟国家争执的焦点。由于瑞典外交部门无法代表挪威的利益，1892 年 6 月 10 日，挪威议会决定向海外派遣独立领事，以便为在外国港口的商船提供协助。1893 年，经过一番辩论，瑞典政府虽然表示外交部长可以由两国公民轮流担任，并同意商讨领事问题，但依旧建议国王奥斯卡二世（Oscar Ⅱ）否决挪威方面的提案。作为回应，挪威方面只好终止了《瑞典—挪威领事协助条约》（Swedish-Norwegian Consular Service Treaty），这导致瑞典在 1895 年 5 月发出了战争威胁。面对这种情况，挪威人别无选择，只好做出让步。

此前，挪威人从未考虑过诉诸武力，而是希望用谈判来实现目标，并期待在欧洲列强爆发战争时保持中立，但这种国家层面的羞辱和退让彻底改变了他们的国防政策——它在 1895 年 7 月的议会辩论中展现得淋漓尽致，其中一项工作正是重新武装，至于重点则从防备联盟共同的敌人（即俄罗斯）转向了抵御瑞典的攻击。为支持新

① 出自雅各布·博雷森撰写的《挪威海军简史》（卑尔根，约翰·格雷格出版社，2012 年出版）。

政策，挪威当局也对陆军和海军进行了大规模调整，以便在下一次危机来临时能从容自信地与瑞典"分手"——就像后来在 1905 年的情况。这些就是挪威海军订购岸防战列舰"埃兹沃尔德"号的大环境。

1895 年 7 月的议会辩论表明，重新武装的目标不是要与瑞典军队分庭抗礼（这远远超出了挪威人的能力），而是建立一支足够强大的防御力量，以便在危机时让瑞典人意识到，无论从政治还是军事上，干预都将令他们得不偿失。早在 1891 年，负责重建海军的挪威海军委员会（Norwegian Defence Commission）便已确定，目前战略上的当务之急是构建地面和海上防御，保护本国南部最为重要的峡湾地带。另外，他们还需要阻止敌人的封锁，并维持绵延长达 11500 海里的交通线。另一个考虑因素是保护公海上的挪威商船，只不过这在当时很难实现。因此，在 1895 年至 1905 年期间，挪威政府重金购买了 30 艘现代化的鱼雷艇和炮艇，以及包括"埃兹沃尔德"号在内的四艘岸防战列舰。仅岸防战列舰就耗资 1900 万克朗，占到了挪威年度预算的 20%，这笔巨资只可能有一种解释——在与瑞典结盟的最后几年中，挪威人的独立冲动已愈发强烈。

一旦与瑞典爆发战争，瑞典几乎肯定会对挪威首都——克里斯蒂安尼亚（Christiania，即今天的奥斯陆）发动进攻。当地位于克里斯蒂安尼亚峡湾（Christiania fjord）的尽头，离瑞典边境只有 40 英里。另外，克里斯蒂安尼亚也是挪威的经济政治中心：如果首都陷落，战争将很快结束。构成第一道防线的是陆军，他们占据着从孔斯温厄尔（Kongsvinger）到哈尔登（Halden）修建的边境工事。与此同时，岸防战列舰上的重炮、鱼雷、海岸炮台则充当了保卫首都的另一重关键防线。此外，在克里斯蒂安尼亚和滕斯贝格峡湾（Tonsberg fjord）还布设了雷区。

按照防御规划，海军的主要任务是阻止瑞军开入克里斯蒂安尼亚峡湾并在东岸登陆，避免陆军部队遭遇包抄。为此，海军在梅尔森维克（Melsomvik）建立了一个前方作战基地，这座港口位于克里斯蒂安尼亚峡湾西侧守卫严密的滕斯贝格峡湾之中，拥有煤炭仓库、淡水补给设施和弹药储存区。与暴露和基本不设防的主要海军基地——卡尔约翰斯维恩（Karljohansvern，位于霍尔滕附近）相比，当地无疑更为适合应对战争。

海军曾希望购买六艘岸防战列舰：一旦战争爆发，其中两艘就会部署在南方港口克里斯蒂安桑（Kristiansand）和瑞典边境之间，两艘将部署在挪威西南部的

锚泊中的"埃兹沃尔德"号，该舰上依然飘扬着瑞典—挪威联盟的旗帜，它又被人们鄙视地称为"腌鲱鱼沙拉"。本照片摄于 1901 年春季和 1905 年 6 月 9 日之间，即该舰加入舰队之后，挪威提议解散联盟之前。

斯塔万格（Stavanger）和卑尔根之间，还有两艘可以用于防卫挪威中部的特隆赫姆（Trondheim）地区——这三批舰船还都将得到鱼雷艇和炮艇的支援。最初采购的是"金发王哈拉尔"号（Harald Haarfagre）和"托尔登斯科约德"号（Tordenskjold），它们分别于1897年夏天和1898年春天服役。当1898年6月，议会为再购买两艘军舰展开辩论时，海军立刻摆明了立场：先前购买的军舰无论适航性、速度、机动性，还是实用性都十分出色，并建议再购买两艘。至于下达第二笔订单的表面原因，是为了保卫从瑞典边境到挪威中部特伦德拉格（Trondelag）的海岸线，但在该国的南部和西部沿海，威胁其实没有那么显著。直到德国开始大肆扩充海军之后，英国和德国才开始觊觎这片海域，而这种状况在当时还只有苗头。至于真正的原因则是为了抵御瑞典海军的扩军，以及预想中的联盟危机。在这种情况下，"挪威"号（Norge）和"埃兹沃尔德"号应运而生。

对此，人们也许会问：为何瑞典会对这些岸防战列舰的建造不闻不问？其中一个原因也许来自强大的实力，瑞典人相信，无论是否有这些军舰，挪威都对抗不了它的海陆军。此外，自1814年双方组成联盟以来，瑞典人便一直在指责挪威逃避国防义务。因此，当挪威在1895年改弦更张，试图建设一支现代化的强大海军时，这一举措立刻得到了欢迎，何况瑞典自己也在大力开展海军建设。无论如何，19世纪90年代的欧洲盛行"大海军主义"：美国理论家阿尔弗雷德·马汉的著作更是产生了深远影响——它认为一个强国的兴衰将维系于战斗舰队和海上交通线。这一理论逐渐发展成为一种信念：在和平时期，海上力量不仅可产生无穷无尽的政治影响，还可以转变成军事威慑力，不战而屈人之兵——这也是一战前英德海军军备竞赛的核心动力。在斯德哥尔摩，无论幕后的智囊们曾如何忧心忡忡，瑞典王室都允许甚至乐意看到挪威获得一个国家最有力的象征——现代化海军，就像那些有尊严的国家所追求的那样。

设计

尽管瑞典拥有强大的造船工业和悠久的造舰历史（参见"瑞典"号一章），但由于政治环境使然，挪威无法依靠它们来重建海军。在这种情况下，后者只好将目光投向北海对岸，那里有当时最大、经验最丰富的远洋战舰建造商：英格兰泰恩河畔纽卡斯尔（Newcastle upon Tyne）的阿姆斯特朗埃尔斯维克工厂。早在1896年，埃尔斯维克船厂便揽下了两艘岸防战列舰的合同，并分别在1897年和1898年交付了"金发王哈拉尔"号和"托尔登斯科约德"号。它们出自阿姆斯特朗的首席海军工程师菲利普·瓦茨之手，他后来还主持了革命性战舰"无畏"号（1906年下水）的设计。

1898年，挪威议会同意为再购买两艘岸防战列舰拨款。同年冬天，瓦茨和阿姆斯特朗公司的另一位员工——萨克斯顿·诺博尔（Saxton Noble）一起来到这个国家，并在访问期间提供了"金发王哈拉尔"级改进型的六个方案。"挪威"号（Norge）和"埃兹沃尔德"号即从它们身上衍生而来。最终的设计安装了两门8.2英寸主炮和六门6英寸副炮，标准排水量为3848吨（满载排水量4233吨），超出前一批军舰约10%，另外还安装了第二座烟囱。其船体长310英尺，宽50.5英尺，吃水深度为16.5英尺。在两具三叶螺旋桨的推进下，该级舰可以达到17节的最大航速。作为其

"金发王哈拉尔"号：该舰是阿姆斯特朗埃尔斯维克船厂（位于泰恩河畔纽卡斯尔）为挪威海军建造的四艘岸防战列舰中的第一艘。

中的第二艘，"埃兹沃尔德"号于 1899 年 5 月 9 日在埃尔斯维克开工。

舰体和装甲

"埃兹沃尔德"号的船体由根据英国海军部标准生产的钢板制造而成，并对撞角艏做了专门加强。该船的关键部分被保护在装甲堡内，其中包括了一层 2 英寸装甲甲板，水线处有 7 英寸厚的装甲带，前方和后方均有横向装甲隔壁，以及划分为若干水密舱室的双层底。装甲堡内部被划分成了 46 个水密隔间，彼此有 32 座水密门分隔，其中 13 座可以从装甲堡外控制关闭。在测试中，一块装甲带的样品成功抵御了以 2181 英尺 / 秒速度飞来的 6 英寸炮弹。水平甲板在向外的地方朝下倾斜，最终与舷侧装甲带底部相连，这种设计大幅提升了水平防护能力。在主甲板以下，装甲甲板的斜面和装甲带之间设置了临时煤舱，此举曾被许多海军采用，以求降低炮弹的损害——其效果也在 1904—1905 年的日俄战争中得到了检验。在命中舰体侧舷后，弹头将首先穿过装甲带，然后钻入煤舱，最后扎在倾斜装甲上——此时，它穿透装甲堡的概率将大为降低。在装甲甲板上方，指挥塔得到了 6 英寸装甲板的保护，炮塔和副炮炮廓的装甲厚度则为 8 英寸。炮塔下方的旋回装置和提弹井的装甲厚度为 6 英寸。至于船体上无装甲带的区域则敷设了 0.4 英寸厚的钢板。

武器

"埃兹沃尔德"号的主炮是两门安装在单管炮塔内的 8.2 英寸炮。每座炮塔的全重为 98.5 吨，依靠电力在旋回轨道上转动。其炮弹弹头重 310 磅，配套的分装式发射药包重 571 磅，炮口初速为 2300 英尺 / 秒。炮弹有高爆弹、穿甲弹和铸铁教练弹三种。火炮的旋回、俯仰和开火均可由一人完成。副炮由位于舰体中部的六门 6 英寸炮组成，其中四门安装在炮廓中，两门配备了炮盾。其炮弹弹头质量为 121 磅，得益于 26.5 磅发射药的推动，炮口初速可以达到 23000 英尺 / 秒。为防备对主力舰威胁最大的鱼雷艇，"埃兹沃尔德"号还装备了八门 3 英寸速射炮和 6 门 1.85 英寸速射炮作为第三级武器。

主炮和副炮都配有瞄准镜，在主桅后部的暴露位置上有一座为炮术长配备的测距仪。主炮和副炮均为电力击发，同时还配备了连接舰炮、指挥塔和测距仪的射程指示器。虽然主炮在仰角为 11 度时的射程可以达到 11000 码，但受测距仪的限制，其有效射程只有 5000 码。尽管如此，在 1905 年准备与瑞典开战时，挪威海军斯卡格拉克分舰队（Skagerrak Squadron）的司令乌尔班 - 雅各布·博雷森海军少将仍然渴望利用略高一筹的射程击败假想敌。由于两国的岸防战列舰尺寸接近，因此，他事先测量了远至 11000 码的海域，并在各个距离上放置好浮标，然后把另一艘岸防战列舰开到此处，以便让炮手根据目标的外形尺寸估算射程，

包括"埃兹沃尔德"号在内四艘岸防战列舰也是全世界最先安装水下鱼雷发射管的军舰，它们在锅炉舱前方的鱼雷舱中，左右各有一具。其使用的 18 英寸鱼雷是"冷动力"的，这意味着它们并非由内燃机驱动，而是安装有使用压缩空气的引擎。这些鱼雷均沿直线发射，最大有效射程为 1600 码。战斗部中装有 155 磅的硝化棉。这些鱼雷发射管与船首的夹角为 90 度，由外管和装有鱼雷的内管组成，这样就可以在战舰高速航行时发射了。在利用压缩空气发射时，内管将被推出外管，使其中装填的鱼雷免受舰体侧舷水流冲击的直接影响。在鱼雷离开内管之后，后者会在水压的作用下缩回舰内，使战舰可以利用液压装置关闭发射口。在积水排空之后，鱼雷兵就可以打开后膛进行再装填了。

"埃兹沃尔德"号的 8.2 英寸后主炮正在安装，照片摄于 1900 年年末或 1901 年初。照片左侧的围观水兵来自日本战列舰"初濑"号——该舰也是阿姆斯特朗船厂建造的另一艘重要外销军舰。

动力系统和辅机

两具螺旋桨各由一座三胀式蒸汽机驱动，按照设计，这些发动机都可以产生 2250 马力的指示功率（总指示功率为 4500 马力），推动全舰以 17 节速度航行。它们均由位于泰恩河畔的霍索恩·莱斯利公司（Hawthorn Leslie）建造，并被布置在装甲堡中单独的发动机舱内。带动发动机的蒸汽由两间锅炉舱中的六座亚罗式燃煤锅炉提供，最大压强为 220.5 磅 / 平方英寸。另外，每个锅炉舱还装有两部给水泵。"埃兹

沃尔德"号最大载煤量为 590 吨，每小时耗煤量为 3.7 吨，最高航速为 17 节，航程约为 2700 海里。

锅炉还将蒸汽输送给绞盘、舵机、舰上工作车间的小型蒸汽机（用于驱动车床、钻床和其他机械设备）、蒸汽泵和两部单独的辅助蒸汽发电机。每台发电机的功率为 40 千瓦，可提供 80 伏直流电满足多种用途，如内部和外部照明、探照灯、火炮炮塔、弹药提升机、通风扇、消防水泵、舱底排水泵、压载水水泵、弹药库注水泵等。舵机全重 3.5 吨，安装在一个"装甲盒"内。液压阀可以控制蒸汽流向，保证可以从舰桥、装甲指挥塔或舵机舱等处控制方向舵。另外，方向舵也可以在紧急情况下手动操作。总之，在动力、火炮和损管等重要系统中，"埃兹沃尔德"号的设计者都设置了大量的应急举措。

停靠在霍尔滕附近的卡尔约翰斯维恩海军基地干船坞中的"埃兹沃尔德"号，舰上的撞角舰艏异常醒目。请注意舰首的精美装饰，上面有代表挪威王国的狮子纹章。

通讯与导航

1901 年，"埃兹沃尔德"号配备了无线电系统，使用的是德国德律风根（Telefunken）公司生产的火花式发报机[1]。虽然后者的本质只是一个传送宽带电磁噪声（Broadband noise）的干扰机，但也能够发射可读的莫尔斯电码信号。同时，为让天线取得最佳接收效果，"埃兹沃尔德"号也将原装的桅杆加高到了 130 英尺。1905 年，随着海岸电台在滕斯贝格峡湾和克里斯蒂安桑附近的彻默岛（Tjome）和菲莱克洛伊（Flekkeroy）建立起来，军舰哪怕身在数百海里之外，也能与本土取得联系。后来，舰上的无线电发报机又换装了可以发射高频电波的真空管（这种元件发明于 1907 年）。而内部通信和命令则通过传声筒和钟声传送。

圆柱形指挥塔内部有一部舵轮、磁罗经、机舱通讯钟和前面提到的无线电设施。虽然在竣工时"埃兹沃尔德"号配有最先进的导航设备，但新发明的陀螺罗经和回声侧深仪直到 1908 年和 1912 年才被装上。按照英国的传统设计，该舰的舰桥基本是开放的，但在挪威的气候下，这给操作带来了很大不便。不过即使如此，舰上的导航仍然在此进行。另外，它也是司令指挥战斗的地方。

人员配置

包括岸防战列舰在内，挪威海军的乘员始终以职业军官和士官为核心，并由征召的普通水手担任辅助。这些军官来自社会中上层的船东、银行家、工业家、商人、神

① 译者注：火花式发报机是一种早期的无线电发送装置。其中一个部件是高压电源，在运作时，它将不断地为一个电容器充电，使电容器两端的电压不断升高。当电容器两端的电压足以击穿火花间隙之间的空隙时，它将转化成电流脉冲，化成电弧到达另一侧的电路，即所谓的"LC 振荡回路"。当电流脉冲进入这段回路后，会不断地在电容和线圈电感之间激起火花，通过发出耀眼光芒的电弧来回振荡。这个时候，这个振荡的能量将从无线电天线辐射出去，并形成无线电信号。由于易受干扰，在 20 世纪 20 年代之后，火花式发报机逐渐退出历史舞台。

职人员和公务员家庭。而士官则来自社会中层和中下层，出身大多是铁匠、建筑工、木匠和制帆工匠等手艺人。从商船队招募士官的尝试成效不大，因为当局很快发现"熟练海员往往对海军纪律不屑一顾"。[①]但另一方面，挪威海军也从商船队征募了大量充当普通士兵的普通或熟练海员，以及司炉和厨师。如果一个年轻人在 15—22 岁之间拥有至少 12 个月的海外航行经历，他将被授予二等水兵军衔。另外，如果他在平时的工作中掌握了相关的专业技能，也会被直接征召，担任轮机兵、司炉和厨师等。在和平时期，士兵的征召年龄在 22—38 岁之间，但如有紧急情况或爆发战争，其范围也可以放宽到所有 18—55 岁之间的合格男子。1900 年，义务兵的服役期从每年的 72 天增加到六个月。每个年龄组的人都会被划分为两队，每隔六个月召集一次。

　　1910 年时，征召年龄区间从 16 年延长到了 20 年，最初服役期从六个月增加到了 12 个月。但和以前一样，征召人员的规模和服役期的长短往往会因训练内容和演习预算而异，通常不会超过夏季的几个月。另外，由于应征兵数量远远超过海军所需，许多人都可以在抽签中得到豁免。

住宿条件

　　"埃兹沃尔德"号的设计载员为 270 人。虽然机械设备、燃料、武器和弹药占用了舰上的大部分空间，但剩余部分安排生活设施依旧绰绰有余。居住区的取暖由蒸汽

① 出自比约恩·特耶森、汤姆·克里斯蒂安森和罗尔德·吉尔斯滕编著的《战争与和平年代的海上防御：关于岸与海的 200 年故事》（卑尔根，商贸图书出版社，2010 年出版）第 163 页。

在甲板上做体操的"埃兹沃尔德"号舰员。

在前甲板的 8.2 英寸炮塔旁洗漱的舰员们。请注意小艇甲板上的 1.85 英寸速射炮。另外，在前景处还可以看到一个用来收集各种废弃物的方形痰盂。

提供，在精心布置的舰长室还安装了一座开放式壁炉。风扇、自然通风和天窗为成员们提供了新鲜空气。船上有几个洗漱间，其中最体贴之处是为司炉们单独设置了一个。饮用水都经过了海水淡化系统的特殊过滤。舰上还有数个厨房、一个用于烘干衣物的烘干室、一个病房兼药房，以及位于装甲堡内的手术室。此外，还有一个军舰日志显示经常使用的禁闭室。水手们睡在通舱的吊床上。每个舰员都有一个放在镀锌铁架上的水手私人物品存放袋、小背包和小盒子。另外，在每个通舱内还有一个用于摆放餐具和新鲜面包的橱柜。至于军官和士官，则被安置在自己的多人舱和单间中。

　　崭新的“埃兹沃尔德”号是一艘舒适的军舰，其住宿标准远高于世纪之交的普通挪威住宅。在军舰得到妥善维护时的情况一直如此，但在一战结束后，一切都开始改变了。到 1939 年时，舰上已是面目全非。它被任凭锈蚀，居住区破烂不堪，洗漱间、厕所和供暖通风系统都处于一塌糊涂的状态之中。水兵住舱的环境阴冷潮湿。在当地的低温气候中，舱壁上经常凝结出一层水雾。这让舰员们成批患上了严重的慢性咳嗽，但该船的医生却拒绝通报病情，并表示：“这是常见的‘战列舰咳嗽’，你必须忍受它一生。”[1]

加入舰队

　　“挪威”号和“埃兹沃尔德”号分别于 1900 年 3 月和 6 月下水，并于 1901 年春季加入舰队。此后，挪威的四艘战列舰会每两艘为一组，全年轮流服役。在冬季，它们要么会缩减舰员人数并闲置在卡尔约翰斯维恩，要么会带领军校学员进行

① 出自约尔根·索伦森所著的《装甲舰，1895—1940 年》（洪瓦格，海军历史学会《海事月刊》出版社，2000 年出版）第 110—111 页。

巡航。在夏季，战列舰将成为年度演习舰队的主体，在 1902 年、1903 年和 1904 年，这种演习每年都举行了两次，一次在春季，另一次在秋季，每次都持续了大约一个月。如果出现危机或战争到来，需要进行动员时，所有战列舰将组成一个分舰队，并由驱逐舰"瓦尔基里"号（Valkyrjen）领导的 11 艘一等或二等鱼雷艇提供支援。其中，雷击舰艇将负责充当屏障、进行侦察并传递军情。这个名为斯卡格拉克分舰队（Skagerrakeskadren）的单位将由海军参谋长（军衔为海军少将）指挥，此人的直接上司是海军总司令（军衔为中将，系挪威王家海军的最高指挥官）。斯卡格拉克分舰队仅在 1905 年的联盟危机期间组建过一次。期间，它和克里斯蒂安尼亚峡湾的其他分遣队一道接受坐镇"海姆达尔"号（Heimdal，平时是王室游艇）的总司令的指挥。

"埃兹沃尔德"号在交付时被涂成了灰色，与拥有黑色船体和浅黄色上层建筑（这种涂装是效仿了英国皇家海军）的"托尔登斯科约德"号和"金发王哈拉尔"号对比鲜明。然而，到了 1901 年，所有四艘岸防战列舰都更换了灰色涂装，这也毫无疑问地表明它们将会投入到更为严肃的任务中。无论涂装如何，所有当代的记录都毋庸置疑地认为，这些岸防战列舰是海军和国家的骄傲——直到它们显露老态之前都是如此。它们是真正的海上堡垒，有着一尘不染的柚木甲板、簇新的涂装和锃亮的黄铜装饰。它们的身影不仅出现在明信片上，也可以在几乎每个沿海家庭的墙上或壁炉架上找到。

四艘军舰的舰名都富有爱国主义色彩：其中"托尔登斯科约德"号的名字来自 1700—1721 年大北方战争中的挪威海军英雄；金发王哈拉尔则因为在 872 年统一了大半个挪威而名垂史册；"挪威"号的名字来自国家本身；"埃兹沃尔德"号的名字则取自首都克里斯蒂安尼亚（1925 年后改名为奥斯陆）以北 64 千米处的一座村庄，这里有政治家、贵族兼埃兹沃尔德钢铁厂的所有人卡斯滕·安克尔（Carsten Anker）的乡村别墅。正是在此地，挪威的精英们齐聚一堂，制定了 1814 年

1905 年夏天，在"埃兹沃尔德"号的军官起居室内下棋、抽烟和喝酒的军官们。这里采用了电灯照明——在简陋的军舰舱室中，它算得上是一种奢侈品。

5 月 17 日（后来成为挪威的国庆日）签署的新宪法，从而使埃兹沃尔德 [今天被称为埃兹沃尔（Eidsvoll）] 成了挪威自由和独立的象征。它代表的情怀也体现在了诺达尔·格里格（Nordahl Grieg）的著名诗篇《1940 年 5 月 17 日》中。这首诗是 1940 年 4 月 9 日德军突袭挪威之后，格里格在向北逃亡时写下的。到 5 月初，来袭的德军已经夺取了包括埃兹沃尔德在内的挪威南部地区。5 月 17 日，该诗首次在挪威北部的特罗姆瑟（Tromso）的电台中播出。当时，这座城市依然由挪威政府控制。其第一段这样写道：

① 原文为"I dag star flaggstangen naken
blant Eidsvolds gronnende traer. Og
nettopp i denne timen vet vi hva frihet er"。

② 译者注：丹尼斯海峡是波罗的海和北
海之间各条海峡的总称。需要注意，
它和后文中出现的"丹麦海峡"（Strait
of Danmark，位于冰岛和格陵兰岛之
间）并非一地。

埃兹沃尔德的密林中

光秃的旗杆矗立着

此时我们才知道

"自由"意味着什么……①

1905 年夏天，一群水手在"埃兹
沃尔德"号的小艇甲板上列队，进
行步枪操作练习，其左右两侧都
有士官监督。尽管丹麦王家海军的
士官和军官们从未违背"国王、祖
国和军旗的荣耀"（For konge,
faedreland og flagets haeder）
的誓言，但博雷森海军少将始终对
士官们的表现颇为不满。

1905 年的联盟危机

在格里格写下《1940 年 5 月 17 日》的 35 年前，挪威凭借"埃兹沃尔德"号以及其他三艘岸防战列舰实现了对自由的渴望。1905 年 6 月 7 日，在多次争取地位的努力失败后，挪威议会一致通过决议，决定退出与瑞典的联盟（见"瑞典"号一章）。这意味着，瑞典国王将不再是挪威的国家元首和武装部队总司令。不难想见，这一做法也一度让两个国家剑拔弩张，至于它们的陆海军也早已摩拳擦掌。

早在 2 月 28 日，挪威人就迈出了第一步，他们指示海岸要塞：瑞典军舰从现在起应像外国战舰一样遵守规则，未经许可不得通过。同时，他们也严密关注着瑞典海军的一举一动，并在丹尼斯海峡（Danish Straits）②、厄勒海峡（The Sound）和大贝尔特海峡（The Great Belt）派遣了间谍，以查明所有的海上军事调动，以及即将从波罗的海调往本国西海岸的瑞典舰队的行踪。另外，一名在特罗尔海坦（Trollhattan）的特工还将上报哥达运河（Gota Canal）的舰船通行情况。

在国王缺位的情况下，首相克里斯蒂安·米歇尔森（Christian Michelsen）以代理国家元首的身份成了挪威武装部队的总司令。经过 6 月 7 日的决议，国防部长奥尔

森（Olsson）代表首相呼吁所有在职的陆海军将领宣誓效忠挪威政府，并宣布之前忠于奥斯卡二世的誓言无效，因为他已不再具有挪威国王的身份。对此，所有将领都表示接受。在两天后的 6 月 9 日上午 10 点，带有联盟纹章的海军旗（它被挪威人嘲讽地称为"腌制鲱鱼沙拉"）降下，在 21 响礼炮声中，崭新的挪威海军旗迎风飘扬。仪式在"上帝保佑祖国"（而不是传统的"上帝保佑国王和祖国"）的宣誓声中结束。随后，挪威海军开始履行新政府赋予的职责。

6 月 30 日，海军少将威廉·戴森（Wilhelm Dyrssen）接过了西海岸分舰队司令一职，并奉命带领瑞典岸防舰队前往哥德堡（Gothenburg）。其主力将穿越厄勒海峡，同时，一些雷击舰艇也通过了哥达运河。第二天下午，挪威特工报告说，六艘岸防战列舰、两艘鱼雷巡洋舰、一艘驱逐舰和八艘鱼雷艇正在北上穿过厄勒海峡。与此同时，据报道，瑞典唯一的一艘潜艇和八艘鱼雷艇正向西穿过哥达运河。另外，瑞典的西海岸分舰队还包括两艘鱼雷巡洋舰、两艘驱逐舰和六个鱼雷艇支队（总艇数为 23 艘）。瑞军的计划是动用八艘最新的岸防战列舰，以及 30 艘一级和二级鱼雷艇组成的全部舰队，阻止挪威海军从克里斯蒂安尼亚峡湾撤离，剩下的三艘岸防战列舰将直奔挪威中部的特隆赫姆。

作为挪威海军的参谋长，乌尔班 - 雅各布·博雷森海军少将在动员时接过了斯卡格拉克分舰队的指挥权。他的第一项任务是疏散位于霍尔滕的卡尔约翰斯维恩海军基地，并率领全部军舰前往位于滕斯贝格峡湾中的梅尔森维克。梅尔森维克（该基地还得到了岸炮连保护）以及格罗马河（Glomma）河口都布设了水雷，以便封闭通往克里斯蒂安尼亚峡湾东岸的腓特烈斯塔（Fredrikstad）港。7 月 1 日后，两国海军更相互进入了敌对状态。

早在 5 月 8 日，博雷森便接管了岸防战列舰分队，随着他的将旗在"埃兹沃尔德"号上招展，紧张的火炮射击训练立刻展开。为此，挪威海军在 5 月 29 日成立了春季演习分舰队。该舰队由指挥舰"海姆达尔"号、岸防战列舰分队（包含全部四艘岸防战列舰）和一个鱼雷艇支队组成，其中后者的领舰是驱逐舰"瓦尔基里"号，下辖六艘一等鱼雷艇和四艘二等鱼雷艇。海军总司令克里斯蒂安·斯帕尔（Christian Sparre）海军中将坐镇"海姆达尔"号指挥了整个演习。

然而，严重的指挥问题很快便暴露出来。对如何部署舰队、打败瑞典海军，博雷森与斯帕尔没能达成任何共识。博雷森内心深处是一名马汉主义者，他希望在开阔海域与瑞典舰队交锋，通过决战歼灭其主力；但另一方面，斯帕尔却不愿意拿军舰冒险，因为这将把峡湾暴露给瑞典人。因此，斯帕尔强烈主张采用防御战略，并把战舰布置在戒备森严的梅尔森维克港以静制动，等待瑞典人突入克里斯蒂安尼亚峡湾。如果战机出现，挪威战列舰将从守卫严密的锚地起航，迅速反制来袭之敌。

不过，博雷森认为，他的军舰在机动性和火力上都优于瑞典战舰，斯帕尔的做法无异于凭空放弃了优势。另外，在离开港口时，他的军舰只能在前方狭窄水域艰难腾挪，无法向敌人集中全部火力。而在开阔水域，他的军舰能横越敌军舰队，并把炮弹砸向敌军纵列的先导舰。为此，博雷森开发了一套颇为复杂的战术系统，即分进合击系统（Stotte，直译即"支援系统"），希望以此抵消瑞典舰队的数量优势，孤立单独的敌军舰只，并像纳尔逊勋爵于 100 年前在特拉法尔加海战时那样将其各个击破。

英国和法国海军都对他的系统进行了详细研究，博雷森后来宣称，在当年 5 月 27 日和 28 日的对马海战中，东乡大将正是用他的战术击败了俄国人。[①]

博雷森相信，如果瑞典的大型岸防战列舰分队试图穿越克里斯蒂安尼亚峡湾，他可以让自己的舰队横在霍尔滕以北的峡湾中，并在对手排成一路或两路纵队前进时将其击败。为了弥补火力劣势（双方岸防战列舰的数量是 11 ∶ 4），博雷森希望在霍尔滕外海的贝斯托伊岛（Bastoy）北部以及峡湾对面的莫斯（Moss）附近的耶尔岛（Jeloy）最南端各布置一个炮兵连。另外，一旦瑞典舰队设法突入克里斯蒂安尼亚峡湾，博雷森将南下攻击哥德堡市，并在港湾航道上布雷——他希望这一做法能迫使瑞典中队离开，前去保卫本国的城市。此时，他将得到第二次机会，并在开阔海域迎战敌人。

他唯一担心的是敌人会反过来用这一战术对付自己。他很清楚，在 1903 年的瑞典—挪威联合海军演习中，这种战术曾得到过展示。然而，斯帕尔将军和国防部长奥尔森都对这一鲁莽的计划感到震惊，同时他们还拒绝批准博雷森朝贝斯托伊岛和耶尔岛部署火炮的请求。他们担心这些举动可能导致擦枪走火。如果战争无可避免，他们的策略是保全舰队，阻止瑞军在克里斯蒂安尼亚峡湾以东上岸，进而截断地面部队的后路。博雷森的关注点在战术层面，对战略问题并未多做思考，这让他的理想注定无法实现。

最终，春季演习分舰队在 7 月 29 日解散，所有舰员都被遣散回家，以便参加 8 月 13 日的独立投票——最终，在整个挪威，反对独立的只有区区 184 人。在挪威民众对议会和政府表达坚定支持的同时，两国也在 8 月 31 日开始谈判，但从一开始，双方的意见便出现了严重分歧。

随着紧张局势加剧，9 月 4 日，博雷森再次在"埃兹沃尔德"号上升起将旗，重新成为岸防战列舰分队的指挥官。13 日，海军的其余舰只、海岸炮台与陆军主力也一同接受了动员。与此同时，在 12 日和 13 日，瑞典西海岸分舰队进入了斯特罗姆斯塔德（Stromstad）以南的一个前方基地，准备运载骑兵、步兵和炮兵攻击克里斯蒂安尼亚峡湾。瑞典舰队司令戴森少将也奉命准备夺取滕斯贝格以南的讷特岛（Notteroy），这座岛屿位于峡湾和梅尔森维克之间，将为摧毁前方基地内的挪威舰队提供很大方便。在讷特岛上，他们可以将梅尔森维克锚地尽收眼底，掌握每一艘挪威军舰的动态。

在动员之后，博雷森不仅指挥着岸防战列舰分队，还有构成挪威海军主力的斯卡格拉克分舰队——其中除了四艘岸防战列舰，还有"瓦尔基里"号和 11 艘一等和二等鱼雷艇。斯卡格拉克分舰队的主要任务是在通往首都的克里斯蒂安尼亚峡湾阻挡瑞军，避免本国陆军被切断后路，进而遭遇溃败。但博雷森并不满意。斯帕尔已经给出了详细的预案，指示他在梅尔森维克等待敌人上门，只有在有明确命令传来后才能出航。另外，这份指示不仅发给了博雷森本人，还发给了他的下属指挥官：如果他们有被切断的危险，应自行返回梅尔森维克这个重要的煤水补充基地。博雷森认为这代表了上级对他的不信任，甚至一度考虑降旗抗议。

当时，挪威首相克里斯蒂安·米歇尔森正在卡尔斯塔德（Karlstad）和瑞典首相克里斯蒂安·伦德伯格（Christian Lundberg）谈判，他不仅对博雷森在国家危急关头公开批评上级的做法表示了遗憾，还批评了陆海军将领们不服从大局、阻碍双方展开友好接触的行为。但即便如此，米歇尔森还是没有解除博雷森的指挥权。毕竟，博雷森才华横溢、富有魅力，曾显著提升了斯卡格拉克分舰队战斗力，并得到了下属的衷心拥护和爱戴。

9 月 23 日，随着卡尔斯塔德的谈判圆满结束，紧张局势最终解除。第二天，解除最高战备状态的瑞典西海岸分舰队返回了哥德堡。10 月 9 日，挪威议会接受了谈判的结果，13 日，瑞典议会也对此予以批准。危机结束了。五天后，挪威军舰奉命驶向霍尔滕的卡尔约翰斯维恩卸载炮弹。11 月 18 日，丹麦的卡尔亲王（Prince Carl of Denmark）接受邀请，并在次年 6 月加冕成为挪威国王哈康七世（Haakon Ⅶ）。

在 1905 年 9 月 14 日星期日——联盟危机最严重的时候，斯卡格拉克分舰队的军官们聚集在"埃兹沃尔德"号上听取简报。左下方正中央是雅各布·博雷森海军少将，和其他人不同，他佩戴着一顶有浅色饰带的帽子。这位将军的右袖管是空的——早年他曾在一次火炮爆炸事故中失去了右手，这导致他后来只能用左手写字。

宣布中立和重组海军：1905—1914 年

在 1905 年与瑞典和平"分手"后，针对欧洲可能发生的战争，挪威采取了"置身事外"的外交政策。因此，岸防战列舰的任务也变成了维护中立、训练水兵和在国内外展示国威。以"埃兹沃尔德"号为例，在 1911 年，它便奉派参加了在斯皮特海德（Spithead）举行的乔治五世加冕阅舰式。

根据 1907 年《海牙公约》第 25 条的规定，中立国有责任管控其领海，必要时可以动用武力。同年，英国第一海务大臣——海军元帅约翰·费希尔爵士向挪威首位驻伦敦公使——探险家弗里德约夫·南森（Fridtjof Nansen）透露，他已经打消了外交大臣爱德华·格雷（Edward Grey）爵士的想法，即签署一项条约，保证挪威在对德开战时的中立地位。如果德国企图通过封锁丹尼斯海峡、阻止英国皇家海军进入波罗的海，这样的条约可能会无法让英国利用挪威港口充当前沿基地。由于瑞典不再被视为威胁，因此，北海沿岸的防御成了挪威人关注的新焦点。如果挪威的领土完整受到侵犯，岸防战列舰将成为移动的防御支柱，并足以充当"以眼还眼"的重要手段。另外，在没有海岸炮兵掩护的地区，主力舰也可以为雷击舰艇提供支援。鉴于挪威的海岸线极为漫长，四艘岸防战列舰是远远不够的，议会在 1912 年通过了从阿姆斯特朗公司

换旗仪式：1905 年 6 月 9 日，新的挪威海军旗在"埃兹沃尔德"号的舰尾甲板升起。

再购买两艘新舰——"尼达罗斯"号（Nidaros）和"比约格温"号（Bjorgvin）[1]的决议。它们分别于 1914 年 6 月和 8 月下水，后来以"戈耳工"号（Gorgon）和"格拉顿"号（Glatton）的名字加入了英国皇家海军。但即使如此，在一战期间，挪威海军仍然成功地保障了北海海岸线的安全。

考虑到如果海军倾巢出动巡视沿海，或是执行水域控制任务，都可能使交战国趁虚而入。挪威人决定将大部分舰队——一艘驱逐舰[2]、三艘炮舰、七艘布雷舰，以及大约 80 艘鱼雷艇和租用的巡逻舰——均匀地部署在北至韦斯特峡湾（Vestfjord）、南至瑞典边境的海岸线上，至于包括"埃兹沃尔德"号在内的四艘岸防战列舰和四艘潜艇则构成了作战预备队。

随着优先事项发生变化，挪威王家海军的组织也出现了改变。1899 年，从瑞典边境与挪威西部的卑尔根之间，其海岸线被划入三个海军军区：即驻扎于卡尔约翰斯维恩的第 1 军区；驻扎在马尔维卡（Marvika）的第 2 军区；位于"海员堤防"（Marineholmen）海军基地的第 3 军区。各海军军区的基地分别位于霍尔滕、克里斯蒂安桑和卑尔根附近。因为维护中立任务的需要，1915 年挪威海军在特隆赫姆建立了一个临时军区，1917 年又在北部的拉姆松德（Ramsund）海军基地建立了另一个新军区。在 1914 年之后，无论"埃兹沃尔德"号等岸防战列舰被编入哪支特遣舰队或事态反应分队，它们都将由所在海域的军区司令指挥。另外，军区司令还负责在战术层面调遣配属的海军和海岸炮兵部队，并负责所在区域内船舰和岸防要塞

———————————
① 译者注："尼达罗斯"和"比约格温"分别是挪威城市特隆赫姆和卑尔根的别名。
② 译者注：应为四艘。

的动员。这一组织一直沿用到冷战时期，其之所以能高效运转，和无线电通信愈发可靠与通信距离不断增加有一定的关系。

捍卫中立地位：一战

在 1914 年 8 月 1 日至 1918 年 11 月 21 日间，四艘岸防战列舰被编入事态反应分队，用于监视暴露的北海海岸线，其主要行动区域在克里斯蒂安桑至耶伦礁（Jærens Rev）之间，距离为 104 海里。从 1914 年 11 月起，其中一艘军舰将驻扎在卑尔根或特隆赫姆，其余则分别轮流驻扎在马尔维卡、曼达尔（Mandal）、法尔松（Farsund）、弗莱克峡湾（Flekkefjord）和埃格尔松（Egersund）等港口。有 1—2 艘驱逐舰、4—8 艘鱼雷艇和若干巡逻舰将随时根据需要配属给岸防战列舰队。在任务中，这些岸防战列舰并非无所事事，而是会定期进行舰炮训练和战术演习。例如，1915 年，岸防战列舰和潜艇曾与陆军以及海岸炮兵部队联合进行了一次大规模联合军演。1918 年，在岸防战列舰的舰炮保护下，挪威军队在克里斯蒂安尼亚峡湾的外围布置了一个有 413 枚水雷的雷区，同时加强了当地的海岸炮兵要塞。另外，岸防战列舰的任务还包括保卫霍尔滕的主要海军基地——卡尔约翰斯维恩。

对靠捕鱼或当海员为生的挪威民众来说，一战是一段艰难的时期。这种艰难局面和海军为纾解它而进行的努力，都在 1915 年"埃兹沃尔德"号副舰长约翰·蔡斯勒（Johan Fredrik Ziesler）的一道命令中得到了体现："从现在开始，厨房剩饭将不再

1905 年夏天，博雷森海军少将（军帽有白色饰带者）和下属军官们在"埃兹沃尔德"号的舰桥上。1890 年，他的右手在霍尔滕的一次火炮爆炸中受伤——当时他 34 岁，军衔为海军上尉。

被丢弃，而是装在桶里带上岸……不要丢掉仍可食用的部分，如需要，应将其分发给要饭的孩子们。"①但在战争的最后几年里，舰上和岸上的人们都一贫如洗，军方被迫削减口粮，还有许多人成了西班牙流感的受害者。因病离岗的舰员不乏其人，其中还有一些不治身亡。

两次世界大战之间

在两次世界大战期间，"埃兹沃尔德"号和其他岸防战列舰的主要任务是培训海军学员，进行国事访问和军事访问。但无论是在本土水域还是国外，长途航行的机会都少得可怜。比如，"埃兹沃尔德"号在 1918 年之后只进行过一次外事远航：在 1923 年夏天搭载国王哈康七世访问荷兰和比利时。

在一战后，欧洲的政治格局发生了重大变化：德国被解除武装，国际联盟建立了起来。和许多国家一样，挪威也一时失去了外部威胁。政客们对国防漠不关心，包括海军在内的武装部队都处于废弛状态。"埃兹沃尔德"号也不例外，它很少接到任务，更没有得到过大规模修缮或现代化改装。直到 20 世纪 30 年代，挪威人对威胁的看法才发生变化，但此时，海军已经一蹶不振。1935 年时，瑞典驻挪威海军武官曾一语中的地在报告中写道，挪威海军"已经彻底与大海绝缘"。在这一年，挪威海军总司令埃德加·奥托（Edgar Otto）少将更是抱怨道："整个海军都境况悲惨！"他指出，尽管各舰的舰体维护尚且妥善，但自 1918 年以来，海军没有进行过现代化改装，战斗力水平也很低；军官严重不足，而且老年人占据着主导地位。关于战舰状况的一

1905 年夏天，在狭窄水域航行的斯卡格拉克分舰队。其中最前方是"金发王哈拉尔"号，随后是"挪威"号和"埃兹沃尔德"号（摄影师所在的军舰）——请注意"埃兹沃尔德"号小艇甲板上的两艘大型机动艇和一艘位于吊艇柱上的快艇。

个例证发生在 1930 年 8 月，由于设备无法修复，国防部同意拆除"挪威"号和"埃兹沃尔德"号上的无线电测向仪和鱼雷管，并表示，出售废品所得的经费可以为海军提供额外的补贴。

当政府在 1935 年开始重新武装时，一切都为时已晚。虽然海军获得了充足的资金，但国际市场上却没有可供出售的火炮和军舰。唯一的出路是对现有军舰进行现代化改造。其中，两艘较旧的岸防战列舰"金发王哈拉尔"号和"托尔登斯科约德"号被认为无法修复。但"挪威"号和"埃兹沃尔德"号却可以继续作为浮动炮台使用。通过提升仰角以及配备新式弹药，其主炮的射程将从 11000 码增加到 21000 码。海军还希望为该舰安装带测距仪的新主桅，以此改善船长、枪炮长和炮手的联络和协调。此外，这两艘船还准备配备带现代火控设备的防空武器。然而，这些改进最终没能实施。"埃兹沃尔德"号的甲板太脆弱了，无法承受高仰角火炮的反冲力；另外，高射炮运抵的时间也太晚了，最终没能投入使用。

严守中立：1939—1940 年

1939 年爆发战争时，挪威海军的任务与 1914 年时相同：严守中立。然而，在 1914 年时，它们还能用相对强大的岸防战列舰队反制对手，维护自己的中立地位，但在 1939 年时，这支舰队却毫无还击之力。有鉴于此，挪威海军只好把所有能动弹的舰艇分布在海岸线上——它们的主要任务是戒备和报告闯入的外国舰船，但几乎没有能力加以拦截。至于"挪威"号和"埃兹沃尔德"号则被派往了备受关注的挪威北部。

这些岸防战列舰不仅严重过时，还故障频繁。直到 1939 年 10 月 30 日，即欧洲战争爆发两个月后，一些问题才得到解决。为此，"托尔登斯科约德"号的火控设备被拆下，安到了这两艘较新的军舰上。另外，"埃兹沃尔德"号还准备为主炮和副炮配备电话通话器，并安装了两门 1.6 英寸博福斯高射炮、两门 0.8 英寸厄利孔高射炮和六挺机枪。但如前所述，这些决定来得太迟了。在这两艘战舰开赴挪威北部之前，扬声器和大部分高射炮都没有交付。只有厄利孔高射炮被运到了舰上，但由于没有说明书、炮架、弹药和弹药库，它们根本无法使用。此外，在战争爆发时，"挪威"号和"埃兹沃尔德"号仍然没有安装陀螺罗经和回声探测仪。

这种情况也反映在了 1940 年 1 月 8 日由"埃兹沃尔德"号的枪炮长哈格巴特·索尔克森（Hagbart Thorkelsen）海军少校编写的报告中：

这些军舰已被编入现役大约四个月，我认为有必要报告它们存在的重大缺陷。

1905 年秋天，排成单纵阵开展演习的斯卡格拉克分舰队。当时正值联盟危机爆发，它们正在积极为迎战瑞典海军做准备。其中一马当先的是旗舰"埃兹沃尔德"号，随后是"挪威"号、"托尔登斯科约德"号和"金发王哈拉尔"号，其左舷方向是一队负责掩护的鱼雷艇。

在同一时刻，从左舷方向看到的斯卡格拉克分舰队。其中殿后的舰只是"金发王哈拉尔"号，更前方是"托尔登斯科约德"号和"挪威"号，为首的是旗舰"埃兹沃尔德"号。

这一点事关重大，因为问题是如此严重，以至于我必须指出，它们根本不具备充当战舰的价值，更何况我们现在正面临着严峻的局势……①

随后他讲了一些可以迅速解决的问题：舰桥上的舰长和位于主桅（即测距仪和火控设备的所在地）的枪炮长之间仍然无法通过电话联系。在绝望之余，舰上曾经试图进行应急改装，但最终无济于事。直到1940年4月，该舰仍没有安装舰内电话系统。更糟糕的是，该舰在世纪之交时安装的8.2英寸主炮也处于年久失修的状态。1940年3月5日，当"埃兹沃尔德"号仍在特罗姆瑟时，舰长奥德·维洛克（Odd Isaachsen Willoch）海军上校曾表示，不确定舰上是否配备了正确的火炮标尺，库存穿甲弹（共101枚）和高爆弹（共103枚）的射程表也可能存在问题。另外，由于过于老旧，一门8.2英寸主炮的电动旋回装置也无法运转。但即便如此，该舰仍然拥有可观的火力——在狭窄的峡湾中更不例外。

纳尔维克海战

1939年秋天，挪威政府意识到，本国北方存在一处战略弱点：奥福特峡湾（Ofoten fjorden）尽头的港口纳尔维克正在出口瑞典铁矿石——这种战略资源对德国军工业至关重要，如果爆发战争，英国肯定会想方设法加以破坏。不仅如此，苏联对北部邻国——芬兰发动的进攻，也有可能使战火蔓延到挪威境内。因此，当局决定向北方增兵，以便保证当地的中立，这让"挪威"号和"埃兹沃尔德"号被调往了特罗姆瑟。第二年春天，两艘军舰被编入奥福特分舰队，负责守卫通往纳尔维克的航路。除了"挪威"号和"埃兹沃尔德"号之外，该部队还有潜艇B-1号、B-3号和一些巡逻舰，由

① 约尔根·索伦森，《装甲舰，1895—1940年》第111页。

"挪威"号舰长佩尔·阿希姆（Per Askim）海军上校担任总指挥，至于"埃兹沃尔德"号的舰长依旧是奥德·维洛克上校。4 月 8 日，分舰队停泊在纳尔维克，这里很快将成为在挪威历史上空前绝后的战场。

4 月 9 日，德军最高统帅部启动了占领挪威的作战计划——"威悉演习"（Weserubung）。占领纳尔维克的任务被分配给了"N"战斗群，其中投入了由战列舰"沙恩霍斯特"号（见同名章节）和"格奈森瑙"号掩护的 10 艘大型驱逐舰，它们已于 7 日从德意志湾（German Bight）出航。与此同时，英国皇家海军也将战列巡洋舰"声望"号（Renown）、巡洋舰"伯明翰"号（Birmingham）和 14 艘驱逐舰部署到了该地区，以便在通往奥福特峡湾和纳尔维克的必经之路上布雷。察觉到德国海军的动向后，英国本土舰队立刻大举出动，前去截击试图干扰友军布雷行动的舰只。但海军部却相信德军的意图是突入大西洋，而不是对挪威发动进攻。4 月 8 日晚，奥福特分舰队收到了海军参谋部发出的信号，表示在北方航线上发现了德国船只，但挪威舰队司令亨利·迪森（Henry Diesen）少将仍然认为：由于英国皇家海军的存在，德国人可能不会如此行事。尽管如此，阿希姆上校仍然命令岸防战列舰和潜艇加倍投入警戒人员并做好战斗准备。"挪威"号在纳尔维克的内港停泊，而"埃兹沃尔德"号则驻扎在海港入口。潜艇部署在更远处的、位于峡湾北部的博根（Bogen），巡逻舰艇则监视着峡湾入口的风吹草动。

虽然分舰队无从得知局势，但阿希姆海军上校却预料到了德军袭击的可能性。在晚上，他收到了海军参谋部门预先下达的命令，9 日 3 时，巡逻舰艇报告说，一支德军舰队正以 30 节的航速前往纳尔维克。它们是"N"战斗群的 10 艘驱逐舰，在担任掩护的战列舰转向西北方后，它们在挪威人的注视下进入了峡湾。按照原定计划，德军战列舰将把英军的注意力从纳尔维克登陆部队身上移开，并在驱逐舰完成任务后一起返回德国。为此，驱逐舰"威廉·海德坎普"号（Wilhelm Heidkamp）、"贝恩德·冯·阿尼姆"号（Bernd von Arnim）和"格奥尔格·蒂勒"号（Georg Thiele）迎着暴风雪全速向纳尔维克驶去。在 4 点之后不久，它们发现了正向其发送停船信号的"埃兹沃尔德"号。德国人没有回应，"埃兹沃尔德"号随即开炮警告。见状，德国人表示将放下一艘汽艇进行协商。不久之后，一名德国军官登上"埃兹沃尔德"号，勒令维洛克船长投降。在询问过阿希姆上校之后，维洛克告诉德国人，他宁愿战斗到底。为遵守海军传统，维洛克打算等待德国特使远离再开火。但后者立即发射了一枚红色信号弹，表明谈判毫无成果。此时，尽管"埃兹沃尔德"号已经开始进行战斗准备，距离"威廉·海德坎普"

1912 年，在挪威西南部莱尔维克（Leirvik）拍摄到的春季演习分舰队，其编制颇有代表性；远景处是岸防战列舰"托尔登斯科约德"号和"埃兹沃尔德"号，鱼雷艇支队的指挥舰"瓦尔基里"号位于右侧。照片近景处则停泊着六艘鱼雷艇。

号也只有大约几百码，但未及开炮便立刻被三枚鱼雷击中沉没。全舰的 181 名官兵中只有六人幸存。

"挪威"号上所有的人都听到了爆炸声。4 点 30 分之前不久，他们发现了驱逐舰，但暴风雪很快隐藏了敌人的行踪。当几分钟后，德军再次出现在 900 码的距离上时，"挪威"号立刻用 8.2 英寸主炮和右舷的 6 英寸副炮射击。在"格奥尔格·蒂勒"号靠上港湾栈桥的同时，"贝恩德·冯·阿尼姆"号用鱼雷袭击了"挪威"号。前五枚鱼雷没有命中，但接下来的两枚和命中"埃兹沃尔德"号的鱼雷一样酿成了灾难性的后果。"挪威"号在几秒钟内沉没，192 名舰员中有 102 人丧生。岸防战列舰的牺牲没能阻止纳尔维克在当天晚些时候陷落。

附录：将军和水兵

除了纪律严厉之外，我们对"埃兹沃尔德"号的舰上生活知之甚少，但从斯卡格拉克分舰队指挥官博雷森海军少将不失风趣的日记中，我们仍可以通过一些逸闻了解到舰上的生活和上下级关系。1905 年夏天的备战非常紧张，编队机动、炮术、鱼雷和战术演习从清晨一直持续到深夜。晚上，各舰停泊在演习海域或梅尔索维克（Melsomvik）。有一天，要求部下全力备战的博雷森注意到，有七名水兵正忙着在"托尔登斯科约德"号的前甲板上剥土豆。此时，司务长已经把猪肉和蔬菜做成的炖肉杂烩写上了食谱。但博雷森写道："战士们来当兵是为了操作大炮，而不是剥土豆，从今天起，炖肉杂烩禁止出现在舰队中！"

"埃兹沃尔德"号的最后一任舰长奥德·维洛克海军上校，他正在从住舱甲板中探出身来。本照片大约拍摄于 1940 年。

经过近三个月无休止的操练和演习，"埃兹沃尔德"号的舰员们开始出现疲劳迹象。演习在本土水域进行，许多船员可以看到家乡，但上岸却是不可能的。6 月 12 日，"挪威"号发出一条不实的信号："全员上岸休假。"三名候补士官后来被判有罪，并被判禁闭长达 60 天。几天后，"埃兹沃尔德"号的全体舰员要求请假上岸了解"政治形势"，最激动的是士官，他们要求从晚上请假到早上 6 点，"而且这个要求是在我们每晚停泊时，峡湾入口有武装哨戒艇，且舰队周围全是岗哨的情况下提出的"。因此，博雷森会在日记中对海军士官不屑一顾——因为他们看上去军容严整，但为国牺牲的决心却非常值得怀疑。博雷森对此写道："他们最大的抱负都在婚床和婴儿车上。供养妻子和女儿让他们负债累累……另外，霍尔滕这个藏污纳垢之地也对战时纪律带来了毁灭性的影响，人们的想法只有一个：到岸上快活。"但对于军官，博雷森的评价截然不同，他写道："这些家伙给我留下了很好的印象。"他很高兴能和这些同袍在一支舰队中服役，并认为他们的品质举世无双。在日记中，他逐个介绍了这些人，并单独提到了"金发王哈拉尔"号的亚当·穆

"威悉演习"

4月8日下午5点各方的兵力位置

- B "B"战斗群（B＝卑尔根）
- D "D"战斗群（D＝特隆赫姆）
- E "E"战斗群（E＝埃格尔松）
- K "K"战斗群（K＝克里斯蒂安桑）
- N "N"战斗群（N＝纳尔维克）
- O "O"战斗群（O＝奥斯陆）
- 德军空降地点
- 英军宣布布雷地点
- 潜艇

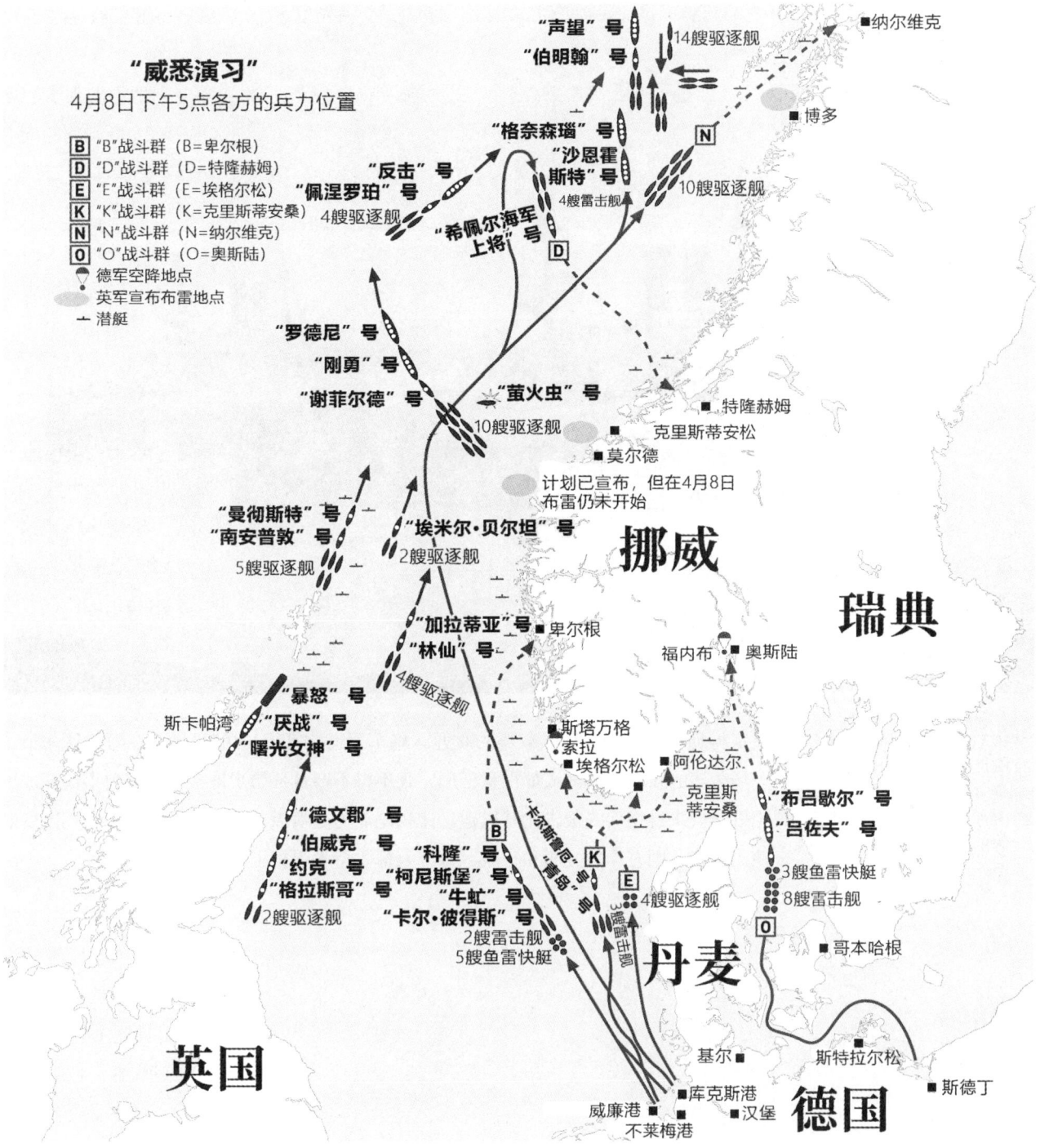

"声望"号
"伯明翰"号
14艘驱逐舰
纳尔维克
博多
"格奈森瑙"号
"沙恩霍斯特"号
N
"反击"号
"佩涅罗珀"号
4艘驱逐舰
"希佩尔海军上将"号
4艘雷击舰
10艘驱逐舰
D

"罗德尼"号
"刚勇"号
"谢菲尔德"号
"萤火虫"号
10艘驱逐舰
特隆赫姆
克里斯蒂安松
莫尔德
计划已宣布，但在4月8日布雷仍未开始

"曼彻斯特"号
"南安普敦"号
5艘驱逐舰
"埃米尔·贝尔坦"号
2艘驱逐舰

挪威
瑞典

"加拉蒂亚"号
"林仙"号
4艘驱逐舰
卑尔根
福内布
奥斯陆

"暴怒"号
"厌战"号
"曙光女神"号
斯卡帕湾
斯塔万格
索拉
埃格尔松
阿伦达尔
克里斯蒂安桑
"布吕歇尔"号
"吕佐夫"号
3艘鱼雷快艇
8艘雷击舰

"德文郡"号
"伯威克"号
"约克"号
"格拉斯哥"号
2艘驱逐舰
"科隆"号
"柯尼斯堡"号
"牛虻"号
"卡尔·彼得斯"号
2艘雷击舰
5艘鱼雷快艇
B
卡尔斯鲁厄
霍滕
E
4艘驱逐舰
O
哥本哈根

英国

丹麦

基尔
斯特拉尔松
斯德丁
威廉港
库克斯港
汉堡
不莱梅港
德国

勒（Adam Muller）海军上校——按照他的说法，当舰队排成逆序单纵阵时，他会：

只要命令下达，他就忠实执行，哪怕是带领分舰队穿过地狱之门。要是情况允许，他甚至愿意去泰晤士河把英国皇家海军付之一炬。无论情况如何，他都会利用掌握的每一份情报，并准备好接受最严酷的考验——毕竟，假如一个人在战争和恶劣天气中失去理智，那么谁还会在乎他在和平时期的优秀表现？

最终，分舰队终于在10月7日和8日靠上了阿伦达尔（Arendal）的码头，这一

"埃兹沃尔德"号和"挪威"号已知的最后一张照片，拍摄于1940年4月8日的纳尔维克。次日，这两艘军舰便被德军击沉，乘员伤亡惨重。

决定得到了全体舰员载歌载舞的欢迎。将军写道："我们的舰员显然在阿伦达尔搞了一场久违的狂欢，很多人都得意忘形。我不得不亲自拜访当地报纸，避免事情变成舆论丑闻。来自宪兵的报告尤其风趣，让我差点为之喷饭。其景象就像是一场英国变装演出，情节则充斥着尖叫和斗殴，每个人都手持木棍打了对方的脑袋。"

参考资料

- 罗尔德·伯格（Roald Berg），《挪威国防史》（Norsk forsvarshistorie）第 2 卷《1814—1905 年：职业化、联盟、国家》（1814-1905: Profesjon, Union, Nasjon）[卑尔根，艾德出版社（Eide forlag），2001 年出版]

- 纳尔夫·比约尔戈（Narve Bjorgo）、奥伊施泰因·莱恩（Oystein Rian）和阿尔夫·卡尔特维特（Alf Kaartvedt），《挪威对外政治史》（Norsk utenrikspolitisk historie）第 1 卷《独立与联盟：从中世纪到 1905 年》（Selvstendighet og union - fra middelalderen til 1905）[奥斯陆，大学出版社（Universitetsforlaget），1905 年出版]

- 雅各布·博雷森，《挪威海军简史》（The Norwegian Navy: A Brief History）[卑尔根，约翰·格雷格出版社（John Grieg A/S），2012 年出版]

- 雅各布·博雷森和汤姆·克里斯蒂安森（Tom Kristiansen），《斯人逝矣，其声宛在——乌尔班 - 雅各布·博雷森将军日记，1896—1910 年》（Levende breve fra de dodes rige - Admiral U. J. R. Borresens dagboksopptegnelser 1896-1910）[卑尔根，艾德出版社，2005 年出版]

- 乌尔班 - 雅各布·博雷森，"新战术系统"（A New Tactical System），出自《皇家军种联合学会杂志》（Journal of the Royal United Service Institution）第 47 辑第 301 期（1903 年 3 月号），第 326—338 页

- 乌尔班 - 雅各布·博雷森，"新战术系统在日俄战争中的运用"（A New Tactical System Applied to the Russo-Japanese War），出自《皇家军种联合学会杂志》第 50 辑第 339 期（1906 年 5 月号），第 678—686 页

- 彼得·布鲁克，《外销战舰：1867—1927 年的阿姆斯特朗战舰》（Warships for Export: Armstrong Warships, 1867–1927）[肯特郡的格雷夫森德（Gravesend），世界船舶协会（World Ship Society），1999 年出版]

- 罗尔夫·霍布森（Rolf Hobson），《海上帝国主义：海军战略思想——论海权思想与提尔皮茨计划，1875—1914 年》（Imperialism at Sea: Naval Strategic Thought. The Ideology of Sea Power and the Tirpitz Plan, 1875-1914）[莱顿（Leiden），布里尔学术出版社（Brill Academic Publishers），2002 年出版]

- 罗尔夫·霍布森和汤姆·克里斯蒂安森，《挪威国防史》第 3 卷《1905—1940 年：总体战，中立地位和政治鸿沟》（1905-1940: Total krig, noytralitet og politisk splittelse）（卑尔根，艾德出版社，2001 年出版）

- 罗尔夫·詹森（Rolf Jensen），《海军历史学会大事年表，1814—1964 年》（Sjomilitære samfunds kalender, 1814-1964）[霍尔滕，德拉门·斯蒂恩贝格出版公司（Drammen J. Steenberg & Co.），1965 年出版]

- 挪威海军总参谋部（Marinens admiralstab），《装甲舰"挪威"号和"埃兹沃尔德"号的蓝图》（Tegninger til beskrivelse af panserskibene 'Norge' og 'Eidsvold'）[克里斯蒂尼亚，W.C. 法布里修斯父子出版社（W. C. Fabricius & Sonner AS），1901 年出版]

- 约尔根·索伦森（Jorgen Sorensen），《装甲舰，1895—1940 年》（Panserskipene 1895-1940）[洪瓦格（Hundvag），海军历史学会《海事月刊》出版社（Sjomilitsere samfund ved Norsk Tidsskrift for Sjovesen），2000 年出版]

- 比约恩·特耶森（Bjorn Terjesen）、汤姆·克里斯蒂安森和罗尔德·吉尔斯滕（Roald Gjelsten），《战争与和平年代的海上防御：关于岸与海的 200 年故事》（Sjoforsvaret i krig og fred - langs kysten og pa havet gjennom 200 dr）[卑尔根，商贸图书出版社（Fagbokforlaget），2010 年出版]

- 马里乌斯·托马森（MariusThomassen），《挪威战旗下的 90 年》（90 dr under rent norsk orlogsflagg）[卑尔根，艾德出版社，1995 年出版]

- 特耶·乌拉（Terje Ula），《沉没的军舰》（Platen som sank）[奥斯陆，德雷尔出版社（Dreyers forlag），1946 年出版]

沙皇俄国海军

战列舰"光荣"号（1903 年）

作者：谢尔盖·维诺格拉多夫，斯蒂芬·麦克劳林

在俄国海军的历史上，最具悲剧色彩的战列舰莫过于"博罗季诺"级（Borodino-class），作为该级的第五也是最后一艘，由于竣工太晚，"光荣"号未能跟随四艘姐妹舰加入罗杰斯特文斯基（Z. P. Rozhestvenskii）舰队，踏上参加 1905 年 5 月 14—15 日对马海战的不归路。但即便如此，仍有许多战斗在未来等待。1915—1917 年[1] 的波罗的海战役中，它经历了最严酷的考验：单枪匹马迎战敌军的无畏舰。而且对手不只有一艘，而是两艘，还一度创下了将其击退的空前壮举。而且在毁灭之前，它还勇敢地用残躯挡住了敌人的航线。正是这些经历，让它注定会成为俄国海军史上的不凡一页。

起源和设计

1898 年 2 月 20 日，沙皇尼古拉二世批准了一项包含 9000 万卢布（当时折合 900 万英镑）的特别拨款。该拨款将用于建造一支强大的舰队，保卫在满洲新占领的不冻港——旅顺（Port Arthur）。由于国内船厂的产能已经饱和，海军部开始向法国企业求助。土伦拉塞讷（La Seyne）的地中海冶金造船厂（Forges et Chantiers de la Méditerranée）奉命按照给出的技术指标设计和建造一种战列舰，作为船厂的首席设计师，安托万 - 让·拉加纳（Antoine-Jean Amable Lagane）以新近竣工的战列舰"若雷吉贝里"号为基础推出了 13105 吨的"太子"号（Tsesarevich）。该舰前后各有一座 12 英寸炮塔，左右两舷还有六座安装 6 英寸火炮的副炮塔（每侧各三座）。

早在"太子"号于 1903 年 8 月服役之前，便已被确定为"博罗季诺"级战列舰的原型。其设计由圣彼得堡的国有造船厂——海军部新造船厂（Novoe Admiralteistvo）完成，并由海军首席工程师 D. V. 斯科沃尔佐夫（D. V. Skvortsov）担任总监。虽然这些战列舰的整体布局与"太子"号相同，并且都把主炮和副炮收纳进了炮塔，但仍在几个方面有重大改动——这主要是由于俄国生产的炮塔尺寸更大、设备更笨重所致。按照 1899 年 3 月确定的最终设计图，该舰安装了四门 12 英寸主炮，此外还有 12 门 6 英寸炮、20 门 3 英寸（实际口径为 75 毫米）炮、20 门 1.85 英寸炮，以及两具水上和两具水下鱼雷发射管。该舰的排水量为 13530 吨，全长 397 英尺，宽 76 英尺，设计吃水深度 26 英尺（竣工时实测吃水深度为 27—29 英尺）。与同时代的其他战列舰相比，该级舰的防护略为薄弱：主装甲带、指挥塔和主炮塔的厚度分别为

① 本文在 1918 年 1 月前的所有日期均以俄国使用的儒略历（俄历）给出，其 19 世纪的日期比公历晚 12 天，20 世纪的日期比公历晚 13 天。

6—7.64 英寸、8 英寸和 10 英寸，主甲板的装甲厚度为 1—2 英寸。推进系统由 20 台贝尔维尔式水管锅炉和两座立式四缸三胀式发动机组成，它们带动两部螺旋桨，在 15800 马力的最大功率下，该舰可以达到最大 18 节的设计航速。其常规载煤量为 787 吨，满载时为 1350 吨，以 10 节的经济航速巡航时，最大航程为 2590 海里。

建造

"光荣"号的订单于 1900 年 1 月 18 日下达，造价为 13840824 卢布（约合 138 万英镑），并和姐妹舰"沙皇亚历山大三世"号（Imperator Aleksandr Ⅲ）和"苏沃洛夫公爵"号（Kniaz Suvorov）一样由圣彼得堡的波罗的海船厂（Baltic Shipbuilding and Engineering Works）建造。就在"苏沃洛夫公爵"号于 1902 年 9 月 12 日下水后不久，"光荣"号的建造准备便已启动。1902 年 10 月 19 日，该舰举行了龙骨铺设仪式，但与姐妹舰们相比，这次仪式要低调得多：只是把预先组装好的部件安置在了船台上。该舰的舰体结构几乎全部由俄国自主制造，供应商大多来自圣彼得堡：其钢材主要来自亚历山德罗夫工厂（Aleksandrovskii Works）和普梯洛夫工厂（Putilovskii Works），主装甲带的装甲由伊佐拉工厂（Izhorskii Works）提供，另外

1903 年 8 月 16 日，在圣彼得堡波罗的海船厂的大型石质厂房中等待下水的"光荣"号。所有来宾都在注视着照片右侧——当时，在进行完下水前的祈祷仪式之后，沙皇尼古拉二世正和随从们一起走下后甲板。

1338 吨装甲钢则由奥布霍夫工厂（Obukhovskii Works）制造。同时，奥布霍夫工厂还承建了全舰的大部分火炮，后者将安装在圣彼得堡冶金工厂（Metallicheskii Works）生产的炮架上。波罗的海船厂提供了动力系统，而发电机和 490 吨水平装甲板则分别来自遥远的莫斯科电气公司（Moscow Electric Company）和尼科波尔 - 马里乌波尔装甲工厂（Nikopolskii-Mariupolskii Armour Works，位于乌克兰）。在"光荣"号上，唯一的非国产部件是 6 英寸炮塔的装甲，这 30 块钢板（共计 243 吨）由英国格拉斯哥的比尔德莫船厂制造。

"光荣"号的工程最初进展迅速，并于 1903 年 8 月 16 日下水（距其铺设龙骨仅过了 303 天）。尽管尼科波尔 - 马里乌波尔工厂未能按时交付装甲板，但该舰依旧创下了俄国造船工业的速度之最。在下水时，该舰的完成度为 67%，排水量 6229 吨。和克制的开工仪式不同，其下水典礼可谓大张旗鼓，出席者中包括了沙皇尼古拉二世在内的诸多显贵。这种做法是为了给各界——尤其是外国代表——留下一种深刻印象：随着与日本的关系恶化，俄国正在积极建设海军并增强在太平洋的军事实力。尽管在下水之后，整个工程一直进展稳定，但当 1904 年 1 月 27 日日俄战争爆发时，"光荣"号依旧离完工遥遥无期，到同年 3 月 31 日、战列舰"彼得罗巴甫洛夫斯克"号（Petropavlovsk）被日本水雷炸沉、S.O. 马卡罗夫（S. O. Makarov）将军随舰身亡之后，俄国的军事工业才开始快马加鞭。

期间，"博罗季诺"级的工程成了重中之重，但由于待修和在建舰只实在太多，俄国有限的造船设施早已不堪重负。到 1904 年 3 月底，"光荣"号仍在等待安装大部分装甲、炮塔、火炮、机械、小艇和各种零配件。档案资料甚至明确显示：许多相关工程都已暂停，以保证完成度更高的其他姐妹舰尽早服役。期间，船厂甚至调走了该舰的一部分辅机甚至是主推进系统的部件——这令"光荣"号注定无法投入对日战争。也正是因此，当 1904 年 9 月 17 日，罗杰斯特文斯基将军带领第 2 太平洋舰队从喀琅施塔得起航时，"光荣"号被抛在了后方。

第 2 太平洋舰队出航后，数百名闲下来的工人投入了"光荣"号的建造。随后，该舰的工程重新加快，很多改造设想也应运而生，其中最有趣的是为该舰配备两艘小型潜艇。但更多设想依据的是实战经验，尤其是在中甲板（火炮甲板）的 3 英寸炮位后方增加纵向隔壁，以便减缓舰体受损时的进水。另外，该舰在后舰桥上还增加了一个小型装甲传令塔。其全部 20 门 1.85 英寸炮只保留了四门，因为实战经验显示这些火炮很难遏制敌军的鱼雷攻击。由于舰首和舰尾的鱼雷发射管可能会在炮战中殉爆，这些设备也从未安装。不仅如此，该舰还在火控中心和 12 英寸与 6 英寸炮塔之间安装了额外的传声筒，两艘重达 21 吨的 56 英尺蒸汽哨戒艇被 12 吨的小艇取代。舰尾的舷墙被拆除，指挥塔观察口的高度从 10.5 英寸减小到 6 英寸。这些变化不仅导致该舰的造价超过了合同价格，还让排水量有所增加（常规排水量上升了 900 吨，达到 14415 吨），吃水深度也增加到了 27 英尺又 4 英寸。

1904 年 10 月 30 日——即冬季冰期来临前夕——"光荣"号被从涅瓦河上的

1904 年 9 月，在波罗的海船厂进行舾装的"光荣"号（Slava）。军舰的右侧是大型石质厂房的正立面——其舰体正是在这里完成了建造。

船厂拖到了喀琅施塔得——这座宏伟的海军基地和要塞坐落在科特林岛上（Kotlin Island），位于俄国首都圣彼得堡以西大约 14 英里。这种做法在俄国军舰的建造中非常普遍，因为圣彼得堡周围海水很浅，大型军舰必须在水位更深的喀琅施塔得基地完成舾装，否则就会有搁浅的危险。此时，该舰的主机已经安装完毕，烟囱和桅杆也已树立起来，但炮塔、火炮、侧舷装甲带和小艇都还没有到位。随着这些后续工程在 1904—1905 年冬天完成，该舰开始进行准备，以便在 1905 年 4 月初冰面融化时进行试航。4 月 7 日，该舰进入船坞，清理船底，并刷上了三层鲜红的船底漆。期间，该舰也趁机切开了为两具 15 英寸鱼雷发射管预留的开口。同时，军舰尾鳍（Deadwood aft）[1] 也被钢板封死，舰底龙骨长度缩短到了 60 英尺——前一年，所有"博罗季诺"级战列舰都经历了这些改动。

1905 年 5 月 31 日，即对马海战之后两周，"光荣"号起锚出海。测试表明，该舰的吃水比原设计深了 4 英寸，这意味着该舰超载了 216 吨（换言之，该舰此时的全重实际是 13746 吨，而不是设计的 13530 吨）。另外，尽管"光荣"号的常规排水量在建造期间增加到了 14415 吨，但它的试航实际是在尽可能接近原设计的状态下进行的，目的是测试规定条件下的主机性能。在风平浪静时，本舰进行了六轮航速测试，测得的平均航速是 17.64 节。具体而言，该舰的功率要比原设计高 3%，但煤炭消耗水平要比预期低 7%，尽管未能达到 18 节的设计航速，但结果依旧相当成功。1905 年 6 月和 7 月，"光荣"号又成功开展了火炮、辅机和其他项目的试验，并在夏天晚些时候正式服役。随后，该舰被分配到了波罗的海舰队现役分舰队（Baltic Sea Practical Squadron），该分队由最现代化的舰船组成，并将在未来接受实战训练。

"光荣"号的第一项任务是研究远程中央火控。当时，俄国海军测距仪的标尺上限仅有 8600 码，但"光荣"号却要寻找一种对抗 20000 码外目标的方法。9 月底，随着巴尔 - 斯特劳德式测距仪安装完毕，为期八天的炮击演习在雷瓦尔（Reval，

一张于早期拍摄的该舰小艇甲板的鸟瞰图。其中可以看到舰上右舷的中部和后部 6 英寸炮塔。

[1] 译者注：尾鳍是船体的一部分，位于龙骨和尾柱之间的狭窄处。

即今天爱沙尼亚的塔林市）开始。炮击首先在近距离展开，随后距离将逐渐拉大到9000 码，其射击目标包括了由驱逐舰拖曳的若干标靶和一艘充当靶舰的纵帆船。一位亲历者后来回忆道："最初，分队的炮火实在说不上太准……不过，靶标和纵帆船都被打出了洞，它们每晚都会被拖回雷瓦尔接受修理。"[①] 1905 年 11 月 7 日，由于冬季将至，"光荣"号被送入了喀琅施塔得的船坞，同时，舰上的维护工作则继续按照冬季的例行规范进行。

竣工后不久的"光荣"号，其上层建筑和舰体采用了黑色涂装，烟囱则被漆成了偏黄的象牙色和白色。但很快，上述涂装便被灰色取而代之。请注意舰首鱼雷发射管上方的精美装饰：在花团锦簇的中心，是帝国的象征——双头鹰。但这些装饰后来都被拆除了。

舰员

在舰员的编制上，"光荣"号也充当着沙俄海军中的一个典型。它的舰员群体堪称帝国的缩影。其中包括了一小部分军官（Ofitsery）和为数众多的下级水兵（Nizhnie Chiny），两者之间界线森严，但和其他俄军主力舰不同，"光荣"号的乘员中并不存在隔阂，不仅如此，这重关系还成功经历了战火考验。

根据 1904 年的人员编制，全舰的 749 名官兵被编入了四个纵队（Otdelenie），每个纵队都下辖两个分队（Roty），从而保证了各分队都能从午夜开始进行为期四小时的轮班。舰上全部八个分队的具体编成并不完全相同，但人员总数相差不大。每个分队都由一名军官带领，但实际指挥权往往掌握在分队水手长手中。这些水手长是一群有长期服役经历的士官，他们不仅要监督日常勤务、批准休假申请，还要发放薪水和被服补贴，维持纪律和士气。在其他国家海军的士官中，没有谁能像他们一样拥有如此广泛的职责和权力。

波罗的海舰队的大部分下级水兵都是从北方和中央各省份征召来的农民。按照

[①] G.F. 奇温斯基，《沙俄舰队 50 年回顾》（里加，东方出版社，1928 年出版）第 260 页。

一群官兵在"光荣"号舰首的 12 英寸炮塔前合影。这些人穿着标准的冬季制服——其中包括一种自 1811 年起便被海陆军同时采用的帽子 [即所谓的"无尖顶帽"（Bezkozyrka），配有带金字舰名的黑色飘带]、一件黑色双排扣外套 [又名"水手外套"（Bushlat）] 和一条黑色长裤。其中一些人身着蓝色的冬季法兰绒外套（Flanka），上面配有蓝色翻领（Giuis），翻领边缘是三条白色饰带，而衬衫下则是一件蓝白条纹的法兰绒衬衫，即我们所谓的"海魂衫"（Telniashka）。中间两个留胡子的士兵则佩戴着带檐的帽子，但帽子上没有飘带——其中拿笔记本的士官是一位分队水手长（全舰共八人），而另一位则是总水手长。脖子上围着铁链的人员是舰上的下级水手长，而挎着背包的则是刚刚下班的卫兵。

1906 年的规定，他们的服役期长达五年，但接受过五年小学教育者的服役期可以缩短到两年。在入伍后，他们会被直接作为二等水兵（Riadovie）分派到舰上担任甲板水手，其他人则会根据掌握的专业知识和身体素质接受选拔，并在岸上机构接受特殊训练，成为司炉工、机舱技师、炮手、舵手、电工、信号兵或号手等。除了普通水兵，舰上还有一批士官（Untrofitsery），或者说"水兵贵族"，这些人要么是在入伍后去岸上接受了专业训练，要么是根据上级的建议，在五年服役后签署延长服役合同的"重新入伍者"（Sverkhsrochnosluzhashchie）。在"光荣"号上，士官与水兵的比例是 1：7 左右。

士官和水兵的工资差距较大。一等水兵（如炮手、司炉工和轮机兵等）的月薪是 1 卢布，二等水兵只有 75 戈比（1 卢布等于 100 戈比；1 卢布约折合 2 先令，20 先令等于 1 英镑）。航海分队的士官每月可以得到 2 卢布，二等专业士官每月 4 卢布，一等专业士官 5 卢布，水手长每月 6 卢布。在本土水域巡航时，普通水兵还有每月 75 戈比的"出海津贴"，甲板分队的士官则有 3.3 卢布，一级和二级技术士官则分别有 8.25 卢布和 7.5 卢布，普通水手长和分队水手长每月可额外获得 14 卢布。在国外水域服役时，出海津贴会增加约 50%。此外，入伍的专业技术人员还有因"专业知识"获颁的额外年薪，至于重新入伍者也会有 200—400 卢布的额外年薪。可以说，沙皇俄国海军建立了一套完善的报酬激励机制，即便不把出海津贴算在内，重新入伍的士官也可以获得比二等水兵高 30 倍的年工资。相比之下，在 1908 年时，一名工厂工人的年薪是 245 卢布，到 1913 年时增加到 263 卢布，其中工资收入最高的是圣彼得堡钢铁厂的冶金工人，他们的年薪可以达到 500—550 卢布。但需要指出，海军为水兵提供住宿，后者也不需要为食品（还有酒类）花钱。

在沙皇俄国的军队中，水兵的伙食也是最好的。他们的早餐可以吃到 2 磅 10 盎司（作为质量单位时，1 盎司约合 28.3 克）的白面包配上 1.5 盎司的黄油（星期三和星期五的配额增至 2.8 盎司），此外还有加糖的茶。午餐包括丰盛的肉汤（每天大约 10.5 盎司，作为体积单位时，1 美制盎司约合 29.3 毫升）、茶和面包。晚餐包括粥和茶。午休之后还有点心（Poldnik）或下午茶，这一顿主要由配面包和糖的茶饮组成。面包是在舰上烘烤的，分量总是很足。此外，舰上还会在午饭和晚饭前提供伏特加（Vodka，其酒精含量为 40%，官方称为"面包酒"），每人的定量是一杯（4.3 盎司），午饭和晚饭前分别发放定量的三分之二和三分之一，这些伏特加存放在一个容量为 1.8—2.6 加仑的无盖大桶中，并由一名特定的士官记录每个领受者的姓名。不喝酒的人每月可以得到 8 戈比的额外补助；非烟民每月可以得到 12 戈比作为补偿；出海时，这些数额会增加50%。有趣的是，虽然伏特加的价格低廉，而且舰上的工作辛苦，但烟酒全沾的俄国水兵数量不多。

"光荣"号修长的艏楼可以轻松容纳舰上的官兵。其中，士官和水兵的住舱位于军舰的前方和中部，军官们的单间舱房位于后方。大部分舰员平时都睡在用碎软木屑做床垫衬里的吊床中，而且每个人都有单独的床铺。按照一名亲历者的记述："'博罗季诺'级的居住设施真的不差。几乎所有的水兵都被安置到了上甲板和火炮甲板上通风良好，且有舷窗可供采光的区域，只有司炉工、需要舱内作业的士兵和轮机兵等少数人住在装甲带背后那些阴暗的、没有自然光的下层舱室里。"[1] 根据舰上的住舱布置图，有229人居住在上层甲板、282人居住在火炮甲板、213人居住在下甲板——这一部分官兵共计724人。另外还有19人居住在舰员储物室，另有六人居住在最下层甲板。配属给军官的勤务兵则居住在军官住舱附近的两个小舱内。

按照设计，"博罗季诺"级战列舰还可以容纳包括随舰医生、医生助理和东正教牧师在内的28名军官。军官们分为以下几种专业：如枪炮、航海、鱼雷、轮机，以及负责瞭望和担任分队长的甲板军官；在战斗中，他们将前往指定的战位，并有明确的职责。该舰的舰长由一名海军上校（Kapitan 1-go ranga）担任，他的心腹助手包括了副舰长（Starshii Ofitser，军衔为海军中校）和司务长（Revizor，军衔为海军上尉，俄国海军的舰艇上没有专门主管薪水发放的人员，因此，司务长负责保管舰上的现金、物资发放和设备修理等）。几乎所有军官都出身于军官候补生队（Morskoi Korpus），这个组织几乎只向贵族敞开大门，即便是社会下层最有天赋的年轻人也很难入选。换

① V.P. 科斯坚科，《在"鹰"号上亲历对马海战》（列宁格勒，国家船舶工程文献出版社，1955年出版）第133页。

身着夏季制服的"光荣"号舰员，他们正在前甲板上削土豆，以满足晚饭所需。

句话说，海军内部的这种构成也反映了当时俄国的社会情况：被称为"白骨头"的贵族和"黑骨头"的平民之间保持着分明的界线。当革命在 1917 年到来时，那些被下层官兵称为"恶龙"（Dragons）的军官们将为此付出惨痛的代价。

军官们的住舱位于上层甲板两侧，其中一部分在船体中部 6 英寸炮塔后方，另一些在后烟囱靠尾部一侧的区域，阳光会穿过艍楼甲板照在此处。更后方是舰长、司令及其参谋们的住舱。宽敞的司令会客室在上层建筑的尽头，是司令召集舰长们开会的场所。附近还有两间勤务兵住舱，它们位于机舱通风井的后方，两者之间被主通风管隔开。在其下方的火炮甲板上还有 15 间军官住舱，它们从中部的 3 英寸火炮炮位一直延伸到舰尾，其右舷最后方是副舰长的办公室和住舱。另外，还有两间军官住舱位于舰体内部，它们在船体中轴隔壁两侧，没有任何自然光。军官起居室在第 86 号船肋后方的火炮甲板上，其后部（即第 91 号船肋之后）是一门 3 英寸舰炮，前部（即第 86—91 号船肋之间）有一张长桌，可以容纳 30 名军官在桌旁就座。至于被中央装甲隔壁隔出的 3 英寸炮位平时被用作会客厅，并配有沙发和几把扶手椅。

"光荣"号的舰员中还有九名准尉（Konduktory），虽然他们在名义上属于下级乘员，但实际地位介于士兵和军官之间。在枪炮、鱼雷、通讯、机械等专业领域，准尉往往要拥有比军官更丰富的专业知识，并因这种特殊身份穿着军官式的制服（尽管材料比较廉价）。另外，鉴于准尉们年龄偏大，而且大多在岸上拥有家室，他们的薪水也比普通士兵高得多。

因为准尉们的任务还包括监视水兵和追究责任人，所以让他们得到了"剥皮者"（Shkuri）的绰号，并成了下级水兵的怨府。由于他们还"背叛了自己的阶级"，让这种情况更是雪上加霜。由于战争爆发后军官短缺，许多通过考试的准尉被提拔为海军

不当值的军官在"光荣"号的军官起居室中休息。在中央读报的是该舰的东正教神父；右边是三名勤务兵，他们是根据仪表和风度，从下级水兵中专门挑选出来的。

少尉（Michman），即所谓的"战时少尉"。准尉的住舱在 12 英寸炮塔前方的火炮甲板上，并在舰首有专门的食堂。

在服役生涯的各个时期，"光荣"号的人员组织也在不断改善和调整，令舰上的人员构成不断发生变化。根据一份在一战前夕制定的编制表，该舰共拥有 27 名军官、21 名准尉和 829 名下级舰员（包括 108 名士官和 721 名水兵）——总人数为 877 人，而 1904 年时，其舰员总数为 785 人。

"光荣"号的准尉们，摄于前甲板下方的准尉餐厅中。他们的地位介于士兵和军官之间，和许多海军中的情况一样，这一地位也经常让他们进退两难——在社会矛盾激化的沙皇俄国，情况同样如此。请注意在左侧待命的勤务兵。

训练舰，1906—1910 年

由于对马海战的惨败和国内的动乱，在 1906 年时，沙俄海军中训练有素的军官已是凤毛麟角，岗位的空缺比例更是达到了三分之一。有鉴于此，海军部在波罗的海舰队组建了一支特殊的训练分队，该分队将每年带领军官候补生远航前往欧洲海域，其麾下拥有战列舰"光荣"号和两艘刚刚从远东返回的舰只——"光荣"号的准姐妹舰"太子"号以及装甲巡洋舰"壮士"号（Bogatyr）——它们将带领这些年轻学员在晋升少尉之前做好

1910 年 12 月 6 日，身着全套装备，和军官（位于最左侧）一起列队的舰上卫兵。

执行出海任务的准备。至于"光荣"号要搭载的除了军官候补生还有候补士官，为此，该舰又在火炮甲板上增加了 150 人的住宿设施。

然而，1906 年 7 月爆发的波罗的海舰队兵变（见附录）却给远航蒙上了阴影。直到兵变遭到镇压、主谋们都落入法网后，整个计划才重新有了实现的可能性。在接受沙皇的检阅之后，舰队从喀琅施塔得出发。他们执行的任务将作为常态持续五年，其航迹将从北极一直延伸到爱琴海。一位参与者后来这样乐观地写道："噩运对这支年轻分舰队的磨砺已经结束。现在，分舰队正在驶向远海，这真令人高兴。"[1] 第一次远航包括了训练和对俄国北极海岸的勘查，以便为未来的北方海军基地选址。分队首先访问了基尔（Kiel），并在当地度过一个星期后前往了挪威港口卑尔根。但在 9 月 6 日离开卑尔根之前，气温便已经开始下降，于是，北上巴伦支海（Barents Sea）

[1] 出自 V. 布利诺夫的"小议海军军校生分队在海军军官培训中的作用"一文，此文来自《海军文集》第 378 辑第 10 期（1913 年 10 月号）的"非官方意见"部分第 47 页。

1905 年时拍摄的"光荣"号（Slava），当时正值俄国海军的多事之秋。请注意火炮甲板上的大量 3 英寸（实际口径为 75 毫米）火炮和防雷网，其中后者在当年冬季拆除。

的旅程也成了对航海技术的严峻考验。一位亲历者记录道："在驶出峡湾、引航员离船之后没多久，我们的军舰便猛烈摇晃起来。天空中乌云密布，刺骨的北风凄厉地呼啸着，战列舰上下颠簸不停，深红色的舰首撞角不时露出水面。小小的'壮士'号就像软木塞一样东摇西荡。"[1] 9 月 10 日，在"极为恶劣的海况"中航行了五天后，分舰队在大雪中抵达了摩尔曼（Murman）近海的佩琴加湾（Pechenga Bay），他们在当地停留了六天，随后继续前往科拉湾（Kola Bay）——后来在 1916 年，这里建起了不冻港摩尔曼斯克。

在返航期间，舰队途径了挪威的瓦尔德（Vardø）、哈默菲斯特（Hammerfest）和特罗姆瑟，但在下一段航程中，它们遭遇了 11—12 级飓风的袭击。也正是因此，当它们在 10 月 10 日抵达克莱德河畔的格里诺克（Greenock on the Clyde）时，每个人都如释重负。这些军舰停留了一个星期，学员们访问了格拉斯哥和爱丁堡，并在当地政府的安排下考察了各个造船厂，"期间厂方热情介绍了船坞和在建的舰只"[2]。随后，舰队抵达巴罗（Barrow），在这里，军官和学员参观了维克斯船厂为俄国建造的大型装甲巡洋舰"留里克"号（Rurik），并顺带访问了唐河（Don River）畔的维克斯装甲工厂。10 月 26 日，分舰队离开巴罗，前往布雷斯特、比哥（Vigo）、马德拉群岛（Madeira）、加的斯（Cadiz）和直布罗陀，最后于 12 月 20 日抵达比塞大，并在当地停留了 40 天。随后，分队前往土伦，在当地停留三个星期后才踏上返航之旅。1907 年 3 月 11 日，分队抵达朴次茅斯，并受到前所未有的热情款待。期间，军官和

① 出自"B 上尉"（化名）撰写的"摩尔曼海域远航记"一文，此文来自《科特林》杂志第 59 辑第 4324 号（1911 年 3 月 15 日出版）第 2 页。

② 出自 V. 布利诺夫的"小议海军军校生分队在海军军官培训中的作用"一文，此文来自《海军文集》第 378 辑第 10 期（1913 年 10 月号）的"非官方意见"部分第 48 页。

学员参观了造船厂、港口设施和许多军舰，其中包括新竣工的"无畏"号。这种欢迎也表明，面对德国日益激进的外交政策，英国和俄国正在走到一起，而 1907 年 8 月签订的《英俄协约》更是让这种关系变得愈发牢固了。

3 月 23 日，分队终于抵达拉脱维亚的港口利巴瓦 [Libava，又名里堡（Libau），即今天的利耶帕亚（Liepaja）]。在当地，一个由 47 人组成的庞大委员会登上军舰，主持学员晋升少尉的期末考试。最终合格的学员有 133 人——一个在上级看来非常圆满的结果。也正是因此，俄国海军决定带领下一届毕业的军官候补生再进行一次海外远航，海员们所谓的"好心舰队"（这一诨名比照的显然是 1904—1905 年的罗杰斯特文斯基舰队）应运而生。1907 年 9 月 30 日，该分队（成员依旧包括"光荣"号、"太子"号和"壮士"号）带着新毕业的学员一道出发。在访问过克里斯蒂安尼亚（即今天的奥斯陆）和卑尔根之后，这支舰队再次来到格里诺克，让军官和学员们有机会熟悉在附近格拉斯哥生产的巴尔 - 斯特劳德合像式测距仪。同时，他们还考察了几座造船厂，但造访一家涡轮机制造厂的请求却未能得到批准。带着遗憾，这些军舰抵达布雷斯特，并在当地参观了法国最新建造的装甲巡洋舰"莱昂·甘必大"号（Léon Gambetta）以及战列舰"民主"号（Démocratie）和"真理"号（Vérité），至于下一段巡航的目标是地中海东部。在这之后，分舰队开始向波罗的海返航，并在途中访问了那不勒斯、直布罗陀、比哥和基尔，最终于 1908 年 3 月 26 日抵达利巴瓦。期间，"光荣"号连续航行了 11500 海里，动力系统并未出现重大故障。

于 1910 年"光荣"号首次远航期间，在后甲板上合影的军官候补生们。

1908—1909 年秋季和冬季，"光荣"号、"太子"号和"壮士"号的任务依旧是搭载学员进行教学远航——这也是它们第三次执行这一使命。新一批学员共计 164 人，并于 1908 年 6 月向分舰队正式报到。紧接着，舰队开始了在波罗的海的巡航，并在此期间接待了前来访问的瑞典国王古斯塔夫五世（Gustav V）和法国总统阿尔芒·法利埃。10 月 4 日，舰队的冬季远航正式开始，他们在暴风雨中穿过北海，于 8 日抵达普利茅斯。俄军在当地停留了九天，随后启程前往地中海，并在 11 月底抵达西西里岛上的奥古斯塔（Augusta）港。但此时，一场灾难打断了原本风平浪静的航程：1908 年 12 月 15—16 日午夜，地震引发的海啸摧毁了西西里岛东北海岸的城市墨西拿。作为俄军分舰队的指挥官，海军少将 V.I. 利特维诺夫（V.I.Litvinov）决定不待上级批准便立刻进行援助。12 月 16 日凌晨 1 点，舰队火速出海，军官候补生 V.N. 伊恩科维奇（V.N.Iankovich）后来回忆道："虽然我们都不知道该在墨西拿做些什么，但在海上，所有人一夜无眠。我们用各种材料制作了担架，轮机兵制作了撬棍、镐头和斧

① 出自 V.N. 伊恩科维奇的"俄国水兵在墨西拿"一文，此文来自《军事历史档案》第 5 辑（1999 年出版）第 41 页。

② 参见 V.A. 别里的《俄罗斯帝国海军服役回忆录》（圣彼得堡，圣彼得堡新闻学院出版社，2005 年出版）第 180 页。这次地震的死亡人数在 90000—120000 人之间。

③ 出自 V.N. 伊恩科维奇的"俄国水兵在墨西拿"一文，此文来自《军事历史档案》第 5 辑（1999 年出版）第 41 页。

④ 利特维诺夫将军的内部报告引自 S.E. 维诺格拉多夫撰写的《战列舰"光荣"号：蒙海峡的不屈斗士》（莫斯科，亚乌扎／埃克斯莫出版社，2011 年出版）一书第 80 页。

1909 年 2 月，在那不勒斯的"光荣"号。这张照片很好地为我们展现了舰上的装备，比如 12 英寸和 6 英寸的炮塔，以及密集设置在上层建筑中的 1.85 英寸速射炮。此时舰上的防雷网已不见踪影——早在 1906 年的航期到来前，这种装备便已经被拆除。

子，铁锹也准备就绪……"① 就这样，俄国军舰成了首批赶到的外国舰只，并为这座被毁的城市提供了宝贵救援。在 6 点整驶入墨西拿的外港锚地之后，除了需要照管军舰及其医务室的专业人员，俄舰上的所有成员都奉派上岸。"太子"号上的 V.A. 别里（V. A. Belli）后来回忆道：

随着离墨西拿海峡越来越近，我们看到海面上到处漂浮着家具和生活用品，它们被大浪卷入海中，有橱柜、门、抽屉、桌子……舰上的官兵昼夜不停地轮班上岸救助埋在房屋废墟里的人。每个人都在忘我地工作着，一刻不停。整个城市已被夷平，只有一些大型建筑的石头外墙依然矗立。②

不顾环境艰苦，冒着火灾和持续的余震，俄军舰员们清除了瓦砾，拯救了许多居民。伊恩科维奇后来回忆道："我们必须搬走瓦砾，拉走横梁和木板。石灰粉末把我们的脸、双手烧得生疼，手指和手掌上都是鲜血。生还者们被安置在了担架或是门板上，并被抬到我们在海滨的急救站。"③ 而海军少将利特维诺夫则在给海军部的报告中写道：

一抵达墨西拿，意大利国王和王后便访问了"光荣"号和"太子"号，并向舰员们的援助表达了感谢。这场灾难异常可怕，而且当地已几乎没有什么设施能挽救被埋者的生命。在墨西拿，有至少 5 万人失踪，这还不包括被海浪卷走的人。期间所有舰员的表现都值得赞许。④

随着 12 月 17 日的夜幕降临，"光荣"号和"太子"号从墨西拿驶往那不勒斯，期间，两艘军舰的舱室被搭载的 700 多名伤员几乎塞满。把这些人送上岸后，两艘军舰返回墨西拿继续救援，直到 12 月 26 日才离开这座受灾的城市。各舰在奥古斯塔作短暂停留后开往亚历山大港，并在当地停泊到 1 月 8 日。接着，分舰队掉头向西，于 15 日抵达直布罗陀，并在当地遇到了美国"大白舰队"的 16 艘战列舰——当时

为加强与英国的友好关系，在 1906 年至 1913 年年间，"光荣"号进行了多次访问。在这张当时拍摄的照片中，九名乐手正在后甲板上演奏样式各异的巴拉莱卡（Balalaika），其中最滚圆的一种被称为"多姆拉"（Domra）。

后者已经踏上了那次著名环球远航的最后一段。接受完美军的热情款待，俄国分舰队前往马德拉群岛、比哥和朴次茅斯，并于 3 月 10 日抵达基尔。在当地，他们再次受到了热烈欢迎，学员们则在五天的逗留期间参观了造船厂和最新的德国军舰。一告别基尔，分舰队便向利巴瓦返航，并于 3 月 17 日抵达。在这次远航中，它们一共跋涉了 10896 海里。1909 年的夏天和秋天，"光荣"号一直在波罗的海参加各种训练和演习，直到通航期于 10 月 1 日结束。

改装，1910—1911 年

1909—1910 年冬季，"光荣"号接受了大修，舰上磨损的 12 英寸火炮炮管得到了更换。炮闩也被新型号取代，从而大幅提升了装填速度。然而，对舰上动力系统的检查显示，由于缺乏维护，以及 1906—1909 年之间的高强度航行，其锅炉的寿命只剩下了 1—2 年。在开展工程期间，俄国人虽然大修了主机，但没为锅炉换新，新的贝尔维尔式锅炉给水泵被装到了舰上。但这项工作直到"光荣"号下一轮出海前夕才完成，根本没有留下任何调试的余地。1910 年 7 月 19 日，分舰队开始了第四次巡航。这一次，其序列中新增了装甲巡洋舰"留里克"号，并搭载了另一批学员，其中有 36 人被分配给"光荣"号。他们在 24 日抵达朴次茅斯，并在东道主的安排下再次参观了船厂。补充过物资之后，这些俄舰驶向阿尔及利亚，但在航行第三天，舰上人员发现为"光荣"号锅炉供应淡水的八个给水泵中有一半正在"罢工"，其中有两个已经完全失灵。由于锅炉濒临瘫痪，该舰首先需要减速，然后完全关闭主机。新给水泵的缺陷还导致锅炉过热，从而加剧了经年累月的后遗症。由于抢修失败，该舰最终被"太子"号拖行了 35 海里才抵达了直布罗陀。

由于锅炉状况恶劣，"光荣"号已无法独自走完回国的长路。因此，海军部决定让该舰前往土伦，并在当地接受必要的维修，至于其余舰只则继续在地中海航行。在直布罗陀的临时维修令该舰的给水泵都重新工作起来，于是，该舰在 8 月 20 日动身前往土伦，此时其 20 部锅炉中只剩下 12 部可以运转。抵达后，这艘军舰立刻进入了拉塞讷的地中海船厂，以便整体更换锅炉。为此，俄国海军与德劳内 - 贝尔维尔

1909年1月，波罗的海舰队训练分队停靠在直布罗陀。在其两侧，是美国海军"大白舰队"的战列舰——这些战列舰正处在其环球巡航的最后一程。其中的俄军军舰均采用了灰色涂装，从左至右依次为：装甲巡洋舰"马卡罗夫海军上将"号（Admiral Makarov）、战列舰"太子"号和"光荣"号，以及防护巡洋舰"壮士"号和"奥列格"号。

（Delaunay Belleville）公司签订了价值82万法郎的制造合同，并准备向地中海船厂支付29.8万法郎用于锅炉的安装。至于"光荣"号的学员都被调往其他军舰，另外有一部分舰员被转入预备役，而剩下的528人都积极参与了1910—1911年冬季的舰上施工。到1911年春天，维修已近尾声，所有锅炉和两根烟囱都已焕然一新。5月4日，新锅炉进行了系泊状态下的试运转，随后是动用五台锅炉的低速航行测试。5月31日，该舰再次出海，这次检验的对象是所有锅炉和给水泵。但有证据显示，新设备上问题依旧存在。为此，在6月14日，该舰接受了动力系统全功率运转的第二轮测试，但"锅炉泵和给水管依旧表现堪忧"，导致其只得回厂重新接受维修。在尽力排除了所有隐患后，"光荣"号于7月18日进行最后的试航，并以16节航速连续航行了五小时。可即使如此，给水泵的工作状况依旧不佳（其中一台根本无法运转），而且压力无法达到合同中规定的500磅/平方英尺（折合2441千克/平方米，锅炉内的相应压力为250磅/平方英尺，即1221千克/平方米）的标准。由于这些瑕疵，俄国海军在合同结算时克扣了地中海船厂34519法郎。1911年6月23日，在阔别波罗的海之后近一年，"光荣"号终于返回了俄罗斯，在返航途中，它只因为加煤而在南安普顿（Southampton）逗留了一段时间。

战列舰纵队，1911—1914年

1911年7月14日，"光荣"号被调入波罗的海舰队中新成立的战列舰纵队（Battleship Brigade），其同伴还有老伙伴"太子"号以及新竣工的两艘准无畏舰"安德烈·佩沃兹万尼"号（Andrei Pervozvannyi）[1]和"沙皇帕维尔一世"号（Imperator Pavel Ⅰ）。虽然在俄国海军中，一个纵队通常由四艘军舰组成，但在战列舰纵队中，还包括了一名从训练分舰队调来的老兵，即装甲巡洋舰"留里克"号——它担任着波罗的海舰队司令冯·埃森（N.O. von Essen）将军的旗舰。随后，纵队立刻开始了日常勤务训练和炮术训练，以及各种各样的其他演习，这些活动一直持续到入冬时分。在此期间，"光荣"号也修理了主机、辅机和火炮炮塔，并通过安装新式瞄准具和目标随动装置提升了火控水平。

1912—1913年的通航期平安无事地过去了，期间，"光荣"号和波罗的海舰队一起进行了各种训练和演习。1913年的训练强度要远远高于前一年，其科目包括了纵队和多编队联合机动、夜间闭灯航行、抵御鱼雷攻击、跟随扫雷舰艇前进等。另外，舰队还在芬兰群岛中，汉科（Hanko）和赫尔辛福斯（Helsingfors）之间的海域执行了各种例行任务，而 1913 年 8 月 15—25 日的海军演习则将它们推向了顶点。按照惯例，它也是冬季休整的前奏，但这次情况不同，8 月 27 日，"留里克"号和战列舰纵队带领四艘巡洋舰和四艘驱逐舰拔锚起航——它也是自 1904 年罗杰斯特文斯基的第 2 太平洋舰队以来，波罗的海舰队的主力第一次集体前往海外水域。9 月 1 日，舰队抵达了英国本土舰队的主要泊地——波特兰，并在当地停留了一周。各种报道显示，这次访问及相关的庆祝活动都圆满成功。期间，冯·埃森将军向附近的韦茅斯市（Weymouth）市长发去了这样一封感谢信：

　　先生，对于之前的盛情款待，我谨代表本人及麾下舰队的各位将官、舰长、普通军官、士官和士兵表示感谢，并恳请您将它转达给贵市的各位议员，以及韦茅斯和波特兰的全体市民。我们在这个港口逗留期间得到了热情接待。我可以向您保证，我们带走的是一份美好的记忆，这份友谊是一条全新的纽带，让今天的两国团结得愈发紧密。它将永远不会从我们的记忆中磨灭。[1]

　　波罗的海舰队的下一站是布雷斯特，它们在这座港口再次受到热烈欢迎，晚上，当地举办了"令人难忘的烟花表演"，军舰的探照灯照亮了港口的夜空，构建了一副"异常瑰丽的画面"。[2]第二天，为欢迎冯·埃森将军和麾下的各位军官，俄国驻布雷斯特领事举办了一场舞会，所有地方官员都参加了招待。10 日，当地的法国海军军区司令举办了另一场盛大的晚宴和舞会，让到场的超过 5000 人都"沉浸在欢乐的海洋中"。[3]同时，军官们也借机参观了法国的第一艘无畏舰"让·巴尔"号（Jean Bart）。9 月 12 日，俄军舰队在成千上万人的目送下返航，并于 21 日在经过 3520 海

① 出自"俄国海军结束访问：舰队司令表示感谢"，此文来自《泰晤士报》（伦敦）1913 年 9 月 20 日号第 10 版。

② 《海军文集》年度大事记，1913"，出自《海军文集》第 379 辑第 12 期（1913 年 12 月号）第 10—13 页。

③ 《海军文集》年度大事记，1913"，出自《海军文集》第 379 辑第 12 期（1913 年 12 月号）第 10—13 页。

1909 年 10 月，为舰尾炮塔更换 12 英寸主炮的"光荣"号。这项工程极为复杂，通常在波罗的海舰队的主要维修基地——喀琅施塔得完成。每一门该型火炮都重达 43 吨，需要起重机船和有经验的技术人员才能吊装完成。

里的行驶后抵达了雷瓦尔，10 月 1 日，为做过冬准备，舰队开入了赫尔辛福斯。

随着 1914 年通航期到来，战列舰纵队于 4 月 9 日从赫尔辛福斯起航，在破冰船"叶尔马克"号的带领下前往雷瓦尔。随后两个月是例行的炮术和编队机动训练，但 6 月 4 日，英国第 1 战列巡洋舰分队的抵达打破了这种平静。这支英军分队由海军少将戴维·贝蒂爵士（Sir David Beatty）指挥，麾下包括"狮"号（HMS Lion，旗舰）、"皇家公主"号（HMS Princess Royal）、"玛丽女王"号（HMS Queen Mary）和"新西兰"号（HMS New Zealand），以及轻型巡洋舰"布朗德"号（HMS Blonde）和"布狄卡"号（HMS Boadicea）。为回馈前一年在波特兰受到的热情款待，每艘俄军战列舰都负责迎接一艘英军战列巡洋舰上的官兵，其中"光荣"号与"新西兰"号结对。期间，两国海军殷勤地彼此问候、访问，还举办了宴会和舞会等友好交流活动。

波罗的海战事

然而，6 月 15 日，夏日的欢庆却被骤然打断：在萨拉热窝，弗朗茨·斐迪南大公（Archduke Franz Ferdinand）遇刺身亡。7 月 6 日午夜，多瑙河上的奥匈帝国的浅水炮舰开始炮击塞尔维亚首都贝尔格莱德。几小时后，俄军战舰也拆开装有动员令的信封，并做好投入战斗的准备。一艘驳船靠上"光荣"号，以便拆去多余的设备，并将舰上一半的小艇转移上岸——同时被卸下的还有 3 英寸火炮，这种武器已被证明在当时的战争中毫无用处。17 日和 18 日，战列舰纵队起航，在芬兰湾入口处的赫尔辛福斯和雷瓦尔缓缓巡弋，以提防德军突袭首都圣彼得堡。期间，战列舰还将为芬兰湾口的布雷行动提供掩护——正是在当地，俄军建立起了"中央水雷—岸炮防线"，即俄军在波罗的海防御系统的中枢。

7 月 19 日，德国向俄国宣战。第二天一早，战列舰纵队起锚，在波罗的海舰队旗舰"留里克"号的伴随下前往雷瓦尔西北 15 海里处的纳根岛（Nargen Island），并在当地短暂停靠。在

1912 年至 1913 年时，位于波罗的海的"光荣"号。自波罗的海舰队的战列舰纵队于 1911 年 5 月 1 日组建以来，"光荣"号便是其中的一员。为方便识别，该舰的两座烟囱中段都绘有一条 3 英尺宽的红色识别带。

不久之后的当天中午，俄军沿着雷场边缘驶向赫尔辛福斯。到达后，"光荣"号的舰员开始"拆除舰上的木制品，以及涂漆的黄铜和铁制材料"。7 月 21—23 日这段时间是在赫尔辛福斯锚地度过的——如果德国舰队出现，俄军将随时起锚迎战。然而，德国人却从没有打算过袭击芬兰湾，相反，他们只试图保住从瑞典进口的高品位铁矿石，并截断向圣彼得堡（开战后不久，这座城市便改名为彼得格勒）运输物资的航线。8 月 2—4 日，"光荣"号

1913—1914 年冬季，停泊在波罗的海舰队母港——赫尔辛福斯（今赫尔辛基）的"光荣"号。请注意冰上的岗亭和舰首飘扬的海军旗。

完成了包括拆除舰尾游廊、降低后部舰桥和罗经平台在内的作战准备，烟囱上识别带的宽度也从 3 英尺削减到了 1 英尺。中部炮位上的最后一批 3 英寸火炮也随 22 名炮手一道被遣送上岸，在他们离开的同时，"光荣"号也得到了 88 名预备役军人的补充。

　　和俄国海军的其他大型舰只一样，"光荣"号也在往返于雷瓦尔和赫尔辛福斯的巡航中度过了 8 月剩下的时间。期间，各舰不时举行打靶演习。8 月 26 日，一艘敌军主力舰逼近芬兰湾的情报传来，坐镇"留里克"号的埃森将军立刻率部从雷瓦尔起航，至于"光荣"号则奉命殿后。这些舰只首先抵达波罗的海北部，随后开始向南搜索据称出现的七艘"德意志"级（Deutschland class）战列舰。夜幕降临时，有消息称敌军已经向南撤退，于是后续的搜索也随之取消。9 月，俄军在芬兰湾举行了演习，但由于装甲巡洋舰"智慧女神"号（Pallada）在 28 日被德国潜艇 U-26 号击沉、597 名官兵随舰丧生，战列舰纵队便再也没有冒险越过"中央水雷—岸炮防线"，并将活动局限在了对赫尔辛福斯—雷瓦尔以东的短期巡航上。1914 年 12 月 7 日，随着冰封期来临，战争的第一阶段结束，俄军舰队开往赫尔辛福斯过冬。按照战列舰纵队司令的报告，"在这一年，纵队共在 75 天内航行了 6550 海里。"[1]

　　对"光荣"号和"太子"号来说，1915 年的航期来得异常地早。3 月 29 日黎明时分，"光荣"号在两艘破冰船的护卫下从赫尔辛福斯开往雷瓦尔。两天后，按照 1915 年度的舰队重组计划，该舰和"太子"号一道被编入了第 4 机动集群（4th Manoeuvring Group），随后按照冯·埃森将军的命令前往芬兰西南部，阻止德军夺取波的尼亚湾（Gulf of Bothnia）入口的阿兰群岛（Gulf of Bothnia），或是在芬兰港口奥布 [Åbo，即今天的图尔库（Turku）] 附近登陆。4—6 月，这些战舰一直停靠在奥布附近的容弗鲁松 [Jungfrusund，即今天的德拉格斯菲耶德（Dragsfjärd）] 附近，偶尔出海操练炮术。7 月 2 日，"光荣"号和"太子"号奉命为突入波罗的海的俄军巡洋舰提供远程掩护，期间，后者在雾霭中与德国巡洋舰爆发混战，导致德军的布雷巡洋舰"信天翁"号（SMS Albatross）沉没[2]。"光荣"号和"太子"号并未直接参战，战斗结束后，它们先是被调往雷瓦尔，随后又去了赫尔辛福斯。

① 这份从未曾公开过的，由战列舰纵队提交的报告引自 S.E. 维诺格拉多夫撰写的《战列舰"光荣"号：蒙海峡的不屈斗士》一书第 127 页。

② 译者注：该舰实际是在瑞典近海搁浅，并在浮起后一直被拘押到战争结束。

里加湾之战，1915 年

1915 年 5 月，冯·埃森将军因肺炎病逝，V.A. 卡宁（V. A. Kanin）海军中将（后来晋升为海军上将）成为波罗的海舰队司令。这一人事变动发生在东线的关键时刻，几乎与德国和奥匈帝国的攻势完全同步——在攻势期间，俄国陆军节节败退，所谓的"大撤退"由此开始。到 7 月，德军已经占领了库尔兰省（Kurland，即今天的立陶宛和拉脱维亚西部），并对里夫兰（Lifland）和爱斯特兰（Estland，以上两地即今天的拉脱维亚和爱沙尼亚）虎视眈眈。至于里加湾西岸也宣告陷落。另外，情报显示，德国海军正准备对海湾本身发动攻击，在当地，俄军只有一些驱逐舰、炮舰和扫雷艇在侧翼活动。为此，波罗的海舰队决定派出一艘大型战舰，试图以此支援陆军，并看守其西部入口——即伊尔别海峡（Irben Strait）——的雷场。但该选择哪艘战列舰？由于"塞瓦斯托波尔"级（Sevastopol class）无畏舰是俄军在波罗的海防御体系的核心，因此它们理应被保留到德军试图冲入芬兰湾、攻击喀琅施塔得和彼得格勒时。准无畏舰"安德烈·佩沃兹万尼"号和"沙皇帕维尔一世"号也被认为价值极高，不能去狭窄的浅海冒险。于是，名单中便剩下了"光荣"号和"太子"号——它们的价值不仅比新战列舰更低，而且吃水也明显更浅：相较两艘准无畏舰（吃水深度 29 英尺 10 英寸），其满载吃水仅有 27 英尺又 7 英寸。

最终上级选择了"光荣"号，尽管该舰已经过时，但由于这项任务，它很快将在沙俄海军中留下显赫一笔。1915 年 7 月 17—18 日夜间，"光荣"号在两艘战列舰和五艘巡洋舰的掩护下经伊尔别海峡开入里加湾，虽然东部的入口——蒙海峡（Moonsund）——更为安全，但当地的海水太浅，"光荣"号只能舍近求远。期间，"光荣"号穿过了一条从雷区中开辟的通道（这块空当马上会被新雷区补上），驶向蒙岛 [Moon，即今天的穆胡岛（Muhu）] 上的小港口库伊瓦斯特 [Kuiwast，即今天的库伊瓦斯图（Kuivastu）]——这里也将成为该舰未来的"家园"。

事实证明，"光荣"号的到来非常及时，不到一周，该舰便迎来了德军对里加湾的总攻。当时，来袭的敌军兵力强大，共有八艘无畏舰、七艘前无畏舰、三艘战列巡洋舰、九艘巡洋舰、54 艘驱逐舰和雷击舰、39 艘扫雷艇和布雷舰，以及大量的辅助舰只。这些敌军的兵力是整个俄国波罗的海舰队的两倍有余，更是远远超过了俄军在里加湾部署的兵力——前无畏舰"光荣"号、四艘炮舰、一个驱逐舰支队、四艘潜艇，外加布雷舰"阿穆尔"号（Amur）。7 月 26 日拂晓时分，德军开始强行突入伊尔别海峡：打头阵的是扫雷艇；战列舰"布伦瑞克"号（Braunschweig）、"阿尔萨斯"号（Elsass）和巡洋舰"不莱梅"号（Bremen）以及"忒提斯"号（Tethys）负责掩护，另外有五艘战列舰和四艘巡洋舰位于更远方的海域。在摸索着通过了最前方的雷场后，德军扫雷艇遭到俄国炮舰"英勇"号（Khrabryi）和"响亮"号（Groziashchii）的打击，扫雷艇 T52 号很快触雷沉没，"忒提斯"号和驱逐舰 S144 号也因此受损，只好被拖往安全水域。当"光荣"号大约在 10 点 30 分抵达战场时，"布伦瑞克"号和"阿尔萨斯"号立刻在 17500 码外开炮，但另一方面，由于自身火炮磨损严重，即使在 15 度的最大仰角下，"光荣"号的射程也只能达到 15600 码，根本无法回击。在敌舰打出六次齐射之后，"光荣"号暂时退往射程之外，此时德军指挥官埃尔哈德·施密特（Erhard Schmidt）已经意识到无法突破俄军的雷场，于是只好选择撤退。因此，"光荣"

1914 年 7 月 19 日，即德国对俄宣战的当天，向舰员们发表讲话的"光荣"号舰长——O.O. 里赫特（O.O. Rikhter）海军上校。

号实际是一炮未发便结束了第一场战斗。为了扭转不利局面，俄军后来采取了一种办法——放水淹没军舰非迎敌面的部分舱室，在舰体倾斜后，12 英寸火炮的仰角可以提升 3 度，并让射程增加 1600 码。与此同时，德军也意识到，"光荣"号在里加湾的存在将成为他们的最大阻碍。威廉二世亲自命令潜艇将其击沉，至于他的弟弟兼海军元帅——普鲁士的海因里希亲王（Prince Heinrich of Prussia）更是表示，摧毁这艘战舰将对俄军的士气"带来重挫"。

德军下一次突入里加湾的尝试发生在一周之后的 8 月 3 日。这一次，"光荣"号处在了保卫伊尔别海峡的前线。它面对的敌人要比之前更为强大，因为德国扫雷艇现在得到了无畏舰"拿骚"号（Nassau）和"波森"号（Posen）的支援。在"光荣"号开入伊尔别海峡时，俄军的驱逐舰和炮舰已经和敌人战成一片。14 点 05 分，当该舰开始沿着雷区东部边缘南北往返航行时，德军战列舰也加入了炮击的行列。德军最初的炮击距离是 24000 码，炮弹一开始落在俄舰的近处，至于"光荣"号则不时轰击着德军扫雷艇和附近的驱逐舰与巡洋舰。面对德国无畏舰的炮火，"光荣"号曾不止一次向东撤退，但驱赶扫雷艇的火力始终没有中断，令后者步履维艰。就像是在告别一般，大约 18 点，即德国舰队集体西撤前不久，"拿骚"号和"波森"号用主炮发射了最后一轮炮弹。

尽管多次遭遇近失弹，但"光荣"号安然无恙，期间还发射了 35 枚 12 英寸和 20 枚 6 英寸炮弹。可德国人没有善罢甘休，当天晚上他们派出两艘大型驱逐舰（V99号和 V100 号）从己方控制的南岸一侧潜入伊尔别海峡，这些驱逐舰先是穿过一条敌

1914—1915 年冬季，在冰封的赫尔辛福斯过冬的第 1 纵队。甚至在系泊状态下，各舰都保持着命令要求的相对位置，其中从左到右依次为："光荣"号、"太子"号、"沙皇帕维尔一世"号和"安德烈·佩沃兹万尼"号。和波罗的海舰队的其他主力舰只一样，它们也被涂成白色，以迷惑德军的空中侦察。

开的水道，然后与巡逻的俄军驱逐舰多次爆发混战。最终，在袭击无望的情况下，它们放弃了尝试，但俄军驱逐舰"新贵"号（Novik）已经拦在了它们的退路上。在身中数弹之后，V99 号被赶入一个雷场，连续撞上两枚水雷，不得不搁浅弃船。V100号则成功逃离。

8 月 4 日，"光荣"号再次进入伊尔别海峡的阵位。当时的海面雾气缭绕，西面的能见度不足 8000—10000 码。期间，"光荣"号遭遇了"拿骚"号和"波森"号的猛轰，8 点 50 分左右，有三枚 11 英寸炮弹击中该舰。其中第一发命中了该舰 6 英寸上部装甲带顶部，随后穿入船体，弹片给附近区域制造了可观的损伤。第二发在穿透上甲板后击中了左后方 6 英寸炮塔的基座，导致装甲板向内弯折，腾起的大火将左舷的四间军官住舱彻底烧毁，但俄军的损失远不止于此，这枚炮弹的炸点距离炮塔人工提弹口只有不到 1.97 英尺——按照规定，这处舱口应保持敞开。弹片和燃烧的舰体碎片骤然涌入，并在离提弹井和弹药库极近的地方引发了火灾。舱室内顿时浓烟弥漫，幸亏灭火的舰员们及时赶到并向弹药库内注水，一场灾难性的爆炸才没有上演。至于第三枚炮弹造成的损伤则非常有限——它从舷墙经由上甲板上方斜穿而过，而且并未爆炸。由于舵机失灵，"光荣"号只好一边通过引擎差速改变航向，一边暂时撤退。8 点 58 分时，该舰已经驶出了射程，至于进行过 12 轮齐射的德军也停止了射击。此时，"光荣"号终于得到了一个控制火势和修理舵机的机会。奇迹般的是，该舰上竟无人死亡或重伤，只有少数官兵被烧伤了皮肤。这也是该舰参与的第二次战斗，但遗憾的是，它依旧没能得到开火的机会。

尽管当地的俄军已尽其所能，但伊尔别海峡依旧局势危急。由于担心部下可能会被来势汹汹的敌军摧毁，分舰队司令 P.L.特鲁哈切夫（P. L. Trukhachev）海军上校命令各舰向蒙海峡撤退。当这道命令传达到"光荣"号上时，时间刚好是 10 点前不久，此时该舰正在向西转舵，试图重新与德军交战。这艘求战心切的战舰最初完全无视了命令，直到 10 点 15 分信号再次发来才掉头折返。随着该舰的离开，能阻止德军突入里加湾的屏障就只剩下了一座雷场。由于水雷密集，尽管没有遭遇任何抵抗，但德军仍然花了整整一天（即 8 月 5 日）才开辟出一条航道，从而令"拿骚"号和"波森"号在扫雷艇的带领下进入了里加湾内。

与此同时，俄军退往了第二道预设防线——海湾东口的蒙海峡。这一局势变化让"光荣"号身处险境。因为该舰既不能从德军控制下的伊尔别海峡逃脱，又无法从水位较浅的蒙海峡直穿过去。现在，它唯一的选择就是在众寡悬殊中与德国无畏舰战斗到底，至于其结果似乎已毫无悬念。于是，绝望的俄军下达了一条命令：该舰必须全力战斗，并在最后自行炸毁。该舰的舰长 S.S. 维亚泽姆斯基（S. S. Viazemskii）海军上校尤其希望该舰能在自沉时倾覆，因为"如果该舰受伤或被毁，它矗立的桅杆便将勾起他的感伤，更不用说让德国人的旗帜在上面升起"。[①] 不过，俄军并没有采取如此决绝的行动。8 月 8 日，"光荣"号从俄国海军情报部门得到消息 [来自破译的无线电报，这一点要多亏了一年前从德国搁浅巡洋舰"马格德堡"号（Magdeburg）上搜到的密码本]，德军正在从里加湾撤退。此时，东进的德军部队已经止步于里加城外，由于当地缺乏能开展后续行动的基地，再加上对控制这片封闭水域缺乏信心，德国海军最终撤出了海湾。

1915 年夏季，"光荣"号在伊尔别海峡的作战经历表明，其老式的 12 英寸舰炮射程完全不及德国同行的 11 英寸主炮。其中，"德意志"级和"布伦瑞克"级的主炮射程可以达到 20400 码，"拿骚"级的射程则有 22000 码，较"光荣"号高出至少 5000 码。鉴于在可以预见的未来，"光荣"号将继续成为防守伊尔别海峡雷场和里加

① 参见 K.I. 马祖连柯的《在"光荣"号上亲历里加湾之战》（纽约州乔丹维尔，圣三一修道院下属的"波洽耶夫的乔布"印刷所，1949 年出版）一书第 24 页。

1914 年晚些时候，完成参战准备的"光荣"号。此时，该舰已拆除了两座桅杆上的横杆，降低了后舰桥的高度，并移走了中部的 12 门 3 英寸炮，而烟囱上的识别带也变得更窄了。

1916 年 4 月 14 日，德军战机朝停泊在蒙海峡入口处的维尔德灯塔附近的"光荣"号投下了三枚炸弹，其中一枚炸弹的弹片炸伤了舰尾的 12 英寸炮塔——受这次事件影响，"光荣"号加装了更多的高射炮。

湾的基石，卡宁海军上将提议尽快提升该舰的主炮射程。为此，俄军决定将其 12 英寸火炮的仰角从 15 度增加到 25 度，但这种大规模的改装只有到 1916—1917 年冬天才能实现。作为过渡措施，俄军研制了一种弹道表现更好的新型炮弹，原有的黄铜凹头被帽（Hollow Brass Ballistic Caps）被更具流线型的设计取代，在相同仰角下，其射程提高了 20%，但弹头全重也从 731 磅上升到了 787 磅。1915 年秋天，第一批新型炮弹正式交付。随后，一批采取了同样改进的 6 英寸炮弹也运上了军舰。

炮火支援，1915—1916 年

随着德国海军从里加湾撤出，"光荣"号终于可以放手支援俄国第 12 集团军的北翼部队了。当时，前线基本沿着德维纳河（Dvina）展开，并随着这条河流一直延伸向里加湾。其中最富有戏剧性的火力支援行动发生在 1915 年 9 月 12 日清晨。期间，这艘战列舰开入了拉戈泽姆角（Cape Ragotsem）附近的海上阵位，试图炮击位于拉脱维亚城镇图库姆（Tukums）的德军防线。由于目标恰好在 12 英寸火炮的极限射程上，该舰只得全力向海岸靠近，最终停泊在了距海岸线仅仅 1600 码的地方，龙骨离海底只有 1 英尺的距离。这时，德军炮兵纷纷向"光荣"号开火，而且很快就找到了准头。就在该舰下锚 15 分钟后，一枚炮弹（按照俄军报告中的推测，这是一枚 6 英寸炮弹）便击中了该舰的指挥塔观察口边缘，飞入的弹片杀死了舰长维亚泽姆斯基上校、波罗的海舰队首席炮术官 V.A. 斯韦宁（V. A. Svinin）中校和三名操舵手；在指挥塔内，只有 A.P. 瓦克斯穆特（A. P. Vaksmut）上尉一人幸存，当时他正俯身在一张小海图桌旁标定距离，双腿和后背被弹片扎得惨不忍睹。至于第二发炮弹则导致一名士官身亡，

而第三发炮弹则在厨房爆炸，造成的损伤非常轻微。除此以外，舰上还有 14 人轻微受伤。在这种情况下，"光荣"号冒着炮火徐徐左转，并向远海驶去。在用 6 英寸舰炮将敌方炮兵打哑之后，该舰返回了最初的位置，并通过向右侧倾的办法提升火炮仰角，向图库姆发起了炮击。

随后，在 9 月 23 日，"光荣"号又在拉戈泽姆角和施马尔登角（Cape Shmarden）外海同岸炮进行了一场数小时的炮战，期间一共发射了 111 枚 12 英寸和 6 英寸炮弹。而在 10 月 8—10 日期间，该舰又参与支援了一次在多梅斯内斯（Domesnes）的登陆，并在罗罕（Rohan）进行了一次佯动，还对梅萨罗戈泽姆角（Cape Messarogotsem）发射了 90 发 6 英寸炮弹。得益于"光荣"号上重型舰炮的支援，在 10 月 17 日德军发起攻势后，一度惊慌失措的俄国陆军终于成功挡住了敌人，到 24 日时已几乎收复了全部失地。10 月 28 和 29 日，"光荣"号向敌军位于科梅尔恩（Kemmern）的永备工事倾泻了 28 发 12 英寸炮弹和 250 发 6 英寸炮弹，随后又在 29 日炮击了拉戈泽姆。

随着冰封期在 11 月来临，里加湾的战事也逐渐平息。1915 年的战役表明，对于保卫伊尔别海峡，"光荣"号上的重炮发挥了至关重要的作用。也正是基于这一点，波罗的海舰队司令部并没有命令该舰返回赫尔辛福斯，而是要求其在蒙海峡的入口处过冬。因此，该舰便在爱沙尼亚近海的维尔德灯塔 [Verder light，即今天的维尔苏（Virtsu）] 附近下锚，就地做好冬季休整期间的维修准备。同时，运载煤炭、食品和其他物资的运输船也在破冰船的伴随下抵达，舰员们则和普梯洛夫工厂的工人们一道对军舰进行大规模改装。到工程结束时，他们一共为舰上的 12 门 6 英寸火炮更换了炮管，还安装了三门高射炮，其中包括两门 3 英寸炮和一门维克斯 1.6 英寸机关炮。

1913 年，加煤中的"光荣"号（Slava）。这项任务极为繁重，首先需要将煤从驳船的船舱铲到一大块帆布上，接下来军舰的吊车会将帆布吊到甲板上，然后舰员再将煤炭从甲板上的开口运入煤舱。尽管任务艰巨，但舰员们却总是能苦中作乐：在近景处，我们能看到一位摆姿势的水兵，他的肩上扛着一大块煤炭。另外请注意转向右舷正横方向的 6 英寸炮塔。

另外，他们还拆除了舰上的水下鱼雷发射管，并修理了船体和上层建筑的全部损伤。在这段时间，最近作战勇敢的个人也得到了表彰，1915 年 11 月 26 日，舰上举行了授勋仪式，其中 15 名士兵获得了军事勋章 [Award of the Military Order，其地位相当于颁发给军官的圣格奥尔基十字勋章（Cross of St George）]，另有 51 人获得了圣格奥尔基勋章（St George Medal，又名"勇敢勋章"）。

对于"光荣"号，1916 年的战役实际上是以一种出乎意料的方式开始的。4 月 14 日，这艘依旧在维尔德外海停靠的军舰突然遭遇了一种全新模式的打击：两架德军飞机向它投下了 12 枚炸弹，其中有三枚直接命中，导致一人阵亡、九人受伤——其中四人后来伤重不治。"光荣"号的对空火力则一无所得。而这一幕只是一连串空袭的开始：4 月 18 日晚间，一艘齐柏林飞艇投下了 10 枚炸弹；20 日，三架低飞的战机又投弹 19 枚，但在这两次事件中，该舰都没有被炸弹命中。

在 1916 年的战役中，"光荣"号的主要任务是为第 12 集团军的海岸一侧提供炮火支援。在 6 月 19—21 日的三天中，作为对里加以西德军联合反击行动的一部分，该舰炮击了数个岸上目标，以此为进攻铺平道路。作为回击，德军对"光荣"号实施了九次空袭，后者的高射炮则还以颜色。期间，一枚口径推测为 9 英寸的炮弹命中了该舰的右舷，但并未穿透装甲带。7 月初，"光荣"号为陆军在里加以西的大规模攻势提供了支援，并不止一次暴露在岸炮的还击之下，不过并未遭遇命中。战斗一直持续到夏末秋初，10 月 9 日，该舰最终接到了离开里加湾的命令，并将随后接受久违的改装，同时更换 12 英寸主炮。这年夏天，俄军还疏浚了蒙海峡，该舰只要卸下弹药和煤炭即可通过。10 月 22 日，"光荣"号正式起航，在拖船的牵引下穿过狭窄的航道。此时，该舰处于平衡状态时的吃水深度是 26 英尺又 8 英寸，较正常吃水深度少 8 英寸。次日，该舰在防护巡洋舰"月神"号（Diana）和驱逐舰的伴随下驶向赫尔辛福斯，并在当地加煤后前往喀琅施塔得，以便完成一系列改装：比如更换炮管、将主炮仰角提升到 25 度、修复受损的指挥塔顶盖，并对舰体、主机和炮架进行保养。11 月 17 日，该舰进入亚历山德罗夫船坞（Aleksandrovskii Dock）检修和上漆，还修复了八片弯折的螺旋桨叶。在这座船坞中，该舰一直停靠到月底，并在 12 月中旬返回赫尔辛福斯度过了整个冬天。

里加湾之战，1917 年

当 1916—1917 年冬天来临时，俄罗斯帝国已经摇摇欲坠、时日无多。1917 年 2 月底，彼得格勒因食品供应问题爆发了骚乱。不久之后，军队也加入了示威行列，并公然反抗沙俄政府。3 月 2 日，沙皇尼古拉二世宣布退位，一个临时政府随之成立。在冰封的赫尔辛福斯停泊期间，一接到首都兵变的消息，波罗的海舰队的水兵们便纷纷响应，在一些军舰上，军官们遭到拘捕并被处以私刑。然而，"光荣"号却几乎没有遭到这些风波的侵扰，在这艘军舰上，军官和水兵团结一心，这在当时的俄国海军中可谓非常罕见。然而，随着时间的流逝，革命情绪渐渐影响了军舰，纪律也随之瓦解，水兵们组建了革命委员会，并开始干预军官的指挥。同时，舰员们的战备训练也越来越马虎，并把无尽的时间放在了开会和政治辩论上面。

此时此刻，德国最高指挥部正耐心注视着俄国国内的一切。在最初的几个月，前线相当平静，但在夏天，大规模的战斗又重新展开。也正是因此，直到 6 月，波罗的海舰队才决定将"光荣"号派回里加湾。在下达时，这份命令遭遇了下级水兵的强烈抵制。包括共产党人和无政府主义者在内，很多人都要求派遣更无所事事的军舰出战，因为"'光荣'号已经对俄罗斯的自由和革命仁至义尽"[①]。只是在军官们几经催促后，舰员们才同意向里加湾前进。

　　当时，等待在里加湾海军主基地库伊瓦斯特的，还有"光荣"号的老搭档——此

① 参见 A.M. 科辛斯基的《波罗的海舰队在蒙海峡的战斗，1917》（列宁格勒，工农红军海军学院，1928 年出版）一书第 45 页。

时已改名"公民"号（Grazhdanin）的战列舰"太子"号，同样部署在当地的还有装甲巡洋舰"巴扬"号（Baian）、21 艘驱逐舰、三艘炮舰和一批扫雷舰、巡逻舰、潜艇和运输船。湾内海军部队的总司令是英勇的 M.K. 巴希列夫（M. K. Bakhirev）海军中将，他曾先后在 1914 年和 1915 年 12 月至 1917 年 5 月间担任过巡洋舰纵队和无畏舰纵队司令。但此时俄国的战局正急转直下。1917 年夏季攻势失败后，德军开始大举反击，里加在 9 月 3 日陷落，这让"光荣"号再次陷入了极端危险的境地。

　　德军攻势的下个阶段，是一场声势浩大的海陆联合作战，其意在夺取里加湾的屏障蒙岛群岛 [Moonsund Islands，包含厄塞尔岛（Ösel）、达戈岛（Dagö）和蒙岛，即今天的萨列马岛（Saaremaa）、希乌马岛（Hiiumaa）和穆胡岛]，并从公海舰队调集了大批兵力——它们包括 1 艘战列巡洋舰、10 艘最新型的无畏舰、9 艘巡洋舰、56 艘驱逐舰、11 艘雷击舰、6 艘潜艇、26 艘扫雷艇和 65 艘扫雷摩托艇、57 艘反潜摩托巡逻艇和大约 20 艘辅助舰船。在里加湾内，俄军只有一支以前无畏舰"光荣"号和"公民"号为核心的小型舰队，根本无法与来袭的敌人抗衡。不仅如此，德军还投入了 9

1917 年 8 月，位于芬兰西南海岸拉普维克 [Lappvik，现名拉波维雅（Lappohja），当地是波罗的海舰队的演习基地] 的"光荣"号，当时该舰正准备开往里加湾参加最后一战。在此前，该舰加装了六门 3 英寸高射炮——两座 12 英寸炮塔的顶部各安装了一门高射炮，中部的上层建筑安装了四门高射炮。经过这轮改装之后，"光荣"号成了俄国海军中防空火力最强的舰只。战列舰"安德烈·佩沃兹万尼"号停泊在该舰旁边。

这张非比寻常的照片，是1917年10月4日的战斗达到高潮时，由海军少尉诺索夫（Nosov）从鱼雷艇"强壮"号（Silnyi）上拍摄的。来自"国王"号的一次齐射落在了"光荣"号（Slava）附近，其正前方和右前方都可以看到炮弹激起的水柱。此时，"光荣"号的舰首12英寸炮塔已无法使用，但舰首的倾斜还不算严重。

艘齐柏林飞艇和94架战机，而俄军只有30架战机可供调遣。

德军登陆部队共计24600人，拥有40门身管火炮、220挺机枪和80门迫击炮，由40艘运输船搭载。而在厄塞尔岛、达戈岛和蒙岛上，俄军的战斗人员只有13400人，他们因为革命的影响而士气低落。9月29日清晨，德军开始在厄塞尔岛西北岸的塔加拉赫特湾（Tagalakht Bay）登陆。尽管他们的海军重炮很快便压制了区区几门岸炮，但德军仍然付出了代价——战列舰"巴伐利亚"号（Bayern）和"大选帝侯"号（Grosser Kurfürst）被水雷炸伤。尽管如此，德军突击部队依旧横扫了厄塞尔岛，沿途几乎没有遭遇抵抗——当地的俄军要么望风而降，要么逃向了西南方，试图从此处抵达对岸。令里加湾防御雪上加霜的是，俄军还放弃了位于岛屿最南端泽雷尔角（Cape Tserel）上的第43号炮台。1916—1917年冬，该炮台安装了四门12英寸火炮，它们的射程为31200码，可以将整个伊尔别海峡纳入打击范围。随着这一炮台在10月2日失守，德国海军控制海湾已指日可待。面对这种情况，德国人毫不犹豫地抓住了机会。10月3日中午，保罗·贝恩克（Paul Behncke）海军中将指挥的突破分队开始穿过从雷场中开辟的航道缓缓驶入里加湾，其麾下包括战列舰"国王"号（König）和"王储"号（Kronprinz）、四艘巡洋舰，以及大量的辅助舰船。但它们要面对的威胁不只是雷场，还有驻扎在里加湾内的两艘英国小型潜艇——C27号和C32号。当天晚上18点30分，C27号朝"国王"号发射了两枚鱼雷，但没有命中。不过15分钟后，它便击中了大型辅助船"印第安诺拉"号（Indianola），并令对方严重受损。[1]但这次攻击只是减慢了德国人的脚步，当天晚上，贝恩克带领舰队在蒙岛俄军阵地的南面下锚。

蒙海峡之战

到此时，"光荣"号还基本没有参加战斗。在德军来袭的最初几天，该舰都在库伊瓦斯特整装待发，并得到了防雷网的保护。舰上的防空警报不时响起，但直到10月3日，该舰的主炮才开始向来犯之敌开火。其最初的目标是试图进入厄塞尔岛和蒙岛之间水道，炮击俄军步兵的德国驱逐舰，这让它不得不在12英寸火炮24000码的极限射程上，让炮弹越过蒙岛对敌人实施炮击，而且就像1915年时的情况一样，舰员也"淹没"了部分舱室，从而为军舰制造了5度的倾斜。由于"光荣"号无法直接观测到德舰，因此它采用的火控流程可谓相当复杂：在连接厄塞尔岛和蒙岛的堤道上，有一名观测员会用电话向运输船"利巴瓦"号（Libava）通报修正数据，随后，运输船会将相关内容转发到战列舰上。尽管如此，"光荣"号依旧击退了德军驱逐舰：通过舰首炮塔双炮齐射的方式，该舰一共将18发12英寸炮弹投送给了远方的敌人。

然而，这段平静只是暂时的。10月4日清晨，贝恩克海军中将为迫在眉睫的战斗作了最后的部署。当时，他利用了一张缴获的海图——图上指明了蒙海峡南端俄军

[1] 自1915年以来，一支小型英军潜艇部队便开始在波罗的海活动。其中五艘大型的"E"级潜艇经由丹尼斯海峡抵达（第六艘"E"级潜艇E13号在厄勒海峡不幸搁浅，其相关经历可见"彼得·斯克拉姆"号一章的附录3——"中立巡逻，1914—1918年：E-13号事件"），另外五艘较小的"C"级潜艇先是作为甲板来到阿尔汉格尔斯克（Arkhangelsk），随后在1916年乘驳船通过俄罗斯的内河与运河系统抵达了波罗的海。

防御雷场的位置。其中显示，当地的深水航道被分别位于南北两侧的两处雷障封锁，但雷障之间却存在一个缺口。另外，在雷障东部和西部还各有一条狭窄的航道，由于水浅，东部航道并不适合无畏舰通行，至于西部航道则由于早先一艘德国潜艇布设的水雷而变得危机四伏。然而，在 0 点 15 分，贝恩克却决定尝试从估计宽度为 2500 码西部航道通过，如果他突破了此处，各舰随后将转舵向东，进入两处雷场之间的安全水域，在当地，他麾下的"国王"级战列舰将足以炮击库伊瓦斯特的俄军锚地。当天早上晚些时候，贝恩克还命令扫雷艇清理雷区东面的另一条航道，用来充当备用的进攻路线。这一做法可谓颇有远见，在六个小时后，德军便将受益匪浅。

在这个预想中的"秋高气爽"的清晨，德国军舰开始在 40 艘扫雷艇的护卫下，以两路纵队向北前进。其中右路纵队是"国王"号、"王储"号和随行的八艘驱逐舰，左侧纵队是轻型巡洋舰"科堡"号（Kolberg）和"斯特拉斯堡"号（Strassburg）。大约 9 点，扫雷舰抵达了雷区的西南角，并开始水域清理作业。几分钟后，"科堡"号朝 17200—19400 码外的两艘俄军小型驱逐舰射击。这两艘俄舰是"干练"号（Delnyi）和"积极"号（Deiatelnyi），它们原先正在西南方向巡弋，现在正在转舵回驶。见状，这两艘驱逐舰立刻以蛇形机动向北撤离，期间没有被炮弹命中。9 点 55 分，"科堡"号和"斯特拉斯堡"号与主队分离，开始转舵朝北向西部航道驶去。同时，两艘无畏舰则各自在两艘驱逐舰的伴随下缓缓转舵向东，紧随着 10 艘扫雷艇的尾迹继续前进。

大约 8 点时，巴希列夫海军中将获悉了德国人的行动，并立刻向"光荣"号和"公民"下达指示——之前，这两艘战列舰一直在库伊瓦斯特以北的席尔道岛（Shildau）附近停船过夜——在收到指示后，它们立刻奉命出击。9 点，就在这些战列舰抵达库伊瓦斯特锚地时，巴希列夫也在"巴扬"号上升起了将旗；9 点 12 分，随着远方出现敌舰的桅杆和烟柱，战旗也在俄舰的桅杆上升起。当德军扫雷舰逼近至 22000 码时之后，巴希列夫命令下属的分队在雷区北部边缘占据阵位。10 点，

在自沉时熊熊燃烧的"光荣"号。在该舰右侧可以看到驱逐舰"斯塔夫罗波尔土库曼人"号。本照片同样由诺索夫海军少尉拍摄于鱼雷艇"强壮"号上。

这张德国明信片上写的是："1917年，在蒙海峡沉没的俄国战列舰'光荣'号。"

"光荣"号和"公民"号开始转舵，试图以舰尾应敌：巴希列夫之所以采取这种举动，是因为下属的各舰完全无法在蒙岛和维尔德附近这片浅滩密布的海域自由伸展，但如果把左后方对准敌人，至少各舰可以及时穿过蒙海峡朝西北方向撤退。大约 10 点 05 分，"公民"号开始向敌军开火，但由于射程极限只有 17200 码，这艘老舰很快便停止了炮击。在僚舰开火 30 秒之后，"光荣"号的炮弹也飞向了位于 22500 码外最大射程上的德军西部扫雷艇群。其中第一轮齐射是远弹，第二轮是近弹，而第三轮则形成了跨射。德军扫雷艇只得在烟幕掩护下仓皇撤退，而"光荣"号也停止了炮击。

10 点 15 分，沿着雷区南缘缓缓行驶的德国无畏舰开始朝俄国军舰开炮。"国王"号第一轮齐射的三枚炮弹刚好落在"巴扬"号——俄军队列中最靠南的军舰——正后方。10 点 18 分，"王储"号也向"公民"号进行了一次五炮齐射，炮弹基本落在了位于目标近处的水域。最终，在五轮齐射之后，德舰的火力渐渐平息。10 点 30 分，巴希列夫中将命令战列舰坚守阵地，并向"最近的敌舰开火"[1]。10 点 50 分，由于德军扫雷艇已重新完成集结并开始作业，"光荣"号也立刻在 19650 码外恢复了炮击，并在 19200 码再次对目标形成跨射。至于"巴扬"号和"公民"号也在向扫雷艇开火，按照俄方的记录，"尽管我军的炮弹一刻不停地落在它们周围"，但这些小艇的作业"一刻也没有停歇"。在此期间，"光荣"号将炮火对准了多个目标，其中前主炮塔攻击的对象是扫雷艇，至于后主炮则向着德军的无畏舰开火，后者也做了还击，但都无一命中。尽管德军扫雷艇竭尽全力试图突破俄军的雷场，但"国王"号和"王储"号依旧处境危急。在埃里希·冯·蒂施维茨（Erich von Tschischwitz）编纂的官方战史中是这样记录的："俄军的大型战舰现在将炮击目标转向了战列舰，并很快形成了近

[1] 出自 M.K. 巴希列夫的《海军历史委员会文件汇编第 1 辑：海军部队在里加湾的行动报告，1917 年 9 月 29 日—10 月 7 日》（圣彼得堡，俄国国立海军档案馆，1998 年出版）第 54 页。

距离跨射。在炮击期间，它们巧妙地躲在我军重炮的射程外 [即相距 12.5 海里处]，其中第 3 分队的处境尤其不利——既无法逼近，又无法规避敌人的火力。"由于不愿意"让俄国人轻易得手"，贝恩克海军中将命令无畏舰向右转舵，"以便脱离敌军的火炮射程"。[①]

至此，德军已在突破区域（即雷场西部边缘）停下了脚步。面对"光荣"号和"公民"号的精准火力，德军扫雷艇被迫两次撤退。冯·蒂施维茨对此记载道："显而易见，在（俄国）雷场和我军潜艇布设的水雷之间已无法成功突破，我方只能放弃行动。"[②]然而，暂时击退德军无畏舰的"光荣"号却遭遇了第一个麻烦：仅仅发射了 11 发炮弹的 12 英寸前主炮宣告失灵。该舰的炮术军官们认为问题出在圣彼得堡奥布霍夫工厂身上——1916 年 11 月，在为该舰换装火炮时，他们"疏忽大意，用劣质金属制造了炮闩上的齿轮"。[③]

随后，德国舰队撤往海平线远方（即 30000 码之外）。11 点 20 分，巴希列夫在"巴扬"号上发出信号："对于半编战列舰纵队的炮术表现，司令十分满意。"[④] 10 分钟后，巴希列夫命令各舰抛锚，其中"公民"号位于最南端，该舰以北 400 码是"巴扬"号，紧接着是"光荣"号。然而，德军并没有放弃攻击俄军战列舰的企图。从雷区西部突破失败后，贝恩克决定启动备用计划，从东部水道攻击俄军。"为了至少能从一个地方达成突破"，他又增派了九艘扫雷艇，使在场的同类舰艇达到了 19 艘。[⑤]德军能否突破蒙海峡，将完全取决于它们的努力。所有人都在拭目以待：它们能否在"光荣"号和"公民"号的炮火下坚持下来？只有扫雷艇获得成功，无畏舰才有望穿过开辟出的水道，与俄国军舰交战。

看到德军扫雷艇再次逼近，巴希列夫在 11 点 50 分时命令各舰起锚。射程较近的"公民"号一直守卫在南方。在将左舷转向敌军后，该舰开始用 12 英寸和 6 英寸舰炮轰击扫雷艇。"光荣"号在 12 点 10 分紧随其后，在 23000 码的射程上朝左后方 135 度方向的敌人射击。与此同时，德军无畏舰也开始"向北冲刺"，以 18 节的航速穿过了开辟出的航道。它们以鱼贯队形前进，"国王"号位于前方，"王储"号在后，但位置稍向左偏。12 点 15 分，当双方接近到 18000 码时，"国王"号首先向"光荣"号开火。两分钟后，"王储"号的炮弹也向俄舰呼啸而去。随着炮击持续，双方也在不断接近，但 12 点 22 分时，由于已经靠近近海，德军无畏舰开始减速。不到八分钟，两艘德舰都停了下来，左舷正对着"光荣"号和"公民"号，并展开了五炮齐射。

就在"光荣"号前桅杆上的瞭望哨报告德国战列舰接近后不久，该舰的后炮塔便在 22400 码外回敬以迅猛的炮火。该舰的舰长 V.G. 安东诺夫（V.G. Antonov）海军上校在报告中写道："敌军的炮弹迅速落在附近，对本舰形成跨射。大部分炮弹落在了舰首周围。敌军的齐射一次有五发炮弹，但偶尔会有四发。我们前进航速很慢。12 点 18 分，为了干扰敌舰的试射，我方加至中速，并开始稍稍右转。"[⑥]德军在战斗的最初 10 分钟一弹未中，但在 12 点 25 分，"光荣"号突然猛烈摇晃了起来——因为德军的一轮齐射中有三枚炮弹同时命中了它，而且弹着点都在该舰左舷水线以下的区域。其中一枚击炮弹中了装甲下方 10 英尺至 11 英尺 6 英寸，基本上当场爆炸，形成了"直径约 1.5 英寻（1 英寻约合 1.83 米）的大洞"，摧毁了前发电机舱，并导致军舰的前半段电力中断。第二枚炮弹同样击中了前部，进水淹没了数个储藏室。大约

① 埃里希·冯·蒂施维茨，《1917 年 10 月，德国陆海军对波罗的海群岛的征服》（堪萨斯州莱文沃思堡，指挥与总参谋部学校出版社，1933 年出版）第 162 页。

② 埃里希·冯·蒂施维茨，《1917 年 10 月，德国陆海军对波罗的海群岛的征服》（堪萨斯州莱文沃思堡，指挥与总参谋部学校出版社，1933 年出版）第 162 页。

③ 这份未公开过的、由"光荣"号枪炮长撰写的报告引自 S.E. 维诺格拉多夫撰写的《战列舰"光荣"号：蒙海峡的不屈斗士》一书第 155 页。

④ 引自 S.E. 维诺格拉多夫撰写的《战列舰"光荣"号：蒙海峡的不屈斗士》一书第 155 页。

⑤ 埃里希·冯·蒂施维茨，《1917 年 10 月，德国陆海军对波罗的海群岛的征服》（堪萨斯州莱文沃思堡，指挥与总参谋部学校出版社，1933 年出版）第 163 页。

⑥ 这份未公开的报告由"光荣"号舰长安东诺夫撰写，引自 S.E. 维诺格拉多夫撰写的《战列舰"光荣"号：蒙海峡的不屈斗士》一书第 156 页。

1130 吨海水汹涌而入，令"光荣"号当场左倾 4.5 度，并在 10 分钟后加剧到 8 度。只是因为向右舷第 32 号船肋后方的舱室注水，倾斜才最终控制在了 3—4 度左右。第三枚炮弹几乎直接命中了机舱侧面，但给装甲带造成的伤害微乎其微，损管人员"只发现海水从裂缝中涌入，舱内有积水，但水位上升极慢，可以用抽水设备控制"[1]。然而，尽管损管人员奋力工作，在 12 点 30 分时，从船首到第 26 号肋骨之间，进水已经从龙骨淹没到了下层甲板，其舰首出现纵倾，吃水从 5 英尺 6 英寸增加到了 32 英尺 10 英寸。不过，该舰的防水隔壁依然大体完好，只有电线的密封层有几处破裂。由于进水没有淹没装甲甲板，该舰依旧保持着足够的稳定性。

蒙海峡之战这时达到了战术上的高潮。德军保持着阵位，并朝俄舰投去猛烈而准确的火力。"公民"号两次被"王储"号命中，但没有像"光荣"号一样严重受损。见状，巴希列夫命令俄军舰只向北撤退。俄国军官 G.K. 格拉夫（G.K.Graf）对当时的情况描述道："巨大的水柱在'光荣'号附近升起，在靠近前方炮塔的舰体侧面，几个弹孔清晰可见。它左倾严重、舰首下沉，正全速向北前进。"[2] 12 点 29 分，在刚刚接到撤退命令之后，又有两枚炮弹命中了"光荣"号，尽管它们引发了一点火灾，但火势在 15 分钟之后就被扑灭了。然而，在 12 点 39 分，当该舰几乎要跳出德军舰炮的射程时，"光荣"号又蒙受了两次打击：第一枚炮弹命中艏楼并在船上的教堂内爆炸，将上层甲板撕开，导致三人死亡，并摧毁了周围的一切；第二枚炮弹穿透了装甲，经过舷侧走廊附近的纵隔壁在无线电室附近爆炸，造成煤舱附近的船体结构严重损坏。幸运的是，这些攻击没有引起大火，12 点 40 分，随着"光荣"号离开射程，德国无畏舰也选择了停火。

由于这几次中弹，"光荣"号的局面可谓雪上加霜。在几枚近失弹的影响下，该舰漏水严重，抽水泵只能勉强控制状况。进水在左舷机舱越升越高，导致舰员们必须熄灭几座锅炉，进而令引擎的气压和军舰的航速下降。带着一半损毁的重炮和 2500 吨进水，"光荣"号失去了战斗力。更糟糕的是，虽然蒙海峡已被挖深，但由于舰首严重下沉、吃水急剧增加，它已无法穿过这唯一的一条退路。虽然该舰仍在缓缓北行，后炮塔也不时射击，但舰上的军官们都清楚地意识到，这艘军舰已是大限将至。12 点 45 分，该舰停止了射击，最后一批炮弹落在了 23100 码外的敌军的近处。

12 点 47 分，当"巴扬"号从"光荣"号旁边经过时，巴希列夫海军中将从扩音器中得知了"光荣"号的危险处境。他命令"公民"号赶超过去，并让"光荣"号在海峡入口处自沉。13 点 02 分，靠上来的驱逐舰开始接走舰员，但此时舰上的纪律已开始崩溃，疏散工作变得混乱异常。13 点 20 分，"光荣"号主机停车，但仍然在惯性的作用下继续前进，两分钟后，舰长安东诺夫上校命令舵手、通信兵和轮机兵弃舰，只有五名军官和 12 名水兵志愿留在船上。13 点 30 分，仍在缓缓前进的"光荣"号终于在海峡入口处搁浅，10 分钟后，包括安东诺夫上校在内的最后一批乘员离开了军舰。由于进水已涌入前部 12 英寸主炮弹药库，俄军只能在后弹药库安装炸药，并在 13 点 58 分将其引爆，产生的烟柱"超过 100 英寻"，并伴随着船体后部的一大团烈焰。紧接着是 14 点 12 分的第二次爆炸和 14 点 20 分的第三次爆炸——随后，该舰徐徐沉没，海水漫过了后部的 12 英寸炮塔。[3] 为了破坏得足够彻底，巴希

[1] S.E. 维诺格拉多夫，《战列舰"光荣"号：蒙海峡的不屈斗士》第 156 页。

[2] 出自 G.K. 格拉夫的《在"新贵"号上亲历战争和革命》（圣彼得堡，《甘古特》杂志社，1997 年出版）第 306 页。

[3] S.E. 维诺格拉多夫，《战列舰"光荣"号：蒙海峡的不屈斗士》第 162 页。

列夫命令驱逐舰"阿穆尔人"号（Amurets）、"莫斯科人"号（Moskvitianin）、"斯塔夫罗波尔土库曼人"号（Turkmenets-Stavropolskii）实施雷击。这些驱逐舰各自发射了两枚鱼雷，其中五枚命中了"光荣"号，但只有一枚在前烟囱右侧的船体上爆炸。就这样，"光荣"号英勇的历程走向了终结。该舰在最后一战中的弹药消耗，我们没有确切的数据，但根据"公民"号的数据（在整个战斗中，这艘两座主炮塔都完好的战舰一共发射了 58 发 12 英寸炮弹）显示，"光荣"号发射的 12 英寸炮弹数量可能在 35 枚到 40 枚左右。考虑到战况，"光荣"号的人员损失可谓异常轻微：共计四人阵亡、14 人受伤，其中三人后来伤重不治，但如果"国王"号使用装药量更大的高爆弹而不是穿甲弹，"光荣"号上的人员伤亡必定将更为惨重。

1917 年 10 月 4 日的蒙海峡之战实际上是以一种俄国或德国战列舰设计师都始料未及的方式展开的。这些军舰原本应驰骋于公海之上，但最终却在浅水区展开了对决，而且这片水域周围全都是致命的浅滩和雷区，让战舰只能跟在扫雷艇后面缓缓前进，身影也经常被烟幕遮盖。

后记

"光荣"号的最后一战有一段奇特的尾声。德军并不知道这个"皇帝的仇人"已经毁灭，而是认为它只不过是坐沉在了浅滩之上，不久就会脱困并重新参战。于是，德国雷击舰部队的指挥官保罗·海因里希（Paul Heinrich）准将命令第 13 半编雷击舰支队（13th Half-Flotilla，下辖 S61 号、S64 号和 V74 号）的三艘雷击舰搜索"光荣"号并击毁之。这些雷击舰在 22 点进入蒙海峡，但噩运也随之降临了。午夜过后几分钟，位于队列第二位的 S64 号撞上了撤退俄军布下的水雷。这枚水雷在 S64 号的前锅炉

1917 年 10 月，凿沉于蒙海峡浅水区的"光荣"号。请注意舰尾 12 英寸炮塔的顶盖，它已在后部弹药库的爆炸中被彻底掀飞了。

舱附近爆炸，造成六人死亡，另有五人受伤——虽然该舰依然在海面上漂浮，但动力设备完全失灵。S64 号最初由 S61 号拖曳，但不久之后便被困在了浅滩之上，S61 号只好在该舰弃船后接走舰员。而且在作业期间，S61 号的船体也受到了损伤并开始进水，V74 号的螺旋桨也遭遇了损坏。因此，即使在沉没之后，"光荣"号依旧不自觉地充当了诱饵，并对它的敌人施展了一次小小的报复。

在这场战斗中，"光荣"号和它忠实的战友"太子"号（"公民"号）实际遭到了命运的绑架。在蒙海峡，海军中将巴希列夫最后一次拖延德军的行动中，奇迹并没有给予它们一点垂青。在重型火炮的对比上，双方的对比是 1：5，这也意味着，它们最多只能拖慢德国巨人的脚步。最终，"光荣"号在三年来一直守卫的海域迎来了最后时刻——在此之前，幸运始终与它为伴。对它的戎马生涯来说，这也是一个体面的结局，不仅对得起它曾付出的努力，更没有辜负舰名的含义——"光荣"。

从"光荣"号的残骸中找到的双头鹰舰徽——现保存于塔林海事博物馆。如本章的第四张照片所示，该鹰徽最初可能装饰在舰尾游廊之上。

附录 1：舰上一天

在和平时期，"光荣"号的一天会从起床号开始（通常在 6 点整，但因具体情况而异）。一睡醒，船员们就会将吊床收起，放在甲板的敞开式钢架上晾晒，然后是洗漱和晨祷，早饭在起床后的一个小时开始。接下来是扫除——比如清洗甲板、清洁装饰品等。升旗仪式在 8 点整准时进行，军官、仪仗队和军乐队依次列队，舰员们停下手头的工作，在"立正"的号令下于船舷就位。作为"光荣"号姐妹舰"鹰"号（Orel）上的一名水兵，A.S. 诺维科夫（A.S.Novikov）后来凭借诺维科夫 - 普里波伊（Novikov Priboi）的笔名在苏联时期声名鹊起，对于"鹰"号在开赴对马期间的一场升旗仪式，他给出了下面一段简短但生动的描写："带圣安德烈十字的旗帜飘扬着，被一名信号兵缓缓升上斜桁。卫兵举起武器，军官和全体水兵脱帽肃立，号手和鼓手演奏进行曲，士官吹响悠长的哨音，在艏楼上值班水兵的敲击下，钟声八次响起。"[1] 11 点，一声汽笛预示着"酒类"分发（即伏特加）和午餐的开始，吃饱的舰员们会休息到 13 点 30 分。之后是下午茶，随后到 17 点 30 分都是舰上勤务，白天的工作在 17 点 30 分结束，舰员开始准备晚餐。日落时有降旗仪式，它和早晨的升旗仪式一样庄严。20 点，舰员支起吊床过夜。

附录 2："光荣"号与革命

1905 年 1 月，"光荣"号依旧在喀琅施塔得舾装期间，政治和社会动荡席卷了俄罗斯帝国，而发生在圣彼得堡的"流血星期日"大屠杀则充当了事件的导火线。不久之后，这些事件还在军队中引发了骚乱和暴动，它们一直持续到 1907 年 6 月。虽然 1905 年的革命发源于俄国的社会结构，但 1904 年 2 月日俄战争爆发后，俄国在海上和陆上遭遇的一连串惨败更是起到了推波助澜的作用，而这种情况更是随着 1905 年 5 月 14—15 日对马海战的完败达到了顶点。6 月 14 日，即"光荣"号在波罗的海试航期间，战列舰"塔夫里公爵波将金"号（Kniaz Potemkin Tavricheski）的舰员在黑海港口敖德萨（Odessa）外海发动兵变，而在这座城市内部，一场革命也正在上演。该舰的舰员们杀死舰上的军官，并号召岸上的人们反抗俄国政府。虽然"波将金"号的兵变 11 天后便在罗马尼亚港口城市康斯坦察（Constanza）黯然落幕了，但在黑海和波罗的海，起义和革命的火焰却越烧越旺，其中一次就爆发在 1905 年 10 月的喀琅施塔得。随后，动荡更是在次年夏天蔓延到了"光荣"号上。

1906 年 7 月，作为波罗的海舰队训练分队的一员，"光荣"号前往喀琅施塔得接受整修，但这一计划很快便被打乱，因为上级发现有激进分子正在水兵中煽动不满情绪，试图制造一场有组织的全舰队兵变。7 月 8 日星期六，共有 41 名水兵被捕，但仅仅九天之后，在芬兰大公国（Grand Duchy of Finland）境内扼守赫尔辛福斯（即今天的赫尔辛基）的要塞斯韦阿堡（Sveaborg），一场兵变还是不期而至。"太子"号和"壮士"号被派去镇压，由于"光荣"号的舰员被认为极不可靠，上级便将其留在喀琅施塔得加煤，直到 19 日晚间，"太子"号用炮火迫使斯韦阿堡的兵变者投降之后，该舰才接到命令归队。随后，训练舰队一直停泊在赫尔辛福斯，直到 7 月 23 日，他们才从出航途径芬兰湾前往雷瓦尔。不久前，停泊在当地的装甲巡洋舰"亚速纪念"号（Pamiat Azova）也发生了暴动，导致舰长和其他六名军官丧生，训练分舰队此行

[1] 出自 A.S. 诺维科夫 - 普里波伊的《对马》（莫斯科，苏联作家出版社，1934 年出版）第 62 页。

① 出自 "B 上尉"（化名）撰写的 "摩尔曼海域远航记" 一文，此文来自《科特林》杂志第 59 辑第 4324 号（1911 年 3 月 15 日出版）第 2 页。

正是去接受调查，以便弄清喀琅施塔得、斯韦阿堡和当地兵变之间的关联。当分舰队于 8 月 5 日再次出航时，已有 52 名水兵（17 名来自喀琅施塔得、17 名来自斯韦阿堡、18 名来自 "亚速纪念" 号）遭当局处决。在分舰队抵达喀琅施塔得之前，又有 60 名 "危险分子" 被从 "光荣" 号上开除。之后，分舰队才开始了第一次远航训练。一名 "壮士" 号上的军官后来记录道："在这些尴尬和令人不快的事件中，我们分队的军舰都主动地、满怀荣誉感地履行了使命。"[①]

耐人寻味的是，在当时的俄国海军中，最倾向革命的并不是普通水兵，而是应召入伍的士官，由于教育背景更为良好，他们也更容易接受激进的理念。作为备受上级信赖，并以监管水兵为基本使命的一群人，士官参加革命相当于背弃了自己的阶级。对此，俄国当局自然对此深恶痛绝，惩罚措施也尤其严厉。但即使有逮捕、徒刑、流放和处决等威胁，"光荣" 号依然和当时的其他军舰一样，残留着激进分子组成的小组。

在 1905—1907 年的骚乱之后，俄国海军痛定思痛，进行了大刀阔斧的改革和重建，革命活动随之陷入低潮。虽然它们在一战中死而复生，但从来没有在 "光荣" 号上形成气候，更不用说激起暴动了。不仅如此，该舰的军官也大都富有责任心，善待下属，并时刻注意排除队伍中的闹事者，向作战英勇者颁发勋章也毫不吝惜。尽管在该舰的早期生涯中，总是频频出现纪律问题，但后来和平年代的远航，以及在波罗的海舰队司令冯·埃森将军带领下进行的高强度作战训练，最终令舰员们凝结成了一个在沙俄海军中罕见的、如同钢铁合金一般的坚韧集体。而且就像近代史中经常看到的情况那样，正是因为上述品质的存在，让 "光荣" 号在一战中成功经受了各种严峻考验。

参考资料

未公开资料

- 俄国国立海军档案馆（Rossiiskii gosudarstvennyi arkhiv Voenno-morskogo flota），圣彼得堡
- "光荣"号的建造与服役档案，卷宗 401，407，417，418，421，423，427，477，479，556，771，870，876 和 902

公开资料

- M.K. 巴希列夫，《海军历史委员会文件汇编第 1 辑：海军部队在里加湾的行动报告，1917 年 9 月 29 日—10 月 7 日》（*Morskaia istoricheskaia kommissiia 1: Otchet o deistviiakh Morskikh sil Rizhskogo zaliva 29 sentiabriia–7 oktiabriia 1917 goda*）（圣彼得堡，俄国国立海军档案馆，1998 年出版）
- V.A. 别里，《俄罗斯帝国海军服役回忆录》（*V Rossiiskom Imperatorskom flote: vospominaniia*）[圣彼得堡，圣彼得堡新闻学院出版社（Izd-vo 'Peterburgskii in-t pechati'），2005 年出版]
- 鲁茨·本格尔斯多夫（Lutz Bengelsdorf），《波罗的海的海上战斗，1914—1918 年》（*Der Seekrieg in der Ostsee, 1914–1918*）[不莱梅，H.M. 豪席尔德出版社（Verlag H. M. Hauschild），2008 年出版]
- V. 布利诺夫（V. Blinov），"小议海军军校生分队在海军军官培训中的作用"（Rol' gardemarinskogo otriada v dele vospitaniia morskikh ofitserov），出自《海军文集》（*Morskoi Sbornik*）第 378 辑第 10 期（1913 年 10 月号）的"非官方意见"（Neofitsialnyi otdel）部分，第 41—59 页
- "俄国海军结束访问：舰队司令表示感谢"，出自《泰晤士报》（*The Times*）（伦敦），1913 年 9 月 20 日号，第 10 版
- G.K. 格拉夫（G. K. Graf），《在"新贵"号上亲历战争和革命》（*Na 'Novike'. Baltiiskii flot v voinu i revoliutsiiu*）[圣彼得堡，《甘古特》杂志社（Gangut），1997 年出版]
- V.N. 伊恩科维奇（V. N. Iankovich），"俄国水兵在墨西拿"（Russkie moriaki v Messine）出自《军事历史档案》（*Voennoistoricheskii arkhiv*）第 5 辑（1999 年出版），第 41 页
- A.M. 科辛斯基（A. M. Kosinskii），《波罗的海舰队在蒙海峡的战斗，1917》（*Moonzundskaya operatsiya Baltiiskogo flota 1917 goda*）[列宁格勒，工农红军海军学院（Voenno-morskaia akademiia RKKA），1928 年出版]
- V.P. 科斯坚科（V. P. Kostenko），《在"鹰"号上亲历对马海战》（*Na 'Orle' v Tsusime*）[列宁格勒，国家船舶工程文献出版社（Sudpromgiz），1955 年出版]
- "B 上尉"（化名），"摩尔曼海域远航记"（Vospominaniia o pokhode na Murman），出自《科特林》（Kotlin）杂志第 59 辑第 4324 号（1911 年 3 月 15 日出版），第 2 页
- "《海军文集》年度大事记，1913"（Letopis "Morskogo Sbornika," 1913 god），出自《海军文集》第 379 辑第 12 期（1913 年 12 月号），第 1—16 页
- K.I. 马祖连柯（K. I. Mazurenko），《在"光荣"号上亲历里加湾之战》（*Na 'Slavie' v Rizhskom zalivie*）[纽约州乔丹维尔（Jordanville, N.Y.），圣三一修道院下属的"波洽耶夫的乔布"印刷所（Knigopechatnia prep. Iova Pochaevskogo v Sv. Troitskom monastyrie），1949 年出版]
- 斯蒂芬·麦克劳林，《俄罗斯和苏联战列舰》（马里兰州安纳波利斯，美国海运学会出版社，2003 年出版）
- A.S. 诺维科夫 - 普里波伊，《对马》（*Tsushima*）[莫斯科，苏联作家出版社（Sovetskii Pisatel），1934 年出版]
- 埃里希·冯·蒂施维茨，《1917 年 10 月，德国陆海军对波罗的海群岛的征服》（*Armee und Marine bei der Eroberung der Baltischen Inseln im October 1917*）[柏林，艾森施密特出版社（Eisenschmidt），1931 年出版，由堪萨斯州莱文沃思堡（Fort Leavenworth）的指挥与总参谋部学校出版社（The Command and General Staff School Press）译为英文，并于 1933 年出版]
- G.F. 奇温斯基（G. F. Tsyvinskii），《沙俄舰队 50 年回顾》（*50 let v Imperatorskom flote*）[里加，东方出版社（Orient），1928 年出版]
- S.E. 维诺格拉多夫，《战列舰"光荣"号：蒙海峡的不屈斗士》[莫斯科，亚乌扎 / 埃克斯莫出版社（Iauza/Eksmo），2011 年出版]

- S.E. 维诺格拉多夫，"致编辑的信"，出自《战舰国际》杂志第 52 辑第 1 期（2015 年 3 月出版），第 9—13 页

丹麦海军

岸防战列舰"彼得·斯克拉姆"号（1908年）

作者：汤姆·魏斯曼

　　由于领土缩小、财源枯竭，到19世纪末，丹麦只好采取防御性战略，以此抵御周边大国（尤其是德国）的威胁。至于在哥本哈根海军船厂建造的一系列岸防舰正是这种战略在海军领域的反映。其中的倒数第二艘就是"彼得·斯克拉姆"号，虽然该舰和丹麦海军的其他军舰一道，成功在一战中保持了国家的中立，但由于政府的怠惰和地缘政治环境的变化，在下一次战争中，它没能慑服来势汹汹的敌人——1940年4月，德国几乎一枪未发便占领了丹麦全境。由于不赞同政府的妥协政策，丹麦海军舰艇于1943年8月集体自沉，但"彼得·斯克拉姆"号却被德国人捞起、拖走，并编入舰队继续服役，最终在1945年以报废状态回到了自己的祖国。虽然对丹麦这个小国，建成"彼得·斯克拉姆"号是一个巨大成就，但该舰的服役生涯却最终充当了丹麦海军不幸命运的缩影。

从"大海军"到"小舰队"

　　丹麦民族的航海传统几乎不需要介绍，但丹麦王家海军的雏形却可以追溯到1510年8月10日，汉斯（Hans）国王建立的海上部队——这也使其成了最古老的民

岸防战列舰"彼得·斯克拉姆"号，可以看到该舰的桅杆上飘扬着的"海军燕尾旗"。本照片拍摄于20世纪30年代该舰某次短暂重返现役期间——而其漫长的军旅生涯也是丹麦海军命运的写照。

族国家海军之一。在接下来的 300 年中，丹麦王家海军成了在波罗的海、北海和北大西洋上的重要军事力量，为捍卫其海外殖民地和商业利益，它们还曾向远至印度、非洲西海岸和西印度群岛的地方派遣战舰。在成立之初，丹麦海军的主要对手是所谓的"汉萨同盟"（Hanseatic League），提到它，就不得不提到本舰名称的来源——彼得·斯克拉姆海军上将（1503—1581 年），在 1534—1536 年的"伯爵战争"（Counts' War）中，他曾为彻底击败汉萨同盟做出了重大贡献，并因此获得了一个绰号——"丹麦的猛士"。1563 年至 1721 年之间，瑞典成了丹麦—挪威联合王国在领土和商业利益领域的最大威胁——也正是对抗瑞典的战争中，飘扬着海军燕尾旗（Orlogsflag）的丹麦海军赢得了一连串辉煌胜利：1677 年 7 月——即斯堪尼亚战争（Scanian War）期间，他们在尼尔斯·尤尔（Niels Juel）的指挥下于克厄湾（Koge Bay）痛击了瑞典舰队；1716 年的大北方战争期间，他们又在挪威人彼得·托登斯科约德（Peter Tordenskjold）的带领下于丹内基伦（Dynekilen）大败敌军。

但随后，丹麦退出了海军强国的序列，其转折点始于 1801 年 4 月 2 日的哥本哈根战役。期间，15 艘丹麦舰船被英国海军上将海德·帕克（Hyde Parker）爵士担任总司令的英军俘获或击沉，海军中将霍雷肖·纳尔逊（Horatio Nelson）也因为战斗中的指挥表现而声名鹊起。但与 1807 年 9 月 2—5 日的第二次哥本哈根战役相比，这些损失简直简直不值一提——陆军少将阿瑟·韦尔斯利（Arthur Wellesley，即后来的威灵顿公爵）爵士带领 30000 名士兵登陆，并用炮火降服了这座城市。和平协议要求丹麦向英国人交出全部舰队，当 10 月 21 日英军离开时，共有 16 艘风帆战列舰、15 艘巡航舰、14 艘小型舰和 92 艘满载补给品和装备的商船被掠走。之后，丹麦海军一蹶不振。尽管他们仍在依托海岸炮台，并借助一支拥有大量炮艇的舰队与英国人周旋，但其政府最终在 1813 年破产，并于次年在《基尔条约》（Treaty of Kiel）中被迫与挪威分离。

丹麦海军参加的下一次行动，源自石勒苏益格—荷尔斯泰因地区的领土纠纷：很长时间以来，丹麦王国和德意志邦联一直存在争端，并最终引发了两次战争。第一次在 1848—1851 年，第二次在 1864 年。在这两场战争期间，丹麦海军主要负责封锁波罗的海和赫尔戈兰湾的港口。由于在地面战场的胜利，丹麦在第一次石勒苏益格战争

第一艘"彼得·斯克拉姆"号（右）是于 1859 年动工的木制蒸汽巡航舰，但它在建造期间被改造为铁甲舰并于 1864 年下水。在画面左侧的是"丹麦海军第一舰"——由英国建造，在 1863 年下水的炮塔铁甲舰"罗尔夫·克拉克"号。

中保住了两个公国，但之后争议地区爆发了脱离丹麦统治的起义，导致战事在 1864 年再度爆发，而且这次起义者得到了普鲁士和奥匈帝国的支持。丹麦海军最初成功实施了港口封锁，并在 1864 年 5 月 9 日的赫尔戈兰海战中击败了由威廉·冯·特盖特霍夫（Wilhelm von Tegetthoff）准将指挥的，由三艘普鲁士炮舰支援的奥匈舰队。但丹麦人没能维持住局势，而日德兰半岛南部的陆上战斗也以灾难完结，迫使丹麦只好放弃本已贫瘠的领土的三分之一。之后，丹麦海军再次陷入了一蹶不振的状态。

岸防战列舰之路

　　1814 年后，丹麦一共建造了八艘传统的风帆战列舰和若干更小的舰船。但 1860 年时，原本负责大部分造舰工程的哥本哈根海军船厂（Orlogsvaerftet）陷入了困境，并被时代越抛越远。1862 年，随着石勒苏益格—荷尔斯泰因问题再度浮现，丹麦决定从格拉斯哥的罗伯特·纳皮尔父子公司（Robert Napier & Sons）订购一艘 1350 吨的旋转炮塔铁甲舰——即"罗尔夫·克拉克"号（Rolf Krake）。这艘军舰的设计者是海军工程先驱考珀·科尔斯（Cowper Coles），它在中心线上配有两座炮塔，每座炮塔装有两门 68 磅滑膛炮——它是各国海军中第一艘安装这种新式炮塔的军舰，另外，它也是欧洲历史上的第一艘炮塔铁甲舰。尽管"罗尔夫·克拉克"号没能改变第二次石勒苏益格战争的结局，但它仍给哥本哈根海军造船厂的工程师和技术人员提供了建造铁制战舰和蒸汽机的宝贵知识。1866 年，他们为"龙形巨虫"号（Lindormen）铺下了龙骨——该舰也是海军造船厂独立设计和建造的第一艘岸防舰。随着科学和技术的发展，在接下来的 30 年中，他们又建造了六艘设计各异的产品。这些军舰的排

1910 年，服役后不久的"彼得·斯克拉姆"号，照片拍摄于奥尔胡斯港。从照片中可以看见该舰的 9.4 英寸舰首炮塔、左前方炮盾中的 5.9 英寸炮、主炮炮塔顶部的 3 英寸防鱼雷艇速射炮，以及位于 3 英寸炮后方的覆盖着帆布的 9.8 英尺测距仪。同样得到帆布罩保护的还有 35.5 英寸探照灯——它们位于舰桥左右两侧的基座上。

这张早见的照片展现了"彼得·斯克拉姆"号舰体侧面鱼雷舱内的景象。舰上搭载的鱼雷数量不明，其有效射程只是略高于 2000 码。

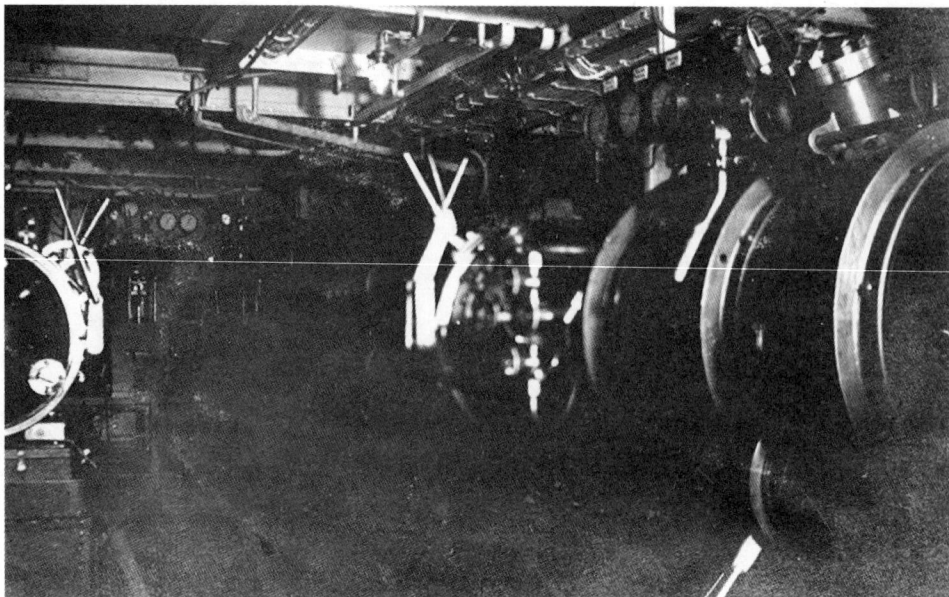

水量从 2100 至 5480 吨不等，安装了 9 英寸至 14 英寸的主炮。它们将在保卫西兰岛（Sjselland，即哥本哈根的所在地）的计划中发挥作用，并将在未来得到鱼雷艇、潜艇、水雷和岸防工事的支援。

1894 年，德意志帝国海军陆续服役了八艘"齐格弗里德"级（Siegfried class）岸防舰，这些军舰安装了三门 9.4 英寸火炮，排水量为 3500 吨，这迫使丹麦政府决心也建造一艘类似的舰艇。尽管议会最初对拨款持保留意见，但海军造船厂仍在继续设计新船，并吸收了 1894—1895 年冬季，中日甲午战争时的教训（详见"镇远"号一章）。该设计由船厂副总经理韦德尔（H. Vedel）和设计局主任奥尔特曼（F. L. M. Ortmann）完成，船厂总经理塔克森（J.C.Tuxen）担任监督人，并最终在 1896 年 8 月 18 日获得批准。与此同时，新舰的经费最终在 1896—1897 财年的预算案中获得通过，其龙骨于 1897 年 7 月 20 日在海军船厂铺下，最后被命名为"赫尔卢夫·特罗勒"号（Herluf Trolle）。由于丹麦政府资金有限，该级的二号舰"奥尔菲尔特·费舍尔"号（Olfert Fischer）直到 1900 年才开始动工，至于其改良版——"彼得·斯克拉姆"号的建造则要等到五年后的 1905 年 4 月 25 日。

设计、舰体与防护

按照设计，"彼得·斯克拉姆"号安装了两座 9.4 英寸单管炮塔和四门 5.9 英寸炮廓炮，标准排水量为 3800 吨。其总长度 287 英尺，宽 51.5 英尺，吃水深度为 16.4 英尺。军舰为全钢结构，九座水密舱壁将舰体分成了 10 个主要区段。此外，舰上还设置了 82 个水密隔间和 31 座水密门。军舰的甲板一共有三层。其第一层是上甲板，该甲板上布置着主炮和副炮，并几乎贯穿了军舰的首尾。在它下面是被锅炉舱和机舱隔断的主甲板，前方有水兵和士官的居住区，后部则依照传统布置了军官的生活场所。其中每个分段都包括一座 5.9 英寸舰炮的弹药库。然后是下层甲板，其空间被发动机舱、鱼雷舱（位于舰首、中部和舰尾）和主炮弹药库占据，此外还有仓库等其他舱室。该舰的防护系统包括一道安装了木质背板的主装甲带，其厚度为 6.1—7.7 英寸，材料为克虏伯渗碳钢。指挥塔和炮塔装甲厚达 7.5 英寸，炮廓和甲板舱室的角落则有 5.5 英寸厚的钢板保护。另外，舰上还安装了最大厚度为 6.9 英寸的垂直防水隔壁，舰桥、甲板室和锅炉进气口的装甲厚度则达到了 3 英寸。至于水平防护，则相对薄弱——主甲板仅厚 1.8—2.6 英寸，只有在重点区域，其数值才会达到前述指标的两倍。

"彼得·斯克拉姆"号的主炮和副炮，1905 年		
	9.4 英寸 43 倍径 M/06 型火炮	5.9 英寸 50 倍径 M/05 型火炮
火炮重量	54895 磅	16512 磅
炮闩结构	螺式	横楔式
炮弹类型	分装式	分装式
弹头重量与类型	353 磅，高爆 / 穿甲	121 磅，高爆 / 穿甲
单炮备弹量	80 枚	165 枚
发射药	89 磅	34.2 磅
炮口初速	2641 英尺 / 秒	2723 英尺 / 秒
最大仰角	15 度	16 度
射程	16620 码	15640 码
射速	3 分 / 发	7 分 / 发

参考资料：艾吉尔·蒂德（Egil Thiede），《丹麦海军舰炮，1860—2004》（Dansk søartilleri 186 -2004）第 2 卷 [哥本哈根，丹麦军事博物馆（Tojhusmuseet），2004 年出版]

武器

　　"彼得·斯克拉姆"号的 9.4 英寸舰炮由瑞典的博福斯公司制造，它安装在单管炮塔上，左右射界均为 126 度。在电力驱动下，炮塔可以在 32 秒内完成 252 度的旋转（手动操作时为 80 秒）。炮弹先是通过链式扬弹机从弹药库中取出，随后通过甲板下的主扬弹机提升到炮塔内。与只能水平装弹的姐妹舰不同，"彼得·斯克拉姆"号的主炮具有通过电动装弹杆进行全角度装填的能力，从而大大提高了开火速度。另外，该舰的主炮仰角也有了提升——仰角为 15 度，而"赫尔卢夫·特罗勒"号和"奥尔菲尔特·费舍尔"号的仰角只有 12 度。炮塔可以通过顶部的舱口或住舱甲板进入。

这张照片于 20 世纪 30 年代初拍摄于"彼得·斯克拉姆"号的前甲板上。炮塔顶部的 3 英寸高射炮安装于 1916 年，在 1934 年被拆除。此外，该舰当时还新安装了 19.7 英寸测距仪。在本照片中还能看到桅顶观测所的基座，其中的桅顶观测所是 1921 年在该级舰上统一安装的。

　　该舰最初装有两部 9.8 英尺测距仪，其中一部位于舰首炮塔与指挥塔之间，第二部位于后部上层建筑中。在 20 世纪 30 年代初，它们被两座 19.7 英尺测距仪取代，但位置没有变化。测得的数值将通过电信号传送到桅顶观测所、射控计算室和指挥塔，并在这些地方被转换成 9.4 英寸炮和 5.9 英寸炮的旋回和俯仰数据。另外，舰上所有的重型火炮都配备了陀螺自稳定瞄准装置。

　　"彼得·斯克拉姆"号的 5.9 英寸副炮同样由博福斯公司生产，并较姐妹舰有着类似的小幅度改进——其身管倍径从 43 倍增加到了 50 倍，仰角从 12 度增加至 16 度，使射程得到了提升。最初，该舰的武器还有 10 门单管 3 英寸炮，它们布置在小艇甲板和两座炮塔上，用于抵御鱼雷艇。此外，还有四门 1.5 英寸炮——其中两门属于舰载小艇。鱼雷武器为四具 18 英寸水下发射管——舰首舰尾各有一座，另外两座位于舰体内锅炉舱前方、主操舵室以下的下层甲板上——其使用的是 e 型热动力鱼雷，航速 31 节时的射程为 4375 码。舰尾鱼雷的发射指挥所位于 9.4 英寸炮塔后方的甲板上。

　　毫不奇怪，"彼得·斯克拉姆"号最初并未配备防空武器。1916 年，第一批两门 3 英寸高炮被安装在了炮塔的顶部，用于替代原先安装的低仰角武器。1934 年，它们又被 0.303 英寸双管（一说单管）机枪取代。在同一年，该舰还安装了丹麦枪械联合公司（Dansk Riffel Syndikat）生产的 0.8 英寸双联装高射炮，它们位于舰桥两翼的凸起基座上，替换了原先安装在此处的 35.5 英寸探照灯。1939—1940 年期间，它们又被两门单管的 1.6 英寸博福斯高射炮取代。

"彼得·斯克拉姆"号的设计吨位分布，1905 年	
舰体（钢质结构）	875.34 吨
舰体（木质结构）	39.75 吨
舰体（固定设备、住宿设施等）	191.94 吨
盔甲	1125.95 吨
旋转炮塔	218.30 吨
弹头和发射药	320.94 吨
主发动机	186.00 吨
主锅炉	160.00 吨
辅机	59.26 吨
桅杆和索具	15.67 吨
鱼雷设备	46.40 吨
油漆和水泥涂料	45.00 吨
电力照明设备	29.65 吨
煤	250.00 吨
舰员及其个人物品、食品、消耗类物资、饮用水、锅炉水	141.51 吨
合计	3705.71 吨

来源：丹麦武装部队图书馆（Forsvarets Bibliotek），哥本哈根：《装甲舰"赫尔卢夫·特罗勒"号、"奥尔菲尔特·费舍尔"号、"彼得·斯克拉姆"号的主尺度、装甲厚度及重量等数据的汇编》（Panserskibene Herluf Trolle, Olfert Fischer og Peder Skram.Sammenstilling af Hoveddimensioner, Panser Tykkelse, Vægte mm.）

动力系统

　　"彼得·斯克拉姆"号的动力系统包括两台立式三胀蒸汽机：它们位于被纵向隔开的两座机舱内，蒸汽由丹麦海军船厂设计建造的六台燃煤水管锅炉供应，压强为

"彼得·斯克拉姆"号的两台三胀式蒸汽机之一，右面是值班员撰写机舱日志时的桌椅。照片中的手轮是用来调节发动机转速和军舰航速的——具体指示将通过舱室上方的抛光传声筒从舰桥传来。

227.6 帕 / 平方英寸。锅炉被分散布置在靠前和靠后的两个锅炉舱内，在每个舱室内，两台锅炉均为并排布置。机舱和锅炉舱的外侧舱室分别用于存放发动机备件和燃煤，在煤舱内设有蒸汽管道，以便及时扑灭火灾。还有一座煤舱位于前锅炉舱的靠舰首一侧，舱内有一部在靠港时使用的辅助锅炉。所有锅炉能产生最高 5400 匹的指示功率，并带动两部螺旋桨使全舰达到 15.9 节的最大航速。军舰的最大载煤量为 275 吨，9 节速度下的续航力为 2620 海里。

人员配置

"彼得·斯克拉姆"号的舰员最初为 254 人，但到 1939 年 7 月 13 日时已上升到 278 人——其中包括 19 名军官（含六名工程师、一名军需官和两名军医），38 名士官，78 名上等、一等和二等水兵，外加 143 名征募的普通舰员。与姐妹舰"奥尔菲尔特·费舍尔"号不同的是，该舰从来没有安装旗舰设施，这让舰长和副舰长可以享受位于上层建筑前部的大型套间（在这些套间附近，还有军官餐厅和两间高级士官住舱）。其余军官居住在舰尾主甲板上的住舱中，士官和水兵们则生活在主甲板前方的各个舱室内。通舱采取了传统布置，桌子和长凳可以折起，并安放在天花板下。在舰上，睡双层铺是军官和高级士官的特权，至于其他士官能否在其中栖身则要随军衔而定，有些只能和水兵们一样在吊床中将就。厕所位于传统位置，即军舰前方、艏楼之下的主甲板上。全舰拥有通风电扇，在光线昏暗时，各个舱室将被 400 个灯泡点亮。

所有舰员分三批执勤，每批人员又根据责任区域的不同划为两组，并分别以"国王"和"王后"命名。当军舰出海或日常操练时，一批人员负责操纵军舰，另一批人员开展演习或进行日常勤务，还有一批人员休息。

在周六上午的值班时间，舰上将对所有舰炮进行长时间的详细检查，期间动力系统部门也会趁机开展常规维护。当天下午，全体船员将清洁个人卫生，上级则会全面检查私人储物柜和所有杂项物品。按照规定，盥洗完毕的水手们应把脏衣物泡在一个桶中，以便在下周一上午 7 点，舰上吹响"打扫卫生"的号声之前清洗。此外，舰员们还至少有一次缝补衣物的机会。一旦星期六的例行工作结束，舰长可能决定对武器和各舱室展开大检查。如果表现良好，舰员们就可以在军舰靠港或锚泊时获得上岸的机会。虽然在周日清晨，舰上注定无法像之前一样"焕然一新"，但舰员们仍会努力打扫卫生，以便让其他人可以参加宗教仪式。之后，其他不直接参与舰上作业的人员将被解散。无论在港内还是海上，舰上总会留有一部分人员执勤。

舰上有一个小卖部，它出售肥皂、剃须刀、巧克力、烟草和邮票。所有物品必须以现金支付。当该舰在丹麦海域以外进行长期巡航时，舰员可以免税购买烟草等物品，但这些仅限于在舰上使用，并被严禁夹带下船，违令者将被送上军事法庭。

1908 年 5 月 2 日，"彼得·斯克拉姆"号在哥本哈根的海军造船厂下水。除了该舰之外，照片中还可以看到站满观众的中央炮位铁甲舰"奥丁"号（Odin，1872 年退役），以及在 1880 年退役的岸防铁甲舰"托尔登斯科约德"号（Tordenskjold）。照片的右上方还可以看到皇家明轮游艇"国旗"号。

早年生涯，1909—1914 年

1909 年 9 月 24 日，在斯卡格拉克海峡完成了海试的"彼得·斯克拉姆"号正式服役，并于 1910 年初加入了准姐妹舰"赫尔卢夫·特罗勒"号和"奥尔菲尔特·费舍尔"号所在的训练分队。也正是在履行这一使命期间，该舰进行了对挪威港口卑尔根和瑞典首都斯德哥尔摩的友好访问。次年，"彼得·斯克拉姆"号与"奥尔菲尔特·费舍尔"号一起参与了护送弗雷德里克八世（Frederik VIII）遗体回国的工作，在不久之前的 5 月 14 日，这位丹麦国王突然在汉堡去世。1913 年，该舰的远航目的地变成了荷兰，并访问了荷兰角市（Hook of Holland）和鹿特丹。之后，"彼得·斯克拉姆"号重新与"赫尔卢夫·特罗勒"号以及"奥尔菲尔特·费舍尔"号会合，成为夏季训练分队的一部分。然而，当 1914 年春天，"彼得·斯克拉姆"号在瑞典的卡尔马（Kalmar）访问时，丹麦海军的其他军舰已经在为欧洲战事严阵以待了。

回国后，"彼得·斯克拉姆"号被部署在了波罗的海的博恩霍尔姆岛（Bornholm）至西部的斯卡格拉克海峡之间，并紧盯着分隔丹麦大陆与西兰岛（即哥本哈根所在地）

的大贝尔特海峡（The Great Belt），以及西兰岛与瑞典之间的厄勒海峡（The Sound）。这种防御策略有着悠长的历史，在其中，丹麦海军将依托这片险恶的水域，利用浅滩、激流和无数的岛屿峡湾与敌人周旋。而"彼得·斯克拉姆"号又正是专门为此设计的，两具螺旋桨赋予了它良好的机动性，而且舰体的吃水相对较浅。结合沿海防御工事和雷区，再熄灭灯塔，拆掉其他导航辅助设施，一旦爆发战争，原本用于远洋作战的敌舰将在丹麦近海寸步难行，并对部署在此的丹麦海军舰艇无可奈何。

一战

以上就是一战前丹麦海军的防御战略。当战争在 1914 年 8 月 1 日爆发时，丹麦政府对海陆军进行了整合，并将其命名为"安全部队"（Sikringsstyrken），以维护丹麦的中立，并确保履行相关的义务。到当月底，丹麦已经对 65000 名官兵进行了有限动员。其中大部分是陆军士兵——而在整个战争期间，丹麦海军的总平均人数也始终只有 4000 人左右。在装备方面，海军的一线兵力包括三艘岸防战列舰（含"彼得·斯克拉姆"号）、两艘布雷舰、四艘扫雷艇、15 艘鱼雷艇，七艘潜艇和两架水上飞机。其预备兵力还包括浅水重炮舰"盾牌"号（Skjold）、三艘巡洋舰、四艘炮舰、八艘鱼雷艇和 15 艘巡逻艇，另外还有建造中的岸防战列舰"尼尔斯·尤尔"号（Niels Juel）和五艘潜艇。

战时的海军包括两个分队。"彼得·斯克拉姆"号最初所在的第 1 分舰队驻扎在厄勒海峡，任务是守卫哥本哈根。他们还在海上和陆上得到了诸多工事和炮台的支援，

1909 年，在海军造船厂舾装的"彼得·斯克拉姆"号。该舰旁边是中央炮位铁甲舰"奥丁"号，码头远端是1896年下水的浅水重炮舰"盾牌"号。至于"彼得·斯克拉姆"号的准姐妹舰"奥尔菲尔特·费舍尔"号则在"盾牌"号所在地靠右一点的地方，其舰首对着镜头。

并有广布的雷区作为依托。第 2 分舰队战时驻扎在大贝尔特海峡，只有在需要维修或保养时才会进入哥本哈根海军造船厂。至于"彼得·斯克拉姆"号则在两个分舰队里交替服役，在整个战争中，它都在为维护中立而奔波，直到 1918 年 12 月 12 日才离开了"安全部队"的序列。

两次世界大战之间

　　大战结束后的头两年，"彼得·斯克拉姆"号是在港口中度过的，但它在 1920 年 10 月重新转入现役，成为冬季训练分队的旗舰，其任务是带领鱼雷艇和潜艇在波罗的海和斯卡格拉克海峡活动——一如战争之前的局面。1920 年 11 月下旬，分队对瑞典的哥德堡港（Gothenburg）进行了访问，然后于 1921 年 2 月转入预备状态。1921 年 8 月至 1922 年 1 月间，分队恢复训练。1922 年夏天，"彼得·斯克拉姆"号作为夏季训练分队的一员和"奥尔菲尔特·费舍尔"号一起前往斯德哥尔摩和但泽（Danzig）巡航。期间，这两艘军舰都搭载了海军造船厂生产的 HM-1 型飞机进行试验。

　　此后，"彼得·斯克拉姆"号的活动变得断断续续——这是 1922 年大幅削减军费的结果，此举使三分之二的海军军官被调往岸上。1932 年，海军预算又被削减了50%，有一半的海军官兵被遣散，时任海军参谋长的文克（H. L. E. Wenck）海军中将为此愤而辞职。在 1922 年至 1929 年秋天，"彼得·斯克拉姆"号只能停泊在港口，和"尼尔斯·尤尔"号一起担任军官候补生的训练船。完成这些无足轻重的使命之后，

"彼得·斯克拉姆"号上的舰员共约 250 人，这是其中一部分人在舰尾甲板的合影。当时该舰正停靠在哥本哈根的霍尔门海军基地，照片左侧隐约可见弗雷德里克教堂（Frederik's Church）的尖顶。

该舰过了五年才重回现役——并在 1934 年 8—9 月间短暂升起了舰旗。1935 年 5 月，该船奉命护送皇家游艇"国旗"号（Dannebrog）和鱼雷艇"鸢"号（Glenten）、"鲸"号（Hvalen）与"鲑"号（Laxen）前往斯德哥尔摩，庆祝瑞典公主英格丽德（Ingrid）与丹麦

在 1911 年某天的中午，解散的舰员们正在住舱内小睡，但一位一级军 士（Underkvartermester 1st. class）仍在值守。请注意右侧的几名水兵，他们直接躺在了餐桌上。

王储弗雷德里克（Frederik）的婚礼。由于海军经费有限，"彼得·斯克拉姆"号只能以 8 节的经济航速前进到奥兰岛（Oland）以北的瑞典沿海，并在当地与运载王室成员的分队一道前往斯德哥尔摩。在仪式结束后，分队离开斯德哥尔摩群岛（Stockholm archipelago），"彼得·斯克拉姆"号离队以 8 节的速度单独前进，其他舰艇则以 12 节的速度返航回国。在这段短暂的服役经历之后，该舰再次告别一线，直到 1939 年二战即将爆发时才重返舰队。

中立与沦陷，1939—1943 年

在 1939 年时，"彼得·斯克拉姆"号和"尼尔斯·尤尔"号成了丹麦海军中硕果仅存的主力舰，至于"盾牌"号、"赫尔卢夫·特罗勒"号和"奥尔菲尔特·费舍尔"号则已分别在 1929 年、1932 年和 1936 年退役。随着战云集聚，1939 年 5 月，两舰

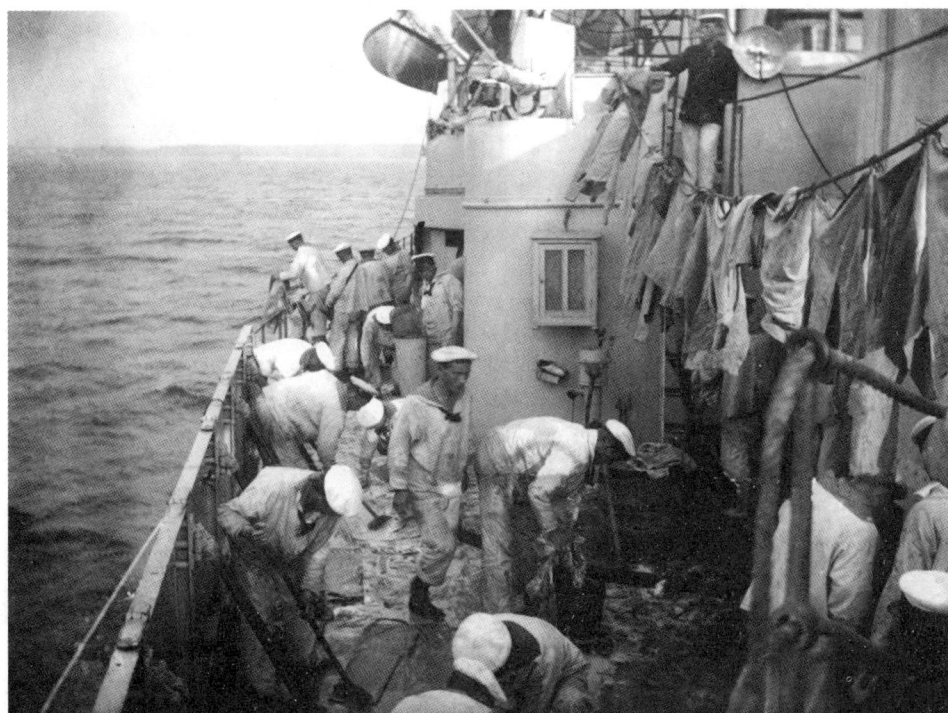

1915 年时，在"彼得·斯克拉姆"号的前甲板上清洗衣物的舰员们。

在哥本哈根外海集结的丹麦海军第 1 分舰队，其中包括"赫尔卢夫·特罗勒"号、"彼得·斯克拉姆"号和数艘鱼雷艇，它们将为 1914 年 8 月丹麦作出的中立宣言提供武力支持。

和一些小型舰艇一道被编入了一支训练分队，并在其中担任核心。期间，"彼得·斯克拉姆"号进行了一次全马力运转试验，测得的最高航速和 30 年前一样，都是 15.9 节。但这段服役期很快便在 7 月 7 日结束了，"彼得·斯克拉姆"号开往哥本哈根的霍尔门（Holmen）海军基地驻扎。当德国军队 9 月 1 日入侵波兰时，该舰仍然停留于此，只需要 48 小时的准备就可以出航，所有军需品也已搬运上舰。

和一战时的情况一样，此时的丹麦也重建了"安全部队"，"彼得·斯克拉姆"号于 9 月 20 日重新服役，但由于 20 年来政府的怠慢和民众的冷漠，它更像是 1914 年 8 月时同名部队的影子。其中，丹麦海军部署在奥尔胡斯（Aarhus）外海，编制内有"彼得·斯克拉姆"号和 1918 年下水的岸防战列舰"尼尔斯·尤尔"号和六艘鱼雷艇，以及若干水雷战舰艇、巡逻艇和水上飞机，至于可用的潜水艇则从未超过五艘。它们的任务是保卫漫长的中立海岸线，并在大贝尔特海峡和厄勒海峡布设雷场。同样，由于经费短缺，当 20 年后再次迎接战争时，丹麦海军的人员状况也不容乐观。当 8 月在奥尔胡斯的演习结束时，作者的祖父埃米尔·魏斯曼（Emil Wismann）正在"彼得·斯克拉姆"号上担任轮机长，上岸受阅期间，他被一战时的旧相识——海军总司令亚尔马·雷希尼策（Hjalmar Rechnitzer）中将认了出来。随后，双方进行了一段不

"彼得·斯克拉姆"号的后甲板，其中的 9.4 英寸尾炮塔尤其醒目。这张照片显示，在该舰竣工时，其炮塔顶部曾安装有一门 3 英寸防鱼雷艇速射炮。但在 1916 年，前后炮塔上的这种火炮都被同口径的高射炮所取代了。在该火炮后方靠上的位置，是帆布遮盖的 9.8 英尺后部测距仪。另外，在 9.4 英寸主炮炮口的正下方，我们还可以看到一个有狭窄观察缝的设施——它是舰尾鱼雷发射管的装甲发射指挥室。

1915 年 8 月，在历经磨难之后被拖入哥本哈根的 E13 号。请注意德军炮火在该艇身上制造的破坏。在照片中还可以看到于 1886 年下水的岸防舰"伊瓦·胡伊特菲尔特"号（Iver Huitfeldt）。

失尴尬的交流——雷希尼策问："'彼得·斯克拉姆'号做好战斗准备了吗？""是的，将军阁下。"魏斯曼回答说，"'彼得·斯克拉姆'号就像新的一样！"将军随后说道："那军舰的油舱加满了吗？"面对这个问题，魏斯曼惊讶地眨着眼，只能回答道："不，将军阁下，'彼得·斯克拉姆'号是烧煤的……"

　　当德国军队最终于 1940 年 4 月 9 日 4 点 15 分入侵丹麦时，丹麦海军没有进行任何抵抗，这一方面是由于装备老旧，另一方面则应归咎于丹麦政府——它并没有进行战争动员，而是把希望寄托在了去年 5 月同德国签订的互不侵犯条约上。最终，入侵者在日德兰半岛北部的弗雷德里克港（Frederikshavn）发现了"彼得·斯克拉姆"号，而"尼尔斯·尤尔"号则在霍尔门被扣留。至于守卫着大贝尔特海峡雷场的鱼雷艇则得到严令，除非出于自卫或是得到了国防部的后续指示，否则一律不准开火。由于它们未全部配备无线电，情况变成了一团乱麻。当天 10 点，丹麦宣布投降。

　　德国对丹麦的占领最初是以一种"温和"的方式进行的。尽管处在德国的控制下，但丹麦政府仍在行使职能，对于德国人来说，他们希望让这个国家充当窗口，彰显第三帝国的和平占领政策。期间，德国向丹麦提供了对其经济至关重要的煤炭、石油和

1915 年 8 月，在哥本哈根停靠的 E13 号，这次拍摄者位于其右舷。

① 参见《1943 年 8 月 29 日前后，海军相关事件的综合报告》和索伦·诺尔比所著的"1943 年 8 月 29 日，有人对德国入侵者开枪吗？"一文，后者的网址为：http://www.noerby.net/pdf/2004/Preuthun.pdf。

其他原材料，而丹麦的大部分工农业产品都流向了德国。但这种强制合作在 1943 年夏天开始瓦解。这并非丹麦政府或议会刻意为之，而是由于民众奋起反抗——他们走上街头，发动罢工或是采取其他形式的不合作行动。同时，丹麦抵抗运动也变得更有实力和信心，发动的袭击和破坏日渐增多。有鉴于此，希特勒在 8 月 28 日向丹麦政府发出最后通牒，勒令其采取措施限制居民的人身自由，否则就将在该国实施戒严令。于是丹麦政府集体辞职，作为应对，德军在第二天发起了"狩猎旅行"（Safari）行动，试图解除丹麦陆海军的武装。

自沉

　　作为丹麦王家海军的总司令，海军中将 A.H. 韦德尔（A. H. Vedel，值得一提的是，他是"彼得·斯克拉姆"号首席设计师之一——H. 韦德尔的儿子）早已预料到合作的结束和德国人的反应。因此，他很早就向所有海军舰船发布了秘密指示：只要命令一抵达，各舰就将开赴瑞典海域（离哥本哈根只有一个小时的航程）或在港口自沉，以免落入德军之手。为了方便展开行动，韦德尔还向各舰秘密配发了炸药。1943 年 8 月 29 日清晨，编入预备役的"彼得·斯克拉姆"号停靠在哥本哈根的霍尔门充当浮动指挥舰，3 点 59 分，三辆德国军车出现在海军基地入口处。根据战后丹麦政府的报告，他们未遭遇任何抵抗便进入了基地。但另一份资料宣称，一进入基地，他们便遭到了机枪射击，为此，丹麦军队消耗了整整五个弹夹的弹药。[①] 无论如何，德军车队开出不到几百码便停了下来。随后，一名机智的丹麦水手抬起了第一座吊桥——这些桥梁连接着基地所在的五座小岛。由于这座桥梁是遥控升起的，德军别无选择，只能绕路前往最北端的尼霍姆岛（Nyholm）——在岛边停靠着包括"彼得·斯克拉姆"号在内的大部分舰只。由此，丹麦人获得了宝贵的反应时间。

　　与此同时，在"彼得·斯克拉姆"号上，各作战舰只的总指挥官保罗·伊普森（Paul Ipsen）海军上校得知了第一批德国军车在海军基地入口出现的情况，并立即将消息汇报给了身在哥本哈根的海军司令韦德尔中将。韦德尔毫不犹豫地指示伊普森"执行命令"——即凿沉所有舰只。4 点 08 分，伊普森下令挂出"KNIT"信号旗。通过"彼得·斯克拉姆"号上的信号灯，这条命令被传达到了每艘军舰上，并随着自沉炸药的引爆得到了忠实贯彻。但"彼得·斯克拉姆"号是个例外，由于该舰已经退役，因此没有收到炸药。于是，其成员在 4 点 35 分打开通海阀，汹涌的海水灌入舱内。到 5 点时，该舰已呈右倾 20 度

一起停泊在哥本哈根霍尔门海军基地的"奥尔菲特·费舍尔"号与"彼得·斯克拉姆"号。在它们旁边的是落成于 1742 年的"老桅杆吊装机"（Old Mast Crane）。

的状态沉没在港内，但大部分上
层建筑仍位于海面之上。

万字旗下，1943—1945 年

在霍尔门自沉的 27 艘海军
舰船中有九艘是潜艇、18 艘是
水面舰艇，其中 11 艘后来被打
捞起来并继续在德国海军中服
役。其中就有 "彼得·斯克拉姆"
号——在自沉时，该舰的舰体结
构损伤轻微，而且打捞难度较小。
舰上的四门 5.9 英寸副炮被拆下，
安装到了日德兰半岛西南方的法
诺岛（Fano）上，成为帕德比约
炮台（Padebjerg Battery）的一部分，

1939 夏天，进行全舰火炮齐射时的 "彼得·斯克拉姆"号。在此期间，该舰跑出了 15.9 节的速度——和 1909 年试航时一模一样。

但 9.4 英寸主炮仍留在原位。随后，该舰被拖往基尔，具体时间可能是 1943 年秋天。
但德国人似乎只对它进行过一次改装，随后便在 1944 年把它以固定训练舰兼防空舰
（Flakschiff）的身份编入了海军，并给予了一个新舰名—— "鹰"号（Adler）。在德
军 1944 年绘制的图纸上显示，该舰准备安装全新的上层建筑，并配备六门 4 英寸高
射炮、四门 1.6 英寸单管高射炮和四座 0.8 英寸四联装高射炮，但这些改装从来没有
落实，相反，德国人只是为其安装了一些 0.8 英寸轻型高射炮。尽管德国方面的资料
显示，在 1944 年，该舰 "发动机再次瘫痪"，但实际上，在 1943 年 8 月 29 日之后，
该舰便很可能已无力自主航行了。[1] 1945 年 1 月，英国皇家空军的侦察显示，"鹰"
号停泊在基尔的弗里德里希区（Friedrichsort）。4 月，该舰在基尔于空袭中中弹受损。
其舰尾部分进水，被迫搁浅，并以这种状态迎来了 1945 年 5 月的战争结束。

作者的祖父——埃米尔·魏斯曼（Emil Wismann）。照片拍摄于 1931 年，当时他正穿着轮机中尉的制服演奏大鲁特琴（Archlute）。二战爆发时，他在 "彼得·斯克拉姆"号上担任轮机长。

[1] 埃里希·格罗纳，《德国战舰，1815—1945 年》第 7 卷（科布伦茨，伯纳德和格雷夫出版社，1990 年出版）第 214 页。

1940 年 3 月 10 日时停泊在奥尔胡斯的"安全部队"第 1 分舰队，在照片中可以看到"彼得·斯克拉姆"号。照片的左侧是三艘"龙"级（Dragen class）鱼雷艇，停泊在栈桥旁的是潜艇供应舰"亨里克·格纳"号（Henrik Gerner）和三艘"人鱼"级（Havmanden class，该级共四艘，于 1938—1939 年年间服役）潜艇。

风烛残年，1945—1949 年

　　1945 年 8 月下旬，丹麦的 Em.Z. 施维策公司（Em. Z. Svitzer）奉命派遣打捞船"加姆"号（Garm）前往基尔，以便将"彼得·斯克拉姆"号的残骸运回哥本哈根。经过三天作业，它们成功将这艘军舰浮起并完成了拖曳准备。9 月 3 日，"彼得·斯克拉姆"号终于看到了厄勒峡湾北入口处，赫尔辛格大教堂的尖顶。随后，拖船"高姆"号（Gorm）和"雷神之锤"号（Mjølner）牵引着它驶完了通向霍尔门的最后 20 海里航程，让它和 1943 年 8 月自沉后的其他被德国人捞起的军舰重逢。此时，"彼得·斯克拉姆"号已时日无多：在 1948—1949 年冬天，该舰的装甲指挥塔被拆卸上岸，放置在海军学院北面，后来又在 1961 年迁入里瑟（Risø）的核试验室。然后，该舰于1949 年 4 月 1 日被出售给总部在欧登塞（Odense）的 H.J. 汉森（H. J. Hansen）拆船公司，拆解工作在当年夏天完成。期间，汉森公司趁机拆下了军舰 50 英尺高的前桅和桅顶观测所，并将其用作公司的地标。虽然今天，汉森公司早已开始转型经营废物回收这项环保业务，但"彼得·斯克拉姆"号的桅杆仍一直矗立在原地。时至今日，仍有很多船只在欧登塞来往，但很少有人意识到，岸上那座看起来突兀的建筑实际是丹麦海军岸防战列舰"彼得·斯克拉姆"号的最后遗存。

附录 1：下水和竣工

　　在开工三年多之后，"彼得·斯克拉姆"号于 1908 年 5 月 2 日在海军船厂举行了下水仪式。这一时刻令人久久无法忘怀。丹麦的主要报纸《贝林时报》（Berlingske Tidende）描述道：

　　从清晨起，人们便纷纷涌向海军船厂。陆军和海军军官身着盛装，在妻子们的陪伴下，沿着从海军区（Nyboder，一个专为海军军人设置的居住区）通往赫维斯

图斯码头（Kvæsthusbroen）和托德博登（Toldboden）的街道大步走向港口和海军造船厂——看上去就像是一场浩大的迁徙。很快在城市和海军造船厂的轮渡码头之间形成了长长的队伍。因为大船下水非常罕见，人人都兴致勃勃。

他们在海军造船厂的入口接受了士官们的问候和检查——因为这里通常严禁人员随意进入。从这里可以看到"彼得·斯克拉姆"号的庞大身躯，它被厚重的油漆涂成红黑两色，锐利的撞角划破天空。

工人在舰体周围忙碌，官员们检查着滑道，滑道上铺满了加速舰体滑动的绿色油脂。

在舰体的南北两侧，看台和长凳已经为海军军官与他们的妻子、儿女和未婚妻准备妥当。

舰体南侧是给王室人员搭建的华幔。士官们在布罗伯格（Broberg）海军中尉的带领下列队行进，接受陆海军军官和受邀政要的检阅。附近还有一座帐篷式看台，首相、政府所有部长、各国外交使节及其夫人们都恭候于此。看台前方是身着礼服的高级军官，另外还有不少女士，她们穿着可爱的春季款连衣裙，为整个仪式增添了不少亮色。

11 点整，克里斯蒂安六世炮台（Sixtus battery）开始鸣炮致敬——它预示着王室成员的到来。之前，搭载他们的汽艇已经从港区的哥本哈根一侧启程，并径直向海军船厂驶来。抵达之后，他们得到了扎卡里埃（Zachariae）海军上将、旺德尔（Wandel）海军中将等众多海军军官的欢迎。人群欢声雷动，军乐队奏响乐章。壮观的军事仪式

1943 年 10 月，自沉于霍尔门的"彼得·斯克拉姆"号。在照片的右侧，可以看到一艘被拖上码头的鱼雷艇。这项工作是德国人用第 1/38 号起重机船完成的——该船是一种强大的工程设备，来自汉堡，绰号"长亨德里克"（Der Lange Hendrik）。

就此揭幕。王后陛下被献上一束华丽的红白玫瑰，国王弗雷德里克八世则穿着海军上将礼服，在海军船厂负责人的陪同下快速巡视了滑道，以近距离观察这艘军舰。

随后，海军牧师冯格尔（Fenger）面对横亘在王室观礼台前方的巨舰——"彼得·斯克拉姆"号发表了演讲，他的语言简洁有力、激动人心："海军船厂有理由庆祝这一天，因为在老天鹅的巢穴中，一只雏鸟已破壳而出，它将用牙齿和利爪守护自己的家园。"牧师的演讲结束后，人群沉默了片刻。接着沉重的锤击声划破了宁静，"彼得·斯克拉姆"号的固定支架被纷纷打碎。下水开始了！

"彼得·斯克拉姆"号是丹麦海军中第二艘采用这一舰名的军舰，而第一艘是1859年下水的木制蒸汽巡航舰，它在建造中被改装为装甲巡航舰。在海军造船厂完成舾装后，新"彼得·斯克拉姆"号于1909年9月正式加入了丹麦海军。

附录2：丹麦海军的日常作训安排

6点：吹响起床号，收拾吊床，吃早餐。

7点：打扫全舰卫生，7点半喝咖啡，整理个人服装，等待晨早检查。

9点：训练或工作。

11点30分：午餐，期间两班执勤人员可以不必立正。

14点：训练和演习。

16点45分：检查。

17点：水手长发布"下午茶"命令。所有舰员从作训服换为常服。之后开始晚餐。

20点：解散，支起吊床，除非有夜间训练，不执勤的人员可以就寝。

21点：吹响熄灯号。

1945年9月3日，在拖船牵引下，"彼得·斯克拉姆"号驶过赫尔辛格（又名埃尔西诺）附近的克伦堡（Kronborg Castle）——当时，该舰正处于从基尔返回本土拆船厂的最后一程。

参考资料：卡伊·达尔（Kai Dahl），《水兵手册》（Lærebog for Orlogsgaster）[哥本哈根，国防部（Forsvarsministeriet），1939年出版]

附录3：中立巡逻，1914—1918年：E-13号事件

对于丹麦海军而言，一战时的中立巡逻是乏味的。但其中穿插了一个有趣的插曲：1915年8月18—19日间，英国潜艇E-13号试图趁夜色偷渡厄勒海峡，但这一举动不幸失败。尽管随行的潜艇E-8号在同一时间成功完成了任务，但因为陀螺罗经损坏，杰弗里·莱顿（Geoffrey Layton，他后来晋升为海军上将）海军少校指挥的E-13号却在丹麦小岛——萨特霍尔姆（Saltholm）东南端不幸搁浅，此时其距离厄勒海峡只有8海里。[①] 19日黎明破晓时，驻守的丹麦警戒舰"法尔斯特"号（Falster）发现了E-13号，并向哥本哈根的海军最高指挥部（Fladens Overkommando）做了报告。鱼雷艇"一角鲸"号（Narhvalen）立刻前去查看。同时，该艇还接到了海军总参谋长文克中校的命令，其内容则摆明了丹麦政府的立场：

如果对方是德国潜艇，且其他德国船只能够提供协助，此时必须发出抗议，但除此之外不得采取其他措施。如果是英国潜艇，则必须阻止德军停获或攻击它。如果对方拒绝服从，请首先提出抗议，然后可以使用一切手段。[②]

大约5点左右，"一角鲸"号靠上了E-13号，其艇长J.A.蒂勒（J.A.Thiele）海军上尉通知英国艇长莱顿少校，根据中立规定，他必须在24小时驾驶潜艇离开丹麦领海，否则将面临拘留。得知此事后，丹麦海军总参谋长温克立刻下达指示："在必要时可以用武力保护英国潜艇。"但事实上，德国人却没有表现出一丝顾忌。在发现E-13号时，以"彼得·斯克拉姆"号为首的丹麦海军第1分舰队正在位于事发地以北15海里的斯库舒韦德（Skovshoved）附近停泊。它们立刻接到命令赶赴现场，以加强附近的丹麦舰船（此时，丹麦人已经可以看到德国舰船出现在南面，只是暂时还没有驶入领海）。同样奉命抵达的还有鱼雷艇"海狼"号（Søulven）和"宽吻海豚"号（Tumleren），8点45分，第三艘丹麦鱼雷艇"鲟鱼"号（Støren）也抵达了事发地。在稍早之前，"鲟鱼"号曾发出电报，表示一艘德国鱼雷艇已经逼近了E-13号，但没有准备开火的迹象。

不久，局势发生了变化。9点28分，"海狼"号的艇长E.哈克（E. Haack）报告称，

在今天的欧登塞，"彼得·斯克拉姆"号的前桅杆和桅顶瞭望所正俯瞰着H.J.汉森公司的废品回收场——它也是丹麦海军岸防舰队的最后遗存。

[①] 参见"哥本哈根外海的致命清晨，1915年8月"（A deadly morning off Copenhagen in August, 1915）一文，网址为：http://www.navalhistory.dk/English/History/1914_1918/E13_%20incident.htm。

[②] 丹麦海军参谋部，《"安全部队"时期的海上行动：对侵犯中立行为和其他中立巡航相关事项的大事记》第163—180页，网址为：http://www.marinehist.dk/orlogsbib/dufvus-2.pdf。

① 艇长莱顿的报告可在 http://www.navalhistory.dk/English/History/1914_1918/E13_Layton_report.htm 上找到。

德国鱼雷艇 G-132 号和 G-134 正在从南方高速驶近。G-132 号上悬挂着勒令英军弃船的信号旗，并在 300 码外发射了鱼雷，由于水深不足，这枚鱼雷立刻爆炸了。随后，G-132 号和 G-134 号一起用 2 英寸炮开火，迅速将毫无还手之力的 E-13 号打得熊熊燃烧起来。整个行动持续了不到三分钟，在此期间，尽管得到了开火许可，但丹麦舰只始终按兵不动。只有在英国潜艇中弹沉没，莱顿少校下令弃船时，"海狼"号才隔开了双方，德军随后转舵向南离去。丹麦人没有朝撤退的德军开火，并放下小艇试图搭救英军。在"彼得·斯克拉姆"号和防护巡洋舰"涌泉"号（Gejser）抵达时，30 名潜艇艇员中一共有 15 人被救起。[①] 这次事件表明，丹麦海军既无法严守中立，更无力保护友好国家的舰艇免遭敌军攻击。

参考资料

未公开资料

- 丹麦武装部队图书馆（Forsvarets Bibliotek），哥本哈根："装甲舰'赫尔卢夫·特罗勒'号、'奥尔菲尔特·费舍尔'号、'彼得·斯克拉姆'号的主尺度、装甲厚度及重量等数据的汇编"（Panserskibene Herluf Trolle, Olfert Fischer og Peder Skram. Sammenstilling af Hoveddimensioner, Panser Tykkelse, Vægte mm.）
- 丹麦海军参谋部（Flaadens Stab），《"安全部队"时期的海上行动：对侵犯中立行为和其他中立巡航相关事项的大事记》（Den udrustede Flaades Virksomhed under Sikringsperioden. Kronologisk Oversigt over Neutralitetskrcenkelser og andre Forhold vedrorende Neutralitetshevogtningen），参见 http://www.marinehist.dk/orlogsbib/dufvus-2.pdf（2017 年 6 月访问）
- 《1943 年 8 月 29 日前后，海军相关事件的综合报告》（Generalrapport over Begivenhederne i Sovcernet omkring den 29. August 1943），参见 http://www.marinehist.dk/orlogsbib/Generalrapl943.pdf（2017 年 6 月访问）

公开资料

- 联合创作，《世界大战期间的海上行动，1914—1919 年》（Flaadens virksomhed under verdenskrigen, 1914-1919）[哥本哈根，海军部（Marineministeriet），1920 年出版]
- I.E. 安德森（Chr. I. E. Andersen），《海军舰船的结构和布置》（Bygning og indretning af Flaadens skibe）（哥本哈根，海军部，1906 年出版）
- 亨里克·克里斯蒂安森（Henrik Christiansen），《海军舰船 500 年》（Orlogsfladens skibe gennem 500 dr）第 3 卷，[哥本哈根，阿诺德·布斯克出版社（Arnold Busck），2010 年出版]
- 卡伊·达尔（Kai Dahl），《水兵手册》（哥本哈根，国防部，1939 年出版）
- 埃里希·格罗纳（Erich Groner），《德国战舰，1815—1945 年》（Die deutschen Kriegsschiffe 1815-1945）第 7 卷（科布伦茨，伯纳德和格雷夫出版社，1990 年出版）
- 卡伊·麦德森（Kaj Toft Madsen），《丹麦鱼雷，1862—2008 年》（Danske Torpedoer 1862-2008）[哥本哈根，阿诺德·布斯克出版社（Arnold Busck），2008 年出版]
- M. 尼尔森（M. Nielsen）编辑，《尼霍姆、弗雷德里克斯霍姆和多肯海军船厂的 250 年造船和工程史》（Skibsbygning og Maskinvcesen ved Orlogsvcerftet pa Nyholm, Frederiksholm og Dokoen gennem 250 dr）[哥本哈根，中央印刷局（Centraltrykkeriet），1942 年]
- 索伦·诺尔比 Soren Norby），《1943 年 8 月 29 日：舰队自沉》（Fladens scenkning 29 august 1943）[欧登塞，区域出版社（Forlaget Region），2003 年出版社]
- 索伦·诺尔比，"1943 年 8 月 29 日，有人对德国入侵者开枪吗？"（Blev der skudt mod de indtrsengende tyskere den 29 August 1943?），参见 http://www.noerby.net/pdf/2004/Preuthun.pdf（2017 年 6 月访问）
- 索伦·诺尔比，"主力舰和皇家游艇下水记，1841—1931 年"（Stabelaflobninger af storre Orlogsskibe og kongeskibe 1841-1931），参见 http://www.noerby.Net/pdf/2003/stabel.pdf（2017 年 6 月访问）
- R. 斯蒂恩森 R. Steen Steensen），《我们的装甲舰，1863—1943 年》（Vore Panserskibe 1863-1943）[哥本哈根，海军历史学会（Marinehistorisk Selskab），1968 年出版]
- 艾吉尔·蒂德，《丹麦海军舰炮，1860—2004》全 2 卷（哥本哈根，丹麦军事博物馆，2004 年出版）

巴西海军

战列舰"米纳斯吉拉斯"号
（1908 年）

作者：若奥·罗伯托·菲尔奥

　　"米纳斯吉拉斯"号战列舰的名字源自巴西最东南部的一个州——这个州以生产黄金和各种贵金属闻名。而该舰在 1910 年的到来，更是令巴西海军成了继英国、德国和美国之后第四个拥有无畏舰的国家，而三年前，该舰和姐妹舰"圣保罗"号（São Paulo）的订购，更是激起了一场巴西与阿根廷和智利的海军竞赛。[①]这些舰只庞大和复杂，甚至操纵和运转都是一种挑战。它们颠覆了当时巴西国内脆弱的社会平衡，尤其是该国独立后海军独有的种族隔离制度。同时，它还向我们阐明了一个事实：一艘主力舰完全可以充当一个国家社会和政治制度的缩影。这也是为何终其一生，"米纳斯吉拉斯"号都不像一艘真正意义上的战舰，而更像是一艘"动乱之船"。

建造背景

　　在 1888 年 5 月废除奴隶制之后不久的 11 月 15 日，德奥多罗·达·丰塞卡（Deodoro da Fonseca）[②]元帅发动兵变废黜了佩德罗二世（Dom Pedro Ⅱ），一举终结了 1822 年建立的巴西帝国。但有一段时间，新生的巴西共和国却陷入了军事独裁，共和国的上层也对海军颇为抵触。他们这么想并非没有原因：巴西海军实际发源自葡萄牙海军，并和 1808 年从里斯本迁来的葡萄牙王室存在密切关系。其之所以一度成为南美洲最强大的舰队，基本要得益于后者的庇护。但另一方面，共和运动的支持者主要是陆军军官，在他们上台之后，便从经费和人员层面断绝了对海军的支持，以便让这个"对手"半死不活。

　　由于生存受到威胁，海军开始广泛介入国内的政治事务，由此诱发了"海军革命"（Revoltas da Armada）：1891 年 11 月，德奥多罗宣布全国进入紧急状态，并解散了国民议会，这引发了海军的反抗，在库斯托迪奥·德·梅罗（Custódio de Melo）海军上将的领导下，起义者成功推翻了德奥多罗的统治，并将后者的副手——弗洛里亚诺·佩绍托（Floriano Peixoto）元帅扶上了总统宝座。但两年后，在双方达成的权力分配协议到期时，佩绍托却拒绝卸任。

　　这也成了第二次"海军革命"在 1893 年 9 月 6 日爆发的导火索，它持续的时间要比第一次更久。其领导者依旧是库斯托迪奥·德·梅罗海军上将，而旗号则是恢复君主制。在之后的一个星期，海军与里约热内卢岸防要塞的陆军炮兵爆发了交火，一场长达两年时间，并导致一万人丧生的内战从此开始了。尽管库斯托迪奥·德·梅罗

① 译者注：巴西人的姓名一般由三到四个部分组成，其中第一和第二部分是名，接着是母姓，最后为父姓。在简称时，一般使用的是最后的父姓，但也经常有例外出现。由于资料缺乏，本人无法对人名进行逐个考证，故使用了英文原书中的人名简称。

② 鲁伊·巴博萨，《英格兰来信》（第2版，圣保罗，萨拉维亚学术书店，1929 年出版）第 254—258 页。

与在南方发动叛乱的联邦党人（Federalist）建立了联系，还得到了 1864—1870 年年间巴拉圭战争中最显赫的英雄人物——沙尔丹哈·达·伽马（Saldanha da Gama）海军上将的支持，但海军仍然在 1894 年 3 月被彻底击败，包括沙尔丹哈·达·伽马在内的许多领导人也在岸上的战斗中丧生。

　　在这段时间，得到美国支持的共和国政府只从欧洲等国胡乱购买了几艘舰船，并组成了一支"纸糊的舰队"，就像是给海军发展套上的枷锁。[1]直到 1896 年，议会

① 鲁伊·巴博萨，《英格兰来信》（第 2 版，圣保罗，萨拉维亚学术书店，1929 年出版）第 254—258 页。

加煤中的"米纳斯吉拉斯"号。本照片大约拍摄于 1913 年。"米纳斯吉拉斯"号和其姐妹舰"圣保罗"号的订单在 1907 年 2 月下达，这不仅让巴西海军成了最早拥有无畏舰的国家之一，还在南美洲引发了海军军备竞赛。

通过特赦法案之后，海军才得到了相对宽松的发展条件：他们一甩开动乱时代的历史包袱，便积极重新参与进政府的正常运作中。

　　尽管"海军革命"未能达成目标，但它确实促进了文官政府的成立。这一政府更多代表的是咖啡出口商人的利益，而不再对陆军唯命是从。也正是这种政治环境，为巴西海军的重建提供了契机，而后者又催生了一次空前的大辩论，其核心议题是海上力量对巴西的意义。在辩论期间，各种思想也陆续传入。

　　这场辩论中最活跃的人物莫过于参议员鲁伊·巴博萨（Rui Barbosa de Oliveira）——他是一名颇有声望的律师，曾在德奥多罗政府中担任司法部长，因被控煽动 1893 年的海军革命而流亡伦敦。[1] 也正是在侨居伦敦期间的 1895 年 5 月，巴博萨在巴西最大的报纸——《商报》（Jornal do Commercio）上发表了四篇文章，并为重新正视巴西海军的价值铺平了道路。在这些以"来自远东的教训"（A Lesson from the Far East）为总标题的作品中，巴博萨不仅介绍了在上一年 9 月的黄海海战中，日本海军对北洋舰队的胜利（详情可参见"镇远"号一章），还指出在 19 世纪末，从人员和装备两个层面重建海军

---

[1] 关于鲁伊·巴博萨的传记，可参见约瑟夫·洛夫的《反鞭刑起义》（加利福尼亚州斯坦福，斯坦福大学出版社，2012 年出版）一书第 9—10 页。

新巴西海军的两位缔造者，参议员鲁伊·巴博萨（1849—1923 年，左）和海军上将阿瑟·席尔维拉·达·莫塔（1843—1914 年，即"哈塞瓜伊男爵"，右）。

① 参见若泽·米盖尔·阿里耶斯·内图撰写的"巴西海军的国家形象"一文中的分析，此文出自《巴西海事杂志》第 121 辑（2001 年）第 7—9 期，第 105—115 页。

② 马汉的代表作——《海上力量对历史的影响》于 1895 年在《巴西海事评论》（Revista Marítima Brasileira）上发表，一共有 12 个部分，译者是莱昂·阿姆扎拉克海军上尉（Leão Amzalak）。

③ 迪亚斯的各种看法可参见《海军的难题：论海军现状及其在国家命运中的作用》（里约热内卢，国家普查局，1899 年出版）一书。

④ 参见儒里奥·塞萨尔·德·诺罗尼亚的"1904 年海军计划"一文，此文出自《巴西海军史补遗》第 9 卷（里约热内卢，海军通讯出版社，1950 年出版）。

才是巴西政府面临的最大挑战。① 在阿尔弗雷德·马汉提出的观点影响下，巴博萨也认为海上力量的强弱将决定一个国家的实力。② 不仅如此，他还提出了一个基本观点：由于"海军革命"的影响，巴西的海军实力已经被削弱到了让国家可以被外部势力任意干涉的地步，一旦国家在海上被敌人击败，单靠陆军将远无法保全它的独立。而且更重要的是，和陆军不同，海军的建设根本无法一蹴而就。

他这样写道：

现在，无论是我们巴西国内，还是整个世界，裁军的情况都非常普遍。但解散海军却着实是我国首创的一项惊人壮举。陆军可以迅速扩充，一有风吹草动，国家就可以把民众动员起来，但海军昂贵、复杂、技术含量极高，需要长年累月的建设，如果一个国家想摒弃它，其生存就将面临持续不断且无法逆转的威胁。

次年，该报又发表了一系列关于海军组织体系的文章，其作者是阿瑟·席尔维拉·达·莫塔（Arthur Silveira da Motta）海军上将，而他更广为人知的名字是哈塞瓜伊男爵（Baron of Jaceguay）。在文章中，他对巴博萨的大部分观点表示赞同，另外还对巴西海军建设中的其他关键因素提出了专业见解。1899 年，年轻的记者阿瑟·迪亚兹（Arthur Dias）也紧随这两位名人加入了进来，他的作品也扩大了这场论争的受众基本面。不过，迪亚兹却在一些问题上和巴博萨相左，比如他认为巴西的真正威胁并不是邻国阿根廷，而是美国和欧洲的其他强国。③

1904 年海军计划

在弗朗西斯科·罗德里格斯·阿尔维斯（Francisco de Paula Rodrigues Alves）担任总统（即 1902—1906 年）期间，由于政治经济状况改善，巴西政府终于能够制定和通过一份完善的海军军备计划了。该计划得到了海军部长儒里奥·塞萨尔·德·诺罗尼亚（Julio César de Noronha）的推动：1904 年 4 月，他在《海军部长报告》（Ministério dos Negócios da Marinha）中提出了一个为期 6—8 年的海军建设方案，要求添置三艘排水量 12500—13000 吨的战列舰、三艘排水量 9200—9700 吨的装甲巡洋舰（其数量安排明显受到了 1896 年日本海军建设计划的影响）、六艘排水量 400 吨的鱼雷艇驱逐舰和若干小型舰船。④ 其中，战列舰的设计将以智利 1901 年从阿姆斯特朗和维克斯公司订购的"宪法"号（Constitución）和"自由"号（Libertad）为蓝本——这两艘军舰后来作为"敏

巴西海军的军官们。这张照片拍摄于 1925 年，展示了佩尼多（Penido）将军和其下属的参谋们。

在舰尾甲板上，"米纳斯吉拉斯"号上的舰员们正在加煤。本照片大约拍摄于 1913 年。请注意照片左侧的军号手和远方的隐约可辨的"圣保罗"号。

捷"号（Swiftsure）和"凯旋"号（Triumph）加入了英国皇家海军。诺罗尼亚的报告还涉及了一个长期以来的争议点——装甲巡洋舰的价值，这种军舰不仅在武器、防护和速度方面都要胜过防护巡洋舰，还可以作为侧翼迂回分队加入战列线，进而颠覆了 18 和 19 世纪的传统战术。因此，诺罗尼亚的报告也是巴西海军史上第一份构建一支整齐划一舰队的海军建设方案——就这样，哈塞瓜伊男爵于 1896 年率先提出的设想终于播下了种子，而"米纳斯吉拉斯"号就是它结出的一颗硕果。

1904 年 7 月 12 日，众议院海陆军委员会（Comissão de Marinha e Guerra）发布了一份报告，其内容对计划的推行极为有利。除了对原内容有几项修改之外，其重点不仅有为建造一座造船厂和扩建军用干船坞拨款，还按照巴博萨在 1895 年的提议，为改善军官、司炉工和水手的培训提供了更多资金。在预算层面，该报告建议将计划分为三个阶段，每个阶段持续三年。这种安排也是为了让邻国相信，巴西不打算骤然一跃成为一个地区霸权。此外，它还建议南美国家的海军联合起来，以抵御来自"其他大陆的觊觎"。

1904 年 12 月 14 日，诺罗尼亚重建巴西海军的计划获得了国会第 1296 号法令的批准。除上述采购外，该计划还打算购置六艘 120 吨鱼雷艇和六艘 50 吨的鱼雷艇、三艘潜艇、一艘可运输 6000 吨煤炭的运煤船和一艘最大排水量为 3000 吨的训练舰。此外，该文件还下令尽快完成"伯南布哥"号（Pernambuco）和"马拉尼昂"号（Maranhão）内河重炮舰。至于经费，每个财政年度都会有相应的预算拨款。同时，任何当年的结余都会被转移到下一年度。当年年底，随着第 1452 号法令获得通过，1906 年的国家预算被正式确定下来，其中授权政府可以对外签署价值 4214550

英镑的合同，但当年的支出不能超过 1685200 英镑的限度。根据这一新情况，诺罗尼亚命令海军工程局（Inspetoria de Engenharia Naval）对 11 家投标人进行评估，并最终将合同授予了位于泰恩河畔纽卡斯尔的阿姆斯特朗 - 惠特沃思公司（W.G.Armstrong Whitworth）。诺罗尼亚回忆道："这家投标人的资质非常出色——不仅最符合海军计划的需求，还在出价中涵盖了一站式的服务，如安装武器、配备弹药等。"

于是，在 1906 年 7 月 23 日，巴西政府与阿姆斯特朗公司签署了一份建造三艘战列舰的协议，每艘战列舰的排水量为 13000 吨。根据巴西政府在 1905 年 6 月 23 日送出的信函，其计划订购的军舰将拥有 12 门 10 英寸舰炮，它们将被安装在六座双联装炮塔中，其中舰首和舰尾各有一座，其余四座分别在舰体两侧。[1]阿姆斯特朗公司将为该舰提供火炮、弹药和装甲，但按照合同，一部分相关工程也会被分包出去，比如该舰的发动机应由德普特福德（Deptford）的汉弗莱斯 - 坦南特公司（Humphrys, Tennant & Company）建造。同时，阿姆斯特朗公司还在埃尔斯维克船厂（Elswick yard）为其中两艘战列舰的建造做了准备工作，其中首舰定名为"米纳斯吉拉斯"号，船厂编号为 791，二号舰为"里约热内卢"号（Rio de Janeiro），船厂编号为 792，至于第三艘——"圣保罗"号则被转包给了维克斯公司在巴罗因弗内斯（Barrow-in-Furness）的船厂，编号为 347。不仅如此，维克斯公司还将负责所有三艘战列舰的引擎装配。前两舰的预估工期分别为 24 和 29 个月，第三艘的预估工期为 26 个月。

① 参见戴维·托普利斯的"巴西海军的无畏舰，1904—1914年"一文，出自《战舰国际》期刊第 25 辑（1988 年出版）第 3 期，第 245—246 页。

② 理查德·霍夫，《大战舰："阿金库尔"号的奇异旅程》（伦敦，米歇尔·约瑟夫出版社，1967 年出版），第 18 页。

1918 年，一群海军士官身着整洁的白色制服，在军舰的舰尾甲板上合影；在他们后方的 6 号炮塔顶上，有几个慵懒的水手正在看着这一切。士官缺乏训练和经验，是巴西海军的一个深层问题。

1906 年海军计划

尽管有了上述进展，但随着阿方索·佩纳（Afonso Pena）在 1906 年 3 月当选总统，并任命亚历山德里诺·法利亚·德·阿伦卡尔（Alexandrino Faria de Alencar）担任诺罗尼亚的接班人，1904 年海军计划也被叫停。政府还通知船厂方面，必须对战列舰的设计做出调整。此时，有谣言正在世面上流传：英国皇家海军正在建造一艘革命性的军舰。而在里约热内卢，由经理 J.M. 福克纳（J. M. Falkner）和设计局局长尤斯塔斯·特尼森 - 戴因科特（Eustace Tennyson d'Eyncourt）带领的阿姆斯特朗公司代表团也建议巴西海军部暂停计划，并等待更多细节揭晓。[2]这艘谣传中的军舰，其实就是 1906 年 2 月 10 日在朴次茅斯船厂下水的"无畏"号。虽然这一转折让诺罗尼亚大为光火，但阿姆斯特朗公司却意识到，这位将军已在政界失势。同时，推销手腕不逊于军舰设计才能的特尼森 - 戴因科特也成功说服了新上任的阿伦卡尔将军，并让他相信：如果巴西在同时建造三艘无畏舰，肯定会成为一件给国家增光添彩的好事——毕竟，这种军舰连英国都只有一艘。[1]当然，他们这么做也不全是为了巴西着想，因为在"无畏"号登场之后，英国造船企业都急于为各种创意寻找试验平台。此时，订购了三艘主力舰的巴西海军，无疑成了阿姆斯特朗公司最好的"创新合作对象"。

阿伦卡尔表示反对的根本原因，是由于过去两年的技术发展，已经让诺罗尼亚计划中的舰只完全落伍。1906年7月，他在国会为自己的方案做了辩护。为此，众议院海陆军委员会也起草了一份报告，表示1904年计划中的舰队已经过时。9月1日，这一报告被转交给众议院。同时，1907年的海军预算也开始进行讨论。但其中一位参议员——海陆军委员会的成员、诺罗尼亚的盟友埃拉克利托·贝尔福·维埃拉（Heráclito Belfort Vieira）将军却公然掀起了论战，并为1904年计划进行辩护。随后在9月17日，阿伦卡尔也用冗长而严厉的演讲回敬了他的对手。在讲话中，阿伦卡尔引用了六位英国和法国海军权威的观点，它们就像"六门大炮"一样对准和摧毁了对手的"防御工事"。根据军事领域的新情况，他不仅宣布二级主炮已经完全过时，还说军舰上多余的上层建筑不过是敌人的理想靶子，应当被完全拆除。同时，他还要求为该舰采用双层船壳，并指出其18节的航速明显不足，至于战列线中也将不会再有装甲巡洋舰的容身之处。他严厉地批评了1904年的海军计划，宣称它"既不先进，也不符合实战经验，更不值得我们国家做出如此的牺牲"。此外，他还精明地掩藏了一个事实：为了改善防护，阿姆斯特朗公司将原设计的排水量从13000吨增加到了15000吨，且没有收取额外费用。最后，阿伦卡尔带着嘲讽指出：在排水量高出6000吨的最新式战列舰面前，1904年的方案不仅莫名其妙，还甚至称得上极端荒谬。不过，他最有力的论据在于火炮，他针锋相对地告诉贝尔福·维埃拉，诺罗尼亚已经将该舰的炮塔从八座减少到了六座，但"'无畏'号拥有10门12英寸炮，而我方军舰的火炮口径只有10英寸。阁下想必知道，火炮口径越大，穿透力就越强，射程也越远，何况'无畏'号的航速更快，这意味着我们的军舰在对战中毫无胜算。"[2]此时，阿伦卡尔显然彻底接受了这样一种观点：在造舰计划上，巴西不仅要赶上周边的竞争对手，还要与最先进的国家抗衡，由于商业利益使然，各大船厂也对此表示支持。

1906年11月8日，参议员安东尼奥·弗朗西斯科·德·阿泽雷多（Antônio Francisco de Azeredo）向上院提交了海军计划草案。按照他的说法，因为上一年的对马海战，原先的计划注定需要调整，对英国的订单也必须修改。在他看来，只要这些战列舰还没有铺设龙骨，"其吨位就必须提升到18000吨，从而变成无畏舰——世界各国海军公认的最优秀的型号"。但事实上，阿姆斯特朗公司的档案显示，当阿泽雷多向参议院发表演说时，这些军舰已经开工了，而阿伦卡尔一派不可能不知道这一点。无论如何，新提案都巧妙地在国会获得了通过；在阿伦卡尔就任海军部长不久之后的11月24日，一项法令便颁布下来，其中废除了1904年的海军计划，并取而代之以一份"修改版"。该法令增加了战列舰和驱逐舰的吨位，用快速侦察巡洋舰替代了装甲巡洋舰，并增加了一艘布雷舰和一艘水文测量船，取消了原定购置的运煤船和训练舰——以上各舰的吨位总计67500吨。但与1904年相比，1906年的海军法案还有一个引人瞩目的新特点——没有明确规定所购舰只的性能诸元。因此，该法令实际给予了海军部某种自由决策的权力，而这种权力实际上又会间接落到造船厂手中。因

[1] 参见埃里奥·莱恩西奥·马丁斯和迪诺·威利·科扎的"战斗力"一文，出自《巴西海军史》卷VIB，第83页。

[2] 亚瑟·迪亚斯，《海军的难题：论海军现状及其在国家命运中的作用》（里约热内卢，国家普查局，1899年出版），第93和第97页。

① 参见集体创作的《巴西海军史》卷 V 1B（里约热内卢，巴西海军档案馆，1997 年出版）第 1 章和第 2 章。

② 戴维·托普利斯，"巴西海军的无畏舰，1904—1914 年"，出自《战舰国际》期刊第 25 辑（1988 年出版）第 3 期，第 240—289 页。

此，阿伦卡尔不得不直面参议员贝尔福·维埃拉和劳洛·索德雷（Lauro Sodré）的指控，按照后者的说法，这种彻底向海军部长放权的做法违背了巴西宪法的第 48 条，即总统掌握一切行政事务的最终决策权。

设计和建造

随后，阿伦卡尔向阿方索·佩纳提交了"米纳斯吉拉斯"号和"圣保罗"号的新设计。该设计由阿姆斯特朗公司的首席海军工程师约西亚·佩雷特（Josiah Perrett）和设计局局长尤斯塔斯·特尼森 - 戴因科特联合完成①，全长 543 英尺、宽 83 英尺、吃水深度为 25 英尺，标准排水量 19280 吨。②其主炮为 12 门 45 倍径的 12 英寸炮，它们被安置在六座双联装炮塔内，其前后方的炮塔采用了背负式布局，其余两座则交错布置在左右两舷。炮塔本身由电力驱动，相关设备的动力则由三座液压泵站（舰首两座、舰尾一座）提供。该舰的副炮包括了 22 门 50 倍径的 4.7 英寸炮和八门 1.85 英寸炮。而在防护方面，其主装甲带的厚度在 4—9 英寸之间，垂直隔壁的最大厚度为 9 英寸。炮塔和指挥塔则敷设了最大厚度为 12 英寸的克虏伯渗碳装甲。在水平防护方面，其下甲板和上甲板的厚度为 1 英寸，主甲板的最大厚度为 2 英寸。在 1910 年 1 月竣工时，这些指标也让"米纳斯吉拉斯"号短暂地成了当时世界上尺寸最大、火力最强的战列舰，它的一次齐射投送量史无前例——可以发射 12 枚炮弹。不仅如此，它还是英制战列舰中第一艘安装了背负式炮塔的战舰——这种设计最早出现于美国的"密歇根"号（USS Michigan，1908 年下水）无畏舰上。然而，"米纳斯吉拉斯"号的创新点也仅限于此——因为该舰的动力系统不是"无畏"号上的蒸汽轮机，而是由 18 座巴布科克 - 威尔科克斯（Babcock and Wilcox）型煤油混烧锅炉带动的两部维克斯型三胀式往复蒸汽机，只是其功率达到了 23500 马力，令该舰的航速可以与"无畏"号匹敌——21 节。舰上可以搭载 2305 吨煤炭和 364 吨燃油，其航程为 3600 海里（航速为 19 节时）或 8000 海里 [航速为 10 节（经济航速）时]。

在埃尔斯维克工厂下水的"米纳斯吉拉斯"号。照片拍摄于 1908 年 9 月 10 日。主持下水仪式的是英国驻巴西公使的夫人——瑞吉斯·德·奥利维拉（Regis de Oliveira）。请注意该舰的撞角艏和舰首纹章旁边的华美装饰。

1909 年下半年，在泰恩河畔的阿姆斯特朗沃克船厂（Walker shipyard）舾装的"米纳斯吉拉斯"号。

　　1907 年 1 月 7 日，埃尔斯维克工厂开始拆解原先铺设的龙骨，准备建造该舰的最终版本，其设计编号为 494A，只等待巴西方面的最后拍板。2 月 20 日，双方签订了新合同，这次，订购的数量减少到了两艘——它们未来将以"米纳斯吉拉斯"号和"圣保罗"号的名字亮相，并计划在埃尔斯维克和巴罗造船厂开建。[1]其中前者于 1907 年 4 月 17 日铺下了龙骨，船厂编号为 791，"圣保罗"号则于同年 9 月 24 日动工。虽然"米纳斯吉拉斯"号的工程曾在 1908 年初被一次罢工打断，但在这一年的 9 月 24 日，该舰还是在盛大的仪式中滑下了船台。英国的《泰晤士报》注意到，与同一天在 340 英里外的德文波特下水的"圣文森特"号（St Vincent）相比，该舰的排水量要高出 1750 吨。因为阿姆斯特朗公司提出的部分改进方案（尤其是弹药库的制冷系统）未能得到巴西代表的同意，所以该舰的工程进度又遭遇了进一步的拖延。但即使如此，该舰还是在 1910 年 1 月 5 日宣告竣工，并在 4 月 17 日骄傲地驶入了里约热内卢。在这座当时仍是巴西共和国首都的城市，一系列欢迎活动将人们的爱国主义热情推向了顶点。《国家报》（O Paiz）这样描写了当天下午 1 点舰队驶来时的情景："海湾里大大小小的船只密密麻麻——天知道数量有多少。海岸线和附近的山丘上涌动着无数的人影。"10 月，在"圣保罗"号抵达后，当选总统埃尔梅斯·罗德里格斯·达·丰塞卡（Hermes Rodrigues da Fonseca）也访问了这两艘军舰。

从欢庆到叛变

　　尽管新战列舰堪称技术上的奇迹，但它们远没有解决巴西海军的问题，其症结在于人员——不仅数量短缺，还在训练、纪律和晋升方面都存在很大问题。其中的重中之重是募集水手，为此巴西方面在 1907 年 8 月 1 日通过一项法令，放宽了海军预

[1] 戴维·托普利斯，"巴西海军的无畏舰，1904—1914 年"，出自《战舰国际》期刊第 25 辑（1988 年出版）第 3 期，第 240—289 页。

① 若泽·米盖尔·阿里耶斯·内图，《寻求公民身份：巴西海军的地位变迁，1867—1910 年》（博士论文，圣保罗大学，2001 年出版），第 247 页。

② 雷蒙多·德·梅洛·弗尔塔多·德·门多扎，《1911 年 5 月，雷蒙多·德·梅洛·弗尔塔多·德·门多扎海军少将致海军部长的报告》（里约热内卢，门德热内印刷厂，1912 年出版），第 9 页。

③ 何塞·爱德华多·马塞多·苏亚雷斯（化名"一名海军军官"），《政治与海军的对抗》（里约热内卢，H. 卡尼尔书店销售处，1911 年出版），第 85 页。

④ 扎卡里·摩根，《鞭笞的遗产：巴西海军和泛大西洋国家的种族关系和肉刑》（印第安纳州布卢明顿，印第安纳大学出版社，2014 年出版），第 17 页。

备水兵学校的入学要求：新人无须懂得读写，只需要保证自己年满 16 岁、身体发育良好，并在服役六个月后"表现出学习能力"即可服役。得益于这些措施，巴西海军水兵训练团（Corpo de Marinheiros Nacionais）在"米纳斯吉拉斯"号于 1910 年年初到来之前募集了大约 4000 人。按照新规定，一个水兵团的基本分队应包括 15 名普通水兵、10 名炮手、五名鱼雷兵、八名司炉以及若干其他专业人员（总数约 40 人）。但实际上，这些年轻人基本都没有接受过专业训练，对缓解相关问题几乎毫无作用。[①]下面的这份表格，向我们展示了"米纳斯吉拉斯"号服役前所面临的问题的严峻性。

1909 年，巴西海军专业舰员的短缺情况

岗位	所需人数	在岗人数
炮手	1180	30（2.5%）
司炉	944	491（52%）
鱼雷兵	590	70（11.9%）
舵手	236	28（11.9%）
信号兵	118	5（4.2%）
机械师	18	0（0%）
潜水员	18	0（0%）
总计	3104	624（20.1%）

出自若泽·米盖尔·阿里耶斯·内图（José Miguel Arias Neto）所著的《寻求公民身份：巴西海军的地位变迁，1867—1910 年》[博士论文，圣保罗大学（Universidade de São Paulo），2001 年]第 251 页

更糟糕的是，当该舰离开英国，抵达美国弗吉尼亚州的诺福克（Norfolk）时，70 名外籍锅炉工突然离开了军舰，并表示他们的合同义务从船只靠岸之日起便已终止。同时，正如巴西海军的参谋长雷蒙多·德·梅洛·弗尔塔多·德·门多扎（Raymundo de Mello Furtado de Mendonça）少将所说的那样，由于情况使然，他们必须采取非常措施："为了给在欧洲建造的大吨位舰只配齐人手，我们不得不聘用和返聘一些不合格的人员。同时，由于某些滋长中的负面因素，情况变得更为棘手。"[②]另一个问题是上级对水兵的歧视，它因为种族偏见的存在而愈演愈烈。按照统计，当时的巴西海军中有 50% 是黑人、30% 是黑白混血、10% 是白人和印第安人混血，还有 10% 的白人或"准白人"。[③]至于蓄奴时代的偏见更是根深蒂固：

在 1922 年 10 月 20 日，访问布宜诺斯艾利斯的港区——马德罗港（Puerto Madero）时的"米纳斯吉拉斯"号。

虽然里约热内卢的经济和城市景观正在急剧迈向现代化，但海军依旧固守着往日的体制；在 20 世纪初，巴西海军内部依旧等级森严、种族隔离严重……作为巴西海军中下层的主体，黑人水兵的生存环境极为恶劣，以至于他们经常磨洋工……但另一方面，在一个严重依赖黑奴作为劳动力来源的国家，黑人在海军中又不可避免地占据了极高的比例。[④]

前海军军官何塞·爱德华多·马塞多·苏亚雷斯（José Eduardo de Macedo Soares）曾这样恶毒地评论黑人：

> 黑人身材短小、精神萎靡，带着最落后非洲国家的低劣特质。其他种族会随着融合而自我改良，但黑人总是顽固不化。我们的黑人水兵不理解任何精致的事物，总是衣着邋遢、蓬头垢面，吃相和睡相都一塌糊涂。他们不思进取、无所事事，与生俱来的种种劣性发展到了无可救药的地步。[1]

也正是因此，1910年接收"米纳斯吉拉斯"号和"圣保罗"号的巴西海军可谓格外矛盾和彷徨。一方面，他们无法阻挡现代化和进步，但另一方面，他们所效忠的共和国成立还不到20年，奴隶制刚被废除，很多底层民众还未能享受人权，而下级水兵也无法摆脱体罚的折磨。事实上，虽然在成立不久之后的1899年，临时政府便考虑过废除军队中的体罚，但海军方面却在1890年4月12日拒绝履行这一法令，并继续鞭笞去"惩戒分队"（Companhia Correcional）接受惩罚的水手。此外，尽管1908年的新法令"明确禁止了法律规定以外的各种惩罚措施，并要求上级不得对下属做出有伤害性的举动或手势，亦不得有任何类似的言论或意图"，但类似的做法仍在继续。[2]"米纳斯吉拉斯"号上就是这种情况。1910年11月16日清晨，一名黑人水手——马塞利诺·罗德里格斯·梅内塞斯（Marcelino Rodrigues Menezes）因为抗命被铐上甲板，当着全体舰员的面挨了250鞭。在体罚传统根深蒂固的巴西海军里，这次事件很快成了兵变的导火索。

反鞭刑起义（1910年）

尽管兵变在巴西历史上可谓家常便饭，但"反鞭刑起义"（Revolta da Chibata）的性质却截然不同。在这次起义中，无论领导者、组织者还是行动者都是下级水兵，而主体则是"米纳斯吉拉斯"号上的黑人海员，期间，驻里约热内卢其他军舰上水兵也响应了他们，并一同为废除体罚而战。

有迹象表明，他们打算在1910年11月15日，即埃尔梅斯·罗德里格斯·达·丰塞卡总统就职的当天发难，但最终又因故推迟，直到后来的鞭笞事件，他们才再次行动起来。虽然后来的调查报告显示，"米纳斯吉拉斯"号的舰长若奥·巴蒂斯塔·达

1910年年初，在英国水域试航的"米纳斯吉拉斯"号，期间该舰跑出了21.4节的最大航速。请注意敞开的罗经平台和炮塔两侧的遮水楣板。

① 何塞·爱德华多·马塞多·苏亚雷斯，《政治与海军的对抗》，第85页。

② 若泽·米盖尔·阿里耶斯·内图，《寻求公民身份：巴西海军的地位变迁，1867—1910年》，第249页。

1910 年年初，英国造船厂的工人正在进行"米纳斯吉拉斯"号的收尾工程。其中可见 1 号至 3 号 12 英寸主炮塔、位于 2 号炮塔侧后方各层甲板上的 4.7 英寸炮（照片中可见三门），以及 2 号炮塔顶部的 1.85 英寸炮。和其他战列舰不同，"米纳斯吉拉斯"级的小艇存放区建造在前桅杆底部，而不是在主桅底部。另外，请注意设置在舰桥旁边的大型吊艇柱，以及紧贴着舰体收起的防鱼雷网——后者很快就被拆除了。

斯·内维斯（João Batista das Neves）海军上校是一名尽职尽责的军官，也不愿在舰上施加这种刑罚，然而，他的努力显然没有奏效，因为舰上有一名叫阿利皮奥（Alípio）的水兵，他是公认的"行刑人"（Carrasco）。正是他在 11 月 16 日清晨鞭打了马塞利诺·罗德里格斯·梅内塞斯，才点燃了"反鞭刑起义"的导火线。[1]

11 月 22 日——罗德里格斯·梅内塞斯受刑之后第六天——晚 10 点过后不久。内维斯上校搭乘汽艇返回了"米纳斯吉拉斯"号，他之前刚刚在法国训练巡洋舰"迪盖-特鲁安"号（Duguay-Trouin）上参加完招待晚宴。在与当值军官阿尔瓦罗·阿尔伯托（Álvaro Alberto）少尉稍作交谈之后，上校便径直从扶梯回到了住舱。至于阿尔伯托则开始朝舰首方向巡查，并遭到了一名挥舞刺刀的水兵袭击。尽管受了伤，但阿尔伯托还是击退了袭击者。后者很快逃走，钻进了聚集在舰首炮塔附近的人群中。当时，这些人正在高呼口号——"自由万岁""废除鞭刑"。一听到喧闹声，内维斯上校立刻拿着两把步枪来到甲板上，并发现阿尔伯托血流不止。他命令另一名尉官陪同伤者前往"圣保罗"号上治疗，随后准备前往海军部汇报情况。集合令在"米纳斯吉拉斯"号上响起，但只有 60 名水兵响应，接下来就响起了枪声。在毫无悬念的情况下，兵变者冲垮了军官的抵抗，用刺刀和棍棒打死了内维斯上校和一名尉官，至于其他军官则被拘押起来，后来被送往岸上，另外还有一人跳海逃生。

22 点 50 分，兵变者已经控制了军舰。按照预定计划，他们鸣响火炮。战列舰"圣保罗"号首先响应，随后是新式轻型巡洋舰"巴伊亚"号（Bahia）和岸防舰"德奥多罗"号（Deodoro）[2]。后来，防护巡洋舰"共和"号（República）上的舰员也加入进来，并被分派到了其他参与起义的军舰上——按照估计，当晚在瓜纳巴拉湾的 5000 名水兵中，共有一半人响应了起义。

但另一方面，轻型巡洋舰"南里奥格兰德"号（Rio Grande do Sul）、防护巡洋舰"巴罗佐"号（Barroso）和由八艘驱逐舰组成的驱逐舰分队——"阿尔戈斯"号（Alagoas）、"亚马孙"号（Amazonas）、"帕拉"号（Pará）、"皮奥伊"号（Piauí）、"北里奥格兰德"号（Rio Grande do Norte）、"帕拉伊巴"号（Paraíba）、"圣卡塔琳娜"号（Santa

① 埃德玛·莫雷尔，《反鞭刑起义》（里约热内卢，庞盖蒂出版社，1959 年出版），第 32 页。
② 译者注：又名"德奥多罗元帅"号。

Catarina）和"马托格罗索"号（Mato Grosso）却没有响应起义。事实上，尽管忠于政府的舰船拥有数量优势，但面对"米纳斯吉拉斯"号和"圣保罗"号的火力，它们却显得如此微不足道。当时，这两艘战列舰上一共安装了24门12英寸炮和48门4.7英寸炮，虽然"圣保罗"号主炮的液压旋回系统已经因被海水污染而无法使用，但它们依旧令人望而生畏。当23日的黎明降临，红旗飘扬在了起义舰队上空时，这次事件已经导致了三名军官和超过20名水兵丧生。

起义的领导者是若奥·坎迪多（João Cândido Felisberto），"米纳斯吉拉斯"号上的一名一等水兵——他在22日夜晚接过了起义舰队的指挥权，并很快将得到一个"黑提督"的绰号。在就任后，他命令各舰起航，并要求各舰的4.7英寸舰炮定时开火，以便向岸上示威。在当天夜间，起义者向总统府发去电报，宣称除非丰塞卡总统和海军部长公开宣布废除鞭刑，否则他们就将摧毁整个城市。面对这种情况，丰塞卡签署了命令，禁止水兵上岸，并无视了电报中的要求。不仅如此，他还要求起义者立刻投降，否则他们就将遭到鱼雷攻击。但显然，起义者并没有仅仅把威胁表现在口头上，他们还炮击了城堡山（Morro do Castelo）地区，导致两名儿童丧命。

此前，当局相信起义者根本无法开动军舰，更不用说操纵舰上的火炮了。但现在，他们的希望破灭了。在23日的黎明降临时，政客们发现原先备受蔑视的底层水兵已经劫持了首都的人民。他们的军舰火力强大，随时可能发难。《国家报》在一篇社论中告诉读者："如此惊人的发射药可以让一枚巨大的金属炮弹破膛而出：炮弹的重量是850磅，而推动它的硝化棉发射药则重285磅。"至于历史学家埃里奥·莱恩西奥·马丁斯则写道：

最大的威胁是这些浮动堡垒本身，当它们在城市近海巡航时，上面的炮管徐徐扬起，炮塔挑衅地来回转动。采购这支新舰队前后的宣传，更是加剧了这种恐怖效应……这则消息带来了毁灭性的影响，因为它激起了人们心中的恐惧——现在，人们都看到，这些威力惊人的武器竟被用来对付自己。[1]

① 埃里奥·莱恩西奥·马丁斯，《水兵起义，1910年》（圣保罗，国家出版社和里约热内卢巴西海军档案馆，1988年联合出版），第52—53页。

混乱开始在城市内蔓延，记者和未来的外交官吉尔伯托·阿玛多（Gilberto Amado）这样为《国家报》的读者描绘了自己当时的感受：

我第一次看到了恐慌：圆睁的眼睛、颤抖的嘴唇、踩踏和嘶吼声。在我住的街上已经看不到一个人，只能听到啼哭、叫骂和大声的抽泣，孩子们发出尖叫——因为他们看到了母亲们惊恐惶惑的神色。汽车满载着行李

进行4.7英寸舰炮射击训练的"米纳斯吉拉斯"号，照片拍摄于其服役生涯的早期。右下的文字显示目标距离为2840码，军舰本身的航速为10节。另外，请注意远方的4号炮塔。

和乘客，在街上拼命飞驰。它令人心悸，如同世界末日。我想起了描绘地震的雕塑，想起了无尽的黑暗，想起了哀鸿遍野的景象——这一切可谓是前所未有，就像但丁笔下的浩劫——是若奥·坎迪多制造了这一切。①

利用这个机会，坎迪多和战友们立刻在"圣保罗"号上起草了一份致丰塞卡总统的备忘录，并列出了他们的要求：

水手们、巴西的公民们、共和国的拥护者们，我们再也无法忍受巴西海军中盛行的奴役。无论过去还是现在，我们都从未受到过这个国家理应给予的保护。现在，

本照片拍摄于 1913 年前后，展示了"米纳斯吉拉斯"号后部的 5 号和 6 号炮塔，周围是在舰尾甲板上从事勤务的水兵们。请注意位于 5 号炮塔顶部的 1.85 英寸速射炮。

我们正在揭开黑暗的盖子，将真相暴露在备受误导的爱国民众面前。凭借控制下的全部军舰……我们特此正告总统阁下，希望他能以此平息动荡、赋予我们依法享有的神圣权利，并且改善海军的福利。我们的要求包括：开除卑劣无能的军官；改革违背道德的法律；废除鞭刑、拷打或类似的刑罚；提高工资……给缺乏专业技能的光荣水兵提供教育；颁布作业规范，并确保得到贯彻……①

尽管丰塞卡拒绝直接与起义者对话，但巴西政府依旧任命了一位谈判代表：众议员何塞·卡洛斯·德·卡瓦略（José Carlos de Carvalho），这位退休的海军上校一直以支持改革著称。23日下午，卡瓦略开始搭乘汽艇在起义舰队周围绕圈航行，试图与后者的领导人公开谈判。在抵达后，他得到了全副军礼的迎接，并注意到所有军舰都秩序井然。登上"米纳斯吉拉斯"号时，卡瓦略查看了水兵罗德里格斯·梅内塞斯的伤情，之后，这位水兵便被带到了岸上的海军医院。在给丰塞卡总统的报告中他这样写道："这名水兵的后背就像是一条切开等待腌渍的乌鱼。"②不仅如此，他还为总统带去了"米纳斯吉拉斯"号上起义者的口信："我们什么也不想要，只想摆脱野蛮的体罚，获得必要的条件，令我们有足够从事各项工作的力气。"另外，起义者还表示，"他们希望得到正常的伙食，并在工作期间得到休息。"在卡瓦略的报告中还指出，起义爆发的一个重要因素，正是无畏舰上高强度的日常工作。按照"米纳斯吉拉斯"号上一名舰员的说法：

> 如此强大的舰只显然不是三五个人就能操纵的：现在，工作量变成了之前的两倍，伙食很差，烹饪更是糟糕透顶，至于体罚则有增无减。我们的处境简直令人绝望：没有食物，体力透支，身体还要受到刑罚的摧残——这些刑罚的残忍程度简直令人发指。③

此外，这些新军舰的象征意义和重要性，也赋予了船员一种新的身份和认同感，但冷酷无情的刑罚，却让他们感到自己的尊严遭到了侵害。就在卡瓦略登上"米纳

① 埃德玛·莫雷尔，《反鞭刑起义》，第86—87页。

② 埃德玛·莫雷尔，《反鞭刑起义》，第82页。

③ 若泽·米盖尔·阿里耶斯·内图，《寻求公民身份：巴西海军的地位变迁，1867—1910年》，第263页。

一位在 1.85 英寸炮旁留影的海军中尉，其位置在前部上层建筑右侧。本照片拍摄于 1913 年前后。

斯吉拉斯"号的那个下午，巴西国会开始讨论赦免起义水兵的问题。期间，他们也在蒙受着越来越大的压力，因为有人要求他们动用武力，以便打破首都事实上的封锁状态。相关的计划也从驱逐舰"帕拉伊巴"号传到了起义者控制的舰船上，显示忠于政府的军舰正准备发动进攻。但和前一天的情况一样，23 日晚上，在舰上英国工程师帮助下，起义舰队按照惯例出海过夜，直到次日清晨才返回瓜纳巴拉湾。当它们返回时，国会正在签署特赦法令的消息已不胫而走，由于媒体普遍同情起义，市民的心态也从恐慌变成了好奇。在丰塞卡总统召集的内阁会议上，参与者赞同与起义者对话。为此，卡瓦略在 24 日午前时分再次登上了"米纳斯吉拉斯"号。双方一结束磋商，起义者便发出一份电报，对自己的行为表示遗憾，还宣布鉴于未来的特赦，他们愿意服从总统。在参议院，反对党领袖鲁伊·巴博萨就像 15 年前呼吁重建海军时那样，带着不减的热情为特赦奔走，他将这次起义描绘成一次无可奈何的反抗，其中没有夹杂任何政治上的图谋。不仅如此，他还把起义者说成是为正义事业而战的可敬之人，并将困扰巴西的许多问题归咎于奴隶制导致的道德崩坏。特赦草案很快便在参议院获得通过，并交由众议院的宪法和司法委员会讨论。由于各方都持积极意见，它很快就在 25 日被正式通过。

　　然而，就在参议院讨论特赦法案时，另一群强硬派却酝酿着完全不同的计划，并试图以此挽回这些军事精英们受损的声望和荣誉。在起义中，军官不仅遭到了袭击，进而被无情赶出了军舰，还遭到了国会的抨击，并因为无能和冷酷而遭到了舆论的指责。民众对起义者的同情更是让他们的处境雪上加霜。于是，在丰塞卡总统的默许下，他们制定了作战计划，试图动用轻型巡洋舰"南里约格兰德"号和驱逐舰分队发起集中攻击，用鱼雷击沉起义舰只。但在此期间，他们却遭到了各方的强烈反对。新任海军部长华金·巴普蒂斯塔·德·莱昂公爵（Joaquim Marques Baptista de Leão）表示，此举不仅会导致巨大的人员伤亡，还会殃及城市，舰船也将因此损失惨重。[1]而且从

① 埃里奥·莱恩西奥·马丁斯，《水兵起义，1910 年》，第 112 页。

本照片大约是于 1913 年拍摄的，"米纳斯吉拉斯"号上的海军陆战营的五名成员在舰尾列队。在 1910 年以前，很少有海军能为下级水兵提供相对优渥的待遇。

更宏观的角度来看，正如参议员巴博萨在 23 日重申先前观点时警告的那样，这种行动不仅浪费了公共资金，更是对国防资源的无端消耗。[①]

他的观点也得到了外交部长里约布兰科男爵（Baron of Rio Branco）的支持，后者表示，新的无畏舰保证了南美洲的海上力量平衡，无论如何，巴西都不能失去它们。[②]

然而，丰塞卡总统却对这些意见置若罔闻。25 日早些时候，面对强硬派军官的持续压力，他下令在特赦法案签署前攻击起义舰船。但在此期间，执行任务的各舰却发现，他们不仅没有收到鱼雷战斗部，要攻击的对象——起义舰队——也没有在出海过夜后立刻返回，直到 25 日中午，众议院签署特赦法令之后，它们才重新在瓜纳巴拉湾出现。无可奈何之下，总统只好取消了攻击命令。次日中午，在外海又待了一夜的起义舰队最后一次进入海湾。通过无线电，双方进行了后续磋商，当天 19 点，起义者终于降下红旗，向当局自首。在此之前，他们已经得到消息，巴博萨参议员不久将向国会提交一项在军队中废除体罚的议案。就这样，"反鞭刑起义"落下了帷幕。

余波

虽然起义者挫败了海军和政府的图谋，并为巴西海军的变革奠定了基础，但其组织者们却为胜利付出了沉重代价。就在革命结束，乘员获准上岸后不久，全部四艘起义舰只便被解除了武装。至于丰塞卡总统也毫不迟疑地在 29 日颁布法令，允许政府解雇任何不服从纪律的人员。为清理"煽动分子"，到 1911 年年初，海军一共开除了 1216 名官兵，他们中的大部分人都只获得了一张回家的单程票。这一年的 12 月 10 日，瓜纳巴拉湾科布拉斯岛（Ilha das Cobras）上的海军陆战营还爆发了兵变，直到后来政府动用武力才将其平息。

虽然科布拉斯岛的兵变和"反鞭刑起义"没有关联，但它却给了政府宣布紧急

① 若泽·米盖尔·阿里耶斯·内图，《寻求公民身份：巴西海军的地位变迁，1867—1910 年》，第 270 页。

② 若泽·米盖尔·阿里耶斯·内图，《寻求公民身份：巴西海军的地位变迁，1867—1910 年》，第 273 页。

1921 年 9 月 12 日，在布鲁克林海军船厂完成改装后，"米纳斯吉拉斯"号上的 900 余名舰员在前甲板和上层建筑附近合影留念。11 年前，该舰的服役在巴西海军内部引发了新旧观念的冲突，并最终导致了 1910 年 11 月的兵变。

状态的借口。期间大约有 600 名遇赦的起义者被逮捕和监禁，其中就有包括若奥·坎迪多在内的许多领导者。直到 1912 年，坎迪多才获得释放，但在余生中，他一直遭到政府的骚扰，并于 1969 年死于贫困。

不仅如此，兵变和随后的特赦也遭到了部分军官和民众的猛烈抨击，一场论战随之展开，让"反鞭刑起义"成了巴西海军史上被研究最透彻的事件——在社会和政治层面尤其如此。由此带来的学术成果可谓汗牛充栋，它们一部分关注的是非政治层面，一部分关注的是它的社会意义。许多研究者认为，这不仅仅是一场兵变，而是一场社会底层的起义；至于另一些研究则把目光投向了外部诱因——比如在英国舾装期间的经历，还有 1910 年春天上舰的外国锅炉工们，它们都对起义者的思想和斗争策略产生了深远影响；还有人将起义当成了纯粹的政治风潮，并试图为当局开脱，不仅如此，他们还抨击了对肇事者的特赦，认为这一决定实在是过于轻率了。

其中第一部作品诞生于 1911 年，该书名为《政治与海军的对抗》（Política versus Marinha），该书的作者是何塞·爱德华多·马塞多·苏亚雷斯，他是一位前海军军官，并主管着一家名叫《里约热内卢人报》（Diário Carioca）的右翼报纸。在书中，他批判了政客们对海军的干预，并认为后者的事务应当由职业军人决定。不仅如此，他还将矛头对准了寡头集团的领袖——参议员何塞·戈梅斯·皮涅罗·马查多（José Gomes Pinheiro Machado，当时人们认为是他首先提出对起义者进行特赦的）。然而，马塞

在服役生涯的早期，从"米纳斯吉拉斯"号舰尾驶过的"圣保罗"号，前者与后者的区别在于烟囱周围的识别带。另外，请注意"米纳斯吉拉斯"号舰尾 5 号炮塔周围的方位角标尺。当时这些军舰正停泊在瓜纳巴拉湾，即 1910 年 11 月爆发"反鞭刑起义"的地方——在"反鞭刑起义"期间，这两艘战列舰都扮演了重要的角色。

多·苏亚雷斯也没有否认海军内部存在的各种问题。他这样写道："海军还沉湎在巴拉圭战争（1864—1870 年）和风帆时代的传统中，对于战列舰和现代海上战争，他们在技术领域一无所知。"[①]总之，鉴于工业革命已经改变了海战的模式，他认为海军有必要进行改革。为了"扫清各种弊病"，他不仅建议从英国或德国等海外国家聘请顾问团，并用外籍人员替换掉四分之一的军官、士兵和技术人员，还要求丰塞卡总统建立独裁统治。

不过，并不是所有建议都如此激进。在 1911 年 5 月，针对"反鞭刑起义"的报告中，巴西海军参谋长弗尔塔多·德·门多扎指出，目前共和国的海军政策应当限于"纯粹的防御，它还无法部署用于领土扩张和拓展商业利益（如扩展商品出口市场）的进攻型舰只"。[②]而且在起义之后的论战中，各方似乎都同意，对于接收新战列舰，海军的准备远称不上充分。正如海军部长莱昂侯爵在向参议院提交的报告中所说：

　　巴西民众被建设一支强大舰队的愿景迷惑，并想当然地认为一切组织问题会迎刃而解，但现实却表明，仅仅拥有强大和精密的舰只，并不等于建成了一支世界一流的海军。[③]

在莱昂公爵麾下担任参谋长的海托尔·达·库尼亚（Heitor Pereira da Cunha）海军准将则在几十年后写道，作为莱昂侯爵的前任，阿伦卡尔并没有对海员进行任何选拔或培训，导致他们无法"熟悉此前完全陌生的事物"，更没有准备好"驾驭未来将要接管的先进舰只"。[④]于是，"巴西海军在没有预案、没有准备，也没有过渡举措的情况下，向着黑暗纵身一跃，完成了从风帆战舰向无畏舰的过渡"。[⑤]

同样明显的是，战列舰的到来还打破了军官和士兵之间脆弱的关系。另外不可否认的是，这些军舰的火力和象征意义，也影响了政府在起义期间的最终决策——毕竟它们是如此地强大，甚至强大到了足以让一个政府进退失措的地步。

"反鞭刑起义"的两位领导人：左侧是"米纳斯吉拉斯"号上的一等水兵若奥·坎迪多；右侧是他的同僚——"圣保罗"号上的一等水兵曼努埃尔·格雷吉奥·德·纳西门托（Manuel Gregório do Nascimento）。

暮年

"米纳斯吉拉斯"号的建造经历了漫长和混乱的政治纷争，在其服役之后几个月，又成了"反鞭刑起义"的源头，但与这些过程和影响都轰轰烈烈的事件相比，其后续的服役经历便只能用苍白来形容。1910 年的叛乱结束后，该舰的第一项重大任务就是在 1913 年运载巴西外交部长劳罗·缪勒（Lauro Müller）赴美国进行友好访问。在一次大战的前三年，巴西一直奉行亲德政策，但在德国于 1917 年 6 月 1 日宣布开展"无限制潜艇战"之后，有多艘商船被击沉，国计民生备受威胁的巴西

① 何塞·爱德华多·马塞多·苏亚雷斯，《政治与海军的对抗》，第 154 页。

② 雷蒙多·德·梅洛·弗尔塔多·德·门多扎，《1911 年 5 月，雷蒙多·德·梅洛·弗尔塔多·德·门多扎海军少将致海军部长的报告》，第 24 页。

③ 这段话来自海托尔·达·库尼亚的《1910 年 11—12 月的巴西舰队起义》第 14 页。

④ 海托尔·达·库尼亚，《1910 年 11—12 月的巴西舰队起义》第 25 页。

⑤ 海托尔·达·库尼亚，《1910 年 11—12 月的巴西舰队起义》第 19 页。

在这张起义领导人和同僚们的照片上写着："若奥·坎迪多司令"。在照片中，若奥·坎迪多拿着一面折叠的信号旗和一副双筒望远镜。"反鞭刑起义"一度给对巴西统治阶层带来了巨大的压力。

政府最终忍无可忍了。随着对德关系急剧恶化，1917 年 10 月 26 日，巴西正式向同盟国宣战。不仅如此，巴西还表示愿意把"米纳斯吉拉斯"号和"圣保罗"号交给英国海军调遣，但因为舰只状况不佳、缺乏现代火控设备，以及国内煤炭短缺，英方礼貌地拒绝了这一提议。结果，直到战争结束，这些军舰都只能在里约热内卢近海从事巡逻任务。

一战结束后，巴西方面也采取了一些措施，试图改进英国人为两舰指出的缺陷。在 1918—1920 年和 1920—1921 年年间，"圣保罗"号和"米纳斯吉拉斯"号先后在布鲁克林海军船厂（Brooklyn Navy Yard）接受了改装，并为主炮配备了斯佩里（Sperry）型火控系统和博士伦（Bausch & Lomb）测距仪，并在炮塔内部安装了纵向装甲隔壁。同时，其每侧还拆除了五门炮廓炮，使 4.7 英寸副炮的数量则从 22 门下降到了 12 门。同时，两舰还在后部上层建筑上安装了两门 50 倍口径的 3 英寸高射炮，并在每座炮塔附近安装了若干 1.5 英寸高射炮，至于原先炮塔顶部的 1.85 英寸炮则被拆除了。而在人员层面，这次访问中发生的最大的事件莫过于一场在 1920 年 8 月席卷了整个军舰的疫情，这导致许多人被送往布鲁克林海军医院（Brooklyn Naval Hospital）。后来在 1921 年 9 月，巴西政府向医院赠送了一尊雕像，以感谢医务人员的悉心照顾。

在 1934 年 6 月至 1937 年 4 月间，"米纳斯吉拉斯"号又在里约热内卢海军船厂进行了大规模改装，其焦点是动力系统。为此，船厂用六座桑尼克罗夫特燃油锅炉替代了原先的 18 座巴布科克 - 威尔科克斯煤油混烧锅炉。原先的 1 号锅炉舱和位于舰体侧面的 12 座煤舱则被改为燃油舱。这项工程使得该舰的功率增加了 27%，达到了 30000 匹指示马力，相应地，该舰的航速也上升到了 22 节。至于烟道，则被汇集到了唯一的一根烟囱内。趁此机会，厂方还为该舰换装了涡轮发电机。在武器方面，主炮的仰角从 13 度提升到了 18 度，而 1920—1921 年安装的博士伦测距仪则被蔡司工厂的产品所取代。另外，该舰还额外安装了两门 4.7 英寸舰炮，使该型舰炮的总数上升到了 14 门。同时上舰的还有六门丹麦生产的 0.79 英寸麦德森高射炮。以上改进也让"米纳斯吉拉斯"号的舰员增加到 1087 人。按照计划，"圣保罗"号也将接受同样的改装，但鉴于该舰的状况太差，这种设想在 1939 年被放弃了。后来，在拖往意大利进行拆解的途中，该舰在 1951 年 11 月 4 日沉没于亚速尔群岛海域。

和南美洲国家的其他无畏舰一样，"米纳斯吉拉斯"号的大部分岁月都是在无所事事中度过的，这部分是由于船厂维护能力不足，部分是因为预算有限。然而，在服役生涯的后半段，该舰还是再次卷入了一些动乱，只不过扮演的都是边缘角色。其中第一次是发生在 1922 年 7 月的"尉官革命"（Revolução Tenentista）。当时，该舰和"圣保罗"号一道，镇压了这次发生在里约热内卢科帕卡瓦纳要塞（Fort Copacabana）的陆军兵变。随后，在 1924 年 11 月，"尉官革命"的同情者劫持了"圣保罗"号，试图以此逼迫政府释放在上次革命中关押的案犯。但这一次，"米纳斯吉拉斯"号没有响应姐妹舰的号召。恼羞成怒之下，"圣保罗"号朝"米纳斯吉拉斯"号发射了一枚 2.2 英寸炮弹，打伤了一名厨师。随后，叛乱者驶向蒙得维的亚（Montevideo），并在当地上岸获得了庇护。

　　尽管在 20 世纪 30 年代接受了大规模改装，但"米纳斯吉拉斯"号的状况注定了它将在二战中退居二线。在这场战争中，巴西最初选择中立，但由于商船接连遭遇攻击，导致该国最终在 1942 年 8 月向德国宣战。由于局势使然，"米纳斯吉拉斯"号被调往港口城市萨尔瓦多（Salvador）充当浮动炮台，它的姐妹舰"圣保罗"号则被派往累西腓（Recife）驻守。"米纳斯吉拉斯"号于 1952 年 5 月 16 日退役，之后的几个月，该舰曾充当过巴西海军司令的备用旗舰，最终在 12 月 31 日除籍，并被出售给热那亚的圣玛利亚造船厂（S.A. Cantiere Navale Santa Maria）进行拆解。1954 年 3 月 1 日，该舰被拖曳出港，并于 4 月 22 日抵达热那亚。当年年底，这艘"动乱之船"宣告寿终正寝。

附录 1：重建海军

　　动乱结束后，虚弱的巴西海军发现自己必须思考一些问题：比如装备、人员和战略，它们既涉及了国家对海军的定位，还对其自身的重建产生了影响。在这里，我们不妨透过巴西的局势逐一对这些问题展开论述。

装备

　　在 20 世纪初，为巴西海军大声疾呼的人们曾写道："在装备领域，海军的状况令人担忧。"按照巴博萨的说法，甚至在"海军革命"之前，它们便已经和"一盘散沙"

1920 年 8 月 1 日，在穿越赤道庆典上，聚集在"米纳斯吉拉斯"号舰尾甲板上的舰员们。当时，该舰正在前往纽约进行改装的途中。请注意 6 号炮塔上的鼓乐队成员。

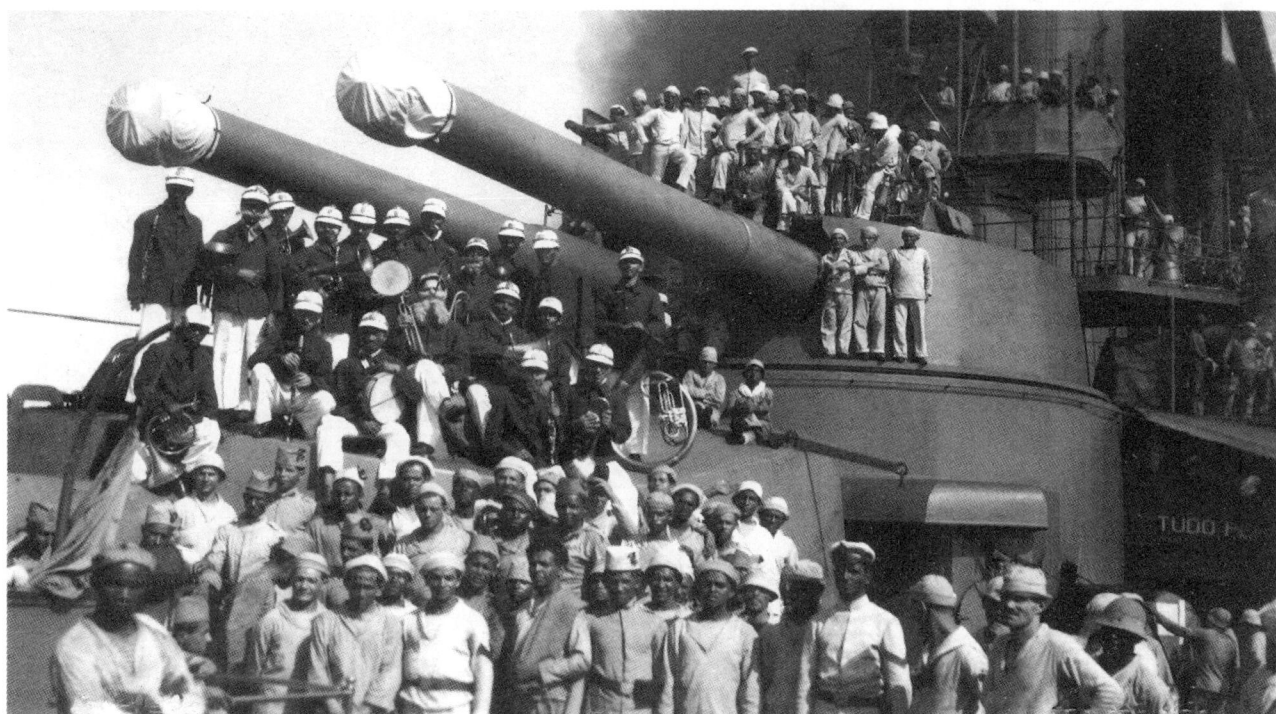

别无二致。至于哈塞瓜伊男爵则指出，这个国家创造了一个官僚体系，它的力量是如此可怕，让海军沦为了无足轻重的角色，正如阿瑟·迪亚兹所写的那样，它不过是"十几艘分散在各处的、残破舰船的集合"。最终，他总结道："我们需要一切，重建只能从零开始"。

按照阿瑟·迪亚兹的回忆，在1864—1870年的巴拉圭战争期间，巴西海军共有"各类战舰94艘，其中16艘是铁甲舰。此外还有6474名官兵，以及共计237门火炮"，但相较之下，30年后，"我们堪用的军舰不到六艘，它们就像是一群行动迟缓、状况凄惨的空壳，缺乏现代化的火炮和弹药，水兵和军官更是严重不足"。事实上，巴西海军在1899年只有两艘炮塔式铁甲舰，即"里亚舒埃罗"号（Riachuelo，1883年下水，1893—1895年重建）和"阿基达邦"号（Aquidabã，1885年下水，1897—1898年重建）；两艘岸防舰——"德奥多罗元帅"号（1898年下水）和"弗洛里亚诺元帅"号（Marechal Floriano）；四艘防护巡洋舰——"塔曼达雷"号（Tamandaré，1890年下水）、"本雅明·孔斯坦特"号（Benjamin Constant，1892年下水）、"共和"号（1892年下水）和"巴罗佐"号（1896年下水）；鱼雷炮舰"蒂拉登特斯"号（Tiradentes，1892年下水）、"古斯塔沃·桑帕伊奥"号（Gustavo Sampaio，1893年下水），以及"图皮"号（Tupy）、"廷比拉"号（Timbira）和"塔穆伊奥"号（Tamoyo，以上三舰均于1896年下水）。此外，巴西海军还拥有13艘鱼雷艇，其中八艘的吨位略超过100吨，五艘为80吨——其中八艘较大的鱼雷艇

1933年11月29日，在科布拉斯岛的海军船厂（Arsenal de Marinha），一部新锅炉正在吊入"米纳斯吉拉斯"号。当地所在的瓜纳巴拉湾，是巴西海军的精神故乡。

于 19 世纪 90 年代下水，其余的则是帝制时代的遗存。

总而言之，巴西海军的舰艇可谓五花八门，一位当时的作者写道：

这些舰艇设计思路属于不同的"学派"，但这些学派却没有一个经得起战火检验。法国为我们提供了两艘岸防舰——"德奥多罗元帅"号和"弗洛里亚诺元帅"号——它们都是奥比（Aube）将军"新学派"的产物；德国人为我们提供了崭新的远洋鱼雷艇"图皮"号、"廷比拉"号和"塔穆伊奥"号；另外，我们还本该从英国获得三艘装备精良的快速巡洋舰——"阿布雷乌海军上将"号（Almirante Abreu）、"亚马孙"号（Amazonas）和"巴罗佐"号，但对于买下前两艘军舰，我们却没能获得足够的资金。①

在人员方面，1899 年的巴西海军一共有 1792 名官兵，然而"仅仅维持（里约热内卢港外的）维莱加格农（Villegagnon）要塞和所有舰船的运转就需要至少 3780 人"②。

从地缘政治角度来看，巴西最大的假想敌是阿根廷。但正如哈塞瓜伊男爵的描述："与我方相比，阿根廷海军的优势极为明显，一旦共和国卷入战争，我们根本不具备与之争夺制海权的能力，甚至拖延对手都是一种侈谈。"

这种悲观的看法自有根据。在当时，由于巴塔哥尼亚的边境争端，在阿根廷和智利之间掀起了一场海军竞赛，并在 20 世纪初达到了顶点（见"加里波第"号一章）。期间，两国都购置了装甲巡洋舰，这些军舰行动敏捷、防御出色，还安装了精良的武器。以阿根廷为例，在 1898 年，该国已经拥有了四艘意大利建造的装甲巡洋舰，这些军舰有着最新的设计，还安装了 8 英寸或 10 英寸的阿姆斯特朗舰炮——虽说它们都是临时购买的产品，但都属于"朱塞佩·加里波第"级的衍生型号，速度和防护水平极佳，排水量在 6480—8100 吨之间，远远胜过巴西海军的任何一艘军舰。总之，在 1902 年，即所谓的"五月协定"签署时，巴西海军已经远远落在了阿根廷和智利人的后面。

操作双联装麦德森 0.79 英寸机关炮的炮组。该型机关炮在舰上共有三座，这一座位于 5 号 12 英寸炮塔的顶部。本照片拍摄于 1934—1937 年的重建完成后。

① 参见埃里奥·莱恩西奥·马丁斯和迪诺·威利·科扎所著的"战斗力"一文，出自《巴西海军史》卷 V 1B（里约热内卢，巴西海军档案馆，1997 年出版）第 79 页。

② 亚瑟·迪亚斯，《海军的难题：论海军现状及其在国家命运中的作用》（里约热内卢，国家普查局，1899 年出版），第 321 页。

1934 年 7 月重建期间，在"米纳斯吉拉斯"号中部列队的舰员们。在此期间，该舰的两座烟囱被合并成了一座。另外，请注意烟囱侧后方平台上的 3 英寸炮，以及更靠后的，用帆布包裹着的蔡司测距仪。左下角的"Patria"一词是军舰的舰铭——"一切为了祖国"（Tudo pela Patria）的一部分。

即使如此，透过这幅阴暗的画面，人们还是从两个方面看到了希望。其中之一是巴西在帝制时期（1822—1889 年）的海军建设传统，以及由于地理和经济环境，巴西政府对强大海上力量的需求也日益迫切。另一方面，日本和美国则提供了真实的案例——在政策的积极推动下，只用了短短几十年时间，它们便建成了强大的现代化舰队。

人员

在 1895 年关于中日战争的文章中，巴博萨曾这样写道："有军舰，不等于有海军。"不仅如此，他还补充说："战舰是一种日益复杂的机器，但更复杂的是训练那些能为之献身的人员。"按照他的看法，问题的症结在于处理好司令、军官和普通舰员的关系，如若不然，"高度复杂的现代战舰将变成一团乱麻"。[1]

但在哈塞瓜伊男爵看来，真正该先解决的是军舰问题：没有它们，海军官兵将无从展开训练，更不可能培养舰员和军官——在这种情况下，官兵的晋升通道将会封闭，也正是这种情况，导致了海军在帝制时代晚期的衰落以及 1891 和 1893 年的兵变。不仅如此，哈塞瓜伊男爵还在 1896 年提出了另一个切中要害的问题："说到人员，我们该怎样找到众多称职和能干的官兵，来操纵现代战舰上高度复杂的设备呢？"[2]对于这个问题，巴西海军根本没有现成的答案。

在军官队伍方面，巴西海军要远比陆军"贵族化"，这一方面是因为其成员的社会出身使然；另一方面，海军军官的岗位也相对有限，许多人都是从政治渠道获得的任命。至于军舰上的氛围也和政府机构毫无区别。虽然有些高级军官是凭借个人能力

① 鲁伊·巴博萨，《英格兰来信》，第 267 页。

② 阿瑟·席尔维拉·达·莫塔（哈塞瓜伊男爵），《从有志青年到海军将领：个人事业的记录》2 卷本（里约热内卢，巴西海军档案馆，1984—1985 年出版）第 2 卷，第 299 页。

获得了晋升，但专权和任人唯亲的现象依然存在，并影响了海军的运转。不仅如此，海军中的高级军官人数众多，晋升的机会非常渺茫——仅仅这一事实就足以让许多有才干的年轻人望而却步，因为在服役的最初几年，他们将始终处于原地踏步的状态。毫不奇怪，虽然自巴拉圭战争（1864—1970年）之后，海军曾多次想方设法提升部队的凝聚力，但最终收效甚微。不仅如此，随后的几任共和国政府都对海军的教育和改革缺乏投入，这导致新一批军舰在国外建造时，巴西海军依旧不具备操纵能力。[1]

对于军官而言，他们唯一能接受培训的地方就是海军学院（Escola Naval）的教室，其中采用了类似理工技术学校的理论教育模式。但即便如此，哈塞瓜伊男爵还是乐观地认为，这足以培养出优秀的候补军官，至于真正的不足只体现在技术教育方面。

对于下级水兵，哈塞瓜伊男爵认为，海军的兵源素质极差，而且大多没有航海经验。在帝制时代，巴西的水兵主要来自帝国水兵训练团（Corpo de Imperiais Marinheiros），其中拥有18个由全国各地水兵组成的分队。在1890年之后，这一机构被海军水兵训练团取代，但后者的运转依旧非常低效，导致各舰从未达到过满员状态。至于志愿兵更是少之又少，海军经常要强征目不识丁的轻刑犯和孤儿，或是从巴西的各个沿海城市搜刮兵员，并逼迫他们服役三年。[2]在20世纪初，巴西军舰上的生活环境同样极端恶劣，因为"在西方世界，巴西是最后一个允许在海军中使用鞭刑的国家"[3]。至于纪律的维持主要依靠的是海军陆战营（Batalhão Naval），在军舰上，他们都被安置在单独的区域。总之，在当时，水兵们被视为社会的渣滓，而他们的军舰则充当着浮动的监狱。

士官的情况也好不了多少。直到1910年，巴西海军才成立了专门的士官学校

① 何塞·爱德华多·马塞多·苏亚雷斯（化名"一名海军军官"），《政治与海军的对抗》（里约热内卢，H.卡尼尔书店销售处，1911年出版），第34页。

② 阿瑟·席尔维拉·达·莫塔（哈塞瓜伊男爵），《从有志青年到海军将领：个人事业的记录》全2卷（里约热内卢，巴西海军档案馆，1984—1985年出版）第2卷，第285页。

③ 约瑟夫·洛夫，《反鞭刑起义》，第66页。

1944年年末或1945年年初，暮年状态的"米纳斯吉拉斯"号。

① 海托尔·达·库尼亚，《1910 年 11—12 月的巴西舰队起义》（里约热内卢，海军通讯出版社，1953 年出版），第 24—25 页。

1942 年 3 月，"米纳斯吉拉斯"号前部上层建筑的特写。从照片中可以看见舰桥和罗经平台在 1920—1921 年所做的改动，以及在 20 世纪 30 年代末和 20 世纪 40 年代初所进行的后续改装。

（Escola de Contramestres），其中许多学员在毕业后就调到了新服役的战列舰上。但在上船之后，他们发现，军士长根本无法提供指导，因为这些人自己都对任务一无所知。①

然而，按照哈塞瓜伊男爵的看法，海军实现现代化的真正关键在于技术。在他看来，巴西海军面对着两个基本挑战：首先是招募训练有素的人员，驾驭复杂的新型战舰。其次，由于巴西缺乏必要的国营和私营工业设施，军舰的保养也是一个重大问题。如果巴西海军能克服这些难关，它将拥有比阿根廷等对手更为巨大的优势。

战略与必要的舰队规模

在 1896 年，哈塞瓜伊男爵发表一系列文章之前，巴西海军的关注点始终是内河作战，这种情况始于 1864—1870 年的巴拉圭战争。但现在，他们需要专注于夺取制海权。为了实现这一目标，其麾下至少三分之一的舰船应当拥有良好的火力和防护，而且在战斗舰队中，各舰的航速也应当做到整齐划一。这些军舰没有必要过于庞大，但必须有全方位的装甲防护，并拥有火力猛烈的速射重炮。在哈塞瓜伊男爵看来，这支理想中的"一线舰队"应当由四艘装甲巡洋舰、三艘防护巡洋舰（正在英国阿姆斯特朗公司的船厂中建造，但后来只有"巴罗佐"号一艘交付）、两艘侦察巡洋舰、三艘鱼雷艇驱逐舰（或商船改造的辅助巡洋舰）等 12 艘军舰组成。除此之外，还应当配有六艘鱼雷炮舰和八艘远洋鱼雷艇。

另外，哈塞瓜伊男爵还认为，新舰队的采购最需要的是时间，这一任务需要至少 10 年才能完成。不仅如此，为了实现这项事业，巴西海军还需要一位具有政治影响力、视野开阔，并愿意为巴西海军无私奉献的领导人物。在哈塞瓜伊男爵看来，这些目标的实现已是为期不远。

附录 2：海军竞赛与力量平衡

毫不奇怪，1906 年 7 月巴西与阿姆斯特朗公司签订初步合同，购买三艘无畏舰的消息一在布宜诺斯艾利斯传开，便引起了极大震动。作为该国首屈一指的报纸，《新闻报》警告说，巴西新舰队已经构成了严重威胁，而且在技术层面完全压倒了本国舰队："虽然我们已经知道邻国决心扩充海军，并收到了一些关于新军舰的消息，但我们从未料到这些军舰完工后的身躯会是如此庞大，其威力又是如此无与伦比。"甚至温和的阿根廷外交部长曼努埃尔·蒙特斯·德·奥卡（Manuel Augusto Montes de Oca）也表示："巴西订购的任何一艘战列舰都足以摧毁阿根廷和智利舰队。"这一事态发展还强化了激进党（Radical party）在阿根廷政坛的影响力，温和的声音则开始销声匿迹，同年 9 月，蒙特斯·德·奥卡的外交部长职务被埃斯塔尼斯劳·泽巴洛斯（Estanislao Zeballos）取代，而此人又恰恰是巴西外交部长何塞·达·席尔瓦·帕拉纽什（José Maria da Silva Paranhos，即前文提到的"里约布兰科男爵"，他后来也被誉为"巴西外交之父"，自 1902 年以来，他便一直指导着巴西的对外政策）的宿敌。[①]

　　在各个邻国的眼中，随着这支新舰队的到来，巴西人不仅巩固了与美国的联盟，还妄图以此攫取南美霸权。按照泽巴洛斯的猜测，里约布兰科男爵打算一待新舰队抵达，便谋划攻击阿根廷。1908 年 6 月 10 日，他"当机立断地"向政府提出了一项特殊的计划，其中包括"立刻与巴西政府磋商，请求他们将舰队平分给我国"，如果这一要求遭到拒绝，"我国将发出照会，决不允许这两艘战列舰加入巴西海军"。不仅如此，根据这一战略方针，阿根廷还将动员海陆军，并给巴西八天的最后期限。同时，他们还将在欧洲展开游说，以便阐明自己的态度和处境。如果僵局无法打破，泽巴洛斯提议"发起一场精心筹备、直截了当的军事行动，一举占领里约热内卢，根据陆军和海军部长的看法，当地也是巴西防御的弱点所在"。但对于泽巴洛斯来说不幸的是，反对派报纸《国家报》（La Nación）立即披露了这些计划，迫使这位部长在月底前狼狈下台。[②]

　　尽管如此，为了对付巴西海军的无畏舰，阿根廷国会还是在 1908 年 12 月通过了购买两艘无畏舰的议案。这一决定虽然受到了谣言的影响——但这些消息绝非捕风捉影。事实上，按照巴西 1906 年度的海军计划，他们将向阿姆斯特朗公司订购第三艘无畏舰——"里约热内卢"号，该舰要比前两艘更为庞大，排水量达 31000 吨，并计划安装 12 门 14 英寸舰炮——不过，该舰后来被转卖给了奥斯曼帝国海军，并改名为"苏丹奥斯曼一世"号，后来又装上 14 门 12 英寸舰炮，成了英国皇家海军的"阿金库尔"号（HMS Agincourt）战列舰。

　　自然而然，此时阿姆斯特朗公司的代理人也开始跃跃欲试，试图在南美洲的海军竞赛中赢得更多合同，赚取丰厚利润。然而，在 1910 年年初，阿根廷政府最终却和一家美国财团签订了建造两艘无畏舰 [即后来的"里瓦达维亚"号（Rivadavia）和"莫雷诺"号（Moreno）] 的协议——这家财团的成员包括了马萨诸塞州昆西市（Quincy）的福尔河造船与发动机公司（Fore River Ship and Engine Building Co.）和新泽西州卡姆登（Camden）的纽约造船公司（New York Shipbuilding Co.），它们在招标期间的舞弊行为后来引起了国际社会的公愤。不过，阿姆斯特朗公司也得到了安慰奖：1911 年 7 月，智利向它们订购了两艘战列舰，其中一艘是"拉托雷海军上将"号（内容参见同名章节），另一艘后来被英军改建为"鹰"号（HMS Eagle）航空母舰。

① 克洛多尔多·比诺，《第一共和国早期的外交政策，1902—1918 年》（圣保罗，世界与和平出版社，2003 年出版），第 233 页。

② 罗伯托·埃切帕列博尔达，《阿根廷国际关系史》（布宜诺斯艾利斯，满潮出版社，1978 年出版），第 47 页。

"米纳斯吉拉斯"号和"圣保罗"号的订购不只影响了巴西周边的南美国家。在更远的欧美国家，人们对巴西人的付款能力提出了质疑，并猜测他们可能将两舰转手——这将打破列强之间微妙的实力对比。这些谣言中的第一条出现于 1907 年 6 月：当时，英国海军联盟（British Navy League）的期刊做出推测：海军部试图用这两艘巴西战列舰掩人耳目，取得对德国的军事优势。1908 年年初，一位《纽约先驱报》（New York Herald）的记者也报道称，他听说里约布兰科男爵曾表示，如果美国与日本爆发战争，巴西将把订造的第一艘无畏舰出售给美国。虽然巴西驻华盛顿大使馆立刻否认了这一说法，但谣言还是传到了伦敦。3 月，英国的第一海军大臣（First Lord of the Admiralty）雷金纳德·麦肯纳（Reginald McKenna）在议会接到了质询，质询的内容是政府是否会采取预防措施，以保证这些军舰不落入其他列强手中。对此，麦肯纳的回答是，他不会提供任何巴西在建舰只的更多情报，但可以确定，之前报纸上的种种说法完全是捕风捉影，虽然这种情况确实不同寻常，但没有理由认为这些军舰的建造会对英国不利，至于政府也将继续关注其后续发展。后来，1908 年 8 月号的《19 世纪往来》（The Nineteenth Century and After）又用长篇文章介绍了这一事件的来龙去脉。[1]直到 1909 年 8 月，巴西政府向阿姆斯特朗和维克斯公司订购两座浮动船坞，以便容纳"米纳斯吉拉斯"号和"圣保罗"号时，所有的谣言才渐渐平息，但即使如此，它们的订购依旧在拉丁美洲激起了一场海上军备竞赛。

---

① 杰勒德·法因斯，"无畏舰：售出还是租入？"，出自《19 世纪往来》杂志第 378 期（1908 年 8 月号），第 207—214 页。

参考资料

- 集体创作，《巴西海军史》（*História naval brasileira*）卷 V 1B[里约热内卢，巴西海军档案馆（ Serviço de Documentação da Marinha），1997 年出版]
- 吉尔伯托·阿玛多，"若奥·坎迪多"，出自《国家报》1910 年 11 月 29 日号
- 若泽·米盖尔·阿里耶斯·内图（ José Miguel Arias Neto），《寻求公民身份：巴西海军的地位变迁，1867—1910 年》（博士论文，圣保罗大学，2001 年出版）
- 若泽·米盖尔·阿里耶斯·内图，"巴西海军的国家形象"（A Marinha do Brasil como imagem da Nação），出自《巴西海事杂志》第 121 辑（ 2001 年）第 7—9 期，第 105—115 页。
- 鲁伊·巴博萨，《英格兰来信》（*Cartas de Inglaterra*）[第 2 版，圣保罗，萨拉维亚学术书店（ Livraria Academica Saraiva & C. Editores），1929 年出版]
- 彼得·布鲁克，《外销战舰：1867—1927 年的阿姆斯特朗战舰》（肯特郡的格雷夫森德，世界船舶协会，1999 年出版）
- 克洛多尔多·比诺（ Clodoaldo Bueno），《第一共和国早期的外交政策，1902—1918 年》（*Política externa da Primeira República. Os anos de apogeu, 1902–1918*）[圣保罗，世界与和平出版社（ Paz e Terra），2003 年出版]
- 海托尔·达·库尼亚，《1910 年 11—12 月的巴西舰队起义》（A Revolta da esquadra brasileira em novembro e dezembro de 1910）[里约热内卢，海军通讯出版社（ Imprensa Naval），1953 年出版]
- 亚瑟·迪亚斯，《海军的难题：论海军现状及其在国家命运中的作用》（O Problema naval. Condições actuaes da marinha de guerra e seu papel nos destinos do paiz）[里约热内卢，国家普查局（ Officina da Estatistica），1899 年出版]
- 罗伯托·埃切帕列博尔达（ Roberto Etcheparoborda），《阿根廷国际关系史》（*Historia de las relaciones internacionales argentinas*）[布宜诺斯艾利斯，满潮出版社（ Editorial Pleamar），1978 年出版]
- 杰勒德·法因斯（ Gerard Fiennes），"无畏舰：售出还是租入？"（ Dreadnoughts for Sale or Hire），出自《19 世纪往来》杂志第 378 期（ 1908 年 8 月号），第 207—214 页。
- 雷蒙多·德·梅洛·弗尔塔多·德·门多扎，《1911 年 5 月，雷蒙多·德·梅洛·弗尔塔多·德·门多扎海军少将致海军部长的报告》[里约热内卢，门德斯印刷所（ Papelaria Mendes），1912 年出版]
- 理查德·霍夫（ Richard Hough），《大战舰："阿金库尔"号的奇异旅程》（*The Big Battleship, or the Curious Career of H.M.S. Agincourt*）[伦敦，米歇尔·约瑟夫出版社（ Michael Joseph），1967 年出版]
- 伊恩·约翰斯顿（ Ian Johnston）和伊恩·巴克斯顿（ Ian Buxton），《战列舰建造者：英国主力舰的建造和武装》（*The Battleship Builders: Constructing and Arming British Capital Ships*）（ 南约克郡的巴恩斯利，远航出版社，2013 年出版）
- S. W. 利弗莫尔（ S. W. Livermore），"南美洲的战列舰外交，1905—1925 年"（ Battleship Diplomacy in South America: 1905–1925），出自《近代史杂志》（*Modern History*）第 16 辑（ 1944 年 3 月号）第 1 期，第 31—48 页。
- 约瑟夫·洛夫（ Joseph L. Love），《反鞭刑起义》（*The Revolt of the Whip*）[加利福尼亚州斯坦福（ Stanford），斯坦福大学出版社（ Stanford University Press），2012 年出版]
- 何塞·爱德华多·马塞多·苏亚雷斯 [化名"一名海军军官"（ Um Oficial da Armada）]，《政治与海军的对抗》[里约热内卢，H. 卡尼尔书店销售处（ Á venda na Livraria H. Garnier），1911 年出版]
- 埃里奥·莱恩西奥·马丁斯，《水兵起义，1910 年》（*A Revolta dos marinheiros, 1910*）[圣保罗，国家出版社和里约热内卢巴西海军档案馆，1988 年联合出版]
- 埃里奥·莱恩西奥·马丁斯和迪诺·威利·科扎（ Dino Willy Cozza），"战斗力"（ Poderes combatentes），出自《巴西海军史》卷 V 1B（ 里约热内卢，巴西海军档案馆，1997 年出版），第 79—100 页。
- 若奥·罗伯托·菲尔奥，《战列舰时代的巴西海军，1895—1910 年》（*A Marinha brasileira na era dos encouraçados, 1895-1910*）[里约热内卢，FGV 出版社（ Editora FGV），2010 年出版]
- 埃德玛·莫雷尔（ Edmar Morel），《反鞭刑起义》（*A Revolta da Chibata*）[里约热内卢，庞盖蒂出版社（ Pongetti），1959 年出版]
- 扎卡里·摩根（ Zachary R. Morgan），"反鞭刑起义"（ The Revolt of the Lash），出自克里斯托弗·贝尔（ Christopher M. Bell）和布鲁斯·埃尔曼（ Bruce A. Elleman）主编的《20 世纪的海军兵变：国际视角下的观察》（*Naval Mutinies in the Twentieth Century: An International Perspective*）[伦敦，弗兰克·卡斯出版社（ Frank Cass），2003 年出版]，第 32—53 页

- 扎卡里·摩根，《鞭笞的遗产：巴西海军和泛大西洋国家的种族关系和肉刑》（*Legacy of the Lash: Race and Corporal Punishment in the Brazilian Navy and the Atlantic World*）[印第安纳州布卢明顿（Bloomington），印第安纳大学出版社（University of Indiana Press），2014 年出版]
- 儒里奥·塞萨尔·德·诺罗尼亚，"1904 年海军计划"，出自《巴西海军史补遗》（*Subsídios para a história marítima do Brasil*）第 9 卷（里约热内卢，海军通讯出版社，1950 年出版）
- 《大锤周刊》（*O Malho*）（1910 年各期）
- 《国家报》（1910 年各期）
- 罗伯特·谢伊纳，《拉丁美洲：一部海军史，1810—1987 年》（安纳波利斯，美国海军学会出版社，1987 年出版）
- 阿瑟·席尔维拉·达·莫塔（哈塞瓜伊男爵），《从有志青年到海军将领：个人事业的记录》（*De aspirante a almirante：Minha Fé de Ofício documentada*）全 2 卷（里约热内卢，巴西海军档案馆，1984—1985 年出版）
- 戴维·托普利斯（David Topliss），"巴西海军的无畏舰，1904—1914 年"（The Brazilian Dreadnoughts, 1904-1914），出自《战舰国际》（*Warship International*）期刊第 25 辑（1988 年出版）第 3 期，第 240-289 页。

荷兰海军

装甲舰"七省"号（1909年）

作者：里昂·洪博格

在 20 世纪到来时，荷兰海军和世界上其他的主要海军一样，也迎来了一场技术革命的尾声。在 17 世纪，木材和风帆曾缔造了荷兰这个海军和贸易强国，但现在，它们已让位于钢铁和蒸汽，而鱼雷和后膛炮也取代了风帆战列舰上侧舷前膛炮的位置。现在，保卫该国及其海外殖民地的主防线变成了装甲舰、快速防护巡洋舰和鱼雷炮舰——它们将负责迎战挑战其中立地位和领土完整的敌人。

与此同时，技术进步也让军舰变得复杂和昂贵，换言之，如果一个国家财力有限，其海军将很难与潜在的对手抗衡。是走"大舰巨炮"的道路，还是建设一支轻型雷击舰艇部队？在争论中，一艘军舰横空出世，并在历史上留下了名字：在荷兰海军中，它最恶名昭彰，也最声名显赫——它就是装甲舰"七省"号。

1920 年前后，担任荷属东印度群岛分舰队旗舰的"七省"号。该舰的前桅杆上飘扬着分舰队司令的旗帜，中部搭建着充当火炮训练的标靶的竹木结构。

1910 年 9 月 30 日，停泊在墨尔本的荷属东印度群岛分舰队。最左侧的是"马尔滕·哈珀特松·特罗姆普"号，右侧是两艘"摄政女王"级（该级共三艘）战舰。

背景

　　从 17 世纪诞生，到 1900 年，荷兰这个航海帝国的疆域已经从欧洲本土一路向西，经苏里南（Surinam）、库拉索（Curaçao）和荷属安的列斯群岛（Netherlands Antilles，位于加勒比海上），延伸到了其治下最重要的一片区域：东南亚的荷属东印度群岛（Dutch East Indies）。当地是印度尼西亚的前身，面积高达 735000 平方英里（1 平方英里约合 2.59 平方千米），相当于荷兰本土的 54 倍，其首府巴达维亚（Batavia，即今天的雅加达）位于爪哇岛北岸，距离阿姆斯特丹 7000 英里。不仅如此，整个东印度群岛还包含了数百个大小岛屿，海岸线长达 67000 英里。当地最西端的城市是苏门答腊岛外海的沙璜（Sabang），最东端的城市是巴布亚岛（Papua）上的马老奇（Merauke），两者相距足足有大约 3300 英里。在 1900 年时，荷属东印度的人口有 3500 万，几乎是荷兰本土的七倍。不仅如此，有超过 250 年的时间，殖民政府的统治范围都局限在大城市和沿海地带，直到 1920 年他们才荡平了整个区域。尽管殖民政府的势力在 19 世纪不断扩张，但总的来说，东印度群岛都更像是一个商站，而不是一片稳定的帝国领地。由于当地充当着荷兰经济的支柱，作为它的保障，荷兰海军也在国内事务中获得了相当的发言权。

　　虽然此时此刻，荷兰已经无法在本国海域建立起一支能与英国和法国（或是后来崛起的德国）相抗衡的海军，但在东印度群岛，情况则有所不同——当地舰队的规模不仅远在本土舰队之上，而且绝不是陆军的陪衬。在炮塔舰"尼德兰亲王亨德里克"号（Prins Hendrik der Nederlanden，1866 年下水）和"尼德兰国王"号（Koning der Nederlanden，1874 年下水）抵达，以及泗水（Surabaya，爪哇岛东北海岸）海军基地建成之后，荷兰的海军力量很快便跃居东南亚首位。然而，几十年之后，情况发生了变化，荷兰海军的实力很快被中国、日本和美国超过。同时，英国、法国和德国也开始在远东扩展势力范围。为了加强在东印度群岛的军事存在，荷兰政府采取了连环措施。在装备领域，他们积极订购了五艘装甲舰和六艘防护巡洋舰，这些军舰都在 1895—1905 年年间开工。其中前者包括三艘"摄政女王"级（Koningin Regentes class），以及"马尔滕·哈珀特松·特罗姆普"号（Marten Harpertszoon Tromp）和"雅各布·范·海姆斯克尔克"号（Jacob van Heemskerck）——它们的排水量均在 5000 吨上下，并安装了两门 9.5 英寸主炮。而后者则包括六艘"荷兰"级（Holland class），该级战舰的排水量为 3900 吨，装备了两门 5.9 英寸主炮。在 1900 年时，荷兰海军共拥有 11000 名官兵，年度预算为 2200 万荷兰盾（相当于国家预算的 15%），其中四分之一来自殖民地事务部（Secretary of Colonial Affairs）的拨款。[1]

尽管有上述举措，但 1904—1905 年的日俄战争却清楚地表明，在大规模的海上入侵面前，荷兰海军根本无力保卫东印度群岛，充其量只能抵御小规模的渗透和袭击。荷兰人之所以认识到这一点，源于俄国第 2 太平洋舰队那次噩梦般的远航——为解除日军对旅顺的围攻，这支舰队途径好望角，一路驶向远东。尽管荷兰长期奉行中立政策，但如果俄军决意在东印度群岛的某个港口加煤并补充物资，这必然也将侵犯到他们的中立地位。有鉴于此，荷方立刻将两支舰队派往沙璜充当威慑力量，但它们的指挥官却知道，一旦爆发冲突，自己的小型战列舰和巡洋舰根本不是俄国人的对手。不过幸运的是，1904 年 12 月至 1905 年 3 月间，在齐诺维·罗杰斯特文斯基将军的指挥下，俄军舰队停靠在了马达加斯加（Madagascar）的贝岛（Nossi Bé），之后便一路东行，最终于 5 月 27 日在对马海战中全军覆没，期间没给荷属东印度带来多少麻烦。至此，荷兰政府和海军终于松了一口气，但很明显，太平洋上的力量对比已被彻底打破，荷兰人有必要重新审视东印度群岛的防御体系。

初期争论

重振海军实力的重担落在了海军部长威廉·科亨-斯图亚特（William James Cohen Stuart）身上。1906 年，他提议再建造四艘"雅各布·范·海姆斯克尔克"级装甲舰，并将其部署在欧洲地区，另外还应建造六艘驱逐舰和四艘排水量为 7000 吨的"特罗姆普"级放大版，并将其布置在东印度群岛。但在提出这一计划时，恰逢"无畏"号战列舰诞生，该舰的排水量达到了 21000 吨，其意义堪称承前启后。这种情况让国会第二院（Tweede Kamer）[2]取消了"范·海姆斯克尔克"级装甲舰的建造，只同意为建造一艘放大版的"特罗姆普"级拨款，而当时，后者的设计还没有进行评审。这一决定之所以如此匆忙，主要是因为当局希望给濒临破产的阿姆斯特丹的国家造船厂（Rijkswerf）提供支持。总之，"七省"号的诞生既是国内政治上的权宜之计，也是外交和海军等宏观因素的产物。

尽管如此，政界和海军中却有不少人持保留意见。他们认为，一支小型海军更应当倚重鱼雷而非重炮。这项决议在通过期间纷争不断。就在科亨-斯图亚特提交议案后不久，荷兰政府便成立了一个旨在研讨东印度群岛防务的国家级委员会。1907 年，该委员会签署了一份报告，建议荷兰海外舰队的核心应当由雷击舰艇和巡洋舰组成。[3]但这一结论遭到了"重炮派"的反对，后者认为在岛屿密布的热带水域，鱼雷艇的战术价值将非常有限。为解决争端，政府又成立了一个新的委员会，这一次，他们给出的意见是应当建造主力舰。1913 年时，国会第二院更是决定建造一支包括九艘 21000 吨级无畏舰在内的舰队，并以此作为保卫东印度群岛的手段。[4]然而，这一计划已经超出了荷兰造船工业的能力，并将严重依赖外国企业。由于一战爆发，各大国外船厂纷纷将精力集中到了本国的需求上，这一计划也因此骤然搁浅了。

① 这些数据来自《海军杂志》中刊登的，1890—1910 年间的海军预算，其中显示在这段时期，荷兰的海军预算大约上升了 25%。

② 译者注：即下议院。

③ J. 安滕，《潜艇，被海军至上主义扼杀：国际海军战略思想对荷属东印度防卫思路的影响，1912-1942》（阿姆斯特丹，阿姆斯特丹大学，2011 年出版），第 126 页。

④ G. 荣斯拉格尔，《顺势而动：20 世纪 20 年代东印度群岛海上防御战略的任务变迁》（海牙，海军总参谋部历史局，1991 年出版），第 55—57 页。

1910 年春，有关人员正在检查位于"七省"号舰尾的 11 英寸舰炮。本照片拍摄于登海尔德附近的特塞尔锚地（Texel Roads）。

设计与建造

"七省"号的母型可以追溯到 1892 年下水的旋转炮塔舰——"尼德兰女王威廉明娜"号（Koningin Wilhelmina der Nederlanden）上。而且和英语文献中"岸防战列舰"或"海防舰"的划分不同，荷兰海军从来没有为其进行过这样的分类，不仅如此，从技术角度来看，它也不属于其中的任何一种——换言之，它既不属于战列舰，也未用于近海活动——无论设计和现实都是如此。按照荷兰方面的表述，装甲厚重、行动迟缓的"七省"号最适合的分类是"装甲舰"（Pantserschi），至于本章也采用了这种提法（类似的情况也体现在了"瑞典"号上）。尽管与邻国的无畏舰相比，"七省"号只能算一艘小船，但它却是荷兰海军中最接近战列舰的存在，并因此注定会在该国的海军史上留下特殊的一笔。

"七省"号由荷兰海军造舰局（Bureau Scheepsbouw Koninklijke Marine）设计，是装甲舰"马尔滕·哈珀特松·特罗姆普"号（排水量 5300 吨，1906 年服役）的放大版。该舰全长 339.5 英尺、宽 56.25 英尺，标准排水量（6530 吨）下的吃水深度为 20.25 英尺。其主要武器是两门安装在单管炮塔内的 11 英寸 42 倍口径火炮，它们由埃森（Essen）的弗里德里希·克虏伯公司（Friedrich Krupp AG）生产。副炮是四门安装在上甲板两侧舷台之上的 5.9 英寸火炮，此外还有 10 门 3 英寸速射炮——其中六门安装在上甲板，四门在艏楼和艉楼甲板上的前后炮塔背面附近。

在防护方面，其指挥塔、主炮塔和装甲带的装甲厚度分别为 8 英寸、8—10 英寸和 4—6 英寸，供应商同样是埃森的克虏伯公司。至于主甲板的装甲厚度则为 2 英寸，是杜伊斯堡（Duisburg）蒂森钢铁厂（Thyssen steelworks）的产品。该舰的动力设备是两部三胀式蒸汽机，它们位于单独的引擎舱内，并由八部荷兰机械与铁路设备厂（Nederlandsche fabriek van Werktuigen en Spoorwegmaterieel，位于阿姆斯特丹）制造的亚罗式（Yarrow-type）锅炉推动。动力系统采用两轴推进设计，指示功率为 8516 马力，使全舰的达到过 16.27 节的试航航速。其舰体内可以搭载 872 吨煤炭，在 8 节的经济航速下的航程为 5100 海里，但在最高航速下的航程会降至 2000 海里。另外，"七省"号也是荷兰海军最早在设计中引入无线电设备的舰只，其通信距离可以达到 1000 英里，即从斯海弗宁恩（Scheveningen）的无线电站将信号一直传播到里斯本。

1908 年 2 月 7 日，"七省"号在阿姆斯特丹的国家造船厂铺下了龙骨。由于该舰的舰体庞大，船厂为了加长滑道只能扩大船坞，但工程导致了坞底沉陷，令该舰的龙骨出现了永久性下垂。此外，荷兰还在 1908 年加宽了船厂和外海之间的东码头水道（Oosterdoksluizen），以便其舰体通过。虽然经历了种种波折，但该舰还是在 1909 年 3 月 15 日举行了下水仪式，威廉明娜女王（Queen Wilhelmina）的丈夫——亨德里克·范·梅克伦堡 - 什未林亲王（Prince Hendrik van Mecklenburg-Schwerin）——担任仪式的主持，有大批民众赶到港湾附近参观。虽然从技术角度来看，整个下水计划堪称无可挑剔，最终船体也稳稳停在了港外中央，然而其舰尾激起的巨浪却将一批在附近奥兰治 - 拿骚兵营（Oranje Nassau barracks）受阅的士兵打得浑身湿透。同一天，该舰正式获得了 "七省" 号的舰名，在荷兰海军中，几乎没有哪艘军舰的名字比它更为尊贵，这不仅代表了在 1581 年联合起来从西班牙宣告独立的七个省份（它们后来成了荷兰共和国的基石），还继承自当年的一艘 80 门炮风帆战列舰——正是该舰成全了米歇尔·安德里安森·德·鲁伊特（Michiel Adriaenszoon de Ruyter）这一海军名将的战功。另外值得一提的是，该舰也是荷兰海军中第六艘拥有这一名字的舰只。

早年岁月，1910—1924 年

到 1910 年 5 月，"七省" 号已经做好了接受验收和在北海开展火炮试射的准备。但测试结果表明，该舰的纵摇十分严重，在迎风行驶时难以保持航向。另外，低矮的烟囱也导致甲板上烟尘和煤灰弥漫。然而，有关方面却认定这些缺陷可以接受，并于 1910 年 10 月 6 日在阿姆斯特丹为其举行了服役仪式。11 月 21 日，在舰长弗里茨·博迪安（Frits Bauduin）海军上校的指挥下，该舰从登海尔德（Den Helder）开始

1909 年 3 月 15 日，在阿姆斯特朗国家造船厂下水的 "七省" 号。在拍摄这张照片时，舰尾入水的波浪刚刚掀起，这些波浪将让许多在码头围观的人浑身湿透。

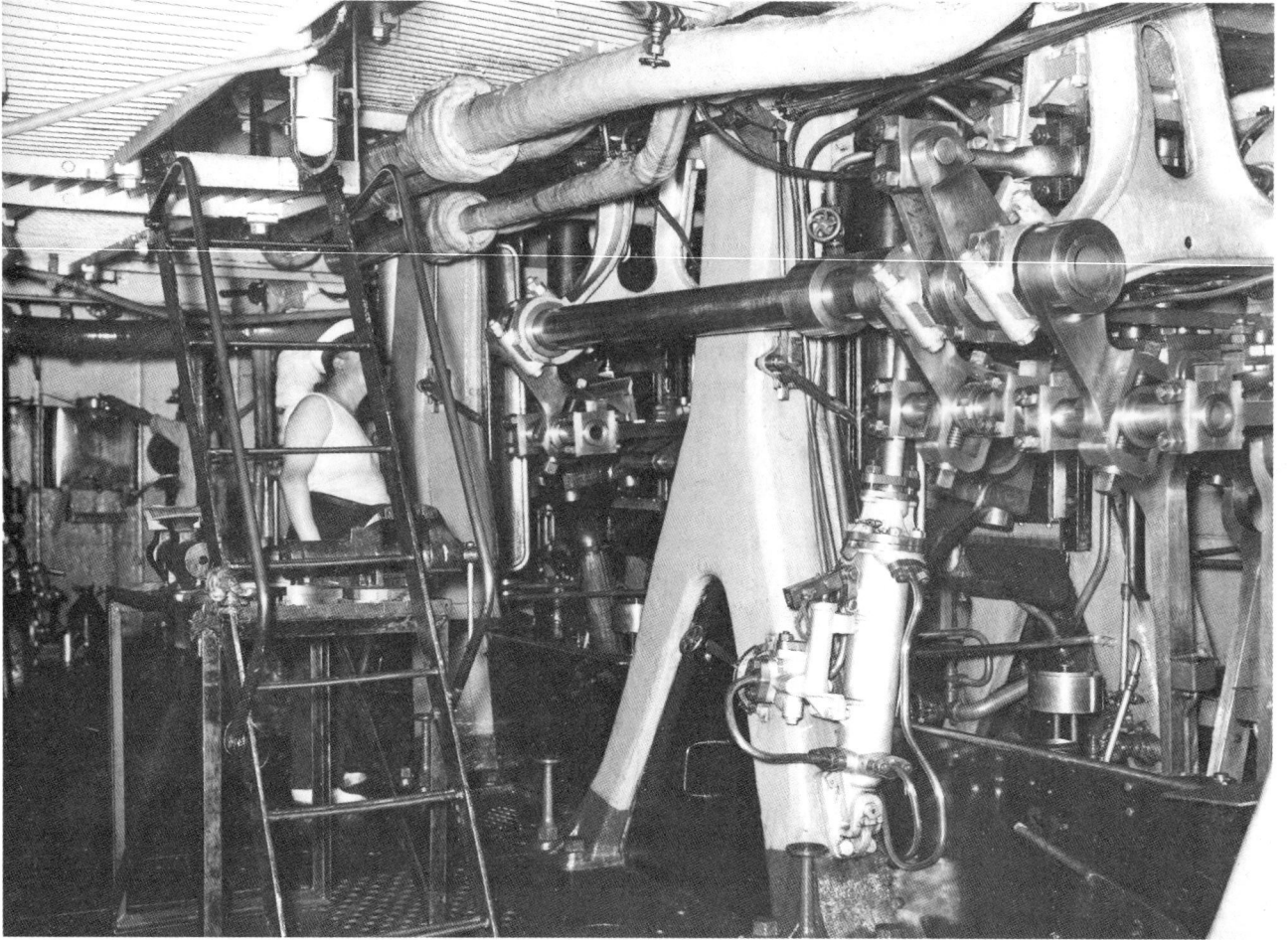

舰上的立式三胀引擎。照片拍摄于 1930 年前后。

了前往东印度群岛的处女航。按照通常的做法，这艘装甲舰应当经过地中海和苏伊士运河一路向东行驶，但这一次，"七省"号却选择了沿非洲西海岸南下，并在 1911 年 1 月 8 日抵达了热情好客的开普敦。这次访问的外交意图可谓非常明确：荷兰军舰已有多年没有访问过这个前殖民地了，而在 1900 年，又是荷兰的防护巡洋舰"海尔德兰"号（Gelderland）抵达莫桑比克（Mozambic）的港口洛伦索马贵斯 [Lourenço Marques，即今天的马普托（Maputo）]，接走了流亡的布尔人总统保罗·克鲁格尔（Paul Kruger）。但这次访问却洋溢着友好的氛围，这据说是因为提供的饮品从"无限量的啤酒和杜松子酒"改成了"柠檬水和一杯当地葡萄酒"。之后，"七省"号途径德班（Durban）和塞舌尔群岛（Seychelles）继续前进，并于 1911 年 2 月 25 日抵达了巴达维亚的丹戎不碌（Tandjong Priok）港。3 月 13 日，该舰又出发前往荷兰在当地的主要海军基地——泗水，并在一周后抵达。没过多久，指挥东印度舰队的范·沃斯（W. van Voss）海军上校便将司令旗迁移到了这艘新来的军舰上。

从此时起，"七省"号正式成为东印度舰队的旗舰——这一身份将保持整整八年。在当时，东印度舰队通常会维持 3—4 艘装甲舰／防护巡洋舰的规模，其核心始终是"七省"号。舰队的常规任务主要是编队演习、战术演习和炮术训练，其中第二项任务会得到驱逐舰和鱼雷艇的协同。然而在远东，该舰却出师不利：1912 年 1 月 23 日在昆多尔岛（Koendoer Island，位于苏门答腊岛东北部）附近海域触礁。随后一周，"七省"号都卡在礁石上动弹不得，在这种情况下，舰员们开始把弹药卸到就地建造的小艇上，才令它赶在救援的装甲舰"亨德里克公爵"号（Hertog Hendrik，当时该舰已经出现在了海平线上）抵达前趁着涨潮成功脱身。接下来是入坞，但东印度群岛没有配套的设施，这让海军只好向新加坡的英军基地求助。随后的三个月，该舰在当地接受了必要的维修。至于这块后勤短板直到 1913 年年底才随着一座 14000 吨级浮船坞的抵达得到了有限的填补，但问题在于，这座船坞不仅属于私人，还暂时无法使用。直到一战爆发时，这座船坞的所有人——泗水干船坞公司（Droogdok Maatschappij Soerabaja）才在海军的严厉催促下完成了收尾工作，令"七省"号终于在 1914 年底完成了本国基地内的第一次入坞。①

1912 年 1 月，在昆多尔岛（位于苏门答腊附近）触礁的"七省"号。直到一个星期后，该舰才"重获自由"。

一战前后

1914 年 8 月初，荷兰海军进行了动员。期间，"七省"号的备战工作也在丹戎不碌展开：和平时期，东印度舰队特有的白（船体）和黄（烟囱）两色涂装被灰色涂装取代，所有易燃的舾装材料都被拆解上岸。在一战期间，荷兰政府最大的关注点在于维护自身的中立地位。除了对欧洲战事置身事外之外，他们还需要保证东印度群岛免遭侵犯，避免其沦为交战国运输船为战舰补充燃料和物资的场地——毕竟，任何类

1914 年 12 月，在东印度群岛服役的"七省"号，其所处的位置可能是巴东岛（Padang，位于苏门答腊附近）上的埃玛港 [Emmahaven，即今天印度尼西亚的特鲁克巴由尔（Teluk Bayur）]。从照片中可以看到位于"七省"号舰尾的精美装饰。"七省"号的右侧是一艘"狼"级（Wolf class）驱逐舰。

① F. 博迪安，《荷兰舰队在东印度群岛，1914—1916 年，附部分海军军官的回忆》（海牙，M. 奈霍夫出版社，1920 年出版），第 31 页。

① 凯斯·范·戴克，《荷属东印度群岛与世界大战，1914—1918 年》（莱顿，荷兰皇家语言学、国情与文化人类学研究所，2007 年出版），第 187 和 197 页。

② F. 博迪安，《荷兰舰队在东印度群岛，1914—1916 年，附部分海军军官的回忆》，第 56—58 页。

似的事件都会为荷兰招来"资敌"的指控，进而提高它卷入战争的风险。但事实上，区区几艘军舰组成的东印度舰队根本无力控制如此广阔的海域，侵犯中立的情况时有发生。

在这些事件中，最著名的一起发生在 1914 年 9 月和 10 月，该事件的焦点是德军轻型巡洋舰"埃姆登"号（SMS Emden，该舰当时正在展开破交战），但更确切地说，是它随行的两艘运输船，即改装的汉堡 - 美洲公司（Hamburg-Amerika）班轮"马科曼尼亚"号（Markomannia）和被俘的希腊货船"远洋"号（Pontoporos）——两者都在为"埃姆登"号运输煤炭。[①] 9 月 23 日，在苏门答腊岛东北方巡航时，"七省"号发现"远洋"号正在锡默卢岛（Simaloer）领海的外缘行驶。见状，荷军立刻抽调了"亨德里克公爵"号和两艘驱逐舰继续监视。最初没有发生任何异常，但在 10 月 6 日，"马科曼尼亚"号前来加煤。由于荷兰人的存在，他们没能将作业地点选在一处能避风的海湾，而是在公海上通过一筐一筐的运输来完成这项折磨人的工作。与此同时，荷兰方面还秘密向位于新加坡的英国海军汇报了局势。10 月 12 日清晨，英军的轻型巡洋舰"雅茅斯"号（HMS Yarmouth）突然在两艘补给船并排停靠的海域现身。在截断对方逃入荷兰领海的去路后，该舰先是押走了德国船员，然后用炸药和炮火将"马科曼尼亚"号击沉，至于"远洋"号则被派兵接管。18 点，"雅茅斯"号和"远洋"号转舵驶向新加坡——期间，荷兰舰队一直在欣慰地旁观着抓捕场面。[②]

虽然动员加重了舰队的任务，但在一战中，荷兰海军并没有参与过真正的战斗。就在战争结束前夕，"七省"号奉命返回荷兰接受大修。该舰于 1918 年 11 月 11 日从丹戎不碌起航，但这一次，它走的是横穿巴拿马运河的太平洋航线。这次回国之旅并非风平浪静。按照舰长的报告，在巴拿马运河区的首府巴尔博亚（Balboa），荷兰领事带领 50 名亲友访问了该舰，随后舰上的雪茄和香烟便不翼而飞了。而且在这次航程中，"七省"号不止丢失了烟草制品，还有活生生的海员：1919 年 1 月在旧金山，还有在后来对纽约的友好访

"七省"号在泗水的浮船坞中。

问中，以及 3 月 11 日从休斯敦起航前往荷兰前，共有 32 名舰员逃跑——毫无疑问，这与美国国内丰厚的薪水和舒适的生活环境有关。在回国途中，"七省"号还改变航线，救助了漏水的近海货轮"萨皮内罗"号（SS Sapinero）：30 名水兵登上该船，帮助船员抛弃了被海水泡胀的谷物。最终，"七省"号在 4 月 1 日抵达了登海尔德锚地，之后它便暂时离开现役，并开往位于阿姆斯特丹的荷兰造船公司（Nederlandsche Scheepsbouw Maatschappij）接受修理。期间，船厂还简单改装了它的锅炉和提弹设备。这些工程耗费了超过两年时间。

在东印度群岛巡逻的"七省"号。本照片大约拍摄于 1915 年。

　　1921 年秋天，"七省"号做好了返回东印度群岛的准备，并在 11 月 9 日从登海尔德启程。尽管依旧保留着旗舰的身份，但显而易见，和其他国家的一线舰只相比，该舰已经落后于时代了。在舰队训练中，该舰只能扮演靶舰，任凭驱逐舰、潜艇和战机发动进攻。1924 年 3 月，该舰护送东印度总督对菲律宾进行了一次正式访问，但自 1927 年之后，该舰便不再担任旗舰，并转而用于炮兵训练，至于原先光荣的任务则被轻巡洋舰"爪哇"号（Hr. Ms. Java）和"苏门答腊"号（Hr. Ms. Sumatra）接过。按照一般的情况，退居二线的"七省"号会隐没在荷兰海军的史册中，但情况并非如此，不过它后来之所以能名震世界，不是因为军舰本身，而是因为那些身居军舰内部的舰员。

人员组织

　　按照标准编制，"七省"号的舰员一共有 418 人，如果舰队司令部进驻，总人数还将增加 29 人。和大部分海军的情况一样，为了介绍该舰的生活环境，我们也可以从两个方面入手，其一是各种必要的生活设施，其二是舰上的层级关系——即军舰组织体系的基础。在住舱的布置上，自从第一艘"七省"号在 17 世纪诞生以来，情况就几乎没有发生过变化：军官住舱位于舰尾，船体中部的主甲板上有军官候补生、轮机工程师和士官的住舱，在舰首的主甲板和上甲板上则是其他水兵的栖身之所。

　　在荷兰海军的军舰上，舰长和司令的住舱在上甲板的最后方，前者的套间包括两个部分——即卧室和私人洗漱间。至于右舷的空间则和许多海军一样，是为司令和参谋人员保留的——后两者的舱室样式和左舷舰长 / 副舰长的套间相同。而在右后方紧邻着舰长和司令官住舱的是一间用于召开司令部会议的大型舱室，连接这两名高级军官的住舱的则是舰尾游廊———座环抱着军舰尾部的长露台，而且在两侧都有出入口。在这些舱室正下方的主甲板上是另一部分军官的住舱，更靠前的地方则住着下级尉官、军官候补生、轮机工程师和士官。在"七省"号服役的年代，轮机工程师在海军中的地位已经大不如前，这一点也在他们的住舱的位置上有所反映——在"七省"

"七省"号用舰上的 11 英寸和 5.9 英寸炮轰击靶标。该舰随后一直部署在东印度群岛，并在 1927 年降格为炮术训练舰。

号上，甚至普通士官的住舱都要较它们更为靠后。在 20 世纪 10 年代，这些人只有在服役 14 年后才能晋升为军官。直到 1917 年时，合格的轮机工程师才正式获得了军官身份，和其他军官之间的待遇差距也不复存在，对于这种情况，后者不无悲伤地称之为"住舱内的侵略"。

至 于 纠 察 军 士（Chef d'équipage）的住舱，则位于主甲板的中部。这些高级士官在舰上扮演着举足轻重的角色——其地位相当于英国和美国海军中的"Master-at-arms"，或者法国海军中的"Capitaine d'armes"。在舰上，他们不仅要保证乘员的纪律，还充当着连接水兵和军官的桥梁。他们一般拥有军士长的军衔，任务是了解船上发生的一切，不仅如此，用士官手册上的话来说，他们的处事方式应当"公正，冷静，坚定，严格但不专横，仁慈但又不徇私情"。①

军舰上的舰员被划分为五个分队，他们住在舰首上甲板和主甲板的两个通舱中。其中普通水兵分队有三个，每个分队均由一名尉官（Luitenant ter zee）指挥；另外两个分队都是司炉，由一名一等轮机工程师（Engineer officer 1st class）带领。此外，舰上还有大约 40 名海军陆战队员，其指挥官是一名中尉。每个分队又会分成几个 10 至 15 人的小组（Bak），并由一位一等水兵（Matroos 1e klas）、海军陆战队员（Marinier）或海军下士（Korporaal）充当组长（Baksmeester）。在住舱甲板，每个小组都配有一张长桌（Bakstafel），平时他们就在这张长桌旁吃饭或休息（另外值得一提的是"Bak"这个词，它指的是 17 世纪时给水手们盛晚饭的大桶）。在每张长桌旁还有一个储物柜，里面放着锅碗刀叉等餐具。每到晚上，所有的长桌和板凳都会被折叠起来，挂到天花板上，以便为吊床腾出空间。除此以外，水兵还拥有一个小储物箱，用于存放各种个人物品。

和荷兰海军的其他大型舰只一样，"七省"号上还配备了一个海军陆战分队，这一分队最初由德·鲁伊特将军亲自创立于 1665 年，人数并不固定，但会占到舰员总数的大约 10%：以"七省"号为例，在 1910 年开赴东印度群岛时，舰上的海军陆战

① 出自《军需士官培训指南，供舰长和军需军官使用》（登海尔德，C. 德·布尔出版社，1929 年出版），第 6 页。

队员共有 51 人。除了操纵部分舰载武器之外，海军陆战队还会在两栖或地面作战中充当骨干。在舰上，他们要么会担任分队长、充当司令官的眼线，要么会出任地位举足轻重的风纪士官（Onderofficier van politie）。平时，他们还会在一名海军陆战队下士的带领下进行步兵训练和体育锻炼，并用军鼓和军号传递舰内命令。尽管有着独立的编制，但海军陆战队并没有单独的住舱，他们平时都和小组内的其他成员居住在一起。

　　尽管"七省"号上森严的等级必定会导致官兵关系紧张，但这却并非一无是处。一个"有力证据"出现在 1922 年 1 月——发烧和上呼吸道感染在舰尾住舱内大肆传染，导致八名军官、两名勤务兵和两名服务员一病不起，但舰上的其他人员都安然无恙——因为他们根本不敢冒险踏足军舰的后半段。

制服和徽章

　　除了居住环境之外，等级制度也反映在舰员的制服上，每名舰员的身份都可以通过不同的军衔和专业技能章加以区分。军官们平时穿着各种由深蓝色羊毛面料裁剪而成的大衣，其中以带立领的长外套最为常见，而常服则包括帆布夹克、衬衫、领带和帆布长裤。至于军衔则可以通过袖章来表示，如果是军官和轮机工程师，其袖章上的横条为金色，上方还有环状饰，其中后者的袖章横条间还有蓝丝绒饰带以示区分。行政军官、药剂师和军医佩

这张罕见的照片展示了四位海军中尉在军官起居室内接受培训的场景。

戴着没有环状饰的袖章，但前两者的横条为银色，后者的横条为金色。另外，军官的大衣翻领上还有军种标志，指挥和行政军官的标志是王冠和船锚，轮机军官是火炬和箭，军医和药剂师则以蛇杖作为标记。

　　军官候补生和士官的外套与军官相同，但军衔识别袖章呈倒 V 型，其样式也被戏称为"香蕉皮"。另外，和普通士兵一样，他们还会在左臂佩戴岗位臂章，这些臂章代表了他们的不同专业：如司炉、厨师、宪兵、炮手、木匠、鱼雷兵等。而左上臂的臂章则代表了他们的军衔等级，其中一等、二等水兵对应的分别是两个和一个船锚，三等水兵则为空白。另外，有一些特殊的专业岗位，如炮手、通信兵、测距员和潜水员还会在右臂佩戴相应的徽章。

　　尽管按照规定，军官必须在正式场合穿着长外套，但在热带地区，他们还是会选择短款的制服夹克，而白色的立领夹克则是士官们的最爱。除此之外，其制服还包括了长裤和配套的军鞋，同样，深蓝色的军帽也经常被白色军帽替代。但对于轮机机械师和普通水兵来说，他们却不能享受这样的便利，只能穿着厚重的长袖外套或白色

位于东印度群岛的"七省"号。照片拍摄于 1930 年前后。请注意舰首精美的装饰——上面有荷兰七个省份的纹章，这七个省也是"七省"号舰名的渊源。

工作服在狭小的船舱内劳动——事实上，直到 20 世纪 30 年代，荷兰海军才为在热带的士兵们配发了白色单衫作为标准制服。另外值得一提的是，每个水手还必须给配发的制服和装备打上编号，因此每个新兵在入伍之初的第一项工作，就是把个人标记缝在配发的毛毯、吊床和制服上。

伙食

　　和其他领域一样，在荷兰海军中，伙食状况同样阶层分明，其中位于上层的是军官和士官们，下层则是各级水兵。前者拥有用于改善伙食的"餐桌补贴"（Tafelgeld），而且有专门厨房（位于主甲板）提供的小灶。至于水兵则无法享受这种福利，除了仰赖舰上的大锅饭外，他们只能自己掏钱从舰上的"小卖部"（Toko，这个词来自马来语）购买柠檬水、香烟和各种点心。另外，舰上的主厨每天中午还会向舰长、大副和风纪士官提供一份水兵们的菜样，不过它们的口味显然无法让人提起兴趣。

　　对于"七省"号上生活的细节，目前没有资料保存下来，不过透过防护巡洋舰"北布拉班特"号（Hr. Ms. Noord Brabant）上一名通信兵士官——特维特（K. Twigt）的回忆，我们仍然可以大致了解到 20 世纪 10 年代荷属东印度地区水兵的伙食状况：

　　　　主菜是豌豆汤，上面漂浮着一层厚厚的象鼻虫，需要小心舀掉。虽然汤里还加入了煮熟的培根，但在重新热过一遍之后，它已经变成了某种黏糊糊的存在，很让人倒胃口。这些培根都是在罐装后又切碎和煎熟的。如果汤里用的是紫豌豆（Capucijner Peas），培根的外观和口味都会有所改善，但问题在于，紫豌豆的存在本身就很恐怖，它们平时和绿豌豆一样储存在爬满虫子的桶里。不过，由于虫子会被满是黑泥的洗菜水冲掉，所以问题不是很大，真正糟糕的是这些豆子似乎永远也煮不熟，烹饪时间一长，它们的外皮就会裂开，让豆瓣溢出来，剩下的只有漆黑的豆壳——它们就像皮革一样坚硬。" [1]

由于热带地区不缺稻米，因此米饭也经常出现在海军的日常菜单上：除了绿豌豆或紫豌豆汤，荷兰海军还发明了 "Rotmok"，其材料正是米饭、罐装牛肉、辣椒、洋葱和咖喱。按照特维特的回忆，这种食物的味道尚佳，而且其美味程度取决于从黄油牛肉罐头底部刮出的残渣数量——虽然罐头中的黄油没有变质，但 "由于天气炎热，它们经常会从罐头中溢出，就像是油漆一样——军舰上有个常见的笑话，询问去领黄油的舰员：'你把刷子忘在哪了？'"

毫不奇怪，占据舰员约四分之一的印尼人对荷兰菜大多深恶痛绝，后来他们都获得了自行开饭的权利，但食品则需要通过后勤士官经手购买。在靠港时，一些当地小贩（Kadraaiers）也会靠上来兜售各种水果，有时他们会出售一种浇着糖浆的刨冰。

甚至饮用水的供应都存在问题。在东印度群岛，因为霍乱频发，所以饮用水必须经过净化。为此，人们只能求助于船上的海水蒸馏设备。由于海水蒸馏设备的主要功能是将淡水供应给锅炉，因此处理完的水在分发时通常还是温热的。蒸馏完的水通常会储存在甲板上的桶内，旁边还有一个用铁链拴着的杯子。

薪水

20 世纪上半叶，在荷兰海军中服役并不是什么好营生。虽然很多水兵都组建了家庭，但一个人只有做到士官往上之后，才真正有能力养家糊口。各种消耗品，包括被服在内，都需要折价从薪水中扣除，如果遇到丢失和损坏只能自费更换。在荷兰，一个熟练工的月薪大约是 1000 荷兰盾，而一名一等水兵的收入不到他的一半——毫不奇怪，为了更好的待遇，经常有水兵在出访期间逃跑。[2] 不过，热带服役的水兵要比在欧洲的人员工资更高，这一点同样适用于 "七省" 号。

① 摘自 K. 特维特的 "20 世纪初的荷兰海军" 一文，此文出自海军总参谋部历史局版《海军史补遗》第 7 卷（海牙，荷兰国防部，1972 年出版）第66—70 页。

② H. 瓦尔斯，《创造者和罢工者：20 世纪前 25 年，阿姆斯特丹建筑工人的生活》（阿姆斯特丹，IISH 管理基金会，2001 年出版），第 111 页。

在军舰中后部甲板上开展的个人物品检查。照片拍摄于 20 世纪 30 年代。为抵御荷属东印度群岛附近毒辣的阳光，该舰总会支起遮阳棚。

1910 年，荷兰海军的薪酬待遇情况（单位：荷兰盾）*

军衔	本土	热带
上校**	4500	7500
少校	1100	3500
中尉	400—600	2200—2400
纠察军士长	2.40	3.65
士官	2.25	3.30
水手长	1.72	2.51
军需军士	1.07	1.40
一等水兵	0.75—1.00	0.99—1.24
三等水兵	0.47	0.51

* 其中军官的数据是年薪，士官和士兵的数据是日薪。前者按月发放薪水，后者的薪水则按周发放

** 待职上校的年薪为 2500 荷兰盾

在住舱甲板中，围绕着长桌就餐的舰员们。照片拍摄于 20 世纪 30 年代。虽然在通舱中，荷兰海军没有推行种族隔离制度，但荷兰水兵和印尼水兵的食谱却截然不同。

　　由于正常工资是如此微薄，因此，获得额外的服役和技能补贴便显得格外重要。在炮术、通讯或步枪射击等方面，水兵们都可以取得专业资格或熟练水平认证。之后，他们便可以按日获得一笔补贴，数额大约是每天 20 分（Cent）。这种做法也鼓励着水兵们，让他们在特定领域不断提升自己。至于另一项补贴则是随长期服役勋章一并发放的，也是对长期品行良好的官兵的肯定，根据军衔不同，他们每天可以获得 3—12 分不等的补助。同样，撤销这种资格也成了一种常见的处罚手段，会给违规者的收入带来巨大影响。毫不奇怪，在一战结束后，荷兰海军的水兵们很快串联了起来。

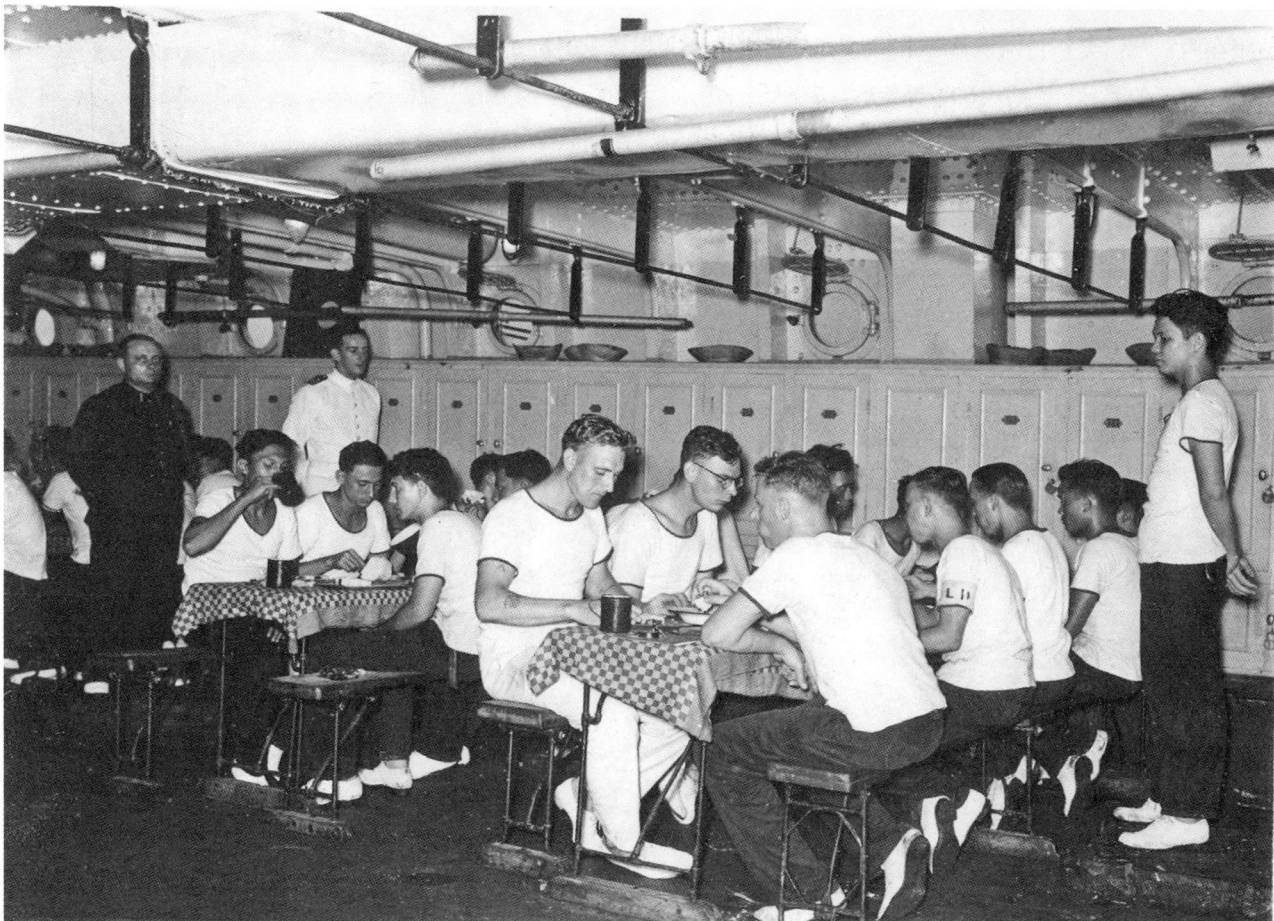

兵变

1900 年时，荷兰政府发现自己面临着一个难题：本土已经无法为东印度群岛的舰队提供足够的水兵。[①]而且这一情况不仅出现在人员上，还出现在财政领域：他们不仅要把新兵从欧洲运到世界的另一头，还要付给他们更高的薪水。在这种情况下，当局决定将印尼本地人训练成锅炉工，但这对问题几乎毫无帮助。几年后，荷兰的政治家们便提出了新想法——将印尼人训练成为军舰上的战斗人员。不顾广泛的抗议，这项提议还是获得了荷兰国会第二院的通过：1915 年，一个名为"土著水兵培训学校"（Kweekschool voor Inlandse Schepelingen）的机构在望加锡（Makassar）成立了，从中走出了第一批印尼的普通海员、通信兵和鱼雷兵，其中大部分实舰操练都在"七省"号上进行。

1929 年，在美国华尔街股市崩溃之后，荷兰经济也受其影响陷入了萧条。为此，荷兰政府通过了一项财政紧缩计划，削减了未来几年公务员的薪水。而在海军方面，1931 年和 1932 年，其官兵的工资也降低了 5%。1932 年年底，负责驻军薪水发放的荷属东印度当局更是提议，未来继续给官兵降薪 7%。面对这一切，水兵互助组织很快向海牙（The Hague）的海军部长发去了强烈抗议。有鉴于此，荷兰政府只好将减薪推迟实施。看上去，互助组织似乎轻松赢得了胜利，但没过多久，他们便发现，政府还是准备故技重施，只不过程度有所削减。这条消息立刻在泗水基地引发了震动。1933 年 1 月 30 日，有超过 400 名水兵（其中大部分是欧洲人）拒绝出勤。虽然当局

① 关于"七省"号兵变的起因和影响，有一部奠基性的著作：J. C. H. 布洛姆（J. C. H. Blom）撰写的《"七省"号兵变：荷兰政府的反应和影响》（比瑟姆，费布拉-范·迪斯胡克出版社，1975 年出版）。

20 世纪 30 年代，在舰上学习绳索打结和旗语的水兵们。

1933年2月10日，"七省"号前甲板的中弹处。这枚炮弹导致23人死亡，并终结了舰上的哗变。

最终劝说他们放弃了抗争，但有40名顽固分子锒铛入狱。不仅如此，在海牙方面的鼓动下，东印度群岛政府还计划削减印尼水兵7%的工资，而且这则消息是在1月30日，即欧洲水兵发起抗议的当天宣布的。毫不奇怪，在2月2日，大约500名印尼水兵也发起了抗议。这一次，当局未能说服大多数抗议者重返岗位，最终有450人被捕。随后，动乱的焦点开始向其他地区转移。

在此之前一个月，"七省"号从泗水出发，前往苏门答腊岛西南方海域进行训练，舰上共有141名欧洲（包括30名军官和26名士官）舰员和256名印度尼西亚（包括7名士官和80名"土著水兵培训学校"的学员）舰员。舰长艾肯博姆（P. Eikenboom）海军中校是一个性格温和的人，更倾向于通过对话解决各种摩擦，然而，到了2月初，消息已经在"七省"号的印尼舰员中传开——他们已经意识到：自己将在第三年继续遭遇减薪，而且还有数百名战友在抗议期间被捕。同时，舰长艾肯博姆也从泗水方面接到了向军官配发武器的警告，但他却认为，这种不明智的做法只会挫伤舰员的士气，并报告"一切风平浪静"。他这种想法可谓大错特错：这份"一切风平浪静"的通报不仅激起了许多舰员的怒火，还让一小队舰员决定夺取舰只并返回泗水，以便支援岸上的战友。

1933年2月4日晚间，"七省"号正停泊在苏门答腊岛西岸的班达亚齐锚地（Koeta Radja Roads），舰长和一些军官在岸上参加庆祝仪式，迎接一艘新抵达当地的军舰。21点40分，一名保管枪械储藏柜钥匙的印尼水兵为他自己和一小部分同僚拿到了枪械，并很快控制了舰体前方的住舱、舰桥和轮机舱。在剩余的军官意识到自己所面临的处境前，该舰已经重新起锚并向着泗水驶去。虽然这些军官设法控制了一些枪械储藏柜，但由于开启弹药箱的扳手接连折断，他们没能搞到弹药，更不用说将兵变者驱散了。期间还有几名军官试图抵达舰首，但最终只能在无线电室止步——正是在这座舱室内，他们向泗水当局发去报告，表示局面已经失控。随后，为了避免遭到兵变者的杀戮，他们开始撤往船尾，还封闭了与外界的通道。然后，这些军官设法瘫痪了舵机。

2月4—5日夜间，军官和兵变者的第一轮谈判开始，其中后者的代表是一等锅炉兵莫德·博沙特（Maud Boshart）。他对军官们表示：兵变针对的是减薪，为表达抗议，他们准备把军舰开往泗水，除此以外别无恶意。由于大部分军官都对减薪心怀不满，所以他们也不愿意用武力夺回军舰，更何况这种做法不仅希望渺茫，还会导致不必要的流血。最终，谈判以妥协结束。兵变者承诺不伤害军官，至于后者则同意让舵机恢复正常。期间，军舰仍在向泗水前进，兵变者正告海牙当局，他们的行动完全是由减薪引发的，且不打算诉诸武力。至于艾肯博姆海军中校则搭乘无武装的公务蒸汽船"毕宿五"号（Aldebaran）一路向"七省"号赶去。虽然后者在2月5日追上了目标，但不难想见，他的登船要求遭到了拒绝。接下来，他只能一面与"七省"号保持距离，一面无助地紧紧跟随。由于煤炭有限，他只能两次更换搭乘的船只。

同时，在巴达维亚和海牙，局势却变得愈发紧张。此时的荷兰政府已是恼羞成怒，根本不愿意与叛乱分子谈判。右翼政党—反革命党（Anti-Revolutionaire Partij）的主席亨德里克·科尔京博士（Dr. Hendrik Colijn）更公然宣称"必须镇压叛乱，如有必要，应当用鱼雷把该舰送到海底"。来自罗马天主教国家党（Rooms-Katholieke Staats Partij）的国防部长——德克尔斯博士（Dr. L. N. Deckers）也对此表示赞同。他立刻采取了果断行动：把轻巡洋舰"爪哇"号，驱逐舰"皮特·海因"号（Piet Hein）、"厄弗仙"号（Evertsen）和潜艇K Ⅶ、K ⅩⅠ号派到了巽他海峡，并指示科珀斯（Th. H. J. Coppers）中尉指挥的道尼尔"海象"（Dornier Wal）水上飞机和三架福克 T-IV（Fokker T-IV）鱼雷轰炸机前去拦截。

2月10日早些时候，这两架水上飞机和三架鱼雷轰炸机一同从平角（Kaap Vlakke Hoek，位于苏门答腊岛最南端）附近的东湾（Oosterhaven）起飞，试图截击没有高射炮的"七省"号。9点之前不久，科珀斯中尉发现了目标，并勒令该舰升起白旗投降，否则就需要为抗命付出代价。虽然发出了三次无线电信号，但舰上始终保持沉默。9点18分，科珀斯在4000英尺的高度投掷了一枚110磅炸弹。这枚炸弹击中了"七省"号的舰桥右后方，并在艏楼甲板上炸开，给聚集于此的人制造了惨重伤亡。一名兵变参与者、一等锅炉兵莫德·博沙特这样回忆当时的景象：

1933年，一名兵变者在无休岛上的前疫病隔离营接受审讯——他们的平均刑期长达四年。

我正朝艏楼甲板走去时……一枚炸弹狠狠砸在了军舰上。火焰顿时喷涌而出，像一把利刃一样将我击倒。在那个杀人装置坠落的地方，有许多人站着观看飞机。在被爆炸击倒后，我立刻匍匐寻找掩护。接着，又有三架轰炸机出现了，它们以极低的高度飞行，如果进行轰炸，将根本不可能错失目标。但炸弹没有落下，看到飞机掉头离开之后，我继续朝前走去。我的眼泪夺眶而出。看看这个场面！这些稚气未脱的少年们被扯掉了四肢，他们有些身上起火，有一些人的肠子流了一地。有位鼓手同志的胸口被撕开了一个拳头大的洞，在洞所在的地方，暴露着他曾经跳动的心脏。这是一

1933年兵变后，"七省"号接受了修缮，还拆除了一座烟囱，最终在四年后以"泗水"号的身份重新服役。本照片拍摄于1938年前后，当时该舰已恢复了训练舰的身份，并正在荷属东印度群岛的某地向岸上派遣登陆分队。

幅毁灭的场面：钢板弯曲、甲板横梁折断、周围到处都是黄蓝色的火苗，真是一片让人无比悲伤的景象。[①]

　　爆炸导致19名官兵当场身亡，其中包括一名军官和一名起义的主要领导人。另外有18人受伤，其中四人后来伤重不治，让最终的死亡人数上升至23人。不久之后，该舰便升起了白旗。"七省"号的兵变在一片血泊中结束。

　　兵变者立刻被押送到其他军舰上，至于"七省"号则凭借自身的动力前往泗水修理。艾肯博姆中校和麾下的大部分军官都被解除了职务，至于兵变者则最终被关押到了巴达维亚附近无休岛（Onrust Island）的禁闭营中。随后进行的一连串调查导致166名舰员（包括24名欧洲人和142名印尼人）锒铛入狱，他们的总刑期共计将近716年——即平均每个人四年，而且所有人都被海军除名。军官们也没有幸免，其中16人因为玩忽职守而遭到了数月的监禁，至于艾肯博姆中校等六名军官则被不光彩地赶出了海军。

余波

　　荷兰国内，在金融危机重新成为人们关注的焦点前，这场遭遇镇压的兵变一度占据了报纸的头版头条。不仅如此，它还在政治领域产生了深远的影响。首先，抨击兵变、支持轰炸的保守派政党赢得了两个月后（即1933年4月）的选举，在首相亨德里克·科尔京的领导下，右翼联盟长达六年的执政就此开始；而鼓吹了10余年"恢复传统价值观"的科尔京，也利用它把"反革命党"的事业推进了一大步。

　　而在海军方面，国防部长德克尔斯不仅下令查禁包含社会

① 参 见 http://www.solidariteit.nl/nummers/66/de_muiterij_op_de_zeven_provincien.pdf。

主义思想的作品，还开始大幅限制海军互助组织的活动——后者的影响力很快江河日下，其中大部分都在 1933 年年底销声匿迹。借此机会，荷兰海军还清除了内部的异见分子，并组建了一个旨在振奋部队士气和战友精神的委员会，至于望加锡的"土著水兵培训学校"则遭到了关闭。陆军中也采取了同样的措施，同期发布的"公务员禁令"（Civil servant prohibition）禁止陆军参加任何左翼组织，如政党、工会，甚至是金融互助机构和无线电俱乐部。[①] 1934 年，海军发布了一份关于兵变的官方报告，但由于殖民地事务部长拒绝在其中编入偏向兵变者的信息，所以其内容仅仅局限在了描述 1933 年前两个月发生的事件上。[②] 至于政府，不仅没有取消 2 月的减薪举措，还在 1934 年再次降低了海军的收入水平。

虽然在 1935 年后，这次兵变的影响逐渐被海军的现代化改革冲淡，但"七省"号却没有回归现役，直到 1937 年，它才以"泗水"号（Soerabaia）的身份重新加入海军，至于"七省"号的舰名则被取消，因为军方认为这场发生在 1933 年的事件玷污了德·鲁伊特旗舰舰名承载的荣誉。期间，该舰也在泗水接受了改装，工程包括拆除大部分副炮，并安装六挺 0.5 英寸高射机枪，同时还拆除了主桅和舰尾游廊，舰上的八座燃煤锅炉被三座燃油锅炉取代，并使得其中一根烟囱被拆去。然而，该舰训练舰的身份却没有改变。1937 年 6 月，"泗水"号搭载着数十名欧洲和印尼海员开始了获得新身份后的首航。1938 年 9 月 6 日，该舰又在泗水锚地参加了威廉明娜女王登基 40 周年阅舰式。

二战

和 1914 年 8 月时的情况一样，随着 1939 年 9 月二战爆发，荷兰武装部队也进入了动员状态。而且和一战前一样，当时荷兰海军的备战计划才刚刚起步。由于局势使然，该计划注定无法实现。其核心是三艘 28000 吨的战列巡洋舰，它们将作为"存在舰队"部署到东印度群岛，遏制日军的入侵。但随着 1940 年 5 月德国入侵波兰，这些野心勃勃的设想最后无果而终，而 1941 年 12 月日军对珍珠港的偷袭更证明了之前的猜测：日本怀有不可告人的野心。在珍珠港事件后不久，荷兰海军的赫尔弗里希（C. E. L. Helfrich）将军立刻命令潜艇部队开往南中国海，协助英军抵抗日本对马六甲和新加坡的入侵。

战争爆发时，"泗水"号也接到命令：护送一支由 800 名荷兰、澳大利亚和英国军人组成的部队 [即"雨燕部队"（Sparrow Force）] 占领东帝汶（East Timor），如果葡萄牙殖民当局决定抵抗，该舰就将用 11 英寸舰炮进行反制。[③] 虽然幸运的是，在这次事件中，葡萄牙人只是进行了"强烈抗议"，但和美英荷澳联合指挥部（ABDA Command）发起的许多作战一样，这项行动不仅短命，而且毫无意义——1942 年 2 月，帝汶岛的西部（由荷兰统治）和东部（由葡萄牙统治）便被来势汹汹的日军占领。

帝汶登陆结束后，"泗水"号返回同名母港，并作为防空炮台保卫着当地的海军基地和马都拉岛（Madura）弹药工厂。2 月 18 日，在执行任务期间，一枚日本炸弹穿透了该舰（当时它正停靠在泗水东港的码头旁）烟囱内的装甲格栅，并在机舱内炸开：有七人当场阵亡、22 人受伤，其中部分伤者后来在医院伤重不治。该舰随后坐沉在浅水中，大部分乘员离舰，只有高射炮兵还在后甲板的岗位上继续作战。

1942 年 2 月，随着卡雷尔·多尔曼（Karel Doorman，值得一提的是，此人曾于

---

① J. C. H. 布洛姆，《"七省"号兵变：荷兰政府的反应和影响》，第 80 页。

② 参见《1933 年初，荷属东印度群岛的海军骚乱》（海牙，国家印刷局，1934 年出版）

③ A. J. 范·德·皮特和 J.W. 德·维特，《力量之船：八艘"七省"号的故事》（弗拉讷克，范·维宁出版社，2002 年出版），第 79—80 页。

1926—1928 年在"七省"号上担任枪炮长）海军少将指挥的美英荷澳联合舰队在 27 日的爪哇海海战中遭遇惨败，荷属东印度的门户已向日军敞开。当地的荷兰部队最终在 3 月 9 日向日军投降，自沉的"泗水"号也被日军接管。之后，该舰被捞起并再次成为浮动高射炮台。当战局不利于日军之后，该舰便被拖往泗水外海的西部水道（Westervaarwater）自沉，以此作为阻挡登陆部队的障碍。当 1945 年 8 月，盟军重新发现该舰半沉的残骸时，其状况已经非常恶劣。直到 1949 年印尼独立时，"泗水"号都一直被搁置在原地，随着时间流逝，该舰也被拆除，但其中一座 11 英寸主炮炮塔如今保存在泗水的海军纪念展示馆（Loka Jaya Çrana Navy Museum）中。

　　"七省"号的生涯就这样结束了。后来，该舰的舰名先后被一艘轻巡洋舰（1953 年下水）和一艘防空与指挥护卫舰（2002 年服役）继承。它还将延续多少代？只有时间能告诉我们一切。

附录：舰上一日

　　5 点 30 分，随着"全体注意"（Overal）的命令，所有不值早班（时间为上午 4—8 点）的士兵纷纷起身。一旦吊床被捆好收起，接下来就是短暂的洗漱和早饭（包括一个三明治和一杯咖啡）时间。6 点，船员集合、开始工作（通常是打扫卫生）。直到钟表指向 8 点，他们才可以稍事休息，并享用第二顿分量更足的早餐。

　　下一项活动是早上 9 点钟的升旗仪式（Vlaggenparade，如果是星期天，其时间会推迟到 9 点 30 分），舰员在后甲板列队肃立，向徐徐升起的海军旗敬礼。升旗仪式一结束，舰上的医生和风纪士官便会向舰长呈上每日报告，其他人员则按照常规开展工作和训练，执勤人员会在正午换岗，同时舰员也开始享用午餐，但军官们的开饭时间通常会比其他官兵略晚。

20 世纪 40 年代后期，位于泗水附近西部水道的"泗水"号残骸。

　　午餐后的休息时间结束于 14 点 30 分，这时传来了清洗上层甲板和整理内务的命令。在一周中，舰员有两次洗衣和洗澡的机会，他们会先用海水擦身，然后再用蒸馏水冲洗干净。舰体中部的主甲板上有专门的士兵盥洗室，这一设施在当时是一种巨大的进步，在之前的防护巡洋舰上，无论刮风下雨，这些活动都只能露天进行。至于军官们则永远都没有这些烦恼——他们的衣物有用人和勤务兵打理。

　　16 点 30 分，即所谓的"暮更"（Platvoet，在英国海军中被称为 Dog Watch）开始后半个小时，就是享用晚餐的时间。虽然这一餐在荷兰海军中被称为"茶水"（Theewater），但供应的食物主要是面包、黄油，以及一大杯咖啡。当然，面包也可以采用荷兰国内流行的吃法——撒糖食用，不过白糖只能从舰上的小卖部自费购买。

　　20 点是晚上第一班开始的时间。需要值夜班和早班的人此时早早便钻进了吊床，而那些为资格证书或晋升而努力的官兵则开始拿出书本刻苦学习。但对于大部分舰员来说，现在正是消遣的大好时间：在海上，这可能意味着唱歌、听唱片、侃大山、玩扑克或是进行各种游戏，而在港口，他们还有酒吧、餐馆、影院或是其他娱乐场所可供挑选。不过，少年舰员通常不会获准上岸，就算有额外开恩，他们也必须趁早返舰。另外，在甲板上，军舰还会组织放映一些影片。

　　如果是周六，主要的任务将是打扫卫生。期间，整个军舰将被刷洗一新，以便迎接每周的勤务检查。星期天会有宗教仪式，根据军舰是在港口还是海上，其内容各不相同。在 1914 年前，海上的仪式将由新教随军牧师主持，之后天主教牧师也获得了主持仪式的权力。如果舰上没有神职人员，相关的工作将由军衔最高的行政军官或军医代劳，至于布道和忏悔的方式和风格则会兼顾船上不同信仰人群的需要。如果船只靠岸，舰员可以自行选择去往的教堂和寺庙——这也意味着，他们经常要分五批出发。仪式完成后，舰员还要从事日常勤务，下午时分，成年舰员会额外获得一杯稀释过的杜松子酒。

参考资料

未公开资料

- 1910 年"七省"号官兵花名册 [海军俱乐部历史档案馆（Historisch Documentatiecentrum van de Marine Sport en Ontspanningsvereniging），登海尔德]
- R. 哈姆森（R. Harmsen）私藏档案第 849 号："'七省'号装甲舰"（Pantserschip De Zeven Provinciën）

公开资料

- J. 安滕（J. Anten），《潜艇，被海军至上主义扼杀：国际海军战略思想对荷属东印度防卫思路的影响，1912—1942 年》（*Navalisme nekt de onderzeeboot. De invloed van internationale zeestrategieën op de Nederlandse zeestrategie voor de defensie van Nederlands-Indië, 1912–1942*）[阿姆斯特丹，阿姆斯特丹大学（Amsterdam University），2011 年出版]
- F. 博迪安，《荷兰舰队在东印度群岛，1914—1916 年，附部分海军军官的回忆》（*Het Nederlandsch eskader in Oost Indië 1914–1916, benevens eenige beschouwingen over onze marine*）[海牙，M. 奈霍夫出版社（M. Nijhoff），1920 年出版]
- J. C. H. 布洛姆（J. C. H. Blom），《"七省"号兵变：荷兰政府的反应和影响》（*De muiterij op De Zeven Provinciën: Reacties en gevolgen in Nederland*）[比瑟姆（Bussum），费布拉 - 范·迪斯胡克出版社（Fibula-Van Dishoeck），1975 年出版]，可参见 http://www.zeeuwse-navy-seals.com/files/muiterij-de-zeven.pdf（2017 年 10 月访问）
- M. 博沙特，《"七省"号兵变记》（*De muiterij op De Zeven Provinciën*）[阿姆斯特丹，博特·巴克出版社（Bert Bakker），1978 年出版]
- Ph.M. 博施尔（Ph. M. Bosscher），《二战中的荷兰海军》（*De Koninklijke Marine in de Tweede Wereldoorlog*）全 3 卷 [弗拉讷克（Franeker），T. 维沃尔出版社（T. Wever），1984—1990 年出版]
- A. 尚邦（A. Chambon），"范德施特恩"（Vandersteng）丛书第 2 辑：《海上生活习俗》（*Marine gewoonten en gebruiken*）[登海尔德，C. 德·布尔出版社（C. de Boer），1945 年出版]
- 《1933 年初，荷属东印度群岛的海军骚乱》（*De ongeregeldheden bij de Koninklijke Marine in Nederlandsch-Indie in den aanvang van 1933*）[海牙，国家印刷局（Algemeene Landsdrukkerij），1934 年出版]
- 凯斯·范·戴克（Kees van Dijk），《荷属东印度群岛与世界大战，1914—1918 年》（*The Netherlands Indies and the Great War, 1914–1918*）[莱顿（Leiden），荷兰皇家语言学、国情与文化人类学研究所（Koninklijk Instituut voor Taal-, Land- en Volkenkunde），2007 年出版]
- 《军需士官培训指南，供舰长和军需军官使用》（*Handleiding ten dienste van het onderwijs bij de opleiding tot kwartiermeester zoomede ten gebruike bij den jaarlijkschen cursus voor bootsman en schipper*）[登海尔德，C. 德·布尔出版社，1929 年出版]
- G. 荣斯拉格尔（G. Jungslager），《顺势而动：20 世纪 20 年代东印度群岛海上防御战略的任务变迁》（*Recht zo die gaat. De maritiem strategische doelstellingen terzake van de verdediging van Nederlands-Indië in de jaren twintig*）[海牙，海军总参谋部历史局（Maritieme Historie van de Marinestaf），1991 年出版]
- J.C. 莫莱马（J. C. Mollema），《论"七省"号兵变》（*Rondom de muiterij op De Zeven Provinciën*），[哈勒姆（Haarlem），谢恩克·威灵克出版社（Tjeenk Willink），1934 年出版]
- C.H.L. 欧林（C. H. L. Olling），"荷兰国家船厂大事记（3）：'七省'号"（Uit de miljoenenhoek (3): Hr. Ms. De Zeven Provinciën），出自《海事：海军、商船、渔业、航海技术和港务新闻杂志》（*Zeewezen: opinieblad voor marine, koopvaardij, visserij, zeetechniek en havens*）（1984 年 3 月号），第 56—57 页。
- 哈里·皮尔（Harry Peer），"'七省'号兵变"，出自《时代与使命》（*Tijd en Taak*）杂志（1995 年 2 月 13 日号）第 10—13 页，另可参见 http://www.solidariteit.nl/nummers/66/de_ muiterij_op_de_

zeven_provincien.pdf（2017 年 10 月访问）

- A. J. 范·德·皮特（A. J. van der Peet）和 J.W. 德·维特（J. W. de Wit），《力量之船：八艘"七省"号的故事》（*Schepen van gewelt. Acht keer Zeven Provinciën*）[弗拉讷克，范·维宁出版社（Van Wijnen），2002 年出版]
- 《装甲舰"七省"号蓝图集，1910 年》（*Platenatlas Hr. Ms. pantserschip De Zeven Provinciën，1910*）
- 《兵变红皮书》（*Roseboek van de muiterij*）[海牙，海牙印刷所（Haagsche Drukkerij），1934 年出版]
- K. 特维特，"20 世纪初的荷兰海军"（De Koninklijke Marine in het begin van de 20e eeuw），出自海军总参谋部历史局版《海军史补遗》（*Bijdragen tot de geschiedenis van het zeewezen*）第 7 卷 [海牙，荷兰国防部（Ministerie van Defensie），1972 年出版]，第 66—70 页。
- H. 瓦尔斯（H. Wals），《创造者和罢工者：20 世纪前 25 年，阿姆斯特丹建筑工人的生活》（*Makers en stakers. Amsterdamse bouwvakarbeiders en hun bestaansstrategieën in het eerste kwart van de twintigste eeuw*）[阿姆斯特丹，IISH 管理基金会（Stichting beheer IISG），2001 年出版]
- E. P. 韦斯特韦德，"论我国驻东印度群岛的防卫舰队"（Onze marine in de Indische Krijgskundige Vereeniging），出自《海军杂志》第 22 辑（1907—1908 年号），第 897—963 页。
- 《荷兰海军年鉴》（*Jaarboek van de Koninklijke Marine*）（1890—1937 年）
- 《海军杂志》（1890—1940 年）

希腊海军

装甲巡洋舰"乔治·阿维洛夫"号（1910 年）

作者：齐西斯·福塔基斯

一个国家的海军史往往包罗万象，并与社会经济、外交、战略和战争等因素联系紧密。[1]但即使如此，这些历史还是能被浓缩到某一艘特定的军舰上。希腊装甲巡洋舰"乔治·阿维洛夫"号 100 年来的经历就是一个典型。在希腊近代史的关键时刻，它几乎单枪匹马地对抗着整个奥斯曼帝国舰队，并且在此期间深深影响了它的祖国和海军。

采购始末和性能数据

装甲巡洋舰"乔治·阿维洛夫"号的采购源自 20 世纪初——此时，希腊海军对部队的最佳结构进行了漫长讨论。鉴于战略、作战、经济和技术等方面的需求，各界意识到，一旦与奥斯曼帝国开战（1830 年，希腊摆脱该国的统治获得独立），快速主力舰将在本土水域发挥极大作用——它们不仅可以增强本国战斗舰队的机动性和火力，还能为各个战区提供有力掩护。[2]也正是因此，时任希腊海军部长的约阿尼斯·达米亚诺斯（Ioannis Damianos）海军上校和海军部装备局局长米海伊尔·古达斯（Michail Goudas）海军上校决定向意大利购买一艘未竣工的"比萨"级（Pisa-class）装甲巡洋舰。[3]然而在希腊国内，这一决定却遭到了反对（反对者更倾向于订

① 本书的编辑感谢约翰·卡尔（John Carr）为本章提供的照片。

② 参见齐西斯·福塔基斯，《希腊海军战略和政策，1910—1919 年》（伦敦，劳特利奇出版社，2005 年出版），第 16—17 页；希腊文学和历史档案馆（雅典），杜斯马尼斯手稿，文件号 4，备忘录 314，1909 年 8 月 7 日。

③ 参见联合创作，《1912—1913 年的海上战斗》（雅典，斯克里普出版社，1914 年出版），第 12 页；尼科斯·斯塔塔基斯，《战舰"乔治·阿维洛夫"号：一艘常胜战舰的编年史》（雅典，希腊海军，1987 年出版），第 61 页；扬尼斯·提奥凡尼蒂斯，《希腊海军史，1909—1913 年》（第二版）（雅典，萨凯拉留斯出版社，1925 年出版），第 30 页。

1911 年，刚加入希腊海军不久的"乔治·阿维洛夫"号。很少有军舰像它一样对一个国家的领土扩张做出过如此显著的贡献。

1910 年，在里窝那的奥兰多兄弟船厂准备下水的"乔治·阿维洛夫"号（左），以及同年 3 月 12 日该舰下水时的景象（右）。

① 参见齐西斯·福塔基斯，《希腊海军战略和政策，1910—1919 年》（伦敦，劳特利奇出版社，2005 年出版），第 16—17 页；扬尼斯·梅塔克萨斯《私人日记》8 卷本（雅典，知识出版社，1972—1974 年出版），第 3 卷，第 40 页。

② 迈伦·马萨吉斯《当代海军：历史与演变》（雅典，私人出版，1973 年出版），第 205 页。

购一艘无畏舰）。另外，柏林方面也表示了抗议：这不仅是因为它影响了德国的海军采购，还会进一步增强希腊的进攻能力，从而威胁到奥斯曼帝国——这个德国的盟友，并与德国的近东战略相背离。①另外，也正是这一原因，让奥斯曼帝国一直在游说，试图让意大利政府将该舰转卖给自己。

作为"比萨"级装甲巡洋舰的第三艘也是最后一艘，"乔治·阿维洛夫"号由朱塞佩·奥兰多（Giuseppe Orlando）设计，可以被视为"艾琳娜女王"级 [Regina Elena class，1901 年开工，设计者是工程师维托里奥·库尼贝蒂（Vittorio Cuniberti）] 战列舰的缩小版。其首舰"比萨"号（Pisa）和二号舰"阿马尔菲"号（Amalfi）于 1905 年动工，第三艘于 1907 年在里窝那（Livorno）的奥兰多兄弟船厂（Fratelli Orlando）开始建造，但工程在不久之后便被意大利海军叫停。这不仅是出于预算方面的考虑，还与前一年"无畏"号的竣工有关。自然，意大利海军开始对采购进行全面审查。但在 1909 年 10 月，希腊政府发出订单后，该舰又恢复了建造，并在 1910 年 3 月 12 日下水。在次年春天竣工时，它也成了史上最后一艘服役的装甲巡洋舰。②该舰的名字取自金融家乔治·阿维洛夫（1815—1899 年），他早年在埃及的银行、抵押和贸易生意中积累了巨额财富，并在遗嘱中慷慨地将它们用于希腊海军的发展。这笔资金的数额相当于交易价格（即 2300 万金德拉克马，约合 950750 英镑）的五分之一，刚好能充当军舰的预付款。尽管该舰为满足希腊的要求进行了大量修改，但造价仍较"比萨"号低了 200 万德拉克马。

有人也许会问，希腊人买到的是怎样的一艘军舰？该舰全长 459.5 英尺，宽度为 69 英尺，满载排水量为 10118 吨（标准排水量 9956 吨）——此时，其吃水深度为 23.5 英尺。舰体设置了一条贯穿首尾的装甲带，在前后炮塔之间的区域，其装甲厚度为 8 英寸，而在舰首和舰尾，其厚度则下降到了 3.25 英寸。其炮塔和指挥塔分别安装了 8 英寸和 7 英寸厚的装甲，水平装甲的最大厚度为 2 英寸。在主炮方面，希腊海军选择了英国阿姆斯特朗公司生产的 9.2 英寸 46.6 倍径火炮，而不是"比萨"号和"阿马尔菲"号原装的 10 英寸炮——它们共有四门，安装在军舰首尾的双联装炮塔中。除此之外，舰上还安装了大口径副炮群——它们由八门 7.5 英寸 45 倍径舰炮组成，位于舰体侧面中部的双联装炮塔中。这种布局可以让"乔治·阿维洛夫"号用八门 9.2 英寸炮和 7.5 英寸炮进行舷侧齐射；在追击或逃脱时，也有六门火炮可以朝前方或后方射击。此外，舰上还安装了 16 门 3 英寸速射炮和三具 17.7 英寸水下鱼雷发射管（两舷各有一具，还有一具位于舰尾）。在动力系统方面，"乔治·阿维洛夫"号在四个锅炉舱中配备了 22 台法国制造的贝尔维尔式水管锅炉，它们为两部奥德洛（Odero）式三胀式蒸汽机提供动力，后者的功率为 19000 指示马力，能带动该舰达到 23.9 节的理论最高航速。该舰的最大作战航速为 20 节，在 14 节的经济航速下最大航程可达 8416 海里，全舰的载煤量为 1542 吨。

交付

"乔治·阿维洛夫"号于 1911 年 5 月 16 日在里窝那市服役，其首任舰长正是大力促成购入该舰的约阿尼斯·达米亚诺斯上校。在 1908 年，当"青年土耳其党"夺取政权后，奥斯曼帝国与希腊的关系迅速恶化，在伊斯坦布尔，民族主义氛围甚嚣尘上。面对这种情况，达米亚诺斯上校决定立刻开展火炮测试，并立刻趁该舰进行处女航的机会前往英国，以便为主炮装运弹药，顺带代表希腊海军参加 1911 年 6 月 24 日在斯皮特海德举行的乔治五世加冕阅舰式。但这次访问并不顺利。6 月 19 日，"乔治·阿维洛夫"号在斯皮特海德附近的大雾中搁浅，好不容易才在拖船的帮助下脱困，随后只能前往朴次茅斯船坞修理。但就在该舰抵达当地时，舰上便发生了该舰漫长的职业生涯中的第一场哗变，并导致英国驻希腊海军顾问团被迫出面干预。最终，达米亚诺斯被解除职务，并被帕夫洛斯·库多努里奥提斯（Pavlos Coundouriotis）上校取代——后者来自伊兹拉岛（Hydra）上一个颇有势力的船运商人

从"乔治·阿维洛夫"号的左舷中部向舰尾看去，首先映入眼帘的是该舰前部的 7.5 英寸炮塔。然后还可看到若干门 3 英寸炮——其中包括一门 3 英寸高射炮，这种高射炮在该舰上一共有四门，都是在 1925—1927 年进行改装期间添加的。另外，还可以在 7.5 英寸炮塔的顶上看到一挺机关枪。本照片拍摄于 1937 年 10 月，该舰在伊斯坦布尔附近停泊时。

家族，这一家族曾在1821—1830年的希腊独立战争中扮演过领导者的角色。最终，哗变被平息，其头目后来被判处最高24个月的监禁。

1911年9月1日，“乔治·阿维洛夫”号才最终驶入比雷埃夫斯。作为英国驻希腊海军顾问团的团长，莱昂内尔·图弗内尔（Lionel Tufnell，1911年5月—1913年5月在任）海军少将立刻带领该舰和希腊舰队进行了一系列演习。对英国人来说，他们原本希望把“乔治·阿维洛夫”号打造成希腊海军的样板和典范，但他们很快便发现，在军舰的运作中有很多领域不尽人意。在1912年10月，即离第一次巴尔干战争爆发还有一年时，虽然英国人通过艰苦的努力提高了希腊军舰的战备水准，但大口径火炮的实弹射击演习依然迟迟没有进行——因为英国工厂提供的弹药数量一直不足。[①]甚至战争的爆发也未能改善这种局面——直到1912年11月下旬，炮弹才最终装满了“乔治·阿维洛夫”号的弹药库。[②]

高强度的备战工作，以及1912年夏末秋初反复摇摆的政治局势，令“乔治·阿维洛夫”号未能如期前往马耳他进行急需的修理和维护。[③]相反，该舰和希腊舰队的主力一道承担起了掩护希腊陆军动员的任务。10月5日，它们又接受了国王乔治一世（George Ⅰ）的检阅。正是在这次阅舰式上，“乔治·阿维洛夫”号的舰长库多努里奥提斯被晋升为海军少将，几小时后，受阅舰只便一齐向战场奔去。[④]

第一次巴尔干战争，1912—1913年

1912年10月，第一次巴尔干战争爆发，保加利亚、塞尔维亚、希腊和黑山（被统称为“巴尔干联盟”）联合起来向奥斯曼帝国开战。期间，欧洲列强也密切关注着这场冲突，它们的利益盘根错节，并险些将整个欧洲大陆拖入战火之中。[⑤]在库多努里奥提斯海军少将的率领下，希腊海军发动攻势，并在战争爆发的第三天成功攻下了利姆诺斯岛（Lemnos）上的主要锚地——穆兹罗斯（Mudros），这里距达达尼尔海峡只有40海里。而这次行动又充当着一连串两栖作战的开端，在随后几周内，希腊军占领了爱琴海北部的许多岛屿，并有力支持了对伊庇鲁斯（Epirus）地区的进攻。同时，不顾异常寒冷的天气，库多努里奥提斯海军少将还采取措施，试图将奥斯曼帝国舰队诱出达达尼尔海峡。[⑥]12月14日，由于接到“乔治·阿维洛夫”号在因布罗斯岛（Imbros）

1911年6月19日，在斯皮特海德近海搁浅后，在朴次茅斯入坞修理的“乔治·阿维洛夫”号。利用这个机会，仍在舰上的舰员清洗了衣物，并将它们挂在了军舰的护栏上。

① 参见尼科斯·斯塔塔基斯，《战舰“乔治·阿维洛夫”号：一艘常胜战舰的编年史》，第61—62页；联合创作，《1912—1913年的海上战斗》，第9—12页；帕纳约蒂斯·阿卢尔达斯，“战舰‘阿维洛夫’号的技术细节”，出自伊利亚斯·达卢米斯主编的《“乔治·阿维洛夫”号百年史》（雅典，希腊海军历史学会，2011年出版），第56、第61和第63—64页；法国外交部档案馆（巴黎），新系列，希腊，文件号39，“阿雷纳致皮雄”，1910年5月10日；齐西斯·福塔基斯，《希腊海军战略和政策，1910—1919年》，第34页；德国联邦档案馆-军事档案馆（弗赖堡），档案号RM5/1255，“参观希腊装甲巡洋舰‘阿维洛夫’号，1912年6月2日”（Besuch an Bord des griechischen Panzerkreuzers Averoff an 2 Juni 1912）；亚历山德罗斯·萨克拉里乌，《一位海军将领的回忆：亚历山德罗斯·萨克拉里乌回忆录》第1卷（雅典，西格玛出版社，出版时间不详），第39和第45页；网站http://www.averof.mil.gr/index.php?option=com_content8cview=article&:id=60&Itemid=70&;lang=el上的相关内容。

② 参见齐西斯·福塔基斯，《希腊海军战略和政策，1910—1919年》，第46页；剑桥大学图书馆（英国剑桥），维克斯公司相关手稿，第1008号档案，“巴希尔·扎哈罗夫（Basil Zaharoff）致维克斯公司”，1911年9月11日；英国国家档案馆（基尤），档案号FO 286/549，“弗朗西斯·埃利奥特（Francis Elliot）爵士致爱德华·格雷（Edward Grey）爵士”，1912年7月1日；希腊文学和历史档案馆（雅典），达米亚诺斯手稿，文件号1.4，“库多努里奥提斯报告”，1911年8月3日。另外，在现藏于希腊文学和历史档案馆（雅典）的杜斯马尼斯手稿中的第5号文件则报告了1911年9月“乔治·阿维洛夫”号在沃洛斯湾（Gulf of Volos）演习时暴露出的各种问题。

③ 莱昂内尔·图弗内尔海军少将，“莱昂内尔·图弗内尔海军少将对海军军官学校的评论”，出自《卫城报》1911年5月19日号，第3版。

④ 狄米特里奥斯·佛卡斯，《爱琴海舰队，1912—1913年：一部记录》（雅典，希腊海军历史学会，1940年出版），第20—21页及第24页。

⑤ 关于巴尔干战争的概述和列强扮演的角色，除了本书中列举的各种文献外，还可以参见恩斯特·赫尔姆赖希撰写的《巴尔干战争中的外交》（马萨诸塞州剑桥，哈佛大学出版社，1938年出版），以及理查德·霍尔撰写的《巴尔干战争，1912—1913年：一战的序幕》（伦敦，劳特利奇出版社，2000年出版）这两本著作。

⑥ 参见狄米特里奥斯·佛卡斯，《爱琴海舰队，1912—1913年：一部记录》，第29—108页和125—126页；联合创作，《1912—1913年的海上战斗》，第75页。

1912 年 10 月 18 日，第一次巴尔干战争爆发时，"乔治·阿维洛夫"号随希腊舰队从法勒隆湾起航开赴爱琴海。远方右侧三艘较大的舰只是法国建造的露炮台铁甲舰"伊兹拉"号、"普萨拉"号和"斯派采"号，它们均在 1889—1890 年年间下水；近景处还有几艘由英国和德国建造的驱逐舰。

附近搁浅的错误情报，奥斯曼帝国的防护巡洋舰"麦齐迪耶"号（Mecidiye）发起了侦察。虽然这次行动毫无收效，但它表明，奥斯曼帝国的海军终于做好了准备，试图挑战希腊人对爱琴海的控制权。也正是因此，12 月 16 日上午，在加里波利上空突然飘起了层层烟雾，它预示着土耳其舰队已从达达尼尔海峡出动。[1]两军交锋的时刻即将到来。

在巴尔干战争期间，"乔治·阿维洛夫"号是地中海东北部最强大、最现代化的军舰。奥斯曼帝国海军对此也心知肚明，按照既定的作战计划，其舰队将避免深入爱琴海，并在希腊人劳师袭远时才与之交战。[2]而另一方面，尽管希腊人拥有许多技术

在第一次巴尔干战争期间，"乔治·阿维洛夫"号上的两门 3 英寸舰炮朝左舷开火——可能是在进行训练或鸣炮致敬。该舰上一共有 16 门这种武器，在近景处可以看到左前方的 7.5 英寸炮塔。

[1] 狄米特里奥斯·佛卡斯，《爱琴海舰队，1912—1913 年：一部记录》，第 130—133 页。

[2] 贝恩德·朗恩希尔彭和艾哈迈德·居莱尤斯，《蒸汽时代的奥斯曼海军，1828—1923 年》（伦敦，康威海事出版社，1995 年出版），第 21 页。

① 参见联合创作，《1912—1913年的海上战斗》，第12页和第255页；佩洛皮达斯·特苏卡拉斯，《海军战术教科书》（比雷埃斯，希腊海军军官学校，1910—1911年出版），第128—129页；乔治·梅泽维里斯，《我在希腊海军服役的40年》（雅典，私人出版，1971年出版），第4页；C.N.罗宾森海军中校，"巴尔干战争"，出自海斯子爵和约翰·莱兰主编的《海军年鉴，1914》（伦敦，威廉·克罗夫斯出版社，1914年出版），第150—168页。

② 关于赫勒斯角海战，相关内容可参见联合创作，《1912—1913年的海上战斗》，第242—260页；扬尼斯·提奥凡尼蒂斯，《希腊海军史，1909—1913年》（第二版），第150—160页；佩洛皮达斯·特苏卡拉斯，《海军战术教科书》，第127页；尼科斯·斯塔塔基，《战舰"乔治·阿维洛夫"号：一艘常胜战舰的编年史》，第363页。至于奥斯曼帝国方面的观点则可参见贝恩德·朗恩希尔彭和艾哈迈德·居莱尤斯的《蒸汽时代的奥斯曼海军，1828—1923年》，第22页。

上的优势，但他们仍然敏锐地意识到："乔治·阿维洛夫"号的装甲可以被奥斯曼帝国前无畏舰"红胡子海雷丁"号（Barbaros Hayrettin）和"图尔古特提督"号（Turgut Reis）的11英寸主炮击穿。可即使如此，库多努里奥提斯少将仍听从了佩洛皮达斯·特苏卡拉斯（Pelopidas Tsoukalas）海军上尉的建议——后者曾于1910—1911年期间在希腊海军学院担任海军战术讲师。按照上尉的看法，"乔治·阿维洛夫"号应凭借23节的优势航速（比"红胡子海雷丁"号和"图尔古特提督"号高大约7节），在其火炮的有效射程内与敌人交战。①

16日上午8点过后不久，"红胡子海雷丁"号、"图尔古特提督"号以及中央炮位铁甲舰"迈苏迪耶"号（Mesudiye）和"神眷"号（Asar-i Tevfik）组成的奥斯曼帝国舰队从达达尼尔海峡现身，它们的指挥官是海军上校拉米兹·纳曼贝伊（Ramiz Naman Bey）——之前拉米兹已经接到命令，要求从希腊海军手中夺取爱琴海的控制权。②而在另一边则是库多努里奥提斯少将指挥的希腊舰队——由"乔治·阿维洛夫"号带领下的三艘露炮台铁甲舰"斯派采"号（Spetsai）、"伊兹拉"号（Hydra）和"普萨拉"号（Psara）组成——它们迅速发现了14000码外的奥斯曼帝国舰队。随后，拉米兹开始转舵向北，试图以侧舷火力攻击希腊军阵列。9点22分，奥斯曼帝国的军舰从12500码外开炮射击。在"乔治·阿维洛夫"号的敞开式舰桥上，库多努里奥提斯少将首先下令右转缩小距离，然后在9点26分下令开火。此时的他已经意识到，如果让"乔治·阿维洛夫"号继续以12节航速前进，该舰就将无从发挥自身优势。于是，少将命令该舰舰长索福克利斯·杜斯马尼斯（Sofoklis Dousmanis）上校全速前进，将其余舰只甩在身后。该舰很快在奥斯曼帝国舰队前方占据了阵位，同时狂暴地向对方开火。拉米兹意识到了被包抄的危险，于是命令战列舰分队顺次转舵，但下属误判了这一信号，几艘军舰立刻掉头，而没有跟随"红胡子海雷丁"号前进。随后的

1912年的第一次巴尔干战争期间，"乔治·阿维洛夫"号在穆兹罗斯岛停靠，站在舰尾甲板上的是索福克利斯·杜斯马尼斯海军上校。请注意舰尾游廊上方的装饰，上面有该舰的舰名。

① 贝恩德·朗恩希尔彭和艾哈迈德·居莱尤斯，《蒸汽时代的奥斯曼海军，1828—1923 年》，第 22 页。

② 狄米特里奥斯·佛卡斯，《爱琴海舰队，1912—1913 年：一部记录》，第 8—9 页和第 136—148 页；扬尼斯·提奥凡尼蒂斯，《希腊海军史，1909—1913 年》（第二版），第 158 页。

③ 尼科斯·斯塔塔基斯，《战舰"乔治·阿维洛夫"号：一艘常胜战舰的编年史》，第 348 页；狄米特里奥斯·佛卡斯，《爱琴海舰队，1912—1913 年：一部记录》，第 148 页。

④ 联合创作，《1912—1913 年的海上战斗》，第 248—249 页。

⑤ 狄米特里奥斯·佛卡斯，《爱琴海舰队，1912—1913 年：一部记录》，第 164—165 页。

1912 年下半年，"幸运的乔治大叔"号在穆兹罗斯岛停靠期间，该舰的 680 名舰员中的一部分在舰尾甲板上集结。位于中央的是舰上的希腊东正教牧师，在其右手边依次是帕夫洛斯·库多努里奥提斯海军少将和索福克利斯·杜斯马尼斯海军上校，后者手上还拿着一具望远镜。

局面一片混乱，"乔治·阿维洛夫"号一边和其余的希腊舰只用炮火扰乱敌人，一边对慌乱撤退的奥斯曼舰队穷追不舍。直到敌人于 10 点 25 分进入海峡时，库多努里奥提斯少将才命令停止射击，并改变航向与其他舰只会合。

经过近一个小时的战斗，赫勒斯角海战（Battle of Cape Helles）终于落下了帷幕。奥斯曼帝国的"红胡子海雷丁"号、"图尔古特提督"号和"迈苏迪耶"号被多次命中并遭受了沉重打击：共有 18 人死亡，41 人受伤。①至于"乔治·阿维洛夫"号，只被命中了四枚大口径炮弹，有两名官兵身亡——他们也是希腊军在战斗中仅有的阵亡者。②除此之外，该舰后部两门 9.2 英寸舰炮的炮闩还出现了在开火高度卡死的故障，这一故障直到 1927 年该舰在土伦检修并换上新的液压系统时才被彻底排除。③另外，在战斗结束几小时后，该舰还从舰尾误射了一枚鱼雷，并险些击中了"普萨拉"号。④尽管取得了胜利战斗，但库多努里奥提斯少将却因为冒险追击敌舰而备受批评。上级也要求他在下次战斗中让"乔治·阿维洛夫"号与敌人保持距离。⑤

奥斯曼帝国海军并未善罢甘休，而是决心重夺爱琴海制海权。对"阿维洛夫"号来说，它接受下次考验的时间已非常之近。期间，奥斯曼帝国舰队的司令拉米兹·纳曼贝伊被撤职查办，海军上校阿尔拜·拉米兹（Alby Ramiz）成为新任司令，他构想了一个突袭穆兹罗斯希腊舰队锚地的计划，并相信"乔治·阿维洛夫"号更有可能停泊在此地，而不是在海上巡航。为此，奥斯曼帝国进行了广泛的准备，还从博物馆取来了红胡

帕夫洛斯·库多努里奥提斯（1855—1935 年），他带领希腊舰队赢得了赫勒斯角海战和利姆诺斯海战（Battle of Lemnos）的胜利，并在后来成了希腊第二共和国的首任总统（1924—1926 年在任）。在照片中，他身着的是海军中将制服。

① 扬尼斯·提奥凡尼蒂斯，《希腊海军史，1909—1913 年》（第二版），第164—165 页、第 179 页和第 182 页。

② 关于赫勒斯角海战，相关内容可参见联合创作，《1912—1913 年的海上战斗》，第 289—307 页；扬尼斯·提奥凡尼蒂斯，《希腊海军史，1909—1913 年》（第二版），第 180—196 页。至于奥斯曼帝国方面的观点则可参见贝恩德·朗恩希尔彭和艾哈迈德·居莱尤斯，《蒸汽时代的奥斯曼海军，1828—1923 年》，第 23—24 页。

20 世纪 20 年代，在演习中带领"伊兹拉"级露炮台铁甲舰前进的"乔治·阿维洛夫"号。

子海雷丁（Hayrettin Barbarossa）于 1538 年在普雷韦扎海战（Battle of Preveza）中大败神圣联盟（Holy League）时悬挂的大旗。1913 年 1 月 18 日清晨，这面旗帜在与海雷丁同名的军舰主桅上迎风飘扬。[①]在起锚前的仪式上，拉米兹向舰员们发表了一场纳尔逊式的演说，并追忆了奥斯曼帝国海军的辉煌历史："曾几何时，红胡子海雷丁击败了基督教舰队，征服了整个地中海，缔造了奥斯曼帝国。今天，祖国也要求你们这样全力以赴！"

8 点 20 分，在五艘驱逐舰的伴随下，由"红胡子海雷丁"号、"图尔古特提督"号、"迈苏迪耶"号和"麦齐迪耶"号组成的奥斯曼帝国舰队离开达达尼尔海峡。巡逻的希腊驱逐舰"狮"号（Leon）和鱼雷艇"盾"号（Aspis）迅速向穆兹罗斯方面发出警报。[②]接到消息后，库多努里奥提斯少将同样发表了慷慨激昂的讲话，并在所有舰员进餐完毕之后，带领"乔治·阿维洛夫"号、"伊兹拉"号、"普萨拉"号、"斯派采"号和七艘驱逐舰驶向远方。拉米兹还不知道行动已经受挫，当前出侦察的"麦齐迪耶"号于 10 点 55 分发来消息，表示希腊舰队正在离开利姆诺斯岛时，他感到十分惊讶。为此，拉米兹掉头向南，以便接近敌军，11 点 55 分"红胡子海雷丁"号开始朝"乔治·阿维洛夫"号射击，此时双方距离为 8800 码。五分钟后，库多努里奥提斯少将采取了同样的行动，而且就像在赫勒斯角海战中的情况一样，他指挥"乔治·阿维洛夫"号离开队列，试图用该舰的速度优势展开包抄。尽管拉米兹通过向北转舵反制了这一机动，但"乔治·阿维洛夫"号再次重创了奥斯曼人的舰阵：12 点 55 分，该舰成功击中"红胡子海雷丁"号的炮塔，将其中的炮手全部消灭。随后，"红胡子海雷丁"号的上层建筑也多次中弹，烟雾涌入机舱和锅炉舱，导致里边的舰员

被迫撤出——顿时，该舰的航速下降至 5 节。就像一个月前赫勒斯角海战中的情况一样，奥斯曼帝国舰队掉头返航，"乔治·阿维洛夫"号在背后紧追不舍——但这一次，后者采用了曲折航行的战术，以便从远方将全部火力砸向狼狈后撤的土耳其舰队。14 点，当"乔治·阿维洛夫"号进入库姆卡莱（Kumkale）炮台的射程时，库多努里奥提斯才率领该舰向穆兹罗斯胜利返航。

利姆诺斯海战就此结束，它让奥斯曼帝国舰队再也不敢妄图控制爱琴海。[1]正如奥斯曼帝国陆军参谋长纳齐姆帕夏（Nazim Pasha）几天后向中央政府报告的那样，"舰队已经竭尽全力，实在不能奢望太多"[2]。与此同时，"乔治·阿维洛夫"号坚固的结构再次证明了自己。该舰被重型炮弹击中两次——其中一发落在海图室的装甲舱门上，另一发则命中病员室并引发了火灾——但舰上的伤者只有一位名叫安吉利斯（Angelis）的一等水兵，这位号手为吹响战斗号角，很晚才返回装甲堡，而此时装甲堡的舱门已经关上了。[3]"乔治·阿维洛夫"号无疑是一艘被幸运女神垂青的舰只，因为这场战斗，舰员们为它起了一个绰号——"幸运的乔治大叔"（Lucky Uncle George）。与此形成鲜明对比的是奥斯曼舰队，在利姆诺斯海战中，他们共有 104 人受伤、41 人阵亡。

1913 年 5 月 30 日，《伦敦条约》（Treaty of London）签订，第一次巴尔干战争就此结束——这场战争极大地扩张了希腊的版图，而在海上，"乔治·阿维洛夫"号更是发挥了不言而喻的作用。[4]就在大约两周之后，第二次巴尔干战争爆发，希腊在战争中的对手是心怀不满的保加利亚。期间，"乔治·阿维洛夫"号只参与过一次行动：炮击塞萨洛尼基（Thessaloniki）地区的安菲波利斯（Amphipolis）港。

1925—1927 年，在土伦完成现代化改装的"乔治·阿维洛夫"号。

[1] 参见齐西斯·福塔基斯的《希腊海军战略和政策，1910—1919 年》，第 50 页；狄米特里奥斯·佛卡斯，《爱琴海舰队，1912—1913 年：一部记录》，第 188—189 页；乔治·梅泽维里斯撰写的"回忆巴尔干战争"一文，此文出自《海军评论》第 297 期（1963 年出版），第 12 页。

[2] 理查德·阿诺德·贝克尔和乔治·克雷莫斯海军中校，《"阿维洛夫"号：改变历史进程的军舰》（雅典，阿克里塔斯出版社，1990 年出版），第 36 页。

[3] 狄米特里奥斯·佛卡斯，《爱琴海舰队，1912—1913 年：一部记录》，第 199 页。

[4] 参见康斯坦提诺斯·斯沃洛普洛斯撰写的"伦敦条约"一文，出自乔治·克里斯托普洛斯和扬尼斯·巴斯蒂亚斯主编的《希腊民族史：现代希腊，1881—1913 年》[雅典，雅典出版社，1977 年出版]，第 330—334 页。

1935 年 3 月 1 日，当韦泽尼洛斯党人的政变失败后，在护航舰只的伴随下返回比雷埃夫斯的"乔治·阿维洛夫"号。

一战，1914—1918 年

"乔治·阿维洛夫"号的战斗力和它在巴尔干战争[①]期间的出色表现，促使希腊首相埃莱夫塞里奥斯·韦尼泽洛斯（Eleutherios Venizelos）决定再采购两艘同型舰，而海军部长康斯坦丁诺斯·德米列切斯（Constantinos Demertzis）和第二批英国海军顾问团团长兼希腊海军总司令马克·科尔（Mark Kerr）少将则呼吁将购舰数量增加到三艘，以便打造一支兵力更为均衡的舰队。然而，局势很快便发生了变化。1911 年 6 月，奥斯曼帝国从英国船厂订购了两艘无畏舰，而且工程进展很快。另外，希腊海军内部也发生了动荡。在购买无畏舰的虚荣心驱动下，希腊海军选择了一种更激进的解决方案：1912 年 12 月，他们同汉堡的伏尔铿船厂签订了一艘无畏舰的合同，该舰排水量 19500 吨，计划安装八门 14 英寸主炮。然而，就像其他计划一样，该舰将注定不会有竣工的可能。

尽管饱受锅炉故障的困扰，且战损也亟待修复，但由于希土两国一直在爱琴海东北部的岛屿周围剑拔弩张，所以"乔治·阿维洛夫"号一直没能入坞维修。直到 1914 年 6 月，希腊购买美国的前无畏舰"密西西比"号（Mississippi）和"爱达荷"号 [Idaho，两舰后来分别更名为"基尔基斯"号（Kilkis）和"利姆诺斯"号（Lemnos）] 之前，该舰始终充当着海军中最主要的打击力量。期间，希腊海军成立了海军航空兵和轻型舰艇分队（它们也是韦尼泽洛斯和科尔最关注的事项），试图以此保护希腊的

① 参见联合创作，《1912—1913 年的海上战斗》，第 242—260 页和第 289—307 页；扬尼斯·提奥凡尼蒂斯，《希腊海军史，1909—1913 年》（第二版）；尼科斯·斯塔塔基斯，《战舰"乔治·阿维洛夫"号：一艘常胜战舰的编年史》，第 295—297 页。

领土完整，并强化三国协约对抗奥斯曼帝国和奥匈帝国海军的能力。[①]

　　一战的最初几个月，"乔治·阿维洛夫"号和希腊海军始终在达达尼尔海峡出口处巡弋，以防奥斯曼舰队进入爱琴海，不过它和执行同一任务的英国皇家海军分舰队都没能阻止德国战列巡洋舰"戈本"号（参见同名章节）和轻型巡洋舰"布雷斯劳"号（Breslau）于 1914 年 8 月 10 日抵达达达尼尔海峡。另外，库多努里奥提斯将军还被束住了手脚，在战争的头两年，希腊国王康斯坦丁一世（Constantine Ⅰ）始终采取中立政策，让"乔治·阿维洛夫"号的活动局限在了参加海军演习以及在科林斯和科孚岛之间运送外国贵宾上。这一点与首相韦尼泽洛斯的看法大相径庭，后者更倾向于支持三国协约。[②]1916 年 8 月，德国和保加利亚联军兵不血刃地占领了马其顿东部，一个月后，韦尼泽洛斯发动"国防政府"政变，并得到了协约国的协助，与支持国王的一派爆发了冲突。1916 年 10 月 19 日，局势的紧张程度急剧升级：一支法国分舰队占领了萨拉米斯兵工厂，解除了希腊舰队主力舰只（包括"乔治·阿维洛夫"号）的武装。终于，康斯坦丁一世被迫向韦尼泽洛斯的同党屈服，并向英法联军做出让步。他在 1917 年 6 月流亡瑞士，这为希腊的重新统一和参加协约国开辟了道路。[③]此后，希腊舰队渐渐恢复了运转，但国王和韦尼泽洛斯的支持者却仍然水火不容，并导致了所谓的"国家大分裂"（National Schism），这使人员的招募工作困难重重——直到 1918 年 7 月 12 日，"乔治·阿维洛夫"号才加入了驻扎在穆兹罗斯岛的协约国爱琴海分舰队。虽然在克利夫顿·布朗（Clifton Brown）上校领导的英国驻希腊海军顾问团帮助下，该舰仍然运转良好，但这一点却无法弥补它与其他战列舰的性能差距，并注定让该舰在世界大战中出力甚少。[④]

希土战争，1919—1923 年

　　希腊以战胜国的身份迎来了一战的结束，并开始谋求收复所有历史上的领土。之前，这些区域都曾被奥斯曼帝国统治，但如今，后者已土崩瓦解了。[⑤]自然，这也给希腊和"乔治·阿维洛夫"号带来了巨大挑战——1918 年 10 月 31 日，后者曾航行到伊斯坦布尔，并受到了城内希腊裔居民的热烈欢迎。随后，该舰一直停留在当地，直到 1919 年初才前往黑海——此举最初是为了支援协约国对俄国的干涉。4 月 8 日，即敖德萨落入布尔什维克之手的当天，"乔治·阿维洛夫"号从灯塔船旁边起锚，首先开往塞瓦斯托波尔（Sevastopol），随后又前往士麦那 [现名伊兹密尔（Izmir）]。1919 年 5 月 15 日，该舰在当地为希腊远征军的登陆提供了支援，并得到了协约国的协助——此举也标志着希土战争的开始。由于期间没有重大的海上战事，在 1919 年 10 月至 1920 年 6 月

① 参见齐西斯·福塔基斯的《希腊海军战略和政策，1910—1919 年》，第 35 页、第 41 页、第 51—65 页、第 78—84 页和第 87—97 页；希腊文学和历史档案馆（雅典），伊科诺手稿，档案号 1，"海军演习日志"，1914 年 8-11 月；英国国家档案馆（基尤），档案号 FO 371/1655，"科尔致海军部"，1913 年 11 月 13 日；英国国家档案馆（基尤），档案号 FO 286/571，"科尔致埃利奥特"，1914 年 1 月 27 日。

② 参见齐西斯·福塔基斯的《希腊海军战略和政策，1910—1919 年》，第 102—109 页；英国国家海事博物馆（格林尼治），弗朗西斯·布朗手稿，档案号 BRO/14，"演讲'驻希腊海军顾问团，1917—1919 年'的备注"（Lecture notes for 'The Naval Mission to Greece, 1917-1919'）。关于韦泽尼洛斯与国王康斯坦丁一世的分歧，可参见乔治·里昂（George Leon）撰写的《希腊与列强，1914—1917 年》（Greece and the Great Powers, 1914-1917）[塞萨洛尼基，巴尔干研究学会（Institute for Balkan Studies），1974 年出版] 一书。

③ 齐西斯·福塔基斯，《希腊海军战略和政策，1910—1919 年》，第 129—131 页和第 134—135 页。

④ 参见尼科斯·斯塔塔基斯的《战舰"乔治·阿维洛夫"号：一艘常胜战舰的编年史》，第 297 页；尼古劳斯·彼得罗普洛，《一位退休军官的思考和回忆》5 卷本（雅典，私人出版，1978 年出版），第 1 卷，第 21 页。

⑤ 参见尼古拉斯·佩特萨利斯-迪奥美德斯（Nikolaos Petsalis-Diomidis）撰写的"和会"（Το Συνέδριο της Ειρήνης）一文，出自乔治·克里斯托普洛斯和扬尼斯·巴斯蒂亚诺主编的《希腊民族史：现代希腊，1913—1941 年》（雅典，雅典出版社，1978 年出版），第 85—88 页。

1937 年 5 月 20 日，在英王乔治六世加冕阅舰式上，停泊在斯皮特海德附近的"乔治·阿维洛夫"号。

1937 年 10 月 22 日，在梅塔克萨斯将军对伊斯坦布尔进行历史性访问期间，停泊在博斯普鲁斯海峡中的"乔治·阿维洛夫"号。

之间，"乔治·阿维洛夫"号前往马耳他维修了发动机。1920 年 7 月，该舰先后返回士麦那和伊斯坦布尔，还运送亚历山大国王（King Alexander）访问了新近占领的东色雷斯省（Eastern Thrace）。也正是在后一处地点，该舰指挥英国—希腊联合舰队支援了对雷德斯托斯 [Raidestos，现名泰基尔达（Tekirdag）] 港口的进攻。这一年，亚历山大国王英年早逝；随着韦尼泽洛斯在 11 月的选举中失利，流亡的前国王康斯坦丁一世返回雅典。

在 1921—1922 年之间，"乔治·阿维洛夫"号成为希腊第 1 舰队的旗舰，其基地在伊斯坦布尔，任务是监控土耳其的黑海沿岸。在履行这些职责期间，该舰在 1922 年 5 月 25 日炮轰了港口萨姆松（Samsun），随后又先后在 9 月 4 日和 9 月 5 日，轰击了马尔马拉海（Marmara）沿岸的帕诺尔莫（Panormo），以及阿尔塔基斯港 [Artakis，现名埃尔代克（Erdek）] 和艾因廷季克村（Aintintzik）。此时，希腊军队已经全线溃败，因此这艘巡洋舰又增加了一项任务：掩护地面部队撤退，并协助小亚细亚的希腊裔居民逃离家园。9 月 27 日，该舰最后一次从伊斯坦布尔起航，期间，大部分舰员士气低落并公开哗变，水兵控制了军舰，还将舰长、副舰长和军士长关进住舱。几天后，所有被拘留者便全部遭到开除，军舰则被海军少校查齐基里亚科斯（Chatzikyriakos）接管。在 1923 年 3 月至 7 月 7 日期间，希腊舰队进行了艰苦的演习，目的是突入达达尼尔海峡。在"乔治·阿维洛夫"号的职业生涯中，其运转从未像此时一样良好：炮手不到 20 秒就能完成一次齐射——创造了该舰的历史记录。但这一切都是徒劳的，随着《洛桑条约》（Treaty of Lausanne）于 1923 年 7 月 24 日签署，希腊彻底失去了小亚细亚和东色雷斯，当地历史悠久的希腊裔居民社区也随之消逝。最终，舰队沮丧地回到了萨拉米斯兵工厂（Salamis Arsenal）。[①]

两次世界大战之间，1923—1940 年

对于希腊海军来说，两次世界之间是一段承上启下的时期，这一点也在"乔治·阿维洛夫"号身上有所体现。虽然"严厉"号从 1918 年便处于瘫痪状态，直到 1930 年才完成大规模改装，但这艘土耳其战列巡洋舰仍对希腊的主权构成了威胁。作为英国驻希腊海军顾问，理查德·韦伯（Richard Webb，1924 年 12 月至 1925 年 3 月在任）建议让"乔治·阿维洛夫"号继续服役。[②]他的建议包括根据舰船状况展开全面改装，如更换燃油锅炉、为弹药库顶部增加额外的装甲防护、强化防殉爆措施、改进水下防护以及安装火控指挥仪等，总工程费用预计为 26 万英镑。[③]但令英国政府烦恼的是，虽然重建工作于 1925—1927 年年间开展，但经办人却是法国拉塞讷的地中海冶金造

① 参见尼科斯·斯塔塔基斯的《战舰"乔治·阿维洛夫"号：一艘常胜战舰的编年史》，第 297—298 页、第 310 页和第 363—364 页；法国中央海军档案馆（巴黎），第 1BB7 号文件，外交部长致法国驻罗马、雅典和伦敦大使，1920 年 12 月 19 日。

② 英国国家档案馆（基尤），档案号 ADM 116/2264，"1925 年 2 月 14 日、英国海军顾问团 1A 号信件的附件 1"，第 8 页、第 10—13 页和第 18—20 页。

③ 参见齐西斯·福西基斯的《希腊海军战略和政策，1923—1932 年》，出自《国家海事》杂志 2010 年第 3 期，第 373 页；狄米特里奥斯·佛卡斯，《关于 1940—1944 年战争期间希腊王家海军活动的报告》（雅典，希腊海军历史学会，1953 年出版），第 1 卷，第 25 页。

船厂。期间，"乔治·阿维洛夫" 号安装了新的锅炉（尽管仍然是燃煤锅炉）、新的前三脚桅和改进的火控设备，原来的 3 英寸速射炮则被四门同口径的高射炮取代，过时的鱼雷发射管也被拆除。另外，舰上的电气和供暖系统也接受了大修，并安装了全新的吊艇杆——这些工程的费用和彻底重建几乎持平，但全舰的装甲防护却未能因此改善分毫。①

1931 年夏，随着 "严君" 号重新加入土耳其海军，希腊政府通过拨款议案，以便在 1931 年至 1940 年之间实施一项海军建设扩展计划。其内容包括建造两支驱逐舰队（每队辖八艘驱逐舰）、两艘驱逐领舰、两艘布雷舰、一艘油轮、一座浮船坞，并扩建萨拉米斯兵工厂的基础设施和采购水雷等。②此外，该计划还提议发展海军航空兵——而且这一兵种将被置于新生的希腊航空部的监督之下。但由于全球经济危机，以及安置小亚细亚希腊裔难民带来的长期经济负担，该计划的实施遭遇了很多障碍，原有的舰队更是为此付出了巨大代价。③在 20 世纪 20 年代的海军演习中，"乔治·阿维洛夫" 号始终起着关键作用，但在随后 10 年的大部分时间里，该舰基本处于搁置状态，锅炉管不断老化，急需的重建工作也没有开展。④

在这些年里，"乔治·阿维洛夫" 号的活动大为受限，其中值得一提的事件只有几个：其中之一发生在 1931 年 7 月——该舰在距离塞萨洛尼基不到一海里的地方触礁，而且更令人羞愧的是，当时的总统亚历山德罗斯·扎米斯（Alexandros Zaimis）就在舰上；另外，该舰还参与镇压了 1923 年 10 月 22 日由陆军将领里昂纳多普洛斯（Leonardopoulos）和加加里迪斯（Gargalidis）领导的保王党政变，以及 1935 年 3 月 1 日由韦尼泽洛斯党人领导的、针对帕纳吉斯·查达里斯（Panagis Tsaldaris）政府（该

① 参见尼科斯·斯塔塔基斯的《战舰 "乔治·阿维洛夫" 号：一艘常胜战舰的编年史》，第 310—311 页、第 324—325 页、第 349—350 页、第 352 页和第 364 页；狄米特里奥斯·佛卡斯，《关于 1940—1944 年战争期间希腊王家海军活动的报告》，第 1 卷，第 62 页；希腊外交部外交档案馆（雅典），档案号 1925/10a，罗乌索斯（Roussos）致卡克拉马诺斯（Kaklamanos）；以及希腊海军历史档案手稿，档案号 2，1918—1941 年的报告，第 10 页。

② 希腊政府公报，A 系列，第 258 期，第 5238 号法令，1931 年 7 月 30 日，第 1999 页。

③ 参见安东尼奥斯·苏维诺斯撰写的 "希腊海军建设计划，1824—1989 年" 一文，此文出自《海军评论》第 459 期（1989 年出版），第 214 页；扬尼斯·詹诺普洛斯撰写的 "1919—1923 年的经济" 一文，此文出自乔治·克里斯托普洛斯和扬尼斯·巴斯蒂亚斯主编的《希腊民族史：现代希腊，1913—1941 年》，第 300-301 页；康斯坦提诺斯·维尔戈普洛斯撰写的 "1926—1935 年的希腊经济" 一文，此文亦出自《希腊民族史：现代希腊，1913—1941 年》，位于第 327—342 页。

④ 参见齐西斯·福塔基斯的 "希腊海军战略和政策，1923—1932 年"，出自《国家海事》杂志 2010 年第 3 期，第 379—380 页和第 386 页；狄米特里奥斯·佛卡斯，《关于 1940—1944 年战争期间希腊王家海军活动的报告》，第 25 页；希腊海军历史档案处（雅典），卡瓦迪亚斯手稿，档案号 2，"1918—1941 年的报告"，第 52 页。

1941 年 "乔治·阿维洛夫" 号在孟买停泊时的照片。士气低落、政治动荡和酷热难耐，给该舰的部署带来了许多难题。

① 参见法国中央海军档案馆（巴黎），文件号 1 7/148，"第 17 号消息报告"（Compte Rendu de Renseignements 17, 1931 年 10 月 3 日），以及"消息公告"（Bulletin de Renseignements，1931 年 12 月）第 30 页；希腊海军历史档案处（雅典），卡瓦迪亚斯手稿，档案号 2，1918—1941 年的报告，第 52 页；以及英国国家档案馆（基尤），档案号 ADM 116/2810，"兰斯洛特·霍兰（Lancelot Holland）海军上校致海军部"，1931 年 11 月 6 日。

② 参见尼科劳斯·斯塔塔基斯的《战舰"乔治·阿维洛夫"号：一艘常胜战舰的编年史》，第 364—365 页；尼古劳斯·彼得罗普洛斯，《一位退休军官的思考和回忆》第 1 卷，第 70 和第 76—77 页；斯蒂里亚诺斯·卡拉季斯，《1023 位军官和 23 场政变》3 卷本（雅典，私人出版，1987 年出版），第 1 卷，第 199 页；法国中央海军档案馆（巴黎），文件号 1 7/619，"第 12 号消息报告（1936 年 8 月 3 日）"、"第 4 号消息报告（1935 年 8 月 5 日）"，以及英国国家档案馆（基尤），档案号 FO 371/19506，"沃特洛致约翰·西蒙爵士"，1935 年 3 月 16 日。

在阔别三年半之后，"乔治·阿维洛夫"号带着希腊流亡政府于 1944 年 10 月 16 日回到了比雷埃夫斯港。

政府被怀疑同情保王派）的政变。[1]在最后一次事件中，只是因为在比雷埃夫斯港内有英国和法国海军部队，该舰才没有调转炮口轰击雅典。期间，该舰还遭到了希腊空军的攻击，但既没有人员伤亡，也没有遭到严重的舰体损伤。政变的失败导致大量同情韦尼泽洛斯的军官和水兵被开除，海军的人数急剧减少，至于"乔治·阿维洛夫"号则被转入预备状态。随后，军方决定用它充当新式发射药的试验平台，并于 1935 年 12 月将其拖往萨罗尼克湾（Saronic Gulf）的射击场。突然间，一阵狂风吹断了牵引索，该舰一度失去控制。如果不是拖船"塔克西阿尔希斯"号（Taxiarchis）和"埃阿斯"号（Ajax）及时把它拖入萨拉米斯湾（Salamis Bay），该舰很可能已在埃伊纳岛（Aegina）的海岸边搁浅。祸不单行，1936 年年初，该舰被运送上岸的大部分弹药（价值约 1500 万德拉克马）都萨拉米斯兵工厂的爆炸事故中化为乌有。

尽管如此，当艾奥尼斯·梅塔克萨斯（Ioannis Metaxas）将军出任总理之后，"乔治·阿维洛夫"号还是于 1936 年重新服役，在希腊参加二战之前，该舰曾进行了多次对外访问。其第一次远航是 1936 年 11 月前往布林迪西（Brindisi），以便将康斯坦丁一世国王和索菲娅（Sophia）王后的灵柩运送回国。1937 年 4 月，"乔治·阿维洛夫"号航行至英国，参加了 5 月 20 日的乔治六世的加冕典礼。同年晚些时候，该舰又运载梅塔克萨斯对土耳其进行正式访问，并因此重新来到伊斯坦布尔——这一举措也是两国在二战前夕的和解进程的一部分。[2]但由于锅炉状态恶化，"乔治·阿维洛夫"号

的舰况已经非常恶劣，其最高速度降低到了 16 节。同时，该舰的整体战斗力下降了三分之二，面对这种情况，梅塔克萨斯只好徒劳地向英国请求获得贷款，以便购买一艘替代品。但最终在二战爆发时，该舰也只是匆匆安装了六门 1.5 英寸高射炮——这也是该舰经历的最后一次重大改装。[①]

二战及之后

当意大利于 1940 年 10 月 28 日入侵希腊时，停泊在萨拉米斯兵工厂的"乔治·阿维洛夫"号成了希腊海军的司令部。11 月 1 日，意大利空军对萨拉米斯展开轰炸，该舰只好退避到伊留西斯（Eleusis），并在那里度过了希腊—意大利战争的剩余时间。但在此期间，该舰也进行了舰炮射击演习，并被用于征兵和训练。如果希腊人发动海上行动，解放自 1912 年以来一直在意大利控制下的多德卡尼斯群岛（Dodecanese），该舰的状况可能会有所不同，但这一行动最终被束之高阁——也许是由于英国担心此举会激怒同样试图控制该岛的土耳其人。1941 年 4 月中旬，德军来到雅典城外，由于命令自相矛盾、行政管理混乱、谣言四下传播，"乔治·阿维洛夫"号的舰长弗拉乔普洛斯（Vlachopoulos）上校暂时离开了军舰。按照原本设想，该舰将在轴心国部队抵达前被凿沉，但最终，枪炮长达米拉蒂斯（Damilatis）海军少校和一名叫伊里奥马克基斯（Iliomarkakis）的少尉以及舰上的东正教司祭一同接管了军舰。4 月 18 日，"乔治·阿维洛夫"号在英国扫雷舰"鼠尾草"号（Salvia）的帮助下起锚离开了伊留西斯，舰上的一艘小艇在前方引路，打开了皮斯塔利亚岛（Psyttaleia）附近的防潜网。它们的目的地是克里特岛北岸的苏达湾（Suda Bay），在该舰上的 680 名普通舰员中，有 300 人是志愿人员，至于舰长弗拉乔普洛斯上校则设法回到了舰上。到达苏达湾之后没有几天，"乔治·阿维洛夫"号便加入了英军的 AS 129 护航运输队，并在 23 日抵达亚历山大港，沿途并未遭到空袭。[②]这一事件不仅反映了 4 月 27 日雅典沦陷之前希腊政府的混乱状态，还表明了希腊海军司令部的犹豫不决，他们不相信老旧的"乔治·阿维洛夫"号还能参战。用希腊舰队总司令伊巴密浓达斯·卡瓦迪亚斯（Epameinondas Kavadias）海军中将的话说就是，"乔治·阿维洛夫"号的唯一用途就是充当空袭或潜艇攻击的靶子。[③]

在亚历山大港逗留的头两个月，"乔治·阿维洛夫"号成了希腊流亡政府海军部的驻地。有关方面一度考虑将该舰送往美国，接受必要的修理和现代化改装。[④]但最终该舰接到的命令却是前往苏丹港（Port Sudan）检修发动机，水兵们怒不可遏，因为他们绝大部分更愿意在地中海服役，并在埃及享受与希腊类似的风土人情。当时，该舰舰长是不受欢迎的孔托吉安尼斯（Kontogiannis）海军上校，在任期间他开除了带领舰员抗命的伊里奥马克基斯海军少尉，从而使舰上的问题雪上加霜。尽管如此，"乔治·阿维洛夫"号还是在 1941 年 7 月 2 日抵达了苏伊士运河沿岸的图菲克港（Port Tewfik）并逗留了 20 天，期间为防空作战做出了贡献。此时，该舰的航速已下降到 12 节。7 月 25 日，该舰抵达苏丹港接受检查，9 月 10 日，它抵达孟买，并在当地的船坞中停靠。现在，它换上了一身迷彩，奉命护送从印度洋开赴波斯湾的船队，并在两地之间往返巡航。[⑤]

由于舰员不时爆发骚动，让盟军对"乔治·阿维洛夫"号的评价很低。这种状况

① 参见狄米特里奥斯·佛卡斯的《关于1940—1944 年战争期间希腊王家海军活动的报告》，第 25 页、第 62 页、第 160 页；伊巴密浓达斯·卡瓦迪亚斯，《1940 年的海上战斗》（雅典，皮尔索斯出版社，1950 年出版），第 117 页；英国国家档案馆（基尤），档案号 ADM 116/4200，"沃特洛致哈利法克斯"，1939 年 1 月 16 日。

② 参见尼科斯·斯塔塔基斯的《战舰"乔治·阿维洛夫"号：一艘常胜战舰的编年史》，第 365 页；狄米特里奥斯·佛卡斯，《关于 1940—1944 年战争期间希腊王家海军活动的报告》，第 120 页和第 423—431 页。

③ 参见伊巴密浓达斯·卡瓦迪亚斯的《1940 年的海上战斗》（雅典，皮尔索斯出版社，1950 年出版），第 254 页；狄米特里奥斯·佛卡斯，《关于 1940—1944 年战争期间希腊王家海军活动的报告》，第 160 页。

④ 参见狄米特里奥斯·佛卡斯的《关于 1940—1944 年战争期间希腊王家海军活动的报告》，第 2 卷，第 18 页；狄米特里奥斯·萨里斯，《巡洋舰"阿维洛夫"号在中东和远东战场，1941 年 5 月—1942 年秋》（雅典，私人出版，1985 年出版），第 3 页。

⑤ 参见狄米特里奥斯·佛卡斯的《关于 1940—1944 年战争期间希腊王家海军活动的报告》，第 2 卷，第 38—46 页；尼科斯·斯塔塔基斯，《战舰"乔治·阿维洛夫"号：一艘常胜战舰的编年史》，第 366 页。

是由于人员缺乏经验、左翼好斗分子势力强大导致的，另外，该舰的军官和士兵也都是希腊海军中的淘汰者（精英都被派到了驱逐舰和潜艇上）。不仅如此，在一艘烧煤的老式装甲巡洋舰上服役，也是一种对身体的折磨——何况其部署地点还是北回归线以南的热带区域。期间的第一场兵变发生在 1942 年 1 月 9 日至 15 日间，舰上的轮机人员要求释放一名被拘捕的司炉，但这次事件遭到了"乔治·阿维洛夫"号的副舰长斯潘尼蒂斯（Spanidis）的镇压。新任舰长马特西斯（Matesis）上校多次请求舰队总司令卡瓦迪亚斯清除舰上的不安定分子，但那些情愿去亚历山大港受罚，也不愿在阿拉伯海忍受酷热的舰员很快就给希腊海军带来了更多的麻烦。另外，此举还导致舰上的司炉短缺。于是，海军只好雇用来自苏丹和印度的人员，但这又给训练带来了许多问题。出于很自然的原因，在上任后不久，马特西斯便向舰队总司令提交了辞呈。[1]其继任者彼得罗普洛斯（Petropoulos）上校对军舰进行了全面重组，并引入了人员审查和装备检查体制，还开展了军事演习。1942 年 4 月 11 日时，"乔治·阿维洛夫"号已准备就绪，可以进行航速测试和主炮射击训练——这是自 1940 年以来的第一次。然而，军舰上的成员却因此精疲力竭，至于彼得罗普洛斯对一位被捕水手的粗暴做法，则更是成了动乱的导火线。直到驻孟买英国海军当局进行干预之后，事态才平息了下去。彼得罗普洛斯的前任马特西斯接管了军舰，并将所有叛乱者都送上了军事法庭。即使如此，这件事还是沉重打击了希腊的声望。现在，在盟军之中，人人都看清了一个事实：希腊海军内部动荡不安，战斗力已经大打折扣。[2]

　　"乔治·阿维洛夫"号最终于 1942 年 11 月 23 日回到塞得港。1944 年 8 月 26 日前，它一面肩负着训练任务，一面充当着海军总司令的旗舰。在 1943 年秋天意大利投降后，希腊海军部一直在请求获得一艘意大利巡洋舰，但结果却令他们颇为失望。正是在此期间，又一轮大规模兵变在"乔治·阿维洛夫"号上爆发了，而这次是受到了外界因素的影响。1944 年年初，在希腊本土，由共产党领导的抵抗运动——民族解放阵线（National Liberation Front，EAM）向开罗的流亡政府发出提议，建议组建民族团结政府。但流亡政府却不予重视，这导致在 1944 年 3 月底，一个希腊革命委员会在开罗成立，并于 4 月在希腊军队中掀起了哗变浪潮。此时，希腊海军作战部的部长是学者型的康斯坦丁·亚历山德利斯（Constantine Alexandris）将军，他完全不能胜任镇压兵变的任务。随后，他被海军少将彼得罗斯·沃加里斯（Petros Voulgaris）取代，后者在参与政变和镇压政变方面经验丰富，并在关键时刻为希腊海军提供了极大帮助。1944 年 5 月，希腊舰队再次开始为盟军服务，好像之前什么都没有发生过一样。

　　此时，"乔治·阿维洛夫"号的舰长已经换成了西奥多罗斯·库多努里奥提斯海军上校——他是当年的海战英雄的儿子。1944 年 10 月，德军从雅典撤退，对希腊流亡政府来说，该舰成了执行"解放任务"的最佳选择。就这样，它奉命在 16 日开入了雅典附近的法勒隆湾（Phaleron Bay）。1945 年 5 月，该舰先将担任全国摄政的达马西诺斯（Damascinos）大主教送往塞萨洛尼基和罗得岛。在罗得岛上，主教庄重地宣布，多德卡尼斯群岛必将融入希腊这个国家——后来，他的预言变成了现实。次年，"乔治·阿维洛夫"号又将希腊和丹麦亲王安德鲁（Prince Andrew of Greece and Denmark，他是爱丁堡公爵菲利普之父）的遗体从尼斯运送到雅典，并在此期间继续担任希腊海军的旗舰，直到意大利建造的巡洋舰"赫勒"号（Helle）在 1951

① 参见狄米特里奥斯·佛卡斯的《关于 1940—1944 年战争期间希腊王家海军活动的报告》，第 2 卷，第 94 页；伊巴密浓达斯·卡瓦迪亚斯，《1940 年的海上战斗》，第 410 页。

② 参见狄米特里奥斯·佛卡斯的《关于 1940—1944 年战争期间希腊王家海军活动的报告》，第 2 卷，第 109—111 页；尼科斯·斯塔塔基斯，《战舰"乔治·阿维洛夫"号：一艘常胜战舰的编年史》，第 366 页；尼古劳斯·彼得罗普洛斯，《一位退休军官的思考和回忆》第 3a 卷，第 57—135 页；希腊文学和历史档案馆（雅典），凯里斯手稿，第 14 号文件，"关于'阿维洛夫'号的报告"，1942 年 12 月 31 日。

年服役。接下来，这艘老船一度被安置在萨拉米斯，充当海军舰队司令部。在1952年退役后，它被拖到波罗斯（Poros）的士官学校，在当地度过了1957—1983年之间的岁月。直到此时，希腊海军才最终成功说服政界将该舰改为浮动博物馆。"乔治·阿维洛夫"号保存至今，在众多装甲巡洋舰中，只有它依然幸存于世。[①]

结论

在漫长的军事生涯中，"乔治·阿维洛夫"号既经历过光荣，也蒙受过耻辱。它的光荣源于先进的技术、指挥官对战术的娴熟运用，以及舰员过硬的航海技术。至于耻辱则源自20世纪20年代以来的老化、希腊海军在教育和组织上的缺陷、财政困难，以及政治和社会动荡——所有这些都给"乔治·阿维洛夫"号的百年生命留下了不可磨灭的印记。由于"乔治·阿维洛夫"号的存在，希腊的领土得到了大幅扩张。同样，这个国家的历史也折射在了"乔治·阿维洛夫"号的身上，并贯穿了它的一生。

[①] 参见狄米特里奥斯·佛卡斯的《关于1940—1944年战争期间希腊王家海军活动的报告》，第2卷，第374页、第409页、第452—456页、第524页；尼科斯·斯塔塔基斯，《战舰"乔治·阿维洛夫"号：一艘常胜战舰的编年史》，第366—368页；希腊外交部外交档案馆（雅典），档案号1943/35.3，"韦泽尼洛斯致外交部部长"，1943年10月2日。

参考资料

未公开资料

- 希腊文学和历史档案馆（Ελληνικό Λογοτεχνικό και Ιστορικό Αρχείο），雅典
- 达米亚诺斯手稿（Dianonos MSS）
- 杜斯马尼斯手稿（Dousmanis MSS）
- 伊科诺手稿（Economou MSS）
- 凯里斯手稿（Kyris MSS）
- 希腊海军历史档案处（Υπηρεσία Ιστορίας Ναυτικού），雅典
- 卡瓦迪亚斯手稿（Kavadias MSS）
- 希腊外交部外交档案馆（Αρχείο Υπουργείου Εξωτερικών），雅典
- 法国外交部档案馆（Ministere des Affaires Etrangeres），巴黎
- 外交档案，新系列，希腊，第 39 号文件
- 法国中央海军档案馆（Archive Centrale de la Marine），巴黎
- 第 1BB7 号文件
- 英国国家档案馆，基尤
- 海军部档案 ADM 1、ADM116；
- 外交部档案 FO 286、FO 371
- 比雷埃夫斯海军博物馆：
- 库多努里奥提斯手稿（Coundouriotis MSS）
- 英国国家海事博物馆（National Maritime Museum），格林尼治
- 弗朗西斯·布朗手稿（Francis Clifton Brown MSS）
- 剑桥大学图书馆（Cambridge University Library），英国剑桥
- 维克斯公司相关手稿（Vickers Ltd MSS）
- 德国联邦档案馆 - 军事档案馆（Bundesarchiv-Militararchiv），弗赖堡：
- RM 5 系列档案

公开资料

- 联合创作，《1912—1913 年的海上战斗》（*O Ναυτικός Πόλεμος του 1912-1913*）[雅典，斯克里普出版社（Scrip），1914 年出版]
- 帕纳约蒂斯·阿卢尔达斯（Panayiotis Alourdas），"战舰'阿维洛夫'号的技术细节"（Τα Ναυπηγικά χαρακτηριστικά του Θ/Κ Αβέρωφ），出自伊利亚斯·达卢米斯（Ilias Daloumis）主编的《"乔治·阿维洛夫"号百年史》（*Γ. Αβέρωφ 100 χρόνια*）[雅典，希腊海军历史学会（Hipiresia Historias Nautikou），2011 年出版]，第 53—65 页。
- 理查德·阿诺德 - 贝克尔（Richard Arnold-Baker）和乔治·克雷莫斯（George R Cremos）海军中校，《"阿维洛夫"号：改变历史进程的军舰》（*Averof: The Ship that Changed the Course of History*）[雅典，阿克里塔斯出版社（Akritas Publications），1990 年出版]
- 斯蒂里亚诺斯·卡拉季斯（Stylianos Charatsis），《1023 位军官和 23 场政变》（*1023 Αξιωματικοί και 22 Κινήματα*）全 3 卷（雅典，私人出版，1987 年出版）
- 乔治·克里斯托普洛斯（Georgios Christopoulos）和扬尼斯·巴斯蒂亚斯（Ioannis Bastias）主编，《希腊民族史：现代希腊，1881—1913 年》（*Ιστορία του Ελληνικού Έθνους: Νεότερος Ελληνι-σμός από το 1881 ως το 1913*）[雅典，雅典出版社（Hekdotiki Athinon），1977 年出版]
- 乔治·克里斯托普洛斯和扬尼斯·巴斯蒂亚斯主编，《希腊民族史：现代希腊，1913—1941 年》（雅典，雅典出版社，1978 年出版）
- 伊利亚斯·达卢米斯主编，《"乔治·阿维洛夫"号百年史》（雅典，希腊海军历史学会，2011 年出版）
- 齐西斯·福塔基斯，《希腊海军战略和政策，1910—1919 年》（*Greek Naval Strategy and Policy,*

1910-1919）[伦敦，劳特利奇出版社（Routledge），2005 年出版]

- 齐西斯·福塔基斯，"希腊海军战略和政策，1923—1932 年"（Greek Naval Policy and Strategy, 1923-1932），出自《国家海事》（*Ναυσίβιος Χώρα*）杂志 2010 年第 3 期，第 365—393 页；亦见于 http://nausivios.snd.edu.gr/docs/e4_2010.pdf（2016 年 4 月访问）

- 扬尼斯·詹诺普洛斯（Ioannis Gianoulopoulos），"1919—1923 年的经济"（Ή Οικονομία από το 1919 ως το 1923），出自乔治·克里斯托普洛斯和扬尼斯·巴尼蒂亚斯主编的《希腊民族史：现代希腊，1913—1941 年》（雅典，雅典出版社，1978 年出版）

- 理查德·霍尔（Richard Hall），《巴尔干战争，1912—1913 年：一战的序幕》（*The Balkan Wars, 1912-1913: Prelude to the First World War*）（伦敦，劳特利奇出版社，2000 年出版）

- 恩斯特·赫尔姆赖希（Ernst Christian Helmreich），《巴尔干战争中的外交》（*The Diplomacy of the Balkan Wars*）（马萨诸塞州剑桥，哈佛大学出版社，1938 年出版）

- 伊巴密浓达斯·卡瓦迪亚斯，《1940 年的海上战斗》（*O Ναυτικός Πόλεμος του 40*）[雅典，皮尔索斯出版社（Pirsos），1950 年出版]

- 贝恩德·朗恩希尔彭（Bernd Langensiepen）和艾哈迈德·居莱尤斯（Ahmet Guleryiiz），《蒸汽时代的奥斯曼海军，1828—1923 年》（*The Ottoman Steam Navy, 1828-1923*）（伦敦，康威海事出版社，1995 年出版）

- 乔治·列昂（George Leon），《希腊与列强，1914—1917 年》[塞萨洛尼基：巴尔干研究所（Institute for Balkan Studies），1974 年出版]

- 迈伦·马萨吉斯（Myron Matsakis）《当代海军：历史与演变》（*To Σύγχρονον Πολεμικόν Ναυτικόν. Ιστορία και Εξέλιξις*）（雅典，私人出版，1973 年出版）

- 扬尼斯·梅塔克萨斯（Ioannis Metaxas），《私人日记》（*Το Προσωπικό του Ημερολόγιο*）全 8 卷 [雅典，知识出版社（Govostis），1972—1974 年出版]

- 乔泽维里斯（Grigorios Mezeviris），"回忆巴尔干战争"（Αναμνήσεις από τους Βαλκανικούς Πολέμους）出自《海军评论》（*Ναυτική Επιθεώρησις*）第 297 期（1963 年出版），第 7—22 页

- 乔治·梅泽维里斯，《我在希腊海军服役的 40 年》（*Τέσσαρες Δεκαετηρίδες εις την Υπηρεσία του Βασιλικού Ναυτικού*）（雅典，私人出版，1971 年出版）

- 尼古劳斯·彼得罗普洛斯（Nikolaos Petropoulos），《一位退休军官的思考和回忆》（*Αναμνήσεις και Σκέψεις ενός Παλιού Ναυτικού*）全 5 卷（雅典，私人出版，1978 年出版）

- 尼古拉斯·佩特萨利斯 - 蒂奥米第斯（Nikolaos Petsalis-Diomidis）"和会"（To Συνέδριο της Ειρήνης），出自乔治·克里斯普洛斯和扬尼斯·巴斯蒂亚斯主编的《希腊民族史：现代希腊，1913—1941 年》（雅典，雅典出版社，1978 年出版），第 85—88 页

- 狄米特里奥斯·佛卡斯（Dimitrios Phokas），《爱琴海舰队，1912—1913 年：一部记录》（*O Στόλος του Αιγαίου 1912-1913. Έργα και Ημέραι*）（雅典，希腊海军历史学会，1940 年出版）

- 狄米特里奥斯·佛卡斯，《关于 1940—1944 年战争期间希腊王家海军活动的报告》（*Έκθεσις επί της Δράσεως του Β. Ναυτικού κατά τον Πόλεμον*）（雅典，希腊海军历史学会，1953 年出版）

- C.N. 罗宾森（Robinson）海军中校，"巴尔干战争"（The Balkan War），出自海斯子爵（Viscount Hythe）和约翰·莱兰（John Leyland）主编的《海军年鉴，1914》（*Naval Annual, 1914*）[伦敦，威廉·克罗夫斯出版社（William Clowes），1914 年出版]

- 亚历山德罗斯·萨克拉里乌（Alexandros Sakellariou），《一位海军将领的回忆：亚历山德罗斯·萨克拉里乌回忆录》第 1 卷 [雅典，西格玛出版社（Giota Sigma Epe），出版时间不详]

- 安东尼奥斯·苏维诺斯（Antonios Sourvinos），"希腊海军建设计划，1824—1989 年"（To Πρόγραμμα Εξοπλισμού του Πολεμικού Ναυτικού, 1824-1989），出自《海军评论》（*Ναυτική Επιθεώρησις*）第 459 期（1989 年出版），第 203—224 页

- 尼科斯·斯塔塔基斯（Nikos Stathakis），《战舰"乔治·阿维洛夫"号：一艘常胜战舰的编年史》（*Θ/Κ «Γ. Αβέρωφ» το Χρονικό του Θωρηκτού της Νίκης*）（雅典，希腊海军，1987 年出版）

- 康斯坦提诺斯·斯沃洛普洛斯（Constantinos Svolopoulos），"伦敦条约"（The Treaty of London），出自乔治·克里斯托普洛斯和扬尼斯·巴斯蒂亚斯主编的《希腊民族史：现代希腊，1881—1913 年》（雅典，雅典出版社，1977 年出版），第 330—334 页

- 扬尼斯·提奥凡尼蒂斯（Ioannis Theophanidis），《希腊海军史，1909—1913 年》（*Ιστορία του Ελληνικού Ναυτικού 1909-1913*）（第二版）（雅典，萨凯拉留斯出版社（Sakelarios），1925 年出版）

- 狄米特里奥斯·萨里斯 Dimitrios Tsalis），《巡洋舰"阿维洛夫"号在中东和远东战场，1941 年 5 月—1942 年秋》（*Το «Καταδρομικόν» Αβέρωφ εις την Μέσην και Απω Ανατολήν κατά την διάρκειαν του Β Παγκοσμίου Πολέμου. Από Μάϊον 1941- Φθινόπωρον 1942*）（雅典，私人出版，1985 年出版）

- 佩洛皮达斯·特苏卡拉斯，《海军战术教科书》（*Μαθήματα Ναυτικής Τακτικής*）（比雷埃夫斯，希腊海军军官学校，1910—1911 年出版）

- 莱昂内尔·图弗内尔（Lionel Tufnell）海军少将，"莱昂内尔·图弗内尔海军少将对海军军官学校的评论"（Έπ ιθεώρησις της Σχολής των Δοκίμων υπ ό του κ. Τώφφνελ），出自《卫城报》（*Akropolis*）1911 年 5 月 19 日号，第 3 版

- 康斯坦提诺斯·维尔戈普洛斯（Constantinos Vergopoulos），"1926—1935 年的希腊经济"（Ή Ελληνική Οικονομία από το 1926 ως το 1935）出自乔治·克里斯托普洛斯和扬尼斯·巴斯蒂亚斯主编的《希腊民族史：现代希腊，1913—1941 年》（雅典，雅典出版社，1978 年出版），第 327—342 页
- "阿维洛夫"号主题网站：http://www.averof.mil.gr/index.php?option=com_content&view=article&id=60&:Itemid=70&:lang=el（2017 年 12 月访问）

德意志帝国海军 / 奥斯曼帝国海军 / 土耳其海军

战列巡洋舰"严君塞利姆苏丹"号
（前德国海军"戈本"号，1911年）

作者：格克汗·阿特马卡

战列巡洋舰"严君塞利姆苏丹"号以奥斯曼帝国的第九位苏丹——塞利姆一世（Selim Ⅰ）的名字命名。在 1512—1520 年，塞利姆极大扩张了这个帝国的版图。在争夺王位和统治期间，铁腕手段让他得到了一个绰号——"严厉的"（Yavuz）。[1]除此之外，塞利姆还开启了奥斯曼帝国成为"海上巨人"的时代：其海军在征服黎凡特和马格里布（Maghreb）的战斗中发挥了重大作用，将文明冲突的战场推向了西地中海甚至是大西洋。因此，这个名字对于一艘战列巡洋舰而言可谓是恰如其分。"严君塞利姆苏丹"号不仅是蒸汽时代土耳其海军的最强军舰，还见证了奥斯曼帝国的崩溃，并成了 1922 年后共和国海军的支柱。就像是舰名的渊源——那位 400 年前的苏丹一样，它是一个时代不折不扣的象征。

不过，"严君塞利姆苏丹"号却出生在遥远的异域——即威廉二世时代的德国，在一战前夕，这个国家卷入了与英国的海军竞赛。

起源和设计

1905 年夏天，柏林方面得到消息，英国人正在建造一艘大型军舰。又过了四年，以这艘军舰为蓝本，世界上第一艘战列巡洋舰"无敌"号（HMS Invincible，相关内容可参见"澳大利亚"号一章）横空出世。[2]面对这种情况，德国海军署（Reichsmarineamt）立刻拿出了一个"大型巡洋舰"（Große Kreuzer）方案，它就是所谓的"E 号舰"。该舰安装了 12 门 8.3 英寸主炮，排水量 15800 吨，最终蓝图在 1906 年 5 月获得通过，但就在其墨迹未干之时，德国驻伦敦的海军武官传来消息，英国人建造的军舰要比预想的更为强大。虽然德国人建成"E 号舰"[即命途多舛的大型装甲巡洋舰"布吕歇尔"号（Blücher）]的决心没有动摇，但也被迫修改计划，将大型巡洋舰改为快速战列舰 [同时还赋予了其"战列巡洋舰"（Schlachtkreuzer）的新称谓]。而这一变化，也最终催生了本文的主角。

在"E 号舰"之后，德国人几经斟酌设计了"F 号舰"。该舰计划安装八门 11 英寸主炮，标准排水量为 19370 吨，最高航速 27.4 节，后来被命名为"冯·德·坦恩"号（von der Tann）。其龙骨铺设于 1908 年 3 月，并在 1910 年 5 月竣工。然而，与英国的海军竞赛，决定了德国人不会就此止步。1908 年 12 月，他们的第二艘战列巡洋舰也正式动工了，该舰有着放大的设计（即"G 号舰"），最终在 1911 年 9 月

① 本章的作者感谢伊斯坦布尔海军博物馆的厄丝·切汀（Ece Çetin）和贝尔夫·德米尔（Berfu Demir）在翻译过程中给予的帮助。另外，本章的编辑也要感谢对史蒂夫·麦克劳林提出的宝贵意见，以及厄丝·切汀，托马斯·施密德和拉尔斯·阿尔贝格在提供照片方面的慷慨帮助。

② 加里·斯塔夫，《一战中的德国战列巡洋舰：设计、建造与作战》[南约克郡的巴恩斯利，远航出版社，2014 年出版]，第 108—136 页。

① 杰姆·居尔戴尼兹（编辑），《共和国海军》（伊斯坦布尔，航海、水文和海洋局出版社，2009 年出版），第 11 页。

② 译者注：此处有误，应为一座在前，两座在后。

③ 约翰·坎贝尔，《二战海战武器》（伦敦，康威海事出版社，1985 年出版），第 393—394 页。

④ 译者注：此处有误，"毛奇"级的水平装甲布置和作者描述的不同，装甲甲板和穹甲层的最大厚度均为 2 英寸，防雷隔壁的最大厚度亦然，在非关键区域，防雷隔壁的厚度只有 1.2 英寸。

⑤ 译者注：此处有误，该级舰前指挥塔的装甲厚度实际达到了 14 英寸，炮塔正面装甲的最大厚度为 9.1 英寸、侧面装甲的厚度为 7.1 英寸。

⑥ 译者注：此处有误，两舰的额定功率仅为 51289 轴马力，但在试航中，"毛奇"号曾有过出力高达 84609 轴马力的表现。

作为"毛奇"号竣工，长 610 英尺、宽 97 英尺、吃水深度为 27 英尺、设计排水量 22979 吨。[1]其 10 门 11 英寸主炮安装在五座炮塔内，其中两座在前，一座在后[2]，还有两座成对角状态布置在中部左右两舷，每门火炮都可以发射重达 666 磅的炮弹。[3]在 1918 年接受改装之后，其炮管仰角从 13.5 度上升到了 22.5 度，射程则增加到了 23730 码。至于副武器则包括了 12 门 5.9 英寸炮和 12 门 3.5 英寸炮，此外还有四具 19.7 英寸鱼雷发射管。同时，该舰还得到了厚达 10.6 英寸的主装甲带的保护，水平装甲则包括了三层装甲甲板，每层的厚度都在 0.6 英寸至 1.4 英寸之间。此外，该舰还安装了最大厚度为 3 英寸的防雷隔壁[4]，指挥塔和炮塔的装甲厚度分别为 10 英寸和 9 英寸。[5]在甲板下方是 24 台舒尔茨 - 桑尼克罗夫特式（Schulz Thornycroft）锅炉和两组帕森斯涡轮机，其功率超过 85000 轴马力[6]，令该舰的最高时速超过了 28 节，而在 14 节的经济航速下，其航程可以达到 4120 海里。另外，舰上的燃料舱可以容纳最多 3100 吨煤。和德国建造的所有主力舰一样，由于各层甲板的水密隔舱数量众多、划分周密，所以"毛奇"号也拥有良好的抗进水能力。

战列巡洋舰"戈本"号（即"H 号舰"）也采用了这种设计，并于 1909 年 8 月 12 日在汉堡的布洛姆 - 福斯（Blohm & Voss）船厂铺下了龙骨。和德国海军最新的几艘装甲巡洋舰与全部战列巡洋舰一样，该舰也以陆军著名将领的名字来命名。它纪念

1912 年 11 月，离开威廉港前往地中海的"戈本"号。从此之后，该舰便再也没有返回母国。请注意舰首悬挂的奥古斯特 – 卡尔·冯·戈本将军（1816—1880 年）的盾章，该图案为蓝底，中央是一棵有分枝的银色树干。

的对象是奥古斯特·冯·戈本将军（August Karl von Goeben，1816—1880 年），此人曾指挥部队在普法战争期间的圣康坦之战（Battle of St Quentin）中取得了决定性胜利。1911 年 3 月 28 日，这艘战列巡洋舰举行了下水仪式，但按照新生的德国海军的传统，其命名人却不是一位女性，而是一位高级军官，即戈本的远房后辈——第 8（莱茵兰）军军长保罗·冯·普罗伊茨（Paul von Ploetz）将军。①

1912 年夏，试航中的"戈本"号。

开赴地中海，1912—1914 年

1912 年 5 月，"戈本"号驶出船厂，并在 22 日抵达了位于基尔的舰队基地。7 月 2 日，该舰开始接受测试，但这项任务曾一度被公海舰队的秋季演习打断 [正是在此期间，该舰加入了第 2 侦察大队（2nd Scouting Group）的序列]。② 与此同时，日益紧张的国际局势正在暗中把"戈本"号从北海和波罗的海的猎场引向地中海——在历史上这座舞台曾为许多军舰缔造了不朽的荣誉。

1912 年 10 月，第一次巴尔干战争爆发，在这场战争中，塞尔维亚、黑山（Montenegro）、保加利亚和希腊（参见"乔治·阿维洛夫"号一章）联手对抗奥斯曼帝国。同时，欧洲列强也在密切注视着这一切，而且它们都各怀鬼胎、心机深重。不到两年，这种局面就让整个大陆卷入了战争。1912 年 11 月 1 日，针对当前局势，德国海军临时成立了"地中海支队"（Mittelmeerdivision），意图以此扩展势力，并保护当地的侨民、战略利益和经济利益。三天后，"戈本"号和轻型巡洋舰"布雷斯劳"号（Breslau）从基尔启程前往地中海——"戈本"号由舰长奥托·菲利普（Otto Philipp）海军上校指挥，舰上还悬挂着康拉德·特鲁姆勒（Konrad Trummler）海军少将的将旗。13 日抵达马耳他之后，特鲁姆勒少将留下了"布雷斯劳"号，自己则率领座舰向君士坦丁堡（Constantinople）③ 疾行，并在 15 日抵达了这座城市。该舰要在当地加入的是一支由 17 艘军舰组成的国际舰队，其成员来自法国、英国、俄罗斯、意大利、奥匈帝国、荷兰、西班牙、罗马尼亚和美国，当时正停靠在博斯普鲁斯海峡，并由军衔最高的路易·德·傅尔内（Louis Dartige de Fournet，旗舰是"莱昂·甘必大"号）海军中将统一调遣。④ 18 日，鉴于保加利亚军队正在向这座奥斯曼帝国的首都推进，"戈本"号立刻和新抵达的防护巡洋舰"菲内塔"号（Vineta）一道派出 575 名官兵加入了国际干涉部队，以便稳定当地的局势。

虽然各方在 12 月签订了停战协议，但局势动荡依旧，"戈本"号只能停留在原本的岗位上，直到 3 月率领舰队护送希腊国王乔治一世（他不久前在萨洛尼卡遇刺）的遗体返回时才暂时离开。⑤ 在接下来的这个月里，地中海支队的编制被正式确定下

① 加里·斯塔夫，《一战中的德国战列巡洋舰：设计、建造与作战》，第 110 页。

② 参见希南·阿瓦撰写的"'戈本（严君塞利姆苏丹）'号"一文，出自《海军杂志》第 579 期（2000 年 11 月号），第 104—113 页。

③ 译者注：即今天土耳其的伊斯坦布尔。

④ 参见杰拉勒丁·亚武兹的《"奥斯曼之春"期间的外国顾问团》（伊斯坦布尔，海军供应司令部出版社，2001 年出版），第 236 页；吉雅塞丁·戈克肯特，"巴尔干战争期间驻伊斯坦布尔的外国军舰"，出自《生活史杂志》，1971 年 9 月 8 日号，第 24—25 页。

⑤ 艾森·巴希，《战列巡洋舰"严君塞利姆苏丹"号在土耳其历史中的角色》（伊斯坦布尔，海洋出版社，2009 年出版），第 67 页。

① 艾森·巴希，《战列巡洋舰 "严君塞利姆苏丹" 号在土耳其历史中的角色》，第 68 页。

② 参见希南·阿瓦，"'戈本（严君塞利姆苏丹）'号"，出自《海军杂志》第 579 期（2000 年 11 月号），第 105 页；雷德蒙·麦克劳林，《"戈本"号的逃脱：加里波利的序曲》（伦敦：希尔利-瑟维斯出版社，1974 年出版），第 37 页。

来[1]，"戈本"号和"布雷斯劳"号则对当地的港口开展了一系列访问，以显示本国的军事存在——这些港口包括了威尼斯、奥匈帝国的舰队基地波拉 [Pola，即今天克罗地亚的普拉（Pula）]，以及那不勒斯和比雷埃夫斯等。1913 年 8 月，在波拉入坞检修期间，"戈本"号已经变得颇为引人注目了——因为它是整个地中海最大、最强和最有影响力的战舰。

在这段时期，爆发了第二次巴尔干战争（始于 6 月 29 日）。1913 年 10 月 23 日，当威廉·苏舜（Wilhelm Souchon）海军少将在的里雅斯特（Trieste）接管地中海支队时，国际局势已经变得剑拔弩张。[2]随后，"戈本"号和"布雷斯劳"号继续在东地中海巡航，并在 1914 年春天抽出五个星期的时间，为在亚得里亚海游览的皇家游艇"霍亨佐伦"号（Hohenzollern）提供了护航。到一战爆发时，为给本国不断调整的地中海战略撑腰，两舰已经对各港口进行了超过 80 次访问。

至于这一战略的基础，是德国 1882 年同奥匈帝国和意大利签订的"三国同盟"：它与1904 年签订的英法协约针锋相对。1907 年，俄国也加入了进来，至此"三国协约"（Triple Entente）正式成型。在当时，英国已将地中海舰队的主力撤回了北海，以防备德国的动作。另外，由于在意土战争（Italo-Turkish War，1911—1912 年）中，意大利入侵了奥斯曼帝国的北非领地，同盟国和协约国的关系也紧张起来。当时，德国的意图是在战争爆发时和盟友达成某种意义上的合作，这让苏舜将军立刻与驻波

威廉·苏舜海军少将（1864—1946 年），他在 1913—1917 年年间担任德国地中海支队的指挥官，并因此而备受尊敬。

恩维尔帕夏（1881—1922 年）是"青年土耳其党"的领导人，也是允许"戈本"号和"布雷斯劳"号开往君士坦丁堡的关键人物。

拉的奥匈帝国舰队司令安东·豪斯（Anton Haus）将军——当然还有意大利方面——展开了磋商。最终，这些国家在 1913 年 6 月签订了《三国同盟海军协定》（Triple Alliance Naval Convention）。一旦战争爆发，苏舜将率领旗下的支队拦截阿尔及利亚—法国航线上的法国运兵船，并抵御针对意大利沿岸的海上进攻。作为回报，意大利则允许德军舰队使用墨西拿、那不勒斯和奥古斯塔港作为基地。同时，奥匈帝国舰队也将从亚德里亚海的基地出发，和意大利人一道迎战法国海军。[①]尽管协定的内容相当具体，但它并未设立一个有效的统一指挥体系，而且各方心照不宣的是：在接下来的冲突中，三方的海军都打算各自为战。

除了"三国同盟"和"三国协约"的缔约国，苏舜打交道的对象还包括了奥斯曼土耳其——自从 1870 年以来，该国便在"泥潭"中越陷越深，并引起了欧洲国家的焦虑，所谓的"东方问题"（Eastern Question）也应运而生。因此，在 1914 年夏季来临时，土耳其也成了苏舜外交活动的重点。5 月，"戈本"号在君士坦丁堡的多尔玛巴赫切宫（Dolmabahçe Palace）外抛下了锚链，并代表德国皇帝转达了对苏丹穆罕默德五世（Sultan Mehmet Resat V）的问候，作为回礼，后者也邀请苏舜共进晚餐。而这次访问，也让土耳其军官们第一次有机会登上这艘军舰。[②]

在内忧外患的打击之下，摇摇欲坠的奥斯曼帝国并没有参加战争的愿望，更不用说同时对一个或是数个列强开战了。但与此同时，令该政府感到担忧的是，如果未来爆发战争，他们可能将无法置身事外：在此之前，英国已经冷漠地回绝了"高门"（Sublime Porte）[③]提出的外交动议；至于俄国则充当着它的宿敌，而法国则是俄国人的主要盟友。因此土耳其才会向小心试探的德国做出回应，但到当时为止，双方还没有签署正式的盟约。在这方面，德国主要考虑的是保护奥匈帝国的南方侧翼，同时他们还打算从奥斯曼帝国身上攫取战略、军事和经济上的利益，并保证后者在合适的时机到来前不至于彻底瓦解。早在 1903 年，德国便已开始建造连接柏林和巴格达的铁路——这条铁路穿过了巴尔干地区，接下来有 1000 英里在今天的土耳其、叙利亚和伊拉克境内，最终将通往德国计划在波斯湾沿岸巴士拉（Basra）附近兴建的港口。同时，德国人还打算在土耳其地中海沿岸的伊斯肯德伦 [İskenderun，又名亚历山大勒塔（Alexandretta）] 建立一个海军基地。因此，"戈本"号曾在 1913 年 5 月至 1914年 6 月间四次访问当地，并借机对港口进行了测量。另外，这些友好举动也有海军方面的考量。除了同德国船厂签署订单之外，1909 年 12 月，土耳其人还在君士坦丁堡同德国武官进行了磋商。最终，在次年 9 月，德国将前无畏舰"腓特烈·威廉选帝侯"号（Kurfürst Friedrich Wilhelm）和"魏森堡"号（Weissenburg）交给了土方。随后，这两艘军舰更名为"红胡子海雷丁"号和"图尔古特提督"号，并在第一次巴尔干战争中多次迎战希腊海军（参见"乔治·阿维洛夫"号一章）。然而，虽然奥斯曼帝国的陆军中有不少德国顾问，但在海军中，英国顾问团仍然扮演着最重要的角色。同时，土耳其人还向英国订购了"雷沙迪耶"号和"苏丹奥斯曼一世"号——这两艘战列舰（分别在巴罗和纽卡斯尔建造）已经接近完工。另外，第三艘战列舰的工程才刚刚启动。

这一系列别具欧洲外交特色的纵横捭阖，最终导致了一战的爆发，而这一切的导火索在 1914 年 6 月 28 日被点燃了。在这一天，奥匈帝国的皇储——弗朗茨·斐迪

① 希南·阿瓦，"'戈本（严君塞利姆苏丹）'号"，出自《海军杂志》第 579期（2000 年 11 月号），第 106 页。

② 艾森·巴希，《战列巡洋舰"严君塞利姆苏丹"号在土耳其历史中的角色》，第 70 页。

③ 译者注：即土耳其中央政府，其名字来自奥斯曼帝国宫廷外用于举行外宾接待仪式的豪华大门。

南大公和妻子索菲（Sophie）一道在萨拉热窝被一位塞尔维亚民族主义者刺杀。在接到消息时，"戈本"号正停泊在巴勒斯坦的海法港（Haifa），闻讯之后，苏舜立刻意识到这事关重大。鉴于锅炉管破裂，导致军舰的航速下降到 20 节，苏舜立刻驾船火速赶往波拉进行久违的修理。期间，"戈本"号上的工程师已经先行一步赶往当地准备，当军舰赶到后，在布洛姆 - 福斯公司员工的监督下，于 7 月 10 日开始更换其中的 4460 根锅炉管（总数为 9576 根）。按照原来的计划，"戈本"号本将在入秋后前往威廉港（Wilhelmshaven）进行这项工程，至于"毛奇"号则将被派往地中海作为替代，但鉴于战云正在欧洲上空笼罩，这一计划最终没有得到执行。整个工程在高度保密中展开，仅用了 13 天，便于 7 月 23 日大功告成——也正是在这一天，奥匈帝国向塞尔维亚下达了最后通牒。①

在之前一天，奥斯曼帝国的武装部队副司令兼国防部长——恩维尔帕夏 [Enver Paşa，他也是"团结与进步委员会"（Committee of Union and Progress，即"青年土耳其党"）的重要成员，在 1908 年后便在土耳其国内扶摇直上] 提议与德国建立一个防御性的同盟，如果俄国与两个协议缔约国开战，德国和土耳其将彼此履行盟友义务。这一提议最终得到了柏林方面的批准，随之推出的条约也于 8 月 2 日在君士坦丁堡秘密签订。当天，奥斯曼帝国下达了总动员令，但也宣布自己将保持中立——这一决定不仅符合土耳其人的利益，还表明政府高层对结盟一事依然存在着分歧。但此时，英国方面已经开始怀疑土耳其人的企图：8 月 3 日，第一海军大臣温斯顿·丘吉尔命令夺取战列舰"雷沙迪耶"号和"苏丹奥斯曼一世"号 [后来两舰分别作为"爱尔兰"号（Erin）和"阿金库尔"号加入了英国皇家海军]。尽管对英方的举动早有预料，但这一点还是激怒了奥斯曼帝国政府——之前，他们已经号召全国民众捐献了 750 万英镑作为必要的购舰款，还向英国派遣了接舰分队。8 月 4 日，除意大利之外，所有的欧洲列强都卷入了战争，但另一方面，直到 11 月，土耳其还在作壁上观。

追击

7 月 27—30 日，"戈本"号在伊斯特里亚半岛（Istria）上的港口城市皮拉诺（Pirano）②进行了火炮试射，随后又于 27—30 日在附近的的里雅斯特补充了煤炭。接下来，"戈本"号转舵向南，于 8 月 1 日在布林迪西附近与"布雷斯劳"号会合，驶出亚得里亚海，前往墨西拿，并最终在 8 月 2 日中午抵达了目的地——正是在这一天，德国开始了战争动员。③

在墨西拿，已经有德国商船等候。随着补给品和 1580 吨煤炭被装运上舰，两艘军舰在 3 日清晨驶出锚地，一路向西地中海前进，试图按照 1913 年《三国同盟海军协定》中的要求，炮击博讷 [即今天的安纳巴（Annaba）] 和费利佩维尔 [即今天的斯基克达（Skikda），以上两地均在法属阿尔及利亚境内]。④当天下午，苏舜得知了与法国开战的消息，接着，在 4 日凌晨 2 点 35 分，他又从柏林收到了第二条电报："土耳其已加入同盟。'戈本'号、'布雷斯劳'号立刻向君士坦丁堡前进。"但苏舜不为所动，继续向阿尔及利亚沿岸行驶。期间，他派出"布雷斯劳"号炮击博讷，而自己则指挥"戈本"号在 4 日清晨时分朝费利佩维尔倾泻了 36 枚 5.9 英寸炮弹。不过，两座港口内并没有运兵船，因炮击蒙受的损失也非常有限。就在德军的地中海支

① 马蒂·梅克拉，《循着"戈本"号的航迹》（慕尼黑，伯纳德和格雷夫出版社，1979 年出版），第 42 页。

② 译者注：即今天斯洛文尼亚的港口城市皮兰（Piran）。

③ 参见马蒂·梅克拉，《循着"戈本"号的航迹》，第 34 页；赫尔曼·洛里海军少将，《1914—1918 年的海上战斗：土耳其水域的战斗》第 1 卷"地中海支队"（汉堡，米特勒父子出版社，1928 年出版），第 9—10 页。

④ 参见赫尔曼·洛里《1914—1918 年的海上战斗：土耳其水域的战斗》第 1 卷"地中海支队"，第 9—10 页；希南·阿瓦，"'戈本（严君塞利姆苏丹）'号"，出自《海军杂志》第 579 期（2000 年 11 月号），第 107 页。

队转舵向墨西拿前进时，它们的踪迹也被迎面驶来的英国战列巡洋舰"不倦"号（HMS Indefatigable）和"不挠"号（HMS Indomitable）发现。但由于英国对德国的最后通牒（从比利时撤军）期限是在 4 日午夜，因此，作为英国地中海舰队司令，海军上将伯克莱·米尔恩（Berkeley Milne）爵士只能下令继续跟踪"戈本"号和"布雷斯劳"号。对他来说不幸的是，即便"戈本"号没有全速航行，也还是足以甩开英军，并在 5 日抵达墨西拿补充煤炭。在作业中，德国人付出了巨大的努力：派出了所有不在舰桥和炮位上的人员——有四名锅炉兵因体力衰竭而丧命。

　　然而，苏舜还是很快发现了《三国同盟海军协定》中存在的问题——在抵达墨西拿时，由于德国已处于交战状态，而意大利依旧保持中立，所以他最多只能在港口停留 24 小时。不仅如此，米尔恩上将还在墨西拿海峡的南口布置了警戒舰船——其中战列巡洋舰"不倦"号、"不挠"号和"不屈"号（HMS Inflexible，即米尔恩上将的旗舰）位于西侧，而东侧则是轻型巡洋舰"格洛斯特"号（HMS Gloucester）——这艘军舰曾在战前访问杜拉佐港 [Durazzo，位于阿尔巴尼亚境内，现名都拉斯（Durrës）] 时和"戈本"号有过愉快的一面之交。尽管苏舜又争取到了 12 小时的拼死加煤的时间（期间，德国人还拆毁了运煤船的甲板以加快作业速度），但他也意识到，位于波拉的豪斯将军根本鞭长莫及。更糟的是，在 6 日清晨，他还接到了一则柏林发来的无线电报，其中显示："由于政治原因，进入君士坦丁堡断不可行。"电报中之所以这么说，不仅仅是因为德国驻当地的大使——汉斯·冯·旺根海姆男爵（Baron Hans von Wangenheim）还无法向国内答复土耳其同意参战的附加条件，还以为土耳其方面也不愿意让这两艘交战国的军舰进入博斯普鲁斯，导致自己的中立国身份被破坏。这种局面在柏林引发了激烈的辩论，有人甚至提议命令苏舜向国内返航，但苏舜却独自做出了向东前进的决定：在 8 月 6 日晚些时候，地中海支队离开墨西拿，并很快被部署在海峡南侧的"格洛斯特"号发现。[①]于是，对"戈本"号和"布雷斯劳"号的追击开始了。

　　米尔恩之所以只在海峡东面部署了一艘轻型巡洋舰，是因为他坚信，苏舜要么打算继续攻击法国运兵船队，要么就会准备突入大西洋。事实上，他似乎从没有考虑过这样一种可能性：这位德国将军会头也不回，一路向君士坦丁堡驶去。就这样，"戈本"号和"布雷斯劳"在 6 日夜间驶出墨西拿海峡，进入了爱奥尼亚海（Ionian Sea），其背后只有"格洛斯特"号在展开追

① 赫尔曼·洛里，《1914—1918 年的海上战斗：土耳其水域的战斗》第 1 卷"地中海支队"，第 16—17 页。

"戈本"号的"小跟班"："马格德堡"级（Magdeburg class）巡洋舰"布雷斯劳"号（后改名为"米迪里"号）。该舰悬挂满旗，奥斯曼帝国的旗帜在后桅杆上飘扬，远方地平线上最醒目的建筑是加拉达塔（Galata Tower）。本照片拍摄于 1914 年的君士坦丁堡。

击。当苏舜装模作样地向亚得里亚海进发时，拦截的重任便落在了驻马耳他的第 1 巡洋舰分队头上。这支舰队由海军少将厄内斯特·特鲁布里奇（Ernest Troubridge）指挥，拥有四艘装甲巡洋舰和八艘驱逐舰，但他们最终辱没了使命。尽管特鲁布里奇在 7 日清晨不到 5 点时便发现了对手，但他们却错失了拦截的机会。特鲁布里奇后来这样写道："如果迎战'戈本'号，我们只会在射程外遭到该舰的攻击。"不仅如此，除了射程和位置上的劣势，这一决定还要在很大程度上归咎于第一海军大臣丘吉尔含糊不清的指示：

……（您）应当提供掩护，支援法军从非洲运兵的行动，如果可能，你还应当与妨碍行动的德军快速舰船交战，尤其是"戈本"号。在需要与法国海军将领协商时，您将接到电报通知。除非和法军一道联合参加大规模作战，否则请勿迎战优势之敌。贵舰队的航速足以保证选择有利的交战时机。我们希望向地中海增兵，为此，您必须在开局阶段保存实力。

这些命令的目标，是一旦奥匈舰队驶出亚得里亚海，英军就应当阻止"戈本"号攻击法国运兵船。但很明显，在当时，海军部真正希望的是截击单独行动的德军舰只。结果，直到 7—8 日午夜，米尔恩将军才命令三艘战列巡洋舰和轻型巡洋舰"韦茅斯"号（HMS Weymouth）转舵向东。雪上加霜的是，一条来自海军部的假情报宣称，奥匈帝国已经向英国宣战，这让米尔恩又一度调转了航向，直到 8 日，他才重新

1912 年 11 月，从威廉港出发，前去加入地中海支队的"戈本"号。这次部署的影响在无畏舰时代堪称空前绝后。

开始追击德舰。与此同时，"格洛斯特"号依旧在不屈不挠地进行跟踪，并在7日清晨的一场短暂炮战中轻微击伤了"布雷斯劳"号，但"戈本"号的大功率无线电却有效阻塞了该舰的无线电信号。此时，米尔恩将军还不相信德舰正在驶向达达尼尔海峡。当天中午，他不顾海军部的明确指示，命令"格洛斯特"号在马塔潘角附近放弃追击——与追击"戈本"号相比，他更倾向于守住爱琴海的入口。毫不奇怪，就在使出这个昏招之后，他和特鲁布里奇立刻遭到了调查，不仅如此，后者还被送上了军事法庭。虽然这两位将军后来都被证明无罪，但最终，他们都再也没有返回海上指挥岗位。至于苏舜则满怀侥幸地消失在了爱琴海的群岛中，并于9日通过一艘等候在佐努萨岛（Donoussa）附近的汽船为"戈本"号补充了燃煤。[1]作业完成后，苏舜径直向达达尼尔海峡驶去。

星月旗下

虽然苏舜几乎毫发无损地进入了爱琴海，但却未能与君士坦丁堡建立起无线电联系。此时，他依然不清楚自己是否得到了驶入达达尼尔海峡的许可。直到8月8日，德国外交官才通过持续施压，让奥斯曼帝国的国防部长——恩维尔帕夏同意接纳德国军舰。8月10日12点10分，位于开俄斯岛（Chios）附近海面的苏舜突然接到电报，要求他立刻前往恰纳卡莱（Çanakkale）。因此，他很快便以18节的航速开始向当地行驶。就这样，在1914年8月10日17点，"戈本"号和"布雷斯劳"号双双出现在了海峡入口处的赫勒斯角外。由于视野内没有一艘友舰，所以苏舜升起了"引水旗"（Pilot Flag）。17点15分，土耳其鱼雷艇"屈塔希亚"号（Kütahya）驶来，并打出了"跟随我"的信号。19点35分，德军舰队在恰纳卡莱附近的纳拉角（Nara）抛锚，13日，他们又继续前往马尔马拉海（Sea of Marmara）南岸的埃尔代克停靠，并在于8月14日前往君士坦丁堡之前补充了一批煤炭。[2]次日，德国地中海支队已经来到了君士坦丁堡的拱门和宣礼塔之下，并停泊在了多尔玛巴赫切宫附近。

自然，局势的发展不仅在奥斯曼帝国政府内部引发了焦虑，还令协约国感到了深深的不安。尤其是俄罗斯，对于该国来说，达达尼尔海峡实际是一条经济命脉，只有从当地，该国才能利用黑海贸易航线将各种商品（如粮食）运往海外。不仅如此，当地还是俄罗斯联络西方盟国的重要通道。诚然，由于国际条约的约束，土方有义务阻止德舰通过海峡——面对来自英法俄三国驻君士坦丁堡大使的压力，他们几乎就要选择屈服，并准备要求"戈本"号和"布雷斯劳"号缴械，否则就将驱逐其离开锚地。然而，经过恩维尔帕夏和其他政府要员的漫长讨论，以及德国大使冯·旺根海姆男爵在最后时刻的干预，德国最终在8月15日打着以8000万马克出售战舰的幌子，将两艘军舰转让给了奥斯曼帝国海军，补偿了两周前"雷沙迪耶"号和"苏丹奥斯曼一世"号被英国夺取的遗憾。[3]

第二天，在由恩维尔帕夏主持的简短仪式上，德国海军的战旗最后一次在"戈本"号和"布雷斯劳"号上降下，而星月旗则在原来的地方升起。两舰随即改名为"严君塞利姆苏丹"号[4]和"米迪里"号（Midilli），其中后者的名字来自莱斯沃斯群岛（Lesbos）上的米蒂利尼（Mytilene）——一座奥斯曼帝国一直渴望收复，但又壮志未酬的港口（在1912年被希腊占领）。[5]尽管英国要求将军舰上面的1400名

① 马蒂·梅克拉，《循着"戈本"号的航迹》，第63—66页。

② 艾森·巴希，《战列巡洋舰"严君塞利姆苏丹"号在土耳其历史中的角色》，第88页。

③ 赫尔曼·洛里，《1914—1918年的海上战斗：土耳其水域的战斗》第1卷"地中海支队"，第29—31页。

④ 以下简称为"严君"号。

⑤ 艾森·巴希，《战列巡洋舰"严君塞利姆苏丹"号在土耳其历史中的角色》，第91页。

1914 年年末，在马尔马拉海接受苏丹穆罕默德五世检阅时，带领奥斯曼帝国舰队前进的"严君"号。其中还可以看到前无畏舰"红胡子海雷丁"号和"图尔古特提督"号，它们同样曾在德国海军中服役。请注意舰上被翻下的护板，它们是用来保护在舰首甲板下安装的 3.5 英寸炮的。

德国舰员遣送上岸，但这项工作不仅没有进行，而且这两艘军舰还始终处在德军的掌控之下，只不过上面悬挂的是奥斯曼帝国的战旗，另外所有官兵也都佩戴了菲斯帽（Fez）——这种滑稽的景象也在舰上引发了欢声笑语。[1]8 月 27 日，英国人发来回复，任何有德国人员滞留的舰只都将被视为敌舰，不仅如此，他们还指出，任何与之同行的舰只都将被视为正在接受德军的指挥——无论其悬挂何种旗帜，它们都将被同等对待。9 月 29 日，土耳其政府决定禁止一切外国军舰通过海峡，直到英国允许奥斯曼帝国的军舰在达达尼尔海峡西口自由通行为止。

奥斯曼帝国海军旗舰

尽管在 9 月 23 日，苏舜便以中将军衔被任命为奥斯曼帝国海军总司令（Befehlshaber der schwimmenden Türkischen Streitkräfte），但他仍然需要一段时间才能让他的部下进入战斗状态：由于之前奥斯曼帝国宣布中立，其舰只大多仍处于封存状态；另外，苏舜调用奥斯曼帝国海军舰只的权限，仍然需要漫长的行政流程才能完全确定。从技术上说，此时的苏舜成了德国驻君士坦丁堡海军顾问团的新团长，但"严君"号和"米迪里"号却在听从柏林方面的旨意，至于之前起草相关条款的德国大使冯·旺根海姆，则充当着苏舜和土耳其政府之间的联络员。

与此同时，苏舜也立刻投入到了艰巨的备战工作中。期间，他得到了 160 名军官和技术专家的支援，这些军官都是在 8 月 23 日乘火车从德国抵达君士坦丁堡的，他们的到来也令从"严君"号和"米迪里"号上抽调的军官、高级士官和水兵们如

① 尤素福·希克梅特·巴尤尔，《土耳其革命史》10 卷本（伊斯坦布尔，教育出版社，1940—1967 年出版），第 2 卷，第 77 页。

虎添翼。①两艘德国邮轮停靠在了君士坦丁堡港外，用于充当供应船和宿舍船，至于奥斯曼海军中的许多高级官员也被德国军官接替。按照德国人的设想，一旦土耳其人足以操作舰船，顾问就将返回国内。不过，这种情况从未在战争中实现——也正是在如此复杂的环境下，德国—奥斯曼舰队启动了海上作战。

在数周的谈判后，奥斯曼帝国政府于 10 月 14 日决定，只要德国出借相当于 2 亿法郎的黄金，便将站在同盟国一边。在收到恩维尔帕夏和杰马尔帕夏（Cemal Paşa，时任奥斯曼帝国海军部长）发来的消息后，苏舜立刻决定不宣而战，对俄国的黑海港口发动挑衅性袭击。这次袭击的目的正是制造一种既成事实，强行消除土耳其政府中的反对意见（不过俄国早有准备）。另外，即便在贷款抵达君士坦丁堡之后，土耳其政府中还是发生了很多拖后腿的事情。直到 10 月 27 日，苏舜才从海峡出发，与之同行的还有奥斯曼舰队的主力，即"严君"号、"米迪里"号、防护巡洋舰"哈米迪耶"号（Hamidiye）、鱼雷炮舰"全能之雷"号（Berk-i Satvet）和"壮丽之扈"号（Peyk-i Şevket）、四艘驱逐舰和改装的布雷舰"睡莲"号（Nilüfer，原为邮轮）。②当天中午，各舰在黑海沿岸的克斯卡亚（Kısırkaya）集结，舰长也在"严君"号上接收了密封的命令。舰队沿着安纳托利亚半岛（Anatolia）的海岸向东行驶，以训练为掩护，在 29 日清晨分别对俄国港口塞瓦斯托波尔、费奥多西亚（Feodosia）、雅尔塔（Yalta）、敖德萨和新罗西斯克（Novorossiysk）发动攻击。命令的最后是一条纳尔逊式的口号："土耳其的未来在此一战，人人务必竭尽全力！"③

"严君"号的任务是攻击塞瓦斯托波尔，同行的还有布雷舰"睡莲"号、驱逐舰"萨姆松"号（Samsun）和"萨索斯"号（Taşoz）——其中后两者都安装了扫雷装置。29 日 6 点 30 分，"严君"号开始轰击岸上的炮台和军事设施。在舰长理夏德·阿克曼（Richard Ackermann）海军上校的指挥下，该舰在扫雷舰船的后方曲折前行，并向 8500—13000 码外发射了 47 枚主炮炮弹。期间，俄军的岸炮和前无畏舰"常胜者圣格奥尔基"号（Georgii Pobedonosets）进行了还击，并命中"严君"号三弹。"严君"号所受的最严重的创伤来自两枚重炮炮弹，它们在该舰刚进行完第 10 轮齐射后便命中了二号烟囱后方的区域，冰雹般的弹片横扫了舰上的艉楼甲板，并穿过排烟口格栅落入锅炉舱内。面对这种情况，"严君"号不得不停止炮击。接下来，又有三艘驱逐舰向"严君"号直冲过来。为将它们击退，"严君"号又发射了 12 枚 5.9 英寸炮弹。在返航途中，土耳其舰队与俄国布雷舰"普鲁特河"号（Prut）不期而遇，面对德军的猛烈火力，后者选择了自沉。同时，土军还俘获了 1708 吨的商船"艾达"号（Ida），并将这个战利品带回了君士坦丁堡。④

当"严君"号于 10 月 30 日中午返回位于伊斯廷耶 [Istinye，位于博斯普鲁斯海峡沿岸，又名斯特尼亚（Stenia）] 的基地时，四下出击的奥斯曼—德国舰队已经至少击沉了七艘、击伤了 10 艘各种型号的舰船，并俘获了其中一艘。不仅如此，他们还给四个港口的物资和设施造成了巨大的破坏，并且布设了两个雷场。⑤在给妻子的信中，苏舜得意扬扬地写道："我已把土耳其人丢进了火药桶，在俄国和土耳其之间挑起了争端。"⑥

与此同时，包括恩维尔帕夏在内的众多亲德鹰派人物依旧被蒙在鼓里。29 日下午，他们收到了苏舜炮制的电报，即"俄军全程跟踪了土耳其舰队，并系统性地干

① 参见：赫尔曼·洛里，《1914—1918 年的海上战斗：土耳其水域的战斗》第 1 卷"地中海支队"，第 41—45 页；贝恩德·朗恩希尔彭、迪尔克·诺特曼和约亨·克吕斯曼，《星月旗和帝国鹰："戈本"号和"布雷斯劳"号在博斯普鲁斯，1914—1918 年》（汉堡，米特勒父子出版社，1999 年出版），第 16 页。

② 艾森·巴希，《战列巡洋舰"严君塞利姆苏丹"号在土耳其历史中的角色》，第 112 页。

③ 赫尔曼·洛里，《1914—1918 年的海上战斗：土耳其水域的战斗》第 1 卷"地中海支队"，第 50 页。

④ 多安·哈杰波格卢，《奥斯曼帝国一战史绪论》（伊斯坦布尔，伊斯坦布尔海军供应司令部，2000 年出版），第 135 页。

⑤ 贝恩德·朗恩希尔彭和艾哈迈德·居莱尤斯，《蒸汽时代的奥斯曼海军，1828—1923 年》（伦敦，康威海事出版社，1995 年出版），第 44 页。

⑥ 转引自保罗·哈尔彭所著的《一战海战史》第 64 页。

扰了所有演习"，从而"开启了战端"。随后，外交照会被送往圣彼得堡、伦敦、巴黎和罗马，对俄国大加指责，并重申了奥斯曼帝国维持中立的愿望。但协约国不仅不为所动，还向土耳其当局发出了最后通牒，要求其立刻遣返所有德国人员。但这一通牒遭到了拒绝。10 月 31 日，俄国大使撤出君士坦丁堡，11 月 1 日，英国和法国大使紧随其后也撤出君士坦丁堡。次日，俄国向奥斯曼帝国宣战，11 月 3 日，协约国军舰对恰纳卡莱的外围堡垒区进行了一次示威炮击，更让局势火上浇油。11 月 5 日，鉴于土耳其政府未能驱逐德国人员，英国和法国对奥斯曼帝国宣战。[1]但后者直到 11 月 11 日才对英国和法国发布了宣战声明，同时，苏丹穆罕默德五世还以逊尼派穆斯林哈里发的身份号召对协约国发起"圣战"。按照苏舞在当月晚些时候的描述，土耳其舰队将集中精力保卫达达尼尔海峡，阻止敌军在当地达成突破或展开封锁。由于协约国控制了地中海，因此达达尼尔海峡便成了德国—奥斯曼舰队的活动区域。而在黑海，情况也大体类似，由于交战双方都不具备压倒性优势，俄国海军直到 1917 年才敢大胆参战。[2]

戎马岁月，1914—1915 年

尽管最初被打了个措手不及，但俄国黑海舰队显然不会坐视奥斯曼帝国海军肆意挑衅。11 月 4 日，在安德烈·埃伯加德（Andrei Ebergard）将军的指挥下，俄国黑海舰队的主力从塞瓦斯托波尔出动，前去炮击土耳其重要的煤炭和补给集散地——宗古尔达克（Zonguldak）。同时，他们还将在博斯普鲁斯海峡入口布设雷区，并袭击沿海运输船。得知这些情况后，苏舞立刻带领"严君"号出发拦截，但直到 17 日清晨，埃伯加德炮击了特拉布宗（Trebizond）之后，两支舰队才开始第一次交锋。一察觉俄军来袭，苏舞便在当天 13 点带领"严君"号、"米迪里"号、防护巡洋舰"哈米迪耶"号和鱼雷炮舰"壮丽之扈"号从海峡起航，试图在埃伯加德舰队和基地之间的海域进行拦截，并强行与对方交手。此时的"严君"号正受到锅炉问题的困扰，最高航速只能达到 22 节，因此直到 18 日中午时分，苏舞才赶上了埃伯加德舰队——此时，后者已经抵达了萨利赫角（Cape Sarych，位于克里米亚半岛最南端）外海 20 海里处。俄军舰队包括了五艘前无畏舰、三艘轻型巡洋舰和 12 艘驱逐舰，根据埃伯加德的命令，在奥斯曼—德国舰队刚刚现身时，它们便调转航向，开始轰击这些不速之客。作为俄军旗舰，"叶夫斯塔菲"号（Evstafi）在首轮齐射中，便将一发炮弹射进了"严君"号的 3 号 5.9 英寸炮炮廓。这次打击造成中弹的火炮瘫痪，另有 16 名官兵伤亡。由于视线不佳，"严君"号在 7700 码的距离上才开始还击，在 10 分钟内发射了 19 枚 11 英寸炮弹，其中有四枚命中了"叶夫斯塔菲"号。在看到自己已无法阻止埃伯加德抵达塞瓦斯托波尔之后，苏舞便决定脱离战斗，掉头向博斯普鲁斯海峡驶去。[3]虽然俄军赢得了胜利，但这次战斗也暴露出了他们糟糕的无线电通讯纪律——交战期间，他们始终在用明码发报，并让德军在第一时间了解到了对手的部署和意图。[4]

"严君"号的下一次出动是为高加索战线提供支援，为此，它还在 12 月 10 日炮击了格鲁吉亚的港口巴统（Batumi）。[5]然而，埃伯加德将军依旧保持着积极的态度：12 月 21 日，他成功在博斯普鲁斯海峡附近布设了一个深水雷场，并在五天后炸伤了

① 艾森·巴希，《战列巡洋舰"严君塞利姆苏丹"号在土耳其历史中的角色》，第 122 页。

② 《土耳其武装力量史》5 卷本（安卡拉，总参谋部军事历史和战略研究所，1964 年出版），第 5 卷，第 72 页。

③ 艾森·巴希，《战列巡洋舰"严君塞利姆苏丹"号在土耳其历史中的角色》，第 126—127 页。

④ 格奥尔格·科普，《两艘孤舰："戈本"号和"布雷斯劳"号的故事》（伦敦，哈钦森出版社，1931 年出版），第 127—128 页。

⑤ 参见：赫尔曼·洛里，《1914—1918 年的海上战斗：土耳其水域的战斗》第 1 卷 "地中海支队"，第 69 页；塞伊姆·贝斯贝里，《土耳其海军在一战中的行动》（安卡拉，总参谋部印刷所，1976 年出版），第 81 页。

"严君"号。当时，这艘战列巡洋舰正和"米迪里"号一道出发前往安纳托利亚半岛沿岸，在 26 日 13 点 35 分，该舰指挥塔附近的右舷舰体触发了一枚水雷，导致船壳被爆炸撕开了一个 60 平方英码大的破口，但进水被防雷纵隔壁挡住了。两分钟后，"严君"号触发了第二枚水雷，其位置在左舷的 E 炮塔侧面，顿时有 600 吨海水涌入。此时，该舰的舰体已出现了明显的右倾，舰首也下沉了 2.5 英尺。但纵向隔壁再一次挽救了军舰，大约一个小时过后，"严君"号便安稳地停靠在了贝科斯锚地（Beikos Roads）的防雷网后面。报告显示，全舰只有两人阵亡。由于奥斯曼帝国没有足够容纳该舰的干船坞，后续的维修工作面临着严峻挑战。为此，他们立刻请求维尔登堡公司（Werdenburg company）从国内派遣专家前来协助。按照后者提供的方案，德国人建造了两座隔水舱，以便工人在受损部位周围展开作业。最终，依靠从威廉港和基尔海军船厂抽调的人员，修理工作于四个月后在伊斯廷耶完成。但由于条件有限，这些旧伤留下的后遗症将继续在战时和战后困扰着这艘战列巡洋舰。[①]

① 艾森·巴希，《战列巡洋舰"严君塞利姆苏丹"号在土耳其历史中的角色》，第 128—131 页。

加里波利战役和后续行动

尽管触雷导致了严重损伤，但德军还是急于让"严君"号重返海洋。1915 年 1 月和 2 月，该舰在黑海进行了几次小规模巡航。然而，由于 2 月 19 日，协约国对加里波利展开了两栖登陆，让该舰重获战斗力再次成了当务之急。1915 年 3 月 28 日，在左舷初步修复三天之后，"严君"号、"米迪里"号以及防护巡洋舰"哈米迪耶"号、"麦齐迪耶"号（Mecidiye）一起出动前去炮击敖德萨——此时，该舰右舷的损伤依旧没有修复，11 英寸炮弹也面临着短缺。所谓祸不单行，正是在这次行动中，水雷

开战之初的"严君"号，当时该舰停泊在其主要的战时基地——博斯普鲁斯海峡附近的伊斯廷耶——的入口处。该舰身旁是一座浮船坞，它只能容纳"米迪里"号。请注意该舰前烟囱里飘散出的浓烟，这是燃烧安纳托利亚半岛出产的宗古尔达克煤所致。

照片中的土耳其工人正干着一项辛苦活——为"严君"号加煤，而德国人则在一旁协助。由于奥斯曼帝国的铁路基础设施不够发达，所以几乎所有的煤炭都需要通过海路运送。

击沉了"麦齐迪耶"号巡洋舰[该舰后来被捞起，并作为"普鲁特河"号（Prut）加入了俄国海军]。当4月3日，俄军的"水星纪念"号（Pamiat Merkuria）防护巡洋舰和黑海舰队主力相继在塞瓦斯托波尔港外现身后，苏舜不敢恋战，立刻调头驶向博斯普鲁斯海峡——而土军如此大费周章的唯一收获，仅仅是击沉了两艘蒸汽船。[1]

之后，修复"严君"号右舷损伤的工作立刻开始进行。通过在破口处大量填补混凝土，修理人员在5月1日完成了工作。就在同一个月，"严君"号还将两门5.9英寸舰炮和一个机枪分队送往岸上，以帮助加里波利的土军抵御敌军的攻击。

5月9日，俄国也发动了一连串海上袭击。在安纳托利亚海岸，他们对科兹卢（Kozlu）和卡拉代尼兹埃雷利（Karadeniz Ereğli）这两座港口的长时间攻击，更是将这次行动推向了高潮。有鉴于此，"严君"号再次出动：次日清晨6点30分，在一艘驱逐舰——"爱国象征"号（Numune-i Hamiyet）的帮助下，该舰发现了俄国黑海舰队。在后者的队列中，最前端的是负责侦察的"水星纪念"号，后方是五艘战列舰，"叶夫斯塔菲"号担任先导——该舰也是埃伯加德将军的旗舰。7点35分，俄军的战斗队形编组完毕，15分钟后，双方在17500码的距离上开始相互射击。但在这次交火中，"严君"号却占尽下风，并在15900码外被战列舰"潘捷莱蒙"号（Panteleimon，原"塔夫里公爵波将金"号）两次命中：其中一枚炮弹击穿了艏楼甲板，而另一枚炮弹则命中了左舷中部，并在火炮甲板上爆炸。尽管受损并不严重，但第二枚炮弹仍然摧毁了左舷的第2号5.9英寸副炮，并导致炮组成员全部伤亡。[2]在这种情况下，苏舜只好在8点12分下令停止射击——此时，该舰发射的124枚大口径炮弹都无一命中。在把俄军舰队引向远离博斯普鲁斯海峡的海域后，"严君"号于14点10分转舵返航，并于夜间把军舰开入了贝科斯锚地。[3]

这场战斗也充当了一个鲜明的案例，它表明在战争的第一年，苏舜始终清楚地意识到，面对俄军的袭扰，以及协约国在达达尼尔海峡的持续施压，他麾下的两艘军舰实在是太过宝贵了，根本不能用来为奥斯曼帝国的事业冒险。随着7月18日，"米迪里"号在君士坦丁堡附近海域触雷受损并被迫退出现役长达八个月的时间，这种想法更是在苏舜的脑海中扎下了根。尽管"严君"号对奥斯曼帝国的战争全局而言至关重要，但现在苏舜却愈发不愿将它投入到黑海沿岸的护航行动中去了。他这样在战时日记中写道：

对于战争全局来说，"戈本"号实在过于宝贵，根本不能用它去护送运煤船。在

[1] 塞伊姆·贝斯贝里，《土耳其海军在一战中的行动》，第125页。

[2] 赫尔曼·洛里，《1914—1918年的海上战斗：土耳其水域的战斗》第1卷"地中海支队"，第130—133页。

[3] 艾森·巴希，《战列巡洋舰"严君塞利姆苏丹"号在土耳其历史中的角色》，第142—143页。

这种情况下，我们应当更多依赖夜间鱼雷攻击、潜艇攻击和水雷。"戈本"号是这个国家参与战争的政治因素之一，应当将它用在达达尼尔海峡的防御被突破时。[①]

在给妻子的信中，苏舜还透露说，对于俄国驱逐舰的破袭，他感到尤其无助，不仅如此，他还花了大量时间纠正土耳其人的散漫，就像是在对付一群敌人。[②]虽然 1915 年 8 月，协约国在加里波利的攻势陷入停顿，并最终被迫在次年 1 月从当地撤退，令这一方向的压力大大减轻。但在黑海方向，俄军的第一批无畏舰"玛丽亚皇后"号（Imperatritsa Mariya）和"叶卡捷琳娜女皇"号（Imperatritsa Ekaterina II）已经接近完工，这注定了奥斯曼—德国舰队无法掌控这片水域。

僵局，1915—1918 年

虽然在 1915 年剩下的时间里，"严君"号仍旧保持着战斗状态，但直到 9 月 21 日，它才再次卷入了与黑海舰队的交战。这一次，有三艘俄军驱逐舰将它误认成了"哈米迪耶"号，并在查明目标的真实身份后转舵离去。而在 11 月 14 日这天，苏舜则切身感受到了来自潜水艇的威胁：在伯尔努角（Cape Burnu）附近海域，"严君"号险些被俄国潜艇"海象"号（Morzh）发射的两枚鱼雷击中。与此同时，由于煤炭产量下降与运煤船接连沉没，奥斯曼—德国舰队还遭遇了严重的燃料短缺：按照 1916 年 1 月 7 日的统计，在君士坦丁堡，其库存已经下降到了 13500 吨加的夫煤（Cardiff）和 900 吨宗古尔达克煤。随着当天晚上，运煤船"卡门"号（Karmen）在开往宗古尔达克途中被三艘俄国驱逐舰击沉，当地的燃煤供应更是几近山穷水尽的地步。此时，"严君"号

1916 年 1 月 27 日，停靠在伊斯廷耶的"严君"号和"米迪里"号，当时舰员们正在庆祝皇帝的诞辰。其中"严君"号的左舷紧靠着码头，从中可以看到该舰侧舷的 E 炮塔和"米迪里"号的烟囱。所有水兵都带着菲斯帽——这也是他们的礼服的一部分。

1917 年 2 月 4 日至 6 日期间，"严君"号上搭载的一架信天翁 C. Ⅱ 或 C. Ⅲ式双翼机，该机隶属于奥斯曼帝国第 7 航空中队（7th Air Squadron），目的地是特拉布宗。双翼机的机翼已被拆下，并被堆放在飞机一旁。在地中海支队的任务中，有很大一部分任务都是运送士兵和各种作战物资。

① 加里·斯塔夫，《一战中的德国战列巡洋舰：设计、建造与作战》，第 124 页。

② 保罗·哈尔彭，《一战海战史》，第 232 页。

1916 年 6 月 15 日，于伊斯廷耶拍摄的另一张关于地中海支队的照片。当时，位于照片上方的"严君"号正在接受改装和维修，而"米迪里"号则停泊在浮船坞旁——此时，它们最活跃的阶段已经一去不复返了。

正在宗古尔达克等待为"卡门"号提供护航。在接到情报后，舰长阿克曼上校立刻驾船出港，并在 8 日清晨 8 点 23 分左右发现了罪魁祸首。一场追击随后展开，9 点 15 分，厚重的烟雾在西北方出现，这股烟雾很快被确定来自一艘驱逐舰和新竣工的无畏舰"叶卡捷琳娜女皇"号。9 点 40 分，双方开始在 22000 码外相互射击，但在仅仅四分钟后，阿克曼海军上校便意识到，他不仅在射程上处于劣势，在火力上也不及安装了 12 门 12 英寸主炮的对手。他只好转舵撤退，而"叶卡捷琳娜女皇"号则穷追不舍。由于舰体长期缺乏清洁，"严君"号几经周折才最终甩掉对手，并在当天晚上返回了伊斯廷耶港。在报告中，阿克曼总结道："（'叶卡捷琳娜女皇'号）的火力和机动性都很强。"[1] 换言之，"严君"号已经不再是黑海中最强大的军舰了，随着时间的推移，它已经从一个咄咄逼人的威胁，沦为了一个象征着"存在舰队"的幌子。

1916 年 2 月初，鉴于俄军的大规模攻势已经临近，"严君"号和"米迪里"号开始将急需的人员和装备运往特拉布宗。有一个事实证明了当时的局面有多么令人绝望："严君"号的甲板上载着航空汽油和弹药，期间，舰长阿克曼海军上校只能小心翼翼地避开运煤船航线——以避免遭到俄军的频繁袭扰。在卸载了这些物资之后，"严君"号转舵返回海峡，一路提心吊胆地试图避免被俄国海军堵在港内。[2] 3—5 月间，该舰终于在伊斯廷耶接受了久违的保养，并进一步修理了 1914 年 12 月时触雷时所受的损伤。直到 7 月 6 日，该舰才重新参与战斗——这次，它炮击了高加索前线的格鲁吉亚港口图阿普谢（Tuapse），并将一艘汽船和几艘帆船击沉在了泊位上。在返回伊斯廷耶之后，维修工程继续展开（比如对推进轴的修复）。同时，该舰还借机安装了新的测距设备，调试工作在 12 月进行完毕。[3]

"严君"号和"米迪里"号对高加索前线的破袭战，导致埃伯加德将军被解除了职务。1916 年 7 月，亚历山大·高尔察克（Alexander Kolchak）海军中将成了黑海

① 加里·斯塔夫，《一战中的德国战列巡洋舰：设计、建造与作战》，第 311 页。

② 艾森·巴希，《战列巡洋舰"严君塞利姆苏丹"号在土耳其历史中的角色》，第 149 页。

③ 塞伊姆·贝斯贝里，《土耳其海军在一战中的行动》，第 311 页。

舰队的新任司令。上任之后，他立刻在博斯普鲁斯海峡附近大举布设水雷，很快瘫痪了当地的海上煤炭和食品运输。然而，黑海的海上战事却在降温——之所以出现这种情况，是因为沙俄正在经历着内乱，不仅如此，奥斯曼—德国舰队的煤炭供给也出现了严重不足。这也意味着，在接下来的至少 17 个月，"严君"号都要在伊斯廷耶度过，并接受各种检修和改装。到该舰于 1917 年 10 月 13 日再次出港时，苏舜已经回国接过了公海舰队第 4 战列舰分队的指挥权，至于地中海支队和奥斯曼帝国海军司令的职务则由胡伯特·冯·雷鲍尔 - 帕施维茨（Hubert von Rebeur-Paschwitz）海军中将接过。9 月 4 日，雷鲍尔 - 帕施维茨将军在"严君"号上升起了将旗。在该舰重返一线期间，他要准备的第一件事情是接受威廉二世的检阅：16 日，皇帝在君士坦丁堡登舰，以便前往加里波利。在 18 日清晨临别前，他还向舰员发表了讲话。[1] 几周之后，布尔什维克革命便于 1917 年 11 月 7 日爆发，俄国开始退出战争，随着 1918 年 3 月 3 日《布雷斯特—立托夫斯克和约》（Treaty of Brest-Litovsk）的签署，这项工作最终画上了句点。

破裂的盟约

在俄军停火后，冯·雷鲍尔 - 帕施维茨终于有机会对爱琴海的协约国目标发动攻击，以求减轻近东战场土军的压力。其目标是破坏协约国向叙利亚的补给线——在当地，面对英国支持的阿拉伯起义，土耳其军队正在节节后退。行动的第一步是对因布罗斯岛（Imbros）[2] 和利姆诺斯岛（Lemnos，这两座岛屿均位于爱琴海上）上的英法基地发动进攻。[3] 因此，在 1918 年 1 月 20 日，

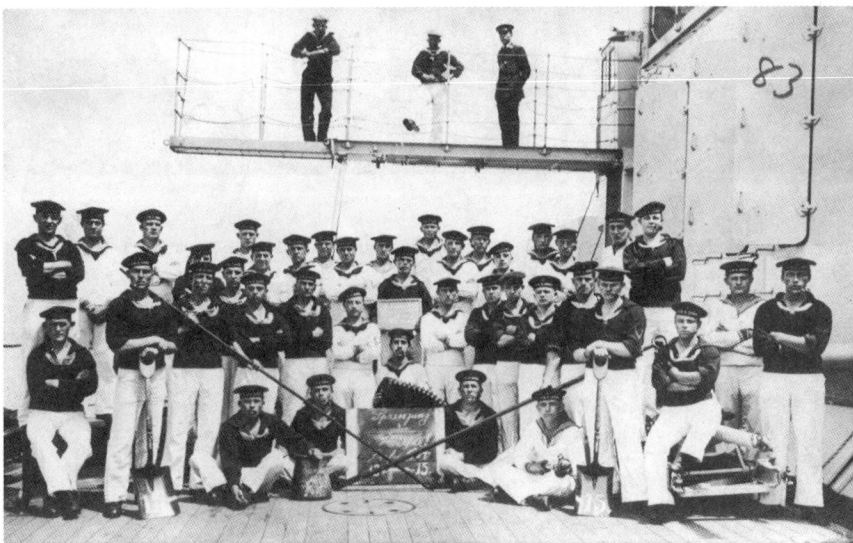

在战争的最初几周，"严君"号的锅炉兵们经历了最严峻的考验。这张照片拍摄于 1915 年，面对镜头，他们摆出了自己使用的各种工具和一架手风琴。尽管该舰也有受训的土耳其军官和水兵，但这些盟友和德国人之间并没有多少情谊可言。

地中海支队驶出达达尼尔海峡，返回了这片久违三年多的海域。当时，冯·雷鲍尔 - 帕施维茨的舰队包括了"严君"号 [此时，阿克曼的舰长职务已被阿尔伯特·施特尔策尔（Albert Stoelzel）海军上校接过]、"米迪里"号 [舰长为格奥尔格·冯·希佩尔（Georg von Hippel）海军上校]，以及驱逐舰"民族支援"号（Muavenet-i Milliye）、"爱国象征"号、"巴士拉"号（Basra）和"萨姆松"号。然而，虽然手头拥有缴获的英国海图，冯·雷鲍尔 - 帕施维茨却低估了雷场的危险：就在刚尝到驶出海峡的快意后不久，"严君"号便在 6 点 10 分触发了一枚水雷。由于受损轻微，冯·雷鲍尔 - 帕施维茨决定继续前进，并掉头向北朝因布罗斯岛驶去。7 点 42 分，"严君"号开始轰击凯法罗湾（Kephalo Bay）的设施和船只。面对迎战的英军驱逐舰"蜥蜴"号（HMS Lizard）和"雌虎"号（HMS Tigress），"严君"号和"米迪里"号立刻在 7 点 49 分掉头向北追杀过去，透过英军释放的烟雾，在库苏湾（Kusu Bay），浅水重炮舰"拉格兰勋爵"号（Lord Raglan）和 M28 号的身影依稀可见。当距离接近到 10100 码时，

[1] 艾森·巴希，《战列巡洋舰"严君塞利姆苏丹"号在土耳其历史中的角色》，第 150 页。

[2] 译者注：即今天土耳其的格克切岛（Gökçeada）。

[3] 希南·阿瓦，"'戈本（严君塞利姆苏丹）'号"，出自《海军杂志》第 579 期（2000 年 11 月号），第 110 页。

"严君"号的舰员们按分队在甲板上集合。舰尾旗杆上降下的星月旗表明，这张照片拍摄于 1938 年 11 月，该舰将穆斯塔法·凯末尔的灵柩运往伊兹密特时。期间，该舰从伊斯坦布尔起航，穿过了马尔马拉海。最终，凯末尔将在安卡拉永远长眠。

德军立刻对这两个目标发动进攻，只用几分钟便用密集的火力将它们击毁了。

由于视野内没有其他目标，7 点 55 分，冯·雷鲍尔 - 帕施维茨调转航向，试图前去炮击利姆诺斯岛上的穆兹罗斯港（Mudros）。然而，就在地中海支队刚刚驶过凯法罗角（Cape Kephalo）时，它们突然遭到了一队英军和希腊飞机的攻击。此时冯·雷鲍尔 - 帕施维茨发出命令，要求"米迪里"号在前方占据阵位，以便为自己的座舰腾出射界。就在 8 点 31 分，当这艘巡洋舰从"严君"号右舷驶过时，突然连续触发了五枚水雷，半个小时后，该舰便带着 330 名水兵，作为六艘德国海外巡洋舰中的最后一艘沉入了海底。

最初，德国人还不知道这场灾难有多么严重。敌机的空袭持续但不准确，在这种情况下，施特尔策尔上校不顾一切地驾驶着"严君"号向"米迪里"号靠近，但在此期间，他也驾船驶入了"米迪里"号受困的雷区。8 点 55 分，"严君"号触发了第二枚水雷，导致舰体向左 10 度倾斜。[1]面对英军"皇家方舟"号（HMS Ark Royal）派出的水上飞机和步步靠近的英军战舰，冯·雷鲍尔 - 帕施维茨只好留下驱逐舰展开救援，自己则指挥"严君"号返回海峡，以求避免一场更大的灾难。但祸不单行，9 点 48 分，该舰触发了第三枚水雷，导致舰上的磁罗经和电罗经双双损坏。由于导航上的偏差，再加上误判了纳拉角（Nara Burnu）附近一具浮标的位置，该舰最终在当地附近搁浅，而全速倒车脱困的尝试也宣告失败，只能任凭敌军从海上和空中发起攻击。接下来的六天，该舰一直在忍受着不间断的轰炸——直到 26 日晚间，它才在"图尔古特提督"号和两艘拖船的协助下脱困，并在次日清晨抵达了君士坦丁堡。尽管遭遇了 276 次空袭（其中一部分空袭是由是"皇家方舟"号上的水上飞

① 马蒂·梅克拉，《循着"戈本"号的航迹》，第 101 页。

机发起的），但协约国
飞机只取得了两次命
中。此外，由于炸弹
的尺寸很小，其造成
的损伤也非常有限。
就这样，因布罗斯岛
之战迎来了尾声，它
葬送了苏舜将军惨淡
经营超过三年的地中
海支队。

当时，同盟国关
心的另一个问题是夺
取俄国的黑海舰队，
以便用它们在爱琴海
对抗协约国。因此，
相关的部署也被纳入
了德国和奥匈联军占

1927年时的"严君"号。当时，该舰正停靠在新建的26000吨浮船坞中。该浮船坞位于格尔居克，由德国企业建造。

领乌克兰的军事行动，并让战区的范围延伸到了克里米亚半岛。为给友军提供支援，
1918年4月30日，自1月以来便一直在伊斯廷耶接受维修的"严君"号立刻出航，
并在两天后和"哈米迪耶"号一起抵达了塞瓦斯托波尔。在当地，他们发现这座城
市已经被德军占领。利用这个机会，"严君"号进入了当地的船坞，以便开展修理、
船体清理和船体粉刷工作——这也是自1912年以来的第一回。随后，这艘战列巡洋
舰一直在当地接受维修和保养，直到6月28日才奉命前往新罗西斯克，以拘押俄国
黑海舰队的残余舰船。然而，这注定是一次徒劳的奔波，德国人很快便发现，俄军舰
队已经在混乱中自沉，这让"严君"号只好返回海峡沿岸的伊斯廷耶，并在修理和
保养中度过了剩下的战争岁月。[1]

与此同时，在巴尔干和中东，奥斯曼帝国已是一败涂地。1918年10月16
日，在别无选择的情况下，新上台的大维齐尔——艾哈迈德·伊泽特帕夏（Ahmed
Izzed Paşa）做出了媾和的决定。两周后，《穆兹罗斯停战协定》（Armistice of
Mudros）在英国战
列舰"阿伽门农"号
（HMS Agamemnon）
上签署。11月2日，
冯·雷鲍尔-帕施维茨
带领德国海军顾问团
从君士坦丁堡返回柏
林。临行前，他们正
式将"严君"号移交
给了土耳其。按照停

① 参见《土耳其武装力量史》5卷本，
第5卷，第387—388页；艾森·巴希，
《战列巡洋舰"严君塞利姆苏丹"号
在土耳其历史中的角色》，第161—
162页。

"严君"号后甲板的特写。本照片
拍摄于20世纪30年代或20世
纪40年代，在马尔马拉海开展的
一次射击演习中。其中最靠近镜头
是"D"号11英寸炮塔，它也被土
耳其方面称为"图尔古特"炮塔，
以纪念奥斯曼帝国伟大的海盗兼海
军统帅——图尔古特提督（1485—
1565年），即西方文献中所谓的"德
拉古特"。

① 转引自艾森·巴希所著的《战列巡洋舰 "严君塞利姆苏丹" 号在土耳其历史中的角色》一书第 185 页。

火协定中的要求，停泊在伊斯廷耶的 "严君" 号需要卸下弹药、炮闩、瞄准具和锅炉舱门，并在一艘英国驱逐舰的伴随下前往伊兹密特（İzmit）。在当地，该舰滞留了长达五年的时间，至于舰上必需的蒸汽和动力则由炮舰 "祖阿夫" 号（Zuhaf）供应。

加入新土耳其海军

在独立战争（1919—1923 年）中高奏凯歌的土耳其军队，最终在 1923 年 10 月 6 日开入了伊斯坦布尔。至此，"严君" 号在英军手中的漫长拘留也被画上了句号。由于无法以自身的动力航行，该舰只好先被拖曳到大岛（Büyükada）和莫达湾（Moda Bay），并在这两个地方粉刷一新。接下来，该舰停泊在了贝贝克（Bebek）的两座浮标之间，并向参观者开放了 20 天。10 月 29 日，它又在贝贝克近海用礼炮庆祝了土耳其共和国的成立。至于这艘军舰的下一站则是伊兹密特，而这一去又是数年。1925 年 2 月 3 日，土耳其政府成立了海军部，后者一成立便将修复 "严君" 号列为了当务之急。而在 9 月 21 日视察该舰时，现代土耳其的奠基人——穆斯塔法·凯末尔（Mustafa Kemal）总理也重申了这一意见：

这是我对 "严君" 号的第一次访问。可以说直到现在，"严君" 号都是一艘悬挂土耳其国旗的德国军舰。尽管该舰受到了损伤，但它的价值却比以前更大。我们会如民族之所愿，让这艘军舰变得强大威武。它的力量将会成为你们的武器、我们的外交工具，以及国家的骄傲之源。①

在 1927—1930 年完成改装之后的 "严君" 号。

由于国内没有可容纳"严君"号的船坞设备，所以土耳其政府特意就建造一座26000吨的浮船坞发出招标。最终，德国的菲兰德公司（Filander company）以225000英镑的价格胜出，并在1926年12月如期交付了产品。同时，新政府还向外界发出了改造格尔居克（Gölcük）海军船厂的意向——这一合同最终在1926年12月5日由圣纳泽尔造船厂[Chantiers et Ateliers de St-Nazaire，又名庞奥埃（Penhöet）船厂]获得。然而，操作拙劣的第一次入坞却压垮了浮船坞的几

个分段，导致船坞和军舰双双需要接受修理，直到1927年8月20日，"严君"号才最终得以安全出水。对这一事件的调查最终导致海军部长伊赫桑·埃尔亚武兹（Ihsan Eryavuz）被判处贪污罪，而海军部也被废除。直到1930年2月，该舰船体上的新伤旧痛才一并修理完毕。随后，"严君"号又在老搭档——战列舰"图尔古特提督"号（此时已改建为修理平台）的伴随下继续展开检修，最终在1930年8月11日重返现役。此时，该舰的舰名也改成了"严君塞利姆"号（到1936年又被简化为"严君"号）。此时，其排水量已经上升到了23100吨。由于在舰体上进行了种种改装，该舰的长度下降了19.7英寸，而宽度则增加了3.9英寸。[1]在四小时的试航中，新安装的燃煤锅炉令该舰达到了27节的平均航速。同时，该舰还安装了法国生产的主炮火控系统，两门5.9英寸炮廓炮则被拆除，使该型火炮的总数下降到八门。不过，舰上的防护系统却没有接受任何升级——比如弹药库的水平装甲依然只有2英寸厚。

20世纪30年代，"严君"号活动的主题是参与各种海军演习。除此以外，作为土耳其新舰队的旗舰，该舰还在黑海和东地中海的外事活动中扮演着愈发醒目的角色。其中，1933年9月的舰队演习更是将各种训练活动推向了高潮：参与其中的不只有战斗舰队的19艘舰船，还有后备舰队、潜艇舰队、扫雷舰队和摩托鱼雷艇分队，在第二年，战机也加入了在达达尼尔海峡的演习。[2]20世纪30年代，随着土耳其舰队的缓慢扩张和现代化，演习的内容也变得愈发复杂了。

同时，为了响应穆斯塔法·凯末尔在1925年的指示，土耳其海军也开始尝试将活动的范围向海外扩张，其第一步是1933年9月23日，"严君"号访问了保加利亚的港口——瓦尔纳（Varna），这一行动也是对保加利亚重新武装的一种回应。1933年10月，该舰又在伊斯坦布尔接待了南斯拉夫的亚历山大（Alexander）国王和玛丽亚（Maria）王后。一个月后，以克利缅特·伏罗希洛夫（Kliment Voroshilov）元帅为首的苏联代表团也参观了该舰——当时，他们正在前来庆祝土耳其共和国成立10周年。另外，1934年6月和1937年，"严君"号还曾招待过伊朗国王礼萨·巴列维（Reza

1933年11月，在访问"严君"号期间，从舰体侧面的"B"炮塔旁经过的克利缅特·伏罗希洛夫元帅（人群中的前排左二）。当时，伏罗希洛夫以苏联代表团团长的身份访问了土耳其，以庆祝土耳其共和国成立10周年。另外，请注意存放在11英寸炮下方的一对破雷卫。

[1] 伊斯坎德尔·图纳博伊卢，《战列巡洋舰"严君塞利姆苏丹"号和奥斯曼帝国》（伊斯坦布尔，海洋出版社，2006年出版），第77—78页。

[2] 艾森·巴希，《战列巡洋舰"严君塞利姆苏丹"号在土耳其历史中的角色》，第203页。

二战期间的"严君"号，舰尾飘扬着星月旗。请注意舰尾的船锚和后甲板上的 1.6 英寸博福斯高射炮。

Shah Pahlavi，当时他访问了特拉布宗）和约旦埃米尔阿卜杜拉（Abdullah）。随着国家财政状况的改善，"严君"号也成了新土耳其海军第一艘进行国际巡航的舰只，并分别于 1936 年 11 月和 12 月拜访了位于马耳他和法勒隆湾（Phaleron Bay）的英国海军和希腊海军。[1]

局势的发展，尤其是意大利在东地中海愈发咄咄逼人的态势，最终催生了《蒙特勒公约》（Montreux Convention）。之前，按照 1923 年《洛桑条约》的规定，博斯普鲁斯海峡和达达尼尔海峡曾被非军事化，但现在，作为新条约的缔约国，土耳其收回了这两地的控制权。为此，"严君"号上举行了庆祝仪式。当两年后，凯末尔在 1938 年 11 月 10 日去世时，这艘军舰又接过了运载灵柩从伊斯坦布尔起航的殊荣。期间，该舰载着这位"土耳其之父"的遗体经过马尔马拉海一路前往伊兹梅特——从当地，灵柩将抵达位于安卡拉的长眠之所。这段旅程也证明，"严君"号成了土耳其共和国当之无愧的标志。

二战和战后岁月

为表明政府武装中立的立场，当 1939 年 9 月二战爆发时，土耳其海军也做出了反应，并采取了全面防守的态势。其舰队主力从马尔马拉海最东端的海军主基地格尔居克出发，前往靠近达达尼尔海峡的埃尔代克湾。但与此同时，"严君"号依然停泊在格尔居克基地的防雷网背后，以免遭到敌军空投鱼雷的攻击。此外，该舰还拆除了主桅，以便使敌人误判该舰的前进方向。[2]同时，为了抵御与日俱增的空袭威胁，土耳其海军还在 1940 年年底在格尔居克部署了一个陆军防空营，并在 1941 年从英国采购了现代化的防空武器。在"严君"号上也加装了四门 3 英寸高射炮、10 门 1.6 英

① 阿菲夫·比居克图古鲁海军上将，《共和国海军》（伊斯坦布尔，海洋出版社，1967 年出版），第 76 页。

② I. 比伦特·伊辛，《共和国之春：1923—2005 大事记》（伊斯坦布尔，海洋出版社，2006 年出版），第 44 页。

寸高射炮和四门 0.79 英寸厄利孔高射炮，后来舰上的博福斯高炮和厄利孔高炮更是增加到了 26 门和 24 门之多。在采购博福斯和厄利孔高炮期间，土耳其海军还派遣了四名军官前往埃及，接受防空系统的操纵训练。[1]除了空袭，土耳其也非常在意水雷，尤其是在 1942 年时——当时该国和苏联一度处在了开战的边缘——为此，土军在海峡地带布设了大片的雷区。但这一行动也反过来将海军的活动范围局限在了马尔马拉海。1943 年后，土耳其从英国购买了消磁设备，并将它们安装在了"严君"号、"哈米迪耶"号、"麦齐迪耶"号等舰只上，以作为防范磁性水雷的手段。[2]

二战结束后，清理海峡的水雷成了土耳其海军的第一要务。随着这项工作的圆满完成，土耳其舰队终于有机会返回阔别已久的士麦那，并在当地受到了热烈欢迎。在战后的重组中，土耳其海军受美国海军的影响很大。1946 年 5 月 5 日，以"密苏里"号战列舰为首的美军舰队的访问，更是充当了这种关系的缩影：在博斯普鲁斯海峡，"密苏里"号曾和"严君"号互致 19 响礼炮以表敬意。随后几年，"严君"号都是 9 月年度舰队演习的常客。直到 1950 年，它才在爱琴海值完了最后一班，并于同年 12 月 20 日离开现役。但在 1952 年土耳其加入北约时，它依旧获得了"B70"的舷号。尽管其舰籍已于 1954 年 11 月 14 日被注销，但直到 1960 年，它都一直停泊在格尔居克，并担任着战斗舰队和布雷舰队的司令部。1963 年，西德政府曾请求买回该舰以充当纪念馆，但这一建议遭到了土耳其人的拒绝。随后，由于经济形势紧张，后者自己也放弃了将它保存下来的打算。1971 年，该舰被出售给土耳其机械和化学工业公司（Mechanical and Chemical Industry Corporation）进行报废处理。1973 年 6 月 7 日，在一场告别仪式后，它被送到了拆船厂，所有报废处理工作于 1976 年 2 月完成。在此之前，它的两个螺旋桨已经被送往海军司令部，而第三个螺旋桨则被安置在了伊斯坦布尔海军博物馆中。除此之外，人们还设法保留下了大量的小物件和纪念品，至于它的前桅杆则树立在了土耳其海军学院。

"严君"号的戎马生涯中有两年是在德军旗帜下度过的，但它却在奥斯曼帝国和土耳其效力了长达 36 年的时间。该舰不仅仅是在美国之外的国家里最后一艘幸存的战列巡洋舰和无畏舰，还在土耳其人民的心中占据着特殊的位置，并令它成了许多歌谣和诗篇的主角。对它的纪念还在 1987 年竣工的护卫舰"严君"号（TCG Yavuz，舷号为 F-240）上得到了延续，而且无独有偶的是，该舰恰恰是在汉堡的布洛姆 - 福斯船厂建造完毕的。此时，该舰距其辉煌的前身诞生已过了整整 75 年。

如今，"严君"号的舰钟保存在伊斯坦布尔海军博物馆里。

附录 1：改变世界的军舰？

土耳其加入同盟国阵营，是否完全是由于"戈本"号这艘军舰所赐？[3]在历史作品中，肯定的

[1] 埃罗尔·穆特齐姆勒，《命运之船》（伊斯坦布尔，卡斯塔谢出版社，1987 年出版），第 154 页。

[2] I. 比伦特·伊辛，《共和国之春：1923—2005 大事记》，第 49 页。

[3] 相关内容可参见：保罗·哈尔彭，《一战海战史》（伦敦，UCL 出版社，1994 年出版），第 58 页、第 62 页、第 64 页和第 223 页；以及劳伦斯·桑德豪斯，《大海战：一战海战史》（剑桥，剑桥大学出版社，2014 年出版），第 94—95 页和第 108 页。

① 参见温斯顿·丘吉尔，《世界危机：一战回忆录》（The World Crisis），第 1卷，第 271 页。

② 参见 http://www.orderfirstworldwar.com/the-salient/2012/02/my-service-on-the-battle-cruiser-goeben.htm。

意见可谓比比皆是，这种耸人听闻的说法远比一战海军史中的其他事件更为引人关注。的确，几年后，曾任英国第一海军大臣的温斯顿·丘吉尔便曾指出："在'戈本'号的罗盘所指之处……没有军舰能像它一样给东方和中东各民族带来如此大规模的屠杀，并制造如此多的苦难和废墟。"①

虽然丘吉尔把苏舜舰队当成了令土耳其倒向三国同盟的唯一因素，但这种看法却忽视了更为宏观的战略外交关系。事实上，土耳其倒向三国同盟的趋势不仅难以避免，而且在至少 10 年前便已初见端倪。1913 年 12 月，奥托·冯·桑德斯（Otto Liman von Sanders）带领的德国军事代表团进驻君士坦丁堡更是标志着这种趋势骤然升级。与此同时，在土耳其政府内部，由恩维尔帕夏领导的亲德鹰派也在渐渐得势，而主和派的恳求则遭到了伦敦方面的拒绝。其中 1914 年 8 月 3 日，丘吉尔扣押两艘在建奥斯曼海军战列舰的举动，更是让一切最终无可挽回。

就算有些人承认，土耳其无可挽回地卷入战争并不是因为"戈本"号开入了博斯普鲁斯海峡，但他们还是会抛出另一种观点：1917 年，它对俄国革命的爆发起了推波助澜的作用。尽管"严君"号和"米迪里"号在黑海制造了可观的破坏，且恶化了俄国的战争处境，但它们扮演的是典型的"威慑舰队"的角色。而且显而易见的是，直到 1917 年苏俄求和前，奥斯曼—德国舰队都没有掌握过制海权，之后俄国则始终处在了革命的阵痛中，至于土耳其的战略局势则已经无可挽回了。因此，"戈本"号"改变了世界"的说法只是一种不经推敲的产物，但即使如此，有一件事情却是不容否认的：从 1914 年 8 月 6 日德国舰队逃脱米尔恩将军的拦截，到 1917 年 9 月 4 日苏舜离职，这位司令的指挥手段始终很巧妙和高明。

附录 2：舰上生活

介绍"戈本"（严君）号舰上生活的著作可谓相对较少——无论该舰在德国还是在土耳其服役期间都是如此。和当时大部分的主力舰一样，普通水兵都居住于舰首舱室，而军官则位于舰尾。为了照顾穆斯林的习俗，在该舰抵达君士坦丁堡之后，舰上总是把周五定为休息日，而不是西方传统的星期天。在"戈本"号上，舰员的士气似乎一直非常高涨，但按照 1912—1916 年在该舰上服役的水兵奥托·朗克尔（Otto Runkel）的回忆，在 1913 年 6 月"戈本"号停泊于威尼斯期间，水兵们也因为伙食太差而发生了骚动，一些舰员甚至在舰体近岸的一面涂上了标语："革命"。俨然 1918 年时迫使德国政府倒台的基尔水兵起义的预演。②在战争期间，舰上也曾出现过氛围紧张的情况，但这次是发生在德国水兵和奥斯曼帝国的同行之间——当时，有不少土耳其人登上了该舰接受训练。在这段时间里，沟通问题丛生，只有两国的军官能勉强用法语交谈；同时，德国人也对土耳其水手的技术素养非常蔑视，以至于很多人都持有像奥托·朗克尔一样的观点：

土耳其海军的状况非常糟糕。他们已经很长时间没有参加过行动，其技术领域的无知达到了骇人听闻的地步。比如说，他们读不懂锅炉上的仪表，只能用粉笔标记蒸汽气压的危险临界点。这导致了多次锅炉爆炸，并酿成了惨重的人员损失。

不仅如此，德军官兵也对土耳其文化态度漠然，他们的鲁莽和傲慢更是在双方关系的裂痕上撒了一把盐，这一点也反映在了他们对土耳其海员的饮食、起居和日常娱乐等方面的态度上，令在土耳其军舰上服役的德国水兵经常不听从当地军官的调遣。[①]因此，当德国海军顾问团于 1918 年 11 月离开时，土耳其军官们确实长舒了一口气，但他们自己也承认，由于前者的存在，舰队的战斗力获得了很大提升。

"严君"号后续的服役经历主要是充当训练舰。海军上将维赫比·杜迈尔（Vehbi Ziya Dümer）这样回忆 1924—1925 年在舰上充当候补军官的岁月：

教室里还配备了课桌，讲桌上有鱼雷零件、各种设备的结构图和引擎的零件。我们的教官是一名精明强干的鱼雷军官，在讲述了鱼雷的详尽信息之后，他还给出了"严君"号的性能诸元。"严君"号的一位军官还开了一堂关于舰上武器、动力系统和其他数据的讲座……"严君"号上的实习科目是发射一枚鱼雷。1925 年 2 月 10 日，炮术训练开始，教官们介绍了炮管、内膛、炮闩、驻退筒、液压装置、火控装置、测距仪等部件的信息。在这些科目结束后，我们又前往其他军舰开展训练。大部分候补军官最终都留在了"严君"号上。[②]

不过，军舰上的学风依旧不尽人意。阿菲夫·比居克图古鲁（Afif Büyüktuğrul）海军上将后来留下了一份严肃的回忆录，记录了他在"严君"号上担任分队长的经历。

① 参见：劳伦斯·桑德豪斯，《大海战：一战海战史》，第 111—112 页；贝恩德·朗恩希尔彭、迪尔克·诺特曼和约亨·克吕斯曼，《星月旗和帝国鹰："戈本"号和"布雷斯劳"号在博斯普鲁斯，1914—1918 年》，第 15—19 页。

② 维赫比·杜迈尔海军上将，《维赫比·杜迈尔海军上将回忆录》（伊斯坦布尔，海洋出版社，2003 年出版），第 82 页。

1973 年 6 月 7 日，土耳其海军为"严君"号举行的送别仪式——该舰在当天被拖往拆船厂，结束了其 60 年的服役生涯。当土耳其于 1952 年加入北约时，该舰的编号是 B70。

他提到，学员和士兵混杂的情况加剧了舰上士气和风纪的问题：

　　我在 1927 年 3 月 16 日来到士麦那的"严君"号上服役，并被派去指挥舰上的第 4 分队。我负责的区域包括后甲板、甲板之间、军官起居室、食堂、下级军官住舱和轮机长住舱、装甲甲板上的住舱、海军军乐队舱、轮机军官住舱和通道。下级军官的住舱内没有天窗，换气由连接上甲板的大通风管完成。在晚上，拉克酒（一种土耳其茴香酒）的味道会顺着管道飘散，这种饮料是随着轮机军官的晚餐发放的，但与在起居室里享用相比，这些人更愿意在住舱内自斟自饮。由于招不到足够的人手，每个分队都不满员——只有 60 人。他们能做的也只有打扫卫生、参加仪式而已。军舰上虽然飘扬着海军少将的将旗，但实际作用却是充当海军司令部。军舰的外表整洁，但内部却并不干净，舰员过去常常把烟头扔在地板上。每当看到一个士兵在我负责的区域吸烟时，我都会抓起烟盒，把它丢进海里。另一项常规工作是早晚在旗杆下向国旗敬礼。无论舰长和其他司令上船还是下船，我们都会用笛声致意。"严君"号上已经放弃了德国式的训练，士兵们的训练科目只有划艇。在晚上，他们会接受读写技能、算数和公民常识的培训。①

① 阿菲夫·比居克图古鲁海军上将，《共和国海军 60 年》（伊斯坦布尔，海洋出版社，2005 年出版），第 124—126 页。

参考资料

- 奥托·朗克尔的回忆，出自：http://www.orderfirstworldwar.com/the-salient/2012/02/my-serviceon-the-battle-cruiser-goeben.htm（2016 年 7 月访问）
- 希南·阿瓦（Sinan Avcı），"'戈本（严君塞利姆苏丹）'号"，出自《海军杂志》（*Deniz Kuvvetleri Dergisi*）第 579 期（2000 年 11 月号），第 104—113 页。
- 艾森·巴希（Ersan Baş），《战列巡洋舰"严君塞利姆苏丹"号在土耳其历史中的角色》（*Türk Tarihinde Yavuz Zırhlısının Rolü*）[伊斯坦布尔，海洋出版社（Deniz Basımevi），2009 年出版]
- 塞伊姆·贝斯贝里（Saim Besbelli），《土耳其海军在一战中的行动》（*Birinci Dünya Harbi'nde Türk Harbi Deniz Harekatı*）[安卡拉，总参谋部印刷所（Genelkurmay Basımevi），1976 年出版]
- 阿菲夫·比居克图古鲁海军上将，《共和国海军》（*Cumhuriyet Donanması*）（伊斯坦布尔，海洋出版社，1967 年出版）
- 阿菲夫·比居克图古鲁海军上将，《共和国海军 60 年》（*Cumhuriyet Donanmasının Kuruluşu Sırasında 60 Yıl Hizmet*）（伊斯坦布尔，海洋出版社，2005 年出版）
- 约翰·坎贝尔，《二战海战武器》（伦敦，康威海事出版社，1985 年出版）
- 维赫比·杜迈尔海军上将，《维赫比·杜迈尔海军上将回忆录》（*Amiral Vehbi Ziya Dümer'in Anıları*）奥斯曼·阿尔帕伊汇编版（Osman Alpay Kaynak）（伊斯坦布尔，海洋出版社，2003 年出版）
- 吉雅塞丁·戈克肯特（Giyasettin Gökkent），"巴尔干战争期间驻伊斯坦布尔的外国军舰"（Balkan Harbi'nde Istanbul'a Gelen Yabancı Harp Gemileri），出自《生活史杂志》（*Hayat Tarih Mecmuası*），1971 年 9 月 8 日号，第 24—25 页。
- 杰姆·居尔戴尼兹（Cem Gürdeniz）编辑，《共和国海军》（*Cumhuriyet Donanması*）[伊斯坦布尔，航海、水文和海洋局出版社（Seyir Hidrografi ve Oşinografi Daire Başkanlığı Basımevi），2009 年出版]
- 多安·哈杰波格卢（Doğan Hacipoğlu），《奥斯曼帝国一战史绪论》（*Osmanlı İmparatorluğu'nun Birinci Dünya Harbi'ne Girişi*）[伊斯坦布尔，伊斯坦布尔海军供应司令部（Istanbul Deniz Ikmal Grup Komutanlığı），2000 年出版]
- 保罗·哈尔彭（Paul G. Halpern），《地中海的海上局势，1908—1914 年》（*The Mediterranean Naval Situation, 1908–1914*）[马萨诸塞州剑桥市（Cambridge），哈佛大学出版社（Harvard University Press），1971 年出版]
- 保罗·哈尔彭，《地中海海战，1914—1918 年》（*The Naval War in the Mediterranean 1914–1918*）（安纳波利斯，美国海军学会出版社，1987 年出版）
- 保罗·哈尔彭，《一战海战史》（*A Naval History of World War Ⅰ*）[伦敦，UCL 出版社（UCL Press），1994 年出版]
- 霍尔格·赫尔维希（Holger H. Herwig），《"奢华舰队"：1888—1918 年的德国海军》（'*Luxury Fleet*'：*The Imperial German Navy 1888–1918*）[伦敦，乔治·艾伦 & 昂温出版社（George Allen & Unwin），1980 年出版]
- 尤素福·希克梅特 - 巴尤尔（Yusuf Hikmet Bayur），《土耳其革命史》（*Türk İnkıabıTarihi*）10 卷本 [伊斯坦布尔，教育出版社（Maarif Matbaası），1940—1967 年出版]
- 汉斯·许尔纳（Hans Hüner），《两面军旗下，"布雷斯劳 - 米迪里"号的战斗历程》（*Die Lebens und Kampfgeschichte S.M.S. Breslau-Midilli*）[波茨坦（Potsdam），"布雷斯劳 - 米迪里"号老兵协会出版社（Verlag Breslau-Midilli），1930 年出版]
- I. 比伦特·伊辛（I. Bülent Işın），《共和国之春：1923—2005 大事记》（*Cumhuriyet Bahriyesi Kronolojisi 1923'ten 2005'e*）（伊斯坦布尔，海洋出版社，2006 年出版）
- 格奥尔格·科普（Georg Kopp）著，阿瑟·钱伯斯（Arthur Chambers）译，《两艘孤舰："戈本"号和"布雷斯劳"号的故事》[伦敦，哈钦森出版社（Hutchinson），1931 年出版]
- 贝恩德·朗恩希尔彭和艾哈迈德·居莱尤斯，《蒸汽时代的奥斯曼海军，1828—1923 年》（伦敦，康威海事出版社，1995 年出版）
- 贝恩德·朗恩希尔彭、迪尔克·诺特曼（Dirk Nottelmann）和约亨·克吕斯曼（Jochen Krüsmann），《星月旗和帝国鹰："戈本"号和"布雷斯劳"号在博斯普鲁斯，1914—1918 年》（*Goeben und Breslau am Bosporus, 1914-1918*）[汉堡，米特勒父子出版社（Mittler & Sohn Verlag），1999 年出版]
- 赫尔曼·洛里（Rear Lorey）海军少将，《1914—1918 年的海上战斗：土耳其水域的战斗》（*Der Krieg zur See 1914-1918. Der Krieg in den türkischen Gewässern*）第 1 卷"地中海支队"（Die Mittelmeer-Division）[汉堡，米特勒父子出版社，1928 年出版；H.S. 巴比特（H. S. Babbitt）翻译，

手打翻译稿现藏于罗得岛州纽波特（Newport）的美国海军战争学院（Naval War College）]

- 雷德蒙·麦克劳林（Redmond McLaughlin），《"戈本"号的逃脱：加里波利的序曲》（*The Escape of the Goeben: Prelude to Gallipoli*）[伦敦：希尔利 - 瑟维斯出版社（Seeley Service），1974 年出版]

- 马蒂·梅克拉（Matti E. Mäkelä），《循着"戈本"号的航迹》（*Auf den Spuren der Goeben*）[慕尼黑，伯纳德和格雷夫出版社（Bernard & Graefe），1979 年出版]

- 杰夫·米勒（Geoff Miller），《优势兵力："戈本"号和"布雷斯劳"号逃脱背后的阴谋》（*Superior Force: The Conspiracy Behind the Escape of Goeben and Breslau*）[霍尔（Hull），霍尔大学出版社（University of Hull Press），1995 年]

- 埃罗尔·穆特齐姆勒（Erol Mütercimler），《命运之船》（*Destanlaşan Gemiler*）[伊斯坦布尔，卡斯塔谢出版社（*Kastaş Yayınları*），1987 年出版]

- 劳伦斯·桑德豪斯，《大海战：一战海战史》（剑桥，剑桥大学出版社，2014 年出版）

- 加里·斯塔夫（Gary Staff），《一战中的德国战列巡洋舰：设计、建造与作战》（*German Battlecruisers of World War One: Their Design, Construction and Operations*）（南约克郡的巴恩斯利，远航出版社，2014 年出版）

- 伊斯坎德尔·图纳博伊卢（Iskender Tunaboylu），《战列巡洋舰"严君塞利姆苏丹"号和奥斯曼帝国》（*Osmanlıdan Cumhuriyete Yavuz Zırhlısı*）（伊斯坦布尔，海洋出版社，2006 年出版）

- 《土耳其武装力量史》（*Türk Silahlı Kuvvetleri Tarihi*）全 5 卷 [安卡拉，总参谋部军事历史和战略研究所（Genelkurmay Askeri Tarih ve Stratejik Etut Başkanlığı），1964 年出版]

- 杰拉勒丁·亚武兹（Celalettin Yavuz），《"奥斯曼之春"期间的外国顾问团》（*Foreign Missions during the Ottoman Spring*）[伊斯坦布尔，海军供应司令部出版社（Deniz Ikmal Grup K.lığı Basımevi），2001 年出版]

奥匈帝国海军

战列舰"联合力量"号（1911 年）

作者：劳伦斯·桑德豪斯

在 1914 年之前欧洲的六大列强中，奥匈帝国是海岸线最短的一个，而且只局限于亚得里亚海沿岸。[①]从逻辑上讲，该国的海军理应处于世界第六位，无畏舰的数量也应当排在五大列强之后。但实际上，奥匈帝国却成了欧洲第三个拥有无畏舰的国家——仅次于英国和德国。之所以出现这种情况是因为"联合力量"号——它的名字取自弗朗茨·约瑟夫（Franz Joseph）皇帝的拉丁语座右铭，并反映出这位年迈君主的理想：二元君主制并不是某种弱点，相反，它可以提供源源不绝的力量。

地中海野心

"我们是地中海强国。"作为奥匈帝国无畏舰计划之父，海军总司令、海军上将鲁道夫·蒙特库科里伯爵（1904—1913 年在任）曾在 1912 年 10 月的一次演讲中如是说。当时他正面对着来自奥地利和匈牙利的代表团，按照规定，作为二元君主国的两个构成部分，他们必须每年共聚一堂，批准帝国的共同预算。此时，战列舰"联

1914 年 7 月 1 日，在的里雅斯特带领奥匈帝国舰队前进的"联合力量"号。这次航行笼罩着阴郁的氛围，因为舰上运载着弗朗茨·斐迪南大公和他的妻子索菲的遗体——他们于三天前在萨拉热窝遇刺。

① 本章的编辑要感谢奥匈帝国海军协会（Verein K.u.K. Kriegsmarine）的托马斯·齐梅尔（Thomas Zimmel）以及埃德温·希尔切（Edwin Sieche）在图片方面的慷慨支持，以及斯蒂夫·麦克劳林和拉尔斯·阿尔贝格提供的协助。

1911 年或 1912 年，在的里雅斯特技术工厂舾装期间，两门斯柯达 12 英寸炮正在从起重船上吊装到"联合力量"号上，以便进行安装。"联合力量"号是世界上第一艘完工的、装备了三联装炮塔的主力舰。尽管引进了外国技术，但"特盖特霍夫"级战列舰是完全由奥匈帝国自主建造的。

合力量"号刚刚完成试航，其他三艘姐妹舰也处在不同的建造阶段，而蒙特库科里则需要在政治上为下一级无畏舰扫清障碍，并让有关方面明白一点：奥匈帝国"需要一支更强大的海军"，"才能在地中海列强中占有应得的地位"。[1]在奔走游说期间，他还得到了皇储弗朗茨·斐迪南大公的支持——早在 1890 年年初，乘坐防护巡洋舰"伊丽莎白皇后"号（Kaiserin Elisabeth）巡游印度、澳大利亚、新西兰以及远东地区的中国和日本时，大公便成了这一理念的拥护者。从 1910 年起，大公一直是奥匈帝国海军联盟（Osterreichischer Flottenverein）的赞助人——这是一个有影响力的政治组织，成立于六年前的它仿照了德国海军联盟（Deutscher Flottenverein）的成功模式。其成员有新旧金融家、贵族和工业家，以及帝国各地的政要们。

　　作为对这种支持的回报，海军将完全依靠国内资源建造无畏舰——但此举也带来了一个副作用，其成本远高于从英国或德国订购。在一战爆发前几年，海军消耗了奥匈帝国国防开支的四分之一，对一个从战略角度来看属于内陆国家的列强来说，这种状况可谓引人瞩目。

　　其背后的原因何在？ 1797 年，依照与威尼斯共和国签订的条约，奥地利获得了一块亚得里亚海沿岸的领土，从而取得了重要的立足点，并为其组建舰队埋下了种子。19 世纪初，帝国海军建立了，但其指挥层和士兵主要是意大利人，总部也设在威尼斯——在 1848 年革命中，他们大多选择了一走了之。随后海军得到了重组，更能反映哈布斯堡王朝领土上的多民族特征。其军官团中德意志人占多数，而下层中的大部分人是克罗地亚人，主要基地位于伊斯特里亚半岛上的波拉（ 即今天的普拉）。

① 《帝国议会代表团发言稿汇编》50 卷本（维也纳，奥匈帝国宫廷与国家印书馆，1868—1918 年出版），第 46 卷，第 903 页。

在1866年对普鲁士和意大利的战争中，海军中将威廉·冯·特盖特霍夫（Wilhelm von Tegetthoff）率领奥地利的第一支铁甲舰队在利萨海战（Battle of Lissa）中击败了数量占优的意大利人，但即使如此，这支舰队之后也近于荒废，直到19世纪末，弗朗茨·斐迪南大公才对它们产生了新的兴趣。海军的快速扩展，反映在了新型前无畏舰和准无畏舰的数量上，它们是：5600吨的"君主"级（Monarch class，1897—1898年间服役）、8300吨的"哈布斯堡"级（Habsburg class，1902—1904年年间服役）、10600吨的"大公"级（Erzherzog class，1906—1907年年间服役）和14500吨的"拉德茨基"级（Radetzky class，1910—1911年年间服役）——每一级均包括三艘军舰。其中，最后一批军舰（三艘"拉德茨基"级）的获批日期是1906年11月，此时距"无畏"号服役、战列舰设计掀开新篇章已过了一个月。前两艘"拉德茨基"级的设计于1907年启动，但第三艘——"兹林尼"号（Zrinyi）直到1909年1月才铺设龙骨，让该舰成了各国前无畏舰中最后动工的一艘。但另一方面，蒙特库科里参与"无畏舰竞赛"的努力却受到了政治因素和客观状况的影响——因为奥匈帝国几乎没有船台能建造这种大型舰只。直到欧洲绝大多数国家的无畏舰都开始动工之后，类似工程才在奥匈帝国启动。尽管如此，在蒙特库科里的督促下，奥匈帝国仍然建立了一个相对高效的海军工业体系，并最终使他们的无畏舰仅次于英国和德国诞生。

自1882年以来，奥匈帝国与德国和意大利组成了三国同盟——奥匈帝国忍气吞声，以便获得德国在俄国和巴尔干问题上的支持，并依赖意大利制衡法国。但在1900年之后，意大利与法国渐渐恢复了关系。另外，随着1904年英法缔结协约，大多数意大利政治家都开始怀疑与德国结盟是否明智。而在奥匈帝国这边，早在1908年之前，它就开始将意大利这个表面上的盟友视为在亚德里亚海的敌人。由于意大利公开谴责奥匈帝国从奥斯曼帝国手中夺取了波斯尼亚和黑塞哥维那，双方的关系更是

这张照片展示了斯柯达工厂内的炮塔安装车间。该工厂位于波希米亚地区的比尔森，正在组装中的炮塔属于"圣伊斯特万"号。请注意安装在炮塔顶部的2.75英寸炮。

另一张反映 12 英寸炮塔安装过程的照片，这次安装的是"圣伊斯特万"号的 2 号炮塔。本照片拍摄于的里雅斯特。

雪上加霜。在这场危机之后，蒙特库科里便向弗朗茨·约瑟夫皇帝提交了新的舰队计划：即在已建成 / 建造中的 12 艘前无畏舰（和准无畏舰）的基础上增加四艘新战列舰，以及担任舰队先导的 12 艘巡洋舰，外加 24 艘驱逐舰、72 艘鱼雷艇和 12 艘潜艇。也正是这份计划，催生了本章的主角"联合力量"号。

设计

　　1908 年 10 月，奥匈帝国吞并了波斯尼亚—黑塞哥维那——同月，国防部下属的海军司（Marinesektion）也下令开展无畏舰的设计工作。次年春天，这个二元君主国的海军工程师们已经制定了五份备选方案，但这些方案都被搁置了，因为有消息显示，意大利正在考虑采用安装三联装（而不是双联装）炮塔的新无畏舰设计 [即后来的"但丁·阿利吉耶里"号（Dante Alighieri）]——这种配置还从未在英国和德国的无畏舰上使用。期间，奥匈帝国方面曾短暂考虑过模仿德国的"皇帝"号 [Kaiser，24300 吨，安装五座双联装 10 英寸炮塔，在 1909 年开工时，设计仍未全部完成]。但最后，蒙特库科里还是在 1909 年 4 月 27 日接受了齐格弗里德·波普尔（Siegfried Popper）提出的新方案。波普尔是奥匈帝国全部 12 艘前无畏舰的设计者，他构想的新无畏舰排水量为 20000 吨，并将 12 门 12 英寸主炮安装在了四座三联装炮塔中。

　　出于合理分配重量的考虑，波普尔希望该舰的长度能达到 580 英尺，但由于预算有限，蒙特库科里却规定其长度不得超过 500 英尺。在这种情况下，波普尔减少了舰体的分舱，以此降低重量并节省成本。该舰的中央垂直隔壁由舰首延伸至舰尾，两侧的水密隔舱异常稀少，其中，横向水密隔舱只在机舱和锅炉房两侧才设置了几个。另外，波普尔还将降低了外侧装甲板和内侧防雷隔壁的间距——只有 8 英尺。相较之下，在德国战列舰和战列巡洋舰上，两者的间距却达到了 15 英尺——德国战舰之所以能在日德兰海战等场合化险为夷，很大程度上正是仰赖于此。另外，对奥匈帝国的无畏舰来说，上述组合还使军舰的稳心高度下降到了 3 英尺，不到其他的海军无畏舰的一半——在 1918 年，这些恶果将被暴露得淋漓尽致。

　　按照波普尔的最终设计，该舰的长度为 499 英尺、宽度为 90 英尺、满载吃水深度为 29 英尺、干舷高度接近 20 英尺。[①] 此外，该设计还将配备最厚 11 英寸的水线主装甲带，而且炮塔、炮塔基座和指挥塔也将得到同样规格的装甲保护，至于从舰首至舰尾的水平装甲则在 1.4—2 英寸不等。这种防护水平遵循的是德国模式，比英国标准略高。与设计获批时的最强无畏舰 [英国于 1909 年 2 月服役的"柏勒洛丰"号（HMS Bellerophon，18600 吨）] 相比，波普尔的设计更短、更宽，吃水也更深。另外，该舰的排水量也高出了大约 1000 吨，速度则相对更低，但另一方面，这种军舰却安装了 12 门 12 英寸主炮（最大仰角可达 20 度）。这些主炮被安置在中线上的四座背

① 关于该舰的剖面图可参见安东尼·普雷斯顿《一战战列舰》（伦敦，武器与装甲出版社，1972 年出版）一书的第 260 页。

负式炮塔内，可以同时向左舷或右舷的一个目标"投送"整整六吨弹药——与第一代的英国和德国无畏舰相比，这是一种重大进步。后两者依旧安装着舷侧炮塔，在向前、后或侧面开火时，都会有相当一部分舰炮无法使用：虽然"柏勒洛丰"号的五座炮塔中安装了10门12英寸主炮，但一次齐射最多只有八门可以开火。1909年10月服役的德国首艘无畏舰"拿骚"号（SMS Nassau）在六座炮塔中安装了12门11英寸主炮，但同样最多只能进行八炮齐射。与意大利的设计（即未来的"但丁·阿利吉耶里"号）相比，奥匈帝国战列舰上的背负式炮塔还允许前后方的六门主炮分别向舰首和舰尾射击，而在意大利的设计中，有三座炮塔的高度与艏楼甲板齐平，这导致该舰能向前后开火的主炮最多只有三门。

　　另外，波普尔还为该舰配置了大量副炮——按英国人的标准甚至有些多余。这一点同样反映了德国人的风格：他们更倾向于保持强大的副炮火力，以抵御驱逐舰或鱼雷艇的进攻。其中有12门5.9英寸单管副炮被安置在舰体中央主甲板上的独立炮廊内，每舷各有六门。此外，还有18门无炮盾的2.75英寸炮，这些火炮分散布置在最上层甲板等处。后来，该型舰还在2号和3号炮塔上各安装了三门2.6英寸高射炮。除此之外，全舰还安装了四具21英寸鱼雷发射管——它们位于舰首、舰尾和左右两侧。该型舰的动力系统由12台亚罗型锅炉组成，它们为四台帕森斯型涡轮机及与其相连的四具螺旋桨提供动力，最高航速为20节。最后，该型舰的满载排水量为21595吨，最大载煤量接近1850吨，在10节的巡航速度下，其航程可达到4200海里。

"联合力量"号于1911年6月24日在的里雅斯特下水时的景象。

"联合力量"号在海试中全速前进。本照片可能拍摄于 1912 年 8 月或 9 月。请注意每座主炮塔顶部安装的三门 2.75 英寸炮，以及主甲板上的炮盾——其中有三门 5.9 英寸炮仍未安装。

由于政治原因，蒙特库科里只能依赖本国供应商来实现波普尔的梦想。其中，无畏舰的舰体将由的里雅斯特技术工厂（Stabilimento Tecnico Triestino）的圣马可船坞（San Marco shipyard）建造，亚罗型锅炉和帕森斯型蒸汽轮机将由该企业下属的圣安德烈工厂（Sant'Andrea works）以许可证生产的方式完成。所有舰炮都来自位于波希米亚地区比尔森（Pilsen）的斯柯达工厂，同时，摩拉维亚的维特科维茨 [Witkowitz，即今天的维特科维采（Vftkovice）] 兵工厂获得了生产克虏伯渗碳装甲的许可。至于鱼雷则由著名的怀特海德公司在阜姆 [Fiume，即今天的里耶卡（Rijeka）] 制造。

延误和竣工

吞并波斯尼亚和黑塞哥维那的三个月之后（即 1909 年 1 月），弗朗茨·约瑟夫皇帝收到了造舰计划（包括无畏舰计划）的第一份简报。巴尔干半岛持续不断的紧张局势，让他批准了蒙特库科里的请求。之后，蒙特库科里又将方案提交给了维也纳和布达佩斯方面，其细节在同年 4 月被意大利媒体曝光——此时，它还没有在奥匈帝国内部公布。在意大利 1907—1908 年年度的海军预算中，只给启动无畏舰计划拨了一小笔资金，而在 1909 年春天到来前，除了生产三联装炮塔之外，意大利人还没有采取任何行动。但奥匈帝国的造舰计划改变了一切。受此刺激，意大利海军在 6 月

"联合力量"号在海试期间的另一张照片，拍摄于 1912 年 8 月或 9 月。

铺设了第一艘无畏舰——"但丁·阿利吉耶里"号——的龙骨。同月，俄罗斯也相仿相效，启动了四艘"甘古特"级的工程——它们也同样安装了三联装的 12 英寸舰炮。对于奥匈帝国而言，意大利人的举动也反过来增强了他们建造无畏舰的紧迫感。但对蒙特库科里来说不幸的是，布达佩斯方面爆发了一场政治危机，导致大半个奥匈帝国政府在 1909 年 4 月至 1910 年 5 月间停摆，原定于 1909 年 10 月召开的海军预算决策会议也被迫取消——换言之，1910 年度的联合海军预算没了着落。与此同时，在 1909 年 7 月，"拉德茨基"号下水后，的里雅斯特技术工厂的一座大型船台空了出来，如果没有新合同，该厂的工人将会大量流失，并使危机蔓延到重要的利益相关方——维特科维茨兵工厂和斯柯达工厂身上。为了不让这些企业的订单中断，当月晚些时候，与蒙特库科里关系密切的奥匈帝国大工业家们提出"自担风险"，启动最多三艘无畏舰的建造——前提是一旦代表团再次集会、给予拨款授权，政府就应立刻购入已动工的舰只。①

也正是这种绕过体制的做法，让斯柯达和维特科维茨兵工厂启动了"联合力量"号和二号舰"特盖特霍夫"号（Tegetthoff）主炮和装甲的建造工作。同时，的里雅斯特技术工厂也开始了各种钢制材料的组装。1910 年 7 月 24 日，即设计获得批准的 15 个月之后，"联合力量"号的龙骨终于在圣马可船坞铺下；9 月 24 日，"特盖特霍夫"号的工程也在临近的船台上启动。随着匈牙利政治危机在 1910 年 5 月得到解决，各代表团终于可以在 10 月召开会议了。最终，两艘无畏舰的工程得到了代表团的追认，蒙特库科里提交的 1910 年海军预算的其余部分也获得了通过。在 12 月召开的第二届代表团会议上，1909 年 1 月提出的舰队计划也获得了全面的同意，其中包括在 1911 年的预算中为第二批的两艘无畏舰拨款。

和当时德国人的舰队计划一样，奥匈帝国的计划也做出了军舰更新换代的规定，但代表团给蒙特库科里的条件比德国国会议员给提尔皮茨（Tirpitz）的条件更为慷慨，其中规定：战列舰的标准使用寿命为 20 年（而不是 25 年），巡洋舰的标准使用寿命为 15 年（而不是 20 年）。为了获得匈牙利方面的同意，蒙特库科里承诺将把一部分经费用在他们的企业上，且数额符合联合预算的承担比例——即造舰经费的 36.4%，

1905 年时的弗朗茨·约瑟夫皇帝（1830—1916 年）。他坚持用自己的座右铭——"联合力量"为奥匈帝国的第一艘无畏舰命名。

① 小路易斯·格布哈德，"奥匈帝国的无畏舰队：1911 年度海军开支通过始末"，出自《奥地利历史年鉴》第 4—5 辑（1968—1969 年），第 252 页。

1912 年刚服役时的"联合力量"号。

1913 年，停靠在奥匈帝国海军的一个浮动干船坞中的"联合力量"号。请注意固定在舰尾出水位置的船锚，以及采用封闭式设计的舰尾游廊——该游廊位于司令住舱外层。

这也意味着，有一部分无畏舰需要在该国领土上建造，而不仅仅是在的里雅斯特建造。1911 年 6 月 24 日"联合力量"号下水后，腾出的船台立刻做好了建造第三艘无畏舰——"欧根亲王"号（Prinz Eugen）——的准备。但该级的第四艘，也是最后一艘无畏舰——"圣伊斯特万"号 [Szent Istvan，其舰名源自圣斯蒂芬（St. Stephen），匈牙利的主保圣人] 的工程将交由多瑙船厂（Danubius shipyard）来完成，该厂位于阜姆——即匈牙利在亚德里亚海沿岸小片领土上的最大港口城市。

到 1913 年 2 月蒙特库科里退休时，"联合力量"号已经开始服役，"特盖特霍夫"号和"欧根亲王"号滑下了船台，"圣伊斯特万"号也完成了一半。但他生涯中最骄傲的一天仍然是 1911 年 6 月 24 日，即"联合力量"号下水的日子。这一天，刚刚结束对伦敦的国事访问，从英王乔治五世加冕礼上返回的弗朗茨·斐迪南大公抵达了的里雅斯特，参加奥匈帝国历史上最隆重的军舰命名仪式。贵宾中包括了许多哈布斯堡王室的大公和大公夫人，以及帝国大部分的政要和实业家。虽然 81 岁的皇帝弗朗茨·约瑟夫未能从维也纳赶到，但他依旧向蒙特库科里授予了尊贵的金羊毛勋章（Order of the Golden Fleece），该勋章由皇储亲自交给了海军上将。随着玛丽亚·安尼奇塔（Maria Annunciata，她是弗朗茨·斐迪南大公的姐姐）女大公将新无畏舰命名为"联合力量"号，当天的庆祝活动达到了高潮。随后，该舰徐徐滑入了的里雅斯特港。然而，这一精心筹备的仪式却险些在最后时刻被当地钢铁工人的罢工打乱。虽然下水日期已经确定，但这些工人却拒绝加班追赶进度，除非圣马可船坞增加所有员工的工资。除了这 11 小时的摩擦，"联合力量"号的施工中未出现其他劳资纠纷——事实上，仅建造该舰舰体就为 2000 多名工人提供了稳定的就业机会。"联合力量"号随后被拖到波拉海军基地的兵工厂舾装，其流程也为同级其他舰只的建造提供了范本。该舰的试航于 1912 年 8 月开始。9 月 18 日，该舰创下了 20.49 节的最高航速，比其他姐妹舰的记录数据更为优秀。服役（1912 年 12 月 5 日）后，"联合力量"号成了奥匈帝国舰队的旗舰——这一身份一直保持到它服役生涯的最后阶段。

交付

　　蒙特库科里在政治和财政领域的牵线搭桥，以及国内船厂较高的效率，使奥匈帝国在无畏舰竞赛中赶上了其他对手。1912 年 10 月，"联合力量"号的竣工使奥匈帝国成了仅次于英国和德国的，拥有无畏舰的第三个欧洲大国。虽然意大利的"但丁·阿利吉耶里"号的开工较"联合力量"号早了 13 个月，但直到 1913 年 1 月才正

在服役之初出海的"联合力量"号。

式服役；俄国的第一批无畏舰虽然也和"但丁·阿利吉耶里"号一样于 1909 年 6 月动工，但直到世界大战之初才投入现役。换言之，由于意大利和俄国的耽搁，"联合力量"号成了世界上第一艘采用三联装重炮炮塔的军舰。不过，政治方面的要求（必须由国内厂商建造）却大大增加了"联合力量"号的成本。按照官方公报，其造价为 6000 万克朗，但有些人估计，真实造价可能高达 8200 万克朗。相比之下，作为德国第一艘无畏舰——"拿骚"号（1910 年 5 月服役）的成本仅为 3700 万马克（即 3700 万克朗，当时奥匈帝国和德国货币之间的名义汇率为 1∶1）。至于提尔皮茨海军建设计划中的最后一艘战舰——26500 吨的战列巡洋舰"兴登堡"号（Hindenburg，竣工于 1917 年，是该计划中最大和最昂贵的主力舰）——造价仅为 5900 万马克。换言之，当蒙特库科里的继任者——安东·豪斯上将在"联合力量"号上升起国旗时，其掌管的不仅是奥匈帝国工业技术的巅峰，还是当时全世界最昂贵的舰只。

与所有奥匈帝国的战列舰一样，"联合力量"号和"特盖特霍夫"号（1913 年 7 月 21 日服役）最初被涂成了橄榄绿色——在达尔马提亚（Dalmatian）地区的近海航行时，这种颜色可提供最好的伪装。但 1913 年奥匈帝国海军在"拉德茨基"号上测试了最新的淡蓝灰色涂装，这种配色据说更适合在亚得里亚海和地中海的开阔水域中作战。试验获得了成功，两艘无畏舰在 1914 年 2 月被粉刷一新，并在同年春天对地中海东部的巡航中进行了展示——值得一提的是，这次巡航也是"联合力量"号唯一一次离开亚得里亚海。由于"联合力量"号是舰队旗舰和总司令的驻跸地，因此，在整个巡航期间，海军现役分队司令——弗朗茨·洛夫勒（Franz Lofler）海军少将只好在"特盖特霍夫"号上挂起自己的将旗。这两艘军舰在 5 月 22—28 日访问了马耳他，然后便前往奥斯曼治下小亚细亚的士麦那（即今天的伊兹密尔）、安达

在波拉港外的"联合力量"号。本照片拍摄于 1914 年 7 月 1 日。当时，该舰正在运送遇刺身亡的弗朗茨·斐迪南大公和他的妻子索菲的遗体返回的里雅斯特。大公夫妇的灵柩被安置在了舰尾甲板的遮阳棚下。请注意舰上降下的军旗和黑色的哀悼旗。

利亚 [Adalia，即今天的安塔利亚（Antalya）]、梅尔希纳 [Mersina，即今天的梅尔辛（Mersin）] 和亚历山大勒塔（即今天的伊斯肯德伦）。在贝鲁特稍作停留后，舰队开始向国内返航，在通过亚得里亚海前往波拉之前，它们还一度在瓦罗纳 [Valona，即今天的发罗拉（Vlore）] 和杜拉佐（即今天的都拉斯）等阿尔巴尼亚港口停靠。

萨拉热窝

在 1914 年 5 月从地中海东部返回之后，"联合力量"号又荣幸地接待了弗朗茨·斐迪南大公和大公夫人索菲——这对夫妇之前从维也纳启程，准备去往波斯尼亚，以便在 6 月 26—27 日观摩在萨拉热窝附近举行的军事演习。观摩演习的贵宾中还包括总参谋长弗朗茨·冯·霍岑多夫（Franz Conrad von Hotzendorf），但这位将军选择了全程搭乘火车。至于大公则和夫人一道乘火车抵达了的里雅斯特，并于 24 日登上了豪斯的旗舰。从这座帝国的主要海港，到宁静的达尔马提亚港口普罗恰 [Ploccia，即今天的普洛切（Ploce）]，距离仅有 250 海里，但这为弗朗茨·斐迪南大公提供了难得的饱览大海的机会。在普罗恰，大公夫妇登上一艘小轮船继续溯纳伦塔河 [Narenta，即今天的内特雷瓦河（Neretva）] 而上，前往上游 15 英里处的梅特科维奇（Metkovic）——在这座小镇，他们登上一列火车，完成了前往萨拉热窝的旅程。按照行程安排，

"联合力量"号上的舰员，他们的民族和社会成分迥异——宛如奥匈帝国的缩影。

大公将在演习结束后于 28 日（周日）游览波斯尼亚首都，然后返回普罗恰——恭候于此的"联合力量"号将把他送回的里雅斯特。

"联合力量"号后来确实执行了这项任务，只不过大公和夫人并没有待在舰上的司令套房中，而是躺在在棺材里。在接到大公殿下于 6 月 28 日上午，被 19 岁的波斯尼亚塞族人加夫里洛·普林西普（Gavrilo Princip）杀害于萨拉热窝的消息之后，海军匆忙做出安排，以悼念这位积极支持舰队发展的贵戚。远航期间，豪斯将军并没有在舰上陪伴这对遇难的夫妇，而是搭乘海军司令游艇"拉克罗玛"号（Lacroma）抵达，并在"特盖特霍夫"号、一艘轻型巡洋舰和一支驱逐舰—鱼雷艇混编分队的陪同下担任护送任务。6 月 30 日，大公夫妇的遗体被运上"联合力量"号，安置在后甲板的一个天棚之下，并有仪仗队全程看护。在返回的里雅斯特期间，运载灵柩的舰队选择了一条更为曲折的航线——它们紧贴着海岸前进，而不是在公海上沿直线行驶。期间，舰队还穿过了达尔马提亚群岛与大陆之间的深水航道，使斯帕拉托 [Spalato，即今天的斯普利特（Split）] 等沿海城镇的居民可以遥遥瞻仰死者，并寄托最后的哀思。随着舰队向北前进，钟声在无数白色的山间和村庄的教堂中鸣响。"联合力量"号于

遮阳棚下的舰尾甲板和 3 号、4 号炮塔。本照片拍摄于战争爆发前。

7 月 1 日晚些时候在的里雅斯特港抛锚，次日，大公夫妇的灵柩被护送上岸，然后用火车运往维也纳，并在 3 日举办了葬礼。

勉强的同盟

大公遇刺事件在奥匈帝国和塞尔维亚之间引发了一场危机，这场危机不到一个月就席卷了整个欧洲。此时，至少在台面之上，奥匈帝国海军的作战计划仍假定三国同盟不会解体。可问题在于意大利——虽然之前该国与盟友的关系不断恶化，但在意土战争（1911—1912 年）期间，意大利与英法的关系也急剧紧张，这让他们决定在 1912 年续签与德国和奥匈帝国的同盟。同一时期，英国也在北海方向对德国的海军扩张做了反应，并将所有的无畏舰撤回本国水域，这一行动削弱了地中海舰队的力量，减少了意大利人对招惹英国人的担忧。

根据 1913 年 6 月在维也纳签署的《三国同盟海军协定》，一旦发生战争，奥匈帝国的舰队将部署到地中海西部，袭击从阿尔及利亚到法国的运兵航线。为了让瞻前顾后的奥匈帝国同意该计划，虽然意方的军舰更多，但该协定仍提出让豪斯海军上将担任总司令。在这种情况下，联合舰队的总旗舰也将由"联合力量"号担任。

除了奥匈帝国和意大利的新式前无畏舰和无畏舰，《三国同盟海军协定》还涉及了德国向地中海派遣的所有战舰。在大公遇刺时，它们包括了战列巡洋舰"戈本"号（即后来的"严君"号，相关情况可参见同名章节）和护航的"布雷斯劳"号，其指挥官是海军少将威廉·苏舜。在大公遇刺之后，由于担心爆发战争，苏舜立刻带领"戈本"号前往波拉进行维修，这项工作于 7 月 23 日——奥匈帝国向塞尔维亚发出最后通牒的时间——完成。而在奥匈帝国方面，豪斯在宣战前两天（7 月 26 日）

下达了舰队动员令。此时，"欧根亲王"号（7 月 8 日服役）也和"联合力量"号与"特盖特霍夫"号一起被编入了第 1 支队——该支队也是奥匈帝国舰队（下辖 12 艘无畏舰与前无畏舰，以及 10 艘各种类型的巡洋舰）最重要的组成部分。同时，苏舜也迈出了第一步：指挥"戈本"号从亚得里亚海南下，以便与"布雷斯劳"号在布林迪西外海会合。随后，两舰将一起驶向墨西拿——《三国同盟海军协定》中规定的舰队集结点。但在当地，苏舜却得知了意大利宣布中立，使"公约"成为一纸空文的消息。接到消息后，豪斯决心在亚得里亚海采取防御姿态，至于"戈本"号和"布雷斯劳"号则在 8 月 4 日黎明前去炮击两座法属阿尔及利亚的港口——费利佩维尔（即今天的斯基克达）和博讷（即今天的安纳巴），并随后前往君士坦丁堡（因为预计奥斯曼帝国将倒向同盟国）。

当苏舜于 5 日返回墨西拿，装载足够驶往达达尼尔海峡的煤炭时，英国已向德国宣战了。由于害怕遭到从马耳他出动的巡洋舰拦截，苏舜向位于波拉的豪斯发出信号，要求获得奥匈帝国的支援。几个小时之内，请求就直接从柏林传到了维也纳。由于地理位置不利、兵力对比居于劣势，接到电报的豪斯一时进退两难。英法舰队不仅火力强大，位置也更接近墨西拿，让豪斯爱莫能助。而苏舜这边，他也不愿和豪斯一起困在亚得里亚海，只是希望豪斯应当提供牵制，使他的军舰可以从墨西拿逃脱。在 8 月 6 日晚上，他设法在没有奥匈帝国军舰帮助的情况下离开了港口，成功抵达开阔水域。他选择的航线让英国人相信，德国军舰试图返回亚得里亚海。为了强化欺骗效果，德军再次请求豪斯协助——派遣舰队前往亚得里亚海入口外的布林迪西，与苏舜的舰只会合。豪斯于 8 月 7 日做出回应，派出了力量强大的舰队，包括无畏舰支队的三艘战列舰、三艘"拉德茨基"级准无畏舰和装甲巡洋舰"圣格奥尔格"号（Sankt Georg）——其中，"联合力量"号更是一马当先。但就在它们驶向亚德里亚海的半途中时，柏林通知维也纳，"戈本"号和"布雷斯劳"号改变了航向，正在赶赴君士坦丁堡的途中，并且已经进入希腊水域。最终，它们将在目的地加入奥斯曼帝国海军。在这种情况下，豪斯于 8 月 8 日将舰队带回了港口。

意大利参战

由于法国封锁了亚得里亚海与外界的通道，还得到了英国的有限支持，所以此时的豪斯开始将注意力投向了中立的意大利

在岗位旁的两名"联合力量"号舰员。由于社会阶层的不平等，在战争的最后两年，奥匈帝国海军中的动乱异常频繁。

战前演习中的"联合力量"号，其侧舷已经展开了防雷网。

人。为此，他将三艘无畏舰和九艘前无畏舰集中在波拉，并无视了所有其他建议：即主动出击，攻击奥特朗托海峡（Strait of Otranto）。正如他在 9 月初向副手卡尔·冯·卡滕费尔斯（Karl Kailer von Kaltenfels）少将解释的那样："我相信，只要意大利有可能向我们宣战，保持舰队完好就是我的首要责任……这一切都是为了与这个最危险的敌人决一死战。"[1]豪斯担心的事情终于在 1915 年 5 月 23 日发生了——在这一天，意大利宣布退出三国同盟，并在与协约国签订海军协定后对奥匈帝国宣战。

当这条消息于 23 日傍晚传到波拉时，豪斯启动了一项筹备已久的计划——对意大利近海实施报复性炮击。太阳落山后，豪斯带领一支大型舰队出海，其中有"联合力量"号为首的无畏舰支队、九艘前无畏舰、六艘巡洋舰，以及大批驱逐舰和鱼雷艇。在出航之后，他开始派遣驱逐舰和大部分巡洋舰前往南方展开侦察，以便对意大利或其他驶入亚得里亚海的协约国军舰发动进攻。在意大利海岸附近，豪斯派遣"拉德茨基"号和姐妹舰"兹林尼"号离队攻击分配的目标，并将其余的 10 艘战列舰集结在一起直奔安科纳（Ancona）而去。安科纳是意大利仅次于威尼斯的亚得里亚海第二大城市，距波拉仅 70 英里，是一个不设防的港口，距意大利海军最近的基地——威尼斯 150 英里。此时豪斯已经敏锐地意识到：在其他战场被击沉或击伤的战列舰和巡洋舰，大部分都是在近海被鱼雷和水雷命中的。因此，他抛下"联合

"联合力量"号的许多舰载小艇都被用于划艇竞赛或练习。在近景处，可以看到一门被帆布覆盖的 2.75 英寸炮，这种火炮在舰上一共有 18 门。

[1] 参见"豪斯致卡滕费尔斯的信，1914 年 9 月 6 日"，出自保罗·哈尔彭，《地中海海战，1914—1918 年》（安纳波利斯，美国海军学会出版社，1987 年出版），第 30 页。

力量"号，搭乘 8300 吨的前无畏舰"哈布斯堡"号（Habsburg）领导这次攻击。至于他的旗舰则和"特盖特霍夫"号与"欧根亲王"号一起在外海巡弋。但即便如此，炮击的大部分伤害依然是三艘无畏舰上的 36 门 12 英寸主炮制造的。这次炮击导致安科纳的供电、天然气和电话被暂时切断，煤炭和燃油仓库也燃起大火。被炸毁或击伤的建筑物包括火车站、警察局、军营、军医院、制糖厂和意大利银行在当地的分支机构。一艘商船被击沉在港内，另外还有三艘商船被击伤。岸上一共有 68 人死亡和 150 人受伤，这次炮击打破了自一战以来对岸炮击造成的伤亡纪录。当舰队主力将炮口对准安科纳时，"拉德茨基"号炮击了波坦察河（Potenza）河口的一座铁路桥；"兹林尼"号炮击了塞尼加利亚（Senigallia）；巡洋舰则袭击了里米尼（Rimini）、巴列塔（Barletta）、泰尔莫利（Termoli）、坎波马里诺（Campomarino）、曼弗雷多尼亚（Manfredonia），以及拉文纳（Ravenna）附近的科西尼港（Porto Corsini）——这些目标分散在约 300 英里长的意大利海岸线上。在当晚唯一的一场海战

奥匈帝国海军总司令安东·豪斯海军上将（1851—1917 年）。他于 1913 年 2 月在"联合力量"号上升起了自己的将旗，并于四年后在该舰上去世。

中，担任掩护任务的驱逐舰在佩拉戈萨（Palagruza）岛附近遭遇了一支由意大利巡洋舰和驱逐舰组成的分队，并击沉了其中一艘驱逐舰。5 月 24 日黎明之前，豪斯麾下的所有舰只都安全返回了港口。奥匈帝国海军损失轻微，阵亡者只有六人——全部在轻巡洋舰"诺瓦拉"号（Novara）上，其胆大的舰长米克洛什·霍尔蒂（Miklos Horthy，他后来晋升为将军，并成为匈牙利摄政）海军上校曾抵近炮击了科西尼港的一座岸炮阵地——这也是此次行动中为数不多的设防目标之一。

　　5 月 23 日至 24 日的突袭还破坏或摧毁了意大利滨海铁路上的三座桥梁、三座车站和两座船坞，导致在动员的最初几天，该国从中部和南部北上的运兵列车只能绕道行驶。由于损坏很快得到了修复，所以这次炮击对意大利的整体局势而言意义有限。但心理层面上，它的影响却颇为深远——对双方都是如此。在两国断交之后，一名奥匈帝国外交官通过沿海铁路离开意大利，他说这次突袭对意方士气如同"当头一棒"。[1]而在奥匈帝国这边，就算不包括其他民众，至少对海军军官和水兵来说，这种对不忠盟友的报复也让他们产生了一种快意——但由于后来的消极作战，这种乐观心态还是逐渐化为乌有。意大利、法国和英国舰队纷纷进驻奥特朗托海峡，随时等待奥匈帝国海军冲出亚得里亚海，而在另一边，豪斯上将也让舰队严阵以待，准备对北上的协约国舰队发动进攻。但与北海的英德两军相比，亚得里亚海上的交战双方明

① 汉斯·索科尔，《奥匈帝国海战史，1914—1918 年》（苏黎世，阿玛耳忒亚出版社，1933 年出版；1967 年由格拉茨的学术印刷出版社再版），第 1 卷，第 218 页。

1913 年 9 月，"联合力量"号安静地停泊在位于亚得里亚海的克罗地亚港口城市——阿巴齐亚 [Abbazia，现奥帕蒂亚（Opatija）] 附近。

显更安于现状，它们的舰队几乎从不冒险出击——对于战列舰而言情况尤其如此。意大利战列舰舰队几乎从未离开过港口，而在波拉，豪斯也恪守着传统的"存在舰队"信条。毕竟他旗下的舰队依然足够强大，可以迫使敌人瞻前顾后，并在遏制过程中投入大量资源。因此，在战争剩余的时间里，亚得里亚海战场的作战行动几乎都是由双方的轻型巡洋舰、驱逐舰、鱼雷艇和潜艇进行的，其间还夹杂着水上飞机或飞艇的空袭。至于意大利人，则发起了"秘密战"（Mezzi Insidiosi）。直到 1918 年 3 月，美国海军的一份备忘录都宣称亚得里亚海是"奥地利的一个湖，协约国没有在其中开展任何重大的海上行动"。①

从豪斯到霍尔蒂

　　和德国海军的情况一样，奥匈帝国海军的战列舰的大部分战时岁月都是在锚地中度过的。由于水面舰队的数量远不及对手，他们便把潜艇当成了克敌制胜的最有效武器。尽管奥匈帝国一共只部署过 27 艘潜艇，与德国 335 艘的数字相形见绌，但由于有波拉和卡塔罗 [Cattaro，即今天的科托尔（Kotor），以上两地均位于达尔马提亚地区南部] 这两座基地的存在，他们仍为德国在地中海开展潜艇战提供了很大帮助。1915 年，豪斯曾强烈支持发动无限制潜艇战；而在 1917 年德国决定冒险与美国开战时，他更是热情地主张恢复这种战争形式。1917 年 1 月 26 日，他陪同年轻的新皇帝卡尔一世（Karl Ⅰ）到德国东线总部开会，以最终敲定发起战役的细节，但在返回波拉的途中，他因肺炎一病不起。豪斯没有康复，并于 2 月 8 日在"联合力量"号上逝世。接替他的是马克西米利安·涅戈万（Maximilian Njegovan）海军上将，后者在维持士气和纪律方面不及豪斯——在全国粮食短缺，水手的口粮也遭削减后，情况就更是如此了。大约与此同时，霍尔蒂于 1917 年 5 月 15 日发起了奥特朗托海峡之战，派遣巡洋舰攻击了亚得里亚海南口的协约国封锁线。这次战术胜利表明，在舰队中，积极出

① 保罗·哈尔彭，《地中海海战，1914—1918 年》，第 30 页。

动的小型舰只仍然可以发挥很大的作用——大型军舰则未必。7 月，第一波政治示威席卷了在波拉无所事事的战列舰，随后在 1918 年 1 月，一场更严重的动乱又在当地发生。1918 年 2 月，卡塔罗爆发了全面兵变，最终有四名水兵被处决，近 400 人被捕。[①]之后，卡尔一世破格将霍尔蒂晋升为海军少将，并用他取代了涅戈万，至于另外 18 位资历更老的将领则被迫退休或被调往岸上。

1918 年 3 月，在"联合力量"号上升起了将旗之后，霍尔蒂对军舰、军官和数千名水兵进行了大洗牌。他意识到，如果有太多的军舰被闲置不用，无所事事的舰员们将成为隐患。为此，他退役了海军中较旧的战列舰和巡洋舰，并把其中大部分人员调往岸上，尤其是能支援潜艇战的岗位上。至于战斗舰队则只由四艘无畏舰（包括 1915 年 12 月 13 日服役的"圣伊斯特万"号）和三艘"拉德茨基"级准无畏舰组成。1918 年春季，趁着来自敌人的压力减轻，霍尔蒂进行了规模空前的机动和炮兵演习。到春季结束时，他认为舰队已准备就绪了。

霍尔蒂计划故技重施，再次攻击奥特朗托海峡封锁线，并迎战驻守在亚得里亚海南口的协约国军舰——只不过，他这次打算投入包括全部四艘无畏舰在内的更多兵力。攻击时间定在 6 月 11 日上午，为避免事先引起敌方的注意，霍尔蒂计划让无畏舰两两一队，利用达尔马提亚群岛的掩护向南推进。期间，它们只会在夜间行动，并利用海岸附近、群岛之间的深水航道行进，而不是在开阔海域行进。6 月 8 日晚，霍尔蒂搭乘"联合力量"号，和"欧根亲王"号一起从波拉起航，而"特盖特霍夫"号和"圣伊斯特万"号则在 9 日深夜跟进。10 日凌晨 3 点 30 分，当后两艘无畏舰沿海岸行驶到一半路程时，尾随它们的两艘意大利鱼雷艇——MAS-15 号和 MAS-21 号——突然发难，在普雷穆达岛（Premuda，位于波拉东南 40 里处）朝它们发起了攻击。MAS-21 号发射的两枚鱼雷与"特盖特霍夫"号擦肩而过，但 MAS-15 号所发射的鱼雷却全部击中了"圣伊斯特万"号的右舷，令其骤然下沉。"圣伊斯特万"号在水面上一直挣扎到 6 点，期间"特盖特霍夫"号设法营救了超过 1000 名舰员，但仍有 89 人不幸罹难。爆炸不仅击穿了装甲带，也破坏了防雷隔壁，导致军舰右舷的大型水密舱室被彻底淹没，再加上该舰的稳心高度极低，最终导致了彻底倾覆。这也是波普尔设计存在缺陷的第一个切实证据。

虽然旗下的无畏舰只剩下了三艘，但霍尔蒂仍然有实力执行原定计划。不过，"圣伊斯特万"号的沉没却表明奇袭已无法实现了：如果强行为之，它们将遭遇盟军舰队更猛烈的反击，甚至会招致全军覆灭。尽管有过度谨慎之嫌，但霍尔蒂依旧决定取消作战并返回波拉，这对奥匈帝国海军而言是一个沉重的打击。面对严阵以待的强大敌人，霍尔蒂已看出再次冒险不会有任何意义了。

① 保罗·哈尔彭，"卡塔罗兵变，1918"，出自克里斯托弗·贝尔与布鲁斯·埃勒曼主编的《20 世纪的海军兵变：国际视角下的观察》（伦敦，弗兰克·卡斯出版社，2003 年出版），第 54—79 页。

1914 年 7 月 1 日拍摄的另一视角的"联合力量"号。当时，该舰正在运送遇刺的大公弗朗茨·斐迪南及其夫人索菲的遗体返回的里雅斯特。大公夫妇的灵柩停放在舰尾甲板的遮阳棚下。

虽然直到 1918 年 8 月，他都在继续为舰队的备战工作而努力，但这样的出击却再也没有出现。

终章

在这一年的 8 月，盟军突破了西线的德军阵地，并引发了连锁事件。这些事件不仅在三个月内导致同盟国一败涂地，还让奥匈帝国及其海军彻底瓦解。10 月中旬，德国宣布取消无限制潜艇战，谋求与美国展开和平谈判。与此同时，在奥匈帝国内部，皇帝卡尔一世做出承诺，允许治下大部分民族实行自治。虽然这也是他拯救这个多民族帝国的最后尝试，但这一点却在无意中加快了各地区领导人建立民族议会的进程——这些议会将在未来成为独立政府的雏形。最初，霍尔蒂勉强维持住了舰队的纪律，直到 10 月 27 日：当天，德国潜艇兵放弃了亚得里亚海基地返回国内，这一迹象准确无误地表明战争即将结束。此时的霍尔蒂意识到，在帝国行将解体时，与继续驾驶军舰相比，大部分水兵更期待的是返回家园。面对这种情况，霍尔蒂和下属的军官们呼吁水兵们保持克制，并承诺"一旦战争结束，就立刻准许大规模休假"。[①] 但就在离开"联合力量"号前往波拉巡视期间，这位将军还是发现水兵们早已接管了大部分军舰。不仅如此，水兵们推选的委员会还向他开出了一份与 2 月卡塔罗兵变类似的清单，其内容有同意伍德罗·威尔逊于 1 月 8 日提出的"十四点原则"，以及要和军官们享有一样的伙食待遇和工作条件。此外，还有一些人提到 11 月 1 日是他们下船回家的最后期限。

俯瞰"联合力量"号。本照片摄于战时，但未注明日期。

在 1915 年开展射击训练期间，用 2 号炮塔开火的"联合力量"号。其后方可见一艘驱逐舰。

10 月 30 日，卡尔一世最终承认帝国即将瓦解，并决定将舰队移交给南斯拉夫国民议会——这是一个由克罗地亚领导人在萨格勒布召集起来的机构，并在上个月与各个协约国首都的南斯拉夫移民团体建立了联系。它的成立为克罗地亚、达尔马提亚与塞尔维亚的联合奠定了基础。与此同时，斯洛文尼亚和波斯尼亚的民族领导人也愿意支持"南斯拉夫"这一国家概念。10 月 29 日，奥匈帝国政府承认，舰队中有许多水手属于南斯拉夫各民族，同时，他们还向其国民议会请求援助，以恢复舰队内部的秩序。但后者拒绝了这一请求，并表示只有在海军交出军舰之后，他们才会下达相关命令。换言之，卡尔一世面临着两个选择：任凭局面发展，或是将舰队移交给南斯拉夫国民议会。最终，他选择了后者，并指示霍尔蒂与南斯拉夫军官合作，确保交接尽量顺利展开。在波拉，10 月 28 日被推选出来的一名斯洛文尼亚族海军上校——梅托德·库奇（Metod Koch）成了当地南斯拉夫民族委员会的核心人物。30 日 13 点，卡尔一世向霍尔蒂发出命令："一份通告将随后抵达，旨在遣散舰员并将海军移交给南斯拉夫委员会。"[1]随后，皇帝及其顾问起草了移交的条款，所有前军官不论民族，均可以在南斯拉夫舰队中继续服役，但不属于南斯拉夫国籍的水手将被遣散。霍尔蒂是在当天晚上 8 点接到命令的。10 月 31 日清晨，他在"联合力量"号上与库奇会面，以确定条款的落实事宜。正式仪式于当天下午 4 点 45 分在波拉举行。霍尔蒂后来回忆起那令人百感交集的场面，"不能自已，甚至无法用简短的演说向部下告别。随着我的将旗落下，所有军舰上的旗帜也都落下了。"[2]奥地利的红白红国旗被南斯拉夫的红白蓝国旗取代，并受到雷鸣般的 21 响礼炮致敬。第二天，在卡塔罗也上演了类似的场景。奥匈帝国海军与其服务的国家都已化为云烟。

31 日 17 点，克罗地亚族海军少将扬科·武科维奇（Janko Vukovic）接过了舰队

① 译者注：参见里夏德·普拉施卡、霍斯特·哈泽尔施泰因纳和阿诺德·苏潘的《国内战线：多瑙河君主国的士兵串联、抵抗和革命，1918 年》2 卷本（慕尼黑：R. 奥尔登堡出版社，1974 年出版），第 2 卷，第 233—234 页；汉斯·索科尔的《奥匈帝国海战史，1914—1918 年》，第 2 卷，第 728—729 页。

② 米克洛什·霍尔蒂，《我的回忆录》（伦敦，哈钦森出版社，1956 年出版），第 92 页。

奥匈帝国海军最杰出的战斗指挥官——米克洛什·霍尔蒂海军少将，他在 1918 年 2 月被任命为海军总司令。

指挥权——他原先曾在霍尔蒂旗舰"联合力量"号上担任舰长。从表面上看去，交接工作进行得十分平稳。所有工作均在日落前顺利完成，为克罗地亚和斯洛文尼亚族的水手在晚上大事庆祝提供了诱因。另外，由于舰上开放了贮藏丰富的军官酒窖，这些水兵更是变得肆无忌惮起来。在这一天，波拉港及其港内舰船首次点亮了全部灯光。在这一片自 1914 年 8 月之后从未出现过的欢庆氛围中，几乎没有人愿意坚守岗位。

11 月 1 日午夜过后不久，两名意大利海军的潜水员利用安全方面的失误，开始执行一项精心策划的大胆行动：借助一条自航鱼雷潜入波拉港，并在停靠于当地的敌舰船底安置炸药。这两名潜水员中的一位是拉法埃莱·保卢奇（Raffaele Paolucci）——一名意大利海军的军医上尉；另一位是拉法埃莱·罗塞蒂（Raffaele Rossetti）——一名来自陆军工程兵部队的少校。4 点 45 分，罗塞蒂和保卢奇设法穿过港口防御网，来到"联合力量"号附近，在该舰舰体上安装了 400 磅炸药，起爆时间被设为 6 点 30 分。在邮轮"维也纳"号底部安装好第二批炸药之后，他们被"联合力量"号上的哨兵发现，并于 6 点被押解上舰。直到此时，罗塞蒂和保卢奇才向扬科·武科维奇少将供称，"联合力量"号正处于极度危险中，并建议尽快弃船。武科维奇少将照做了，但由于组织不力，当 6 点 44 分炸药起爆时，许多人依旧没有离舰。这次爆炸不仅破坏了"联合力量"号的舰体，还冲破了防雷隔壁，导致中心线右侧的大型水密隔舱瞬间被灌满海水。由于稳心高度极低，该舰迅速向一侧翻倒过去。换言之，此时的"联合力量"号已陷入了"圣伊斯特万"号在 6 月 10 日中雷后一样的状况。而且由于其舰体上破口更大，所以沉没速度也更快，在爆炸发生仅 14 分钟后，该舰便和约 400 名舰员一起倾覆在了港内。而幸存者中并不包括武科维奇。他的任期只持续了大约 12 小时。

结语

直到沉没之时，即服役五年又 11 个月后，"联合力量"号都保持着一项纪录：已建成的最昂贵军舰。诚然，它的舰炮曾在 1915 年 5 月 23—24 日对安科纳的炮击中鸣响过，但在四年多的战争中，它总共才出击了三次，而且从未与敌方军舰交战。和奥匈帝国海军的其他军舰一样，它对战争的贡献更多体现在宏观领域，尤其是在对敌方战略的影响上。事实上，到 1914 年年底，协约国已经将亚得里亚海的制海权拱手让给奥匈帝国。虽然后来意大利也加入了战争，但这种情况却没有丝毫改变。不仅如此，法国、英国和意大利还在奥特朗托海峡投入了大量资源，以确保奥匈帝国的舰队无法突入地中海中部——换言之，仅仅是因为亚德里亚海有敌人的无畏舰存在，他们便无法把大量宝贵的兵力用于其他领域。

　　"联合力量"号还是一艘有深远历史意义的舰只：因为它是世界上第一艘服役的安装三联装炮塔的军舰——要比同类的意大利产品"但丁·阿利吉耶里"提前了一个月。在创新性上，它在当时可谓独树一帜。直到三年半之后，其他海军才有新的安装背负式三联装炮塔的战列舰服役——它就是 1916 年 6 月交付的"宾夕法尼亚"号（USS Pennsylvania），但该舰的舰体更大，长度达到了 600 英尺，稳心高度为 7.82 英尺，稳定性远比"联合力量"号及其姐妹舰更好。在海战和军舰的发展历程中，为了抢占领先位置，海军有时会付出很大代价，或是在某些领域做出牺牲。随"圣伊斯特万"号和"联合力量"号的倾覆而丧生的水兵，就是这些"牺牲"的一部分。

附录 1：本级各舰的命名

　　在弗朗茨·斐迪南大公的批准下，奥匈帝国海军司最初提议将四艘无畏舰命名为："特盖特霍夫"号、"欧根亲王"号、"奥地利的唐·胡安"号（Don Juan d'Austria）和"匈雅提"号（Hunyadi）。[①] 其中前三个名字分别是为了纪念 1866 年利萨海战的胜利者（Battle of Lissa）、18 世纪初神圣罗马帝国的伟大统帅和在 1571 年勒班托海战（Battle of Lepanto）中带领西班牙人击败奥斯曼帝国的指挥官，而且都曾在奥匈帝国的军舰上使用。至于第四艘无畏舰的名字则是为了纪念匈牙利在 15 世纪的军事和政治领袖——雅诺什·匈雅提（Janos Hunyadi），以便向布达佩斯的政治家们示好。但此时，原本对海军缺乏兴趣的弗朗茨·约瑟夫皇帝突然宣称，自己有权为第一艘无畏舰命名，他的选择是"联合力量"——他本人的座右铭。于是，第二艘和第三艘无畏舰便相应改名为"特盖特霍夫"号和"欧根亲王"号，至于"奥地利的唐·胡安"

① 弗拉基米尔·艾切尔堡，《"特盖特霍夫"级：奥匈帝国海军的最强战列舰》（慕尼黑，伯纳德和格雷夫出版社，1981 年出版），第 3 页。

另一张反映"联合力量"号在战时开展实弹射击的照片。该舰的 2 号和 3 号炮塔正在同时开火。

在"联合力量"号上操作 2.75 英寸炮的舰员们。对于奥匈帝国海军来说，他们面对的最大威胁并不是意大利海军的大型舰只，而是小型快艇。

号则不幸落选，并很可能将用于命名下一批无畏舰（共四艘，于 1914 年春天获得代表团拨款批准，但因战争爆发而取消）的二号舰。至于匈牙利政府也表示，他们更愿意使用"圣伊斯特万"这个名字，而不是原先的"匈雅提"。

1912 年 3 月 21 日，即"特盖特霍夫"号下水日，奥匈帝国海军司发表声明，宣布将本级无畏舰统称为"特盖特霍夫"级。因为"特盖特霍夫"是二号舰而非一号舰，所以这种做法明显违背了传统。但由于第一艘军舰的命名遭到了皇帝的否决，因此海军便选择了在这方面彰显自己的"存在感"。

附录 2: 舰员: 一个多民族社会的缩影

无论是"联合力量"号，还是奥匈帝国海军的其他大型舰船，都有一个别具特色之处：舰员的民族五花八门，还操持着各种各样的语言——这一切也反映了奥匈帝国的民族多样性。在过去几十年中，由于机械设备在舰队中愈发普及，大量德意志人和捷克人从这个二元君主国的工业化地区涌入。同时，出于政治动机，布达佩斯政府也鼓励匈牙利人 [又名马扎尔人（Magyars）] 积极参加海军。除此之外，舰队中还有来自沿海省份的克罗地亚人和意大利人——他们很早就在为舰队提供兵员。到 1910 年时，只有身处农业内陆省份的罗马尼亚人、斯洛伐克人和乌克兰人 [又被称为"鲁塞尼亚人"（Ruthenians）] 极少为海军提供兵员。

这种民族分化也反映在岗位分配上，其中与动力系统、无线电报、电气设备和重型火炮相关的大部分岗位都由德意志人和捷克人占据，匈牙利人负责副炮，锅炉工和小艇艇员主要是克罗地亚人，另外，后者还和意大利人一道在舱面人员中占据了很高的比例。一战之前，普通士兵的服役期为四年，退伍后还要服八年的预备役。

奥匈帝国 1910 年时民族构成、海军军官和士兵民族构成，与 1914 年时海军士兵的民族成分				
所属民族	奥匈帝国民族构成（1910 年）	舰上军官（1910 年）	士兵（1910 年）	士兵（1914 年）
德意志奥地利人	23.9%	51.0%	24.5%	16.3%
匈牙利人	20.2%	12.9%	12.6%	20.4%
捷克人	12.6%	9.2%	7.1%	10.6%
波兰人	10.0%	2.8%	1.0%	1.8%
克罗地亚人	5.3%	9.8%	29.8%	31.3%
斯洛文尼亚人	2.6%	4.2%	3.6%	2.8%
意大利人	2.0%	9.8%	18.3%	14.4%
其他民族	23.4%	0.3%	3.1%	
罗马尼亚人				1.2%
鲁塞尼亚人				0.8%
斯洛伐克人				0.4%

参考资料：1910 年的数据来自洛塔尔·霍贝特的"海军"一文，其出自亚当·汪德鲁斯卡与彼得·乌尔班尼施主编的《哈布斯堡君主国，1848—1918 年，卷 5：武装的强权》一书第 745 页；1914 年的数据出自安东尼·索科尔的《奥匈帝国皇家海军》（安纳波利斯，美军海军学会出版社，1968 年出版）第 79 页。

在奥匈帝国海军中，有一技之长的人员晋升相对灵活。其中，志愿人员（主要来自商船队）在下甲板上工作一至两年便有资格走上领导岗位，至于工科学校毕业的士官也可以在轮机兵部门服役数年后晋升为"技术军官"（Official），甚至晋升到海军上校的军衔。战前，海军由大约 1000 名军官（包括军官候补生）和 20000 名士兵组成。战争爆发后，其规模最终扩充到了 1500 名军官、1300 名技术官员和接近 40000 名各种水兵。①

和其他大型军舰一样，"联合力量"号也像帝国的社会一样分化出了森严的阶层，至于严厉的刑罚，则为这种状况提供了支撑。1918 年 11 月，美国海军的哈兹莱特中校参观了停泊在斯帕拉托（即今天的斯普利特）附近卡斯特拉（Kastela）的"拉德茨基"级准无畏舰"兹林尼"号，他提到其中的居住空间"完全是为了照顾军官的舒适"。②虽然"兹林尼"号的排水量只有"联合力量"号的三分之二，但其中依旧设有"宽敞通风的房间，甚至下级军官住舱的舷窗几乎都和正常的窗户一样大小"，至于舰长住舱则"位于船尾，是拥有七个舱房的豪华套间"。而"联合力量"号上豪斯将军住舱的现存照片则表明，该舰上高级军官居住区的奢侈程度完全与之不相上下。③与之形成鲜明对比的是，"兹林尼"号的水兵住舱"阴暗狭窄、氛围压抑，很难想象这种能使人极度不适的环境如何能容纳 1000 名士兵"。随着战争的进行和待遇的恶化，这种状况没有得到丝毫缓解。在这种情况下，惩罚就派上了用场。在"兹林尼"号上，哈兹莱特中校发现了一座大型拘留室，虽然它的存在可能仅仅是为了震慑舰员，但将其设置在一艘 1911 年下半年竣工的军舰上，还是能清楚地显示战前奥匈帝国的精英们对下级的心态如何：

① 安东尼·索科尔，《奥匈帝国皇家海军》（安纳波利斯，美国海军学会出版社，1968 年出版），第 78—80 页。

② E.E. 哈兹莱特海军中校，"美奥海军对比谈"，出自《美国海军学会会刊》第 66 辑（1940 年），第 1759 页。

③ 弗拉基米尔·艾切尔堡，《奥匈帝国海军照片集：老照片中的奥匈帝国军舰和港口》（维也纳、慕尼黑、苏黎世，弗里茨·莫尔登出版社，1976 年出版），第 152 页。

1918 年 6 月 10 日，被意大利鱼雷艇 MAS-15 号击中的"圣伊斯特万"号。该舰在被鱼雷击中两个小时后便宣告沉没。它充当了"特盖特霍夫"级脆弱性的第一个例证——尤其是在抵御水下损伤方面。

"联合力量"号的最后时刻。1918年 11 月 1 日，该舰被意大利蛙人安置了炸药，并于爆炸发生 14 分钟后便宣告沉没，这导致了 400 名官兵身亡。

在上层平台甲板的一间阴暗舱室里，密密麻麻地布置着 12 间牢房。在舱室中央存放着一些枷锁，让人不免联想到我们身为清教徒的祖先。枷锁上有带铁箍的皮条，专门用于捆扎脚踝和手腕。舱壁的架子上放着几条极为骇人的九尾鞭，上面有皮条和铅砣。[1]

综上所述，对"联合力量"号上的 1087 名舰员们来说，在舰上，他们的生活条件就像岸上的平民生活一样，存在着明显的阶层分化。在战时，待遇的不公更是加剧了这种情况，最终让一些大型军舰在 1917—1918 年年间成了叛乱和革命的温床。虽然当动荡到来时，肢解奥匈帝国的直接诱因是民族主义思潮产生的离心力，但对海军来说，其最主要的矛盾依旧是阶层分化，而非民族因素。哈布斯堡王朝是德意志人建立的，在其统治结构中，德意志人也占据着传统意义上的主导地位——对 1848 年后重生的帝国海军，情况更是如此。例如，在 1910 年，德意志人占奥匈帝国人口的 24%，但在陆军军官中，其比例达到了 79%，在海军军官中则有 51%。但另一方面，由于其陆军的士兵是按地区征召的，大部分团级部队民族成分都比较单一。可是，大部分军官只知道德语，他们的命令只能依靠精通两种语言的士官传达。相比之下，海军的兵员不仅征募自亚得里亚海沿岸，还有来自内陆省份的志愿者，随着木材和风帆被钢铁和蒸汽取代，他们在海军中所占的比重也在不断上升。换言之，与陆军相比，海军的军舰反而更像是这个多民族帝国的缩影，只有受过良好教育的军官才能有效地指挥它们。因此，阜姆海军学院的四年制课程规定所有学员都必须至少学习五种语言，同时还要求海员能理解德语的命令，还希望他们能掌握船上通用的其他语言：如塞尔维亚语、克罗地亚语和意大利语等。这些措施为海军赢得了良好的声誉——甚至批评德意志人搞压迫的少数民族领袖们都同意这一点。在 1914 年 5 月举行的奥地利代表团会议上，一名捷克政治家指出"陆军中种族歧视盛行"，但海军则不然，"在海军中，我们的同胞从没抱怨过这种事"。他的一名捷克同僚对此表示赞同，并评论说："海军军官在各个方面给民众留下的印象都非常好"。但即便如此，由于官兵之间的强烈不平等，兵变还是不可避免地在 1918 年 2 月发生了。[2]

附录 3：奥匈帝国海军的日常生活

在和平年代停靠于港口时，"联合力量"号和奥匈帝国其他军舰的一天都开始于上午 5 点（周六为 4 点）——即"起床号"（Auspurren）吹响时。紧跟着传来的是士官们的哨声，以及"起床，做祷告！"（Die Tagwache und zum Gebetl）的叫喊。5 点15 分，随着内务整理完毕、吊床捆扎起来，通舱上的天窗也会随之开启。5 点 30 分，

① E.E.哈兹莱特海军中校，"美奥海军对比谈"，出自《美国海军学会会刊》第 66 辑（1940 年），第 1759 页。

② "弗朗蒂斯克·乌德扎尔（Frantisek Udrzal）和约瑟夫·卡德恰克（Josef Kadlcak）的发言"，出自《帝国议会代表团发言稿汇编》，第 46 卷，第 541 页和第 543 页。

舰上开始供应咖啡和面包。6 点，运输补给的小艇离舰去岸上采购当天的食品，其他舰员则开始打扫卫生。少年兵负责将水抽到大的空桶中，然后光着脚把桶里的水倒在甲板上，并用刷子反复擦洗。

在星期一和星期五，舰员们有洗衣服的机会，此时，他们会把衣服和物品平铺在甲板上，用擦甲板的刷子刷洗干净，然后晾干。私人物品将被专门打上红色的姓名戳子。上述工作完成后，船员们会接受基督教的净礼，然后在 7 点 30 分按照分队奔赴工作岗位。其中普通海员采用两岗轮换制，每一岗由两个分队共同值守，至于轮机部门则采用了三班倒的值班模式。

8 点，后甲板举行升旗仪式——此时，一天的"正事"才宣告开始。舰上的小艇被缓缓放下，甲板会根据情况撑起天棚。随后在 8 点 45 分，舰员会清洁所有舰炮、武器和暴露在外的设备，并等待 9 点 45 分的视察。届时，副舰长将出面听取汇报、投诉和各种申请。10 点到 11 点 30 分之间是各种演习，包括操作舰炮、轻武器和各种小艇等，只有星期六是例外，舰上的副舰长会当着全体舰员的面，评估训练、指挥和教学的进度与问题。11 点 30 分，命令传递下来：要求舰员们放下长桌准备午餐，至于食物则是从厨房统一供应的。

战前，奥匈帝国海军的标准伙食包括汤、煮牛肉和蔬菜，另外还有每周供应一次的罐头猪肉。像"联合力量"号之类的大型军舰则拥有自己的面包房，可以提供新鲜的面食和糕点，甚至在长途巡航中也不例外。对于具体的伙食品种，我们可以通过露炮台铁甲舰"鲁道夫皇储"号（Kronprinz Erzherzog Rudolf，1889 年竣工，舰员总数约 450 人）上的情况略知一二——该舰 4 个月航行的食物储备包括饼干 8 吨、腌肉 3 吨、肉罐头 14000 个、大米 2.5 吨、脱水豌豆 1.4 吨、扁豆 3 吨、流质食物 2 吨、胡椒 110 磅、盐 1.5 吨，咖啡和糖各 1985 磅、酸菜 330 磅、油和醋各 220 加仑。另外军舰上每月还会供应 1320 加仑的葡萄酒和 1.8 吨的土豆，每天供应 550 磅的新鲜面包和 235 磅的鲜牛肉。但在 1917 年后，这种丰盛而均衡的伙食配给遭到了削减，并因此成了兵变的导火索。

接下来是持续到 14 点的午休，下午的操练和培训持续到 16 点——这时将再次传来清洗甲板的指示。在随后的休息时间，理发师将支起摊位，为有需要的官兵施展手艺。等到人员再次集结起来，军舰将重新转入备战状态——此时是 18 点 15 分。舰上的晚餐包括奶酪、豆类和土豆沙拉，并配有面包和葡萄酒。军旗在日落时降下，舰上点亮锚灯。19 点 30 分，水兵们将进行最后的清洁，让军舰做好过夜准备，明天的命令会下发到各个部门。半小时后，"解散！"（Abpurren）的号声吹响，通舱内将支起吊床，但水兵们可以在甲板上抽烟、唱歌和弹奏音乐，直到 21 点吹响熄灯号，期间将有军官确保这一命令得到了所有人的遵守。

在冬季，舰上也执行四小时轮班执勤制度，但下午的执勤时间缩短了一个小时。如果船只靠港，值班的人员只占舰员总数的四分之一，但和平时期出海时这一数字将达到舰员的一半。舰上的医生将在每个周六对船员做体检，周日上午则是全舰的大检查，10 点是礼拜时间，期间各种教派都能开展宗教活动和告解。至于剩下的时间可以自由安排——在 20 世纪初主要是运动和棋牌。在奥匈帝国海军中，最著名的娱乐活动是皇家帆船分队（K.u.K. Yachtgeschwader，1891 年成立于波拉）主持的帆船竞赛。

每年春秋两季，在波拉举办的帆船大奖赛更是充当着海军的年度亮点，并吸引着整个地区的观众前来。此外还有更具竞技性的划艇、射击和舰上体操，但足球和旱冰曲棍球则因为战争爆发而被叫停。至于军官则普遍喜爱水球、网球、骑马和击剑，舰上还有加煤技能竞赛。简而言之，论运动的规模和丰富程度，奥匈帝国海军在当时都是首屈一指的。[①]

① 本附录的内容主要来自弗拉基米尔·艾切尔堡所著的《奥匈帝国海军照片集：老照片中的奥匈帝国军舰和港口》一书。

参考资料

- 弗拉基米尔·艾切尔堡（Wladimir Aichelburg），《奥匈帝国海军照片集：老照片中的奥匈帝国军舰和港口》（*Marinealbum: Schiffe und Hafen Osterreich-Ungarns in alten Photographien*）[维也纳、慕尼黑、苏黎世，弗里茨·莫尔登出版社（Verlag Fritz Molden），1976 年出版]

- 弗拉基米尔·艾切尔堡，《"特盖特霍夫"级：奥匈帝国海军的最强战列舰》（*Die 'Tegetthoff'-Klasse: Osterreich-Ungarns grosste Schlachtschiffe*）（慕尼黑，伯纳德和格雷夫出版社，1981 年出版 ）

- 小路易斯·格布哈德（Louis A. Gebhard, JR），"奥匈帝国的无畏舰队：1911 年度海军开支通过始末"（Austria-Hungary's Dreadnought Squadron: The Naval Outlay of 1911），出自《奥地利历史年鉴》（*Austrian History Yearbook*）第 4—5 辑（1968—1969 年），第 245—258 页

- 保罗·哈尔彭，《地中海的海上形势，1908—1914 年》（马萨诸塞州剑桥市，哈佛大学出版社，1971 年出版）

- 保罗·哈尔彭，《地中海海战，1914—1918 年》（安纳波利斯，美国海军学会出版社，1987 年出版）

- 保罗·哈尔彭，《奥匈帝国海军元帅安东·豪斯传》（*Anton Haus: Osterreich-Ungarns Grossadmiral*）[格拉茨（Graz），施蒂利亚出版社（Verlag Styria），1998 年出版]

- 保罗·哈尔彭，"卡塔罗兵变，1918"（The Cattaro Mutiny, 1918），出自克里斯托弗·贝尔与布鲁斯·埃勒曼主编的《20 世纪的海军兵变：国际视角下的观察》（伦敦，弗兰克·卡斯出版社，2003 年出版），第 54—79 页

- E.E. 哈兹莱特海军中校，"美奥海军对比谈"（The Austro-American Navy），出自《美国海军学会会刊》第 66 辑（1940 年），第 1757—1768 页

- 洛塔尔·霍贝特（Lothar Hobelt），"海军"（Die Marine），出自亚当·汪德鲁斯卡（Adam Wandruszka）与彼得·乌尔班尼施（Peter Urbanitsch）主编的《哈布斯堡君主国，1848—1918 年，卷 5：武装的强权》（*Die Habsburgermonarchie 1848-1918: Die Bewaffnete Macht*）[维也纳：奥地利科学院出版社（Verlag der Osterreichischen Akademie der Wissenschaften），1987 年出版]，第 687—763 页。

- 米克洛什·霍尔蒂（Miklos Horthy de Nagybanya），《我的回忆录》（*Memoirs*）（伦敦，哈钦森出版社，1956 年出版）

- 查尔斯·科伯格尔（Charles W. Koburger），《同盟国在亚得里亚海，1914—1918 年：狭海之战》（*The Central Powers in the Adriatic, 1914-1918: War in a Narrow Sea*）[韦斯特波特（Westport），普雷格出版社（Praeger），2001 年出版]

- 里夏德·普拉施卡（Richard Georg Plaschka）、霍斯特·哈泽尔施泰因纳（Horst Haselsteiner）和阿诺德·苏潘（Arnold Suppan），《国内战线：多瑙河君主国的士兵串联、抵抗和革命，1918》（*Innere Front: Militarassistenz, Widerstand und Umsturz in der Donaumonarchie 1918*）2 卷本，[慕尼黑：R. 奥尔登堡出版社（R. Oldenbourg），1974 年出版]

- 安东尼·普雷斯顿（Antony Preston），《一战战列舰》（*Battleships of World War One*）[伦敦，武器与装甲出版社（Arms and Armour Press），1972 年出版]

- 安东尼·索科尔，《奥匈帝国皇家海军》（*The Imperial and Royal Austro-Hungarian Navy*）（安纳波利斯，美国海军学会出版社，1968 年出版）

- 汉斯·索科尔，《奥匈帝国海战史，1914—1918 年》（*Osterreich-Ungarns Seekrieg 1914-1918*）[苏黎世，阿玛耳式亚出版社（Amalthea-Verlag），1933 年出版；1967 年由格拉茨的学术印刷出版社（Akademische Druck- und Verlagsanstalt）再版]

- 劳伦斯·桑德豪斯，《奥匈帝国的海军政策，1867—1918 年：海军、工业发展和二元政治》（*The Naval Policy of Austria-Hungary, 1867-1918: Navalism, Industrial Development, and the Politics of Dualism*）[西拉斐特（West Lafayette），普渡大学出版社（Purdue University Press），1994 年出版]

- 劳伦斯·桑德豪斯，《世界大战在海上：一战海战史》（*The Great War at Sea: A Naval History of the First World War*）（剑桥，剑桥大学出版社，2014 年出版）

- 《帝国议会代表团发言稿汇编》（*Stenograph is che Protokolle der Delegation des Reichsrathes*）50 卷本 [维也纳，奥匈帝国宫廷与国家印书馆（k.k. Hof- und Staatsdruckerei），1868—1918 年出版]

- 米兰·维格（Milan N. Vego），《奥匈帝国海军政策，1904—1914 年》（伦敦，弗兰克·卡斯出版社，1996 年出版）

- 里昂·维罗纳，《"联合力量"在海上：奥匈帝国海军简史》（*Imbarca su la Viribus Unitis: Breve storia della Imperial regia Marina da Guerra Austriaca*）[的里雅斯特，七月出版社（Luglio），2003 年出版]

- 布莱恩·瓦霍拉（Brian Warhola），"奇袭'联合力量'号"（Assault on the Viribus Unitis），出自 http://www.worldwar1.com/（2016 年 8 月访问）
- 维也纳海军档案馆（Kriegsmarine Archiv），出自 http://www.kuk-kriegsmarine.at/（2018 年 3 月访问）

皇家澳大利亚海军

战列巡洋舰"澳大利亚"号（1911 年）

作者：理查德·佩尔文

　　"澳大利亚"号是唯一没有在英国皇家海军服役的英国战列巡洋舰，它效力的国家人烟稀少，而且远在世界另一端。[①]不仅如此，它的职业生涯还反映着一种紧张关系：其中一方是英国，它硕大无朋、不可一世；另一方则是澳大利亚，它曾被英国支配，如今渴望展翅高飞。澳大利亚渴望获得独立身份，并希望自己的战略利益能得到体谅；但它也骄傲地自视为大英帝国的一员，这要求它必须与伦敦中央集权政府的帝国政策一体同心。

① 本章的作者感谢澳大利亚海军退役少将詹姆斯·戈德里克（James Goldrick），以及戴维·史蒂文斯（David Stevens）博士，约翰·佩里曼（John Perryman）先生和堪培拉澳大利亚海洋动力中心（Sea Power Centre - Australia）的一等水兵利比·皮尔斯（Libby Pearce）等人的帮助。另外，本章的编辑也要感谢伊恩·约翰斯顿，雷·伯特和史蒂夫·登特（Steve Dent）等人慷慨提供的照片。

澳大利亚海军的早期防御理念

　　1901 年 1 月 1 日，六个澳大利亚殖民地联合组建了澳大利亚联邦（Commonwealth of Australia），同时，驻扎在当地的舰船也被合并为"联邦海军部队"（Commonwealth Naval Forces）。这支拼凑出来的舰队状况可怜，只有一艘旋转炮塔铁甲舰、几艘炮

新建成的"澳大利亚"号。本照片于该舰 1913 年 6 月在克莱德河口（Firth of Clyde）接受检阅期间拍摄。没有哪个国家能像澳大利亚一样，在海军成立之初便得到了如此强大的军舰。

舰、若干海港防御鱼雷艇和辅助舰只——它们都老旧不堪，无法执行远航使命。[①]在这种情况下，从海上防御澳大利亚的责任便落到了自 1859 年以来就部署于此的英国皇家海军澳大利亚分舰队（Australia Station）身上，但其麾下也只有几艘巡洋舰而已。由于担心无法应对紧急情况，1891 年，一支由小型巡洋舰和炮舰组成的"辅助舰队"应运而生——该舰队将为澳大利亚分舰队提供支援，并得到来自各殖民地的资金补贴。

　　但 1903 年上任的澳大利亚总理——阿尔弗雷德·迪肯（Alfred Deakin，他将在 20 世纪初三度连任）对此并不满意。早在 1887 年，活跃在殖民地政坛上的他就表示，

1911—1912 年冬，"澳大利亚"号停泊在建造厂——位于克莱德班克的约翰·布朗公司——的舾装码头旁，左边是一艘 I 级驱逐舰和轻巡洋舰"南安普敦"号（HMS Southampton）。由于劳工短缺，再加上锅炉制造企业在 1910 年 9 月至 12 月之间遭遇罢工，所以该舰的建造工期被推迟了四个月。

澳大利亚可以为大英帝国的国防做出贡献，但前提是相关部队应由澳大利亚人自己掌管。作为总理，他相信"如果英国想要我们参与海军建设，就得给我们在外交事务中发声的权利"。[1]而且就像所有的殖民地的上层人士一样，迪肯注意到了日本不断增长的军事实力，并对德国在澳大利亚势力范围内的殖民地（主要是德属新几内亚）忧心忡忡。不仅如此，德国还向亚洲派遣了舰队。这也意味着，如果大英帝国暂时失去了局部制海权，或是有一支巡洋舰队前来突袭，澳大利亚就将处于不设防的状态。

在澳大利亚联邦诞生之初，联邦海军部队的负责人——W.R. 克雷斯维尔（W.R. Creswell）海军上校提出了一些计划。他是一名退休的英国皇家海军上尉，后来前往澳大利亚定居，并相继担任过南澳大利亚和昆士兰殖民地防务部队（Defence Forces）的海军指挥官。他是建设澳大利亚海军的坚定支持者，但自 1879 年到达当地以来，他便没有获得过相关经验。他的阅历几乎完全来自殖民地海军，思想侧重的是近海防御，与最新趋势完全脱节——这也反映在了他针对当地海军建设提交的建议书中。在这份于 1905 年提交的文件中，他将着眼点放在了岸防部队上，并建议组建一支包括鱼雷艇、驱逐舰和所谓"巡洋驱逐舰"（Cruiser-destroyer，实际是远洋驱逐舰）的舰队。此外，海军便只需购买一些部署在近海和港口的舰只。[2]对于潜艇，克雷斯维尔则持保留看法——但 1907 年，迪肯还是在未征求其意见的情况下，将这种舰船纳入了海岸防御计划。[3]

对于自治领海军的建设，无论是英国海军部，还是在当地服役的英国军官都态度消极。他们认为，这些部队对帝国海上防务的贡献非常有限。然而，随着敌军巡洋舰对海上交通线的威胁增大，第一海务大臣、海军元帅约翰·费希尔爵士开始鼓励在当

① J.A. 拉诺兹，《阿尔弗雷德·迪肯：一部政治传记》2 卷本（墨尔本，墨尔本大学出版社，1965 年出版），第 2 卷，第 519 页。

② G.S. 迈坎迪，《皇家澳大利亚海军的诞生：一部资料汇编》（悉尼，澳大利亚海军委员会，1949 年出版），第 123—130 页。

③ J.A. 拉诺兹，《阿尔弗雷德·迪肯：一部政治传记》，第 2 卷，第 528 页。

① 戴维·斯蒂芬斯，《澳大利亚防务世纪史，第 3 卷：皇家澳大利亚海军》（南墨尔本，牛津大学出版社，2001 年出版），第 16—17 页。

地组建一支轻型舰艇部队——该舰队应当包括小型舰只，因为一旦危机降临，再从本土派遣它们将非常困难。在 1909 年年初，迪肯的继任者——安德鲁·费舍尔（Andrew Fisher）正式从英国订购了三艘驱逐舰。①

至于澳大利亚联邦在海上防御方面的立场，也体现在了 1909 年 4 月澳大利亚总督给殖民地大臣（Secretary of State for the Colonies）的信件中——在当时，这种通信也是伦敦和殖民地政府之间最常见的联络途径。总的来说，澳大利亚联邦政府提议在

1913 年 6 月中旬，在克莱德班克进行最后施工的"澳大利亚"号。其顶上的是威廉·阿罗尔（William Arrol）设计的"泰坦"（Titan）起重机。而在近景处，我们还可以看到一些工人在俄国汽船公司（Russian Steam Navigation Co.）的"彼得大帝"号（Imperator Pyotr Velikiy）上忙碌——这艘船后来被改装为医院船。

当地保持一座英国皇家海军基地的运转。同时，他们还准备就地组建一支鱼雷艇部队，并为其提供经费，以便用于近海作战。这支部队将由澳大利亚政府控制，但在紧急情况下将由海军部调遣；如果它们要从所在地调离，也需要得到当地政府的同意。英国海军部将派遣军官协助训练，并提供让当地人员和英国部队共同受训的机会。[①]

　　海军部原则上不反对该提案，并表示"将竭诚合作，为这支部队的建立和组织提供帮助"。然而，海军部高层却预计会在工作中遭遇一些困难，特别是在为驱逐舰配备人手时。同时，他们还建议海军部和澳大利亚当局举行会议，以解决这些问题。他们还指出，在建造驱逐舰时，他们应当向澳大利亚方面提供"一切可能的支援"。[②]

　　在当时，还有另一些因素正在形成合力，并最终改变了澳大利亚海军的兵力结构。在 1909 年 3 月时，英国政府已经意识到德国加大了建造战列舰的力度。海军部第一海军大臣雷金纳德·麦肯纳（Reginald McKenna）在议会公布了这一情况，公众开始普遍担心英国可能会失去海上霸权。在英国媒体的鼓动下，这种担心最终激起了"我们要造八艘，而且绝不等待"的呼声，并要求在该年度批准建造八艘无畏舰。这种呼声同样传到了新西兰和澳大利亚——而且这两个地方都清楚地意识到，他们的安全与英国海上力量息息相关。在这种情况下，新西兰立刻主动为一艘战列舰提供了资金。而在刚刚启动驱逐舰建造计划的澳大利亚，各界的反应相对迟缓，不过维多利亚州和新南威尔士州都提出要为主力舰只的建造拨款。这种情况不仅得到了保守派民众的推动，还得到了重掌大权的迪肯的支持。于是，澳大利亚联邦政府在 1909 年 6 月对各州的意见

① 英国国家档案馆（基尤），档案号 ADM 116/11163，"澳大利亚总督致殖民地大臣的信"，1909 年 4 月 10 日。

② 英国国家档案馆（基尤），档案号 ADM 116/11163，信件草稿，"海军部致殖民地部"（Colonial Office），无日期，1909 年 4 月。

① 英国国家档案馆（基尤），档案号 ADM 116/11163，"新南威尔士总督（Officer Administering the State of New South Wales）致殖民地大臣"，1909年4月4日；"澳大利亚总督致殖民地大臣"，1909年6月4日。

② 尼古拉斯·兰伯特，"经济还是帝国？分舰队设想与追求太平洋集体安全的努力，1909—1914年"，出自格雷格·肯尼迪和凯斯·尼尔森主编的《遥远的防线：唐纳德·舒尔曼纪念论文集》（伦敦，弗兰克·卡斯出版社，1997年出版），第60—61页。

③ 感谢马克·霍兰（Mark E. Horan）提供的德国远东分舰队的信息，其内容来自笔者在2013年12月24日的电子邮件通讯。

"澳大利亚"号后部上层建筑上安装的四门4英寸炮（全舰共16门）。另外，我们还可以看到一部分"Y"炮塔。本照片在1913年拍摄于克莱德班克。

进行了整合，并给出了一份全面的议案。①

在该议案中，澳大利亚方面愿意为战列舰提供资金，这与英国的太平洋战略不谋而合。作为一位严苛的改革家，费希尔元帅始终将效率和经济性当成评判一切事物的试金石。为了回应德意志帝国海军的快速扩张，他拆毁了数十艘过时的战舰，并将英国皇家海军的大部分作战舰只集中在了本土水域。同时，由于意识到无法在全球各地都保持优势，英国还在1902年与日本结盟，保护了它在远东和太平洋地区的利益。这一盟约又在1905年得到了续订，不过，虽然英国与日本还保持着同盟关系，但已经出现了貌合神离的趋势。1909年6月，帝国防务委员会（Committee of Imperial Defence）更是要求海军部把目光投向太平洋，该委员担心，如果日本背弃盟约，香港将面临极大的威胁。不仅如此，他们还提议将制海权视为保卫殖民地的关键。另外，委员会还进一步向海军部提出建议，要求他们研究如何让自治领的海军为太平洋的海上防务分忧。②

当时，英国在太平洋地区的贸易体系也引发了担忧。因为许多国家都在当地部署了强大的装甲巡洋舰，比如法国、美国和日本。但其中真正的焦点是德国海军的东亚分舰队（East Asia Squadron），它们的基地是从中国夺取的青岛港（Tsingtao）。在1900年组建时，该舰队属下只有一艘装甲巡洋舰。但1906年后，该舰队开始扩张，其中不仅增添了现代化的轻型巡洋舰和若干炮舰，还在1909年增加了第二艘装甲巡洋舰。③另外，引发类似担心的地区还有德属新几内亚，以及其治下的新不列颠岛（New Britain）、新爱尔兰岛（New Ireland）和德属萨摩亚（German Samoa），所有这些地区都属于澳大利亚的"后院"——虽然缺乏构建基地所需的设备，但新不列颠岛布兰奇湾（Blanche Bay）的停泊条件却异常良好。

费希尔相信，对于这些威胁，他有一种理想的军舰。在1904年成为第一海务大臣时，他推动了承前启后的新战列舰——"无畏"号的建造。之前的战列舰都装备着四门12英寸火炮，以及若干口径介于6英寸至9.2英寸的副炮，行驶速度为18节。但"无畏"号却安装了10门12英寸主炮，至于副炮则遭到了削减——只留下了一些 3 英寸炮用于对抗驱逐舰。单一口径的主炮配备，可以使 12 英寸火炮在远距离齐射时发挥最高的效率。[1]同时，由于安装了涡轮机，其设计航速可以达到 21 节。

随后，费希尔又按照相同的思路构想了一种全新的装甲巡洋舰。近代装甲巡洋舰的主要武器是 8—10 英寸的主炮，以及 7.5 英寸或 8 英寸的副炮，最大速度为 23 节。和无畏舰的情况一样，费希尔也为新型装甲巡洋舰配备了单一口径主炮（它们由八门 12 英寸主炮组成），至于全舰的航速则达到了 25 节，使其能在战术上与无畏舰相互配合。按照费希尔的设想，这种新装甲巡洋舰将承担四种任务：1. 担任舰队中的重装侦察力量。2. 在海战中为战斗舰队提供近距离支持。3. 追击逃窜之敌。4. 保护海上贸易，尤其是与太平洋地区相关的各条航线（包括寻歼袭扰商业航线的敌军巡洋舰）。这种新式巡洋舰就是"无敌"级（Invincible class），航速赋予了它们战术和战略上的双重优势，前者让这些军舰能从容追赶袭击者，而后者可以让它们在战区间快速调动。[2]因此，费希尔认为这种舰艇非常适合"殖民地拥有"，并表示较小的巡洋舰"……就像蚂蚁一样，都会被这种强悍的'犰狳'吃掉，只要后者伸出舌头，就可以把它们全部舔光！"[3]1911 年时，这些军舰获得了一个新称谓——"战列巡洋舰"。

概念中的舰队

由于一直以来的担忧，所以费希尔认为太平洋舰队应当包括三个分队，每个分队都应以一艘装备单一大口径主炮的新式快速装甲巡洋舰为核心，并由三艘崭新的"城"级（Town class）或"查塔姆"级（Chatham class）轻型巡洋舰，以及驱逐舰和潜艇提供支援。为了减轻英国财政部的负担，费希尔建议太平洋沿岸的自治领——加拿大、澳大利亚和新西兰各自为一支这样的分队拨款。他在当时表示："我们将管好欧洲的事。他们则会根据情况，解决美国、日本和中国方向的问题。"[4]

1909 年 4 月，英国政府召集了一次帝国会议，以便集中讨论各种议题，并为太平洋地区制定防御方案。[5]会议于 7 月底和 8 月初在伦敦举行。由于迪肯无法参加，所以澳大利亚政府派遣了 J.F.G. 福克斯顿（J. F. G. Foxton）上校作为代表——他是迪肯的忠实追随者，并且充当了"一条既雷厉风行又忠心备至的中间渠道，以传达迪肯的意愿"[6]。

这张于 1913 年在前甲板拍摄的照片展现了"澳大利亚"号的 12 英寸"A"炮塔和舰桥。

[1] 约翰·罗伯茨，《战列巡洋舰》（伦敦，查塔姆出版社，1997 年出版），第 17 页。

[2] 约翰·罗伯茨，《战列巡洋舰》，第 18 页。

[3] "费希尔致莱昂内尔·耶克斯利（Lionel Yexley）的信，1909 年 8 月 1 日"，转引自亚瑟·马德尔编辑的《敬畏上帝，无所畏惧：海军元帅希尔弗斯通勋爵费希尔通信集，第 2 卷：掌权的年月，1904—1914 年》（伦敦，乔纳森·凯普出版社，1952—1959 年出版），第 258 页。

[4] "费希尔致莱埃舍尔（Esher）勋爵的信，1909 年 9 月 13 日"，转引自亚瑟·马德尔编辑的《敬畏上帝，无所畏惧：海军元帅希尔弗斯通勋爵费希尔通信集，第 2 卷：掌权的年月，1904—1914 年》，第 266 页。

[5] 英国国家档案馆（基尤），档案号 ADM 116/11163，"殖民地大臣致各自治领总督和地区总督"，1909 年 4 月 30 日。

[6] D.B. 沃特森，"贾斯丁·福克斯顿（1849—1916 年）"，出自《澳大利亚名人传记大辞典》，澳洲国立大学国家名人传记中心编纂，参见 http://adb.anu.edu.au/biography/foxtonjustin-fox-greenlaw-6230/text10719。

① 英国国家档案馆（基尤），档案号 ADM 116/11163，《帝国会议海陆军事务论文集》（ Proceedings of the Imperial Conference on Naval and Military Defence ）。

一同参会的还有海军上校克雷斯韦尔和陆军上校 W.T. 布里奇斯（ W. T. Bridges ），他们分别在福克斯顿麾下担任海军和陆军事务顾问。在会议上，第一海军大臣雷金纳德·麦肯纳提出了一份备忘录，该备忘录也是约翰·费希尔爵士战略主张的反映，并完全推翻了澳大利亚人的构想。麦肯纳指出，一些自治领希望拥有自己的海军，既然如此：

> ……很明显，你们首先要考虑的就是人员。你们的海军必须给官兵以前途。我……可以告诉们，从几艘小船起步是没有用的……从长远来看，它们培养不出所有专业的军官和士兵。如果想要让人加入海军，你必须得为他们提供发展空间，如果他们知道自己在年满 30 岁后将再也无法获得晋升，那么他们就不会来参军服役。因此，我们必须从最小规模的常规舰队着手，这种舰队也将为军官和士兵提供一份终生的职业保障。①

随后，麦肯纳推荐了一个"平衡"的分舰队方案，其旗下将包括一艘装甲巡洋舰、三艘轻型巡洋舰、六艘驱逐舰和三艘潜艇。这样的分舰队将组建三个，并共同组成一支"澳—亚舰队"（ Australasian Fleet ），而后者又将成为"东方舰队"

一群水手聚集在"澳大利亚"号的右舷中部。本照片拍摄于 1913 年 6 月 21 日，该舰在克莱德班克停靠期间。不久之后，该舰便将起航前往朴次茅斯。请注意固定在中部上层建筑上的蒸汽哨戒艇，以及主桅侧面吊艇杆上的机动小艇。这些小艇船首的旗帜表明，该舰将在未来充当一位海军少将的旗舰。

的组成部分。至于这些单位的拨款，则可以根据"自治领自身的情况而定"。

麦肯纳继续说道：

举个例子，你们可以从澳大利亚开始，根据意愿的具体程度，为舰队中的一部分舰船出资。我现在不建议澳大利亚联邦政府包下整个分队。不过，如果联合王国愿意慷慨地提供采用无畏舰设计的"不挠"型装甲巡洋舰，那么只要澳大利亚联邦政府愿意，我们就可以交船。

"澳大利亚"号的鱼雷舱，其左侧可见鱼雷发射管的装填和操作装置。这种鱼雷发射管在该舰上一共有两具，分别位于舰体中部的左右两舷。

与澳大利亚代表团的后续讨论，最终成功令后者打消了原先的念头——花钱购买一支既无法保护澳大利亚贸易航线，又对帝国防御于事无补的舰队。此时，澳方已经有一些轻型舰艇正在建造之中了，这部分舰艇和无畏舰的维护费用总和大约为每年50万英镑——它们和整个分舰队的维护费用之间仍然存在差额，这部分差额将由海军部补齐。另外，海军部还将在人员和培训领域提供协助，直到澳大利亚能够独立完成相关工作，而英国皇家海军在当地的所有船坞和岸上设施也都将转归澳大利亚联邦政府所有。

然而，克雷斯韦尔却提出了保留意见。他指出，海军"不存在军官职业发展上的问题"，他倾向于将资源投入到基础设施的建设上，以便能为"海军的建设打下崭新基础"，他相信未来的海军军官也应向港务管理人员方向发展！然而，福克斯顿认为海军部的建议"强烈地吸引了他"，并认为作为决策方，澳大利亚政府也一定会对此表示同意。[1]最终，澳方做出决定，承担全部新军舰的建造费用。

该提案的细节最终于 1909 年 8 月 19 日在海军部的一次会议上敲定，并转交澳大利亚方面批准。按照内容，澳大利亚旗下的舰队将包括一艘"无敌"级装甲巡洋舰、三艘"布里斯托尔"级（Bristol class）轻型巡洋舰、六艘驱逐舰（与已在英国动工的驱逐舰同型）和三艘 C 级潜艇（后来改为两艘更现代化的 E 级潜艇）。除了上述财务和人员安排外，澳大利亚官兵还可以在英国皇家海军的学校和船舶上接受培训，后者将为澳大利亚舰队提供必要的人员，"无论是舰船还是官兵，他们的训练、纪律和战斗力都应当以同样的标准严格锻炼"。[2]随着新西兰同意让他们资助的无畏舰——"新西兰"号（HMS New Zealand）成为另一支分舰队的核心，整个计划更是迈出了一大步。虽然东方舰队的总旗舰将由英国皇家海军派遣，但即使如此，后者还是希望加拿大能参与这一计划。后来，这一愿望同样得到了实现。

福克斯顿对迪肯的愿望心知肚明，他知道，这位总理希望为大英帝国的防务做出贡献，这将让澳大利亚人参与进帝国事务的决策。除此以外，在海军竞赛的时代，无畏舰也可以为国家带来声望。这也是为什么福克斯顿和迪肯的观点，最终战胜了克

[1] 参见英国国家档案馆（基尤）档案号为 ADM 116/11163 的《帝国会议海陆军事务论文集》，以及戴维·斯蒂芬斯，《澳大利亚防务世纪史，第 3 卷：皇家澳大利亚海军》，第 21 页。

[2] 英国国家档案馆（基尤），档案号 ADM 116/11163，"对会议成果的总结"，1909 年 8 月 19 日。

1913 年 7 月，起航前往本国的"澳大利亚"号。

雷斯维尔的观点的原因。至于澳大利亚民众也和迪肯一样，对海军建设表现出了极大的热情。按照当时的记录，该计划"得到了广泛认可，大部分政党都被它吸引，并认为这与自己长期主张的海上防御理念不谋而合！"①

1908 年 8 月和 9 月，美国海军"大白舰队"（Great White Fleet，由 16 艘战列舰组成）对澳大利亚的长期访问更是从另一个侧面影响了上述决策。1909 年 9 月 27 日，内阁正式通过了相关提议。1911 年 7 月 10 日，英国国王乔治五世（George V）正式为澳大利亚海军赋予了"皇家"头衔。

设计与建造

新型装甲巡洋舰将属于"不倦"级（Indefatigable class)——即"无敌"级的改进型，在修改了布局之后，其布置在侧舷的炮塔具备了向另一面开火的能力。与"无畏"号相比，"不倦"级不仅具有速度优势，还拥有相同的齐射火力——虽然"无畏"号多安装了两门 12 英寸舰炮，但它们无法向另一面开火。②不过，需要指出的是，由于跨舷开火会损伤军舰的结构和设备，所以这种做法几乎很少被用于实战。

另一个问题是，当"澳大利亚"号和"新西兰"号动工时，战列巡洋舰的设计已经迈入了新阶段——此时，即将开工的"狮"级（Lion class）准备安装 13.5 英寸主炮，这让打算继续建造两舰的海军部遭到了外界的质疑。③不过，由于这两艘军舰的假想敌是太平洋上过时的装甲巡洋舰，因此 12 英寸主炮也算得上是绰绰有余。不仅如此，这样一来，海军也无须为建造更大、更强的军舰承担额外的经费。然而，这种想法似乎没有考虑到一种可能性：其他国家正在购买的战列巡洋舰要更为强大。其中一个例子是日本的"金刚"级（Kongo class），而且耐人寻味的是，该级的首舰正是英国产品。

1910 年 4 月 1 日，位于克莱德班克（Clydebank）的约翰·布朗公司（John Brown & Co.）在工程竞标中胜出，并于 6 月 23 日为"澳大利亚"号铺设了龙骨。④虽然由于受到罢工和劳动力短缺的影响，整个工程曾出现延误，但其总体进展仍令人满意。期间，澳大利亚当局始终依靠定期报告跟踪着军舰的建造进度。⑤1911 年 10 月 25 日，该舰举行了下水仪式，仪式由澳大利亚驻伦敦高级专员乔治·里德（George Reid，他也是澳大利亚的前总理）爵士的妻子里德夫人举行。在仪式上，里德爵士也发表讲话，强调了这个遥远国家对安全的渴望，并表示"它对大英帝国有着义不容

① 戴维·斯蒂芬斯，《澳大利亚防务世纪史，第 3 卷：皇家澳大利亚海军》，第 21 页。

② "费希尔致安德鲁·诺博尔（Andrew Noble）爵士的信，1912 年 4 月 14 日"，转引自亚瑟·马德尔编辑的《敬畏上帝，无所畏惧：海军元帅希尔弗斯通勋爵费希尔通信集，第 2 卷：掌权的年月，1904—1914》，第 74—75 页。

③ 约翰·罗伯茨，《战列巡洋舰》，第 29—30 页。

④ 澳大利亚国家档案馆（堪培拉分馆），档案号 A4141，"'澳大利亚'号（初代）舰船日志"（AUSTRALIA I Ship's Book）。关于该舰合同签订和建造的历程，可参见：伊恩·约翰斯顿，《克莱德班克的战列巡洋舰：来自约翰·布朗船厂被遗忘的照片》（南约克郡巴恩斯利，远航出版社，2011 年出版），第 36—40 页。

⑤ 澳大利亚国家档案馆（墨尔本分馆），档案号 MP472 16/13/3260。

辞的义务"。^①在出席的各界人士中，还包括了从律师转行成为记者的 C.E.W. 比恩（C. E. W. Bean）。比恩后来这样写道：

它在动。我从来没有见过哪种运动会比它更为轻柔。它比一部大钟的指针还要缓慢——但总是在加速。牛脂（总重10吨，此外还有油和软肥皂）从托架底下溢了出来，最初是一副无精打采的样子，然后就像汽车车轮溅起的泥浆一样……现在，舰首从我们身边滑过，速度就像是男人在步行——但它总是在加快、加快、加快。最后就像是远去的火车一样消失在远方。现在，现场只留下空荡荡的泊位，头顶的天空映衬着细长的脚手架，对岸是微小的人影，他们在招手，在欢呼。^②

"澳大利亚"号于1913年6月21日建成，其垂线间长度为555英尺，全长为590英尺，下水时的宽度为80英尺，在1913年5月17日开展倾斜试验时测得的满载吃水是29英尺4英寸，满载排水量为22070吨，标准排水量为18800吨。该舰配备了巴布科克-威尔科克斯型锅炉和帕森斯型涡轮机，设计功率为44000轴马力，推动着四具三叶锰铜螺旋桨。1914年3月7日和8日，船厂在英吉利海峡沿岸的波尔佩罗（Polperro）进行了30小时的试航。期间，该舰以31000匹的单轴输出功率跑出

① 参见《帝国旗帜》（The Standard of Empire）杂志 1911 年 11 月 3 日号的报道，附于澳大利亚国家档案馆（墨尔本分馆）的 MP472 16/11/4400 号档案中。

② C.E.W. 比恩，《旗舰三部曲》（伦敦，阿尔斯顿河出版公司，1913 年出版），第 280—281 页。

澳大利亚分舰队的交接仪式。随着仪式的完成，该分舰队的指挥权将从英国皇家海军手中转交到皇家澳大利亚海军手中。参与仪式的军舰有该分舰队的前旗舰"坎布里安"号（HMS Cambrian，左）以及"澳大利亚"号（右）。在"澳大利亚"号左侧远方还可以看到一艘"城"级巡洋舰，它可能是"墨尔本"号。另外，还有一艘"河"级（River class）驱逐舰停泊在"坎布里安"号的左舷中部方向。在前景中可以看到聚集在岸边的人群，1913年10月4日这天，他们都涌到悉尼港旁迎接澳大利亚新舰队的到来。

① 澳大利亚国家档案馆（堪培拉分馆），档案号 A4141，"'澳大利亚'号（初代）舰船日志"。

② 约翰·罗伯茨，《战列巡洋舰》，第 83 页。

③ 参见约翰·罗伯茨的《战列巡洋舰》，第 82—84 页；R.A. 伯特，《一战英国战列舰》（伦敦，武器与装甲出版社，1986 年出版），第 91 页。关于该舰的剖面图，可参见安东尼·普雷斯顿撰写的《一战战列舰》（伦敦，武器与装甲出版社，1972 年出版）一书第 259 页。

④ 参见约翰·罗伯茨的《战列巡洋舰》，第 90—92 页，以及作者同约翰·布鲁克斯（John Brooks）博士的电子邮件通信——作者尤其感谢后者在写作中给予的支持。

⑤ 参见约翰·罗伯茨的《战列巡洋舰》，第 102—104 页；R.A. 伯特，《一战英国战列舰》，第 93—95 页。

了 22.5 节的平均航速。三天后，它又在八小时的试航中跑出了 25.841 节的航速，期间录得的单轴输出功率为 44000 匹马力。[1]

"澳大利亚"号装备了八门 12 英寸 Mk-X 型 45 倍径主炮，它们安装在四座双联装 BVIII 型炮架中，其炮塔中有一座位于舰首、两座位于左右两舷、一座位于舰尾——它们全部由巴罗的维克斯公司生产。平时，每门炮的备弹量为 80 发，而在战时则为 110 发。其副炮包括 16 门 4 英寸 MkVII 型舰炮，安装在上层建筑周围，并使用了 PII 型炮架。1915 年 3 月时，"澳大利亚"号又加装了一门 3 英寸的高射炮作为防空武器。随后，在 1917 年 6 月，该舰又在后部上层建筑上安装了一门 4 英寸高射炮。[2]另外，该舰还在 Y 炮塔左右两侧各安装了一具 18 英寸水下鱼雷发射管，全舰的总鱼雷搭载量为 14 枚。[3]

舰上的火控系统数据来自桅顶瞭望台，并通过电信号传送到下甲板的射控计算室（Transmitting station）。还有一个观测平台位于舰桥后下方，一旦靠上的瞭望台在战斗中被毁，此处就将派上用场。舰首炮塔还配备了一部 9 英尺测距仪，并安装了相应的设备，可以充当主炮的备用火控中心。可能在 1916 年年初，该舰安装了德雷尔式火控台（Dreyer fire-control table）。[4]

整艘"澳大利亚"号得到了 6 英寸装甲带的保护，在 A 炮塔和 Y 炮塔侧面，装甲带的厚度下降到 4 英寸，而在舰首和舰尾则进一步下降到了 2.5 英寸。炮塔和炮座安装了 7 英寸的装甲，而指挥塔的装甲厚度则厚达 10 英寸。另外，该舰还设置了最大厚度分别为 4 英寸和 4.5 英寸的前后横向隔壁，水平防护则由一层 1.5 英寸厚和一层 2 英寸厚（两者均为最大值）的装甲甲板组成。司令塔上的观测和通信设备也得到了 3—6 英寸厚的钢板的保护。[5]

服役

1913 年 6 月 21 日，"澳大利亚"号在朴次茅斯正式加入澳大利亚海军，其第一

"向后擦！"在这张照片中，"澳大利亚"号上的下级水兵们正在舰体中部擦洗甲板，他们所用的海水来自甲板上的一个水龙头。在他们后方的是"P"炮塔，该炮塔已转向后方。请注意照片右侧用篷布盖好的一门行营炮，以及安放在中部烟囱下方的上层建筑外壳上的一具破雷卫。本照片很可能是在战争爆发前拍摄的，因为只有在当时，舰上才会如此关注甲板卫生。

任舰长是斯蒂芬·拉德克里夫（Stephen H. Radcliffe）海军上校，他在澳洲海域有着丰富的航行经验。[1]两天后，该舰又升起了乔治·帕蒂（George E. Patey）将军的旗帜，他之前曾担任过英军第2战列舰分队的司令，现在以少将军衔接过了澳大利亚海军舰队司令一职。正如我们所知，仅凭澳大利亚的资源，根本无法为这艘军舰配齐人手，在军官层面尤其如此。因此，在该舰的1170名舰员中，除了澳大利亚海军原有的人员外，还填补进了大量来自英国皇家海军的官兵——这些人将被调入澳大利亚海军服役三年，这段时间也将被计入他们的服役资历。对于纪律问题，这部分人遵守的仍然是《海军纪律法》（Naval Discipline Act）、《国王钦定规章》（King's Regulations）和《海军部指令》（Admiralty Instructions），只不过在一些对应措辞上不再适用"海军部"，而是用"澳大利亚联邦海军委员会"（Australian Commonwealth Naval Board）取代。官兵的晋升条件均依照英国皇家海军的规章，但薪水依照的是澳大利亚的制度，两者的差别主要在养老金和延迟发放方面。[2]

至于舰上的官兵则尽可能从有澳大利亚出身和联系的人员中选出。其中一些人出生于当地，鱼雷上尉J.G.克雷斯（J. G. Crace）就是其中之一，他最终成为了海军少将，并在二战的前半段指挥过澳大利亚分舰队（Australian Squadron），还在珊瑚海之战中担任过第17特混舰队（Task Force 17）的指挥官。其他人则要么在澳大利亚有妻子或家人，要么是冒用家庭关系服役的[3]——比如海军少尉赫伯特·帕克（Herbert Annesley Packer），他当时正在战列舰"圣文森特"号（HMS St Vincent）上服役。在被一位少尉同僚"体验环球航行"的说法打动后，他成了"澳大利亚"号的舰员，这位同僚是塔斯马尼亚（Tasmania）的当地人——爱德华·比利亚德-利克（Edward Billyard-Leake），不仅如此，他还把自己的叔叔"借"了出去，来

一战爆发前的"澳大利亚"号，甲板上挤满了参观者。

[1] 亨利·费克斯，《白舰旗·南十字：澳大利亚海军皇家舰船列传》（悉尼，尤尔·史密斯出版社，1951年出版），第175页。

[2] 出自"皇家海军现役名单中临时调往皇家澳大利亚海军服役的志愿人员状况一览表"（Volunteers from the Active List of the Royal Navy for Temporary Service in the Royal Australian Navy - Conditions of Service），副本藏于澳大利亚国家档案馆（堪培拉分馆），档案号PR90/109，"W.S.罗德斯（W. S. Rhoades）文件"之中。

[3] 参见澳大利亚国家档案馆（墨尔本分馆）档案号MP472 16/13/144；克里斯·库特哈德-克拉克（Chris Coulthard-Clark），《战斗位置珊瑚海：澳大利亚指挥官的故事》（Action Stations Coral Sea: The Australian Commander's Story）[新南威尔士州北悉尼（North Sydney），艾伦&昂温出版社，1991年出版]

1914 年 9 月 24 日，朝着腓特烈—威廉港前进的"澳大利亚"号等舰只。随后，协约国将逐步占领整个德属新几内亚。位于"澳大利亚"号后方的是法国装甲巡洋舰"蒙尔卡姆"号。

帮助帕克蒙混过关[1]——1913 年 6 月 28 日，帕克和其他 13 名少尉终于登上了这艘战列巡洋舰。

　　在这批少尉抵达两天后，"澳大利亚"号接受了国王乔治五世的访问。在检阅之后，帕蒂将军成了自 1581 年女王伊丽莎白一世在"金鹿"号（Golden Hind）上册封弗朗西斯·德雷克（Francis Drake）爵士以来，第一位在后甲板上受封的英国军官。6 月 30 日，帕蒂在船上举行了一场午餐会，招待了澳大利亚高级专员乔治·里德爵士、第一海军大臣温斯顿·丘吉尔和其他自治领的高级专员们。当天晚些时候，军舰用一场烟花表演招待了 600 名应邀庆祝新旗舰服役的澳大利亚海外人士。[2]

　　1913 年 7 月 25 日，"澳大利亚"号起航向新家驶去，按照命令，它应当穿过好望角航线。从朴次茅斯出发两天后，一艘崭新的轻型巡洋舰——"悉尼"号（HMAS Sydney）也加入了进来。该舰与"澳大利亚"号同属一个分舰队，它们继续一面展示着大英帝国的海上力量，一面向着南非联邦驶去。在目的地，这些军舰停留了 10 天，作为访问的最后一项活动，它们将 100 名来自开普敦的政要送往了位于附近的西蒙镇（Simon's Town）的海军基地。然而，当时在"悉尼"号上服役的亨利·费克斯（Henry Feakes）海军少校却没有感受到多少欢乐的氛围：

　　当时的希望是，这些澳大利亚巡洋舰的访问会刺激南非舆论，并引发人们对海军的热情，但日本人却抢走了风头。紧跟在"澳大利亚"号之后的是强大的日本战列巡洋舰"金刚"号，它的到来让澳大利亚旗舰相形见绌。"金刚"号的排水量达到了 27500 吨，安装了 14 英寸主炮，它让排水量 18550 吨、安装 12 英寸主炮的"澳大利亚"号自惭形秽。[3]

抵达

　　1913 年 10 月 2 日，这艘新旗舰横穿印度洋抵达澳大利亚，并在悉尼以南 120 英

① 乔伊·帕克，《似海之深》（伦敦，梅休因出版社，1976 年出版），第 4 页。赫伯特·帕克后来以将军身份退役，爱德华·比利亚德·利克也晋升到了海军上校军衔。

② 乔伊·帕克，《似海之深》，第 4 页。

③ 亨利·费克斯，《白舰旗·南十字：澳大利亚海军皇家舰船列传》，第 175 页。

里的杰维斯湾（Jervis Bay）加入舰队。10 月 4 日星期六上午，成千上万的悉尼人利用政府假期在港口排成长队，水面上也密密麻麻地停满了小艇。"澳大利亚"号一马当先带领舰队穿过薄雾驶入港口。随后是巡洋舰"悉尼"号、"墨尔本"号（HMAS Melbourne）和"遭遇"号（HMAS Encounter，该舰是澳大利亚从英国皇家海军租借的），以及驱逐舰"沃瑞格"号（HMAS Warrego）和紧随其后的姐妹舰"亚拉"号（HMAS Yarra）与"帕拉马塔"号（HMAS Parramatta）。在欢呼声、汽笛声、口哨声和礼炮声中，这些军舰庄严地向港口前行。同时，它们还得到了英国皇家海军澳大利亚分舰队的军舰的欢迎。随着澳大利亚分舰队末代英军司令的指挥旗徐徐降下，澳大利亚这个年轻的国家终于拥有了无畏舰和自己的海军。

　　作为国家团结的象征——"澳大利亚"号被派往全国的各个港口。由于当地的煤炭燃烧效果差，燃料一度成为困扰整个舰队的大问题。当时最好的煤炭是威尔士汽煤，虽然新西兰的韦斯特波特（Westport）也出产一种类似产品，但有时会供应不上。为此，"澳大利亚"号的锅炉接受了改造，以便适应本地出产的劣质煤[①]，但由于在太平洋作战期间有源源不断的韦斯特波特煤被运上该舰，因此这种改装失去了实际意义。[②]

　　虽然"澳大利亚"号已经开始在本国舰队中履行职责，但 1909 年的协议却逐渐沦为了一纸空文。费希尔勋爵在 1910 年离开海军部，1911 年 10 月，与他共事的第一海军大臣麦肯纳也被温斯顿·丘吉尔代替。与前者相比，丘吉尔对朝太平洋地区部署无畏舰毫无兴趣，而是更愿意把它们调往本土和地中海。新西兰政府屈服了，"新西兰"号被部署到了欧洲，至于它在中国分舰队的位置则被二线军舰取代。[③]虽然澳大利亚政府没有得知任何新安排，但却注意到 1909 年提议中的东印度和中国分舰队似乎没有按计划组建。于是，他们要求英国方面给出解释。[④]随着 1913 年的新安排传来，澳大利亚国防部长察觉到了英国海军部的不良用心和目空一切，并大肆抨击这种不周全的做法。[⑤]另外，他还提出召集会议进行专门讨论，直到战争的爆发破坏了一切。不过，有一点是明显的——迪肯影响大英帝国政策的雄心壮志已化为泡影。

　　尽管丘吉尔可能想要召回"澳大利亚"号，但澳大利亚方面却从未考虑过将其送往欧洲。[⑥]也许是考虑到德国东亚分舰队的存在，该国在 1913 年 5 月 15 日发布了作战指令，并在 1914 年 4 月 21 日对其进行了修订，要求将该舰部署到中国分舰队所

① 澳大利亚国家档案馆（堪培拉分馆），档案号 A11085/1 B3C/13，"帕蒂致澳大利亚总督"，1913 年 10 月 18 日。

② 关于煤炭补充的问题，可参见 A.W. 约瑟，《澳大利亚官方一战史：1914—1918 年》第 9 卷"皇家澳大利亚海军"（悉尼，安古斯 & 罗宾森出版社，1937 年出版），第 457—460 页。

③ 英国国家档案馆（基尤），档案号 ADM 116/1270，"新西兰总督致殖民地大臣"，1912 年 5 月 1 日。

④ 英国国家档案馆（基尤），档案号 ADM 1/8375/108，"澳大利亚总督致殖民地大臣"，1913 年 8 月 16 日。

⑤ 英国国家档案馆（基尤），档案号 ADM 1/8375/108，《国防大臣备忘录：海上防御》，1914 年 4 月 13 日。

⑥ 英国国家档案馆（基尤），档案号 ADM 1/8383/179，"战斗舰队和巡洋舰队建设计划，1914"。

乔治·帕蒂爵士（1859—1935 年）。1913 年 6 月，这位海军少将被任命为澳大利亚舰队的第一任司令，并在旗舰"澳大利亚"号上担任这一职务到 1916 年 9 月。

① 澳大利亚国家档案馆（墨尔本分馆），档案号 MP1049/1 1914/1057。

② 乔伊·帕克，《似海之深》，第 5 页。

③ 参见澳大利亚国家档案馆（墨尔本分馆），档案号 MP1049/1 1914/0299；英国国家档案馆（基尤），档案号 ADM 137/007。

④ 参见澳大利亚战争纪念馆（堪培拉），档案号 35, 2/10，"帕蒂致澳大利亚联邦海军委员会"，1914 年 8 月 3 日；英国国家档案馆（基尤），档案号 ADM 137/007，"澳大利亚联邦海军委员会致海军部"，1914 年 8 月 3 日。

"澳大利亚"号军官起居室里的一个安静的夜晚。期间，军官们在桌上玩的一种游戏引起了全舰的吉祥物——一只名叫"保龄球"（Bowles）的狗——的兴趣。另外我们还能看到一些正在打牌的人们。根据军官们穿着的有领衬衣和舱内的易燃陈设可以判断这张照片拍摄于战争爆发前。

在的海域，除非有敌军的"装甲舰"在本土水域出现。其中提到，"在该舰开赴执行任何其他任务之前，澳大利亚政府有义务让其就近参与作战"。①

太平洋作战，1914 年

1914 年 6 月 28 日，弗朗茨·斐迪南大公和妻子索菲在萨拉热窝遇刺。这件发生在欧洲的麻烦事在大英帝国的电报网中迅速传播——早在 6 月 29 日，"澳大利亚"号便开始在昆士兰州中部的棕榈岛（Palm Island）进行炮术、鱼雷、驾驶和战术演习。赫伯特·帕克在给父亲的信中写道："舰上有谣言说，欧洲还会出现另一次突发事件。"②7 月 28 日，海军部发来询问电报："为完成准备，按作战命令行事，司令官（帕蒂）少将还需要哪些安排？"接下来的几天，该舰奉命前往悉尼装载煤炭和补给，期间有关方面还安排了韦斯特波特煤的供应。一旦补给完成，"澳大利亚"号将前往西澳大利亚，并准备在将来部署到中国分舰队所在的海域。8 月 10 日，英国海军部接过了该舰的作战调动权。③

最终，"澳大利亚"号并没有开赴西澳大利亚或中国海域。当天传来的情报显示，海军中将马克西米利安·冯·施佩伯爵（Maximilian Graf von Spee）率领的德国东亚分舰队旗舰——"沙恩霍斯特"号（Scharnhorst）出现在了巴布亚东北方约 300 海里处。鉴于作战指令中涉及"装甲舰"的条款，帕蒂决定率领"澳大利亚"号、"悉尼"号、"沃瑞格"号、"亚拉"号和"帕拉马塔"号前往新不列颠岛上的拉包尔 [Rabaul，当时名为辛普森港（Simpsonhafen）] 以北海域——在当时，外界普遍认为，无论是在新几内亚周边，还是往南直到澳大利亚的海域，如果德军舰队试图在此活动，便会用拉包尔作为基地。④同一天，帕蒂将军向舰上、造船厂和海军设施里的官兵们发去祝贺，

赞扬了他们"为舰队备战出海做出的杰出贡献"。8 月 4 日，上述军舰已经完全准备就绪。同一天，海军部的建议和帕蒂的计划也一并获得了通过。[①]于是，在宣战后不久，皇家澳大利亚海军开始了它的第一次战时行动。[②]

在当时，舰队的出航并不是个秘密。帕克海军少尉于 8 月 4 日在他的日记中这样写道：

一次大战期间，"澳大利亚"号在典型的北海海况下航行。

晚上 9 点起锚。沿途，我们在人群的欢呼声、教堂的钟声和鼓乐齐鸣中加速前进。期间，船上逐渐暗了下来，当远离（悉尼）海角后，全舰转入夜间警戒状态。通常弹全装药上膛。如果探照灯发现目标则立即开火。另外，舰上还组织了两个战利品押解分队。[③]

4 英寸舰炮随时待命，每门炮都分到了 20 枚苦味酸炮弹。[④]在意气风发地开入悉尼港八个月后，"澳大利亚"号进入了战争状态。

舰队于 8 月 11 日抵达拉包尔。帕蒂虽然不相信德国巡洋舰位于当地，但仍希望捕获一些运煤船和无线电台——如果德国军舰在场，它们预计会停泊在附近的布兰奇湾。[⑤]为此，帕蒂决定在 21 点 30 分实施突袭。由于局促的港口水域不适合战列巡洋舰活动，所以"澳大利亚"号被留在南方，以便为"悉尼"号和驱逐舰提供支援。如果发现德舰，驱逐舰会立即发起进攻。"悉尼"号则会先向"澳大利亚"号发出信号，随后与完成攻击的驱逐舰一起朝后者靠拢。[⑥]

"澳大利亚"号的舰员发出阵阵欢呼，目送着突击分队消失在夜幕中——很快，他们也许就将面对一个兵力无从确定，但战斗力却有目共睹的敌人。当年该舰的夜间战备命令依旧保存至今，其中这样写道：

本舰将保持夜间作战警戒态势。

瞭望军官和操舰军官将照例保持警戒，但交班后也应在战位上就寝。

此规定对值班少尉和 4 英寸炮的操炮军官同样适用。

炮塔成员应有一半人员保持警醒。

昼间战备值班的 4 英寸火炮炮组应留在战位上，其中位置最前的炮组处于待命休息状态，其余人员就寝。这些炮组将在午夜和凌晨 4 点从舰尾向舰首的炮位换班。

探照灯操纵员的安排一如既往。

如果发现任何异常，军舰将转向；在转向时，炮塔和 4 英寸炮炮组（如有射界）将根据开火命令或探照灯的指引开火。

除传声筒传令兵（Voicepipe men）之外，弹药库的工作人员也需要在战位上就寝。

[①] 参见澳大利亚战争纪念馆（堪培拉），档案号 35, 2/10，"帕蒂致澳大利亚联邦海军委员会"，1914 年 8 月 3 日；英国国家档案馆（基尤），档案号 ADM 137/007，"澳大利亚联邦海军委员会致海军部"，1914 年 8 月 3 日。

[②] 关于"澳大利亚"号在开战之初直到 1915 年 1 月的后续行动，其航线图可以在 http://www.navy.gov.au/history/feature-histories/charts-showing-hmas-australias-activities-august-1914-january-1915（2018 年 2 月访问）上找到。

[③] 乔伊·帕克，《似海之深》，第 5 页。

[④] 澳大利亚战争纪念馆（堪培拉），档案号 1DRL0353（第 2 部分），"皇家澳大利亚海军'澳大利亚'号霍奇金森（S. C. L. Hodgkinson）海军上尉的信件和各种命令"，"霍奇金森致家人"，1914 年 8 月 3 日。

[⑤] 澳大利亚战争纪念馆（堪培拉），档案号 2DRL0795，"帕蒂致兄弟与姐妹"，1914 年 8 月 10 日。

[⑥] 澳大利亚战争纪念馆（堪培拉），档案号 33[18]，"帕蒂将军对澳大利亚远洋舰队参与太平洋军事行动的报告"。本次突袭的计划可参见：澳大利亚战争纪念馆（堪培拉），档案号 33[21]，"作战命令第 1 号"；亨利·费克斯，《白舰旗·南十字：澳大利亚海军皇家舰船列传》，第 243—244 页；其内容可在 http://www.gwpda.org/naval/ranopo1.htm（2018 年 2 月访问）上找到。

呼吸器、护目镜和防烟罩："澳大利亚"号一支救火分队在舰首甲板上展示个人装备——这也是舰上最初的损管配置的一部分。另外，在这张照片中还能见到舰员们穿着的用耐磨棉织物（俗称为"鸭布"，Duck）制成的裤子，这种裤子的照片非常罕见。由于处于战时，新闻检查人员抹去了照片中 12 英寸主炮护盖上的舰徽。但即便如此，在照片中央的的绞盘侧面，仍然可以看到该舰舰名的一部分。该舰的舰徽上写着这样一则座右铭："勇往直前"（Endeavour）。

预计只使用后部探照灯，它们应尽可能向前扫视，并时刻保持战备状态。

P 炮塔的开火范围以自身左 60 度（Red 60°）至左 150 度为限。

Q 炮塔的开火范围以自身右 30 度（Green 30°）至右 120 度为限，除非特别要求，P/Q 炮塔均不得跨舷射击。

"进入夜间状态"的命令将在晚上 8 点下达。

以上命令仅适用于今晚。[①]

这些命令不仅证明帕蒂将军没有近距离接敌的意愿，还指出了舷侧主炮塔的问题——特别是在跨舷开火时。

这场行动的结果最终令人扫兴：拉包尔和附近的马图皮港（Matupi Harbour）和塔利利湾（Talili Bay）都被证明空空如也。[②]登陆部队于是奉命上岸摧毁无线电台，但发现该电台实际远在内地。无论如何，正如帕蒂在 12 日向澳大利亚海军办公室（Navy Office）报告的那样，当地实际上并没有敌舰。不仅如此，根据轻松登陆这个事实，澳军还可以随时拿下这个德国殖民地。第二天，他报告了打算侦察布干维尔（Bougainville）的意图，但在这里，舰队再次扑空。事后，"澳大利亚"号驶

① 澳大利亚战争纪念馆（堪培拉），档案号 1DRL0353（第 2 部分），"霍奇金森文件：夜间命令，周二，8 月 11 日"。

② 亨利·费克斯，《白舰旗·南十字：澳大利亚海军皇家舰船列传》，第 179—182 页。

③ 澳大利亚战争纪念馆（堪培拉），档案号 35 2/10，"帕蒂致澳大利亚联邦海军委员会"，8 月 12 日。

④ 澳大利亚战争纪念馆（堪培拉），档案号 35 2/10，"帕蒂致澳大利亚联邦海军委员会"，8 月 13 日。

⑤ 澳大利亚战争纪念馆（堪培拉），档案号 35 2/10，"帕蒂致澳大利亚联邦海军委员会"，8 月 15 日。

⑥ 英国国家档案馆（基尤），档案号 ADM 137/007，"海军部致澳大利亚联邦海军委员会"，8 月 15 日；澳大利亚战争纪念馆（堪培拉），档案号 35 2/10，"澳大利亚联邦海军委员会致帕蒂"，8 月 16 日。

⑦ 参见澳大利亚战争纪念馆（堪培拉），档案号 33[18]；A.W. 约瑟，《澳大利亚官方一战史：1914—1918 年》第 9 卷"皇家澳大利亚海军"，第 54-55 页；菲利普·蒂，《战斗在遥远海域：一战中的英国殖民地防务》（安纳波利斯，美国海军学会出版社，2013 年出版），第 146—147 页。

向莫尔兹比港（Port Moresby）补充燃料。[③]事实上，冯·施佩从未试图利用拉包尔。战争爆发后，他带领两艘装甲巡洋舰和"纽伦堡"号（Nürnberg）来到了北面 1000 海里处的东加罗林群岛（East Carolines）。尔后，他又将舰队集结在了马里亚纳群岛（Marianas）的帕甘岛（Pagan Island）。尽管如此，这次攻击表明皇家澳大利亚海军已经做好了战斗准备。自开战一周以来，"澳大利亚"号和它的僚舰已经征战了 1800 多海里，还在条件不利的水域策划了一场完美无瑕的夜袭。

8 月 13 日，帕蒂报告说，驻新西兰海军司令官（Senior Naval Officer New Zealand）要求他掩护对萨摩亚（Samoa）的登陆。帕蒂建议给予批准，因为此举可能会引出德国舰队[④]——而且在他看来，这次登陆应当在远征新几内亚之后发动，并要求率领"澳大利亚"号全程掩护，以防施佩前来截击。[⑤]

当 8 月 16 日联邦海军委员会发来海军部的通知，让他应立刻前去掩护萨摩亚远征部队时，帕蒂大吃一惊。[⑥]更令他惊讶的是，执行任务的新西兰部队已经启程——这导致他只能分兵同时掩护两场行动。[⑦]在留下"悉尼"号和"遭遇"号看管新几内亚分队后，"澳大利亚"和轻型巡洋舰"墨尔本"号在 8 月 21 日抵达了法国殖民地新喀里多尼亚（New Caledonia），并在该岛的努美阿（Nouméa）与萨摩亚远征队会合。整支船队由两艘运兵船组成，它们由法国装甲巡洋舰"蒙卡尔姆"号

（Montcalm）和英国防护巡洋舰"普里阿摩斯"号（Pyramus）、"普赛克"号（Psyche）与"菲洛墨拉"号（Philomel）进行护送。完成编组之后，这些军舰前往斐济的苏瓦（Suva），并在当地预演了登陆。鉴于海军部对德军舰队可能在萨摩亚附近的猜测，帕蒂小心翼翼地制定了航行命令。这支舰队将分两列前往萨摩亚，"蒙尔卡姆"号和"澳大利亚"号分别负责领航，"普赛克"号在前方担任斥候。一旦遭遇攻击，"澳大利亚"号将率领"蒙尔卡姆"号和"墨尔本"号迎战，至于三艘小型巡洋舰则将掩护运输船队撤退。[1]8 月 30 日 7 时 45 分，远征队抵达了萨摩亚。虽然帕蒂并不相信这个岛屿是设防的，但是有传言说当地布有水雷。于是，"澳大利亚"号的蒸汽哨戒艇奉命前去清扫航道，但最终一无所获。[2]随着岸上的无线电台开始发送"SG"信号，帕蒂也发出了警告，如果它不立即停止发信，将立刻遭到炮轰。面对"澳大利亚"号 12 英寸舰炮的威胁，德国人照办了。[3]

　　于是，远征队轻松占领了萨摩亚。8 月 31 日，"澳大利亚"号前往拉包尔，以支援对德属新几内亚的军事行动。在苏瓦补充过煤炭之后，该舰于 9 月 9 日 10 点加入了远征舰队。与这艘旗舰一道行动的还有巡洋舰"悉尼"号和"遭遇"号，驱逐舰"沃瑞格"号和"亚拉"号，以及搭载澳大利亚海陆军远征队（Australian Naval and Military Expeditionary Force，ANMEF）的"贝里马"号（Berrima）运兵船与补给船"奥兰吉"号（Aorangi）。稍后，驱逐舰"帕拉马塔"号也护送着油船"骨螺"

[1] A.W. 约瑟，《澳大利亚官方一战史：1914—1918 年》第 9 卷 "皇家澳大利亚海军"，第 59—61 页。

[2] 澳大利亚战争纪念馆（堪培拉），档案号 2DRL0795，"帕蒂致姐姐的信"，1914 年 8 月 29 日；A.W. 约瑟，《澳大利亚官方一战史：1914—1918 年》第 9 卷 "皇家澳大利亚海军"，第 60 页。

[3] 澳大利亚战争纪念馆（堪培拉），档案号 33[18]。

1917 年，位于"澳大利亚"号舰尾方向的"新西兰"号。它们在 1916 年 4 月 22 日两次相撞，导致"澳大利亚"号被迫入坞，进而错过了 5 月 31 日爆发的日德兰海战。

加煤中的"澳大利亚"号。请注意在一旁待命的手推车。近景处正对镜头的是该舰的"Q"炮塔，它转向左舷的甲板另一侧。远方可以看到运煤船的桅杆和烟囱。

号（Murex）和运煤船"克龙加"号（Kooronga）加入了进来。10 点 10 分，陆军旅长威廉·霍姆斯（William Holmes）和各舰的舰长们来到"澳大利亚"号上商讨进一步的行动。会上，帕蒂解释了他占领拉包尔和赫伯茨霍厄（Herbertshöhe）的命令，霍姆斯也简单陈述了他的部署方案，并得到了帕蒂的准许。期间，帕蒂还表示，霍姆斯可以全权指挥岸上的行动，并同意一待新不列颠岛上的作战完成，便向雅浦岛（Yap）、安加尔岛（Angaur）、瑙鲁岛（Nauru）和腓特烈 - 威廉港 [Friedrich-Wilhelms-Hafen，现名马当（Madang）] 派遣驻军。随着各方取得一致，会议在 11 点 15 分结束。[1]

　　帕蒂派遣"悉尼"号和驱逐舰先行前往拉包尔进行侦察，并评估当地的码头是否适合部队登陆。至于"澳大利亚"号则陪着"贝里马"号以 13 节航速跟随，"遭遇"号和潜艇则负责掩护缓慢的辅助船只。侦察发现当地并没有敌舰，码头也适合"贝里马"号的停靠。至于"澳大利亚"号则抵达了布兰奇湾南部的卡拉维亚湾（Karavia Bay），在当地，该舰再次派出哨戒艇前去扫清港内的水雷。紧接着，它又匆匆出海前去追击德国的小型蒸汽船"苏门答腊"号（Sumatra）——押运人员成功登上目标，并将其开往拉包尔。[2]在抵达拉包尔后，帕蒂向德国总督发出最后通牒，说他正掌握着压倒性的兵力，抵抗将毫无意义。同时，他还勒令对方放弃"拉包尔和你控制下的属地"。此时，上岸的陆军部队也正向着比塔帕卡（Bitapaka）前进，试图占领无线电台。经过激战，澳军最终以六人阵亡、四人受伤的代价占领了当地。当占领部队在岸上巩固阵地时，海军又捕获了两艘船——岛屿间的交通船"马当"号（Madang）和小型辅助船"努萨"号（Nusa）。9 月 13 日 15 时，在"澳大利亚"号鸣响的 21 声礼炮中，英国国旗在拉包尔上空升起。两天后，当地的德国总督投降。[3]但第二天有报告传来，称澳大利亚潜艇 AE1 号在新英格兰东部的圣乔治海峡（St George's Channel）巡逻时失踪。帕蒂下令搜查海上和岛屿，但没有发现潜艇和 34 名艇员。[4]

"澳大利亚"号上一场拳击比赛的结束时刻——本照片可能是在该舰停泊于福斯湾期间拍摄的。

① 澳大利亚战争纪念馆（堪培拉），档案号 33[1]。

② 澳大利亚战争纪念馆（堪培拉），档案号 33[18]。

③ 澳大利亚战争纪念馆（堪培拉），档案号 33[18]。

④ 澳大利亚战争纪念馆（堪培拉），档案号 33[18]。AE1 号潜艇的残骸后来于 2017 年 12 月在约克公爵群岛（Duke of York Islands）附近被发现。

9 月 15 日，"澳大利亚"号离开布兰奇湾前往悉尼，计划在当地与"墨尔本"号、"悉尼"号会合，护送第一支澳大利亚和新西兰运兵船队前往亚丁（Aden）。前一天，施佩的舰队出现在萨摩亚附近，意图在昏暗的破晓时分截击"澳大利亚"号等锚泊的英军舰船。但由于找不到有价值的目标，且发现该岛已被新西兰军队占领，施佩只好撤退。[1]对于德军的下一步行动，很多人猜测他们将前往新西兰外海——毕竟，这个自治领的部分船队刚刚出航，准备与澳大利亚人的船队会合。与此同时，轻型巡洋舰"埃姆登"号也在孟加拉湾开始了它短暂却辉煌的袭击生涯，并对从澳大利亚到亚丁的跨印度洋船队构成了威胁。因此，海军部命令"澳大利亚"号和法国巡洋舰"蒙尔卡姆"号先为澳大利亚海陆军远征队提供掩护，然后再去搜寻德国军舰。[2]在把将旗挂上"悉尼"号之后，帕蒂火速回到拉包尔，并在当地和"蒙尔卡姆"号与"遭遇"号会合。9 月 22 日，"澳大利亚"号与"蒙尔卡姆"号、"遭遇"号，以及"贝里马"号一同驶向新几内亚岛上的腓特烈 - 威廉港，以清除德国人在当地的存在。该港于 24 日被攻克，舰队也在 26 日返回了拉包尔。

当时，上级已另做了护送运兵船队前往亚丁的安排。这让帕蒂终于可以腾出手来搜捕德国东亚分舰队的主力——"沙恩霍斯特"号和"格奈森瑙"号（Gneisenau）装甲巡洋舰了。在很长一段时间里，他都相信敌人会向东行进。在 8 月 20 日给中国分舰队司令——海军中将马丁·杰拉姆（Martyn Jerram）爵士的电报中，帕蒂认为德国人正在搜罗煤炭，并集结在"新不列颠岛东北方某地"，准备前往东面的萨摩亚或东南方的塔希提岛（Tahiti）——事实上，德国人正是这么做的。[3]不过，帕蒂还没有意识到追击任务有多么艰巨。9 月 5 日，他在给姐姐的信中写道，在他看来：

战争年代，在"澳大利亚"号停靠于苏格兰期间，舰员们正在清理舰尾甲板上的积雪。请注意上层建筑外壳上绘制的飘带，上面记录着该舰获得的战斗荣誉，其下方悬挂着该舰的舰钟。

[1] A.W. 约瑟，《澳大利亚官方一战史：1914—1918 年》第 9 卷"皇家澳大利亚海军"，第 105-106 页。

[2] A.W. 约瑟，《澳大利亚官方一战史：1914—1918 年》第 9 卷"皇家澳大利亚海军"，第 100 页。

[3] 澳大利亚战争纪念馆（堪培拉），档案号 35 2/10，"帕蒂请求'企鹅'号（HMAS Penguin）转呈中国分舰队司令的信"。

在罗塞斯锚地，"澳大利亚"号带领第 2 战列巡洋舰分队从福斯湾大桥下驶过，紧随其后的是"新西兰"号和"不挠"号。本照片拍摄于 1918 年 11 月 21 日公海舰队在福斯湾投降时。

　　……它们隐藏在一些更偏远的太平洋岛屿之间，或是正在前往美国。虽然我们的贸易没有遭受任何损害，但我还是愿意追击到天涯海角，并把它们彻底消灭。不过，在像太平洋这样广阔的地方，这一点却很难实现，更何况我们的战舰是如此之少……[1]

　　帕蒂于 10 月 1 日从拉包尔起航，但在午夜之后，他却收到消息，称德军舰队在 9 月 23 日炮轰了塔希提岛上的帕皮提（Papeete）港。[2]于是，"澳大利亚"号只好带着满满一舱精疲力竭的军官返回拉包尔——对于搜寻德军，他们正愈发变得急不可耐起来。[3]帕蒂现在相信，施佩的最终目的地是南美——何况当时人们知道，轻型巡洋舰"莱比锡"号（Leipzig）和"德累斯顿"号（Dresden）正在智利外海出没。然而，海军部却认为施佩可能会掉头折返并再次攻击萨摩亚，或是将目标转向斐济或新西兰。因此，他们命令"澳大利亚"号前去斐济海域提供保护。虽然帕蒂相信新喀里多尼亚岛上的努美阿更适合充当基地，但他还是在 10 月 3 日午夜之前带领"悉尼"号和"蒙卡尔姆"号抵达了苏瓦。随后，"沃瑞格"号、"帕拉马塔"号、AE2 号和四艘补给船也于 4 日接踵而至。[4]至于"澳大利亚"号则在晚上熄灭灯光、一切舱口关闭的状态下于 12 日抵达了苏瓦，沿途甲板下始终"酷热难忍"。[5]三天后，海军部驳回了帕蒂的建议。同时，他们还要求这位将军前往马克萨斯群岛（Marquesas）搜索是否有运煤船出没。不仅如此，他们还武断地指出"已决定不将澳大利亚舰队派往南美洲"。[6]鉴于从南美洲获得煤炭更为容易，而且有其他迹象表明德军舰只就在当地，所以海军部的推断只能用莫名其妙来形容。事实上，正如帕蒂在一个月前预测的那样：在炮击帕皮提之后，冯·施佩先是前往马克萨斯群岛，与运煤船和巡洋舰"纽伦堡"号会合。接下来，又在加煤之后于 10 月 2 日向南美沿海驶去。[7]

　　于是，一个全新的作战阶段开始了，用官方历史学家的话说就是："'澳大利亚'号就像是一条拴在犬舍旁的狗，它像飞镖一样扑向邻近的水域，但又总会毫无收获地

① 澳大利亚战争纪念馆（堪培拉），档案号 2DRL 795，"帕蒂致姐姐的信"，1914 年 9 月 5 日。

② 澳大利亚战争纪念馆（堪培拉），档案号 35 2/17，"海军办公室（Navy Office）致帕蒂"，1914 年 10 月 1 日。

③ 澳大利亚战争纪念馆（堪培拉），档案号 2DRL0032，"G.D. 威廉斯（G.D. Williams）海军上校的日记"，1914 年 9 月 30 日。

④ A.W. 约瑟，《澳大利亚官方一战史：1914—1918 年》第 9 卷"皇家澳大利亚海军"，第 104 页。

⑤ 澳大利亚战争纪念馆（堪培拉），档案号 2DRL0032，"G.D. 威廉斯海军上校的日记"，1914 年 10 月 2 日。

⑥ A.W. 约瑟，《澳大利亚官方一战史：1914—1918 年》第 9 卷"皇家澳大利亚海军"，第 122—123 页。

⑦ 参见：澳大利亚战争纪念馆（堪培拉），档案号 33 [18]；A.W. 约瑟，《澳大利亚官方一战史：1914—1918 年》第 9 卷"皇家澳大利亚海军"，第 108—109 页。

被拉回原地。"这段话所指的行动，包括了10月20日对萨摩亚的搜索，以及10月下旬和11月初在斐济以南的两次巡航。同时，帕蒂还一再接到命令，为各种不切实际的行动提供支援。[①]至于"澳大利亚"号上的人们则"厌倦于无所事事"。舰上的一位军官写道："不准开往美洲的命令，让我们非常反感，我只能继续猜测在它的背后也许另有考虑。"[②]对于舰上的状况，帕克少尉于11月7日向他的父亲写道：

> 我们现在已经做好了战斗准备，一点木制品都没有了：所有的门、储物柜、橱柜，甚至是个人储物箱，还有"乔安娜"（Joanna）——舰上的钢琴……连日累月的海上生活，让每个人都学会了一种消磨时光的好办法。当然，它们并没有使我们的船沦为宾馆，而是依旧保持着军舰的样子。晚上，不值班的人会唱歌。没有了"乔安娜"，舰上的乐队就用小提琴（提琴手是比利亚德－利克）、曼陀林、长笛和短笛（演奏者是我，笛子是找乐队借的）来演奏。我们聚集在一起，在陆战队住舱和军官起居舱弄出点噪音。[③]

当然也有不太愉快的事情：

> 舰上到处都是蟑螂。在食物和衣服上随处可见，我昨天甚至还在烟斗里找到了一只。还有，我们吃盐吃到吐——培根、豆子和罐头肉……

① A.W. 约瑟，《澳大利亚官方一战史：1914—1918年》第9卷"皇家澳大利亚海军"，第123页。

② A.W. 约瑟，《澳大利亚官方一战史：1914—1918年》第9卷"皇家澳大利亚海军"，第123-124页。

③ 乔伊·帕克，《似海之深》，第6页。

1918年3月7日，皇家海军航空兵的唐纳德上尉驾驶索普威思"一个半支柱"式飞机（编号为5644）从"澳大利亚"号的"P"炮塔的平台上起飞——这也是双翼机首次从军舰炮塔上成功起飞。远方可以看到"澳大利亚"号的姐妹舰"新西兰"号。

① 澳大利亚战争纪念馆（堪培拉），档案号 1DRL0353（第 2 部分），"霍奇金森文件：1914 年 10 月 28 日的炮术命令"。

② 乔伊·帕克，《似海之深》，第 6—7 页；澳大利亚战争纪念馆（堪培拉），档案号 2DRL0032，"G.D. 威廉斯海军上校的日记"，1914 年 12 月 10 日。

③ 亚瑟·马德尔编辑，《一位海军上将的侧影：赫伯特·里奇蒙爵士的生平和著作》（伦敦，乔纳森·凯普出版社，1952 年出版），第 125 页。

④ A.W. 约瑟，《澳大利亚官方一战史：1914—1918 年》第 9 卷 "皇家澳大利亚海军"，第 125 页。

⑤ 转引自 A.W. 约瑟，《澳大利亚官方一战史：1914—1918 年》第 9 卷 "皇家澳大利亚海军"，第 126 页。

为让炮手保持最佳状态，舰上开展了操炮训练。10 月 24 日，该舰的主炮和副炮进行了内膛炮射击。虽然 12 英寸主炮均由前桅楼的火控系统引导，但 A 炮塔则奉命使用自身的火控设备。接下来，A 炮塔将控制所有主炮。最后，各个炮塔开始独立射击。同时，舰上还进行了夜战演练，火炮由各炮塔的指挥官负责操纵。①

11 月 3 日，无线电传来情报：德军舰只出现在南美沿海。当月 5 日的消息显示，克里斯托弗·克拉多克（Christopher Cradock）海军少将的分舰队被歼灭在了科罗内尔（Coronel）海域。由于不在战场，"澳大利亚"号的舰员们感到愤愤不平——"对于我们来说，'沙恩霍斯特'号这些敌舰就像是俎上之肉"。不过，舰长 G.D. 威廉姆斯（G. D. Williams）海军上校还是设法给舰员们带来了一点宽慰，因为"澳大利亚"号成功地让施佩舰队"在大开杀戒前滚出了澳大利亚海域"。②至于这种失望感，最终在 11 月 9 日被"悉尼"号击沉"埃姆登"号的消息多少抵消了一些——这也是皇家澳大利亚海军的第一次胜利。

随着施佩舰队的位置被确定，"澳大利亚"号终于在苏瓦附近被松开了那条拴住它的皮带，前往下加利福尼亚（Baja California）的马格达莱纳湾（Magdalena Bay）。在当地，它将阻止德军北上前往加拿大。如果对方选择突入大西洋，它将穿过新开辟的巴拿马运河进行追击。在伦敦，海军部作战处副处长赫伯特·里奇蒙（Herbert Richmond）上校感到非常高兴，因为"澳大利亚"号终于丢掉了"它的幼稚任务（一直在保护斐济周围的贸易航线！）并开往了美洲海岸——本该在几周前就采取这一行动的"。③

"澳大利亚"号闻讯立刻离开苏瓦，同行的还有快速运煤船"玛丽娜"号（Mallina）——之前，这艘船早已被帕蒂专门雪藏了起来。然而，该舰却在途中改变了目的地——新的方向是墨西哥的查梅拉湾（Chamela Bay）。在当地，该舰遇到了轻型巡洋舰"纽卡斯尔"号（HMS Newcastle）和一支包括战列舰"肥前"号（Hizen），以及装甲巡洋舰"出云"号（Idzumo）和"浅间"号（Asama）在内的日军分队。这支舰队于 11 月 26 日被纳入帕蒂的指挥之下，并出发搜索加拉帕戈斯群岛（Galapagos Islands）附近海域。④接下来，他们又彻查了从巴拿马湾（Gulf of Panama）至厄瓜多尔的瓜亚基尔（Guayaquil）一带的海岸线。但在 12 月 10 日传来了一条"最糟糕的好消息"：施佩舰队已在两天前的福克兰群岛海战中被歼灭。"澳大利亚"号上的一名舰员这样表达他极度的失望：

我们很高兴敌人已经被解决掉了；但我们也感到失望——毕竟，我们在炼狱般的气候中苦苦等待了四个月，而且不管怎么说，这些漫长的航程都可谓相当艰难。它让人——确切地说是每个人——都感觉自己错过了很多，而且还没有和备受尊敬的敌人打过招呼，战争便画上了句号。⑤

但事实上，"澳大利亚"号的战争之路还很长。不过在 1918 年前，它都不会和那些"备受尊敬的敌人"碰面。

从太平洋到大西洋，1914—1915 年

随着 1914 年年底德国在亚太地区的舰队和殖民机构的灰飞烟灭，在当地驻扎战列巡洋舰的必要性也不复存在。因此，"澳大利亚"号于 12 月 13 日奉命前往加勒比海地区，在"墨尔本"号和"悉尼"号的陪同下，它可以轻松对付任何从封锁线上溜走的德国巡洋舰。[①]由于海战的主战场位于北海，所以这一部署再次带来了失望，"澳大利亚"号的舰员们相信，与凭空等待游猎的德国轻巡洋舰相比，该舰在北海可体现更大的价值。[②]

由于巴拿马运河禁止重型舰只通过，所以"澳大利亚"号只好向南朝麦哲伦海峡前进，沿途经过了卡亚俄（Callao）和瓦尔帕莱索（Valparaiso）。自 8 月以来，该舰一直待在海上，按照前面引用的帕克少尉的信来看，此时舰上的食品已所剩无几。在一封给驻卡亚俄英国领事的电报中，我们可以大致了解该舰的需求，它们包括 3000 磅新鲜肉类、3 吨马铃薯、2000 磅新鲜蔬菜、7000 磅罐装肉、400 磅茶、4000 磅扁豆、2000 磅新鲜或罐装黄油、1000 磅果酱、2000 磅罐装鲱鱼、3000 磅沙丁鱼、2000 磅装罐三文鱼、100 加仑柠檬汁，以及清洁用的 2000 磅黄色肥皂。[③]

12 月 18 日，在卡亚俄彻底补充过物资以后，这艘战列巡洋舰在圣诞节次日到达了瓦尔帕莱索。如果其中一位海军少尉的回忆属实，舰上的圣诞庆祝活动非常喧闹：

> 圣诞节——在海上。上午大家做了礼拜。这次的圣诞节有一个主题：年轻的先生们在醉酒后追跑打闹。在我看来，一次绝好的圣诞晚餐因为他们恶心的洋相而被毁掉了。时间快过去吧，好让我摆脱这种绝望！每人都得到了一瓶啤酒——钱由食堂提供。晚上在军官候补生住舱举行了狂欢派对。一些人穿着花哨的服装亮相。人们再次开始肆无忌惮地喝酒，连某些高级军官都醉得人事不省了！从无线电中，我们还收到了英国殖民地和瓦尔帕莱索港法国俱乐部发来的欢迎电报。[④]

然而，另一些人却用克制的方式度过了白天，并在起居室与舰队司令共进了一杯葡萄酒，然后在军官候补生住舱参加了喧闹的化装歌咏晚会。[⑤]

1915 年 1 月 3 日，该舰的左舷外侧螺旋桨轴突然开始剧烈震动。潜水员发现在该轴 A 型人字架的前端，有一片减涡板已经被水流冲走，并碰伤了螺旋桨。事故导致一个叶片的边缘弯曲，上面还有一小部分出现了脱落。帕蒂通知海军部需要新的螺旋桨，军舰也需要入坞。[⑥]同一天，"澳大利亚"号抵达了福克兰群岛的斯坦利港（Port Stanley），并在此处停留到当月 5 日。后来直到 1 月 11 日，海军部才命令该舰前往直布罗陀安装新螺旋桨，该舰还将沿途在葡属佛得角群岛的圣维森特（São Vicente）补充煤炭。[⑦]

期间，在 1 月 6 日 17 点 06 分，在福克兰群岛以北 600 海里的地方，该舰的桅顶瞭望哨发现 22 海里外有一艘蒸汽船。这艘奇怪的船只向西北偏西移动，不仅偏离了常规的航线，还似乎在躲避这艘战列巡洋舰。"澳大利亚"号立刻改变航向，并将航速提升到 18.5 节，以便展开拦截。19 点 52 分，夜幕降临，可疑船只仍在 10 海里外，拉德克利夫海军上校从 A 炮塔发射了一枚炮弹作为警告。此举达到了预期的效果，20 点 28 分，"澳大利亚"号接近了该船，并用探照灯照射对方。随后，

① 澳大利亚战争纪念馆（堪培拉），档案号 35 2/23，"海军部致帕蒂"，1914 年 12 月 13 日。

② A.W. 约瑟，《澳大利亚官方一战史：1914—1918 年》第 9 卷"皇家澳大利亚海军"，第 262 页。

③ 澳大利亚战争纪念馆（堪培拉），档案号 35 2/23，"'澳大利亚'号请求'纽卡斯尔'号转交英国驻卡亚俄领事的电报"，1914 年 12 月 14 日。

④ 澳大利亚战争纪念馆（堪培拉），档案号 1DRL0565，"'澳大利亚'号 D.A. 夏普（D. A. Sharp）的文件"。

⑤ 澳大利亚战争纪念馆（堪培拉），档案号 2DRL0032，"G.D. 威廉斯海军上校的日记"，1914 年 12 月 25 日。

⑥ 澳大利亚战争纪念馆（堪培拉），档案号 35 2/23，"帕蒂致海军部"，1915 年 1 月 3 日。

⑦ 澳大利亚战争纪念馆（堪培拉），档案号 35 2/23，"海军部致帕蒂"，1915 年 1 月 11 日。

① 参 见 http://www.wrecksite.eu/wreck.aspx?58232（2018 年 2 月访问）

② 译者注：蒙罗维亚即今天的利比里亚——当地位于非洲西海岸。

③ 参见澳大利亚战争纪念馆（堪培拉），档案号 36，卷宗 1/3/5；乔伊·帕克，《似海之深》，第 7 页。

H.C. 艾伦（H. C. Allen）海军少校领导的一个分队登上了目标船只，发现它是"艾琳诺·沃尔曼"号（Eleonore Woermann）——一艘总吨位 4624 吨的货轮，战前曾服役于往返德国本土与非洲殖民地的航线。① 这艘货轮上不仅载着大米、刨光的木材、烟草、镀锌铁皮和约 1800 吨袋装煤，还搭载了额外的军用小艇，并在船体的一侧装有用椰壳制成的防撞垫。虽然它的船长 L. 科尔摩根（L. Colmorgen）立刻销毁了文件，但拉德克利夫舰长毫不怀疑它将用于为巡洋舰"德累斯顿"号（Dresden）提供补给。何况在当时，海上还活跃着其他的德军辅助巡洋舰。帕克也在登船队中——此时的他已经成了代理海军中尉。登船后，他立刻把商船船员押解到一起。根据统计，货轮上面共有 84 名德国人、11 名蒙罗维亚人（Monrovians）② 和三名来自西非的水手（Krooboys）。③

　　但令"澳大利亚"号的舰员感到失望的是，上级决定将"艾琳诺·沃尔曼"号凿沉——他们获得战利品奖金的希望也随之落空了。之所以出现这种情况，是因为该船的煤舱已经见底了，而"澳大利亚"号也无法派出押运分队。另外，由于这艘德国船的航速太慢，"澳大利亚"号也不便与之同行——当时也没有其他舰只可以代为押送。于是，该船的官员和水手被转移到了"澳大利亚"号上。22 点，一个分队奉命登上该船，打开通海阀将其凿沉。与此同时，船上任何可以充当纪念品的物件都被帕克等人洗劫一空。当他们回到战列巡洋舰上后，战舰的 Y 炮塔发射了两枚 12 英寸通常弹，而 4 英寸舰炮则发射了四枚苦味酸炮弹。在 23 点到午夜之间，"艾琳诺·沃

这张照片是 1918 年于"澳大利亚"号的前甲板上拍摄的，照片中可看到该舰的"A"炮塔和拥有弹片防护措施的舰桥。可以把该照片与本章的第五张照片相互比较。

尔曼"号开始下沉，"……火焰在甲板上舞动，海浪拍打着渐渐淹没了它的两侧船舷。然后，它的船首抬起、船尾下沉，在升腾的泡沫中消失于众人眼前"，只留下一艘小汽艇在波涛上晃动。[①]在前往圣维森特的航程中，其余的时间都风平浪静。最终，"澳大利亚"号于 1 月 19 日抵达了这座港口。

编入大舰队，1915—1918 年

随着"澳大利亚"号的向北航行，海军部也改变了对该舰未来部署的看法。在新年到来之初，费希尔勋爵已被召回，并重新担任第一海务大臣。他告诉战列巡洋舰部队（BCF）的司令——海军中将戴维·贝蒂（David Beatty）爵士，他希望在大舰队中组建第 2 和第 3 战舰巡洋舰分队（BCS）。"澳大利亚"号原本预定编入第 3 战列巡洋舰分队，但最终却被编入了第 2 分队麾下。[②]当该舰于 1 月 20 日离开圣维森特时，帕蒂得知了这一新情况。另外，海军部还表示，该舰将前往德文波特造船厂维修螺旋桨，而不是开赴直布罗陀。[③]同时，该舰应当在"昏暗的时刻"到达，并张开防雷网，采取一切反潜警戒措施。[④]围绕"澳大利亚"号加入大舰队充当新分队旗舰一事，海军部直到 1 月 27 日才正式向澳大利亚联邦海军委员会征询意见，后者对此表示同意。"澳大利亚"号最终抵达了普利茅斯，并于 28 日进入德文波特造船厂进行改装。该舰于 2 月 12 日离开船厂，继续在福斯湾（Firth of Forth）沿岸的罗塞斯（Rosyth）进行后续修理。在一段伴随着暴风雨的航程后，该舰最终成了战列巡洋舰部队的一员。[⑤]

战列巡洋舰部队以福斯湾为基地，是大舰队的侧翼快速分队。而大舰队本身则部署在奥克尼群岛（Orkneys）中的斯卡帕湾，由海军上将约翰·杰利科（John Jellicoe）爵士指挥。由于帕蒂的资格比战列巡洋舰部队司令贝蒂老，所以此时出现了资历问题，但在帕蒂被任命为西印度群岛海军司令（Flag Officer West Indies）之后，这个问题便迎刃而解了（同时，帕蒂也保留了澳大利亚舰队的指挥权）。至于第 2 战列巡洋舰分队司令的职务则由海军少将威廉·帕肯汉姆（William Pakenham）接过，除旗舰"澳大利亚"号之外，其麾下还有"不倦"号和"新西兰"号这两艘姐妹舰。

大舰队的职责对协约国赢得战争至关重要。当时，英国和德国舰队都试图将对方赶入某种绝境——德国人希望困住并击败大舰队的一部分，或将其赶入潜艇伏击线，从而削弱对手的数量优势；而大舰队则希望打一场传统海战，将公海舰队一举全歼。虽然双方都没有实现自己的目标，但对于英国人来说，他们将德军束缚在北海便已足够了——这会实现他们的另一个目标：封锁，即掐断德国的出口航线，并让重要的作战物资和食品无法运进来。不仅如此，封锁还至少可以让德军的水面舰艇无法拦截运往英国的重要物资，并保障了对协约国从事战争所必需的增援、物资和装备可以运往法国。

作为战列巡洋舰部队的一分子，"澳大利亚"号的任务是在战斗舰队前方进行侦察，以便接触敌军并将其引向主力舰队。一旦后者参战，该舰将和姐妹舰们组成一支别动队，并利用速度集中打击敌军的一部分战列线。然而，公海舰队将注定是一个难以捉摸的对手——它的战列巡洋舰最初被用来袭击英国东海岸的港口，而主力舰队则负责提供远程掩护。期间，英国战列巡洋舰只与敌人进行过一次交

① 参见澳大利亚战争纪念馆（堪培拉），档案号 36，卷宗 1/3/5；乔伊·帕克，《似海之深》，第 7—8 页。

② 斯蒂芬·罗斯基尔，《海军元帅贝蒂伯爵小传：最后的海战英雄》（伦敦，科林斯出版社，1981 年出版），第 106—107 页。

③ 按照澳大利亚官方历史记录的做法，这一决定是在 1915 年 1 月 24 日的多格尔沙洲之战后做出的，但按照电报记录，这一说法并不正确。

④ 澳大利亚战争纪念馆（堪培拉），档案号 35 2/23，"海军部致帕蒂"，1915 年 1 月 20 日。

⑤ A.W. 约瑟，《澳大利亚官方一战史：1914—1918 年》第 9 卷"皇家澳大利亚海军"，第 262-263 页。

手——这就是 1915 年 1 月 24 日的多格尔沙洲之战（Battle of the Dogger Bank），它发生在"澳大利亚"号到来前几周。然而，由于英国战列巡洋舰部队的通信问题，德国人最终在丢下过时的装甲巡洋舰"布吕歇尔"号之后仓皇离去。

在整整四年的时间里，作为大舰队的一员，"澳大利亚"号也参与了一系列失败的截击公海舰队的尝试。期间，该舰还多次参与行动，为轻型舰艇部队在北海的编队训练和炮术训练提供掩护和支援。对于这些行动，我们将不再赘述，但有一个典型案例除外。

1916 年 1 月底，海军部了解到在斯卡格拉克海峡有一艘德国布雷舰出没。于是第 1 轻型巡洋舰分队（1st Light Cruiser Squadron）奉命前去搜索和拦截。1 月 26 日早晨，"澳大利亚"号和第 2 战列巡洋舰分队出航前去支援，但沿途一无所获，只得在仔细搜索挪威沿海之后返回了福斯湾。[1] 1916 年 3 月 10 日，战列巡洋舰再次出海，掩护轻型巡洋舰和驱逐舰前往纳泽角（Naze）已北的挪威沿海执行任务。[2] 4 月，英军又派遣驱逐舰穿过斯卡格拉克海峡，并绕过斯卡恩角（Skagen）进入卡特加特海峡（Katagegat），拦截从瑞典开往德国的运矿船。为应对德国轻型巡洋舰的反击，第 2 轻型巡洋舰分队将驻扎在斯卡恩角附近；作为重型支援部队，第 2 战列巡洋舰分队也会部署在斯卡格拉克海峡入口附近；同时，第 2 战列舰分队也会从斯卡帕湾前往该地区，阻止公海舰队袭扰战列巡洋舰。英军战列巡洋舰于 4 月 21 日起航。当天晚些时候，他们收到了整个公海舰队已经闻风出动的情报。因此，驱逐舰的行动被取消了，大舰队于 22 日集中在北海。然而，在从无线电中得知了英国舰队大举集结之后，公海舰队便取消了行动。接着，英国海军部也在 9 点意识到了这一情况。[3]

但就在战列巡洋舰部队抵达霍恩斯礁（Horns Reef）西北 75 海里处时，不幸突然降临到了"澳大利亚"号身上。22 日下午，这些军舰正排成横队，间隔 5 链，以 19.5 节的航速行驶。15 点 30 分，海面能见度变化不定，右舷紧邻"澳大利亚"号的"新西兰"号仍然依稀可见。15 点 33 分，雾气"突然笼罩"了舰队，能见度下降到了 50 码，"新西兰"号也不见了踪影。15 点 40 分，"澳大利亚"号按照预定的曲折航线开始向右转舵。15 点 43 分，"新西兰"号的舰首突然从雾气中显现。拉德克利夫上校立刻操纵"澳大利亚"号向左急转，并让左侧引擎倒车，但这一努力已无济于事——两艘军舰最终并排撞在了一处，导致"澳大利亚"号右舷严重受损。随着拉德克利夫上校关闭发动机，两艘军舰重新分开，"新西兰"号消失在了海雾中。接下来，"澳大利亚"号又开始半速前进。但 15 点 46 分，"新西兰"号再次出现在"澳大利亚"号的右前方，并从右向左驶近。

"澳大利亚"号再次尝试左转舵，但该舰的舰首还是擦过了"新西兰"号 P 炮塔的侧面。最终，两艘军舰又并排靠在了一起。双方都停下来评估破损状况，"新西兰"号就停泊在"澳大利亚"号右舷正横方向仅 30 或 40 码外。此时，这两艘船之间已经没有了任何好感，"澳大利亚"号上不当值的水兵立刻从箱子中抄起土豆向"新西兰"号扔去，双方的扩音器中则彼此传来一连串的辱骂。后来查明，"新西兰"号再次受了轻微伤，但"澳大利亚"号垂直隔壁的损伤已经到了需要额外支撑的地步。[4] 于是该舰以 12 节的航速前往罗塞斯，后来又加速到了 16 节。[5]

事后，"澳大利亚"号奉命前往纽卡斯尔评估损伤情况，但在当地，不幸再次降

① A.W. 约瑟，《澳大利亚官方一战史：1914—1918 年》第 9 卷"皇家澳大利亚海军"，第 271-272 页。

② 澳大利亚战争纪念馆（堪培拉），档案号 45 1/72。

③ A.W. 约瑟，《澳大利亚官方一战史：1914—1918 年》第 9 卷"皇家澳大利亚海军"，第 273-274 页。

④ 威廉·瓦尔纳，《"澳大利亚"号服役记，1914—1918 年：一名海军少年兵的战列巡洋舰底舱生活记录》（[新南威尔士州七山，第五感教育出版社，2014 年出版]，第 103 页。

⑤ 澳大利亚国家档案馆（堪培拉分馆），档案号 A6108 F51/1/6，"拉德克里夫致第 2 战列巡洋舰分队少将司令官的信"，1916 年 4 月 28 日。

临：当引航员将她带入浮船坞时，该舰的两个左侧螺旋桨撞上了船坞舱壁。其中内侧的螺旋桨后来被修复了，但外侧的螺旋桨则必须更换。就这样，该船只好驶向德文波特造船厂进行全面维修，并在 5 月 4 日抵达。6 月，拉德克利夫舰长在一封信中向澳大利亚海军驻伦敦代表通报了相关情况——由于英国海军部并未向澳方告知此事，直到此时，后者才从正式渠道得知了旗舰的受损状况。[1]同时，造船厂提前完成了维修。5 月 31 日，"澳大利亚"号重新出航前往罗塞斯。

但就在"澳大利亚"号北上重新加入舰队期间，有消息显示在北海爆发了海战。这次，公海舰队没有逃避——著名的日德兰海战由此打响。在 6 月 4 日重返现役时，"澳大利亚"号的舰员都因错过了战斗而倍感失望——因为在这次海战中，战列巡洋舰部队扮演了重要角色。然而，其中也有三艘友舰在战斗中爆炸沉没，只有个别舰员侥幸生还——这显示英国战列巡洋舰的设计和炮塔操作规程存在严重缺陷。在沉没的军舰中就有"澳大利亚"号的姐妹舰兼僚舰"不倦"号，毫无疑问，如果前者也遭遇了类似的情况，其结果对年轻的澳大利亚海军而言将是一场灾难。"澳大利亚"号是一座优秀的射击平台，其 12 英寸主炮也许将青史留名，但问题在于：历史没有"如果"。[2]

重新加入战列巡洋舰部队之后，"澳大利亚"号又在北海恢复了无休止的例行任务。8 月，莱因哈德·舍尔（Reinhard Scheer）海军上将对哈特尔浦（Hartlepool）发动了最后一次攻击，试图引诱大舰队进入一处潜艇陷阱。从电报中截获的情报为英军提供了警告，8 月 18 日，"澳大利亚"号和大舰队的其他单位一起出动，但不久之后，舍尔便意识到了大舰队已经出海，于是便转舵向威廉港驶去。[3]

在整个 1917 年，轻型舰艇部队充当了北海大部分作战的主角，至于战列巡洋舰

[1] 澳大利亚国家档案馆（堪培拉分馆），档案号 A6108 FS1/1/6，"拉德克里夫致澳大利亚联邦海军代表"，1916 年 6 月 6 日。
[2] A.W. 约瑟，《澳大利亚官方一战史：1914—1918 年》第 9 卷"皇家澳大利亚海军"，第 268 页。
[3] A.W. 约瑟，《澳大利亚官方一战史：1914—1918 年》第 9 卷"皇家澳大利亚海军"，第 275—278 页。

1919 年 5 月，在漫长的归国之旅中，"澳大利亚"号穿越了苏伊士运河。

① 参见：A.W. 约瑟，《澳大利亚官方一战史：1914—1918 年》第 9 卷 "皇家澳大利亚海军"，第 279 页；澳大利亚战争纪念馆（堪培拉），档案号 451/43。

② 澳大利亚战争纪念馆（堪培拉），档案号 451/44。

③ A.W. 约瑟，《澳大利亚官方一战史：1914—1918 年》第 9 卷 "皇家澳大利亚海军"，第 262 页和第 279 页。

的出海时间则主要花在了于罗塞斯和斯卡帕湾之间开展演习上。虽然也偶尔有拦截敌军袭击舰的任务，但这些任务大多都是徒劳：1917 年 11 月 3 日，第 2 战列巡洋舰分队便奉命赶往罗塞斯外海 120 海里处，拦截可能出没于此的敌军袭击舰队。[①] 10天后，英军战列巡洋舰又进行了一轮大规模调动。期间，其第 1 和第 2 分队奉命与 "大型轻型巡洋舰"——"勇敢" 号（HMS Courageous）和 "光荣" 号（HMS Glorious），以及第 1 轻型巡洋舰分队和驱逐舰会合，试图拦截可能从对纽卡斯尔地区的袭击中返航的德国舰只。但最终他们都一无所获。[②] 11 月 17 日，第 2 战列巡洋舰分队又接到指示开赴斯卡格拉克海峡附近的一处阵位，掩护第 4 轻型巡洋舰分队对卡特加特海峡（Kattegat）的突袭。12 月 12 日 "澳大利亚" 号再次发生碰撞事故——这次的碰撞对象是 "反击" 号（HMS Repulse）——并蒙受了较大的损害。该舰在船坞之中一直待到 30 日，在出坞当天，它还炮击了一艘可疑潜艇。[③]

　　1918 年 2 月 23 日，一封为特别行动召集志愿者的电报抵达，有 11 名舰员被抽调出来前往老式战列舰 "印度斯坦" 号（HMS Hindustan）上进行训练。他们参加了一项行动：在泽布吕赫（Zeebrugge）阻塞德国潜艇基地布鲁日（Bruges）和北海之间的运河。轮机上尉 W.H. 埃德加（W. H. V. Edgar）被任命为改装渡轮 "鸢尾花" 号（HMS Iris）上的轮机长——该船将负责伴随承担突击任务的老式巡洋舰——"惩罚" 号（HMS Vindictive）。另一些人则被编入了 "惩罚" 号上的突击分队，至于更多的人则被派到了充当阻塞船的巡洋舰 "忒提斯" 号（HMS Thetis）上。所有人的表现都非常优秀，当 "鸢尾花" 号遭遇猛烈火力打击时，埃德加上尉

最后的欢呼：1920 年 5 月 28日，在墨尔本的菲利普湾港（Port Phillip Bay），"澳大利亚" 号挂满舰旗，迎接威尔士亲王的检阅。

走上甲板，帮助打开了该船的发烟装置——因为这一表现，他获得了杰出服务十字勋章（Distinguished Service Cross）。另外，还有三名突击队成员获得了杰出服务奖章（Distinguished Service Medals），其中一名——D.J. 卢德（D. J. O. Rudd）海军下士——还被所在部队列入了颁发维多利亚十字勋章的候选人名单。此外，还有三人在公报中得到了表彰。[1]

在 7 月下旬之前，"澳大利亚"号一直在掩护布雷舰，后者当时正在布设所谓的"北部雷障"（Northern Barrage）。之后，"澳大利亚"号又在 9 月 7 日、9 月 27 日和 10 月 3 日参加了演习。[2] 10 月 28 日，"澳大利亚"号在罗塞斯入坞维修，并在当地迎来了 11 月 11 日——即停战协议签署的那一天。翌日，该舰返回了岗位。21 日，这艘战列巡洋舰参加了"ZZ"行动[3]，在福斯湾接受德国公海舰队投降。[4]德军先是以单纵阵驶来，然后在当地排成了分成两列的庞大舰队，其中战列舰和战列巡洋舰各居一列。随后，英军开始转舵，与德国舰队同向而行。各舰上军旗猎猎，澳大利亚国旗也在"澳大利亚"号舰首的旗杆上飘扬。[5]

作为第 2 战列巡洋舰分队的先头舰，"澳大利亚"号负责为左侧一列的无畏舰领航。这支强大的舰队驶入了福斯湾，14 点 30 分，德舰开始下锚。同时，第 2 战列巡洋舰分队则绕过押送德舰，让每个舰员都在停船前领略了这一壮观景象。期间，"澳大利亚"号负责监视战列巡洋舰"兴登堡"号（SMS Hindenburg）并向对方派遣了一支登船队。登船队报告称，德舰上没有任何异常举动。正如海军上士威廉·鲍威尔（William Hope Powell）所说："我们现在不用害怕了，德国佬的海军已经落入了我们手中。午夜时分，对德舰的监视取消了。"几天后，"澳大利亚"号与大舰队的其余舰只会合，将公海舰队从福斯湾护送至斯卡帕湾——在回到北海的乏味巡逻之前，该舰继续负责看守"兴登堡"号。

"澳大利亚"号的战争结束了。这段经历谈不上波澜壮阔：它只经历过一次"作战"，而目标还是一艘无武装的商船。它不仅没有追上施佩舰队，还错过了日德兰海战。但即便如此，这一切也并不是"澳大利亚"号的过错。不仅如此，无论是把施佩舰队赶出南太平洋，还是在北海执行任务，它都扮演了重要的角色。尤其是在后一类行动中，虽然它的任务卑微而又单调，但对于维持封锁而言却十分关键。它不仅削弱了德国的战争潜力，还保证了协约国的贸易航线总体没有遭到 U 艇的重创。[6]同时，它还为战列巡洋舰舰队（Battle Cruiser Fleet，1916 年 12 月由战列巡洋舰部队改名而来）提供了宝贵的增援，赋予了英军重要的数量优势。虽然"澳大利亚"号从来没有遭遇过敌人的炮击，但在部署到英国期间，疾病和意外依旧导致了 19 名官兵丧生。[7]

不快的归途：1919 年兵变

"澳大利亚"号的英国之旅于 1919 年 4 月 23 日结束——当时，它从朴次茅斯出发，在威尔士亲王和第一海务大臣、海军元帅罗斯林·威姆斯（Rosslyn Wemyss）爵士的目送下，一路向着本国驶去。当时，该舰的前桅飘扬着约翰·杜梅里克（John Saumarez Dumaresq）海军准将的宽幅三角旗。约翰·杜梅里克也是第一位于本地出生的澳大利亚分舰队司令官，他后来在青年时代来到英国并加入了英国皇家海军。他在技术方面天赋异禀，开发过一种测量距离变化速率的仪器——这种仪器后来以他的

[1] A.W. 约瑟，《澳大利亚官方一战史：1914—1918 年》第 9 卷"皇家澳大利亚海军"，第 281—282 页和第 592—593 页。

[2] 澳大利亚国家档案馆（堪培拉分馆），档案号 PR82/72，"C.F.G. 吉尔里上士的私人文书"。

[3] "ZZ"行动的命令可见 http://www.gwpda.org/naval/opzz.htm（2018 年 2 月访问）。

[4] 澳大利亚国家档案馆（堪培拉分馆），档案号 PR82/72，"C.F.G. 吉尔里上士的私人文书"。

[5] 澳大利亚战争纪念馆（堪培拉），档案号 PR00435，"威廉·鲍威尔的私人文书"。

[6] 参见澳大利亚战争纪念馆（堪培拉），档案号 45 1/73，"战列巡洋舰舰队少将司令致各舰队下属各位指挥官的信"，1916 年 12 月 3 日。关于增援的意义，请参见斯蒂芬·罗斯基尔，《海军元帅贝蒂伯爵小传：最后的海战英雄》，第 96 页和第 137—138 页；澳大利亚战争纪念馆（堪培拉）的第 45 1/73 号档案。

[7] 这一数字来自澳大利亚战争纪念馆的荣誉名册，网址为 http://www.awm.gov.au（2018 年 2 月访问）。

名字命名。他曾在大舰队中指挥过"悉尼"号，并在探索军舰搭载飞机的手段上做出了重大贡献。"澳大利亚"号此时的舰长是克劳德·坎伯里奇（Claud Cumberlege）海军上校，他整个战争期间都在澳大利亚海军服役。在 1914 年的太平洋行动期间，他曾担任驱逐舰舰长，后来又成了巡洋舰"布里斯班"号（HMAS Brisbane）的指挥官。至于军舰上的两位炮术军官，则分别是英国皇家海军的菲利普·维安（Philip Vian）海军上尉和哈罗德·伯勒（Harold Burrough）海军少校，他们都将在二战中青史留名。[1]

作为一位日光浴爱好者，坎伯里奇和当时的很多英国皇家海军军官一样，有一种人所共知的怪癖。维安在回忆录中写道：

在一个星期天的早晨，各水兵分队的成员都身着一号制服（No.1: Temperate ceremonial）在后甲板上列队等待检阅。随后，舰长和司令会从舱口走上来，经过各个分队前方，给他们加油鼓劲。接下来，这些人会从舷梯登上划艇，顶着太阳去岸上野餐。[2]

对于舰员们来说，这场战争已经太漫长了。而且毫无疑问的是，在 1918 年，随着时间的流逝，一种厌战情绪也开始在他们中间扩散开来。威廉·瓦尔纳这样回忆道：

长期的单调工作很容易在舰员当中引发问题。他们变得更为冲动易怒；在工作和个人关系层面，分歧也愈发频繁；流言蜚语不胫而走；嫉妒心也悄然滋生。这也是一段叛逆心态滋长、效率严重下降的时期。舰员们精神涣散……在过去几年里，舰上发生了许多变化。年轻人被从下级水兵的舱室中提拔上来；老面孔爬到了更高的位置；有些人离开了这艘军舰，去了亚得里亚海的澳大利亚驱逐舰上，新舰员则接过了他们的岗位。除了一两个老手之外，我们发现自己置身于一群陌生人中间。军官的调动也非常频繁。我们亲密而欢乐的大家庭正在瓦解。[3]

以上种种，再加上军官们一贯对舰员态度冰冷，以及后者对漫长战争的厌倦，最终在该船于 1919 年 5 月 28 日抵达西澳大利亚的弗里曼特尔（Fremantle）港时酿成了一场骚乱。面对弗里曼特尔和附近珀斯市市民的热烈欢迎，有谣言称，原定 6 月 1 日出发的"澳大利亚"号将推迟一天起航，以回报当地人的款待。当这条消息被证明子虚乌有，且该舰将在 6 月 1 日准时起航时，一队水兵（连续四天的狂欢之后，许多人已经变得肆无忌惮了）要求军舰推迟起航，以便在船上招待自己的朋友。不出所料，坎伯里奇上校拒绝了这一请求，并勒令他们立刻解散。然而，就在军舰准备出发时，舰上的锅炉工却经不住劝诱离开了岗位，直到军官和高级水兵命令其他人顶替之后，军舰才在几经耽搁之后顺利起航。经过内部调查，有 12 名舰员被控发动兵变，但只有五人被送上了军事法庭，其中就包括了二等水兵达尔摩顿·卢德（Dalmorton Rudd）——他曾因为在泽布鲁日的英勇表现而获得勋章，但在妻子去世后，由于酗酒犯下的违纪行为，他又被降职为二等水兵。这些舰员都被判处了一到两年不等的监禁。[4]

① 亨利·费克斯，《白舰旗·南十字：澳大利亚海军皇家舰船列传》，第 197 页。

② 菲利普·维安，《战斗在今日》[伦敦，弗雷德里克·穆勒出版社，1960 年出版]，第 14 页。

③ 威廉·瓦尔纳，《"澳大利亚"号服役记，1914—1918 年：一名海军少年兵的战列巡洋舰底舱生活记录》，第 161 页和第 163 页。

④ 参见澳大利亚国家档案馆（堪培拉分馆），档案号 MP1049/1 1919/0120；罗伯特·希斯洛普，"'澳大利亚'号兵变：1919 年政界·海军关系中一出被遗忘的插曲"，出自《澳大利亚公共行政期刊》第 29 辑（1970 年 9 月号）第 3 期，第 284—296 页；以及戴维·斯蒂芬斯，"'澳大利亚'号兵变"，出自克里斯托弗·贝尔与布鲁斯·埃勒曼主编的《20 世纪的海军兵变：国际视角下的观察》（伦敦，弗兰克·卡斯出版社，2003 年出版），第 123—144 页。

1923 年，作为预备舰被搁置在悉尼港的"澳大利亚"号。此时，该舰的副炮和测距仪（原本位于指挥桅楼上）都已被拆除。

　　该案件引起了公众的同情，议会参众两院都要求对涉事者进行宽大处理。于是，英国海军部（当骚动发生时，"澳大利亚"号依旧处于其管辖范围内）将判决的刑期减半，但理由不是量刑过重，而是犯人过于年轻。但事情并未就此结束，不待咨询联邦海军委员会，澳大利亚政府便要求赦免所有当事人——最终，他们的提议作为战后大赦的一部分获得了通过。由于不满政府的专断，再加上看到报纸上宣称赦免是由于判决过于严厉，杜梅里克和联邦海军委员会首席海军委员（First Naval Member）——海军少将珀西·格兰特（Percy Grant）爵士立刻提交了辞呈。但不久之后，他们便被勒令撤回辞呈——此时，政府已经同意宣传原判决的"公正和必要"，并强调只是因为停战大赦，才最终免除了对当事人的惩戒。[①] 至于"澳大利亚"号的回国访问仍在继续，在阿德莱德、墨尔本和悉尼，船员们都受到了热情款待，并在搭起的欢庆拱门下游览了整个城市。[②]

晚年

　　1919 年 4 月，海军部计划为部分舰只换装新武器，于是"澳大利亚"号上的 3 英寸和 4 英寸高射炮也被安装在 Mk-III 型炮架上的 4 英寸 Mk-V 型高炮所取代。其中，炮身是以 8720 英镑的价格正式订购的，并在 1920 年 6 月交付，至于炮架则在两个月之后运抵。[③] 该舰于 1920 年 12 月 15 日至 1921 年 2 月 23 日间在悉尼完成了改装，期间这些 4 英寸高射炮和配套的弹药库都被安置到了船上。此外，整修记录还显示，"澳大利亚"号的涡轮机依旧状态良好，在 1919 年 9 月 27 日的试航中，该舰跑出了 24.3 节的时速。[④] "澳大利亚"号还不时在例行的和平活动中亮相，其中一个例子是 1920 年 5 月 28 日在墨尔本菲利普港湾（Port Phillip Bay）举行的皇家澳大利亚海军首届舰队检阅，期间威尔士亲王也出现在了观礼台上。

① 参见澳大利亚国家档案馆（堪培拉分馆），档案号 MP472/1 5/19/11039，"第 260 号联邦海军命令，1919 年 12 月 24 日"；以及罗伯特·希斯洛普，"'澳大利亚'号兵变：1919 年政界-海军关系中一出被遗忘的插曲"，出自《澳大利亚公共行政期刊》第 29 辑（1970 年 9 月号）第 3 期，第 292 页。

② 澳大利亚国家档案馆（堪培拉分馆），档案号 MP472/1 1/1919/4290。

③ 澳大利亚国家档案馆（堪培拉分馆），档案号 MP124 612/202/100。

④ 澳大利亚国家档案馆（堪培拉分馆），档案号 A4141，"'澳大利亚'号（初代）舰船日志"。

早在 1924 年被凿沉之前，"澳大利亚"号的后部上层建筑便已拆除完毕，除了主炮之外的所有小艇和装备也被拆卸一空。

虽然"澳大利亚"号的状况良好，但澳大利亚联邦海军委员会却发现，这艘过时的大型战舰成了一种累赘——由于国防预算被削减，该舰的保养费用已显得过于高昂。不仅如此，澳大利亚还背负了巨额的战争债务，而惨重的伤亡也令公众不愿把钱花在军备上。此外，它在太平洋地区也没有多少用武之地。10 年前，装甲巡洋舰曾令约翰·费希尔爵士提心吊胆，但如今，这种威胁已荡然无存。德国和俄国海军已被战争和革命摧毁；至于法国和美国则没有表现出任何威胁。现在，唯一的假想敌只剩下了日本——在 1921 年《英日海军条约》（Anglo-Japanese Naval Treaty）作废之后，情况尤其如此。但面对日本海军的新式超无畏舰或战列巡洋舰，"澳大利亚"号都将毫无胜算——要迎战，它的战斗力太弱；要逃跑，它的航速又太慢。同样，对于巡逻和守卫交通线，"澳大利亚"号的作用也大不如前，在效率上甚至不及普通巡洋舰。

上述这些问题也反映在了皇家澳大利亚海军的战后定位上。在一次于槟城（Penang）举行的会议上，对于未来爆发的战争，与会的格兰特海军少将（即澳大利亚联邦海军委员会首席海军委员）、远东分舰队司令、中国分舰队司令等人认为，在澳大利亚海军中，只有轻型巡洋舰还能在本区域为大英帝国的武装力量贡献余热。而在 1921 年于伦敦召开的帝国会议（Imperial Conference）上，相关方面还决定，未来的远东海军政策将根据稍晚时候在华盛顿举行的海军裁军会议决定。[1] 期间，"澳大利亚"号被降格为警戒舰，并成了维多利亚州西港湾（Western Port Bay）弗林德斯（Flinders）海军基地"地狱犬"训练中心（HMAS Cerberus）的配属舰只。[2] 在这个

① 戴维·斯蒂芬斯，《澳大利亚防务世纪史，第 3 卷：皇家澳大利亚海军》，第 63 页。

② 参见 1921 年 3 月 21 日 "第 123 号联邦海军命令，1921 年 3 月 29 日"。

岗位上，"澳大利亚"号实际成了一艘固定的火炮和鱼雷训练舰，它的大炮则毫无用武之地——对战列巡洋舰来说，这种使命俨然是一种讽刺。1921 年 12 月，该舰返回悉尼，并转入预备役。

此时，该舰的生命已是所剩无几。根据 1922 年 2 月 6 日签署的《华盛顿海军条约》（Washington Naval Treaty），英国皇家海军的主力舰总吨将被限制为 525000 吨。当然，海军部决定只保留最现代化的战列舰和战列巡洋舰——确切地说，就是那些装有 13.5英寸主炮和 15 英寸主炮的舰只。鉴于"澳大利亚"号在战争中一直由英国海军部调遣，所以它也被算成了英国军舰，不仅如此，该舰还被专门列入了需要彻底处理的舰艇名录——不管是自沉还是拆解。这些规定想必非常受澳大利亚政府的欢迎，因为对他们来说，这实际是摆脱了一头既过时又昂贵的"白象"，同时还公开为世界裁军做出了贡献。

一项调查立刻启动，准备将"澳大利亚"号的 11 门 12 英寸火炮（八门在舰上，三门为备用）用于海岸防御。为此，澳大利亚陆军总长（Chief of the General Staff）H.G. 肖维尔（H. G. Chauvel）中将向驻伦敦陆军代表 T.A. 布列梅（T. A. Blamey）准将发去请求，希望了解英国陆军的意见。布列梅给出的回复是，英军只打算将 9.2 英寸和 15 英寸的火炮用于远程海岸防御（这些火炮最终安装在了新加坡）。此外，澳大利亚陆军还认为，他们可能找不到足够坚实的码头用于安置火炮和炮塔。不仅如此，该舰炮塔的驱动引擎也不适合在岸上使用，而新引擎则造价不菲。总而言之，肖维尔的建议是，不支持让这些火炮充当岸炮，它们应随军舰一道沉没。[1]

这艘战列巡洋舰的命运已被注定，公众在听到消息之后，一时间愤愤不平，此起彼伏的抗议证明了这艘旗舰对全体澳大利亚人的意义。阿德莱德市长召开公开会议，认为自沉是一种"亵渎"。有人提议将"澳大利亚"号用作训练船。[2]昆士兰妇女争取选举联盟（Queensland Women's Electoral League）要求将该船保存为博物馆，但最终她们还是承认，毁掉这艘军舰"符合澳大利亚的荣誉和《华盛顿条约》规定的裁军义务"。[3]对于民众保存"澳大利亚"号或让其改作他用（如防波堤或"移民宿舍"）的提议，官方都给出了同样的拒绝理由：为了遵守《华盛顿条约》，必须将其自沉或拆解。[4]

于是，"澳大利亚"号"被拆除得只剩下了船壳和装甲。在用于作战或航行的装备中，只有火炮依旧存留……有几个月，港口郊区的居民在周末一直被某种神秘的声音打扰：那是拆船队在实施爆破，以便从这艘行将就木的军舰上拆下一切有用之物。"[5]同时，军方还联系了海底电缆公司，确保沉船不会破坏他们的线路。[6]任何有用的东西都被移除了——它们要么被回收，供澳大利亚海军在其他领域使用，要么被直接出售。其中，泵机等物品流向了工厂，舰上的汽笛则吹响了新首都堪培拉发电厂动工和落成的哨声。其他物品——如 12 英寸舰炮的后膛和一部螺旋桨——则被送到了澳大利亚战争纪念馆（Australian War Memorial），它们在当地一直保存至今。

1924 年 4 月 12 日被指定为凿沉这艘旗舰的日子，在四艘拖船的牵引下，"澳大利亚"号从悉尼港驶出，海军上校亨利·费克斯（Henry Feakes）指挥的巡洋舰"布里斯班"号为其担任护送任务。这艘战列巡洋舰的状况看起来很糟糕，它的桅杆和战斗舰楼都已消失不见，中央烟囱倒在甲板上，附近有三门被捆在一起的备用主炮。

① 澳大利亚国家档案馆（堪培拉分馆），档案号 B197 1855/1/60；1865/1/65。

② 澳大利亚国家档案馆（堪培拉分馆），档案号 MP124 603/206/205。

③ 澳大利亚国家档案馆（堪培拉分馆），档案号 MP124 603/206/258。

④ 澳大利亚国家档案馆（堪培拉分馆），档案号 A458 M376/4。

⑤ 亨利·费克斯，《白舰旗-南十字：澳大利亚海军皇家舰船列传》，第 213 页。

⑥ 澳大利亚国家档案馆（堪培拉分馆），档案号 MP124 606/206/263。

① 亨利·费克斯,《白舰旗-南十字: 澳大利亚海军皇家舰船列传》, 第 213—214 页; 一部关于这次事件的影片可以在 http://www.abc.net.au/ news/2013-10-03/hmas-australia-our-first-flagship/4983200(2018 年 2 月)上找到。

② 亨利·费克斯,《白舰旗-南十字: 澳大利亚海军皇家舰船列传》, 第 214 页。

③ 皇家澳大利亚海军中心, "徒损其表还是伤筋动骨?", 出自《信号》期刊(2004 年 5 月号), 参见 http://www.navy.gov.au/media-room/ publications/semaphore-may-2004(2018 年 2 月访问)。

④ 非常感谢肯特·克劳福德(Kent Crawford)、内森·欧昆(Nathan Okun) 和阿德勒·赫梅洛·丰塞卡·德·卡斯特洛(Adler Homero Fonseca de Castro) 为作者澄清了与 12 英寸弹药储存和供应相关的重要事实。

⑤ 布拉德·邓肯、蒂姆·史密斯和斯特灵·史密斯,《"澳大利亚"号(初代)战列巡洋舰, 1910-1924: 残骸调查报告》(新南威尔士州帕拉马塔, 新南威尔士州环境与遗产办公室遗产科及总理和内阁部海洋遗产处, 2011 年出版), 亦可参见 http://www.environment.nsw.gov.au/ resources/heritagebranch/heritage/media/ hmasaustraliawreckinspectionrpt.pdf(2018 年 2 月访问)。

它周围的轮船和小艇上满载着从四面八方赶来的围观者。它的甲板上满是人们献上的花束。当抵达自沉位置后, 舰上的通海阀被打开, 自沉炸药也被引爆了。随后, "澳大利亚"号开始向左倾斜, 备用舰炮脱离固定, "从侧舷落入大海"。当时, 一支英国皇家海军的轻型巡洋舰分队正和"胡德"号带领的特勤分舰队 (Special Service Squadron) 一道访问澳大利亚, 它们也和"布里斯班"号一起, 向徐徐下沉的军舰齐鸣 21 响礼炮。"澳大利亚"号的沉没只用了 21 分钟的时间。随后, 舰队返回港口, "乐队奏起《海洋上的一生》(A life on the ocean wave), 一如从海军葬礼上返回时的例行程序"。①

遗产

当时, 有很多人认为凿沉"澳大利亚"号是错误的决定, 该舰理应拥有未来。费克斯在事件发生后写道, 他认为这是一个"悲剧性的错误"。②更令人惊讶的是, 这类观点一直延续至今。有人认为, 澳大利亚本可以拒绝签署《华盛顿海军条约》, 并以"装甲巡洋舰"的名义保留它。它还可以安装新引擎, 换装舰炮和火控设备。对于过时的 12 英寸舰炮, 澳大利亚政府可以购买剩余的炮管和弹药, 其中后者甚至可以从西班牙或巴西采购——这些国家都有安装着同一类主炮的军舰。这种观点最后争辩道, 此举不仅将使"澳大利亚"号凌驾于任何日军的重巡洋舰之上, 而且成本也仅与购买一艘新式的"郡"级(County class)重巡洋舰相当。③

但这种看法不仅违背了事实, 而且在逻辑上也站不住脚。20 世纪 20 年代早期, 由于澳大利亚在外交和海军方面都从属于英国, 所以这忤逆宗主国、逃避《华盛顿条约》想法非常不切实际。除此之外, "澳大利亚"号不仅很难成为日本重巡洋舰的克星, 反而更有可能沦为后者的猎物——因为后者往往以四艘为一个"战队"集体行动, 并拥有强大的鱼雷武器。不仅如此, 日本重巡洋舰还会得到战列舰分队的支援——从各个层面上来看, 它们都要比重建后的"澳大利亚"号更具威力。如果储存得当, 弹药也许够用, 但从海外获得供应的提议却存在问题: 西班牙确实生产了 12 英寸主炮的弹药, 但这项工作在 1936 年之后便宣告暂停了(参见"阿方索十三世"号一章), 至于巴西则根本没有做任何国产化的尝试(参见"米纳斯吉拉斯"号一章)。④总而言之, 让"澳大利亚"号沉入深海无疑是个更好的选择。"澳大利亚"号的残骸是在 1990 年的一次调查中被发现的, 2002 年人们用遥控潜航器对它进行了检查。结果发现, 它的船体是垂直入水的, 过程中还发生了翻转, 导致炮塔脱落并环绕在翻倒的残骸附近。⑤

"澳大利亚"号曾是一个年轻、自信的联邦的有力象征。它表明了这个国家倾力发展国防, 并保卫大英帝国的决心。不仅如此, 它还提前履行了这项使命——至少比在 1913 年 10 月注视它带领新舰队进入悉尼港的人们所期待的更早。它全程参与了摧毁德国在大洋洲的统治的行动, 并且充当着迫使施佩舰队驶往东太平洋的一个重要原因。之后, 它还为巩固协约国在北海的制海权做出了贡献——这一点又对战胜德国发挥了重要作用。但到了 1919 年, 海军技术和世界政治战略形势已经发生了天翻地覆的变化, 令该舰完全落后于时代。沉重的战争债务、军队的惨重损失, 以及荡然无存的年轻一代的自信心, 令战后的澳大利亚成了一个别样的国家——它不再像 1913 年时那样满怀信心地支持扩建海军。它那引以为豪的战列巡洋舰最终也消失在了波涛之下，并昭示了澳大利亚短暂历史上的一个时代的结束。

附录 1：大舰队中的生活

　　战列巡洋舰"澳大利亚"号上的生活和大舰队本身一样，具有高度组织化的特征，而这种严密的组织，最终又反映在雷打不动的纪律和条令上。来自悉尼的海军少年兵威廉·瓦尔纳这样回忆当时的经历：

　　我们有三种不同的工作：在港口时干的工作、出海时干的工作、作战时干的工作。比如在港口时，我是发信员，附属于通信部门，负责传递命令；在海上，我是前方 4 英寸舰炮的传令兵；在战时，我将担任枪炮少校的私人通讯员和传令兵。在白天出海时，我们通常会在舰上的某个特定部分工作，忙着打扫卫生或是展开其他常规工作。在海上，所有舰员分三批值班，他们分别被称为红组、白组和蓝组。在夜间，舰上将根据当值人员从传声筒中传来的命令展开防御。[①]

　　为了让舰队中的官兵不在巡航的间歇无所事事，英军可谓想尽办法、不遗余力。他们不仅提供电影放映，还在岸上修建了俱乐部，而有组织的体育竞赛也颇受欢迎，比如足球、橄榄球联赛和拳击锦标赛，以及让官兵保持身体健康的田径活动。[②]比如在 3 月 10 日，"澳大利亚"号的水兵便搭乘汽船在南昆斯费里（South Queensferry）上岸，远足四英里前往顿达斯岩（Dundas Rock），小憩之后又徒步返回，在岸上解散度过了这一天剩下的时间。[③]另一种给士兵找事做的办法是开放舰队内的车间，舰员可以在这里志愿务工支援前线。其中熟练工人用车床生产弹药机械部件和引信，普通工人被派去制作弹药袋、绳索垫圈和提手。从 1915 年 12 月引入生产计划到 1916 年 12 月 31 日，"澳大利亚"号一共生产了 84183 个供各种口径炮弹使用的垫圈，17349 块底板、310 条吊索和 320 部仪表。另外，还有数千个产品在战争结束前完工。[④]同时，舰员们也有自娱自乐的办法：组织音乐会、读书看报、打牌、玩传统的消遣游戏"乌克

① 威廉·瓦尔纳，《"澳大利亚"号服役记，1914—1918 年：一名海军少年兵的战列巡洋舰底舱生活记录》，第 62 页。

② 彼得·利德尔，《水兵的战争：1914—1918 年》（多塞特郡波尔，布兰福德出版社，1985 年出版），第 125—127 页。

③ 澳大利亚战争纪念馆（堪培拉），档案号 PR00435，"威廉·鲍威尔的私人文书"。

④ 澳大利亚战争纪念馆（堪培拉），档案号 45 1/74。

1924 年 4 月 12 日，在水兵们的注视下，"澳大利亚"号被拖到了悉尼角（Sydney Heads）。随着舰上的凿沉炸药被引爆，该舰在几分钟后徐徐向左倾覆沉没。

尔"[Ukker，是骰子游戏"卢多"（Ludo）中的一种]、抛硬币，以及玩"王冠和锚"（Crown and anchor）——一种需要用现金下注的非法赌博游戏。至于更多的时间，则用在了给世界另一端的亲友写信上——正所谓"家书抵万金"。此外，就是打扫卫生、保养设备。另外，舰上每隔几天就要例行补充200—250吨煤炭，以便使煤舱保持常满状态。

　　舰员离舰能否获得批准，将完全由勤务方面的情况来决定。军舰进港时会有短假，让舰员们上岸度过一个下午、晚上，甚至是通宵。军舰接受长期检修时会有长假，允许船员离船10到14天，隶属于"左舷"和"右舷"分队的值班人员将轮流在港口休息。与大舰队的驻地——荒凉的斯卡帕湾（Scapa Flow）不同，"澳大利亚"号的士兵们被分到了繁华的爱丁堡，一年两次的铁路免票可以让他们前往更远的地方。舰上的英国舰员可以探亲访友，但远离故土的澳大利亚人只能向灯火辉煌的伦敦等大城市寻求慰藉，那里不仅有俱乐部，还有女性的陪伴——在只有男舰员服役的军舰上，这些都是宝贵的存在。在当地，诸如艾格妮丝·韦斯顿女士皇家水手疗养所（Miss Agnes Weston's Royal Sailors' Rests）、基督教青年会（YMCA）和海军旗俱乐部（Union Jack Club）等组织都会提供食宿，而且价格也非常划算。[1]

　　"澳大利亚"号也是一个年轻军官的训练场，其中有些人注定要在未来的战争中成名。1916年12月，设在杰维斯湾（Jervis Bay）的澳大利亚皇家海军学院（Royal Australian Naval College）的首批学员毕业，在派往"澳大利亚"号的五名少尉中，就有约瑟夫·伯内特（Joseph Burnett）——后来，他在二战中担任"悉尼"号巡洋舰（HMAS Sydney）的舰长并随舰殉职。同样参加了二战的还有未来的澳大利亚皇家海军情报局局长鲁伯特·朗（Rupert Long）。在舰上，他们的表现得到了奥利弗·巴克豪斯（Oliver Backhouse，1916年12月14日，他从拉德克里夫上校手中接过了"澳大利亚"号舰长的职务）海军上校的赞扬。[2]另外12名少尉在1918年抵达，在这样一支大舰队中服役也为这些刚毕业的年轻人提供了无价的实习机会。[3]

　　不过可以肯定的是，舰上的大部分时光是单调乏味的，1918年掩护斯堪的纳维亚船队免遭德军攻击的行动就是一个典型。[4]担任电报员的威廉·鲍威尔（William Powell）军士长的日记为这些平淡的例行任务提供了一份记录：

　　4月22日，星期一，出海：6点45分日出。船队也大约在此时出现，22艘船，航速8节。大约上午11点，我舰抵达卑尔根外海，然后以16节的速度巡航，直到另一支船队出港。"回航"船队出现于下午3点，共36艘船。海面依旧波澜不惊。气温有点温暖。航向每五分钟交替改变三个罗经点。下午在主无线电室（Main Office）值班。下午1点从Ⅱ型无线电设备中收到了霍尔希（Horsea）发来的新闻。晚上无事可做。换岗时间在9点30分左右。[5]

　　然而，就算敌人遥不可及，危险却从未远去。1918年5月，F.C.达利（F.C.Darley）海军少校便凭借自己的冷静避免了一场浩劫：当时，一枚12英寸炮弹因为引信碰到凸出物而卡在了提弹机上。达利立刻清空了炮弹库和发射药库，并开始从事一项危险的工作——拆除挤压变形的引信。在将其扔到船外之后，他独自退回住舱抽烟。[6]此

① 彼得·利德尔，《水兵的战争：1914—1918年》，第133—136页。
② 澳大利亚战争纪念馆（堪培拉），档案号 MP472/1 5/17/6248。
③ A.W.约瑟，《澳大利亚官方一战史：1914—1918年》第9卷"皇家澳大利亚海军"，第279页和第475—476页。
④ 参见澳大利亚战争纪念馆（堪培拉）的第45 1/15号文件，其中介绍了1918年2月的一次行动。
⑤ 澳大利亚战争纪念馆（堪培拉），档案号 PR00435，"威廉·鲍威尔的私人文书"。
⑥ A.W.约瑟，《澳大利亚官方一战史：1914—1918年》第9卷"皇家澳大利亚海军"，第279页。

外，十足的苦差事也从来不缺。威廉·瓦尔纳便回忆了 1916 年年初一个糟糕的夜晚：

　　虽然舰桥上的人离水线 50 英尺，但还是被此起彼伏涌向防浪板和 A 炮塔的波涛打得浑身湿透。冰冷的海水从舰桥汹涌冲过，又聚在一处朝着后舰桥扑去，然后倾泻到下面的梯子上……从黑暗中传来干呕的声音。在干呕声之后，还会有一阵呻吟声从狂风巨浪中传出，接下来是呕吐物的味道。即使你不干呕，你的肚子也会不舒服。你的耳朵疼痛；你的鼻子堵塞；你的眼睛因凝视黑暗和狂风而酸胀。铁链不停撞在烟囱上嘎嘎作响。尽管我们都在祈求温暖，但烟囱散发出的热气还是让人感到慌张。午夜，换班……这天晚上，当我们走进两层甲板下的少年兵住舱时，发现两边都是齐腰高的水。随着军舰在波峰浪谷中前进，进水从前向后涌去，然后又从一侧冲向另一侧。就在我刚找到铺位时，一只水兵靴从我身边漂过。饮水盆像玩具船一样随波漂流。吊床悬挂在高处，离水很近，但我自己的吊床呢？它在网兜里会变成什么样子？啊！有些善良体贴的朋友把它挂了起来。我们都累了，爬上吊床也成了一种考验。由于找不到干燥的寝具，我们必须尽可能地脱光并擦干身体，然后赤身裸体爬到毯子中间。这需要做出很大的努力，比如像黑猩猩一样在吊床钩子之间晃来荡去，以避开涌动的积水。[1]

　　在这种情况下，停战自然给人一种如释重负的感觉。

附录 2："澳大利亚"号与海军航空兵

　　"澳大利亚"号为海军航空兵的早期发展做出了贡献。在整个 1917 年，英国军队进行了一系列从轻型巡洋舰和战列巡洋舰上起飞飞机的试验。1917 年 12 月 18 日，空军上尉 F.M. 福克斯（F. M. Fox）迎着 25 节的微风从战列巡洋舰的上层甲板升空。作为第 2 战列巡洋舰分舰队司令威廉·帕肯汉姆（他后来晋升为战列巡洋舰舰队司令）中将的继任者——海军少将亚瑟·莱维森（Arthur Leveson）希望试验继续进行，并在一座 12 英寸炮塔上安装了飞行甲板。1918 年 3 月 7 日，唐纳德（Donald）上尉驾驶索普威思（Sopwith）"一个半支柱"（1 1/2 Strutter）式飞机从 P 炮塔的平台上起飞，这也是从炮塔上起飞双座飞机的首次成功尝试。[2]另外，贝蒂将军还注意到了大型舰船搭载侦察飞机和校射飞机的可能性，并下令继续进行实验。[3]4 月 17 日，"澳大利亚"号上的舰载机安装了无线电装置，并在两天后参与了火炮射击演习。[4]战争结束时，多数大舰队的主力舰都配备了飞机。[5]

① 威廉·瓦尔纳，《"澳大利亚"号服役记，1914—1918 年：一名海军少年兵的战列巡洋舰底舱生活记录》，第 66—67 页。

② 澳大利亚官方历史显示这次试飞发生在 3 月 8 日，参见：A.W. 约瑟，《澳大利亚官方一战史：1914—1918 年》第 9 卷"皇家澳大利亚海军"，第 281 页。

③ 澳大利亚战争纪念馆（堪培拉），档案号 45 1/76。

④ 澳大利亚战争纪念馆（堪培拉），档案号 PR00435，"威廉·鲍威尔的私人文书"。

⑤ R.D. 莱曼，《一战中的海军航空兵：意义和影响》（伦敦，康威海事出版社，1898 年出版），第 114 页。

参考资料

未公开资料

- 澳大利亚战争纪念馆，堪培拉
- 官方档案
- AWM33、AWM35、AWM36、AWM45
- 私人档案
- 1DRL0353 第 2 部分：S.C.L. 霍奇金森（S.C.L.Hodgkinson）海军上尉的私人信函和杂项命令
- 1DRL0565：D.A. 夏普（D.A.Sharp）的私人文书
- 2DRL0032：G.D. 威廉斯（G.D.Williams）预备役海军上校的日记
- 2DRL0795：乔治·帕蒂将军的私人文书
- PR00435：W.H. 鲍威尔（W.H.Powell）的私人文书
- PR82/72：C.F.G. 吉尔里（C.F.G.Geary）上士的私人文书
- PR90/109：W.S. 罗兹（W.S.Rhoades）的私人文书
- 澳大利亚国家档案馆
- 堪培拉分馆
- A458、A4141、A6108、A11085/1
- 墨尔本分馆
- B197、MP124、MP472/1、MP1049/1
- 英国国家档案馆，基尤
- ADM 1、ADM 116、ADM 137

公开资料

- C.E.W. 比恩，《旗舰三部曲》（*Flagships Three*）[伦敦，阿尔斯顿河出版公司（Alston Rivers Ltd），1913 年出版]
- R.A. 伯特（R.A.Burt），《一战英国战列舰》（*British Battleships of World War Ⅰ*）[伦敦，武器与装甲出版社（Arms and Armour Press），1986 年出版]
- 布拉德·邓肯（Brad Duncan）、蒂姆·史密斯（Tim Smith）和斯特灵·史密斯（Stirling Smith），《"澳大利亚"号（初代）战列巡洋舰，1910—1924 年：残骸调查报告》（*Battlecruiser HMAS Australia (1) (1910–1924): Wreck Inspection Report*）[新南威尔士州（NSW）帕拉马塔，新南威尔士州环境与遗产办公室遗产科（Heritage Branch Office of Environment and Heritage, New South Wales）及总理和内阁部海洋遗产处（Department of Premier and Cabinet Maritime Heritage Unit），2011 年出版]，亦可参见 http://www.environment.nsw.gov.au/resources/heritagebranch/heritage/media/hmasaustraliawreckinspectionrpt.pdf（2018 年 2 月访问）
- 亨利·费克斯（Henry James Feakes），《白舰旗-南十字：澳大利亚海军皇家舰船列传》（*White Ensign – Southern Cross: A Story of the King's Ships of Australia's Navy*）[悉尼，尤尔·史密斯出版社（Ure Smith），1951 年出版]
- 诺曼·弗里德曼，《英国战列舰，1906—1946 年》（*The British Battleship, 1906-1946*）（南约克郡巴恩斯利，远航出版社，2015 年出版）
- 罗伯特·希斯洛普（Robert Hyslop），"'澳大利亚'号兵变：1919 年政界-海军关系中一出被遗忘的插曲"（Mutiny on HMAS Australia: A Forgotten Episode of 1919 Political-Naval Relations' in Australian），出自《澳大利亚公共行政期刊》（*Australian Journal of Public Administration*）第 29 辑（1970 年 9 月号）第 3 期，第 284—296 页
- 伊恩·约翰斯顿（Ian Johnston），《克莱德班克的战列巡洋舰：来自约翰·布朗船厂被遗忘的照片》（*Clydebank Battlecruisers: Forgotten Photographs from John Brown's Shipyard*）（南约克郡巴恩斯利，远航出版社，2011 年出版）
- 科林·琼斯（Colin Jones），《澳大利亚殖民地海军》（*Australian Colonial Navies*）（堪培拉，澳大利

亚战争纪念馆，1986 年出版）

- A.W. 约瑟（A. W. Jose），《澳大利亚官方一战史：1914—1918 年》（*Official History of Australia in the War of 1914-18*）第 9 卷"皇家澳大利亚海军"[悉尼，安古斯 & 罗宾森出版社（Angus & Robertson），1937 年出版]
- J.A. 拉诺兹（J. A. La Nauze），《阿尔弗雷德·迪肯：一部政治传记》（*Alfred Deakin: A Political Biography*）全 2 卷 [墨尔本，墨尔本大学出版社（Melbourne University Press），1965 年出版]
- 尼古拉斯·兰伯特（Nicholas Lambert），"经济还是帝国？分舰队设想与追求太平洋集体安全的努力，1909—1914 年"（Economy or Empire? The Fleet Unit Concept and the Quest for Collective Security in the Pacific, 1909–1914），出自格雷格·肯尼迪（Greg Kennedy）和凯斯·尼尔森（Keith Neilson）主编的《遥远的防线：唐纳德·舒尔曼纪念论文集》（*Far-Flung Lines: Essays on Imperial Defence in Honour of Donald Mackenzie Schurman*）（伦敦，弗兰克·卡斯出版社，1997 年出版）
- R.D. 莱曼（R.D.Layman），《一战中的海军航空兵：意义和影响》（*Naval Aviation in the First World War: Its Impact and Influence*）（伦敦，康威海事出版社，1898 年出版）
- 彼得·利德尔（Peter Liddle），《水兵的战争：1914—1918 年》（*The Sailors' War 1914-1918*）[多塞特郡（Dorset）波尔（Poole），布兰福德出版社（Blandford），1985 年出版]
- G.S. 迈坎迪（G.S.Macandie），《皇家澳大利亚海军的诞生：一部资料汇编》（*The Genesis of the Royal Australian Navy: A Compilation*）[悉尼，澳大利亚海军委员会（Australian Naval Board），1949 年出版]
- 亚瑟·马德尔（Arthur J. Marder）编辑，《一位海军上将的侧影：赫伯特·里奇蒙爵士的生平和著作》（*Portrait of an Admiral: The Life and Papers of Sir Herbert Richmond*）[伦敦，乔纳森·凯普出版社（Jonathan Cape），1952 年出版]
- 亚瑟·马德尔编辑，《敬畏上帝，无所畏惧：海军元帅希尔弗斯通勋爵费希尔通信集》（*Fear God and Dread Nought: The Correspondence of Admiral of the Fleet Lord Fisher of Kilverstone*）全 3 卷 伦敦，乔纳森·凯普出版社，1952—1959 年出版）
- 乔伊·帕克（Joy Packer），《似海之深》（*Deep as the Sea*）[伦敦，梅休因出版社（Methuen），1976 年出版]
- 菲利普·帕蒂（Phillip G.Pattee），《战斗在遥远海域：一战中的英国殖民地防务》（*At War in Distant Waters: British Colonial Defense in the Great War*）（安纳波利斯，美国海军学会出版社，2013 年出版）
- 安东尼·普雷斯顿（Antony Preston），《一战战列舰》（*Battleships of World War One*）（伦敦，武器与装甲出版社，1972 年出版）
- 约翰·罗伯茨（John Roberts），《战列巡洋舰》（*Battlecruisers*）[伦敦，查塔姆出版社（Chatam），1997 年出版]
- 斯蒂芬·罗斯基尔（Stephen Roskill），《海军元帅贝蒂伯爵小传：最后的海战英雄》（*Admiral of the Fleet Earl Beatty, the Last Naval Hero: An Intimate Biography*）[伦敦，科林斯出版社（Collins），1981 年出版]
- 皇家澳大利亚海军中心（Royal Australian Navy Sea Power Centre），"徒损其表还是伤筋动骨？"（A Loss More Symbolic than Material?），出自《信号》（*Semaphore*）期刊（2004 年 5 月号），参见 http://www.navy.gov.au/media-room/publications/semaphore-may-2004（2018 年 2 月访问）
- 戴维·斯蒂芬斯（David Stevens），《澳大利亚防务世纪史，第 3 卷：皇家澳大利亚海军》（*The Australian Centenary History of Defence. III : The Royal Australian Navy*）[南墨尔本（South Melbourne），牛津大学出版社（Oxford University Press），2001 年出版]
- 戴维·斯蒂芬斯，"'澳大利亚'号兵变"（The HMAS Australia Mutiny），出自克里斯托弗·贝尔与布鲁斯·埃勒曼主编的《20 世纪的海军兵变：国际视角下的观察》（伦敦，弗兰克·卡斯出版社，2003 年出版），第 123—144 页
- 海军元帅菲利普·维安爵士，《战斗在今日》（*Action This Day*）[伦敦，弗雷德里克·穆勒出版社（Frederick Muller），1960 年出版]
- 威廉·瓦尔纳，《"澳大利亚"号服役记，1914—1918 年：一名海军少年兵的战列巡洋舰底舱生活记录》（*Onboard HMAS Australia, 1914-1918: A Boy's Recollections of Life on the Lower Deck of the Battle Cruiser*）[新南威尔士州七山（Seven Hills），第五感教育出版社（Five Senses Education），2014 年出版]
- D.B. 沃特森（D.B.Waterson），"贾斯丁·福克斯顿，1849—1916 年"（Justin Fox Greenlaw Foxton, 1849-1916），出自《澳大利亚名人传记大辞典》（*Australian Dictionary of Biography*），澳洲国立大学（Australian National University）国家名人传记中心（National Centre of Biography）编纂，参见 http://adb.anu.edu.au/biography/foxtonjustin-fox-greenlaw-6230/text10719（2018 年 2 月访问）

智利海军

战列舰"拉托雷海军上将"号（1913 年）

作者：卡洛斯·特罗姆本，费尔南多·威尔森

1879 至 1883 年，发生在智利、秘鲁和玻利维亚之间的太平洋战争，令智利海军成了南美最强大的海上力量之一。[1]在那场冲突中，海军在一系列战斗中获得了制海权，成功摧毁或俘获了大部分秘鲁舰队，然后在两栖作战中支援陆军占领了塔拉帕卡省（Tarapacá）和利马，并切断了玻利维亚与大海的联系。八年后，海军又在 1891 年智利内战中为国会一方的胜利提供了重要支持——在当年年底，国会海军的司令豪尔赫·蒙特（Jorge Montt）海军上校最终取代了独裁者何塞·巴尔马塞达（José Manuel Balmaceda），成为智利总统。也正是因为如此，海军在智利社会中可谓举足轻重，而于 19 世纪 90 年代初与阿根廷开展的海军竞赛，更让它在整个地区如日中天。至于它 1911 年从英国订购的两艘战列舰，更充当了这种扩张的终极宣告，它的首舰正是"拉托雷海军上将"——南半球仅有的超无畏舰。

军备竞赛

智利与阿根廷的海军竞赛源于两国的边界纠纷，其中的一处焦点是阿塔卡马北

① 本文的编辑感谢智利瓦尔帕莱索国家博物馆的皮耶罗·卡斯塔涅托（Piero Castagneto）和塞西莉亚·古兹曼（Cecilia Guzmán）为本文配图提供的慷慨帮助。

10 门 14 英寸主炮同时开火的"拉托雷海军上将"号——它是 20 世纪上半叶南半球最强大的军舰。

部，另一处则是美洲大陆最南端。但在 1902 年，通过所谓的"五月公约"（见"加里波第"号一章），双方最终和平解决了争端。"五月公约"的名称来自当年 5 月 28 日在圣地亚哥签署的一揽子协定，也是两个现代国家之间的第一份海上裁军条约。虽然在协议中，智利不仅保住了大部分争议领土，还巩固了对麦哲伦海峡和合恩角的主权，但海军仍对其中的内容感到失望，因为它规定停止五年的海军采购，还必须放弃所有已订购或建造中的军舰。虽然按照"五月公约"，两国舰队应保持 1：1 的吨位，对经济体量远不如阿根廷的智利来说，这算得上是某种利好消息——但即使如此，智利海军还是发现自己吃了很大的亏。按照条约，阿根廷需要放弃两艘"加里波第"级装甲巡洋舰，但同型舰还剩下四艘；而智利却需要出售英国船厂建造的两艘前无畏型战列舰，这两艘军舰正处于收尾阶段，对于反制阿根廷人之前的采购极为关键。[①]

也正是因为如此，这种缓和注定是暂时的。1906 年，两国的理论均势被再次打破，因为在拉丁美洲突然杀出了第三支力量——巴西海军。不仅如此，他们还迈出了意想不到的一大步——订购了两艘现代化的主力舰，而且它们都是参照革命性的战列舰"无畏"号设计而成的。这两艘军舰就是"米纳斯吉拉斯"级（参见同名章节）——作为当时全球最大的军舰，它们也在地区军力平衡领域激起了轩然大波。作为南美洲在大西洋沿岸的第二大强国，阿根廷与巴西存在长期的对立关系，面对老对手的挑战，阿根廷正式通知智利：为应对上述威胁，它将在时隔五年后恢复主力舰的采购。

阿根廷迅速向伦敦派遣了一个海军代表团，并在 1908 年发出了两艘战列舰的招标邀请。在此期间，代表团的团长——奥诺弗雷·贝特贝德（Onofre Betbeder）采用了一种非常规的方式，即只发布模糊的技术需求，以便让各个造船厂自由提交设计方案，从而创造更多的选择余地。然而，就在各个竞标人提交方案后不久，贝特贝德立刻宣布之前的竞标无效，随后，他还给出了全新的参数要求，这些要求都是对已提交方案进行详细研究后重新制订的。不难想见，这一做法引起了国际舆论的公愤，很多公司感到商业秘密遭受侵犯，并为此提出索赔，还有一些公司拒绝参与第二阶段的竞争。尽管如此，在 1910 年，还是有一家美国财团获得了合同，该财团由马萨诸塞州昆西市的福尔河造船厂和新泽西州卡姆登的纽约造船公司组成，给出的单舰造价为 2214000 英镑——比第二名整整低了 25 万英镑。由此诞生了"里瓦达维亚"级（Rivadavia class），它也是欧洲以外建造的唯一一种出口型无畏舰。[②]

由于巴西和阿根廷都已订购了无畏舰，很明显，如果智利要想保住地位，就不能简单地跟进。不仅如此，该国的主力舰已几乎完全过时——其中包括两艘英国建造的装甲巡洋舰（即 1896 年下水的"埃斯梅拉达"号和 1897 年下水的"奥希金

豪尔赫·蒙特（1845—1922 年）海军中将，智利海军总司令兼共和国总统。

① 参见：罗德里戈·富恩萨利达，《智利海军史：从草创到成立 150 周年》4 卷本（瓦尔帕莱索，海军出版社，1975—1978 年出版），第 4 卷，第 1085—1086 页；吉列尔莫·阿罗约，《智利的海军军购：一份批判性研究》（瓦尔帕莱索，智利海军出版，1940 年出版），第 12—13 页。

② 巴勃罗·阿尔甘德吉，《阿根廷海军舰船纪事，1810—1970 年》7 卷本（布宜诺斯艾利斯，美国海军学会出版社，1972 年出版），第 5 卷，第 2192 页和第 2202 页。

斯"号）、法国制造的二等战列舰"普拉特舰长"号（1890年下水），以及在1892—1902年年间竣工的五艘防护巡洋舰。面对这种情况，智利国会在独立一百周年之际提出了所谓的"百年计划"（Programa del Centenario，其名称即取自独立一百周年这一历史事件），它于1910年7月9日获得立法通过，并授权划拨了折合约348万英镑的军舰建造支出，其中包括了一艘战列舰的采购费用，以及

胡安·何塞·拉托雷（1846—1912年）：1879年10月，他指挥智利舰队在安加莫斯海战（Battle of Angamos）中一举击败了秘鲁海军。智利海军中的唯一一艘战列舰便是以他的名字来命名的。本照片拍摄于1873年前后，他担任海军少校时。

92万英镑的岸防工事建造费用和8万英镑的海军船坞扩建费用。但这还不是全部。1911年10月23日，智利又在第二项法案中授权贷款350万英镑，并将部分资金用于购买第二艘战列舰。此时，其计划采购的舰船总数已经达到了两艘超无畏舰、六艘驱逐领舰和两艘潜艇。[1]

投标

正是因此，智利成了第三个计划购买无畏舰的南美洲国家。此时，英国和德国之间的海军竞赛正如火如荼。从一开始，智利人的计划就引起了外交和商业领域的极大关注。为推销产品和展示优点，各大军舰制造商都使出浑身解数。面对铺天盖地的营销攻势，智利当局一度无所适从。然而，出于历史传统等原因，智利人显然更倾向于英国：自19世纪初获得独立以来，英国便一直是它的强大盟友和重要投资方。不仅如此，它还在这段时间提供了大量海军建设和技术领域的经验知识。一个典型的例子是智利海军与设计师爱德华·里德（Edward Reed）的长期合作：它始于1873年，随后，里德便一直担任着智利驻伦敦使团的造舰顾问。在其催生的订单之中，就包括了1873年在赫尔（Hull）的厄尔（Earle）船厂动工的中央炮位铁甲舰"科克伦海军上将"号（Almirante Cochrane）和"布兰科·恩卡拉达"号（Blanco Encalada）。接下来的25年里，阿姆斯特朗公司的埃尔斯维克船厂（位于泰恩河畔纽卡斯尔）更是成了智利人的重要合作伙伴。1901年11月，里德访问智利，随后，他从该国政府手中接受委托，设计他们向阿姆斯特朗和维克斯公司订购的两艘战列舰。这两艘军舰就是"宪法"号和"自由"号，由于"五月公约"的签署，它们最终被英国皇家海军

[1] 参见杰拉德·伍德海军中将，"战列舰'拉托雷海军上将'号"，出自《海军杂志》第105辑（1988年）第3期，第258页；罗德里戈·富恩萨利达，《智利海军史：从草创到成立150周年》4卷本（瓦尔帕莱索，海军出版社，1975—1978年出版），第4卷，第1107页及后续内容。

买下，并改名为"敏捷"和"凯旋"。虽然对于其他供应商，智利人也一度心动，但这并未改变他们对英国产品的热爱。这一点也在一件事情上体现得淋漓尽致：在购舰计划酝酿期间，智利海军总司令兼前总统豪尔赫·蒙特中将曾与德国驻圣地亚哥公使汉斯·冯·博德曼男爵（Hans Freiherr von und zu Bodman）进行过一次长谈，在会晤中，博德曼夸耀了本国海军的建设成果。但蒙特却反驳说，虽然他毫不怀疑公使先生的说法，但除非德国海军打赢了一场海上战争，否则，他就将始终坚定地认为，只有英国人才能造出世界上最好的军舰。[1]

抛开这件轶事不论，智利还有必要在各个竞标人之间保持一种微妙的平衡，特别是德国和美国。作为贸易伙伴，它们的地位正冉冉上升，不仅如此，两国还都在智利投入了大量资本。也正是这种考虑，令智利人最终制订了一份别具意味的投标邀请，其中允许所有国家参与船体的竞标，但火炮、装甲和动力系统必须由英国公司承造。[2]也正是因为这一点，导致无论是对具体的某艘舰只，还是整个项目，英国公司都可以给出最优的出价。

另外，智利在采购案中选择英国也表明，他们受到了国内舆论界的压力。这种情况可能源自一个事实：随着智利在南美洲的崛起，美国变得愈发焦虑不安，这一点又反过来引发了智利人的反美情绪——在 19 世纪 90 年代，这种情绪曾被多次点燃。[3]经过一番谈判，两艘战列舰的合同最终于 1911 年 7 月 25 日被阿姆斯特朗公司摘得，其中每艘战列舰的造价为 2339190 英镑，另外，智方还将购买 93000 英镑的备件和弹药。1911 年 8 月 5 日，政府给予了上述支出法律授权。[4]

最初，这两艘军舰计划分别以该国的主要港口和首都——瓦尔帕莱索和圣地亚哥命名，但在民族英雄胡安·拉托雷（Juan José Latorre）将军于 1912 年 7 月去世后，它们又被更名为"拉托雷海军上将"号和"科克伦海军上将"号。在 1879 年 10 月，拉托雷曾在安加莫斯（Angamos）海战中大败秘鲁舰队——使得太平洋战争的战局出现了有利于智利的转折；至于另一艘战列舰则纪念的是来自苏格兰的顿唐纳德勋爵——托马斯·科克伦（Thomas Cochrane, Earl of Dundonald，1775—1860），他曾两度于英国皇家海军服役，并在 1818 年带领智利历史上的第一支舰队打赢了对西班牙的独立战争。因此，这两位英雄也代表了智利海军史上最辉煌的两个时代，并足以配得上无畏舰的骄傲与荣誉。

设计与防护

这两艘智利战列舰由阿姆斯特朗公司的首席海军工程师约西亚·佩雷特和设计局局长尤斯塔斯·特尼森 - 戴因科特联合设计。经过共同努力，他们在 1911 年 4 月 4 日提交了五个方案。其蓝本是英国皇家海军的战列舰"英王乔治五世"号（HMS King George V），并体现了英国在造舰领域的高超水平。[5]这对智利方面自然大有好处：毕竟，这些设计都是英德海军竞赛巅峰时期的成果，现在，他们可以直接拿来壮大自己，并让国民欢欣鼓舞。不过，考虑到服务对象的巨大差异，阿姆斯特朗公司也在防护、武器和动力系统方面做了重大修改，以满足智利方面的特殊需求。

选定的设计代号为 696A，其长度为 661 英尺，宽 92 英尺，标准载重状态下的吃水深度为 28 英尺，排水量 28600 吨。这些智利战列舰从设计之初便把阿根廷在美国

① 里卡多·库尤姆基扬，"'百年计划'和'拉托雷海军上将'号战列舰"，出自《第 4 届拉丁美洲海军和海事历史大会丛刊》（马德里，海军历史与文化学会，1999 年出版），第 206 页。

② 里卡多·库尤姆基扬，"'百年计划'和'拉托雷海军上将'号战列舰"，出自《第 4 届拉丁美洲海军和海事历史大会丛刊》，第 204—206 页。

③ 威廉·萨特，《智利和美国：冲突中的大国》（佐治亚州亚森斯，佐治亚大学出版社，1990 年出版）

④ 参见：海军历史档案馆（瓦尔帕莱索），《"拉托雷海军上将"号战列舰史》，第 1 卷，第 2 页；相关信息亦见于：伊恩·约翰斯顿和伊恩·巴克斯顿，《战舰建造者：英国主力舰的建造和武装》（南约克郡的巴恩斯利，远航出版社，2013 年出版），第 281 页。

⑤ 海军历史档案馆（瓦尔帕莱索），《"拉托雷海军上将"号战列舰史》，第 1 卷，第 3 页。

建造的"里瓦达维亚"级当成了假想敌，按照设计，它们将足以承受后者12英寸炮弹的打击。安装在"里瓦达维亚"号上的50倍径主炮的炮口初速较高——达到了每秒2900英尺，但弹头质量较轻——约为870磅（具体重量因弹药种类而异）。该舰安装了最大厚度为9英寸的垂直装甲——因为根据一战前流行的战术思想，这一设计足以为"拉托雷"号提供充足的防护，尽管后来遭到了不少评论人士的抨击，但他们不仅无视了其设计在战术层面的考虑，而且还忽略了这种要求实际是智利海军高层早在1909年时提出的。炮塔及基座的最大装甲厚度为10英寸，但与"伊丽莎白女王"级（Queen Elizabeth class）之前的所有英军战列舰一样，其单层水平甲板的最大装甲厚度最多只有1英寸，只有在弹药库上方，其厚度才会增加到4英寸。

在一名枪炮士官的监督下，舰员们正在清理"拉托雷海军上将"号的3号炮塔（之前的"Q"炮塔）的右舷炮管。

武器

虽然英国皇家海军早在1909年便开始为"俄里翁"级（Orion class）战列舰装备13.5英寸主炮，但在1911年时，美国和日本海军已经开始建造装备14英寸主炮的军舰。其中一个代表就是1910年授权动工的"纽约"级（New York class）。但相较之下，更值得一提的是"金刚"级战列巡洋舰——其首舰于1911年1月在维克斯公司的巴罗因弗内斯船厂动工，并安装了维克斯工厂自主设计和生产的八门14英寸主炮。由于智利方面还未得知这种武器详细数据，"拉托雷海军上将"号最终装备了由阿姆斯特朗公司设计和生产的另一种新式14英寸45倍径主炮，该火炮的全重为

① 约翰·坎贝尔，《二战海战武器》（伦敦，康威海事出版社，1985 年出版），第 379 页。

② 海军历史档案馆（瓦尔帕莱索），《"拉托雷海军上将"号战列舰舰史》，第 1 卷，第 13 页。

③ 参见：海军历史档案馆（瓦尔帕莱索），杰拉德·伍德海军中将，《战列舰"拉托雷海军上将"号，日德兰海战的最后战士》（未发表手稿），第 27 页；杰拉德·伍德海军中将，《战列舰"拉托雷海军上将"号》，出自《海军杂志》第 105 辑（1988 年）第 3 期，第 259 页。

④ 参见：杰拉德·伍德海军中将，《战列舰'拉托雷海军上将'号》，出自《海军杂志》第 105 辑（1988 年）第 3 期，第 262 页；诺曼·弗里德曼，《英国战列舰，1906—1946 年》（南约克郡巴恩斯利，远航出版社，2015 年出版），第 168 页。

85 吨。由于这种火炮符合英国的口径标准，而且在被美国海军采用后，也可能在全球范围内通用，因此可以推断，为"拉托雷"号安装这种主炮很可能是阿姆斯特朗公司主动提议的结果。此时，闻名遐迩的 Mk-Ⅰ型 15 英寸舰炮仍然在维克斯公司处于早期设计阶段，并没有在谈判中透露给智利方面。不过显而易见，智利渴望更大口径的火炮，以便使两艘战列舰拥有压倒性的战斗力。

与"米纳斯吉拉斯"级和"里瓦达维亚"级重 850—870 磅的炮弹相比，"拉托雷"号主炮的炮弹重量约为 1400—1586 磅，从而给智利海军带来决定性的优势。在结构方面，该舰的主炮和近代英军的其他舰炮相同，采用了钢丝紧固式的身管生产工艺（Wire-Wound Gun Construction），拥有最大 20 度的仰角，任意角度装填能力，在备弹间分开的两段式提弹机（Hoists Broken At The Working Chamber）、分为四部分的发射药，以及位于发射药库下方的炮弹库——其中一共可以容纳 1106 枚弹药。①

在智利海军服役期间，"拉托雷海军上将"号的两座舰尾炮塔分别被改名为 4 号炮塔和 5 号炮塔。照片中，它们正在转向左舷。紧靠 4 号炮塔的甲板结构是鱼雷指挥塔，其上方是一座中型测距仪。本照片拍摄于 20 世纪 20 年代，后来这些设备在 1929—1931 年年间被拆除。

在副炮方面，该舰原计划安装 27 门 45 倍径的 4.7 英寸炮。然而，根据驱逐舰设计的发展，设计者决定用数量更少的重型火炮取代上述布置，最终，该舰换装了 16 门 50 倍径的 6 英寸火炮，并为此额外花费了 154000 英镑。②另外，为抵御现代化驱逐舰的攻击，该舰还相应调整了装甲布局。在接受上述改装之后，军舰的纵向稳定性发生了变化：其前方增加了 213 吨压载物，导致重心前移了 1 英尺，这一问题直到 1929—1931 年在安装鼓出部时才得到解决。③至于武器系统本身，按照一份报告所述，由于安装了改进型扬弹机，"拉托雷海军上将"号 6 英寸火炮的射击速度达到了每分钟 5.5 发，相比之下，英军大舰队各舰的标准射速只有三分钟一发。另外，和主炮的情况一样，该舰每门副炮的备弹量也比英国皇家海军更多。④除了最初安装的 6 英寸舰炮之外，1916 年后，英军还为其上层建筑安装了两门 3 英寸高射炮和四门霍奇基斯 1.85 英寸礼炮。

在该舰的设计中，还包括了四具埃尔斯维克型 21 英寸水下鱼雷发射管，其中前方的两具与中心线成 80 度角，后方两具的偏角为 100 度。不过，在"拉托雷海军上将"号以"加拿大"号（HMS Canada）的身份在英国皇家海军服役期间，没有记录显示它们曾派上过用场[1]，同样，在为智利海军效力期间，它们也没有留下相关的使用证据——最终，它们消失在了 1929—1931 年的大改装期间。[2]

动力

在速度方面，智利海军也做了细致的要求，这一点同样影响了新战列舰的建造。智利人之所以如此，是汲取了 1879 年太平洋战争和 1891 年内战中的经验，期间，智利海军都在拦截敌军时遭遇了极大困难。在这两场战争中，武器处于劣势的舰只经常可以凭借速度逃之夭夭：1879 年 5—10 月间秘鲁炮塔铁甲舰"胡阿斯卡"号（Huáscar）和 1891 年 1 月国会军辅助巡洋舰"帝国港"号（Imperial）的行动都是如此。也正是因此，智利海军对快速的军舰格外偏爱，1890 年下水的二等战列舰"普拉特舰长"号和 1896 年下水的防护巡洋舰"埃斯梅拉达"号的设计就是最好的例证。另外，这种趋势也体现在了 1901 年订购的前无畏舰"宪法"号和"自由"号（即后来的"敏捷"号和"凯旋"号）上，其最高航速可以达到 19 节。对"拉托雷海军上将"号而言，正是这种考虑，让原先英国设计中的大型亚罗粗管锅炉从 18 部增加到了 21 部，并让功率从 31000 轴马力提升到了 37000 轴马力，进而使其航速从 21 节提升到了 24 节。这次调整也影响了该舰四个锅炉舱的布置，为此，设计师加长了船体和后烟囱，其中后一种变化也充当了该舰不同于其余英国无畏舰的一个鲜明特征。该舰的动力系统各包括了两部布朗 - 柯蒂斯高压涡轮机和两部帕森斯（Parsons）低压涡轮机，它们分别建造于克莱德班克和泰恩河畔的沃尔森德（Wallsend on Tyne），其中采用了煤油混烧的设计，燃料最大装载量为 3300 吨煤和 520 吨重油，在 10 节航速时的最大航程为 4400 英里。但按照智利方面的测算，在使用国产烟煤时，该船的经济航速为 10.5 节，最大航程为 3360 英里；换言之，此时的煤炭消耗量较使用无烟煤 [智利海军曾在塔尔卡瓦诺（Talcahuano）储存了一批这种燃料以备不时之需] 时高出了 25%。[3]但在 1929—1931 年接受改装之前，"拉托雷"号并没有留下使用重油时的航行表现记录。

在两艘智利战列舰的设计中，有一个方面值得注意：其混烧锅炉的输出远远超过了发动机全速运转支持的最高负荷。事实上，只需要 6540 轴马力的功率，"拉托雷海军上将"号就可以达到 13.5 节的巡航速度。虽然在目前，上述情况还没有令人信服的解释，

① 关于"加拿大"号的相关情况，可参见 http://www.dreadnoughtproject.org/tfs/index.php/H.M.S._Canada_(1913)。

② 海军历史档案馆（瓦尔帕莱索），"智利海军代表团的第 452 号信件"，1927 年 6 月 9 日。

③ 杰拉德·伍德海军中将，"战列舰'拉托雷海军上将'号"，出自《海军杂志》第 105 辑（1988 年）第 3 期，第 269 页。

在 20 世纪 20 年代后期一次相对罕见的远航期间，从飞机上拍摄的"拉托雷海军上将"号的后甲板。

1913 年 11 月 27 日，"拉托雷海军
上将"号的舰体骤然滑入泰恩河。

但其原因可能在于，南美三国海军虽然都下大力气购买无畏舰等先进舰船，但后勤
机构的能力却未必与之相称，同样，他们也很难熟练操作和维护这些复杂的新武
器——无论技术人员还是岸上设施都是如此。根据这种猜测，该舰的锅炉动力输出之
所以远远过剩，可能是因为设计者希望，即便某些锅炉因维修停止工作，或者后勤出
现装备和人员领域的问题，该舰的战术表现也不会受到影响。

　　但当"拉托雷海军上将"号以"加拿大"号的身份进入英国皇家海军后不久，
这种锅炉输出过剩的情况便导致了意外后果（见下文）。当时，英军对该舰的技术数
据几乎陌生，再加上移交期间的大环境，他们并没有执行正规的接收流程，正是在这
种情况下，"加拿大"号的第一任舰长威廉·尼科尔森（William C.M.Nicholson）海军
上校利用首航前往斯卡帕湾舰队锚地的机会，在 1915 年 10 月 14 至 15 日间进行了一
系列非正式测试。当开足马力的命令下达时，该舰输出功率达到了 55410 轴马力，在
123 磅 / 平方英寸的锅炉压强下，其引擎转速也飙升到每分钟 338.5 转——较 80 磅 /
平方英寸的设计压强超出了 50% 有余。毫不奇怪，在高压蒸汽轮机上，直接连接蒸
汽管的气缸密封件很快失灵了，并导致了严重的损坏和动力下降。而且由于压强超
过了轮机的设计承受力，位于克莱德班克的蒸汽轮机制造商约翰·布朗公司（John
Brown & Co）拒绝承担责任。虽然在 1916 年 7 月和 11 月，"加拿大"号临时补救了
蒸汽泄露问题，但在英国服役期间，上述损坏从未得到过完全修复，使其战时的最

邀请宾客参加智利"一等战列舰"
下水典礼的邀请函。

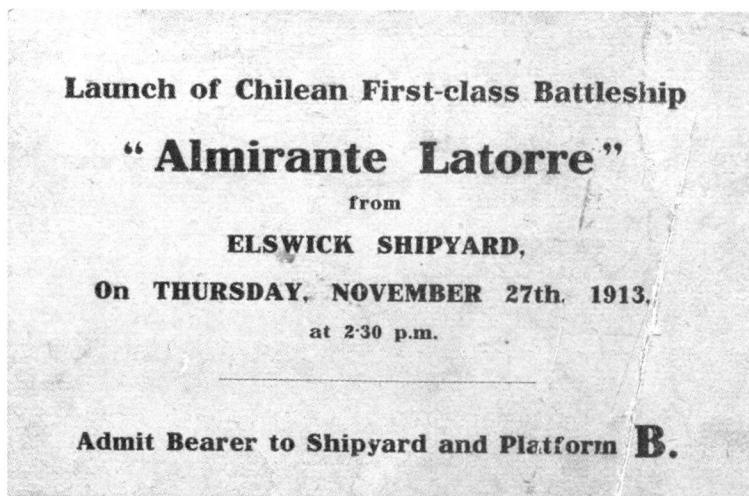

Launch of Chilean First-class Battleship

"Almirante Latorre"

from

ELSWICK SHIPYARD,

On THURSDAY, NOVEMBER 27th, 1913,

at 2·30 p.m.

Admit Bearer to Shipyard and Platform B.

高航速下降到 21 节，虽然这对于跟随大舰队已经足够，但并不符合智利海军的战术
要求。当智利在 1920 年回购"拉托雷海军上将"号时，在船上发现了修补故障的备
用材料，但直到 1929—1931 年改装时，相关方面才彻底解决了轮机上的"后遗症"。

① 海军历史档案馆（瓦尔帕莱索），杰
拉德·伍德海军中将，《战列舰"拉托
雷海军上将"号，日德兰海战的最后
战士》（未发表手稿），第 5 页。

② 《海军部致国会的备忘录》（圣地亚
哥，海军部，1910—1913 年）。

建造和销售，1911—1914 年

　　1911 年 11 月 27 日，智利第一艘无畏舰的龙骨在泰恩河畔纽卡斯尔的阿姆斯
特朗埃尔斯维克船厂铺下。之后，智利驻伦敦大使奥古斯丁·爱德华兹（Agustín
Edwards MacClure）的妻子奥尔加·巴杰德（Olga Budge de Edwards）主持了该舰
的下水仪式，此时距离其开工刚好过了两年。智利海军上校萨卢斯蒂奥·巴尔德斯
（Salustio Valdés Cortez）被任命为该舰的首任指挥官。①至于二号舰的工程则需要等
待巴西无畏舰"里约热内卢"号下水、船台清理完毕之后才最终于 1913 年 2 月 24
日启动。但此时，阿姆斯特朗公司却遭遇了严重的钢材短缺——导致"拉托雷海军
上将"号的施工速度放缓。按照合同规定，"拉托雷海军上将"号将于 1915 年交付，
"科克伦海军上将"号将于 1916 年交付，但 1914 年 8 月战争的爆发导致两艘军舰的
工程骤然停止，其中前者已经接近完成。②按照当时的政策，一旦开战，在英国船厂
建造的外国军舰将被立刻征用，维克斯和阿姆斯特朗公司承建的两艘土耳其战列舰就
是一个例子。考虑土耳其有可能与英国为敌，这两艘军舰实际是被强行扣押的（见"严
君塞利姆苏丹"号一章），后来作为"爱尔兰"号和"阿金库尔"号编入英军。但智
利不仅是一个友好的中立国，还是关键军事物资——硝酸盐的主要供应方，强行征用
并不妥当。经过外交部与智利驻伦敦大使馆的接洽，英国准备以 200 余万英镑的价格
购买这两艘战列舰。但最终，交易对象被确定为"拉托雷"号和四艘在考斯（Cowes）
的塞缪尔·怀特船厂（J.Samuel White）建造的驱逐领舰，总金额为 2036162 英镑。这
项交易在 9 月 5 日由英国内阁批准，四天后，"拉托雷"号正式被英国接管，同时改
名为"加拿大"号。至于"科克伦"号仍然处在智利政府名下。与此同时，驱逐舰

1918 年，一战结束后不久，在朴
次茅斯外海拍摄到的"加拿大"号。
请注意"B"炮塔和"X"炮塔上的
起飞平台、后者上方的射程钟，以
及"A"炮塔和"Y"炮塔侧面的偏
转度数标尺。

作为"布鲁克"级（Broke class）加入了英国皇家海军，该级的同名首舰将在战争中表现卓著。

当然，这种状况也让智利人倍感焦虑，他们知道，自己虽然身为南美洲重要的海上力量，但此时其劲敌巴西海军的战列舰已经服役，阿根廷的两艘战列舰也即将交付。换言之，虽然智利并没有在这笔交易中赔本，但它们不仅没能及时接收到军舰，而且受战争的影响，"科克伦海军上将"号的交付也无法在短期内实现——总之，问题并没有得到解决。[①] 在1917年时，他们的担心愈演愈烈，此时，战争已经进入了第三年，而且在1914年8月后，"科克伦"号的工程一直进展有限，只有船体和机器处于完工状态，火炮和装甲早已被挪作他用——换言之，该舰对智利人几乎毫无用处。[②] 在剧变的大环境下，智利又与英国举行了一轮谈判，并同意出售"科克伦"号的船壳 [最终改装为航空母舰"鹰"号（HMS Eagle）]，至于英国也将采取措施，补偿智利军队的损失。正是在这种背景下，英国无偿向智利移交了50架军用飞机，并提供了康涅狄格州格罗顿（Groton）电船公司（Electric Boat Co.）为英国皇家海军建造的五艘"霍兰"型潜艇（Holland class，受到中立法案约束，美国无法将这些潜艇运往英国）。另外，还有第六艘同型潜艇也将"以象征性的价格"出售。这笔交易对于智利可谓意义重大：它不仅为该国的潜艇部队奠定了基石，还极大促进了海军航空兵和空军的发展。[③]

回购

一战刚刚结束，智利便重新与英国进行接洽，试图采购朝思暮想的现代化海军舰只。最初，他们就建造战列巡洋舰或是类似的快速战列舰询问了数家船厂，并要求为其安装阿姆斯特朗公司设计的14英寸火炮，同时将炮管加长到50倍口径。[④] 不过，智利方面的资料却对这种武器只字未提，这也许表明，在因成本原因放弃之前，智利海军只是短暂考虑过这一方案。然后，谈判转向了收回被英国征用的军舰上。当时，除了在日德兰战沉的驱逐领舰"蒂珀雷里"号（Tipperary）之外，剩下的三艘"布鲁克"级驱逐舰和"加拿大"号都在战争中幸存了下来，而且都在战时接受过现代化改装，但

① 里卡多·库尤姆基扬，"'百年计划'和'拉托雷海军上将'号战列舰"，出自《第4届拉丁美洲海军和海事历史大会丛刊》，第215页。

② 当时，皇家海军最关心的事项之一，是将"科克伦"号的装甲（生产完毕但尚未安装）安装到战列巡洋舰"反击"号上。在购买完成之后，海军立刻开启了转移工程；相关内容可参见 R.A. 伯特，《英国战列舰，1919—1945年》（南约克郡巴恩斯利，远航出版社，2013年第二版），第214—215页。

③ 参见：卡洛斯·马丁（Carlos Martin Fritz）和佩德罗·萨波纳（Pedro Sapunar Peric），《智利海军潜艇，从诞生到1995年》（Los Submarinos en la Armada de Chile, hasta el año 1995）[塔尔卡瓦诺，潜艇部队司令部（Comandancia en Jefe de la Fuerza de Submarinos），2005年]，第39—74页；卡洛斯·特罗姆本，《智利海军航空兵史》（比尼亚德尔马，海军航空司令部，1998年出版），第46—52页。

④ 参见：里卡多·库尤姆基扬，"'百年计划'和'拉托雷海军上将'号战列舰"，出自《第4届拉丁美洲海军和海事历史大会丛刊》，第215页；诺曼·弗里德曼，《一战海战武器》（南约克郡巴恩斯利，远航出版社，2011年出版），第49页

"拉托雷海军上将"号的前甲板和舰桥的特写，本照片拍摄于1921年前后该舰刚刚被智利海军接收时。后来，智利海军用了几年时间才从上层建筑中移除了所有该舰在战时安装的弹片防护措施。

1929 年 3 月 4 日，"拉托雷海军上将"号上的 1175 名官兵中的一部分在前甲板、炮塔和上层建筑上合影留念。此时正值该舰完成改装离开德文波特前不久。

缺点也很明显：由于疲于奔命的戎马生涯，它们都需要大规模的保养和修理。经过多次谈判，1920 年 4 月 12 日，英国政府接受了智利方面的条件，以 140 万英镑的价格出售了"加拿大"号、"布鲁克"号、"博塔"号（Botha）和"福克纳"号（Faulknor）。其价格之所以大打折扣，不仅是因为军舰本身的磨损，而且"加拿大"号引擎维修的工程量浩大，这项工作必须由智利人展开。不过，这份协议中还转让了大量备件和弹药，比如英国皇家海军库存的 14 英寸炮弹，另外，其中还聘请了英国的教官和技术专家，以培训智利海军驾驭上述战舰。

但问题在于，智利人依旧没有获得朝思暮想的第二艘无畏舰。在"科克伦海军上将"号被改装成航空母舰之后，英方提议向智利方面出售两艘幸存的"无敌"级战列巡洋舰，即"不屈"号和"不挠"号。不出所料，由于这些战列巡洋舰在日德兰海战中的表现令人大失所望，智利海军军官纷纷在媒体上强烈抗议，英方的提议于是不了了之。另外，智利在一战期间遭遇了重大经济困难，其财政状况已经不足以购买和维持第二艘主力舰。不仅如此，人们还都注意到，在很长一段时间，巴西和阿根廷海军的两艘战列舰经常只有一艘处在服役状态，另一艘则会因设备或人员问题长期闲置，在某些情况下，甚至会出现两艘军舰同时封存的局面。至于其同时服役的情况则少之又少，而且通常需要从其他舰艇上抽调人员。[1]不过，由于同秘鲁之间的局势持续紧张，智利海军确实需要让回购的舰只尽快回国。在恢复原名，并于 1920 年 8 月 1 日在德文波特完成移交之后，11 月 16 日，"拉托雷海军上将"号进行了智利旗帜下的第一次远航，此时，其编制内的 1175 名舰员已经有一部分从南美抵达了舰上。

① 罗伯特·谢伊，《拉丁美洲：一部海军史，1810—1987 年》（安纳波利斯，美国海军学会出版社，1987 年出版），第 286 页。

这张照片拍摄于德文波特：1929—1931 年年间，"拉托雷海军上将"号曾在当地的干船坞中进行了漫长而广泛的改装。此时，这项工作已经接近结束。从照片中可以看到新的水下鼓出部和封闭式舰桥。同时，该舰还暂时拆除了炮廓中的 6 英寸炮，以便改对炮架进行改装。

27 日，只接受了小规模修理的"拉托雷"号、"乌里韦将军"号（Almirante Uribe，即之前的"布鲁克"号）和"威廉斯将军"号（Almirante Williams，即前"博塔"号）一路向太平洋驶去，舰队上飘扬着路易斯·戈麦斯（Luis Gómez Carreño）将军的将旗。"里维罗斯将军"号（Almirante Riveros，即前"福克纳"号）则紧随其后。

航行在智利海域，1921—1929 年

不过，"拉托雷"号的回国却遭遇了延误：因为智利国内没有合适的船坞，所以该舰只好按照计划，于 1921 年 1 月 14 日在巴拿马运河区靠太平洋一侧的巴尔博亚（Balboa）干船坞接受了修理。虽然在 1910 年 9 月的"百年计划"中，智利曾拨款在该国南部的塔尔卡瓦诺海军基地建造一座新的干船坞，并在 1912 年开始施工，但由于一战期间的资金和设备短缺，这座新设施直到 1924 年 7 月才完成。因此，1922 年 4 月，"拉托雷"号的第二次入坞也是在巴尔博亚进行的。[①]

当"拉托雷"号和其他驱逐舰于 1921 年 2 月 20 日抵达瓦尔帕莱索时，全国各地都陷入了欢庆的海洋，在迎接的人群中，就包括了阿图罗·亚历山德里（Arturo Alessandri）总统。至于"拉托雷"号也很快回报了国家：1922 年 11 月，北部城镇巴耶纳尔（Vallenar）发生地震之后，该舰运送亚历山德里总统抵达受灾地区，并为当地民众提供了各种帐篷、医疗用品、口粮、衣物和 200 万比索。[②] 1924 年 7 月，该舰又将总统送往塔尔卡瓦诺，并参与了当地海军新船坞的落成仪式。1925 年 9 月，亚历山德里又在"拉托雷"号上为威尔士亲王爱德华（Edward）主持了招待会——当时，后者正搭乘战列巡洋舰"反击"号在南美访问。在这段时间，"拉托雷"号也卷入了智利日益紧张的政治局势，当 1925 年 1 月临时军政府成立，陆军和海军高层针锋相对时，该舰不得不把炮口对准连接瓦尔帕莱索和圣地亚哥的铁路。但从纯粹的海军层面，在智利服役的最初几年，"拉托雷"号几乎处在无所事事的状态：1923—

① 参见：《海军部致国会的备忘录》（圣地亚哥，海军部，1910—1913 年），第Ⅶ页；杰拉德·伍德海军中将，"战列舰'拉托雷海军上将'号"，出自《海军杂志》第 105 辑（1988 年）第 3 期，第 267 页；卡洛斯·特罗姆本，《海军工程：一部百年专业史》（瓦尔帕莱索，智利海军工程局，1989 年出版），第 246—253 页。

② 参见：罗德里戈·富恩萨利达，《智利海军史：从草创到成立 150 周年》，第 4 卷，第 1152 页。

1926 年期间，其航行里程只有不到 9000 英里，出海时间只有 39 天。[①]

随着 20 世纪 20 年代军事强人卡洛斯·伊瓦涅斯（Carlos Ibáñez del Campo，1927—1931 年在位）将军上台，以及与秘鲁的关系因为领土争端 [其源头可以追溯到在 1883 年，在太平洋战争之后缔结的《安孔条约》（Treaty of Ancón）] 不断恶化，智利方面开始筹备新的海军扩充计划。尽管在 1914 年至 1921 年之间，智利收到了至少 12 艘现代化舰船（六艘"霍兰"型潜艇，五艘英制驱逐舰和"拉托雷"号），还建立了海军航空兵，但在军事理论、战术和技术领域，他们仍然面临着重大挑战。受此影响，许多英国海军顾问团也相继来到了智利——这一需求最早提出于 1925 年，威尔士亲王访问期间。

与此同时，秘鲁海军也在 1927 年订购了四艘美国的"R"级潜艇，作为回应，智利也与英国船厂签订了多份订单，首先是由桑尼克罗夫特（Thornycroft）船厂生产的、专门为反潜作战设计的六艘驱逐舰。[②] 此外，他们还从英国订购了三艘"O"级远洋潜艇和潜艇供应舰"阿劳卡诺"号（Araucano）——全部由维克斯 - 阿姆斯特朗公司的巴罗船厂建造。和 1910—1911 年有始无终的海军计划不同，1927 年海军计划的完成度很高，唯一的例外是向英国船厂订购的两艘重巡洋舰，由于 1931 年，智利财政陷入绝境，该计划只好取消。这项海军计划的最后一部分是为"拉托雷海军上将"号开展拖延许久的改装，其工程始于 1929——也正是这一年，在美国总统赫伯特·胡佛（Herbert Hoover）的斡旋下，智利和秘鲁最终握手言和。

改装，1929—1931 年

虽然智利海军知道，在服役期间，"拉托雷"号已经进行了现代化改造，但问题在于，英美日三国的海军竞赛虽然随着 1922 年的《华盛顿条约》告一段落，但面对海军技术的飞速发展，该舰依旧落后于时代。这一挥之不去的问题，加上 1915 年的试航极为仓促，以及一战结束后不彻底的修理，共同导致了一种情况：该舰实际是带着一堆故障被转售给了智利。为改善上述局面，并解决在 20 世纪 20 年代疏于维护的问题，该舰在 1929 年 6 月至 1931 年 3 月间在英国德文波特海军船厂接受了全面的现代化改装，其耗资共计 140 万英镑。[③] 期间，英国将再一次让智利获得最新的专业知识和技术。另外，智利人选择海军船厂而非民营船厂也有深远的考虑——因为德文波特方面刚刚成功地对"伊丽莎白女王"级和"君权"级战列舰进行了现代化改装。

最重要的工程与动力系统有关，虽然后来，一些意大利、英国和日本的主力舰的改装程度更大，但在当时，类似形式的工程依旧史无前例。该舰锅炉的数量

① 杰拉德·伍德海军中将，"战列舰'拉托雷海军上将'号"，出自《海军杂志》第 105 辑（1988 年）第 3 期，第 269 页。

② 卡洛斯·马丁和佩德罗·萨波纳，《智利海军潜艇，从诞生到 1995 年》（塔尔卡瓦诺，潜艇部队司令部，2005 年），第 82 页。

③ 杰拉德·伍德海军中将，"战列舰'拉托雷海军上将'号"，出自《海军杂志》第 105 辑（1988 年）第 3 期，第 269—272 页。

这是一张早见的照片："拉托雷海军上将"号用安萨尔多型弹射器放飞费尔雷 IIIB 型水上飞机。本照片拍摄于 20 世纪 30 年代。由于没有专用的回收起重机，以及海军在 20 世纪 30 年代失去了对航空兵的控制权，导致舰载机的运用受到了很大限制。

① 海军历史档案馆（瓦尔帕莱索），《"拉托雷海军上将"号战列舰舰史》第 2 卷，第 202 页；杰拉德·伍德海军中将，"战列舰'拉托雷海军上将'号"，出自《海军杂志》第 105 辑（1988 年）第 3 期，第 285 页。

② 参见：海军历史档案馆（瓦尔帕莱索），杰拉德·伍德海军中将，《战列舰"拉托雷海军上将"号，日德兰海战的最后战士》，第 29 页和第 34 页；吉列尔莫·阿罗约，《智利的海军军购：一份批判性研究》，第 34 页。

一张拍摄日期不详的照片，照片显示智利舰队正停泊在科金博市的北港。其中可见"拉托雷海军上将"号、驱逐舰"康德尔将军"号（Almirante Condell）、"林奇将军"号（Almirante Lynch）和"威廉斯将军"号，以及位于右侧的防护巡洋舰"查卡布科"号（Chacabuco）和"曾特诺部长"号（Ministro Zenteno）。所有这些军舰都是由英国建造的。1931 年 9 月，一场兵变打破了锚地的安宁，并对海军造成了深远的影响。

不仅从 21 部减少到了 18 部，而且全部改为燃油式，同时，其水鼓（Water drums）的设计也做了修改。此外，舰上还换装了维克斯 - 阿姆斯特朗公司生产的新式帕森斯高压和低压蒸汽轮机，其造价为 162000 英镑。由于传动系统的设计更为简洁，再加上更换了新型的发电机，新动力系统的性能进步显著，在 1930 年 12 月 8 日于波尔佩罗海里距离标志区进行的 8 小时测试中，其引擎的转速为每分钟 276 转，输出功率达到了 56803 轴马力。此外，尽管"拉托雷"号安装了防雷鼓出部，标准排水量也在增加了 2000 多吨后，达到了 30837 吨，但最高航速仍提升到了 24 节，比原始设计还高出了 0.5 节——总之，它反映了一战以来工程技术的飞跃，并充当了未来 10 年英国皇家海军舰船大改装的蓝本。①

另外，该舰的主炮也被彻底翻新。炮管重新镌刻了膛线，炮塔的液压系统要么进行了现代化改装，要么换成了最新产品。至于 1920 年购入的 14 英寸弹药也得到了英国最新式穿甲弹的补充，其数量如此之多，导致动用了一整艘汽船才完成运输。但在提升射程方面，厂方并没有为主炮提升最大仰角（仍为 20 度）。这也意味着，虽然 14 英寸火炮具有射程优势，而且在升级火控系统时，射击指挥所中也安装了最新的光学设备（见附录），但以上优势并没有被发挥到极限。这一决定遭到了海军界的批评，但需要指出，这一方面是为了压缩开支，另一方面也是考虑到"拉托雷"号的有效射程已经超过了阿根廷海军的"里瓦达维亚"级战列舰。②尽管如此，该舰依旧利用这个机会，在后部上层建筑上安装了全新的对空火力系统，它们由四门单管 4 英寸 45 倍径 Mk-V 型高炮组成，并有新式的 HACS I 型火控和计算设备与之配套。原装的 6 英寸炮火控设备也被替换，但新设备未能如愿增加该型火炮的射程。其炮

架的高度进行了调整，从而加快了人工装填的速度，但另一方面，这些火炮炮管的上扬也受到了影响，使其很难抵御发射最新式鱼雷的驱逐舰。虽然在智利海军中，这些火炮创造过 16400 码的最高射程记录，但通常情况下，其有效射程仅为 12000 码。[①]

最后一项重大改进是防雷鼓出部的安装。虽然"拉托雷"号过去被认为是一个优秀的射击平台，但在海上航行时，该舰却存在舰首上浪的趋向。安装 6 英寸

舰炮后所出现的重心偏斜，更令这一问题雪上加霜（见上文）。[②]在安装过防雷鼓出部之后，虽然该舰的重量有所增加，但上述问题都随之消失：此后，该舰的纵向稳定性恢复，并摆脱了前半部分"湿甲板"的坏名声。但安装鼓出部的目的却并不仅限于此，而是智利海军愈发担心潜艇的威胁——仅秘鲁海军就有四艘。鼓出部不仅显著改善了"拉托雷"号的水下防护，还纠正了该舰的重心偏斜，让 9 英寸装甲带回到了水线附近的位置。该舰的垂直装甲未作改动，但在日德兰海战结束后，为改善水平防护，英军在弹药库上方加装了 2 英寸厚的钢板，使其不会被 12 英寸炮弹穿透。经过上述改装，"拉托雷"号的航速更快、防护更强，得益于新式弹药和火控设备，其火力也得到了显著提升，这一切都让"拉托雷"号在 1931 年成了现代化战列舰当中的佼佼者。

在德文波特的最后几周，"拉托雷"号进行了几次试航，并为回国之旅进行准备，期间，舰员们也频频在当地名流主持的告别招待会上亮相，这些活动都得到了新闻媒体的广泛报道。1931 年 2 月，普利茅斯市长向该舰赠送了一块银盘，以赞扬它"为 2000 名英国工人提供了两年的工作和舰员们的高尚表现"。另外，朴次茅斯海军基地司令、海军元帅罗杰·凯斯（Roger Keyes）爵士也向该舰赠送了一份由德文波特船厂工人集资购买的纪念品——因为在 1930 年年底，英国的失业者高达 250 万，占劳动力总数的 20%。[③]

1931 年的海军兵变

1931 年 3 月初、"拉托雷"号告别德文波特之前，被饯别宴会包围的智利人和东道主之间的关系可谓亲密无间，但毫无疑问，在英国的各大港口和码头，政治氛围已日益紧张，它们也影响了智利水兵，何况一些参与改装的船厂工人都是英国共产党（Communist Party of Great Britain）的成员。[④]在德文波特，自 1 月初潜艇供应舰"露西亚"号（Lucia）发生骚乱以来，当地民众的情绪尤其激烈。至于"拉托雷"号的舰员也很难置身事外——关于骚乱的报道铺天盖地，而且他们的驻地离"露西亚"号的停泊地很近。不仅如此，卡洛斯·伊瓦涅斯总统日益独裁的统治也迫使一些智利

20 世纪 30 年代，"拉托雷海军上将"号上的司炉士官们在合影留念。1931 年 9 月的海军兵变是由受过良好教育的上等水兵领导的，其中许多人都在岸上参加过工会运动和激进政治活动。

① 帕特里西奥·卡瓦哈尔海军中将，"在'拉托雷海军上将'号战列舰上当炮手"，出自《海军杂志》第 108 辑（1993 年）第 1 期，第 8 页。

② 海军历史档案馆（瓦尔帕莱索），杰拉德·伍德海军中将，《战列舰"拉托雷海军上将"号，日德兰海战的最后战士》（未发表手稿），第 34 页。

③ 参见：海军历史档案馆（瓦尔帕莱索），《"拉托雷海军上将"号战列舰舰史》，第 1 卷，第 205 页；"智利战列舰在普利茅斯的最后活动"和"给智利战列舰的银盘：普利茅斯以此展现善意"两篇文章，出自《海陆军记录》（The Naval and Military Record）1931 年 2 月 19 日号，分别刊载于第 18 页和第 30 页。

④ 事实上，受这种政治氛围影响的不只有"拉托雷海军上将"号，还有 1926 至 1928 年在南安普敦郡伍尔斯顿（Woolston）的桑尼克罗夫特船厂为智利建造的六艘驱逐舰，以及 1926 至 1928 年间在巴罗的维克斯·阿姆斯特朗船厂建造的三艘 O 级潜艇和潜艇供应舰潜艇供应舰"阿劳卡诺"号上的舰员。

1924 年 2 月 7 日，阿图罗·亚历山德里总统在 5 号炮塔旁边与"拉托雷海军上将"号上的各级官兵们合影。在 1931 年 9 月的海军兵变中，全舰队有 30% 的军官被停职或受到了处分。

En Valparaiso, despues del almuerzo a S.E. ofrecido por el
C. en J., Contra-almirante Don Luis Langlois.
7-Febrero-1924

政客流亡英国，他们鼓动"拉托雷"号的舰员在回国后发动叛乱。

"拉托雷"号穿过巴拿马运河，于 4 月 12 日抵达瓦尔帕莱索，在当地，上级立刻削减了舰员数，并命令它担任训练分舰队的旗舰。对于那些在 1929 年 5 月离开的官兵们来说，这片土地早已物是人非。政府宣告破产，经济、社会和政治领域都动荡不安。经济上的绝望处境令国际联盟宣布，智利是大萧条时期贸易损失最为惨重的国家，不仅如此，它还导致伊瓦涅斯政权在 1931 年 7 月下台。一段财政紧缩的时期开始了，大多数公务员的薪金都惨遭削减。这些举措最初在 1931 年 8 月见诸媒体，包括先期减薪 10% 和海外服役津贴减半，并沉重打击了"拉托雷"号的舰员的士气。另外，正如 9 月的因弗戈登兵变（见"胡德"号一章）一样，对于平息减薪者的不满，政府的所作所为也不尽人意，谣言很快不胫而走，宣称减薪最终将达到 30%。[①]当时，部队的军饷已经少得可怜，再加上智利比索不断贬值，水手们的经济处境就更加悲惨了。这种情况以及更宏观的政治和社会问题，最终为兵变埋下了隐患。

最初，虽然在接到消息时，水兵们情绪激愤，但舰队总体局势稳定。当时，它们有九艘舰船停泊在瓦尔帕莱索以北 200 英里的港口科金博（Coquimbo）。其中就包括了"拉托雷"号，训练分舰队的司令阿尔伯托·霍兹文（Alberto Hozven）海军准将也在舰上。至于当地最高级的军官是亚伯·坎波斯（Abel Campos）海军少将——现役舰队的司令，他的旗舰是装甲巡洋舰"奥希金斯"号。8 月 31 日，坎波斯和霍兹文接到警告，工资问题在下属当中引发了骚动，驱逐舰上的一些水兵希望向政府请愿。对此，早已成为不受欢迎人物的霍兹文反应轻蔑。当天下午，霍兹文向锚地内的四艘驱逐舰发出命令，要求舰长和大副带领 20 人的代表团前往"拉托雷"号开会。在驱散了舰上的下级水兵之后，他开始宣读一份讲话稿，其中既没有解释政府减薪的原因，也没有说明合法的请愿渠道，相反，他严厉斥责了这些挺身而出的人们"自私且不顾大局"，并"完全缺乏爱国精神"。霍兹文不仅拒绝呈交请愿书，还威胁

① 直到 8 月底，政府才开始澄清事实，并于 28 日在《瓦尔帕莱索信使报》（El Mercurio de Valparaíso）上刊登了 2 天前财政部长发表的指示。按照安排，在 8 月，月薪低于 250 美元（1 美元等于 1 智利比索）的人员将减薪 12%；月薪超过 250 美元的人员，其标准线以下的工资将减少 12%，超过 250 美元的部分将减少 30%。但减少的工资可以抵偿 50% 的住房贷款，每一笔减扣也将记录在案，以便在未来的某个时候偿还。关于减薪和兵变的基本情况，可参见：卡洛斯·特罗姆本，《1931 年智利海军兵变》（博士学位论文，埃克塞特大学，2010 年出版），第 145—147 页。

20世纪40年代，"拉托雷海军上将"号上的部分乘员在舰尾甲板列队等待检查。请注意在20世纪30年代后期安装于炮塔上的0.5英寸单管霍奇基斯机枪，以及大约在1942年安装于舰尾的四联装霍奇基斯机枪。同时等待检查的还有登陆分队使用的四门行营炮。在5号炮塔的炮口之间，可以看到该舰的舰钟。

智利海军的一个特点是在大型军舰上都配有一支海岸防卫队（Coerpo de Defensa de Costa，即海军陆战队）分队。在这张 1929 年 3 月 9 日拍摄于塔尔卡瓦诺的照片中，海岸防卫队分队正在"拉托雷海军上将"号的前甲板上列队。

将尝试者开除出舰队。

自然而然，这一放肆的决定让"拉托雷"号的部分舰员决心铤而走险——于是，该舰成了 1931 年智利海军兵变的发源地。在 31 日午夜前不久，一群水手（其中还有几名士官）在军官们就寝后突然发难，把他们锁在了住舱中。到 1931 年 9 月 1 日 4 点 10 分，兵变已经从"拉托雷"号向两支分舰队扩散，虽然有些驱逐舰是被战列舰的 14 英寸火炮对准之后才就范的，或者就像驱逐舰"海厄特"号（Hyatt）一样，直到"拉托雷"号派出武装登船队之后才加入了兵变。在整个过程中，除了"奥希金斯"号上有两人受伤外，其余没有人员伤亡。此后，每艘军舰的桁端前部都亮起红灯，表明它们响应了起义。起义舰队由一名推选的全体舰员委员会主席（Estado Mayor de las Tripulaciones）负责指挥，最终，这一职务由霍兹文在"拉托雷"号上的秘书——厄内斯托·冈萨雷斯（Ernesto González）文书军士担任。不过，其中的实权人物似乎是后勤军士（Cabo despensero）曼努埃尔·阿斯蒂卡（Manuel Astica）。值得一提的是，"后勤军士"这一职务是"拉托雷"号在英国停留期间，根据组织结构的变化重新设置的。由于采用了全新的后勤供应系统，舰上需要一些拥有会计经验的舰员主持相关工作。其中一些人曾经参与过工会，或是为争取民权积极奔走，曼努埃尔·阿斯蒂卡就是一个代表，在 1931 年 5 月登上"拉托雷"号之前，他曾在安托法加斯塔（Antofagasta）的硝酸盐产区担任过记者，还参与过政治活动。

在 1 日下午，兵变者向海军部长卡利斯托·罗杰斯（Calisto Rogers Ceas）发出了一系列要求，主要内容是取消减薪，并罢免这一举措的始作俑者。他们明确表示，除非这些要求得到满足，否则舰队将继续留在科金博。随后，水兵们在午夜时分发出了第二份电报，将要求扩展到了政治和社会领域，其内容包括进行土地改革、拒绝偿还外债，如此明显的左倾色彩也让政府相信，其背后有政党势力的影响。不久，叛乱扩展到瓦尔帕莱索的"迈朴"团（Maipo regiment）和昆特罗（Quintero）附近的空军基地，以及位于南部塔尔卡瓦诺的海军基地。据说，在后一地区，在一些军官的配合下，船员拿起武器，把其他军官送上了岸，还把岸上设施中的军官赶了出去。在起义的高峰期，共有 23 艘船掌握在兵变者手中，其中北方九艘，塔尔卡瓦诺 14 艘，其中五艘在驱逐了军官之后于 9 月 3 日黎明前抵达科金博，与当地的起义者会合。

作为过渡政府的副总统，曼努埃尔·特鲁科（Manuel Trucco）任命德高望重的海军少将埃德加多·冯·施罗德斯（Edgardo von Schroeders）与起义者谈判。虽然他要求冯·施罗德斯在岸上举行磋商，但最终，少将还是在 2 日晚登上了"拉托雷"号战列舰。冯·施罗德斯得到了起义者的礼遇，而且谈判的开端也充满希望甚至颇有建设性，政府一度承诺取消减薪，但协商却在 9 月 4 日突然中断。在此期间，圣地亚哥的鹰派人士开始插手此事，尤其是陆军部长卡洛斯·维加拉（Carlos Vergara）将军。在无条件投降的最后通牒被兵变者拒绝后，政府决定进行武力镇压，不仅如此，这一决定还受到了一系列骚乱的刺激，并和智利工人联合会（Chilean Workers' Federation）当天鼓动发起的总罢工不无联系。政府采取措施，动员陆军中的可靠部队，勒令其包围起义者控制的基地。夺回瓦尔帕莱索海军基地的行动并没有遭遇困难，但夺回塔尔卡瓦诺海军基地的行动却引发了激战——直到 5 日下午才被政府军占领，接下来的几天，冲突仍时有发生，最终导致 20 人死亡、大约 80 人受伤，以及 700 人被捕，另外，驱逐舰"里维罗斯将军"号也被岸炮击中，蒙受了重大损失。

　　"拉托雷"号的舰员们也密切跟踪着局势，由于在德文波特安装了现代化的无线电设备，他们得以与友军协调行动，但对干预 450 英里以南的镇压，该舰却鞭长莫及。

6 日下午，政府的怒火降临到科金博，15 点到 16 点之间，空军的 21 架飞机向起义舰队投掷了多达 660 磅炸弹。飞行员得到的命令是瞄准"拉托雷"号，但这艘军舰已经配备了新武器，并和僚舰们一道进入了迎战状态。在空袭中，有五架飞机被击中，其中一架在迫降时坠毁，但没有机组人员伤亡。它们对舰只的破坏仅限于在扫射潜艇 H-4 号时导致一人死亡，一人受伤。即使如此，这次袭击依旧成功打击了兵变人员日益脆弱的士气。"拉托雷"号上举行了讨论，驱逐舰上的军官和坎波斯海军少将都获准出席——这次会议也表明兵变者开始感到焦虑。当晚，起义者将

1942 年时，"拉托雷海军上将"号的前甲板和舰桥的特写。照片中展现了 1929—1931 年所进行的改装的效果。不妨将这张照片与改装前拍摄的另一张照片进行对比。

四艘驱逐舰交给军官，随后，这些军舰悄悄离开了锚地，分头向瓦尔帕莱索驶去。此时，更多部队已从塔尔卡瓦诺开来，支援当地的政府军。"拉托雷"号计划在7日黎明时分出海，前往开阔水域躲避后续空袭。然而，驱逐舰的离开却重挫了起义者领导人的士气，在兵变爆发一周之后，他们向军官交出了舰只，但霍兹文准将仍被锁在住舱中，直到军舰抵达瓦尔帕莱索以北20英里处的昆特罗锚地之后才获释。塔尔卡瓦诺分舰队也在第二天选择了屈服。

1943年，在塔尔卡瓦诺停靠的"拉托雷海军上将"号。随着这一年智利与轴心国的断交，该舰采用了迷彩涂装。

军事法庭对投降的兵变者提起了诉讼，被告共有98人，包括冈萨雷斯在内的14人被判处死刑，阿斯蒂卡等33人锒铛入狱，其余人员均无罪获释。然而，副总统特鲁科首先推迟了处决，然后面对各界的压力，又将死刑改判为无期徒刑。按照冈萨雷斯姐姐后来公开的文件，至少90名军官曾在提交给政府的第一份陈情书上签字，表明他们与起义者之间存在默契，也许正是这种情况促成了对起义者的宽大处理。但另一方面，也有其他证据表明，在场的150名军官中，真正签字支持起义的只有不到十几人，而且在有些情况下，他们可能是在武装看守的逼迫下才让步的。无论如何，次年3月，新任总统胡安·蒙特罗（Juan Esteban Montero）都将终身监禁减为有期徒刑，之后又改判为国内流放。1932年6月，新的社会主义政府赦免了拘押中的犯人，并释放了最后一批兵变者。同时，包括坎波斯海军少将在内的许多军官则被迫退休。

关于这场兵变，其最有可能的解释是：它更像是一场自发运动，并源自智利经济、社会和政治等更宏观的领域，至于1931年8月的减薪则充当了导火线。在这方面，智利的事件与1931年9月15日爆发的因弗戈登兵变可谓如出一辙（见"胡德"号一章）。与科金博的同行一样，因弗戈登的英国水兵也是因为薪水问题选择了铤而走险。但和因弗戈登那场"安静的兵变"不同，智利的起义激起了更深层次的社会和政治动荡，并最终被武力压制了下去。尽管如此，这两次事件都以不同的方式改变了海军和国家，并表明了在当时的社会层面，海军的影响究竟有多么深远。

余波，1931—1939年

1931年的兵变给智利海军带来了巨大影响，降低了它在国内外的声望，并在官兵之间形成了隔阂。此外，政府还立即采取了严厉措施，试图削减海军中的人员和舰只。大约2000名水手被开除军籍或强制退伍——约占1931年现役士兵的23%。约有200名军官（占总人数的30%）遭受了行政处分，包括开除、提前退伍、撤职数月和其他更轻微的措施。[1] 与此同时，包括"拉托雷"号在内的大部分舰船在塔尔卡瓦诺转入了预备役。由于外汇短缺限制了石油进口，智利海军被迫限制燃油舰只的活

① 卡洛斯·特罗姆本，《1931年智利海军兵变》，第221—222页。

动，其桑尼克罗夫特型驱逐舰中只有两艘在交替服役，除了它们之外，海上作战的担子便落在了五艘燃煤的老式"布鲁克"级驱逐舰和潜艇分队身上。[1]不过，叛乱只是导致这种状况的一部分原因，真正的问题在于智利严峻的经济形势以及随之而来的政治动荡——仅在 1932 年，该国经历了不下四次政府轮替。

与此同时，在 1929 年 6 月，与秘鲁的边界争端被解决后，人们也开始提出疑问：智利是否还需要或供养得起像"拉托雷"号这样的巨舰？1931 年 9 月，更有媒体报道称，政府正在考虑将该舰出售给日本。但按照英国驻圣地亚哥大使馆的判断，这些谣言是一个月前由布宜诺斯艾利斯当局蓄意散布的，当时，阿根廷政府正在考虑和巴西一样封存战列舰，并为下一次裁军会议的召开做出了姿态。[2]然而，英国大使馆却判断，巴西并没有削减海军规模的打算，至于智利也将保留麾下的超无畏舰，但会削减其舰员人数——后来的事实也果然如此。[3]9 月 30 日，智利政府正式发布公报，否认了市面上的传闻。

在接下来的几年里，"拉托雷"号一直停泊在塔尔卡瓦诺锚地，并有一小队舰员负责日常维护，直到 1935 年 2 月，海军预算才允许该舰和海军中的其他燃油舰只恢复使用。在这一年年底，"拉托雷"号与其他舰只共同完成了三次巡航，其中一次航迹远达智利最南端，期间还进行了一些战术演习，包括弹射舰载水上飞机进行火炮校射。[4]这些变化不仅振奋了舰队的士气，而且还表明智利已经从最严重的经济危机中恢复。[5]另一次异曲同工的事件发生在 1939 年 1 月，当时"拉托雷"号参与了对奇廉（Chillán）地震灾民的救助工作，与之一同参与救灾的还有很快将声名远播的英国巡洋舰"埃克塞特"号（Exeter）和"阿贾克斯"号（Ajax）以及法国训练巡洋舰"圣女贞德"号（Jeanne d'Arc）。

二战及战后

在二战爆发时，智利海军正处于复苏期，其大部分舰只都处于现役。尽管如此，直到日本袭击珍珠港之后，它才真正感受到这场全球战争带来的威胁。此时，需要指出的是，和部分英语文献中的说法不同，没有智利方面的证据显示，美国曾试图购买"拉托雷"号、潜艇供应舰"阿劳卡诺"号和六艘建造于英国的"塞拉诺"级（Serrano class）驱逐舰。不过在 1942 年，他们确实购买了智利国家航运公司（Empresa Marítima del Estado）旗下的一些现代化商船。另一方面，与美国签署的协议，使智利获得了许多海岸防御装备，如火炮、探照灯、火控设备和各种飞机，但划归海军的部分相对有限，仅限于"拉托雷"号上的 18 门 0.79 英寸厄利孔高射炮。[6]除此之外，该舰还在炮塔顶盖上安装了 10 挺单管 0.5 英寸霍奇基斯机枪，另外，在 20 世纪 30 年代末，该舰又在原先弹射器所在的位置加装了一座四联装的霍奇基斯高射机枪。[7]

更明显的变化发生在 1943 年智利政府与轴心国断交后——此时，"拉托雷"号和六艘"塞拉诺"级驱逐舰抛弃了原有的浅灰色涂装，并更换了由暗灰色斜纹构成的炫目迷彩。此时的"拉托雷"号依然满员，并处在高度战备状态。年复一年，它都会和驱逐舰一道在瓦尔帕莱索外海展开集训，演练的强度也不断升级，并最终开赴更遥远的海域，另外，在圣诞节前夕还会有一次大规模演习，通常有海军高层和政府要员参与。在这些演习的"伤亡"中，就包括了退役的驱逐舰"里维罗斯将军"

① 参见：英国国家档案馆（基尤），档案号 FO 371/16569，"英国大使馆 1932 年年度报告"，1933 年 3 月 6 日；罗德里戈·富恩萨利达，《智利海军史：从草创到成立 150 周年》，第 4 卷，第 1193 页。

② 英国国家档案馆（基尤），档案号 FO A6120/5655/9，第 18 页，"英国大使馆 1931 年年度报告"，1932 年 1 月 29 日。

③ 英国国家档案馆（基尤），档案号 FO A6120/5655/9，"智利大使致外交部的第 217 号和第 249 号信件"，1931 年 8 月 26 日和 1931 年 9 月 30 日。

④ 英国国家档案馆（基尤），档案号 FO 371/19775，第 58 页，"英国大使馆 1935 年年度报告"，1932 年 1 月 1 日。

⑤ 英国国家档案馆（基尤），档案号 FO 371/18669，第 58 页，"英国大使馆 1934 年年度报告"。

⑥ 豪尔赫·巴拉雷克，《"拉托雷"号和其他拉丁美洲国家战列舰》，出自《海军杂志》（Revista de Marina）第 86 辑，第 220 页。

⑦ 杰拉德·伍德海军中将，"战列舰'拉托雷海军上将'号"，出自《海军杂志》第 105 辑（1988 年）第 3 期，第 273—274 页。

号——它在 1940 年时成了"拉托雷"号主炮的目标。在 1942 到 1945 年，利用秘鲁提供的石油，"拉托雷"号航行了近 28000 海里，是 20 世纪 20 年代任何类似阶段的三倍之多。考虑到当时智利海军预算有限，这些活动可谓意义重大。不过幸运的是，"拉托雷"号的战斗力从未接受过实战检验。

虽然在二战中，智利海军没有参与任何作战行动，但它的几名军官却将实战经验带回了本国。其中最著名的是何塞·梅里诺海军上尉——他是"拉托雷"号 5 号炮塔的指挥官，后来成为军政府成员。1942 年，他自愿前往美国太平洋舰队服役。1944 年 4 月至 1945 年 9 月期间，梅里诺登上了轻巡洋舰"罗利"号，并在太平洋地区多次参战。返回智利后，他根据美国海军的装备和实践为智利海军编写了损管中心手册和战情中心手册。与此同时，在美军中的战斗经验和学习经历，也让海军的有识之士意识到安装雷达的必要性：这也让"拉托雷"号于 1946—1948 年期间率先安装了雷达——它们都是从美军登陆舰艇上拆下的剩余作战装备。到 1950 年，该舰已经安装了 SG、SO 和 SU 雷达，其控制台位于射控计算室——这里有该舰第一座作战信息中心。[1]当梅里诺在 1950 年以中校军衔返回该舰后，立刻按照美军的标准对舰上的损管流程进行了彻底重组：期间，他修复了总供水管（water mains），还安装了软管系统、Y 型接头和灭火器。[2]

晚年岁月

二战结束后，战胜国发现，自己拥有大量的剩余军事物资。美国立刻发动了一场外交攻势，试图推进在战争期间为保卫西半球而与拉丁美洲国家签署的各种条约。受这项政策影响，美国开始在这些国家的海军中扮演起重要角色，对于智利来说，这种情况将一直持续到 1975 年，其最直接的结果是从 1946 年开始的一系列移交和采购，其中最典型的例子是在 1950 年年初购买的两艘"布鲁克林"级（Brooklyn class）轻巡洋舰。尽管如此，在这一年，智利海军也展开了研究和讨论，以便为"拉托雷"号和 1946 年从皇家加拿大海军购入的四艘"河"级（River class）护卫舰进行现代化改装。因此，1950 年 5 月和 6 月，一群来自维克斯 - 阿姆斯特朗工厂的武器、工程和电气专家造访了塔尔卡瓦诺，以便对相关工程进行评估。[3]对于一艘年近 40 岁的老舰来说。这种做法的意义显然值得怀疑，此时的战争雄辩地证明，海上作战的主角是潜艇和海军航空兵，至于战列舰则黯然失色。不仅如此，虽然对该舰的现代化改装是为了应对阿根廷海军五艘巡洋舰 [包括两艘"五月二十五日"级（Veinticinco de Mayo）、两艘前"布鲁克林"级和"阿根廷"号（La Argentina）] 的威胁，但问题在于，阿根廷人还决定组建一支以航母为核心的舰队——其部分资金来自出售两艘老旧战列舰，并让至少一艘巡洋舰退役。

但不管情况如何，"拉托雷"号终究是智利海上力量的核心，为了让该舰能在未来 10 年继续发挥作用，开展现代化改装已势在必行。这次改装的第一步，是对动力系统的全面检修，另外还会安装最先进的高射火炮。尽管英国驻圣地亚哥大使馆后来得出结论，购买美国巡洋舰将令智利没有足够的资金与维克斯 - 阿姆斯特朗缔结军备合同，但结果并非如此——合同最终顺利签署。[4]就在英方研究改装方案期间，1951 年 3 月 11 日，"拉托雷"号在调试一部新发电机时发生爆炸，导致四名舰员丧

① 卡洛斯·特罗姆本，《智利海军工程史，1953—2003》（瓦尔帕莱索，研究与发展项目局，2004 年出版），第 43 页。

② 杰拉德·伍德海军中将，"战列舰'拉托雷海军上将'号"，出自《海军杂志》第 105 辑（1988 年）第 3 期，第 275—276 页。

③ 海军历史档案馆（瓦尔帕莱索），第 1250 号案卷，"维克斯 - 阿姆斯特朗公司驻智利代表——吉布斯公司致智利海军总司令"（Letters from Gibbs y Cía Ltda, representative in Chile of Vickers-Armstrongs to the Commander-in-Chief of the Armada），信件第 3 和第 6 号，1950 年 7 月。

④ 英国国家档案馆（基尤），档案号 FO 371/90662，第 4 页，"英国大使馆 1950 年度报告"，1951 年 1 月 17 日。

生。虽然这进一步揭示了"拉托
雷"号的状况，但智利政府仍然
与维克斯－阿姆斯特朗签订了价
值 120 万英镑的现代化改装合同，
这份 8 月 23 日缔结的协议中规定，
改装将在智利展开，英方负责提
供材料、设备和技术监督。[1] 其
内容包括了对动力系统进行全面
翻新（包括更换锅炉）、安装 274
型火控雷达，但最让人感兴趣的
是，该舰将安装一组全新的重型
高炮——六座双联装 4 英寸炮。[2]
另外，该舰还计划安装若干门 1.57
英寸博福斯自动高射炮，并配备
夜间火控系统。然而，在 1953 年
年初时，情况已经显而易见：塔
尔卡瓦诺并不具备相关的工程条
件——"拉托雷"号必须前往英
国。对于手头拮据的智利来说，
这是不可能办到的。于是，人们
开始怀疑改装"拉托雷"号的价
值，最终，上级决定放弃该项目
并修改合同，转而建造两艘现代
驱逐舰。这意味着，智利要向维
克斯－阿姆斯特朗公司支付 30 万

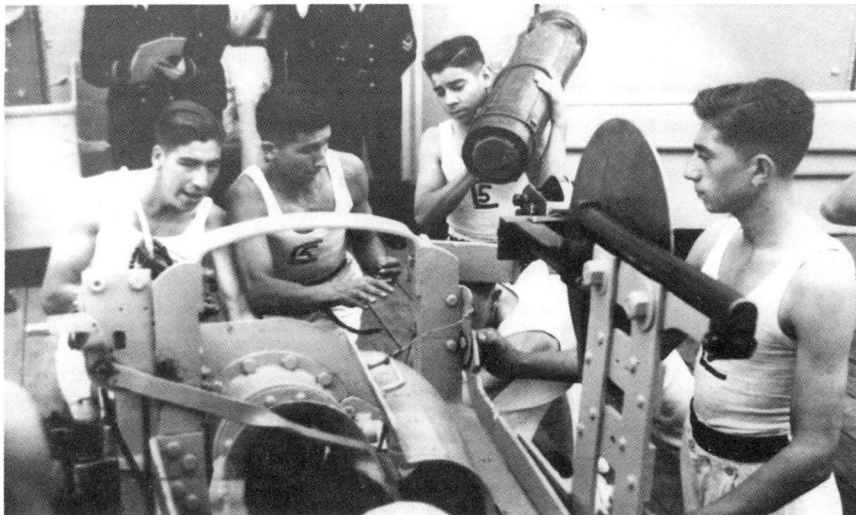

1953 年 6 月 20 日的一次技能竞赛中，舰员们正在操作舰上的 6 英寸炮。此时，这种火炮已经完全过时了，而"拉托雷海军上将"号的漫长服役生涯也将迎来尾声。

20 世纪 30 年代的"拉托雷海军上将"号。在智利海军史上，它是一个被永远铭记的存在。本照片拍摄于瓦尔帕莱索湾，在一次国家节庆期间，该舰的舰员们正在军舰旁列队。

英镑的赔偿金，至于剩余的 90 万英镑则被用于驱逐舰的建造，新合同于 1955 年 5 月 17 日在圣地亚哥签订。[3]

　　自然，这也开启了"拉托雷"号戎马生涯的最后一章。在稍早时候的 1954 年，根据第 1/54 号舰队命令，该舰便凭借自身的动力航行到了塔尔卡瓦诺，并于 3 月 11 日转入预备役。[4] 它在当地一直停留下来，并系泊在通往 2 号码头的水道上，并充当着供应舰、浮动车间、宿营船和储油船，并为在塔尔卡瓦诺改装的各艘舰艇提供着技术支援。同时，军方也利用有限的物资和人员，试图为其保持一定程度的战备状态，并至少一次将其移入干船坞进行维修和保养。[5] 然而，1958 年 2 月 14 日，"拉托雷海军上将"号还是被海军除籍，同时开始移除燃料和各种可用的部件。该舰的舰旗在 8 月 1 日最后一次降下，经过 37 年的戎马生涯，它已不再是智利舰队的一员。随后是出售和拆解。1959 年 5 月，它被远洋拖船"坎布里亚救难者"号（Cambrian Salvor）拖走，前往最后的目的地——东京湾。尽管如此，在拆解前，它仍被搁置了几年时间，期间有部分材料被转给了战列舰"三笠"号（Mikasa）——这艘日本战列舰正在作为博物馆进行修缮。

① 参见：罗德里戈·富恩萨利达，《智利海军史：从草创到成立 150 周年》，第 4 卷，第 1230 页；维克斯公司档案，"1953 年 3 月 31 日和 6 月 30 日的季度报告"，转引自乔纳森·维斯，"保卫'成熟果实'：英国与南美海军军售市场，1947—1975 年"一文，此文摘自约翰·乔丹和斯蒂芬·登特主编的、2013 年度的《战舰年刊》（伦敦，康威出版社，2013 年出版），第 121—122 页和第 133 页。

② 关于这些火炮的型号仍存在争议。它们一说属于维克斯 Mk XⅥ 型，一说属于最终安装在新驱逐舰"威廉斯海军上将"号和"里韦罗斯海军上将"号的 Mk N（R）型。但考虑到 Mk N 型直到 1953 年服役，因此 Mk XⅥ 型的可能性更大；参见：彼得·马尔兰（Peter Marland），"维克斯 4 英寸 MK N（R）型炮架"（The Vickers 4-Inch Mk N(R) Mounting），出自 2013 年的《战舰年刊》，第 174—177 页。

③ 参见：英国国家档案馆（基尤），档案号 FO 118/1，"J.J.J.史密斯（J.J.J.Smith）致外交部的 J.H.怀特（J.H.Wright），并提请将此信件转呈至英国驻圣地亚哥大使馆一秘"，1954 年 10 月 7 日；乔纳森·维斯，"保卫'成熟果实'：英国与南美海军军售市场，1947—1975 年"一文，此文摘自约翰·乔丹和斯蒂芬·登特主编的、2013 年度的《战舰年刊》（伦敦，康威出版社，2013 年出版），第 121 页；罗德里戈·富恩萨利达，《智利海军史：从草创到成立 150 周年》，第 4 卷，第 1253 页。

④ 海军历史档案馆（瓦尔帕莱索），《"拉托雷海军上将"号战列舰舰史》，第 3 卷，第 96 页及后续内容。

⑤ 海军历史档案馆（瓦尔帕莱索），《"拉托雷海军上将"号战列舰舰史》，第 3 卷，第 106 页。

　　有整整 30 年，战列舰"拉托雷海军上将"号都充当着智利海军的支柱，还象征着 20 世纪上半叶南美洲海军力量的巅峰，在此期间，这片大陆的主要国家都购置了主力舰——不仅如此，这些舰只还足以与世界上其他列强的主力舰媲美，甚至更胜一筹。与此同时，为了运转这些舰只、使其保持服役状态，巴西、阿根廷和智利也都遭遇了巨大的技术、后勤和财务挑战。尽管如此，"拉托雷"号对智利海军的影响仍然超过了其历史上的任何一艘军舰，很长一段时间，它的舰员都自视为海军中的精英。曾几何时，在瓦尔帕莱索湾（Valparaíso Bay）天然形成的半圆形剧场上，从任何一个角度都能看到该舰醒目的轮廓，今天，虽然该舰已经不复存在，但关于它的记忆却成了这座城市悠久遗产的一部分，并将被接下来的几代智利人永远传承。

附录 1：火控

　　"加拿大"号于 1915 年 10 月加入大舰队，其火控系统的核心是德雷尔 Mark Ⅳ 型火控台，大约在 1917 年，舰上又增加了亨德森（Henderson）陀螺稳定仪，同时还有英国皇家海军标配的早期型的杜梅里克计算器和维克斯计算器。[①] 测距工作由五座炮塔和主炮指挥仪上的 14 英尺测距仪完成，至于主射击指挥仪、顶部射击指挥仪、X 炮塔和火控中心均可完成火控作业。随后，旋回和俯仰的指令将被传递给炮塔，并在一个指示器上得到显示。另外，各个炮塔也可以单独进行控制。1929 至 1931 年对德雷尔火控台的改装最终使得"拉托雷海军上将"号具备了在改变航向的同时开火的能力，期间，该舰还换下了主桅顶部原装的 6 英寸射击指挥仪，新设备可以使舰上的副炮可以按照 14 英寸指挥仪的引导瞄准和开火。在这次改装中，该舰还安装了 4 英寸高射炮和先进的高仰角射控系统（High-Angle Control System）。1931 年 9 月曾有消息显示，由于前一个月的海军兵变，舰上的火控系统和其他敏感设备可能会被交给英国的敌对国家，这种情况也引起了英国皇家海军许多军官的担忧。[②] 但最终，这种说法被证明毫无根据。

附录 2："加拿大"号和大舰队

　　在 1914 年 9 月，"拉托雷海军上将"号被接管之时，将其编入英国皇家海军的相关改装便已在罗塞斯（Rosyth）开始。尽管程度有限，但其过程仍然持续了一年之久，其内容包括拆除封闭式舰桥和海图室，以便安装类似"君权"级战列舰（Royal Sovereign class）的露台式结构，14 英寸和 6 英寸舰炮的火控设备也在指挥塔内进行了重新安置，此外，舰上还改进了无线电设备，拆除了前烟囱上的两根吊艇柱，并在后方安装了一部较大的同类设施，此外，火控设备也进行了相应改动（见上文）。当改装工作于 1915 年 9 月 20 日完成后，"加拿大"号在 10 月 15 日加入了大舰队的第 4 战列舰分队，其唯一一次亲历战火是在当年 5 月 31 日—6 月 1 日的日德兰海战，期间，该舰在杰利科的旗舰"铁公爵"号（Iron Duke）带领下，作为第 4 战列舰分队第 3 支队的一员参加了战斗。该舰舰长依旧是尼科尔森海军上校，并在交火发射了 42 枚 14 英寸炮弹和 109 枚 6 英寸炮弹，其中包括对准受创轻型巡洋舰"威斯巴登"号（Wiesbaden）的两轮齐射，自身没有中弹或人员损失。[③] 1916 年 6 月 12 日，"加拿大"号被编入第 1 战列舰分队，到战争结束前，该舰的时光基本是在斯卡帕湾的

① 参见：http://www.dreadnoughtproject.org/tfs/index.php/Mark_Ⅳ_*_Dreyer_Table；杰拉德·伍德海军中将，"战列舰'拉托雷海军上将'号"，出自《海军杂志》第 105 辑（1988 年）第 3 期，第 277—278 页；海军历史档案馆（瓦尔帕莱索），杰拉德·伍德海军中将，《战列舰"拉托雷海军上将"号，日德兰海战的最后战士》（未发表手稿），第 27 页和第 29—30 页。

② 英国国家档案馆（基尤），档案号 FO A6120/5655/9，"第 179（R）号电报，驻智利英国大使致外交部"，1931 年 10 月 15 日。

③ 关于尼科尔森海军上校的报告，可参见 http://www.dreadnoughtproject.org/tfs/index.php/H.M.S._Canada_at_the_Battle_of_Jutland。

舰队锚地和徒劳无功的北海搜索中度过的。在1919年3月转入预备役之后，"加拿大"号在英国海军旗帜下参与了最后一次远航，在这一年6月和11月，它把一部分轮班舰员运往地中海，并将复员的士兵运回国内。1920年1月22日，该舰在罗塞斯重新转入预备役。

除却最初的改装，在战争期间，"加拿大"号还接受了其他调整。[1]其第一批工程启动于1916年7月，并反映了从日德兰海战中汲取的经验。其项目包括在弹药库顶盖、煤舱顶部和底部加装1英寸的装甲，对14英寸、6英寸和3英寸舰炮的发射药库、炮弹库和中转室进行全面调整（例如升级通风和制冷设施）。随后在1917至1918年之间，该舰又安装了射距钟和改进型的9英寸测距仪，同时拆除了两门后部的6英寸舰炮（因为据信Q炮塔的炮口冲击波可能对它们造成破坏），并调整了探照灯设备。在1918年，该舰在B炮塔和X炮塔上安装了舰载机起飞甲板，但又在1921年将其拆除。

附录3：舰载机

在1921年移交智利之后不久，1918年安装在"加拿大"号B炮塔和X炮塔上的起飞甲板便被拆除了，并且没有证据表明它们曾被使用过。然而，到1929年时，海军炮术的发展也为舰载水上飞机的观测和火控引导创造了可能，为此，智利海军也在"拉托雷"号后甲板上腾出区域，安装了一部意大利安萨尔多公司生产的回转式压缩空气弹射器，使该舰可以迎风放飞飞机。[2]这一工作原计划于军舰在德文波特改装时完成，但由于交付出现延误，弹射器直到1932年9月才在塔尔卡瓦诺安装和测试完毕。[3]在舰载机方面，智利海军航空兵在1927年购买了三架费尔雷（Fairey）IIIF I型水上飞机，又在1929年购买了一架专为弹射接受过改装的IIIB型。[4]但不幸的是，采购的范围并不包括回收飞机的液压起重机，于是吊放只能借助一部临时的绞车。随着1930年，海军失去了航空兵的控制权，情况变得更为复杂，这意味着尽管有一名飞行员常驻舰上，但展开飞机校射要事先请示空军。这种尴尬的情况导致弹射器很少使用：除了1932年春天的初步试验，从1935年到1942年年末弹射器拆除时，舰上一共只有五次弹射记录。[5]其校射和火控通常使用的是陆基飞机，在二战爆发前，有部分海军军官被派往英国接受空中观测员训练。

附录4：舰上人员组织

二战爆发时，"拉托雷"号的舰员共分为四个分队，每个分队又各下属四个小队。[6]其中第1分队下属四个小队的战位分别是前舰桥、1号和2号14英寸炮塔以及右舷的6英寸炮位，第2分队的责任范围是船体中部、3号炮塔、防空武器、通讯设备、鱼雷和舰载艇。第3分队的区域是后甲板、4号炮塔、5号炮塔、左舷6英寸炮位和海军陆战分队（含军乐队）。第4分队负责操作主机、辅机和电力设备。除此之外，舰上还有一个由辅助和行政人员组成的第17小队，包括伙夫、勤务兵、裁缝、鞋匠和小卖部管理员。

战时巡航状态下，军舰将视情况进入一级或二级战备，前者要求所有舰员进入战位，后者将有一半舰员回到住舱或休息，此外还有三级战备，此时战位上的乘员只

① 杰拉德·伍德海军中将，"战列舰'拉托雷海军上将'号"，出自《海军杂志》第105辑（1988年）第3期，第264页。
② 杰拉德·伍德海军中将，"战列舰'拉托雷海军上将'号"，出自《海军杂志》第105辑（1988年）第3期，第272—273页。
③ 罗德里戈·富恩萨利达，《智利海军史：从草创到成立150周年》，第4卷，第1194页。
④ 卡洛斯·特罗姆本，《智利海军航空兵史》，第94页。其内容也得到了智利空军军事学院（Chilean Air Force War College）教授伊凡·西米尼奇（Ivan Siminic）的研究证实。
⑤ 海军历史档案馆（瓦尔帕莱索），杰拉德·伍德海军中将，《战列舰"拉托雷海军上将"号，日德兰海战的最后战士》（未发表手稿），第22—23页。
⑥ 帕特里西奥·卡瓦哈尔海军中将，"在'拉托雷海军上将'号战列舰上当炮手"，出自《海军杂志》第108辑（1993年）第1期，第5页。

有三分之一，同时动力系统开机，以便以经济航速前进。[①]每一年，智利海军会前往北部度过南半球的冬天，最常见的目的地是阿尔迪亚港（Puerto Aldea）的海湾，当地温暖的气候尤其适合展开海上和登陆演练，这些项目会随着 8 月的炮术演习达到顶点。在舰上还可以参加海军的主要运动项目：如帆船、射击、体操和足球，装甲巡洋舰"奥希金斯"号每年还会举办拳击锦标赛。各舰随后会在瓦尔帕莱索或塔尔瓦卡诺的母港度过 9 月，并随后迎来 9 月在智利南部海域的舰队演习。表现优异的炮组会在炮塔侧面悬挂铜制的秃鹫——智利的国鸟——作为装饰。

参考资料

未公开资料

- 海军历史档案馆，瓦尔帕莱索
- 《"拉托雷海军上将"号战列舰舰史》（*Historial del acorazado Almirante Latorre*）全 3 卷
- 杰拉德·伍德（Gerald L.Wood）海军中将，《战列舰"拉托雷海军上将"号，日德兰海战的最后战士》（El Acorazado Almirante Latorre, el último buque de su tipo que combatió en Jutlandia）（未发表手稿）
- 英国国家档案馆，基尤
- 外交部档案第 118、371、A6120、A6832 号

公开资料

- 吉列尔莫·阿罗约（Guillermo Arroyo），《智利的海军军购：一份批判性研究》（*Adquisiciones navales de Chile.Un estudio crítico*）（瓦尔帕莱索，智利海军出版，1940 年出版）
- 豪尔赫·巴拉雷克（Jorge Balaresque Buchanan），《"拉托雷"号和其他拉丁美洲国家战列舰》（*El Latorre y los demás acorazados latinoamericanos*）出自《海军杂志》（Revista de Marina）第 86 辑（1967 年），第 208—220 页
- 彼得·布鲁克，《外销战舰：1867—1927 年的阿姆斯特朗战舰》（肯特郡的格雷夫森德，世界船舶协会，1999 年出版）
- R.A. 伯特，《一战英国战列舰》（南约克郡巴恩斯利，远航出版社，2012 年第二版）
- R.A. 伯特，《英国战列舰，1919—1945 年》（南约克郡巴恩斯利，远航出版社，2013 年第二版）
- 约翰·坎贝尔，《二战海战武器》（伦敦，康威海事出版社，1985 年出版）
- 帕特里西奥·卡瓦哈尔（Patricio Carvajal Prado）海军中将，"在'拉托雷海军上将'号战列舰上当炮手"（Al servicio de la artillería en el acorazado Almirante Latorre），出自《海军杂志》第 108 辑（1993 年）第 1 期，第 7—13 页
- 里卡多·库尤姆基扬（Ricardo Couyoumdjian），"'百年计划'和'拉托雷海军上将'号战列舰"（El Programa Naval del Centenario y el acorazado Almirante Latorre），出自《第 4 届拉丁美洲海军和海事历史大会丛刊》（*Actas del IV Congreso de Historia Naval y Marítima Latinoamericana*）[马德里，海军历史与文化学会（Instituto de Historia y Cultura Naval），1999 年出版]，第 199—221 页
- 诺曼·弗里德曼，《一战海战武器》（南约克郡巴恩斯利，远航出版社，2011 年出版）
- 诺曼·弗里德曼，《英国战列舰，1906—1946 年》（南约克郡巴恩斯利，远航出版社，2015 年出版）
- 罗德里戈·富恩萨利达（Rodrigo Fuenzalida Bade），《智利海军史：从草创到成立 150 周年》（*La Armada de Chile.Desde la Alborada hasta el Sesquicentenario*）全 4 卷 [瓦尔帕莱索，海军出版社（Imprenta de la Armada），1975—1978 年出版]
- 伊恩·约翰斯顿和伊恩·巴克斯顿，《战列舰建造者：英国主力舰的建造和武装》（南约克郡的巴恩斯利，远航出版社，2013 年出版）
- 《海军部致国会的备忘录》（*Memoria del Ministerio de Marina presentada al Congreso Nacional*）（圣地亚哥，海军部，1910—1913 年）
- 威廉·萨特（William F.Sater），《智利和美国：冲突中的大国》（*Chile and the United States: Empires in Conflict*）[佐治亚州亚森斯（Athens），佐治亚大学出版社（University of Georgia Press），1990 年出版]
- 威廉·萨特，"智利海军兵变，1931"，出自克里斯托弗·贝尔和布鲁斯·埃尔曼主编的《20 世纪的海军兵变：国际视角下的观察》（伦敦，弗兰克·卡斯出版社，2003 年出版），第 145—169 页
- 罗伯特·谢伊，《拉丁美洲：一部海军史，1810—1987 年》（安纳波利斯，海军学会出版社，1987 年出版）
- 卡洛斯·特罗姆本，《海军工程：一部百年专业史》（*Ingeniería naval, una especialidad centenaria*）[瓦尔帕莱索，智利海军工程局（Dirección de Ingeniería Naval de la Armada de Chile），1989 年出版]
- 卡洛斯·特罗姆本，《智利海军航空兵史》（*La Aviación naval de Chile*）[比尼亚德尔马（Viña del

Mar)，海军航空司令部（Comandancia de la Aviación Naval），1998 年出版]

- 卡洛斯·特罗姆本，《智利海军工程史，1953—2003》（*La Ingeniería electrónica en la Armada de Chile，1953-2003*）[瓦尔帕莱索，研究与发展项目局（Dirección de Programas de Investigación y Desarrollo），2004 年出版]

- 卡洛斯·特罗姆本，《1931 年智利海军兵变》（*The Chilean Naval Mutiny of 1931*）[博士论文，埃克塞特大学（University of Exeter），2010 年出版]；可见 http://ethos.bl.uk/OrderDetails.do?uin=uk.bl.ethos.529347（2017 年 11 月访问）

- 费尔南多·威尔森和罗德里戈·莫雷诺（Rodrigo Moreno Jeria），《"拉托雷海军上将"号战列舰的战斗力变迁与南美海军无畏舰的关系》（*Evaluación de la capacidad táctica del acorazado Almirante Latorre con relación a los Dreadnoughts en el cono sur de América*），出自《档案》第 2 辑（2001 年）第 2—3 期，第 29—33 页

- 乔纳森·维斯（Jonathan Wise），"保卫'成熟果实'：英国与南美海军军售市场，1947—1975 年"（Securing "The Ripest Plum"：Britain and the South American Naval Export Market, 1947-1975），出自约翰·乔丹和斯蒂芬·登特（Stephen Dent）主编的、2013 年的《战舰年刊》（伦敦，康威出版社，2013 年出版），第 119—133 页

- 约翰·乔丹和斯蒂芬·登特，《皇家海军在南美的角色，1920—1970 年》（*The Role of the Royal Navy in South America, 1920-1970*）[伦敦：布卢姆茨伯里出版社（Bloomsbury），2015 年出版]

- 杰拉德·伍德海军中将，"战列舰'拉托雷海军上将'号"，出自《海军杂志》第 105 辑（1988 年）第 3 期，第 255—286 页

- "无畏舰计划"（Dreadnought Project）网站：http://www.dreadnoughtproject.org

西班牙海军

战列舰"阿方索十三世"号（1913年）

作者：奥古斯丁·拉蒙·罗德里格斯

　　"西班牙"级（España class）战列舰包括三艘几乎完全相似的姐妹舰，"阿方索十三世"号正是其中的第二艘——该舰的服役时间最长，经历也最引人瞩目。[①]其标准排水量为 15700 吨，拥有八门双联装 12 英寸主炮，在大约 11 节的经济航速下航程可达 7500 海里，同时，它们也是西班牙唯一的无畏舰，以及全世界建成的最小同类舰船。该级舰的孕育背后有着清晰的战略目标，但知情者却寥寥无几，至于地缘政治关系的变化，更让它与原本的使命渐行渐远。

重建西班牙舰队

　　1898 年的美西战争沉重地打击了西班牙。在战争中，该国不仅被美国打得一败涂地，还丢失了古巴、波多黎各、关岛和菲律宾，其海军也随国家滑向了危机边缘。这场战争也为这个源自 15 世纪的殖民帝国敲响了丧钟，随后开始的是一个全国反思的时代，名为"98 一代"思想浪潮随之掀起，并影响了该国的社会、文化和政治长达几十年。

　　在美西战争中，西班牙海军先是于 1898 年 5 月 1 日在菲律宾马尼拉湾遭遇重创，随后又于 7 月 3 日在古巴的圣地亚哥（Santiago de Cuba）蒙受了更为屈辱的惨败，让他们更为难堪的是，当年的美国还远没有迈入海上强国的门槛。[②]不仅如此，在重建舰队期间，西班牙人还遭遇了巨大的阻碍——尤其是政治环境动荡。在年轻的国王阿方索十三世（1902 年登基）即位的最初几年，局势更是难上加难。早年，为了镇压菲律宾和古巴的叛乱，西班牙政府背上了沉重的债务，而在战争结束后，其财政更是濒于崩溃。不仅如此，他们在军舰的采购和部署上同样存在严重问题，比如本土船厂拖沓的工期、高昂的成本和低劣的质量，导致许多战前计划中的军舰无法按期服役或存在严重的战斗力缺陷。此外，西班牙舰队还有维护不善的痼疾，成员缺乏训练，战术指挥和战略部署也非常拙劣。由于耗资巨大、缺乏意义，且超出了西班牙的技术实力，连政界都普遍对重建舰队态度冷淡。

　　但问题不止于此，在 20 世纪的头十年，军舰的设计和技术发展迅速，同样的情况也出现在战术领域，这引发了训练模式的巨大改变。究竟哪种类型的舰只，才能更好地维护国家利益？在这种大背景下，西班牙国内出现了论战。另一方面，扶植本土造船企业同样至关重要，此举有助于推动国家的技术、工业和经济进步，历

① 本章作者感谢胡安·科伊洛（Juan Luis Coello Lillo）和卡洛斯·扎福尔特扎（Carlos Alfaro Zaforteza）在撰写过程中提供的协助。同样，本章的编辑也对亚历杭德罗·阿拉米洛（Alejandro Anca Alamillo）和埃琳娜·卡西拉里（Elena Casilari）提供的图片表示诚挚感激。

② 参见：奥古斯丁·罗德里斯格斯，《海军重整期间的政策，1875—1898 年》（马德里，圣马丁出版社，1988 年出版），以及《1898 年的海上战斗：一部批判性评论》（Operaciones de la Guerra del 98: Una revisión crítica）[马德里，阿克塔斯出版社（Actas），1998 年出版]。

届政府和海军都非常关切。尽管潜艇先驱科斯梅·加西亚（Cosme García，1818—1874 年）、纳西索·蒙图里奥尔（Narciso Monturiol，1819—1885 年）、伊萨克·佩拉尔（Isaac Peral，1851—1895 年）以及驱逐舰先驱费尔南多·比利亚梅尔（Fernando Villaamil，1845—1898 年）都付出了不懈努力，但在技术上，西班牙海军仍然远远落后于其他列强。与此同时，惨痛的教训表明，在海军工程和技术领域对国际市场的持续依赖——尤其是在英国和法国设计之间摇摆不定的做法——对海军已是断不可行。西班牙需要一种完整、持续和可靠的技术转让，这种转让只能通过与其中一个海上强国长期持续的外交合作才能实现。然而，在帝国主义时代，西班牙遭遇的孤立却使这一点无法一蹴而就：当时，大国彼此争夺市场、殖民地和势力范围，日益激烈的海军竞赛就是它们的反映。此时，西班牙的战略利益依旧广泛，其中包括了巴利阿里群岛和加那利群岛（Canaries）、北非的休达（Ceuta）和梅利利亚（Melilla），以及西属撒哈拉（Spanish Sahara）和赤道几内亚（Equatorial Guinea）的殖民地，但面对各个列强，西班牙根本无法独立保卫上述区域，更不用说这些列强还缔结了盟约。事实上，

在 1898 年之后，西班牙人始终不敢忘却那种既突然又凶狠的袭击（就像当年美国人所做的那样，更何况对于敌人来说，这种袭击还能以最小的成本牟取最大的利益。因此，西班牙如果要避免遭到瓜分，除了在外交层面四处示好之外，唯一的办法就是寄希望于其他列强的利益分歧。

不过，对西班牙人来说，事情也有光明的一面。虽然在爱德华七世在位时，英国的国力已臻于极盛，但它仍无法构建一种滴水不漏的全球防御体系，这让该国被迫抛弃了"光荣孤立"政策，并在 1902—1907 年签订了一系列战略盟约。至于其他列强的情况亦然。也正是因此，虽然重建舰队的任务是艰巨的，很多问题也无法一蹴而就，但一群规模不大却异常活跃，且影响力与日俱增的政治家和海军军人却利用恒心、毅力以及国际战略联盟实力对比的变化达成了目标。在 1898—1906 年期间，西班牙人曾提出过许多依托当地船厂重建舰队的计划，它们都无一获得通过，其原因要么是时机不利，要么是过度激进或保守，又或是未能解决困扰造船工业的结构性问题。但面对国际政治环境的变化，最终，重建舰队又变成了一个可行的命题。[1]

① 奥古斯丁·罗德斯格斯，《重建舰队：西班牙海军的海军计划，1898—1920 年》（巴亚多利德，加朗图书公司，2010 年出版）。

20 世纪 20 年代，与"海梅一世"号并排停靠的"阿方索十三世"号——其身份是通过烟囱上的一条白色识别带来确定的。"海梅一世"号的烟囱上有两条白色识别带，而"西班牙"号上则没有白色识别带。

20 世纪 20 年代，西班牙新海军的舰船。与"阿方索十三世"号并排停靠的是美国建造的潜艇"伊萨克·佩拉尔"号（Isaac Peral，1916 年下水），在更外侧的是意大利建造的潜艇"纳西索·蒙图里奥尔"号（1917 年下水）。

西班牙和英法协约

面对德意志帝国的崛起，1904 年 4 月，英国和法国通过了在北非瓜分势力范围的方案，结束了在战略、海军和殖民地问题上的长期对立。该协议对西班牙产生了重要影响，因为其中的第八条将与毗邻地中海的摩洛哥王国北部划为了法国的势力范围，唯一的例外只有丹吉尔港（Tangier），该港口由英国、法国和西班牙三国共管并保持中立。这种安排首先折射出了英国的担忧，其目的是阻止其他列强建立一个可以威胁直布罗陀的基地，并确保直布罗陀—马耳他—塞浦路斯—苏伊士运河—印度—远东这条港口链的安全，但另一方面，它也给西班牙提供了一小块海外领土，并以此阻止了后者倒向德国、奥匈帝国和意大利建立的三国同盟一边。由于对英国和法国的贸易和投资有着严重的依赖，西班牙政府也别无选择，只能接受这一秘密协定。虽然割让摩洛哥北部的细节一公布，便在马德里引发了种种不安，但令西班牙人感到满足的是，该国已经打破了孤立局面，还和两个最为亲密的列强签订了条约。与此同时，德国对协议反应激烈，并于 1906 年强行在阿尔赫西拉斯（Algeciras）召开会议讨论摩洛哥问题，但这一举动不仅毫无成效，还进一步把西班牙推向了英国和法国的阵营。早在 1905 年，阿方索十三世便在装甲巡洋舰"阿斯图里亚斯公主"号（Princesa de Asturias）和防护巡洋舰"埃斯特雷马杜拉"号（Extremadura）的护送下，搭乘王家游艇"吉拉达"号（Giralda）对英格兰进行了礼节性访问。正是在这次访问期间，他与维多利亚女王的外孙女——巴滕贝格的维多利亚·尤金妮亚（Victoria Eugenie of Battenberg）公主订立了婚约，并于 1906 年在马德里与之完婚。同年，阿方索还带领整个舰队访问了加那利群岛，由于德国曾为在此建立海军基地持续施压——这一举动不仅坚定地表明了该国的立场，还充当了一种有力的回应。

除了君主的个人支持，西班牙的政治气候也开始发生变化。1907 年 1 月，保守党（Conservative Party）的领袖安东尼奥·毛拉（Antonio Maura）在竞选中取得了压倒性胜利——此人不仅是重建西班牙舰队，参与国际事务的坚定支持者，还是西班牙海军少年团（Liga Maritima Española，其角色类似其他国家中的海军少年团）的联合创始人和坚定成员。同年 4 月，一系列磋商随爱德华七世（Edward Ⅶ）访问卡塔赫纳达到了高潮。当时，这位国王还带领了一支强大的舰队，随之抵达的还有第一海务大臣、海军元帅约翰·费希尔爵士。他们得到了阿方索十三世和海军部长何塞·费尔南德斯（José Ferrándiz y Niño）准将的接待。最终，西班牙、法国和英国在 5 月 16 日签署了一份多方协议。虽然这三个国家并未正式结盟，但为遏制同盟国在地中海和大西洋的野心，它们仍然就战略和海军问题达成了共识。从战略角度看，该协议不仅为西班牙的沿海和岛屿提供了领土保证，还提供了来自英国和法国的支持，从而消除了其国防计划中的一个心腹大患。

　　然而，西班牙也需要承担对等的义务，即保证地中海力量的平衡，应对意大利和奥匈帝国舰队的威胁。面对崛起中的德国公海舰队，作为英国海军的首席战略家，费希尔元帅必须将英国皇家海军的主力集中在北海和英吉利海峡，以应对德国人的挑战。由于与美国的友好关系，再加上 1902 年英日联盟的成立，还有 1907 年俄国加入英法协约，现在英国可以用分散在全球各地的老舰来保护主要交通线的安全。但其中却有一个致命的例外——地中海：法国海军无法与意大利和奥匈帝国海军抗衡。[①] 尽管法国海军的舰队规模庞大，但对最新的战略和技术进步，他们的反应却慢了半拍。直到 1912 年，法国才将海军主力转移到地中海，其第一艘无畏舰——"科尔贝"号更是在 1913 年才建造完毕。因此英军的希望是：在完成重建之后，西班牙舰队能从巴利阿里群岛 [尤其是梅诺卡岛（Minorca）上的马翁（Mahón）] 和地中海的战略要地出动，在这片漫长的海岸线上支援法国海军。

　　这一点的意义，不仅是对三国同盟舰队的一种反制，还让法国可以专心守卫重要的莱茵河防线。另外，法国还可以把精锐的第 19 军从阿尔及利亚和突尼斯及时调

① 保罗·哈尔彭，《地中海的海上局势，1908—1914 年》（马萨诸塞州剑桥市，哈佛大学出版社，1971 年出版）。

位于卡塔赫纳的"阿方索十三世"号。根据一战前西班牙和协约国签订的协定，一旦意大利向法国开战，该国海军便将扮演起一个重要的角色。请注意固定在百叶窗上的风斗，这种设备可以将凉爽的空气吸入生活区。

往土伦和马赛。其中甚至还规定，法国陆军可以从西班牙南部的港口登陆，通过公路和铁路前往本土——如果敌人突入地中海西部，此举将减少法军遭遇拦截的风险。如果意大利进攻法国南部，有关方面将考虑派遣西班牙军队增援法国，甚至在意大利本土沿海、撒丁岛和西西里展开两栖登陆。事实上，阿方索十三世向协约国提供了全面的军事合作，但是，三方只是缔结了一系列协议，西班牙也没有获得可靠的安全保证。即使如此，该国依旧获益颇丰：不仅获得了两个列强对其战略利益的背书，还有重建舰队必需的现代化技术。以上这些，就是"西班牙"级战列舰建造的战略背景。

"费尔南德斯法"和舰队重建招标

在 1898 年之前，西班牙海军一度更青睐装甲巡洋舰。由于续航力更强，它们可以部署在偏远的海外，并能游刃有余地对付敌方的防护巡洋舰。为这些舰只提供补充的，是鱼雷炮舰或驱逐舰——它们的职责是对抗敌军的雷击舰艇。此外还有各种殖民地通报舰和炮舰提供支援——虽然它们的战斗价值有限，但在其他领域仍然用途广泛。

在被美国击败并把战略重心转向欧洲之后，西班牙人也改变了海军的建设思路：现在，他们将重点建造主力舰而非殖民地巡洋舰，至于驱逐舰的角色也将被鱼雷艇替代——当然，后一种想法很难说得上正确。1900 年之后，西班牙海军总参谋部认为，除了次要舰只之外，如果要想有效保卫自己，他们就需要 12 艘战列舰。鉴于预算限制，它们将以三艘为一组订购，每一组都会在前一组的基础上进行改进。按照计划，上述目标将在 1914 年夏天完全实现。

关于战列舰的选型，尽管存在一些分歧，但西班牙人很快便把岸防战列舰或大型浅水重炮舰排除出了考虑范围，同样，他们也不想建造意大利"艾琳娜女王"级（Regina Elena class）准战列巡洋舰那样的袭击舰，而是将目光对准了典型的英国式前无畏舰，这些军舰的排水量为 12000 吨，在中轴线上布置了两座炮塔和四门 12 英寸火炮，此外还配有至少 12 门 6 英寸副炮，最高速度为 18 节。但在海军部长何塞·费尔南德斯准将的任内，这些计划发生了变化。费尔南德斯是一位著名的技术专家，曾在 19 世纪 80 年代后期前往法国的拉塞讷（La Seyne）督造"佩莱约"号露炮台铁甲舰，1898 年，他被任命为该舰的舰长，并了解最新的技术发展。面对 1906 年横空出世的战列舰"无畏"号，他迅速采取了果断措施，修改了计划中三艘战列舰的性能指标。作为一个办事雷厉风行的人，费尔南德斯在 1907 年 3 月 18 日至 23 日争取到了海军技术委员会（Junta Técnicadela Armada）中多数人的批准，该提议对原始设

1924 年，从卡塔赫纳起航的"阿方索十三世"号。"西班牙"级的服役，标志着该国恢复了地中海强国的身份。

20 世纪 20 年代，挂满舰旗停靠在卡塔赫纳的"阿方索十三世"号。

计进行了大幅修改，并沿用了费希尔的"全单一口径主炮"思路。在九名委员会成员中，有六人投票赞成，另外两人希望将主炮的口径降低至 11 英寸或 9.2 英寸，还有一人主张采用"纳尔逊勋爵"级（Lord Nelson class，即英国最新、最强大的前无畏舰）的设计。考虑到此时费希尔的心血结晶竣工才六个月，西班牙人建造无畏舰的决定无疑是极有魄力的。

在此基础上，费尔南德斯更进一步，提出了一项舰队建设法案，该法案获得了安东尼奥·毛拉总理及其内阁的同意，并在 1907 年 11 月 27 日得到了议会的批准。1908 年 1 月 7 日颁布的"费尔南德斯法"不仅要求建造三艘单价为 4500 万比塞塔（约合 160 万英镑）的战列舰，还有总价为 4000 万比塞塔的三艘 370 吨级驱逐舰，以及 24 艘（随后削减到 22 艘）180 吨级鱼雷艇和四艘部署于摩洛哥沿海的 800 吨级炮舰。另外，其中还涵盖了一些辅助舰只和改良工程，尤其是对造船厂的翻新——其耗资将达到 2400 万比塞塔。考虑到西班牙 1908 年的年度预算为 10 亿比塞塔，之前每年的海军常规海军预算也仅有 3100 万比塞塔，这项总拨款为 1.99 亿（虽然拨付期长达八年）的法案无疑证明了毛拉政府重建舰队的决心。

在三个月后的 1908 年 4 月 21 日，一份敕令呼吁各个船厂参与新舰只的建造，并加入对海军造船厂的彻底改组。之前，海军船厂一直由官方直营，但这一次，其经营权将转移到获胜的公司或财团手中，这些胜利者不仅要改善内部的管理体制、避免重蹈覆辙，还要致力于提升该国的工业能力和技术水平——无论对船厂本身还是配套行业都是如此。毫无疑问，直接向国外订购这些舰只更快更便宜——这也是许多国家的标准做法，在南美洲尤其如此。但西班牙海军真正的目标是发展造船工业并实现现在比斯开湾航行的"阿方索十三世"号。

代化，一个世纪之后，这一目标终于圆满完成，但许多类似的国家却仍在依赖外购舰只。最终，共有四个财团回应了招标邀请：

其一是专门为此成立的"盎格鲁 - 阿斯图里亚斯集团"（Anglo-Asturian Group），由西班牙北部阿斯图里亚斯省的一些工业、航运、铁路和矿业公司以及英国的帕尔默造船与钢铁公司（Palmers Shipbuilding and Iron Co.Ltd）和威廉·贝尔德莫公司（William Beardmore & Co.Ltd.）联合组成。

其二是由施耐德公司（Établissements de MM.Schneider et Cie.）、地中海冶金造船厂和吉伦特河机械和造船厂（Ateliers et Chantiers de la Gironde）联合牵头的法国工业集团。

其三是由意大利安萨尔多 - 阿姆斯特朗公司（Gio.Ansaldo, Armstrong & Co.）领衔的欧洲财团，其背后有许多其他公司支持，其中最主要的是奥匈帝国的斯柯达工厂（Škoda Works）。

其四是一家全新的英国—西班牙联合集团，即西班牙海军造船公司（Sociedad Española de Construcción Naval，以下简称 SECN），该集团专门为招标组建，其中维克斯 - 马克西姆公司（Vickers, Sons and Maxim Ltd.），阿姆斯特朗 - 惠特沃斯公司（Sir W.G.Armstrong Whitworth & Co.）和约翰·布朗公司（John Brown & Co.）等英国公司联手提供了 40% 的资金，并包括许多银行、采矿、造船等诸多领域的西班牙公司，至于英国的桑尼克罗夫特公司和法国诺曼船厂也将提供额外的技术支持。

1909 年 4 月 14 日的敕令宣布 SECN 财团在竞标中获胜，它于 6 月 23 日和 8 月 25 日分别接管了费罗尔（Ferrol）和卡塔赫纳的造船厂。这一决定引起了左翼媒体的强烈抗议，之前，一位海军军官——马西亚斯（Macías）海军上尉更是宣称其中存在暗箱操作。这导致有关方面被迫任命一位中立的调查员——知名记者兼共和党议员路易斯·莫罗特（Luis Morote）专门调查此事。在审查了文件之后，莫罗特宣称招标过程中没有任何违规行为，从而平息了争议和丑闻。[1]不过，军方确实给予了 SECN 一定程度的偏袒：之前，费尔南德斯已经与维克斯公司进行了一段时间的接洽，不仅如

① 费尔南多·德·博戴杰，《海军政策的变迁：1898—1936 年年间的海军建设》（马德里，圣马丁出版社，1978 年出版）。

此，后者还早在投标邀请开始前七个月（即 1907 年 9 月）完成了"西班牙战列舰"的初始设计（即 336 计划）。

但即便是公平竞争，其他财团也注定要从竞标中出局：法国财团之前还没有建造过无畏舰，其专业水平存在很大疑问。更糟糕的是意大利和奥匈帝国联合组成的财团，如果把合同交给这些国家，局面可能将更为尴尬，因为西班牙极有可能与其爆发战争。与此同时，由帕尔默公司领导的另一个英国财团曾在 15 年前在毕尔巴鄂（Bilbao）的内维翁造船厂（Astilleros del Nervión）承建了三艘"玛利亚·泰蕾莎公主"级（Infanta María Teresa）装甲巡洋舰，最终该项目导致内维翁造船厂破产，最后，西班牙政府接受了整个烂摊子，才勉强保证了合同中的军舰完成。有鉴于此，SECN 成了当仁不让的选择，它不仅在各个方面实力强大，而且最有资格主持新战列舰甚至整个西班牙海陆军工复合体的建设。

设计

在新战列舰的设计上，西班牙从一开始就规定其排水量必须控制在 17000 吨之内。[1]这既是因为其码头、造船厂和港口设施规模较小，而且造舰预算也相对有限。除了排水量方面的限制，海军技术委员会还规定该舰应安装八门双联装 12 英寸火炮，航速应接近 19.5 节，并拥有较高的续航力。这些指标经常遭受批评，其理由不无道理：在武器既定的情况下，单纯控制排水量必然会影响防护、动力系统和航速。撇开上面提到的基本问题，有人还认为西班牙最好建造两艘较大的战舰，而不是像现实中那样建造更小的三艘。然而，这些批评者同样忘记了一个事实，尽管拥有五座炮塔，但"无畏"号和后续的"柏勒洛丰"级（Bellerophon class）和"圣文森特"级（St Vincent class）都只能和"西班牙"级一样进行八炮齐射——由于设计缺陷，这三种军舰有两座炮塔只能并排布置在军舰的两舷。此外，如果采取这种对策，在有一艘军舰无法参加战斗时，其分舰队的实力将下降 50%，但如果建造的是三艘军舰，那么在类似的情况下，分舰队的战斗力只会损失 33%。换言之，如果西班牙海军转而选择建造两艘"柏勒洛丰"级，在有一艘战舰缺席时，该国将只有一艘主力舰可用，舷侧投射火力也将降至八门舰炮；但如果建造三艘战舰，即便有一艘无法行动，剩余的舰队将仍然具有 16 门舰炮的齐射火力。

我们只要看一眼"阿方索十三世"号和它的姐妹舰，就可以发现它们参照了英国

① 相关信息可参见一部奠基性的著作：即加西亚·马丁内斯、何塞·拉蒙·克里斯托·卡斯特罗维乔和亚历山德罗·安卡合著的《"西班牙"级战列舰和西班牙海军重建，1912—1937 年》（光盘版：马德里，卡斯托·门德斯-努涅斯海军中心，2007 年发行；印刷版：马德里，十四皇家战士出版社，2012 年出版）。

20 世纪 20 年代初期，一艘"西班牙"级战列舰前甲板上忙碌的一天，该舰可能是"阿方索十三世"号或命途多舛的"海梅一世"号。在该舰的 1 号炮塔上可见一门被帆布遮盖的 1.85 英寸斯柯达火炮，该火炮是在 1925—1926 年之间换装的。

从"阿方索十三世"号的左舷向前望去，可以看到 3 号和 1 号 12 英寸炮塔，以及位于左舷的 10 门 4 英寸副炮中的 9 门。当时该舰正位于摩洛哥近海，已进入了战备状态。

人的设计，只不过其尺寸小了一些。这艘军舰浓缩了过去 10 年的技术进步，让英国设计师们在一艘吨位和尺寸与前无畏舰 / 装甲巡洋舰相当的船体上建造出了一艘无畏舰。不仅如此，该舰还布局紧凑、装备精良，与西班牙海军的需求高度契合，只是防护和动力系统略微有所牺牲。在 15700 吨的总重量中，36.4％用于船体，24.8％用于装甲，14.5％用于武器装备，用于动力系统的只有 7.9％，尽管这种情况与紧凑的设计存在一定关联。作为 1906 年"无畏"号的直系后裔，我们不妨把"西班牙"级的数据同"无畏"号及其后两代的英国战列舰进行比较。其中最值得注意的是，虽然这三级英国战列舰更大、更昂贵，但"西班牙"级只在武器和性能上略有不及，换言之，前三者并没有展现出更高的性价比。

早期无畏舰数据对比

型号	无畏	柏勒洛丰	圣文森特	西班牙
动工时间	1905 年	1906 年	1907 年	1909 年
全长	527 英尺	526 英尺	536 英尺	459.5 英尺
宽度	82 英尺	82.5 英尺	84 英尺	78.9 英尺
标准吃水	26.5 英尺	27.1 英尺	28.5 英尺	26 英尺
标准排水量	17900 吨	18600 吨	19250 吨	15700 吨
满载排水量	21845 吨	22100 吨	23030 吨	16450 吨
装甲带最大厚度	11 英寸	10 英寸	10 英寸	9 英寸[①]
主炮	10 门 12 英寸炮（45 倍径）	10 门 12 英寸炮（45 倍径）	10 门 12 英寸炮（50 倍径）	8 门 12 英寸炮（50 倍径）
最高航速	21 节	21 节	21 节	20 节
续航力	6220 海里 /10 节	5720 海里 /10 节	6900 海里 /10 节	7500 海里 /11 节
功率	23000 轴马力	24500 轴马力	24500 轴马力	15500 轴马力

武器和动力系统

　　"西班牙"级的强大主炮群，由四座炮塔中的八门维克斯 Mk H 型 12 英寸火炮组成。其身管倍径为 50 倍，与早期的 45 倍径主炮相比，它给予了炮弹更高的初速、

① 译者注：原文如此，舷侧装甲带的实际厚度应为 9.1 英寸。

射程和威力。至于炮塔则各有一半分别由阿姆斯特朗公司的埃尔斯维克兵工厂和维克斯公司生产。其中，1 号和 4 号炮塔位于中心线上，而 2 号和 3 号炮塔则在舰体中部呈对角线布置。虽然这些炮塔都可以向左舷或右舷同时开火，但只有两座可以在不损坏舰体的情况下攻击正前和正后方的目标。1 号和 4 号炮塔的射界为 310 度，2 号和 3 号炮塔为 273 度——其中所在一侧的射界为 180 度，另一侧的射界为 93 度。但另一方面，宽大的射界也限制了上层建筑的规模：其中只剩下了前后舰桥、两具带有大型桅顶观察所（其中安装着测距仪）三角桅和一座直立式的圆柱形烟囱。低矮的轮廓不仅提供了明显的战术优势，而且其几乎是左右对称的，很容易在战斗打响时麻痹敌方的炮术军官，使其误判该舰的航向。

除了主炮之外，该舰还安装了 20 门维克斯 E 型 4 英寸 50 倍径副炮，它们安置在侧舷的炮廓中，其中一部分由西班牙本土的工厂生产。由于副炮的炮位仅高出水线 13 英尺，这使其无法在恶劣海况下射击，但在地中海，这算不上特别严重的缺陷。尽管存在舰首和舰尾上浪的情况，但"西班牙"级仍具有优秀的稳定性，并称得上是一座优秀的火炮射击平台——这在当时的战列舰中并不多见。但即使如此，由于干舷低矮、上层建筑稀少、舰上武器密集，一些观察者和历史学家们还是产生了一种印象：尽管"西班牙"级的规格足以与正规的战列舰相提并论，但它实际是一种大型的浅水重炮舰。从事后的观点看，"西班牙"级无疑比德国的"德意志"级（Deutschland class）更适合称为"袖珍战列舰"，尽管后者拥有很强的战斗力，但本质并不是战列舰，而是与装甲巡洋舰更为相似。

为给主炮扫清射界，大量减少上层建筑的做法带来了一个新难题：舰上无法搭载足够的小艇，于是，它们大部分只好安置在舰体中部的炮塔上。更大的问题是，各舰

1915 年秋天，试航中的"阿方索十三世"号。该舰的最高航速可以达到 20 节。

1913年5月7日，"阿方索十三世"号在费罗尔的 SECN 造船厂下水。

接受现代化改装的余地非常有限。虽然使用美国"南卡罗来纳"级（South Carolina class）那样的背负式炮塔设计可以增加船体空间、改善舒适度，并加装更强大的副炮、高射炮（这一需求在后来变得愈发紧迫）以及观测（侦察）机，但这种设计也会增大舰体，如果该舰想达到原有的速度指标，就必须安装更强劲的动力系统。虽然对于该级的末舰——工期严重拖延的"海梅一世"号（Jaime Ⅰ），有关方面确实考虑过采用新设计，但由于成本原因，这一想法最终被放弃了。

在最初的武器配置中，"西班牙"级还安装了两门维克斯 2.2 英寸炮 [在 1920 年左右被斯柯达 1.85 英寸舰炮取代]、两门维克斯 1.85 英寸炮和两门马克西姆 1.5 英寸炮（后来换装为数量不等的轻型火炮）。直到 1925—1926 年，该级幸存的各舰才开始安装防空武器——最初是两门维克斯 FF 型 3 英寸 34 倍径 3 英寸高射炮，它们替换了首尾 1 号和 4 号炮塔上的 1.85 英寸炮。除此以外，各舰还搭载了两门阿姆斯特朗 3 英寸 17 倍径野战炮，这些火炮均由巴斯克地区的普拉森西亚军工城（Placencia De Las Armas）生产。

舰上的蒸汽由 12 台亚罗型燃煤锅炉提供，并被导入四台非减速式的帕森斯涡轮机，带动四具螺旋桨运转。动力系统的最大功率为 15500 轴马力，最高航速为 19.5 节，但偶尔也会超过 20 节。得益于苗条的体型，在 10.8 节的经济航速下，"阿方索十三世"号的航程可以达到 7500 海里——这是一个可圈可点的数字。除了高效和可靠之外，该舰动力系统的另一个重大优点还在于设计紧凑，这使该舰可以在有限的舰体内尽可能多地容纳各种武器，另外，舰上也只需要配备一根烟囱，从而减小了军舰的侧影。该舰的载煤量为 600 吨煤，其中威尔士汽煤 [在西班牙等地也被称为"加的夫煤"（Cardiff）] 要比国产煤更受欢迎。当然，和其他海军的情况一样，使用煤炭也会带来许多磨难和考验，其中最明显的莫过于加煤（舰上的 600 吨煤需要 10 个小时才能加完）、锅炉（管道）的维护和炉渣的清理。

该舰的转向通过一部传统的半平衡舵完成，由于舰体较短，"阿方索十三世"号在全速状态下的战术转弯直径仅为 351 码，而"无畏"号在相同状态下则达到了 471 码。

建造：前因后果

在 1909 年 6 月，SECN 接管费罗尔造船厂之后不久，便开始招募英国工程师和专家，以协助设备升级和培训西班牙人员。在六个月之后的 1909 年 12 月 5 日，该级首舰"西班牙"号铺下龙骨。然而，其姐妹舰的下水和竣工却遭到了严重耽搁。随着一战爆发、西班牙宣布中立，军舰的建造速度开始放缓，至于英国公司提供的物资也逐渐减少，最终完全停顿下来。受影响最严重的是主炮、动力系统、装甲和火控设备，虽然"西班牙"号的竣工只花了三年零九个月，但二号舰"阿方索十三世"号却耗时大约五年半，而三号舰则用了至少九年 10 个月的时间。事实上，当"阿方索十三世"号在 1915 年匆匆服役时，由于深陷战争旋涡中的英国工厂无法交货，其舰上的火控系统实际是拼凑的，有些部件只能从中立国采购。

"西班牙"级在 SECN 费罗尔船厂的建造时间		
动工	下水	竣工
西班牙		
1909 年 12 月 5 日	1912 年 2 月 5 日	1913 年 9 月 8 日
阿方索十三世		
1910 年 2 月 23 日	1913 年 5 月 7 日	1915 年 8 月 16 日
海梅一世		
1912 年 2 月 5 日	1914 年 9 月 21 日	1921 年 12 月 20 日

尽管后两舰的建造出现了延误，但"西班牙"级足以笑傲许多海军强国。事实上，虽然这些国家的经济和工业更为发达，但它们却未能及时加入这场全球海军竞赛。直到 1910 年 7 月 24 日，奥匈帝国的第一艘无畏舰"联合力量"号才铺设龙骨，而法国的第一艘无畏舰"科尔贝"号开工则要等到同年的 9 月 1 日。甚至像日本、意大利和俄罗斯这样的强国也仅仅是在西班牙之前几个月才开始建造自己的无畏舰。这一意味深远的事实也提醒着我们，纵然西班牙海军问题丛生，但在其悠久的历史中，它始终与最新的技术发展保持着同步，并且表现出了极大兴趣，甚至热情欢迎这些进步的到来。

更重要的是，凭借"西班牙"级，这个国家恢复了地中海强国的地位——这一

1913 年 5 月 7 日，"阿方索十三世"号在费罗尔 SECN 造船厂下水时的另一张照片。右侧可见"海梅一世"号，该舰也将在 16 个月之后滑下船台。

1913 年前后，在费罗尔进行舾装的"阿方索十三世"号。由于世界大战期间材料供应困难，其完工时间遭遇了大幅推迟。在照片最右侧的远方可以看到"西班牙"号的主桅。

20 世纪 20 年代初，在"西班牙"号后甲板的 4 号炮塔旁，该舰的军官和贵宾们一起合影。和其他海军的情况一样，西班牙海军中同样存在鲜明的阶层分化和待遇不公的现象。

地位此前已丧失了超过半个世纪。在 1909 年，西班牙海军中四艘最强大的军舰——露炮台铁甲舰"佩莱约"号，装甲巡洋舰"卡洛斯五世"号（Carlos V）、"加泰隆尼亚"号（Cataluña）和"阿斯图里亚斯公主"号根本无法与二流的意大利分舰队抗衡，更不用说迎战更新和更强的法国舰队。但现在，仅仅是一艘新战列舰，都足以让这些假想敌不敢轻举妄动。

实际上，作为一种战略要素，"西班牙"级打破了意大利和奥匈帝国在地中海上的主力舰优势，不仅如此，它们还将对手的老旧舰只变成了英国人口中的"五分钟船"，并进一步刺激了这两个国家对无畏舰队的投入。在这种情况下，他们建造的舰只远比"西班牙"级更大，火力也更强（安装了双联和三联装炮塔，火炮总数达到了 12 门或 13 门，不过防护和主炮口径较"西班牙"级并没有太多优势）。在 1914 年 8 月战争爆发时，意大利已经拥有了"但丁·阿利吉耶里"号（Dante Alighieri，于 1913 年 1 月竣工）、"朱里奥·凯撒"号（Giulio Cesare）和"李奥纳多·达芬奇"号（Leonardo da Vinci，后两舰均竣工于 1914 年 5 月，此时很难说完全具备了战斗力）。奥匈帝国海军拥有"联合力量"号（1912 年 10 月竣工）、"特盖特霍夫"号（1913 年 7 月竣工）和"欧根亲王"号（该舰费尽周折才在 1914 年 7 月交付海军）。而在法国这边，其无畏舰"科尔贝"号和"让·巴尔"号正在护送法国总统访问俄罗斯，另外两艘姐妹舰"法兰西"号（France）和"巴黎"号（Paris）尚未竣工。因德国战列巡洋舰"戈本"号的存在，在地中海，主力舰的力量对比明显有利于三国同盟。在这种情况下，英国不得不将战列巡洋舰"不屈"号、"不挠"号和"不倦"号部署到地中海，虽然它们的航速远远超过了"西班牙"级，但防护水平较差，甚至火力也是如此，因为前两舰的八门主炮中只有六门具备向一个目标集火的能力。

另外，假如意大利没有宣布中立，奥匈帝国还可以直接把舰队开出亚得里亚海，届时，对协约国来说，他们的地中海局势将岌岌可危。虽然"西班牙"号直到1913年9月才开始服役，火炮测试直到1914年6月才完成，但对于协约国来说，它的价值将不可估量。不过，由于意大利选择中立，并在随后倒向协约国，这也令西班牙在一战中置身事外，其麾下的战列舰也从未肩负起最初要求的使命。[1]

舱室布局

根据传统，军官们被安置在舰尾的舱室内，但居住条件不如从前。右后方是舰队司令的住舱和两间可容纳18名客人的套房，与之配套的是一座环绕舰尾的游廊。更前方是舰长和其他军官的舱室，每间舱室都配有私人洗手间。与当年的大多数海军一样，这里的装饰、家具、餐具等都和下级水兵栖身的艰苦环境形成了鲜明对比。轮机军官和高级士官的小舱在舰体中部，较低级的士官住在前方的炮廊附近，在那里，还有一部分给上舰实习的军官候补生、军乐队成员等非在编人员预留的空间。

在1号和2号炮塔基座周围的主装甲甲板上设置了两层住舱甲板，这里安置了372名舰员。下级水兵的住舱在上甲板前方的各个炮廊附近——他们共计366人，并且分别居住在可容纳36到48人不等的大舱室中，而在整个军舰上，最多可以为约700名水兵提供居住空间。上述区域都按照通舱的样式布置，配有吊床和可折叠的桌子。不过，尽管其舰员明显比同时代的大型舰只更少，但按近代的标准，"西班牙"级的居住环境实际并不算良好。导致这种情况的原因，是舰只干舷较低，只有两层甲板完全处在水线以上，而且由于缺乏舷窗，主要的居住区域通风不良、夏热冬冷。另外，由于舰首和舰尾上浪严重，这些舱室一年四季都被潮气侵袭。在其他方面，舰员的生活质量也不敢恭维：大约700名下级水兵只能共用31个表面镀锌的钢制厕所坑位，至于淋浴设施和洗漱池的情况也只是略好一点。在采暖方面，船上只有七部电暖器，其中六部在军官宿舍，另一部在病房。

尽管存在上述缺点，但需要指出，该级舰的建造初衷是为了使其在相对平静的"暖水区"服役，而且其活动区域通常靠近本土港口。此外，该舰的水兵都并非志愿入伍，而是征募而来，这意味着上级可以无须担心骚乱，更为放心地调遣他们。何况当年的工人阶级的生活条件同样极端恶劣，他们无法讨价还价，只能任由别人使唤。即便如此，随着西班牙国内的政治局势恶化，痛苦的生活、沉重的劳役、恶劣的伙食、严酷的纪律等最终还是被政治鼓动者利用，并在西班牙海军中酿成了一幕幕惨剧。

人员编制

该舰的舰长是一名海军上校，副舰长是一名海军中校。此外，舰上还有两名海军少校，其中一人主管火炮和电气设施，另一人负责动力系统和行政事务——换句话说就是，这两人分别分管装甲甲板的上方区域和下方区域。在10名海军上尉中，有八人负责分管该舰的四个火炮分区（编号为1至4），每个分区都包括了一座炮塔和几门对应的4英寸舰炮。在其余两人中，一位是炮术长（Director de tiro），另一位是航海长（Ayudante de Derrota）。第五个分区是引擎舱，由技术军官负责。

这艘船的舰员被编为10个分队（Brigade），每个分队下六个小队（Ranchos），连同小队长（Cabo de Rancho）在内，每个小队的人数在 8 到 12 人之间。这 10 个分队被分派给五个分区——每个分区两个分队。在开展舰上作业时，它们还会按照传统进一步划分为左舷和右舷分队。全舰实行着一天四班的轮值制度，对卫生、左右舷警戒、全员就位、弃舰、救火、备战、昼夜遇袭时的应对、夜间警戒、登陆分队和防雷网都有规定——不过，问题丛生的布利万特（Bullivant）型防雷网很快便被撤除了。

当该舰停泊于港内时（早 6 点），一天的工作将伴着名为"狄安娜之触"（Toque de Diana，狄安娜是罗马神话中的一位女神）的鼓乐声开始。起床之后，士兵们有 45 分钟捆扎吊床、清洗衣物和打理个人卫生。接下来是早餐，通常是白咖啡（Café con Leche）配面包，有时是由大蒜、面包和鸡蛋烹调成的"西班牙式大蒜汤"（Sopas de Ajo）。进餐时间为半小时。打扫卫生的军号在 7 点 15 分吹响，7 点半开始列队、换班和检查病房（由两名军医负责），8 点升旗——期间，军官们会用警惕的眼睛注视着水兵中的一切风吹草动。

9 点传来操练的号声，再过半个小时会有新的军号，提醒接受培训的人员前去上课。在舰上的宪兵检查过个人卫生和内务之后，午餐时间开始了。在西班牙海军中，最常见的食谱包括豆类（菜豆和鹰嘴豆）、米饭和土豆，此外配有培根、少量鲜肉或咸鱼。在一个高估了肉类营养价值的时代，这些饭菜看上去很是寒碜，但营养实际比较均衡。和以往一样，问题在于择洗和烹调的不卫生操作，导致饭菜中经常混进污泥。午饭结束后，每个人都能休息一个小时，但受罚者却有事情要做。14 点 30 分，操练和上课的号声再次吹响，在随后两小时，舰上也会进行修理和维护。下一道命令是刷洗甲板和换班，在另一轮视察后，不当班的人员可以上岸。由于军舰太大，不便靠上码头，他们通常只能搭乘小艇登陆。白天结束时，旗帜会庄严地降下，所有舰员则集合起来，聆听当日的宣讲（Orden）。其流程包括了点名，还有与历史事件或宗教节日有关的朗读和纪念活动，此外还会公布新上舰的官兵名单和第二天的菜谱。晚饭之后，熄灯号在 22 点吹响，此时上岸人员也将返回船上，至于大部分人则进入了梦乡。

空闲时间有限，主要被舰员们用于清洗和修补衣服，少数有文化的人读书和写信，还有人制作传统的海军手工艺品，如舰艇模型等，有人玩多米诺骨牌、跳棋或扑克，但严禁以现金下注。舰员的宗教需求还得到了随舰牧师的支持，他在舰上有一个小礼拜室。

陆战队

考虑到在摩洛哥殖民地的任务，西班牙海军非常重视登陆分队的舰上组织和训练。直到 1923 年，这项任务都由各舰上的海军陆战步兵分队（Detachment of Infantería de Marina）承担——一般情况下，他们既要负责警戒，还要操纵一部分副炮。但后来，这些职责逐渐由水兵履行。在最极端的情况下，像"阿方索十三世"号这样的战列舰可能会派出一半的舰员登陆，他们不仅会人手一杆毛瑟步枪，还会携带两门阿姆斯特朗 3 英寸野战炮和八挺机枪。但在正常情况下，登陆分队只有一个加强步兵连的规模，即 150 名官兵，两门野战炮和两挺机枪，由一名上尉指挥，外加 2 至 3 名中尉和 10 多名士官。该分队下辖三个步兵排、一个海滩作业排、一个无线电小组、一个工兵排和若干野战炮炮手。

通过不断的拉练和射击演习，西班牙海军一直在磨炼陆战技能，舰队各舰的野战炮分队更会进行一年一度的激烈竞赛。这些竞赛经常让人联想到英国皇家海军从 20 世纪初开始举办的"野战炮对决"。在竞赛中，各个分队争先恐后地带着一门拆解的野战炮和各种装备在障碍赛道上冲刺，期间，他们还要涉水前进，并翻过几道 6 英尺 6 英寸高的墙壁，最终装好火炮并打出一发空包弹。不过，这些海军登陆分队也经常被当局投入镇暴行动，正如我们将在后文中所见，"阿方索十三世"号的登陆分队便有开赴本国沿海的城市和乡镇的经历。

早年生涯，1915—1920 年

考虑到"西班牙"级首舰以国家为名，二号舰被冠以在位君主阿方索十三世（1886—1941 年）的名字便成了一件顺理成章的事情。然而，作为本章的主角，本舰并不是第一艘获此殊荣的军舰，早在西班牙海军于 1909 年进行改革前，便出现过一艘"阿方索十三世"号，但该舰却有着数不清的问题。作为防护巡洋舰"摄政女王"号（Reina Regente，该舰建造于英国）的姐妹舰，该舰由费罗尔船厂建造并在 1891 年下水，但很快，它开始持续不断地发生故障，特别是动力系统，这不仅使它未能在 1898 年时加入帕斯卡尔·塞维拉（Pascual Cervera）将军那支不幸的古巴分舰队，还在 1900 年被海军除籍。在种种尝试都无济于事后，又过了七年，相关人员只好将这艘"阿方索十三世"号拆除。尽管有这个倒霉的前辈，再加上国王一生命途多舛，最终被迫放弃王位，但这一名字完全配得上一艘战列舰。这位国王不仅促进了 20 世纪初西班牙海军的复兴，而且在他的统治下，舰队从 1898 年的瘫痪状态恢复到了 1931 年他流亡时欧洲第四的水平。该级的三号舰"海梅一世"号（Jaime Ⅰ）纪念的是生于 1213—1276 年之间的阿拉贡国王兼巴塞罗那伯爵"征服者海梅"（James The Conqueror），他是从摩尔人（Moor）手中收复伊比利亚半岛的关键人物，并为阿拉贡王国的扩张做出了重要贡献。另外值得一提的是，最早在 18 世纪，用君主和王室成员命名主力舰便成了西班牙海军的惯常做法，这一传统一直延续至今。

在 1915 年 8 月交付时，按照西班牙海军的传统，该舰也在入役时被授予了战旗。随后，"阿方索十三世"号与姐妹舰"西班牙"号一起航行到桑坦德（Santander），向例行前往当地消夏的国王致敬，同时，"阿方索十三世"号也得到了皇家游艇"吉拉达"号的回礼。接下来的一个月，舰队驶向加利西亚（Galicia）开展常规的秋季演习，在新的一年来临时，该舰赢得了西班牙国家彩票的圣诞节头奖（Gordo），欢乐的气氛顿时达到了顶点。国家彩票的历史可以追溯到 1763 年，全国各地的组织都可以在其中一试运气，而这一次，"阿方索十三世"号的全体舰员一共收获了 600 万比

西班牙的珀西·斯科特 ——海梅·哈纳，这是他担任海军上尉时的照片。当时，他正在"西班牙"号上担任枪炮长。

在一艘"西班牙"级战列舰的舰体中后部，舰员们正在向舰尾转移一枚 12 英寸炮弹。本照片拍摄于 1920 年前后。

塞塔的高额奖金。中奖的幸运数字是 48685，今天，这次大奖的幸运球仍然保存在费罗尔海军博物馆内。

随着喜悦渐渐消散，"阿方索十三世"号重新开始了日常训练，这种平静在 1916 年 9 月被打破——该舰奉命出动，去比斯开湾搜寻在一场暴风雨中失去动力的"恐怖"号（Terror）驱逐舰。值得一提的是，也正是在这次行动中，布利万特（Bullivant）型防雷网暴露出了各种尴尬的问题。翌年 4 月，"阿方索十三世"号再次接到了遇险船只的呼唤，这一次是海军拖船"安特洛"号（Antelo）：它携带着一批危险的索泰 - 阿勒型水雷（Sauter-Harlé mines），在普里奥尼奥—奇科角（Cabo Prioriño Chico）附近触礁。后来，这些水雷都被安全转移到了战列舰上。

与此同时，一战的经济、社会和政治后果开始在西班牙显现：1917 年 8 月，该国的社会主义和无政府主义团体宣布进行总罢工，革命的氛围变得愈发浓烈。这导致"阿方索十三世"号被派往毕尔巴鄂（Bilbao）的主要工业码头，以便应当地军事总督的要求"恢复秩序"。这艘船的登陆分队被派遣上岸，负责守卫加达梅尔斯（Galdames）和塞斯陶（Sestao）之间的铁路线和几座矿井。然而，暴力冲突仍然无可避免地发生了：一名水兵死亡，多人受伤，共有 22 名革命者被捕并暂时拘押在了舰上。1919 年年初，"阿方索十三世"号开往巴塞罗那，参与潜艇 A-1 号——即"纳西索·蒙图里奥尔"号（A-1 Narciso Monturiol）的服役仪式。但在此期间，该舰陷入了一场更大的工人骚乱，而这一次，骚乱者针对的是加拿大资本拥有的巴塞罗那电车、照明和电力公司（Barcelona Traction, Light and Power

Company）。这场暴力罢工持续了四天四夜，并被恰如其分地冠上了一个名字——"加拿大（La Canadiense）大骚乱"。期间，"阿方索十三世"号再次将陆战队派遣上岸，以保护该公司的设施。

宣扬国威，1920—1923 年

尽管国内局势愈发动荡，但到 1920 年，西班牙政府已准备好展示自己的新形象，其中就包括了它的现代化舰队——至于战列舰就更不会置身事外了。由于历史和文化原因，再加上曾有大批移民离开西班牙前往新大陆，这一轮宣传针对的主要是美洲。作为相关政策的一部分，1920 年 6 月 14 日，"西班牙"号奉命访问拉普拉塔河和太平洋沿岸的各个港口，然后通过巴拿马运河返回西班牙，至于"阿方索十三世"号也将在奥诺里奥·科尔内霍（Honorio Cornejo）海军上校的指挥下，在加勒比海地区和美国长期停留。几天之后，"阿方索十三世"号从费罗尔起锚，先是在 6 月 22 日加那利群岛的特内里费（Tenerife）稍作停留，随后，该舰在 7 月 9 日抵达了哈瓦那，并得到了古巴当局和民众的亲切接待——这也是自 1908 年，风帆训练舰"鹦鹉螺"号（Nautilus）抵达以来，第一次有西班牙海军的舰艇造访此处。"阿方索十三世"号的下一站是波多黎各，当地人的欢迎同样热情洋溢，这也反映了西班牙与该岛的特殊关系——毕竟，在 1898 年时，决定此地命运的不是起义，而是外交层面的决定。这次远航随着 10 月中旬对纽约的访问落下了帷幕，11 月，"阿方索十三世"号回到了西班牙本土。在这次成功的出访之后，1921 年 4 月，该舰又抵达里斯本，纪念了在一战中丧生的葡萄牙战士。

然而，除了展示国力之外，西班牙人还有更严峻的外交问题要克服。1921 年夏天，摩洛哥保护国爆发了柏柏尔人的大起义（见本章附录），到 1923 年时，法国和西班牙的关系已经降至冰点，这让西班牙政府必须强化自己的实力。该国开始向意大利示好，因为在一战胜利之后，该国的墨索里尼政府因为分赃不均而感到恼怒，并开始就突尼斯的归属问题向法国发难。同时，在里夫战争惨败之后，西班牙的议会和宪法威信扫地，最终导致了 1923 年 9 月的政变，米格尔·普里莫-里维拉（Miguel Primo de Rivera）将军的独裁统治随之开始。虽然两国的政权性质截然不同，但普里莫-里维拉依旧毫不犹豫地推行了几项法西斯法案，其中就包括了解散立法机构和废除宪法中的若干条款。

现在，对这两个同处在独裁者摆布下的拉丁语系君主国来说，建立联盟的时机已经成熟，至于法国则成了这一变化的牺牲品。这种情况也成了 1923 年 11 月西班牙舰队大张旗鼓访问意大利的背景，它提醒人们，和 1914 年的情况一样，如果战争爆发，西班牙海军极有可能拨动法国和意大利海军在西地中海上力量对比的天平。该舰队包括"阿方索十三世"号和它的新姐妹舰"海梅一世"号，以及轻型巡洋舰"维多利亚·尤金妮亚王后"号（Reina Victoria Eugenia），以及两艘驱逐舰和四艘潜艇，它们于 11 月 16 日从巴伦西亚（Valencia）起航。其中，"阿方索十三世"号载着国王和普里莫-里维拉先后造访了拉斯佩齐亚（La Spezia）和那不勒斯，并于 28 日从那不勒斯起航返回巴塞罗那。尽管这次巡航取得了成功，但由于在摩洛哥发生的事件，西班牙与法国很快恢复了关系。

君主制的垮台与改名风波

1927 年，"阿方索十三世"号恢复了和平年代的例行活动：它参加过在加利西亚地区、阿罗萨（Arosa）外海的舰队演习，还在桑坦德出席了一年一度的王室庆祝活动。除了各种访问和接待任务，在当年 9 月，该舰还搭载阿方索国王和维多利亚·尤金妮亚王后游览了加利西亚海岸。接下来的一个月，国王和王后再次登上该舰，在新式巡洋舰"维多利亚·尤金妮亚王后"号、"门德斯 - 努涅斯"号（Méndez Núñez）以及老式驱逐舰"布斯塔曼特"号（Bustamante）的护卫下前往不久前才恢复平静的摩洛哥保护国，并走访了休达和梅利利亚等港口城市。1929 年，"阿方索十三世"号与英国、法国、意大利和葡萄牙的海军舰只在巴塞罗那举行的阅舰式上联袂出场，这也是1929 年 5 月至 1930 年 1 月间举办的国际博览会上的一个环节。与此同时，尽管西班牙打赢了里夫战争，但面对国内此起彼伏的抗议以及 1929 年 10 月华尔街股市崩溃的经济影响，普里莫 - 里维拉独裁政权也逐渐威信扫地。

1930 年 1 月 28 日，国王首脑地位的坚定维护者普里莫 - 里维拉提出辞呈——此时，他已失去了军队和国王的信任。随着政治和经济危机不断深化，阿方索十三世也被迫流亡，第二共和国于 1931 年 4 月 14 日成立。

自由党政治家尼塞托·阿尔卡拉 - 萨莫拉（Niceto Alcalá Zamora）领导着新政府，他们毫不犹豫地扫除了前政权的痕迹。4 月 17 日，即新政府上台后的第三天，一道部长命令便将"阿方索十三世"号更名为"西班牙"号——这艘命途多舛的军舰于是借壳还魂。不仅如此，新生的共和国还下令大量退役和拆解老舰，并让几艘新舰退居二线，以抵消里夫战争的高昂军费。在这项财政紧缩政策的直接影响下，"西班牙"号（即前"阿方索十三世"号）和"海梅一世"号也于 1931 年 6 月 15 日进入预备役，并转由费罗尔海军军区管理，且只留下一半舰员。11 月 15 日，"西班牙"号完全退役。接下来的五年，它都绝望地停泊在费罗尔海军造船厂，部分副炮和高射炮被移送上岸。由于缺乏维护，其舰况也愈发恶劣。虽然舰龄还不满 20 年，但这个时候，它已经被称为"老爷爷"（El Abuelo），因为它是舰队中最老旧的单位。至于它的姐妹舰"海

1930 年前后，在一艘"西班牙"级战列舰上，士官们正在用六分仪测量太阳与海平面的夹角，旁边可以看到该舰的 3 号炮塔。请注意安置在炮塔顶盖上的小艇。

"梅一世"号则更为幸运，该舰不仅保留了原名，还在 1933 年 4 月 20 日作为舰队旗舰重回现役。

设想中的现代化

尽管西班牙第二共和国的领导人信守和平，但欧洲和世界的局势让他们意识到，现在的局面注定只是暴风雨前的平静。地中海战略平衡的问题再次浮现，按照一些西班牙政治家的想法，在法国和意大利的明争暗斗中，西班牙注定不可能置身事外。但这一次，第二共和国却本能地站在了法国这边，这不仅仅是因为两者有着相似的政治立场，同时，墨索里尼的帝国主义冒险也触怒了西班牙外交官，他们开始在国际联盟中公开谴责这些行为。另外，在 1931 年流亡之后，阿方索国王和家人最终定居于罗马，这也引起了马德里当局的疑虑。总之，第二共和国要面对一个更新、更危险的敌人。重新武装海军的需求于是再次浮现，但事实上，除了为王朝末年的一些工程 [如两艘"加那利"级（Canarias class）重巡洋舰] 收尾之外，他们只订购了一些小型舰船，以确保仍在 SECN 控制下的费罗尔和卡塔赫纳船厂继续运转。

另外，在 20 世纪 20 年代，西班牙海军已经开始考虑建造新型战列舰，但财政拮据和里夫战争的沉重负担无法使这一设想实现。但考虑到两艘

20 世纪 20 年代，在"阿方索十三世"号的后甲板上举行的弥撒。在此之前，该舰上已经设置了屏风和圣坛，以便随舰牧师分发圣餐。请注意舰尾游廊扶手上的舰名铭牌。

幸存的战列舰仍可以发挥余热，西班牙人决定对其进行现代化改造。计划的焦点是将动力从燃煤改成燃油，但考虑到此举性价比低下，它最终没能得到执行。然而，随着与法西斯意大利的关系日趋紧张，在 1935 年，第二共和国又制定了几项海军再武装计划，其中就包括了"巴利阿里群岛防御方案"（Balearics defence plan），该计划的核心是建造一队旨在用于防御的驱逐舰、潜水艇和水雷战舰船，另外还将对战列舰开展现代化改装。尽管如此，由于政治动荡和经费窘迫，这些计划举步维艰，这导致海军部只好在 1936 年春季转而采用一种将就的政策：这就是让军舰恢复其中一部分作战能力，但对于"西班牙"级来说，它们根本无法与现代化改装后的意大利海军旧战列舰抗衡，更不用说迎战崭新的"维托里奥·维内托"级（见"利托里奥"号一章）。按照设想，两舰的改装将包括以下内容：

用 12 门 4.7 英寸 45 倍径维克斯 F 型高射炮替换原先的 4 英寸副炮，新副炮将以两门或三门为一组安装于最上层甲板，并得到炮盾的保护。

抬高 2 号和 3 号炮塔的装甲炮座，以便扩大射界，让它们的射击不受新 4.7 英寸炮的影响。

将主炮的仰角增加到 25 度以提升射程，并加强对炮塔弹药库的防护。

加装由五座双联装 1 英寸或四座双联装 1.6 英寸高射炮组成的防空武器系统，具体选择将根据试验结果而定。

为该舰安装最精良的对海和对空火控系统。

1915 年 12 月，"阿方索十三世"号的舰员们正在庆贺获得了彩票的集体头奖。舰桥的标语"西班牙万岁"（Viva España）下方写着彩票的幸运数字"48685"。

对舰上的机械设备和动力系统进行大修，但由于成本考虑，两舰仍将以煤炭作为燃料。

将之前 4 英寸舰炮的炮位改装为舰员住舱。

移除主桅杆，以便扩大 2 号炮塔的射界和容纳 4.7 英寸高射炮，其烟囱后方将安装一座信号斜桁（Signals gaff）。

重建前部上层建筑和前桅杆，用于容纳新的导航和火控设备。

对内部和外部通信系统进行改装和现代化，并在舰上安装遥控探照灯。

如果预算允许，应改装双层底结构，并安装水下鼓出部。

按照估计，每艘军舰的改装费用至少会达到 2000 万比塞塔，一旦经费到位，它们就将在 1937 年年初同时开始改装，预计工期为至少两年半。然而，这些计划却被 1936 年夏天降临的混乱打破——"西班牙"号被拖入了内战。不过，1935—1936 年年间采取的复原举措仍然改善了该舰的状态：其中，1 号和 4 号炮塔恢复正常（但 2 号和 3 号炮塔仍然不能运转），锅炉管也做了更换，使该舰足以保持正常的航速。尽管谈不上彻底，但这种改装仍被证明意义深远。

费罗尔的起义和哗变

尽管采取了种种措施，但在 1936 年 7 月 17 日反对共和政府的军人哗变开始时，"西班牙"号依然是一艘停泊在费罗尔港的宿营船。当时，该舰的舰长路易斯·皮尼罗（Luis Piñero Bonet）海军中校正在马德里出差，他的副手——加布里埃尔·安东（Gabriel Antón Rozas）海军少校正和六名现役军官一道指挥着舰上的 400 名成员，其中包括了士官、各级技术人员和普通水兵。由于陈腐的人员安置政策，在内战爆发时的西班牙海军中，职业军官与士官和士兵之间已经形成了一道鸿沟。由此导致的结果是，海军的军官团几乎全部支持或同情哗变，但他们的下属却普遍忠于共和派政府，这和陆军形成了鲜明对比，那里并没有如此明显的阶层撕裂，其中下级军官中同情哗变的比例明显要高于上校和将军。另外，直接参与哗变的海军军官似乎没有明确的计划，无论是对于海军本身要发挥的作用，还是在兵变开始后与陆军的协调，情况似乎

1920 年 7 月 9 日，"阿方索十三世"号在哈瓦那受到了当地民众的热烈欢迎，一大批福特 T 型车将码头挤得水泄不通。

1923 年 8 月，在摩洛哥沿海三叉角附近搁浅的"西班牙"号。救捞作业持续了一年多，但最终该舰仍在一场暴风雨中被彻底损毁了。

都是如此。作为结果，费罗尔港也被笼罩在了一种充满猜忌的氛围中。

这一点也在"西班牙"号上得到了反映，直到 7 月 20 日，也就是哗变后的第三天，该舰的舰员们才接到了集合命令，并组建了一支由卡洛斯·努涅斯（Carlos Núñez de Prado）上尉指挥的登陆分队。17 点，登陆分队接到了上岸指示，此时，副枪炮长狄奥尼索·穆里尼奥（Dionisio Mouriño González）站出来，大声质问安东少校和登陆分队有何居心。当安东少校拒绝做出解释，并命令穆里尼奥回到岗位上时。穆里尼奥立刻拔出手枪朝他们射击，这一举动就像是行动的信号，紧接着，不满军官统治的水兵们一拥而上，杀死了奄奄一息的安东少校、努涅斯上尉、卡洛斯·苏安塞斯（Carlos Suances Jáudenes）上尉和热苏斯·埃斯库德罗（Jesús Escudero Arévalo）上尉。

就这样，水兵们掌握了"西班牙"号的控制权。登陆分队随后上岸与共和派的战士们会合，试图攻入海军造船厂——国民军（Nationalist，即叛军）在当地的最主要据点。然而，在靠近造船厂门口时，他们遭到了来自厂内的猛烈火力。穆里尼奥等人在交火中丧生，他的死亡使登陆分队士气低落，并被迫退回船上。22 日，他们最终向国民军屈服。经过舰上轮机军官佩德罗·洛佩斯（Pedro López Amor）与国民军代表弗朗西斯科·莫雷诺（Francisco Moreno Fernández）海军上校的谈判，他们最终交出了舰只。作为事件的尾声，有 34 名"西班牙"号上的舰员被送上军事法庭，并在随后几周遭到枪决。

走向战争

在费罗尔陷落之后，就像加利西亚的其他地区一样，在内战的其余时间，它都被牢牢掌握在国民军手中。当地的海军基地和造船厂也被利用起来，匆忙让"西班牙"号做好战斗准备。由于时间紧张，它们只开展了最关键的工程。事实上，当 8 月 12 日，该舰进行首次战斗巡航时，其状态依旧相当危险：舰上的 2 号和 3 号炮塔无法使用，24 门副炮中只有 12 门到位，其中四门已被调拨给了巡洋舰"加那利"号（Canarias）——当时，后者正在等待舰上其他的 4.7 英寸 45 倍径维克斯 F 型高射炮运来。在人员方面，缺额很大程度上是由志愿者以及附近马林（Marín）海军学院和试验场的学员和水手填补的——在7月的动荡中，这两个机构几乎没有受到波及。同时，路易斯·维埃纳（Luis de Vierna Belando）海军上校接管了该舰，副舰长则由佩德罗·内托（Pedro Nieto Antúnez）海军少校担任。此外，舰上还配备了四名上尉和三名中尉。

① 译者注：当地是西班牙北部、靠近比斯开湾的一块地区。

　　在"西班牙"号、轻巡洋舰"塞维拉海军上将"号（Almirante Cervera，在战争爆发时在费罗尔的海军造船厂接受改装，随即迅速被编入现役）和驱逐舰"贝拉斯科"号（Velasco）的带领下，国民军舰队很快控制了坎塔布里亚（Cantabria）①的沿海地区。由此开始的封锁更充当了北部战场上的决定性因素——因为在比斯开湾沿岸，共和派几乎没有任何舰船，而且同中部和东北部的心脏地带缺乏陆上联系，其大部分作战物资都依赖海上供应。在"贝拉斯科"号的护卫下，"西班牙"号的第一次战斗巡航让它越过了阿斯图里亚斯（Asturias）的佩尼亚斯角（Cabo Peñas），并一直向东航行到法国边境的比达索阿河（River Bidasoa）河口，8 月 14 日，共和派政府开始称其为"海盗船"，并徒劳地敦促中立国海军进行拦截。第二天，"西班牙"号炮轰了工业中心兼共和派的重镇——希洪（Gijón），16 日，它故伎重演，将炮弹倾泻向桑图尔塞的油库。随后，在"塞维拉海军上将"号的伴随下，该舰向吉普斯夸（Guipúzcoa）的瓜达卢佩（Guadalupe）要塞开火——这座堡垒之前一直在抵挡埃米利奥·莫拉（Emilio Mola）将军指挥的国民军部队。接下来的几天，该舰共向巴斯克地区的沿海地带发射了 102 枚 12 英寸炮弹。到 8 月 20 日，该舰返回费罗尔港时，共和军才开始匆忙在沿海安置火炮，为入港的商船和渔船提供掩护，同时，他们还开始设法为商船安装武器，并将它们编入临时的海军分队。

　　现在，"西班牙"号的 3 号炮塔已恢复使用，8 月 25 日，该舰和"贝拉斯科"号再次从费罗尔出发，前去骚扰桑坦德和圣塞瓦斯蒂安（San Sebastián）之间的共和

停靠在巴塞罗那的"海梅一世"号和"阿方索十三世"号（中央），当时它们正在为在这里举办的世博会造势（1929—1930 年年间）。停靠在它们旁边的是轻巡洋舰"门德斯·努涅斯"号（Méndez Núñez）和"布拉斯·德·莱佐"号（Blas de Lezo）。

军海岸。第二天，它们俘获了共和军的轮船"康斯坦"号（Konstan，1857 吨），在 9 月 1 日抵达费罗尔前，它们还顺手在佩尼亚斯角外海夺取了渔船"胡安·玛丽"号（Juan Mari，209 吨）。至于第三次巡航的攻击目标是希洪，这项任务在 9 月 14 日完成，之后，"西班牙"号回到费罗尔的干船坞接受大修。当然，共和派并不想坐视国民军在西班牙北部沿海肆意妄为，他们采取措施，并从地中海派遣了一队潜艇：首先是 C-4 号和 C-5 号，然后是 C-6 号和 C-2 号——它们分别于 9 月 6 日和 18 日抵达希洪市的穆塞尔（El Musel）港。同样被派往北方的还有潜艇 B-6 号，但该艇却在 19 日被国民军击沉。

以上增援只是一个开始，很快，"西班牙"号的敌人们便得出结论：当前局势已极为危急，必须将舰队主力调往比斯开湾。9 月 21 日，"海梅一世"号，轻型巡洋舰"自由"号（Libertad）和"塞万提斯"号（Miguel de Cervantes）以及六艘驱逐舰从马拉加（Málaga）出航，并在四天后开进了希洪港。这一调遣也增加了"西班牙"号和姐妹舰"海梅一世"号狭路相逢的可能性——在 7 月，后者已在桑坦德宣布效忠共和派政府。但这些援军却在北方一事无成，并在 10 月 13 日重新拔锚驶向地中海，只留下驱逐舰"何塞·迭斯"号（José Luis Díez）和"西斯卡"号（Ciscar）以及潜艇 C-2 号和 C-5 号迎战国民军海军。

与此同时，国民军也无意让"西班牙"号冒险迎战它那艘更年轻、维护更充分的姐妹舰，而是让它继续在费罗尔接受修理，并粉刷它饱经风霜的舰体。然而，"西班牙"号没过多久便重返战场，并于 10 月 21 日在托雷斯角（Cabo Torres）附近捕获了渔船"阿帕加多尔"号（Apagador，210 吨）和"穆塞尔"号（Musel，165 吨），然后又在 30 日夺取了蒸汽船"马努"号（Manu，3314 吨）。虽然从来

1930 年前后的"阿方索十三世"号。在 1 号和 4 号炮塔上安装着该舰最早的防空武器——维克斯 Mk FF 型 3 英寸高射炮，该型高射炮一共有两门，安装于 1925—1926 年。在远处能看到轻巡洋舰"布拉斯·德·莱佐"号，而在其舰尾方向，还能看到该巡洋舰的姐妹舰"门德斯·努涅斯"号。

没有确切的证据，但是在同一天早些时候，"西班牙"号似乎一度与死神擦肩而过。当该舰在凌晨 1—2 点间在马约尔角（Cabo Mayor）附近现身的消息传来后，共和军的潜艇 C-5 号也匆匆驶出了桑坦德。在两次攻击中，C-5 号共发射了四枚鱼雷，其中第一次齐射的前两枚鱼雷出现了陀螺仪问题，其中一枚偏离航线并险些击中 C-5 号自己，至于后两枚鱼雷则错失了目标。后来证实，C-5 号的艇长是国民军的同情者。对此毫无察觉的"西班牙"号继续巡逻，第二天，该舰与部署在帕萨伊斯港（Pasajes，位于圣塞瓦斯蒂安附近）的国民军武装渔船合作，在阿霍角（Cabo Ajo）以北俘获了蒸汽船"阿兰特山"号（Arrate-Mendi，2667 吨）。

11 月，"西班牙"号安装了防空武器，以抵御共和派空军的威胁。这些武器完全由德国生产，包括四门安装在 MPL C/30 型炮架上的 3.5 英寸 SK C/30 型高射炮，并配有 EWA 型火控装置，另外还有两门莱茵金属公司（Rheinmetall）生产的 0.8 英寸 C/30 机关炮作为补充。12 月，该舰再次投入了骚扰敌方海岸的战斗，尤其是 20 日，它与"贝拉斯科"号以及辅助巡洋舰"天主"号（Dómine）和"巴伦西亚城"号（Ciudad de Valencia）一起炮击了穆塞尔港，试图摧毁停泊在当地的以驱逐舰"何塞·迭斯"号为首的共和派舰队。10 天后，该舰又对桑坦德附近的马约尔角灯塔实施了炮击。

当新的一年开始时，共和派对费罗尔发起空袭，虽然破坏有限，但它成功转移了国民军的注意力，掩护了在沿海地区开展的一系列防御性布雷行动。1937 年 1 月 22 日，"西班牙"号在希洪拦截了挪威货轮"运输者"号（Carrier，3105 吨），三天后又将另一个战利品——共和派的近海汽船"亚历杭德罗"号（Alejandro，345 吨）收入囊中。2 月，它在"贝拉斯科"号的伴随下再次对毕尔巴鄂实施炮击，之后返回费罗尔，在干船坞修理到 3 月 3 日。五天后，该舰捕获了巴斯克人的货轮"阿楚里"号（Achuri，2733 吨），并在 30 日与"何塞·迭斯"号短暂交锋，之后，这艘战列舰于 31 日在马约尔角外海捕获了第二艘商船——蒸汽船"卡门山圣母"号（Nuestra Señora del Carmen，3481 吨），在此期间，该舰也遭到了共和派战机和海岸炮兵的攻击。4 月 12 日，"西班牙"号再次杀向穆塞尔港，并在 21800 码的极限射程上动用 1 号和 4 号炮塔，试图摧毁或瘫痪驱逐舰"何塞·迭斯"号，但这一次又是徒劳无功。在 1937 年春天的这几个星期，"西班牙"号还与尝试开入毕尔巴鄂和桑坦德的英国商船不断遭遇，并碰到过英国皇家海军的舰只，它们正在当地确保商船的航行自由。也正是其中一次事件，为"西班牙"号的生命画上了句点。

沉没

4 月 23 日，"西班牙"号从费罗尔起航，恢复对桑坦德和毕尔巴鄂的封锁，但这将成为它的最后一次巡逻。在航程中，该舰和英国舰船多次相遇，随后于 4 月 30 日早晨，在桑坦德约 10 海里外与老搭档"贝拉斯科"号会合。大约上午 7 点时，它们发现英国蒸汽船"尼茨利"号（Knitsley，2272 吨）试图进入港口，"贝拉斯科"号多次开炮示警，导致该船被迫改变航线。为支援驱逐舰，"西班牙"号的舰长华金·洛佩斯（Joaquín López Cortijo）海军上校命令转舵径直向"尼茨利"号驶去，但此举却让该舰开入了国民军布雷炮舰"朱庇特"号（Júpiter）在几天前敷设的雷区。大约 7 点 15 分，一枚水雷在左舷后锅炉舱和引擎舱之间爆炸，导致海水汹涌而入，很快淹没了引擎舱和后部弹药库。如果这两个舱室爆炸，伤亡将不堪设想。但最终，舰上的阵亡者只有轮机兵何塞·弗莱雷（José Freire Pérez）、一等司炉何塞·桑斯（José Sanz Serantes）和司炉路易斯·佩斯凯拉（Luis Pesqueira Acuña）三人，此外还有四名士兵吸入了烟雾。

该舰开始左倾，和同时代的许多战列舰一样，其设计未能赋予它抵御水下损伤的能力，不仅如此，舰上防水隔壁也状况糟糕，这让它注定难以幸存。"贝拉斯科"号奉命靠近接走舰员，这项工作于触雷半小时后开始。此时，"西班牙"号和"贝拉斯科"号都遭到了来自附近阿尔伯里西亚（La Albericia）基地的共和派战机袭击，这样的空袭持续了三次，每次都由两架飞机进行，但都被防空火力击退，其中，"西班牙"号上的炮手直到沉没前都坚守着岗位。按照共和派的宣传，是空袭击沉了战列舰。这在与空军拥护者存在明显对立的国际海军界激起了轩然大波，但最终，这一说法被证明毫无根据。大约 8 点 30 分，"西班牙"号的官兵已全部撤出，洛佩斯海军上校是最后一个登上"贝拉斯科"号的舰员。有人提议用鱼雷加速沉没，但事实证明这毫无必要，因为"西班牙"号的甲板很快就被海水淹没，并在不久之后向左倾覆。满载着幸存者，"贝拉斯科"号立即转舵前往费罗尔。其中一名受伤的司炉弗朗西斯科·潘廷（Francisco Pantín）在途中去世，让"西班牙"号的死亡人数上升到四人。由于果断进入雷区拯救战友的英勇行为，"贝拉斯科"号的舰员被集体授予了海军奖章（Medalla Naval）。

第二代"西班牙"号，即前"阿方索十三世"号的戎马生涯至此落下了帷幕。同年 6 月 17 日，该舰的姐妹舰兼对手"海梅一世"号也步其后尘：停泊在卡塔赫纳期间，全舰发生了一场可能是意外导致的弹药库爆炸，共有超过 200 人受伤和丧生。在六周内，这两艘战列舰的"猝死"也骤然为该级战列舰的不幸历史画上了句号，但在其中，本章的主人公却可能是一个异类——它是同型舰中唯一在战斗中损失的。

1984 年 5 月，在海军打捞船"波塞冬"号（Poseidón）的潜水员发现了"西班牙"号的残骸，它倒扣在 200 英尺深的海底，后方有一个巨大的破口。尽管官方报告显示，是敌军的水雷击沉了"西班牙"号，但这一发现却确凿无疑地证明，该舰位于"朱庇特"号的雷区之内，并让她成了海军历史上因误伤沉没的最大舰只之一。到目前为止，由于成本原因，打捞或拆解该舰的努力都未能成功。

附录 1：未成战列舰方案

事实上，1908 年的"费尔南德斯法"只是西班牙在协约国的庇护下重建海军的第一步。一旦"西班牙"级建造完成，该国还计划于 1912 年开工第二批三艘战列舰和一些小型舰艇。在自由党领袖何塞·卡纳莱哈斯（José Canalejas）被无政府主义者暗杀后，他的继任者罗曼诺内斯伯爵（Count of Romanones）阿尔瓦罗·德菲格罗亚（Álvaro de Figueroa）接手了计划，其内阁中的海军部长阿马利奥·吉梅诺（Amalio Gimeno）则扮演了重要角色。为了强调与之前的保守党政府相比，自由党政府为海军计划倾注了更多心血，海军部长吉梅诺不遗余力地宣传西班牙对保持地中海力量平衡的价值。[1]而在战列舰方面，他们仍然准备购买缩小版的新式英国战列舰，它们会在防护和航速上有所牺牲，但仍将安装与英国设计相同的武器。按照设想，新战列舰

① 参见：阿马利奥·吉梅诺，《地中海问题中的西班牙海军因素》（马德里，胡安·佩约出版社，1914 年出版）；拉斐尔·盖伊，《地中海国际政策 10 年（1904—1914）近代政治史论文集》（巴塞罗那，省慈善机构出版社，1914 年出版）。

1930 年前后，"阿方索十三世"号的左舷甲板上的水兵们。这些水兵们都穿着最好的制服。但 1936 年，随着西班牙内战的爆发，军官和士兵们被骤然推向了对立面。

计划采用燃油动力系统，排水量超过 20000 吨，并装备 13.5 英寸甚至是 15 英寸主炮。

尽管政治动荡影响了计划的推进，但大部分内容都被随后上台的爱德华多·达托（Eduardo Dato）政府及其海军部长奥古斯托·米兰达（Augusto Miranda）将军接受，1914 年时，他们决定建造排水量不小于 25000 吨的主力舰，并在上面装载 15 英寸主炮。然而，当意大利宣布在战争中严守中立时，西班牙也自然地紧随其后。接下来，经过政府和议会的批准，米兰达决定将新舰队的重点放在巡洋舰、驱逐舰和潜艇上——尤其是后者，对一个不结盟的中等国家来说，它的性价比也是最出色的。于是，昂贵的新战列舰成了多余。虽然已被命名为"维多利亚·尤金妮亚女王"级（Reina Victoria Eugenia class），但筹备许久的、更强大的第二代西班牙无畏舰最终没有开工。

附录 2：海梅·哈纳

1913 年 10 月，为了争取欧洲爆发战争时的有利环境，法国总统雷蒙·普恩加莱访问了西班牙。在这项使命完成之后，普恩加莱在阿方索十三世的陪同下前往南方，以便从卡塔赫纳搭乘新建但过时的前无畏舰"狄德罗"号（Diderot）回国。停靠附近的是一个月前刚刚服役的"西班牙"号，期间，普恩加莱和随从们也不失时机地展开了访问。为他们解说舰炮和各种装备（比如先进的火控系统）的是一名精明强干的年轻军官，他名叫海梅·哈纳，后来被尊称为"西班牙的珀西·斯科特"（Percy Scot）[1]。在惊喜之余，普恩加莱于 1914 年 1 月向哈纳颁发了军团荣誉勋章（Légion d'honneur）以示感谢。

虽然哈纳在当时只是一名海军上尉，但功绩却足以与佩拉尔、费尔南德斯、电气工程师何塞·迭斯（José Luis Díez）、驱逐舰先驱费尔南多·维拉迈尔，以及鱼雷和水雷专家华金·布斯塔曼特（Joaquín Bustamante）等人并列，并跻身于世纪之交西班牙海军的领路人之列。[2]

1884 年出生，1899 年加入海军的哈纳是西班牙驻佐治亚州萨凡纳市（Savannah）领事的儿子，母亲是爱尔兰裔美国人安妮·罗宾森（Annie Robinson）。作为一名早慧

---

[1] 珀西·斯科特（1853—1924 年）海军上将是英国皇家海军现代炮术的先驱。

[2] 奥古斯丁·罗德斯格斯，《海梅·哈纳：西班牙海军重建中的科学与技术先驱》（马德里，海军军事出版社，2012 年出版）。

内战期间，"西班牙"号（即前"阿方索十三世"号）停泊在费罗尔的海军造船厂。

的学生，他很快就开始钻研水雷、鱼雷、电气、电报和无线电通讯，到 20 多岁时便已成为西班牙海军技术领域的佼佼者。然而，哈纳最引以为傲的专业是炮术，当舰队安装现代化火控系统时，他成了最热情的支持者之一。最初的机会出现在 1907 年 10 月，他首次在炮舰"新西班牙"号（Nueva España）和充当通报舰的皇家游艇"吉拉达"号上测试了先进的火控设备。但军方的庸碌无能和对英国设备的病态依赖最终埋没了这些努力。1913 年，哈纳被任命为"西班牙"号的枪炮长，这令他首次获得了安装、操作和改进现代化火控系统的机会，甚至法国人也为他的表现侧目。随后，哈纳还筹建了马林海军学院和加利西亚地区的一座试验场，这座试验场也负责提供海军科学教育。除此之外，他还编纂了一系列技术手册，这些手册曾在西班牙海军中充当教科书长达数十年。

在上面提到的六位先驱中，只有费尔南德斯（1847—1918 年）摆脱了英年早逝的噩运。维拉迈尔和布斯塔曼特死于 1898 年的美西战争，迭斯和佩拉尔则都在 40 多岁时被疾病打倒。至于哈纳则死于里夫战争（见下文）期间，1924 年 3 月 3 日，39 岁的他在装甲巡洋舰"加泰隆尼亚"号上被一枚摩洛哥人打来的炮弹击中。当时，他才做到海军少校的官职，正在甲板上忙着为部下发放薪水。

附录 3："阿方索十三世"号和里夫战争，1921—1927 年

1920 年秋天，西班牙保护国摩洛哥的军事长官达马索·贝伦格尔（Dámaso Berenguer）将军试图扫荡摩洛哥的东部地区，这导致次年 7 月 16 日，里夫地区的柏

柏尔人部落在阿卜杜·克里姆（Abd-el-Krim）的带领下纷纷揭竿而起。几周之后，伴随着所谓的"阿努瓦勒灾难"（Annual disaster），以梅利利亚港为中心的东部地区几乎全部沦陷，西班牙的殖民势力几乎崩溃，还损失了大约10000名官兵——这一奇耻大辱同样对西班牙本国的政治格局产生了深远影响。

接到摩洛哥起义的消息后，位于比斯开亚省近海的"阿方索十三世"号立刻起锚，7月22日在桑坦德补充过煤炭后，它在1921年8月10日抵达了梅利利亚——当时这座港口正面临围困。第二天，舰上的武器初次投入战斗。在掩护部队调动期间，它先后朝着马尔奇卡（Mar Chica）、纳多尔（Nador）和泽鲁安[Zeluán，即今天的萨尔万（Salwan）]发射了515发炮弹。期间，全舰还派出了一支由佩德罗·内托（Pedro Nieto Antúnez，他后来成为佛朗哥时代的海军部长）上尉带领的登陆部队。9月，"阿方索十三世"号再次投入战斗，并炮击了古鲁古山（Mount Gurugú）的敌军阵地——这是一个能俯瞰梅利利亚的制高点。第二年，即1922年，该舰同样进行了持续不断的行动，比如与敌军的野战炮阵地交战，后者威胁到了沿海的航运以及阿卢塞马斯（Alhucemas）和戈梅拉岛（Vélez de la Gomera）之间的礁石走廊。在敌军回击中，"阿方索十三世"号多次中弹，但没有遭遇伤亡或重大损坏，今天，仍有一块被击穿的钢板保存在费罗尔的海军博物馆。然而，在里夫战争中，西班牙海军遭遇的损失却不只有海梅·哈纳（其生平见本章）的阵亡。在1923年8月26日，在梅利利亚附近支援登陆期间，"西班牙"号在浓雾中于三叉角（Cabo Tres Forcas）搁浅。在场的"阿方索十三世"号为救援工作提供了协助，并通过移除舰炮、弹药和物资等办法减轻该舰的重量。期间，很多外国救捞公司也应召前来，但数月的辛苦全部化为徒劳：在1924年11月19日的一场风暴中，"西班牙"号遍体鳞伤的舰体最终彻底损毁。期间没有人员损失。

1925年，阿卜杜·克里姆几乎占领了摩洛哥全境，并于1921年9月宣布成立里夫共和国（Republic of the Rif），脱离摩洛哥苏丹和西班牙的统治。此前这场战争一直在西属摩洛哥进行，但1925年4月13日，阿卜杜·克里姆却攻击了沃尔加河（River Uarga）沿岸的法军阵地。这个后果不亚于四年前西班牙军队在阿努瓦勒惨败的行动让西班牙和法国政府联合起来，意图一举根除柏柏尔人起义。这次结盟的结果是一场精心策划的两栖登陆，其

1937年4月30日，在桑坦德外海徐徐沉没的"西班牙"号（前身"阿方索十三世"号）——该舰成了己方水雷的牺牲品。

地点阿卢塞马斯靠近阿卜杜·克里姆所在的贝尼·乌利亚格赫勒（Beni Uriaghel）部落。和之前的行动不同，这次的战略是穿过一片极为崎岖的地形，打一场稳步推进、不惜代价的大规模地面战斗。整个行动投入了来自 16 个营的 13000 名士兵以及一个海军陆战营。支援由六个炮兵连、11 辆雷诺 FT-17 坦克、至少 160 架飞机、一部气球和一艘飞艇提供。入侵舰队包括了 26 艘 K 型驳船、26 艘运输船、四艘拖船和两艘运水船，并由西班牙仅存的两艘战列舰、四艘巡洋舰、水上飞机母舰"代达罗"号（Dédalo）[①]、两艘驱逐舰、七艘炮舰、六艘鱼雷艇和 17 艘岸防和护渔舰只提供掩护。法军则派出了战列舰"巴黎"号、两艘巡洋舰、两艘驱逐舰、两艘浅水重炮舰、一艘拖船、六架水上飞机和一个海军陆战营。"阿方索十三世"号和舰上的普里莫·里维拉将军分别担任旗舰和作战总指挥。这场 1925 年 9 月 8 日开始的登陆获得了圆满成功，并且充当了有史以来第一场有海军航空兵和装甲车辆支援的两栖作战。同时，它也为里夫共和国敲响了丧钟：1926 年 5 月，阿卜杜·克里姆向法军投降，最后一批柏柏尔人也于 1927 年在惨烈的战斗之后被击败。

参考资料

未公开资料

- 阿尔瓦罗·德·巴赞档案馆（Archivo General de la Marina 'Álvaro de Bazán'），雷亚尔省（Ciudad Real）比索德尔马尔克斯（Viso del Marqués）

公开资料

- 费尔南多·德·博戴杰（Fernando de Bordejé y Morencos），《海军政策的变迁：1898—1936 年年间的海军建设》（*Vicisitudes de una política naval. Desarrollo de la a rmada entre 1898 y 1936*）[马德里，圣马丁出版社（Editorial San Martín），1978 年出版]
- 《海军部大事日志》1908—1936 年
- 《海军名册》（*Estado General de la Armada*），1900—1936 年
- 米格尔·丰滕拉（Miguel Fontenla Maristany），《战列舰"西班牙"号的服役历程》（*Descripción de los servicios del acorazado España*）[马德里，海军部出版社（Imprenta del Ministerio de Marina），1915 年出版]
- M. 丰滕拉、J. 卡雷（J.Carre）、J. 科尔内霍（J.Cornejo）和 M. 莫罗，《战列舰"西班牙"号的炮塔、火炮和弹药概述》（*Descripción de las torres del acorazado 'España', su artillería y municione*）（马德里，海军部出版社，1917 年出版）
- 《马德里公报》1907—1936 年
- 曼努埃尔·冈茨（Manuel Gantes García），《战列舰"海梅一世"号：西班牙的"波将金"舰——内战期间一名共和军队幸存舰员的回忆录》（*Acorazado Jaime I: el Potemkin español. Memorias de un tripulante superviviente del buque de guerra de la flota Republicana, durante la Guerra Civil*）[马德里，竞技场出版社（Editorial Arenas），2012 年出版]
- 加西亚·马丁内斯（García Martínez）、何塞·拉蒙（José Ramón）、克里斯托·卡斯特罗维乔（Cristino Castroviejo Vicente）和亚历山德罗·安卡（Alejandro Anca Alamillo），《"西班牙"级战列舰和西班牙海军重建，1912—1937 年》（*Los Acorazados de la clase España o el resurgir naval hispano, 1912-1937*）[光盘版：马德里，卡斯托·门德斯-努涅斯海军中心（Centro Marítimo y Naval Casto Méndez Núñez），2007 年发行；印刷版：马德里，十四皇家战士出版社（Real de Catorce），2012 年出版]
- 拉斐尔·盖伊（Rafael Gay de Montellá），《地中海国际政策 10 年（1904—1914）近代政治史论文集》（*Diez años de política internacional en el Mediterráneo, 1904-1914. Ensayo de historia política moderna*）[巴塞罗那，省慈善机构出版社（Imprenta de la Casa Provincial de la Caridad），1914 年出版]
- 阿马利奥·吉梅诺，《地中海问题中的西班牙海军因素》（*El Factor naval de España en el problema Mediterráneo*）[马德里，胡安·佩约出版社（Imprenta de Juan Pueyo），1914 年出版]
- 何塞·冈萨雷斯-拉诺斯 José María González-Llanos），《十年：1936—1946 年年间的费罗尔军工厂》（*El Decenio 1936-1946 en la Factoría de El Ferrol del Caudillo*）（费罗尔，私人出版，1947 年出版）
- 彼得·格雷顿（Peter Gretton）海军中将，《被遗忘的因素：英国海军与西班牙内战》（*El Factor olvidado: La Marina Británica y la Guerra Civil Española*）（马德里，圣马丁出版社，1984 年）
- 保罗·哈尔彭，《地中海的海上局势，1908—1914 年》（马萨诸塞州剑桥市，哈佛大学出版社，1971 年出版）
- 保罗·哈尔彭，《地中海海战，1914—1918 年》（安纳波利斯，美国海军学会出版社，1987 年出版）
- 伊恩·约翰斯顿和伊恩·巴克斯顿，《战列舰建造者：英国主力舰的建造和武装》（南约克郡的巴恩斯利，远航出版社，2013 年出版）
- 《战列舰"西班牙"号的舰上人事组织管理手册》（*Libro de régimen de organización interior del acorazado España*）（费罗尔，加利西亚邮报出版社，1918 年出版）
- 卢卡斯·莫利纳（Lucas Molina Franco），《齐格弗里德的遗产：西班牙内战中德国对国民军陆海军的军事援助,1936—1939 年》（*El Legado de Sigfrido. La Ayuda militar alemana al Ejército y la Marina*

nacional en la Guerra Civil Española, 1936-1939）[巴亚多利德 Valladolid)，AF 出版社，2005 年出版]

- 费尔南多·莫雷诺（Fernando Moreno de Alborán y de Reyna）和萨尔瓦多·莫雷诺（Salvador Moreno de Alborán y de Reyna），《无声的战斗：西班牙内战中的海上战役史，1936—1939 年》（*La Guerra silenciosa y silenciada.Historia de la campaña naval durante la guerra de 1936–39*）全 5 卷（马德里，私人出版，1998 年出版）

- 奥古斯丁·罗德斯格斯（Agustín R.Rodríguez González），《海军重整期间的政策，1875—1898 年》（*Política naval de la Restauración, 1875–1898*）（马德里，圣马丁出版社，1988 年出版）

- 奥古斯丁·罗德斯格斯，《重建舰队：西班牙海军的海军计划，1898—1920 年》（*La Reconstrucción de la Escuadra.Planes navales españoles, 1898–1920*）[巴亚多利德，加朗图书公司（Galland Books），2010 年出版]

- 奥古斯丁·罗德斯格斯，《海梅·哈纳：西班牙海军重建中的科学与技术先驱》（*Jaime Janer Robinson.Ciencia y técnica para la reconstrucción de la Armada*）[马德里，海军军事出版社（Ediciones Navalmil），2012 年出版]

- 西班牙海军造船公司，《工程总结》（*Resumen de Obras*）[马德里，里瓦德内亚家族出版社（Imprenta de los Sucesores de Rivadeneyra），多个年份]

- 安东尼奥·维加（Antonio de la Vega Blasco），《西班牙海军的动力设备》（*La Propulsión mecánica en la Armada*）[巴塞罗那，为巴赞海军造船厂（Empresa Nacional Bazán de Construcciones Navales Militares S.A.）私人印制，1986 年出版]

装甲舰"瑞典"号（1915年）

作者：乌尔夫·桑德贝里

这段历史讲述了一艘被赋予国名的装甲舰，它的火炮从没有向敌人发出过怒吼，更没有在30年的生涯里参加过一场战役——哪怕战争曾经是那么的近在咫尺。然而，"瑞典"号和两艘姐妹舰的投入却没有白费，它们不仅在两次世界大战之间维护了瑞典的领土完整，还在二战中保证了它的中立。此外，对于几乎未曾建造过如此庞大战舰的国家来说，它们的设计和竣工也堪称一项辉煌的技术成就。尽管在英语文献中经常被描述成"岸防战列舰"或"岸防舰"，但"瑞典"号并不是严格意义上的战列舰，其设计和使用区域也并非仅限于沿海地带，这些分类都不准确。相反，也许瑞典方面的分类——"装甲舰"（Pansarskepp）——才道出了它的本质，这一术语最早使用在1885年下水的"斯韦阿"号（Svea）上，并为本章节所采用（类似的情况可参见"七省"号一章）。

20世纪30年代，从另一艘姐妹舰上拍摄到的"瑞典"号。在1931—1933年进行改装期间，该舰重建了舰桥和前烟囱的烟道。"瑞典"号的设计和建造都是瑞典自主完成的，非常符合该国在波罗的海的战略需要。

建造背景

1900年时，瑞典已经沦为欧洲北部边缘一个相对默默无闻的国家，其人口在1897年时仅有500万，较英伦诸岛的3800万人更是相形见绌。在19世纪初，它仍是一个贫穷的农业国，但到1900年，瑞典已经在工商业方面取得了长足进步，也正是其精湛的工业水平，造就了"瑞典"号和它的姐妹舰。

19世纪末，在波罗的海地区的地缘政治局势中，瑞典和挪威这两个在1814年松散捆绑在一起的"君合国"正处于分裂的前夕。而在周边的领土中，自中世纪以来一直属于瑞典的芬兰已在1809年被割让给了俄罗斯。至于波兰则不复存在，并在 1772—1795 年年间被俄罗斯、德国和奥地利瓜分，至于未来的波罗的海三国，即爱沙尼亚、拉脱维亚和立陶宛仍然是俄罗斯帝国的一部分。虽然丹麦站在瑞典的世仇——俄罗斯一边，但前者已不再构成任何威胁。事实上，19 世纪的欧洲几乎没有国家对瑞典虎视眈眈，而 1878 年召开的柏林会议（Congress of Berlin），更是为瑞典人带来了一份"双保险"——随着俄土战争的胜利，俄国的野心终于有所收敛。尽管如此，在 1900 年时，瑞典国防战略的焦点仍然是防御俄罗斯和德国，其中前者更是被视为最大威胁。

尽管瑞典在 1521—1814 年年间有着明显的好战倾向，并进行了整整 31 场战争：无论是在 1618—1848 年的"三十年战争"中，还是在对抗俄罗斯的"大北方战争"（1700—1721 年）中，该国都扮演了重要角色。但 1814 年，该国开始推行"武装中立"的政策，目标和军事思想也变成了保持独立和抵抗入侵——尽管对于如何做到这一点始终存在争论。到 19 世纪初，瑞典人已经确立了依托内陆堡垒、开展核心区域防御的理念，并制定了发展风帆战列舰的海军战略。地理位置决定了俄罗斯或德国的攻击最可能来自海上。因此，这一时期瑞典奉行的军事思想也是建设一支强大的海军：它们必须能在开阔水域迎击、削弱甚至是击退来犯之敌。由此还衍生出了另一项战略：必须让敌人确信，对瑞典的任何攻击都将让他们得不偿失。不仅如此，瑞典海军还要想方设法让敌人意识到：对于入侵舰队中的运输船只，仅仅派遣小型舰只护航是不够的，为确保万无一失，他们必须抽调部分主力舰。其背后又有一个前提假设，即在对瑞典开战时，假想敌可能已经卷入战争，或是准备对另一列强动武，并需要为此抽调一定数量的主力舰。在这种前提下，如果该国还想冒险进攻瑞典，就会犯下因小失大的错误。

瑞典裔美籍发明家约翰·埃里克森（1803—1889 年）。本照片拍摄于 1862 年，即汉普顿锚地之战爆发时。埃里克森在瑞典装甲舰队的建设中发挥了重要作用。

瑞典主力舰建造史

在 19 世纪，瑞典一直在设法追赶军事技术的大发展。就像 1837 年，马丁·冯·瓦伦道夫（Martin von Wahrendorff）发明带闭锁机构的后膛炮一样，它还偶尔会在其中充当先驱。然而，在 1862 年 2 月的汉普顿锚地（Hampton Roads）之战后，和其他所有舰队一样，由风帆战列舰、巡洋舰和轻巡航舰组成的瑞典海军也在技术上过时了——在这场战斗中，美国南方邦联的铁甲舰"弗吉尼亚"号（Virginia）一举摧毁了两艘北方军舰，随后迫使第三艘搁浅，直到对手"监视者"号（USS Monitor）赶来，这场一边倒的屠杀才最终停止。"监视者"号的设计者是瑞典裔工程师约翰·埃里克森（John Ericsson），在这场战斗结束后的三个月，他与同胞进行了一系列讨论，并让瑞典政府决定采购一小队低干舷铁甲舰。在爱国主义精神的感召下，埃里克森为首舰捐献了购买武器的资金，后来，这艘军舰便以他的名字命名。事实证明，低干舷铁甲舰非常适合瑞典海军。在有限的国防预算中，这些军舰所占的比重很小，但性价比很高，而且非常适合一种战略：依托瑞典近海独有的礁岩和岛屿，建立起由雷场和低干舷铁甲舰组成的防御体系——在其中，大型舰只将难以机动[1935年，"瑞典"号在卡尔斯克鲁纳（Karlskrona）的触礁也充当了证明]。这种依托群岛展开防御的思路在数十年中一直处于主导地位，直到1880年，该国进入海军扩张阶段之前，1500吨的"约翰·埃里克森"号四姐妹都是瑞典海军中最大的舰船。

除了"大海军主义"的兴起，这种扩张还有几种潜在动因。尽管瑞典有100多年没有与大国竞争，但自17世纪以来，它一直自视为斯堪的纳维亚半岛上第一强国——来自北欧国家内部的竞争，可能重新激起了瑞典人对海军的重视。虽然丹麦对瑞典构不成威胁，但海军实力不及该国（见"彼得·斯克拉姆"号一章）的现实显然会让瑞典人闷闷不乐，更何况瑞典—挪威联盟内部的摩擦也在不断加深。另外，按照博蒂尔·阿隆德（Bertil Åhlund）的说法，其中更切实的原因也许是，自19世纪60年代以来，瑞典不仅在海军工程领域取得了重大进展，经济实力也进步迅速，这为建设海军提供了可能性。[1]

不管具体原因如何，从那时起，瑞典开始了稳扎稳打建造装甲舰的过程。其中最先问世的是2900吨的装甲舰"斯韦阿"号，该舰的工程于1880年批准，并于1885年在哥德堡下水。该舰有两艘准姐妹舰，并都安装了一座阿姆斯特朗10英寸双联装主炮塔，它们的出现让钢铁时代的瑞典海军首次将足迹延伸到了群岛防御圈之外。在"斯韦阿"级之后诞生的是三艘3500吨级装甲舰，其首舰是"奥丁"号（Oden），于1893年动工，但直到1896年才建成。接下来是1900年下水的"英勇"号（Dristigheten），它安装的8.3英寸主炮是受到了中日甲午战争的经验影响——因为1894年的黄海海战凸显了火炮射速和准确度的重要性（见"镇远"号一章）。这不仅要求火炮必须能全仰角装填，还要求观瞄系统应远离后座设备，在这种情况下，8.3英寸火炮要比9.8英寸火炮更能满足上述条件。

紧随"英勇"号的是三艘"荣耀"级（Äran class），它们的排水量为3650吨，航速为16.5节，此外还有一艘准姐妹舰"瓦萨"号（Wasa）。从1885年至此时，瑞典已经独立设计和建造了11艘装甲舰，对于一个刚刚崛起的国家来说，这条路走得并不容易。然而，通过整合国外的设计思路、购进各种武器装备，瑞典人逐渐掌握了建造更大和更复杂的船只的能力，这也体现在了1907年下水的第12艘装甲舰"奥斯卡二世"号（Oscar II）上，它代表了瑞典造舰水平的一大飞跃。排水量4270吨、拥有两门8.3英寸主炮、最大航速17.8节的它为"瑞典"级的设计和建造提供了许多经验。

联盟危机及余波

围绕装甲舰的建造和使用，瑞典造船工业和海军都在取得经验，然而20世纪初的局势变幻，也向这个国家发出了挑战，让它必须采取更有力的措施保护本国安全。在诸多变化中，意义最大的是莫过于瑞典—挪威联盟的解体（见"埃兹沃尔德"号一章）。在1814年被迫加入联盟之后，挪威一直是瑞典同床异梦的伙伴，19世纪末，

[1] 博蒂尔·阿隆德，《瑞典海军史：瑞典海军历史资料研究会编纂》第84卷[斯德哥尔摩，瑞典海军历史文献研究会出版社，1998年出版]，第117页。

他们的独立渴望已经成了一个绕不过去的门槛。瑞典人知道，挪威独立的背后有英国支持，因此，他们对维持统一的前景并不乐观。与此同时，英国和德国之间的关系也愈发冰冷，而后者与瑞典又有着密切的文化、社会和经济联系。这些情况令瑞典更加容易受到外交风波的影响，进而陷入一个几十年来未曾有过的不稳定状态。

联盟危机直接起源于 1895 年，在 1905 年 6 月，挪威议会更是单方面宣布两国的盟约作废。在持续到 9 月的谈判期间，瑞典陆军陈兵边界、40 艘船只部署在挪威海域附近——这也是自 1788 年至 1790 年对俄战争以来，瑞典海军最大的一次兵力集结。虽然舆论倾向于战争，但这并不是一个现实的选择，最终事态以双方"和平分手"结束。然而，联盟危机却彻底改变了瑞典，而且这可能更多是基于事实而并非情感——随着挪威独立，瑞典的西部和北部侧翼变得更为暴露了，更多麻烦也接踵而至。虽然在对日战争（1904—1905 年）中惨遭失败，但俄国海军正在重建，另外，德国海军也在飞速壮大，试图挑战英国人的制海权。1907 年，英国、法国和俄罗斯的三国协约对瑞典的安全造成严重影响，因为在国际舞台上，后者不能再依靠英法对俄国进行制衡。因此，尽管自身的财力有限，但瑞典仍开始努力加强自身的国防力量。

装甲舰的"政治仗"

在 1905 年的联盟危机之后几年，显而易见，并非所有瑞典人都赞同尽快增加陆海军支出，而装甲舰又充当着政治领域一个争执不下的议题，它不仅涉及了海军，还

于 1924—1925 年接受重建之前的"瑞典"号。与刚建成时相比，最明显的差别是用重型桅杆取代了最初的轻型桅杆，而且新桅杆上还安装了新式的火控设备。请注意舰首的"三重王冠"徽章。

有社会上更广阔的层面。1906 年年初，政府命令陆军和海军参谋部讨论瑞典的国防需求。正是这些讨论催生了建造新一级主力舰的提议，一个海军设计委员会随即在 1906 年秋天成立。

首先，新军舰必须契合瑞典现有的海军理论——保持威慑态势，并在必要时迎击入侵之敌。这要求新军舰必须能在攻击运输船之前，迅速击败敌军的警戒舰只。如果未能成功，那么，这些新舰还应当需要有足够的能力，在更强大的敌军发起追击时撤离。这也是瑞典造舰计划中最棘手的部分，因为新舰不仅需要安装强大的武器，而且速度要胜过一切强敌。与 20 年后属于同一舰种的"德意志"级装甲舰一样，这种设计思路旨在利用军舰设计中"鱼与熊掌不可兼得"的事实，做到"比慢者更强，比强者更快"。

于是，确定主炮口径便成了最关键的工作。在 1904—1905 年日俄战争时，双方投入了最大 12 英寸的现代化主炮，至于 11 英寸火炮则被认为是瘫痪敌方主力舰的规格下限。虽然海军坚持认为，为保证火控效率，四门主炮是底线，但由于政府预算限制，安装四门 12 英寸火炮的设想最终告吹。因此，海军设计委员会于 1907 年 1 月提交的六个主要备选方案大都计划安装两门 12 英寸炮或四门 11 英寸炮：

二战期间，航行在大海上的瑞典海军装甲舰分队，它们正在为炮术竞赛"国王奖"而展开激烈争夺。1933 年对烟囱的改装使各舰极易区分：最靠近镜头的是"瑞典"号，其次是"古斯塔夫五世"号，最远处则是"维多利亚王后"号。

装甲舰备选设计方案，1907 年

代号	吨位	武器	航速	装甲	造价
A	7500 吨	四门 11 英寸炮	21 节	7.9 英寸	1345 万克朗
B	7500 吨	四门 11 英寸炮	23 节	7.9 英寸	1370 万克朗
C	7500 吨	四门 11 英寸炮	23 节	6.7 英寸	1367 万克朗
D	4800 吨	两门 10 英寸炮	大于 18 节	7.5 英寸	829 万克朗
E	5650 吨	两门 12 英寸炮	大于 18 节	7.9 英寸	949 万克朗
F	6800 吨	四门 11 英寸炮	22.5 节	7.9 英寸	1161 万克朗

参考资料：比耶尔·施泰克岑主编，《整装待发：装甲舰"瑞典"号、"古斯塔夫五世"号和"维多利亚王后"号》，第 276—277 页。

虽然与北欧国家的现役舰只相比，这些方案更为强大，并且航速也不逊色于俄国海军在建的"安德烈·佩沃兹万尼"级前无畏舰（18 节），但在各个方面，它都与第一流的主力舰存在差距，在火炮和装甲上尤其如此。早在 1906 年，英国便把战列舰"无畏"号送下了船台，该舰装备有 10 门 12 英寸舰炮，垂直装甲最大厚度 11 英寸，航速可以达到 21.5 节。另外，虽然 B、C、F 三个方案足以摆脱更强大的对手，但 A、D 和 E 方案并非如此。即使如此，这些方案还是和委员会建议的 7500 吨装甲舰方案一道，被提交给第二个委员会审查，后者于 1909 年 11 月选择了 F 方案，因此，"瑞典"号及其姐妹后来也经常被称为"F 型舰"。经过委员会的斟酌，一项议案诞生：1911 年，经过表决，议会同意拨款为建造一艘排水量 7500 吨的该型军舰拨款——这一年的年度国防总预算约 9000 万瑞典克朗，其中三分之二分配给了陆军，另外三分之一属于海军。

"瑞典"级的机舱一瞥，这里展示的是引擎的起动台。

在"瑞典"号的一个舵轮旁，舵手正密切注视着指南针。在他的头部附近，有一个弯曲的传声筒。

　　然而，就在 1911 年秋天，建造装甲舰的法案通过之后不久，大力支持海军建设的阿尔维德·林德曼（Arvid Lindman）政府被政策与之完全相左的卡尔·斯塔夫（Karl Staaf）政府取代。在交接之前，前者向博福斯公司下达了 11 英寸舰炮的订单，但新政府立刻取消了它，进而在 1912 年 1 月废除了整个计划。公众闻讯义愤填膺，支持该计划的民众认为，欧洲的政局变化急需强化国防。面对政府拒不妥协的态度，由牧师曼弗雷德·比约克奎斯特（Manfred Björkquist）领导的"装甲舰协会"（Armoured Ship Society）发起了一场全国捐款运动，到当年晚些时候筹款结束时，协会已经筹集了 1700 万瑞典克朗。政府别无选择，只能接受瑞典人民的捐赠，并将胜利让给了装甲舰的支持者和这艘瑞典最伟大的军舰。然而，斯塔夫仍在虚与委蛇，这导致 1914 年年初在斯德哥尔摩爆发了示威，群众向国王古斯塔夫五世（Gustaf V）请愿，后者针对局势发表讲话，现政府被迫下台，议会解散，随后举行了一场特别大选。

建造"瑞典第一舰"

　　筹款活动不仅让政客们难堪，还给瑞典造船业带来了挑战。受其影响，该舰直到 1912 年底才正式动工。至于采购流程也只在同年夏天才勉强展开。诚然，"瑞典"号确实可以在国外建造，就像挪威从英国造船厂订购的"挪威"号和"埃兹沃尔德"号（见同名章节）一样。但民族自豪感压倒了一切，瑞典最大的四家造船厂参与了竞标，它们是：林德霍尔姆造船厂（Lindholmens Verkstad AB）、考库姆机械造船厂（Kockums Mekaniska Verkstads AB）、哥德堡新船厂 [Göteborgs Nya Verkstads AB，又

名哥达船厂（Götaverken）] 和博格尔松机械造船厂（Bergsunds Mekaniska Verkstads
AB）。但问题在于，海军的要求还不限于此，并在"瑞典"号的指标中添加了一些
新规定，这使得合同看起来充满挑战。所有人都犹豫不决，只有哥达船厂是例外，它
的总经理汉斯·哈马尔（Hans Hammar）热情地将 F 方案称为"瑞典工程艺术的壮举"。
哈马尔有 48 年的造舰经验，还曾在英国船厂工作，但即使如此，哥达船厂的董事会
仍然持怀疑态度。该船厂从未建造过超过 1200 吨的船只，但现在，新舰不仅要符合
海军的标准，排水量还超过 7000 吨，这需要大量的投资，并承受惊人的风险，董事
会不愿如此行事。

谈判停滞不前，随着秋天临近，F 方案的前景愈发晦暗。然而，在关键时刻，海
军造舰部门（Mariningenjörkåren）的主管海尔默·莫尔奈（Helmer Mörner）提议各
造船厂联合起来。这个想法得到了考库姆船厂董事会主席的支持：1912 年 9 月 2 日，
船厂的代表们在联合磋商后达成了一项计划：哥达船厂出任主承包商，考库姆船厂负
责建造涡轮机，博格尔松船厂提供锅炉和辅机，林德霍尔姆船厂提供舵机、甲板绞车
和其他设备。两周后，各厂提交了一份联合提案。但政府嫌它报价太高，并与各承建
方争执不已。在调低报价之后，双方于 11 月 4 日达成协议，最终，船体和机械设备
的价格被压缩到了略高于 600 万克朗的水平。工程立刻在哥达船厂启动，12 月 12 日
中午，哈马尔报告称，龙骨已经铺设，正在准备迎接视察。这标志着"装甲舰协会"
开列的第一项要求已经实现。

根据合同，工期将持续三年，但一
战的爆发切断了部分外国企业的供货，导
致进展有所放缓。铜变得稀缺，从英国
订购的青铜螺旋桨从未抵达，只能在本国
用铸钢制造。然而，工程仍在继续，1915
年 5 月 3 日，"瑞典"号在古斯塔夫五世
和其他高层政要面前滑下了船台。随后，
该舰被迁至码头开展舾装。其中一项挑战
是安装 11 英寸舰炮，因为超过了单个起
重机的能力上限，其吊装需要两台机器同
时作业。

"瑞典"号于 1917 年 5 月完工，总
造价为 1350 万瑞典克朗，与 1907 年
估计的 1160 万克朗相差不远，其中有
近 300 万克朗来自武器。"瑞典"号的
姐妹舰是"古斯塔夫五世"号（Gustaf V）和"维多利亚王后"号（Drottning
Victoria），它们以现任国王和王后命名，并分别于 1914 年和 1915 年在考库姆船厂
和哥达船厂动工。但两艘军舰进展缓慢，在 1918 年停战之后，有关方面甚至提议
将其改建为民用渡轮。虽然该提议被驳回，但两舰直到 1923 年和 1924 年才加入舰
队，而此时距海军设计委员会开始评审已经过了 18 年。"瑞典"级蒙上了过时的
阴影。

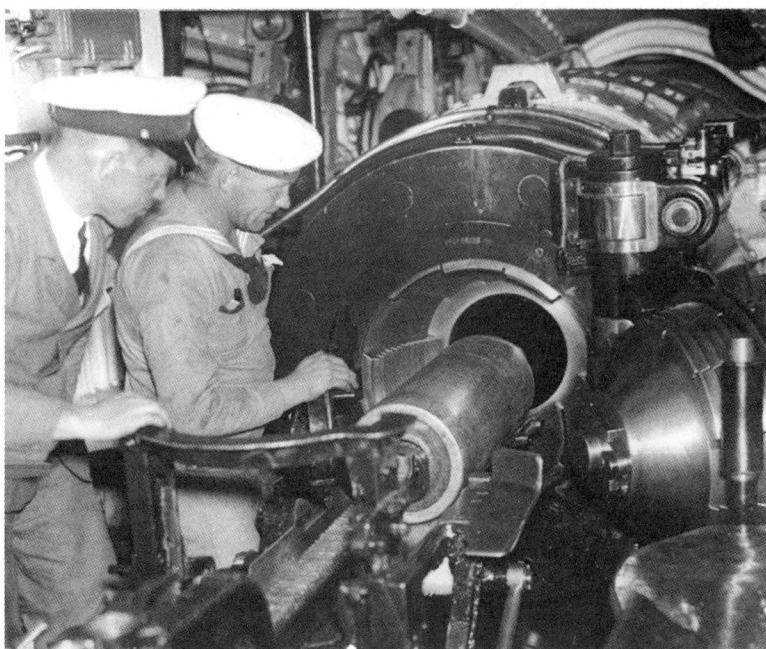

装填中的"瑞典"级 11 英寸主炮。
照片中，弹头正在被推弹杆推入
炮膛。请注意右侧博福斯公司独创
的采用了截锥体设计的炮闩闩体。

这张示意图展示了"瑞典"级上的博福斯 11 英寸炮塔和炮塔基座。其结构总共分为五层，其中最底部是弹药换装室（Handling room），而第三层则安置了机械设备——其上方是弹药装配室（Working chamber），炮弹和发射药将从这里通过主扬弹机提升到装弹设备上。最顶层的是火炮室，此地位于火炮周围。至于火炮的后座设备和俯仰装置则位于炮塔正面、火炮背后。在火炮室后方可以看到推弹杆操作员。至于炮塔指挥官，则在一座专门的小隔舱内用潜望镜观察着外部的动向，其后上方是测距员的位置。整个炮塔由电力驱动，最大装甲厚度为 8 英寸。其中的 11 英寸主炮是由博福斯公司生产的，是瑞典海军拥有的最大的舰载火炮。虽然如今"瑞典"级和舰上的炮塔已经不复存在，但仍有两根炮管保存在卡尔斯克鲁纳。

船体、装甲和动力系统

有人会问：瑞典人用捐款买到了什么？标准排水量 6852 吨，满载排水量 7688 吨的"瑞典"号全长 393.4 英尺，宽 61.1 英尺，吃水深度 20.5 英尺。修长的舰体影响了该舰的水密舱划分，其舰内只有两道横向水密隔壁，装甲甲板下方的舱室被分成 13 部分，还配备了箱型结构的双层底。另外，"瑞典"号的舰体设计不具备破冰能力——这一点和采用破冰艏的姐妹舰不同。

在装甲方面，1906 年设计委员会的出发点是让军舰可以承受装甲巡洋舰弹道低伸的主炮火力打击，即抵挡约 8 或 9 英寸的炮弹。为此，该舰安装了 7.9 英寸的水线装甲带、6.9 英寸的指挥塔装甲、3.9 英寸的横向隔壁。其水平装甲厚 0.7 英寸，在靠外的区域，有 1.1 英寸装甲向下倾斜，它们一直延伸到舷侧，并与水线装甲带底部接合。主炮的装甲厚度达 7.9 英寸，副炮则由厚 4.9 英寸的炮盾保护。该舰的水平和炮塔装甲要比"奥斯卡二世"号更厚，但在其他领域，两者防护水平只是大致相当，有些方面，"瑞典"号还略有不及：它的装甲只占标准排水量的 21%，而"奥斯卡二世"级则有 25%。

1897 年，在维多利亚女王登基 60 周年的庆典上，一个在斯皮特海德附近从战列舰队中穿过的不速之客——"透平尼亚"号（Turbinia）用惊艳的亮相展现了涡轮机的价值。在小型舰只上接受过广泛测试之后，不到 10 年，它便被应用于无畏舰。瑞典第一批采用涡轮机的海军舰艇是"胡金"号（Hugin）和"穆宁"号（Munin），这两艘驱逐舰分别于 1911 年和 1912 年下水。显而易见，"瑞典"号也将采用涡轮机，毕竟海军已经强调要把最新的工程成果纳入该舰的设计。经过一番考虑后，设计师们决定采用"柯蒂斯型减速涡轮机 + 四轴推进"的布局，"古斯塔夫五世"号和"维多利亚王后"号在布置上有所改进，主轴减少为两根。该舰采用了煤油混烧的动力系统，12 座亚罗式锅炉布置于四个锅炉舱内，废气通过两根烟囱排出。为使该舰达到 22.5 节的设计航速，舰上的发动机需要达到 20000 指示马力的功率，至于其试航时的最高时速还要略高。"瑞典"号的舱室可以搭载 665 吨煤和 100 吨石油，使它能以 14 节的速度行驶 2720 英里，但在最大时速下，其航程仅为 450 英里。虽然这一数据算不上优秀，但必须强调，该级的设计用途是在波罗的海内部，斯德哥尔摩到芬兰湾口之间作战——这里也是俄国入侵舰队的必经之地，两者相距仅 170 海里。

这套动力系统一直沿用到该舰在 1938—1940 年重建并改烧燃油时。此时，不仅舰上的锅炉已经老旧，而且由于燃煤产生浓烟，为保证防空武器的效率，各舰的烟囱设计也需要修改。因此，12 部亚罗锅炉被四部庞奥埃锅炉所取代，煤舱也被取消，这腾出了可观的空间——更不用说还节省了舰员（加煤）的体力和时间。

主炮

虽然不是无畏舰，但"瑞典"号的设计师仍然贯彻了一条原则：在舰体允许的情况下，为军舰配备最大口径的火炮，并搭配以多种武器。为此，该舰的前后炮塔内共安装了四门博福斯 11 英寸主炮——它们都是瑞典设计和工程领域的创举。

每门火炮都可以独立瞄准和发射，炮手位于炮身外侧，靠近炮塔内壁的地方。两门火炮之间的第三名舰员负责操纵炮塔在座圈上的左右旋回。电动机提供的动力通过液压变速齿轮传导到炮塔和火炮上，这种设计可以保证运转平稳。主设备故障时有备用电机，如有必要，炮塔也可以纯手动操作。炮塔指挥官在后部 10 英尺测距仪下方的一个装甲舱室内，通过潜望镜进行观察。弹头通过悬空抓钩和推车从炮弹室取出，移到炮塔下方的托盘中，然后被手动送入扬弹机。两个重 110 磅的发射药筒通过单独的扬弹机带入备弹室，这种设计可以防止火焰波及发射药库。在抵达炮塔内部后，弹头将被放置在火炮后方的吊篮内，然后用机械设备装入后膛。接下来是发射药筒，最后，尾闩将被手动封闭。这种设计可以使每门火炮达到一分钟四发的最高理论射速。最初，弹药包括 M/14 型穿甲弹和半穿甲弹，后者的装药量比前者更大。后来又增加了用于对付无装甲目标的 M/16 型高爆弹。

"瑞典"号的武器装备，1917 年状态

类别	数量
M/12 型 11.14 英寸炮	4（2×2）
M/12 型 6 英寸炮	8（6×1；1×2）
M/12 型 3 英寸炮	4（4×1）
M/15 型 3 英寸高射炮	2（2×1）
M/14 型 0.25 英寸机关枪	2
M/16 型 2.25 英寸行营炮	2
M/14 型 17.7 英寸鱼雷发射管	2

参考资料：比耶尔·施泰克岑主编，《整装待发：装甲舰"瑞典"号、"古斯塔夫五世"号和"维多利亚王后"号》；瑞典军事档案馆，"火控事项指南"和"卡尔斯克鲁纳瑞典海军舰船和海军驻军单位一览"

副炮

对于需要迎战入侵舰队（其中有大量无装甲目标）的军舰来说，副炮的射速和效率至关重要。与其他海军的做法一样，瑞典人选择了 6 英寸炮——支持手动装填的火炮规格上限。这里，博福斯肩负的任务要比制造主炮轻松，因为他们已经积累了丰富的经验。其产品在 M/03 型 6 英寸炮的基础上发展而来，被称为 M/12 型，炮口初速为每秒 2789 英尺，最大仰角 15 度，理论射程为 17500 码。这些火炮安装在六座单管炮塔内（每侧三座），另外还有两门布置在前部 11 英寸炮塔后上方的双联装炮塔中。炮塔的旋回由滚珠轴承和垂直滚柱轴承共同带动。其中单管炮塔由人工操作，双管炮塔由电力驱动。所有副炮都由枪炮副长（AO2）从指挥塔内控制，模式与主炮塔类似。开火则由炮手通过电力击发装置完成。

副炮的射速受电动扬弹机工作效率的限制，在单管炮塔内，扬弹机每分钟可以输送 6—8 枚炮弹，但双管炮塔每分钟只能输送四枚炮弹。与之前的型号相比，M/12 型的主要改进在于炮弹的弹道性能。其使用的 M/14 型高爆弹为全新设计，装药的威力也更大。其中还计划填充示踪剂，但由于采购困难，这项条款最终未能落实。需要指出的是，M/12 火炮并没有达到外国武器的平均水平，此时，德国

① 约翰·卢梅纽斯，《做好准备，出海布雷：一名海军军官候补生亲历的危机年月，1939—1940 年》（斯德哥尔摩，林德福斯出版社，1976 年出版），第 88 页。

和日本设计师已经将 6 英寸舰炮的初速提高到了每秒 3051 英尺。

　　1912 年的设计还要求用六门 M/12 型 3 英寸火炮抵御鱼雷艇的攻击，但此时，鉴于空中威胁已不容忽视，这一年——海军要求拨款建造一门试验型的高射炮。议会对此犹豫不决，直到 1914 年，博福斯才获得了生产 3 英寸 M/15 型高射炮的拨款——它也标志着该厂一个优秀产品线的起源。其中两门炮后来安装在每艘船的后部上层建筑上，取代了原先安装的 M/12 火炮。后来它们安装了新式的炮架和瞄准具，被称为 M/15-23 型。这种防空武器被"瑞典"号保留到 1931—1933 年的改装期间——此时，这种武器被四门双联装的 3 英寸 M/28 高射炮取代，同时配套安装了一座 M/22 型 13 英尺立体式测距仪和哈泽迈尔（Hazemeyer）型机电计数器。这些改进也让"瑞典"号和姐妹舰在防空领域达到了世界一流水平。另外，该舰还在侧舷前方的 6 英寸炮塔顶端增设了两门单管 M/32 型 1 英寸自动高射炮，它们后来被同型号的两座双联装高炮（位于后部上层建筑后方）替代——新高炮与 3 英寸炮呈对角线交错布置。

　　在 1938—1940 年的改装期间，近程高炮系统得到了更多改进：两舷的第二座 6 英寸炮塔顶上安装了两座双联装 M/36 型 1.57 英寸自动高射炮，其炮架都配备了陀螺稳定装置，1942 年，又有两门同型的单管火炮装到了舷侧的第一座 6 英寸炮塔侧面。最后，舰上还加装了三门单管 M/40 型 0.78 英寸自动高射炮，并适当修改了 1.57 英寸和 0.78 英寸弹药的存放和供应体系。正如约翰·卢梅纽斯（John Rumenius）海军少尉在 1940 年所说，该舰的高射火力不仅在同类军舰中首屈一指，还能在各种环境下运转——远远胜于国外产品。①

　　作为"瑞典"号副炮清单中的最后一项，该舰还安装了两门 2.25 英寸火炮供海军陆战队使用。虽然在各种资料中极少出现，但它们很可能是博福斯生产的 M/16 型。

"瑞典"号的最终高射武器配置

武器类别	数量	射程	安装时间
M/28 型 3 英寸炮	4（2×2）	小于 8750 码	1931—1933 年
M/36 型 1.57 英寸炮	4（2×2）		
	2（1×2）*	1100—5500 码	1940 年
1942 年			
M/32 型 1 英寸炮	4（2×2）	小于 1100 码	1939 年
M/40 型 0.78 英寸炮	3（1×3）	小于 1100 码	1940—1945 年
M/36 型 0.31 英寸机枪	4（2×2）	小于 1100 码	1940 年
合计：21 门			

* 采用了为潜艇设计的高炮炮架。

参考资料：博蒂尔·阿隆德，《瑞典海军史：瑞典海军历史资料研究会编纂》第 84 卷；瑞典军事档案馆，"火控事项指南"和"卡尔斯克鲁纳瑞典海军舰船和海军驻军单位一览"

鱼雷和探照灯

　　在"瑞典"号设计时有一种惯例，大型军舰也要安装鱼雷。因此，"瑞典"号的舰首水线下方布置了两具 M/14 型 17.7 英寸发射管，其鱼雷可以凭借 30 节的航速击中 10900 码外的目标。然而，鱼雷舱也构成了船体结构中的薄弱环节，至于其带来的战术优势更是非常有限。不难想见，它们实用性遭到了质疑，并在 1931—1933 年的改装中遭到拆除，其中一部分被改建为火控中心。另外，这次大规模改装还增设了破雷卫（Paravanes），以减少水雷的威胁。

在定期检修期间，工人们正在拆卸"瑞典"号的 6 英寸单管炮塔上的螺栓——这种炮塔由博福斯生产，全舰一共有六座。另外，舰上还有一座双联装 6 英寸炮塔，该炮塔布置在舰首 11 英寸炮塔的后上方。

此外，"瑞典"号还安装了四座手动操作的 35.4 英寸探照灯，其中后方的两座在 1938—1940 年的大改装时被中央操控的 43.3 英寸探照灯取代。探照灯操作演习是战前瑞典海军夜战训练的一个重要环节，尽管结果有时不尽人意。35.4 英寸探照灯由一位被称作"探照灯管制官"（Lysofficer，缩写为 LysO）的下级军官指挥，一旦预定目标进入照射范围内，就必须立刻将其点亮。然而，35.4 英寸探照灯射程有限，给复杂的夜间射击带来了很多问题。从理论上说，在点亮敌人之后，舰上将在第一时间开火，但这一点需要舰长、枪炮官和探照灯管制官密切合作才能实现。其中经常出错，探照灯的行动总是太早、太迟或根本没有。不仅探照灯本身存在缺陷，引导技术也不太可靠，另外，其操作者都是伙夫和军需人员。毫不奇怪，年轻的探照灯管制官经常成为失败的替罪羊。

舰上生活

"瑞典"号的设计载员为 443 人。其中包括舰队司令，七名主管军官，18 名非主管军官，32 名士官，35 名上等水兵（leading hand），258 名普通水兵、军需人员和技术人员，此外还有 92 名司炉。军官拥有私人住舱或共用住舱（通常是下级军官），士官则居住在封闭式的四人间或六人间内。士兵们居住在主甲板通舱的吊床上，但在 1938—1940 年的重建中，随着高射炮增多，舰员上升到 540 人，原先的布置也很快被废除。军官和士官有单独的洗手间，士兵们也配有洗漱设施。另外，"瑞典"号也是第一艘配备桑拿房的瑞典军舰，还头一次为士兵设置了阅览室。

在 50 多年过去后，"瑞典"号上的生活已经很难还原。不过，对于普通士兵来说，没有任何迹象显示其生活环境特别艰苦。虽然本舰的状况并不具有代表性，但这一时期的瑞典海军确实笼罩着一层浪漫的光环，足以打消任何"不人道"的指责。除了缺乏资料，舰船的漫长服役生涯也让人无法对此盖棺定论，另外，在 1917 年至 1947 年年间，瑞典社会也发生了巨变，并或多或少影响了海军。虽然瑞典在 20 世纪初期也被席卷欧洲的社会动荡波及，但并没有出现类似一战结束时摧毁德国海军的大规模哗变，或是本书其他章节出现的舰上骚乱。不过，尽管海军付出了巨大的努力，不仅提供了前述的各种设施，还组织各种体育和娱乐活动，但大多数船员的生活都有些无聊，甚至是极端乏味。在战争年代，他们都要屈身于拥挤的住舱中，远离朋友和家庭，而且该舰大部分时间都驻扎在荒凉的霍斯峡湾群岛（Hårsfjärden Archipelago），并引发了一种被人们称为"钢板病"（Plåtsjuka）的后遗症。

不过，虽说"瑞典"号上的生活方式已无法被还原，但军需官的物资清单却可以让我们从深层了解舰上的生活，特别是从日常饮食方面。我们在这里随机摘取了一年（1936 年）的记录，它显示舰上的饮食丰富而精致。马铃薯是瑞典人的主食，"瑞典"号也一样，舰上每五天的消耗量通常能达到 1.5—4 吨。与之搭配的是各种瑞典特产，如肉丸、法鲁香肠（Falu sausage）和有当地特色的主食，如鲱鱼。各种各样的调味料和蔬菜显示食物远非平淡无味。大量的燕麦表明粥在早餐中经常出现，维生素 C 由丰富的干果供应——主要是梨和苹果，还有杏、葡萄干和李子。

瑞典长期以来人均咖啡消费量很高，这也在 1936 年的"瑞典"号上有所体现。每个月咖啡的消耗量都会达到数百公斤，它们经常配以瑞典人喜爱的糕点，如肉桂卷和名为"Wienerbröd"（直译即"维也纳面包"）的丹麦面包。军需官的记录表明，上述食物每天都有供应，军舰靠港时，它们每天的交付量从 800 到 860 件不等。船上装载的大量肉桂表明，在出海时，舰上的厨师也会现做这些点心。当然，它们必须按照海军牙科健康标准分发，按照一位海军牙医在 1940 年的调查，其结果可谓触目惊心。大约 95％的军人有蛀牙，其中 6.5％需要假牙。毫不奇怪，调查者在报告中呼吁应当增加牙科医疗投入。

军需官的文件还揭示了舰上的日常主要饮品是牛奶，其日消耗量为 44 加仑（200升）。其次是用水稀释的果酒——柠檬和覆盆子是首选口味。啤酒只在圣诞节发放，每个士兵都会收到半升特别酿制的圣诞啤酒或标准瑞典啤酒。至于军官的酒类供应则没有详细记录，不过似乎他们可以在舱室内随意饮用，而且一日三餐都会配有一杯杜松子酒作为开胃品。在结束对"瑞典"级和舰员们的介绍之前，我们还想介绍一下 20 世纪 40 年代"维多利亚王后"号的宠物狗"尼克"（Nicke）。它的舰员编号为900，经常在官方记录中出现，还不时获得晋升推荐，最终被提拔为士官，但也不时因为偷跑下船遭到"降职处分"。和大多数海军一样，宠物的存在既是对枯燥纪律的解嘲和调剂，让士兵们可以随时回想起充满乐趣的岸上生活。

服役生涯，1917—1939 年

1917 年 5 月 10 日早上，"瑞典"号首次点燃锅炉，五天后从哥德堡开始了处女航。在前往瑞典南部的主要海军基地卡尔斯克鲁纳的途中，舰员们第一次见证了战争：在本国沿海边缘环绕着德国人的雷区，一艘德国战列舰，以及驱逐舰和雷击舰喷吐的烟柱也出现在地平线上。离开卡尔斯克鲁纳之后，"瑞典"号开往斯德哥尔摩，并由筹款组织董事会正式转交给海军。随后的试验和准备工作非常顺利，"瑞典"号成为冬季分舰队（Winter Squadron）的旗舰，该分舰队旗下的军舰全年均处在满员状态，而且装备齐全。

虽然瑞典在一战期间保持中立，但 1917 年的俄国革命却于 1918 年 1—5 月在芬兰引发了内战，这促使政府被迫在 2 月份派遣陆军和"瑞典"号在内的舰队开赴奥兰群岛 [Åland，又名阿赫韦南马群岛（Ahvenanmaa）]，保护当地的瑞典裔居民。有鉴于此，德国人也向奥兰群岛派遣了一支大型远征部队，并由战列舰"莱茵兰"号（Rheinland）和"威斯特法伦"号（Westfalen）提供掩护。该行动是芬兰内战的一部分，最终以白军的胜利告终，芬兰的独立由此巩固（见"维纳莫宁"号一章）。瑞典人迅速退出奥兰群岛，由于俄国舰队在革命和内战中瘫痪，德国舰队的主力都被凿沉在斯卡帕湾，当一战结束时，瑞典海军成了波罗的海最强大的军事力量，新建成的"瑞典"号则充当着它的柱石。

1923 年和 1924 年，在姐妹舰"古斯塔夫五世"号和"维多利亚王后"号的陪同下，"瑞典"号礼节性地访问了波罗的海等地的外国港口——这也是该舰和平时期的例行工作。第一项任务是参加 1923 年夏天王储古斯塔夫·阿道夫（Gustaf Adolf）和露易丝·蒙巴顿（Louise Mountbatten）女爵在伦敦的婚礼，期间英王乔治五世和瑞典及挪威的王室成员都有出席。仪式结束后，装甲舰支队（Pansarskeppsdivisionen）在两艘驱逐舰的护卫下把这对新婚夫妇送回了国内。但从海军的角度，真正的亮点出现在东道主海军在罗塞斯举办的一场帆船竞赛上，瑞典舰员与来自七艘英国战列舰的舰员对阵。整个挑战似乎难度重重。这不仅是因为英国皇家海军始终在运动领域名列前茅，还因为参赛的"刚勇"号（HMS Valiant）舰员保持着不败纪录。但在这次比赛中，"维多利亚王后"号的舰员却击败了"刚勇"号，令后者屈居第二，

1940 年前后，从"瑞典"号的后甲板上拍摄的照片，该舰的武器状况从中可见一斑。其中最醒目的是转向左舷的双联装 11 英寸炮塔，更左侧是左舷的 3 号炮塔（同样转向侧面）。在主炮炮塔的左上方，可以看到于 1939 年安装的一座 1 英寸 M/32 型双联装高射炮（期间一共安装了两座）。而在靠右的位置，还可以看到一座 3 英寸双联装 M/28 型高射炮，这是在 1931—1933 年的改装期间安装的（总数共两座）。另外，请注意火控设备和更前方的探照灯。

左舷的 3 英寸 M/28 型双联装高射炮。这种火炮在"瑞典"号上共有两座，安装于 1931—1933 年的改装期间。这些火炮配备了延时引信定时装置，射程为 8750 码，可以对抗 5000 码高空的飞机。另外，在照片中，我们还可以看到坚守战位的舰员们。在左侧近处的舰只是"维多利亚王后"号，而我们在该舰的左前方还可以看到"古斯塔夫五世"号的轮廓。

"瑞典"号参赛分队则位于第三，这是一项来之不易的胜利，在很多年后都令瑞典海军骄傲不已。

在两次世界大战期间，瑞典海军还对波罗的海诸港进行了一系列访问，为新成立的国家提供支持，试图以此凸显自己作为区域海军强国的地位。1924 年，其访问的对象是拉脱维亚的首都里加和港口城市阿伦斯堡 [Arensburg，现名库雷萨雷（Kuressaare）] 以及爱沙尼亚的鲁诺 [Runö，现名鲁赫努（Ruhnu）]。同年，"古斯塔夫五世"号和"维多利亚王后"号还抵达过爱沙尼亚的塔林，而对赫尔辛基的访问则将外事活动推向了顶峰——期间，瑞典派出了 36 艘舰船、五架水上飞机。1926 年夏天，"瑞典"号和"古斯塔夫五世"号又访问了哥本哈根。期间，装甲舰也接待过来访的外宾。1929 年 5 月，拉脱维亚总统古斯塔夫斯·泽姆加尔斯（Gustavs Zemgals）对瑞典进行国事访问，并在"瑞典"号和"维多利亚王后"号陪同下抵达了斯德哥尔摩。不久之后，国王古斯塔夫五世也搭乘"瑞典"号，在"维多利亚王后"号的陪同下前往了塔林和里加。在里加的访问中，有一个场景颇具戏剧性。当分舰队准备在夜晚出航时，突然将探照灯对准了在城堡上空飘扬的拉脱维亚国旗。聚集在海港周围 40000 名拉脱维亚人也一齐欣赏了这一震撼人心的场面。当瑞典的王后维多利亚于 1930 年 4 月在罗马去世时，她的遗体先是乘坐火车抵达了波罗的海的德国港口斯维内明德（Swinemünde），然后又乘坐同名的军舰从当地回到瑞典。战争前的最后一次外事巡航是 1937 年对德国波罗的海港口的访问，尤其是在基尔，"瑞典"号和"维多利亚王后"号受到了热烈欢迎，另外，后者还参加了 1937 年 5 月的乔治六世（George Ⅵ）加冕阅舰式。

除了作为瑞典海军训练舰开展例行巡航之外，"瑞典"号从未参与过其他的海外访问，不过它的姐妹舰"古斯塔夫五世"号是个例外：1933 年，这艘军舰将航迹延伸到了地中海。这也是"瑞典"级第一次接受恶劣天气的考验。幸运的是，"古斯塔夫五世"号在比斯开湾的九级大风中行动自如，同时，它还在海上与意军的巡洋舰"扎拉"号（Zara）相逢，这次碰面也引发了一些瑞典军官的遐想：如果遭遇类似的现代化军舰，"瑞典"级该如何应战？但这个问题将永远没有解答的机会。

① 弗兰克·鲍文著，史蒂格·埃里克森译，"德国未来战列舰及其对瑞典海军造舰政策的影响"，摘自《海事杂志》（Tidskrift i sjöväsendet）第 91 期（1928 年号），第 618—621 页。

过时

一艘军舰的价值有很多衡量标准，但很明显，虽然"瑞典"级在设计时处于世界一流水平，但它们在服役之后便基本过时了。尽管如此，它们作为波罗的海最强舰只的地位依旧无可撼动，直到 1928 年，德国宣布计划建造自己的"装甲舰"——"德意志"级（后来被称为"袖珍战列舰"）时情况才发生改变。"德意志"的方案在英国海军评论家弗兰克·鲍文（Frank C.Bowen）的一篇文章中公开，随后，其内容被一名海军参谋部军官、未来的海军上将史蒂格·埃里克森（Stig H:son Ericson）翻译成瑞典语并撰写了评论。①对于关注德国海军重新武装的人来说，其内容无疑令人忐忑，据称，这艘新舰将安装 6—8 门新式火炮，其炮管修长、炮口初速极快，射程可以与英国皇家海军战列舰"纳尔逊"号（Nelson）和"罗德尼"号（Rodney）上的 16 英寸舰炮媲美。其防护采用了高规格的装甲钢，并拥有装甲甲板和内置防雷隔舱，水密隔舱的布置也相当全面。距估计，其航速为 19 节，但实际可能更高。文章最后提到，在瑞典，"瑞典"级是与其最接近的竞争对手，尽管两者之间的对抗将是一边倒的。最终，"德意志"级在 1933 年竣工，该舰装备了六门 11 英寸主炮，最高速度为 26 节，尽管和推测存在差距，但鲍文的论断依然成立。

至此，"瑞典"号及其姐妹舰失去了"波罗的海最强战舰"的身份。由于手头拮据，瑞典当局根本无力回应："德意志"级单舰的造价相当于 7500 万瑞典克朗，是"瑞典"号的五倍，远远超过了瑞典的国防预算承受能力。唯一值得欣慰的是，支持旧装甲舰的战术理论并没有与现实脱节，任何对瑞典的攻击，都需要敌人至少派遣一艘宝贵的新舰参与。剩下的问题就是它能否击败瑞典舰队，随后抽身出来。这也意味着，瑞典海军被迫对旗下最强大的装甲舰进行无休止的改装，至于"瑞典"号也在 1931—1933 年和 1938—1940 年年间两次接受了现代化翻新。

瑞典海军和二战

和所有欧洲小国一样，瑞典在二战爆发时宣布中立，并加大力度提升国防实力。虽然其武装部队很快便扩充到近百万人，但为海军和空军添置现代化装备的进展相对落后，许多措施直到战争结束才得到落实。在二战期间，瑞典海军的主力被组织成了一支名叫"岸防舰队"（Kustflottan）的打击力量，在 1944 年 7 月时，它由三艘装甲舰、三艘巡洋舰、八艘驱逐舰、九艘潜艇、六艘鱼雷艇和 16 艘其他舰船组成。还有一支较小的分队沿着北方海岸线活动。在斯德哥尔摩、卡尔斯克鲁纳、马尔默（Malmö）和哥德堡都设有地区防御分舰队，它们各由一艘老式装甲舰充当旗舰，并有驱逐舰、潜艇和小型舰船支援。除此以外，

在"瑞典"号的通舱甲板上，水兵们正在吊床中休息。这张照片完美地反映了舰上生活空间的局促——这种情况在每个国家的海军中都是如此。注意左侧的储物柜。

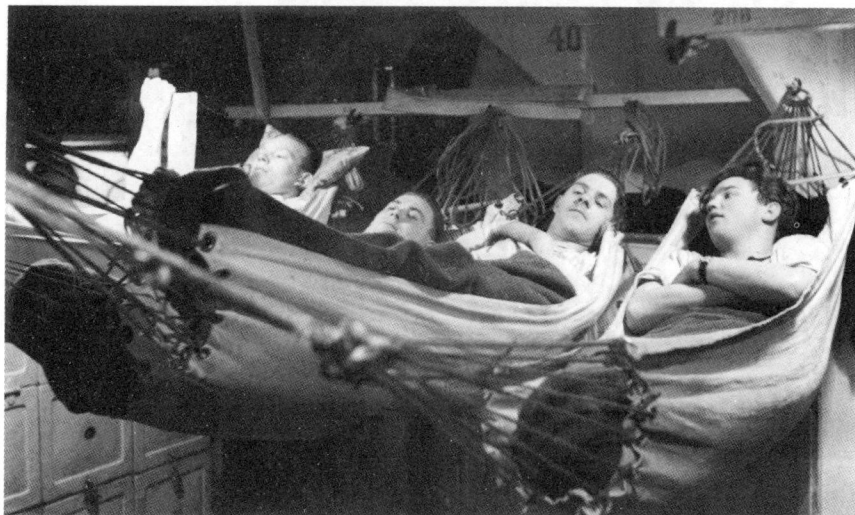

其编制内还有两个训练分队。和平时期的瑞典海军在斯德哥尔摩、卡尔斯克鲁纳和哥德堡设有舰队基地，但这些基地很容易遭到封锁，因此，海岸舰队主要依托临时锚地展开活动，这些地点不仅能轻易进入最可能爆发战斗的区域，而且不容易被困。其主要基地位于斯德哥尔摩南部一处群岛内的霍斯峡湾，另一个位于斯德哥尔摩北部的剪刀峡湾（Saxarfjärden），第三个基地则位于瑞典东部北雪平（Norrköping）市外海一座群岛中的奥尔峡湾（Orrfjärden）。

对海军舰员来说，战时服役可能是一件极为枯燥乏味的事，与服役在大舰（它们总会静静地停在一个地方待命）上的海员相比，在驱逐舰等小型舰只上服役的人可能尤其感触深刻，因为他们经常被各种巡逻和护航任务弄得焦头烂额。不过，期间也出现了一些高度紧张的时刻。1939 年 11 月 30 日，苏联袭击了芬兰，在战争爆发之初，瑞典并未宣布"中立"，而是表示属于"非交战方"（nonbelligerency），这种地位使它能够为芬兰提供各种支援。正如在一战时的情况一样，奥兰群岛再次引发了瑞典人的关注，12 月 5 日，"瑞典"级各舰投入行动，旨在掩护征用的渡轮"维多利亚王后"号 [Drottning Victoria，此时已更名为"第 3 号辅助巡洋舰"（Hjälpkryssare3）] 前往瑞典外海，在通往芬兰领海的地方布设一个雷区。此举将和芬兰方面的布雷行动一道，有效地阻止苏联潜艇进入波罗的海北部。

1942 年安装的单管 1.57 英寸 M/36 型高射炮，它在改装期间一共安装了两门。在照片中，我们还能看到操作它的炮手们。

瑞典和挪威战役，1940 年

下一场危机降临于 1940 年 4 月 9 日，德国悍然攻击挪威和丹麦期间。这些事件也被记录在了岸防舰队司令哥斯塔·厄伦斯瓦德（Gösta Ehrensvärd，1939—1942 年年间任职）海军少将的战时日记中，里面包含了他对局势的分析。其中，在 4 月 8 日至 9 日晚上——德国人明显已经开始行动时——厄伦斯瓦德接到情报，一支德国船队正在向卡特加特海峡北部航行。厄伦斯瓦德认为，该船队此行的目的可能有三种：（1）充当诱饵，将英国和法国舰队引入斯卡格拉克海峡并攻击之（厄伦斯瓦德认为这种情况的可能性较小）；（2）袭击瑞典西海岸（也被认为可能性很低）；（3）鉴于英法联军即将在挪威沿海布雷、截断从纳尔维克通往德国的"内侧航线"（Indhereled），德军可能在相关地点附近登陆——厄伦斯瓦德认为这种企图最有可能性。

　　从更广泛的战略角度，厄伦斯瓦德还设想了一种情况：德国军队将首先在挪威北部与盟军爆发战斗，随后，战火将被烧向瑞典北部。他相信英国将切断德国的海上交通，并预计后者将从瑞典借道进入挪威领土。厄伦斯瓦德表示，瑞典政府不会允许任何此类行动，并暗示如果德国提出此事，战争将随之爆发。他预测，战争的大幕将随着德军横渡厄勒海峡（即丹麦和瑞典之间狭窄的水域）开启。对于这种情况，厄伦斯瓦德简明扼要地表示，"岸防舰队无法提供帮助"——换言之，面对敌人的空中优势和重型舰只，"瑞典"级将根本无力与之争夺制海权。然后，他将目光转向了波罗的海，认为德国人可能试图占领奥兰群岛，以便打开通往瑞典北部的海上通道，从而把部队运往这条新战线。写到这里，他扪心自问："岸防舰队应该能加以阻止。也许真的可行？"按照厄伦斯瓦德自己对这个问题的解答，那时的情况将取决于德国人在北海蒙受了怎样的损失。与他的芬兰同行一样，厄伦斯瓦德认为奥兰群岛是瑞典防御的关键：如果德国人控制着群岛北部的水域，其源源不断抵达的部队将足以挡住经挪威抵达瑞典北部的盟军增援部队。厄伦斯瓦德在 4 月 8 日至 9 日晚上得出的结论是，岸防舰队应集中力量保卫奥兰群岛，并在可能的情况下将战争局限在瑞典南部。如果此举未能成功，舰队将迁往北雪平附近，奥尔峡湾所在的群岛中，干扰德国与瑞典北部之间的联系。按照厄伦斯瓦德的作战方针，在当地的战斗将牵制疲于奔命的德国海军，并迫使他们从其他地方调走主力舰。虽然从未实现，但这种构想却与世纪之交瑞典海军战略家们的猜想不谋而合。

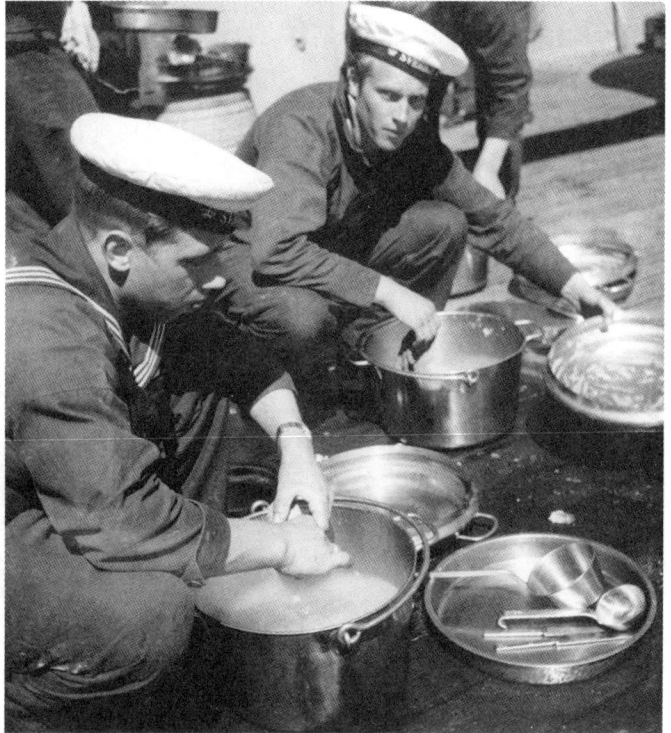

水兵饭后在甲板上洗碗。在瑞典海军中，水兵的饮食水平和本卷中的其他海军相差无几。

　　最终，正如厄伦斯瓦德怀疑的那样，德军的行动针对的是丹麦和挪威，并于 4 月 9 日凌晨在挪威的克里斯蒂安桑（Kristiansund）、埃格尔松、卑尔根和特隆赫姆和纳尔维克成功上岸。丹麦几乎立刻投降，奥斯陆也在短暂的抵抗后于当天晚些时候陷落。10 日晚，厄伦斯瓦德根据零星的事态报告重新评估了局势。他得到的消息是，在斯卡格拉克海峡爆发了海战 [即英国潜艇"剑鱼"号（HMS Spearfish）对德国袖珍战列舰"吕佐夫"号（Lützow）的雷击]，有两艘德国蒸汽船沉没，这让厄伦斯瓦德相信，随着"内侧航线"即将被盟军封闭，德国对瑞典的入侵将迫在眉睫。为此，他下令各舰进行夜间防空警戒，4 月 11 日，他更是毫不怀疑地认为，整个斯堪的纳维亚半岛都将卷入战争。他相信德国海军正在丢掉对挪威海域的控制权，并推断，德军很快将谋求利用瑞典西海岸的铁路线为陆军提供补给。据此，厄伦斯瓦德得出结论，随着德国海军遭遇削弱，瑞典舰队将成为影响战局的胜负手，为此，他呼吁立刻为舰队锚地布置更多高炮。他还相信，盟军将派遣部队在纳尔维克登陆（事实的确如此），其中一部分军队将通过铁路开赴瑞典北部参加斯堪的纳维亚半岛的最后一战。只是因为盟军的抵抗在 5 月和 6 月崩溃了，最终的考验才没有降临到"瑞典"级身上。

"瑞典"号为中立而战，1940—1945 年

当德国于 1940 年 4 月 9 日大举入侵丹麦和挪威时，"瑞典"号在斯德哥尔摩的大规模改装正接近尾声，它当然成了众人怀念的对象，厄伦斯瓦德海军少将更是在 4 月 11 日命令"使用一切手段"完成它的改装。四天后，"瑞典"号开始各种调试，但各项工作直到 5 月 10 日该舰从斯德哥尔摩出发前往霍斯峡湾的舰队锚地时才完成。随后，"瑞典"号的活动一直是规律的，这种情况一直持续到战争结束，它的主要时间花在了霍斯峡湾，但有时会进行 1—9 天不等的短期巡航；在冬季和春季则会前往斯德哥尔摩接受改装。期间其经历的第一次大事件发生在 1940 年 6 月下旬到 7 月上旬，该舰前往斯德哥尔摩进行了两个星期的改装，随后又在 10 月和 11 月进行了后续的作业。年底，"瑞典"号前往卡尔斯克鲁纳，在当地欢庆新年，并于 1941 年 1 月 9 日回到霍斯峡湾，度过了冬天的

1934 年 5 月，停泊在斯德哥尔摩的"瑞典"号——本照片拍摄于来访的重巡洋舰"新奥尔良"号（USS New Orleans）上。

大部分时间。4 月下旬，该舰再次前往斯德哥尔摩接受改装，包括更换 1 月份被海冰撞坏的螺旋桨。之后，该舰在 5 月曾短暂开赴剪刀峡湾，之后的日子便一如往常：其主要时间都停留在霍斯峡湾，中间穿插着一些短暂的巡航和射击演习。1941 年 10 月和 11 月初，该舰都在斯德哥尔摩接受改装，至于 1942 年的新年则是在霍斯峡湾度过的。1 月 19 日，"瑞典"号在斯德哥尔摩的哥特兰岛（Gotland）不幸与潜艇"剑鱼"号（Svärdfisken）相撞，被迫回到船厂接受维修。虽然没有人员死亡，潜艇也幸免于难，但"剑鱼"号依旧在"瑞典"号的左舷舰体上撕开一个破口。

但就在新的维修和改装在 1942 年 3 月完成时，另一轮危机再次爆发：1940 年 4 月 9 日之后，有 10 艘挪威商船滞留在哥德堡，1942 年 1 月，它们成了争端的源头。德国和盟军都宣称这些船只归自己所有，这让瑞典进退两难，由于担心德军将发起突袭，瑞军进入了高度戒备状态。由于瑞典海军许多舰船被海冰困住，人们纷纷猜测，德军将在空袭这些舰只之后发动进攻。作为回应，瑞典海军将军舰涂成白色以干扰侦察，并在 3 月初为岸防舰队配置了阻拦气球。"瑞典"号的改装匆匆完成，并在 3 月 23 日离开斯德哥尔摩前往霍斯峡湾的冰冷锚地，但和挪威战役时一样，在它全面进入战斗状态之前，危机便已化解。随后，"瑞典"号的行动再次规律起来：例行的港湾，例行的航线。它每个月出航 1 或 2 次，但航期较之前略短，其中最长的一次只有六天，目的地是瑞典北方的松兹瓦尔（Sundsvall）。1943 年的前两个月，该舰在斯德哥尔摩入坞和维修，但到 2 月底，它便回到霍斯峡湾拾起了例行任务——在这一年的开头，舰队都是在密集训练中度过的。

1943 年 11 月 2 日至 3 日，瑞典海陆空三军联合进行了一场规模宏大的两栖演习，

随后在 12 月 6 日至 8 日，岸防舰队也开展了一次大规模演练，期间"瑞典"号都没有缺席。随后，该舰在斯德哥尔摩度过了 1943 年的圣诞节和来年的新年。1944 年 5 月 3 日，"瑞典"号首次进入新泊地，当地位于霍斯峡湾不远处的一座悬崖之下，可以保证战时舰船停泊的快速和安全，还提供了更好的对空防护。为了实现后一个目标，舰员们在安置和移除伪装时经常使尽浑身解数。在 1944 年 7 月 6 日的一份日志中提到，该舰只用了 55 分钟便去除了全部伪装，这表明舰员们对全部工作已是驾轻就熟。1944 年 9 月 29 日，"瑞典"号暂时退出现役，并在卡尔斯克鲁纳进行了重大改装，这项工作于 1945 年 4 月 9 日完成，随后，该舰在 21 日返回了霍斯峡湾。两周之后，德国投降。

根据对二战中"瑞典"号服役情况的统计，从 1940 年 5 月该舰完成改装后算起，它一共在霍斯峡湾停泊了 900 天，在海上 300 天，在其他停泊地停留了 100 多天，剩下 500 天则位于船厂或暂时退出了现役。影响出海时间的最大原因是缺油。虽然 1938—1940 年年间安装的燃油锅炉有许多优点，但其最大的问题是，虽然战前瑞典可以依靠进口满足绝大部分需求，但在二战时，能抵达瑞典港口的油轮寥寥无几。对海军来说，他们的燃油储备只能供每艘军舰每周进行七个小时的巡航。这反过来制造了一个难题：是该把燃油用于训练，还是以备不时之需？这导致"瑞典"号在霍斯峡湾消磨了大部分光阴。

遗产

作为一种海上战争工具，"大舰巨炮"在二战中步入了黄昏。尽管"瑞典"级已是风烛残年，但其中没有一艘被立刻除籍：直到 1953 年，"瑞典"号都一直处在海军名册上，尽管其最后的舰员早在 1947 年 8 月 12 日便离开了该舰。有人建议，该级应当有一艘作为博物馆保存下来，但此举从未实现，五年后，"瑞典"号在本国西

1940 年年末或 1941 年年初，航行中的"瑞典"号。我们可以看到于 1938—1940 年年间，安装在该舰 2 号 6 英寸 M/12 型副炮炮塔顶部的 1.57 英寸 M/36 型高射炮。

① 约翰·卢梅纽斯，《做好准备，出海布雷：一名海军军官候补生亲历的危机年月，1939—1940 年》，第 88 页。

部的一个拆船厂中静静地迎来了生命的终点。"古斯塔夫五世"号和"维多利亚王后"号则被分别拆毁于 1959 年和 1970 年。然而，有些火炮确实保留了下来——直到 1997 年，其中的几门 6 英寸舰炮都在瑞典北部作为固定岸炮继续服役，另外两门 11 英寸舰炮则保存在该国南部的卡尔斯克鲁纳。

从 1917 年 5 月服役到 1947 年 8 月转入预备役，"瑞典"号一共经历了 11072 个日日夜夜，其中 7326 天位于一线。然而，它的发动机运行时数只相当于 561 天，这也意味着，出海日期只占到了它服役时间的 8%，平均一年只有 29 天，每月只有 2.5 天。虽然这些统计数据表明舰上生活基本是波澜不惊的，但它终究讲述了一个独特的故事：这艘战舰从未面临过战火考验，但它却成功地扮演了时代赋予的角色。

在瑞典人心中，"瑞典"级三姐妹占据着特殊的位置，甚至激起了他们对海军史稍纵即逝的热忱。除了肩负着用民众捐款建造的特殊身份之外，它们还是瑞典有史以来唯一一批本国建造的现代化远洋主力舰。它们和指向侧舷的 11 英寸舰炮，以及拱卫在周围的轻型舰艇分队一道，激起了民众对昔日强盛年代的回忆，并将其化作了该国海军史上集体记忆的一部分。它们也让瑞典海军离开了近海和群岛水域，将航迹一直延伸到波罗的海，并带着一个明确的目标：一旦战争爆发，就与敌人正面交战。虽然海战的方式已经出现变化，但这种进攻精神在当时就注入了瑞典海军：从轻巡洋舰、驱逐舰和导弹艇，到今天的"维斯比"级（Visby class）隐形轻型护卫舰，还有它们的战术、训练和单位名称（如今天瑞典海军的水面攻击舰艇分队）中，都可以找到当时的遗产。在这方面，"瑞典"级完全可以充当一个"物质影响意识"的案例。

除此之外，对瑞典 20 世纪上半叶，尤其是二战期间历史感兴趣的人，都懂得该级舰在宏观层面上的意义。尽管从未接受过战火洗礼，体量也不是瑞典海军之最 [这一纪录后来被排水量 7650 吨的轻巡洋舰"三重王冠"号（Tre Kronor）和"哥特雄狮"号（Göta Lejon）打破]，但在外交领域，"瑞典"级仍然充当着一份强有力的宣言书，表明这个国家正严阵以待，随时准备着为保家卫国而战。这种决心也感染了瑞典海军的军人们，并展现在时任海军少尉的约翰·卢梅纽斯的回忆录中，对于 1940 年时的情况，他的印象是："当我站在它宽广的后甲板上时，内心总有一种安全感"。[①] 虽然"瑞典"级逐渐过时，但强大的瑞典空军却接过了捍卫国家安全的使命。虽然在 20 世纪下半叶，"龙"式（Draken）、"雷"式（Viggen）和"鹰狮"式（Gripen）超音速战机的尾迹最终遮蔽了"瑞典"级烟囱的倒影，但它们有一点是共同的：作为瑞典国防力量的一部分，它们一起维护了欧洲北缘地缘政治的稳定和安全。

"瑞典"号停靠或起锚时的舰首特写。这张照片拍摄于 1945 年，具体可以通过舰体上的战时识别带和火控塔上的新雷达判断出来。注意舰上的破雷卫收放链、横置在前甲板上的消磁线圈，以及修改后的"三重王冠"纹章。另外，该舰还涂绘了迷彩，这种迷彩是在 1943 年 7 月之后引入岸防舰队的。

附录 1：博福斯与瑞典海军

19世纪80年代早期，位于卡尔斯库加（Karlskoga）的博福斯冶金动力公司（Bofors-Gullspång AB）开始建设自己的现代化火炮工厂。1885年时，该公司参加了 "斯韦阿"号 6 英寸副炮的竞标，但由于他们为陆军提供的 6.3 英寸出现了许多设计问题，最终瑞典海军选择了英国阿姆斯特朗公司的产品——1889 年建造的 "哥达"号（Göta）也是如此，至于 1896 年的 "奥丁"号则安装了由位于拉塞讷的地中海冶金造船厂制造的主炮。1894 年，博福斯冶金动力公司被阿尔弗雷德·诺贝尔收购，在他的支持下，一项重大的投资计划得以启动，并随之一跃成为全球最重要的海军武器制造商。当议

会在 1896 年投票同意为 "奥丁"号建造两艘姐妹舰 [即 "托尔"号和 "尼约德"号（Niord）] 时，博福斯再次参与了生产 10 英寸主炮的招标。这次海军犹豫了：他们希望支持本国的制造业，但又不愿牺牲武器质量，同时也不确定博福斯产品的性能如何。然而，博福斯赢得了部分议员的支持，最终让海军做出妥协："托尔"号将配备法国舰炮，但 "尼约德"号将配备瑞典舰炮。法国设计图纸可以供博福斯采用，10 英寸M94/C 型舰炮的工程由此启动。最后，海军对博福斯的产品非常满意，一个重型军械制造的新纪元就此开始。接下来，博福斯又为 "英勇"号设计了 M/98 型 8.3 英寸火炮，这种火炮后来成为瑞典海军近 20 年的标准武器。

为 "瑞典"号安装 11 英寸主炮的决定却给博福斯带来了重大挑战，作为中标人，它们必须完全符合海军给出的指标和需求。这一新武器在 M/98 型 8.3 英寸舰炮（即之前瑞典生产的最大型现代化火炮）基础上发展而来。经过长期研究，设计师们选择了一种 45 倍口径的 11.14 英寸火炮。它的弹头重达 672 磅，能以每秒 2822 英尺的初速发射，在 18 度仰角时射程为 21430 码，但不及德国同口径火炮每秒 3084 英尺的数

战争期间的 "瑞典"号，舰上的高射武器直指天空。1941 年 6 月，德国突袭苏联之后，瑞典海军在各舰舰体上涂绘了白色识别带。

据，射程也相对较小。虽然将仰角提升到 35 度的改装方案没有实现，但换装新式炮弹仍将其射程提升到了 27340 码。另外，博福斯还在原有型号的基础上实现了一项重大改进：将螺式炮闩的闩体改为截锥型——此举也得到了广泛的国际认可。

制造 11 英寸舰炮并不是博福斯面临的唯一挑战；在瑞典从未建造过炮塔，传统上，这些炮塔都应向外国制造商订购。博福斯还为该级舰提供了装甲板，其中一些是他们自己制造的，其余的分包给了美国的卡内基钢铁公司。事实上，11 英寸炮塔的设计和建造给它带来了沉重的压力，并在履行合同期间蒙受了重大损失，甚至在 20 世纪 20 年代陷入了财政危机。

岸防舰队在波罗的海上列队前进，各舰烟囱喷出滚滚浓烟。与瑞典武装部队的其他单位一样，在二战期间，装甲舰也在维护其主权和领土完整中发挥了重要作用。

附录 2: 火控

世纪之交，瑞典海军测试过德国 AEG 公司、西门子 - 哈斯克公司（Siemens & Haske）和本国爱立信公司（L.M.Ericsson）生产的火控系统，并最终选择了 AEG 的中央火控设备。然而，在海军设计委员会成立时，瑞典海军的火控依旧相当原始，这导致他们在次年另外成立了一个委员会，以便为"瑞典"级的采购提供咨询。该委员会建议为每舰在火控桅楼上配备一台 6.5 英尺测距仪，并在探照灯平台上安装一台 9 英尺的类似设备。1908 年对英国和德国测距仪的初步测试都不尽人意，但最终瑞军还是选择了格拉斯哥的巴尔 - 斯特劳德公司的产品。同年测试的产品还包括一种英国生产的射程钟——该设备是一种机械式计算器，输入目标的距离、航速和方位角之后，它可以对目标的距离和方位角进行实时推算，哪怕测距仪失灵，也可以引导火控人员开火。至于射程指示仪的作用与之类似，但结构相对简单。虽然瑞典海军对这些新设备抱有疑虑，但最终决定为"瑞典"号配备了三部 10 英尺和一部 6.5 英尺测距仪、两部射程钟和两部射程指示仪。其中一部射程钟和一部射程指示仪位于指挥塔内，第二部射程钟位于射控中心——全舰的火控中枢。

1913 年，瑞典海军总局（Marinförvaltningen）制定了一份描述"瑞典"号火控作业流程的机密手册。其中显示，枪炮长（Artilleriofficer 1）负责在指挥塔内指挥主炮射击，当地的中央控制设备允许数据和命令同时传往两座主炮炮塔和射控中心。桅楼上的观察哨负责观测落点，并将其通过传声筒通报给枪炮长。在特殊条件下，枪炮长也可以直接在桅楼指挥战斗，直接将弹着点通报给射控中心，接下来，命令会直接通过中央控制系统或电话将命令传递至炮塔。在必要时，后炮塔指挥官将指挥战斗，并借助一条直达电话线直接联系舰首炮塔，或经由射控中心完成命令传递。火炮的齐射依靠射击指挥仪，后者将开火命令同时传递至两座炮塔——这种办法的效率当然要比从火控中心指挥主炮要低一些。

尽管 "瑞典" 级代表了 1907—1912 年的一流水平，但瑞典设计者们依旧忽略了一些海军技术领域的重大进步，尤其是在火控计算机领域——一战前，列强在这方面堪称突飞猛进。但直到停战后，瑞典的军官们才意识到自己的落后。问题非常清楚，命中敌人越多的军舰才是好军舰，但在一战期间，海战的交战距离和机动方式都发生了巨大变化，另外，军舰对射击诸元的解算也比以往更快，火炮的最大射程也达到了22000 码。虽然意识到了问题，但由于技术和经费限制，瑞典人遭遇了诸多挑战。一个炮术委员会（Artillerikommission）随即成立，以便找出临时解决方案。1921—1922年，他们在 "瑞典" 号上安装了一部 13 英尺格尔茨式（Goertz）测距仪，随后又在1923 年用一部位于指挥塔前方可旋转保护罩中的 20 英尺巴尔 - 斯特罗德式测距仪将其取代。1922 年，新的火控台采用，它提供了一种在纸上连续解算火控诸元的新办法，并结束了枪炮长对便携式射程钟和目标指示仪的依赖。最后，改装还让舰上的射控数据中心从通讯中转站变成了作战火控中枢。

虽然对于火控问题，显而易见的解决办法是让火炮集中瞄准，并同步朝敌人射击，但财务问题却导致这种方案未能实现。尽管如此，许多解决方案也得到了测试，其中包括安装巴尔 - 斯特罗德公司和意大利吉拉尔代利（Girardelli）公司的火控仪器，但最终，瑞典海军在1924 年用 800000 克朗采购了哈兹迈尔公司的产品——这家公司是西门子 - 哈尔斯克集团（Siemens-Halske AG）的一个子机构。它们由一部主瞄准镜、一套采用指针随动（Follow-the-pointer）

1941 年 3 月，蛰伏在霍斯峡湾的 "瑞典" 号。在二战期间，该舰在当地停靠的时间要远远超过在其他地点：从 1940 年 5 月到 1945 年 4 月间共有 900 天。注意 "瑞典" 号舰尾甲板于 1940 年安装的一座双联装 1.57 英寸 M/36 型高射炮，以及舰尾华美的瑞典王国纹章。旗杆上飘扬着瑞典海军的燕尾旗——这种旗帜的历史可以追溯到 17 世纪中叶。

① 约翰·卢梅纽斯，《做好准备，出海布雷：一名海军军官候补生亲历的危机年月，1939—1940 年》，第 88 页。

原理的炮塔指引系统和若干射击指挥仪组成。由火控桅楼获取的目标数据将传送至火控中心，并在那里转换成俯仰和旋转角度并发送至炮塔。由于新火控系统的存在，该舰还需要把原先单薄的主桅替换成重型三角桅，顶部有分为三层的火控桅楼：其最下层有电话和指挥装置，上方是可旋转的中间层，内部容纳着一部 13 英尺的蔡司测距仪和枪炮长的战位，最顶端是带潜望镜的中央观测所，新的火控中心则位于前甲板下方。这项根据炮术委员会的建议开展的工程完成于 1925 年，并让"瑞典"号的战斗力恢复到了可以接受的水平。按照约翰·卢梅纽斯于 1940 年在舰上服役时（当时他还是一名少尉）撰写的回忆录，舰上的主炮虽然年事已高但保养极佳，可以击中 22000 码外的目标。①

剩余的火控设备直到二战时才安装上舰：其中新式测距仪和雷达要等到 1945 年。但后者在舰上鲜有建树，该舰的枪炮长后来表示，雷达根本指望不上，他宁愿使用原有的火控手段。

附录 3: 瑞典与苏德战争，1941—1945 年

对于二战中的瑞典来说，它面临的最大危机始于 1941 年 6 月 22 日——德国发起突袭苏联的"巴巴罗萨"行动时。它原先已经焦头烂额，如今更加进退维谷——期间，他们还被迫为一个德国师穿过领土前往芬兰提供方便。这种自毁中立立场的举动不仅是迫于德国人的压力，还有一个尴尬的事实：德国是瑞典唯一的煤炭供应国——这种国计民生中最重要的物资将通过出口到第三帝国的铁矿石来交换。此时，瑞典的对外贸易已被战争掐断，如果没有德国的煤炭，整个国家将无法生存，这种状况让瑞典采用了护航系统，以保护本国与德国之间的航运免遭苏联潜艇袭击，这一举动也是海军众多新行动的一部分，比如在 6 月 28 日，他们便在厄兰岛（Öland）附近布设了一个水雷区。另外，为应对突发事件，从 7 月 5 日起，瑞典海军在奥尔峡湾部署了一支打击舰队，它由一艘装甲舰和数艘驱逐舰与潜艇组成，其中，"瑞典"号将在 7 月 12—20 日间前往当地值班。

虽然德国物资和部队始终在从挪威源源不断通过瑞典国境，但随着战局对德国不利，长期面对国内和同盟国压力的瑞典政府决定阻止德国方面使用这条交通线，并在 1943 年 6 月宣布了这一决定。德国人自然对此倍感恼怒，为此，早些时候，瑞典政府便动员了大部分陆军，并要求海军保持高度警戒，以防止敌人实施报复。"瑞典"号也开始了二战中最漫长的一次巡航，7 月份，它在霍斯峡湾、奥尔峡湾和剪刀峡湾之间度过了两个星期，然后在锚地回归了日常工作。

面对苏军的打击，德国在东线的防线已岌岌可危。因此，这一在 1944 年出现的新因素再次让瑞典陷入了微妙处境：1941 年 6 月，芬兰参加了"巴巴罗萨"行动，但到 1943 年年末，军事形势的发展让瑞典政府不得不考虑一种情况：即芬兰和苏联可能达成停战协议，届时，德国有可能采取反制行动。为此，舰队接到命令，必须在早春前完成备战，至于"瑞典"号也在 1944 年 1 月开始入坞改装，并在 2 月 1 日离港起航。虽然 2 月和 3 月的大部分时间都毫无波澜，但随后出现了一段异乎寻常的活动密集期。3 月 31 日，一支德军运兵船队出现在厄兰岛和哥特兰岛之间，让瑞典海军在次日进入了高度戒备状态。"瑞典"号也奉命出航，并在海上和霍斯峡湾附近的

几座锚地度过了 4 月的大部分时间。苏联对芬兰的进攻于 1944 年 6 月 9 日开始，在这场等待许久的战斗开始后，"瑞典"号也在海上度过了当年 7 月的一部分时间，还对北部港口海讷桑德（Härnösand）进行了访问，然后在 8 月下旬，该舰被迁入奥尔峡湾的东部锚地。随着芬兰和俄罗斯于 1944 年 9 月 19 日签署停战协议，德国干涉的可能性也彻底消失（参见"维纳莫宁"号一章）。

1944 年 4 月初，瑞典双周刊《人民与国防》（Folk och Försvar）发表了一篇关于波罗的海沿岸军事形势的文章。[①]其匿名作者考虑了红军向西推进，占领爱沙尼亚和拉脱维亚时的情况。虽然当时苏联舰队仍被封锁在列宁格勒，但在陆军控制芬兰湾南岸后，它们也将获得一条进入开阔海域的通道。届时，德国海军在波罗的海的霸权将遭遇挑战。这篇文章首先评估了德国和苏俄海军的实力。据信，德军在波罗的海还拥有两艘可以作战的"袖珍战列舰"[即"吕佐夫"号和"舍尔海军上将"号（Admiral Scheer）] 和两艘重型巡洋舰 [即"希佩尔海军上将"号（Admiral Hipper）和"欧根亲王"号]，至于战列舰"格奈森瑙"号已无法服役。而在苏联海军方面，他们有两艘"甘古特"级老式战列舰 [即"十月革命"号（Oktyabrskaya Revolutsiya）和"彼得罗巴甫洛夫斯克"号（Petropavlovsk）] 位于列宁格勒——但它们据信都已无法作战，至于最大的现役军舰可能是"基洛夫"号（Kirov）和"马克西姆·高尔基"号（Maxim Gorky）巡洋舰。作者指出，瑞典需要"高度警惕"事态的发展，并让海军和空军随时准备好保护本国在波罗的海的利益，但对于这些利益究竟是什么，以及该怎样保护，该文章并没有给出具体说明。事实上，至少从 1942 年 12 月以来，瑞典军队便一直在准备对挪威、芬兰和丹麦进行军事干预，不过，在相关的计划中，只有对丹麦的行动会涉及海军。其首要动机是阻止苏联占领丹麦，并阻止第三帝国在德国本土被攻陷后在挪威继续垂死挣扎。至于另一个动机是确保瑞典在任何战后势力划分方案中都具有一定的发言权。针对出兵丹麦一事，瑞军制定了在赫尔辛格（又名埃尔西诺）开展两栖登陆的详细计划，其中预定动用大约 100 艘舰艇——瑞典海军的大部分兵力——掩护至少 1258 艘运输船只。装甲舰"奥斯卡二世"号、"勇敢"号（Tapperheten）和"荣耀"号（Äran）将为船队提供近程掩护，并得到一个驱逐舰支队和一个鱼雷艇分队的支援，远程掩护由装甲舰支队（包括"瑞典"号）、第 9 驱逐舰支队和哥德堡分舰队（Gothenburg Squadron）提供。最终的攻击计划于 1945 年 4 月 4 日提交，掩护单位于 10 日开始在霍斯峡湾集结并展开演练。

在继续军事准备的同时，1945 年 4 月 27 日，瑞典首相佩尔·汉森（Per Albin Hansson）在议会的闭门会议上宣布："局面的变化可能给瑞典带来新选项"。但即使如此，5 月 5 日，斯德哥尔摩方面还是获悉，德国已无条件投降。最后的战斗并未在丹麦或挪威爆发，自然我们也永远不会知道，它们可能给"瑞典"号和姐妹舰们带来怎样的一场试炼。

① "Sck"（化名），"波罗的海上的军事形势"，摘自《人民与国防》杂志（1944 年 4 月号）。

参考资料

未公开资料

- 瑞典军事档案馆（Krigsarkivet），斯德哥尔摩
- H, CKA, H, E VI:16 b：海军调研专案组提交的海上国防建设方案（Marinberedningens förslag till sjöförsvarets ordnande）
- M I & M Ⅱ:《第二次世界大战中的瑞典》第 11 卷相关参考文献
- 卡尔斯克鲁纳海军船厂（Karlskrona örlogsvarv）档案
- 船厂指挥官军事办公室（ÖVK Varvschefens Militärexpedition）文件第 117 卷，第 E Ⅱ 号情况观察日志（Observationsjournaler）
- 卡尔斯克鲁纳瑞典海军舰船和海军驻军单位一览（Svenska örlogsfartyg, Fartyg och Fartygsförband Karlskrona）
- 装甲舰"瑞典"号相关文献，1917-1937
- "瑞典"号舰上日志（Sverige Pansarskepp: Däcksloggböcker），1940-1941，1942-1943，1943，1943-1944，1945
- 火控事项指南（Inventarium Artilleriuppbörden）
- 瑞典海军博物馆档案（Sjöhistoriska muséet），斯德哥尔摩
- 《"瑞典"号大事记》（H.M.S.Sveriges Krönika）（由该舰历代军官编写），1968 年完成

公开资料

- 博蒂尔·阿隆德，《瑞典海军史：瑞典海军历史资料研究会编纂》（Historia kring Flottans kanoner, Marinlitteraturföreningen）第 84 卷 [斯德哥尔摩，瑞典海军历史文献研究会出版社（Marinlitteraturföreningens förlag），1998 年出版]
- 安德斯·贝尔格（Anders Berge），《专业知识与政治理性：瑞典海军的装甲舰问题，1918—1939 年》（Sakkunskap och politisk rationalitet: Den svenska flottan och pansarfartygsfrågan, 1918–1939）[斯德哥尔摩，斯德哥尔摩大学（University of Stockholm），1987 年出版]
- 库特·博根斯塔姆（Curt Borgenstam），派尔·因苏兰德（Per Insulander）和博蒂尔·阿隆德，《巡行者：瑞典海军巡洋舰 75 年史》（Kryssare: Med svenska flottans kryssare under 75 år）[法尔肯贝里（Falkenberg），海军历史文献出版社（C.B.Marinlitteratur），1993 年出版]
- 弗兰克·鲍文著，史蒂格·埃里克森译，"德国未来战列舰及其对瑞典海军造舰政策的影响"（Det planerade tyska slagskeppet och dess inverkan på svensk flottbyggnadspolitik），摘自《海事杂志》（Tidskrift i sjöväsendet）第 91 期（1928 年号），第 618—621 页
- 约翰·坎贝尔，《二战海战武器》[伦敦，康威海事出版社，1985 年出版]
- 本特·福斯贝克（Bengt Forssbeck），《从"因戈吉尔德"号到"维斯比"号：瑞典军舰 140 年史，1860—2000》（Från Ingegerd till Visby: Svenska örlogsfartyg under 140 år, 1860–2000）[卡尔斯克鲁纳，亚伯拉罕森出版社（Abrahamson），2000 年]
- 扬·格莱特（Jan Glete），《海岸防御的技术变迁》（Kustförsvar och teknisk omvandling）[斯德哥尔摩，军事历史出版社（Militärhistoriska förlaget），1985 年]
- 丹尼尔·哈里斯（Daniel G.Harris），"'瑞典'级岸防舰"（The Sverige class Coastal Defence Ships），摘自罗伯特·加尼埃（Robert Gardiner）主编的 1992 年号《战舰》年刊，第 80—98 页
- 古斯塔夫·冯·霍夫斯滕（Gustaf von Hofsten）和扬·维恩贝里（Jan Waernberg），《战舰：三旒旗下的瑞典机械动力军舰》（Örlogsfartyg: Svenska maskindrivna fartyg under tretungad flagg）[斯德哥尔摩 / 法尔肯贝里，瑞典军事历史图书馆（Svenskt Militärhistoriskt Bibliotek），2003 年出版]
- 派尔·因苏兰德和库特·奥尔森（Curt S.Ohlsson），《装甲舰：从"约翰·埃里克森"号到"古斯塔夫五世"号》（Pansarskepp: Från John Ericsson till Gustaf V）[法尔肯贝里，海军历史文献出版社，2001 年出版]
- 博蒂尔·拉格瓦尔（Bertil Lagvall），《保卫中立的海军，1939—1945 年：海军中校博蒂尔·拉格瓦

尔的日志 》（*Flottans neutralitetsvakt, 1939–1945: Krönika av kommendörkapten Bertil Lagvall*），摘自
《 海军历史文献研究会会刊 》（*Marinlitteraturföreningen*）第 71 期（ 卡尔斯克鲁纳，海军历史文献
研究会出版社，1993 年出版 ）

- 奥托·里贝克（ Otto Lybeck ）主编，《 瑞典海军图文史：从古斯塔夫·瓦萨时代的诞生到今天 》
（*Svenska flottans historia: Örlogsflottan i ord och bild från dess grundläggning under Gustaf Vasa fram till
våra dagar*）[3 编 6 卷本，马尔默，阿尔海姆出版社（ Allhems Förlag ），1942—1943 年出版]

- 约翰·卢梅纽斯，《 做好准备，出海布雷：一名海军军官候补生亲历的危机年月，1939—1940 年 》
（*Klart skepp för minfällning: En reservfänrik berättar från beredskapsåren, 1939–40*）[斯德哥尔摩，林
德福斯出版社（ Lindfors ），1976 年出版]

- " Sck "（ 化名），" 波罗的海上的军事形势 "（ Den militära situationen i Östersjön ），摘自《 人民与国
防 》杂志（ 1944 年 4 月号 ）

- 比耶尔·施泰克岑（ Birger Steckzén ）主编，《 整装待发：装甲舰"瑞典"号、"古斯塔夫五世"号和"维
多利亚王后"号 》（*Klart skepp: En bok om Sverigeskeppen: Sverige, Gustaf V, Drottning Victoria*）[斯
德哥尔摩，诺施泰特父子出版社（ Norstedt & Söners Förlag ），1949 年出版]

- 古纳尔·昂格尔（ Gunnar Unger ），" 中央防御理论 "（ Centralförsvar ）词条，摘自《 "北欧家庭书"：
传统与现实生活的百科全书 》（*Nordisk Familjebok: Konversationslexikon Och Realencyklopedi*）第 4
卷 [斯德哥尔摩：印刷与出版有限公司（ Foerlags Aktiebolag ），1905 年出版]

英国海军

战列巡洋舰"胡德"号（1918年）

作者：布鲁斯·泰勒

从 21 世纪初回顾历史，我们完全可以把战列巡洋舰"胡德"号称作最负盛名的英国军舰，甚至只有纳尔逊的旗舰"胜利"号能与之媲美。考虑到该舰只进行过一场富有尊严的战斗，并因此毁灭，这种提法当然有些莽撞，但它仍然提醒着我们：随着时间流逝，一艘军舰的生平会被赋予更多的解读，影响也将变得复杂和深广。不仅如此，对于"胡德"号的任何评价还都无法跳出一个现实，在服役生涯中，它留下了有口皆碑的声誉，甚至在它沉没的 75 年后，都始终充当着一个无法磨灭的象征。

失败的过渡

战列巡洋舰"胡德"号的起源可以追溯到 1915 年 10 月，当时，英国海军部要求设计一种新型战列舰——该舰应以成功的"伊丽莎白女王"级（Queen Elizabeth class）为蓝本，并利用最新的技术改善其适航性和水下防护能力。其要求的核心，是让它比之前的舰型拥有更高的干舷和更浅的吃水，这些特征不仅可以提升它在战时载荷下的行动效率，还能减少水下损伤。1916 年 1 月，海军造舰局局长尤斯塔斯·特尼森 - 戴因科特爵士领导的小组已经拿出了五个设计方案，为了能按照要求减少吃水，他又对最有希望的一个方案放大了船体，并让宽度有所增加。然而，德方的新动向却干扰了整个进程，有情报显示，德国公海舰队正在建造"马肯森"级（Mackensen class）大型战列巡洋舰，这让大舰队司令约翰·杰利科爵士否决了这些方案。这种情况导致另外两个设计在 3 月应运而生，其中一个于 1916 年 4 月 7 日获得海军部委员会批准。

选定的设计标准排水量为 36300 吨，比英国皇家海军最大的军舰还要多 5000 吨，通过安装新式的轻型细管锅炉，该舰有望达到 32 节的航速。其硕大的舰体

速度与力量：1927 年 6 月，在海面风驰电掣的"胡德"号，其火炮和测距仪全部转向左舷。当时，该舰正在本土水域进行全功率试航。在当时，没有哪艘军舰比它更适合充当一个国家的武力象征。

长 860 英尺——比当时的大部分主力舰长 200 英尺，这也意味着英国只有三个干船坞可以容纳它。八门 15 英寸主炮将安装在改进型的炮塔内，火炮的仰角可以达到 30 度，同时，舰上还将配备 16 门新式的 5.5 英寸副炮和四门 4 英寸高射炮。此外，其武器还有 10 具 21 英寸鱼雷发射管，其中八具在水上，两具在水下。由于巧妙地采用了倾斜式的布置，该舰的 8 英寸主装甲带据认为能比"伊丽莎白女王"级的 10 英寸装甲带提供更好的保护。另一方面，与早期设计相比，其水平防护并没有改进，最大厚度仅为 2.5 英寸，而且只限于下层甲板；至于其他区域的装甲厚度都没有超过 1.5 英寸。1916 年 4 月 17 日，海军部向坐落于苏格兰克莱德班克的约翰·布朗公司订购了三艘（后增至四艘）该型军舰，其中一艘最终被命名为"胡德"号。

但不久便爆发了日德兰海战。1916 年 5 月 31 日，这次在北海爆发的战斗对英国皇家海军产生了深远影响。但其中我们只需要关心一点：即参战英国战列巡洋舰的命运。当英军 6 月 1 日回到母港时，九艘战列巡洋舰中的三艘已经沉没，舰上的幸存者屈指可数，只是因为侥幸，第四艘——"狮"号才没有步其后尘。显而易见，这种惨剧都是由于防火措施不良或线状无烟火药的存放不当导致的，而其背后还有一个严峻的现实，在与同类舰只的长时间远程交锋中，英国战列巡洋舰根本无法满足作战要求。这种情况立刻给"胡德"号的设计师带来了诸多严峻挑战。6 月，加强防护的方案绘制完毕，特尼森 - 戴因科特爵士提交了一份修改后的蓝图，并在 8 月初获得批准。其武器较 3 月时的设计没有变化，但装甲带最大厚度增加到 12 英寸，主炮基座的装甲也增加到 9—12 英寸——此时，其 12 英寸倾斜装甲带提供的防护已经与 14 或 15 英寸的垂直装甲相当。另外，舰上还设置了长 460 英尺的防鱼雷鼓出部——其占舰体

1917 年秋天，接近完工的"胡德"号主甲板。我们可以在其右边看到弯曲的 2 英寸装甲板（由两层 1 英寸钢板叠合而成）——这是其水平防护体系的重要组成部分。周围还有许多支架，它们支撑着主甲板的其余部分。

长度的比例与二战前的绝大部分军舰相当。然而，尽管增加了 3100 吨的排水量，但该舰水平防护的改进依旧不大——装甲最大厚度仍未超过 2.5 英寸。如果"胡德"号的发射药库没有按照英国造舰领域的惯例，安置在炮弹库之上，这种厚度也许是足够的。但显然，杰利科和贝蒂将军都认为该舰的防护水平不足，在几周之内，设计者又对炮塔和水平装甲做了改进，在最终版本中，其弹药库上方的装甲厚度已达到 3 英寸。最终设计稿于 1917 年 8 月获批。虽然有个事实无可否认：在中弹后，炮弹需要穿过总厚度至少 9 英寸的装甲板才能进入该舰的弹药库，但多层薄装甲的防护效果明显与同等厚度的单层装甲相去甚远。简单地说，"胡德"号根本没有装甲甲板，无论其他领域的设计多么出色，这都是它的致命弱点。虽然有时被归类为"快速战列舰"，但以后来的标准看，"胡德"号没能跳出战列巡洋舰的范畴，更没能达到一艘主力舰应满足的设计条件：即承受本舰安装的相同规格武器的打击。

建造巨人

　　1916 年 9 月 1 日，"胡德"号的龙骨在约翰·布朗船厂铺下，但由于设计反复修改、商船建造需求紧迫和人力短缺，整个工程进展缓慢。直到 1918 年 8 月 22 日，该舰才举行下水典礼，随着海军少将霍雷肖·胡德（Horace Hood，他在日德兰海战中阵亡于战列巡洋舰"无敌"号上）爵士的遗孀在舰首掷碎酒瓶，它以舰尾朝后的方式滑入了克莱德河。即使如此，由于最新的火炮测试和战斗经验，该舰的防护系统仍在不断修改，并让其存在感显得格外微弱。在 1919 年 5 月和 6 月，该舰拆除了 16 门 5.5 英寸火炮中的四门，随后又拆除了八具水上鱼雷发射管中的四具——此时，该

1919 年 12 月 2 日，进入舾装最后阶段的"胡德"号。在"A"和"B"主炮塔上，15 英寸炮已完成安装，但炮塔外壳尚未建造完毕。其主射击指挥装置尚未安装装甲外壳，同样，桅顶的射击指挥装置也没有安装完成。

"胡德"号在开阔水域留下的第一张照片——该照片拍摄于1920年1月13日的罗塞斯——其桅顶观测所的测距仪仍未安装。尽管其干舷要比其他的军舰更高，但该舰的适航性依旧不尽人意，这和1916年设计中预想的情况一样。

舰的完成度已经很高，而这些工程也是对设计的最后一轮重大调整。而早在1918年9月，作为装甲安装工程的一部分，该舰的第一座主炮炮座（材料为表面硬化钢）被吊入了预留基座——到装甲全部就位时，一共将有14000吨的钢板被安装到舰上。而在1919年1月底，即下水五个月后，船体建造的收尾工作也正式开始。按照报告，1919年2月27日，舰上的第二根烟囱已竖立起来，600吨的指挥塔正在建造中。一个月后，装甲带开始安装，舰桥结构也在成形之中。"胡德"号的布朗-柯蒂斯减速涡轮机（这也是该发动机首次安装在主力舰上）均在5月1日就位，月底，主桅竖立起来，舰体甲板也基本铺设完毕。7月29日，第一座15英寸炮塔从维克斯公司的巴罗工厂乘船抵达克莱德班克，随后，该舰被拖入克莱德河，以便依靠200吨的吊装起重机将其安置到位。炮塔的交付和安装工作一直持续到12月初。工作进展迅速，舰上可能有1000人同时施工。10月底，木工和电工开始装修生活区。11月，舾装继续进行，发动机在12月9日和10日接受了系泊试验，以便为来年的船厂测试做准备。此时，离万事俱备已为期不远。

1920年1月9日，"胡德"号凭借自身的动力离开了约翰·布朗船厂，有关方面已作出决定，让它在罗塞斯的英国皇家海军船坞完成剩余工程，以便让约翰·布朗船厂能够腾出泊位，尽快完成其他的商船订单。环绕苏格兰的航程让舰员们早早地见识到了"胡德"号的适航性，高达八级的狂风让海浪涌上该舰的艏楼和舰尾甲板，猛烈的摇晃让桅顶瞭望台中的舰员苦不堪言。在该舰出航之前，测试结果显示，它在极限载重状态下的排水量为46680吨，满载排水量为42670吨——比1917年的最终设计方案高出了1470吨，比1916年的原设计更高出了至少17.5%——其中大部分新增吨位都被装甲占用。作为英国旗下最强大的军舰，"胡德"号的最终建造成本为6025000英镑，几乎是之前其他同类军舰的两倍，但我们也不能忘记战时通货膨胀和其自身尺寸巨大这两个因素。毫不奇怪，该舰的设计和惊人的开支引来了多方面的批评。一位匿名的军官在《海军评论》（The Naval Review）中写道，"胡德"号的其他指标基本与"伊丽莎白女王"级战列舰相当，但海军却花了2030000英镑来让它获得额外的7节航速。问题还不止于此。海军少将厄恩利·查特菲尔德（Ernle

Chatfield）爵士曾在日德兰海战中担任"狮"号舰长，他在 1920 年 3 月海军工程师协会（Institution of Naval Architects）的一次会议上打趣说："如果海军造舰局局长今天设计一艘军舰，他绝对不会拿出像'胡德'号这样的东西。"[1]事实上，在当年推出的 G3 型战列巡洋舰方案上，其外观、武器装备或防护都与"胡德"号没有任何相似。

在 1948 年出版的回忆录中，特尼森 - 戴因科特对此事表达了自己的看法：

> 虽然"胡德"号的装甲改善了不少，但仍然有很多工作没有到位……二战的经历证明，该舰的防护仍然存在严重缺陷……而且在两次世界大战之间，"胡德"号并未接受过相关改装，这是一场可怕的悲剧。[2]

不过，这一切都是 20 多年后的事。在当时，"胡德"号代表着一条英国军舰产品线的巅峰，该产品线始于"无敌"号，并最终催生了这艘世界上最大的主力舰。因为该舰的三艘姐妹舰在 1919 年 2 月下马，以及 1922 年《华盛顿条约》施加的诸多限制，随着和平延续，这一身份也被保持了下来。对它来说，和平是一种恩赐。

一枝独秀

1916 年 7 月 14 日，"胡德"号的名字首次出现在海军部与约翰·布朗船厂的通信中。作为同级四舰的首舰，这一名字是为了纪念多塞特郡索恩康布（Thorncombe）一位牧师的儿子——萨缪尔·胡德（Samuel Hood，1724—1816 年）。55 年的服役生涯让胡德赢得了"战术大师"的美誉，在圣基茨（St Kitts）、多米尼加、土伦和科西嘉等地对抗法军的战斗更是让他声名显赫。1796 年，胡德被封为惠特利的胡德子爵（Viscount Hood of Whitley），不仅如此，他培养了一个杰出海军将领家族，在日德兰

① 《海陆军记录》，1920 年 3 月 31 日。

② 尤斯塔斯·特尼森 - 戴因科特，《一位造船师的故事》（伦敦，哈钦森出版社，1948 年出版），第 96 页。

"巨炮的轰鸣"：作为 1935 年 7 月 17 日的英国国王乔治五世银禧庆典的一部分，"胡德"号的"X"炮塔和"Y"炮塔鸣炮致意。"胡德"号后方是战列巡洋舰"声望"号和航空母舰"勇敢"号。

"胡德"号一共有四座 15 英寸炮塔。照片中，一位舰员正在擦拭右主炮的后膛——这也是目前拍摄于"胡德"号炮塔内部的唯一一张照片，该炮塔采用的 Mk-Ⅱ型炮架为本舰特有，代表着英国炮塔设计的巅峰。

海战中阵亡的霍雷肖·胡德少将就是他的曾孙。但英国的最后一艘战列巡洋舰，使用的却是第一代胡德子爵的纹章和座右铭。这个纹章是一具被红嘴山鸦（Cornish chough，是鸦科中一种少见的海鸟）扛起的船锚，座右铭是"Ventis secundis"，即"好风助我"。

"胡德"号是同名军舰的第四代，其中第一代是名为"胡德勋爵"号（Lord Hood）的 14 炮帆船，于 1797 年服役，第二代则系在 1860 年由改用螺旋桨推动的 80 炮战舰"埃德加"号（Edgar）更名而来。随着"勇士"号（Warrior）和后继者们的出现，第二代"胡德"号很快过时，它的戎马生涯令人惋惜，最初先被转入预备役，随后沦为停靠在查塔姆（Chatham）的宿营船，最终在 1888 年被海军出售。但下一艘"胡德"号却是一艘一等战列舰，它在 1891 年下水，但由于该家族的另一位后裔——第一海务大臣亚瑟·胡德（Arthur Hood）爵士的坚持，该舰安装的是封闭炮塔而非露天炮台，这导致运转效率大打折扣，只有在风平浪静时才能正常作战。1914 年，作为防止德国潜艇袭击的措施，第三代"胡德"号作为阻塞船自沉在波特兰港入口。如果"胡德"这个名字真的顶着光环，那么它照亮的也更多是胡德家族的人，而非同名的军舰。但这一切马上就要改变了。

对于"胡德"号来说，最引人注目的地方莫过于它的外表。尽管"家系"只有大约 10 年，而且与之一样威武的英国无畏舰比比皆是，但"胡德"号明显和其他军舰不同。与之前或之后很长时间诞生的英国军舰相比，"胡德"号要明显更为强大，它在设计上融合了优雅和美观，威武和创新，并让所有人一眼就能直观地领悟到这些。虽然安装 15 英寸舰炮的军舰已有十多艘，但它们无一能在舰体内融合进如此强大的速度和火力。而"胡德"号却成功地结合了驱逐舰的敏捷、巡洋舰的造型和最强大战列舰的威力。自然，在其他军舰纷纷获得带有调侃、轻慢甚至嘲讽色彩绰号的同时，"强大的胡德"却没有遭到这种讥笑，不仅如此，它还很快和这个名字密不可分。对于一个曾热切地期望着海上大捷，但海军却未能在战场上大获全胜的国家来说，"胡德"号的出现俨然如同一个雄辩的证明，并冲散了国民们之前的沮丧，它显示不列颠的海上帝国在经历战争考验之后，依旧是那么的威武有力，就像一首爱国歌曲中传唱的那样："上帝成就你伟业，使你坚而益强……"

"胡德"号甚至赋予了关乎一个帝国生死存亡的意义，这种特殊的身份一直持续到该舰沉没。对此，没有谁比维多利亚勋章获得者——斯科特·奥康纳（Scott

O’Connor）给出过更出色或更富有浪漫色彩的表达，它记述的是该舰在 1923—1924 年进行环球巡航时的情形：

凭借着壮观、迅捷和臻于完美的武器，“胡德”号象征着英国勇往直前的决心，尽管这个国家因为战争而疲惫不堪，但它依旧将为了人类的利益，保卫用几个世纪建立起来的帝国。正是这重象征性让“胡德”的意义从机器中得到了升华，灿烂的光环照射着它庞大的灰色身躯。①

尽管它身上被赋予了盲目的爱国主义情怀，设计也存在缺陷，但毫无疑问，作为尤斯塔斯·特尼森 - 戴因科特爵士的收山之作，它也是视觉和美学的极致产品。从概念舰“无比”号（Incomparable）开始，到“声望”级和“勇敢”级（Courageous class），再到“胡德”号，特尼森 - 戴因科特设计的战列巡洋舰都有着别具一格的颀长艏楼和后甲板，在这两部分的衔接处有着平滑的过渡。凭借傲人的体格和航速，这些特征让它能够在恶劣天气中从容破浪而行。但对于奥康纳来说，它的强大和美丽，却从来比不上它像幽灵一样，静静地驶入一个热带的夏季良夜时：

“胡德”号……像星辰一样沿着航线运行，没有一丝声响或喧嚣。它壮丽的后甲板非常靠近海面。在这层平面之上矗立着巨大的炮塔，仿佛是在提醒人们它可怖的建造目的一样，甲板上闪烁着修长炮管的倒影，就像是世界末日的幽魂一般。②

“胡德”号还充当着鼓舞人们参加英国皇家海军的征兵广告。1932 年，九岁的泰德·布里格斯（Ted Briggs，他也是该舰的三位幸存者之一）在雷德卡（Redcar）的沙滩上第一次看到了它，这成了他生命中的决定时刻：

我站海滩上久久地愣住了，沉迷于它的美丽、优雅和纯粹的强大。对形容这样一艘巨舰，“美丽”和“优雅”似乎不是什么妥当的词汇，更何况它的主要任务就是毁灭。但我可以诚实地说，我从来没有，也不可能在今天，想到更合适的词语来描述它。③

但“胡德”号名扬四海的根本原因，依旧是它象征着英国的海上实力，很多外国人也清楚地知道这一点，他们小心翼翼地窥探着它，试图找到一个突破口，发现英国皇家海军人所共知的卓越素养背后讳莫如深的秘密。以下是 1925 年 1 月 29 日里斯本《消息报》（Diário de Notícias）上的一篇报道，当时，“胡德”号代表英国皇家海军参加了“瓦斯科·达伽马纪念庆典”的高潮：

① 斯科特·奥康纳，《帝国巡航》（伦敦，里德尔、史密斯和达福斯出版社，1925 年出版），第 258—259 页。

② 斯科特·奥康纳，《帝国巡航》（伦敦，里德尔、史密斯和达福斯出版社，1925 年出版），第 37 页。

③ 阿兰·科尔斯和泰德·布里格斯，《旗舰“胡德”号：不列颠最强大的军舰的命运》（伦敦，罗伯特·黑尔出版社，1985 年出版），第 X II 页。

前方 15 英寸主炮的炮口护盖上，装饰着该舰的舰徽——它取自海军上将胡德子爵的家族纹章。而炮管上还有另一只“鸟”——即授予大西洋舰队划艇锦标赛优胜者的“银雄鸡”奖。“胡德”号在 1926 年摘得了这一比赛的桂冠，并因此获得了“舰队雄鸡”（Cock of the Fleet）的称号。

伟大的"胡德"号——这艘世界上最强大的战舰……已经在塔霍河水域停泊了一个星期，它一动不动、神秘且难以捉摸。直到昨天，这头沉睡的怪物依旧紧闭着甲板，并以此抵御着所有乘船经过的、试图窥探这个非凡堡垒的人们的好奇心。这是一项毫无希望的任务。以英国人一贯的方式，"胡德"号停泊着，让人既无法窥探，也无法接近。直到现在，里斯本人民的好奇心才得到了满足……人们终于可以在近处端详它强大的舰炮，欣赏这艘巨舰在休憩时隐藏的美丽。

在服役的 20 年多年中，从悉尼到旧金山的每个港口和锚地，"胡德"号都充当着亮点，它也是一个有力的提醒：也许大不列颠已不再是第一强国，但它的军舰仍充当着舰船界的典范。

保守与创新

和其他领域一样，"胡德"号的设计可谓兼具了保守与创新。它是最后一艘装有三脚桅和桅顶观测所的英国主力舰，同时也是最后一艘副炮由人力装填的英国主力舰。但另一方面，该舰也率先安装了封闭式舰桥，并将火控中心的数量提升到两个；另外，它也是自远祖——1861 年的战列舰"勇士"号之后，第一艘安装飞剪艏的英国主力舰。在"胡德"号上，长期被英国皇家海军沿用的撞角艏最终被取消，按照一名舰长的说法，这孕育出了帆船时代之后英国最优雅的主力舰。总而言之，这些变化传达的消息非常明确。"胡德"号既是一种保卫和平的工具，但如果战争爆发，它便将以迅雷不及掩耳之势追击敌人，并用巨炮在远距离将它们撕成碎片。

在该舰的内部设计上，"胡德"号沿用了英国皇家海军大型舰只的许多传统做法，对于舰员，其中影响最大的是生活空间比较逼仄——毕竟，它是一艘战列巡洋舰，甲板要比战列舰少一层。传统的战列舰会把高级军官居住区安置在舰尾的主甲板上，但在修长的"胡德"号上，小艇甲板和上层建筑内也许更舒适一些。与此同时，由于"胡德"号的适航性使然，舰上其他军官只能在舰尾主甲板将就——一旦军舰出海，海浪经常会涌入这些舱段。至于其他大部分舰员都居住在舰体中部和舰首的上甲板上，唯一的例外只有居住在舰首主甲板上的司炉和少年兵。

在 1920 年完工时，"胡德"号享受着无可比拟的设施便利，只有最新式的美国战列舰能与之媲美，但随着时间推移，舰上的生活条件开始恶化，士兵们也不再报以一边倒的赞美。早期的英国主力舰都会为舰员提供自然采光和通风，它的实现靠的是安装在整段或大部分上

1935 年 7 月 16 日，作为英王乔治五世银禧阅舰式的高潮部分，皇家游艇"维多利亚和阿尔伯特"号（Victoria and Albert）从舰阵当中驶过，"胡德"号的舰员们则以分队为单位在甲板上集合受阅。在该舰前方是已降格为火炮训练舰的"铁公爵"号，而远处 4 艘"郡"级巡洋舰的轮廓也依稀可辨。

层甲板舱室上的舷窗，有时这些舷窗也会安置在主甲板的住舱上。例如，"声望"号和"反击"号的上甲板和主甲板住舱都是完全通风的。但这种做法却在"胡德"号上结束，其所有的下级水兵都居住在密不透风的通舱中，并导致舰内的空气和采光急剧恶化。虽然与早期设计相比，"胡德"号通风系统取得了相当大的进步，但现实表明，面对极度高温，它们的运转始终不甚理想，同时，通舱内经常弥漫着污浊的空气，导致舰上的肺结核发病率居高不下。另外，由于通舱内的

"胡德"号上的病房位于上层甲板的左前方，但在20世纪30年代末被改成了通舱，并成了大约30名水兵的家——他们的储物箱、饭盒和鞋子都在靠近舷外的一侧整齐摆放着。而左侧的笼柜则用于存放吊床，晚些时候，这些吊床将被取出，并在顶部的悬杆上固定妥当。

新鲜空气是从甲板上的通风设备输送来的，在恶劣海况下，海水将不可避免地倒灌而入，在前方的通舱中问题尤其严重，并加剧了上述问题的相互影响。就算舰员们的生活环境中空气循环通畅，他们平常依旧要忍受燃油、油漆、抛光剂和人体发出的各种气味，当军舰出海时，这种味道通常会和污水和烟囱浓烟的气味混杂在一起，并和风扇的嗡嗡声以及引擎不时发出的抖动声一道，共同构成了舰上生活的一部分，让所有人不堪折磨。

舰上生活

在和平时期，"胡德"号的舰员超过1100人，它们隶属于13个分队，分别负责舰上的一项工作或一个区域，每个分队大约有100人。其中，普通水兵主要被编入三个分队——舰首分队（Forecastlemen）、上层建筑分队（Topmen）和舰尾分队（Quarterdeckmen），每个分队负责操纵一座15英寸炮塔，第四座则由单独编为一个分队的海军陆战队员控制。鱼雷和通信兵被编入单独的分队，同样的情况也适用于少年兵、轮机技师（Engine room artificer）、轮机兵、会计人员。此外，还有一个分队是留给其他工作人员（如油漆匠和细木工等工匠）、武器技师和电工、厨师、文书和护士们的。至于司炉则和普通海员一样分成了三部分，并根据值班次序的不同被称为红组、白组、蓝组。在战争期间，舰上增加了一个规模庞大的第14分队，其成员全部由战时紧急征募的人员组成，使全舰总人数超过了1400人。每个分队都由一名上尉或少校指挥，他负责全队的纪律、训练、风纪和组织，军士长和士官是其左膀右臂。正是整个系统的存在，保证了全舰上下能齐心协力，作为舰队的一分子投入战斗。

在上甲板和主甲板上，"胡德"号为高级水兵设置了15个封闭式通舱，另外还有11个开放式通舱——所谓的"侧舷通舱"（broadside messes）——供大部分普通水兵居住。典型的开放式通舱长70英尺、宽30英尺，内部可以大约安置20名舰员。[①] 开放式通舱的一个主要特点，是其中布置了一张横向的长桌，长桌有可折叠的桌腿，或者可以借助几组锃亮的钢制挂架吊在舱顶上。长桌每侧最多可容纳20人就座。每一张这样的桌子本身都充当着一间通舱的象征，其总数一共有60张，而且就像世界各地的海军一样，它也是水兵们就餐、阅读信件、玩棋牌游戏，以及和战友们朝夕相处的地方。甲板被涂成偏红的中棕色（Corticene），与亮白色的舱

① 译者注：原文为"200人"，实误。

壁和天花板形成了鲜明对比，而且在一代代水手的擦洗下，它们将注定呈现出一种暗红的光泽。

在 1920 年服役时，"胡德"号也是海军中第一艘采用中央厨房和中央仓储系统的军舰，通过该系统，舰上的司务长和下属的炊事员将统一为下级水兵备餐，并且按照既定的每周菜谱一日提供三次，伙食费也不再像之前那样需要从水兵们的薪金中每天扣除。虽然与分散式的旧炊事系统相比，舰上的饮食水平得到了改善，但菜单依旧一如既往：早餐有培根、西红柿罐头、茶、面包和黄油，执勤舰员会得到三明治（如果度过了惊涛骇浪之夜，正规的早餐也会用它替代）。晚餐主要是炖菜或"杂烩"（Potmess），至于甜点永远是一成不变的蒸布丁——它们也被称为"Duff"。对"胡德"号来说不幸的是，在 1920 年率先引入中央厨房系统的它没能亲身见证海军烹饪界的下一场变革，即在二战中出现的中央式自助餐厅。

1935 年夏，在朴次茅斯，一些物资被转移到了"胡德"号上，它们可能来自重巡洋舰"什罗普郡"号（Shropshire）。所有工作都在一位海军少校的监督下进行，至于"胡德"号的值日军官也在跳板附近挟着望远镜注视着这一切。而在稍远处，它还吸引了"胡德"号上一艘蒸汽哨戒艇（该型哨戒艇在舰上一共有三艘）的艇员们的目光。我们在舷梯的另一侧可以看到一个汽油罐，它用于为舰上的摩托艇加注燃料，且一旦爆发战斗就会被抛弃。而在汽油罐近处还有一个夜间救生浮标，如果有紧急情况，舰员就会将它抛出。

在舰上，每天的勤务被分成六班，每班四小时，其结束和开始用敲钟表示。它始于 8 点开始的上午班，即舰上升起海军旗时。下午班始于 12 点，16 点后是两个长度为两小时的傍晚班，此举是为了让军舰上的全部两批值班舰员都能在此时得到轮换。接下来是 20 点的夜间第一班，以及午夜的第二班，最后是 4 点的早班——至此，一个轮值周期结束。这种日常工作被称为"轮班倒"（watch and watch），并贯穿了"胡德"号的戎马生涯，根据它，军舰上的值班舰员将被分为两批，即"左舷"（Port）和"右舷"（Starboard），但引擎人员则分为三批值班。这种轮班制度使得在任何特定时刻，每一项基本工作都会有足够的人手负责。通常情况下，每个水兵一天工作八小时，大部分完成于 6 点到 16 点之间，但在出海时，工作时间将延长至 12 小时，至于战时则可能增加到 16 或 20 小时。

夜幕降临时，舰员们会从天花板下的网罩或柜子中取出吊床，将它们的两头固定好，悬在餐桌顶上，以尽量减少军舰摇晃对睡眠的影响。如果想在通舱生活，你必须尊重和善待别人，但做到这点并不容易，因为这里总是过于拥挤，而且缺乏隐私。

对于舰上生活，虽然真正的负面评价很少见，但在所难免的是，在疲惫、不快和沮丧的影响下，普通人难免会神经紧张，甚至是公开发作，导致他对战友们怒目相向。但对于舰上的老兵和应募参加战争的新兵来说，他们印象最深的依旧是舰员们中间的同袍之情。1936—1941年，来自朴次茅斯的一等水兵伦·威廉姆斯（Len Williams）曾在"胡德"号上担任鱼雷兵，他自豪地说道：

> 像我们一样亲密无间地朝夕相处，往往会产生牢不可破的友情。在平民生活中可形不成这种关系，朋友只是偶尔见面，平时住在不同的房子里。在这里，我们作为一个大家庭共同生活。我们知道彼此的糗事和短处，但又毫不在乎，彼此亲密无间。我们在摇曳的吊床上睡得很近。甚至在公共浴室中一起洗澡。我们彼此坦诚相待，一起经历着喜悦和磨难。这种集体生活催生了一种在平民生活中永远找不到的同袍情谊。[1]

① 里奥纳德·威廉姆斯，《漫长的旅程》（汉普顿郡的贝德汉普顿，希尔米德出版社，2002年出版），第141页。

通舱由"宿舍长"（Leading Hand of the Mess）领导——他的军衔是上等水兵，下次晋升之后，他便会离开通舱，调到士官住舱去。每一片居住区域都等级森严，在"宿舍长"之下，是有着三次善行章（Good Conduct badges）的上等和一等水兵，这些徽章也是他们在海军服役12年的标志，同样，服役年限也决定了谁能得到最好的储物柜或吊床位置。在通舱内，上等水兵们还不用从事各种勤杂工作，如替大家打饭和收信，当然也不需要例行打扫卫生——届时，桌子会吊起来，各种物品也会被收好，以便大家擦洗中棕色的地板，直到每一个角落都锃光瓦亮、一尘不染为止。之后，每个通舱内的陈设和器具将按照规定重新布置妥当。"胡德"号上的英国皇家海军陆战队分队也要遵守这些规矩，他们共有150人，居住区域名为"军营"（Barrack），具体位置在主甲板上，并象征性地充当着军官和士兵之间的缓冲区。

1935年3月，一支由炮手组成的勤务分队正在清理"Y"炮塔左手一侧的炮管。注意炮塔正面的观察孔。该火炮的最大仰角可以达到30度。

军士长和士官在多人间中居住，这些房间也许只有一些被隔板分开的空间，只不过较为宽敞；还有一些是独立的舱室，里面配备了安乐椅，附近还设置了食品储藏室。无论它们的结构安排如何，这些舱室都配有至少两位"住舱勤务兵"（Messmen），他们的职责和之前露天甲板上的"通舱厨师"（Cooks of the mess）相同，都是负责烹饪。理论上说，军士长和普通士官与其他下级水兵的伙食相同，但当然，现实情况总是存在差异。普通士官和其他人一样都睡在吊床上，但也有特殊优待，尤其是可以分到纯朗姆酒，并趁机偷偷积攒起来，以便在有兴致时自饮自酌。然后是海军准尉们，这十来个人与军士长们驾轻就熟地管理着军舰，用一片赤诚呵护着"胡德"号，并照顾着舰上的全体人员。为了彰显他们的特殊身份，准尉们被安置在舰尾主甲板的单间中，有单独的餐厅和共享的住舱，住舱内配有双层床。正如在任何一支海军中的情况，老水手们的坚韧、技巧和玩世不恭不仅在和平年代共同塑造了一艘军舰，还能让舰员变得坚毅，准备好迎接战争带来的试炼。正是他们的肩膀，担起了让英国皇家海军转入战时状态的重任；镇静自若和勇往直前，是他们能奉献出的最好品质。

如果不提舰上的 80 名海军少年兵（Boy），对"胡德"号舰员的叙述就不完整。其中大部分登上军舰时都是 16 岁，之前曾服役于联合王国各地的训练机构。他们会获得一等海军少年兵（Boy 1st Class）军衔，组成舰上的少年兵分队，并在四名士官的带领下生活在主甲板上一间隔开的通舱里，直到 18 岁时晋升为二等水兵为止。

军官和军官候补生住舱

"提神时间"：大约 1935 年，在"胡德"号的前甲板上，各通舱的宿舍长正在排队等待领取配发的朗姆酒。这些酒都是经过稀释的，配发者是舰上后勤部门的一位士官。至于预定配发给高级士官（他们中有一些正在旁边监督整个分发流程）的纯朗姆酒则存放在甲板上的小桶中。在照片最左侧下达指示的是一位军士长，在他旁边有一位海军陆战队士官。站在酒桶另一侧，也就是破雷卫（安置在外侧舱壁上）下方的，则是该舰上资历最深的士官——纠察长。在他旁边是另一名士官，最靠近镜头的则是一名准尉。

胡德的军官队伍大约由 50 人组成，分别隶属于主管部门（Executive Branch）和文职部门（Civilian Branch）。前者包括炮术、鱼雷、导航和通信方面的专家，以及未接受过任何专业领域培训的"咸牛肉"（Salthorse）军官。主管部门尤其不可或缺，并包括该舰的舰长和第一副手——副舰长。至于文职部门的军官穿着和主管部门相同的制服，但会用袖口上金色条纹之间的彩色布条表明特殊身份：其中，轮机官为紫色，军需官为白色，外科医生为红色，牙医为绿色等。虽然"胡德"号的军官们在服役期中都能做到善待他人、团结一致，"亲切氛围所有大舰中无可比拟"。即使如此，对立和算计仍不时发生，尤其是在轮机军官在 1925 年被海军部剔出主管军官范畴之后，他们和主管军官之间更是产生了一种隔阂。

军官圈子的核心是位于船体中央艏楼甲板上的大型套房，它们也被称为"Wardroom"——军官起居室。其中最醒目的是四张大型桃花心木桌子——军官们用

餐的地方。"胡德"号不像"铁公爵"号（Iron Duke）、"伦敦"号（London）和"谢菲尔德"号（Sheffield）那样拥有众多的银质餐具，但在房间的柜子里、墙壁上和桌子上，却摆满了它在世界各地远航时获得的奖杯和纪念品：其中有在塞拉利昂弗里敦（Freetown）获赠的嵌银象牙，还有在 1923—1924 年世界巡航期间得到的，用狮子、老虎和野牛和驼鹿等兽头做成的纪念物，更不用说无数用金银制造的奖杯、托盘和桌心装饰品（当然，以英国皇家海军更早些时候的标准来看，这片区域还是略显简朴）。除此之外，这里的装饰品还有一架钢琴（供招待客人的夜晚使用）、一对装点着镜子的壁炉台，几部杂物柜和一个大型自助餐架，食品通过备餐室的一个舱口由勤务兵传送过来。

20 世纪 20 年代后期，舰上的军官起居室，这间舱室可谓异常豪华，其照明由一对顶灯、几部悬灯和几个没有外罩的普通灯泡提供。拍摄者位于本舱室的左后方。在红木桌上陈列着"胡德"号服役和远航期间获得的各种奖杯和纪念品。

军官起居室内的气氛，特别是在用餐时，总能让人想起英国的乡间别墅或绅士俱乐部——甚至连礼节和习惯都分毫不差。军官们进晚餐时总是穿着礼服，其和平时期的装束包括一件短夹克、翼领和领结，但在战争期间，它们都将被一件简单的双排扣夹克（reefer jacket）取代，只有在军舰靠港时，上面才会加上一圈硬领。由于司令官和舰长通常单独用餐，因此，该餐厅中并没有预留的特别座位——唯一的例外是晚宴主持人（Mess President）和副主持人（Vice-President），

1920 年夏天，"胡德"号的军官们在"X"炮塔下方合影留念。在就座者中，最前排左起第五人是舰长威尔弗雷德·汤姆金森海军上校，在他左侧的是海军少将罗杰·凯斯爵士。而右起第六人则是该舰的航海长约翰·坎宁安海军少校，他后来成为地中海舰队司令和第一海务大臣。至于舰上的准尉们（包括手持望远镜的当值准尉）则在甲板上席地而坐。

他们每个星期轮换一次。晚宴时如果牧师在场，所有人都会起立进行餐前祷告，直到晚宴主持人就座。随后是一道道菜肴，负责上菜的是身着白色长袍的勤务兵，同时，一支来自英国皇家海军陆战队的管弦乐队还将每周两次提供伴奏。在就座后，军官会遵照英国皇家海军的传统为国君敬酒，如果外国客人在舰上，敬酒的对象还将包括相关的国家元首。

与下层甲板的海军少年兵一样，只要介绍"胡德"号的军官，就必须提到军官候补生，他们的总数在 15 到 25 人之间，居住在名为"Gunroom"的、宽敞但简朴的住舱中。尽管弗雷德里克·马里亚特（Frederick Marryat）和查尔斯·摩根（Charles Morgan）小说中臭名昭著的虐待已成为过去，但和当年英国寄宿学校的情况一样，军官候补生住舱中依旧等级森严，而且上级经常以体罚为乐。如果要强行寻找一点积极因素，我们只能说，它构成了军官之间终身友谊的强制性基础。军官候补生的教育、福利和休假由一名专门选拔出来的海军少校主管，但即使如此，其他军官却经常把军

在和平时期，"胡德"号大约有1100 名舰员，合影中的人员只是他们中的一部分。本照片于 1924年 9 月摄于纽芬兰地区的桅帆湾（Topsail Bay），即该舰的环球航行临近尾声时。在正中央就座的是海军中将弗雷德里克·菲尔德（Frederick Field），其右侧是舰长约翰·伊姆－图恩（John Im Thurn）海军上校。在最前排中间，有一名准尉怀抱着舰上的吉祥物——乔伊（Joey），这只袋鼠是在西澳大利亚的弗里曼特尔登上军舰的。

① 罗里·奥康纳，《大型战舰运转"十诚"》（及相关现代行政理念和完整组织）[汉普郡的朴次茅斯，吉维斯出版社（Gieves），1937 年出版]，第 149 页。

官候补生当成仆役，在最坏的情况下，甚至将其视为"毛头小子和天生的受气包"。通常情况下，这些所谓的"苦主"（snotty）只能逆来顺受，并把委屈转嫁到下层舰员上。回顾 20 世纪 20 年代初期的生活时，乔治·布伦德尔（George Blundell）海军上校回忆说，当年舰员们对候补生的态度可谓既敬畏，又同情。虽然这种心态从没有得到对等的回报，但对未来指挥官的长期尊重，依旧构成了英国皇家海军保持强大战斗力的基础。在航行期间，除了主要任务——瞭望之外，他们的日程中还包括了参加各种课程学习，以便通过将来的中尉授衔考试。在此之前，海军少年兵和军官候补生可能承担相同的任务，接受一样的指导，但在晋升之后，两者便会出现巨大的地位差距，并因此彻底分道扬镳。

"胡德"号是英国海军中最负盛名的船只，自然，其军官和军官候补生住舱内容纳的也理应是有史以来表现最出色的人，是整个军种的精英。但这并不意味着，"胡德"的军官中没有消极怠工者、失败者和不合格人员，按照罗里·奥康纳（Rory O'Conor）海军上校的话，这些人缺乏"领导的灵感……组织的能力和执行的意志"①，很难融入大环境成为一支"亲如兄弟的队伍"中的一分子。至于在一战之前，费希尔勋爵提倡的"同声相应，同气相求的集体"（Community of sentiment），更是直到 20 世纪 50 年代，海军最终正视技术领域的变革后才化为现实。不过，就像在中下级舰员中的情况一样，"胡德"号的军官和军官候补生身上都洋溢着一种精神——骄傲和自信——并会在未来的考验中继续保持；最重要的是，他们确信自己正操纵着世界上最伟大的战舰——这种信念未曾有一刻动摇过。

荣耀之船

　　1920 年 3 月 29 日服役时，"胡德"号的船员都是从德文波特船厂就地抽调的，直到 5 月 15 日，威尔弗雷德·汤姆金森（Wilfred Tomkinson）海军上校才从工人们手中接管了这艘军舰，至此，该舰才正式被英国皇家海军接收。该舰舰员中的很大一部分都来自战列巡洋舰"狮"号，这种情况应该不是偶然。在海军中将戴维·贝蒂爵士指挥下，"狮"号参与了赫尔戈兰、多格尔沙洲和日德兰海战，并落下满身伤痕，成了英国皇家海军"老兵"中的佼佼者。但现在，"狮"号已经转入二线，对于这样一艘军舰来说，没有谁能比即将出任海军旗舰的"胡德"号更适合接过它的衣钵。在这一年结束之前，"胡德"号已经完全进入了新角色，这重身份也将决定它在未来 20 年的航程。既然"狮"号在战争中证明了它的不凡，那么，"胡德"号也要在和平年代彰显出自己的伟大之处。

　　1920 年 5 月 15 日，"胡德"号从罗塞斯港起锚，开始第一次向南行驶。在普利茅斯稍作停留期间，海军少将罗杰·凯斯（他是 1918 年突袭泽布鲁日的指挥官）的将旗在舰上升起。而在未来 10 年，普利茅斯港也将成为"胡德"号的家园。服役后不久，"胡德"号立刻接到了一项外交使命——正是通过这些任务，它的声望将在和平时期树立。海军部命令凯斯带领"胡德"号，战列巡洋舰"虎"号和九艘驱逐舰开入波罗的海，警告喀琅施塔得的苏俄舰队不要轻举妄动，否则将为此承担后果。但随着英苏关系走向缓和，加上苏联与邻国开启了持续对话，最终，战列巡洋舰分队的出动变成了一次在斯堪的纳维亚地区的友好巡航——而这一点原本是掩盖真实目的的幌子。

回顾过去，这次斯堪的纳维亚巡航似乎还标志着一个海军外交新时代的开端，只要这个时代持续下去，就不会有比"胡德"号——英国海上力量的"天鹅绒铁拳"——更为合适的军舰。1922 年 8 月，"胡德"号率领战列巡洋舰分队穿越赤道，前往巴西参加在里约热内卢举行的，令人叹为观止的庆祝活动——纪念巴西独立 100 周年，之后，该舰途径西印度群岛返回国内。在接下来的一年，除了再次前往斯堪的纳维亚海域之外，该舰还率领由战列巡洋舰"反击"号和第 1 轻巡洋舰分队组成的"特勤分舰队"开展了长达 10 个月的环球巡航，行驶里程达到 40000 海里，这也是英国皇家海军在和平时期开展过的最宏大的环球航行。无论对于参加航行的 4600 名舰员，还是在全球 30 个港口登舰的 200 万访客，又或者是目睹这些军舰驶过的数百万名见证者们来说，"特勤分舰队"带来的记忆和体验都将一直持续，直到生命的尽头才会最终消失。战列巡洋舰证明了它们完美地适合这种巡航，不仅如此，这场环球航行还如同一场空前绝后的昙花一现，将大英帝国的技术、财富和组织能力结合在一起展示给了世界——因此，它也成了两次世界大战之间英国海上力量的最辉煌时刻。

"胡德"号因为伟大的远航而闻名遐迩，但这段经历却更像是一段特殊的插曲。事实上，在更多情况下，"胡德"号的服役生涯都要服从海军的年度安排——它有序且周而复始。这段循环开始于 1 月份的春季巡航，其所在的大西洋舰队（1932 年改名为本土舰队）将在波特兰集合并前往直布罗陀与地中海舰队一同举行演习。在穿过险恶的比斯开湾，并伴着当地人的欢迎，在西班牙西北部的阿罗萨湾（Arosa Bay）稍作停留之后，该舰队将于 1 月底抵达直布罗陀。尽管日程被体育和社交活动塞满，但这次动员的目的是参与 3 月份的舰队联合演习，其目的是检验大西洋和地中海舰队的训练水平和指挥官们的临阵战术表现。期间，军舰将熄灭灯火，并保持战斗状态长达数天。接下来是漫长的检讨和总结会，以及更多的交际活动。随后，舰队将分散开来，其中一些军舰将在 3 月底返回国内之前单独对地中海或大西洋沿岸的港口进行友好访问。对于"胡德"号来说，它在 20 世纪 20 年代的家是德文波特，20 世纪 30 年代，这一地点搬到了朴次茅斯。另外，在每次紧张的舰队演习之后，它都需要接受保养和维修。这种例行的整修通常会在母港持续一个月（通常在 4 月进行），随后将在 7 月或 8 月抵达朴次茅斯，在船坞中刮净船底并涂上新漆，同时对水下的舾装部件进行大修。从 1927 年起，在上述例行工程完成后，"胡德"号还会参加一场盛大的公众开放活动——在朴次茅斯、德文波特和查塔姆举办的"海军周"（Navy Week），期间，数以千计的参观者将登上该舰。一旦送走人山人

"安静的哗变"：在因弗戈登水兵哗变期间，一群舰员聚集在"胡德"号的前甲板上。该照片可能摄于 1931 年 9 月 16 日，星期三。

1920 年后期，在德文波特的一次"海军周"上接待游客的"胡德"号。请注意"B"炮塔上的飞机起飞平台。

海，"胡德"号将向北前往苏格兰，前去参加秋季炮术训练巡航——海军年度安排中考验最艰巨的部分。在两个月中，舰队将在愈发恶劣的天气下反复演练，期间，只有体育比赛和高尔夫球赛能够带来些许调剂。接下来，该舰将返回英吉利海峡继续进行炮术和战术演习——地点通常在波特兰附近。最终，该舰将返回母港，舰员们分批在圣诞节期间休假离舰。

当然，这种年度例程也经常遭到干扰：事实上，在"胡德"号漫长的戎马生涯中，舰上平静的生活经常被礼宾活动、各种各样的骚乱，还有最后爆发的战争打破。比如，1922 年的里约热内卢庆典就替代了例行的秋季炮术训练巡航，至于后来的环球航行更是让"胡德"号在 15 个月中都远离了岗位，直到 1925 年 1 月才重返舰队——尽管经历了长时间的缺席，该舰和战列巡洋舰分队还是在稍后不久被派往里斯本，并在当地代表英国皇家海军参加了"瓦斯科·达伽马庆典"。至于 1926 年夏天的英国工人总罢工则让它在克莱德河滞留了近两个月，而因弗戈登水兵哗变则直接导致 1931 年秋季的炮术训练巡航被彻底取消。但随后发生的事情更为糟糕。西班牙内战打破了海军原有的训练和人员配备体系，从 1936 年开始，"胡德"号便一直没有恢复早年的部署节奏。

伟大使命，1933—1936 年

因弗戈登水兵哗变揭露了海军管理中的许多失误，但具体到舰上生活，它暴露的问题主要在三个领域：官兵普遍对发展和晋升存在幻想；各个部门之间关系紧张；海军部充满自信的等级制度已经破产。即使如此，在海军部遭遇失败的领域，一名军官却挺身而出，试图以身作则影响他的同僚们。这名军官就是罗里·奥康纳，他给出的样板正是"胡德"号。

对于如何改变舰上的氛围，早在 1933 年 8 月刚接管"胡德"号时，奥康纳便做

1935 年，在朴次茅斯停泊期间，"胡德"号的神射手们带着武器和奖杯在舰尾甲板上合影。与他们一起的还有舰长托马斯·托尔海军上校和副舰长罗里·奥康纳海军中校（手持望远镜者），以及舰上的宠物——朱迪（Judy）——一只西高地梗（West Highland terrier）。远方可见战列巡洋舰"反击"号。

出了示范。其第一个举动是废除了庞杂的现行命令（Standing Order），并用自行制定的"十诫"取而代之。"十诫"背后隐含的理念是：每个付出全力的人都理应得到上司的尊重、体谅和公平对待；勤奋必将得到回报；只要一个人有为军舰服务的心意，他就不可能误入歧途太深；笼罩着怨恨的军舰不是成功的军舰，在这方面，每个军官和士兵都有责任让它更好。在此之前，从来没有这样一份契约摆在英国皇家海军的下级舰员之前，至于它的军官们也从来没有见到过这样一种如此有说服力的制度。

"胡德"号"十诫"的关键是奥康纳本人。他之所以与同僚们不同，是因为他平时更亲近舰员，其外在表现就是著名的开明政策。鉴于因弗戈登水兵哗变依旧历历在目，奥康纳公开阐明了自己的核心理念：军官有义务替下属传达问题和意见，并且有责任确保所有人都能公平申诉。奥康纳哲学的一个重要部分，是让军官"体谅下级舰员"。其具体包括减少上岸休假者等待交通小艇的时间，以及引入修改过的周末日程——它最终使舰员最终获得了《国王钦定规章》中规定的完整休息日。

虽然奥康纳的许多创新，不过是用人之常情取代了令人厌恶的海军传统，但这种方法有助于构建一种"人人各司其职"的状态，并对培养舰员的集体精神大有帮助。只要水兵们对在舰上服役感到自豪，就会给这种集体精神添砖加瓦，而这种集体不仅仅涵盖了每个舰员，还包括了他们在岸上的亲友。由于他将思考的维度延伸向了军舰在社会大环境下的职责，以及社会大环境对军舰的影响，完全可以说，罗里·奥康纳的思想比时代领先了数年。另一方面，这种自豪感也和军舰的外表密不可分，也正是因此，奥康纳对舰上的装饰、清洁和涂漆总是精益求精，甚至到了吹毛求疵的地步。虽然舰员们因此疲惫不堪，但在奥康纳的治理下，"胡德"号确实把自纳尔逊时代以来英国皇家海军培养的船舶装饰艺术推向了顶点。

奥康纳的做法不仅提升了士气和纪律，还让官兵们更积极地融入了舰上的集体生活。这首先体现在了体育赛事领域，随后几年，"胡德"号始终在本土舰队的赛事中遥遥领先。虽然这比不上 20 世纪 20 年代的辉煌——1926—1928 年，"胡德"号曾连续三年在舰队划艇锦标赛（Pulling Regatta）中保持着记录并获得"银雄鸡"奖（Silver Coquerelle）——但即使如此，从参与的众多赛事和赢得的各种奖项中，我们仍然能清楚地看到奥康纳给这艘军舰注入的激情。事实上，在重新服役之后的 15 个月内，"胡德"号几乎包揽了一切可能的奖项。它在 1935 年从"纳尔逊"号手中夺回了"银雄鸡"奖，还在 1933—1935 年和 1934—1936 年分别连续斩获了越野赛的"阿尔布斯诺"奖（Arbuthnot Trophy）和刺刀战竞赛的"帕尔默"奖（Palmer Trophy）。这些奖杯和十几个其他奖杯一道，都被奥康纳自豪地摆放在军舰的艉楼甲板上。

　　虽然舰队划艇锦标赛的胜利和 1935 年的英王银禧阅舰式都锦上添花地装点了"胡德"号在 1933—1936 年服役经历，但在最后一段时间，阴影依然降临了该舰：1935 年 1 月，"胡德"号在射击演习结束后与"声望"号相撞，在当年秋季，又突然爆发了阿比西尼亚危机（Abyssinian Crisis）。可以说，前者挫伤了战列巡洋舰分队的士气，后者则为"胡德"号在剩余和平岁月中的行动模式奠定了基调。无可否认，朴次茅斯干船坞中的翻新，斯卡帕湾划艇赛上的夺冠，英王银禧庆典上的检阅，都恢复了"胡德"号的荣光，但国际形势的变化，却第一次将战争的阴云带到了它的海平线上。到 1936 年年初，德国的局势、日本对中国东北的入侵以及阴云不散的阿比西尼亚危

1935 年 7 月 17 日，在乔治五世的银禧纪念庆祝活动中，"胡德"号进行了 15 英寸舰炮射击演习。本照片摄于该舰的小艇甲板上。注意左侧的 Mk-V 型 0.5 英寸砰砰炮——1931 年，该舰安装了两座这种武器，在 1937 年又加装了第三座。

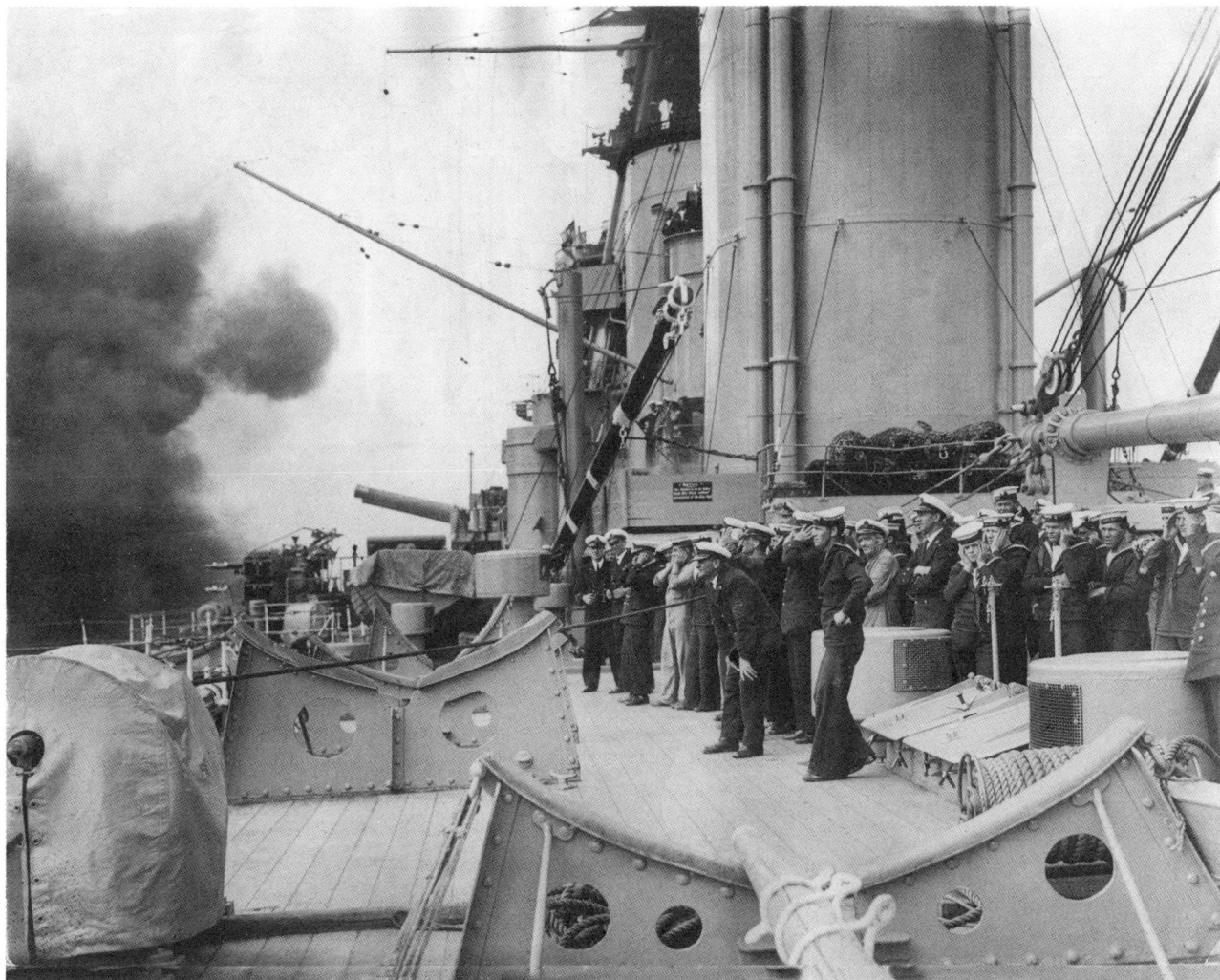

机正提醒着英国的政治和军事界：全球战争正越来越近，但奥康纳主抓的事项却仿佛告诉我们，对这一切，"胡德"号仿佛置身事外。诚如我们所知，副舰长的主要职责是确保军舰的战斗力。无论他给舰上的集体带来了怎样的快乐和成功，奥康纳都忘记了一点："胡德"号的本质终究是一艘战舰——这也成了他任职期间的一个败笔，当

1931 年年末或 1932 年年初，经历过因弗戈登水兵哗变之后不久的"胡德"号从朴次茅斯出航。和其他军舰不同，"胡德"号的这次行动被公众赋予了别样的解读。注意舰尾甲板上新搭载的费尔雷 IIIF 型水上飞机。由于海上使用不便，后来该机很快便被撤走。

然，舰长托马斯·托尔（Thomas Tower）海军上校也应当负起很大责任。尽管奥康纳的领导是成功的，但他却明显受到了传统和大环境的影响，并把自己和舰员们的精力倾注到了与其他军舰的竞赛上，也正是因此，他注定无法得到托尔的继任者——弗朗西斯·普里德哈姆（Francis Pridham）海军上校的原谅。不过，这段服役期的结束想

1938 年 4 月 23 日，"胡德"号安静地停靠在土伦。因在西班牙外海的漫长巡逻和人道救援工作，以及在地中海各地频繁充当"外交使者"，此时的它已不堪重负，迫切需要重建。

必让奥康纳倍感欣慰。1936 年 6 月，"胡德"号返回朴次茅斯，作为该舰的副舰长，他看着空前隆重的欢迎仪式，感到自己的努力得到了回报。至此，"胡德"号最辉煌的服役期画上了句号。

尽管与普里德哈姆海军上校存在分歧，但奥康纳在"胡德"号上的表现还是很快让他得到了上级的肯定，并在 1936 年 6 月 30 日被提拔为英国皇家海军中最年轻的上校。在稍事休息之后，他立刻公布了在"胡德"号上的经验，并将其推向整个海军。由此诞生了《大型战舰运转"十诫"》（Running a Big Ship on 'Ten Commandments'）——20 世纪上半叶最具影响力的海军文献之一。虽然随着战争临近，奥康纳身处的海军也将发生剧变，但《大型战舰运转"十诫"》中体现的精神——每个人都有权得到军官的体谅和关怀——将对英国海军的舰上关系产生深远影响。我们最后要指出的是，奥康纳部下们表现出的卓越能力，也是他们内心坚定信念的反映，并展现了英国海军在因弗戈登水兵哗变之后的进步。另外，对研究"胡德"号的人们，《大型战舰运转"十诫"》的另一重意义还在于，它是世界上最强大战舰在和平年代的宝贵记录。但令人痛苦的是，命运对它的作者极为不公。1941 年 12 月，罗里·奥康纳海军上校在的黎波里（Tripoli）附近的一片水雷区随巡洋舰"尼普顿"号（Neptune）沉没——这场灾难中，该舰的 767 名舰员只有一人幸存。

战云四起，1936—1939 年

在 20 世纪 30 年代，随着时间流逝，英国皇家海军在四个方向面临战争威胁：在欧洲、非洲和大西洋，他们面临着与意大利和德国的战争；在远东，日本正在虎视眈眈。海军部知道自身存在弱点，尤其是在巡洋舰和主力舰领域，但此时的他们别无选择，只能遵从英国政府采取的政策，对上述威胁予以遏制和绥靖。作为英国海上力量的终极象征，"胡德"号在上述战略中居于显著位置，并为此奉献出了和平时代的最后几年。如果 1933—1936 年的服役期充当着"胡德"号服役生涯的一大亮点，随之而来的下一阶段——1936—1939 年则显然包含了更多的不平静。1936 年，西班牙内战爆发，爱德华八世退位，乔治六世登基；1937 年，英国举行了乔治六世加冕阅舰式；1938 年爆发了慕尼黑危机——对"胡德"号来说，这些都充当着它长期执勤、训练和开展外事活动的大背景，与此同时，战争的阴云也在不断集聚。1939 年元旦，在瓦莱塔大港（Grand Harbour at Valletta），该舰的舰员们齐集在前甲板，拍下了传统的年度告别照片。九天后，"胡德"号最后一次离开马耳他。英国皇家海军陆战队的乐队奏响了《回家》（Rolling Home）的旋律，当它穿过圣埃尔默角（St Elmo Point）进入地中海时，地中海的热风吹动着归航长旒旗（Paying-off pendant）。但在场的人很少意识到，他们见证的是英国地中海舰队一个时代的终结。

由于资金限制、对主力舰未来价值的分歧，以及后来紧张的国际形势，世界上最负盛名的战舰最终未能接受耗时漫长的重建。这些提议久违地在 1936 年出现，但外交考虑、迫在眉睫的战争以及改造老舰和弱舰的紧迫需求，让种种设想注定无法实现。当"胡德"号于 1939 年 1 月从地中海返回时，它已经与拥有第一流战斗力的机会失之交臂，这种情况下，海军部只能在它奔赴战场之前，为其再进行一次小规模改装。但鉴于战争迫在眉睫，即使是原定为期一年的"调整"（此设想提出于 1936 年）也被迫缩短到六个月，至于真正意义上的重建则要等到 1942 年才能展开。按照最初的规划，"胡德"号将在弹药库上安装 4 英寸厚的附加装甲，但在此期间，其真正落实的改装只是新增了两座双联装 4 英寸炮，并在平台甲板上设置了配套的弹药库而已。它略微强化

了"胡德"号贫弱的防空火力，但也增加了军舰上层结构的重量——换言之，1939 年的改装对超载的船体带来了更大的压力，并让各种现有问题更为严重。此外，"胡德"号的锅炉和冷凝器也状态堪忧，而且留给它的时间已经不多，其中，冷凝器的状况尤其严重，导致该舰既不适合出航也不适合作战。舰上的轮机长彼得·贝尔东（Peter Berthon）海军少校想方设法试图改变这种状况，但海军部总是从中作梗，最终，贝尔东只好拒绝宣布轮机部门已"全面完成战备"，并因此在 1939 年 5 月被解职。总之，虽然各方付出了巨大努力，但当 1939 年 8 月 13 日离开斯卡帕湾时，"胡德"号依然处在相当破旧的状态。人们在朴次茅斯和南海城（Southsea）岸边列队目送它远去，但当时，这些人没有一个会想到，"强大的胡德"在离开后便再也没有回来。

另外值得一提的是，在 1939 年 1 月入坞时，鉴于国际形势，上级决定保留舰上的大部分关键人员（包括轮机舱的大部分人员），只有 500 人被转移到朴次茅斯的海军军营。该舰在 6 月重回现役，随着动员开始，越来越多的预备役人员和战时紧急

照片的拍摄时间大约是 1931 年。在四名位于机舱发动机控制台旁的引擎技术人员中，各两人分别负责右侧内舷驱动轴的正转和反转。左边的桌子上存放着机舱日志——按照规定，该日志应每小时记录更新一次。战争爆发后，维修动力系统一度让该舰的轮机部门不堪重负。

征召人员在舰上出现。当"胡德"号于 8 月出动，为战争做准备时，其舰员人数已上升至 1400 多人，较和平时期高出约 15%。随后，"胡德"号在挪威海进行了持续一周的巡航，阻止德军袭击舰进入大西洋。这次航程结束时，"胡德"号驶入因弗戈登补充燃料，接着又在 8 月 24 日前往斯卡帕湾。8 月 31 日（即英国皇家海军进入动员状态当天）黄昏，"胡德"号起锚从斯卡帕湾出发，并在 9 月 1 日 4 点进入战斗状态：此时，德国已经入侵波兰，英国发出最后通牒，要求希特勒撤军。9 月 3 日星期天，在冰岛和法罗群岛之间巡航的"胡德"号收到消息：德国人没有回复最后通牒。11 点 20 分，首相尼维尔·张伯伦对德宣战。

这是一个阳光明媚的上午，舰员们离开岗位，前往住舱甲板的扩音器下或者私人收音机旁聆听 BBC 的广播。消息放送时，氛围一片庄重，但舰员们被乐观的情绪笼罩，其中还有一丝对胜利的天真幻想——尽管"胡德"号将注定不可能等到这一天。

"北方的灰色女王"：1940 年 10 月 9 日，停泊在斯卡帕湾的"胡德"号。

战争

　　在开战后的最初几个月，"胡德"号在北方水域陷入了无休止的扫荡，试图截击在当地出没的敌军袭击舰和偷越封锁船，期间只有一两次中断——这一切将成为该舰在剩余生涯中最司空见惯的场面。整个过程循环往复，波澜不惊：把油舱加满之后，"胡德"将离开泊位，与担任屏障的驱逐舰会合，穿过霍伊岛（Hoy）和奥克尼岛（Orkney）之间的阻塞线，离开广阔的斯卡帕湾锚地。随后，分舰队将以 25 节的航速开始曲折前进，最后进入大西洋。从斯卡帕湾出发时，有时还有射击演习作为"助兴节目"，期间，军舰将用实弹朝 12000 码外的一个拖曳式靶标开火。但在这之后，迎接舰员们的将只有压力，他们将被迫紧盯着各个海峡的风吹草动，因为它们正是德国海军前去猎杀大西洋护航船队的必经之路。期间，"胡德"号要和许多迎着狂风暴雨、在生存和毁灭之间苦苦挣扎的舰船一道，带着疲惫、不快和忧郁，顶着惊涛骇浪、狂风呼啸，咬紧牙关曲折航行。期间，"胡德"号沿用了海军在和平时期采用的四小时轮班制，但如果有特殊情况，所有舰员都应随时奔赴岗位。在白天，该舰将例行转入巡航态势（Cruising Station），其中要求三分之一的舰员执勤。黄昏时分，舰上的每名舰员都要在战斗态势下值班一小时。舰上在夜间转入防御态势，期间有一半人员将进入战位，接下来，每个人还将在黎明时分的战斗值班态势下执勤一小时。

　　在战争中，英国皇家海军到处出动。这一点再加上舰队蒙受的损失，让战时的"胡德"号成了世界上最疲于奔命的主力舰只：1939 年 10 月，"皇家橡树"号（Royal Oak）被击沉；11 月，"罗德尼"号离队前去修理舵机；12 月 4 日，"纳尔逊"号在埃维湾（Loch Ewe）外海触雷——这一连串事件使"胡德"号成了海军上将查尔斯·福布斯（Charles Forbes，即英军本土舰队司令）旗下唯一的一艘重型舰只。至于"胡德"号自己也没能逃过一劫，在 9 月 22 日与本土舰队一起出海救援受损的潜艇"旗鱼"号（Spearfish）时，该舰鼓出部上方被一架德国 Ju-88 轰炸机投掷的炸弹击中。虽然军舰只受了表面伤，但爆炸的冲击波却对锅炉冷凝器造成了严重破坏，导致军舰险些动弹不得。身在柏林的"豪豪勋爵"（Lord Haw-Haw）[1]宣称，该舰已经瘫痪。虽然现实并非如此，但这次遭遇却显示了该舰防空火力贫弱和乘员训练不足的事实——而且这一问题在本土舰队的其他军舰身上也普遍存在。

　　由于营救"旗鱼"号遭受的损伤和在北方水域的长期巡航，到 1939 年 11 月时，"胡德"号上的冷凝器已接近瘫痪。有时，该舰的最高航速只能达到 25 节；在恶劣海况下不间断的航行，更是让其他问题日益显著。此外，舰上的轮机部门也不堪重负，在海上，其每班的例行执勤长达八小时，随后的休息只有四小时，还要持续不断地对动力系统进行维修。1939 年 11 月 11 日，"胡德"号在德文波特入坞维修，进行了一次迟来的锅炉清洁作业，所有舰员按照排班顺序轮流分批休假一周。但就在第二批人员于 11 月 20 日离舰后不久，当地便传来消息：辅助巡洋舰"拉瓦尔品第"

"最黯淡的时代"：1940 年秋天的"胡德"号，其前甲板上固定着消磁线圈。

[1] 译者注："豪豪勋爵"指的是在美国出生的英国人威廉·乔伊斯（William Joyce，1906—1946 年），在二战期间，他受雇于纳粹德国，向英国发布宣传新闻，从事心理战。由于 1924 年斗殴受伤留下的后遗症，乔伊斯的嘴唇无法合拢，使得播音时带有明显的出气声，因此，英国听众为他取了"豪豪勋爵"这个绰号。1946 年，他被押送回国，以叛国罪被处以绞刑。他从德国向英国广播了纳粹宣传。广播以"德国电话，德国电话"开头，并使用受影响的上流社会英语口音。

号（Rawalpindi）被德国战列舰"沙恩霍斯特"号（详见同名章节）和"格奈森瑙"号击沉——这让"胡德"号被迫召回休假的舰员匆匆启程。11月25日——在抵达德文波特两周之后，"胡德"号驶出普利茅斯海峡（Plymouth Sound），开进了波涛汹涌的大海。此时，该舰的检修还没有彻底完成，另外，舰上还搭载了150名从当地军营调来的水兵以填补人员不足。又过了四个月，该舰的冷凝器才完成了急需的全面检修。同时，该舰上还安装了五座4英寸高炮和五座UP型（即"Unrotated Projectile"——"非自旋弹头"的缩写）火箭发射装置。

1939年11月，从"敦刻尔克"号上拍摄到的"胡德"号，当时，两舰正在冰岛附近迎着狂风巨浪巡逻。作为友谊的象征，许多礼物（包括这张照片）在两国官兵之间传递。但仅仅8个月后，它们便在克比尔港大动干戈了。

落日余晖

在克比尔港事件发生一个月之后，"胡德"号继续在H舰队旗下服役，并跟随萨默维尔将军（Somerville）在西地中海继续与意大利人作战。7月8日，H舰队从直布罗陀起航，准备对撒丁岛上的卡利亚里（Cagliari）机场发起牵制性攻击，以便为在马耳他和亚历山大港之间航行的两支船队提供掩护。次日，该舰队遭到了意军S.M.79轰炸机的空袭。虽然该舰未被命中，但让人揪心的是，仍有几枚炸弹落在了近处。在"胡德"号于8月4日掉头北上之前还参加过另一次出击——对卡利亚里的第二次牵制攻击，让十多架"飓风"式战斗机可以从"百眼巨人"号（Argus）航空母舰上起飞前往马耳他岛，之后，H舰队的旗舰一职便由"声望"号接过。带着一丝不舍，"胡德"号的舰员们看着萨默维尔的将旗在斯卡帕湾降下，并被威廉·惠特沃思（William Whitworth）海军中将的旗帜取代。

1940年的秋天是"胡德"号生涯中最黯淡的时期。虽然入侵的威胁已经过去，但德国空军现在已将注意力转向了对英国城市的轰炸，并给有家属在受害城市的舰员带来了额外的压力。这是一个令人沮丧的时期。虽然英军突袭了塔兰托（Taranto，参见"利托里奥"号），还在北非击溃了意大利军队，但它们并没有给局面带来一丝好转。在恶劣天气中连绵不断的巡逻，让许多舰员疲惫不堪。幸存的信件显示，战争的重负开始影响到"胡德"号的舰员。至于12月传来的消息——圣诞节再次没有休假——更是让舰上的一部分司炉处在了哗变边缘。但即使局势艰难，友爱精神从未在"胡德"号上消退，和其他军舰一样，来自各个岗位、军衔各异的舰员们也以富有海军特色的方式齐集一堂欢庆佳节。圣诞节的早晨，舰上的少尉们在住舱招待了海军陆战队的士官，并和各位主官和其他士官一道在午餐前举杯畅饮。舰长格兰尼（Glennie）海军上校则前往通舱甲板巡视，背后跟着的是一名假扮成纠察长（Master-at-Arms，即舰上资历最深的士兵）的海军少年兵。新年前夕，海军准尉、纠察长和海军陆战队上士（Marine Colour Sergeant）们在军官起居室守岁，一道参加这项活动的还有上至惠特沃斯海军中将，下到所有少尉在内的每一位军官。在两次短暂的巡逻之后，"胡德"号来到罗塞斯接受最后一次改装，它的舰员也得到了六个月以来第一次轮班休假的机会。

1941 年 3 月 18 日再次出航时，"胡德"号已安装了雷达装置，它由桅顶瞭望台上的 284 型火控雷达和主桅杆上的 279M 型对空预警雷达组成。舰长也发生了变动，欧文·格兰尼上校的职务被拉尔夫·科尔（Ralph Kerr）上校接过，后者曾在指挥驱逐舰期间有着优异的表现。虽然在军舰改装之后，科尔仍然需要熟悉它，和它进行磨合，但这一计划很快还是被德国袭击舰突入大西洋的消息打乱。3 月 18 日下午，"胡德"号在福斯大桥（Forth Bridge）下驶过，匆匆前去搜索敌人，尽管上级期望在 3 月 20日截获目标，但德军舰队司令京特·吕特晏斯（Günther Lütjens）仍然率部穿过封锁线，并带领"沙恩霍斯特"号和"格奈森瑙"号在 3 月 22 日抵达布雷斯特。正是在这个时候，另一则消息在"胡德"号的通舱甲板中传开，德军的新战列舰——"俾斯麦"号已经服役。在此之前，大部分"胡德"号的舰员都骄傲地认为，德国军舰奈何不了自己，但排水量 41700 吨、安装八门 15 英寸主炮的"俾斯麦"号显然不同，一旦两舰交锋，它将给"胡德"号制造严重威胁——没有人怀疑过这一点。

到 5 月初，在格陵兰岛和扬马延岛（Jan Mayen）之间北极海上频繁出现的德国侦察机让海军部深信，"俾斯麦"号将如长期以来所料，在这片水域出现。此时，"胡德"号已于 4 月 28 日从冷清的鲸鱼峡湾（Hvalfjord，位于冰岛南部）锚地起航，为两支东行船队提供远距离掩护，保护其免遭水面舰艇攻击。有一段时间，人们相信德军打算突袭冰岛或扬马延岛，但在 5 月 18 日时，本土舰队司令托维（Tovey）和参谋人员得出结论，德军真正的意图是派遣海军舰艇突破封锁线。有鉴于此，他们在当天

"风华不减当年"：1941 年 5 月 5日，从鲸鱼峡湾向斯卡帕湾返航的"胡德"号，其所在位置为北纬 61度 50 分，西经 16 度 98 分。

向在丹麦海峡巡逻的重巡洋舰"萨福克"号（Suffolk）发出警报，要求其提防德军舰艇。这些担忧最终在 5 月 20 日得到了证实，有消息显示，德军舰队离开了波罗的海。该舰队由"俾斯麦"号和重巡洋舰"欧根亲王"号组成，于 18 日午夜在吕特晏斯将军的指挥下离开了哥滕哈芬 [Gotenhafen，即今天波兰的格丁尼亚（Gdynia）]。它们的意图是穿过丹麦海峡进入大西洋开展破交战，但从一开始，这场名为"莱茵演习"（Rheinübung）的行动便横生枝节。甚至在离开丹麦和瑞典之间的卡特加特海峡之前，德国舰队便被瑞典巡洋舰"哥特兰"号（Gotland）发现，后者迅速将此事报告给了地面的海军机关。到 5 月 20 日晚些时候，这份报告已抵达了位于伦敦的海军部，次日清晨，英军更是从破解的"恩尼格码"电报中了解到，"俾斯麦"号在卑尔根附近的格里姆斯塔峡湾（Grimstadfjorden）出现。随后，英军立刻向一架空军的"喷火"式战斗机发出指示，要求其在 25000 英尺高度侦察吕特晏斯的舰队。当天晚上，即"俾斯麦"号和"欧根亲王"号再度出海的同时，托维将军也命令战列巡洋舰分队从斯卡帕湾驶向鲸鱼峡湾。悬挂着兰斯洛特·霍兰（Lancelot Holland）海军中将的旗帜，当天 23 点 56 分，"胡德"号与新式战列舰"威尔士亲王"号（Prince of Wales）一道，在六艘驱逐舰的伴随下，穿过雨雾起锚离开了斯卡帕湾。22 日 1 点，它们已穿过霍萨阻塞线（Hoxa Boom），进入了大西洋水域。对"胡德"号来说，这场没有归途的追击战已经开始。

兰斯洛特·霍兰，这是 1936 年或 1937 年时他身为海军准将时的照片。他的将旗仅在"胡德"号上飘扬了 12 天。

丹麦海峡

从一开始，便有各种迹象显示，这次出动绝不会像之前那样无果而终：该舰队先是于 5 月 22 日晚奉命在鲸鱼峡湾加油，随后又与在丹麦海峡巡逻的重巡洋舰"诺福克"号（Norfolk）和"萨福克"号会师。与此同时，舰员们也忐忑地期待着，希望能在这次巡航——自去年夏天从直布罗陀归来后的第 15 次巡航——中与敌人遭遇。毕竟，自 1938 年之后，"胡德"号就再也没有面对过轴心国的军舰。然而，局势在 20 点 30 分左右突然峰回路转：战列巡洋舰分队奉命不再开赴鲸鱼峡湾，而是直接前往丹麦海峡。情况之所以如此，是因为在当天下午，英国皇家空军对格里姆斯塔峡湾进行了第二轮侦察飞行，结果显示锚地已空空如也。事实上，在托维将军和参谋们都不知情的情况下，"俾斯麦"号和"欧根亲王"号已经向北疾驰了 24 个小时。

也正是因此，在 23 日早晨，"胡德"号上出现了一种似曾相识的，暴风雨前的宁静。当天凌晨，一切平安无事；随着太阳升起，军舰转入了战斗值班态势，随之而来的是无休止的观察和警戒——每个瞭望员都冷冷地凝视着水与天的交界处。随着天气逐渐恶化，舰队在下午进行了距离和角度测算演练（range and inclination exercise）。至于没有值班的人员则在玩牌、读书和写信，但这些信件注定不会被送出。歌星薇拉·琳恩（Vera Lynn）的声音回荡在通舱甲板上，对于该舰的许多人来说，它将成为他们听过的最后一个女子的声音。当天晚上19点30分，所有人的遐想突然被彻底打破。10分钟前，在冰岛西北100海里处巡逻的"萨福克"号发现了"俾斯麦"号和"欧根亲王"号，这两艘军舰正从丹麦海峡向南行驶。几分钟后，威克-沃克（W.F.Wake-Walker）海军少将坐镇的"诺福克"号突然驶出了藏身的浓雾区，并立刻体会到了"俾斯麦"号的火力——在该舰重新驶入雾中之前，"俾斯麦"号一度对其形成了跨射。在300海里以外的南方，霍兰海军中将立刻命令战列巡洋舰中队全速前进，并进入了方位角为295度的拦截航线。20点之后，来自"萨福克"号（现在正在用雷达跟踪敌舰）的消息证实，"俾斯麦"号和僚舰正在以50节的相对速度朝着战列巡洋舰分队靠近。

但在改变航速之后不到一个小时，以27节航速前行的霍兰分舰队便遭到了一股强风吹袭，狂风和涌浪迫使"胡德"号和"威尔士亲王"号将前方炮塔转向左舷。午夜过后不久，霍兰命令"胡德"号升起一幅巨大的战旗，但就在它刚刚迎风展开时，120海里外发生的事件却在让它的战术优势逐渐消耗殆尽。0点30分时，作为威克-沃克将军属下唯一一艘拥有高效搜索雷达的军舰——"萨福克"号在暴风雪中与敌人失去了联系。面对这种情况，霍兰将军向舰队下达指示：如果在2点10分之前双方都没有恢复接触，届时，他将改变航线向南前进，直到重新发现敌军。但最终，霍兰决定不再等待，2点03分，他转舵进入方位角为200度的新航向，开始与之前报告的德舰航向平行前进。同时，所有舰员也进入了二级战备状态。

在此之前，霍兰的计划是从"俾斯麦"号左前方全速逼近，这种战术不仅能迅速缩短两支舰队的距离，而且可以极大减少"胡德"号承受的敌军火力。当"萨福克"号于2点47分报告恢复接触，且"胡德"号确定了与敌舰的相对位置时，"俾斯麦"正位于后者35海里外，并以28节的航速转舵向远离"胡德"号的方向驶去。这意味着，不仅霍兰丢掉了有利位置，而且失去了重获战机的机会。换言之，任何逼近"俾斯麦"号的尝试，都将让"胡德"号处于敌人的左舷正横方向，并处于敌军全部主炮的射界内。和特拉法尔加海战的情况一样，战列巡洋舰分队必须先承受敌军的全力打击，之后才能占据有利位置，以全部火力轰击敌人。

3点40分，霍兰命令提高引擎转速，将航速增至28节，同时，他还命令"胡德"号和"威尔士亲王"号转舵进入方位角240度的新航向，以便强行与敌人接战。4点30分，能见度上升，数十双眼睛扫视着西北方的地平线，在30海里外，"俾斯麦"号和"欧根亲王"号正在朝着遭遇地点驶来。在5点，即霍兰下达"准备随时交战"的命令后不久，"胡德"号的舰员们纷纷起床，全舰进入了一级战备状态。直面敌人的时刻也随之来临了。5点35分，"胡德"号和"威尔士亲王"号的瞭望手发现了德军舰队，此时双方相距大约38000码。几乎与此同时，德国军舰也发现了霍兰的分队，但他们有些疑惑。早在5点15分，"欧根亲王"号的水听器操作员便从东南方向探测到了高速涡轮机的声响，同时，在这一方向的地平线上，清晨的寒光也映照出了两股烟雾。5 点 37 分，霍兰命令向右舷转舵 40 度，这一机动让他的旗舰——以近 29 节航速前进的"胡德"号——处在了吕特晏斯舰队的正右后方，此时，德国人可以以全部火力齐射。而在"胡德"号右后方 20 度的地方是"威尔士亲王"号，双方间隔 800 码。

5 点 49 分，霍兰再次右转了 20 度，双方的距离再次缩短。一分钟后，他命令将火力集中到德军舰队的先头舰上。该舰并不是"俾斯麦"号，而是"欧根亲王"号——前一天，由于"俾斯麦"号的雷达在与"诺福克"号交战时发生故障，因此，"欧根亲王"号便奉吕特晏斯之命成了舰队前卫。"威尔士亲王"号很快发现了这个错误，并相应地改变了目标，但即使如此，"胡德"号依旧将前主炮对准了"欧根亲王"号。5 点 52 分，"胡德"号在大约 25000 码距离上朝"欧根亲王"号开火，几秒钟后，"威尔士亲王"号也开始向"俾斯麦"号射击。之前，霍兰曾下令禁止在接战期间使用雷达，但似乎可以确定的是，在"胡德"号开火时，新式的 284 型火控雷达已经开始运转。另一点可以肯定的是，该舰的炮弹都没能命中目标。由于接敌时的相对位置使然，"胡德"号根本无法全力射击，同时，29 节速度迎风行驶导致的涌浪还打湿了炮塔上的测距仪，剧烈的晃动则让桅顶观测所中的设备难以履行使命。因此，保证"胡德"号能准确开火的任务只能落在装甲射击指挥仪附带的 30 英尺测距仪上。另外，舰载雷达和落后的 Mk-V 型德雷尔火控台可能也提供了相关的信息。总之，鉴于当时的状况，再加上"胡德"号可能需要变更目标，以及接敌时距离变化极快，它要想命中敌舰几乎毫无可能。

但另一方面，"俾斯麦"号和"欧根亲王"号却没有这些问题，很快，丹麦海峡之战便成了德军精准炮术的另一次展示。在短暂的停顿之后，德军舰队开始向黎明海平线上的"胡德"号射击。炮弹纷纷破膛而出，其中"俾斯麦"号于 5 点 55 分打出了第一轮齐射，这些炮弹没能命中目标。它的第二轮齐射却形成了跨射，并将"胡德"号包裹在了高耸的水柱之间。但首开战果的却是"欧根亲王"号，其第二轮齐射打出的一枚炮弹命中了"胡德"号的小艇甲板，并引燃了数十个装载 4 英寸炮弹和 UP 火箭弹的存放柜，燃起的火势无法控制，并给舰员们带来了可怕的伤害。考虑到在克比尔港之战中遭受的弹片损伤，在作战开始时，位于暴露战位上的人员都奉命前去舰桥下方的大厅寻找掩护，但位于"威尔士亲王"号上的人们却看到，一些人正徒劳用甲板上的消防水管控制火势。此时，大风不仅让涌浪打湿了"胡德"号的测距仪，还加剧了舰上的火势，烈焰掠过 X 炮塔的顶盖，弹药像鞭炮一样爆炸，并迸发出一大片炽热的粉红色火焰。

但更糟糕的还在后面。按照记录，在爆炸发生后不久，另一枚炮弹在有大约 200 名舰员躲避的舰桥底部制造了一场浩劫，后来，只有一等水兵鲍勃·蒂尔伯恩（Bob Tilburn）活下来并叙述了当时的经历。在舰桥上，霍兰将军命令不必理会小艇甲板上的火势，打算任凭这里的弹药燃烧完毕。因为此时，他正有其他更需要关心的事情。"胡德"号正在遭受重创，在这种情况下，让整个舰队发扬火力已是刻不容缓。大约 5 点 55 分，霍兰下达了左转 20 度的命令，以便为 X 炮塔和 Y 炮塔打开射界，使其可以与其他两座炮塔一道，对敌舰形成"A"形交叉火力。"胡德"号完成了这一机动，在弹如雨下中，舰上的后炮塔匆匆转向敌人所在的新方位。在此之后的大约 6 点，霍兰命令再次向左转舵 20 度。此时距离其首轮开火仅仅过了七到八分钟。就在该舰开始转向时，"俾斯麦"号也从大约 16000 码外进行了第五轮齐射。随之而来的是对"胡德"号的致命一击：有一枚或多枚炮弹击中了该舰的烟囱后部，随后火柱和猛烈的爆炸吞没了整艘军舰，并最终让它陷入了诡异的沉默。期间，"胡德"号先是右倾，接着突然恢复了平衡，最终骤然向左倾覆。在意识到该舰已无力回天之后，罗经平台上的人员纷纷开始弃舰。只有霍兰中将和科尔舰长仍然留在那里，他们根本没有打算逃离。当二等信号兵泰德·布里格斯走下罗经平台时，"胡德"号已几乎要被海水吞没。下到一半位置的布里格斯也从扶梯上冲入大海。对在罗经平台上操作电话和传声筒的威廉·邓达斯（William Dundas）少尉来说，由于甲板发生了严重的倾斜，他根本无法抵达出口，只有当上层建筑没入水中时，他才设法从窗户逃了出去。在小艇甲板上，一等水兵鲍勃·蒂尔伯恩抬起头，看到舰首从水面高高抬起，并立刻跌落下去，直到与前甲板与罗经平台（即布里格斯和邓达斯逃离的地方）一起被海水吞噬。他现在必须争分夺秒。当"胡德"号开始倾覆时，海浪便已涌上甲板。蒂尔伯恩几乎没有时间脱掉战斗头盔和多层衣服，接着便和布里格斯与邓达斯一样被冲入了大海。

他们三个人的叙述都显示，从军舰遭遇致命一击到弃船，期间只隔了一分多钟的时间。其中，蒂尔伯恩显然是所在区域中唯一一名死里逃生的舰员，他的证词显示，从起火到沉没，"胡德"号小艇甲板上的人员在转瞬间几乎死亡殆尽。虽然幸存者的经历迥异，但在磨难中，他们都经历了一点：被碎裂的锅炉和舱壁中释放出的空气推出水面，随后拼命游泳躲开了倾倒的残骸，最终找到了一个"饼干"式折叠救生筏（Biscuit float）——它们在"胡德"号的最后一次改装时安装上舰。总之，在 5 月 24 日早上刚过 6 点时，"胡德"号仅存的舰员发现自己正在 15—20 英尺高的波峰浪谷中漂流，周围是稀稀落落的军舰残骸，铅灰色的天幕垂落在战斗依旧炽烈的海面上空。

在他们所在的波涛之下，英国皇家海军的骄傲正在和 1415 名舰员一道滑向大西洋海底。两小时后，这三名幸存者最终被驱逐舰"伊莱克特拉"号（Electra）救起。

但另一方面，大获全胜的"俾斯麦"号并非毫发无损。期间，英军的"威尔士亲王"号被命中七弹，炮塔也出现了严重故障，可用的主炮一度减少至三门，但即使如此，该舰依旧三次命中了"俾斯麦"号，其中一枚炮弹瘫痪了一座锅炉舱，而另一枚则让两座储油舱被海水污染。战斗就这样结束了，"威尔士亲王"号利用烟雾的掩护撤退，吕特晏斯则率舰驶向布雷斯特。"莱茵演习"实际上已经结束，但英国皇家海军正在酝酿着复仇。为阻止"俾斯麦"号返回港口，海军部在盛怒之下召集了每一艘能用的舰只。H 舰队无情地从直布罗陀出动，任凭大西洋上的船队失去保护。三天后，"俾斯麦"号沦为了战列舰"罗德尼"号和"英王乔治五世"号猛烈火力的牺牲品：经过两小时的恶战，"俾斯麦"号与舰上的约 2100 名舰员一起消失了。

影响

对于目睹"胡德"号沉没的亲历者们来说，几乎没有人怀疑是后部弹药库爆炸摧毁了它。但过去和现在都有这样一个问题：这一切是如何发生的？5 月 30 日，第一个调查委员会在海军中将杰弗里·布莱克（Geoffrey Blake，他曾在 1936—1937 年年间以"胡德"号为旗舰）爵士的主持下召开，并在三天后给出了报告。其中确定来自"俾斯麦"号的一枚或多枚炮弹落在了主桅附近，并波及了舰上的 4 英寸火炮弹药库——1939—1940 年年间，这些弹药库的规模已增大了一倍。这些爆炸反过来引爆了 15 英寸主炮弹药库，并导致了可怕的爆燃，冲击波破坏和烧毁了沿途的一切，并通过小艇甲板上引擎排烟管喷涌出来，随后，它还将后部炮塔掀翻，并把塔身抛入大海。虽然官方后来认可了这一结论，但这项调查没有听取任何技术方面的建议，也没有留下任何供人商榷的时间。另外，其依据也局限于对少数军官的访谈；在"胡德"号的幸存者中，出席作证的只有邓达斯海军少尉。总之，它简洁地驳斥了许多著名评论家认为的爆炸成因：上层甲板的鱼雷殉爆。后来，第二个调查委员会又在当年 8 月和 9 月召开，其主持人由"胡德"号和平时期的最后一位舰长——沃克（H.T.C.Walker）海军少将——担任。该委员会听取了包括蒂尔伯恩和布里格斯在内的 176 名目击者的证词，同时还征求了众多离舰军官和技术专家的意见。期间，邓达斯没有参加，但会议充分考虑了从"俾斯麦"号幸存者身上搜集的证据。在议程中，委员会竭尽全力，试图确定小艇甲板起火和鱼雷武器对沉没的影响。

5 月 23 日下午或晚上的丹麦海峡附近，这是从"威尔士亲王"号上拍摄的两张照片之一。这张鲜为人知的照片也是"胡德"号的最后一批影像。在两舰于次日清晨投入战斗前，它几乎保持着与照片中一致的相对位置。

最终的结论于 1941 年 9 月 12 日提交，与第一届委员会的结论大相径庭：即"胡德"号是被 15 英寸炮弹击中沉没，其中弹点在 4 英寸或 15 英寸弹药库，或是其临近区域，该炮弹导致弹药库殉爆，并破坏了后部舰体；其损失与鱼雷殉爆无关——与小艇甲板起火更无直接联系。尽管之后依旧有不同的声音，但对于这些结论，今天的大多数专家基本达成了一致意见，只是爆炸的具体位置也许永远无从确定。

上述解释最终在 2001 年 7 月得到了证实，此时，人们对位于 9000 英尺海底深处的"胡德"号残骸进行了拍摄。该舰的残片散落在三个宽广的区域，其中包括了一段 165 英尺和一段 125 英尺的船头和船尾，另外，在与之相距一定距离的地方，还有一段长约 350 英尺的、倒扣的船身。不翼而飞的船体是 Y 炮塔和轮机舱中段（含）之间的部分，大约长 225 英尺，已在大爆炸中支离破碎。船尾部分早在水面便与主体折断，至于受损严重的舰首则是这次搜寻中真正令人惊讶的部分——它向左倾倒，而且被锚链缠绕着。导致舰首折断的可能原因似乎是：在从水中高高扬起后，其结构遭到了削弱，而且舰体一离开水面，又受到了内爆的影响。至于另一些人则表示，这种情况可能是因为该区域发生了大爆炸。另一个发现，是在"胡德"号沉没时，内爆对船体造成了前所未有的破坏。其残骸散布在周围一英里的海底，让人很难联想到它完好时的样子。然而，有一件物品带来了些许宽慰——它就是"胡德"号的舰钟，它曾在 1940 年 12 月 31 日新年时敲响，并在 2015 年被收回。

5月27日星期二上午，丘吉尔在议会公布了击沉"俾斯麦"号的消息。但依旧没有什么能抵得上"胡德"号在5月24日的毁灭，而且当天还恰巧是英国的帝国纪念日（Empire Day）。从装备的角度，德国人的损失要大得多：他们损失的是屈指可数的主力舰之一，人员伤亡更是极端惨重，其中还有德国海军最著名的海上指挥官。但对英国人来说，"胡德"号沉没不仅仅让他们失去了一艘关键的作战舰只，还有一个重要的军事力量象征，论对士气的影响，只有新加坡在1942年2月的失守能与之相提并论。这两件事在英国民众的脑海中唤起了失败的幽魂，并以不同的方式对大英帝国的声望带来了深远影响。但这些影响属于未来。在那一刻，英国皇家海军失去了一把闪亮的宝剑——而且它再也没有得到重铸。

遗产

在一战结束后不久完工的"胡德"号不仅证明了经过损失惨重的战争，大英帝国的元气仍在，还是海军设计和造舰技术的巅峰，舰船中的佼佼者，以及速度、力量和造型美学的完美展示。这层层叠叠的盛誉，让它在两次世界大战之间充当了不列颠的、大英帝国的和英国皇家海军的形象大使，在每个海军有参与的场合，它都是光彩夺目的焦点，也是迄今为止"国防外交"中最伟大的代表。然而，它身上还蕴藏着另一个元素，只不过如今，这种元素已经失去了欣赏它的民众。事实上，"胡德"号还融汇着一种不列颠民族特有的艺术：其中涵盖了战舰/舰队的运转和操控，精湛的航海技术、纪律、对舰船的妥善维护以及因专业素养而催生的自豪感——这一切又建

1941年5月24日清晨，"俾斯麦"号在丹麦海峡朝"胡德"号集火射击。仅在五次齐射后，该舰便摧毁了皇家海军的骄傲和舰上的1400多名官兵。

1940 年秋天，从桅顶观测所看到的"胡德"号小艇甲板。在与"俾斯麦"号的交战中，最致命的炮弹便落在了主桅杆底部附近。整个甲板上分布着许多备弹箱，里面的弹药在"胡德"号"临终"前引燃了大火。另外，我们在照片中还可以看到一年的戎马生涯在其甲板上留下的点点污渍。

1941 年 4 月时，从前甲板上拍摄到的"胡德"号前主炮塔和舰桥。在桅顶射击指挥装置上还可看到一部 284 型火控雷达，该设备于一个月或更早前安装于罗塞斯。另外，在"B"炮塔顶的帆布罩下，我们还能看到一座毫不实用的 UP 型火箭发射器。至于布里格斯和邓达斯从上层建筑逃脱的地点——罗经平台——则位于装甲射击指挥装置的上方。至于蒂尔伯恩的避难地则位于左舷 1 号 UP 型火箭发射器（位于照片右侧）的旁边，后来，他设法从稍靠前方的前甲板上逃离了军舰。

立在无与伦比的胜利经历，独特的语言、习惯和与之紧紧相连的独特文化，还有细致入微的工作，以及几个世纪的传承上面。在英国皇家海军的舰船中，没有哪种舰船能像"胡德"号一样深刻地代表这种文化，也正是因此，它的损失不仅意味着英国失去了一艘舰船，更是象征着在 20 世纪中期，它的辉煌时代正在远去。

人走了就再也不会回来，昨日永远无法重现，但痛觉却不会轻易消散。在二战的最初三年，英国皇家海军共损失了 10 艘主力舰和数以十计的巡洋舰、驱逐舰、潜艇和护航舰。虽然这些灾难并未影响战争的结局，但它们却重创了英国的威望，让它陷入了一蹶不振的状态。而在这些打击中，没有一个比"胡德"号的损失更为沉痛——这场悲剧象征着英国皇家海军在二战中遭受的磨难，而且带走了它的几乎全部舰员。但其中还有另一重悲剧——在丹麦海峡的决斗中，"胡德"号的准备并不充分。当时，该舰不仅防护设计不尽人意，原材料也存在缺陷，更不用说还碰上了时乖运蹇。另外，这种情况还是经济衰退、财政紧缩、政治推诿和外交无能的产物；一系列战略和军事领域的失败，最终让该舰处在了"俾斯麦"号的炮口之下，否则，等待"胡德"号的将更有可能是悄然拆解或在重建后改头换面。

换言之，对"胡德"号沉没的研究，其本质也是在探索一艘多年以来都承载着伟大的军舰如何在几秒钟内就灰飞烟灭。但与这一悲剧相比，更值得我们关心的是其中的人本因素。因为"胡德"号与"俾斯麦"号、"亚利桑那"号以及"大和"号的沉没一样，它带走的不仅是一艘船，还有一个活生生的社区。从里约热内卢的辉煌时刻到北大西洋的幽深海底，它的舰员们为它注入了生命，让它变得富有个性、记忆，并与历史融为一体。军舰可以作为和平年代的外交工具——在"胡德"号上，这一理念得到了最淋漓尽致的展示。这不仅仅是由于它美观的造型、飞快的速度和强大的武器，更是因为它反映了英国人民的种种品质。无可否认，"胡德"号是一部战争机器，但与最伟大的武器一样，它不仅是为杀戮而生，也是为了保护。在"胡德"号的许多遗产中，它可能将成为流传最永久的一种。

附录 1：因弗戈登水兵哗变，1931 年

1931 年春天，"胡德"号完成了长达两年的改装，并重新成为大西洋舰队战列巡洋舰分队（其司令威尔弗雷德·汤姆金森少将正是该舰的第一任舰长）光荣的旗舰。5 月，该舰又恢复了满员状态，并在一个月后按照夏季的例行部署，从朴次茅斯起航开往波特兰。但与两年前离开现役，进入朴次茅斯船坞时相比，此时的情况已经发生了重大变化。事实上，它现在成了一艘"火山口上"的军舰。此时，前四个服役期中、从英国西南部征募的舰员已经离开了军舰，取代这些爽快人的是从朴次茅斯支队抽调来的舰员——这些人相对倔强得多。但最重要的是，它回到的世界已不像 1929 年夏天那样稳定。1931 年 10 月华尔街股市的崩溃引发了全球经济萧条。到 1931 年秋天，英国已经有 250 多万人失业，还将拉姆齐·麦克唐纳（Ramsay MacDonald）领导的"国民政府"推上了政坛。随着经济危机不断发展，6 月 31 日，全国支出委员会（Committee on National Expenditure）提议对包括军人在内的公务员大幅削减工资。1931 年 9 月，海军部驯服地接受了政府的提议，决定将全军的工资降低到 1925 年的水平，这成了因弗戈登水兵哗变的导火索。期间，海军部不仅没有兑现将薪酬提早发放的承诺，而且在其制定的减薪方案中，减薪的力度与军衔和资历又是完全相反的。许多上等水兵的基本工资将从每天四先令减少到三先令（减薪幅度 25%），但海军元帅的减薪幅度却只有 17%。虽然许多人都拥有其他津贴，减薪所带来的影响并不算很大，但由于实施极不公平，事情很快私下传播开来，再加上鉴于此举可能对舰员养家糊口产生影响，很快，兵变的种子便开始悄然扩散。

虽然哗变是整个舰队自发进行的，但很明显，它必然有一个策源地——这就是德文波特支队（Devonport Division）的军舰。而且值得一提的是，叛乱得到了"老手"（staid hands）——上等水兵、二等水兵、司炉和海军陆战队员——的推动，这些人员采用的是 1919 年的薪资表，受减薪的影响最为严重。然而，让十多艘军舰一齐发难并非易事，整个事件从一开始就不存在核心组织，至于各舰的参与程度也主要是由士气、政治信仰和哗变之初舰员们的情绪决定的。而"胡德"号就是受此影响参与哗变的舰只之一，在 9 月 11 日星期五该舰抵达因弗戈登之前，舰员们便在几

次非法集会中讨论了减薪的问题。但另一方面，威尔弗雷德·汤姆金森少将和参谋们却被蒙在鼓里，对通舱甲板的骚动几乎一无所知。在这种情况下，"胡德"号和以往一样安静地进入了港口，其中大部分人都在 6 月 12 日下午前往因弗戈登高地运动会（Invergordon Highland Games）观看比赛，舰上的陆战队军乐队吸引了不少注意。根据周六晚上在岸上召开的会议和随后两个晚上的讨论，哗变人员决定在 9 月 15 日即星期二上午阻止军舰如期出海演习。

后来的历史告诉我们：在海军部开始正视减薪导致的问题之前，舰队确实没有奉命出航。但这一点是如何实现的？答案是各个军舰上临时组建的舰员委员会。但对于"胡德"号，其委员会的规模、构成、诞生经过、对舰上事态的影响，以及与其他舰只的联络都笼罩在迷雾之中。事实上，对于"胡德"号的哗变水兵内部结构和组织者，今天已没有任何记录存世。同样，对于这影响深远的六天里，该舰甲板、住舱、通道，以及公共和私人空间中的氛围，我们也只能用模糊的词语加以描述。无论是当时还是后来，舰员们都在隐秘行事，以保护哗变组织者 [即所谓的"话事人"（Speaker）]，还有那些以自己的军事生涯为代价，给予帮助和支持的人。但对委员会还有军舰本身，摊牌的时刻即将来到。

在 9 月 14 日至 15 日的夜晚，位于下层甲板的水兵菲尔特汉姆（R.A.Feltham）和之前一样，突然被小队长唤醒，他得知，收好吊床之后，他们便不必再听从任何命令。但在约定的时刻——早上 6 点，舰员们却一齐将目光转向了"刚勇"号（Valiant）和"罗德尼"号，因为它们的行动将决定整个哗变。也正是因为这最初的沉默，舰上的军官们甚至开始相信，"胡德"号决不会被弥漫的氛围影响到。但很快，他们就会意识到这一判断是个错误。在下到锅炉舱期间，一名叫沃尔特·哈格里夫斯（Walter Hargreaves）的司炉发现，另一位体格壮硕的同僚挡住了去路。这个人告诉他："回去"，如果不照办就将后果自负。到 7 点时，情况已经显而易见，"刚勇"号和"罗德尼"号都没有任何准备出海的迹象。停泊在锚地中的八艘主力舰上，欢呼的人群也越来越多。此时，司炉查尔斯·维尔德（Charles Wild）关闭了掌管的液压抽油机（hydraulic pumping engine），并放下工具前往舰首。7 点 45 分左右，副舰长麦克克鲁姆（C.R.McCrum）海军中校也来到舰首，并爬上一座绞盘，恳求聚集在船锚固定扣附近的水兵返回工作岗位。但他的要求被礼貌地拒绝了，随后，一名水兵来到了他的位置，以此阻止军舰起锚。而在他下方的四层甲板处，一位司炉长带领一队舰员阻止了轮机值班员前往起锚机的企图。8 点整，军舰的后甲板依照正常流程举行了升旗仪式，但就在海军旗飘扬之后不久，锚地中便响起了此起彼伏的欢呼声。8 点 30 分，只有 30% 的"胡德"号舰员抵达了岗位，很快，"罗德尼"号便用嘲笑驱散了他们。因弗戈登水兵哗变就这样爆发了。

第二天，因弗戈登和伦敦之间的一连串电报，终于让海军部意识到了一个事实：不做退让可能导致严重后果。然而，当海军部于星期三（16 日）做出让步，并同意重新考虑薪资问题时，海军和国家都已蒙受了巨大的损失。这一插曲不仅表明海军部和军官团与下级士兵完全脱节，而且未能察觉一战带来的深远社会变革。与此同时，哗变的消息还导致英镑遭遇挤兑，并迫使英国在几天后放弃了金本位制度。

尽管后来有很多历史学家更愿意把这次"安静的哗变"视为一场罢工，而不是叛乱，但有一点不可否认：在一战的打击和 20 世纪 20 年代的磨难之后，这次事件几乎摧毁了整个英国海军。幸运的是，一个新的海军部委员会很快组建起来，并顺利完成了恢复英国皇家海军尊严的使命。而在"胡德"号上，一个新的领导班子也将要成形——短短几年之后，它便会重回荣耀的巅峰。

附录 2：罗里·奥康纳海军中校的"十诫"，1933 年 8 月制订

谨以此文件，充当本舰的现行命令。

勤务。勤务条例（Customs of the Service）应当时刻遵守。

军舰。让军舰保持良好外观，是"胡德"号上每个人应尽的责任，绝不可袖手旁观。

个人。无论在舰上还是岸上，每个士兵都应责无旁贷地用个人担当、着装和日常举止为"胡德"号增光添彩。

对军官的礼貌。如果有军官上下舷梯，每个士兵都应礼让，并主动站到舷梯一侧。在士兵稍息、用餐等场合，如果军官挟着军帽从旁经过，士兵将无须立正，只有让出舷梯时除外。

执行命令。所有命令，包括用军号和哨声传递的命令，都应立刻遵守。

准时到岗。在任何情况下，每个人都有准时到岗的义务。

离岗许可。一个人在离岗之前，必须获得批准。

工作完成汇报。任何完成了相关委派工作的人，都必须向直接上级汇报。奉命执行工作的团队则应在汇报时集合。

打牌和赌博。舰员可以在通舱长桌和上层甲板打牌，但本舰严禁任何形式的赌博。赌博包括所有以金钱为标的进行的博弈游戏。

申请。任何希望拜会副舰长的人都应向分队主管军官申请，情况紧急时，也可以向纠察长和当值军官发出请求。

"帝国使者"：1924 年 6 月 21 日，驶向不列颠哥伦比亚省维多利亚市（Victoria）的"胡德"号。

附录 3: 克比尔港之战，1940 年

1940 年 5 月 10 日清晨，德国军队在西线发起了进攻。不到两周，由于军队节节败退，战略被彻底打乱，英国战时内阁开始了从欧洲大陆撤军的工作。6 月 10 日，随着意大利加入战争，法国的战败已成定局。此时，英国海军部也开始采取措施，向西地中海派遣了大批舰船，以填补法国崩溃后留下的力量真空。但在 6 月 25 日，法德停战协定的内容传到伦敦时，这支增援舰队也接到了更紧迫的任务。根据停战条款，基本上完好无损的法国舰队将在德国或意大利的控制下"复员和解除武装"。但这一条款显然没有让英国政府满意，他们开始采取措施，阻止法国海军分散在各地的舰艇和舰队落入轴心国手中。负责西地中海执行这项使命的军官，是海军中将詹姆斯·萨默维尔爵士，他于 6 月 27 日成为 H 舰队指挥官——该舰队后来转变成为一个独立的指挥机构，以直布罗陀为基地，并直接对伦敦的海军部负责。6 月 18 日，"胡德"号从格里诺克（Greenock）南下，前去担任该舰队的旗舰，五天后，该舰与航母"皇家方舟"号（Ark Royal）一起抵达了直布罗陀。

他们接到的第一项任务，正是对克比尔港 [位于阿尔及利亚的奥兰市（Oran）附近]的法国大西洋舰队实施缴械。经过两天斟酌，7 月 2 日，H 舰队从直布罗陀启程，并得到了从北大西洋司令部（North Atlantic Command）抽调来的舰艇加强。毫无疑问的是，萨默维尔接到的工作并不光彩，在历史上，没有哪个英国指挥官曾处于像他一样的境地。为此，他需要像给战时内阁汇报的那样，勒令法国舰队司令——马塞尔·让苏尔（Marcel Gensoul）处置其属下的舰队。在这方面，让苏尔有以下几种选择:（a）出海继续与德军作战;（b）带领部分舰员驶往英国港口 ;（c）以同样的方式，前往法属西印度群岛的某个港口;（d）就地凿沉军舰。如果对方拒绝接受上述方案，等待让苏尔的将是第五个选项:在克比尔港就地缴械。不仅如此，英国人只给了法军六个小时的考虑时间，这一附加条件几乎剥夺了法军司令的回旋余地。如果这些提议遭到拒绝，萨默维尔将向让苏尔提交最后通牒，并让 H 舰队一举摧毁法军。

7 月 3 日上午 8 点之后不久，H 舰队出现在了克比尔港外海。之前，萨默维尔已经派遣驱逐舰"猎狐犬"号（Foxhound）运送使者——塞德里克·霍兰（Cedric Holland）海军上校出发，但直到 16 点 15 分，后者才成功与让苏尔会面。英方和让苏尔之间的谈判尴尬又漫长，西地中海的法国海军闻讯变成了惊弓之鸟，同时，伦敦方面也在不断加大压力——但这些都不属于本章的论述范畴，到 17 点 30 分，即原始通牒到期的大约三个小时后，萨默维尔发现自己别无选择，只能向法军舰队开火。几分钟后，在"胡德"号上担任信号员的海军少年兵泰德·布里格斯便在右舷的信号旗桁上打出了"立刻行动"的命令。18 点之前不久，他又弯下腰去，用旗桁升降索打出了"开火"的旗语。片刻之后，克比尔港陷入了英军 15 英寸炮弹的猛烈打击之下。战列舰"布列塔尼"号（Bretagne）在三分钟内爆炸，人员伤亡惨重。其姐妹舰"普罗旺斯"号（Provence）和战列巡洋舰"敦刻尔克"号（Dunkerque）在多次中弹后被迫搁浅，其中后者正是"胡德"号重点打击的目标。驱逐舰"莫加多尔"号（Mogador）被一枚炮弹炸断舰尾，舰身被油烟熏黑，化成了在水中燃烧的残骸。18 点 04 分，即行动开始后九分钟，面对层层烟雾笼罩的港口，萨默维尔命令停止射击。几分钟后，由于来自桑顿堡（Fort Santon）的岸炮火力越来越精确，

"胡德"号被迫还击，同时，利用烟雾的掩护，整个 H 舰队开始向着法军火炮的射程外驶去。

英军原本以为事情会就此结束，但在 18 点 18 分，"胡德"号接到报告，有一艘法军战列巡洋舰已经出海。最初，萨默维尔和他的参谋人员拒绝相信这一情况，但到 18 点 30 分，情况已经显而易见，没有在浩劫中步僚舰后尘的"斯特拉斯堡"号（Strasbourg）已经绕过了"皇家方舟"号舰载机布置的雷障，带领五艘驱逐舰向土伦前进。"胡德"号转身便追，带着严重过载的涡轮机以超过 28 节的速度前进，而"皇家方舟"号则准备赶在天黑前发起空袭。随着追击继续，"胡德"号再次遭到攻击，首先是由轻巡洋舰"里戈·德·热努伊"号（Rigauld de Genouilly）[1]发射的鱼雷，随后是从阿尔及利亚起飞的一批轰炸机。与此同时，"剑鱼"式飞机的攻击未能降低"斯特拉斯堡"号的航速。20 点 20 分，萨默维尔在沮丧中放弃了追击。20 点 55 分，英军发动第二轮空袭，虽然"剑鱼"式飞机报告称有两枚鱼雷命中敌舰，但"斯特拉斯堡"号的速度仍未降低，并在第二天毫发无损地到达了土伦。三天后，法国海军上将让-皮埃尔·埃斯特瓦（Jean-Pierre Estéva）在比塞大港宣布："'敦刻尔克'号损伤轻微，而且很快就会被修复。"于是 H 舰队重新来到克比尔港外，这一次，"皇家方舟"号派出的"剑鱼"式鱼雷机最终击毁了该舰。

英国皇家海军历史上最尴尬的事件就这样结束了。对于"胡德"号的舰员们来说，由此带来的悲伤更是在脑海中挥之不去，这不只是因为他们首开杀戒的对象竟是一位盟友，还因为"敦刻尔克"号曾是他们的亲密伙伴。在此前的惬意时光中，"敦刻尔克"号的军官们赠送了纪念品，这些物品一直摆在"胡德"号的军官起居室。但现在，英国人只好将原物奉还，为整个事件平添了一层沉重和荒谬感。

---

[1] 译者注：此处有误，"里戈·德·热努伊"号是一艘殖民地通报舰，也并未安装鱼雷发射装置，至于发动雷击的法国军舰真实身份仍有待考证。

参考资料

未公开资料

- 丘吉尔档案中心（Churchill Archives Centre），剑桥
- 海军上将威廉·戴维斯（William Davis）爵士回忆录（WDVS 01/002）
- 国家海事博物馆，格林威治
- 海军中将弗朗西斯·普里德哈姆（Francis Pridham）爵士回忆录（1970 年著）（MSS/76/004）

公开资料

- 厄恩利·布拉德福德（Ernle Bradford），《强大的"胡德"》（*The Mighty Hood*）[伦敦，霍德和斯托顿出版社（Hodder and Stoughton），1959 年出版]
- R.A. 伯特，《英国战列舰，1919—1939 年》（ 第 2 版，南约克郡的巴恩斯利，远航出版社，2013 年出版 ）
- 安东尼·卡鲁（Anthony Carew），《皇家海军下级水兵生活史，1900—1939 年：以因弗戈登水兵哗变为视角》（*The Lower Deck of the Royal Navy, 1900–39: The Invergordon Mutiny in Perspective*）[曼彻斯特，曼彻斯特大学出版社（Manchester University Press），1981 年出版]
- 阿兰·科尔斯（Alan Coles）和泰德·布里格斯，《旗舰"胡德"号：不列颠最强大的军舰的命运》（*Flagship Hood: The Fate of Britain's Mightiest Warship*）[伦敦，罗伯特·黑尔出版社（Robert Hale），1985 年出版]
- 诺曼·弗里德曼，《英国战列舰，1906—1946 年》（ 南约克郡的巴恩斯利，远航出版社，2015 年出版 ）
- 罗素·格伦费尔（Russell Grenfell），《"俾斯麦"号插曲》（*The Bismarck Episode*）[伦敦，费伯与费伯出版社（Faber and Faber），1949 年出版]
- W.B. 哈维（W.B.Harvey），《皇家海军下级水兵从军记》（*Downstairs in the Royal Navy*）[格拉斯哥，布朗父子与弗格森出版社（Brown, Son & Ferguson），1979 年出版]
- 伊恩·约翰斯顿，《克莱德班克的战列巡洋舰：约翰·布朗造船厂被遗忘的照片》（*Clydebank Battlecruisers: Forgotten Photographs from John Brown's Shipyard*）（ 南约克郡的巴恩斯利，远航出版社，2011 年出版 ）
- W.J. 尤伦斯（W.J.Jurens），《"胡德"号沉没的再审视》（*The Loss of H.M.S.Hood – A Reexamination*），摘自《战舰国际》第 24 辑（1987 年）第 2 期，第 122–161 页
- 卢多维奇·肯尼迪（Ludovic Kennedy），《追杀："俾斯麦"号的追击和沉没》（*Pursuit: The Chase and Sinking of the Bismarck*）[伦敦：科林斯出版社（Collins），1974 年出版]
- 路易斯·勒巴伊（Louis Le Bailly），《引擎周围的人：水线下的生活》（*The Man Around the Engine: Life Below the Waterline*）[汉普郡的埃姆斯沃思（Emsworth, Hants.）：肯尼斯·梅森出版社（Kenneth Mason），1990 年出版]
- 克里斯托弗·麦基（Christopher McKee），《冷静与忠诚的男人们：皇家海军中的水兵生活，1900—1945 年》（*Sober Men and True: Sailor Lives in the Royal Navy, 1900–1945*）（ 马萨诸塞州剑桥，哈佛大学出版社，2002 年出版 ）
- 《海陆军记录》（*The Naval and Military Record*），1920 年 3 月 31 日
- 莫里斯·诺斯科特（Maurice Northcott），《"胡德"号》（*HMS Hood*）["战舰"（Man O' War）系列丛书第 6 卷][伦敦，露营地图书出版公司（Bivouac Books），1975 年出版]
- 斯科特·奥康纳，《帝国巡航》（*The Empire Cruise*）[伦敦，里德尔、史密斯和达福斯（Riddle, Smith & Duffus）出版社，1925 年出版]
- 罗里·奥康纳，《大型战舰运转"十诫"（ 及相关现代行政理念和完整组织 ）》[汉普郡的朴次茅斯，吉维斯出版社（Gieves），1937 年出版]
- 约翰·罗伯茨，《战列巡洋舰"胡德"号》（*The Battlecruiser Hood*）["解剖舰船"（Anatomy of the Ship）丛书][伦敦，康威出版社，1982 年出版]

- 约翰·罗伯茨，《战列巡洋舰》(*Battlecruisers*)（伦敦，查塔姆出版社，1997 年出版）
- R.G. 罗伯逊(R.G.Robertson)，《"胡德"号》(*HMS Hood*)["军舰档案"(Warships in Profile)丛书][伯克郡的温莎((Windsor, Berks.)，档案出版社(Profile Publications)，1972 年出版]；亦作 "'胡德'号战列巡洋舰，1916—1941 年"(HMS Hood: Battle-Cruiser 1916–1941)，出自约翰·温盖特 John Wingate) 编辑的《战舰档案》(*Warships in Profile*) 第 2 卷(温莎，档案出版社，1973 年出版)，第 145—172 页
- 布鲁斯·泰勒，《"胡德"号战列巡洋舰图史，1916—1941 年》(*The Battlecruiser HMS Hood: An Illustrated Biography, 1916–1941*)（修订版，南约克郡巴恩斯利，远航出版社，2008 年出版）
- 布鲁斯·泰勒，《荣耀的终结："胡德"号在战争与和平年代，1916—1941 年》(*The End of Glory: War and Peace in HMS Hood, 1916–1941*)（南约克郡巴恩斯利，远航出版社，2012 年出版）
- 尤斯塔斯·特尼森 - 戴因科特，《一位造船师的故事》(*A Shipbuilder's Yarn*)（伦敦，哈钦森出版社，1948 年出版）
- 华伦·图特(Warren Tute)，《致命的一击》(*The Deadly Stroke*)[伦敦，柯林斯出版社(Collins)，1973 年]
- 里奥纳德·威廉姆斯(Leonard Charles Williams)，《漫长的旅程》(*Gone a Long Journey*)[汉普顿郡的贝德汉普顿(Bedhampton, Hants.)，希尔米德出版社(Hillmead Publications)，2002 年出版]
- "胡德"号舰员协会网站：http://www.hmshood.com（2018 年 2 月访问）

战列舰"长门"号（1919年）

作者：汉斯·伦格莱尔 拉尔斯·阿尔贝格

① 本章的编辑感谢阿里戈·维利科尼亚对相关内容的评论。

　　"长门"号战列舰的名字来自本州西部的一个"令制国"，当地毗连大海，曾诞生了日本最强大的武士家族。[①]仿佛是与之呼应一般，在日本海军建设史上，"长门"号也有着里程碑式的价值。

　　在诞生之后，日本海军不仅在组织结构上师承英国，在军舰设计上也是如此，该国的前八艘战列舰都是由英国造船厂建造的，而且自1904年以来，日本海军便一直把维克斯造船厂的设计、结构和武器技术当作本国主力舰的标杆。这一切最终催生了在巴罗因弗内斯工厂建造的"金刚"号战列巡洋舰（1910年订购）。尽管在该舰之后，日本海军的战列舰全部转为国产，但在舰体设计、舾装、设备等领域，该国一直遵循着英式标准，直到1914年建造的"伊势"级（Ise class）都是如此。从"长门"级开始，日本设计师在几个关键领域放弃了英国模式，并引入了一系列大胆的创新，这也是其真正形成主力舰建造风格的开始。从政治和外交的角度，这艘强大军舰的建成也标志着日本海上力量已真正崛起。

起源与设计

　　"长门"级战列舰的诞生，可以追溯到日俄战争（1904—1905年）之后诞生的"八八舰队"计划，它标志着日本将扩张战略的假想敌从沙俄转向美国。然而，由于预算原因，该计划却不断遭到拖延和修改，不仅如此，由于政治方面的考虑和同陆军的摩擦，该计划从未如愿实现。也正是因此，海军提交的"八四舰队"计划才是"长门"号和姐妹舰"陆奥"号（Mutsu）的直接起源。

　　1915年9月，日本海军大臣八代六郎（Yashiro Rokuro）大将参加了防务会议（Bomu Kaigi）。就在这个月，他获得了许可，可

1920年10月27日，在四国岛附近的宿毛湾（Sukumo Bay）开展海试的"长门"号。它的设计、建造和完工共同组成了日本海军的一项重大成就。

1913 年春，由船厂方面进行海试的战列巡洋舰"金刚"号。该舰是日本政府向位于巴罗因弗内斯的维克斯公司订购的，也是日本在国外建造的最后一艘主力舰。

以从 1917—1923 年的预算中获得 260000000 日元经费，用于建造八艘战列舰和两艘战列巡洋舰，这些军舰将被用于充当新战斗舰队的核心。同时，海军军令部（Naval General Staff）在 1916 年 1 月也说服了国会，并获得了在 5 月 11 日之后订购上述舰只的批准。日本海军随即分秒必争，早在 12 日便与吴海军工厂（Kure Navy Yard）签订了"长门"号的合同，随后又在 1917 年 7 月 31 日向横须贺海军工厂（Yokosuka Navy Yard）订购了"陆奥"号——它们都是"八四舰队"计划的组成部分。

在设计方面，自 1914 年 6 月完成"伊势"级战列舰的设计后，日本海军技术本部（Kaigun Gijutsu Honbu）便将注意力转向了更强大的舰船。这一点也是为了呼应国际趋势：在当时，许多国家都在致力于增大主炮的口径、加强军舰的防护，并将其航速提升到与战列巡洋舰相同的水准。在对 10 个国家（尤其是英国、美国、意大利、法国和俄罗斯）的军舰设计进行详细研究之后，日本方面做出决定，建造一种动力和火力都能压倒对手的军舰，同时，其防护水平也要有适当提升。在 1915 年中旬之前，海军技术本部相继拿出了 18 套方案，其中最后一个方案——A-110 获得通过，并被用于充当"长门"级的蓝本。该方案大体是由海军造船大监山本开藏（Yamamoto Kaizo）在另一位工程师——浅冈满俊（Asaoka Mitsutoshi）的指导下完成的，其标准排水量为 32800 吨，主炮包括八门 16.14 英寸火炮，它们布置在四座双联装炮塔中，分别位于舰首和舰尾。与安装六座炮塔的"扶桑"级（Fuso class）和"伊势"级不同，A-110 方案的上层甲板并不拥挤，有足够的空间安装其他武器设备，其中包括了一批安装在炮廓中的 5.5 英寸副炮，它们呈两层布置，分别安装在上甲板和小艇甲板上。另外，该舰还在上甲板设置了鱼雷发射管。蒸汽轮机的最大功率为 60000 轴马力，能令全舰达到 24.5 节的最高航速。当 1915 年 9 月，海军大臣八代六郎参加防务会议时，其提交的方案正是以上述设计为基础的。1916 年 5 月，海军又以 26920000 日元的价格正式下达了订单。

但随后爆发了日德兰海战。在这场于 1916 年 5 月 31 日至 6 月 1 日间展开的惨烈搏杀中，英国共损失了三艘战列巡洋舰，而且无一例外都状况凄惨。然而，因此改变战舰设计思路的，远不只英国皇家海军一支部队。7 月，日本海军收到了日德兰海战的技术报告，该报告是在驻英国观战武官的帮助下写成的。与此同时，在稍早之前的 5 月 15 日，造船中监平贺让（Hiraga Yuzuru，他后来晋身为造船中将）被任命为海军技术本部的造船监督官（Superintendent of Shipbuilding），他的第一个任务就是修改 A-110 方案，以便吸收日德兰海战的经验教训，尤其是改善装甲防护和航速。关于日德兰海战对"长门"级设计的影响，也可以从 1924 年，平贺让为裕仁皇太子（他后来即位成为天皇）所做的演讲中清楚体现出来，在演讲中，平贺让自称为"计划主任"，并提到，应当为该舰安装减速蒸汽轮机，此举将使军舰的航速提高 2 节，达到 26.5 节。由于锅炉和主机技术的进步，尤其是日本海军与匹兹堡威斯汀豪斯公司（Westinghouse Co.）的合作，其发动机功率较原先提高了 33%，达到了 80000 轴马力。随后，平贺让将目光投向了装甲防护领域，并根据经验教训削减了水线装甲带的厚度，并将保护副炮的上部装甲带全部拆除，用省下的重量加强弹药库和轮机舱的水平防护。英军在日德兰的教训也体现在了炮塔基座上，日方对结构进行了广泛修改，防止火焰涌入弹药库并导致殉爆。

"长门"号的最后定案经历了哪些阶段？现有资料尚不清楚。[1]唯一可以确定的是，虽然在日德兰海战前，A-110 方案是由山本开藏造船大监主持的，其建造命令也在 1916 年 5 月 12 日（即平贺让担任海军技术本部造船监督官的三天前）下达，但根据日德兰海战的经验，日方又在 1916 年 8 月完成了一个新设计——A-112，其水平防护更强，速度也更快，并在 1916 年 8 月的技术会议（Gijutsu Kaigi）上通过。至于最终设计和 A-112 之间的关系尚不明确，但可以确定，前者是

[1] 参见：阿部安雄，《世界的舰船》杂志第 681 期（东京，海人社，2007 年出版），第 169 页；联合创作，《太平洋战史系列第 15 辑：长门型战舰》（东京，学研社，1997 年出版），第 101—102 页；石桥孝夫，《日本帝国海军全舰船：战舰·巡洋战舰》（东京，并木书房，2007 年出版），第 319—320 页；内藤初穗，《平贺让遗稿集》（东京，出版协同社，1985 年出版），第 76—77 页和第 581 页；奥本刚，《图解·八八舰队主力舰》（东京，光人社，2011 年出版），第 153 页；大塚好古，《八八舰队计划》（东京，学研社，2011 年出版），第 68—72 页。关于 A-110、A-112 和 A-114 方案的区别，请读者阅读上述作者的著作，或直接与其进行联系。

在 1915—1916 年之间，负责"长门"号相关设计的两位日本海军工程师：其中左图为山本开藏，右图为平贺让——这里展示的是后者在几年后身着海军技术中将制服的照片。

① 牧野茂和福井静夫等，《海军造船技术概要》7卷本（1948—1954年出版），第2卷，第204页。

由平贺让完成的，代号 A-114，并由海军省在 10 月 28 日批准。无论具体调整的情况如何，这个最终被海军大臣签字批准的方案长 708 英尺，宽 95 英尺，吃水深度 29.5 英尺，标准排水量为 33870 吨——超过了之前日本建造的任何一艘军舰的规模。

防护

"长门"级采用了"集中防御"的思想，其垂直装甲和水平装甲只重点覆盖了弹药库至机舱之间的区域，并取消了安装在副炮炮廓上的装甲。该舰的水线装甲带由 12 英寸的维克斯渗碳装甲组成，并新增了水下防护系统。它包括一道垂直防雷隔壁，其中有三层 1 英寸高强度钢板，并从主装甲带的底部向下弯曲至双层底附近。根据对全尺寸模型进行的测试，该设计可以抵御 441 磅炸药（预期下一代鱼雷的装药量）。①在 1934—1936 年的现代化改装期间，其水下防御得到了进一步强化，还安装了防雷鼓出部以增加浮力（此举也增大了全舰的重量）。构成垂直防护体系的还有一条 9 英寸的渗碳装甲带，它位于水线装甲带上方，一直延伸至中甲板处。同时，舰上还安装了横向防水隔壁，其厚度为 13 英寸。

中甲板和下甲板均敷设了向下倾斜的装甲，其中，中甲板为主水平甲板，并在外侧向下倾斜。其倾斜角和防雷隔壁的内倾角颇为接近，并一直延伸至下部装甲带 [其厚度逐渐从 12 英寸减少至 3 英寸] 的底部。指挥塔和炮塔分别由厚达 13 英寸和

1920 年 11 月，竣工后不久的"长门"号。

12 英寸的维克斯渗碳钢保护，1934—1936 年的改装中，炮塔装甲更是增加到了 18 英寸。

武器与火控

从 1913 年之后，日本海军便在考虑用 16 英寸火炮充当"扶桑"级和"伊势"级后续舰的武器。此时，英军在"伊丽莎白女王"级（Queen Elizabeth class）快速战列舰上安装 15 英寸主炮已是既成事实，至于美国海军在主力舰上安装 16 英寸主炮也不过是时间问题。但由于没有更大口径主炮的详细信息，对日本海军来说，要想从"金刚"级的 14 英寸主炮一步跳跃至 16 英寸主炮，其中的技术挑战也不言自明。有鉴于此，日方决定对英军的 15 英寸主炮进行研究，同时也颇有远见地开始分析 16 英寸火炮，并通过对比为新主炮的开发提供参考。其弹道要求是最大膛压应达到 417.17 磅 / 平方英寸，在 8750 码距离上，其弹头残留速度至少达到每秒 1900 英尺，且身管长度和弹头重量应相对折中。

经过反复考虑，日方决定选用 45 倍径的 16.14 英寸火炮，并为其配备重 2249 磅的标准弹，在 30 度仰角时，该火炮可以达到 33000 码的最大射程。在 1934—1936 年进行现代化改造之后，其仰角提升至 43 度，最大射程也增至 41885 码。在以每秒 2559 英尺的速度出膛后，其弹头可以在 59 秒内命中 32800 码外的目标。

　　早在 1914 年，吴海军工厂炮熕部（Weapons Division）便启动了初步的研究，至于后续工程则一直持续到 1921 年。在制造必需的炮管时，工程人员遇到了很大困难，而且许多锻造件都是不合格品。尽管有上述波折，"长门"号和"陆奥"号依然作为战列舰中的"第一梯队"安装了 16 英寸主炮——在军舰首尾，它们均以"2×2"的方式排列。

　　舰上的炮塔由吴海军工厂和横须贺海军工厂建造，基本上是"金刚"级维克斯主炮塔的放大版。其中，日本设计师引入的主要改进有：

1. 将仰角提高到 30 度（"金刚"级为 25 度）。

2. 最大装弹仰角增加到 20 度（在 1934—1936 年的现代化改装之后增加至 25 度）。

3. 通过在炮室和换装室之间加装纵向隔壁，降低了殉爆的概率。

4. 采用了更安全的装弹吊笼（Loading cage）。

　　炮塔总重量为 1124 吨，塔身和扬弹机均以液压驱动，并采用了英式的两阶段装弹系统，每分钟可供应 1.5 发炮弹。后来，工程人员对推弹机进行了改进，使其速度提升到了一分钟两发。

　　副炮包括 20 门 5.5 英寸 50 倍径火炮，它们布置在上甲板和小艇甲板的单管炮座中。防空武器包括四门 3.15 英寸 40 倍口径火炮。1934—1936 年，这些 3.15 英寸炮被八门 5 英寸和四门 1.57 英寸维克斯高射炮取代，后两者均安装在双联装炮架上。1939 年，日军又拆除了 1.6 英寸炮，并用 20 门 1 英寸 60 倍径九六式双联装高炮取代。在太平洋战争期间，这些对空武器的数量显著增加：到 1945 年夏天时，"长门"号

1921 年，从右后方看到的"长门"号。

共安装了12门5.5英寸高炮，1英寸炮则达到至少52座，总管数超过96门。此外，"长门"号在竣工时还配备了机关枪和礼炮，以及八具21英寸阿姆斯特朗型鱼雷发射管，其中四具在水下，四具在上甲板，但在军舰高速航行时，前者很难操作，后者则存在安全隐患。因此，在1934—1936年，该舰又拆除了所有鱼雷发射装置。

"长门"号的武器配置：1920—1945

类型	1920年竣工时	完成1934—1936年的现代化改装后	1945年
主炮	8门16.14英寸炮（4×2）	8门16.14英寸炮（4×2）	8门16.14英寸炮（4×2）
副炮	20门5.5英寸炮（20×1）	18门5.5英寸炮（20×1）	12门5.5英寸炮（20×1）
高射炮	4门3.15英寸炮（4×1）	8门5英寸炮（4×2）	4门5英寸炮（2×2）
小口径炮	8门3.15英寸炮（8×1）	8门3.15英寸炮（8×1）	52门1英寸炮
机枪	3挺0.256英寸机枪（3×1）	3挺0.303英寸机枪（3×1）	—
高射机关炮	—	4门1.57英寸炮（2×2）	96门1英寸炮
鱼雷发射管	8具21英寸鱼雷发射管	—	—

起初，舰上的火控设备只有维克斯公司设计的一三式方位盘（Type-13 director），其中一部安置在前桅杆的主炮射击指挥所内，另一部安置在后部上层建筑的预备射击指挥所中，舰上没有炮术计算机，只有一部十式距离时计（Type-10 range clock）。在1925年左右，改进的一四式方位盘取代了上述系统，这种新装备可以控制主炮和副炮。而在防空武器方面，直到1932年，该舰才安装了第一种火控设备——三一式高射装置（Type-31 firecontrol director）。在前桅杆顶部，该舰还安装了一部七年式测距仪，其基线长32英尺10英寸，另外，在每个炮塔上还各有一部巴尔-斯特劳德式测距仪，基线长19英尺8英寸。1934—1936年进行现代化改造时，其二号和三号炮塔顶部的测距仪被三年式二重测距仪（基线长32英尺）取代，前桅杆顶部则换装了一座九四式方位盘装置，同时，其中央演算室内则配备了一部九二式射击盘（Ype-92 fire-control computer）。至于0.98英寸高射炮由同样于1937年研制成功的九五式机炮射击装置（Type-95 director）控制。1943年5月，"长门"号安装了21号电探（即对空搜索雷达），在1944年6月下旬的马里亚纳海战（Battle of the Philippine Sea）之后又安装了一部13号电探（对空搜索雷达）和一部22号电探（对海搜索雷达）。但即使如此，在整个太平洋战争期间，缺乏有效的火控手段始终是困扰该舰的一个重大问题。

动力系统

该舰蒸汽轮机和大部分辅机所用的蒸汽，是由15部吕号舰本式（Rogo Kampon-type）燃油锅炉和六部煤油混烧锅炉提供的。按照设计，这21台水管式锅炉可以产生高达80000轴马力的输出功率，几乎是以前日本主力舰的两倍。[①] 由于锅炉技术的进步，"长门"号在1934—1936年年间用四台大型和六台小型锅炉取代了原先的设备，由此腾出了将近2150平方英尺的空间，同时将输出功率从81300轴马力提升到了82300轴马力。[②]

其主机由四组技本式（Gihon）减速冲动式蒸汽轮机组成，每组蒸汽轮机均包括一部高压涡轮机和一台低压涡轮机。该设计采用了威斯汀豪斯公司的三排气系统（Triple-Flow System），并首次在使用所谓双排气系统（Double-Flow System）的同时

① 参见：日本舶用机关史编集委员会，《帝国海军机关史》3卷本（东京，原书房，1975年出版），第2卷，第520—528页；日本造船学会，《昭和造船史》2卷本（东京，原书房，1977年出版），第1卷，第664—672页；牧野茂和福井静夫等，《海军造船技术概要》第7卷，第1671—1672页和第1758页。

② 福田启二，《军舰基本计划资料》（东京，今日话题社，1989年出版），第147页。

未安装涡轮机巡航级组（Cruising Turbine Stages）。其中，蒸汽将首先经过高压涡轮机上的第一冲动级（First Impulse Stage），然后分成三路，其中一路流向设置在高压涡轮机机壳中的转子叶片，另外两路则会先进入设备中央的低压涡轮机机壳内，并被向前和向后引导，推动两组反转的叶片。这种三元系统可保证在低速航行状态下的功耗经济性。其中，高压涡轮机和低压涡轮机的转速均为每分钟 2731 转，四个螺旋桨轴的理论最大转速为每分钟 230 转，全舰的最大航速为 26.5 节。凭借搭载的 3400 吨重油和 1600 吨煤，该舰可以在 16 节的速度下行驶 5500 英里。

在机舱布置上，该舰无疑受到了"伊丽莎白女王"级和"弗朗切斯科·卡拉乔洛"级的影响，但其设计却是独一无二的，在回顾过去时，平贺中将也将它视为方案中最鲜明的特征。其中，四组涡轮机设置在纵向划分的三个隔舱中，其中两组位于中央机舱内，另外各有一组位于两侧。另外，其动力系统也有三轴推进的备选状态，从而最大程度地减少了机组受损和进水时的影响。

"长门"级的另一个特征是安装了辅助涡轮机，在使用两侧的主轮机巡航时，辅助涡轮机将驱动中间的另外两根主轴，以便使四根主轴保持相同的转速。此外，该舰还安装了两具平衡舵。值得一提的是，在很长一段时间，日本人都没有攻克齿轮切割技术，也正是因此，"长门"号的双减速齿轮只好向威斯汀豪斯公司订造。另外，虽然日方从英国的戴维·布朗父子公司（David Brown & Sons）和德国的雷纳克公司（Reinecker）等企业进口了切齿机，但直到 20 世纪 30 年代后期，该国的产品才达到了优良品质。全舰的电力由四台 250 千瓦涡轮发电机和一台 25 千瓦柴油驱动发电机提供，总功率为 1025 千瓦，系统内使用直流电，电压为 225V，内部的照明则由大约 2450 盏电灯提供。

施工、交付与影响

"长门"号于 1917 年 8 月 28 日开始在吴海军工厂铺设龙骨——其使用的船台也是战列舰"扶桑"号、战列巡洋舰"赤城"号（Akagi，后改建为航母）的诞生地，在未来扩建之后，它还将成为战列舰"大和"号的建造场所。施工进行得很顺利，但由于一战导致的材料短缺和价格上涨，该舰的下水被推迟到了原定日期六个月之后的 1919 年 11 月 9 日。随后，舾装以异乎寻常的速度展开，并在 1920 年 11 月 25 日完成，11 个月后，"陆奥"号也在横须贺海军工厂建造完毕。日方之所以对完成"长门"级（尤其是二号舰"陆奥"号）异常重视，是因为海军裁军会议即将于 1921 年 11 月在华盛顿开幕。按照原始设想，"陆奥"号将吸纳所有日德兰海战中的教训，但由于时间紧迫，日本人不仅放弃了这些设计，而且不待武器装备安装完毕，便宣布该舰已经建成——此时，它甚至还没有接受过任何测试。也正是因此，"陆奥"号成了会议上激烈争论的主题。日本代表团坚决要求保留该舰，以便为"长门"号提供一艘配合作战的僚舰，他们还指出，"陆奥"号的部分造舰款是民众捐献的，已经无法退回。经过一番商讨，日本海军得以保留"陆奥"号，但作为交换，他们也同意美国完成另外两艘配备 16 英寸主炮的"科罗拉多"级（Colorado class）战列舰（其中一艘后来被取消），至于英国也获得了额外建造两艘标准排水量 35000 吨、安装 16 英寸主炮的战列舰的权利（即后来的"纳尔逊"号和"罗德尼"号）。如果没能取得进展，日本政坛可能会引发一场地震，并惹怒军国主义分子——因为会议要求在英、美、日、法、意之间保持 5 ∶ 5 ∶ 3 ∶ 1.75 ∶ 1.75 的主力舰吨位——及引发日本公众的强烈不满。

最终，虽然日本海军处心积虑地制定了"八八舰队"计划，并用"长门"号谱写了序曲，但其终曲在"陆奥"号上便已黯然吹响。随着 1922 年 2 月《华盛顿条约》签订，全球进入了"海军假日"。随后，除了航空母舰之外，日本没有添置一艘主力舰，至于"长门"号和"陆奥"号则成了其海军力量和威望的终极象征，并一直持续到 1941 年 12 月"大和"号战列舰服役时。这种情况也反映在了 20 世纪 20 年代和 30 年代一首日本流行歌曲的开头，其中这样写道："'长门'和'陆奥'，民族的骄傲。"

和平岁月，1920—1934 年

在服役后，"长门"号和"陆奥"号开始担任舰队或战队旗舰，而且就像和平时期世界其他国家的主力舰一样，它们从未在演习、训练、仪式和对外访问中缺席，甚至还进行了程度不同的改装和改建。[1] 1920 年 12 月 1 日，"长门"号被编入栃内曾次郎（Sojiro Tochinai）少将指挥的第 1 战队，并在其中担任旗舰。1921 年 2 月 13 日，它在横须贺迎来了首位重要访客——裕仁皇太子。一年后，该舰又把法国的约瑟夫·霞飞（Joseph Joffre）元帅从江田岛海军兵学校载往了附近广岛湾上的宫岛（Miyajima），并于 4 月 12 日在横滨接待了威尔士亲王爱德华（Edward, Prince of Wales）及其副官海军上尉路易斯·蒙巴顿（Louis Mountbatten）勋爵。当时，他们正在搭乘"声望"号战列巡洋舰，进行这位亲王的第二次环球远航。[2] 英国舰队的到来得到了第 1 战队的欢迎，各舰升起英军的白色舰旗，随着"声望"号靠近"长门"号所在的泊地，日本战列舰上的 3 英寸高射炮发出 21 响轰鸣。蒙巴顿在日记中写道：

除了本国的海军之外，我还从未见过谁拥有如此优秀的军舰，其中每一艘都足以与我们的相媲美。这些军舰一尘不染，舰员们纹丝不动，不知何故，我产生了一种印象：这种力量绝对不可忽视，在我之前，还没有谁来到这里，并以现在的方式

"长门"号高耸的宝塔式上层建筑——它最先被运用在该舰之上，后来成为日本主力舰设计的独有特征。这里展示的是 1942 年 8 月时该舰的舰桥，其最终状态则和照片中相差无几。注意顶部的 32 英尺 10 英寸测距仪，以及位于下方两层处的两具 15 英尺测距仪。

[1] 关于"长门"号的服役历程，可参见鲍勃·哈克特、桑德·金瑟普和拉尔斯·阿尔贝格联合编写的网页："战列舰'长门'号，行动记录表"http://www.combined-fleet.com/nagatrom.html。

[2] 参见：理查德·霍夫《蒙巴顿：我们时代的英雄》（伦敦，魏登菲尔德与尼科尔森出版社，1980 年出版），第 58 页；菲利普·齐格勒，《蒙巴顿：官方传记》（伦敦，柯林斯出版社，1985 年出版），第 64 页。

① 菲利普·齐格勒编辑，《路易斯·蒙巴顿勋爵日记》（伦敦，柯林斯出版社，1987 年出版），第 278 页。

正如我们所见，"长门"号在 1921 年时曾安装了烟囱盖，用于将烟尘导向后方。但这次试验没有成功，在 1924 年，该舰又换装了向后弯折的前烟囱，最后又在 1934—1936 年年间将其拆除。

亲眼见证。随着每一分钟过去，这种印象都在变得强烈。①

　　在前往军官起居室进午餐之前，亲王和蒙巴顿参观了"长门"号的机舱，宴会结束后，所有人一起品尝了几箱特别进口的"约翰尼·沃克"（Johnnie Walker）牌苏格兰威士忌——当时，日本人已经开始喜欢这种饮料了。但另一方面，日本人并未让英方参观最核心的部分，不仅如此，在同一年，英日同盟也没有续签。然而，蒙巴顿却做到了连英国海军武官都没能办到的事，私下对"陆奥"号进行了彻底的探索。他伪装成了一个对海军事务一窍不通的纨绔公子，而且"陆奥"号舰长并不在岗位

上。[①] 在参观中，蒙巴顿进入了炮塔和上甲板的鱼雷发射管附近，一路的所见所闻让他大开眼界。蒙巴顿向海军部提供了 "陆奥" 号装甲和武器的全面报告，并感受到了日本武装部队的强大、缜密和咄咄逼人。他预言道："与日本爆发战争将成为我最担心的事。"

① 菲利普·齐格勒编辑，《路易斯·蒙巴顿勋爵日记》，第 288 页。

1923 年 9 月 1 日 15 点，完成演习的 "长门" 号正在朝鲜外海的长山锚地（Changshan archipelago）准备接受检查，这时传来消息：日本关东地区爆发了大地震。地震导致东京、横滨和周边的大部分地区被夷为平地或遭火灾烧毁，共有十万多人因此丧生。"长门" 号立刻不顾台风肆虐，向着本土南部的九州岛驶去，9 月 4 日，该舰在当地装载了救援物资，并在第二天将它们卸载到横滨。次年 9 月，该舰在东京湾和 "陆奥" 号开展炮击演习，一起将在《华盛顿条约》中废弃的准无畏舰 "安艺" 号（Aki）击沉，并于 12 月在横须贺转为用于炮术训练的预备舰。借此机会，该舰换装了向后弯曲的前烟囱，以避免废气干扰塔式舰桥上的人员和火控设备。1925 年 8 月，以恩斯特·亨克尔（Ernst Heinkel）为首的一群德国飞机设计师和工程师登上该舰，监督了舰载飞机的搭载和起飞作业。为此，他们在军舰的 2 号炮塔顶部搭建了一个特制平台，用于施放亨克尔 HD 25、HD 26 水上飞机的原型以及 "横厂式吕

这张航空照片拍摄于 1927 年：在射击演习中，"长门" 号（左）、"陆奥" 号、"伊势" 号和 "日向" 号正在转弯状态下开火。

号"水上飞机。12 月 1 日，"长门"号扬起冈田启介（Okada Keisuke）海军大将的旗帜，成为联合舰队的旗舰，这种身份一直保持到 1928 年 12 月其转为训练舰时。在此之前，该舰还罕见地进行了一次对外访问——在 1928 年 4 月前往香港，随后，它在 12 月 4 日率领舰队抵达横滨，参加了庆祝裕仁天皇即位的阅舰式。下一个大事件是 1933 年 8 月在马绍尔群岛以北进行的大规模舰队演习，其第一次大规模现代化改装则于 1934 年春季开始。

舰上生活

按照 1920 年 5 月 31 日制定的第 164 号内令，"长门"号全舰共有 1331 名官兵。即便在 1934—1936 年完成大规模改装后，这个数字也基本没有改变。按照 1937 年 4 月 23 日的记录，舰上一共有 1317 名人员，包括 47 名军官（即日军所说的"士官"），16 名"特务士官"，14 名"准士官"，328 名军曹（即日军所说的"下士官"）和 912 名水兵。他们一共划分为 21 个分队（Buntai），每个分队由一位分队长（Buntaicho）担任指挥。

按照 1942 年时的规定，年满 18 岁的入伍者必须达到身高 5 英尺 2 英寸，体重 104 磅，视力 20/20 的标准才能被海军接收。但如果身体足够强壮，且视力被矫正至 20/20，即使身高、体重和裸眼视力不能达标，他们也可以参加海军，只有飞行员是例外，他们的视力必须高于 20/16 的标准。

自 1870 年以来，日本海军一直在模仿英国皇家海军，致使两者在传统、日程安

"长门"号的雄姿，拍摄于 1928 年。此时，该舰已在 1924—1925 年之间换装了向后弯曲的前烟囱，但舰首设计带来的问题要在 1934—1936 年之间才能得到解决。

排和组织上都有很多相似之处。作为旗舰，"长门"号为司令、下属参谋、舰长和高级军官都配备了套房或单独的住舱。普通军官或"准士官"也配有单间，海军少尉候补生则居住在集体舱房中，兵曹和下级水兵则在吊床中栖身，其居住的通舱一般位于中层和下层甲板，配有私人物品袋和英式储物柜，并坐在大桌旁的长条凳上进餐。但在日本参战后，这些桌椅便可能都被移走了，水兵们需要用国内的传统方式，坐在地板的榻榻米上吃饭。尽管 1929—1930 年版的《"长门"号指南》显示："全舰各处都冬暖夏凉"，但该舰的设计并没有优先考虑各层甲板的通风，只有在高级军官住舱和关键区域（如弹药库、指挥塔和无线电室）的情况还算良好。不过，后来，通风装置还是逐渐延伸到了其他舰员居住区和发动机舱。

在舰上，共有四个厨房为"准士官"以上的人员服务，为兵曹和水兵服务的厨房有三个——每个都可以满足 400 人的需求，菜单有米饭、肉、面包、蔬菜、咸菜和鱼等。其中有大桶用来煮饭，不值班的水手可以敞开享用。鱼的煮制方法也与此类似，但是是限量供应的。相较而言，军官们的伙食更为丰富多样。以下是 1939 年 9 月至 1942 年 2 月之间，山本五十六海军大将进驻"长门"号期间的安排。值得一提的是，山本本人就是一位挑剔的食客：

1917 年 8 月 28 日，在吴港举行的"长门"号龙骨铺设和命名仪式。

20 世纪 30 年代初期，日本海军的主力舰舰阵。其中最靠近镜头的是"长门"号，远处依次为战列巡洋舰"雾岛"号（Kirishima）、战列舰"伊势"号和"日向"号，更远方还有艘"川内"级（Sendai class）轻巡洋舰。

联合舰队司令部可以选择日式和西式的早餐，为此，他们只需在前一天晚上告诉勤务兵即可，其中西式早餐有咖啡和粥等。但有句俗话："人不能靠喝粥打仗。"因此，大多数人都会选择酱汤和米饭。

午餐是一顿西餐，以汤开始，以甜点结束，并用银餐具端上，餐后还会提供一个银碗用于洗手。用餐时间为 30 分钟，从 12 点 05 分开始。司令在舰尾的上层甲板享用美味，期间还有音乐伴奏。舰上军乐队通常用这段时间进行排练，但演奏曲目中很少包含军歌，如著名的《军舰进行曲》（Battleship March）。他们常演奏的是多愁善感的日本歌曲和西方流行音乐……至于其他舰员会在匆匆吃完午饭后，到后甲板欣赏音乐——这也是旗舰上的主要娱乐活动，尽管只会在军舰停泊时才有。

晚餐则重新回到了日式风格，其中有腌鲷鱼或烤鲷鱼、茶碗蒸和生鱼片等美味佳肴，它们都是由全舰手艺最好的厨师制作的。其中唯一的缺点是：海军军官需要为这些奢侈品自掏腰包，对于囊中羞涩的年轻军官，这种安排经常让他们感到窘迫。

在午餐和晚餐时间，如果没有紧要公务，司令和所有下属军官都会到场。期间，司令住舱内的会议桌将换上一块白桌布，用于充当餐桌。在"长门"号这样的战列舰上，司令住舱内慷慨地设置了柚木装饰，就像老式客轮上的豪华餐厅一样，无论前往世界各地，都会给贵客们宾至如归的感觉。[①]

"长门"号的舰内编制（1943 年）

战斗编制（Sento hensei）和常务编制（Jomuhensei）

科名（Kamei）	分队编号（Buntaibango）和战斗配置（Sentohaichi）
炮术	1：主炮炮台（Shuhohodai）
	2：主炮炮台
	3：主炮炮台
	4：主炮炮台
	5：副炮炮台（Fukuhohodai）
	6：高射炮炮台（Kokakuhohodai）
	7：机关炮炮台（Kijuhodai）
	8：主炮射击干部（Shuhoshageki kanbu）
	9：副炮射击干部（Fukuhoshageki kanbu）
	10：测的部（Sokutekibu）
通讯（Tsushin）	11：通讯（Tsushin）
航海（Kokai）	12：航海（Kokai）
内务（Naimu）	13：运用（Unyo）
	14：工作（Kosaku）
	15：电机（Denki）
	16：辅机（Hoki）
航空（Hiko）	17：航空
机关（Kikan）	18：轮机（Kikai）
	19：锅炉（Kan）
医务（Imu）	20：医务
主计（Shukei）	21：主计

来源：《历史群像》编辑部，《日本海军入门》（Nihon Kaigun Nyumon）（东京，学研社，2007 年出版），第 180 页

尽管"长门"的蒸馏设备每天能提供 48 吨水，但舰上仍然施行着严格的洗漱、淋浴和洗衣限制，按照西方国家，尤其是美国的标准，这些规定只能用"不近人情"来形容。不过，日本人却有不同的看法："官兵非常注意卫生……内舱每天都要清洁……副舰长、军医长和主计长每天都会检查厕所是否做了消毒。为保持舰员的健康，军医每晚都会对他们进行身体检查，配备的医疗设施也十分完善。"同时，全舰还配有三名训练有素的医务人员。

舰上经常组织体育运动，如相扑，柔道，弓道，剑道，手球，游泳，甚至板球。其他娱乐包括经常放映的电影，阅读（舰上有图书馆）和听留声机。[②]和日本海军其他军舰一样，"长门"号也拥有自己的神社，以供信奉神道教的水手参拜，另外，舰员中还包括许多佛教徒和少数基督徒。天皇的画像有专门供奉，平时有士兵站岗警戒，并像部队的军旗一样受到尊重。

但另一方面，舰上的纪律也极为严苛，并随着时间流逝而变本加厉。这种现象起源于江田岛海军兵学校，其中，老学员经常对"看不顺眼"的低年级学员进行虐待，

① 阿川弘之，《勉强的提督：山本五十六与日本帝国海军》（东京，讲谈社国际公司，1979 年），第 14—15 页。本文直接引用了其中的译文。

② 出自内山睦雄（Uchiyama Mutsuo）先生给本文作者的电子邮件，2016 年 2 月 24 日。

扇他们的耳光，或是拳打脚踢。这种做法很快也扩大到军官与军官之间、军官与水兵之间，以及士官和水兵之间，上级无一例外以残酷手段对待下级，并形成了一种永无间断的暴力文化。对于某些人来说，暴力让他们神清气爽，但更多人却因此士气低落，并只好求助于酒精，甚至不惜用危险的方法对乙醇进行勾兑。按照一种说法，正是由此产生的酒精挥发在 1943 年 6 月 8 日引爆了"陆奥"号的弹药库。虽然按照调查委员会给出的说法，其爆炸地点位于 3 号炮塔下方，但真正的原因至今仍未查清。

日本军舰在母港驻泊时的标准日程安排

	上午	下午	备注
星期日	休息	休息	根据上周情况进行总结
星期一	"训育日" （1）舰长检视 （2）精神教育	"教练日" （1）战备训练 （2）补习教育	（1）补习教育在允许的范围内进行
星期二	"教练日" （1）清洗被服（2）训练（3）补习教育		（1）补习教育在允许的范围内进行
星期三	"教练日" （1）战备训练（2）补习教育		
星期四	"教练日" （1）战备训练（2）补习教育		
星期五	"整备日" （1）清洗吊床和帆布用具 （2）舰体、武器、引擎维护保养（3）补习教育		（1）洗涤工作应视条件进行
星期六	"整备日" （1）舰内大扫除（2）防火训练（3）各部门整顿		

来源：《历史群像》编辑部，《日本海军入门》，第 183 页。

"驶向"战争

在 1936 年 1 月 31 日完成大规模改装之后，"长门"号于 1936 年 1 月 31 日加入了第 1 舰队下属的第 1 战队，这时的它突然发现，自己先是卷入了危机四伏的国内政局，接着又陷入了对外军事扩张的浪潮，并最终被二战的旋涡裹挟。2 月 26 日，一群年轻军官发动政变，试图推翻本国的文官政府。该舰闻讯前往东京湾，将炮口对准叛乱分子占领的政府机构，水兵也奉命上岸。1937 年 7 月，日本侵华战争爆发后，"长门"号又扮演起了运输舰的角色，并在 8 月将第 43 联队（隶属于第 11 师团）的 1749 名士兵从四国岛的濑户内海沿岸运送到了上海。抵达之后，该舰的三架中岛（Nakajima）E4N2 水上飞机在 8 月 24 日轰炸了这座城市，随后，该船于次日返回了佐世保。同年 12 月 1 日，该舰重新接过了训练任务，直到 1938 年 12 月 15 日成为联合舰队的旗舰，并升起了山本五十六海军中将的旗帜。在 1940 年 10 月 11 日举办阅舰式时，该舰依旧保持着这一"特殊身份"。这次仪式旨在纪念日本传说中的第一代天皇——神武天皇（Jimmu），98 艘舰只在横滨湾列队，由神武天皇之后的第 123 代天皇——搭乘"御召舰""比叡"号的裕仁天皇检阅。

1941 年春天，"长门"号进行了最后一次战前改装，以便更换 16 英寸炮管，加装舰外消磁线圈和防鱼雷鼓出部，后者内部有用于吸收爆炸冲击力的圆管。1941 年 12 月 2 日，作为山本的旗舰，"长门"号向位于中途岛以北 940 海里的机动部队发出了标志性的信号"攀登新高山，1208"，此时，一场复杂的军事行动正蓄势待发，对美开战的大幕将掀开。当天，"长门"号作为第 2 舰队旗下第 1 战队的一员从濑户内海的柱岛（Hashirajima）锚地起航，前往小笠原群岛（Bonin Islands）为 12 月 7 日清

1927年7月的"长门"号，其"原装"舰首让菊纹饰显得更为庄严。注意2号炮塔上的舰载机，它可能是一架"横厂式吕号"型。

晨偷袭珍珠港的友军提供远程掩护。之后，"长门"号一直在濑户内海一带活动。1942年5月29日，该舰随第1舰队旗下的第1战队离开柱岛，与"大和"号（该舰已于同年2月取代"长门"号成为山本的旗舰）和"陆奥"号等舰只一道充当"中途岛攻略部队"的主力，但由于机动部队遭遇重创，它们从来没能驶入中途岛300英里之内，在战斗的后续阶段也鲜有表现。

这次惨败导致日军对舰队进行了重组，在随后一年多的时间里，"长门"号一直在吴港接受改装，或是在濑户内海开展演习。1943年8月，它被派往加罗林群岛的特鲁克环礁——日本海军在南太平洋战区、所罗门群岛和新几内亚方向的前沿锚地和主要基地——也正是这些身份，让它招来了盟军航空兵的优先打击。1944年2月1日，"长门"号接到空袭预警报告，并立刻离开特鲁克，前往马来亚（Malaya）

的林加锚地（Lingga Anchorage）。在当地，该舰一直在开展训练，期间还于4月上半月短暂前往新加坡的英王乔治六世干船坞（King George Ⅵ Dry Dock）接受改装和修缮。由于林加锚地位于赤道之上，"长门"号的舰员也趁机在3月15日举行了跨越赤道仪式。当时，第1战队的司令是素来不苟言笑的宇垣缠（Ugaki Matome）海军中将，对于在这艘未经战火历练的军舰上举行的庆典，他持一种矛盾的心态："放松和鼓舞士气是件好事，但看到他们搞出了这么多戏装和道具，我不禁要问：这些人做好战斗准备了吗？"[①]但这段和平只是一段插曲。5月，"长门"号前往婆罗洲附近的塔威 - 塔威岛（Tawi-Tawi Island），并参加了6月19—20日的马里亚纳海战，这场战斗以灾难告终，并让日本海军航空部队损失殆尽。但"长门"号只遭到了一次扫射，并幸运地逃过一劫。四天后，该舰途径冲绳抵达柱岛，并于27日进入吴海军工厂，经过各项改装，它的近程防空能力得到了极大提升，并安装了对海和对空搜索雷达。在7月8日完成上述工作后，它将部队和补给品运往冲绳，然后返回林加锚地继续训练和练习。但对于"长门"号和日本海军其余的战列舰来说，一场酝酿已久的"决战"正在临近。

① 宇垣缠，《战藻录：宇垣缠将军日记，1941—1945年》（匹兹堡，匹兹堡大学出版社，1993年出版），第339页。

莱特湾海战中的 "长门" 号

1944 年 10 月 17 日，莱特湾海战爆发，在这场规模可能堪称史上绝无仅有的海战中，日军的意图是阻止美国在菲律宾登陆。随着美军登陆莱特岛的消息传来，日军立刻启动了 "捷 1 号" 作战。其目的一是全力投入陆基航空兵攻击敌方入侵舰队，二是动用尚存的航母向北引诱美军舰队，使其远离登陆场，三是在上述目的实现后，动用重型舰只歼灭失去保护的入侵舰队——这一

在 20 世纪 20 年代拍摄到的 "长门" 号舰首甲板。当时，该舰的舰员们已经结束了当天的工作。

目标将在敌方主力登陆两天后完成。在这个复杂而绝望的计划中，"长门" 号将与 "大和" 号、"武藏" 号战列舰一起，成为宇垣中将下属第 1 战队的一部分，至于第 1 战队本身则会被编入 "第 1 部队"（1st Night Battle Force）旗下，进而加入栗田健男（Kurita Takeo）海军中将指挥的 "中央部队"（Centre Force）。日军的其余兵力包括残存的航空母舰，它们将被编入小泽治三郎（Ozawa Jisaburo）海军中将指挥的 "北方部队"（Northern Force），并扮演起诱饵的角色。至于剩余的战列舰则将在西村祥治（Nishimura Shoji）中将的 "南方部队"（Southern Force）麾下强行突入苏里高海峡（Surigao Strait）。第 1 部队于 18 日凌晨 1 点从林加锚地起航，并于 20 日中午抵达婆罗洲西海岸的文莱湾（Brunei Bay）进行最终补给。两天后，这支舰队收起船锚，开始向目的地——1200 英里外的莱特岛沿海驶去。一条曲折的航线将引领它穿过巴拉望水道（Palawan Passage）和民都洛海峡（Mindoro Strait）——美国潜艇的游猎场。随后是塔布拉斯海峡（Tablas Strait）和锡布延海（Sibuyan Sea）——日舰将在这里遭

1937 年，"长门" 号全体舰员的合影。当时其总编制人数为 1317 人。

① 日舰的航线图（根据日舰战斗详报绘制）和交战海域地图等其他信息，可参见防卫厅防卫研修所战史部编纂的《战史丛书》第56卷，以及汉斯·伦格纳和拉尔斯·阿尔贝格撰写的《日本海军主力舰1869—1945年："大和"级及后续计划》一书。

完成大改装（1934—1936年年间进行）不久的"长门"号。其外观的主要变化是修改了舰首设计，烟囱也被削减到了一座。

遇密集空袭。下一步，日军必须横越圣贝纳迪诺海峡（San Bernardino Strait），沿着萨马岛（Samar）东海岸行进，并最终进入莱特湾。之所以青睐这条航线，是因为它位于莫罗泰岛（Morotai）的美国飞机的航程之外，在行动最后阶段到来之前，日舰都不会遭到美军飞机的打击。但不用说，局面很快出了意外。

10月23日，即从文莱湾起航的第二天，沿着巴拉望岛西海岸行驶的第1部队遭到了美国潜艇"海鲫"号（Darter）和"鲦鱼"号（Dace）的截击，损失了重巡洋舰"爱宕"号（Atago，即栗田的旗舰）和"摩耶"号，另一艘重巡洋舰"高雄"号（Takao）则严重受损。第1部队的重巡洋舰数量骤然降至三艘，而且它们还被此起彼伏的潜艇假警报搅得心神不宁——它们狼狈地绕过民都洛岛南端，进入锡布延海，并在24日上午8点被美军的舰载机发现。这些舰载机来自马克·米切尔（Marc Mitscher）海军中将的第38特混舰队，当时这些美军正在吕宋岛以北200英里处行驶。美国侦察机将"长门"号判断为重型巡洋舰，当时，该舰正位于第1部队左翼、"大和"号舰尾方向的位置，以18节速度航行，并与友舰一起组成了第一层轮形防空阵。① 10点15分，即日军舰队加速到大约22节的时候，"长门"号的舰长兄部勇次（Kobe Yuji）少将突然命令做好战斗准备，美军的第一波大规模空袭已经临近，在随后五个小时内，类似的空袭还将出现四次。在防空指挥所内，炮术长井上武男（Inoue Takeo）下令："主副炮向右舷敌机开火！""独立射击！"防空警报也随之响起。"长门"号在10点

27 分打破沉默，连主炮也使用"三式烧霰弹"向敌机射击。与此同时，有四架 SB2C"地狱俯冲者"式俯冲轰炸机向"长门"号直扑而来，投下一连串炸弹，其中两枚在该舰右前方爆炸，但舰体本身逃过一劫。10 点 33 分，"长门"的瞭望哨又传来报告，八架 TBM"复仇者"式鱼雷轰炸机从左舷逼近，兄部勇次少将立刻采取机动，但这些袭击者主要针对的是"大和"号和"武藏"号。

"长门"号或"陆奥"号上的水兵住舱，拍摄于二战爆发前。其设施和布局都模仿了英国军舰，其中可以看到餐桌、长凳、储存在天花板挂架上的吊床和茶壶——当然，在日本军舰上，其中装的肯定是绿茶而不是红茶。

10 点 40 分，第一轮空袭结束，舰员们在 10 点 47 分解除了战斗状态；11 点 54 分，"武藏"号在 11000 码外发现了不明飞机编队；12 点 04 分，"长门"的瞭望哨注意到，一共有 31 架俯冲轰炸机正在逼近。这些轰炸机属于美国航母"勇猛"号（Intrepid）。没过几分钟，"长门"号成了一架落单"地狱俯冲者"的目标，但该舰猛然向左急转，规避了敌人的炸弹。至于"武藏"号成了美军重点攻击的目标——一共被七枚炸弹和鱼雷命中。攻击在 12 点 18 分结束，第 1 部队也随之转向 90 度，并减速至 16 节。尽管如此，一个小时后，美军舰载机仍然再次出现，并向第二层轮形阵的 13 艘舰艇扑去，尤其是战列舰"金刚"号和"榛名"（Haruna）号。在 13 点 30 分击退这些目标后，"长门"号发现自己遭到了四架"复仇者"式鱼雷轰炸机的袭击，但设法成功躲避了后者投放的"铁鱼"。20 分钟后，该舰遭到四架"地狱俯冲者"的攻击，这些轰炸机一共投下八枚炸弹，同样被"长门"号幸运地躲过。然而，第四次攻击却让战列舰流下了第一滴血——被四枚近失弹击中，这些炸弹是由四架"地狱猫"（Hellcat）战斗机投掷的，在右前方制造了大约 700 个破孔。

真正的劫难来自 15 点 14 分开始的第五轮（即最后一轮）攻击，它结束了"长门"号的好运，并给军舰带来了严重破坏。兄部少将下令全舰向左急转，炮术长再次下达了"独立开火"的命令，但这一次，"长门"号被美军航母上的七架"地狱俯冲者"和八架"地狱猫"完全压制：有两枚炸弹命中了军舰，每一枚的量级可能都在 500 磅以上。其中一枚正中军舰中部的小艇甲板，导致三门副炮瘫痪，并将 1 号锅炉舱的通风系统炸伤，令锅炉舱中的人员被迫暂时撤离。在进行紧急维修时，"长门"号的最高航速下降至 22 节。爆炸还使一座 5 英寸高射炮的基座形变，无法旋转，直到经过大约一个小时的抢修之后，舰员们才巧妙地通过切割甲板将其恢复到正常状态。第二枚炸弹穿透了水兵厨房，在通信室的后部引爆，将无线电、电话和密码机完全炸毁，导致舰内外通讯中断。在扑救火势时，损管分队的措施还导致若干舰员被电死在进水的舱室内。还有三枚近失弹让舰身弹痕累累。15 点 34 分，当天的第五次也是最后一次空袭结束，炮术长下达了停火的命令。这次袭击夺走了"长门"号 52 人的生命，

1926 年，在皇室成员莅临该舰时，"长门"号上进行的相扑表演。当时的皇太子、未来的天皇——裕仁正坐在相扑擂台"土俵"（dohyo）外的一张桌子旁。

另外还有 20 人重伤，86 人轻伤，使伤亡总数定格在 158 人的大关。也是在这次袭击中，"武藏"号遭遇了最后一击——该舰一共被 37 枚炸弹和鱼雷命中，在当天晚上失去了挣扎的力气。

但"长门"号仍在继续前进，每个舰员都在竭尽全力填补舰体的破口，虽然舰上的厨房已化为废墟，但炊事兵仍在努力工作——自黎明前进入战斗状态之后，舰员们都没来得及吃上一顿饭。到 25 日 0 点 35 分，第 1 部队的兵力已从最初的 31 艘舰船减少到了 23 艘，但它们通过了圣贝纳迪诺海峡，并向着与西村中将的预定会合点驶去。但这一目标却化为泡影，因为在当天凌晨的苏里高海峡之战中，西村舰队几乎被美军全歼。然而，栗田中将仍然不打算放弃，黎明前夕，包括"长门"号在内的中央部队已经抵达了萨马岛以南海域。6 点 17 分，离日出还有 10 分钟，"对空警戒态势！"的命令再次传来。6 点 23 分，正当各舰纷纷从夜间队形转入轮形阵时，"大和"号的对空搜索雷达侦测到一大群敌机正在接近，双方相距大约 30 英里。与此同时，日军也正在迎来另一场战斗：6 点 40 分，"长门"号的瞭望哨看到了海平线上的桅杆。这些美军来自第 77.4.3 特混支队，包括六艘护航航母和七艘驱逐舰，由克利夫顿·斯普拉格（Clifton Sprague）海军少将指挥。他们之所以陷入绝境，完全要归咎于威廉·哈尔西海军上将一个备受争议的决定——让主力舰队前去追击日方的诱饵——小泽海军中将的"北方部队"，而不是在圣贝纳迪诺海峡展开警戒。"长门"号的高射炮在 6 点 48 分朝四架飞机开火，但三分钟后，舰上便传来了兄部少将的命令——"舰炮攻击左舷的敌人"，全舰开始全力加速。"大和"号的前主炮立刻开火，"长门"号的炮弹也随之向 35000 码外的敌军呼啸而去，最初使用的是攻击飞机编队的三式弹，但后来换成了穿甲弹。其中，"长门"号主炮的最初目标是护航航母"圣洛"号（St.Lo），但其准确性因为斯普拉格下属部队施放的浓烟而大为降低，不仅如此，日军还受到了其他因素的困扰，比如 22 号电探低下的火控能力，以及"塔菲 3"舰队战机和驱逐舰的攻击。由于后者的存在，"大和"号和"长门"号被迫在 7 点转舵向北绕行了 10 海里，以规避驱逐舰发射的鱼雷——这一举动后来备受争议。

残忍的追杀持续了两个半小时，就在"塔菲 3"舰队即将万劫不复之际，栗田命令舰队停止行动并围绕旗舰重新集结。尽管日本人声称击沉了四艘航空母舰、三艘重型巡洋舰和三艘驱逐舰，但美国人的实际损失要小得多，只有护航航母"甘比尔湾"号（Gambier Bay）和四艘驱逐舰沉没。事实上，如果日军使用高爆弹而不

1939 年，停泊在中国青岛港外的"长门"号和航空母舰"龙骧"号（Ryujo）。当时，"长门"号的舰尾炮塔旁被安装了一座水上飞机回收起重机，烟囱周围的平台上则被加装了一些 1 英寸机关炮。

1941 年 8 月至 1942 年 2 月之间的某天，联合舰队司令山本五十六海军大将（左）和参谋长宇垣缠海军少将在"长门"号的舰桥上。也正是在"长门"号上，山本策划并指挥了对珍珠港的大规模袭击。

① 宇垣缠，《战藻录：宇垣缠将军日记，1941—1945 年》，第 500 页。

是穿甲弹，美国人的损失可能更大：护航航母"卡里宁湾"号（Kalinin Bay）至少被 15 枚 8 英寸穿甲弹击中，但这些炮弹几乎都没有爆炸。

1944 年 10 月 23—25 日，"长门"号消耗的弹药状况一览

16.14 英寸炮	一式穿甲弹 （四号）：45 发	零式通常弹：52 发	三式烧霰弹：84 发	合计：181 发
5.5 英寸炮	被帽通常弹 （改二）：92 发	二式通常弹 （红色）：41 发	零式通常弹：520 发	合计：668 发
5 英寸炮	通常弹：1502 发	烧霰弹：38 发		合计：1540 发
1 英寸炮	通常弹：35209 发	曳光弹：12327 发		合计：47536 发
全舰合计：49925 发				

在此期间，日军还损失了重巡洋舰"鸟海"号（Chokai）、"熊野"号（Chikuma）和"铃谷"号（Suzuya）。在用 90 分钟完成集结之后，日军于 10 点 20 分转向莱特湾。栗田在 24 日 2 点时收到的报告显示，有 80 艘美国运输船正停泊在当地，但此时距离消息传来已过去了近一天半，根本无法确定目标是否还在。经过斟酌，他决定改变作战计划——因为在他看来，与北方的美军舰队决战要比袭击莱特湾锚地（即"捷 1 号"作战的主要目标）意义更大。12 点 30 分，他向联合舰队司令丰田副武（Toyoda Soemu）大将发出电报，表示将不再试图进入莱特湾，而是沿着萨马岛东海岸向北前进，以便穿越圣贝纳迪诺海峡与敌人决战。期间，"长门"号的一架侦察机（接收自"大和"号）发回报告：12 点 30 分，莱特湾有 40 艘运输船。这条消息于 13 点 20 分被转交到栗田手中——此时"中央部队"刚刚转舵——但即使如此，栗田仍然没有改变之前的决定。

在此之前不久的 12 点 45 分，"第 1 部队"遭到了 35 架"复仇者"式和 35 架"野猫"式的攻击。它们投掷的炸弹有两枚命中"长门"号的舰首，其中一枚穿透锚链甲板，另一枚则在弹开后在舷外爆炸，并加剧了舰首伤势。[①]在整个下午，"长门"号都饱受空袭困扰，在一次为规避俯冲轰炸机编队而采取的剧烈机动中，有四名高射炮手被甩下军舰——他们也成了"长门"号在此战中最后一批损失的人员。最终，栗田未能拦截美军舰队，并撤出了圣贝纳迪诺海峡。10 月 26 日，"第 1 部队"又在班乃岛（Panay）外海遭到了舰载鱼雷机和 B-24"解放者"式轰炸机的袭击。"长门"号用主炮和副炮还击，并宣称击落一些，期间没有蒙受损伤。莱特湾战役至此结束，日本重新夺回制海权的一切希望也随之化为泡影。

在四卷本的《大东亚战争全史》（Daitoa Senso Zensbi）中，其作者服部卓四郎（Hattori Takushiro）大佐严厉批评了栗

1942 年 8 月，在广岛湾柱岛锚地停靠的"长门"号。其侧舷的九门 5.5 英寸副炮都高高扬起并指向侧舷。

田的做法，因为他白白放弃了完成主要任务——突入莱特湾，歼灭美军登陆舰队——的大好机会。虽然小泽中将通过牺牲自己的舰队，成功将美军诱向北方，但栗田却在对"塔菲 3"开展完"扫讨作战"之后停止了北上。[1]尽管后来，栗田似乎承认离开莱特湾是个错误，但他的军舰都严重受损，而且燃料不足，不仅如此，他还完全清楚"北方部队"和"南方部队"都惨遭歼灭的事实。尽管具体情况尚不得而知，但栗田的决定似乎还受到了另一个因素的影响——面对注定的失败，他不愿再让部下白白牺牲。无论如何，栗田在 12 月 20 日被解除了职务，并转入江田岛海军兵学校担任校长一职。

结局

残余的"第 1 部队"于 10 月 28 日到达文莱湾，燃料立刻被输送上舰。但日军水面舰队已不再像过去那样，能给在太平洋上推进的美军舰队构成任何威胁。11 月 16 日美军 B-24 轰炸机的突袭，迫使包括"大和"号、"长门"号和"金刚"号在内的战列舰队离开文莱湾返回本国水域。尽管有多艘驱逐舰和轻巡洋舰"能代"号（Noshiro）的护送，但"金刚"仍在 21 日被美国潜艇"海狮 II"号（Sealion II）的鱼雷击沉。一路上，"长门"号好运依旧，于 25 日安全抵达横须贺，并进入干船坞接受维修。其下一个任务是充当浮动防空炮台，有大量伪装网和防雷网被安置在附近。这次改装中，该舰加装了两座 5 英寸和 30 座 1 英寸高射炮，但由于缺乏动力，全舰的武器只有部分能够运转，另外，日军还缺乏能点燃锅炉和启动发电机的燃料。[2]厨房所需的蒸汽只能由一部烧煤的辅助锅炉提供。另外，该舰还拆除了前烟囱，并移除了主桅的上半部分，以便为高射炮扫清射界，这一切事实都表明，"长门"号已不太可能凭借自身的动力再次出海。

1944 年 10 月 21 日，停泊在文莱湾的"长门"号。次日，该舰起航参加莱特湾海战。

[1] 服部卓四郎，《大东亚战争全史》（东京，原书房，1953 年出版）。

[2] 美国海军历史中心（华盛顿特区），美国海军驻日技术代表团（1945—1946 年）报告 S-06-1《日本战舰损坏情况》第 1 条，"长门（战列舰）"，第 8 页。

① 译者注：原文为 "Special Guard Fleet"，直译即特殊警备舰队，但日军中并没有这种编制。

② 美国海军历史中心（华盛顿特区），《日本战舰损坏情况》"长门（战列舰）"，第 8—13 页及图 1。

半年过去了。"长门"号一直在横须贺镇守府（Yokosuka Naval Station）充当警备舰，与之同病相怜的还有战列舰"伊势"号、"日向"号和"榛名"号，它们在 1945 年 6 月 1 日被共同划为"特殊警备舰"①——几年前，它们所属的日本主力舰队曾是那么不可一世。"长门"号的所有副炮和一半的 5 英寸高射炮都被运往岸上，用于防备空袭和沿海登陆，至于该舰则继续带着缩编的舰员和更厚的伪装网留在横须贺。但这些伪装并没有在 7 月 18 日发挥作用，当时，美军的第 58 特混舰队对横须贺海军基地发动了大规模连环空袭，作为东京湾内日军的最大舰船，"长门"号成了首当其冲的目标。当美军舰载机从头顶蜂拥而至时，它孤单且绝望。尽管只有两枚 500 磅炸弹和一枚 5 英寸火箭弹（未爆炸）直接命中，但其遭遇的近失弹却至少有 60 枚。其中第一枚炸弹击中了舰桥，并摧毁了驾驶室和罗经平台，导致舰长和副舰长等 13 人当场身亡。第二枚炸弹穿透了主桅后方的遮蔽甲板，并在 3 号炮塔的基座附近引爆。②但它并未引发火灾，更未影响军舰的战斗力，只是炸毁了四座 1 英寸高射炮，并导致 22 人伤亡。火箭弹则击中了军舰的左侧后甲板，它穿过司令住舱，并在桌子边缘留下一道痕迹，随后便从右侧舰体穿出。正如栗田将军预见的那样，战争已临近尾声："长门"号于 1945 年 8 月 30 日向盟军投降——此时，它已成为日本海军唯一一艘"可用"的主力舰只。再合适不过的是，当时奉命接管它的是"衣阿华"号（Iowa，即美国海军上将哈尔西的旗舰）的人员。9 月 15 日，在作为日本海军最强大舰只服役的 25 年后，"长门"号被正式除籍。

1946 年 3 月，"长门"号踏上了最后的航程，被拖往埃尼威托克环礁（Eniwetok）——在当地，该舰的舰体和机械设备稍微接受了修理，随后便凭借自身的动力航行至比基尼环礁（Bikini Atoll），并于 7 月 1 日和 25 日分别参加了代号"亚伯"（Able）和"贝克"（Baker）的两次核试验。在第一次试验中，"长门"号基本完好无损，其中一座锅炉 24 小时都处于点燃状态，但第二次试验严重破坏了舰体，该舰最终于 1946 年 7 月 29 日倾覆并沉入了 160 英尺深的海底。直到今天，它仍然充当着一处位置偏远，但又备受欢迎的潜水胜地。

附录 1：从三脚桅到宝塔式舰桥

从 20 世纪 20 年代起，日本海军为主力舰安装了别具一格的上层建筑，而且其尺寸和复杂程度日新月异，甚至成了其战舰设计风格的一部分。而在很多方面，"长门"号都充当了潮流的引领者。在设计之初，该舰计划和"金刚"级之后的许多日本无畏舰一样，都采用英式三脚桅，但后来，细节逐步更改，到 1917 年 9 月，即其设计完成一年后，有关方面决定为"长门"号安装多脚式前桅。其设计的主持人是一位专业的炮术军官——金田秀太郎大佐（Kaneda Hidetaro，后来晋升为海军中将）。金田设计的桅杆包括一根中央支柱，周围有多根倾斜支柱支撑，旨在增加稳定性并减少振动，由此提升集中布置在桅顶的敏感设备——如目标解算、测距、火控、指挥和通信设备——的准确度。这些设备中包括了一部 32 英尺 10 英寸测距仪，它也是安装在日本主力舰上的第一种类似规格设备。这种设备在一战中证明了其亮点之处——舰船的交战距离之远完全超出了各方的预料。此外，日方也渴望充分利用新式 16 英寸主炮的射程（33000 码）优势。

但是，金田的设计并非无人反对。在"长门"号动工三个月后的1917年11月21日，这一决定在海军技术本部的技术会议上引发了"激烈争论"，因为新设计的重量太大，破坏了全舰的稳定性。只有在将支柱从八根减少到六根之后，这一设计才被平贺让接受。最终版的主桅由一根直径 6 英尺 3 英寸的主支柱构成，周围有六根直径 3 英尺的倾斜支柱支撑。这一主支柱和六脚结构根基位于上层甲板，一直向上延伸到桅顶校射平台，高度达到 100 英尺，这种构成方式后来被称为"宝塔"式。舰上配备了一部电梯，将中层甲板和战斗舰桥连接了起来，舰桥 14 层的每一层也都配备了平台，用于安装探照灯、测距仪或火控设备，并逐渐包裹了整个六脚桅。宝塔式舰桥的增建一直持续到二战期间——日本海军在"大和"级战列舰上采用塔式上层建筑时。

在 1944 年 10 月 24 日的锡布延海之战中，"长门"号遭到美军第 38 特混舰队战机的攻击。照片拍摄时，该舰正在用 16 英寸前主炮发射三式烧霰弹。

附录 2: 舰首

"长门"的舰首是所谓的"勺形艏"，该型舰首从龙骨前端开始向上弯曲，横剖面呈对称的双曲线形，与从"筑波"级装甲巡洋舰（Tsukuba class，于 1904 年订购）沿用到"伊势"级战列舰（于 1914 年订造）的飞剪艏截然不同，并构成了"八八舰队"各舰的特色。这种特殊的线型，能避免"1 号机雷"（Dai ichigo renkei kirai，是日本海军的一种秘密武器，用于预先布放在敌人的必经航道上）的连接索被挂到，进而避免了误伤，并让舰首的菊花御纹章（直径达 48 英寸，其历史可以追溯到 14 世纪）显得更为体面，但作为代价，它也让军舰的适航性深受影响。1927 年，日本海军改造了"陆奥"号的舰首，以减轻舰首上浪对舰桥的干扰，在完成改装后，该舰的全长增加了 5 英尺 3 英寸，达到了 713 英尺 3 英寸。此举的成功也导致了"长门"号的效仿。

附录 3: 现代化改装，1934—1936 年

为了让两大主力舰保持最佳作战状态，日本海军在 20 世纪 30 年代初期对其进行了重建。其中，"陆奥"号的工作于 1933 年 11 月开始，而"长门"号的改装则从 1934 年 4 月在吴海军工厂启动，最终在 1936 年完成。这次让两艘军舰都受益匪浅的改装也是日本决定废除《华盛顿条约》的直接产物。该决定于 1934 年 12 月 29 日宣布，并于两年后正式实行，从而使日本设计师可以不受吨位限制，自由展开工作。对"长门"的主要改动包括：

将原来的 21 部锅炉更换为 10 部，并拆除了前部烟囱。由于未更换主机，此举虽然节省了很多重量和空间，但导致其最大航速降低了约 2 节。

重建宝塔式桅杆，并安装了与主副炮配套的火控和指挥设备、高射炮、机枪，并调整了各种夜战设备，如对探照灯进行了重新布置。

提升水平、垂直和水下防护能力，令该舰的最大宽度从 95 英尺增加到 113 英尺 6 英寸。

将舰尾加长 30 英尺至 738 英尺，以减小舰体阻力，此举使该舰的排水量从 33870 吨增加至 39130 吨。

为提升火炮射程，将该舰的主炮仰角从 30 度增加到 43 度，炮塔则更换为原"加贺"级战列舰（Kaga class，后改装为航空母舰）的产品。

对二级和三级武器进行现代化，包括拆除上甲板的两门 5.5 英寸火炮，并安装八门 5 英寸双联装高射炮。

拆除鱼雷发射管。

安装全新的损管系统，该系统由紧急注排水系统组成，旨在保持或恢复全舰稳定性。

为关键舱室和隔舱安装了防毒气设备。

参考资料

未公开资料

- 牧野茂（Makino Shigeru）和福井静夫（Fukui Shizuo）等，《海军造船技术概要》（Kaigun Zosen Gijutsu Gaiyo）7卷本 [1948—1954年出版，副本由一等海佐（退役）田村俊夫（Tamura Toshio）提供]
- 美国海军历史中心（U.S.Naval Historical Center），华盛顿特区，美国海军驻日技术代表团（1945-1946）报告 S-06-1《日本战舰损坏情况》第1条，"长门（战列舰）"；出自 http://www.fischer-tropsch.org/[2016年10月访问]

公开资料

- 联合创作，《太平洋战史系列第15辑：长门型战舰》（*Nagato Gata Senkan, No.15*）（东京，学研社，1997年出版）
- 联合创作，《日本海军入门》（*Nihon Kaigun Nyumon*）（东京，学研社，2007年出版）
- 阿部安雄（Abe Yasuo），《世界的舰船》（*Sekai no Kansen*）杂志第681期 [东京，海人社（Kaijinsha），2007年出版]
- 阿川弘之（Agawa Hiroyuki），《勉强的提督：山本五十六与日本帝国海军》（*The Reluctant Admiral: Yamamoto and the Imperial Navy*）[东京，讲谈社国际公司（Kodansha International），1979年]
- 阿川弘之，《战舰"长门"之生涯》（*Gunkan Nagato no shogai*）全2卷 [东京，新潮社（Shinchdsha），1976年出版]
- 防卫厅防卫研修所战史部（Boeicho Boeikenshujo Senshibu），《战史丛书》（*Senshi Sosho*）102卷本 [东京，朝云新闻社（Asagumo Shimbusha），1966—1980年出版]
- 大卫·埃文斯（David C.Evans）和马克·皮蒂（Mark R.Peattie），《海军：日本帝国海军的战略、战术和技术演变，1887—1941年》（*Kaigun:Strategy, Tactics, and Technology in the Imperial Japanese Navy, 1887-1941*）（马里兰州安纳波利斯，美国海军学会出版社，2012年出版）
- 福田启二（Fukuda Keiji），《军舰基本计划资料》（*Gunkan Kihon Keikaku Shiryo*）[东京，今日话题社（Konnichi no Wadaisha），1989年出版]
- 福井静夫，《日本的军舰：造舰技术的发展和舰艇的变迁》（*Nihon no Gunkan: Waga Zokan Gijutsu no Hattatsu to Kantei no Hensen*）[东京，出版协同社（Shuppan Kyoddsha），1956年出版]
- 福井静夫，《写真：日本海军全舰艇史》（*Nihon kaigun zen kanteishi*）3卷本 [东京，KK畅销书（KK Bestsellers），1974—1982年出版] 第1卷《战舰·巡洋战舰》（*Senkan & Jun-yosenkan*）
- 福井静夫等，《福井静夫著作集：军舰75年回想记》（*Fukui Shizuo Chosaku-shii: Gunkan Nanaju-go Nen Kaiso-ki*）[东京，光人社（Kojinsha），1992-2003年出版]
- 鲍勃·哈克特（Bob Hackett）、桑德·金瑟普（Sander Kingsepp）和拉尔斯·阿尔贝格，"战列舰'长门'号，行动记录表"（IJN Battleship Nagato: Tabular Record of Movement），出自 http://www.combined-fleet.com/nagatrom.htm（2016年10月访问）
- 服部卓四郎，《大东亚战争全史》[东京，原书房（Hara Shobo），1953年出版]
- 理查德·霍夫（Richard Hough），《蒙巴顿：我们时代的英雄》（*Mountbatten: Hero of Our Time*）[伦敦，魏登菲尔德与尼科尔森出版社（Weidenfeld & Nicolson），1980年出版]
- 石桥孝夫（Ishibashi Takao），《日本帝国海军全舰船：战舰·巡洋战舰，1868—1945年》（*Nihon Teikoku Kaigun zen kansen 1868-1945: Senkan & Junyosenkan*）[东京，并木书房（Namiki Shobo），2007年出版]
- 泉江三（Izumi Kozo），《日本的战舰》（*Nihon no Senkan*）[东京，锦标株式会社（Grand Prix），2001年出版]
- 汉斯·伦格纳和拉尔斯·阿尔贝格，《日本海军主力舰1869—1945年："大和"级及后续计划》[密歇根州安阿伯（Ann Arbor），轻捷图书公司（Nimble Books），2014年出版]
- 海军炮术史刊行会（Kaigun Hojutsu-shi Kankokai），《海军炮术史》（*Kaikun Hojutsu-shi*）（东京，海军炮术史刊行会，1975年出版）

- 黛治夫（Mayuzumi Haruo），《舰炮射击的历史》（*Kanpo Shageki no Rekishi*）（东京，原书房，1977 年出版）
- 塞缪尔·莫里森（Samuel E.Morison）《第二次世界大战中的美国海军作战史》（*History of United States Naval Operations in World War II*）14 卷本 [波士顿，利特尔 - 布朗出版公司（Little, Brown & Company,），1947—1962 年出版]：第 12 卷（1958 年出版）《莱特岛：1944 年 6 月—1945 年 1 月》（*Leyte June 1944—January 1945*）
- 内藤初穗（Naito Hatsuho），《平贺让遗稿集》（*Hiraga Yuzuru Iko Shu*）（东京，出版协同社，1985 年出版）
- 日本造船学会（Nihon Zosen Kydkai），《昭和造船史》（*Showa Zosen-shi*）2 卷本（东京，原书房，1977 年出版）
- 日本舶用机关史编集委员会（Nihon Zosen Kikan-shi Henshu Iinkai），《帝国海军机关史》（*Teikoku Kaigun Kikan-shi*）3 卷本（东京，原书房，1975 年出版）
- 奥本刚（Okumoto Go），《图解·八八舰队主力舰》（*Hachi Hachi Kantai no Shuryokukan*）（东京，光人社，2011 年出版）
- 大塚好古（Otsuka Yoshifuru），《八八舰队计划》（*Hachi Hachi Kantai Keikaku*）（东京，学研社，2011 年出版）
- 马克·斯蒂勒（Mark Stille），《太平洋战争中的日本帝国海军》（*The Imperial Japanese Navy in the Pacific War*）（牛津，鱼鹰出版社，2014 年出版）
- A.P. 图利（A.P.Tully），“'长门'号的最后一年：1945 年 7 月—1946 年 7 月”（Nagato's Last Year: July 1945 - July 1946），出自 http://www.combined-fleet.com/picposts/Nagatostory.html（2016 年 10 月访问）
- 宇垣缠，《战藻录：宇垣缠将军日记，1941—1945 年》（*Fading Victory: The Diary of Admiral Matome Ugaki, 1941-1945*）[匹兹堡，匹兹堡大学出版社（University of Pittsburgh），1993 年出版]
- 山本义秀（Yamamoto Yoshihide）等，《日本海军舰载兵器大图鉴》（*Nihon Kaigun Kansai Heiki Daizukan*）（东京，KK 畅销书，2002 年出版）
- 菲利普·齐格勒（Philip Ziegler），《蒙巴顿：官方传记》（*Mounthatten: The Official Biography*）[伦敦，柯林斯出版社（Collins），1985 年出版]
- 菲利普·齐格勒编辑，《路易斯·蒙巴顿勋爵日记》（*The Diaries of Lord Louis Mounthatten*）（伦敦，柯林斯出版社，1987 年出版）

芬兰海军

岸防舰"维纳莫宁"号（1930 年）

作者：雅里·阿罗玛

　　"维纳莫宁"号的名字来自芬兰伟大的民族史诗——《卡勒瓦拉》（Kalevala）的主人公。它代表着北欧国家岸防舰的终极进化形态，并在服役生涯中和姐妹舰"伊尔马利宁"号（Ilmarinen）形影不离。由于芬兰几乎没有海军建设和组织方面的经验，完全可以说该舰是一个规划、投资和设计领域的壮举。在 1918 年（即芬兰独立之时）之后成立的芬兰海军当中，它和"伊尔马利宁"号就像是中流砥柱，虽然它们从未履行过设计要求的使命，但仍然在抵御海上入侵方面发挥了作用，并完美地诠释了"存在舰队"的价值。

两次大战之间的芬兰海军政策

　　1917 年 12 月 6 日，在成为俄罗斯属下的自治大公国一百多年后，芬兰利用俄国爆发布尔什维克革命的契机宣布独立。这一举动，再加上 1918 年春季的俄国内战，导致芬兰港口中停泊的大部分俄国舰只都匆匆离去，前往喀琅施塔得和彼得格勒躲避。只有少数弱小和老旧舰只滞留在当地，构成了未来芬兰海军的核心。

　　与俄国不同，白军在芬兰赢得了战争。为对抗苏联的进攻，芬兰和其他北欧国家一样，采取了种种防御性措施。由于能在公海作战的舰船屈指可数，最初，芬兰的海上防御依靠的是岸炮体系和负责封锁航道的布雷舰。但即使如此，问题依旧十分棘手。尽管沙俄曾在该国建立了一系列沿海堡垒，但它们都是为了抵御来自西方的进攻——阻止假想敌在芬兰西南部海域登陆，但现在，新的威胁却来自东面。此外，根据 1920 年 12 月芬兰与苏俄签署的《塔尔图和约》（Tartu Peace Treaty），该国还拆除了边界地带的伊诺（Ino）和普马拉（Puumala）海岸炮台，且不得在芬兰湾的外岛上保持军事存在。此外，波的尼亚湾入口处的阿赫韦南马群岛（又名奥兰群岛）也有问题。尽管 1921 年 10

"维纳莫宁"号，拍摄于 1938 年。二战期间，它和姐妹舰"伊尔马利宁"号就像屏障一样，保护了芬兰免遭海上入侵。

月的《奥兰公约》（Åland Convention）将当地划给了芬兰，但在 1914—1916 年年间，俄国撕毁了其在 1856 年签订的非军事化协议，并在岛上建设了防御设施——按照《奥兰公约》，这些设施也必须被拆毁。于是，芬兰这个人口只有 300 万且资源极端匮乏的国家不得不面临一种状况，他们的海岸线和岛屿几乎处于敞开状态。也正是这种局面，让该国在后续 20 年发展海军，并建造了岸防舰"维纳莫宁"号和"伊尔马利宁"号。

在独立后的第一个 10 年，芬兰海军制定了几项建设计划（如采购安装重炮和鱼雷的军舰，以及驱逐舰、潜艇和鱼雷艇等支援力量），该计划分为三个阶段。第一阶段是 1919—1924 年，期间大部分海军建设计划都因成本高昂而遭到拒绝，而在 1924—1927 年的第二阶段，芬兰国防部扮演了主导作用，并得到了民营船厂的支持；最后一个阶段始于 1927 年，并以国会通过《海岸防卫海军建设法》（Construction of the Navy for Coast Defence，又名《海军法》，预算为 3.75 亿马克）为标志，随后，芬兰海军专家、船厂以及位于荷兰海牙的德国秘密设计局——船舶建设工程局（Ingenieurskantoor voor Scheepsbouw，又名 I.v.S. 或 Inkavos 公司）开始了详细的规划工作。

《海军法》要求建造两艘 3800 吨的装甲炮舰（最终被简称为"Panssarilaivat"，即装甲舰/岸防舰）、三艘 400 吨的潜艇、一艘 100 吨的潜艇和四艘 15 吨的摩托鱼雷艇。虽然实际拨付资金远低于规定——只有 2.15 亿马克（四年内拨付），但加上 1926 年和 1927 年政府提供的补助，海军仍然得到了 3.15 亿马克的巨资——其中，有 2.1 亿

于 1937 年 5 月 27 日对哥本哈根进行友好访问时的"维纳莫宁"号。注意指挥塔顶部的 19.7 英尺测距仪和舰上的双联装 4.1 英寸高射炮（一座位于舰体舯部，另一座位于舰首炮塔后上方）。

马克将用于两艘岸防舰，约占20世纪30年代初期该国年度预算的5%。但这笔资金并未涉及通信设备，更不用说推迟交付的武器装备和弹药等。

随着新海军在20世纪30年代初成形，其使命也从水雷战转向了防御特定的沿海地区，这片区域缺乏工事保护，从科特卡（Kotka）一直向东延伸到赫尔辛基和阿赫韦南马群岛。除此以外，海军还要保护与瑞典的交通线。至于岸炮部队则需要依托舰艇的支援，击退在芬兰湾沿岸登陆的敌军。与此同时，阿赫韦南马群岛则被视为防御的重中之重，因此，芬军将向当地派遣两艘岸防舰，并布置雷场和大量雷击舰艇——除了无法对抗现代化战列舰之外，它们足以抵御在巡洋舰或其他小型舰艇支援下的登陆行动。随着"维纳莫宁"号和"伊尔马利宁"号等主力舰只在1934年前服役，芬兰海军开始谋求建造驱逐舰、护航舰和更多潜艇，但在战争爆发前，他们唯一获得的只有在1931年购入的三桅训练舰"芬兰天鹅"号（Suomen Joutsen）、1935年交付的250吨级潜艇"水貂"号（Vesikko）和1937—1938年年间服役的六艘"鲈鱼"级（Ahven class）摩托扫雷艇。这让"维纳莫宁"号和"伊尔马利宁"号陷入了孤立无援的状态，芬兰商船也无法得到有效的护卫。另外，虽然时有分歧的各方都认为海军还必须采购第三艘岸防舰、两三艘中型潜艇和最多六艘护航舰，外加少数布雷舰和数十艘摩托鱼雷艇，但这些计划最终全部落空。

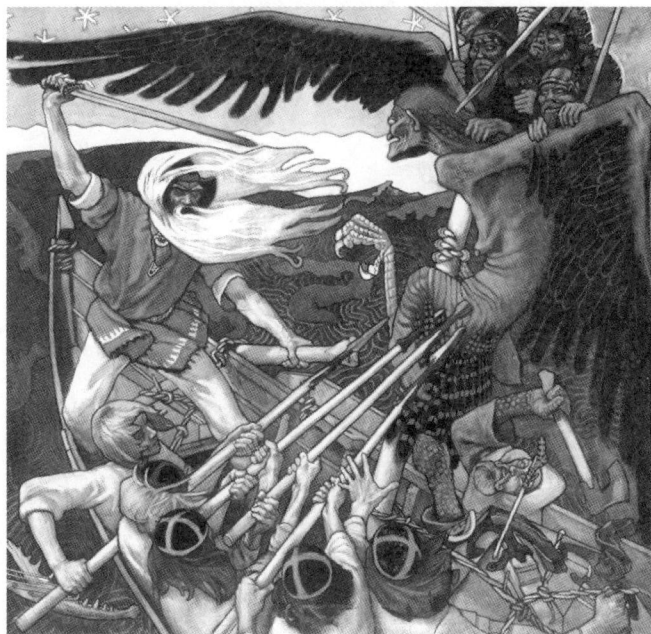

阿克塞利·加仑－卡勒拉（Akseli Gallen-Kallela）的名画——《守护三宝磨》（The Defence of Sampo，1896年）展示了维纳莫宁和同伴们杀死娄希（Louhi）的场面——在史诗《卡勒瓦拉》的高潮部分，娄希试图夺回被称为"三宝磨"的神物。

起源、设计与建造

正如我们所见，北欧国家非常青睐各种类型的岸防舰（参见"埃兹沃尔德"号和"彼得·斯克拉姆"号两章）以及由此衍生的装甲舰（参见"瑞典"号一章）。在波罗的海和北海等密闭水域，它们可以守护漫长而破碎的海岸线，另外，荷兰海军也将它们部署在了东印度群岛一带（参见"七省"号一章）。尽管装甲舰完全具备在公海作战的能力，但因为缺少护卫舰艇等原因，按照基本的作战思路，岸防舰应避免在开阔水域进行攻势作战。这种类型的舰只通常安装有8.3英寸或9.4英寸的主炮，防护水平与装甲巡洋舰相当，速度大约为15—18节，平均排水量约为4000吨。总之，岸防舰比装甲巡洋舰慢但武器更为强大，比浅水重炮舰更快但主炮口径相对较小。具体而言，"维纳莫宁"号并不像装甲巡洋舰，而是更接近浅水重炮舰。除去日本为泰国海军建造的"阿育陀耶"级（Sri Ayudhya class，1938年服役），它们实际是其中的最后一批产品。

"维纳莫宁"号的设计是政客、海军和船厂相互妥协的产物：政客们试图缩小军舰的规模，但海军却希望它们拥有最威武的外形和最高的作战效率。船厂代表们在1924—1925年年间提交的方案也经历了一个从天马行空到脚踏实地的过程：其中瑞典林德霍尔姆船厂的设计排水量在2450—4500吨之间，并计划安装8.3—9.4

从舰尾看去，10 英寸炮塔几乎占据了整个画面。此外，我们在照片中还可以看到舰尾的 4.1 英寸高射炮、转向舷侧的两门 1.6 英寸高射炮、探照灯罩和转向侧面的后部火控装置。另外注意简单架设在两座炮管之间的马克西姆机枪。照片中的军官是拉格纳·哈科拉——即"维纳莫宁"号的舰长。他曾在 1933—1938 年年间担任过这一职务，后来又在 1940 年以海军准将身份重新接管了军舰。本照片摄于 1941 年 7 月 1 日的赫尔辛基。

英寸主炮；至于 I.v.S. 公司则提交了一个 3600 吨的方案，并计划配备 10.2 英寸主炮；意大利的里雅斯特技术工厂（Stabilimiento Tecnico Triestino）的方案排水量 2500 吨，主炮口径为 8.3 英寸。芬兰企业同样没有置身事外。赫尔辛基机械与桥梁建造公司船厂（Kone ja Silta yard）提交了六个安装 8.3 英寸主炮的设计，而图尔库（Turku）的克莱顿 - 伏尔铿船厂（Crichton-Vulcan）提交了安装 11 英寸主炮、排水量为 3900 吨的方案。

尽管克莱顿 - 伏尔铿船厂早在 1877 年便开始为沙俄海军建造船只，并在 1927 年获得了"人鱼"级（Vetehinen class）潜艇的建造合同，但对岸防舰的建造全然陌生。也正是因此，虽然该厂在投标中胜出，但由于有太多理论问题无法解决，他们最终在 1927 年 12 月突然退出。面对这种情况，芬兰政府在第二年重新发出招标要求，这时，克莱顿 - 伏尔铿船厂又重新杀了回来，并在当年秋天给出了造价更低的投标。1928 年 12 月，"维纳莫宁"号和"伊尔马利宁"号的合同签订——这次厂方没有再横生枝节。

这一系列斟酌、招标和签约最终催生了两艘 305 英尺长，55.5 英尺宽的岸防舰，该舰的吃水深度为 14.8 英尺，有着 3900 吨的排水量，武器包括博福斯公司生产的四门双联装 10 英寸主炮和八门 4.1 英寸副炮，最大设计航速为 14.5 节。尽管克莱顿 - 伏尔铿船厂负责船体的建造和组装，还要安装各种设备，但"维纳莫宁"号和"伊尔马利宁"号的材料实际来自四个不同国家的企业，为芬兰设计潜水艇的 I.v.S. 公司则负责方案的检查和审核——可以说，它才是两艘岸防舰的真正设计者。除了负责船体工程的克莱顿 - 伏尔铿船厂之外，基尔的弗里德里希·克虏伯日耳曼尼亚船厂（Friedrich Krupp Germaniawerft）为其生产了柴油引擎，位于瑞士巴登（Baden）的布朗 - 布韦公司（Brown Boveri & Cie）则提供了发电机和螺旋桨，瑞典卡尔斯库加的博福斯公司则承担着主炮、副炮和炮塔的制造。上述武器、装甲、引擎、其他装备和零配件的采购均由芬兰国防部统一协调。

　　"维纳莫宁"号的龙骨于1929年10月15日在图尔库铺设，船厂编号为CV 705，该舰于1930年12月20日下水，由于全国正在执行禁酒令（1919—1932年），因此没有举行掷瓶仪式。该舰在1932年7月27日进行了首次海试，随后又在8月8日进行了首次火炮试射，最终于当年12月31日作为芬兰海军的旗舰加入现役。至于"伊尔马利宁"号则在1931年1月2日铺下龙骨（船厂编号为CV 706），1931年7月9日下水，1934年4月17日正式服役。由于各界普遍认为焊缝在低温下的韧性会变差，而铆接则更能抵御突然的压力变化，且焊接并不适用于舰上的克虏伯C型渗碳装甲，因此"维纳莫宁"级的舰体采用了铆接结构。

　　对于延期问题，合同制定了严厉的赔偿条款。同样，对于每一厘米超出设计指标的吃水，或是每0.1节未达到要求的航速，船厂也将接受可怕的处罚。尽管所有测试都取得了成功，技术数据也与要求一致，但"维纳莫宁"号和"伊尔马利宁"号的交付仍被分别推迟了一年和八个月。问题并非来自船厂，而是两艘船在测试时仍有装备未能及时交付："维纳莫宁"号的副炮直到1934年才安装完毕，至于高射炮测距仪则要等到1939年。

船体、上层建筑和装甲

　　该级岸防舰采用了平甲板设计，甲板一共分为四层：即下甲板、中甲板、装甲主甲板和露天甲板。其中机舱占据了下甲板到主甲板之间的两层，10英寸厚的主装甲带则覆盖了从露天甲板附近到下甲板的舰体侧面。在9号至95号横肋之间有防鱼雷隔壁，在第20号和第74号横肋附近还有横向隔壁。所有横向隔壁均由1.2英寸的

从两具炮管之间看到的"维纳莫宁"号的指挥桅杆，拍摄于1941年7月1日时该舰停靠在赫尔辛基期间。注意探照灯的护罩和13.1英尺测距仪的两端部分。当时，该舰上正飘扬着带第三条"尾巴"的芬兰海军燕尾旗。

1942年6月20日，船员在炮塔中搬运10英寸炮弹的景象。"维纳莫宁"号炮塔成员共有18人，另外还有20人在弹药库中开展作业。

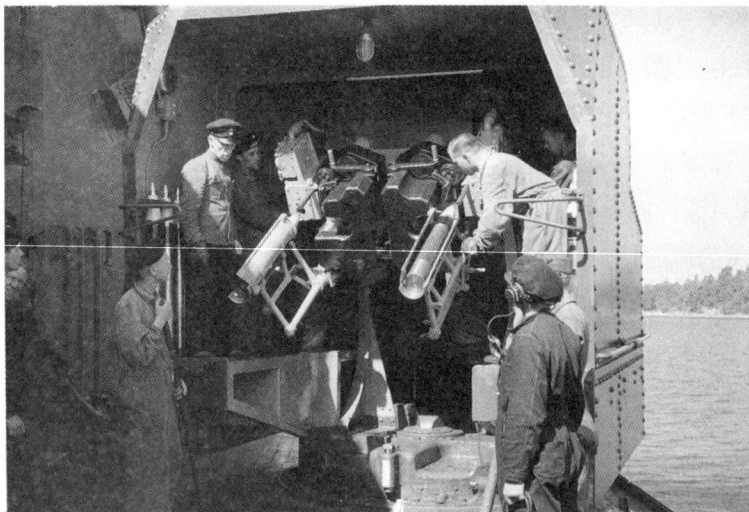

1941 年 7 月 1 日，进入战斗状态的右舷 4.1 英寸高射炮。该武器配备了七名操作人员和 10 名弹药作业人员。

1941 年 10 月 21 日时，围绕同一座高射炮拍摄的照片。透过正面的观察口，可以看到俯仰和转向操作员。另外注意上层建筑上固定的破雷卫。

镍合金钢板制成，从船底一直延伸至主甲板，并与后者形成了一个 34.1 英尺 ×177.1 英尺装甲堡。而后者内部由被横向分成了 15 个舱室，并容纳着机舱、指挥平台（包括火控设施）、主无线电、导航室（即主陀螺罗经的安置处）、电力配电室，以及损管中心和泵舱——以上舱室均在一条 10 英尺宽的通道两侧对称排列。

船底和下甲板之间主要是储油舱和储水舱，其中可以容纳多达 200 吨的燃料和润滑油，以及 140 吨的压载水和 100 吨的淡水。其余部分被划分成了若干个宽和高均为 3 英尺，长度在 13—23 英尺不等的单元，但其中没有设置分压系统。这一结构一直延伸到水线附近，但并未高出水平装甲所在的位置。安装引擎的空间被纵向分隔开来：四个发电机和柴油机舱被两两一组地布置在烟囱前方和后方，更靠近舰尾处则是安装电动机的两个舱室。4.1 英寸弹药库安插在柴油机舱之间。中甲板上有储藏室和车间，主甲板则是舰员们的生活区。

上层建筑共有三层，其中第一层始于露天甲板，里面有厨房和面包房，靠后方是下级军官的宿舍。更上一层是舰桥甲板，其前后方各安置了一座双联装 4.1 英寸火炮。这层甲板上有其他军官的住舱和一个可容纳 24 名士官的通舱，全舰的病房也位于此处。最上层是小艇甲板，其中，无线电室和舰长会客室位于主桅杆的前方，附近是前射击指挥所 [上方有前主炮的 19.7 英尺的测距仪]、装甲指挥塔和舰桥。指挥塔内设有舵轮、车钟、海图桌，以及联络舰内各处的电话，并通过一个装甲通信管与下层甲板的导航室相连。在桅杆和烟囱的后方是舰队司令的接待室和后主炮射击指挥所，指挥所上方是一具 13.1 英尺高炮测距仪。

舰上的主桅杆采用了德国设计，并安装了指挥设备，在德国海军于 20 世纪 20 年代和 30 年代建造和改装的舰只上，经常能看到类似的产品。该桅杆高出露天甲板 100 英尺，其直径为 6.5 英尺，其根基部分一直延伸到了下甲板。一个人要想从底层上到顶层，需要爬上五层楼和近 100 级台阶。桅杆的顶层结构被分成了三部分，最底层是一个封闭的瞭望平台，中部安置着 19.7 英尺测距仪，最顶层则用于索敌。在这一指挥舱段的正下方是两个探照灯平台，其中一个后来被移动到了小艇甲板上，另一个则被搬到了桅杆的正前面。

舰上的装甲包括两种，即克虏伯 C 型渗碳装甲和镍合金装甲，它们均由博福斯公司按照克虏伯工厂的工艺标准生产，并预先按照芬兰人的要求切割完毕，同时，上面还要钻孔，以便打入铆钉和螺栓。这些装甲通常直接安装在舰体结构上，没有任何普通钢板提供背部支撑。该舰的主甲板由 1.2 英寸的镍钢制造，露天甲板则包括了一层 0.6 英寸的钢板和 3 英寸厚的俄勒冈松木。舰上的垂直装甲则由高 10.6 英尺的装甲带组成，它由镍合金钢制造，最大厚度为 2 英寸，始于 7 号横肋，止于 79 号横肋，从水线以下 40 英尺的区域向上延伸到主甲板之上 1 米处。另外，该舰的主炮塔正面和指挥塔也分别安装了 4 英寸和 4.7 英寸的装甲。

1941 年 7 月 1 日，一座 1.6 英寸博福斯高射炮的操作人员。

"维纳莫宁"号和"伊尔马利宁"号的造型堪称别具一格，甚至给人以一种笨拙的印象：确切地说，设计者是把高耸的指挥桅杆（Control Mast）和臃肿的主副炮塔堆在了一个箱形舰体上，还安装了一个比最终设计更为陡峭的破冰艏。上述情况就是导致该舰尺寸的决定过程一波三折的原因。最初，其设计吃水深度只有 10 英尺多一点，以求利用安全的沿海航道，包括秘密的军用水道。但随着主炮口径确定下来，其吃水也不可避免地增加了。由于最大排水量是既定的，为控制吃水深度，工程师们只好增加军舰的宽度，并减轻装甲的重量。这导致该舰的方形系数（Lock Coefficient）达到了 0.6，宽度和长度之比值达到了 0.19，宽度和吃水比值达到了 3.7。由于宽度大而吃水浅，其定倾中心高度只有 4.4—5.4 英尺。

1942 年 6 月 18 日，在芬兰湾进行 10 英寸主炮齐射的"维纳莫宁"号。

① 佩卡·基斯基宁和帕西·瓦尔曼，《独立以来的芬兰海军火炮，1918—2004》（赫尔辛基，蒂波米克出版社，2003 年出版），第 74 页。

武器

因为"维纳莫宁"号和"伊尔马利宁"号的使命是充当移动炮台，防守岸炮覆盖不到的区域，所以该舰就必须安装最大口径的火炮。为此，该舰配备了四门双联装 10 英寸 45 倍径主炮，它们比苏军新式巡洋舰——"基洛夫"级（Kirov class）上的 7.1 英寸主炮更大，射程则达到了 35000 码，甚至在"甘古特"级战列舰的 12 英寸主炮之上。①另外，这一口径还与芬兰岸炮部队普遍装备的杜尔拉赫（Durlacher）型火炮完全相同，可以利用后者充足的弹药储备——这也是决定选型的另一个重要因素。

不过，这些火炮却是博福斯公司的全新设计，而且只装备在这两艘芬兰岸防舰上，与之配套的穿甲弹和高爆弹弹丸均重 496 磅，发射药重 253 磅，每座炮塔备弹 134 发。该炮的最高射速为每分钟三发，每座炮塔的操作需要 38 名官兵齐心合力——其中八人负责弹丸的供应，12 人负责发射药的供应，炮塔内的乘员则有 18 人。

按照原始设计，该舰的副炮计划使用老式的双联装维克斯 4.7 英寸 50 倍径火炮，这些武器曾于 20 世纪 20 年代安装在芬兰海军的破冰船上，但在建造过程中，军方决定为其安装能抵御飞机的高平两用炮。由于 4.7 英寸火炮无法改装为防空武器，军方逐渐把注意力集中到了博福斯公司设计的新式 4.1 英寸 50 倍径舰炮上——最终，有八门这种类型的产品被运送上舰，并安装在了四座双联装炮架上。这些武器直到 1934 年才真正到位——此时距"维纳莫宁"号建成已过了两年，在此之前，芬兰海军只好从岸炮部队借来几门老式的 4 英寸奥布霍夫（Obuhov）火炮，给外界制造一种该舰已经竣工的假象——当然，这些火炮都只能对付海上目标。但芬兰海军不愿接受这种将就的做法，"维纳莫宁"号的早期照片显示，在新式副炮安装之前相当一段时间，舰上的副炮都处在空缺状态。至于对空射击指挥装置直到 1939 年才安装完毕，随后，舰上的高射炮群才进行了真正意义上的开火测试。一个 4.1 英寸炮位需要 17 名人员来操纵：其中

1942 年 6 月 18 日，"维纳莫宁"号在芬兰湾全速前进。

六人位于弹药库，四个人负责将弹药通过提弹机运送过去，七个人负责操纵火炮本身。

为加强舰上的对空火力，芬军还在1932年购置了四门1.6英寸维克斯高射炮。这些火炮都是1918年的老型号，其中两门被安置在舰桥后方的平台上，另外两门安装在了后部火控指挥所的左右两侧。实践表明，这些维克斯高射炮不仅身管短，而且炮口初速低，对高空轰炸机几乎毫无效果。不仅如此，由于水冷系统效率低下，再加上帆布弹药带容易在潮湿环境中卡壳，它们的故障频率也总是居高不下。有鉴于此，芬军又在1938年订购了一座双管和两座单管1.6英寸博福斯高炮，但它们直到1940年秋才交付使用。其中，双管高射炮配备了自稳定设备，并安装在舰桥后方的一个新平台上——这里原先是罗经平台的所在地。至于没有自稳定装置的单管炮则被安放在了后部火控指挥所两侧的平台上（原先的维克斯高炮则被拆除）。单管博福斯高炮的炮组共有七人，而双管高炮则需要11人，如果必要，舰上还会增加弹药供应人员的数量。至于另一项变化是舰上安装了两座丹麦生产的0.79英寸麦德森（Madsen）60倍径机关炮——它们替代了原先布置在舰桥后方的另外两门维克斯高射炮。到1941年春，"维纳莫宁"号上的这种武器已增加到四门，到1944年9月，其数量又翻了一倍——新增的高炮位于舰首、船尾和烟囱两侧。另外，该舰还在后部甲板上安装了一挺0.303英寸马克西姆机枪，其位置恰好在后炮塔的两根炮管之间，但该机枪最终在1941年被拆除。

1941年10月17日，在舰上军官起居室演奏钢琴的卡梅拉（Karmela）海军上尉，旁边是阿里奥马（Arjomaa）海军上尉。注意钢琴左侧的芬兰国旗和右侧的德国国旗，当时，德国是芬兰的盟友。

1942年6月20日，军士长们在住舱内度过了一个宁静的夜晚。他们享用的饮料可能是柠檬水，至于酒类只能在和平时期，和战时的圣诞节、仲夏节以及曼纳海姆元帅的生日（6月4日）享用。注意舱内固定式的床铺。

该舰的主炮依靠由荷兰N.V.哈泽迈尔通信设备工厂（N.V.Hazemeijers Fabriek voor Signaalapparaten）生产的两座19.7英尺机电测距仪获取目标数据，其中一部测距仪安装在前射击指挥所，另一座安装在指挥桅杆顶部。至于射击诸元的解算均在位于下甲板的射控计算室完成。副炮配有一部哈泽迈尔13.1英尺测距仪，其火控设备直到1939年才安装在了后射击指挥所内——它也是该舰上唯一的对空火控装置。

动力系统与适航性

"维纳莫宁"号是最早采用柴电动力系统的军舰之一。舰内的四台六缸克虏伯柴油发动机各自可以产生875马力的动力，而在预先增压（Precharging）的情况下，其功率可以提升到1200马力。柴油发动机各自带动一台250伏的直流发电机，后者将为两

擦洗左舷中部甲板。注意上层建筑
外板上的舰名铭牌。

部螺旋桨电动机提供电力。在发电机当中，靠后的一部采用了双转子结构，而靠前的则为单转子构造。该级的两艘军舰都使用了沃德·伦纳德（Ward Leonard）型螺旋桨电动机控制系统，它们可以驱动柴油机以几乎恒定的速度运行，以此为直流发电机提供电能。随后，发电机产生的电力将被输入直流电动机，后者可以通过改变励磁电流的方式影响输出电压，从而使军舰从停止状态平稳过渡到全速。按照当时的设想，这种配置将改善该舰在狭窄水域和冰区的机动性。

另外，四部柴油机和发电机成组独立布置的做法也提供了足够的冗余度——因为每个柴油机和发电机组都可以独立带动两部螺旋桨电动机。每部螺旋桨电动机采用双转子结构，最大电压为125伏，可以使螺旋桨达到每分钟110转的转速——此时军舰的航速为9节。如果是两部柴油机同时运转，则可以产生250伏的最高电压，并让军舰达到140转的螺旋桨转速和11节的航速。当所有四组柴油机和发电机同时运行时，其最大可以产生500伏的电压，螺旋桨转速和航速也会分别达到180转和14.5节。柴油机与发电机直接耦接，但为安全起见，其所在区域也被隔板分开。四部柴油机的总重量为75吨，发电机和电动机的总重为128吨。尽管采用蒸汽推进的方案可以大大降低军舰的总重，占用的空间也相对较小，但油耗却将达到2—3倍。对于该舰的载油量，资料说法各异（93吨或137吨），耗油量估计为每马力每小时180克，使其航程能达到5000海里。舰上的常规供电是由两台60千瓦的柴油发电机提供的，储备的电力存储在两个220伏/450安培小时的镍铁电池组中，这些电池组被安置在了装甲堡前方的中甲板上，牺牲了防护以换取良好的通风。

尽管"维纳莫宁"号不存在稳定性问题，但其适航性却不敢恭维——有时会使舰上的生活变成折磨。它行动迟缓，转弯半径极大，一名曾在上面服役过的商船船长回忆说，整个军舰就像是"塞满了木头"。这一点无疑会影响战斗中的火力准确性，但从来没有得到过验证。1933年，"维纳莫宁"号曾在七级的西风中遭遇险情——当时该舰正在前往汉科半岛（Hanko peninsula）东部的拉波贾（Lappohja）的海军基地。[1]随着该舰开始转舵北行，舰上的横摇变得愈发剧烈，迫使该舰的舰长维尔塔（A.Wirta）海军中校重新向西行驶。随着风向逐渐转向北方，"维纳莫宁"号最终安然抵达了群岛，但是这一事件促成了舭龙骨的安装（可以减轻横摇）。这对舭龙

① 埃诺·普基拉，《水手：20世纪20年代和30年代的海军生活》（赫尔辛基，衡器出版社，2006年出版），第144页。

骨长82英尺，高18英寸，并于1935年在南波罗的海沿岸的航行中证明了自己的价值。至于"伊尔马利宁"号则在1934年入坞期间完成了类似工程，与"维纳莫宁"号相比，它的横摇相对更小。

舰上生活

按照最初设计，"维纳莫宁"号的载员数为329，但这一数字一直稳步上升，到二战结束时已达到了388。但1947年3月时该舰的人员编成表显示，舰上共有367名官兵，包括22名军官，99名准尉和军士长，以及246名士官和士兵。该舰的舰员共包括四个分队：甲板分队、舰炮分队、轮机分队和供应分队。值班遵循四小时轮班制，但16点到20点之间分为两班执勤。出于作战方面的考虑，船员又会被分为左舷和右舷值班人员，并被具体分配到一侧的前段或后段（即舰体的四分之一区域），其每段的负责人员均包括两名军官、14名士官和45名士兵。当军舰位于锚地或港口时，舰上的10个甲板哨位和八个轮机哨位24小时值班人员将减半，而在航行状态下，其人员数量将增加。

舰员的住宿空间非常狭窄。其中，主甲板的前部被分成了八间通舱，其中两间属于士官。每间士兵通舱容纳了50人，至于士官通舱则容纳15个人，但还有一些士官被安置在舰桥甲板上。这些通舱白天会摆出长桌，充当士兵们的起居和用餐空间，吊床则存放在靠近船舷一侧，并在夜间挂出，但后来大部分被固定铺位取代。由于顶上的露天甲板是倾斜的，这些通舱的高度从中央向舰首逐渐增加——从6.6英尺提高到10英尺。但对于居住在军舰前方的300名乘员来说，他们只有10个马桶、10个小便池、14个洗漱盆和四个淋浴间可用。

军官和军士长（通常是专业的工程人员）的居住区位于舰尾的主甲板上。这一区域通过最终汇聚到一起的两个通道进入。通道之间是通舱，至于单间则位于靠近船舷的一侧。其中，20名士官长居住于两人或四人一间的住舱中，并分享四个淋浴间和一个可容纳30人就座的长桌。除了副舰长和轮机长拥有私人住舱外，剩余的人员都被安置在两人的住舱中。其中军官们拥有两个洗漱室和两个厕所。他们的起居室则在靠前位置，即在10英寸装甲带保护区域的后方。舰队司令和舰长在舰尾拥有私人套间，司令的会客厅在右后部，可以通过后主炮两根炮管之间，位于露天甲板上的一个舱门进入，而在战时，这一舱门将是被封死的。生活区的采暖由位于烟囱附近主甲板上的标准船用锅炉提供，并通过燃油或主柴油机的废气加热。由于加热系统中的蒸汽和热水温度超过100摄氏度，成员在对待暖气片时必须格外小心，它们要么像石头一样冷，要么像火山一样热。

舰上有单独的厨房，分别供军官、军士长和舰员使用，其中配备了132磅的面团机、两部77磅的烤箱和三部55加仑的热水器。双层底可以储存100吨淡水，下甲板还有一个六吨重的饮水罐。但即使如此，在战时的停泊地，近400名官兵仍会遭遇补给不济的情况。战时，芬兰采用了极为严厉的粮食配给制度，其中要求舰员也必须在农场工作，或是在秋天钓鱼和采摘浆果。由于煤炭短缺，砍柴成了所有人的共同任务，1942年秋天，在"一人一木"（Motti mieheen）运动的组织下，这些军舰组建了第一批集体劳动小组。其中，"Motti"是芬兰语，指的是1立方米的木材，而该运动的目标正是砍伐 100 万个 "Motti" ——"一人一木"的名字也正是来源于此。

"维纳莫宁"级岸防舰配备了八艘小艇，其中两艘装有发动机。后者位于小艇甲板上，并由起重机吊放和回收，在军舰停泊时，这些起重机将被用于系留设置深度为 30 英尺的防雷网。在各个小艇中，配置最优良的是 12 节的摩托艇，它主要供舰队司令、舰长或贵客使用。另一艘机动艇则用于在停泊时搬运物资，或是运送人员上岸休假，其最大载员可以达到 30 人。此外，舰上还有两艘用于划船比赛的划艇（whaler），其中一艘用于训练目的，另一艘则专为比赛本身使用。至于三艘六人小艇则被用于执行各种任务，其中两艘是为舰员学习掌帆技巧专门配备的。最后，舰上还有一艘橡皮艇。"维纳莫宁"号有两部吊艇架，在通常情况下，右舷吊艇架上将悬着一艘划艇，左舷吊艇架上则会存放着一艘六人小艇以备不时之需。

和平岁月，1933—1939 年

"维纳莫宁"号和"伊尔马利宁"号的高级军官培训始于 1930 年，为此，芬兰军队派遣了维尔塔海军中校、哈科拉海军中校（R.Hakola）、艾因蒂拉（A.Aintila）轮机少校和洛内拉（E.Lounela）轮机少校等四人前往英国皇家海军深造，其中，维尔塔和艾因蒂拉中校在后来加入了两艘岸防舰的督造团队。与此同时，在 1930—1931 年之间，八名候选的炮术军官也被派往赫尔辛基工业大学（Helsinki University of Technology）接受数学培训。"维纳莫宁"号的第一任舰长是维尔塔海军中校，副舰长和轮机长分别由格兰松（R.Göransson）少校和奥霍（S.Aho）轮机少校担任。随后，这三人被调往"伊尔马利宁"号，而在"维纳莫宁"号上，这三个职务分别被哈科拉中校、科斯基宁（J.Koskinen）中校和艾因蒂拉轮机少校接过。

芬兰海军下辖一个在 1928 年成立的近海舰队（Rannikkolaivasto）。在 20 世纪 30 年代中期时，它由装甲舰分队（Panssarilaivue，下辖两艘岸防舰），潜艇分队（Sukellusvenelaivue，下辖五艘潜艇）和布雷和护航分队（Miina- ja varmistuslaivue，下辖四艘炮艇、七艘鱼雷艇和布雷舰）组成。在 1933 年的通航期到来时，虽然"维纳莫宁"号已经进入了磨合状态，但"伊尔马利宁"号仍然没有结束测试，直到 1934 年，这两艘军舰才在芬兰海军的年度演习中首次联袂登台。该演习的主要内容是用小型舰艇护送大型舰船，抵御潜艇和摩托鱼雷艇的攻击。至于年度的例行安排包括：4 月，开展舰船整备；5 月，进行设备调试和突发事态演习；5 月和 6 月，开展舰上勤务；7 月，出海；8 月和 9 月，武器训练；9 月，舰队演习；10 月和 11 月，科目复习。最终，舰队将在 11 月下旬回港过冬。冬季则专门用于开展维修和人员培训。

但在两艘岸防舰交付后，将其编入舰队的工作并不顺利。1934 年的训练期发生了三起事故，并给险些给芬兰海军带来巨大损失。在当年夏天，近海舰队计划去往波的尼亚湾的各大港口，并在途中进行演习，科目包括在舰艇护航下对"维纳莫宁"号和"伊尔马利宁"号进行潜艇和鱼雷艇模拟攻击。第一次模拟潜艇攻击发生汉科外海，即 7 月 5 日，舰队起航前往波的尼亚湾时，期间，潜艇"海怪"号（Iku-Turso）误判了航线，直到在意识到将与"伊尔马利宁"号相撞之后才紧急下潜。这次事故导致潜水艇的外层艇体和艇尾甲板受损，所幸耐压艇壳依旧完好，未发生漏水。两周后，芬兰舰队从北方返航，并于 7 月 20 日在瓦萨（Vaasa）附近过夜，准备在第二天前往港口。次日清晨，两舰进入了一条水深仅 15 英尺的航道，但由于发动机故障，"维纳莫宁"号不得不紧急下锚。"伊尔马利宁"号于是试图超越，但就在以 12 节航速驶过友舰时，"伊尔马利宁"号突然搁浅，碰坏了双层底上的几座隔水舱，导致只能前往图尔库接受修理。事后，沿海舰队的司令 [伊科宁（K.Ikonen）海军中校] 和"伊尔马利宁"号的舰长（维尔塔海军中校）都被拘留，并在几个月后黯然辞职。另一起事件发生在 20 日晚间的瓦萨：由于皮匠车间起火，"维纳莫宁"号的一座通风机飘出烟雾。虽然火势很快得到控制，但该舱室与 10 英寸弹药库之间的隔板已被烧得滚烫、无法触摸。最终，舰员用强压通风为弹药库降温的方法才挽救了局势。

　　岸防舰是芬兰海军的骄傲，从卡累利阿地区（Karelia）的维伊普里 [Viipuri，即今天的维堡（Vyborg）] 到波的尼亚湾的凯米（Kemi），再到大部分波罗的海地区甚至是更远的地方，它们的身影都曾出现。1933 年 11 月，"维纳莫宁"号对爱沙尼亚的港口塔林开展了首次外事访问，次年 8 月，它又在潜艇分队的伴随下访问了斯德哥尔摩。1935 年 7—8 月间，该舰访问了基尔；至于"伊尔马利宁"号则在老式炮艇的伴随下去了拉脱维亚的里加（Riga）和里堡（现为利耶帕亚）。1936 年 7 月，"伊尔马利宁"号又访问了波兰的哥滕哈芬（现名格丁尼亚）。次年 5 月，"维纳莫宁"号代表芬兰参加了在斯皮特黑德举行的英王乔治六世加冕阅舰式，其去程途径基尔运河，回程则穿过丹尼斯海峡并顺访了哥本哈根。1938 年 6 月，"伊尔马利宁"号搭载芬兰总统屈厄斯蒂·卡里奥（Kyösti Kallio）前往斯德哥尔摩，庆祝古斯塔夫五世的 80 岁生日，第二年夏天，该舰和"伊尔马利宁"号再次造访了这座城市。当 1939 年 11 月，"伊尔马利宁"号将瑞典特使卡尔·冯·海登斯坦（Carl von Heidenstam）的灵柩运回斯德哥尔摩时，中立的芬兰已处于战争的边缘。

冬季战争，1939—1940 年

　　1939 年 9 月 3 日，二战爆发，芬兰海军立即加强了中立巡逻行动。次日，由"维纳莫宁"号和"伊尔马利宁"号组成的装甲舰分队在炮艇和巡逻艇的护送下前往群岛海（Archipelago Sea），以抵御苏军对阿赫韦南马群岛的威胁。尽管芬兰人相信，阿赫韦南马群岛是其防御战略的关键一环，但最近的研究表明，在冬季战争之前，苏联并没有把对当地的占领当成优先事项。尽管如此，芬兰对苏俄入侵的恐惧却绝不是杯弓蛇影。在 9 月和 10 月，爱沙尼亚、拉脱维亚和立陶宛都被迫向苏联屈服，允许后者在己方本土建立军事设施。10 月 5 日，莫斯科方面更是要求芬兰政府派遣代表团，讨论各种土地割让事项。芬

1937 年 5 月 27 日，"维纳莫宁"号对哥本哈根进行了最后一次外事访问。

兰武装力量因此动员起来，海军则开始了护送商船前往瑞典的行动。10月下旬，双方在外交领域陷入僵局，由于苏联飞机频繁闯入边界，芬兰人开始了布雷行动。与此同时，岸防舰一直停靠在芬兰西南海域。11月29—30日晚间，装甲舰分队在赫格萨拉（Högsåra）接到消息：芬兰和苏联已经完全断交。30日11点25分，两架苏军的SB-2轰炸机出现在锚地上空，朝"伊尔马利宁"号投下10枚炸弹。所有炸弹都未能命中目标，随后，分队立刻迅速驶出锚地，向洛米（Lohmi）前进，这一举动让苏军的下一波九架飞机完全扑空。

　　而在苏军波罗的海舰队方面，他们在开局阶段曾一度前出至芬兰最南端的汉科：12月1日，巡洋舰"基洛夫"号准时出现在该港外海，并用7.1英寸舰炮轰击了鲁萨罗堡（Russarö Fort）。此时，芬军装甲舰分队虽恰好在西部30海里处的博尔斯托（Borstö）附近，但未能投入作战，因为"基洛夫"号在被岸炮轻微击伤之后便脱离

"冬季战争的落幕"：1940年3月11日，即芬兰政府向苏联求和的五天之后，全副伪装的"伊尔马利宁"号停泊在图尔库。注意舰首的破冰艏，它也是"维纳莫宁"级的一个典型特征。

了战斗。这次短暂的出击让装甲舰分队未能如期与运输船队会合，它们原计划掩护后者前去占领阿赫韦南马群岛，并在当地恢复军事存在——这也是芬兰海军在战争爆发时的首要任务。

尽管出现了上述波折，但对阿赫韦南马群岛的防守最终仍然顺利完成——装甲舰分队一直在当地待到 12 月下旬，它们白天低速巡航，夜间停泊，并采取了躲避苏军飞机的伪装措施。12 月中旬，苏联空军开始轰炸芬兰西部的港口，"维纳莫宁"号和"伊尔马利宁"号为此在 23 日转移到阿赫韦南马和图尔库群岛之间的基斯提（Kihti）地区，以便提供对空防御。在圣诞节的清晨，两艘岸防舰遭到了 SB-2 轰炸机的轮番空袭，它们迅速采取行动——起锚并在泊地做低速环形机动。9 点 30 分，两架苏军飞机被 4.1 英寸舰炮击落，但在 13 点 51 分，10 架飞机凌空飞跃锚地，其中三架对"维纳莫宁"号进行了牵制攻击，其余飞机袭击了"伊尔马利宁"号，它们的扫射和两枚 1100 磅近失弹导致后者一人阵亡、七人受伤。14 点 30 分，又有两架飞机被击落，但期间，装甲舰分队的对空火控表现并未让上级满意——不仅弹药消耗巨大，还对次要空中目标关注过多。

1940 年 1 月下旬，随着阿赫韦南马群岛陷入冰封，海军的所有活动也宣告停止。其中小型舰艇暂时栖身于玛丽港（Maarianhamina），岸防舰则向东加入了图尔库的防空体系——这座城市遭遇了 440 架次飞机的 61 次突袭，其中 35 次针对的是"维纳莫宁"号和"伊尔马利宁"号。在锚泊时，两艘岸防舰都被漆成白色，甲板上则被铺上一层白雪，舰上的 4.1 英寸高射炮提供了有效的弹幕防御。与此同时，尽管在冬季战争的初期，芬兰军队的抵抗极为顽强，但到 1940 年年初，他们已几乎山穷水尽，两艘岸防舰也做了在汉科 - 波卡拉（Hanko Porkkala）地区抵御登陆的准备。期间，芬军还计划派遣它们支援在维伊普里湾 [即今天的维堡湾（Vyborg Bay）] 沿岸苦战的友军，但这一计划最终未能实现——因为当时芬军手头没有使用无烟柴油机的破冰船开辟航道，更不用说此行可能会损坏螺旋桨，并让两艘军舰的弹药储备消耗殆尽。3 月 6 日，芬兰人被迫求和，战事在一周后结束。

虽然"维纳莫宁"号和"伊尔马利宁"号在冬季战争中的任务基本仅限于防空，但冷战后对苏联文件的分析表明，他们准备在停战前派遣 20000 名士兵在阿赫韦南马群岛登陆，其中一次行动预定于 1940 年 9 月开始。[①]尽管应对这种威胁正是两艘岸防舰设计的初衷所在，但芬兰海军并没有阻止如此大规模行动的实力——期间，苏军需要开辟两个登陆场，调动五支运输船队，并需要有 30 艘舰只负责近距离支援，重型舰艇和潜艇则负责在外海待命。不仅如此，上述舰船还需得到轰炸机、战斗机与侦察机的支持。但无论如何，"维纳莫宁"号和"伊尔马利宁"号都踏上了命运的另一条岔路。

"暂时和平"和"续战"

随着 1940 年 3 月 12 日的《莫斯科和约》（Moscow Peace Treaty）的签订，"冬季战争"宣告结束。根据该条约，芬兰被迫割让卡累利阿省的一部分，包括该国的第二大城市和工业重镇维伊普里（维堡）。条约还勒令芬兰向苏联租借汉科半岛，这种状况实际将芬兰海军分成了两个部分：其中一个部分是由"维纳莫宁"号和"伊

① 肯尼斯·古斯塔夫森，"奥兰群岛1940——苏联控制下的非军事化，第2部分：军事领域"，出自《海事杂志》第 3 期（2014 年），第 241—259 页。

尔马利宁"号组成的近海舰队。此外，该舰队还拥有四艘炮艇、六艘巡逻艇、12 艘扫雷艇、三艘布雷艇，以及驻扎在群岛海以西地区的一些护航舰艇和破冰船；另一个部分是"独立海军分遣队"（Erillinen Laivasto-osasto），其中包括五艘潜艇、两艘布雷艇、五艘摩托鱼雷艇、八艘巡逻艇，以及一些位于东部的布雷和扫雷舰只。《莫斯科和约》标志着所谓"暂时和平"的开始，它一直持续到 15 个月后，也就是德国于1941 年 6 月 22 日发起"巴巴罗萨"行动时，随后，芬兰和苏联再次爆发战争。

　　在这段时期，芬兰遭遇了苏联持续不断的经济、领土和政治压力，并最终被苏联推向了德国阵营。1941 年 6 月初，德芬两国达成秘密协议，期间，芬兰人也了解到了德国即将突袭苏联的事实。另外，此时德国已经占领了挪威和丹麦，至于苏联则吞并了波罗的海三国。这使瑞典成了除德国之外的，芬兰唯一的贸易伙伴。6 月 25 日，即"巴巴罗萨"行动开始的三天之后，芬兰决定对苏联宣战——至于其直接诱因则是德国发动进攻后，苏联轰炸了芬兰的领土和船只。"续战"就此开始。

　　在"续战"期间，岸防舰实际扮演了"存在舰队"的角色。在交战的从始至终，它们都是苏联空军优先打击的目标。该舰第一次尝到这种滋味是在 6 月 21—22 日，重新向阿赫韦南马群岛派兵的"赛艇"行动（Operation Kilpapurjehdus）期间，"维纳莫宁"号和"伊尔马利宁"号在 22 日清晨遭到苏联飞机的轰炸，但没有受到损失。7 月 26 日，苏联又对汉科附近的本茨凯尔岛（Bengtskär）发动进攻，但这次行动最终失败。期间，两艘岸防舰曾接到命令，前去为小型舰艇提供支援，而且据说在厄尔岛（Örö，位于群岛海）附近有苏联驱逐舰现身。虽然这条情报后来被查明有误，但两艘岸防舰仍在本茨凯尔岛海域遭到了 18 架 Pe-2 轻型轰炸机的攻击，两枚近失弹击伤了"伊尔马利宁"号的舰尾，并导致一人阵亡，13 人受伤。随后，"伊尔马利宁"号前往图尔库维修，并安装了沙袋和防破片护罩以保护高射炮炮手。由于汉科仍被苏联占领，在 7 月和 9 月，两艘军舰对该地区的机场、港口和铁道炮进行了三次炮击，尽管效果有限，但在其中的两次行动中，它们还是抓住机会，对 10 枚从岸炮部队调拨来的杜尔拉赫型炮弹进行了测试。

"维纳莫宁"号分遣队

　　在"伊尔马利宁"号沉没后，"维纳莫宁"号成了芬兰海军仅存的主力舰。在接下来的三年，它大部分时间都被部署在横跨芬兰湾的两座雷区——"海胆 - 卢卡亚勒维"（Seeigel-Rukajärvi）和"犀牛"（Nashorn）雷区之间，阻止苏联潜艇渗入波罗的海。换言之，它的活动区域始终在东经 24.4 度至 27 度之间——芬兰近海的波卡拉和苏尔萨里岛 [Suursaari，又名戈格兰岛（Gogland）] 纬度之间的海域。1942 年，该舰成了所谓"维纳莫宁"号分遣队的核心：除了该舰自身，分遣队还包括了六艘 VMV 型巡逻艇和六艘扫雷艇，其基地在赫尔辛基和科特卡之间的沿海地带。该分遣队的预定任务是在西部水域开展反潜作战，并阻止苏军从列宁格勒逃往中立国家（瑞典），但在此期间，只有轻型舰艇偶尔与苏联潜艇遭遇，至于苏军大型舰只则从未驶出过列宁格勒。1941 年 11 月 15 日，"维纳莫宁"号炮击了汉科地区的一个铁道炮兵阵地，以便将苏军从该港口逐出。最终，芬兰人实现了企图，但它也成了海军重炮的最后一次对岸支援行动。由于担心空袭和水雷的威胁，在此之后，"维纳莫宁"号寸步没有离开群岛海，直到 1942 年 5 月 24 日，它才奉命转移到赫尔辛基以西 25 英里的波卡拉地区，并在当晚进入了汉科以东海域——这也是两年半以来的第一次。但愉快的时间总是稍纵即逝，刚过汉科，"维纳莫宁"号就不幸搁浅，导致双层底中的四个油罐破裂。次日下午，该舰终于脱困，并在接受了伤势评估后继续前往赫尔辛基，最终于 26 日晚上进入了赫塔拉赫蒂船坞（Hietalahti yard）。修复在三天后完成，"维纳莫宁"号继续前往赫尔辛基以东约 20 英里处的埃姆萨尔岛（Emäsalo）附近。在当地，该舰一直处在伪装状态——

"维纳莫宁"号的姐妹舰"伊尔马利宁"号在 1941 年 8 月 18 日出海时的情景。三周后，该舰便在群岛海附近一次纰漏百出的牵制行动中沉没。

直到 1942 年 11 月。期间，该舰每月会造访赫尔辛基几次，但只有必要时才会采取其他行动。至于接下来的这个冬季，该舰是在赫尔辛基和图尔库度过的。

尽管该分遣队的主要任务是在波卡拉 - 奈萨里（Naissaari）反潜屏障以东展开作战，但在 1943 年春，通航期到来之时，"维纳莫宁"号又扮演起"存在舰队"的角色：5 月，该舰回到埃马萨洛（Emäsalo）地区，在这一年的其余时间，它在深水海峡（Djupsundet）锚地度过了平静的时光，期间还不时造访赫尔辛基。10 月 17 日，由于白喉病爆发，该舰被隔离了一周。这一年，它唯一参与的行动是在 12 月——用几轮弹幕支援了赫尔辛基的防空作战。1944 年 1 月 8 日，"维纳莫宁"号开赴图尔库，并在当地度过了剩下的冬季岁月，但在 3 月 24 日，上级突然要求该舰全速前往阿赫韦南马主岛以东，以防范德军的海空联合登陆。这艘岸防舰于 26 日上午出发，下午便到达了伦帕尔兰岛（Lumparland），但德军并未发动袭击。最终，"维纳莫宁"号于 4 月 24 日返回图尔库，并在 5 月初短暂入坞。5 月的剩余时间，该舰在图尔库和群岛海开展训练，27 日，它和所属分队一起出航前往斯特罗姆索 [Strömsö，位于汉科以东 30 英里的巴罗松（Barösund）最西端] 的新基地。在这里，"维纳莫宁"号始终锚泊在距离海岸不到 10 码的地方，并覆盖着用云杉和地衣精心制作的伪装网。

随着二战局势的发展，对芬兰来说，来自东方的威胁也愈发强烈。1944 年 6 月 9 日，苏军朝卡累利阿地峡发起攻势，旨在夺回芬兰于 1941 年底收复的领土。然而，"维纳莫宁"号却被安置在了最后一道防线之后，以至于整个夏天都躲在斯特罗姆索，但在 6 月 12—14 日，该舰还是在赫尔辛基做了简单的消磁，并于 7 月 10 日在汉科附近开展了舰炮射击演习。此时，芬兰方面已经将赫尔辛基以东的锡博（Sipoo）—佩林基（Pellinki）地区指定为新基地范围，以便在有出击需要时使用，但这一点从未变成现实。与此同时，苏军的空袭也愈发猛烈：7 月 16 日，在一次精心策划的攻击中，他们宣称出动了 132 架飞机，将"维纳莫宁"号击沉在了赫尔辛基以东 50 英里的科特卡附近。但实际上，其目标是德国防空巡洋舰"尼俄伯"号（Niobe）——1940 年在登海尔德俘虏的荷兰防护巡洋舰"格尔德兰"号（Gelderland）。尽管这艘军舰建成于 1898 年，但经过改装，它的尺寸和排水量都与"维纳莫宁"号接近，并让苏军搞错了身份。芬兰方面立刻做出回应，为摆脱鱼雷攻击，它们将位于斯特罗姆索的"维

1941 年 7 月 1 日，停泊在赫尔辛基的"维纳莫宁"号。

纳莫宁"号分遣队调走，并在芬兰侦察机的协助下采取了改善伪装的措施。8 月 13 日，一张 220 码的防雷网被安置在离"维纳莫宁"号约 100 码的地方，但是固定浮标也增加了被飞机发现的概率。在这种情况下，芬军只好又在四天后将其转入赫尔辛基以西 15 海里处，位于波卡拉附近的新基地。除了月末前往赫尔辛基进行过一次简单消磁之外，它一直停泊在当地。

尽管在 1944 年夏天苏军的进攻中，芬兰国防军设法摆脱了全面崩溃的命运，但该国的资源已经用尽——9 月 4 日，在 18 个月断断续续的谈判后，苏芬双方最终宣布停火。当天上午 5 点 10 分，芬兰海军总司令部发出电报，表示所有对苏联的敌对行动都将在 7 点停止。另外，在向海军舰只发出的命令中还包括了各种细节，比如不该越过的新边界，应继续守卫苏尔萨里岛东北部的"海胆 - 卢卡亚勒维"雷场，以及用武力回击苏军的任何空中和海上入侵等。两周后的 9 月 19 日，芬兰、苏联和英国共同签署了《莫斯科停战协定》（Moscow Armistice），"续战"就此结束，其条款包括恢复 1940 年的边界，即芬兰让出卡累利阿和北部的佩萨莫（Petsamo）地区，并以 1938 年的汇率支付三亿美元的战争赔款——它大约相当于 290 亿马克，与 1944 年芬兰的年度预算相等。《莫斯科停战协定》还要求芬兰冻结所有德国资产，包括德国公民的个人财产和德国控股的所有公司，并停止偿还对柏林的债务——并将它们用于偿还赔款。因此，芬兰应赔付给苏联的总额实际是 60 亿马克。

毫不奇怪，这种单方面的停战导致芬兰与德国的关系破裂。不久，情报部门接到消息，德军试图占领苏尔萨里岛。在这种情况下，"维纳莫宁"号分遣队和潜艇分队都奉命开赴阿赫韦南马—群岛海地区。但不到一周，警报便自行解除，给分遣队的新命令是前往图尔库、新考蓬基（Uusikaupunki）和汉科，从当地监视苏军从波卡拉地区向西的转移。但"维纳莫宁"号本身仍停留在图尔库的潘西奥（Pansio）海军基地，在芬兰海军旗帜下，它的最后一个航行期结束于1944年11月17日。

从"维纳莫宁"号到"维堡"号

停战后，"维纳莫宁"号依旧留在图尔库，由于大部分海军人员都被调走执行扫雷任务，因此，该舰的舰员人数大幅下降。实际上，自1947年2月10日被《巴黎和约》（Paris Peace Treaty）限制其规模为4500名官兵、10000吨舰船之后，它为芬兰海军效力的日子就屈指可数了。此时的芬兰海军根本没有使用它的打算，更何况其吨位占据了限额的40%。一项协议由此浮出水面，即芬兰可以用它抵消部分赔偿金，并于3月3日以2.65亿马克的价格将其转卖给了苏联。[①]在交付之前，他们应把舰上的居住区粉刷一新、修复所有故障设备，并将包括1372枚10英寸炮弹、3825枚4.1英寸炮弹和12000枚轻型高射炮弹在内的物资一并移交。接舰验收在3月10日至24日进行，苏联乘员在最后一天抵达该舰。换旗仪式于1947年3月25日在图尔库举行，"维纳莫宁"号被象征性地命名为"维堡"号（Vyborg），即前芬兰卡累利阿地区港口城市维伊普里的俄国名字。5月29日，该舰在艾里斯托（Airisto）海域测试了引擎和火炮，最终移交文件则在1947年6月6日正式签署，但早在4月5日，"维堡"号便被红旗波罗的海舰队列为"近海装甲舰"，并开始了在苏联旗帜下15年的服役历程。

7月7日，"维堡"号驶向赫尔辛基以西25英里处的波卡拉（Porkkala）基地——根据《巴黎和约》，芬兰必须将当地租借给苏联50年。由于该舰装备精良，可以在礁石密布的海岸线轻松隐藏起来，同时还是为狭窄水域作战专门设计的，因此，苏联人认定它将扮演一个为舰队锦上添花的角色——何况此时苏军已接管了波卡拉，它将对控制芬兰湾的入口和通向赫尔辛基的航道起到关键作用。于是，在编入第104岸防舰艇纵队（104th Coastal Vessel Brigade）之后，"维堡"号从1947—1952年年间始终驻扎在波卡拉。1949年，该舰被重新划分为浅水重炮舰，但之后的表现便一直不甚活跃。因为迫切需要修理，1952年，该舰奉命前往喀琅施塔得，后被送入船坞于1—3月间更换船体上的大约10000个铆钉，期间，船厂还用钢制螺旋桨替换了原先安装的青铜制产品。但这些工作远远不够，1953年3月，该舰又被带到塔林，以便修理船体和机械设

① 参见：P.V.彼得罗夫，"岸防舰'维纳莫宁'号和'伊尔马利宁'号"，出自《台风》杂志第12期（2000年），第2—12页；A.M.瓦西里耶夫，"浅水重炮舰'维堡'号"，出自《甘古特》杂志第25期（2000年），第41—57页。本章的作者和编辑感谢斯蒂夫·麦克劳林将这两篇文章翻译成英文。

1944年7月29日，停泊在巴罗松锚地的"维纳莫宁"号。作为应对空袭的措施，该舰正披着用云杉和地衣织成的"斗篷"。

备。当它于 1957 年 8 月再次出现在公众面前时，舰上原版的克虏伯 39/42 主柴油发动机已被同等功率的克虏伯 46A6 柴油机取代。一并被替换的还有辅助柴油发电机、应急电池，以及操舵、无线电和其他电气设备。这项工作之所以旷日持久，一部分原因是 1954 年 2 月 25 日，该舰在塔林的水雷舰艇码头（Mine Harbour）发生了搁浅事故，导致 67—68 号横肋附近的底板严重受损开裂，需要安装沉箱进行维修。1956 年，在塔林工厂浮船坞，该舰又用四个月时间更换了 10800 颗铆钉，并焊接了 1200 个用于固定装甲带的螺栓头。这些工程导致其排水量增加到 4112 吨，吃水深度增加到 15 英尺，最高航速降低到 12 节。由于早在 1955 年，波卡拉军事基地便被苏联提前归还给芬兰，这导致"维堡"号不得不在 1957 年 9 月转移到喀琅施塔得，充当芬兰湾南岸和普里莫斯克 [Primorsk，位于卡累利阿地峡，原名科伊维斯托（Koivisto）] 之间的机动炮台。随后，该舰又在喀琅施塔得接受了一次例行检修，并于 1959 年 11 月 1 日转入到后备舰队。期间，曾有提议将其卖回芬兰，但这一计划没有实现，"维堡"号最终于 1962 年退出现役。

1965 年 9 月 17 日，列宁格勒海军基地的参谋部门发表了一份报告，其中简要介绍了"维堡"号浅水重炮舰的状况。按照记录，其船体令人满意，但露天甲板漏水，甲板木板大部分腐烂；主要的动力系统和电缆状态尚可，但电气系统存在问题；主炮状况不佳，备用炮弹只有 298 发，副炮和轻型高炮可以使用，但弹药同样匮乏。由此得出的结论是，该船已过时，存在重大问题，维修工作完全不划算。"维堡"号于 1966 年 2 月 25 日从海军名单上被除名，并在 3 月 18 日至 7 月 25 日期间被拆解成 2700 吨废钢。至于柴油发电机、螺旋桨电动机和辅助锅炉被移作他用。芬兰主力舰的故事就此结束。

结论

自二战以来，人们常常提出一个问题：重金购买"维纳莫宁"号和"伊尔马利宁"号是否值得？反对意见主要是基于冬季战争中芬兰军队的处境：他们严重缺乏野战炮、反坦克武器和战斗机。有人认为，采购两艘军舰的 2.1 亿马克更应该分配给陆军和空军。但数字和具体情况却显示，问题绝非如此简单。在装备和军需品采购方面，1919—1938 年年间，陆军获得了 12.16 亿马克，空军获得了 6.04 亿马克，海军只获得了 5.64 亿马克。此外，芬兰海军的大部分资金都来自 1926—1931 年期间，在 1934 年后，陆军和空军的资金开始大幅上升，使其可以充分利用最先进的技术，其中一个例子就是在 1936—1937 年之间（以及 1939 年）选购的各种反坦克武器。还必须指出，陆军之所以出现问题，是因为军费的大部分都用在了维护和修理现有的装备上，20 世纪 20 年代，由于组织和存储领域出现的问题，许多当年（1918 年）从俄军手中缴获的军火都损失掉了。

另一个针对海军的论点是，花在岸防舰上面的钱本可以用于采购更多的小型舰船，例如两艘现代化驱逐舰和两三艘近海潜艇。但如果要回答这个问题，我们就必须探讨一个相关问题：岸防舰是否履行了设计使命。"维纳莫宁"号和"伊尔马利宁"号的用途不是御敌于公海之上，而是充当移动炮台，击退针对薄弱地段的登陆行动。尽管在 1941 年 9 月，"伊尔马利宁"号沉没之后，"维纳莫宁"号的威慑价值大为降低，但这一点并没有影响结果：在二战期间，苏联和德国都没有在芬兰南部海岸或阿赫韦南马群岛登陆。不仅如此，这两艘军舰还构成了一支"存在舰队"，并对敌方的战略和行动产生了重大影响。从这个角度，对岸防舰的投资完全可以称得上物有所值。

附录 1：诗人和锻工

"维纳莫宁"号和"伊尔马利宁"号的名字源于芬兰神话，特别是伊利亚斯·隆诺特（Elias Lönnrot）采集整理的伟大民族史诗《卡勒瓦拉》。至于维纳莫宁则是这部史诗的主人公，在民间传说中，他被描绘为一个智慧的老人，并通过魔法和咒语完成了许多伟业。他的名字来自古芬兰语中的"väinä"一词，意为河流最深最宽的部分。维纳莫宁被誉为"永恒的吟游诗人"，他用秩序消除混乱，并且创造了卡勒瓦（Kaleva）这片土地。至于伊尔马利宁则是《卡勒瓦拉》的另一个主人公。在更为古老的传说中，他是主管和平与天气的神灵，但后来又演变为史诗英雄和一名知识渊博、技艺精湛的铁匠，能锻造当时所有已知的金属（包括黄铜、青铜、铁、白银和黄金）。伊尔马利宁也被称为"永恒"的铁匠，可以长生不老，能锻造几乎所有东西，包括神奇的"三宝磨"（Sampo），但爱情总是遭遇不幸。他的名字源于古芬兰语的"ilma"一词，意为天气或空气。

附录 2："伊尔马利宁"号的沉没

1941 年 9 月上旬，德芬海军进行了一次大规模联合演习，但在此期间，后者却遭受二战中最严重的打击。当时，德军正在准备"北风"行动（Operation Nordwind），意在登陆并占领爱沙尼亚的希乌马岛（Hiiumaa）和萨列马岛（Saaremaa）。

一张未注明日期的照片，显示了在苏联海军中服役的"维堡"号。

9 月 7 日，芬兰海军司令瓦伊诺·瓦尔（Väinö Valve）也向驻图尔库海军司令埃罗·拉霍拉（Eero Rahola）准将发出电报："德国人将在 9 月 11 日对希乌马岛和萨列马岛发动进攻。您的任务是迷惑敌军，在（群岛海之中）的乌托岛（Utö）附近集结舰只，并将岸防舰转移到本茨凯尔岛海域，攻击企图进入汉科的敌军。"

经过一番讨论，双方商定，包括"维纳莫宁"号和"伊尔马利宁"号在内的芬兰舰队应从乌托岛向南朝 40 英里外的希乌马岛行驶，以掩护德军的进攻。13 日 17 点 55 分，拉霍拉准将搭乘"伊尔马利宁"号，带领近海舰队从乌托岛正式启程。舰队以 10—11 节的速度向希乌马岛西北 30 海里处航行，20 点 30 分，准将下令调转方向，按计划朝位于北纬 59 度 27 分，东经 21 度 05 分的乌托岛前进。然而，就在"伊尔马利宁"号刚刚向左转舵 40 度时，有一或两枚水雷突然左舷爆炸，位置靠近后部 4.1 英寸炮塔和 10 英寸炮塔，并导致舰尾抬起，状态一度与搁浅类似。实际上，它闯入的是苏军在 8 月 5 日布置的 26-A 雷区，而且在作战计划中，舰队也没有在预定航线上采取任何扫雷措施。当时，"维纳莫宁"号正在"伊尔马利宁"号后方 850 码处，按照舰上一名瞭望手的描述，第一次爆炸就像闷雷一样，在舰体水线处掀起一片泡沫，接下来的轰响则很像炮声。随后，一股细长的火焰从 10 英寸舰炮左后方涌起，导致军舰突然向左倾覆。随着柴油室和螺旋桨电动机之间的隔舱破裂，海水涌入六个舱室，由此为该舰敲响了丧钟。在动力系统瘫痪不到一分钟之后，这艘岸防舰就龙骨朝天，舰体上可见一个喷涌出烟雾的巨大破口。接着，它一折为二，并在六分钟后彻底消失了。

护航的巡逻艇立即靠近沉船，其中，VMV-1 号从倾覆中的军舰上救起了 57 人，其中一些甚至连衣服都没有浸湿，至于 VMV-14、VMV-15 和 VMV-16 则将另外 75 人从水中捞起——总之，全舰共有 132 名幸存者。拉霍拉准将和"伊尔马利宁"号的舰长戈兰森（Göransson，兼任近海舰队司令）海军上校都侥幸生还，但仍有 271 人随舰阵亡，由于军舰沉没如此之快，90 人的舰炮分队中只有四人生还，80 人的引擎分队也只有 14 人获救。同时，"维纳莫宁"号和舰队的其他成员只好转舵向乌托岛前进，并在 23 点 15 分心灰意冷地抵达了目的地。在他们身后 25 海里处，舰队的旗舰已经长眠在了芬兰湾的海底。

参考资料

- 约翰·坎贝尔，《二战海战武器》（伦敦，康威出版社，1985 年出版）
- 苏罗·恩基奥（Sulo Enkiö），"芬兰海军的诞生与发展，1918—1939 年"（Laivaston synty ja kehitys 1918-1939），出自《芬兰海军，1918—1968 年》（Suomen Laivasto 1918–1968）第 1 卷 [赫尔辛基，北斗星出版社（Otava），1968 年出版]
- 肯尼斯·古斯塔夫森（Kenneth Gustavsson），"奥兰群岛 1940——苏联控制下的非军事化，第 2 部分：军事领域"（Åland 1940 — demilitarisering under sovjetisk kontroll, del 2: Den militära linjen），出自《海事杂志》（Tidskrift i sjöväsendet）第 3 期（2014 年）
- 佩卡·基斯基宁（Pekka Kiiskinen）和帕西·瓦尔曼（Pasi Wahlman），《独立以来的芬兰海军火炮，1918—2004》（Itsenäisen Suomen laivastotykit, 1918–2004）[赫尔辛基，蒂波米克出版社（Typomic），2003 年出版]
- 奥赫托·曼尼宁（Ohto Manninen）《如何征服芬兰》（Miten Suomi valloitetaan）[赫尔辛基，鲷鱼出版社（Edita），2008 年出版]
- 陶诺·尼克兰德（Tauno Niklander），《我们的装甲舰》（Meidän panssarilaivamme）[于韦斯屈莱（Jyväskylä），古默鲁斯出版社（Gummerus），1996 年出版]
- 埃伊诺·彭蒂拉（Eino Penttilä），《装甲舰"维纳莫宁"号和"伊尔马利宁"号》（Panssarilaivat Ilmarinen ja Väinämöinen）[赫尔辛基，传媒技术出版社（Mainosteknikot），1986 年出版]
- P.V. 彼得罗夫（P.V.Petrov），"岸防舰'维纳莫宁'号和'伊尔马利宁'号"（Bronenostsy beregovoy oborony 'Väinämöinen' i 'Ilmarinen'），出自《台风》杂志第 12 期（2000 年），第 2—12 页
- 埃诺·普基拉（Eino Pukkila），《水手：20 世纪 20 年代和 30 年代的海军生活》（Laivastoelämää 1920- ja 1930-luvulla）[赫尔辛基，衡器出版社（Doseator），2006 年出版]
- A.M. 瓦西里耶夫（A.M., Vasiljev），"浅水重炮舰'维堡'号"，出自《甘古特》杂志第 25 期（2000 年），第 41-57 页
- 埃里克·维托尔（Erik Wihtol），《独立后的芬兰海军建设》（Suomen laivaston rakentaminen itsenäisyyden alkutaipaleella）[图尔库，图尔库经济学院出版社（Turun yliopisto），1999 年]
- 第二次世界大战中的芬兰海军：http://kotisivut.fonet.fi/~aromaa/Navygallery/index.html（2017 年 9 月访问）
- 芬兰战时摄影档案：www.sa-kuva.fi（2017 年 12 月访问）

德国海军

战列舰"沙恩霍斯特"号（1936年）

作者：托马斯·施密德

　　"沙恩霍斯特"号战列舰的衣钵，直接继承自一战时的同名军舰。[①]它可以说是史上最伟大的战舰之一——这种声誉不仅源自它在战斗中表现出的进取精神，还与出色的指挥和高昂的士气密不可分。在服役的四年中，它的舰员们凭借士气、技巧和勇气享誉整个德国海军，并凭借信任和忠诚让军舰多次逢凶化吉。也正是因为如此，本章不仅讲述了"沙恩霍斯特"号的起源、设备、历史以及本可以逃脱的毁灭，还在这些熟悉故事的基础上，尽力提供了相关的战场双方人员的描述。毕竟，只有了解了这些官兵的心境，我们才能更深刻地了解他们和军舰共同经历的毁灭。

起源、设计和建造

　　战列巡洋舰"沙恩霍斯特"号和姐妹舰"格奈森瑙"号的源头可以追溯到 1933 年德国海军提出的计划，该计划准备建造两艘放大版的"德意志"级装甲舰，并取代前无畏舰"阿尔萨斯"号（Elsass）和"黑森"号（Hessen）。这些"德意志"级（共三艘）于 1928—1931 年年间建造，安装有六门 11 英寸火炮和八门 5.9 英寸火炮，排水量为 11750 吨，它们不仅是德国海军在战后完成的第一批主力舰，还采用了独创的设计，很快，英国媒体便赋予了它们"袖珍战列舰"的绰号。这两艘新舰的武器与"德意志"级大致相同，但名义排水量从 10000 吨增加到了 20000 吨，使防护水平得到了大幅改进。它们的代号为"装甲舰 D"和"装甲舰 E"，并在 1934 年订购，其中，威廉港的德意志海军船厂于 1 月 24 日接到了首舰的订单，并在三周后的 1934 年 2 月 14 日在 125 号船坞为其铺下了龙骨，但海军从来没有对这种设计感到满意。鉴于其火力贫弱，性能极不平衡，无法与法国的两艘"敦刻尔克"级战列舰（为应对"德意志"级的出现而建造）匹敌，德国海军司令雷德尔向希特勒表示抗议。虽然后者做了让步，允许为该舰加装第三座 11 英寸三连装主炮炮塔，但拒绝提高主炮口径。7 月 5 日，新命令抵达了德意志海军船厂，要求停止所有建造工程，同时，新设计的准备工作也徐徐开启。

　　1935 年 6 月 15 日，即几乎时隔了整整一年之后，新军舰在基尔海军船厂重新开工，该舰沿用了 125 的船厂编号，但设计与前身截然不同。该舰在三座三连装炮塔中安装了九门 11 英寸 54.5 倍径主炮，标准排水量为 31552 吨（对外公布数据为 26000 吨），这一切也使它成了德国海军重建以来设计的最大舰只。其全长为 754 英尺，宽

① 本文的编辑感谢菲利普·卡雷塞在本章筹备阶段提供的协助。

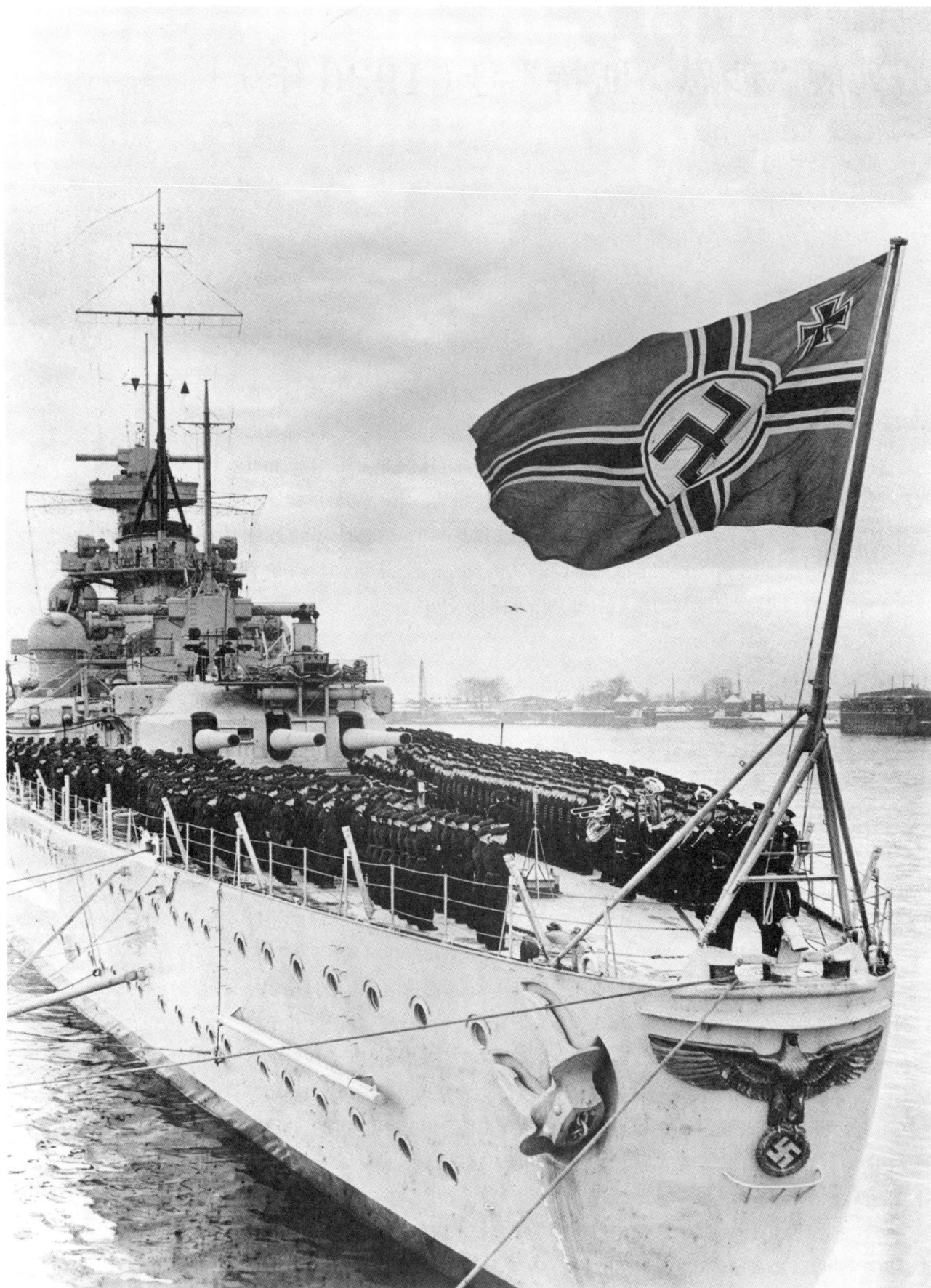

1939年1月7日，在威廉港举行的"沙恩霍斯特"号服役典礼，作为二战德国最伟大的水面舰艇，"沙恩霍斯特"号的征途就此开始。当时该舰的舰长是奥托·西里亚科斯海军上校，他后来晋升为海军上将。

98 英尺，标准吃水深度为 32 英尺。防护包括了一条由 13.8 英寸渗碳钢构成的装甲带，并保护着前后主炮之间的舰身，厚度在末端处下降到 0.8 英寸。水平装甲则采用了新式的"沃坦"（Wotan）高韧性钢，上甲板的厚度为 2 英寸，装甲甲板各处的厚度在 0.79—2 英寸之间，向两舷的倾斜部分则有 4.1 英寸厚。炮塔各处安装了 7.9—14.2 英寸不等的装甲，指挥塔装甲则厚达 13.8 英寸，材料均为渗碳钢。副炮包括 12 门 55 倍口径的 5.9 英寸炮，它们分别布置在四座双联装炮塔和四座单管炮位中。对空武器包括 14 门 4.1 英寸炮、16 门 1.5 英寸炮和 10 门（后增至 38 门）0.79 英寸炮。此外，舰上的武器还包括 1942 年安装在甲板上的六具 21 英寸鱼雷发射管，它们原本属于巡洋舰"纽伦堡"号（Nürnberg）和"莱比锡"号（Leipzig）。1939 年，三架 Ar 196A 水上侦察机被运送上舰，并存放在中部的机库中，由弹射起发射升空。火控依靠的是一部于 1939 年安装在前舰桥顶部测距仪上的 32 英寸 FuMO 22 型对海雷达，该设备在 1942 年夏天被一部 31.5 英寸 FuMO 27 型雷达取代。

从烟囱左侧望去的指挥塔，后者最显著的特点是上面安装的 34 英尺 5 英寸测距仪。在右上角，我们还可看到直径 32 英寸的 FuMO 22 型对海搜索雷达，它安装于 1939 年 12 月，即本照片拍摄时——在图中，它吸引了两名水兵的目光。1942 年夏季，它被 FuMO 27 型雷达取代。1943 年北角海战时，雷达被毁令德军的局势急转直下。

"沙恩霍斯特"号原本准备安装与"德意志"级一样的柴油发动机，但工业界的产品却无法使该舰达到 29 节的规定航速。因此，"装甲舰 D"最终配备了三台布朗 - 博韦式减速蒸汽轮机，输出功率为 159551 轴马力。尽管新配置使军舰的最高航速达到了 31 节，但燃油利用效率却远远不及使用柴油机的"德意志"级（续航力为 7100 英里 /19 节，而"德意志"级为 10000 英里 /20 节），而且高压蒸汽轮机问题丛生，给该舰的服役生涯带来了许多问题，甚至舰上轮机部门精湛的水平都于事无补。其中的蒸汽由 12 台瓦格纳（Wagner）型超高压燃油锅炉提供，燃料舱的容量可以达到 6000 吨。

"装甲舰 D"于 1936 年 10 月 3 日在威廉港下水，希特勒本人参加了仪式。该舰纪念的是拿破仑战争期间普鲁士王国的伟大军事改革家——格哈德·冯·沙恩霍斯特（Gerhard Johann von Scharnhorst，1755—1813 年），同时也是向 1914 年 12 月 8 日在福克兰海战中全员随之战沉的马克西米利安·冯·施佩伯爵的旗舰致敬。期间，老"沙恩霍斯特"号的舰长——菲利克斯·冯·舒尔茨（Felix Schultz）海军上校——的遗孀主持了命名典礼。两个月后，"沙恩霍斯特"号的姐妹舰"格奈森瑙"号也在基尔的德意志船厂（Deutsche Werke）滑下船台，该舰纪念的是沙恩霍斯特的学生和军事改革推动者内德哈特·冯·格奈森瑙（Neidhardt von Gneisenau，1760—1831 年）伯爵。同样，这一舰名也是在致敬德国海军的传统——在福克兰海战中被英国战列巡洋舰"无敌"号和"不屈"号击沉的"格奈森瑙"号军舰。考虑到之前竣工的各艘装甲舰分别以"舍尔海军上将""海军上将施佩伯爵"和"德意志"命名，其中的信息可谓不言自明——德国将作为海上强国重新崛起。而且就像沙恩霍斯特和格奈森瑙两人在拿破仑战争中的角色一样，这两艘军舰也将在未来的战争中分担相同的命运。

交付

"沙恩霍斯特"号最终于 1939 年 1 月 7 日服役，首任舰长是奥托·西里亚科斯

（Otto Ciliax，后来晋升为海军上将）海军上校。海上测试和训练随后展开，但其实际表现令人叹息：由于干舷过低，该舰甚至根本无法全速航行。海军一级上士威廉·格德（Wilhelm Gödde）后来回忆道：

> 我们进行了无数次航速测试，在此期间，发动机功率被加到最大，以确定军舰的最高速度。在全力冲刺的过程中，所有人都必须离开舰桥，留下副舰长和轮机长继续值守。在这种情况下，海水经常从侧底排水管喷出来——后者原本是用来保持甲板干燥的，但现在已全无用处。在大部分时间，军舰的前甲板都会被完全淹没。[1]

这种持续的上浪不仅对前部舰体造成了结构性破坏，还导致 A 炮塔（在德国海军中被称为"安东"炮塔）无法在公海使用。"沙恩霍斯特"号因此返回威廉港，并于 1939 年 6—8 月间将垂直艏更换成所谓的"大西洋舰首"，这一工程让军舰的长度增加了 17 英尺（全长也随之上升到 771 英尺）。结果，其排水量也从 31552 吨增加到 32358 吨，这抵消了新舰首带来的任何改进。与此同时，工程人员也利用这一机会，将主桅杆从烟囱后方移动到了水上飞机机库后方，至于 C 炮塔（即"凯撒"炮塔）上的弹射器则被重新安置在机库的顶部。

随着战争在 1939 年 9 月爆发，德国海军的大型舰只全部投入了与英国皇家海军和商船队的较量，以求掐断英国的海上大动脉。在一战时，德国主力舰队曾被调侃为"锁住的看门狗"，二战时期，虽然德国主力舰的表现与此不同，但其可用的舰只数量却相对较少，反而更需要小心保护起来。不仅如此，由于德国退出一战的原因就是

① 托马斯·施密德个人收藏，对威廉·格德的录像采访文字稿。

1918 年 11 月爆发了基尔港水兵哗变，因此，新德国海军还把关注点放在了领导工作上。该舰的舰长西里亚科斯海军上校曾在试航时告诉属下："尤其要记住的是，军舰的表现完全取决于你向士兵们灌输的精神。"[①]这一点确实在"沙恩霍斯特"号的舰员们身上得到了验证。

① 弗里茨·奥托·布施，《"沙恩霍斯特"号的坎坷一生：来自德国视角的真实记录》（伦敦，罗伯特·黑尔出版社，1956 年出版），第 11 页。

舰员的组织和训练

早在该舰建造期间，"沙恩霍斯特"号未来的乘员们便开始在船厂集合，他们大部分是轮机部门的成员，奉命前来监督设备安装和熟悉业务。与此同时，一些其他专业人员则被派去接受锅炉、轮机、轴承、泵机、柴油机、发电机和罗经制造商开设的培训课程。这些第一阶段的训练结束于所有舰员到齐时，接下来，他们将会被编入分队，并安排执勤顺序。其初始人员配置包括 56 名军官和 1613 名其他舰员，但战争爆发后，上述人员的数量分别上升到了 60 人和 1908 人，新人大多是从岸上岗位抽调的。

进入战时状态，不仅意味着要安置新上舰的 300 名乘员，还要拆散和平时期的分队。其内容包括从第 1—4 分队抽出炮术人员，并组建专门操作武器的第 12 分队和第 13 分队——此前，舰上的副炮和 C 炮塔（"凯撒"炮塔）由第 1 和第 4 分队共同负责，第 2 分队负责 B 炮塔（"布鲁诺"炮塔），第 3 分队负责 A 炮塔（"安东"炮塔）。

"沙恩霍斯特"号的舰内分队编制，1939 年 9 月

第 1—4 分队	普通水兵
第 5 分队	后勤供应人员、文书人员、工匠
第 6 分队	军械师和弹药处理人员
第 7—10 分队	轮机人员
第 11 分队	通讯人员
第 12—13 分队	火炮操纵人员

来源：格哈德·科普和克劳斯－彼得·施默尔克，《战列舰"沙恩霍斯特"级》[伦敦，康威海事出版社，1998 年出版]，第 30 页。

随着舰员被编入分队，军舰开始服役。全面训练的大幕就此拉开，在这段时间，全舰上下将完成磨合，并被打造成一个有凝聚力的战斗集体。由于新入伍的水兵众多，因此训练的第一步就是带领他们熟悉军舰的舱室布局。由于大部分舰员只在岸上接受过基本训练，因此在完成参观后，他们将在各自领域接受技术专家的指导。同时，他们还将学习如何应对各种状况，如人员落水、火险或遭遇空袭，并熟悉不同的戒备态势。在最初的测试工作中，上述态势训练将持续进行，其强度将在作战教学（Gefechtsdrill）中达到顶峰，并随着由舰长领导的一次全面训练结束。下一个阶段是过渡阶段，名为"作战强化"（Gefechtsausbildung），包括故障排查演习和战斗训练。期间，舰员们还要学习如何修理舰体和机械设备，以求应对战损，最后将在尽可能模拟实战的条件中收尾。但训练的流程还远没有

"沙恩霍斯特"号三座锅炉舱中的一处内景，其中共安置了 12 座瓦格纳型超高压燃油锅炉。从指挥人员到普通水兵，该舰的轮机部门都保持着极高的素质。

结束，只要军舰仍在服役，"作战教学"和"作战强化"便会一直进行。另外，每个舰员还会得到一份永久备忘录，即"岗位卡"（Rollenkarte），它们必须随时携带，上面写着每个人的舰员编号、所属分队和值班安排，并标有他的作战岗位和职责，以及在发生各种状况时该如何应变。

"驶向"战争

当 1939 年 9 月 3 日，盟国对德宣战时，"沙恩霍斯特"号已做好了后续测试的准备，次日，它和一同锚泊在易北河口布隆斯比特尔锚地（Brunsbüttel-Reede）的"格奈森瑙"号遭遇空袭——这也是自开战以来，英国皇家空军对德国湾（German Bight)发动的首次进攻。但直到 11 月 21 日，该舰 [此时已成为威廉·马歇尔（Wilhelm Marschall）海军中将的旗舰] 和"格奈森瑙"号的第一次作战巡航才真正开始。它们从威廉港出发，意图从冰岛—法罗群岛之间突入大西洋，以便将英军的注意力从穷途末路的"施佩伯爵"号（该舰之前曾在南大西洋开战海上破交）上引开。但对"沙恩霍斯特"号来说，尽管这次行动更像是一次"热身"，但它们还是遭遇了在当地巡弋，以备紧急情况的辅助巡洋舰"拉瓦尔品第"号（HMS Rawalpindi）。在随后的战斗中，德军只用 40 分钟便将其击沉。

但这次交战也暴露了德军的踪迹，使行动的突然性荡然无存。随后，马歇尔将军转舵向北冰洋方向行驶，试图趁能见度恶劣途径设得兰海峡（Shetland Narrow）回国。尽管舰首已经更换，但在 27 节航速前行的"沙恩霍斯特"号上，面对排山倒海般涌来的巨浪，每个人依旧感到毛骨悚然。期间，该舰适航性问题再一次暴露了出来：舰员们一度被迫放弃舰桥，舰首的两座 11 英寸炮塔也因为电力系统故障无法使用。最终，两艘军舰在 11 月 27 日返回了威廉港——距出发仅过了六天。

1938 年，在威廉港海军船厂进行最终舾装的"沙恩霍斯特"号。注意绘制于舰首的、冯·沙恩霍斯特将军的纹章。

威悉演习，1940 年

1940 年 2 月 18—20 日间，

"沙恩霍斯特"号、"格奈森瑙"号和重巡洋舰"希佩尔海军上将"号（Admiral Hipper）联袂出击，在八艘驱逐舰的伴随下发起了"诺德马克"（Nordmark）行动，意在攻击设得兰群岛外海的盟军船队，但最终一无所获。然而，更大的事件还在前方：4月7日，德国海军绝大多数的主力舰只都集结在德国湾，参加所谓的"威悉演习"，即对丹麦和挪威的入侵。其中"沙恩霍斯特"号和"格奈森瑙"号由京特·吕特晏斯海军中将指挥，奉命进行远程掩护。当天中午，该舰遭到一架英军轰炸机攻击，但毫发无损地将其击退。

"沙恩霍斯特"号于1939年在波罗的海进行试航。由于在高速或恶劣天气下前进时，该舰的舰首会出现严重的上浪情况，严重时甚至会致使结构损坏。这导致舰首设计最终被推翻，并像许多德国海军的大型舰只一样换成了飞剪艏。

不久之后，"沙恩霍斯特"号陷入了更为凶险的处境：在惊涛骇浪中，该舰前甲板的支撑柱断裂，上层建筑严重受损，导致航速必须降低至9节。尽管舰队司令要求该舰以一部锅炉带动一根主轴的方式航行，另一台锅炉则做好10分钟内生火的准备，但该舰的舰长库尔特-西萨尔·霍夫曼（Kurt-Caesar Hoffmann）上校却和轮机长埃尔文·里布哈德（Erwin Liebhard）中校共同决定，让上述两部锅炉同时运转，以在这种恶劣海况中力求有备无患。在狂风肆虐中，该舰的后部上层建筑同样遭遇损伤，海水从破裂的通风管涌入并污染了一座燃油舱，导致左侧蒸汽轮机不得不暂时关闭。4月9日夜间，在罗弗敦群岛（Lofoten Islands）附近，战列巡洋舰"声望"号和九艘驱逐舰突然在"格奈森瑙"号的对海雷达上出现，在恶劣的天气中，一场战斗随之展开，期间"声望"号被"格奈森瑙"号命中三弹。但最终，这场持续近三个小时的战斗依旧潦草收场，至于双方都暴露出了在恶劣海况中前炮塔进水的问题，舰上的高压蒸汽引擎也问题丛生。11日清晨，"沙恩霍斯特"号和"格奈森瑙"号在特隆赫姆外海与"希佩尔海军上将"号会合，一起踏上了回国的航程，并在次日抵达了威廉港。

"朱诺"行动，1940 年

"沙恩霍斯特"号在6月初结束了一系列检修、测试和训练，随后便和"格奈森瑙"号再次出击。在这次名为"朱诺"（Juno）的行动中，德军于1940年6月4日从基尔启程，马歇尔海军中将的将旗再次在桅杆上升起。此行是为了给在挪威北部的友军减压，当时后者正由爱德华·迪特尔（Eduard Dietl）将军指挥。不过，由于德军于5月10日开始了在西欧的攻势，并取得了巨大胜利，盟国在挪威的局势也急转直下，最终只能从当地撤军。在6月8日下午，"沙恩霍斯特"号和"格奈森瑙"号与一支开往斯卡帕湾的英国分舰队狭路相逢，后者由航空母舰"光荣"号和护航的驱逐舰"热心"号（Ardent）以及"阿卡斯塔"号（Acasta）组成。由于航母的舰长和舰载机部队司令发生严重分歧，当它们被马歇尔将军发现时，没有一架英国飞机在空中巡航。在随后数小时的战斗中，这些军舰全部被德国人送入海底，幸存者仅有40人，阵亡数则达到了1519人之巨。然而，马歇尔的部队也并非毫发无损。在英军的绝望反击中，"沙恩霍斯特"号先是被"热心"号的4.7英寸舰炮击中，然后又被"阿卡斯塔"号发射的一枚鱼雷击中——这枚鱼雷导致"沙恩霍斯特"号的左舷和中央的轮机舱进水，左侧螺旋桨也被破坏，舷侧的破口达 50×12 英尺。

在夜幕的掩护下，"沙恩霍斯特"号带着一具受损的螺旋桨抵达特隆赫姆，潜水员立刻检查了伤势，在轮机长里布哈德中校的领导下，并依靠修理船"胡阿斯卡兰"号（Huascaran）上技术人员的帮助，德军为修复中央蒸汽轮机不懈奋战了 10 个日日夜夜。与此同时，舰上为首批阵亡者举行了葬礼，至于其他人的尸体则要等到 6 月 23 日该舰返回基尔入坞维修时才最终从轴隧（Shaft tunnel）和其他难以接触到的地方移出。

威廉·格德后来回忆道：

第二天早上，我们大家奉命去舰尾收殓尸体，并把它们转移到墓地。这当然不是件好差事，但我们必须做好一切准备。我们最终找到约 50 具尸体，并把它们运到墓地，那里已经准备好了一个集体墓穴，还提供了容纳的棺材。虽然棺材上都有记号，但许多同志的身份已很难辨认。在今天的基尔，这座集体墓地依然存在，但换了一块更大的墓碑，它是由"沙恩霍斯特"号老兵协会提供的，用于纪念我们在与"光荣"号战斗中牺牲的 50 位兄弟。

英国驱逐舰的勇气也没有被遗忘，在布雷斯特逗留期间，有两间水兵住舱被命名为"热心"和"阿卡斯塔"——以此向它们表示敬意。

1939 年 4 月 1 日，为庆祝战列舰"提尔皮茨"号下水，盛装停泊在威廉港的"沙恩霍斯特"号。当时，该舰也是德国海军舰队的旗舰。近景处是轻巡洋舰"纽伦堡"号（Nürnberg）。

"柏林"行动，1941 年

损伤一修复，"沙恩霍斯特"号便奉命前往波罗的海的哥滕哈芬（即今天的格丁尼亚），在英军的空袭范围外完成维修的收尾工作。这些工程于 1940 年 12 月 28 日完成，接下来，该舰将和"格奈森瑙"号一起从当地出发，试图突入大西洋。但由于这艘僚舰在海上严重受损，这次行动只能暂停。直到 1941 年 1 月 22 日，这两艘军舰才最终从基尔起航，向着大洋深处驶去。这次，它们的指挥官是荣升上将的京特·吕特晏斯，行动的代号是"柏林"，该行动将成就两舰携手作战的最辉煌历程。至于英国报刊则用一家著名烟草公司的名字将它们揶揄为"萨尔蒙和格吕克斯泰因"（Salmon and Gluckstein）。

最初，吕特晏斯试图从冰岛—法罗群岛海峡（Iceland-Faroes Gap）实施突破，但这一尝试没有成功，随后，他决定驶向丹麦海峡，并于 2 月 3—4 日夜间一举得手，2 月 4 日 0 时 30 分，他从"格奈森瑙"号上发出一则得意洋洋的电报："这是德军战舰首次突入大西洋。让我们去放手一搏！"虽然他说得豪气干云，但直到一段时间之后，他的舰队才首开杀戒。在航行中，两舰一共击沉了 22 艘商船，原定间隔八天的加油被推迟了不下五次。鉴于英军船队有战列舰护航，吕特晏斯不得不两次放弃攻击。但当他在 3 月 22 日抵达布雷斯特时，已经击沉了超过 11.5 万吨的盟军船只。威廉·格德这样回忆道：

　　最后我们击沉了 22 艘船，而且几乎会在开火前事先警告，如果在白天与之相遇，情况更是如此。敌方船员有时间登上救生艇，随后我们会开火将商船击沉，但总有一些

本照片拍摄于 1940 年，其中在舰首甲板检阅部下的是库尔特－西萨尔·霍夫曼海军上校，作为"沙恩霍斯特"号最著名的舰长，他曾在 1939 年 11 月至 1942 年 3 月间领导着舰上的近 2000 名舰员。注意右起第四和第五人，这两位佩戴勋章的德国空军军官显然是舰上的水上飞机驾驶员。

① 在这次巡航中，唯一与格德描述相符的、进行抵抗的商船，是 1941 年 3 月 16 日被"格奈森瑙"号击沉的"智利冷藏船"号（MV Chilean Reefer），该船只有三名幸存者获救。

1939 年秋天，位于基尔港的"沙恩霍斯特"号，此时该舰已换装了"大西洋舰首"。利用这一机会，船厂还将该舰的主桅从烟囱周围的平台上移到了后方。而在其姐妹舰"格奈森瑙"号上，主桅则依旧位于原始位置——这一点也充当了在战时区分两艘军舰的最显著特征。注意弹射器上的阿拉多 Ar 196A 型水上飞机。

船长认为可以用小炮同我们周旋——当然，我们会立刻还以颜色。有一次，我们不得不保护其中一位船长免于成为其下属泄愤的对象，因为虽然我们已经要求他不要发报、不要开火、让船员登上救生艇，但他却用小炮向我们还击——等于把下属送上了绝路。当然，该船的炮弹够不到我们，而我们则用 5.9 英寸炮齐射在其左舷撕开大洞。①

除了亲自率领舰队大开杀戒，吕特晏斯还向巡逻的 U 艇发出电报，引导其发动攻击，并成功地破坏了整个北大西洋的护航系统。

"瑟布鲁斯"行动：海峡冲刺，1942 年

1941 年 4 月初，很多迹象显示，"沙恩霍斯特"号和"格奈森瑙"号将再次出击，并配合新战列舰"俾斯麦"号和重巡洋舰"欧根亲王"号一起在大西洋上掀起惊涛骇浪。但不凑巧的是，由于锅炉必须修理，"沙恩霍斯特"号直到 6 月都无法重返前线；"格奈森瑙"号则在 3 月下旬英国皇家空军轰炸机司令部和海岸司令部对布雷斯特的多次空袭中严重受损。5 月 27 日，"俾斯麦"号沉没，随后，英国的电码破译机构——"布莱奇利公园"（Bletchley Park）凭借破译的"恩尼格玛"（Enigma）电码击沉了其九艘补给船中的七艘。无论如何，后续的大西洋作战计划都遭到了彻底破坏。但"沙恩霍斯特"号的维修仍在继续，7 月 21 日，该舰南下前往拉帕利斯（La Pallic）试航，不过这一动向很快就被英国人察觉，三天后，他们的炸弹便接踵而至。威廉·格德描述了结果：

于 1940 年 4 月 7 日至 12 日参加"威悉演习"行动的"沙恩霍斯特"号——在这次行动中，德军入侵了丹麦和挪威。虽然安装了新的舰首，但在恶劣海况下，安全隐患依然存在。注意"B"炮塔（"布鲁诺"炮塔）上的对空识别标志。

白天来了一架"喷火"侦察机，但我

们用大网把船伪装起来，舰上的窗户也涂了伪装迷彩。在我们离开码头时，接到的命令是把军舰向南转移到拉罗谢尔（La Rochelle）。这座港口较小，泊地附近有一座醒目的码头。我立刻自问道："怎么会这样？我们成了俎上之肉。"中午，舰员们被获准下船。我自己也在看书，但突然命令传来：高射炮手待命。有消息显示，15架四引擎轰炸机正向我们所在的位置扑来，不久，我们就发现了第一个机影。[①]

① 这次空袭实际是由12架汉德利-佩奇（Handley Page）"哈利法克斯"轰炸机进行的，其中有2架被击落。

随着我军开火，轰炸机分散开来，从四面八方进攻。一架轰炸机直接朝着我们的位置飞来，尽管被炮火击中，但依旧投下炸弹。我们被命中五次，军舰猛烈摇晃，现在我们要回码头维修了，这尤其让人沮丧。这五枚炸弹中有三枚是穿甲弹，它们直接从舰底穿出，但没有引爆。多亏这个，我们才能在次日清晨返回布雷斯特。

此时此刻，对德国海军来说，开展远洋破交的黄金时期已经远去，面对持续不断的空袭威胁，德军高层指挥部开始制定计划，将"沙恩霍斯特"号、"格奈森瑙"

号和"欧根亲王"号调遣回国。但问题在于，所有可用备选方案都极为危险：如果选择北大西洋航线，部署在斯卡帕湾（奥克尼群岛）或鲸鱼峡湾（冰岛）的英军都将出动截击；如果从英吉利海峡穿过多佛尔海峡，那么其中21海里将有敌军海岸炮兵和雷场阻拦，并容易遭受岸上、水下和空中攻击，但容易得到德国空军的持续掩护。尽管雷德尔元帅和其他高级将领反对这一做法，它却得到了希特勒本人的大力支持。1月1日，在巴黎举行了一次重要的局势简报会，会上任命阿尔弗雷德·沙尔瓦赫特（Alfred Saalwächter）担任联合指挥官，奥托·施尼温德（Otto Schniewind）将军指挥舰队，"沙恩霍斯特"号的前舰长西里亚科斯海军中将负责指挥三艘军舰，期间，他的继任者卡尔-西萨尔·霍夫曼上校和"格奈森瑙"号、"欧根亲王"号两舰的舰长也出席了会议。1月12日，希特勒在东普鲁士的司令部最终做出决定，"瑟布鲁斯"（Cerberus）行动的筹备阶段就此开始，这一名字源自希腊神话中的地狱三头猎犬，并试图以此制造一种假象，即德军将派遣这三艘军舰联袂出击。

从"沙恩霍斯特"号前方横穿而过的英国驱逐舰"阿卡斯塔"号，该舰当时正在用烟雾为航空母舰"光荣"号（位于照片右侧远方的地平线上，并可见浓烟腾起）提供掩护。几分钟后，"阿卡斯塔"号的一枚鱼雷便命中了"沙恩霍斯特"号，并导致48名德军官兵丧生。

在希特勒的要求下，为了保守秘密，在 1942 年 2 月 11 日行动开始前，各舰只做了最基本的准备。这和海峡沿岸频繁的兵力调遣形成了鲜明对比。期间，德国海军进行了不间断的扫雷，为了获得空中保护、干扰英国雷达，他们还与德国空军建立了密切联系。对舰上的轮机中士欧根·普费弗（Eugen Pfeiffer）来说，当"沙恩霍斯特"号在西里亚科斯中将的带领下驶出布雷斯特时，一切就像是例行演习，只不过起航时间被空袭推迟到了晚上 11 点：

> 我们没有注意到任何准备工作。在恢复战备状态之后，我们进行了探照灯和对海攻击演习。对我们来说，各舰交替进入海湾演习已成为例行使命，我舰的排期是 2 月 11 日。与此同时，分队司令西里亚科斯中将也登上了"沙恩霍斯特"号——他是这艘军舰的第一任舰长。出航之后，我们开始怀疑有些不寻常的事情正在发生，于是试图查明航向。但罗盘被封死了。我们感到事情不对，上级一言不发，甚至枪炮长也默不作声。直到宣布回国之后，罗盘才恢复使用。我瞥了一眼指南针，注意到军舰正向西航行。我们继续注视，发现军舰开始北上，又过了几个小时，我们开始东行。这一切让我们感到惊讶：我们真能通过英吉利海峡？英军的岸炮绝不会让我们大摇大摆地通过。但命令确实如此："通过英吉利海峡回国。"①

威廉·格德这样回忆真相大白时，舰员们内心的兴奋和惶恐：

> 严父一般的舰长霍夫曼海军上校宣布："我们正从英吉利海峡进入德国湾。明天晚上，我们就将与母亲团聚！"舰上到处是欢呼声。当时我负责的是舰上的电话，并真切地听到了这一切。大家很高兴离开了饱受空袭威胁的船坞，但我们当然知道，这绝不是一次"郊外野餐"。

但最终，这次"海峡冲刺"并没有人们想象的那样艰险。尽管英军坚信德舰正大举出击，甚至制定了一份应急计划试图拦截从英吉利海峡东行的德军战舰，但他们的反应却充斥着混乱、无能、组织混乱和时乖运蹇，而且其海军和空军之间毫无协调可言——与德国人的精心规划和跨军种配合相比反差十分明显。直到 12 日下午，西里亚科斯的部队经过多佛尔时，英军的鱼雷快艇才发动了第一次水面攻击，不过没有成功，随后空袭不约而至。在九个月前，即 1941 年 5 月之时，"皇家方舟"号的 15 架"剑鱼"鱼雷机曾让"俾斯麦"号瘫痪，自己没有任何损失，

1941 年，布雷斯特，处于重重伪装下的"沙恩霍斯特"号。近景处可以看到控制该舰右舷副炮的防空指挥塔。

但这一次，英军只有六架"剑鱼"带着自杀般的勇气发起进攻。面对三艘德军主力舰、六艘驱逐舰和大批小型舰艇的火力，它们很快消失在了天空中。威廉·格德写道：

在10点过后至午餐之前的时间里，一个鱼雷机中队出现了。这些慢吞吞的"剑鱼"只能在低空直线平飞一阵后才能投放鱼雷。它们只能挣扎着瞄准军舰，然后一架一架地发动进攻。但它们一出现便被击落了，这让我们都感到非常难过。

来自南福兰（South Foreland）海岸炮台的炮弹落在舰尾很远处，当天下午，一艘驱逐舰向舰队冲来，但被德军的空中掩护击退。对英国人来说，他们只在晚些时候得到了一点战术上的安慰——"沙恩霍斯特"号和"格奈森瑙"号都触发了水雷。

威廉·格德这样描述"沙恩霍斯特"号初次触雷时的景象：

后来我们撞上了水雷。随着机舱安全阀打开，军舰从28节减速到了几乎纹丝不动。西里亚科斯将军曾经下令，在旗舰受损时，他将转移到另一艘军舰上，以便继续领导这次行动。于是，他从"沙恩霍斯特"号登上了Z-29号驱逐舰。机舱的工作人员在大约20分钟后排除了故障，"沙恩霍斯特"号缓缓追赶上来。在恢复全速后，尽管引擎仍有故障，机舱还一度发生火灾，但我们还是赶上了将军的驱逐舰。后来在汉堡，西里亚科斯上将告诉我："看到旗舰全速通过时，是我身为指挥官最自豪的时刻。"

当天晚上，"沙恩霍斯特"号又在德国湾触雷，对舰上工程部门的人员来说，这绝不是他们第一次或最后一次遭遇这种情况，但最终化险为夷，并在次日下午带领该舰平安通过雅德沙洲（Jade bar）进入了威廉港内。

尽管"海峡冲刺"对英国人来说是一次战术失败，甚至是一次发生在本土水域

1943 年，停泊在挪威海域的"沙恩霍斯特"号。该舰采用的伪装样式从当年 3 月一直沿用到 12 月，并在沉没前不久被"干扰迷彩"取代。近景处是第 4 驱逐舰支队的一艘驱逐舰。

的奇耻大辱，只有 1667 年米歇尔·德·鲁伊特（Michiel de Ruyter）海军上将对梅德韦（Medway）的突袭能与之媲美，但对德国海军来说，这次行动也是一次战略退却，并让英军在大西洋的压力大为减轻。受伤的"沙恩霍斯特"号和"格奈森瑙"号需要在基尔停靠，在 2 月 26—27 日夜间，英军对该港发起大规模空袭，彻底终结了后者的军事生涯——一枚炸弹引爆了其前方弹药库，导致整个舰首受损。这次空袭也拆散了德国海军中最著名的搭档，有人后来这样评论："沙恩霍斯特"号幸运的源泉枯竭了。

挪威海域

2 月 15 日，"沙恩霍斯特"号前往基尔入坞维修到当年 7 月，接下来，该舰又和之前一样，前往哥滕哈芬完成收尾工作——并最终在当年夏末焕然一新。然而，仿佛是被幸运背弃了一般，在 9 月 16 日，该舰与潜艇 U-523 号相撞，被迫再次入坞维修。经过一连串改装和演习（包括安装一部新舵），该舰终于启动了挪威之行。1943 年 3 月 6 日，在两次突出波罗的海失败（原因是被英国侦察机发现）之后，"沙恩霍斯特"号终于得手，并在三天后进入纳尔维克附近的博根湾，与战列舰"提尔皮茨"号和装甲舰"吕佐夫"号（原名"德意志"号）会合。

面对英军封锁，德国海军被束缚在了北部水域，此时，他们决定将大型战舰集结在挪威，试图牵制敌军兵力，威胁前往俄国北部的补给船队，并阻止盟国在挪威登陆。然而，燃料匮乏却让这些军舰开展远程作战的能力大打折扣，更无法充分利用战略位置优势。各舰的大部分时间都是在锚地度过的，期间点缀着修理和演习。4 月 8 日，"沙恩霍斯特"号的辅机舱发生了一次大爆炸，导致 34 人死亡或受伤，为避免产生连环反应，舰员被迫向"凯撒"炮塔的弹药库注水。在修理船的帮助下，所有维修在两周内完成——这也是"沙恩霍斯特"号团队精神的证明：尽管战局已无可挽回，还经历了挫折和几个月的徒劳等待，但舰员们依旧斗志昂扬。

海军下士赫尔穆特·博克霍夫（Helmut Boekhoff）这样回忆 1943 年舰上的生活
景象：

① 纪录片《"沙恩霍斯特"号的生与死》
（BBC，1971 年拍摄），参见 https://
www.youtube.com/watch?v=o_LVS-u26no
（2017 年 5 月访问）

我们四小时工作，四小时休息。我们不得不自己举办娱乐活动，下棋，打牌。
在舱内开展拳击比赛。在休息时我们上岸打雪仗，让男人扮成酒吧女郎。我们有一个
电影院。我们早上吃鱼，中午吃鱼，晚上继续吃鱼，最后看到鱼就想吐。但我们也随
时做好了出海准备，士气十分高昂。①

按照威廉·格德的回忆，军官们的情况也类似：

1943 年夏天，我们在四个月里只收到过两批给养。所有运输军需品、弹药和食
物的轮船都被潜艇或空袭击沉，直到第五艘船才平安抵达。一天晚上，300 颗红叶卷
心菜被送到储藏室附近的冷库前。夜班人员原本想把卷心菜收起来，但它们竟不翼而
飞。最后，人们只在角落里只发现了一颗又小又烂根本没人愿意碰的。警报立即响起，
事情在军官中传开。第二天早上，船员们聚集在甲板上。副舰长多米尼克（Dominik）
走向麦克风，对船员们说，同志们，就在昨天晚上，船上发生了空前恶劣的盗窃事件。
想象一下——300 颗卷心菜半个小时就不见了！然后他顿了顿，对着麦克风小声说：
"我也拿了一个，和通信官分了！"全体船员顿时爆发出欢声笑语。

1943 年圣诞节前唯一值得的是"西西里"（Sizilien）行动，在此期间，"沙恩
霍斯特"号、"提尔皮茨"号和九艘驱逐舰于 9 月 6 日从阿尔塔峡湾（Alta Fjord）
起航，并在两天后将斯皮茨卑尔根岛（Spitzbergen）上的盟军设施夷为平地，尤其
是岛上的气象站——对于前往俄罗斯北部的船队，它的存在有着重大意义。

于 1943 年停靠于挪威水域期间，
在"沙恩霍斯特"号前甲板合影的
官兵们。虽然经历了数月的无所事
事，并见证了德国军事力量的由盛
转衰，但"沙恩霍斯特"号的舰员
们始终保持着昂扬的斗志。

① 德国联邦档案馆（科布伦茨），档案号 RM 92/5096，罗尔夫·约翰内森海军少将，《对"沙恩霍斯特"号1943年12月26日沉没的评论》，1962年4月8日，第2—3页。其中提到的、主管北方海域的最高司令是奥托·屈布勒（Otto Klüber）海军少将。

灾难之路

在1943年春夏季节的停顿后，盟军于11月再次开始向俄国北部派遣船队。然而，一系列事态却让德军水面舰艇很难进行拦截："吕佐夫"号于9月份回国维修；同月15日，"提尔皮茨"号被袖珍潜艇重创，结果在1943年冬季，"沙恩霍斯特"号成了德军在北方海域仅存的主力舰只。不仅如此，由于旗舰"提尔皮茨"号完全瘫痪，战斗群的指挥官奥斯卡·库梅茨（Oskar Kummetz）将军也被召回国内。在这种情况下，上级任命埃里希·拜伊（Erich Bey）将军暂时接替了这份工作。在拜伊抵达阿尔塔峡湾时，正值当地的三个驱逐舰支队中的两个撤出，这让他产生了一种印象：冬天将不会有任何攻势。作为留守于此的驱逐舰支队司令，罗尔夫·约翰内森（Rolf Johannesson）在战后的一份评述中这样描述拜伊给他的印象：

当我在1943年11月8日向他报到时，发现这位指挥官精神不振。他认为自己受到了不公平对待。由于最高统帅部无意发起任何行动，在拜伊看来，他只是一个奉命带领战斗群过冬的替补角色。他用异常尖刻的语言形容这次晋升，想方设法避免带领战斗群开展训练，他从不走访下属单位，拒绝召开参谋会议，也不分享自己的想法或是进行战斗模拟。他也从未下令举行全体单位参与的通讯演习，甚至没有视察过驱逐舰，更没有与主管北方海域的最高司令进行任何洽谈。①

据约翰内森的说法，有一件事情尤其能显示拜伊是多么不合群，尽管有现代化的通信手段，约翰内森依旧需要从朗格峡湾（Lang Fjord）的驱逐舰泊位出发，亲自向位于阿尔塔峡湾的"提尔皮茨"号上的拜伊汇报——其间的往返长达八小时。另外，

埃里希·拜伊（1898—1943年）海军少将，在北角海战中，他被对手的高超技术和战术彻底击败。

"沙恩霍斯特"号的最后一位舰长——弗里茨·欣策（1901—1943年）海军上校。

罗尔夫·约翰内森（1900—1989年）海军上校，德军战斗群驱逐舰部队的指挥官。他对这次行动完全缺乏信心，并在战后的分析中严厉批评了以拜伊海军少将为首的领导层。

停泊在阿尔塔峡湾的"沙恩霍斯特"号。1943 年圣诞节，该舰将迎来最后一次出航。

虽然拜伊已经在 1940 年 4 月的纳尔维克之战和 1942 年 2 月的"海峡冲刺"中声名鹊起，但只担任过驱逐舰队指挥官，同样，"沙恩霍斯特"号的新任舰长弗里茨·欣策（Fritz Hintze）上校也没有大型水面舰艇的指挥经验，炮术水平也平常无奇。正如约翰内森所说，这种情况与英国对手，特别是本土舰队司令布鲁斯·弗雷泽（Bruce Fraser）上将丰富的航海经验形成了鲜明对比：

> 只要看一眼指挥官班子的履历，我们就可以知道敌人的状况。他们指挥军舰的平均历史至少有 12 年。驾驭各种军舰的经历，不仅是他们领导能力的体现，还给了他们经验和信心。在拜伊还是一名海军上尉的时候，弗雷泽将军便已经是海军上校了。这本身不一定是优势，但绝对不是劣势。勇敢和理论知识固然重要，但它们不能抵消指挥经验、培训和高效的参谋班子。①

以上这一切，再加上战略主动权的丧失、驱逐舰行动范围有限、上下级指挥官沟通不畅，以及拜伊沉默寡言的性格，至少从约翰内森的角度，德军的士气和战备水平已经大不如前了。

拜伊对行动似乎毫无预料，但一场作战已是箭在弦上。在 12 月 19—20 日与希特勒的一次会议上，德国海军总司令卡尔·邓尼茨元帅宣布，将派遣"沙恩霍斯特"号攻击下一支北极护航船队，以缓解东部战线的紧张局势。这支船队是开往摩尔曼斯克的 JW-55B，由 19 艘商船组成，共运载着约 200000 吨弹药、装甲车辆、航空燃料和其他军事物资。JW-55B 船队 12 月 20 日从苏格兰的埃韦湾（Loch Ewe）出

① 德国联邦档案馆（科布伦茨），档案号 RM 92/5096，罗尔夫·约翰内森海军少将，《对"沙恩霍斯特"号 1943 年 12 月 26 日沉没的评论》，1962 年 4 月 8 日，第 4 页。

位于"约克公爵"号舰首的 14 英寸主炮炮塔。该舰是海军上将布鲁斯·弗雷泽爵士的旗舰，其舰桥上方安装了一部 284M（3）型火控雷达，在远方还有一部安装在圆筒形外壳内的 273Q 型对海警戒雷达——它们都是皇家海军最优秀的雷达设备，在发现和击沉"沙恩霍斯特"号的战斗中发挥了重要作用。

航，为避开德国轰炸机的作战半径，其航线大约距离挪威海岸 400 海里，但仍能被侦察机发现。12 月 22 日 11 点之后不久，以大约 10 节前进的船队在特隆赫姆正西方的海面被一架 Ju-88 气象飞机发现。德国情报部门最初判断，该船队是攻击挪威船队的一部分，直到圣诞节当天的 12 点 15 分，"沙恩霍斯特"号战斗群才接到"在一小时内做好升火准备"的命令。两小时后，邓尼茨下令开始行动，19 点，随着拜伊和参谋们从"提尔皮茨"号抵达，"沙恩霍斯特"号离开阿尔塔峡湾。

与它一起航行的是约翰内森指挥的第 4 驱逐舰支队的五艘驱逐舰。

战斗群的离开可谓仓促，他们没有时间做战斗简报，详细的计划更无从开展。这不仅是因为上面提到的后勤障碍和拜伊个人的不自信，而且按照约翰内森的看法，其中还有一层制度上的因素，这一点拜伊也表示认同：岸上指挥部发布的命令极为详细，而不是只在大方向做出指示，更禁止指挥官见机行事。事实上，这次行动采用的是一个名为"东线"（Ostfront）的应急计划，要求派出三艘驱逐舰跟踪船队，直到时机成熟，届时，"沙恩霍斯特"号将和两艘护航驱逐舰一起赶来发动攻击。但在"提尔皮茨"号瘫痪和三个驱逐舰支队中的两个被撤回之后，这一计划的缺陷已显而易见。在北极的夜幕下，如果没有精确的位置、航向和速度情报，仅用三艘侦察驱逐舰根本不可能找到船队的位置，而且拜伊的部队兵力比计划还少，大大限制了他的选择。因此，拜伊于 12 月 25 日发布了以下战斗指令：

我打算在 26 日黎明时分——10 点左右——打击船队。如果条件（天气、能见度和敌情）对"沙恩霍斯特"号不利，本人将不打算派遣有限的驱逐舰展开进攻。[1]

除此之外，他们还很可能遭遇一支强大的掩护舰队，从某种角度说，护航队基本上是这支舰队的诱饵。拜伊的命令显示，他充分意识到了这种可能性：

根据过去的经验，必须假设至少有一艘大型战舰为船队担任远距离掩护的情况。未经证实的无线电信号显示，似乎有敌军战斗群存在。由于最近对英格兰北部各基地侦察不充分，目前还没有任何信息显示敌军远距离掩护部队的组成。因此，遭遇任何型号的英国和美国战列舰、航母或巡洋舰都应该是意料之中的事。最近一则与"乌尔姆"号（Ulm）布雷舰沉没有关的无线电信号显示，在 1942 年我们的空中侦察能

① 德国联邦档案馆（科布伦茨），档案号 RM 92/5096，罗尔夫·约翰内森海军少将，《对"沙恩霍斯特"号 1943 年 12 月 26 日沉没的评论》，1962 年 4 月 8 日，第 11 页。

力更强时，便有美国战列舰在北海活动，而且其始终未被发现。另外，不排除在白天和晚上都遭遇敌方舰载机的可能性。①

在整个二战期间，这种意识深深影响着德国海军，在其主力舰只日渐稀少时，情况尤其如此，并潜移默化地操纵了后来被称为"北角海战"（Battle of North Cape）的战斗，尤其是拜伊少将使用的战术。另外，德国人也没有预料到英国雷达技术的巨大进步，以及敌方在性能和训练方面的优势，这些将把猎人变成猎物。从这个角度，拜伊的担心完全有道理。

开赴战场

尽管部分舰员对此战的心态乐观，但按照威廉·格德的回忆录，在"沙恩霍斯特"号从阿尔塔峡湾起航时，全舰都笼罩在一片不祥的阴影下——它的舰体轻轻摇摆，索具上的圣诞装饰也随之颤动。

舰长欣策海军上校对舰员们说："你们知道，在德国海军，圣诞节通常是个喝酒狂欢、尽兴庆祝的日子，但我们不能这样做，因为谁能活着庆祝下个圣诞节——这一点没人清楚。我们的形势不太乐观。让庆祝低调一些，看看随后几个小时会发生什么。"

"沙恩霍斯特"号出航的消息立刻从挪威抵抗组织的特工传给了英国人，不久，随战列舰"约克公爵"号出海的弗雷泽上将很快接到一条"超级机密"破译的电报，显示德军水面战斗群正迎着愈发恶劣的天气向西北方行驶。21点，拜伊打破无线电沉默，并向位于基尔的德国海军北方集群司令部发出电报："由于天气状况，使用驱逐舰已不可能，武器和航速受影响很大。"午夜时分，邓尼茨终于发来回信，并强调了支援东线战场的重要性："我们必须伸出援手，在现有状况下继续前进，务必抛弃瞻前顾后的心态，只有在敌军大型舰船出现时再取消行动。我对你的进攻精神很有信心。"

在这种情况下，"沙恩霍斯特"号继续以25节的速度前进，但护航的驱逐舰奉命减速到12节。除了恶劣的天气外，困扰它们的还有通讯不畅、燃料短缺和缺乏出海经验等问题，这一切都让驱逐舰备受折磨，舰员也因晕船而东倒西歪。

根据U艇的观测报告，除非对方改变航线，水面舰艇战斗群将在26日7点左右与船队遭遇。但事实上，早在三个小时前，弗雷泽便改变了JW-55B船队的航

① 德国联邦档案馆（科布伦茨），档案号 RM 92/5096，罗尔夫·约翰内森海军少将，《对"沙恩霍斯特"号1943年12月26日沉没的评论》，1962年4月8日，第8页。其中，"乌尔姆"号是在1942年8月25日，因行动被"最高机密"破译，而被英国驱逐舰击沉的。

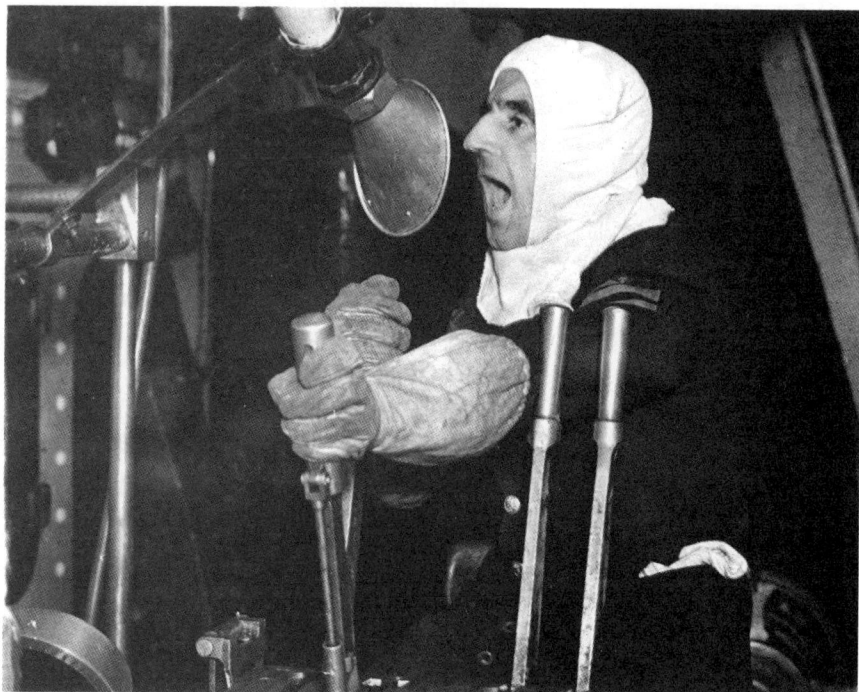

"约克公爵"号14英寸炮塔中的炮长、亲历了北角海战的亚历克斯·霍尔盖特（Alex Holgate）军士正在操纵弹药提篮控制杆，以便将弹头和发射药下方的操作室运送上来。在战斗当天的18点20分，"沙恩霍斯特"号一度要逃离该舰的有效射程，但突然在20000码距离上被一枚14英寸炮弹击中瘫痪——从此，战斗的天平开始向英国人倾斜。本照片公开于1944年1月3日，即"约克公爵"号返回斯卡帕湾之后。

线，因此，德军并没有与之发生接触。在这种情况下，拜伊向驱逐舰发出命令，在船队预期航线上组成侦察线。为此，各舰进行了一次 250 度的大转向，其中，"沙恩霍斯特"号位于该侦察线后方 10 海里处，位于各驱逐舰的视野之外。但夜间恶劣的海况和糟糕的能见度，让整个机动进行得异常艰难，对于拜伊的命令，约翰内森海军上校也显得顾虑颇深。对他来说，此举不仅分散了兵力，还让它们远离了旗舰。当两小时后战斗开始时，第 4 驱逐舰支队已不可能发挥作用，拜伊的战术灵活性也荡然无存。

"胜利者"：海军上将布鲁斯·弗雷泽爵士（1888—1981 年）。1944 年，他被任命为英国太平洋舰队的司令，并继续选择"约克公爵"号担任旗舰。在旁边是他的美国同僚——切斯特·尼米兹将军。

狭路相逢

与此同时，弗雷泽上将也在率舰向熊岛（Bear Island）西南方，即"沙恩霍斯特"号所在的位置驶来，8 点 34 分，其下辖的第一支分舰队——由伯内特（R.L.Burnett）海军中将指挥的"第 1 分队"[Force 1，下辖巡洋舰"贝尔法斯特"号（Belfast）、"诺福克"号和"谢菲尔德"号（Sheffield）] 用雷达发现了目标。9 点 24 分，各巡洋舰开火，让"沙恩霍斯特"号在措手不及之下当场被命中两弹。其中一弹击穿了上甲板，随后落入第 4 分队的住舱，但没有爆炸，不过，另一发炮弹却导致了严重后果。

威廉·格德回忆道：

"沙恩霍斯特"号先是左舷被命中一弹，接着又有炮弹击中了前舰桥顶部的雷达系统，并导致了严重影响——前舰桥顶端的雷达在甲板上方 30 米处，虽然我舰后方还有一部雷达，但它只高出甲板八米。

为了避免暴露行踪，"沙恩霍斯特"号的 FuMO 27 型雷达此前一直没有开机，但德军仍然蒙受了重挫——现在，他们只能依靠舰尾雷达，但它的探测区域却被前部上层建筑遮挡，而且有效距离仅有 12000 码。"沙恩霍斯特"号不仅孤军奋战，而且"双目失明"，"东线"行动理应被取消，但拜伊心中却只有邓尼茨的催促，并下令加速到 30 节，以便甩开英国巡洋舰的跟踪。随后，他准备向西北转向，以便在 9 点 45 分向船队发动进攻。由于担心"沙恩霍斯特"号还会卷土重来，伯内特也脱离战斗，并向船队的方向靠拢。敌人果然没有让他失望，大约正午时分，"沙恩霍斯特"号已抵达航线最北端，大约五分钟后，该舰开始向西南折返，试图向船队的预期方向靠近。然而，弗雷泽早已挫败了拜伊的举动——9 点 30 分，他便命令 JW-55B 船队继续绕道北上，至于"沙恩霍斯特"号则再次与英军第 1 分队不期而遇。后者此时已得到了从船队护航兵力中抽调的四艘驱逐舰的加强，并在 12 点 21 分开火。威廉·格德此时正在左前方的探照灯控制台上瞭望，这样描述当时的情况：

在另一场暴风雪平息后，我们发现了英军战斗群并立刻开火，我立刻报告对方是三艘大舰，还有它们的距离和位置。这些情况也得到了炮手的证实，他们说，已将敌人纳入瞄准范围内。我们的 11 英寸炮立刻开火。在视野所见之处，我看到一艘英国巡洋舰上发生了大爆炸，另一艘也在中弹后腾起滚滚烟雾。

在只有光学瞄准设备和测距仪的情况下，"沙恩霍斯特"号的两枚 11 英寸炮弹仍然命中了"诺福克"号，还将"谢菲尔德"号轻微击伤，自身则安然无恙。但在 12 点 41 分，拜伊却把"诺福克"号的 8 英寸炮弹误判成了大型军舰的主炮炮弹，这让他突然想起了一条德国空军发来的未经证实但又异常准确的警告：当天早些时候，"约克公爵"号正从西南方朝附近海域疾驶。有鉴于此，他决定放弃行动返回挪威。

"沙恩霍斯特"号高速向东南航行，试图以此脱离战斗。如果拜伊选择向西南航行，也许会借助海况甩开伯内特的巡洋舰。但最终，英军仍然在雷达探测距离内跟踪着它，还把相关情报传给了一路风驰电掣驶来的第 2 支队——该支队由弗雷泽的旗舰"约克公爵"号、巡洋舰"牙买加"号和四艘驱逐舰组成。

"沙恩霍斯特"号的末路

当"沙恩霍斯特"号奋力以 25 节航速向东南方的北角行驶时，勤务人员开始向各个战位分发午餐，欣策海军上校警告备受疲倦和晕船折磨的海员们："我们还没脱离危险，几小时以来敌人一直在跟踪，必须提高警惕。"情况确实如此。16 点 17 分，在波涛汹涌的海面上，"约克公爵"号用 273Q 型对海警戒雷达捕捉到了 46100 码外的信号——当时，"沙恩霍斯特"号只有几平方米的指挥塔暴露在海平线上。[①]15 分钟后，"约克公爵"号的 284M（3）型火控雷达与 35000 码外的敌人取得接触。16 点 37 分，弗雷泽命令驱逐舰占领进攻阵位，10 分钟后，"贝尔法斯特"号开始发射照明弹，16 点 48 分，"约克公爵"号也用 14 英寸主炮向 12000 码外的敌人展开齐射。英军发现，"沙恩霍斯特"号的炮塔在来回旋转，这表明欣策虽然发出过警告，但该舰仍被打了个措手不及。威廉·格德这样回忆道："突然间，一枚照明弹如圣诞树一般在上空燃起，让整艘军舰沐浴在耀眼的光芒里。'沙恩霍斯特'号成了俎上之肉。'约克公爵'号立刻用重炮向我们射击。"

"约克公爵"号拥有英国皇家海军中最精良的雷达，在它的帮助下，该舰第一轮全主炮齐射（16 点 51 分）便宣告命中，并将德舰的"安东"炮塔打瘫，不久之后，"布鲁诺"炮塔也步其后尘。尽管"约克公爵"号和"牙买加"号命中"沙恩霍斯特"号多达 13 次，但弗雷泽却错失了派遣驱逐舰发起雷击的机会。"'沙恩霍斯特'号永远向前！"拜伊一面激励着部下，一面转舵以 26 节的航速摆脱追兵。18 点 20 分，弗雷泽几乎已经要接受对手逃脱的结局，但在这个关键时刻，他抓住了最后的机会，让"约克公爵"号的主炮在 20000 码外发起了一次齐射，它击中了"沙恩霍斯特"

号的右舷舰体，并导致 1 号锅炉舱完全损毁，使该舰的航速顿时下降至 8 节。在这种情况下，"沙恩霍斯特"号仍表现出了出色的损管能力，在轮机长奥托·柯尼希少校的带领下，舰员们只用不到半个小时便让它恢复到了 22 节的航速，但即使如此，"沙恩霍斯特"号仍失去了宝贵的时间和航速优势。见状，弗雷泽派出了包括挪威军舰"斯特罗德"号（Stord）在内的驱逐舰队，此时，"沙恩霍斯特"号的副炮已遭遇严重削弱，舰员也伤亡枕藉。不到 19 点，该舰的左舷和右舷分别被三枚和一枚鱼雷击中，其中左舷的一枚击中了锅炉舱，导致航速再次下降至 8 节，但柯尼希少校带领舰员们付出了艰苦卓绝的努力，让"沙恩霍斯特"号再次恢复到 22 节的速度。只不过，这一切都是没有用的，在此之前，"沙恩霍斯特"号已陷入 13 艘英舰的围攻，它们每一艘都好战且嗜血。威廉·格德回忆说："无论我们向哪里转舵，都会遇到在前方遇到敌人。我们试图向南朝挪威突破，但被鱼雷击中，还有一枚 14 英寸炮弹击中舰体前部，并将上甲板完全撕开，导致它像爆开的锡罐一样向后弯折。"

19 点 15 分，在下令销毁舰上的机密文件之后，拜伊向海军最高司令部发去电报——它几乎是 1941 年 5 月 27 日清晨，吕特晏斯将军从"俾斯麦"号舰桥上发回电报的翻版："我舰将战至最后一弹。元首万岁！德国万岁！"他的舰员们英勇地回应，并在这场凌迟般的酷刑中战斗到了最后。

机械下士（Mechanikergefreiter）恩斯特·雷曼（Ernst Reimann）的战位是操纵 C 炮塔的液压泵，此时，这座炮塔正在独立射击，舰员们正吃力地从舰首弹药库为它人工搬运炮弹，他后来回忆说：

> 我们打到弹药用尽，"凯撒"主炮塔的指挥官命令向中央炮管装填最后一颗炮弹。随着它离开炮膛，我们关闭了所有系统和提弹井，并从炮塔基座的出口离开。[1]

不久之后，欣策上校只能命令舰上最后一座运转中的主要炮塔——左舷的 4 号 5.9 英寸炮塔——全力以赴，但大火已经烧向了军舰的两舷。在 19 点 29 分，"约克公爵"号打出最后一轮齐射时，"沙恩霍斯特"号的航速则下降到不足 3 节，其舰首已没入水下，海浪涌上甲板，但即使如此，该舰的轻武器仍在断断续续地开火，甚至前舰桥顶部的一门 0.8 英寸炮也不例外。驱逐舰"蝎子"号（Scorpion）上的无线电通信兵约翰·马什（John Marsh）这样描绘当时的景象：

> 两艘军舰都在猛烈交火，我们能看得一清二楚。"约克公爵"号的炮口焰是橙黄色，"沙恩霍斯特"号的则介于樱桃色和暗红色之间。期间我们曾短暂离开交战海域，不清楚旗舰发生了什么事情。但"约克公爵"号和"沙恩霍斯特"号的交火声又让我们开始回驶。被我们发现时，"沙恩霍斯特"号的火力愈发微弱，已经濒于沉没。[2]

弗雷泽命令"牙买加"号用鱼雷结果这个目标，但最终送上致命一击的却是驱逐舰——共有七枚鱼雷命中。大约 19 点 45 分，"沙恩霍斯特"号突然猛烈爆炸——现在人们认为，这是舰上的弹药库发生殉爆。当英军靠近搜索时，它已经消失得无踪无影。

① 托马斯·施密德个人收藏，对约翰·马什的录像采访文字稿。

② 托马斯·施密德个人收藏，对约翰·马什的录像采访文字稿。

死者与生者

对于毁灭降临前的情况，舰上的京特·斯特莱特（Günter Sträter）下士回忆说："欣策命令损管人员'采取V行动'，即凿沉军舰。"[①]但面对驱逐舰的攻击，这道命令已无须执行，随着"沙恩霍斯特"号开始倾覆，舰桥上不久便传来了弃船命令。威廉·格德回忆说：

平时，副官一直陪同在舰长左右，他被吩咐下楼取一件东西。当他返回时，将攥着的手枪递了过去。副官对欣策上校说："别这样。"认为舰长想要自杀。但欣策的回答是："小子，不是你想的那样。别害怕，我只是用它在英国人登舰时自卫罢了。"指挥塔里的每个人都听得清清楚楚。接着舰长命令所有人离开指挥塔在上甲板集合，在这里，数以百计的舰员加入进来，每个人都保持着完美无瑕的纪律。欣策把救生衣让给副官，并对他说道："小子，我可是个游泳好手！"随后，他转向周围的部下们："如果有人活着离开了这个地狱，请告诉家人我们已尽到了责任，做了力所能及的一切事情。"

欣策和拜伊最后向每个舰员握手告别，并检查了他们的救生衣，但有些人却拒绝离开万劫不复的军舰，作为左舷4号5.9英寸炮塔的成员，斯特莱特便见证过两个事例。他这样描述道：

炮塔一直能完全运转，直到严重的右倾导致扬弹机无法工作。和其他舰员不同的是，我们的弹药库操作手根本无法从底层离开所在的舱室。在我离开所在炮塔时，发现上甲板上遍布着死伤者……我的战友韦贝尔霍夫（Wibbelhof）和炮塔指挥官莫里茨（Moritz）都拒绝离开，韦贝

① 德国联邦档案馆（科布伦茨），档案号 RM 134/199，《针对 1943 年 12 月 26 日的战斗，对海军下士京特·斯特莱特的采访》。

1944年1月2日，"沙恩霍斯特"号的部分幸存者（只有区区36人）在斯卡帕湾上岸，都穿着配发给获救商船水手的白色外套。

反映于2000年9月被发现的"沙恩霍斯特"号残骸状态的绘画，作者是皮埃尔·克诺布洛赫（Pierre Knobloch）。此时，其舰体已经翻倒，舰首和舰尾均发生断裂。

① 托马斯·施密德个人收藏，对赫尔穆特·费弗尔的录像采访文字稿。

② 纪录片《"沙恩霍斯特"号的生与死》（BBC，1971 年拍摄）。

尔霍夫说："我待在这里，因为我属于这里。"莫里茨只是说；"我就待在炮塔里！"韦贝尔霍夫命令我们离开炮塔，"德国万岁！元首万岁！"这是他给我们的告别，我们也用同样的话回应。最后，他点起一支烟，爬到旋转手的座位上，最终和军舰一起沉入海底。

"沙恩霍斯特"号向右倾斜，舰首扎进水面，当三具螺旋桨从水面抬起时，它们仍在空中飞速旋转。这艘军舰赴死时的状况无疑让逃生更艰难了。威廉·格德注视着"沙恩霍斯特"号的临终景象——此时，这艘军舰已消耗了13艘敌舰足足2000枚炮弹和55枚鱼雷：

回头望去，我一眼看到烟囱倾倒在军舰的一边。当军舰突然倾覆，并被大海逐渐吞没时，轮机仍在低沉地轰鸣。它沉没后，我能感受到两次水下爆炸。英军耀眼的照明弹在我们头顶点燃，映亮了整个场景。

战斗变成了求生。

机械中士（Maschinenobergefreiter）赫尔穆特·费弗尔（Helmut Feifer）回忆道：

在威廉港，为纪念"沙恩霍斯特"号及其舰员而树立的纪念碑。

我从上甲板滑下，撞到一座0.8英寸高射炮上，此时军舰的右舷已没入水下。我紧抓着火炮，筋疲力尽，几乎想要放弃，身体不由自主地颤动起来。天气真冷，一位同志走过来叫我放手，之后我便被冰冷的海水冲走。随着身体愈发麻木，我意识到，自己可能撑不过去了。但仿佛奇迹一般，一只救生筏出现在波峰之上，于是我拼命朝它游去，在靠近的时候，我听到有战友说：这个人浑身是血！我开始担心他们会把我扔进海里，于是赶忙辩解道，我没流血，血是我朋友的。①

在不止一艘救生筏上，幸存者唱起了德国水手的哀歌："水兵的坟墓上没有鲜花。"其他人高喊着"希特勒万岁"和"'沙恩霍斯特'号万岁"。"没用！"海军下士赫尔穆特·博克霍夫思忖道，然后紧紧抓住了一块木板。②

但他们中得到救援的只有极少数，海军下士京特·斯特莱特回忆说：

我和另外六个人一起在救生筏上待了一个半小时。波涛汹涌的海面漂着浮冰，暴风雪和冰雹肆虐。我们最终向一艘停泊的驱逐舰漂去，该舰的右舷放下一张网梯。我们顺着网梯爬上甲板。英军没有帮助冷得无法攀爬的人，我们救生筏上的三个人因此活活淹死。这艘驱逐舰是"蝎子"号。

"蝎子"号的无线电通信兵约翰·马什回忆说：

打开探照灯时，我们可以清楚地看到水中的人。舰长驾船从边上靠过去，我们的舰员则在舰体旁铺开网梯。水中有些人爬了上来，还有一些被我们拽到了舰上，因为他们已被冻僵，无法自救，也很难抓住绳索或绳网。

威廉·格德便是这些拼尽全力才获救的人之一：

英军舰员在舰体旁扔下网梯，如果你还有力气，可以自己爬上去，但没人能做到。随后，英国人试图用套索把救生筏上的人拖走，他们向我扔下一根，但每次都从我的右肘滑脱。我虚弱得无法将套索固定在腋下。有一次，我将绳索固定好，但左臂没有套牢，再次落入水中。还有一次，就在被拽到半空中时，我又从跌了下去。这种情况发生了四次，我打算放弃，因为我觉得他们已经耗尽了耐心，不会为一个人浪费太多时间，然而，同一个英国水手第五次扔出绳索，可是我依然无法将它套在胳臂下。就在我想要放弃时，一股大浪径直把我推向驱逐舰的甲板，这名水手一把抓起我，把我拉上甲板。

但像格德这样被拽出水面的人只是少数，由于担心德国潜艇袭击，救援舰只只好匆匆离开。英国人也承认了这种状况，巡洋舰"贝尔法斯特"号上的一等水兵卢·坎贝尔[1]（Lou Chappell）提到："我觉得我们应该救起更多幸存者，但不久之后，我看到信号舱（Signals office）发来信号：'带一小批。'对我来说，这意味着'不用管'。"

"无朋"号（HMS Matchless）的二等水兵诺曼·斯卡思（Norman Scarth）也报告了同样的情况，该舰熄灭探照灯，拉起网梯，然后转舵离开，在周围数十位大声呼喊的落水者中，他们只救起了六人，至于"蝎子"号则救起了另外 30 人。[2]在该舰 1968 名官兵中，只有 36 人最终幸免于难。在"蝎子"号的 30 名幸存者中，许多人掩面而泣，因为他们得知除了自己之外只有六人获救，而不是他们预期的数百人。

12 月 27 日，即该舰沉没的次日，幸存者获得了收听德国新闻广播的许可，许可的时间很长，每段广播都不会遗漏。广播中说，"沙恩霍斯特"号已经"高扬着战旗沉没"，并且全体舰员都毫无音讯。午后，弗雷泽将军亲自接见了幸存者们。威廉·格德回忆说：

作为军衔最高的幸存人员，我得知要带领幸存者们接受接见。他们还说要注意号声——这意味着将军即将进入舱内，此时，我应当命令所有人"立正"，在将军进来之后，我还需要命令部下向左或向右行注目礼，具体将由他从哪一侧进入而定。将军和参谋们进入船舱，关上门，向我们敬礼整整一分钟。随后，将军解释说，敬礼不只是对我们表达敬意，也是为了"沙恩霍斯特"号和它勇敢的全体舰员。

前一天晚上，弗雷泽在"约克公爵"号上向下属官员做简报时，也特意赞扬了拜伊和欣策："先生们，我们击败了'沙恩霍斯特'号。但如果有人奉命率领军舰迎

[1] 托马斯·施密德个人收藏，对卢·坎贝尔的录像采访文字稿。

[2] 相关的口述史可参见：http://www.bbc.co.uk/programmes/p00mb3pp。

① 弗里茨·奥托·布施，《"沙恩霍斯特"号的坎坷一生：来自德国视角的真实记录》，第 171—172 页。

② 托马斯·施密德个人收藏，对赫尔穆特·巴克豪斯的录像采访文字稿。

③ 阿尔夫·雅各布森，《"沙恩霍斯特"号：一艘传奇战列舰的沉没和重新发现》（慕尼黑，乌尔施泰因出版社，2004 出版），第 255 页。

战数倍于己的对手时，我也希望他们能像今天的'沙恩霍斯特'号一样英勇战斗。"①赞扬远不止于此。正如机械中士赫尔穆特·巴克豪斯所说。在摩尔曼斯克，当幸存者从"蝎子"号转移到"约克公爵"号上时，驱逐舰的舰员们都用"三声欢呼"表示敬意，幸存者们也以同样的方式向"蝎子"号表示感谢。但对巴克豪斯来说，接下来的事情——等待监禁——却是一份痛苦的经历："当我们被带到斯卡帕湾时，那感觉真是糟糕。我们被蒙住双眼，从'约克公爵'号下到带我们上岸的港务船上，并被迫穿着羞辱的白色外套。"②

结语

　　"沙恩霍斯特"号的沉没，是在德国战略形势日益绝望的大背景下，因准备不足，调遣不善，沟通不畅，计划不周，心态保守和运气不佳共同导致的。不仅如此，德国海军在技术领域也远远落后于英国，在雷达方面尤其如此，这使得"沙恩霍斯特"号只能在北角外海的极夜中盲目摸索。其次是指挥问题，就像后来担任海军中将的罗尔夫·约翰内森所说："最后值得一提的是，英军拥有数量优势，训练更为出色，为完成任务的准备更为充分，他们的指挥人员在各个方面都经验丰富并胜过我们。"这些因素加总在一起，为二战中最伟大的德国水面舰艇的生涯画上了句点。

　　回想起来，有些军舰的毁灭，更多程度上是局势使然。尽管"沙恩霍斯特"号是被敌舰击沉在了公海上（二战期间，有如此结局的德国军舰只有两艘），而且还经过了漫长的追逐和两小时的痛击，并付出了惨重的人员损失，但该舰在历史上的形象却从未如此狼狈。对于年轻的德国海军，"沙恩霍斯特"号是它的骄傲，象征着它的进取精神，在四年的战争中，它曾令英国人芒刺在背，还用击沉"光荣"号和"海峡冲刺"这两次胜利狠狠羞辱了对手，让他们几十年都抬不起头。以上种种情况和它牵制的兵力，让"沙恩霍斯特"号成了英国人的大敌，而它的沉没也标志着德国军队的辉煌正在远去。完全可以说，"沙恩霍斯特"号的沉没也是第三帝国毁灭的象征。正是这一切，再加上它的服役历程和舰员们的高昂士气，充当了"沙恩霍斯特"号入选本书的原因。

附录 1：发现残骸

　　2000 年 9 月 10 日，由挪威研究员阿尔夫·雅各布森（Alf R.Jacobsen）率领的联合搜索队在英国广播公司、挪威国家广播公司和挪威海军的支持下，发现了位于水下950 英尺深处的"沙恩霍斯特"号残骸，其具体位置为北纬 72 度 31 分、东经 28 度 15 分。正如雅各布森所说，该舰的情况和沉没前遭受的损伤完全相符：

　　舰体主体翻倒，舰首在舰桥前方折断，并几乎被彻底摧毁。舰尾在船舵正后方折断。其中，舰体残存部分的长度为 525 英尺，舰首部分长 200—230 英尺并指向南方，与舰体呈 90 度夹角。据信，舰首弹药库很可能在沉没之前发生过爆炸，导致舰首与舰体分离。主桅被发现的位置在沉船主体的北部，再远一点是 33 英尺的测距仪。上层建筑的一部分位于测距仪北方，舰尾的位置则在上层建筑更靠北一些。③

附录 2："沙恩霍斯特"号舰歌

Eisiger Sturm, Nebel und Nacht,

Nordlichtshelle, des Ozeans Pracht

Sind stete Begleiter auf jagender Fahrt,

Uns Männern der Scharnhorst, trotzig und hart,

Kameraden vom Schlachtschiff, wir trotzen den Tod,

Fahren in leuchtendes Morgenrot

Lachende Augen, sieghafter Blick.

Vorwärts Scharnhorst! Nimmer zur ü ck!

★★★

冰雪伴风暴，浓雾加黑夜，

极光空中闪，巨浪漫天卷。

水兵如猎人，勇敢不退却。

巍巍战列舰，可靠似伙伴。

战友情谊在，死亡若等闲。

黎明前方现，红光映海天。

笑意留眼中，光荣落在肩。

"沙恩霍斯特"，迎敌永向前！

参考资料

未公开资料

- 德国联邦档案馆（Bundesarchiv），科布伦茨（Koblenz）
- RM 92/5080，轮机海军上尉兼第 1 损管军官博克穆尔（Bockmühl），《"沙恩霍斯特"号的行动报告》（Gefechtsberichte Schlachtschiff "Scharnhorst"）
- RM 92/5096，罗尔夫·约翰内森海军少将，《对"沙恩霍斯特"号 1943 年 12 月 26 日沉没的评论》（Beitrag zum "Scharnhorst" Untergang am 26.12.43），1962 年 4 月 8 日
- RM 92/5199，《"沙恩霍斯特"号的战斗经历》（"Scharnhorst" Gefechtswerte & Erfahrungen）（其中包含了京特·斯特莱特在 1944 年 10 月 6 日的报告和随后遣返回国的经历）
- RM 134/199，《针对 1943 年 12 月 26 日的战斗，对海军下士京特·斯特莱特的采访》（Vernehmung des Matrosen Gefreiter Sträter zum Gefecht vom 26.Dez.1943）
- 托马斯·施密德个人收藏
- 录像采访文字稿（约 1988-1992 年）
- "沙恩霍斯特"号舰员：赫尔穆特·巴克豪斯、赫尔穆特·费弗尔、威廉·格德、恩斯特·莱曼
- "蝎子"号舰员：约翰·巴克森戴尔（John Baxendale）、约翰·马什
- "贝尔法斯特"号舰员：卢·坎贝尔

公开资料

- 海因里希·布雷德迈尔（Heinrich Bredemeier），《战列舰"沙恩霍斯特"号》（Schlachtschiff Scharnhorst）[尤根海姆（Jugenheim），科勒出版社（Koehlers Verlagsges），1962 年出版]
- 弗里茨 - 奥托·布施（Fritz-Otto Busch），《"沙恩霍斯特"号的坎坷一生：来自德国视角的真实记录》（The Drama of the Scharnhorst: A Factual Account from the German Viewpoin）（伦敦，罗伯特·黑尔出版社，1956 年出版）
- 菲利普·卡雷塞，《战列巡洋舰"沙恩霍斯特"号：史诗的故事，悲壮的结局》（Le Croiseur de bataille Scharnhorst: Son épopée et sa fin tragique）[加来海峡地区乌特罗（Outreau, Pas-de-Calais），莱拉出版社，2005 年出版]
- 威廉·加兹克（William H.Garzke）和罗伯特·杜林（Robert O.Dulin），《二战轴心国和中立国战列舰》（Battleships: Axis and Neutral Battleships in World War II）（第 2 版，马里兰州安纳波利斯，美国海军学会出版社，1990 年出版）
- 德雷克·豪瑟（Derek Howse），《二战皇家海军海上雷达》（Radar at Sea: The Royal Navy in World War 2）[伦敦，麦克米兰出版社（Macmillan），1993 年出版]
- 理查德·杭博（Richard Humble），《北角的弗雷泽：海军元帅弗雷泽勋爵的一生，1888—1981 年》（Fraser of North Cape: The Life of Admiral of the Fleet Lord Fraser, 1888-1981）[伦敦，劳特利奇和基根·保罗出版社（Routledge & Kegan Paul），1983 年出版]
- 阿尔夫·雅各布森（Alf R.Jacobsen）《"沙恩霍斯特"号》[格罗斯特郡斯特劳德（Stroud, Glos.），塞顿出版社（Sutton），2004 年出版] 翻译自《"沙恩霍斯特"号：一艘传奇战列舰的沉没和重新发现》（Die Scharnhorst: Untergang und Entdeckung des legendären Schlachtschiffs）[慕尼黑，乌尔施泰因出版社（Ullstein），2004 年出版]
- 格哈德·科普（Gerhard Koop）和克劳斯 - 彼得·施默尔克（Klaus-Peter Schmolke），《战列舰"沙恩霍斯特"级》（Die Schlachtschiffe der Scharnhorst Klasse）[波恩，伯纳德和格雷夫出版社，1991 年出版，英译版由伦敦的格林希尔出版社（Greenhill）1999 年出版]
- 格哈德·科普和克劳斯 - 彼得·施默尔克，《战列舰"沙恩霍斯特"号》（Battleship Scharnhorst）（伦敦，康威海事出版社，1998 年出版）
- 兰道尔·朔克（Randall S.Shoker），《战列舰"沙恩霍斯特"号：乘员的照片簿》（Battleship Scharnhorst: The Crew Photo Album）[俄亥俄州奥克斯福德（Oxford, Ohio），奥克斯福德博物馆出版社（Oxford Museum Press），2000 年出版]

- "无朋"号水兵诺曼·斯卡思的口述（2011 年 12 月），参见 http://www.bbc.co.uk/programmes/p00mb3pp[2017 年 3 月访问]
- 纪录片《"沙恩霍斯特"号的生与死》(*The Life and Death of the Scharnhorst*)（BBC，1971 年拍摄），参见 https://www.youtube.com/watch?v=o_LVS-u26no（2017 年 5 月访问）

意大利海军

战列舰"利托里奥"号（1937 年）

作者：阿里戈·维利科尼亚

"利托里奥"号战列舰快速、优雅、装备精良、设计出众，是整整一代水兵的骄傲和意大利战列舰的典范。它参加了多次成功的战斗，承受的损伤也超过了其他的历史名舰，但即使如此，它在地中海之战中的重要作用却总是被人们忘记，在关于二战意大利海军的英语历史著作中更是经常遭到贬低——但无论如何，不管身处哪一方，意大利的军舰和水手都曾英勇作战。本章的目的，就是为了纠正这种偏见。

建造背景

在一战结束时，意大利海军对轻型舰艇和快艇运用已经相当娴熟，但在主力舰方面，这些经验却几乎为零。实际上，自 1866 年的利萨海战（在本次海战中，意大利海军被奥匈帝国打得一败涂地）之后，几乎没有意大利主力舰参加过大规模海战：只有无畏舰"但丁·阿利吉耶里"号勉强算得上一个例外。同样，在一战中，虽然该国的"隐秘战部队"创造了辉煌战绩——在 1918 年 6 月击沉了奥匈帝国战列舰"圣伊斯特万"号，后来又在该国投降数小时后将其姐妹舰"联合力量"号炸沉在了波拉港内，但为安全起见，他们把所有战列舰都拴在了港口内，其中还有两艘——"朱里奥·凯撒"号[①]和"李奥纳多·达芬奇"号——分别因人为破坏和事故沉没。尽管这种保船策略理由充分，但它却过于消极，并引发了人们对战列舰价值的质疑。不仅如此，它还只好片面依赖外国经验，而且与其他海军相比，该国对日德兰海战的研究又严重不足。

当时的外交、经济和军事环境让情况更加复杂，在一战结束后，有将近十年，意大利海军都对建造战列舰兴趣冷淡。正如欧洲各国的情况一样，意大利既没有意愿，也没有资源，更没有开展大规模海军建设的需求。此外，

① 译者注：根据《"加富尔伯爵"级战列舰》[Corazzate classe Conte di Cavour，弗兰可·巴戈尼（Franco Bargoni）等著，1972 年出版] 一书，"朱里奥·凯撒"号并无在一战中遭遇破坏沉没的记录。作者实际所指的可能是"本尼迪托·布林"号（Benedetto Brin），该舰在 1915 年 9 月 27 日突然在布林迪西港发生爆炸，随后有人怀疑这次事件与奥匈帝国间谍的破坏有关，但按照意大利海军官方在 2015 年 9 月发布的再调查报告（http://www.marina.difesa.it/noi-siamo-la-marina/storia/la-nostra-storia/accaddeil/Pagine/1915_09_27.aspx），此次爆炸很可能是因为弹药存放不善所致。

"意大利火力"：作为意大利战列舰的最著名影像，本照片于 1940 年夏天拍摄于塔兰托湾的一次舰炮射击演习期间。其中最前方的是刚竣工的"利托里奥"号，远处是其姐妹舰"维托里奥·维内托"号。

一战后，意大利主力舰队的骨干之一是"加富尔伯爵"号——该舰竣工于一战前，并在 1932 年至 1937 年年间接受了彻底的改装。

在意大利海军的两个主要对手中，奥匈帝国海军已经完全消失，法国海军也陷入了与意大利人同病相怜的状态。这种大环境的首批受害者是"弗朗切斯科·卡拉乔洛"级（Francesco Caracciolo class），虽然其他三艘还没有下水，但首舰完成度相对较高。海军和政府最初决定保留"卡拉乔洛"号，并放弃其他三艘，但到 1920 年，该舰也被转卖出去，而在接下来的三年中，意大利海军几乎所有的前无畏舰和未修复的"李奥纳多·达芬奇"号也黯然退役。在剩下的五艘主力舰中，四艘分别属于"加富尔伯爵"级（Conte di Cavour class）和"卡约·杜里奥"级（Caio Duilio class），还有一艘是"但丁·阿利吉耶里"号（该舰在 1928 年退役），战斗舰队的规模大体适中。也正是这种状况，让意大利可以抽出资源完成较小型舰只的更新换代，尤其是裁汰愈发老旧的轻型巡洋舰、装甲巡洋舰和驱逐舰。[①] 与此同时，意大利还在 1922 年签订了《华盛顿海军条约》，该条约中，意大利获得了 17.5 万吨的主力舰吨位配额——与法国处在同一水平。对于意大利来说，此举不仅是兵不血刃地打赢了一个传统竞争对手，而且还能在预算紧缩的时代，将主力舰吨位保持在可控范围内。此外，尽管《华盛顿条约》开启了一个 10 年不得建造战列舰的"海军假期"，但意大利仍可以在条约限制内，开工建造两艘 35000 吨的主力舰，以此替换分别在 1927 年和 1929 年退役或废弃的同类舰船。这一规定也成了"利托里奥"级战列舰的起源。

起源

由于上述原因，1927 年之后，意大利海军的参谋部门重新对主力舰表现出兴趣。同年 9 月，罗梅奥·贝诺蒂（Romeo Bernotti）海军少将发表了一项研究报告，为海军的未来发展奠定了基础。在探讨了诸如作战计划、后勤和海空合作之类的问题之后，贝诺蒂开始转向另一个议题：战列舰。在贝诺蒂看来，随着"但丁·阿利吉耶里"号、"加富尔伯爵"号和"朱里奥·凯撒"号分别退役、解除武装和用于训练，且剩下的两艘战列舰 [即"安德烈亚·多里亚"号（Andrea Doria）和"朱里奥·凯撒"号] 也已过时，因此，意大利海军有必要建造三艘同型战列舰，以确保其中随时至少有两艘可用。[②] 根据《华盛顿条约》，意大利海军的吨位配额还剩 70000 吨，因此，海军参谋部在 1928 年制定了两套方案，第一套建议建造三艘 23000 吨的战列舰，每艘配备六门 15 英寸主炮，其航速可达 28—29 节。第二套建议建造三艘 35000 吨的舰只，安装六门 16 英寸主炮，速度为 29—30 节。其中，第一套方案与吨位限制毫无冲突，但

① 相比之下，法国海军共有四艘于 1910—1911 年年间动工的"科尔贝"级战舰，即"科尔贝"号、"法兰西"号、"巴黎"号和"让·巴尔"号——它们直到 1918 年都未安装射击指挥装置；外加三艘于 1912 年动工的"布列塔尼"级（Bretagne class），即"布列塔尼"号、"普罗旺斯"号和"洛林"号（Lorraine）。其中，"法兰西"号在 1922 年因触暗礁报废，而"让·巴尔"号的舰况则非常恶劣。

② 埃米尼奥·巴格纳斯科和奥古斯托·德·托罗，《"利托里奥"级：意大利战列舰的绝唱和巅峰，1937—1948 年》（南约克郡巴恩斯利，远航出版社，2011 年出版），第 10 页。

第二套方案只有两艘能在条约生效期间开工，第三艘的建造只能等到1931年"海军假期"结束之后。尽管这些计划合情合理，但意大利首相贝内托·墨索里尼以两个理由给予了拒绝：战列舰工程不仅会干扰现有的海军现代化计划 [包括"雇佣兵队长"级（Condottieri class）轻巡洋舰和"扎拉"级（Zara class）重巡洋舰的建造]，而且还会对参加1930年4月伦敦海军会议的意大利政府不利。因此，这些计划最终被海军参谋部门搁置了。

但不久之后，随着外交环境变化，墨索里尼又开始支持购置新式战列舰——与之相比，原先的军事需要反而成了次要原因。尽管伦敦海军会议在吨位和武器方面做出了种种限制，但它仍未抚平法国日益增长的不安情绪：诚然，根据《华盛顿条约》，法国海军的规模可以与意大利相当，但此时局面却出现了新变化——德国人正在重建海军。这些担忧的源头是"德意志"级装甲舰的建造——德国海军司令汉斯·岑克尔（Hans Zenker）尤其青睐这一项目。作为"巡洋舰杀手"，它们不仅将颠覆海战的常规模式，还将给法国商船带来巨大威胁。法国海军于1931年10月做出回应，宣布建造安装八门13英寸火炮的战列舰"敦刻尔克"级，该舰排水量为26500吨，设计航速为29.5节（试航速度达到了31节）。然而，虽然"敦刻尔克"级可以有效对"德意志"级形成反制，但它也改变了地中海上的力量平衡。但即使如此，墨索里尼仍然无意破坏条约体系，更没有兴趣挑起与法国海军的竞赛。在这种情况下，意大利政府最初只是下达命令，在1932年至1937年之间对"加富尔伯爵"号、"卡约·杜里奥"号、"安德烈亚·多里亚"号和"朱里奥·凯撒"号进行彻底重建，以此取得对"敦刻尔克"级的整体优势。但1934年7月16日，法国再次宣布：准备回应德国的"沙恩霍斯特"级（参见"沙恩霍斯特"号一章），并建造"敦刻尔克"级的二号舰（即"斯特拉斯堡"号）——这让意大利人的局势急转直下。这一消息，再加上罗马和巴

1937年在的里雅斯特亚得里亚海联合船厂（C.R.D.A.Trieste）完成重建的"加富尔伯爵"号，其外观和"利托里奥"级颇为接近，反映了项目领导者——翁贝托·普列塞的个人风格。

① 埃米尼奥·巴格纳斯科和奥古斯托·德·托罗，《"利托里奥"级：意大利战列舰的绝唱和巅峰，1937—1948年》，第17—18页。

1940 年春季，在热那亚或拉斯佩齐亚，"利托里奥"号正在进行舾装。通过这张照片，我们可以对该舰的武器配置略见一斑，其中最醒目的是位于基座上的 15 英寸后主炮炮塔，其附近有两座双联装 0.79 英寸 65 倍径、炮管呈特殊的斜向布置的机关炮。我们在照片左侧还可看到左舷后方的 6 英寸副炮炮塔。注意固定在炮塔基座上的舰钟。

黎之间的谈判破裂，让意大利政府必须有所行动。5 月 26 日，在海军总参谋长多梅尼科·卡瓦格纳利（Domenico Cavagnari）海军上将的敦促下，身兼首相和海军部长两职的墨索里尼宣布建造两艘 35000 吨的战列舰——"利托里奥"号和"维托里奥·维内托"号（Vittorio Veneto）。这则消息在英国引发了轩然大波，当时，后者希望利用即将在伦敦召开的海军会议提出一项新计划：即减小战列舰的主炮口径和排水量（这一提案遭到了华盛顿和东京当局的反对）。虽然后来罗马和伦敦之间进行了一系列的外交磋商，而且法国和意大利都在最后一刻试图达成妥协——但这一切都没有阻止"利托里奥"级的诞生。

设计

1934 年 3 月 21 日和 22 日，意大利海军的咨询机构——海军将官委员会（Comitato degli Ammiragli）确定了意大利未来战列舰工程（即"利托里奥"级）的四个关键点：[①]

从理论上，战列舰仍然是每支舰队的最基本和必要的组成部分。

从技术上，面对炮弹、鱼雷和炸弹的威胁，大排水量的舰只可以获得可靠的保护。另外，只要其他国家还拥有上述的特征的舰只（如英国的"纳尔逊"级），或鉴于海军限制条约前途未卜，以及准备建造此类舰只，我们就不能做出放弃战列舰的举动。

从法律角度，意大利完全有权建造排水量和主炮口径处于条件允许上限的战列舰。

从外交角度，意大利已尽一切努力与法国达成海军协议，但该协议却最终流产，法国对此事负有全部责任；如果法军建造 26500 吨的主力舰是为了应对德军 10000 吨的军舰，根据这一逻辑，我国建造 35000 吨的军舰也完全是合理的。

为此，海军将相关军舰的吨位定在了 35000 吨。这表明，它渴望的是一艘最高航速约为 30 节的快速战列舰，并配备最重型的火炮——对意大利，它意味着其口径至少为 15 英寸或 16 英寸，而安装这类主炮的战列舰早已在英国、美国和日本海军服役了。但和"纳尔逊"级或"敦刻尔克"级不同，新舰并未把主炮塔全部布置在舰桥前方——相反，其三联装炮塔采用了常规布置，两座向前和一座向后。在 1928 年时，海军舰船设计委员会（Commitato per i Progetti delle Navi）曾根据贝诺蒂在 1927 年 9 月的方案绘制过若干图纸，虽然它们并未获得采纳，但相关人员却顺着海军参谋部门的思路对其进行了更新。1932 年，上级命令海军工程师翁贝托·普列塞（Umberto Pugliese）为 35000 吨战列舰绘制初步设计蓝图。海军造舰工程局（Direzione Generale delle Costruzioni Navali e Meccaniche，MARICOST）对普列塞的指示如下：[1]

"受迫害的天才"：翁贝托·普列塞（1880—1961 年）——"普列塞系统"的发明者、"利托里奥"级的总设计师。但即使有如此头衔，在 1938 年，他仍然成了墨索里尼政府《种族法》的牺牲品。

主炮大于（或等于）在任何假想敌安装的主炮，且大部分应布置在舰体前部。

航速必须：（1）与 10000 吨级的条约巡洋舰相当；（2）足以超过任何地中海国家现役或在建的主力舰，进而将其纳入炮火射程。

防护必须：在正常条件下经得起与同类军舰的长时间战斗。

普列塞在 1933 年年初提交了初步计划，但最终设计直到 1935 年 5 月才完成，此时距离该级的前两艘军舰动工已经过了六个月。

武器

在海军造舰工程局的准则中，特地强调了进攻能力。这迫使普列塞在基本设计中做了许多权衡取舍，其中的焦点是主炮，以便在符合 35000 吨条约限额的同时实现速度和防护的平衡。虽然海军造舰工程局和海军参谋部都偏爱 16 英寸主炮，但这一决定却在多个方面面临着重大挑战。16 英寸主炮的重量更大，它意味着，如果要把排水量保持在 35000 吨（尽管如此，该舰的排水量还是增加到了 38000 吨），该舰将只能在三座双联装炮塔中安装六门主炮，或是在两座四联装炮塔中安装八门主炮（类似"敦刻尔克"号的情况）。

尽管普列塞团队的上级——海军装备和武器局（Direzione Generale delle Armi e degli Armamenti Navali，MARINARMI）支持安装 16 英寸主炮，以获得更强的穿透力和大约 2200 码的额外射程。但问题在于，大口径主炮的射速较慢（原因在于炮

[1] 埃米尼奥·巴格纳斯科和奥古斯托·德·托罗，《"利托里奥"级：意大利战列舰的绝唱和巅峰，1937—1948 年》，第 29 页。

弹较重且难以搬运），而且意大利军工企业生产这种武器的经验也严重不足。事实上，16 英寸主炮必须从头设计，并相应增加时间和成本。另一方面，意大利的三个主要兵工厂——安萨尔多（Ansaldo）、维克斯 - 特尔尼 [Vickers-Terni，后改名为奥德洛 - 特尔尼 - 奥兰多兵工厂（Odero-Terni-Orlando，O.T.O.）] 和阿姆斯特朗 - 波佐利（Armstrong-Pozzuoli）却生产过多达 23 门 15 英寸 40 倍径舰炮。它们原本计划用在"弗朗切斯科·卡拉乔洛"级战列舰上。这些火炮设计出色且性能优良，而且接受过广泛测试，为新型 50 倍口径主炮的研制奠定了坚实基础。不仅如此，九门 15 英寸主炮还可以更平衡地布置在"两前一后"的三座炮塔内，这也是海军装备和武器局以及普列塞本人的最终选择。

　　另一次讨论发生在军舰动工后，争议点是修改炮塔布局，即前方安装一座四联装和一座双联装炮塔，后方安装一座四联装炮塔——就像后来的"英王乔治五世"级（King George V class）一样。这种设计增加了军舰的火力投送量，还让前后炮塔在对准不同目标时的火力分配更为均衡，然而，它也有两个重要缺陷。四联装炮塔的重量更大，导致每门火炮的备弹量必须从 60 发下降到 50 发。另外，工业部门还要研究和建造两种独立的设计。最终，经济和技术上的考虑战胜了战术上的考虑，让"利托里奥"级沿用了三联装炮塔。

　　这种"两前一后"的配置，使舰船火力可以高度集中，并保证了军舰在脱离战斗时予以回击。此外，该舰的后炮塔还有着 320 度的射界。这也意味着，只要目标不在正前方左右 20 度范围内，该舰都可以对其实施齐射。以上这一切，再加上较高的设计航速，使"利托里奥"号能够在沿着平行航线追击对手时充分发扬火力。除此以外，该舰的武器还包括 12 门 6 英寸 55 倍径副炮，它们安装在四座三连装炮塔内，分别位于舰体的中前部和中后部——2 号和 3 号主炮炮塔的靠后和靠前的位置；此外还有 12 座 3.5 英寸高平两用炮，24 门 1.5 英寸高射炮（安装在单装和双联装炮座上）和 20 门布雷达 0.79 英寸高射炮，它们全部位于舰体中部。但舰上没有安装鱼雷发射管。

1940 年夏，"利托里奥"号在塔兰托湾的炮击演习中实施齐射。

火控系统的基础是一套立体式测距仪（基线长 39.4 英尺，用于主炮）和连接着三座主炮炮塔的计算机，其中大部分都是热那亚圣乔治奥公司（San Giorgio firm）的产品。另外，舰上在 2 号和 3 号炮塔的 6 英寸副炮和高射炮中还设有辅助火控装置。根据《海军舰队的部署准则和规章》（Direttive e Norme per l'Impiego della Squadra Navale）的规定，这些炮塔应当各自瞄准一个目标，而不是集中火力，而且禁止两个炮塔同时设计。[①]至于距离修正则采用的是福尔切拉

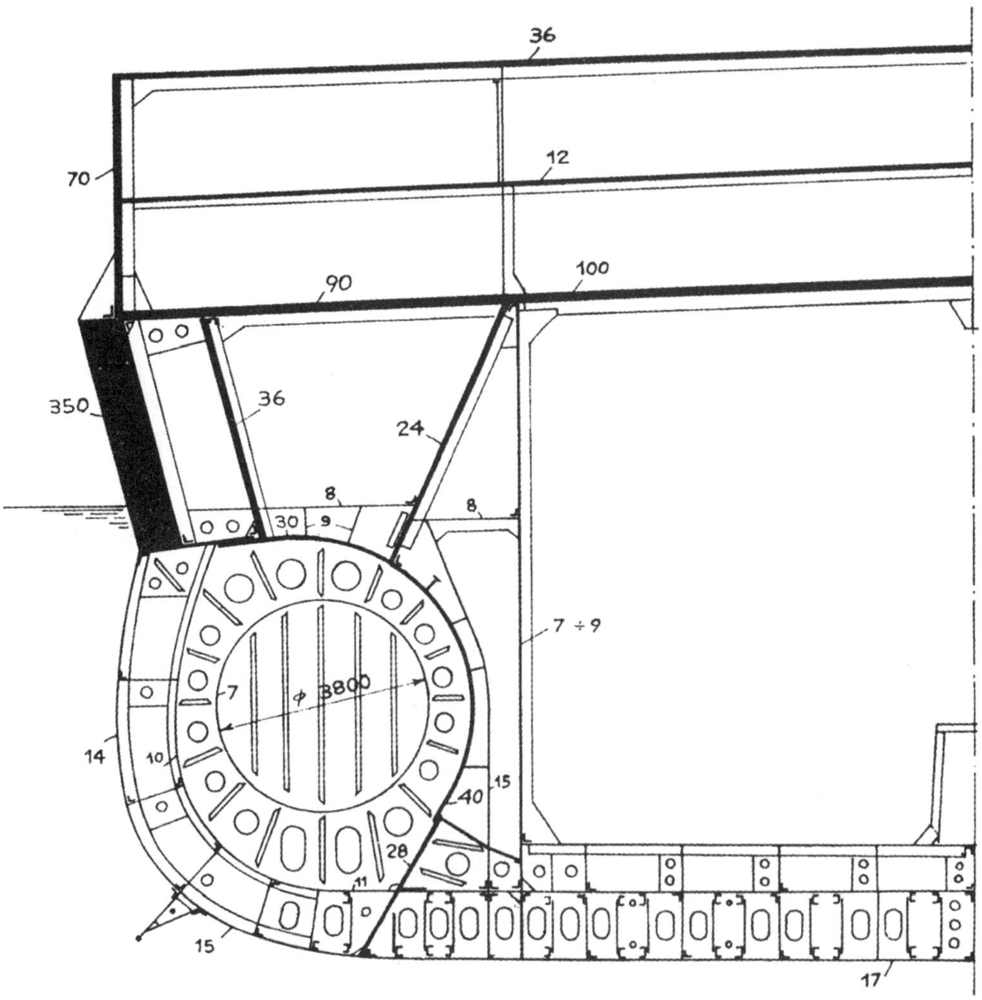

"利托里奥"号"普列塞系统"的横截面，图中数字表示钢板的厚度和尺寸，其中 13.8 英寸的主装甲带实际由一层 11 英寸的克虏伯渗碳装甲和一层 2.8 英寸的外侧装甲（用于剥离穿甲弹被帽）组成。

（Forcella）夹叉法，并从 3 号炮塔开始连续快速射击。尽管在理想条件下，上述做法可以确保很快命中目标，但《准则和规章》也承认，在海况恶劣时，上述火控系统将完全失效，只有安装了自稳定装置的 3.5 英寸舰炮能在自动运转状态下准确开火。如果船横摇超过 5 度，该文件建议各炮塔独立射击，并根据观测到的炮弹落点进行校正。"利托里奥"级在设计时未配备雷达，而且直到战争结束，意大利海军也未成功开发出可靠的舰载雷达系统。

舰体与防护

"利托里奥"号全长 780 英尺，最大宽度 108 英尺，在满载排水量下吃水深度 34.5 英尺。其防护的核心是一个长 394 英尺的装甲堡，该装甲堡顶部是厚 2.8—6.4 英寸装甲板，炮塔和指挥塔则分别安装了 15 英寸和 10.2 英寸克虏伯渗碳装甲。所有装甲的总重量为 13770 吨。

在水下防护方面，"利托里奥"号采用了著名的"普列塞系统"（详见附录），并安装了在法国重巡洋舰"阿尔及利亚"号（Algérie）上首先采用的复合式主装甲带。在意大利海军对其进行测试之后，普列塞便成了这种设计最热情的拥护者，他的最初设想是为全舰安装由一条均质钢制造的 2.75 英寸的外侧装甲带以及一条由 11 英寸渗碳装甲组成的内侧主装甲带，且在两者之间留出 79 英寸的空间。其基本原理是用外

[①] 埃米尼奥·巴格纳斯科和奥古斯托·德·托罗，《"利托里奥"级：意大利战列舰的绝唱和巅峰，1937—1948年》，第 92 页。

侧钢板减慢穿甲弹的速度，并将穿甲被帽剥离弹体。除此以外，外层钢板还能改变入射炮弹的弹道，使后者发生破裂——而不是在主装甲带上爆炸。该系统在测试后又接受了修改，最终安装在"利托里奥"号的版本将间隙（填充了防水材料）减小到了10英寸，但11英寸的主装甲带被加长，并完全覆盖了装甲堡的侧面。每块复合式装甲带都是一个密闭的箱式结构，它们将被固定在船体上，并有木板作为背垫——这在当时也是一种简单易行的创新之举，为建造和维修工程减轻了很多负担。

建造

"利托里奥"号和"维托里奥·维内托"号的建造合同由两家民营船厂——热那亚的安萨尔多船厂和的里雅斯特的亚得里亚海联合船厂（Cantieri Riuniti dell'Adriatico，C.R.D.A.）——获得，其中，亚得里亚海联合船厂曾主动要求承建全部二艘战列舰，但由于热那亚更靠近火炮和装甲生产的中心，海军参谋部更倾向于两者分工。上述决策于1934年5月正式公布，但在早些时候的1934年春，意大利政府便与工业界进行了初步磋商，期间，有许多工厂试图借助关系和行贿，让墨索里尼施加影响，帮助他们拿下合同，但海军始终坚持着自己的选择。1934年10月28日，"利托里奥"号和"维托里奥·维内托"号同时动工，此时也正值法西斯党徒"向罗马进军"的12周年纪念日——正是这次事件，让墨索里尼被任命为意大利首相。换言之，上述日期的选择绝对不是巧合，不仅如此，本舰的舰名——"利托里奥"也和法西斯主义有着千丝万缕的联系。它源自拉丁语的"lictor"一词，指的是罗马执政官的亲卫，这些人手持束棒（即所谓的"法西斯"）——绝对权威的象征，这一符号后来被墨索

1937年年初，在热那亚－西塞斯特里的安萨尔多船厂准备下水的"利托里奥"号，由于主装甲带尚未安装，其舰体侧面露出了木制背板。注意舰首的"法西斯"标志，墨索里尼领导的"法西斯运动"便因此而得名——它的存在将为下水典礼增加一些仪式感。

里尼借用过来，用作其领导的政治运动的图腾。"利托里奥"号在 1937 年 8 月 22 日下水，并预计于 1939 年 4 月竣工。而在亚得里亚海联合船厂，由于其拥有建造 50000 吨级邮轮"国王"号（Rex）和"萨伏伊公爵"号（Conte di Savoia）的经验，工作效率相对更高，因此，"维托里奥·维内托"号有望在早些时候的 1939 年 2 月完成。尽管工程早在 1934 年秋天便匆匆开始，但政府直到 1935 年 7 月才正式与两家船厂签订合同，这导致了付款延期，并给船厂带来了一些财务困难。而在最终付款时，其出资人并不是政府，而是国有的"工业资产国家援助联合财团"（Consorzio per Sovvenzioni sui Valori Industriali），并由政府充当担保人。[①]

即便如此，这两艘战列舰的建造仍无法顺利进行。首先，从 1934 年动工到 1940 年竣工，其设计发生了许多变动，导致标准排水量从 35000 吨逐步上升到 38000 吨，最终达到了 41377 吨。尽管增加排水量的做法是由政府批准的，但它直接违反了《华盛顿条约》，并一直没有公之于众。其中，第一轮吨位的增加主要源自对初始设计的调整——由于 1935 年 10 月批准的最终设计较原方案变化较大，厂方不得不在 1935 年年末至 1936 年年初之间停止施工，同时进行相应的改进，其内容是增加装甲，同时，为补偿额外的重量，该舰的舰体也进行了加长。第二轮吨位的增加则是因为海军希望把该舰的最高速度从 29 节提高至 30 节，其内容包括安装更重型的动力系统，并对船体展开相应调整。但在这一领域也出现了更多的问题。具体来说，尽管意大利海军需要的是两艘整齐划一的军舰，但在动力领域，每个造船厂都有自己的小算盘。而且一位政府部长——朱塞佩·贝卢佐 [Giuseppe Belluzzo，他也是意大利最大的涡轮机制造商——安萨尔多 - 贝卢佐 - 托西（Ansaldo-Belluzzo-Tosi，ABT）财团的领导人] 也插手进来，他不断使用阴谋诡计，让整个问题愈发混乱。贝卢佐游说墨索里尼，试图把他的涡轮机安装在每一艘意大利军舰上。墨索里尼原则上表示同意，但仍就这种方案的技术可行性与卡瓦格纳利海军上将进行了协商。作为回应，卡瓦格纳利成立了由海军军官、安萨尔多 - 贝卢佐 - 托西财团代表和两家造船厂代表组成的咨询委员。最后，各方达成共识，每艘军舰最终将安装四部贝卢佐型涡轮机组（每套机组中有高、中、低压冲击式汽轮机各一台）。它们分别布置在锅炉舱的前后两个舱室内，功率为 130000 轴马力，蒸汽由布置在四个锅炉舱中的八台亚罗式锅炉提供，

于 1939 年 10 月 23 日—25 日进行初步测试后，被拖往热那亚的"利托里奥"号。

① 埃米尼奥·巴格纳斯科和奥古斯托·德·托罗，《"利托里奥"级：意大利战列舰的绝唱和巅峰，1937—1948年》，第 21 页。

照片拍摄 1940 年夏天。从"利托里奥"号的舰桥俯瞰舰尾方向，我们可以看到 3 号 15 英寸主炮塔。该炮塔转向右前方，几乎处在与中轴线夹角 20 度的极限位置上。另外，我们还可以看到在右舷后部的 6 英寸炮塔上的几个人影。

① 埃米尼奥·巴格纳斯科和奥古斯托·德·托罗，《"利托里奥"级：意大利战列舰的绝唱和巅峰，1937—1948年》，第 64 页。

② 埃米尼奥·巴格纳斯科和奥古斯托·德·托罗，《"利托里奥"级：意大利战列舰的绝唱和巅峰，1937—1948年》，第 22 页。

③ 埃米尼奥·巴格纳斯科和奥古斯托·德·托罗，《"利托里奥"级：意大利战列舰的绝唱和巅峰，1937—1948年》，第 166 页。

在正常载重状态下，其燃油舱内可以装载 3700 吨燃料，而在最大载荷下，这一数字可以达到 4228 吨（实际上，其装载量最多只能达到 3300 吨）。该级的最大航程为 4290 海里 /13 节。[①]另外，在试航时，"利托里奥"号曾录得了 31.2 节的航速。

除了设计修改和政商勾结（这在当时的意大利极为普遍）之外，还有一个更关键的问题导致了工程延期——这就是通用钢和装甲钢的短缺。在意大利，相关问题于 1935 年开始浮出水面。之前，意大利军队冒险入侵阿比西尼亚，国联通过投票，决定给予其经济制裁，使意大利的产品进口大幅减少。作为回应，墨索里尼采取了一种旨在自给自足的经济政策，导致造舰所需的原材料严重短缺，并耽误了每艘在建舰船的调试。此外，当时意大利海军的几项重大工程也彼此冲突，其中，重建"卡约·杜里奥"号和"安德烈亚·多利亚"号的工作影响尤其巨大。按照设想，这两艘军舰也将加入战斗舰队，并和接受过现代化改装的"加富尔伯爵"号、"朱里奥·凯撒"号以及两艘"利托里奥"级并驾齐驱，而在未来，其序列中还将增加两艘"帝国"级（Impero class）。作为结果，延误令军舰的造价大幅攀升。"利托里奥"号最初的成本预计为 4.8 亿里拉，但官方最终公布的数字达到了 575833000 里拉，而一些研究则表明，该舰的实际成本达到了约 8 亿里拉之巨。[②]

舾装和竣工

尽管"利托里奥"号终于在 1940 年 5 月 6 日（较预定竣工日期晚了几乎一年）竣工，"维托里奥·维内托"号也在八天前建造完毕，但这些延误还是导致了一个后果：在 6 月 10 日，意大利向英法两国宣战时，这些军舰都没能参加争夺地中海的首轮战斗——于 7 月 9 日进行的斯蒂洛角海战 [Battle of Punta Stilo，又名卡拉布里亚海之战（Battle of Calabria），这场战斗以平局了结]。[③]其中，"利托里奥"号于 1940 年 5 月 15 日在热那亚开始了海上试航，然后于 20 日前往附近的拉斯佩齐亚（La Spezia）海军基地进行舾装。三天后，在护航舰艇的伴随下，该舰又航行到阿普利亚（Apulia）地区的塔兰托（Taranto）——意大利海军的主要基地。在塔兰托，该舰第一次与姐妹舰"维托里奥·维内托"号会合，并一起组成了意大利海军的第 9 战列舰支队（9a Divisione Navi di Battaglia），该部队的司令是卡洛·伯刚明尼（Carlo Bergamini）将军。为开展训练，"利托里奥"号和姐妹舰在港口度过了夏天，还有不少安萨尔多工厂的工人留在舰上，以便校准和测试各种武器。也正是因此，虽然在斯蒂洛角海战打响前，第 9 战列舰支队已进入了战备状态，但最终仍在这次战斗中缺席。而且这段过程也绝不是风平浪静的，和许多新服役的军舰一样，它们仍然存在故障，而且有些问题非常严峻。比如，两舰的炮塔推弹机功率不足，而且位置没有完全对正，7 月时，由于安萨尔多船厂雇员的疏忽，舰上的 1 号炮塔发生火灾，导致一名工人死亡，到当月月底，这座炮塔都处于瘫痪状态。至于军官们也对安萨尔多工厂工人在舾装过程中的表现深感不满，直到 8 月下旬，"利托里奥"号和"维托里奥·维内托"号才首次驶向前线。

人员组织

"利托里奥"号的标准人员配置是 1866 名官兵（如果该舰充当支队或分队旗舰时，司令官及其参谋人员也会进驻，从而使总人数突破 1900 大关）——其中包括 92 名军官、122 名军士长、134 名士官和 1506 名水兵。除此之外，舰上通常还有分配给炊事部门的 12 名平民雇员。这也体现着意大利海军对饮食的重视——他们选择从岸上的饭店招募专业厨师，而不是训练自己的人员。

在军舰处于在役状态时，其指挥官将由一名海军上校担任，副舰长是一位中校，并负责全舰的后勤和船员事务。另外，像"利托里奥"号这样的大型军舰还配有一名二副，负责在行政管理领域为副舰长提供支持。按照意大利海军的惯例，军舰上的轮机事务由轮机部门（Genio Navale）负责，其下属成员均拥有军衔。在"利托里奥"号上，该部门的最高主管——轮机长是一名少校。枪炮、火控、导航、电气、工程和医疗等专业部门的情况也与之类似，其指挥官同样由一名少校级军官担任，但由于兵种不同，其军衔的称呼也存在差异，有的被称为"Capitani di Corvetta"，有的被称为"Maggiori"。除舰长、副舰长及其助手外，军舰的其余人员均根据专业不同被编入了 10 个分队（详情可见下表）。

舰上的人员划分	
第 1 分队	导航和通信（无线电通信兵和信号兵）
第 2 分队	普通水兵
第 3 和第 4 分队	舰炮操作人员（炮手、装填手、火控专家和军械技术人员）
第 5 分队	水下和航空分队［"利托里奥"号上没有鱼雷和水雷专业技术人员，但有负责操纵 IMAM Ro.43 水上飞机及其配套设备的空勤人员，后来，该飞机又被雷贾尼 Re.2000"猎鹰"（Reggiane Re2000 Falco）式弹射式战斗机取代］
第 6 分队	电气分队（包括电工和电磁罗经操控人员，在 1941 年之后还增加了雷达操作员）
第 7 和第 8 分队	轮机分队（包括司炉、轮机兵、技术人员、机械师和修理工）
第 9 分队	勤务人员（即其他未分配到上述分队的专职人员）
第 10 分队	联合参谋部（只在"利托里奥"号担任旗舰时登船）

在军舰运转时，这些分队将分为三批执勤。军官、部分高级士官和文职人员不在轮班范围内，但也可以临时配属给执勤岗位。从理论上讲，每一班执勤人员都应具备独立操纵舰只的能力，但在战斗状态或紧急情况下，所有舰员都将投入行动。舰上

的轮班循环时间为 12 小时，其中每四小时换班一次，这意味着第一班的工作时间是从 0 点到 4 点，随后是 12 点到 16 点。在某些情况下，16 点到 20 点之间的值班会被拆分成两部分，并在两批人员之间轮换。对于海军军官学校等机构的学员，他们将四小时值班，四小时休息，并被分配给不同批次的值班分队，如果军舰停靠在港内，每天执勤的任务安排通常不会如此密集，但在战争期间，舰员们却很难获准离开军舰所在的海军基地，只有在很少的情况下，他们才会被奖励一天以上的假期。

舰上的高级军官和下级军官们分别拥有起居室，而高级士官们则拥有自己的餐厅，并有专门的人员提供伙食。在居住设施方面，军官们都有独立的住舱，高级士官们则被分入了有铺位的小房间。至于下级士官和水兵则居住在通舱内，睡吊床。按照规定，吊床必须在早上 8 点时收好。为了保持舰上卫生，桌子和长凳平时都被收挂在天花板上，只有在进餐和娱乐时才被放下。每间通舱中可以容纳 6 至 10 名水兵，除了各自的日常生活用品，他们还配有一个大锅。每个舱室都会派人把锅带到厨房，打回饭菜供大家享用。另外，水手还要自己负责清洁锅具、餐具并打扫通舱甲板的卫生。

总之，就像大部分海军一样，在意大利海军之中，其人员的饮食起居存在明显的不平等，生活的舒适程度更是天差地别。尽管在平时出海或靠港期间，这种情况还可以忍受，但 1943—1947 年里的三年半时间——只有少部分舰员随"利托里奥"号被拘押在大苦湖（Great Bitter Lake）时，情况就截然不同了。由于和外部世界联系甚少，舰员们几乎要被逼到了崩溃的极限。期间，他们和外界的船只几乎没有沟通，唯一的联络渠道只有运送信件、补给和替补舰员的意大利船舰。

1940 年 5 月 6 日，在舰尾甲板上举行的"利托里奥"号服役典礼。当时该舰正停靠在热那亚，所有舰员都身着深蓝色冬季制服。四天之后，意大利参加了二战。

参战

　　"利托里奥"号的服役生涯，是在争夺地中海的大背景下徐徐开启的。期间，意大利海军和空军，德国空军和潜艇，以及英国皇家海军、海军航空兵和皇家空军都投入了争夺。在 1940 年至 1943 年之间，意大利海军的主要战略目标是积极防御，而主要作战目标又是保护本土和利比亚之间的航运安全，并阻止英军横跨地中海调动兵力。这也意味着，他们必须截断马耳他的供应线，避免直布罗陀的 H 舰队和亚历山大港的地中海舰队取得联系。尽管意大利海军没能改变地中海之战的结果，但研究和分析表明，在 1942 年年底之前，他们都完成了任务，尽管实现程度十分

1940 年夏天，"利托里奥"号在塔兰托湾高速航行。在历史上，很少有战列舰像它一样拥有如此优雅的线条。

　　之低。在战术领域，意大利海军最高指挥部（Supermarina）要求舰队抓住机会打击英军，然而，由于国内造船厂无法填补持久战所造成的损失，这一积极主动的想法最终没能实现。在这种情况下，意大利海军只好将重心转向保全自身，以便作为"存在舰队"继续发挥作用，他们的动作极为谨慎，只有在有利态势下才会与敌人交战。[1]

　　"利托里奥"号初次参与作战巡航是在 1940 年 8 月底，其目标是拦截从直布罗陀开往亚历山大的一支大规模补给船队，盟军把这支船队命名为"礼帽"（Hats），但意军最终未能成功进行拦截。该舰于 9 月下旬再次出海，目标是英军的 H 舰队，当时后者正在进行佯动，以掩护预定对达喀尔展开的登陆行动。至于下一次行动则旨在拦截从亚历山大向马耳他运输物资的 MB5 护航船队。这些行动全部失败，它们不仅暴露了意军在空中侦察方面的问题，还凸显了意大利海军最高指挥部畏首畏尾的心态。另外，意大利战斗舰队的编成也存在问题。尽管"利托里奥"号和"维托里奥·维内托"号组成的第 9 战列舰支队能轻松地以 28 节航速前进，但第 5 战列舰支队则不然——尽管后者下属的两艘战列舰"加富尔伯爵"号和"朱里奥·凯撒"号都进行过现代化改装，但航速只能勉强维持在 25 节。也正是因为如此，意大利海军战斗舰队总司令伊尼戈·坎皮奥尼（Inigo Campioni）才会提议让这两个支队独立作战。

① 文森特·奥哈拉，《为地中海而战：地中海战场上的各国海军，1940—1945 年》（马里兰州安纳波利斯，海军学会出版社，2009 年出版），第 5—6 页。

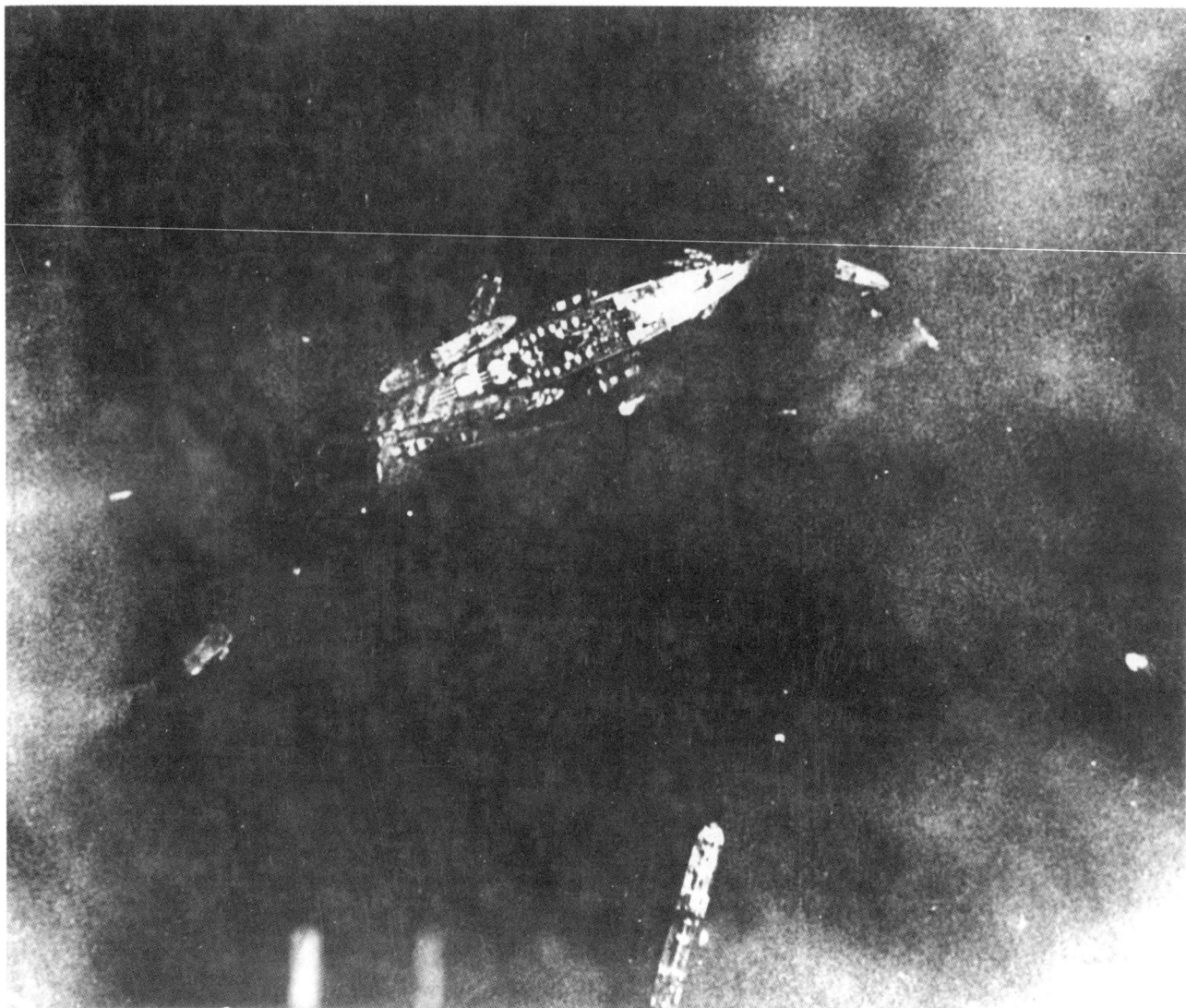

英军拍摄的一张侦察照片显示，1940 年 11 月 11 日—12 日夜间，"利托里奥"号在塔兰托遭遇空袭之后已搁浅在了塞利纳浅滩上，其前甲板已被海水淹没到了主炮塔附近。在"利托里奥"号附近，救援工作已经开始。

塔兰托，1940

　　但 1940 年 11 月 11—12 日夜间，英国海军舰载机对塔兰托的攻击却使这种设想暂时化为泡影，期间，"利托里奥"号、"加富尔伯爵"号和"卡约·杜里奥"号全部受伤瘫痪。这次袭击是由两波"剑鱼"鱼雷机发起的。第一波共由 12 架飞机组成（六架装有鱼雷，四架装有炸弹，两架带有照明弹），它们在 23 点 15 分左右向"利托里奥"号发起攻击，并有两枚鱼雷击中：其中第一枚命中位置在右前方两座炮塔之间，另一枚位于左舷后部。前一枚鱼雷爆炸的冲击波大部分被普列塞系统吸收，但后者产生的爆炸却摧毁了船舵，并导致舵机严重受损。午夜过后不久，规模稍小的第二波七架"剑鱼"抵达塔兰托，其中五架挂有鱼雷，另外两架则搭载了照明弹。期间，"利托里奥"号再次成为目标，一枚鱼雷钻进舰体下方的淤泥里但没有爆炸，而另一枚则击中了右舷 1 号炮塔前方附近。受之前损伤的影响，右前方的普列塞系统并没有发挥预想的作用，并导致舰体大面积进水。随着海水灌入柴油发电机舱，前部的四座大功率抽水泵有两座失灵，不久，剩下两座也因同一原因发生故障。在这种情况下，排水人员只好用人工和汽油泵展开作业，但这两种办法都赶不上进水的速度。尽管油轮"伊松佐"号（Isonzo）靠上来，用船上的排水泵提供支持，损管分队也封闭了舰体破口并排干了一些进水的舱室，还仍试图用排空前油舱和向后部舱室注水的办法扶正舰体，但后两种手段没能成功，到 3 点 15 分时，"利托里奥"号的下沉迹象已非常明显。4 点，"利托里奥"号的舰长马西莫·吉罗西（Massimo Girosi）海军上校向"维托里奥·维内托"号（该舰未受损）上的支队司令伯刚明尼将军表达了自己的关切：两人一致决定让该舰在海港以北两英里处的塞利纳浅滩（Sirena Bank）上搁浅。借助辅助舵，"利托里奥"号凭借自身动力航行了一段距离，最终在 6 点 27 分坐沉在了淤泥中。英军在袭击之后拍摄的侦察照片显示，该舰从舰首到前部炮塔的舰体被淹没。根据伤亡统计，全舰共有 32 人丧生。

12 日上午，维修分队已经开始工作。他们最初的任务是让该舰恢复航行能力，以便使其转移到一个更安全、配套设备更良好的地点。塔兰托完全符合这两个条件。于是，工程人员开始建造围堰，保护该舰的舰首。在重新浮起之后，"利托里奥"号最终于 12 月 11 日进入干船坞——此时距遇袭已过了一个月。现在，工人们终于可以开始维修被三枚鱼雷严重破坏的舰体，另外，他们还要更换内部防水舱壁，舰尾部分、主甲板和舵机组件也必须修理。因为在搁浅前，该舰还被一枚落在近处的炸弹波及，所以火控系统也必须重新调试，以消除震荡带来的影响。最后，舰上还对损管规章进行了大幅修改，以避免重蹈 11 月 11 日搁浅的覆辙。调查报告显示，该舰的前段之所以失去排水能力，不只是因为其柴油机和控制设备位于装甲堡之外，还由于各个舱段配套的辅助动力系统都是彼此独立的，其他动力设备无法跨舱段供能。因此，一旦前部动力系统被切断，舰体后方的柴油发电机即使处于完好状态，也无法带动前方的排水泵。

在维修期间，大部分工作都由民间承包商进行，而不是军方人员：鉴于这年夏天与安萨尔多公司之间的不愉快合作，伯刚明尼将军决定将工程交给亚得里亚海联合船厂——后者在建造"利托里奥"号的姐妹舰"维托里奥·维内托"号时并未与军方发生太多龃龉。这项工程被赋予了最高优先级，还采取了一些旨在加快进度的特殊手段。

1940 年 11 月 11 日—12 日夜间的空袭中受损之后，部分披挂伪装的"利托里奥"号在塔兰托进行维修。其舰首安置了几座筒箱，以便在打捞阶段保持舰体稳定。这些维修工作最终于 1941 年 3 月完成。

期间，为四号舰"帝国"号（Impero）准备的方向舵和火控组件也专程从布林迪西转移至塔兰托，以安装在"利托里奥"号上。但另一方面，在入坞期间，"利托里奥"号仅进行了与恢复战斗力相关的维修和改装，至于舰员居住设施的改装直到该舰完成战斗准备时才大功告成。上述工程进行得十分

身披迷彩的"利托里奥"号，这
一涂装最初运用于 1942 年 5 月。
在舰尾甲板的弹射器上，我们可
以看到一架 IMAM Ro.43 型水上
侦察机。

顺利，"利托里奥"号于 1941 年 3 月 19 日离开了干船坞，并于 4 月 1 日被宣布适合
重返舰队。此时，正值马塔潘角海战结束不久——在这次发生在东地中海的战斗中，
意军的"维托里奥·维内托"号被鱼雷击中，重巡洋舰"波拉"号（Pola）、"阜姆"
号（Fiume）和"扎拉"号沉没，其人员也付出了惨重损失。

轴心国卷土重来，1941—1942 年

　　发生在马塔潘角的灾难给意大利海军造成了巨大影响，其范围不仅局限在人员
和装备领域，还一度对其士气造成了沉重打击。它从现实的角度表明，由于缺乏高效
率的雷达，意大利海军几乎无法在夜战中与英国海军匹敌。同时，英军对意大利舰队
的持续空袭，也促使墨索里尼命令舰队必须在离轴心国空军基地 110 英里以内活动，
以便获得战斗机掩护。至于其直接后果就是把意大利海军束缚在了港口，而盟军则趁
机发起了"老虎"行动（Operation Tiger）——期间，一支运输坦克的快速船队从直
布罗陀驶向亚历山大港，并安然无恙地穿过了地中海。

　　这一消息最初让意大利海军极为震惊，但和一些历史学家们描述的不同，当时，
这支部队还远远没能从打击中恢复过来。1941 年 6 月 14 日，意大利海军最高指挥部
发布了第 7 号海军指令（Direttiva Navale Numero 7），严格规定了水面舰艇部队与敌
人交战的条件，并发布了一些涉及海空军配合的重要条令。因此，虽然代号为"老虎"
的盟军船队轻松穿越了地中海，但下一支盟军船队将不会这么走运。此时的"利托
里奥"号得到了"维托里奥·维内托"号的支持——后者已经完成修复再次归队。它
们于 8 月再次出海，迎击盟军发起的"肉糜"行动（Operation Mincemeat）——对里
窝那（Livorno）附近发起的一次布雷行动。9 月，它们又在盟军发动"斧枪"行动
（Operation Halberd）向马耳他派遣关键补给船队时出击，正是在这次行动中，意大利

空军用鱼雷击伤了"纳尔逊"号，使后者的航速降低到12节。尽管新任司令安吉洛·伊亚金诺（Angelo Iachino）指挥的意大利战斗舰队原本可以在9月27日接触敌军，但由于天气恶劣和敌情不明，这位将军最终选择了避战。

　　"利托里奥"号于12月再次出海，这次是护送代号为"M.41"的大型船队前往利比亚。但这次任务以失败告终，其中两艘商船被英国潜艇"正直"号（HMS Upright）击沉，另外两艘在撞船事故中受损。"维托里奥·维内托"号在13日被英国潜艇"催促"号（HMS Urge）发射的一枚鱼雷击中。但"利托里奥"号及时发现了来袭的鱼雷，及时完成了规避。作为对事件的回应，意大利海军最高指挥部下令停止派遣船队前往利比亚，但在墨索里尼和总参谋长乌戈·卡瓦莱罗（Ugo Cavallero）将军的亲自干预下，海军不得不收回成命，M.42船队于12月16日正式起航。"利托里奥"号再次出海，与之一道出发的还有舰队的主力，包括战列舰"安德烈亚·多利亚"号、"朱里奥·凯撒"号和"卡约·杜里奥"号。而此时，英军地中海舰队司令坎宁安（Cunningham）将军的部下却已被严重削弱，由于5月在克里特岛外海的惨重损失，以及为马耳他运送补给的行动，再加上为了给北非的战事提供支援，他只能派遣一支由轻巡洋舰组成的分队截击M.42船队，至于支援兵力还有"卡莱尔"号（Carlisle）防空巡洋舰。面对这种情况，1941年12月17日，伊亚金诺发起追击，期间双方还爆发了一场短暂的炮战。在M.42船队之后，是1942年1月3日至6日出航的M.43船队，期间"利托里奥"号再次担任护航。这次，船队同样没有遭到英军的拦截。

"利托里奥"号采用迷彩涂装的另一张照片，其舰尾停放着两架IMAM Ro.43型水上飞机。本照片摄于1942年5月之后。

图片

1942 年夏天，"利托里奥"号成了塔兰托居民争相参观的对象，其左舷的 3.5 英寸高平两用炮群清晰可见。

第二次锡尔特湾海战，1942 年

尽管坎宁安的兵力已捉襟见肘，但丘吉尔仍然敦促他向马耳他运送更多物资。在 1942 年 1 月，一些小型快速船队获得了成功，但 2 月发起的"MF.5"行动却完全失败，当时，其下属的三艘商船从亚历山大港出发，其中两艘沿途沉没，另一艘则在重伤后退入托布鲁克（Tobruk）港躲避。期间，伊亚金诺也带领战斗舰队出海，但在它们抵达之前，英国船队便已经在德军的空袭之下四分五裂。1942 年 3 月 20 日，另一支护航船队——MW10 在菲利普·维安少将的带领下从亚历山大港出发，该船队是"MG.1"行动的一部分，任务是在巡洋舰和驱逐舰的护卫下前往马耳他。得到情报部门的提醒后，伊亚金诺带领"利托里奥"号出海——其麾下的兵力最终增加到了两艘重巡洋舰、一艘轻巡洋舰和八艘驱逐舰。22 日 14 点 22 分，重巡洋舰"戈里齐亚"号（Gorizia）的瞭望哨在东南方向发现了阵阵高炮烟雾。五分钟后，英国巡洋舰"欧律阿勒斯"号（Euryalus）也发现了"戈里齐亚"号和意军巡洋舰支队的其余部分。由于意大利巡洋舰试图引诱维安朝着"利托里奥"号的方向驶去，因此没有大举交火，这一点再加上天气恶劣，让整个交战进行得格外混乱。15 点 35 分，维安向坎宁安表示，他已经赶走了敌人并继续向马耳他航行。不顾德意联军接连不断的空袭，维安在 16 点 30 分重组了船队，但七分钟后，其东北方向出现了四艘身份不明的船只。它们是"利托里奥"号和三艘驱逐舰——之前，伊亚金诺决定将他的舰只布置在英军和马耳他之间，试图与船队交战。三分钟后，意大利轻巡洋舰"黑条乔万尼"号（Giovanni delle Bande Nere）命中了英国轻巡洋舰"克娄巴特拉"号（Cleopatra）的舰桥，"利托里奥"号不久也命中了"欧律阿勒斯"号一次。在这场漫长的战斗中，伊亚金诺不断试图在波涛汹涌的大海上包抄敌军，但这一切全是徒劳，维安的舰队组织严密，还不断释放烟雾，导致意军很难发现对手。最终，行动在 18 点 57 分结束，黑暗笼罩了交战的海域。这次战斗导致英军六艘军舰受伤，意军则只有"利托里奥"号被一枚 4.7 英寸炮弹击中。

① 海因霍普子爵坎宁安元帅，《一位海军将领的奥德赛》（伦敦，哈钦森出版社，1951 年出版），第 455 页。

尽管第二次锡尔特湾海战本身是一场纯粹的海上战斗，但在战斗结束时，交战双方的磨难才刚刚开始。当时的天气是如此恶劣，导致意大利驱逐舰"东南风"号（Scirocco）和"枪骑兵"号（Lanciere）在 23 日夜间遇难。与此同时，由于燃料和弹药短缺，19 点 40 分，维安率领舰队返回亚历山大港，并命令 MW10 船队在护航舰和几艘受损舰只的伴随下全速驶向马耳他。然而，伊亚金诺的拦截却迟滞了它们的行动，使其未能在黎明前抵达。其结果自然不言而喻：23 日清晨，德国的第 2 航空军和意大利空军击沉了其中两艘商船，还有两艘于 26 日被炸沉在瓦莱塔（Valletta）大港内，这也意味着，船队运送的货物只有不到 20% 抵达了目的地。此外，就在离马耳他近在咫尺的地方，英军还损失了"军团"号（Legion）和"索斯沃尔德"号（Southwold）驱逐舰。因此，虽然第二次锡尔特湾海战被坎宁安将军形容为"战争中最辉煌的行动之一"，但这一点却掩盖了 MW10 船队几乎被摧毁的事实。① 从意大利海军方面看，挫败"MG.1"行动也完全可以称为一次典范。在第二次锡尔特湾海战中，维安少将表现出了杰出的战术才华；同时，由于天气情况不利，伊亚金诺的进攻未能得手，并被意大利海军最高指挥部的战术框架束缚住了手脚。以上这一切，都为攻击意大利海军的人们提供了把柄，并放大了那些或现实存在，或子虚乌有的问题，同时，它们还掩盖了"利托里奥"号在行动中扮演的作用——正是该舰的存在，为空军在几天后摧毁 MW10 船队创造了条件。

1942 年 8 月 26 日，从塔兰托的内港["小海"（Mar Piccolo）]起航的"利托里奥"号。

"有力"行动，1942 年

在"MG.1"行动失败后，马耳他的物资愈发匮乏，面对持续不断的空袭，其状况已岌岌可危，这迫使英军决定不顾轴心国空中、水面和水下的攻击，试图缓解当地的压力。其产物就是代号为"鱼叉"（Harpoon）和"有力"（Vigorous）的联合作战行动。这也是英国海军进行的最大规模的行动之一。该计划要求从地中海

两端同时派遣一支船队前往马耳他，而且这些船队都将配备强大的护航兵力。其中，WS19/Z 船队（代号"鱼叉"）由在克莱德（Clyde）集结的六艘商船组成，并在直布罗陀得到进一步加强。同时，包含 11 艘商船的 MW11 船队（代号"有力"）将从埃及出发，其护航兵力包括维安少将指挥的八艘轻巡洋舰、25 艘驱逐舰、四艘轻型护卫舰和两艘扫雷舰。针对英军的部署，伊亚金诺将对付 WS19/Z 船队的任务交给了阿尔贝托·德·扎拉（Alberto De Zara）将军，后者率领的第 7 巡洋舰支队已经得到了加强，至于伊亚金诺本人则准备集中精力对付 MW11 船队。"利托里奥"号另一次出击的帷幕已经开启，与之同行的兵力包括整个第 9 战列舰支队，此外还有两艘重型巡洋舰、两艘轻型巡洋舰和 12 艘驱逐舰。意大利舰队于 6 月 14 日下午从塔兰托出发，战列舰和驱逐舰各自编为一个集群。当天 17 点 45 分，英军侦察机察觉到了这一机动。15 日凌晨，其战机从马耳他和埃及起飞，对伊亚金诺的部队发起了持续不断的攻击。5 点之后不久，英国皇家空军的布里斯托尔"波弗特"式（Bristol Beaufort）鱼雷轰炸机攻击并命中了重巡洋舰"特伦托"号（Trento），第二批则在 5 点 26 分向"利托里奥"号扑去。凭借高射炮火构成的弹幕，战列舰驱散了敌人，但 8 点 16 分，八架美国空军的 B-24"解放者"式轰炸机出现在第 9 战列舰支队上空，它们背对阳光，从 13000 英尺高度连续进行了三轮攻击。这次袭击一直持续到 8 点 50 分，期间，"利托里奥"号的舰尾炮塔被一枚 500 磅炸弹命中，还有几枚近失弹导致舰体装甲凹陷，两架 Ro.43 水上飞机因此报废，但这些

1943 年 9 月 10 日，在马耳他近海投降的意大利舰队。其中最近处是轻巡洋舰"萨伏伊的欧根"号（Eugenio di Savoia），远处依次为战列舰"卡约·杜里奥"号和"安德烈亚·多里亚"号。但在这些舰只中，"利托里奥"号的姐妹舰"罗马"号将永远缺席，因为前一天，该舰在萨丁岛外海被德军投掷的滑翔炸弹击沉，舰员伤亡惨重。

创伤并未削弱它的战斗力。在攻击快要结束时，德国空军的 Bf 109 呼啸而至，它们扑向另一批"波弗特"式飞机，将后者的编队打乱，为意大利舰队提供了聊胜于无的空中掩护。

尽管英军潜艇"暗影"号（HMS Umbra）在 15 日 9 点 10 分将"特伦托"号击沉，但在德意联军的空中、水面和水下攻击之下，MW11 船队的损失也在持续攀升。期间，不仅伊亚金诺仍在接近船队，而且维安的战术部署也受到了地中海舰队新任司令亨利·哈伍德（Henry Harwood）爵士的影响：一系列规避机动让他消耗了不少燃料和弹药，最终，在 19 点 53 分，他被迫放弃率部抵达马耳他的目标。虽然 6 月 15 日，MW11 已无望抵达马耳他，但对伊亚金诺来说，这一天同样令人沮丧——尽管空中侦察不止一次发现船队，但他始终未能与其取得接触。海空通信的困难、德意空军在远程掩护上的协同脱节，再加上在"解放者"式空袭期间损失了水上飞机，这一切仿佛都在阻挠伊亚金诺，另外，在 13 点，意大利海军最高指挥部也发来一条错误的情报：宣称敌舰已掉头驶向亚历山大港，并命令他转舵向东进行追击。到 15 日晚上，伊亚金诺的战术形势终于有所改善，但在午夜前不久，意大利舰队突然遭到六架"惠灵顿"式鱼雷轰炸机的袭击。同时，还有一些敌机在投掷照明弹为袭击者提供支援。尽管"利托里奥"号的高炮猛烈开火，还试图用烟雾和剧烈机动摆脱敌人，但在 23 点 40 分，它的右前方还是被鱼雷击中。约 1600 吨海水灌入船体，不过，这艘军舰的战斗力并没有受到影响，不仅能保持阵位，还能以原速度前进。但在 16 日 0 点 45 分，海军最高指挥部发来消息，确认 MW11 已朝亚历山大港转向，闻讯，伊亚金诺也立刻朝塔兰托返航。10 天后，"利托里奥"号进入干船坞，接受了一次持续了两个月的维修。当它于 8 月 26 日重新加入第 9 战列舰支队时，这支分舰队已经得到了同级的三号舰——"罗马"号（Roma）的加强版——它多舛的命运我们将在后面提到。

由盛转衰，1942—1943 年

尽管意大利海军挫败了"有力"行动，而且未经一战便破坏了盟军的计划，但这一时刻却是其由盛转衰的开始。同时，这也是"利托里奥"号的最后一次战斗出击。由于行动期间蒙受的损失，再加上严重的燃料短缺，之后，整个战斗舰队一直停留在港口。事实上，早在"鱼叉"和"有力"行动期间，这一点便已很明显了：期间，意军的"卡约·杜里奥"号接到了出航命令，但始终没能离开港湾。之所以出现这种情况，部分是由于意大利海军必须维持一部分燃油储备，以便应对不时之需，如开展大规模舰队作战或抵御盟军入侵。尽管此举很好理解，但这一策略却引起了一些德国军官的不满和怀疑，另外，它还将意大利战斗舰队彻底束缚在了港内，在 1943 年 9 月之前，除了训练，它们没有展开任何作战。这种避战保船的做法还让同盟国如释重负：在最后一场围绕马耳他船队的激战——"基座"行动（Operation Pedestal，1942 年 8 月 10—15 日）中，意大利海军只派出了小型水面舰艇和潜艇袭扰了戒备森严的船队，至于巡洋舰和驱逐舰分队只为其提供了支援。[1] 而在"基座"行动结束之后，意大利水面舰艇部队便没有进行过任何重大行动。

事实上，意大利海军已经从地中海的水面作战中淡出了，至于"利托里奥"号

① 埃米尼奥·巴格纳斯科和奥古斯托·德·托罗，《"利托里奥"级：意大利战列舰的绝唱和巅峰，1937—1948 年》，第 228 页。

也从塔兰托转移到那不勒斯，随后又迁入了位于拉斯佩齐亚的基地。这一从意大利东海岸前往西海岸的调动，也是一项战略的组成部分，按照猜测，盟军将在北非登陆，此举将迫使他们投入更多的海军舰船对付意大利人的"存在舰队"。盟军的登陆于 1942 年 11 月开始，在此前后，"利托里奥"号、"维托里奥·维内托"号和"罗马"号都成了盟军空中力量的优先目标。1942 年 9 月至 1943 年 6 月之间，盟军多次试图将其击沉，首先是在那不勒斯，随后是在拉斯佩齐亚，执行任务的是英国皇家空军和美国陆航的轰炸机大编队。4 月 13—14 日晚上，"利托里奥"号在拉斯佩齐亚被一枚重 2000 磅的英国穿甲弹击中；虽然修理很快完成，但在美国陆军航空兵部队于 1943 年 6 月 5 日对该港的突袭中，"维托里奥·维内托"号和"罗马"号却遭到严重损坏，被迫前往热那亚的船坞修理。在这种情况下，当美、英、加三国联军于 7 月 10 日在西西里岛登陆时，"利托里奥"号成了能构成威胁的唯一一艘战列舰。但最终，意大利海军最高指挥部却认为，派它前往西西里岛外海攻击盟国船队的做法等于自杀，不顾意军最高司令部的压力，他们抵制了这一行动。在柏林，卡尔·邓尼茨谴责了这一决定，但当地的德国海军指挥部门却赞同这一举措。

停战

　　1943 年 7 月 25 日，面对一败涂地的军事形势，意大利国王维托里奥·埃马努埃莱三世（Vittorio Emanuele Ⅲ）解除了首相贝尼托·墨索里尼的职务，并命令将此人逮捕入狱。以彼得罗·巴多格里奥（Pietro Badoglio）元帅为首的新政府承诺将不屈不挠地继续战争，同时也把武装力量的"去法西斯化"当成了优先事项。7 月 30 日，作为这项政策指导下的第一批举措，"利托里奥"号更名为"意大利"号（Italia），但对于新政府的意图，舰队上下开始感到困惑，战斗舰队司令卡洛·伯刚明尼海军上将（他于 4 月 5 日接替了伊亚金诺）发出了"长期的无所事事将导致舰队动荡加剧"的警告。虽然当局已经在与盟国进行谈判，但除了海军部长拉斐尔·德·考滕（Raffaele de Courten）上将和第 8 巡洋舰支队司令朱塞佩·菲奥拉万佐（Giuseppe Fioravanzo）少将之外，意大利海军的高级军官都被蒙在鼓里。这些谈判早在 8 月便开始进行，议题涉及意大利调转阵营的具体安排。[①] 与此同时，最让德·考滕关心的却是保留舰队的核心，尤其是其中的三艘快速战列舰。他有个乐观的想法：不仅不能让三艘"利托里奥"级落入德国或西方盟国手中，还要确保意大利海军的控制权。毫无疑问，这一想法受到了法国战列舰"黎塞留"号（Richelieu）经历的启发，后者当时正在纽约海军造船厂接受改装，以便更好地为盟军服务。有鉴于此，他提出将"利托里奥"级派往远东加入对日战争。值得一提的是，意大利王国于 1945 年 7 月 15 日正式对日宣战之后，这一提议又死灰复燃。但在盟军这边，他们一心只想解除意大利海军的武装，地中舰队司令安德鲁·坎宁安爵士尤其支持这一做法，此时，他已重新接过了指挥权。在这种情况下，他要求舰队参谋长罗耶·迪克（Royer Dick）准将起草条款，其中武断地要求意大利人投降而不是停战。事实上，所谓的"迪克备忘录"（Dick Memorandum）是如此具有侮辱性，以至于英军一直在设法避免让意大利军官得知详情，否则，后者便可能采取极端手段，凿沉所有军舰。

① 埃米尼奥·巴格纳斯科和奥古斯托·德·托罗，《"利托里奥"级：意大利战列舰的绝唱和巅峰，1937—1948 年》，第 270—272 页。

　　由于双方的目标南辕北辙，再加上停战谈判极端保密，意大利和西方盟国之间出现了一系列误会，导致了种种后患，最终注定了意大利海军的悲惨命运。期间，伯刚明尼不仅没有参与停战协定的详细讨论，同时，盟国代表也从未向意大利政府透露执行停战协定的确切日期，不仅如此，后者还打算在协定公布时，向意大利本土发动两栖攻击。1943 年 9 月 6 日，意大利情报机构警告政府，盟军入侵船队正在集结，但再一次地，这些消息并未被公开。在 7 日与海军高级军官的会晤中，德·考滕根本没有提及停战协定或"迪克备忘录"，期间，他只谈到了意军最高司令部制定的一个

方案，其内容是一旦德国人发动政变，让墨索里尼恢复统治，海军该如何采取措施恢复秩序（即所谓的"1 号备忘录"）。也正是因为如此，伯刚明尼指示舰队做好行动准备，一接到指示就可以随时开展行动，确保撒丁岛基地的安全。9 月 8 日 17 点 30 分，意大利政府接到地中海战区盟军总司令德怀特·艾森豪威尔将军的照会，其中，艾森豪威尔表示，他打算在 18 点 30 分广播停战协定的生效。但这些计划不仅被事先泄露了出去，而且德国人也早已处于高度戒备状态。一得到消息，希特勒便立即发起了占领意大利的"轴心"行动。

　　停战协定公布后几个小时，在拉斯佩齐亚基地，舰队上下一度人心惶惶，甚至可以说陷入了混乱。在 17 点到 18 点之间，德·考滕根据停战协定，在电话中要求伯刚明尼将舰队转移到阿尔及利亚的博讷港。但伯刚明尼却拒绝把舰队交给西方盟国，并威胁要将其全部凿沉。在 20 点 30 分的第二次来电中，德·考滕命令伯刚明尼前往撒丁岛外海的拉马达莱纳（La Maddalena）海军基地，并在那里与国王和政府会面。

1943 年 9 月 10 日，意大利舰队抵达马耳他后，英国皇家海军的罗耶·迪克准将在瓦莱塔海关大楼（Customs House）门口的台阶上迎接阿尔贝托·德·扎拉将军。但等待意大利海军的，将是一系列屈辱和沮丧的条款。

22 点，伯刚明尼召集各支队司令和军舰舰长开会，其中一些人不愿听从德·考滕的命令，并支持凿沉舰队。随后在 23 点，伯刚明尼与德·考滕进行了第三次激烈的讨论。期间，前者做出让步，并同意驶向拉马达莱纳，还设法说服了每位军官。海军最高指挥部于 23 点 45 分正式发出了通告，伯刚明尼也在 9 日凌晨 1 点 38 分将其转发给了舰队。包括"意大利"号在内的舰只迅速做好航行准备，3 点 40 分，它们都已离开了拉斯佩齐亚。但是，当天午后抵达拉马达莱纳时，恰逢德军占领此处。14 点 41 分，伯刚明尼下令舰队左转，前往阿西纳拉湾（Gulf of Asinara），一个小时后，海军最高指挥部最终发来命令，要求舰队向博讷航行。

由此开启了悲剧的最后一幕。15 点 35 分，从普罗旺斯（Provence）起飞的 23 架 Do-217 型轰炸机在 20000 英尺的高度扑向舰队，它们都携带着新式的 PC 1400X 型滑翔制导炸弹。意军的高射炮纷纷开火，但有三枚炸弹命中了目标，其中两枚正中"罗马"号，导致其弹药库爆炸。"罗马"号随后沉没，包括伯刚明尼海军上将在内的至少 1253 人随之殉命。"意大利"号前部舰体也被一枚炸弹击中，该炸弹穿透舰体并在附近的海中爆炸。这次攻击的命中率与三年前对塔兰托的第一次鱼雷攻击大致相同，而且就像当年一样，普列塞系统挽救了它，它保持着自身的阵位，航速和适航性也没有受到影响。但伯刚明尼的死亡不仅让舰队群龙无首，还让它无法破译来自罗马或海军最高指挥部的机密信号。作为此时舰队中资历最老的军官，第 7 巡洋舰支队司令罗梅奥·奥利瓦（Romeo Oliva）上将接过了指挥权，鉴于没有明确的命令，第 8 巡

1948 年退役之前，停靠在奥古斯塔港的"意大利"号。

洋舰支队司令路易吉·比安切里（Luigi Biancheri）提议让舰队返回拉斯佩齐亚。但最终，海军最高指挥部重申了向南行驶的命令，后来还做出强调，所有军舰不应被移交给他国，而是应当继续有人员操纵，并处在意大利的旗帜下。9 月 10 日，该舰队在北非外海与英军战列舰"厌战"号和"刚勇"号相遇，并在八艘驱逐舰的陪伴下驶离北非，驶向马耳他，最终于 11 日到达。

拘留与处分，1943—1954 年

意大利人很快意识到了坎宁安下达命令的性质：他们必须接受拘留，期间，除高射炮以外，军舰上的火炮后膛都必须被拆除，鱼雷的引信也必须卸下，通海阀的炸药也是如此。另外，英军还要在舰上安置武装哨兵，毫不奇怪，在意大利军官心中，凿沉舰队的想法一度死灰复燃。比安切里将军尤其支持这一做法，但奥利瓦上将最终决定遵从坎宁安的命令，另外，海军新任司令阿尔贝托·德·扎拉上将也认可了后者的做法——就在前一天，他刚刚从塔兰托乘船抵达马耳他港。正是因此，"意大利"号和"维托里奥·维内托"号并没能像期望的那样继续积极参加战争，相反，它们被命令在 14 日驶往亚历山大港，并在大苦湖被英军拘留了两年半，直到 1947 年 2 月才恢复自由。

就像一战后的德国公海舰队一样，西方盟国，尤其是苏联和法国，完全把幸存的意大利舰只视为战利品，但另一方面，重生的意大利共和国海军（Marina Militare，1946 年意大利建立共和制后改为此名）则在竭力保留这些现代化战列舰。真正对"利托里奥"级性命攸关的，是 1947 年 1 月 10 日《巴黎和约》（Paris Peace Treaty）签订前的谈判，期间，意大利海军宁愿将其废弃，也不愿将其移交给任何一个列强，尤其是法国，他们当时正在处心积虑试图谋取 1—2 艘"利托里奥"级，以此拔掉意大利人"抵抗的牙齿"。最终的结局让法国和意大利都感到失望，只有老旧的"卡约·杜里奥"号和"安德烈亚·多利亚"号留在了意大利海军旗下，至于"朱里奥·凯撒"号则被苏联获得。在"利托里奥"级中，"意大利"号和"维托里奥·维内托"号应被分别移交给美国和英国，但即使如此，意大利政府仍在想方设法保住"意大利"号，甚至将其只用于训练的提议都曾考虑过。但最终，这些尝试都宣告失败，德·考滕海军上将先后在 1947 年 7 月 14 日和 12 月 31 日引咎辞去了海军部长和总参谋长职务，但意大利政府和海军还是没有放弃，为了不交出该舰，他们做了最后的努力。最后，"意大利"号侥幸逃脱了屈辱时刻——美国同意解除其武装。

根据这一规定，该舰终于得以在 1947 年 2 月 5 日离开大苦湖，前往西西里的奥古斯塔港。尽管舰首的破口没有修复，但它仍然可以航行，在靠近西西里岛时，舰员还进入战斗状态，并开展了最后一次对空射击演习。10 月，"意大利"号从奥古斯塔转移至拉斯佩齐亚，并于 1948 年 6 月 1 日退出现役。期间，海军仍在幻想着挽救它，还下达了秘密命令，试图减缓解除武装的速度，并保留尽可能多的装备。但是，这些努力最终激怒了海军停战委员会，其中的全部四个成员（美国，英国，苏联和法国）下令截断 15 英寸火炮的炮管和蒸汽管线，至于蒸汽轮机和变速箱也应当被卸下和拆除。1953 年 12 月 7 日，"意大利"号——或者更确切地说，是它的残躯——被出售和拆毁。到 1954 年年底，这艘曾经骄傲而辉煌的军舰最终迎来了悲惨结局。

遗产

"利托里奥"号是意大利制造的最优秀战舰，也是海军技术史上的标杆，但不幸的是，纵观它和姐妹舰们的历史，其中却充斥着悲伤、屈辱和误解。这种情况之所以出现，不仅是因为它们诞生在战列舰的衰落期，而且历史是由胜利者在战后书写的，他们基本忽略了意大利海军的作战历程，并对其行动进行了单方面的解读和阐释。事实上，在许多方面，"利托里奥"号都是一艘非常成功的军舰：它是意大利海军的骄傲，无论是作为"存在舰队"的一部分，还是出海作战时，都为其服务的国家尽到了责任。它曾三度遭受重创，但全部幸免于难，并数次在挫败英军的行动中发挥了关键作用。战后，它还成了意大利政府讨价还价的重要筹码，保证了意大利海军的延续。无论是成功还是失败，它都代表了这段时期意大利的荣耀和苦难。

附录 1: 翁贝托·普列塞

翁贝托·普列塞于 1880 年出生于皮埃蒙特（Piedmontese）地区亚历山德里亚（Alessandria）的一个犹太人家庭，并于 1893 年加入意大利海军，成为一名军官候补生。他 1898 年从里窝那的海军学院毕业，随后在热那亚的海军高等学校（Scuola Superiore Navale）获得了海军工程学位。1902 年，他正式转入海军工程部门，并相继在"维托里奥·埃马努埃莱"号（Vittorio Emanuele）和"玛格丽塔女王"号（Regina Margherita）战列舰上服役。在 1908 年 12 月的墨西拿地震期间，他在救援工作中扮演了重要角色。值得一提的是，在此期间，一艘叫"光荣"号（见同名章节）的俄国战列舰也有出色表现。1913 年，他被分配到舰船设计委员会，并将和这一岗位上的其他人员一样为之贡献一生。在 1925—1931 年之间，上级任命普列塞担任斯塔比亚堡（Castellammare di Stabia，位于那不勒斯附近）海军船坞的主任。在 1931 年，他晋升为将军，成为海军工程与建设总监，一直任职到 1939 年。在这 26 年的时间里，他首先参与了战列舰的设计，随后又和同事们一起为"扎拉"级和"阿尔曼多·迪亚兹"级（Armando Diaz class）巡洋舰的舾装共同努力。之后，他又成为"蒙特库科里"级（Montecuccoli class）和"奥斯塔公爵"级（Duca d'Aosta class）轻巡洋舰的设计师，还主管着"加富尔伯爵"号、"卡约·杜里奥"号、"安德烈亚·多利亚"号和"朱里奥·凯撒"号的现代化改装，最后则是他的杰作"利托里奥"级，这些战列舰都安装着以他名字命名的水下防护系统。

但后来的《种族法》却让这位工程师被迫在 1939 年 1 月离开岗位，尽管如此，应海军总参谋长卡瓦格纳利海军上将的要求，普列塞还是在 1940 年 11 月被召回，协助修理英军在突袭塔兰托时受损的舰只。尽管被意大利当局列为"非犹太人"，并在 1942 年获准继续穿着军服，但 1944 年 1 月停战协定之后，普列塞还是在罗马被盖世太保拘捕。在假释之后，他逃往意大利北部。在当地，他得知姐姐杰玛（Jemma）已被送往奥斯维辛集中营——和她一样命运的还有犹太裔的海军上将奥古斯托·卡彭（Augusto Capon），他们最终都在当地死去。而普列塞则于 1961 年去世于索伦托（Sorrento），并以全副军礼埋葬于当地。

附录 2: 普列塞系统

　　1917 年，来自舰船设计委员会的翁贝托·普列塞上校开始研制一种全新的水下防护系统，该系统无需安装鼓出部或附加结构，更不会影响军舰的航速、横向稳定性和适航性。该系统的最终版本由两个细长但轻巧的圆柱结构组成，这些圆柱结构位于军舰两舷装甲带的下方，并与之平行，其靠内的部分紧贴着装甲防水隔舱，外层则包括一系列轻质结构的空舱。该结构的主体分为两部分：其中外舱灌满液体——通常是燃料或饮用水——一旦它们消耗完毕，就会用海水充当压舱物代替；其内腔则由直径约 12.5 英尺的金属圆筒组成，它们在每 3—4 根船肋之间便有一个，并被横向钢架固定在适当的位置。如果军舰被鱼雷、水雷或炸弹击中，其冲击波将被充满液体的外腔吸收，然后再转移到内部的圆筒上，从而避免了装甲隔舱的破裂。此外，鉴于受损舱段必然会进水，舰上还安装了一种"自动平衡通道"系统，能将进水从受损区转移到军舰另一舷的空舱。作为辅助措施，一部分进水还会被抽入鱼雷防护系统的上方的压载水舱内。

　　最初，普列塞系统被安装在两艘试验性质的油轮"布伦内罗"号（Brennero）和"塔尔维西奥"号（Tarvisio）上。在 20 世纪 20 年代，海军对其航程、结构和可修复性进行了广泛的测试。然而，这些试验并未延伸到最关键的领域，即抗水雷和鱼雷的能力，这意味着，该系统的"实践经验"仅限于理论计算和比例模型测试。结果，许多问题都在战斗中暴露了出来，其中最主要的是该系统无法应对在舰壳下方引爆的磁引信鱼雷。此外，该系统的每段只能承受一次爆炸，一旦外部隔舱和空

在拉斯佩齐亚（La Spezia）的斯卡利（Scali）码头，"意大利"号和"维托里奥·维内托"号静静等待着最终的命运，此时，其舰上的 15 英寸主炮已依照海军停战委员会的命令被截断。

腔遭到破坏，且内部圆筒破裂，后续的冲击力将直接被舰体隔舱壁吸收。最后，虽然该系统不像外部鼓出部那样影响军舰的航海性能，但它需要让舰体接受广泛改装，因此，只适用于新造军舰或接受大规模改建的军舰——如"加富尔伯爵"级和"卡约·杜里奥"级。

参考资料

- 埃米尼奥·巴格纳斯科（Erminio Bagnasco）和恩里科·塞努西（Enrico Cernuschi），《意大利海军》（Le navi da guerra italiane）[帕尔马，埃尔曼诺·阿尔伯特利出版社（Ermanno Albertelli Editore），2003 年出版]

- 埃米尼奥·巴格纳斯科和奥古斯托·德·托罗（Augusto de Toro），《"利托里奥"级：意大利战列舰的绝唱和巅峰，1937—1948 年》（The Littorio class: Italy's Last and Largest Battleships, 1937-1948）（南约克郡巴恩斯利，远航出版社，2011 年出版）

- 罗梅奥·贝诺蒂，"法西斯统治下的意大利海军政策"（Italian Naval Policy under Fascism），出自《美国海军学会会刊》第 82 辑（1956 年）第 7 期，第 722—731 页

- 毛里齐奥·布雷西亚（Maurizio Brescia），《墨索里尼的海军：意大利王家海军的参考指南，1930—1945 年》（Mussolini's Navy: A Reference Guide to the Regia Marina, 1930-1945）（南约克郡巴恩斯利，远航出版社，2012 年出版）

- 安杰洛·卡拉瓦乔（Angelo N.Caravaggio），"奇袭塔兰托：战术上的成功，行动上的失败"，出自《海军军事学院评论》（Naval War College Review）第 59 辑（2006 年）第 6 期，第 103—127 页

- 海因霍普子爵坎宁安元帅（Cunningham of Hyndhope, Admiral of the Fleet Viscount），《一位海军将领的奥德赛》（A Sailor's Odyssey）（伦敦，哈钦森出版社，1951 年出版）

- 威廉·加兹克和罗伯特·杜林，《二战轴心国和中立国战列舰》（第 2 版，马里兰州的安纳波利斯，海军学会出版社，1990 年出版）

- 乔治奥·乔尔吉里尼（Giorgio Giorgerini），《意大利在一战海上战场上》（La guerra italiana sul mare）（帕尔马，阿尔伯特利出版社，1972 年出版）

- 乔治奥·乔尔吉里尼和奥古斯托·纳尼（Augusto Nani），《意大利战列舰，1861—1961 年》（Le navi di linea italiane, 1861-1961）[罗马，海军历史办公室（Ufficio Storico della Marina Militare），1962 年出版]

- 约翰·哈滕多夫（John B.Hattendorf）主编，《地中海上的海军战略与海上力量：过去、现在和未来》（Naval Strategy and Power in the Mediterranean: Past, Present and Future）（伦敦，弗兰克·卡斯出版社，2000 年出版）

- 伯纳德·爱尔兰（Bernard Ireland），《地中海之战，1940—1943 年》（War in the Mediterranean, 1940-1943）（伦敦，武器与装甲出版社，1993 年出版）

- 约翰·乔丹，《华盛顿条约时代的战舰：五大海军的发展历程，1922—1930 年》（Warships after Washington: The Development of the Five Major Fleets, 1922–1930）（马里兰州安纳波利斯，海军学会出版社，2012 年出版）

- 文森特·奥哈拉（Vincent P.O'Hara），《美国海军与轴心国的较量：水面作战，1941—1945 年》（The US Navy Against the Axis: Surface Combat 1941–1945）（马里兰州安纳波利斯，海军学会出版社，2007 年出版）

- 文森特·奥哈拉，《为地中海而战：地中海战场上的各国海军，1940—1945 年》（Struggle for the Middle Sea: The Great Navies at War in the Mediterranean Theater, 1940–1945）（马里兰州安纳波利斯，海军学会出版社，2009 年出版）

- 埃内斯托·佩莱格里尼（Ernesto Pellegrini），《海军工程总监翁贝托·普列塞，1880—1961 年》（Umberto Pugliese: generale ispettore del genio navale, 1880–1961）（罗马，海军历史办公室，1999 年出版）

- 米歇尔·辛普森（Michael Simpson）编辑，《坎宁安文件，卷 1：地中海舰队，1939—1942 年——选自海军元帅坎宁安的私人和公务通讯》（The Cunningham Papers, vo.1, The Mediterranean Fleet, 1939–1942. Selections from the Private and Official Correspondence of Admiral of the Fleet Viscount Cunningham of Hyndhope, OM, KT, GCB, DSO and Two Bars）[伦敦，阿什盖特出版社（Ashgate），1999 年出版]

- 米歇尔·辛普森，《海军元帅安德鲁·坎宁安传：一位 20 世纪风格的海军领导者》（A Life of Admiral of the Fleet Andrew Cunningham: A 20th-Century Naval Leader）（伦敦，弗兰克·卡斯出版社，2004 年出版）

- 马克·斯蒂勒（Mark Stille），《第二次世界大战中的意大利战列舰》（Italian Battleships of World War Two）（牛津，鱼鹰出版社（Osprey），2011 年出版）

- 菲利普·维安，《战斗在今日》（伦敦，弗雷德里克·穆勒出版社，1960 年出版）

美国海军

战列舰"密苏里"号（1944 年）

作者：保罗·史迪威尔

在漫长的职业生涯中，无论在军人们心中，还是在民众之间，"密苏里"号都曾声名显赫——它是航行的国家大使，是美国力量的展板。[1]但它的生涯也有过黯淡的时刻，比如在朝鲜战争前因操作失误铸成大错，后来又在"樟脑球舰队"中封存了近 30 年。事实上，直到其服役之后近半个世纪，它才真正参与了一场战争，但即使如此，它留下的更多是令人缅怀的遗产，比如是最后一艘竣工的美国战列舰，以及世界上退役最晚的战列舰。虽然该舰已成为博物馆和纪念舰，但仍象征着那个美国力量"无远弗届"的年代。

① 本章的编辑感谢戴维·韦（David Way）为本章提供的图片。

前身

最早的"密苏里"号是一艘长 229 英尺，排水量 3220 吨的明轮巡航舰，该舰也是美国海军最早服役的蒸汽动力军舰之一，于 1840 年在纽约海军造船厂（New York Navy Yard）动工开建，名字来自美国的第 24 个州。两年后，该舰依靠蒸汽动力穿越大西洋——在之前的美国军舰中，还没有哪艘达成过这一壮举。不仅如此，此行也是一段更遥远航程的第一部分，其最终的目的地是前往远东，与中国签署贸易协议。但不幸的是，这艘"密苏里"号的生涯却于 1843 年 8 月 26 日在直布罗陀戛然而止。当时，该舰仓库内的松节油罐意外破损起火，引爆了弹药库，其残骸后来在清理港口时被潜水员拆除干净。

下一艘"密苏里"号是南方邦联的明轮铁甲舰，在路易斯安那州什里夫波特（Shreveport）建造，于 1863 年 4 月下水。邦联之所以选择这个名字，也是为了拉拢这个边境州——尽管该州在美

1989 年，"密苏里"号的 16 英寸主炮发出怒吼，它是美国战列舰的巅峰，是不可磨灭的象征，也是当时世界上最后一艘处于现役状态的战列舰。

国内战中选择中立，但保留了奴隶制，并向南北双方提供了大量部队。按照原始设计，"密苏里"号原本用于撞击北军舰船，但后来改为运兵舰，并参与过布雷行动。在南方邦联投降两个月后的 1865 年 6 月，该舰的舰员将其移交给了北方政府。由于材料恶化，它从未被正式编入合众国海军，很快便被拍卖拆解。

在合众国海军中，第二艘名为"密苏里"号的军舰是由弗吉尼亚州纽波特纽斯造船厂（Newport News Shipbuilding and Dry Dock Company）建造的"缅因"级（Maine class）前无畏舰。这艘"密苏里"号排水量 12362 吨，安装了四门 12 英寸火炮，于 1901 年 12 月下水，两年后正式服役。1907 至 1909 年年间，该舰加入西奥多·罗斯福总统的"大白舰队"（Great White Fleet），并随之环游了世界。之后，该舰被用于训练和运输，并在 1919 年 9 月退役。根据 1922 年签署的《华盛顿条约》，该舰在同年报废解体。

起源与设计

为理解"衣阿华"级的三号舰——"密苏里"号——的设计，我们必须把它放在 20 世纪 20 年代和 30 年代的大背景下，当时，各国签订了一连串海军军控条约。其中第一份是 1922 年的《华盛顿条约》，它要求处理老式战列舰，暂停建造新舰。这项条约还有两个副产品——1930 年和 1936 年的《伦敦海军条约》，这导致"西弗

"密苏里"号的六门 16 英寸 50 倍径主炮（全舰共九门）高高扬起，仰角已接近设计上限——45 度。本照片摄于 1990 年 5 月在夏威夷附近举行的"环太平洋"演习期间。

吉尼亚"号（West Virginia）在 1923 年服役后，美国海军没有获得过任何新主力舰，直到 1941 年，"北卡罗来纳"号的到来才打破了这种局面。此外，1936 年的《第二次伦敦海军条约》还规定，新战列舰的标准排水量不得超过 35000 吨，最多只能安装 14 英寸主炮。不过，其中也做了一些变通：如果德国或意大利未能于 1937 年 4 月 1 日前在新条约上签字，英国、法国和美国将有权把新军舰的吨位提升到 45000 吨，并配备 16 英寸主炮。结果，意大利从未批准该条约，而日本则在议程结束前退出了会议——不仅如此，这些举动还是国际局势恶化的征兆，并让两次世界大战之间的海军条约名存实亡。曾几何时，它们意在阻止海军军备竞赛爆发，但现在，新一轮的高潮还是不可避免地到来了。

为迎战敌方的重型水面舰只，美国以往建造的战列舰航速平平，只有 21 或 22 节，但装甲厚重。由于发动机技术的最新进步，新一代的战列舰可以达到 27 节的航速，这为一种新型舰只——"快速战列舰"——的出现铺平了道路。其中，美国海军的"北卡罗来纳"级（North Carolina class）和"南达科他"级（South Dakota class）就属于这一类型。尽管在日本于 1936 年退出《伦敦条约》后，设计者们便将"北卡罗来纳"级的 14 英寸主炮换成了 16 英寸主炮，但在这两级军舰动工时，其吨位都没有超过 35000 吨。不过，当时的各种情报却清楚无疑地显示，日本建造的战列舰将打破这些限制。

随着各种情况一步步揭晓，另一级快速战列舰的设计也进入了酝酿阶段，按照最初设想，其排水量将接近 45000 吨的上限。1938 年 5 月，国会通过了法案，授权建造三艘战列舰，它们就是未来的"衣阿华"号（Iowa）、"新泽西"号（New Jersey）和"密苏里"号。期间，海军建造与修理局（Bureau of Construction and Repair）考虑过多种方案，与之前的两级战列舰相比，其差异最明显的地方在于尺寸。由此诞生的军舰长度将达到 887 英尺，远远高于"北卡罗来纳"级（729 英尺）和"南达科他"级（680 英尺）。其最终设计排水量为 52000 吨，与前两级舰 42000 吨的排水量有显著差异。[1] 从舰部开始，舰体将渐渐加宽，并最终达到 108 英尺，刚好可以紧贴着通

① 诺曼·弗里德曼，《美国战列舰：一部图文设计史》（马里兰州安纳波利斯，美国海军学会出版社，1985 年出版），第 307—327 页。

过巴拿马运河 110 英尺的船闸；在标准载重状态下，"密苏里"号的吃水深度为 28.9 英尺。在 1 号和 2 号炮塔前方，主甲板划出一条平缓的弧线，为它的优雅体形增色不少。所有的锅炉烟道都被合并进了两座巨大的烟囱，其中，第一座烟囱与 11 层的前部上层建筑（含舰桥和指挥塔）融为一体。

1944 年 1 月 29 日的纽约海军船厂，玛格丽特·杜鲁门——密苏里州参议员哈里·杜鲁门的女儿、新军舰的"教母"——正准备将酒瓶掷向军舰的舰首。她使用的是一瓶密苏里州生产的香槟。出席仪式的还有门罗·凯利（Monroe R. Kelly）海军少将和谢尔曼·肯尼迪海军少将（即海军船厂的司令和总经理）以及杜鲁门参议员本人。

武器、装甲和动力系统

"密苏里"号采用了与前两级战列舰相同口径的主炮和副炮——分别为 16 英寸和 5 英寸，其数量分别为九门和 20 门。得益于颀长的体型和宽绰的空间，"衣阿华"级的小口径火炮数量有着显著提升，高射炮更是"密如森林"——其口径分别为 1.57 英寸和 0.79 英寸，共计 129 门。这让该舰可以执行现代化战列舰的主要使命——充当航母战斗群的快速护航舰。与"北卡罗来纳"级和"南达科他"级的 45 倍径 16 英寸主炮相比，该舰安装的是 50 倍径的主炮。按照最初设想，这些火炮应来自 1922 年取消的上一代"南达科他"级战列舰，并有着射程长（42345 码，而"北卡罗来纳"级和"南达科他"级的 45 倍径主炮射程仅为 36900 码）、弹头重的优点。

该舰的炮塔基座保护着向炮塔传送发射药和弹头的扬弹机，并一直延伸到军舰下方六层甲板处的弹药储存区（舰上 5 英寸火炮也采用了类似设计）。但最初，它却是"衣阿华"级最尴尬的部分：在海军建造与修理局，一些船体设计师计划将其直径限制在 37 英尺又 3 英寸，

① 保罗·史迪威尔，《"密苏里"号战列舰：一部图文史》（马里兰州安纳波利斯，美国海军学会出版社，1996 年出版），第 126 页。

以便不让军舰吨位突破 45000 吨大关，但军械局完全不赞同这种方案，并将其尺寸定在了 39 英尺，直到 1938 年，军械局拿出一个适应小直径炮塔基座的新方案，并采用了更轻的 16 英寸火炮之后，上述问题才得到解决。

在 2 号和 3 号炮塔之间，有一条被称为"百老汇大道"（Broadway）的纵向内部通道，其中装有一部悬臂式单轨滑车，以便在军舰受伤时转移炮弹。所有"衣阿华"级都安装了光学测距仪和火控雷达，还在舰体前部和后部设置了主要和备用绘图计算室，留出了应对紧急情况的余地。

开火场景是令人印象深刻的。在波多黎各附近的库莱布拉岛（Culebra）进行夜间射击训练期间，一位名为伦纳德·西格伦（Leonard Seagren）的海军学院军官候补生，在上层建筑第 11 层听到了军舰九炮齐射的巨响。与舰桥内相比，这里的感觉要相对"柔和"一些：西格伦看到，带着"红橙色闪光"的气体和粉末包裹着军舰。[1]当烟

雾散去后，九枚 16 英寸的炮弹呈弧形抛物线划过夜空，径直朝着大约 20 英里外的目标飞去。在加勒比海夜幕的映衬下，炮弹尾部散发出樱桃红色的耀眼光芒，这种颜色让他想起了高炉中的钢水。

在装甲防护方面，"密苏里"号安装了 12.1 英寸的倾斜装甲，装甲堡尽头是 14.5 英寸的横向隔壁——比之前服役的同型舰"衣阿华"号和"新泽西"号厚了 3 英寸多一点。军舰的炮塔基座装甲也同样坚固，其厚度在 11.6 到 17.3 英寸之间，至于炮塔装甲的最大厚度则达到了 19.7 英寸。水平防护包括一层 1.5 英寸的露天甲板，一层厚 6 英寸的复合式主装甲甲板和一层位于发动机舱上方，厚 0.63 英寸防弹片甲板——在弹药库上方，这层防弹片甲板的厚度会增加到 1 英寸。但"密苏里"号的防护系统给人印象最直观的却是它的指挥塔，其装甲厚度为 17.3 英寸，在进入时，人们需要穿过一扇类似银行保险库防盗门的大门。

"这是我一生中最幸福的一天"——总统哈里·杜鲁门在"密苏里"号上如是说。这张照片拍摄该舰于 1945 年 10 月 27 日停泊在哈德逊河上时，其中杜鲁门正在俯身查看纪念日本投降的铭牌。

"密苏里"号的动力系统包括四台交叉复合式蒸汽涡轮发动机，它们由通用电力公司（General Electric）生产，每台发动机驱动一根螺旋桨轴，总功率达 212000 马力。为它们提供动能的是八台巴布科克与威尔科克斯公司生产的 M 型锅炉，它们布置在四座锅炉舱内，其压力为美国海军标准的 600 磅 / 平方英尺。在标准排水量状态下，该动力系统可以推动战列舰达到 33 节的航速，足以同日本的快速巡洋舰抗衡，较之前的战列舰拥有 6 节的优势。以 15 节经济速度下，该舰的续航力为 14890 海里。如果以超过 20 节的速度航行，其耗油量将高达每海里 180 加仑。

即使如此，"衣阿华"级战列舰的服役经历却和设计初衷完全无关。尽管舰上的装甲指挥塔、主炮基座、侧面装甲和水平装甲都得到了精心设计，但它们却没有一艘参加过舰炮对决。只有在对岸炮击中，它们的重炮才有一展身手的机会。同样，33 节的航速也从未被用在追击袭击舰上。相反，它们更多的时间是在给快速航母提供护航。期间，这些战列舰必须面对一个事实，舰载机的攻击半径远远超过了它们的主炮——换言之，作为一种攻击武器，战列舰已退入二线。在 20 世纪 80 年代，"密苏里"号等舰进行现代化延寿改装时，它们庞大坚固的船体又成了安置远程巡航导弹的空间。在它们之后，美国海军还设计了"蒙大拿"级，该级舰将安装 12 门 16 英寸主炮，装甲比之前任何军舰都要厚重，还能达到 28 节的航速，但在二战期间，由于海军要把资源投入更重要的领域，它们还没有动工就被取消了，这也让"密苏里"号和它的三艘姐妹舰成了美国战列舰的终篇。

施工与交付

1941 年 1 月 29 日天气寒冷，在布鲁克林（Brooklyn）的纽约海军船厂——第一艘"密苏里"号在 100 年前动工的地方——美国海军第 3 军区司令克拉克·伍德沃德（Clark Woodward）少将为 BB-63 的龙骨打下第一颗铆钉。在这里建造的还有该级的首舰"衣阿华"号，它比"密苏里"号提前一年动工，随后工程有序地推进：钢材、电线、装甲、火炮、电话、电气设备、铺位……成千上万的物品被装进船体。1944 年 1 月 29 日，随着万事俱备，它的舰体缓缓滑入了东河（East River），舾装随之开始，工作包括安装 16 英寸炮塔和火炮，以及雷达、无线电天线和各种防空武器。"密苏里"号于 6 月 11 日在船厂服役，由此翻开了漫长而辉煌的职业生涯的第一页。

内部组织

在海军的传统中，经常把军舰的首批舰员称为"甲板所有人"（plank owner）——他们中既有经验丰富的高级军官，也有久经历练的中级军官和士官，但最多的是初出茅庐的海军新兵。舰上额定总人数为 2700 人，在二战期间，如果有舰队司令和参谋人员进驻，其总人数将接近 3000。鲍勃·施文克（Bob Schwenk）是一位 18 岁的锅炉兵，他的回忆反映了菜鸟们的尴尬。在纽约接受人员磨合期间，施文克被分配到 3 号锅炉舱，负责操作声控电话机。其具体任务是从机械动力系统的主控部门接收指示，并将其转发给负责锅炉给水的同事约翰·德格罗夫（John DeGroff）。当德格罗夫询问上面怎么说时，施文克只好回答："不知道。他们在说外语，我根本听不懂。"[1]——因为这些人大多来自纽约、新泽西和新英格兰，口音和在加利福尼亚长大的施文克存在很大区别。

不仅如此，舰上还有另一种文化冲突。受训期间，宾夕法尼亚州的水兵赫尔曼·莱

1947 年 9 月，总统一家从巴西返航时，玛格丽特·杜鲁门与"密苏里"号的水兵们一起在食堂就餐。她后来对该舰的舰长——罗伯特·丹尼森（Robert Dennison）开玩笑说："我比你更了解军舰，因为我和官兵们一起吃过饭，而你没有。"——按照当时的规定，舰长是单独就餐的。

1944 年 1 月 1 日，"密苏里"号的上层建筑已在纽约海军船厂成型。

比希（Herman Leibig）和朋友们上岸去诺福克（Norfolk）闲逛。当时，该市所在的弗吉尼亚州仍然没有结束种族隔离。当他在城际巴士后排坐下时，司机对他大喊："嘿，当兵的，坐到前面去。后排是黑鬼的座位。"[①]事实上，尽管"密苏里"号上有一批黑人勤务兵，但直到战争结束后，他们才开始大批登上军舰，至于在南方推行的种族隔离制度，其废除则要等待更长时间。

在 1944 年服役时，"密苏里"号创造性地设置了一个新部门——作战部门——这一设计后来被推广到了整个海军。该部门集中了所有作战信息来源，并囊括了全部可视信号传送员、无线电通信人员、导航员、战斗行动中心（后改名为作战情报中心）人员、瞭望员、电子设备操作和维护员，以及负责电子对抗和舰载机指挥的专业人士。至于舰炮部门则下属多个负责舰炮维护和操作的分队，其中主炮分队有三个，并与每座炮塔相互对应。此外是左舷和右舷副炮分队，以及 1.6 英寸和 0.8 英寸高射炮分队。另外，还有一个分队负责照管舰载水上飞机，一个分队负责弹射器和军械库。舰上的海军陆战队也被划入了舰炮部门，并为一些火炮提供了操作人员。轮机部门同样由多个分队组成，他们负责涡轮机、锅炉、电气设备和辅助设备的运转和维护。至于工程和修理部门则负责船舶的外部维修和损管，还包括了诸如乐队、号手和纠察长在内的辅助人员。此外，舰上还有医疗、供应和神职人员。

与 20 世纪 20 年代初期建造的美国战列舰不同，包括"衣阿华"级在内的快速

① 保罗·史迪威尔，《"密苏里"号战列舰：一部图文史》，第 17 页。

战列舰废除了吃住一体的水兵住舱设计。在较老的军舰上，每个舱室内都会摆着一张长长的桌子，它们平时被悬挂到天花板上。在吃饭时，桌子会被取下，用于摆放饭菜，至于厨师会从一个单独的厨房把食物带到舱室内，随后大家就像家人一样开饭。这种做法加强了各个分队内部的联系，但在后来建造的军舰中，虽然舰员住舱仍然按照分队分配，并保持着"见缝插针"的拥挤风格（有些人的床铺甚至在炮塔结构内），但舰上为水兵们开辟了专门的就餐区域——中央食堂，在这里，他们将从自助餐桌上取用食品。这种设计也让舰员们有机会认识其他部门的战友。至于军士长、准尉和军官们单独就餐，其区域由副舰长主管，舰长则拥有专门的餐厅，这里经常被用于招待客人，舰队司令和参谋们等旗舰人员也配有专门的用餐区域。另外，这些餐厅经常被用来在晚上放映电影。

1987 年时，舰上普通士兵的铺位——出于可以想见的原因，它们经常被戏称为"棺材架子"。

在战后，舰队的其余舰只都像"密苏里"号一样划出了作战部门。至于工程和修理部门则取消了，其职能被一分为二。损管工作由工程部门负责，至于由舰务官和水手长主管的，甲板和水线之间的区域则被并入了舰炮部门。随着空中目标越来越快，0.8 英寸轻型高射炮被不断拆除，导致炮兵分队的数量持续下降。1949 年 5 月，诺福克海军造船厂还拆除了舰尾的水上飞机弹射器，它们可以弹射水上飞机执行校射任务，其型号最初是沃特 OS2U "翠鸟"（Vought OS2U Kingfisher），后来换成了柯蒂斯 SC "海鹰"（Curtiss SC Seahawk）。之后，"密苏里"号安装了直升机起降平台，其最初位于 1 号炮塔上，后来占据了舰尾弹射器的位置。直升机根据不同需求由其他指挥机构提供，任务包括侦察、运输物资和人员。

虽然在服役初期，"密苏里"号上的人数时有波动，但军舰的组织结构基本没有变化。在二战结束的复员期，随着舰队中的其他战列舰纷纷退役，"密苏里"号的人员也大幅削减。但在朝鲜战争爆发后，该舰的人数再次上升，并一直持续到在 1955 年退役前。当 1986 年春天，接受过大规模现代化改装的"密苏里"号重新投入现役时，舰上的内部组织也发生了变化。随着导弹安装上舰，该舰用"武器部门"替代了之前的"舰炮部门"，但其他职能机构保持不变。舰上的航空装备也恢复到了包含一架直升机和数架 RQ-2 "先锋"（RQ-2 Pioneer）无人机的水平，后者可以在空中传回炮弹落点的视频，以便火控人员进行修正。另外，舰上依旧配备了海军陆战队分队，其任务依旧包括了操纵部分火炮，而在 1991 年的海湾战争期间，"密苏里"号还额外搭载了一批爆炸物处理人员。

二战

1944 年 9 月上旬，"密苏里"号首次凭借自身动力出航，以便开展火炮和结构测试，查看船体和上层建筑能否承受射击时的震荡。接下来，该舰又开往切萨皮克湾和委内瑞拉外海的帕里亚湾（Gulf of Paria），并在舰员训练完成后返回了纽约港。11 月

10 日，该舰向南进发，前往巴拿马运河和太平洋。期间，它几乎是紧贴着船闸通过了运河，以至于有不少碰掉的混凝土块掉落在了甲板上。

进入太平洋后，该舰先在旧金山和珍珠港稍作停顿，随即于 1945 年 1 月 13 日在加罗林群岛（Caroline Island）中的大锚地——乌利西环礁（Ulithi Atoll）加入了舰队。2 月 16 日，"密苏里" 号参加了首次战斗：任务作为防空屏障，掩护第 58.2 特混舰队空袭日本本土——这也是自 1942 年 4 月 "杜立特轰炸" 以来的第一次。几天后，当美国海军陆战队登陆硫磺岛（Iwo Jima）时，该舰又成了航母护航部队的一员。

3 月 24 日，"密苏里" 号用重炮轰击了冲绳——4 月 1 日，美军在这里登陆。水兵托尼·亚历山德罗（Tony Alessandro）是 3 号炮塔左侧主炮的发射药提升机操作员。他从事这份工作的 "本钱" 是 5 英尺 6 英寸高、138 磅重的体格，这使他可以在狭窄的空间内行动自如。他的任务是控制一根连接着提升机的操纵杆，将圆柱形发射药包从配弹间运送到炮塔内。按照记录，在 3 月 24 日，"密苏里" 号共发射了 180 枚炮弹。

4 月 11 日，军舰上的牧师——罗兰·福克（Roland Faulk）海军少校正在拾阶而上，试图前往上层建筑第四层的航海舰桥。但就在抵达时，他发现许多人正乱哄哄地从右舷奔向左舷，差点把他挤倒。原来，一名日本 "神风" 飞行员正从海面上约 100 英尺高度冲来。他的零式战斗机左侧机翼扎进舰体右舷，接着，其机身也倾斜着撞向舰体侧面、主甲板靠下的位置。撞击时，舰上的摄影师按下了快门，从而捕捉到了太平洋战争中最震撼人心的景象。飞行员当场断成两截，上半身连同飞机的残片一道落在甲板上。第二天，福克牧师为这位死者举行了海葬仪式。在悼词中，福克说："死去的日本人不再与我们为敌。"①

5 月 18 日，"密苏里" 号成为第 3 舰队司令威廉·哈尔西

① 保罗·史迪威尔，《"密苏里" 号战列舰：一部图文史》，第 35 页。

1944 年 1 月 29 日，"密苏里" 号的船体滑入东河。

① 保罗·史迪威尔，《"密苏里"号战列舰：一部图文史》，第 40 页。

② 保罗·史迪威尔，《"密苏里"号战列舰：一部图文史》，第 261 页。

（William Halsey）海军上将的旗舰，其规模无比庞大，正在向日军持续施加压力。海军少将罗伯特·卡尼（Robert B.Carney）出任舰队的参谋长，鲍勃·巴尔弗（Bob Balfour）上尉在参谋部中担任通信值班军官，他在数年后回忆说："我觉得有句话可能不是很公道，但总的来说，我们都觉得哈尔西是舰队的胆，但卡尼才是头脑。"①

但另一方面，这种慷慨豪爽的品格，也让哈尔西在舰上赢得了水兵们的爱戴。有一次，绰号"麋鹿"的通信兵理查德·康纳（Richard Conner）曾经好奇地询问将军的勤务兵，哈尔西有没有辱骂过下级水兵。那位海军陆战队员回答说，他只碰到过一次，当时是在珍珠港，将军刚从一幢建筑物中走出来，便撞上了一个年轻的水手。

接下来，这个水手居然若无其事地走开了，然后哈尔西大声问："你撞完一名将军，就不懂立正敬礼么！"②

1950 年 9 月 17 日，"密苏里"号的主炮中央计算室。

1945 年夏天，由于巨型战列舰"大和"号和"武藏"号都已长眠海底，日本水面舰队已经不再构成威胁——这也意味着，"密苏里"号和姐妹舰们已经失去了击沉敌舰的机会。在服役生涯早期，哈尔西曾在前无畏舰"密苏里"号上服役，他敦促下属为战列舰们分配一项体面的使命，而不是让它们充当航母的跟班。7 月 15 日上午，在巡洋舰和驱逐舰的伴随下，"密苏里"号和姐妹舰"衣阿华"号以及"威斯康星"号一起炮击了日本北部北海道岛上的室兰（Muroran）钢铁厂。这次，"密苏里"号的 16 英寸舰炮使用了最大发射药配置，因为其目标要比冲绳更远——最近的有 29660 码，最远的有 32000 码。在滩头外海，美国特混舰队没有遭遇任何抵抗，但战列舰的校射飞机却一直在遭到防空火力攻击。在这次行动中，准确是一项必不可少的因素，因为冲天大火很快笼罩了目标区。其中，仅"密苏里"号就发射了 297 发炮弹，里面包含了对大型锤头式起重机的三轮九炮齐射。炮击对钢铁厂的所有建筑物都造成了严重破坏，爆炸的火焰到处腾起，杰克·巴伦（Jack Barron）海军少尉透过 2 号炮塔内的潜望镜观看了炮击的全过程，在厚重装甲的保护下，每一次开火的效果仿佛悄无声息，然而，每当有 16 英寸炮弹命中时，它给人的感觉

1945 年 4 月 11 日下午，一名日军"神风"飞行员驾驶的零式战斗机撞向了"密苏里"号的舰体。在照片中，右舷 9 号和 11 号的 1.6 英寸炮位及其火控设备的操作人员正在匆忙寻找掩护。袭击没有造成美军伤亡，第二天，该舰对飞行员的遗体进行了海葬——如今，这张照片已成了太平洋战争中最经典的影像记录。

1945 年 8 月日本投降前不久，第 3 舰队司令威廉·哈尔西海军上将和参谋长罗伯特·卡尼少将在"密苏里"号上进行讨论。

又是如此真切——就在巴伦的眼前，日本钢铁厂的烟囱倾倒了下去。

8 月初，陆军航空队的 B-29 轰炸机用原子弹将广岛和长崎夷为平地，战争即将结束。"密苏里"号上的哈尔西在 8 月 15 日收到了日本投降的消息，并向第 38 特混舰队的航母舰载机飞行员发去了一条恶搞的消息："监视并击落所有前来窥探的敌机——但别太过火，要保持友善。"为了庆祝战争结束，他要求"密苏里"号鸣响一分钟汽笛。11 点 09 分，一阵低沉的声响从该舰上传来，但这部汽笛几个月来一直没有响过，一打开就再也没法停止。于是，它就卡在这样的位置上，一直持续了两分钟，直到工程人员切断舰内的蒸汽才让它安静下来。

水兵乔·维拉（Joe Vella）是 5 英寸舰炮的炮组人员之一，他离开家乡康涅狄格州的高中之后不久便被分配到了这里。随后，他从美国本土出发，搭乘"密苏里"号行驶了数千海里，并感到自己将与家乡永别。当听到和平的消息时，一位熟悉的枪炮中士吸引了他的注意，这个人正如释重负地低声哭泣。维拉带着惊奇的声音对这位战友说："麦克，一切都是真的！"[1]在加入"密苏里"号前，麦克所在的军舰曾被鱼雷击中并沉没。这个人安静地说："是的，我也这么认为。"

日本投降

1945 年 5 月，德国的投降并没有举行宏大的仪式，这是因为盟军已经占领了这

① 保罗·史迪威尔，《"密苏里"号战列舰：一部图文史》，第 49 页。

① 译者注：即军舰在靠港时，舰长居住的舱室，与之对应的是"在航住舱"（At-Sea Cabin），即在海上航行时舰长居住的舱室。与"在航住舱"相比，"在港住舱"的装修要更为奢华，空间也更为宽敞，以便举行各种接待和社交活动。

个国家。但太平洋地区不同——盟军并没有攻入日本本土地区。杜鲁门总统要求投降仪式公开进行，地点定在"密苏里"号上——其所在的舰队此时已大兵压境，日本的失败已成定局。另外，美国人还相信，在军舰上举行仪式，还可以最大限度地降低狂热分子孤注一掷的机会。

8月15日之后的几天，"密苏里"号和僚舰一直在日本南部巡航，等待接收后续消息。在准备投降仪式时，舰长斯图尔特·默里（Stuart Murray）上校命令将全舰洗刷一新。如果当时下雨，投降将在司令住舱内举行，但首选位置是位于右舷01层的阳台甲板，在2号炮塔侧面，靠近舰长的在港住舱（in-port cabin）①。经过几天的等待，美国舰队开入日本海域并准备进入相模湾（Sagami Wan），那里与东京湾之间由一座半岛隔开，这座半岛也是横须贺海军基地的所在地。"密苏里"号于8月26日黎明抵达日本近海，等待着载有日本海军军官和引港员的驱逐舰"初樱"号（Hatsuzakura）到来。按照美军的指示，该舰的炮管垂下，炮膛敞开，并清空了鱼雷发射管。

日本人登船后，海军陆战队下士乔·德拉姆海勒（Joe Drumheller）对他们进行了彻底的搜查。道格·普拉特（Doug Plate）上尉目睹了日本人的紧张神情和反应——当时，这些日本人都交出了佩刀和随身武器，并忍受着数百人的好奇围观："我跟你说，他们简直是一群惊恐的小矮子。"傍晚时分，第3舰队的船只纷纷驶入并停泊了在镰仓附近，这片地区也被称为"日本的里维埃拉"，当地名胜——白雪皑皑的富士山在远处依稀可见。"密苏里"号的停泊地有着全舰队最好的景致，当天傍晚，所有人都看到了一幅既令人屏息又意味深长的画面，太阳似乎直接落进了富士山的火山口。8月29日，"密苏里"号的舰员们在甲板列队，与浩浩荡荡的舰队一起进入东京湾——它是美国海军在这场战争中的矛头所指之地，也是1941年12月以来，每个人都全力以赴的目标所在。

陆军上将道格拉斯·麦克阿瑟（Douglas MacArthur）明确表示，他希望日本代表在进入01层甲板开始仪式之前，尽可能少待在主甲板上。这意味着舰员们需要反复排练，以模拟日本人爬上舷梯，穿过主甲板和上到阳台甲板的场景。其中一名水兵故意把裤腿绑在一根拐棍上，以此模拟日本外相重光葵（Shigemitsu Mamoru）的蹒跚步态——1933年，一名朝鲜革命者在上海向他投掷炸弹，让他终身安上了一副木制假肢。

1945年9月2日，这一铭记史册的日子来临了，黎明的阳光洒落在旗舰之上。5点，"密苏里"号的号手呼唤人们集合，除了刚在4点值完班的水兵，所有人一齐走出船舱，用淡水擦洗前甲板和01层阳台甲板——和"密苏里"号的其他甲板一样，这里也被涂成深蓝色，以便与迷彩涂装保持一致。做完最后的清洁工作，舰员们在6点之前吃了早饭，舰上的出纳官鲍勃·麦基（Bob Mackey）上尉出舱来到01甲板，迎面看见"英王乔治五世"号送来的抛光红木签字桌。这张桌子大约有40平方英尺，只比一张牌桌略大。麦基随后与哈尔西司令部的司令秘书哈罗德·斯塔森（Harold Stassen）做了交谈，他们都认为英国人的桌子太小了，无法放下一式两份的投降书——其中美国和日本的分别用绿色皮革和黑色帆布装订。随后，斯塔森问有没有更大的桌子，这时麦基突然想到，食堂正好有一张，完全能用于仪式。虽然

1945 年 7 月 14 日，"密苏里"号作为第 38.4 特混舰队的一员驶向日本。我们在舰尾可以看到许多工作和休息中的舰员。次日，该舰参加了对日本北海道（ 即日本四岛中最北方的岛屿）室兰市的炮击。注意弹射器上的柯蒂斯 SC"海鹰"型水上飞机。

这张桌子纤细的金属桌腿略为碍眼，但完全可以用一张绿色毡布盖住。毡布也来自食堂，就餐一结束，人们便会用它盖到桌子上，让桌子看起来美观大方一些。

当天上午，莫里上校也在思忖着各种细节，其中一个和军舰的位置有关。他已经接到了美国国家地理学会的提议，希望能派代表参加仪式，以确定该舰下锚的精确位置。但莫里却表示，他的访客已经够多了，这项工作由舰上的导航分队代劳足矣。于是，他下令在 9 点时，从舰桥上参照六个岸上地物（是平时测算要求的两倍），并根据其交汇点确定该舰的精确经纬度。在测得数据之后，莫里命令切断舰上所有电磁罗经的电源，以避免将来有人再对结果说三道四。这一数据——北纬 35 度 21 分 17 秒，东经 139 度 45 分 36 秒——后来被刻上铜制铭牌镶嵌进了甲板。

参加仪式的日本代表共有 11 人，其中外务省、陆军和海军各有三人，另外两人来自民政机构。他们搭乘一艘摩托艇向战列舰驶来，并在靠帮前绕航了一周，最终在 8 点 55 分登上前部舷梯。显然，这种安排是为了用军舰的尺寸和威力震慑战败国的使者。另外，和从驱逐舰登上甲板的盟军要员们不同，日本人被迫自己爬上舷梯，此外，他们也不会像法国领导人向德国投降时那样，享有私下完成签字的奢侈。

一到阳台甲板，日本人就排成三排。面对着铺好绿色桌布的投降桌，他们克制地站着，几乎面无表情，掩饰着头脑中的情绪波动。美国的军官们则更加活跃，记者和摄影师围在周围，疯狂地寻找最好的拍照角度。数百名水手和海军陆战队员俯瞰着

1945 年 8 月 20 日，即日本宣布停战的五天后，"密苏里"号正在向"衣阿华"号转移人员。

现场。其中一位日本人加濑俊一（Kase Toshikazu）可能说出了在场所有人的心声："我们出现在现场时，感觉像是受到了莫大的折磨。仿佛有一百万道带着火焰的目光像箭雨一般投向我们，深深扎进了我的身体，刺骨地疼。我从来没有意识到目光会如此灼人。"

做完开场演说之后，麦克阿瑟将军示意重光葵外相上前签字。在这位日本代表团团长就座时，他的木制假腿碰上了一根固定杆——后者为细长的桌腿提供着支撑。在下面的舰首甲板上，莫里舰长听到了金属发出的咔嚓声，担心桌子会支撑不住，但最终情况并未如此。重光葵脱下丝制礼帽，在桌子上放好，摘下右手的黄色手套，在掏出钢笔前，他从口袋里摸了摸怀表和文件，这时，他似乎有点犹豫，因为他没法在投降文件上找到正确的位置。见状，麦克阿瑟立刻吩咐参谋长理查德·萨瑟兰（Richard Sutherland）中将："萨瑟兰，告诉他在哪里签字。"参谋长从2号炮塔旁边的位置走了过去，指明了规定的区域。就这样，重光葵一言不发地签好了第一份投降书，由于名字上方的一栏包括了签字时间，所以他又停下来抬头询问了旁边的加濑。后者看了看手表，告诉重光葵现在是9点04分。就这样，日本外相在文件上签下了投降的确切时间，接着，他又埋头在日文版上签了名。作为日本军队的代表，参谋总长梅津美治郎（Umezu Yoshijiro）也紧张地站了出来，在当天的所有人中，只有他拒绝坐下，轻蔑地俯身站着完成了流程。

然后麦克阿瑟将军坐下代表盟国签署了文件，尼米兹海军上将则充当了美国代表。礼宾随后要求其他战胜国的军官签字，他们也都照办了。唯一的意外是重光葵的一名助手发现，有些盟军代表搞错了签字的位置：它源自加拿大代表莫尔·科斯格罗夫（L.Moore Cosgrove）上校，随后三位代表——法国、荷兰和新西兰也受到了误导，而且签字的格式也不恰当。在发现错误之后，盟国代表举行了简短的讨论，萨瑟兰将军随后用笔纠正了上述错误。

到处挤满了摄影师，每个人都想从最佳的角度记录这一时刻。《生活》杂志的卡尔·迈丹斯（Carl Mydans）已经报道麦克阿瑟好几年了。但在当时，他的来去并不像之前习惯的那样自由，更与预期截然不同。在麦克阿瑟讲话和签名时，他分到的位置在一座1.6英寸高射炮的围挡旁。换言之，迈丹斯的镜头正对着日本人，同时只能拍到美国等盟国代表的背影。于是，就在仪式暂时中断，各方解决科斯格罗夫签字错误期间，迈丹斯从炮位围挡中跳出来，跑向投降桌。他只来得及按下一次快门，就被"密苏里"号上一个身材壮硕的海军陆战队员拎回了1.6英寸炮的炮座上。这一幕就发生在麦克阿瑟将军眼皮底下，他的肃穆表情和《生活》杂志著名记者的窘相形成了鲜明对比。然而，就在迈丹斯从将军身旁经过的一瞬间，他还是注意到将军放下了庄严的面具——不过时间只够向朋友眨一下眼。

随着各项签字结束，麦克阿瑟将军宣布："让我们为恢复和平的世界祈祷，愿上帝让它永远存续。"然后他转向日本代表团说："流程全部结束。"当时美国还是星期六晚上，数以百万计的居民都收听了"密苏里"号军舰上的广播。仪式结束后，杜鲁门总统在白宫发表了简短讲话。随后广播切回战列舰上，麦克阿瑟和尼米兹将军做了发言。麦克阿瑟最后总结道："同胞们，今天我向你们报告，你们的儿子都尽到了责任……他们现在要回家了。好好照顾他们。"①

1945 年 9 月 2 日，即日本投降仪式举行当天，停泊在东京湾的"密苏里"号。注意该舰的舰首旗，上面的每颗星都代表着美国的一个州。按照规定，这种旗帜应在军舰下锚停稳或两船并排停靠时升起。

　　就在最后一位盟军代表、新西兰空军中将伊希特（L.M.Isitt）于 9 点 22 分完成签字时，阴霾的天空突然放晴。在此之前，天色一直是晦暗的，四面八方都被滚滚的乌云笼罩。但此时，明媚的阳光突然穿透云层缝隙，在水面上翩翩起舞。当时，绰号"麋鹿"的无线电员理查德·康纳（Richard 'Moose' Conner）得到了分队长批准，从上层建筑的高处目睹了这一幕，他望着阳光洒下，想到了日本国旗上的旭日纹章。后来出现了更具象征意义的景象。早些时候，当尼米兹将军签字时，有两位军官随侍在侧，其中一位是海军少将弗雷斯特·谢尔曼（Forrest Sherman）——他是尼米兹运筹帷幄的智囊；另一位是哈尔西——他后来将晋升为海军五星上将。麦克阿瑟一把搂住哈尔西的肩膀，低声说："现在开始！"[1]同时，第 38 特混舰队的 450 架运输机也收到了这则消息，它们此前一直在附近盘旋等候。接到信号之后，它们呼啸着从锚地上方飞掠而去，接下来登场的是数百架陆军航空兵的 B-29 轰炸机，此时日本人正走下舷梯，试图离开军舰。当枪炮军士长瓦尔特·尤卡（Walt Yucka）抬头看着数百架在阳光下飞行的飞机时，他的脑海中闪过一个念头——日本的旭日被美国的力量挡住了。近半个世纪后，这段记忆都让他激动得浑身颤抖。他回忆道："那是我一生中最激动的时刻。战争结束了。"

[1] 保罗·史迪威尔，《"密苏里"号战列舰：一部图文史》，第 74 页。

战后使命

受降仪式上的角色让"密苏里"号享誉世界，至于它的昵称——"强大的莫"（The Mighty Mo）更是随之家喻户晓。在率领舰只从东京湾返回本土期间，莫里上校恪守了对部下的诺言：虽然海军禁止在舰上喝酒，但他们会前往关岛，在那里一醉方休。期间，该舰还担任过"海上出租车"，向关岛运送了数百名退伍军人，这些人已经获得了足够的退伍积分，可以从前方直接返回美国。当舰队抵达珍珠港时，尼米兹海军上将举行了招待会。船员们享用了新鲜的牛奶、水果和蔬菜，这是几个月的海上生涯里从未有过的。

接下来，"密苏里"号穿过巴拿马运河前往大西洋，然后在诺福克停留。当地海军造船厂的工人制作了一块圆形的牌匾——它被嵌在01层阳台甲板中，以指明投降签字桌所在的位置。随后很多年，它都是游客争相目睹的对象。在纽约期间，杜鲁门总统本人也登上了这艘军舰——当时，它正停泊在哈德逊河上参加10月27日的海军节庆典（见附录1）。接下来，它来到了曼哈顿岛西侧的一座码头，并迎来了成千上万名激动的游客。其中自然不乏渴望搜刮纪念品的人，其中许多人将手指伸进炮管，试图把里面的油脂挖出来。还有人试图从设备上拆下塑料或金属铭牌，甚至撬走投降牌匾。另一些人则把姓名的首字母涂到了新上漆的舱壁上，由于16英寸舰炮的油脂大量消失，导致军舰必须抬高炮管，以使其免遭更多损伤。还有人把手伸进了舰长斯图尔特·莫里上校的住舱，并从书桌上偷走了许多东西，包括一顶有金饰的便帽。

当喧闹声消散之后，"密苏里"号接到了一项特殊任务，它的意义不仅限于礼节层面：按照外交传统，如果外国大使在任期内去世，那么驻在国需要用军舰将他的灵柩送还。土耳其驻美大使穆罕默德·埃特根（Mehmet Ertegun）就是其中之一。他于1944年在华盛顿去世，随后遗体一直被寄放

代表日本政府签署投降书的日本代表团团长重光葵（时任日本外相）。日本外务省的代表加濑俊一也出席了仪式——他后来成为日本驻联合国首任代表。面对他们的是美国陆军的理查德·萨瑟兰中将，至于威廉·哈尔西海军上将则在远方注视着这一切。在俯身就座时，重光葵的假肢重重地撞上了桌脚，让"密苏里"号上的军官们一度担心桌子会突然垮塌。

在异国他乡。1946年年初，"密苏里"号奉命将它运往伊斯坦布尔，以便进行永久埋葬。然而，此行的任务并不只是完成仪式。美国政府还打算用它发出信号，表明他们在地中海地区有着重要的利益。与此同时，在土耳其、希腊和意大利等国家，人们都满怀热情地迎接了它的到来。期间，一部分舰员访问了梵蒂冈，拜会了教皇庇护十二世。这次航行带来了一个重要收获：为美国海军常驻地中海打开了大门——之后不久，该舰队便改名为第6舰队，直到今天都活跃在当地。

在接下来的几年中，"密苏里"号驻扎在诺福克，并参加了许多大西洋舰队的行动。其中包括一次前往格陵兰岛附近戴维斯海峡（Davis Strait）的航行，以检验舰队的寒带作战能力，并提防苏联从北极地区发动进攻。而在南面，该舰会定期前往古巴的关塔那摩湾，以此保持舰员的战备水平和熟练程度。1947年7月，该舰抵达诺福

在签字仪式现场，美军还搬来了马修·佩里准将于 1853 年 7 月 8 日叩开日本国门时的蒸汽巡航舰"密西西比"号（Mississippi）的舰首旗——当年，米勒德·菲尔莫尔（Millard Fillmore）总统打算强迫日本对外开放，允许美国在当地展开贸易。这面旗帜之后一直保存在安纳波利斯的海军学院博物馆，1945 年，它在一名军官的照看下搭乘了 100 小时的飞机被火速运往东京湾，以增强投降仪式的象征意义——毕竟，这一仪式同样也代表着美军进一步干预日本事务的开始。另外注意舰桥侧面的战绩展示牌，上面用太阳旗等符号展现着该舰击落的飞机。

克海军造船厂，准备接受发动机和装备大修。但很快传来了新命令。命令要求该舰准备好前往巴西，将参加国际会议的杜鲁门总统及其家人接回美国（参见附录1）。这次北上之旅也是总统在上任两年多以来享受的第一个假期。

在该舰进入里约热内卢，开展友好访问期间，休假舰员们也来到岸上，欣赏当地景点。这里的风光让许多人流连忘返。轮机军士长阿尔特·阿尔伯特（Art Albert）就是其中之一，他和许多伙伴一起乘出租车前往甜面包山（Sugarloaf Mountain）的山顶。但问题在于，与他同行的人太多了，

由于发动机过热，汽车抛锚了很多回。不过，这次旅行却很值得：阿尔伯特和好友们都欣赏到了海港的壮丽景色。至于迪克·克鲁格（Dick Klug）等人则在里约仙境般的海滩上享受着日光浴。他特意在中午之前多点了几杯饮料，以免当调酒师去午睡后，自己陷入无酒可喝的困境。对于勤务兵埃迪·弗莱彻（Eddie Fletcher）来说，最吸引他的是里约的夜生活。他喜欢去夜总会，听巴西音乐，跳舞，和当地人闲聊并畅饮啤酒。这是一种充满异国情调，让人流连忘返的生活方式，尽管相对于永远拥挤的船舱和每天例行的早起来说，这段美好时光是那么的短暂。

在 1946 年和 1947 年的外交远航后，"密苏里"号摇身一变，成为人员训练舰。1948 年夏天，该舰返回地中海，以便给海军学院和海军预备役军官训练部队（Naval Reserve Officers Training Corp）的学员提供实习机会。火控分队的水兵约翰·威廉姆斯（John Williams）打量着这些人，并根据心理状态将他们分成了两类。他佩服其中的第一类，这些人工作努力，对军舰上的一切都求知若渴。但另一些人则自由散漫，做什么事都浅尝辄止——他们知道，自己只要等一或三年就能成为军官，这段时间只需要混过去就行。他们还把下级士兵当成傻瓜，更不懂得倾听和体恤。期间，"密苏里"号相继在里斯本、法国南部的滨海维勒弗朗什（Villefranche-sur-Mer）和北非的阿尔及尔停靠。最后，该舰返回波多黎各，随着对库莱布拉岛沿岸的炮击演习结束，整个训练也画上了句号。

1949 年，"密苏里"号进行了两次教学远航，期间该舰不仅访问了多座港口，还开展了军事演习，其停靠地中包括了法国的瑟堡和英国的朴次茅斯。战后的英国仍然推行着食物配给制，在朴次茅斯访问期间，"密苏里"号招待了数以百计的访客，他们都欣然接受了舰上的点心。期间，军舰还举办了抽奖活动，并向持有幸运数字的当地人分发了奖品。其中一个小男孩赢得了一个火腿罐头。他似乎没有父母照看，看到这种情况，一名"密苏里"号上的军官跟着他，确保不会出事。不久，男孩找到了

"现在开始！"随着一声令下，哈尔西海军上将指挥的第 38 特混舰队的 450 架舰载机编队飞过东京湾的英美舰队上空，以此为投降仪式画上了摄人心魄的句号。其中左侧是"密苏里"号，而右侧最靠近镜头的舰只是轻巡洋舰"底特律"号（Detroit）。

1945 年 10 月 27 日时，停泊在哈德逊河上参加海军节庆典的"密苏里"号。

他的母亲，军官说："不知道他是否有人照顾。"男孩的母亲回答说："有的，但这是他头一次见到火腿，我必须让他亲自拿着才行。"[1]

朝鲜战争及战后

1950 年 1 月，"密苏里"号在诺福克（Norfolk）惨遭搁浅。在当年晚些时候，该舰参加了朝鲜战争，试图以此挽回名誉。在战争爆发前的几个月，该舰也参加了在加勒比海举行的军事演习，并继续承担起训练舰的职责。在当年夏天，该舰曾两次展开巡航，并访问了纽约、波士顿、哈利法克斯（Halifax）和巴拿马等地。在战列舰上的军官中，就有李·罗亚尔（Lee Royal）少尉。他的女朋友住在纽约，一天晚上，他们去看百老汇音乐剧。在把女友送回家后，少尉在 1 点左右回到了军舰。"玩得开心吗？"前甲板的当值军官问。刚度过一个愉快夜晚的少尉高兴地说："对。""好，因为它将是你近期享受的最后一次。去军官起居室。副舰长正在那里等你。"[2]尽管时间很晚，但军官起居室依旧灯火通明，到处是拿着文件夹板奔跑的人们——他们正忙着制定"密苏里"号进行大规模部署的物资清单。这艘军舰已经接到命令，要第一时间离开诺福克。它还将取消前往关塔那摩的训练巡航，而是直接返回母港，把学员送上岸，并携带弹药和补给品前往太平洋。

1950 年 6 月，随着朝鲜军队攻入韩国，朝鲜战争正式爆发。作为美国海军唯一的现役战列舰，"密苏里"号也被派往前线。按照五星上将道格拉斯·麦克阿瑟的计划，美军将在 9 月中旬对仁川发起登陆，同时预定该舰为这次行动提供支援。但"密苏里"号横跨太平洋的航行却多灾多难，连续遭遇了两次强风暴，导致上层建筑受损，也让原定日程化为泡影。直到 9 月 15 日，该舰才炮击了朝鲜的东海岸——同一天，美军入侵了半岛另一侧的仁川。

9 月 21 日，该舰在仁川锚泊，麦克阿瑟亲自视察了军舰。这位将军笔直地站在后甲板上，向专门欢迎他的鼓乐队敬礼致意。舰上的副值日军官注意到，此时将军的右手在颤抖，这让他大为惊骇。当时，麦克阿瑟已经 70 岁了，他垂垂老矣，但内心仍是个斗士。

在麦克阿瑟抵达之前的几天里，"密苏里"号上的海军陆战队员们曾进行过一些漫无边际的讨论。[1] 期间，他们不止一次揶揄过将军的绰号"缩头的道格"（Dugout Doug）[2]——它讽刺了麦克阿瑟的爱慕虚荣和徒有其表。其中一位热烈参与讨论的，是海军陆战队分队的指挥官劳伦斯·金德里德（Lawrence E.Kindred）上尉。几年来，海军陆战队一直很不待见这位爱作秀的将军——而现在，这个人又将故地重游，返回五年前接受日本投降的军舰。"密苏里"号的海军陆战队员在后甲板排成一列，将军大步登上军舰，穿过两旁列队的仪仗兵。在与舰长欧文·杜克（Irving Duke）上校握手之后，麦克阿瑟开始检阅。这时，他一把拽住金德里德上尉的胳膊，将他拉到自己身边。然后，将军以一种令人印象深刻，仿佛来自上帝一般的声音对他说："上尉，我刚从遥远的北方回来，你的战友们正在与敌人浴血奋战。我想告诉你的是，这世界上没有比美国海军陆战队更优秀的战士！"将军的话如同火箭一样飞掠过军舰，久久地回荡着。金德里德上尉随后遭到了同僚们的无情嘲讽，并被不时诘问现在对"缩头的道格"有什么看法。此时，金德里德已被完全折服，成了对将军五体投地的崇拜者。

接下来的几个月，"密苏里"号多次用 16 英寸长身管主炮支援朝鲜东海岸和西海岸的地面部队。但在 1950 年晚些时候，麦克阿瑟的五颗将星却失去了光芒，他曾信誓旦旦地预言，中国人不会派兵参战，但现在，中国人民志愿军已经开入了朝鲜。为避免惨败，美军一路向南撤退，期

[1] 保罗·史迪威尔，《"密苏里"号战列舰：一部图文史》，第 172—173 页。

[2] 译者注：这一绰号来自 1942 年的巴丹半岛战役期间，据说，当非律宾的美军在撤回巴丹半岛时，看到了大量装满食物、弹药和医疗用品的掩体——这里据说是麦克阿瑟的指挥所——但与之形成鲜明对比的是，前线早已陷入弹尽粮绝的状态，至于麦克阿瑟也极少亲临前线，而是总待在后方的司令部中。这导致许多人都对他产生了强烈不满，"缩头的道格"这一绰号也应运而生。

在西姆布尔浅滩（Thimble Shoal，位于弗吉尼亚州的汉普顿锚地附近）近海搁浅的"密苏里"号。该舰于 1950 年 1 月 17 日上午搁浅，在照片拍摄时，工作人员正在开展脱困作业。直到 2 月 1 日，该舰才最终重返大海。

间，他们曾在冰冷的长津湖（Chosin Reservoir）战斗，这一行动已成为海军陆战队历史上的传奇。美军面对中国军队且战且退，最终在圣诞节前抵达了朝鲜北部的兴南港（Hungnam），"密苏里"号也奉命前往该地区锚泊，并与其他火力支援舰只一起向指定位置开火。在这次行动中，该舰的任务是用爆炸的炮弹编织一道阻拦网，以便为撤入港口的海军陆战队提供保护。沃伦·李（Warren Lee）是舰上的一名火控人员，这一切给他留下了深刻印象，他回忆道："为掩护这次撤退发射的炮火，其猛烈程度真是前所未见！"由于炮击是在夜间进行的，爆炸的火光划破了漆黑的夜空。

在1950年大开大合的部队运动后，朝鲜战争转入了僵持状态。期间，海军将封存的三艘"衣阿华"级战列舰重新投入战争，它们有时与航空母舰一起行动，但主要任务是提供对岸炮火支援。"密苏里"号于1951年4月回到诺福克（Norfolk），重新扮演起训练舰的角色。当年夏天，它带领军官学员们去了法国和挪威，挪威国王的奥拉夫（Olav）王储于6月20日在奥斯陆访问了该舰。1952年，"密苏里"号再次因训练任务来到欧洲，同年晚些时候，它前往朝鲜并成为第7舰队的旗舰，再次肩负起了对岸炮击的使命。在此期间，三级枪炮军士长杰克·麦卡伦（Jack McCarron）曾在东京上岸游玩。对麦卡伦来说，这次访问是一次有趣的经历：1941年12月7日，他曾在"亚利桑那"号战列舰上操纵5英寸25倍口径高射炮，爆炸将他掀入海中，后被严重烧伤。在近12年后，他在另一艘战列舰上操控着一座5英寸38倍径高平两用炮炮位。[1]与许多珍珠港事件幸存者不同，麦卡伦对日本人并没有仇恨。对于这些人和他们的国家，他始终抱有兴趣。战争结束以来，东京的重建速度如此之快，给他留下了深刻的印象。

在第二次部署到韩国期间，"密苏里"号的指挥官是瓦尔纳·埃德索尔（Warner Edsall）海军上校。这位48岁的军官于1927年从海军学院毕业，曾在潜艇和驱逐舰上，以及参谋岗位上服役。1953年3月25日9点45分，"密苏里"号完成了对朝鲜的最后一次炮击任务。在部署期间，它发射了3861枚16英寸炮弹和4379枚5英寸炮弹。完成行动后，"密苏里"号返回日本，以便收回在朝鲜作战期间寄放在佐世保的舰载小艇。3月26日上午，埃德索尔船长站在04层舰桥上，脖子上挂着双筒望远镜。当军舰靠近佐世保港时，他下达了航向和航速指令。这座港湾的入口被反潜网保护着，留给战列舰的开口相对狭窄。由于渔船往来穿梭，水上交通变得异常混乱。海军中尉阿尔特·瓦尔德（Art Ward）之前曾经注意到，舰长被这些来往船只弄得非常紧张，在避开这些小艇时，他的状态显得非常不好。为了从开口中穿过，该舰需要进行一个大转弯。7点21分，在下达完上述命令后，他突然抓住了副手鲍勃·诺思（Bob North）的手臂，之后一头倒在甲板上停止了呼吸。诺斯迅速接过指挥职责，将"密

"密苏里"号的舰长威廉·布朗海军上校。1950年"密苏里"号发生搁浅事故后，他在调查法庭上曾一度试图推脱，但后来又主动承担了全部责任。因受这次事件的影响，他剩余的军旅生涯都将在岸上度过（详见本章附录2）。注意舱壁上"密苏里"号的舰徽。

① 保罗·史迪威尔，《"密苏里"号战列舰：一部图文史》，第203页。

苏里"号带到系泊浮标附近。医务人员闻讯赶到，但埃德索尔上校仍在 7 点 30 分被宣布死于心脏病。罗伯特·布罗迪（Robert Brodie）上校于 4 月 4 日接过了舰长职务，将"密苏里"号带回美国。

同年 7 月，随着双方在板门店举行停战谈判，为朝鲜战争画上了句号。此时，美国总统已经换成了德怀特·艾森豪威尔（Dwight D.Eisenhower），哈里·杜鲁门（Harry Truman）则宣告退休，回到了密苏里州独立城（Independence）的家中。"密苏里"号失去了在白宫的庇护者，随着和平降临，它的一线服役生涯已时日无多。但与此同时，演习、改装和夏季教学巡航仍在继续。1954 年 6 月上旬，作为第 40.1 特混舰队的一部分，该舰参加了另一次前往欧洲的教学远航，该舰队由 16 艘军舰组成，共搭载了 3000 名学员。远航开始于 6 月 7 日，期间，"密苏里"号和其他姐妹舰在诺福克外海短暂会合，并进行了一些演习。这也是"衣阿华"级四舰唯一一次齐聚一堂。轮机兵赫伯·法尔（Herb Fahr）站在"密苏里"号的上层建筑上，被这些海上巨兽一起游弋的景象深深震撼，与此同时，一位空中摄影师捕捉了当时的景象。随后几年，每当看到这些照片，法尔都会自豪地说当时自己在场。

从欧洲返回后，"密苏里"号奉命前往普吉特湾海军船厂（Puget Sound Naval Shipyard）接受封存处理。这座船厂位于美国西北的太平洋沿岸。随着相关流程开始，舰员规模也开始急剧缩水，而且早在去年夏天进行教学远航时，由于许多老兵在朝鲜战争后退伍，该舰的战备状况已经出现了显著滑坡。威拉德·克拉克（Willard Clark）上尉便提到过一个例子，副炮绘图室的士兵数量不足，导致计算机无法在射击演习时同时使用。随着演习进行，相关人员不得不在设备之间来回奔波。5 英寸副炮的 Mk-37

"我回来了"：1950 年 9 月 21 日，朝鲜战争正在进行之时，麦克阿瑟将军回到了这艘熟悉的军舰上。也正是在此期间，该舰海军陆战队分队的指挥官劳伦斯·金德里德上尉成了对将军五体投地的崇拜者。

型指挥仪处在有人值守的状态，但其四位主管军官中只有一人的经验足以胜任。至于火控人员更只是勉强具备操作资质。另外，由于军舰即将退役，操作设备的舰员们更是态度散漫。

8月23日，"密苏里"号在完成夏季训练后离开诺福克，穿越巴拿马运河，并在途径长滩（Long Beach）和旧金山之后抵达普吉特湾。在华盛顿州的班戈（Bangor）卸下弹药后，它于9月中旬进入位于布雷默顿（Bremerton）的海军造船厂。接下来的几个月是沉闷的：舰员们纷纷离去，储藏室被逐渐清空，各种系统和设备相继停用。全舰安装了除湿系统，以最大程度地减少锈蚀情况。工作人员清洁了齿轮，并在设备上使用了防氧化剂。在1.6英寸炮的炮座上安装了爱斯基摩雪屋一样的圆顶，以保护其免遭各种状况的侵害。经过船厂工作人员和船员五个月的卸货、封存、维修和清点，这项任务终于圆满完成。其最后一幕发生在1955年2月26日，这天天色阴郁，空中飘着雨夹雪。由于天气不佳，"密苏里"号的退役仪式只好在军官起居室举行，参加仪式的是舰上的剩余舰员——共计25名军官和176名士兵。

1948年，"密苏里"号的舰长詹姆斯·萨赫（James H.Thach）在该舰3号炮塔前方检阅下属。我们在照片中可以看到一些军帽有深色帽缘的官兵，他们要么是安纳波利斯海军学院的学员，要么是海军预备役军官训练部队的成员。

重生

1981年，罗纳德·里根就任总统，并提出了加强美国军事力量的议程——尽管在其前任吉米·卡特执政期间，这份议程曾惨遭拒绝。在里根政府中担任海军部长的是约翰·雷曼（John Lehman），在上任后，这个富有活力的人便一直在为启封四艘"衣阿华"级不懈努力。不仅如此，美军还将对它们进行现代化改装，以此提升舰队的实力。其中，"新泽西"号于1982年重新启用，"衣阿华"号则是在1984年。1984年5月，"密苏里"号也在29年的封存之后告别了布雷默顿海军基地。拖船将它拖到南部的长滩海军船厂，接下来将是全面的大修和安装远程导弹——后者将重新赋予它发动进攻的能力。未来，"密苏里"号将不再像二战时那样成为防空舰，也不会像朝鲜战争时那样成为彻头彻尾的浮动炮台。

1986年5月10日，国防部长卡斯珀·温伯格（Caspar

Weinberger）来到旧金山，主持了"密苏里"号的服役仪式——时隔30年，它终于又加入了舰队。此时的它俨然成了古老传统和尖端科技的混合物，上面既安装着16英寸舰炮，也安装了与导弹配套的电子仪器。在这年夏天，该舰在南加州沿海地区接受了一段时间的集训，就像它的第一批舰员在1944年时一样。最后，9月10日，"密苏里"号从新家乡长滩开始了环球巡航，以庆祝它重回一线。在珍珠港停留后，该舰前往澳大利亚，然后向西进入印度洋，并访问了迭戈加西亚岛的美军基地。随后，该舰进入红海，并穿过苏伊士运河向地中海驶去。"密苏里"号在伊斯坦布尔下锚，这也是它在1946年4月时曾经访问过的地方——当时，该舰上运载着土耳其前任驻美大使穆罕默德·埃特根的遗体。现在，在1986年11月，它重新来到了这片土地。被邀请登船的人中有埃特根大使的孩子们，其中一个——艾哈迈德·埃特根（Ahmet Ertegün）已成为大西洋唱片公司（Atlantic Record）的创始人，他专门为此飞往了土耳其。在众多当地游客中，有一个人带着一套土耳其邮票，这套邮票是之前为纪念该舰第一次到访专门发行的。

在伊斯坦布尔停留期间，它的舰长阿尔·卡尼（Al Carney）海军上校决定拜访当地的希尔顿酒店。后者坐落在山顶之上，可以将博斯普鲁斯海峡尽收眼底。卡尼稳稳地安顿下来，一边喝着饮料一边看报纸，不时抬头欣赏着壮丽的景色，包括停泊的战列舰。过了一会儿，他抬头发现"密苏里"号消失了，只有舰桥的轮廓透过树丛若隐若现。卡尼心中一惊，首先想到的是锚脱钩了，导致军舰搁浅。他急忙付账跑了出来，钻进一辆出租车。在狂奔到码头后，他发现"密苏里"号状况良好，舰上的船锚仍在，只是军舰的方向变了。这时卡尼突然想到了一则航行指示，这则指示是在前往伊斯坦布尔之前发布的：由于博斯普鲁斯海峡的地形，再加上多变的海流，当地每周都会产生一次旋涡。在发现军舰安然无恙之后，他才回过神来，心头的恐惧也渐渐平息。在意大利、西班牙和葡萄牙稍作停留之后，"密苏里"号越过大西洋，然后穿过巴拿马运河，于12月19日到达长滩，正好让舰员有机会在圣诞节和家人团聚。

1987年年初，"密苏里"号接受了整修，随后进行了成员培训和舰队演习。接下来，等待"密苏里"号的是一项行动，其中，该舰的角色将不再是仪式性的，和前一年的情况更是大相径庭。8月下旬，在中太平洋和西太平洋结束了多次演习之后，"密苏里"号出发前往北阿拉伯海和阿曼湾。在当地，伊拉克与伊朗之间的袭船战正在进行，波斯湾的商业运输大受其害。为了确保石油运输畅通，许多科威特油轮悬挂了美国国旗，以此获得美国军舰的保护。护航体制很快组建起来：从波斯湾北部的科威特到霍尔木兹海峡，再到安全地带，海军就像牧羊犬一般照顾着这些油轮的安全。如果伊朗人袭击了油轮船队，位于海峡之外的"密苏里"号就将提供掩护，并对袭击者展开报复。战列舰和一艘航母的到来，也彰显了美国海军在当地的存在。正如舰上公共事务官马克·沃克（Mark Walker）上尉的回忆："我们知道，派遣战列舰实际发出了一则非常有力的政治信号，任何人都懂。"[1]不过在此期间，"密苏里"号也付出了不小的代价：有整整100天未靠上港湾。它从补给船上进行补给，以填补食品和燃料等消耗品的短缺。"密苏里"号在11月下旬结束了参与的行动，并被航母"中途岛"号（Midway）替换，随后，这艘战列舰途径澳大利亚和珍珠港返回了国内。

1988年和1989年，该舰一直在进行训练，参加舰队演习。1988年5月，"密苏里"

---

[1] 保罗·史迪威尔，《"密苏里"号战列舰：一部图文史》，第279页。

① 保罗·史迪威尔，《"密苏里"号战列舰：一部图文史》，第 258 页。

② 保罗·史迪威尔，《"密苏里"号战列舰：一部图文史》，第 311—312 页。

号首次发射了"战斧"导弹，并在夏天的"环太平洋 88"（RimPac'88）演习中登场，该演习的地点在夏威夷群岛附近。对于约翰·戴维森（John Davidson）来说，这次演习也标志着他漫长职业生涯的结束。这位一等水手长是该舰在 1986 年重新服役时的舰员，并在随后担任了指挥军士长一职，虽然身份仍是士兵，但他却充当着舰长和全体舰员的资深顾问。在 1946 年时，还是一等水兵的戴维森曾在"密苏里"号上访问了伊斯坦布尔。随后的几年中，他一直作为水手四处奔波，并到访过诺福克、珍珠港、横滨和中国香港等遥远的地方，每到一处，他就会用文身纪念这些经历。当"密苏里"号被重新启用时，戴维森接到华盛顿的电话，问他是否愿意重回军舰。正如他回忆的那样，虽然有一段时间，他已经具备了退休资格，但"我告诉他们，我会重新服役，哪怕自己倒贴钱"。①而现在的最美妙之处在于，海军依旧会为他支付薪金。

1989 年 2 月至 1989 年 5 月，这艘军舰在长滩海军造船厂进行了保养和大修，并在 1989 年余下的时间至 1990 年中期继续参加舰队演习，还不时前往各地访问。在 1990 年 7 月上旬的仲夏时分，"密苏里"号按照传统来到了旧金山。在军舰返回长滩之后，李·凯斯（Lee Kaiss）海军上校时隔四年后被重新任命为该舰的舰长，他随即前往圣迭戈（San Diego）领取简报，其内容和带领该舰前往西太平洋部署有关。这次航行将持续三个半月，期间，该舰将对日本、韩国和菲律宾展开友好访问。但在 7 月的最后一个星期五，凯斯接到了一通电话，对方像是一位来自总部的高级指挥官。他告诉凯斯，五角大楼将在本周末宣布，正在考虑该舰的封存和退役问题。在不久之前，美国打赢了对苏联的冷战，民间都对减少国防开支、享受"和平红利"翘首以待。在"密苏里"号停泊的码头对面，其姐妹舰"新泽西"号的封存已经开始。而在东海岸，"衣阿华"号几乎已经准备退役。对"密苏里"号的舰员来说，这一动向无疑是个大新闻，凯斯也获得了许可，可以在消息公开之前将它透露出去。回到"密苏里"号后，他立刻在内部电视系统上宣布，军舰有可能在完成下次部署后接受封存。但几天后，情况就发生了巨大改变。

波斯湾之战

8 月 2 日，伊拉克总统萨达姆·侯赛因派出三个师的陆军部队越境进入科威特，并迅速占领了这个国家。更令人担心的是，伊拉克部队还可能入侵科威特的南部邻国——沙特阿拉伯。美国立即将海军部队派往该地区，并开始为"沙漠盾牌"（Desert Shield）行动开展动员。同时，布什总统也开始谋求外交支持：在促成联合国决议和经济制裁的同时，他还组建了一个国际联盟，准备在必要时采取军事措施。在伊拉克发动入侵之后，"密苏里"号的封存计划就被搁置了。

该舰于 1991 年 1 月 3 日到达波斯湾，惴惴不安地等待着最后的结果。布什总统向伊拉克发出最后通牒——必须于 1 月 15 日从科威特撤军，否则联军将武力驱逐伊拉克军队。17 日午夜时分，凯斯舰长下令所有人员起床，提前上好厕所。他在全舰公告系统中表示："大约 10 分钟后，我们将进入一级战备状态，这不是玩笑。我们目前正在接收打击指示，并准备在一小时内发射'战斧'导弹。"②听到这则消息，舰上的航海长迈克·芬恩（Mike Finn）少校也和许多人一样感到了深深的不安。他知道，发射"战斧"是一种战争行为，并可能招来伊拉克人的猛烈报复。当天的值日军官

是韦斯·凯里（Wes Carey）上尉，他认定这艘军舰不会发射导弹。但随后传来了倒计时，0 点 40 分，火焰从上层建筑的装甲发射罩中喷涌而出。第一枚导弹钻进夜空，朝巴格达飞去。凯里后来回忆道："直到此时，我才意识到战争已经打响，没办法再回头了。"[1] 大约 30 秒后，海军中尉乔·拉斯金（Joe Raskin）听到了附近的第二声呼啸——这些导弹是由安装了垂直发射装置的巡洋舰或驱逐舰发射的。随后，"密苏里"号向夜空中发射了六枚"战斧"导弹，明亮的闪光一度在周围此起彼伏。

尽管战列舰上的许多人都惴惴不安，但在一段时间内，面对雨点般的火力，伊拉克人根本无法报复。第二天晚上，"密苏里"号又发射了 13 枚"战斧"导弹，其中只有一枚发生了故障。45 分钟后，为保证任务完成，该舰又发射了一枚备用导弹。在接下来的几天里，这一数字又增加了三枚，到 1 月 20 日，其总数已达到 28 枚之多。随后，"密苏里"号的主炮也发出怒吼，这是自 1953 年朝鲜战争以来的第一次。其目标是沙特阿拉伯海夫吉（Khafji）附近的伊拉克指挥部工事。为将目标纳入 16 英寸主炮的射程，该舰被迫靠近浅水区。为观测弹着点，"密苏里"号部署了无人机，该无人机会将电视图像实时传送回军舰。

2 月中旬，该舰又向北行驶，以便为一次可能发起的两栖登陆提供支援，登陆的目标是法伊拉卡岛（Faylakah），位于科威特城附近海域。但这次行动不过是虚张

[1] 保罗·史迪威尔，《"密苏里"号战列舰：一部图文史》，第 312 页。

于1951年4月27日从朝鲜战场归来后，停靠在诺福克的"密苏里"号。在码头另一侧是重巡洋舰"奥尔巴尼"号（Albany）和"梅肯"号（Macon）。

声势，真正的地面进攻将从西部的沙特阿拉伯境内打响。出现在近海的"密苏里"号让伊拉克人相信，为牵制他们的军队，美军必定会在科威特登陆。驱逐舰分舰队的指挥官彼得·布尔克利（Peter Bulkeley）上校虽然资历不如凯斯，但还是以战术指挥官的身份登上了"密苏里"号。2月23日23点15分，随着该舰前进，目标纷纷进入射程，布尔克利开始指挥军舰向法伊拉卡岛射击。虽然岛屿本身并不是佯动的目标之一，但布尔克利后来解释说，"那里有敌军部队……我的任务是攻击敌人。我照办了，就这样简单。"[1]"密苏里"号的炮击相当成功。随布尔克利上校登舰的参谋人员收到情报，为击退预想的两栖登陆，伊拉克人正在把军级火炮调动到科威特沿海和布比延岛（Bubiyan）。

　　2月25日，伊拉克人终于采取了报复行动：向"密苏里"号和临近的舰船发射了一枚"蚕"式飞航导弹。当时，"密苏里"号的航海长迈克·芬恩正在舰桥上，和舰长与武器官凝视着熊熊燃烧的数十口油井，它们都是被伊拉克人点燃的。就在这时，他看到军舰的靠后方向突然有橙色的光芒亮起，它久久不熄，就像是燃烧着的烟头，随着越来越近，它的光芒也更加刺眼醒目。凯斯上校意识到了威胁，并命令舰员们快速卧倒。在"密苏里"号上，小卖部服务员格雷戈里·格林（Gregory Green）就是在"蚕"式导弹突袭下惴惴不安的人之一，他考虑了许多情况，比如受损、弃舰，甚至成为战俘，以及伊拉克人是否会给自己一口饭吃。由于不能操作电子设备或防御武器，他此时的武器只剩下了一个：希望——仿佛是想用意念驱走"蚕"式导弹。在这方面，

① 保罗·史迪威尔，《"密苏里"号战列舰：一部图文史》，第320页。

他并不孤单，数以百计的舰员也有类似的想法。最终，他们的祈祷应验了——来袭者被英国驱逐舰"格洛斯特"号（Gloucester）用"海标枪"（Sea Dart）击落。

在岸上，地面战争的战场很快延伸到了"密苏里"号的火炮射程之外。在 2 月 27 日前的 60 个小时中，该舰总共发射了 611 发 16 英寸炮弹，使其在战争中发射的炮弹总数达到了 783 发。当"密苏里"号缺少弹药时，布尔克利上校便会率领司令部前往"威斯康星"号上，并让后者接过炮轰的使命。当天晚些时候，"威斯康星"号又发射了大约 10 枚炮弹，以逼迫法伊拉卡岛的敌军投降。也正是这一行动，让它成了历史上最后一艘发出怒吼的战列舰。第二天，即 2 月 28 日，海湾战争以联军的胜利终结。

最后的战列舰

随着中东地区的战事结束，"密苏里"号踏上了回家的漫漫长路，载着全体舰员向长滩驶去。在那里，与家人团聚的欢乐正在等待。但这艘军舰的生涯也走向了终点。虽然因为科威特的战事，该舰的退役推迟了，但上一年的计划将被顺延到这一年进行。1991 年秋天，该舰在西海岸做告别之旅，它也是老战马的最后一次驰骋。其中一站是参加西雅图的海洋节（Seafair）。另外，该舰还出席了旧金山的"舰队周"活动，期间，它开进了奥克兰湾大桥（Oakland Bay Bridge）旁的传统泊位。在头一两个晚上，地方当局规定，上岸休假的海军人员和海军陆战队员必须穿着制服，而不是惯用的平民服装。罗斯·莫比利亚（Ross Mobilia）上尉说，由于城镇内的军人如此之多，"一切宛如 1944 年的再现。城镇成了蓝色制服的海洋。"来访的军人可以免费乘坐出租车和电车，充分享受这座滨海大都会的盛情款待。

但"密苏里"号还有一个任务要执行。它向珍珠港驶去，于 12 月 5 日抵达。它停泊在"亚利桑那"号纪念馆的视野所及之处，并参加了 12 月 7 日的活动，以纪念日本将美国带入太平洋战争 50 周年。乔治·布什总统登上军舰，并在投降签字桌旁接受了电视采访。这次访问相对短暂，因此，他没有机会像哈里·杜鲁门（Harry Truman）在 20 世纪 40 年代那样，与舰上的人们一一交谈。随后，该船向东朝加利福尼亚的海豹滩（Seal Beach）驶去，最后一次卸下弹药。它的发射药舱和弹舱曾在波斯湾装得满满当当，现在变得萧条冷清——"密苏里"号在这里待了三天三夜，船员从下方和侧舷将成吨的发射药和弹头用人力运往旁边的驳船。

12 月 20 日晚上，这艘战列舰起锚出航，向着母港驶去，趁着傍晚的潮汐开入了港湾。这是世界上的战列舰最后一次依靠自己的力量前进。而在长滩海军基地，当地的副司令已经安排好了仪式。他向码头发送了一条信息，当"密苏里"号返回时，所有船只都将鸣笛。另一方面，在该舰经过防波堤并接近码头时，所有舰员都将在船舷列队。此时大约是 18 点，由于当天的白昼极为短暂，此时，夜幕已经落下。当战列舰从第一座码头旁驶过时，传来了第一声汽笛，随后，接二连三的呜咽声在空中响起。随着"密苏里"号进入港口，更多的船只加入了"合唱团"。这种敬意是非同寻常的，因为大多数水手都只是对自己的船只有一种特别的自豪感，对其他船只往往不甚在意。最终，拖船将军舰推向码头靠泊。此时，似乎港口的每艘船只都拉响了汽笛。通过扬声器系统，舰上发布了一则公告："在最后一艘战列舰上，最后一任值日军官走向舰尾甲板。"[1]战列舰的悠长历史正在随之完结。

① 保罗·史迪威尔，《"密苏里"号战列舰：一部图文史》，第 341 页。

① 保罗·史迪威尔，《"密苏里"号战列舰：一部图文史》，第344页。

接下来三个月的工作，是重新封存"密苏里"号，就像 1955 年时人们在布雷默顿所做的那样。1992 年 3 月 31 日，它的数百名前舰员和其他人一起聚集在长滩，一起朝"密苏里"号说"再见"。在此之前，它都是世界上仅存的现役战列舰，因为"威斯康星"已经在不久前退役。现在，这一舰种也将随着这场哀伤的仪式淡出历史舞台。仪式结束时，凯斯上校对肯·乔丹（Ken Jordan）海军中校说："副舰长，降旗。"① 随着就寝号响起，加利福尼亚州的旗帜、红白蓝三色的密苏里州旗帜和美国国旗相继降下。程序结束时，剩余的舰员在 2 号炮塔弧形基座旁列队。凯斯上校最后一个离开。期间，军官们就像仪仗兵一样在炮塔弧形基座旁排成两排，以便一一同舰长握手告别。一切就这样画上了句点。

直到 1994 年，"密苏里"号都留在长滩，随后，一艘拖船带领它前往北方的布雷默顿，以便重新加入"樟脑球舰队"。但之后海军得出结论，他们无意让这艘战列舰重回序列。在这种情况下，包括布雷默顿、旧金山和珍珠港在内，有数个港口城市都在争抢它的所有权，并试图将该舰改装为博物馆和旅游景点。最终，珍珠港名至实归地赢得了胜利。1998 年，"密苏里"号被拖入离"亚利桑那"号纪念馆不远的永久性泊位。这两艘军舰的结伴，也让人想起了美国参加二战的开始和终结。一支志愿者组成的队伍开始整修它，最终，在 1999 年 1 月 29 日，该舰作为博物馆和旅游景点重新开业。直到今天，它都吸引着游客络绎不绝地登上甲板。

附录 1："密苏里"号和杜鲁门一家

在二战之前，民主党人哈里·杜鲁门仍是一名新晋参议员，他来自密苏里州，在美国国内籍籍无名。在战争期间，他领导了一个委员会，负责调查政府合同中的浪费、欺诈和管理不善。该委员会不仅帮助国家节省了数十亿美元，还让他本人引起了全国人民的关注，并登上了 1943 年《时代》杂志的封面。

按照战列舰时代的传统，海军通常会请求州长选择一位女士，让她充当新下水军舰的"教母"。但不凑巧的是，当时密苏里州的州长福雷斯特·唐内尔（Forrest Donnell）是一位共和党人，而总统富兰克林·罗斯福则来自民主党，在这种情况下，罗斯福内阁的弗兰克·诺克斯（Frank Knox）便将这一荣誉授予了杜鲁门参议员 20 岁的女儿玛丽 - 玛格丽特·杜鲁门（Mary Margaret Truman）女士。在当时，《圣路易斯邮报》（The St.Louis Post-Dispatch）曾一针见血地说，对于海军，杜鲁门参议员显然比远在密苏里州杰斐逊城（Jefferson City）的州长做了更大贡献。

1944 年 1 月 29 日，即铺设龙骨的整整三年后，下水仪式在布鲁克林举行。玛格丽特·杜鲁门也向纽约市赶去，同行的还有两位好友，她们将在命名仪式上担任荣誉女宾。在活动的前夕，这三个人去百老汇看了音乐剧《俄克拉荷马》（Oklahoma），并且非常兴奋，一整夜都没有睡。当这三人抵达船厂时，这里阴冷昏暗，是典型的一月天气。大约有 30000 名观众在场，还有新闻纪录片摄影师、广播员和纸媒记者，甚至还有电视直播，其信号将被发送到纽约州斯克内克塔迪（Schenectady）的通用电气工厂——这里制造了军舰的许多部件。

海军贵宾计划在命名仪式前讲话，这挤占了杜鲁门参议员的演讲时间，按照他后来的说法，原本他有 15 分钟，但最后缩水到了原计划的五分之一，其中一段致辞是这样的："当'密苏里'号和姐妹舰们发出炽烈的炮火一路驶向东京湾时，密苏里州的人民一定会感到骄傲和自豪。"

命名仪式用了一瓶用密苏里州产葡萄酿成的香槟酒。随着瓶子在舰体上砸碎，玛格丽特和她的同伴们浑身湿透。四个半月后的 6 月 11 日，天空中阳光普照，海军在布鲁克林为这艘军舰举行了服役仪式，仪式由新任海军部长詹姆斯·福雷斯塔尔（James V.Forrestal）主持。在观礼台上除了一众海军将领和哈里·杜鲁门，还有服役典礼的主致辞人——来自密苏里州的民主党参议员本尼特·克拉克（Bennett Champ Clark）。在 11 岁那年，克拉克曾目睹过老"密苏里"号在 1901 年下水时的景象。

1944 年 7 月，民主党在芝加哥举行了提名大会，并选择了杜鲁门作为罗斯福的总统竞选搭档，尽管这位崭露头角的新人略有些不情愿。11 月 7 日，罗斯福 - 杜鲁门组合以决定性优势击败了共和党候选人托马斯·杜威（Thomas E.Dewey）和约翰·布里克（John W.Bricker）。这也意味着，罗斯福将完成他的第四个任期——至少当时看上去是如此。1945 年 1 月 20 日，首席大法官哈兰·斯通（Harlan F.Stone）在一场低调的就职典礼上主持了罗斯福和杜鲁门的宣誓环节。由于战时环境使然，仪式在白宫进行，而不是在国会大厦展开。

当"密苏里"号在为支援冲绳战役奔走时，罗斯福总统于 4 月 12 日在佐治亚州的

"密苏里"号于 1984—1986 年年间接受现代化改装的两个关键组成部分：发射"战斧"巡航导弹的装甲发射箱，以及位于右侧的火神 / 密集阵近防武器系统。本照片摄于 1987 年，我们可以从照片中看到站岗的海军陆战队员。

沃姆斯普林斯（Warm Springs）死于中风。杜鲁门副总统被召集到白宫，进行临时宣誓。两天后，"密苏里"号的一名信号兵降下半旗，纪念已故的总统。但对另一位"密苏里"号的船员来说，这次白宫易主和他个人之间的联系更为密切。他就是水兵约翰·杜鲁门（John C.Truman），哈里·杜鲁门兄弟维维恩·杜鲁门（Vivian Truman）的儿子，之前一直在导航部门低调地服役。约翰·杜鲁门从舰上发给白宫的信目前保存在密苏里州独立城的哈里·杜鲁门图书馆中。虽然在寄信时，他的伯伯已就职两周，但他仍在信中写道："我很难相信您当了总统。"[1] 他这么说是出自家人的角度，但当时，也有数百万美国人怀着这位年轻水兵相似的观点：毕竟，罗斯福已经担任总统很长时间了，这种变化让他们一时无所适从。

1945 年 8 月上旬，杜鲁门总统指示对日本的广岛和长崎使用原子弹。在不到一

① 保罗·史迪威尔，《"密苏里"号战列舰：一部图文史》，第 36 页。

周之后的 8 月 15 日，日本人宣布投降，并停止了敌对行动。杜鲁门立即选择"密苏里"号作为日本投降的地点（参见本章正文）。他在回忆录解释了做此决定的原因：这艘军舰的名字来自他的家乡，而且和他本人也有特殊的联系——她的女儿曾是军舰的"教母"。9 月 2 日的仪式结束后，一份新日程表要求"密苏里"号前往纽约的哈德逊河参加"海军日"。纪念仪式上，该舰将成为众多军舰的中心和焦点。在航行期间，水兵杜鲁门给"哈里伯伯"写了另一封信，其中解释了为什么他会在诺福克与其他人告别，而不是留在舰上到纽约与他碰面："我原本可以在到达纽约之后再申请退伍，但我不知道这会耽搁多久，我确信您是知道的，我希望尽快回家。"[1]——毕竟，在密苏里州，他的妻子和孩子们正在等他。

在诺福克船厂，工人们在"密苏里"号的 01 层阳台甲板上安装了一块铜牌，以

1986 年 5 月 10 日，在旧金山为"密苏里"号举行的服役仪式。随着水兵们陆续登舰，这艘军舰将被重新"唤醒"。

标记投降文件的签字地点。10 月 27 日中午，杜鲁门总统登上军舰进餐，并观赏了河中船舶云集的盛景。同样，他也参观了"密苏里"号，还弯腰阅读了圆形牌匾。他对周围的人说："这是我一生中最幸福的一天。"[2]

两年后，杜鲁门全家在军舰上度过了一个海上假期。之前，他们首先飞往里约热内卢，参加维护西半球和平与安全会议（Maintenance of Hemisphere Peace and Security），会议由各美洲国家参与。至于"密苏里"号则在会议召开前的 1947 年 8 月 30 日抵达，此时恰逢巴西独立 125 周年。所有舰员们都获得了一周的自由上岸时间。9 月 7 日，杜鲁门一行开始了为期 12 天的回国之旅。期间，总统走进全舰各处，还参与了各种活动，比如在晨练中担任领操，他平易近人的举止很受舰员的好评。他

① 保罗·史迪威尔，《"密苏里"号战列舰：一部图文史》，第 260 页。

② 保罗·史迪威尔，《"密苏里"号战列舰：一部图文史》，第 261 页。

还带着妻子和女儿们来到士兵食堂，在自助餐厅中和他们共同打饭就餐。期间，总统一家受到的优待则包括了免于参加跨越赤道仪式，因此不必经历其中的喧闹和纷乱。航行期间，军舰的舰长罗伯特·丹尼森（Robert L.Dennison）上校给杜鲁门留下了深刻印象，前者很快便成了驻白宫的海军副官。

到 1949 年，海军已经退役了全部 23 艘战列舰，只有以总统故乡命名的"密苏里"号是个例外。最初，该舰被降格用于训练任务，但随着朝鲜战争的爆发，该舰的人员数又再次增长。直到杜鲁门在 1953 年离任后，"密苏里"号才最终列入名单，于 1955 年从海军退役。将近 30 年后，它又离开"樟脑球舰队"，以便重新启封和接受现代化改装，更好地执行任务，至于李·凯斯海军上校则接过了舰长这一令人羡慕的职位。杜鲁门于 1972 年去世，但 1986 年 5 月 10 日，该舰在旧金山重新服役时，当年的"教母"依然在世。期间，加利福尼亚州政府在旧金山市政厅为舰员举行了招待会和晚宴。此时，玛格丽特·杜鲁门 - 丹尼尔（Margaret Truman Daniel）夫人已步入老年，她发表讲话，回忆了与 42 年前命名军舰的种种过往。她用以下话语结束了自己的致辞："凯斯舰长和'密苏里'号的士兵，我想对你说另一件事。请照顾好我的孩子。"[1]所有舰员都站起来，报之以经久不息的掌声。

附录 2：搁浅

1949 年 12 月，"密苏里"号在诺福克海军造船厂完成了修缮，准备在下个月开始新舰员的磨合训练。[2] 期间，该舰也迎来了一位新舰长——威廉·布朗（William D.Brown）海军上校，在战争期间，他有非常优异的表现，尤其是在驱逐舰上。不过，他已经足足四年没有执行过出海任务。当时，"密苏里"号的部门负责人之一是海军少校杰克·费舍尔（Jack Fisher），他回忆说，这位新舰长总是事必躬亲，而不是放权给下属，这种方法在小军舰上效果很好，在布朗于 20 世纪 30 年代中期指挥的潜水艇上尤其如此，但在 887 英尺上的"密苏里"号，情况却是另一回事。

1950 年 1 月 13 日，值日军官交给布朗舰长一份海军军械实验室（Naval Ordnance Laboratory）寄来的报告，其中有一封信和一张标有特殊区域的海图，并希望该舰在下周从诺福克出港时，按照其中的要求行驶。实验室希望使用声波电缆来记录军舰螺旋桨的声音——这也是用特征噪声检查和识别军舰努力的一部分。但舰长只是稍微留意了信函中的内容，完全忽略了其中的具体细节。很快，他就将对自己的疏忽感到后悔

1 月 17 日清晨，军舰上的导航小组集合完毕。布朗上校和该舰的航海长弗兰克·莫里斯（Frank G.Morris）少校在上层建筑 08 层的指挥塔上，这里的高度足以看到舰首和舰尾。同样在 08 层执行任务的还有副舰长乔治·佩克汉姆（George Peckham）海军中校和麦考伊（R.B.McCoy）船长———一位海军雇用的港湾引航员。

在"密苏里"号上，负责内河引航的是航海长助理——23 岁的哈里斯（E.R.Harris）海军少尉。像航海长和舰长一样，哈里斯少尉也刚刚上任，这艘军舰在 7 点 25 分出航，引航员麦考伊下达了航向和速度指令，随后 7 点 49 分向布朗舰长转交了指挥权。8 点后不久，舰长向交接班的两位值班军官提到了声学测试的事，但两个人之前都没有接到过任何通知。随着他们匆匆赶去海图室查看情况，缺乏经

① 保罗·史迪威尔，《"密苏里"号战列舰：一部图文史》，第 261 页。

② 参见：约翰·巴特勒，《挂出 AP 旗："密苏里"号的搁浅和抢救》（马里兰州安纳波利斯，美国海军学会出版社，1995 年出版）；保罗·史迪威尔，《"密苏里"号战列舰：一部图文史》，第 145—164 页。

验的哈里斯少尉顿时手足无措。随着军舰驶入一座浮标的错误一侧，少尉更感到困惑了，因为这座浮标标明了声学测试区域的最北端，并位于港口的边缘地带。在 04 层的航海舰桥上，佩克汉姆中校发出紧急警告，表示该船正处于危险之中，但布朗没有采取任何行动（随后的证词表明，由于舰桥内电话机的状况很差，布朗可能根本没有接到警报）。

在这个多灾多难的早晨，根据舰长命令执掌船舵的是二级航海军士贝文·特拉维斯（Bevan E.Travis），自 1946 年以来，他一直在"密苏里"号上担任舵手一职。由于战列舰驶入了划定声学测试区域浮标的错误一侧，有许多情况让特拉维斯愈发提心吊胆。首先，该舰正在变得愈发迟钝，另外，虽然没有命令降低速度，但该舰的移动似乎仍在变慢。他试图警告舰长，但舰长对此表现冷漠，只是要求他服从命令。8 点 17 分，"密苏里"号的船首撞入沙洲，由于航速（约 12.5 节）使然，该舰又继续前进了大约三个船位（约 2500 英尺）的距离，才在泥滩上完全搁浅。[1]

事发之后，大西洋舰队巡洋舰部队司令——艾伦·史密斯（Allan E.Smith）少将领导了救助工作，此人也是负责该舰相关工作的舰种司令（type commander）[2]。另一位扮演重要角色的是霍默·沃林（Homer Wallin）海军少将，他是诺福克海军造船厂的司令，曾在 1941 年帮助打捞过在珍珠港沉没的船只。史密斯后来和别人合著了一本介绍"密苏里"号战列舰的著作，按照他的描述，基本的救助计划共分为五个阶段，即：尽可能地减轻重量，尤其是运走燃料和弹药；用浮筒等手段将船抬起；清除在船底周围硬结的沙土；派遣拖轮，用均匀的力量移走军舰；疏浚出一条航道，使军舰一脱离泥泞便可以进入深水。

1 月 31 日，随着所有拖船和救助船均已协调就绪，第一轮大规模拖曳正式开始。但在拖曳过程中，由于遭遇了意想不到的障碍物，用 2 英寸钢丝绳制成的缆索被意外绷断了。原来，一艘老沉船的船锚刺破了"密苏里"号的舰底，并导致它被困在原地。随后，工作人员清走了船锚，还采取了减重措施，比如抛弃船锚和锚链、增加两个浮箱，并希望这些工作在第二天潮水更高时会有所帮助。随着 2 月 1 日早晨的大潮到来，磨难终于告一段落。在拖船的全力拽动下，这艘强大的战列舰终于获得了解脱。对舰上的人们来说，再次感到脚底下的动静着实令人高兴。

搁浅后，事故调查随之开始。这项必要的工作由米尔顿·迈尔斯（Milton E.Miles）海军少将主持。在证人中，有在被困当天担任舵手的二级航海军士贝文·特拉维斯，出于可以理解的原因，相比于几年之后回忆这段经历时，特拉维斯在作证中对布朗船长的态度要"礼貌"得多。他向法庭表示，由于舰长之前曾经讽刺过类似的做法，因此，他虽然知道这艘军舰可能搁浅，但没有告诉布朗上校："我的职务是听取命令，而不是命令舰长，何况当时舰长很忙。"[3]

2 月 18 日，布朗上校也奉命出庭受审。他最初准备把责任归咎于下属，但这种做法很不被海军内部的人士赞同。他谈到搁浅时表示："我感到非常无力，因为别的军官没有给予多少帮助。"[4] 然而，在法庭开庭审理了 17 天之后，布朗于 2 月 28 日戏剧性地改变了态度，他不再指责别人，而是揽过了全部责任。在有关搁浅的陈述会中，布朗宣布"这完全是我一个人的过失"。3 月 30 日，布朗在军事法庭上承认自己玩忽职守和处置不当，并请求法庭宽恕。按照法院的判决，他在上校名单上的晋升次

[1] 艾伦·史密斯和戈登·纽维尔，《"强大的莫"：最后一艘战列舰"密苏里"号的故事》[华盛顿州西雅图，优越出版社，1969 年出版]。

[2] 译者注："舰种司令"是美国海军中一种特殊的行政官员，任务是负责监督相应类型军舰的研发和部署，并在某些情况下参与相关作战活动。

[3] 保罗·史迪威尔，《"密苏里"号战列舰：一部图文史》，第 157 页。

[4] 保罗·史迪威尔，《"密苏里"号战列舰：一部图文史》，第 158 页。

序被后推了250位。布朗始终没有被晋升为将军，而是在佛罗里达州的岸上岗位度过了剩下的军旅岁月。

对于新任舰长，海军选择了布朗的前任——哈罗德·史密斯（Harold Page Smith）上校。但史密斯只是勉强接受了这一任命，因为他觉得此举会给人一种"海军无人可用"的错觉。但是命令终究是命令——他在2月7日，也就是船坞注水和军舰浮起的当天接管了军舰。他的第二次任期持续了两个月。史密斯认为最好的补救办法就是让"密苏里"号完成一项伟业：全速航行，如果情况允许，还要进行各种大胆的机动。他承认，此举将消耗大量不必要的燃料，但也认为其意义同样不容忽视。其目标有两个：第一是重建官兵对军舰的信心和自豪感。另外，他还想告诉海军和全世界，"密苏里"号已经将受困海滩的厄运抛在身后，重新成了舰队的一员。史密斯在评估这种做法的效果时写道："这正是我想要的——它再次成了第一流的军舰。"①

附录3：一揽子现代化改装，1984—1986年

八座装甲导弹发射箱，共计32枚对地攻击型"战斧"巡航导弹，预计射程可达700海里；

四座四联装导弹发射器，共计16枚"鱼叉"反舰导弹，设计最大射程60海里；

四部火神/密集阵近防武器系统，用于抵御飞机和导弹；

安装了先进的通信系统；

SPS-49型对空搜索雷达，以取代性能不佳的SPS-6型对空搜索雷达；

增设航空设施，包括在舰尾安置加大版直升机起降平台、停放区，并在上层建

1991年2月6日，即"沙漠风暴"行动期间，"密苏里"号正在用主炮开火。在整个战争中，该舰一共发射了大约783枚16英寸炮弹。另外，在照片近景处，还可以看到两座幸存的5英寸副炮炮塔，经过改装，这种火炮在舰上只剩下了六座。

① 保罗·史迪威尔，《"密苏里"号战列舰：一部图文史》，第164页。

筑最后部增加直升机指挥所和直升机滑行坡度指示器；

改造动力系统，以燃烧海军分馏燃油，并替代原先的海军标准燃油；

改装了污水收集、容纳和排放系统，以符合最新的环保要求；

改善了舰员的居住舒适性；

拆除舰尾起重机，以避免与直升机尾桨发生碰撞；

在右舷增设了加油装置，方便将燃料转移到护航舰上；

安装了 SLQ-32 型电子对抗套件；

安装了卫星导航和通信天线；

安装 Mk-36 超快速散放箔条（super rapid-blooming off-board chaff，SRBOC）干扰弹发射器；

安装新的前三角桅；

拆除后桅杆；

拆除了原先 10 座 38 倍径 5 英寸双联装炮塔中的四座，以便在烟囱之间安装导弹甲板；

安装作战中心，代替了之前的司令指挥室。

附录 4：向珍珠港的最后航程：一位亲历者的回忆

当"密苏里"号即将作为现役军舰结束最后一段航程时，天色即将破晓。该舰

1991 年 12 月 5 日上午，"密苏里"号进入珍珠港，以便参加珍珠港事件 50 周年纪念仪式——这次发生在 1941 年 12 月 7 日的袭击，将美国拉进了二战的旋涡。在其身后是"亚利桑那"号战列舰纪念馆。这两艘军舰分别象征着美国参加这场战争的结束和开始。

之前从长滩出发，并在 1991 年 12 月 5 日早晨接近了目的地珍珠港。当它进入海峡入口时，太阳还没有升起，舰上的人们仍然被浸没在半明半暗之中，瓦胡岛（Oahu）南部的灯光迎面映入眼帘。涂成蓝灰色的战列舰沿着岛屿南岸向西行驶，经过怀基基海滩（Waikiki Beach）和火奴鲁鲁湾（Honolulu Harbor）。我们看到海岸上有数百人，他们都提前赶到，以便观看这艘战列舰最后一次抵达珍珠港。当军舰经过时，他们手中的照相机闪烁起来，还有人向军舰挥手致意。在东方，钻石头山（Diamond Head）这座地标景观蜷伏着，轮廓被映衬在昏暗的天空中，忽然间，太阳从远处冒了出来。

这艘战舰坚定地前进，随后与一些拖船会合，一点点靠上泊位。舰员们穿着白色的夏季制服，站在主甲板和上层建筑的扶手边，彼此之间有一臂距离。"密苏里"号穿过狭窄的港湾入口，我抬头向左望去，看到了福特岛（Ford Island）。1941 年 12 月 7 日，一艘艘战列舰曾在这里的混凝土码头旁整齐排列。现在，这里仍保留 50 年前各艘战列舰的舰名和舷号。首先，我们通过了"加利福尼亚"号的泊位，然后是一个充满混凝土桩的海域。这里在 1941 年曾是"马里兰"号和"俄克拉荷马"号的停靠地，最近木桩被拆除，为新建码头腾出了空间。该码头旨在容纳安置在珍珠港的"密苏里"号，也是整个战略驻泊计划的一部分。现在，我们只能看到一座局部竣工的码头，在当地，"密苏里"号将接受两周的封存作业，以便完成退役处理。

"密苏里"号继续着入港之旅，更多历史上的锚地映入眼帘，这些码头的名称分别是"田纳西"和"西弗吉尼亚"。在我的脑海中还能浮现出这些老式战舰的身影，它们有着杀气腾腾的浅灰色的上层建筑和深灰色舰体。思绪还把我带向了反复观看过的黑白新闻纪录片，其中展现了爆炸、燃烧的军舰，因油料燃烧产生的冲天浓烟。每当我想到那些故去的军舰和舰员们，思绪便久久无法平静。

顺着"战列舰大街"遗迹向远处望去，我看到了"亚利桑那"号和"内华达"号的泊位。纯白色的"亚利桑那"号纪念馆随着波浪摇摆，在清晨的阳光下闪闪发光，就在我们注视着它时，也看到在 7 点 30 分后第一批参观的游客正在向我们致敬。作为二战胜利的象征，这艘军舰最终停靠在了离美国参战象征不到几百码的地点。

参考资料

- 约翰·巴特勒（John Butter），《挂出 AP 旗：“密苏里”号的搁浅和抢救》（*Strike Able-Peter: The Stranding and Salvage of the USS Missouri*）（马里兰州安纳波利斯，美国海军学会出版社，1995 年出版）
- 约翰·坎贝尔，《二战海战武器》（伦敦，康威海事出版社，1985 年出版）
- 诺曼·弗里德曼，《美国战列舰：一部图文设计史》（马里兰州安纳波利斯，美国海军学会出版社，1985 年出版）
- 美国海军历史局（Naval History Division），《美国海军战斗舰艇大辞典》（*Dictionary of American Naval Fighting Ships*）第 4 卷（华盛顿特区，美国政府出版局），也可见 https://www.history.navy.mil/research/histories/ship-histories/danfs/m/missouri-iii.html（2017 年 8 月访问）
- 艾伦·史密斯和戈登·纽维尔（Gordon Newell），《“强大的莫”：最后一艘战列舰“密苏里”号的故事》（*The Mighty Mo.The U.S.S.Missouri: A Biography of the Last Battleship*）[华盛顿州西雅图（Seattle, Wa.），优越出版社（Superior），1969 年出版]
- 保罗·史迪威尔，《“密苏里”号战列舰：一部图文史》（*Battleship Missouri: An Illustrated History*）（马里兰州安纳波利斯，美国海军学会出版社，1996 年出版）
- 罗伯特·萨姆罗尔（Robert F.Sumrall），《“密苏里”号》（*BB 63*）[蒙大拿州蒙苏拉（Missoula, Mont.），图片史出版公司（Pictorial Histories Publishing Company），1986 年出版]
- 罗伯特·萨姆罗尔，《“衣阿华”级战列舰：设计、武器与装备》（*Iowa class Battleships: Their Design, Weapons and Equipment*）（马里兰州安纳波利斯，美国海军学会出版社，1988 年出版）
- 哈里·杜鲁门，《回忆录，第 1 卷：决策的年月》（*Memoirs; vol. I : Year of Decisions*）[纽约州加登市（Garden City, N.Y），道布尔戴出版社（Doubleday），1955 年出版]